THE COLLECTED PAPERS OF
Albert Einstein

VOLUME 11

CUMULATIVE INDEX, BIBLIOGRAPHY
LIST OF CORRESPONDENCE, CHRONOLOGY, AND ERRATA
TO
VOLUMES 1–10

DIANA KORMOS BUCHWALD
GENERAL EDITOR

SPONSORED BY

The Hebrew University of Jerusalem
The California Institute of Technology
Princeton University Press

THE EXECUTIVE COMMITTEE

Yemima Ben Menahem	Daniel J. Kevles
Martin J. Klein	John D. Norton
Barbara Oberg	Fritz Stern
Joseph H. Taylor	Kip S. Thorne

THE COLLECTED PAPERS OF
Albert Einstein

VOLUME 11

CUMULATIVE INDEX, BIBLIOGRAPHY,
LIST OF CORRESPONDENCE,
CHRONOLOGY, and ERRATA
TO
VOLUMES 1–10

COMPILED BY
A. J. Kox, Tilman Sauer, Diana Kormos Buchwald,
Rudy Hirschmann, Osik Moses, Benjamin Aronin,
and Jennifer Stolper

WITH THE ASSISTANCE OF
József Illy, Jennifer Nollar, and Carol Chaplin

Princeton University Press
2009

Copyright @ 2009 by The Hebrew University of Jerusalem
Published by Princeton University Press, 41 William Street, Princeton, New Jersey 08540
In the United Kingdom: Princeton University Press, 6 Oxford Street,
Woodstock, Oxfordshire OX20 1TW
press.princeton.edu

All Rights Reserved

LIBRARY OF CONGRESS CATALOGING-IN-PUBLICATION DATA
(*Revised for volume 11*)

Einstein, Albert, 1879–1955.
The collected papers of Albert Einstein.

German, English, and French.
Includes bibliographies and indexes.
Contents: v. 1. The early years, 1879–1902 / John Stachel, editor —
v. 2. The Swiss years, writings, 1900–1909 — — v. 10. The Berlin years,
correspondence, May–December 1920; supplementary correspondence,
1909–1920 / Diana Kormos Buchwald... [et al.], editors.
QC16.E5A2   1987   530   86-43132
ISBN 0-691-08407-6 (v. 1)
ISBN 978-0-691-14187-9 (v. 11)
This book has been composed in Times Roman.

The publisher would like to acknowledge the editors of this volume for
providing the camera-ready copy from which this book was printed.

Princeton University Press books are printed on acid-free paper
and meet the guidelines for permanence and durability of the
Committee on Production Guidelines for Book Longevity
of the Council on Library Resources.

Printed in the United States of America

1 3 5 7 9 10 8 6 4 2

THE COLLECTED PAPERS OF ALBERT EINSTEIN

Volumes Published to Date

VOLUME 1

The Early Years, 1879–1902

edited by John Stachel, David C. Cassidy, and Robert Schulmann (1987)

VOLUME 2

The Swiss Years: Writings, 1900–1909

edited by John Stachel, David C. Cassidy, Jürgen Renn, and Robert Schulmann (1989)

VOLUME 3

The Swiss Years: Writings, 1909–1911

edited by Martin J. Klein, A. J. Kox, Jürgen Renn, and Robert Schulmann (1993)

VOLUME 4

The Swiss Years: Writings, 1912–1914

edited by Martin J. Klein, A. J. Kox, Jürgen Renn, and Robert Schulmann (1995)

VOLUME 5

The Swiss Years: Correspondence, 1902–1914

edited by Martin J. Klein, A. J. Kox, and Robert Schulmann (1993)

VOLUME 6

The Berlin Years: Writings, 1914–1917

edited by A. J. Kox, Martin J. Klein, and Robert Schulmann (1996)

VOLUME 7

The Berlin Years: Writings, 1918–1921

*edited by Michel Janssen, Robert Schulmann, József Illy, Christoph Lehner,
and Diana Kormos Buchwald* (2002)

VOLUME 8

The Berlin Years: Correspondence, 1914–1918

edited by Robert Schulmann, A. J. Kox, Michel Janssen, and József Illy (1998)

VOLUME 9

The Berlin Years: Correspondence, January 1919–April 1920

*edited by Diana Kormos Buchwald, Robert Schulmann, József Illy,
Daniel J. Kennefick, and Tilman Sauer* (2004)

VOLUME 10

The Berlin Years: Correspondence, May–December 1920

and

Supplementary Correspondence, 1909–1920

*edited by Diana Kormos Buchwald, Tilman Sauer, Ze'ev Rosenkranz,
József Illy, and Virginia Iris Holmes* (2006)

VOLUME 11

Cumulative Index, Bibliography, List of Correspondence, Chronology, and Errata

to

Volumes 1–10

*compiled by A. J. Kox, Tilman Sauer, Diana Kormos Buchwald, Rudy Hirschmann,
Osik Moses, Benjamin Aronin, and Jennifer Stolper* (2009)

VOLUME 12

The Berlin Years: Correspondence, January–December 1921

*edited by Diana Kormos Buchwald, Ze'ev Rosenkranz, Tilman Sauer,
József Illy, and Virginia Iris Holmes* (2009)

ENDOWMENT

Harold W. McGraw, Jr.

Virgle L. Hedgcoth & Susan Alexander Fund,
California Institute of Technology

CONTRIBUTORS

The Hebrew University of Jerusalem and Princeton University Press wish to express their appreciation to the Contributors for their generous support of the editorial work that has made this edition of *The Collected Papers of Albert Einstein* possible.

The California Institute of Technology, Pasadena, U.S.A.

The National Endowment for the Humanities, Washington, D.C., U.S.A

Lisbet Rausing and Peter Baldwin, Arcadia Foundation, U.K.

The Pieter Zeeman Foundation, The Netherlands

CONTENTS

Introduction	xi
Acknowledgments	xvii
List of Writings, 1891–1921	1
Einstein Bibliography, 1901–1921	45
Alphabetical List of Correspondence, 1895–1920	93
Chronological List of Correspondence, 1895–1920	137
Chronology, 1879–1920	175
Cumulative Index to Volumes 1–10	223
Cumulative Bibliography and Index of Citations to Volumes 1–10	455
Errata to Volumes 1–10	613

INTRODUCTION

This volume presents cumulative indexes and cumulative editorial apparatus for the first ten volumes of the *Collected Papers of Albert Einstein (CPAE)*.

After the publication in 1987 of Volume 1, *The Early Years*, which contained various documents, writings, and correspondence covering the first twenty-three years of Einstein's life, the *CPAE* volumes chart three main chronological periods: the Swiss years; the Berlin years; and the Princeton years.

Albert Einstein (1879–1955) spent his childhood and adolescence in southern Germany. In 1896 he moved to Switzerland, where he attended the Swiss Polytechnic Institute (ETH), completed his doctorate, and worked, with a brief interlude in 1911–1912 as professor at the German University in Prague, until 1914, when he moved to Berlin as a permanent member of the Prussian Academy of Sciences and professor at the University of Berlin. In 1933, Einstein emigrated to the United States, where he spent the last twenty-two years of his life as a faculty member at the Institute for Advanced Study in Princeton, New Jersey.

To date, an additional nine volumes covering the years 1903–1921 have been published, both in the original language "documentary edition," and in the English-language "translation edition."

These subsequent volumes are divided into separate *Writings* and *Correspondence* volumes. Thus, Volumes 2, 3, 4, 6, and 7 contain Einstein's *Writings* until and including the year 1921, while Volumes 5, 8, 9, and 10 contain his *Correspondence* until and including the year 1920. In a total of more than 7500 printed pages, the first ten volumes of the series present 256 items of *Writings* as full text, and 2837 items of *Correspondence*, either as full text or in abstract.

*

With these ten volumes, the *CPAE* series now covers the first half of Einstein's life and thus more than two decades of extraordinary scientific achievements. The series, which begins with Einstein's birth certificate, contains all his scientific and nonscientific published writings. These include not only his first essay of 1895, his first research paper in 1901, the singular publication record of his *annus mirabilis*, 1905, and the papers leading to his breakthrough to general relativity in late 1915 and early 1916, but also his 1917 popular book on the theory of relativity and the Princeton lectures that were delivered in May 1921. In addition to his publications, the series presents a number of unpublished manuscripts, lecture notes, and calculations that document Einstein's work and thinking.

World War I marks the beginning of Einstein's public interventions in political, social, and humanitarian matters, pacifism, and Zionist causes, documented in an increasing number of nonscientific writings after 1918, as well as in his correspondence. Einstein's correspondence also documents his intellectual biography. Starting with early family correspondence and letters to his fellow student and future wife, Mileva Marić, the topics contained in the letters progress to the more intense professional and scientific exchanges with physicists, mathematicians, astronomers, engineers, and science administrators that illuminate his career path from a position at the Swiss Patent Office, his doctorate in 1905 and his habilitation in 1908, to his faculty appointments in Zurich, Prague, Berlin and Leyden, as well as his many publications, lectures, honors, and prizes. The observational confirmation of the predicted gravitational light bending during the solar eclipse of May 1919 initiates Einstein's rise to international fame.

*

Throughout the first ten volumes, the original editorial method established for the series was largely adhered to, modified or supplemented in light of new material and information, unforeseen or unavailable more than twenty years ago. Items discovered after the publication of a given *CPAE* volume to which they would properly belong in chronological order were published as soon as they came to the editors' attention at the beginning of a subsequent volume. Volume 10, in particular, presents 211 supplementary letters to the correspondence already published in Volumes 5, 8, and 9. Most of these items came from the estate of Margot Einstein (1899–1986), who stipulated that the material remain closed until twenty years after her death.

All of Einstein's published and unpublished writings, to the extent that they can be dated, are included in the series. However, in view of the large amount of extant correspondence from Einstein's later years containing an increasing number of routine financial and administrative correspondence, the editors of Volume 8 introduced a "policy of prudent selectivity." The editors of Volumes 9 and 10 have imposed increasing selectivity criteria, such that these volumes only present those letters to and from Einstein that were deemed significant to a proper understanding of his life and work.

Letters not presented as full texts were abstracted in the "Calendars" of these volumes. Of the total of 2837 items of correspondence written by and to Einstein in this period, 695 were abstracted and calendared. Volume 1 includes a "Chronology" of Einstein's life, covering the period from March 1879 to June 1902, and Volume 5 includes a "Chronology/Calendar" covering the period from June 1902 to April 1914. The subsequent correspondence Volumes 8, 9, and 10 contain "Calendars" that include references to and abstracts of known items of correspondence that were not included as texts.

*

In order to facilitate comprehensive and swift access to the material published during the past two decades, we decided to compile a volume that presents cumulative indexes and the editorial apparatus of the ten volumes published to date.

The core of the present volume is the "Cumulative Index to Volumes 1–10." While this index is based on a merged version of the ten individual general indexes to the documentary edition, the final Cumulative Index was prepared by means of a combination of manual work, resolving inconsistencies among the thesauri of the individual indexes, and automated routines that performed tasks such as detecting subentries, sorting, merging, and adding volume numbers to page numbers.

Each of the ten individual general indexes of the documentary edition contained an extensive entry on "Einstein, Albert (1879–1955)," containing numerous subentries that pointed to information, primarily scientific, which was also referenced elsewhere in the index. Therefore, in the course of preparing the present Cumulative Index, we have retained under this particular heading only those references that specifically refer to Einstein's work, family, travels, opinions, personal life, political views, and so forth.

The Cumulative Index now also includes references to the chronology and calendars of Volumes 1, 5, and 8 that were not previously indexed. To the extent that errors of fact or misprints in the individual indexes have come to our attention, they have been corrected in the Cumulative Index and have not been listed in the "Errata to Volumes 1–10" presented at the end of the current volume.

*

The present volume presents three bibliographies. The "List of Writings, 1891–1921" and the "Einstein Bibliography, 1901–1921" provide chronological lists of Einstein's writings and publications, compiled from the documents included in the first ten volumes of the *CPAE*.

To a large extent, these lists overlap. However, the "List of Writings, 1891–1921" also includes all of Einstein's manuscripts that remained unpublished by 1921, while the "Einstein Bibliography, 1901–1921" includes documents that were republished during this period.

Since the editorial objective of the *CPAE* is completeness in regard to Einstein's writings, these two sections constitute the most complete Einstein bibliographies to date for the years under consideration. In addition, the "Einstein Bibliography, 1901–1921" combines the bibliographic information with an index of citations. For each item, it lists the page numbers in the volumes where the item is referenced or discussed.

No effort has been made to extend the bibliographies of Einstein's publications and writings beyond 1921. Nevertheless, a number of Einstein's post-1921 publications can be found in the "Cumulative Bibliography and Index of Citations to Volumes 1–10." This section lists all the literature written by named authors that is cited in at least one of the first ten volumes of the series. It combines the cumulative literature cited with a cumulative index of citations.

We emphasize that the editorial method of the *CPAE* states that the "lists of literature cited do not constitute a bibliography of all significant works on Einstein." The same holds for the cumulative bibliography and index of citations. Moreover, we have excluded from the cumulative bibliography all references that were not authored or edited by a named person or group of persons, for example, those in *Vorlesungsverzeichnisse*, *Adressverzeichnisse*, *Statuten*, *Verhandlungen*, *Jahresberichte*, newspaper and journal runs, and so on.

We hope that, in combination with its cumulative index of citations, this bibliography will provide another useful entrée to the information of the documentary edition, particularly with respect to the primary literature. To the extent that misprints and typographical errors in the references to literature have come to the attention of the editors, they have implicitly been corrected in the general cumulative bibliography and are not listed in the cumulative errata.

*

In order to facilitate access to the correspondence presented in the *Collected Papers*, the present volume contains two complete lists of Einstein's correspondence until and including the year 1920.

The first list presents the correspondence in chronological order, the second list presents the correspondence in alphabetical order by correspondent.

The primary purpose of these lists is to integrate the correspondence published in one of the *Correspondence* volumes with correspondence published in a later volume and correspondence abstracted in a calendar. Although the annotation in the documentary edition contains references to later correspondence or to third-party letters, no effort has been made to extend the lists of correspondence beyond 1920 or beyond direct incoming and outgoing Einstein letters.

*

We also include a comprehensive chronology of Einstein's life for the years 1879–1921. Since correspondence that was abstracted in the individual calendars can be found in this volume via the lists of correspondence, references to correspondence are not included in the general chronology. Likewise, all original quotations and bibliographic and archival references for information listed in the general chronology can be found in the individual calendars, rather than in the general chronology.

*

This volume presents a list of all signifcant errata that have come to our attention. Inconsistencies across the different volumes (for instance in years of birth or death of individuals) and errors in the indexes and literature cited have been corrected in the Cumulative Index and the Cumulative Bibliography, and are not listed in the errata.

*

We emphasize that the information in this volume is intended primarily to direct the reader to the relevant and authoritative information that can be found in the individual volumes of the documentary edition. We hope that readers of the *Collected Papers of Albert Einstein* will find Volume 11 useful in facilitating access to the documents presented in the first ten volumes of the series.

ACKNOWLEDGMENTS

The editors have benefited greatly from the assistance of many individuals and institutions. We extend our thanks to the members of the Executive Committee, and to The Hebrew University of Jerusalem. The ongoing support of Harold McGraw, Jr., is deeply appreciated. Generous assistance was provided by the Provost's office at the California Institute of Technology, and by its Virgle L. Hedgcoth and Susan Alexander Fund. We thank Dr. Lisbeth Rausing, Dr. Peter Baldwin, and the Arcadia Foundation of London for their interest and generosity in supporting our work. We gratefully acknowledge support from the National Endowment for the Humanities. Many thanks also to the Pieter Zeeman Foundation in Amsterdam.

Our activities and well-being at Caltech have been furthered by the assistance and generosity of Susan Davis, Jonathan Katz, Paul Jennings, Gail Nash, Ed Stolper and many others among the faculty and staff.

At Princeton University Press, the editors wish to thank Alice Calaprice, Linny Schenck, Terri O'Prey, and Leslie Flis, our production team; Brigitta van Rheinberg; Neil Litt; Adam Fortgang; Martha Camp; and Peter Dougherty, its director.

LIST OF WRITINGS, 1891–1921

The following is a chronological list of Albert Einstein's published und unpublished scientific and nonscientific writings prior to 1922, excluding correspondence. The list was compiled from the first ten volumes of the *Collected Papers of Albert Einstein* in which each item below is presented as a document. The list therefore also includes Vol. 7, Doc. 71 (*Vier Vorlesungen über Relativitätstheorie, gehalten im Mai 1921*), an item that was completed before 4 January 1922 and published in 1922.

Items written but not published by Einstein are identified by the archival number given in square brackets. Published items are identified by the primary bibliographic reference and by a bibliographic short title under which the item is referred to in the documentary edition.

For a discussion of different drafts, versions, or reprints of an item, if those exist, consult the relevant volume of the documentary edition. For further information on published items, see also the "Einstein Bibliography, 1901–1921," pp. 45–91.

In this listing, a title without quotation marks, and which is not the title of a monograph, has been provided by the editors of the respective volume. Likewise, if a title appears both in English translation and in its original language, the former was also provided by the editors.

Items are dated by the date of completion, if known; otherwise, by the earliest known of the dates of submission, reception, or publication. If only a time frame could be established, the item is listed at its earliest possible date.

For lists of Einstein's correspondence, see the "Alphabetical List of Correspondence, 1895–1920," pp. 93–135, and the "Chronological List of Correspondence, 1895–1920," pp. 137–174.

Volume 1

1891–1895

 Comment on the Proof of a Theorem
 Vol. 1, Doc. 3, 3 [86-017].

1891–1895

 Two Philosophical Comments
 Vol. 1, Doc. 4, 4 [86-018].

Summer? 1895

 "On the Investigation of the State of the Ether in a Magnetic Field"
 "Über die Untersuchung des Aetherzustandes im magnetischen Felde"
 Vol. 1, Doc. 5, 6–9 [2-144.1].

18 Sep 1896

 Matura Examination (A) German: "Synopsis of Goethe's Götz von Berlichingen"
 Vol. 1, Doc. 21, 25–27 [29-220].

 Matura Examination (B) French: "My Future Plans"
 Vol. 1, Doc. 22, 28 [29-223].

19 Sep 1896

 Matura Examination (C) Geometry
 Vol. 1, Doc. 23, 29–32 [29-222.1].

 Matura Examination (D) Physics: "Tangent Galvanometer and Galvanometer"
 Vol. 1, Doc. 24, 32–35 [29-222].

21 Sep 1896

 Matura Examination (E) Natural History: "Evidence of the Earlier Glaciation of Our Country"
 Vol. 1, Doc. 25, 35–38 [29-224].

 Matura Examination (F) Algebra
 Vol. 1, Doc. 26, 39–41 [29-222.3].

 Matura Examination (G) Chemistry
 Vol. 1, Doc. 27, 41–42 [29-223].

ca. Dec 1897–ca. Jun 1898
"H. F. Weber's Lectures on Physics"
"Vorlesungen über Physik von Weber"
Vol. 1, Doc. 37, 63–210 [3-002].

Aug 1899
Verse in the Album of Anna Schmid
Vol. 1, Doc. 49, 220 [31-002].

Volume 2

13 Dec 1900
"Conclusions Drawn from the Phenomena of Capillarity"
"Folgerungen aus den Capillaritätserscheinungen"
Annalen der Physik 4 (1901): 513–523
Vol. 2, Doc. 1, 9–21 (*Einstein 1901*).

Apr 1902
"On the Thermodynamic Theory of the Difference in Potentials between Metals and Fully Dissociated Solutions of Their Salts and on an Electrical Method for Investigating Molecular Forces"
"Ueber die thermodynamische Theorie der Potentialdifferenz zwischen Metallen und vollständig dissociirten Lösungen ihrer Salze und über eine elektrische Methode zur Erforschung der Molekularkräfte"
Annalen der Physik 8 (1902): 798–814
Vol. 2, Doc. 2, 22–40 (*Einstein 1902a*).

Jun 1902
"Kinetic Theory of Thermal Equilibrium and of the Second Law of Thermodynamics"
"Kinetische Theorie des Wärmegleichgewichtes und des zweiten Hauptsatzes der Thermodynamik"
Annalen der Physik 9 (1902): 417–433
Vol. 2, Doc. 3, 56–75 (*Einstein 1902b*).

Jan 1903
"A Theory of the Foundations of Thermodynamics"
"Eine Theorie der Grundlagen der Thermodynamik"

Annalen der Physik 11 (1903): 170–187
Vol. 2, Doc. 4, 76–97 (*Einstein 1903*).

27 Mar 1904

"On the General Molecular Theory of Heat"
"Zur allgemeinen molekularen Theorie der Wärme"
Annalen der Physik 14 (1904): 354–362
Vol. 2, Doc. 5, 98–108 (*Einstein 1904*).

first half of Mar 1905

Review of Giuseppe Belluzzo, "Principles of Graphic Thermodynamics"
"Principi di termodinamica grafica"
Beiblätter zu den Annalen der Physik 29 (1905): 235–236
Vol. 2, Doc. 6, 112–114 (*Einstein 1905a*).

Review of Albert Fliegner, "On Clausius's Law of Entropy"
"Über den Clausiusschen Entropiesatz"
Beiblätter zu den Annalen der Physik 29 (1905): 236–237
Vol. 2, Doc. 7, 115–117 (*Einstein 1905b*).

Review of William McFadden Orr, "On Clausius' Theorem for Irreversible Cycles, and on the Increase of Entropy"
Beiblätter zu den Annalen der Physik 29 (1905): 237
Vol. 2, Doc. 8, 118–119 (*Einstein 1905c*).

Review of George Hartley Bryan, "The Law of Degradation of Energy as the Fundamental Principle of Thermodynamics"
Beiblätter zu den Annalen der Physik 29 (1905): 237
Vol. 2, Doc. 9, 120–121 (*Einstein 1905d*).

Review of Nikolay Nikolayevich Schiller, "Some Concerns Regarding the Theory of Entropy Increase Due to the Diffusion of Gases Where the Initial Pressures of the Latter Are Equal"
"Einige Bedenken betreffend die Theorie der Entropievermehrung durch Diffusion der Gase bei einander gleichen Anfangsspannungen der letzteren"
Beiblätter zu den Annalen der Physik 29 (1905): 237–238
Vol. 2, Doc. 10, 122–124 (*Einstein 1905e*).

Review of Jakob Johann Weyrauch, "On the Specific Heats of Superheated Water Vapor"
"Ueber die spezifischen Wärmen des überhitzten Wasserdampfes"
Beiblätter zu den Annalen der Physik 29 (1905): 240
Vol. 2, Doc. 11, 125–126 (*Einstein 1905f*).

Review of Jacobus Henricus Van 't Hoff, "The Influence of the Change in Specific Heat on the Work of Conversion"
"Einfluß der Änderung der spezifischen Wärme auf die Umwandlungsarbeit"
Beiblätter zu den Annalen der Physik 29 (1905): 240–242
Vol. 2, Doc. 12, 127–130 (*Einstein 1905g*).

Review of Arturo Giammarco, "A Case of Corresponding States in Thermodynamics"
"Un caso di corrispondenza in termodinamica"
Beiblätter zu den Annalen der Physik 29 (1905): 246–247
Vol. 2, Doc. 13, 131–133 (*Einstein 1905h*).

17 Mar 1905

"On a Heuristic Point of View Concerning the Production and Transformation of Light"
"Über einen die Erzeugung und Verwandlung des Lichtes betreffenden heuristischen Gesichtspunkt"
Annalen der Physik 17 (1905): 132–148
Vol. 2, Doc. 14, 149–169 (*Einstein 1905i*).

30 Apr 1905

A New Determination of Molecular Dimensions
Eine neue Bestimmung der Moleküldimensionen
Bern: Buchdruckerei K. J. Wyss, 1905
Vol. 2, Doc. 15, 183–202 (*Einstein 1905j*).

May 1905

"On the Movement of Small Particles Suspended in Stationary Liquids Required by the Molecular-Kinetic Theory of Heat"
"Über die von der molekularkinetischen Theorie der Wärme geforderte Bewegung von in ruhenden Flüssigkeiten suspendierten Teilchen"

Annalen der Physik 17 (1905): 549–560
Vol. 2, Doc. 16, 223–236 (*Einstein 1905k*).

second half of Jun 1905

Review of Karl Fredrik Slotte, "On the Heat of Fusion"
"Über die Schmelzwärme"
Beiblätter zu der Annalen den Physik 29 (1905): 623–624
Vol. 2, Doc. 17, 237–239 (*Einstein 1905l*).

Review of Karl Fredrik Slotte, "Conclusions Drawn from a Thermodynamic Equation"
"Folgerungen aus einer thermodynamischen Gleichung"
Beiblätter zu den Annalen der Physik 29 (1905): 629
Vol. 2, Doc. 18, 240–241 (*Einstein 1905m*).

Review of Emile Mathias, "The Constant a of Rectilinear Diameters and the Laws of Corresponding States"
"La constante a des diamètres rectilignes et les lois des états correspondants [2e mémoire]"
Beiblätter zu den Annalen der Physik 29 (1905): 634–635
Vol. 2, Doc. 19, 242–244 (*Einstein 1905n*).

Review of Max Planck, "On Clausius' Theorem for Irreversible Cycles, and on the Increase of Entropy"
Beiblätter zu den Annalen der Physik 29 (1905): 635
Vol. 2, Doc. 20, 245–246 (*Einstein 1905o*).

Review of Edgar Buckingham, "On Certain Difficulties Which Are Encountered in the Study of Thermodynamics"
Beiblätter zu den Annalen der Physik 29 (1905): 635–636
Vol. 2, Doc. 21, 247–249 (*Einstein 1905p*).

Review of Paul Langevin, "On a Fundamental Formula of the Kinetic Theory"
"Sur une formule fondamentale de la théorie cinétique"
Beiblätter zu den Annalen der Physik 29 (1905): 640–641
Vol. 2, Doc. 22, 250–252 (*Einstein 1905q*).

Jun 1905

"On the Electrodynamics of Moving Bodies"
"Zur Elektrodynamik bewegter Körper"
Annalen der Physik 17 (1905): 891–921
Vol. 2, Doc. 23, 275–310 (*Einstein 1905r*).

Sep 1905

"Does the Inertia of a Body Depend upon its Energy Content?"
"Ist die Trägheit eines Körpers von seinem Energieinhalt abhängig?"
Annalen der Physik 18 (1905): 639–641
Vol. 2, Doc. 24, 311–315 (*Einstein 1905s*).

second half of Sep 1905

Review of Heinrich Birven, *Fundamentals of the Mechanical Theory of Heat*
Grundzüge der mechanischen Wärmetheorie
Beiblätter zu den Annalen der Physik 29 (1905): 950
Vol. 2, Doc. 25, 316–317 (*Einstein 1905t*).

Review of Auguste Ponsot, "Heat in the Displacement of the Equilibrium of a Capillary System"
"Chaleur dans le déplacement de l'équilibre d'un système capillaire"
Beiblätter zu den Annalen der Physik 29 (1905): 952
Vol. 2, Doc. 26, 318–319 (*Einstein 1905u*).

Review of Karl Bohlin, "On Impact Considered as the Basis of Kinetic Theories of Gas Pressure and of Universal Gravitation"
"Sur le choc, considéré comme fondement des théories cinétiques de la pression des gaz et de la gravitation universelle"
Beiblätter zu den Annalen der Physik 29 (1905): 952–953
Vol. 2, Doc. 27, 320–322 (*Einstein 1905v*).

first half of Nov 1905

Review of Georges Meslin, "On the Constant in Mariotte and Gay-Lussac's Law"
"Sur la constante de la loi de Mariotte et Gay-Lussac"
Beiblätter zu den Annalen der Physik 29 (1905): 1114
Vol. 2, Doc. 28, 323–324 (*Einstein 1905w*).

Review of Albert Fliegner, "The Efflux of Hot Water from Container Orifices"
"Das Ausströmen heissen Wassers aus Gefässmündungen"
Beiblätter zu den Annalen der Physik 29 (1905): 1115
Vol. 2, Doc. 29, 325–326 (*Einstein 1905x*).

second half of Nov 1905

    Review of Jakob Johann Weyrauch, *An Outline of the Theory of Heat. With Numerous Examples and Applications*. Part 1
Grundriss der Wärmetheorie. Mit zahlreichen Beispielen und Anwendungen. Part 1. Stuttgart: Wittwer, 1905
Beiblätter zu den Annalen der Physik 29 (1905): 1152–1153
Vol. 2, Doc. 30, 327–330 (*Einstein 1905y*).

    Review of Albert Fliegner, "On the Thermal Value of Chemical Processes"
"Über den Wärmewert chemischer Vorgänge"
Beiblätter zu den Annalen der Physik 29 (1905): 1158
Vol. 2, Doc. 31, 331–332 (*Einstein 1905z*).

Dec 1905

    "On the Theory of Brownian Motion"
"Zur Theorie der Brownschen Bewegung"
Annalen der Physik 19 (1906): 371–381
Vol. 2, Doc. 32, 333–345 (*Einstein 1906b*).

Jan 1906

    "Supplement" to "A New Determination of Molecular Dimensions"
"Nachtrag" to "Eine neue Bestimmung der Moleküldimensionen"
Annalen der Physik 19 (1906): 305–306
Vol. 2, Doc. 33, 346–348 (*Einstein 1906c*).

Mar 1906

    "On the Theory of Light Production and Light Absorption"
"Zur Theorie der Lichterzeugung und Lichtabsorption"
Annalen der Physik 20 (1906): 199–206
Vol. 2, Doc. 34, 349–358 (*Einstein 1906d*).

May 1906

    "The Principle of Conservation of Motion of the Center of Gravity and the Inertia of Energy"
"Das Prinzip von der Erhaltung der Schwerpunktsbewegung und die Trägheit der Energie"
Annalen der Physik 20 (1906): 627–633
Vol. 2, Doc. 35, 359–366 (*Einstein 1906e*).

Aug 1906

"On a Method for the Determination of the Ratio of the Transverse and the Longitudinal Mass of the Electron"
"Über eine Methode zur Bestimmung des Verhältnisses der transversalen und longitudinalen Masse des Elektrons"
Annalen der Physik 21 (1906): 583–586
Vol. 2, Doc. 36, 367–372 (*Einstein 1906g*).

first half of Aug 1906

Review of Max Planck, *Lectures on the Theory of Thermal Radiation*
Vorlesungen über die Theorie der Wärmestrahlung. Leipzig: Barth, 1906
Beiblätter zu den Annalen der Physik 30 (1906): 764–766
Vol. 2, Doc. 37, 373–377 (*Einstein 1906f*).

Nov 1906

"Planck's Theory of Radiation and the Theory of Specific Heat"
"Die Plancksche Theorie der Strahlung und die Theorie der spezifischen Wärme"
Annalen der Physik 22 (1907): 180–190
Vol. 2, Doc. 38, 378–391 (*Einstein 1907a*).

Dec 1906

"On the Limit of Validity of the Law of Thermodynamic Equilibrium and on the Possibility of a New Determination of the Elementary Quanta"
"Über die Gültigkeitsgrenze des Satzes vom thermodynamischen Gleichgewicht und über die Möglichkeit einer neuen Bestimmung der Elementarquanta"
Annalen der Physik 22 (1907): 569–572
Vol. 2, Doc. 39, 392–397 (*Einstein 1907b*).

Jan 1907

"Theoretical Remarks on Brownian Motion"
"Theoretische Bemerkungen über die Brownsche Bewegung"
Zeitschrift für Elektrochemie und angewandte physikalische Chemie 13 (1907): 41–42
Vol. 2, Doc. 40, 398–400 (*Einstein 1907c*).

Mar 1907

"On the Possibility of a New Test of the Relativity Principle"
"Über die Möglichkeit einer neuen Prüfung des Relativitätsprinzips"
Annalen der Physik 23 (1907): 197–198
Vol. 2, Doc. 41, 401–403 (*Einstein 1907e*).

3 Mar 1907

"Correction to My Paper: 'Planck's Theory of Radiation, etc.'"
"Berichtigung zu meiner Arbeit: 'Die Plancksche Theorie der Strahlung, etc.'"
Annalen der Physik 22 (1907): 800
Vol. 2, Doc. 42, 404–406 (*Einstein 1907d*).

23 Mar 1907

Author's abstract of lecture: "On the Nature of the Movements of Microscopically Small Particles Suspended in Liquids"
"Ueber die Natur der Bewegungen mikroskopisch kleiner, in Flüssigkeiten suspendierter Teilchen"
Naturforschende Gesellschaft Bern. Mitteilungen (1907): VII
Vol. 2, Doc. 43, 407–408 (*Einstein 1907f*).

14 Apr 1907

"Comments on the Note of Mr. Paul Ehrenfest: 'Translatory Motion of Deformable Electrons and the Area Law'"
"Bemerkungen zu der Notiz von Hrn. Paul Ehrenfest: 'Translation deformierbarer Elektronen und der Flächensatz'"
Annalen der Physik 23 (1907): 206–208
Vol. 2, Doc. 44, 409–412 (*Einstein 1907g*).

May 1907

"On the Inertia of Energy Required by the Relativity Principle"
"Über die vom Relativitätsprinzip geforderte Trägheit der Energie"
Annalen der Physik 23 (1907): 371–384
Vol. 2, Doc. 45, 413–428 (*Einstein 1907h*).

second half of Aug 1907
> Review of Jakob Johann Weyrauch. *An Outline of the Theory of Heat. With Numerous Examples and Applications.* Part 2
> *Grundriss der Wärmetheorie. Mit zahlreichen Beispielen und Anwendungen.* Part 2. Stuttgart: Witwer, 1907
> *Beiblätter zu den Annalen der Physik* 31 (1907): 777–778
> Vol. 2, Doc. 46, 429–431 (*Einstein 1907i*).

4 Dec 1907
> "On the Relativity Principle and the Conclusions Drawn from It"
> "Über das Relativitätsprinzip und die aus demselben gezogenen Folgerungen"
> *Jahrbuch der Radioaktivität und Elektronik* 4 (1907): 411–462
> Vol. 2, Doc. 47, 432–488 (*Einstein 1907j*).

13 Feb 1908
> "A New Electrostatic Method for the Measurement of Small Quantities of Electricity"
> "Eine neue elektrostatische Methode zur Messung kleiner Elektrizitätsmengen"
> *Physikalische Zeitschrift* 9 (1908): 216–217
> Vol. 2, Doc. 48, 489–492 (*Einstein 1908a*).

29 Feb 1908
> "Corrections to the Paper: 'On the Relativity Principle and the Conclusions Drawn from It'"
> "Berichtigungen zu der Arbeit: 'Über das Relativitätsprinzip und die aus demselben gezogenen Folgerungen.'"
> *Jahrbuch der Radioaktivität und Elektronik* 5 (1908): 98–99
> Vol. 2, Doc. 49, 493–495 (*Einstein 1908b*).

1 Apr 1908
> "Elementary Theory of Brownian Motion"
> "Elementare Theorie der Brownschen Bewegung"
> *Zeitschrift für Elektrochemie und angewandte physikalische Chemie* 14 (1908): 235–239
> Vol. 2, Doc. 50, 496–502 (*Einstein 1908c*).

29 Apr 1908
> "On the Fundamental Electromagnetic Equations for Moving Bodies" (with Jakob Laub)

"Über die elektromagnetischen Grundgleichungen für bewegte Körper"
Annalen der Physik 26 (1908): 532–540
Vol. 2, Doc. 51, 508–517 (*Einstein and Laub 1908a*).

7 May 1908

"On the Ponderomotive Forces Exerted on Bodies at Rest in the Electromagnetic Field" (with Jakob Laub)
"Über die im elektromagnetischen Felde auf ruhende Körper ausgeübten ponderomotorischen Kräfte"
Annalen der Physik 26 (1908): 541–550
Vol. 2, Doc. 52, 518–528 (*Einstein and Laub 1908b*).

24 Aug 1908

"Correction to the Paper: 'On the Fundamental Electromagnetic Equations for Moving Bodies'" (with Jakob Laub)
"Berichtigung zur Abhandlung: 'Über die elektromagnetischen Grundgleichungen für bewegte Körper'"
Annalen der Physik 27 (1908): 232
Vol. 2, Doc. 53, 529–530 (*Einstein and Laub 1908c*).

Nov 1908

"Remarks on Our Paper: 'On the Fundamental Electromagnetic Equations for Moving Bodies'" (with Jakob Laub)
"Bemerkungen zu unserer Arbeit: 'Über die elektromagnetischen Grundgleichungen für bewegte Körper'"
Annalen der Physik 28 (1909): 445–447
Vol. 2, Doc. 54, 531–535 (*Einstein and Laub 1909*).

Jan 1909

"Comment on the Paper of D. Mirimanoff: 'On the Fundamental Equations . . .'"
"Bemerkung zu der Arbeit von D. Mirimanoff 'Über die Grundgleichungen . . .'"
Annalen der Physik 28 (1909): 885–888
Vol. 2, Doc. 55, 536–540 (*Einstein 1909a*).

"On the Present Status of the Radiation Problem"
"Zum gegenwärtigen Stand des Strahlungsproblems"
Physikalische Zeitschrift 10 (1909): 185–193
Vol. 2, Doc. 56, 541–553 (*Einstein 1909b*).

Apr 1909
"On the Present Status of the Radiation Problem" (with Walter Ritz)
"Zum gegenwärtigen Stand des Strahlungsproblems"
Physikalische Zeitschrift 10 (1909): 323–324
Vol. 2, Doc. 57, 554–555 (*Ritz and Einstein 1909*).

20 Sep 1909
Extract from "Discussion" following lecture version of Henry Siedentopf, "On Ultramicroscopic Images"
Physikalische Zeitschrift 10 (1909): 779–780
Vol. 2, Doc. 58, 556–559 (*Einstein et al. 1909a*).

21 Sep 1909
Extract from "Discussion" following lecture version of Arthur Szarvassi, "The Theory of Electromagnetic Phenomena in Moving Bodies and the Energy Principle"
Physikalische Zeitschrift 10 (1909): 813
Vol. 2, Doc. 59, 560–562 (*Einstein et al. 1909b*).

"On the Development of Our Views Concerning the Nature and Constitution of Radiation"
"Über die Entwickelung unserer Anschauungen über das Wesen und die Konstitution der Strahlung"
Deutsche Physikalische Gesellschaft. Verhandlungen 7 (1909): 482–500
Vol. 2, Doc. 60, 563–583 (*Einstein 1909c*).

"Discussion" following lecture version of "On the Development of Our Views Concerning the Nature and Constitution of Radiation"
"Diskussion"
Physikalische Zeitschrift 10 (1909): 825–826
Vol. 2, Doc. 61, 584–587 (*Einstein et al. 1909c*).

"Discussion" following lecture version of Fritz Hasenöhrl "On the Transformation of Kinetic Energy into Radiation"
"Diskussion"
Physikalische Zeitschrift 10 (1909): 830
Vol. 2, Doc. 62, 588–590 (*Einstein et al. 1909d*).

Volume 3

18 Oct 1909–5 Mar 1910
    Lecture Notes for Introductory Course on Mechanics at the University of Zurich, Winter Semester 1909/1910
    Vol. 3, Doc. 1, 11–129 [3-004, 3-005].

15 Jan and 15 Feb 1910
    "The Principle of Relativity and Its Consequences in Modern Physics"
    "Le principe de relativité et ses conséquences dans la physique moderne"
    Archives des sciences physiques et naturelles 29 (1910): 5–28, 125–144
    Vol. 3, Doc. 2, 130–176 (*Einstein 1910a*).

before 18 Jan 1910
    "Response to Planck's Manuscript"
    "Antwort auf Plancks Manuscript"
    Vol. 3, Doc. 3, 177–178 [19-241].

19 Apr–5 Aug 1910
    Lecture Notes for Course on the Kinetic Theory of Heat at the University of Zurich, Summer Semester 1910
    Vol. 3, Doc. 4, 179–247 [3-003].

7 May 1910
    "On the Theory of Light Quanta and the Question of the Localization of Electromagnetic Energy"
    "Sur la théorie des quantités lumineuses et la question de la localisation de l'énergie électromagnétique"
    Archives des sciences physiques et naturelles 29 (1910): 525–528
    Vol. 3, Doc. 5, 248–253 (*Einstein 1910b*).

15 Jul 1910
    "On the Ponderomotive Forces Acting on Ferromagnetic Conductors Carrying a Current in a Magnetic Field"
    "Sur les forces pondéromotrices qui agissent sur des conducteurs ferromagnétiques disposés dans un champ magnétique et parcourus par un courant"
    Archives des sciences physiques et naturelles 30 (1910):

	323–324

Vol. 3, Doc. 6, 254–257 (*Einstein 1910c*).

Aug 1910

"Statistical Investigation of a Resonator's Motion in a Radiation Field" (with Ludwig Hopf)
"Statistische Untersuchung der Bewegung eines Resonators in einem Strahlungsfeld"
Annalen der Physik 33 (1910): 1105–1115
Vol. 3, Doc. 8, 269–285 (*Einstein and Hopf 1910b*).

29 Aug 1910

"On a Theorem of the Probability Calculus and Its Application in the Theory of Radiation" (with Ludwig Hopf)
"Über einen Satz der Wahrscheinlichkeitsrechnung und seine Anwendung in der Strahlungstheorie"
Annalen der Physik 33 (1910): 1096–1104
Vol. 3, Doc. 7, 258–268 (*Einstein and Hopf 1910a*).

Oct 1910

"The Theory of the Opalescence of Homogeneous Fluids and Liquid Mixtures near the Critical State"
"Theorie der Opaleszenz von homogenen Flüssigkeiten und Flüssigkeitsgemischen in der Nähe des kritischen Zustandes"
Annalen der Physik 33 (1910): 1275–1298
Vol. 3, Doc. 9, 286–312 (*Einstein 1910d*).

"Comments on P. Hertz's Papers: 'On the Mechanical Foundations of Thermodynamics'"
"Bemerkungen zu den P. Hertzschen Arbeiten: 'Über die mechanischen Grundlagen der Thermodynamik'"
Annalen der Physik 34 (1911): 175–176
Vol. 3, Doc. 10, 313–315 (*Einstein 1911c*).

17 Oct 1910–4 Mar 1911

Lecture Notes for Course on Electricity and Magnetism at the University of Zurich, Winter Semester 1910/1911
Vol. 3, Doc. 11, 316–400 [3-007].

30 Nov 1910

"Comment on Eötvös's Law"
"Bemerkung zu dem Gesetz von Eötvös"

Annalen der Physik 34 (1911): 165–169
Vol. 3, Doc. 12, 401–407 (*Einstein 1911a*).

"A Relationship between Elastic Behavior and Specific Heat in Solids with a Monatomic Molecule"
"Eine Beziehung zwischen dem elastischen Verhalten und der spezifischen Wärme bei festen Körpern mit einatomigem Molekül"
Annalen der Physik 34 (1911): 170–174
Vol. 3, Doc. 13, 408–414 (*Einstein 1911b*).

Jan 1911

"Correction to My Paper: 'A New Determination of Molecular Dimensions'"
"Berichtigung zu meiner Arbeit: 'Eine neue Bestimmung der Moleküldimensionen'"
Annalen der Physik 34 (1911): 591–592
Vol. 3, Doc. 14, 415–418 (*Einstein 1911e*).

"Comment on My Paper: 'A Relationship between Elastic Behavior . . .'"
"Bemerkung zu meiner Arbeit: 'Eine Beziehung zwischen dem elastischem Verhalten . . .'"
Annalen der Physik 34 (1911): 590
Vol. 3, Doc. 15, 419–421 (*Einstein 1911d*).

2 Jan 1911

"Comment on a Fundamental Difficulty in Theoretical Physics"
"Bemerkung über eine fundamentale Schwierigkeit in der theoretischen Physik"
Vol. 3, Doc. 16, 422–423 [2-138].

16 Jan 1911

"The Theory of Relativity"
"Die Relativitäts-Theorie"
Naturforschende Gesellschaft in Zürich. Vierteljahrsschrift 56 (1911): 1–14
Vol. 3, Doc. 17, 424–439 (*Einstein 1911i*).

"Discussion" following lecture version of "The Theory of Relativity"
"Diskussion"

Naturforschende Gesellschaft in Zürich. Vierteljahrsschrift
56. Part 2, *Sitzungsberichte* (1911): II–IX
Vol. 3, Doc. 18, 440–449 (*Einstein et al. 1911b*).

10 Feb 1911

Notes for a Lecture on Fluctuations
Vol. 3, Doc. 19, 450–455 [2-081].

21 Feb 1911

Statement on the Light Quantum Hypothesis
Naturforschende Gesellschaft in Zürich. Vierteljahrsschrift
56. Part 2, *Sitzungsberichte* (1911): XVI
Vol. 3, Doc. 20, 456–458 (*Einstein 1911j*).

May 1911

"Elementary Observations on Thermal Molecular Motion in Solids" and "Note Added in Proof"
"Elementare Betrachtungen über die thermische Molekularbewegung in festen Körpern" and "Nachtrag zur Korrektur"
Annalen der Physik 35 (1911): 679–694
Vol. 3, Doc. 21, 459–480 (*Einstein 1911g*).

"On the Ehrenfest Paradox. Comment on V. Varičak's Paper"
"Zum Ehrenfestschen Paradoxon. Bemerkung zu V. Varičaks Aufsatz"
Physikalische Zeitschrift 12 (1911): 509–510
Vol. 3, Doc. 22, 481–484 (*Einstein 1911f*).

Jun 1911

"On the Influence of Gravitation on the Propagation of Light"
"Über den Einfluß der Schwerkraft auf die Ausbreitung des Lichtes"
Annalen der Physik 35 (1911): 898–908
Vol. 3, Doc. 23, 485–497 (*Einstein 1911h*).

25 and 27 Sep 1911

Excerpts of discussions following lectures delivered at 83d meeting of the Gesellschaft Deutscher Naturforscher und Ärzte, 25 and 27 September 1911
Physikalische Zeitschrift 12 (1911): 1068–1069, 978–979, 1084
Vol. 3, Doc. 24, 498–504 (*Einstein et al. 1911a*).

30 Oct–3 Nov 1911

Discussion remarks following lectures delivered at first Solvay Congress
Vol. 3, Doc. 25, 505–519 [72-206].

3 Nov 1911

"On the Present State of the Problem of Specific Heats"
"Zum gegenwärtigen Stande des Problems der spezifischen Wärme"
Die Theorie der Strahlung und der Quanten. Verhandlungen auf einer von E. Solvay einberufenen Zusammenkunft (30. Oktober bis 3. Nov 1911). Mit einem Anhange über die Entwicklung der Quantentheorie vom Herbst 1911 bis Sommer 1913, pp. 330–352. Eucken, Arnold, ed. Halle a.S.: Knapp, 1914. (*Abhandlungen der Deutschen Bunsen Gesellschaft für angewandte physikalische Chemie* 3, no. 7.)
Vol. 3, Doc. 26, 520–548 (*Einstein 1914a*).

"Discussion" following lecture version of "On the Present State of the Problem of Specific Heats"
"Diskussion"
Die Theorie der Strahlung und der Quanten. Verhandlungen auf einer von E. Solvay einberufenen Zusammenkunft (30. Oktober bis 3. Nov 1911). Mit einem Anhange über die Entwicklung der Quantentheorie vom Herbst 1911 bis Sommer 1913, pp. 353–364. Halle a.S.: Knapp, 1914. (*Abhandlungen der Deutschen Bunsen Gesellschaft für angewandte physikalische Chemie* 3, no. 7.)
Vol. 3, Doc. 27, 549–562 (*Einstein et al. 1914a*).

1909–1914?

Scratch Notebook
Vol. 3, Appendix A, 563–597 [3-013].

Volume 4

1912–1914

Manuscript on the Special Theory of Relativity
Vol. 4, Doc. 1, 9–108 [81-600].

Jan 1912

"Thermodynamic Proof of the Law of Photochemical Equivalence"
"Thermodynamische Begründung des photochemischen Äquivalentgesetzes"
Annalen der Physik 37 (1912): 832–838
Vol. 4, Doc. 2, 114–128 (*Einstein 1912b*).

Feb 1912

"The Speed of Light and the Statics of the Gravitational Field"
"Lichtgeschwindigkeit und Statik des Gravitationsfeldes"
Annalen der Physik 38 (1912): 355–369
Vol. 4, Doc. 3, 129–145 (*Einstein 1912c*).

23 Mar 1912

"On the Theory of the Static Gravitational Field" and "Note Added in Proof"
"Zur Theorie des statischen Gravitationsfeldes" and "Nachtrag zur Korrektur"
Annalen der Physik 38 (1912): 443–458
Vol. 4, Doc. 4, 146–164 (*Einstein 1912d*).

May 1912

"Supplement to My Paper: 'Thermodynamic Proof of the Law of Photochemical Equivalence'"
"Nachtrag zu meiner Arbeit: 'Thermodynamische Begründung des Photochemischen Äquivalentgesetzes'"
Annalen der Physik 38 (1912): 881–884
Vol. 4, Doc. 5, 165–170 (*Einstein 1912f*).

30 May 1912

"Response to a Comment by J. Stark: 'On an Application of Planck's Fundamental Law . . .'"
"Antwort auf eine Bemerkung von J. Stark: 'Über eine Anwendung des Planckschen Elementargesetzes . . .'"
Annalen der Physik 38 (1912): 888
Vol. 4, Doc. 6, 171–173 (*Einstein 1912g*).

Jul 1912

"Is There a Gravitational Effect Which Is Analogous to Electrodynamic Induction?"
"Gibt es eine Gravitationswirkung, die der elektrodynami-

schen Induktionswirkung analog ist?"
Vierteljahrsschrift für gerichtliche Medizin und öffentliches Sanitätswesen 44 (1912): 37–40
Vol. 4, Doc. 7, 174–179 (*Einstein 1912e*).

4 Jul 1912

"Relativity and Gravitation. Reply to a Comment by M. Abraham"
"Relativität und Gravitation. Erwiderung auf eine Bemerkung von M. Abraham"
Annalen der Physik 38 (1912): 1059–1064
Vol. 4, Doc. 8, 180–188 (*Einstein 1912h*).

Aug 1912

"Comment on Abraham's Preceding Discussion 'Once Again, Relativity and Gravitation'"
"Bemerkung zu Abrahams vorangehender Auseinandersetzung 'Nochmals Relativität und Gravitation'"
Annalen der Physik 39 (1912): 704
Vol. 4, Doc. 9, 189–191 (*Einstein 1912i*).

ca. Aug 1912

Research Notes on a Generalized Theory of Relativity
Vol. 4, Doc. 10, 201–269 [3-006].

Volume 5

3 Aug 1912

"Statement of Reasons for Leaving Prague"
"Professor Einsteins Abgang von Prag"
Neue Freie Presse, 5 Aug 1912
Vol. 5, Doc. 414, 499–500 (*Einstein 1912j*)

Volume 4 ctd.

Dec 1912

"Some Arguments for the Assumption of Molecular Agitation at Absolute Zero" and "Remark added in Proof" (with Otto Stern)
"Einige Argumente für die Annahme einer molekularen Agitation beim absoluten Nullpunkt" and "Anmerkung bei der Korrektur"

Annalen der Physik 40 (1913): 551–560
Vol. 4, Doc. 11, 274–284 (*Einstein and Stern 1913*).

27 Mar 1913

"Thermodynamic Deduction of the Law of Photochemical Equivalence"
"Déduction thermodynamique de la loi de l'équivalence photochimique"
Journal de physique 3 (1913): 277–282
Vol. 4, Doc. 12, 286–293 (*Einstein 1913a*).

before 28 May 1913

Outline of a Generalized Theory of Relativity and of a Theory of Gravitation (with Marcel Grossmann)
Entwurf einer verallgemeinerten Relativitätstheorie und einer Theorie der Gravitation
Leipzig: Teubner, 1913
Vol. 4, Doc. 13, 302–343 (*Einstein and Grossmann 1913*).

Jun 1913

Einstein and Besso: Manuscript on the Motion of the Perihelion of Mercury
Vol. 4, Doc. 14, 360–473 [79-896].

9 Sep 1913

"Theory of Gravitation"
"Gravitationstheorie"
Schweizerische Naturforschende Gesellschaft. Verhandlungen 96, part 2 (1913): 137–140
Vol. 4, Doc. 15, 474–476 (*Einstein 1913d*).

"Physical Foundations of a Theory of Gravitation"
"Physikalische Grundlagen einer Gravitationstheorie"
Naturforschende Gesellschaft in Zürich. Vierteljahrsschrift 58 (1914): 284–290
Vol. 4, Doc. 16, 477–485 (*Einstein 1914g*).

23 Sep 1913

"On the Present State of the Problem of Gravitation"
"Zum gegenwärtigen Stande des Gravitationsproblems"
Physikalische Zeitschrift 14 (1913): 1249–1262
Vol. 4, Doc. 17, 486–503 (*Einstein 1913c*).

"Discussion" following lecture version of "On the Present State of the Problem of Gravitation"
"Diskussion"
Physikalische Zeitschrift 14 (1913): 1262–1266
Vol. 4, Doc. 18, 504–511 (*Einstein et al. 1913*).

2 Oct 1913–21 Mar 1914

Lecture Notes for Course on Electricity and Magnetism at the ETH, Winter Semester 1913/14
Vol. 4, Doc. 19, 512–519 [3-007].

before 21 Oct 1913

"Theoretical Atomism"
"Theoretische Atomistik"
Die Kultur der Gegenwart. Ihre Entwicklung und ihre Ziele. Hinneberg, Paul, ed. Part 3, sec. 3, vol. 1, *Physik*, pp. 251–263. Warburg, Emil, ed. Leipzig: Teubner, 1915
Vol. 4, Doc. 20, 520–534 (*Einstein 1915a*).

"Theory of Relativity"
"Die Relativitätstheorie"
Die Kultur der Gegenwart. Ihre Entwicklung und ihre Ziele. Hinneberg, Paul, ed. Part 3, sec. 3, vol. 1, *Physik*, pp. 703–713. Warburg, Emil, ed. Leipzig: Teubner, 1915
Vol. 4, Doc. 21, 535–546 (*Einstein 1915b*).

27–31 Oct 1913

Discussion remarks following lectures delivered at second Solvay Congress
Vol. 4, Doc. 22, 552–559 [74-636].

7 Nov 1913

"Max Planck as Scientist"
"Max Planck als Forscher"
Die Naturwissenschaften 1 (1913): 1077–1079
Vol. 4, Doc. 23, 560–565 (*Einstein 1913b*).

11 Dec 1913

"Supplementary Response to a Question by Mr. Reißner"
"Nachträgliche Antwort auf eine Frage von Herrn Reißner"
Physikalische Zeitschrift 15 (1914): 108–110
Vol. 4, Doc. 24, 566–570 (*Einstein 1914c*).

Jan 1914

"On the Foundations of the Generalized Theory of Relativity and the Theory of Gravitation"
"Prinzipielles zur verallgemeinerten Relativitätstheorie und Gravitationstheorie"
Physikalische Zeitschrift 15 (1914): 176–180
Vol. 4, Doc. 25, 571–578 (*Einstein 1914e*).

30 Jan 1914

"Comments" on "Outline of a Generalized Theory of Relativity and of a Theory of Gravitation" (the version of Vol. 2, Doc. 13 published as an article in *Zeitschrift für Mathematik und Physik*)
"Bemerkungen"
Zeitschrift für Mathematik und Physik 62 (1914): 260–261
Vol. 4, Doc. 26, 579–582 (*Einstein 1914d*).

9 Feb 1914

"On the Theory of Gravitation"
"Zur Theorie der Gravitation"
Naturforschende Gesellschaft in Zürich. Vierteljahrsschrift 59. Part 2, *Sitzungsberichte* (1914): IV–VI
Vol. 4, Doc. 27, 583–587 (*Einstein 1914r*).

19 Feb 1914

"Nordström's Theory of Gravitation from the Point of View of the Absolute Differential Calculus" (with Adriaan D. Fokker)
"Die Nordströmsche Gravitationstheorie vom Standpunkt des absoluten Differentialkalküls"
Annalen der Physik 44 (1914): 321–328
Vol. 4, Doc. 28, 588–597 (*Einstein and Fokker 1914*).

28 Feb 1914

"Method for the Determination of Statistical Values of Observations Regarding Quantities Subject to Irregular Fluctuations"
"Méthode pour la détermination de valeurs statistiques d'observations concernant des grandeurs soumises à des fluctuations irrégulières"
Archives des sciences physiques et naturelles 37 (1914): 254–256
Vol. 4, Doc. 29, 598–602 (*Einstein 1914f*).

after 28 Feb 1914

"A Method for the Statistical Use of Observations of Apparently Irregular, Quasiperiodic Processes"
"Eine Methode zur statistischen Verwertung von Beobachtungen scheinbar unregelmässig quasiperiodisch verlaufender Vorgänge"
Vol. 4, Doc. 30, 603–607 [2-079].

Mar 1914

"On the Relativity Problem"
"Zum Relativitäts-Problem"
Scientia 15 (1914): 337–348
Vol. 4, Doc. 31, 608–622 (*Einstein 1914i*).

Volume 6

26 Apr 1914

"On the Principle of Relativity"
"Vom Relativitäts-Prinzip"
Vossische Zeitung, 26 April 1914, Morning Edition
Vol. 6, Doc. 1, 3–5 (*Einstein 1914h*).

29 May 1914

"Covariance Properties of the Field Equations of the Theory of Gravitation Based on the Generalized Theory of Relativity" (with Marcel Grossmann)
"Kovarianzeigenschaften der Feldgleichungen der auf die verallgemeinerte Relativitätstheorie gegründeten Gravitationstheorie"
Zeitschrift für Mathematik und Physik 63 (1914): 215–225
Vol. 6, Doc. 2, 6–18 (*Einstein and Grossmann 1914b*).

2 Jul 1914

"Inaugural Lecture"
"Antrittsrede"
Königlich Preußische Akademie der Wissenschaften (Berlin). *Sitzungsberichte* (1914): 739–742
Vol. 6, Doc. 3, 19–24 (*Einstein 1914k*).

18 Jul 1914	
	"Remarks on P. Harzer's Paper: 'On the Dragging of Light in Glass and on Aberration'"
	"Bemerkungen zu P. Harzers Abhandlung 'Über die Mitführung des Lichtes in Glas und die Aberration.'"
	Astronomische Nachrichten 199 (1914): cols. 7–10
	Vol. 6, Doc. 4, 25–28 (*Einstein 1914l*).
24 Jul 1914	
	"Contributions to Quantum Theory"
	"Beiträge zur Quantentheorie"
	Deutsche Physikalische Gesellschaft. Verhandlungen 16 (1914): 820–828
	Vol. 6, Doc. 5, 29–40 (*Einstein 1914n*).
18 Aug 1914	
	"Response to Paul Harzer's Reply"
	"Antwort auf eine Replik Paul Harzers"
	Astronomische Nachrichten 199 (1914): cols. 47–48
	Vol. 6, Doc. 6, 41–43 (*Einstein 1914m*).
16 Oct 1914–15 Mar 1915	
	Lecture Notes for Course on Relativity at the University of Berlin, Winter Semester 1914/15
	Vol. 6, Doc. 7, 44–68 [3-008].
mid-Oct 1914	
	"Manifesto to the Europeans"
	"Aufruf an die Europäer" (with G. F. Nicolai and F. W. Förster)
	Nicolai, Georg Friedrich. *Die Biologie des Krieges. Betrachtungen eines deutschen Naturforschers*, pp. 9–11. Zurich: Füssli, 1917,
	Vol. 6, Doc. 8, 69–71.
29 Oct 1914	
	"The Formal Foundations of the General Theory of Relativity"
	"Die formale Grundlage der allgemeinen Relativitätstheorie"
	Königlich Preußische Akademie der Wissenschaften

(Berlin). *Sitzungsberichte* (1914): 1030–1085
Vol. 6, Doc. 9, 72–130 (*Einstein 1914o*).

27 Nov 1914

Review of Alexander von Brill, *The Principle of Relativity*: *An Introduction to the Theory*
Das Relativitätsprinzip. Eine Einführung in die Theorie. 2d ed. Leipzig: Teubner, 1916
Die Naturwissenschaften 2 (1914): 1018
Vol. 6, Doc. 10, 131–133 (*Einstein 1914p*).

Review of H. A. Lorentz, *The Principle of Relativity*: *Three Lectures* . . .
Das Relativitätsprinzip. Drei Vorlesungen gehalten in Teylers Stiftung zu Haarlem. Keesom, W. H., ed. Leipzig: Teubner, 1914
Die Naturwissenschaften 2 (1914): 1018
Vol. 6, Doc. 11, 134–136 (*Einstein 1914q*).

6 Feb 1915

"Expert Opinion on Legal Dispute between Anschütz & Co. and Sperry Gyroscope Company"
"Gutachten zum Rechtsstreit Anschütz & Co. gegen Sperry-Gyroscope Company"
Vol. 6, Doc. 12, 137–144 [79-224].

19 Feb 1915

"Experimental Proof of Ampère's Molecular Currents" (with Wander J. de Haas)
"Experimenteller Nachweis der Ampèreschen Molekularströme"
Deutsche Physikalische Gesellschaft. Verhandlungen 17 (1915): 152–170
Vol. 6, Doc. 13, 150–171 (*Einstein and De Haas 1915a*).

23 Apr 1915

"Experimental Proof of the Existence of Ampère's Molecular Currents" (with Wander J. de Haas)
Koninklijke Akademie van Wetenschappen te Amsterdam. Section of Sciences. Proceedings 18 (1915): 696–711
Vol. 6, Doc. 14, 172–189 (*Einstein and De Haas 1915c*).

7 May 1915

"Experimental Proof of Ampère's Molecular Currents"
"Experimenteller Nachweis der Ampèreschen Molekularströme"
Die Naturwissenschaften 3 (1915): 237–238
Vol. 6, Doc. 15, 190–193 (*Einstein 1915c*).

10 May 1915

"Correction of My Joint Paper with J. W. de Haas: 'Experimental Proof of Ampère's Molecular Currents'"
"Berichtigung zu meiner gemeinsam mit Herrn J. W. De Haas veröffentlichten Arbeit 'Experimenteller Nachweis der Ampèreschen Molekularströme'"
Deutsche Physikalische Gesellschaft. Verhandlungen 7 (1915): 203
Vol. 6, Doc. 16, 194–196 (*Einstein 1915d*).

15 Jun 1915

"Comment on the Essay Submitted by Knapp: 'The Shearing of the Light-Ether . . .'"
"Äusserung zu dem von Herrn Knapp eingereichten Aufsatze 'Die Scherung des Lichtäthers . . .'"
Vol. 6, Doc. 17, 197 [82-032].

24 Jun 1915

"Response to a Paper by M. von Laue: 'A Theorem in Probability Calculus and Its Application to Radiation Theory'"
"Antwort auf eine Abhandlung M. v. Laues 'Ein Satz der Wahrscheinlichkeitsrechnung und seine Anwendung auf die Strahlungstheorie'"
Annalen der Physik 47 (1915): 879–885
Vol. 6, Doc. 18, 198–206 (*Einstein 1915e*).

7 Aug 1915

"Supplementary Expert Opinion"
"Nachtragsgutachten"
Vol. 6, Doc. 19, 207–210 [79-231].

23 Oct–11 Nov 1915

"My Opinion on the War"
"Meine Meinung über den Krieg"
Vol. 6, Doc. 20, 211–213 [70-457].

4 Nov 1915

"On the General Theory of Relativity"
"Zur allgemeinen Relativitätstheorie"
Königlich Preußische Akademie der Wissenschaften (Berlin). *Sitzungsberichte* (1915): 778–786
Vol. 6, Doc. 21, 214–224 (*Einstein 1915f*).

11 Nov 1915

"On the General Theory of Relativity (Addendum)"
"Zur allgemeinen Relativitätstheorie (Nachtrag)"
Königlich Preußische Akademie der Wissenschaften (Berlin). *Sitzungsberichte* (1915): 799–801
Vol. 6, Doc. 22, 225–229 (*Einstein 1915g*).

15 Nov 1915

"Comment on Our Paper: 'Experimental Proof of Ampère's Molecular Currents'" (with Wander J. de Haas)
"Notiz zu unserer Arbeit 'Experimenteller Nachweis der Ampèreschen Molekularströme'"
Deutsche Physikalische Gesellschaft. Verhandlungen 7 (1915): 420
Vol. 6, Doc. 23, 230–232 (*Einstein and De Haas 1915d*).

18 Nov 1915

"Explanation of the Perihelion Motion of Mercury from the General Theory of Relativity"
"Erklärung der Perihelbewegung des Merkur aus der allgemeinen Relativitätstheorie"
Königlich Preußische Akademie der Wissenschaften (Berlin). *Sitzungsberichte* (1915): 831–839
Vol. 6, Doc. 24, 233–243 (*Einstein 1915h*).

25 Nov 1915

"The Field Equations of Gravitation"
"Die Feldgleichungen der Gravitation"
Königlich Preußische Akademie der Wissenschaften (Berlin). *Sitzungsberichte* (1915): 844–847
Vol. 6, Doc. 25, 244–249 (*Einstein 1915i*).

ca. 14 Jan 1916

"On the Theory of Tetrode and Sackur for the Entropy Constant"
"Zur Tetrode-Sakkur'schen Theorie der Entropie-

Konstante"
Vol. 6, Doc. 26, 250–262 [2-075].

3 Feb 1916

"A New Formal Interpretation of Maxwell's Field Equations of Electrodynamics"
"Eine neue formale Deutung der Maxwellschen Feldgleichungen der Elektrodynamik"
Königlich Preußische Akademie der Wissenschaften (Berlin) *Sitzungsberichte* (1916): 184–187
Vol. 6, Doc. 27, 263–269 (*Einstein 1916b*).

25 Feb 1916

"A Simple Experiment to Demonstrate Ampère's Molecular Currents"
"Ein einfaches Experiment zum Nachweis der Ampèreschen Molekularströme"
Deutsche Physikalische Gesellschaft. Verhandlungen 18 (1916): 173–177
Vol. 6, Doc. 28, 270–276 (*Einstein 1916d*).

14 Mar 1916

"Ernst Mach"
Physikalische Zeitschrift 17 (1916): 101–104
Vol. 6, Doc. 29, 277–282 (*Einstein 1916c*).

20 Mar 1916

"The Foundation of the General Theory of Relativity"
"Die Grundlage der allgemeinen Relativitätstheorie"
Annalen der Physik 49 (1916): 769–822
Vol. 6, Doc. 30, 283–339 (*Einstein 1916e*).

before 20 Mar 1916

"Appendix. Formulation of the Theory on the Basis of a Variational Principle"
"Anhang. Darstellung der Theorie ausgehend von einem Variationsprinzip"
Vol. 6, Doc. 31, 340–346 [2-077].

22 Jun 1916

"Approximate Integration of the Field Equations of Gravitation"
"Näherungsweise Integration der Feldgleichungen der

Gravitation"
Königlich Preußische Akademie der Wissenschaften (Berlin). *Sitzungsberichte* (1916): 688–696
Vol. 6, Doc. 32, 347–357 (*Einstein 1916g*).

29 Jun 1916

"Einstein's Memorial Lecture on Karl Schwarzschild"
"Gedächtnisrede des Hrn. Einstein auf Karl Schwarzschild"
Königlich Preußische Akademie der Wissenschaften (Berlin). *Sitzungsberichte* (1916): 768–770
Vol. 6, Doc. 33, 358–362 (*Einstein 1916h*).

17 Jul 1916

"Emission and Absorption of Radiation in Quantum Theory"
"Strahlungs-Emission und -Absorption nach der Quantentheorie"
Deutsche Physikalische Gesellschaft. Verhandlungen 18 (1916): 318–323
Vol. 6, Doc. 34, 363–370 (*Einstein 1916j*).

ca. Aug 1916

"Preface" to Erwin Freundlich, *The Foundations of Einstein's Theory of Gravitation*
"Vorwort"
Freundlich, Erwin. *Die Grundlagen der Einsteinschen Gravitationstheorie*. Berlin: Springer, 1916
Vol. 6, Doc. 35, 371–373 (*Einstein 1916i*).

11 Aug 1916

Review of H. A. Lorentz, *Statistical Theories in Thermodynamics: Five Lectures . . .*
Les théories statistiques en thermodynamique. Conférences faites au Collège de France en novembre 1912. Dunoyer, L., ed. Leipzig: Teubner, 1916
Die Naturwissenschaften 4 (1916): 480–481
Vol. 6, Doc. 36, 374–377 (*Einstein 1916k*).

Author's Summary of *The Foundation of the General Theory of Relativity*
"Selbstanzeige"
Die Naturwissenschaften 4 (1916): 481
Vol. 6, Doc. 37, 378–380 (*Einstein 1916l*).

after 24 Aug 1916

"On the Quantum Theory of Radiation"
"Zur Quantentheorie der Strahlung"
Physikalische Gesellschaft Zürich. Mitteilungen 16 (1916): 47–62
Vol. 6, Doc. 38, 381–398 (*Einstein 1916n*).

25 Aug 1916

"Elementary Theory of Water Waves and of Flight"
"Elementare Theorie der Wasserwellen und des Fluges"
Die Naturwissenschaften 4 (1916): 509–510
Vol. 6, Doc. 39, 399–402 (*Einstein 1916m*).

Oct 1916

"On Friedrich Kottler's Paper: 'On Einstein's Equivalence Hypothesis and Gravitation'"
"Über Friedrich Kottlers Abhandlung 'Über Einsteins Äquivalenzhypothese und die Gravitation'"
Annalen der Physik 51 (1916): 639–642
Vol. 6, Doc. 40, 403–408 (*Einstein 1916p*).

26 Oct 1916

"Hamilton's Principle and the General Theory of Relativity"
"Hamiltonsches Prinzip und allgemeine Relativitätstheorie"
Königlich Preußische Akademie der Wissenschaften (Berlin). *Sitzungsberichte* (1916): 1111–1116
Vol. 6, Doc. 41, 409–416 (*Einstein 1916o*).

Dec 1916

On the Special and the General Theory of Relativity (A Popular Account)
Über die spezielle und die allgemeine Relativitätstheorie (Gemeinverständlich). Braunschweig: Vieweg, 1917
Vol. 6, Doc. 42, 420–539 (*Einstein 1917a*).

after Dec 1916

"The Principal Ideas of the Theory of Relativity"
"Die hauptsächlichen Gedanken der Relativitätstheorie"
Vol. 6, Doc. 44a, in Vol. 7, 3–7 [2-069].

8 Feb 1917

"Cosmological Considerations in the General Theory of Relativity"

"Kosmologische Betrachtungen zur allgemeinen Relativitätstheorie"
Königlich Preußische Akademie der Wissenschaften (Berlin). *Sitzungsberichte* (1917): 142–152
Vol. 6, Doc. 43, 540–552 (*Einstein 1917b*).

17 Feb 1917

"Reply to the Plaintiff's Written Statement of 27 Dec 1916"
"Antwort auf die Schrift der Klägerin vom 27. Dezember 1916"
Vol. 6, Doc. 44, 553–554 [35-330].

11 May 1917

"On the Quantum Theorem of Sommerfeld and Epstein"
"Zum Quantensatz von Sommerfeld und Epstein"
Deutsche Physikalische Gesellschaft. Verhandlungen 19 (1917): 82–92
Vol. 6, Doc. 45, 555–567 (*Einstein 1917d*).

Jul 1917–before 10 Mar 1918

"On the Questionnaire Concerning the Right of National Self-Determination"
"Zum Fragebogen über das Selbstbestimmungsrecht der Völker"
Vol. 6, Doc. 45a, in Vol. 7, 8–10 [28-095].

2 Nov 1917

Review of H. v. Helmholtz, *Two Lectures on Goethe*
Zwei Vortrage über Goethe. Braunschweig: Vieweg, 1917
Die Naturwissenschaften 5 (1917): 675
Vol. 6, Doc. 46, 568–570 (*Einstein 1917e*).

22 Nov 1917

"A Derivation of Jacobi's Theorem"
"Eine Ableitung des Theorems von Jacobi"
Königlich Preußische Akademie der Wissenschaften (Berlin). *Sitzungsberichte* (1917): 606–608
Vol. 6, Doc. 47, 571–575 (*Einstein 1917f*).

14 Dec 1917

"Marian von Smoluchowski"
Die Naturwissenschaften 5 (1917): 737–738
Vol. 6, Doc. 48, 576–579 (*Einstein 1917g*).

25 Dec 1917

"The Nightmare"
"Der Angst-Traum"
Berliner Tageblatt, 25 December 1917
Vol. 6, Doc. 49, 580–582 (*Einstein 1917h*).

Volume 7

31 Jan 1918

"On Gravitational Waves"
"Über Gravitationswellen"
Königlich Preußische Akademie der Wissenschaften (Berlin). *Sitzungsberichte* (1918): 154–167
Vol. 7, Doc. 1, 11–28 (*Einstein 1918a*).

5 Feb 1918

"Note on E. Schrödinger's Paper: 'The Energy Components of the Gravitational Field'"
"Notiz zu E. Schrödingers Arbeit 'Die Energiekomponenten des Gravitationsfeldes'"
Physikalische Zeitschrift 19 (1918): 115–116
Vol. 7, Doc. 2, 29–32 (*Einstein 1918b*).

3 Mar 1918

"Comment on Schrödinger's Note 'On a System of Solutions for the Generally Covariant Gravitational Field Equations'"
"Bemerkung zu Herrn Schrödingers Notiz 'Über ein Lösungssystem der allgemein kovarianten Gravitationsgleichungen'"
Physikalische Zeitschrift 19 (1918): 165–166
Vol. 7, Doc. 3, 33–36 (*Einstein 1918d*).

6 Mar 1918

"On the Foundations of the General Theory of Relativity"
"Prinzipielles zur allgemeinen Relativitätstheorie"
Annalen der Physik 55 (1918): 241–244
Vol. 7, Doc. 4, 37–44 (*Einstein 1918e*).

7 Mar 1918

"Critical Comments on a Solution of the Gravitational Field

Equations Given by Mr. De Sitter"
"Kritisches zu einer von Hrn. De Sitter gegebenen Lösung der Gravitationsgleichungen"
Königlich Preußische Akademie der Wissenschaften (Berlin). *Sitzungsberichte* (1918): 270–272
Vol. 7, Doc. 5, 45–49 (*Einstein 1918c*).

21 Mar 1918

"Is It Possible to Determine Experimentally the X-Ray Refractive Indices of Solids?"
"Lassen sich Brechungsexponenten der Körper für Röntgenstrahlen experimentell ermitteln?"
Deutsche Physikalische Gesellschaft. Verhandlungen 20 (1918): 86–87
Vol. 7, Doc. 6, 50–53 (*Einstein 1918i*).

26 Apr 1918

"Motives for Research"
"Motive des Forschens"
Zu Max Plancks sechzigstem Geburtstag. Ansprachen, gehalten am 26. April 1918 in der Deutschen Physikalischen Gesellschaft von E. Warburg, M. v. Laue, A. Sommerfeld und A. Einstein, pp. 29–32. Karlsruhe: C. F. Müllersche Hofbuchhandlung, 1918
Vol. 7, Doc. 7, 54–59 (*Einstein 1918j*).

2 May 1918

"Supplement" to Hermann Weyl, "Gravitation and Electricity"
"Nachtrag"
Königlich Preußische Akademie der Wissenschaften (Berlin). *Sitzungsberichte* (1918): 478
Vol. 7, Doc. 8, 60–62 (*Einstein 1918g*).

16 May 1918

"The Law of Energy Conservation in the General Theory of Relativity" and "Note Added in Proof"
"Der Energiesatz in der allgemeinen Relativitätstheorie" and "Nachtrag zur Korrektur"
Königlich Preußische Akademie der Wissenschaften (Berlin). *Sitzungsberichte* (1918): 448–459
Vol. 7, Doc. 9, 63–77 (*Einstein 1918f*).

21 Jun 1918

    Review of Hermann Weyl, *Space–Time–Matter: Lectures on General Relativity*
    Raum–Zeit–Materie. Vorlesungen über allgemeine Relativitätstheorie. Berlin: Springer, 1918
    Die Naturwissenschaften 6 (1918): 373
    Vol. 7, Doc. 10, 78–80 (*Einstein 1918h*).

16 Jul 1918

    "Private Expert Opinion on the Objection to Patent Application G 43359 of the Society of Nautical Instruments on the Basis of Patent 241637"
    "Privatgutachten zu dem Einspruch gegen die Patentanmeldung G 43359 der Gesellschaft für nautische Instrumente auf Grund des Patentes 241637"
    Vol. 7, Doc. 11, 81–85 [85-063].

11 Oct–second half of Feb 1919

    Lecture Notes for Courses on Special Relativity at the University of Berlin and the University of Zurich, Winter Semester 1918/19
    Vol. 7, Doc. 12, 86–100 [3-009].

before 20 Oct 1918

    "Dialogue about Objections to the Theory of Relativity"
    "Dialog über Einwände gegen die Relativitätstheorie"
    Die Naturwissenschaften 6 (1918): 697–702
    Vol. 7, Doc. 13, 114–122 (*Einstein 1918k*).

13 Nov 1918

    On the Need for a National Assembly
    Vol. 7, Doc. 14, 123–125 [28-001].

29 Nov 1918

    "Comment on E. Gehrcke's Note 'On the Ether'"
    "Bemerkung zu E. Gehrckes Notiz 'Über den Äther.'"
    Deutsche Physikalische Gesellschaft. Verhandlungen 20 (1918): 261
    Vol. 7, Doc. 15, 126–128 (*Einstein 1918l*).

12 Dec 1918

    "To the Society 'A Guaranteed Subsistence for All'"

"An den 'Verein Allgemeine Nährpflicht'"
Vol. 7, Doc. 16, 129 [32-754].

10 Apr 1919

"Do Gravitational Fields Play an Essential Role in the Structure of the Elementary Particles of Matter?"
"Spielen Gravitationsfelder im Aufbau der materiellen Elementarteilchen eine wesentliche Rolle?"
Preußische Akademie der Wissenschaften (Berlin). *Sitzungsberichte* (1919): 349–356
Vol. 7, Doc. 17, 130–140 (*Einstein 1919a*).

24 Apr 1919

"Comment about Periodical Fluctuations of Lunar Longitude, Which So Far Appeared to Be Inexplicable in Newtonian Mechanics"
"Bemerkung über periodische Schwankungen der Mondlänge, welche bisher nach der Newtonschen Mechanik nicht erklärbar schienen"
Preußische Akademie der Wissenschaften (Berlin). *Sitzungsberichte* (1919): 433–436
Vol. 7, Doc. 18, 141–146 (*Einstein 1919b*).

May–Jun 1919

Lecture Notes for Course on General Relativity at the University of Berlin, Summer Semester 1919
Vol. 7, Doc. 19, 147–184 [3-009.1].

after 3 Jul 1919

Excerpts from Lecture Notes for Course on General Relativity at the University of Zurich, Summer Semester 1919
Vol. 7, Doc. 20, 185–189 [85-169].

23 Jul 1919

"Court Expert Opinion in the Matter of Anschütz & Co. vs. Kreiselbau Co."
"Gerichts-Gutachten in Sachen Anschütz & Co. contra Kreiselbau-Gesellschaft m.b.H."
Vol. 7, Doc. 21, 190–195 [85-062].

24 Jul 1919

Comment on the Preceding Note of Albert von Brunn, "On Mr. Einstein's Remark about the Irregular Fluctuations of

Lunar Longitude with an Approximate Period of the Rotation of the Lunar Nodes"
"Bemerkung zur vorstehenden Notiz"
Preußische Akademie der Wissenschaften (Berlin). *Sitzungsberichte* (1919): 711
Vol. 7, Doc. 22, 196–198 (*Einstein 1919c*).

9 Oct 1919

"A Test of the General Theory of Relativity"
"Prüfung der allgemeinen Relativitätstheorie"
Die Naturwissenschaften 7 (1919): 776
Vol. 7, Doc. 23, 199–201 (*Einstein 1919d*).

17 Nov 1919

"Leo Arons as Physicist"
"Leo Arons als Physiker"
Sozialistische Monatshefte 53 (1919): 1055–1056
Vol. 7, Doc. 24, 202–205 (*Einstein 1919e*).

before 28 Nov 1919

"What Is the Theory of Relativity?"
"Was ist die Relativitäts-Theorie?"
Vol. 7, Doc. 25, 206–211 [1-002].

28 Nov 1919

"Time, Space, and Gravitation"
The Times (London), 28 November 1919
Vol. 7, Doc. 26, 212–215 (*Einstein 1919f*).

16 Dec 1919

"Welcoming Address to Paul Colin"
"Begrüssung an Herrn Colin, gesprochen im Bund Neues Vaterland am 16. XII. 19"
Vol. 7, Doc. 27, 216–217 [28-005].

25 Dec 1919

"Induction and Deduction in Physics"
"Induktion und Deduktion in der Physik"
Berliner Tageblatt, 25 December 1919, Morning Edition
Vol. 7, Doc. 28, 218–220 (*Einstein 1919g*).

30 Dec 1919

"Immigration from the East"

"Die Zuwanderung aus dem Osten"
Berliner Tageblatt, 30 December 1919, Morning Edition
Vol. 7, Doc. 29, 237–241 (*Einstein 1919h*).

10 Jan 1920

"Expert Opinion on German Patent 269 498 of the A.E.G., Berlin, on a 'Method for the Production of Tungsten Wires for Filaments in Incandescent Lamps'"
"Gutachten betreffend D.R.P. 269 498 der A.E.G., Berlin, auf ein "Verfahren zur Herstellung von Wolframdrähten für Glühkörper elektrischer Glühlampen"
Vol. 7, Doc. 30, 242–244 [35-374].

after 22 Jan 1920

"Fundamental Ideas and Methods of the Theory of Relativity, Presented in Their Development"
"Grundgedanken und Methoden der Relativitätstheorie in ihrer Entwicklung dargestellt"
Vol. 7, Doc. 31, 245–281 [2-070].

26 Jan 1920

In Support of Georg Nicolai
Vol. 7, Doc. 32, 282–283 [78-124].

13 Feb 1920

Uproar in the Lecture Hall
8-Uhr Abendblatt, 13 February 1920
Vol. 7, Doc. 33, 284–288 (*Einstein 1920a*).

3 Apr 1920

"Assimilation and Anti-Semitism"
"Assimilation und Anti-Semitismus"
Vol. 7, Doc. 34, 289–293 [36-625].

after 3 Apr 1920

"Anti-Semitism. Defense through Knowledge"
"Antisemitismus. Abwehr durch Erkenntnis"
Vol. 7, Doc. 35, 294–297 [36-626].

4 Apr 1920

An Exchange of Scientific Literature
Neue Zürcher Zeitung, 4 April 1920, 1st Sunday Edition
Vol. 7, Doc. 36, 298–301 (*Einstein 1920b*).

5 Apr 1920	A Confession *Israelitisches Wochenblatt für die Schweiz*, 24 September 1920, p. 10 Vol. 7, Doc. 37, 302–304 (*Einstein 1920h*).
before 7 Apr 1920	*Ether and the Theory of Relativity* Äther und Relativitätstheorie. Rede gehalten am 5. Mai 1920 an der Reichs-Universität zu Leiden. Berlin: Springer, 1920 Vol. 7, Doc. 38, 305–323 (*Einstein 1920j*).
8 Apr 1920	"Propagation of Sound in Partly Dissociated Gases" "Schallausbreitung in teilweise dissoziierten Gasen" *Preußische Akademie der Wissenschaften* (Berlin) *Sitzungsberichte* (1920): 380–385 Vol. 7, Doc. 39, 324–331 (*Einstein 1920c*).
11 Jul 1920	To the German Central Committee for Foreign Relief Vol. 7, Doc. 40, 332–333 [44-695].
after 11 Jul 1920	On the Quaker Relief Effort Vol. 7, Doc. 41, 334 [40-006].
16 Jul 1920	To the "General Association for Popular Technical Education" *Neue Freie Presse*, 24 July 1920, Morning Edition Vol. 7, Doc. 42, 335–337 (*Einstein 1920d*).
25 Jul 1920	On New Sources of Energy *Berliner Tageblatt*, 25 July 1920, Morgen-Ausgabe Vol. 7, Doc. 43, 338–340 (*Einstein 1920e*).
3 Aug 1920	"Comment on the Paper by W. R. Heß, 'Contribution to the Theory of Viscosity of Heterogeneous Systems'" "Bemerkung zu der Abhandlung von W. R. Heß, 'Beitrag zur Theorie der Viskostität heterogener Systeme'"

	Kolloid-Zeitschrift 27 (1920): 137 Vol. 7, Doc. 44, 341–343 (*Einstein 1920g*).
27 Aug 1920	"My Response. On the Anti-Relativity Company" "Meine Antwort. Ueber die anti-relativitätstheoretische G.m.b.H." *Berliner Tageblatt*, 27 August 1920, Morgen-Ausgabe Vol. 7, Doc. 45, 344–349 (*Einstein 1920f*).
23–24 Sep 1920	Discussions of Lectures in Bad Nauheim *Physikalische Zeitschrift* 21 (1920): 650–651, 662, 666–668 Vol. 7, Doc. 46, 350–359 (*Einstein et al. 1920*).
after 29 Sep 1920	On the Contribution of Intellectuals to International Reconciliation *Thoughts on Reconciliation*, pp 10–11. New York: Deutscher Gesellig-Wissenschaftlicher Verein von New York, 1920 Vol. 7, Doc. 47, 360–364 (*Einstein 1920i*).
after 1 Nov 1920	"Private Expert Opinion for Telefunken on the Patents of Meissner and Kühn" "Privat-Gutachten für Telefunken über die Patente von Meissner und Kühn" Vol. 7, Doc. 48, 365–367 [35-382].
20 Nov 1920	Response to Ernst Reichenbächer, "To What Extent Can Modern Gravitational Theory Be Established without Relativity?" "Antwort auf vorstehende Betrachtung" *Die Naturwissenschaften* 8 (1920): 1010–1011 Vol. 7, Doc. 49, 368–371 (*Einstein 1920k*).
after 8 Dec 1920	"Brief Outline of the Development of the Theory of Relativity" "Kurze Skizze zur Entwicklung der Relativitätstheorie" Vol. 7, Doc. 50, 372–378 [1-007].

Volume 10

12 Dec 1920?
Calculations on Hall-Effect in Superconductors
Vol. 10, Appendix, 615–616 [70-381].

Volume 7 cont'd

27 Jan 1921
"The Common Element in Artistic and Scientific Experience"
"Das Gemeinsame am künstlerischen und wissenschaftlichen Leben"
Menschen. Zeitschrift neuer Kunst 4 (1921): 19
Vol. 7, Doc. 51, 379–381 (*Einstein 1921a*).

Geometry and Experience
Geometrie und Erfahrung. Erweiterte Fassung des Festvortrages gehalten an der Preußischen Akademie der Wissenschaften zu Berlin am 27. Januar 1921. Berlin: Springer, 1921
Vol. 7, Doc. 52, 382–405 (*Einstein 1921c*).

17 Feb 1921
"A Brief Outline of the Development of the Theory of Relativity"
Nature 106 (1921): 782–784
Vol. 7, Doc. 53, 406–410 (*Einstein 1921d*).

3 Mar 1921
"On a Natural Addition to the Foundation of the General Theory of Relativity"
"Über eine naheliegende Ergänzung des Fundamentes der allgemeinen Relativitätstheorie"
Preußische Akademie der Wissenschaften (Berlin). *Sitzungsberichte* (1921): 261–264
Vol. 7, Doc. 54, 411–416 (*Einstein 1921e*).

16 Mar 1921
"In My Defense"
"Zur Abwehr"

	Die Naturwissenschaften 9 (1921): 219 Vol. 7, Doc. 55, 417–419 (*Einstein 1921g*).
ca. 18 Mar 1921	
	"A Simple Application of the Newtonian Law of Gravitation to Globular Star Clusters" "Eine einfache Anwendung des Newtonschen Gravitationsgesetzes auf die kugelförmigen Sternhaufen" *Festschrift der Kaiser Wilhelm Gesellschaft zur Förderung der Wissenschaften zu ihrem zehnjährigen Jubiläum dargebracht von ihren Instituten*, pp. 50–52. Berlin: Springer, 1921 Vol. 7, Doc. 56, 420–425 (*Einstein 1921f*).
before 30 May 1921	
	"How I Became a Zionist" "Wie ich Zionist wurde" *Jüdische Rundschau*, 21 June 1921 Vol. 7, Doc. 57, 426–430 (*Einstein 1921h*).
before 13 Jun 1921	
	King's College Lecture Vol. 7, Doc. 58, 431–433 [4-014].
before 27 Jun 1921	
	On a Jewish Palestine. First Version Vol. 7, Doc. 59, 434–437 [28-008].
27 Jun 1921	
	On a Jewish Palestine. Final Version *Jüdische Rundschau*, 1 July 1921, p. 371 Vol. 7, Doc. 60, 438–441 (*Einstein 1921i*).
10 Aug 1921	
	On Reporters "Einstein und die Interviewer" Vol. 7, Doc. 61, 442–444 [28-011].
26 Aug 1921	
	"On the Founding of the Hebrew University in Jerusalem" "Zur Errichtung der hebräischen Universität in Jerusalem. Interview der 'JPZ' mit Prof. Albert Einstein"

Jüdische Pressezentrale Zürich, 26 August 1921, p. 1
Vol. 7, Doc. 62, 445–448 (*Einstein 1921j*).

after 1 Sep 1921

"On the Special and General Theory of Relativity"
"Über die spezielle und allgemeine Relativitätstheorie"
Vol. 7, Doc. 63, 449–457 [2-085].

Lecture on the Special Theory of Relativity
"Spezielle Relativitätstheorie"
Vol. 7, Doc. 64, 458–469 [2-084].

7 Oct 1921

On the Misery of Children
Vol. 7, Doc. 65, 470–471 [43-440].

ca. 3 Dec 1921

Court Expert Opinion in the Matter Signal Co. vs. Atlas Works
Vol. 7, Doc. 66, 472–479 [35-335].

3 Dec 1921

"Court Expert Opinion in the Matter of Atlas Works vs. Signal Co."
"Gerichtsgutachten in Sachen Atlaswerke gegen Signal G.m.b.H."
Vol. 7, Doc. 67, 480–482 [35-333].

8 Dec 1921

"On an Experiment Concerning the Elementary Process of Light Emission"
"Über ein den Elementarprozeß der Lichtemission betreffendes Experiment"
Preußische Akademie der Wissenschaften (Berlin). *Sitzungsberichte* (1921): 882–883
Vol. 7, Doc. 68, 483–487 (*Einstein 1922a*).

before 9 Dec 1921

Impact of Science on the Development of Pacifism
Die Friedensbewegung. Ein Handbuch der Weltfriedensströmungen der Gegenwart, pp. 78–79. Lenz, Kurt and Fabian, Walter, eds. Berlin: Schwetschke, 1922
Vol. 7, Doc. 69, 488–491 (*Einstein 1922b*).

21 Dec 1921

"The Plight of German Science. A Danger for the Nation"
"Die Not der deutschen Wissenschaft. Eine Gefahr für die Nation"
Neue Freie Presse, 25 Dec 1921, Morgen-Ausgabe
Vol. 7, Doc. 70, 492–495 (*Einstein 1921k*).

before 4 Jan 1922

Four Lectures on the Theory of Relativity, Held at Princeton University in May 1921
Vier Vorlesungen über Relativitätstheorie gehalten im Mai 1921 an der Universität Princeton
Braunschweig: Vieweg, 1922
Vol. 7, Doc. 71, 496–577 (*Einstein 1922c*).

EINSTEIN BIBLIOGRAPHY, 1901–1921

The following section contains a chronological list of Albert Einstein's writings published before 1922.

The items are identified by bibliographical short titles of the form *Author(s) year* that indicate the year of publication. Multiple publications within the same year are distinguished by a trailing lower case letter. Co-authored items are listed alphabetically following the chronological list.

Each entry lists the title of the publication and its bibliographic reference, followed by the volume, document number, and page numbers in the documentary and translation editions of its publication in the *CPAE*.

If a publication is not presented in the documentary edition because it is identical or very similar to another item, a cross-reference to the presented version is provided. Likewise, cross-references are made to translations and reprints, but only if those, too, were published before 1922. The entries also contain information about the dating of each item.

Citations of documents refer to *CPAE* volumes and page numbers. A trailing "n" indicates that the reference occurs in a footnote and a trailing "c" that it occurs in the calendar.

The bibliographic short title assigned to an Einstein publication in any volume is retained in all subsequent volumes. Conversely, later Einstein publications may have been referenced in earlier volumes with a different short title. If so, the short title used in the respective volume is indicated in the citations.

For Einstein's unpublished writings, see "List of Writings, 1891–1921," pp. 1–44. For items published after 1921, see "Cumulative Bibliography and Index of Citations to Volumes 1–10," pp. 455–612.

For lists of Einstein's correspondence, see the "Alphabetical List of Correspondence, 1895–1920," pp. 93–135, and the "Chronological List of Correspondence, 1895–1920," pp. 137–174.

Einstein 1901

"Folgerungen aus den Capillaritätserscheinungen"
Annalen der Physik 4 (1901): 513–523 [Vol. 2, Doc. 1, 9–21; trans. 1–11)
Dated: 13 December 1900 (recd. 1900/12/16; publ. 1901/03/01)

Cited: **1**: 62, 85n, 264, 265, 267n, 271, 273n, 276n, 277n, 278n, 285n, 287n, 289n, 290n, 292n, 293n, 300n, 308n, 313n, 324n, 375 **2**: 3, 4, 5, 6, 9–21, 30, 40n, 43, 109, 208 **3**: 406n, 407n **5**: 4n, 12n, 16n, 36n, 80n **10**: 482n

Einstein 1902a

"Ueber die thermodynamische Theorie der Potentialdifferenz zwischen Metallen und vollständig dissociirten Lösungen ihrer Salze und über eine elektrische Methode zur Erforschung der Molecularkräfte"
Annalen der Physik 8 (1902): 798–814 [Vol. 2, Doc. 2, 22–40; trans. 12–29]
Dated: April 1902 (recd. 1902/04/30; publ. 1902/07/10)

Cited: **1**: 62, 265, 292n, 337, 377 **2**: 3, 6, 7, 8, 22–40, 46, 48, 75n, 109, 124n, 175, 177, 178, 208, 212, 235n, 501n **5**: 12n, 16n, 36n, 80n **8**: 137n **10**: 482n

Einstein 1902b

"Kinetische Theorie des Wärmegleichgewichtes und des zweiten Hauptsatzes der Thermodynamik"
Annalen der Physik 9 (1902): 417–433 [Vol. 2, Doc. 3, 56–75; trans. 30–47]
Dated: June 1902 (recd. 1902/06/26; publ. 1902/11/18)

Cited: **1**: 266, 316n, 318n, 337 **2**: 8, 40n, 41, 44, 45, 46, 48, 49, 50, 51, 52, 53, 57–75, 95n, 96n, 108n, 109, 137, 138, 228, 235n, 344n, 352, 357n, 380, 390n, 551n **3**: 8, 128n, 244n, 245n, 314, 315n **5**: 12n, 18n, 36n, 79n, 250n **6**: 261n **9**: 276n

Einstein 1903

"Eine Theorie der Grundlagen der Thermodynamik"
Annalen der Physik 11 (1903): 170–187 [Vol. 2, Doc. 4, 76–97; trans. 48–67]
Dated: January 1903 (recd. 1903/01/26; publ. 1903/04/16)

Cited: **2**: 41, 44, 47, 51, 52, 53, 74n, 75n, 76–97, 99, 107n, 108n, 109, 37, 138, 228, 235n, 344n, 352, 357n, 380, 390n, 551n **3**: 8, 243n, 244n, 246n, 314, 315n **5**: 11n, 12n, 18n, 21n, 26n, 36n, 79n, 204n, 250n **6**: 261n, 398n

Einstein 1904

"Zur allgemeinen molekularen Theorie der Wärme"
Annalen der Physik 14 (1904): 354–362 [Vol. 2, Doc. 5, 98–108; trans. 68–77]
Dated: 27 March 1904 (recd. 1904/03/29; publ. 1904/06/02)

Cited: **2:** xx, 41, 50, 53, 96n, 98—108, 109, 134, 135, 137, 138, 139, 141, 168n, 213, 235n, 551n **3:** 8, 315n
5: 26n, 27n, 36n, 218n, 540n **6:** 261n, 398n

Einstein 1905a

Review of Giuseppe Belluzzo, "Principi di termodinamica grafica." *Il Nuovo Cinzento* 8 (1904): 196–222, 241–263
Beiblätter zu den Annalen der Physik 29 (1905): 235–236 [Vol. 2, Doc. 6, 112–114; trans. 78]
Dated: first half of March 1905

Cited: **2:** 112—114, 126n

Einstein 1905b

Review of Albert Fliegner, "Über den Clausius'schen Entropiesatz." *Naturforschende Gesellschaft in Zürich. Vierteljahrsschrift* 48 (1903): 1–48
Beiblätter zu den Annalen der Physik 29 (1905): 236–237 [Vol. 2, Doc. 7, 115–117; trans. 79]
Dated: first half of March 1905

Cited: **2:** 115–117

Einstein 1905c

Review of William McFadden Orr, "On Clausius' Theorem for Irreversible Cycles, and on the Increase of Entropy." *Philosophical Magazine and Journal of Science* 8 (1904): 509–527
Beiblätter zu den Annalen der Physik 29 (1905): 237 [Vol. 2, Doc. 8, 118–119; trans. 79–80]
Dated: first half of March 1905

Cited: **2:** 118—119, 246n, 249n

Einstein 1905d

Review of George Hartley Bryan, "The Law of Degradation of Energy as the Fundamental Principle of Thermodynamics." In *Festschrift Ludwig Boltzmann gewidmet zum sechzigsten Geburtstage 20. Februar 1904*, pp. 123–136. Meyer, Stefan, ed. Leipzig: Barth, 1904
Beiblätter zu den Annalen der Physik 29 (1905): 237 [Vol. 2, Doc. 9, 120–121; trans. 80]
Dated: first half of March 1905

Cited: **2:** 120—121

Einstein 1905e
Review of Nikolay Nikolayevich Schiller, "Einige Bedenken betreffend die Theorie der Entropievermehrung durch Diffusion der Gase bei einander gleichen Anfangsspannungen der letzteren." In *Festschrift Ludwig Boltzmann gewidmet zum sechzigsten Geburtstage 20. Februar 1904*, pp. 350–366. Meyer, Stefan, ed. Leipzig: Barth, 1904
Beiblätter zu den Annalen der Physik 29 (1905): 237–238 [Vol. 2, Doc. 10, 122–124; trans. 81]
Dated: first half of March 1905

Cited: **2:** 122–124

Einstein 1905f
Review of Jakob Johann Weyrauch, "Ueber die spezifischen Wärmen des überhitzten Wasserdampfes." *Zeitschrift des Vereines deutscher Ingenieure* 48 (1904): 24–28, 50–54
Beiblätter zu den Annalen der Physik 29 (1905): 240 [Vol. 2, Doc. 11, 125–126; trans. 82]
Dated: first half of March 1905

Cited: **2:** 114n, 125–126

Einstein 1905g
Review of Jacobus Henricus Van 't Hoff, "Einfluß der Änderung der spezifischen Wärme auf die Umwandlungsarbeit." In *Festschrift Ludwig Boltzmann gewidmet zum sechzigsten Geburtstage 20. Februar 1904*, pp. 233–241. Meyer, Stefan, ed. Leipzig: Barth, 1904.
Beiblätter zu den Annalen der Physik 29 (1905): 240–242 [Vol. 2, Doc. 12, 127–130; trans. 82–84]
Dated: first half of March 1905

Cited: **2:** 110, 127–130

Einstein 1905h
Review of Arturo Giammarco, "Un caso di corrispondenza in termodinamica." *Il Nuovo Cimento* 5 (1903): 377–391
Beiblätter zu den Annalen der Physik 29 (1905): 246–247 [Vol. 2, Doc. 13, 131–133; trans. 84–85]
Dated: first half of March 1905

Cited: **2:** 131–133

Einstein 1905i
"Über einen die Erzeugung und Verwandlung des Lichtes betreffenden heuristischen Gesichtspunkt"
Annalen der Physik 17 (1905): 132–148 [Vol. 2, Doc. 14, 149–169; trans. 86–103]
Dated: 17 March 1905 (recd. 1905/03/18; publ. 1905/06/09)

Cited: **1:** *Einstein 1905a* 236 **2:** xvii, xx, xxviii, xxix, 52, 107n, 134, 137, 138, 139, 140, 141, 149–169, 171, 173, 180, 205n, 214, 235n, 257, 265, 309n, 345n, 350, 357n, 377n, 379, 390n, 396n, 415, 427n, 543, 545, 548, 551n, 552n, 582n, 583n **3:** xxvii, 157, 175n, 275, 281n, 454, 490, 497n **4:** 109, 110, 115, 121n, 172, 173n, 293n, 534n, 564n, 565n **5:** 32n, 36n, 42n, 84n, 98n, 107n, 197n, 211n **6:** 261n **9:** 374n, 524n

Einstein 1905j
Eine neue Bestimmung der Moleküldimensionen
Bern: Wyss, 1905 [Vol. 2, Doc. 15, 183–202; trans. 104–122]
Dated: 30 April 1905
Slightly revised version published as *Einstein 1906a*. See also *Einstein 1911e*.

Cited: **1:** *Einstein 1905b* 329n, 383 **2:** 134, 170, 171, 172, 176, 177, 180, 181, 183–205, 206, 211, 212, 235n, 236n, 345n, 348n, 501n, 502n **3:** 418n **5:** 16n, 18n, 32n, 34n, 36n, 48n, 93n, 218n, 267n, 269n, 271n, 529n **7:** 343n **8:** 930n **10:** 12n

Einstein 1905k
"Über die von der molekularkinetischen Theorie der Wärme geforderte Bewegung von in ruhenden Flüssigkeiten suspendierten Teilchen"
Annalen der Physik 17 (1905): 549–560 [Vol. 2, Doc. 16, 223–236; trans. 123–134]
Dated: May 1905 (recd. 1905/05/11; publ. 1905/07/18)

Cited: **2:** xvii, 42, 50, 54, 75n, 134, 173, 177, 179, 201, 205n, 206, 209, 210, 211, 212, 218, 219, 223–236, 334, 335, 338, 344n, 345n, 400n, 408n, 501n, 502n **3:** 268n, 454n **5:** 32n, 36n, 44n, 79n, 204n **6:** 370n, 398n, 579n **8:** 802n, 863n **9:** 524n

Einstein 1905l
Review of Karl Fredrik Slotte, "Über die Schmelzwärme." *Finska Vetenskaps-Societeten. Öfversigt af Förhandlingar* 47, no. 7 (1904): 1–8.
Beiblätter zu den Annalen der Physik 29 (1905): 623–624 [Vol. 2, Doc. 17, 237–239; trans. 135]
Dated: second half of June 1905

Cited: **2:** 237–239

Einstein 1905m
> Review of Karl Fredrik Slotte, "Folgerungen aus einer thermodynamischen Gleichung." *Finska Vetenskaps-Societeten. Öfversigt af Förhandlingar* 47, no. 8 (1904): 1–3
> *Beiblätter zu den Annalen der Physik* 29 (1905): 629 [Vol. 2, Doc. 18, 240–241; trans. 135–136]
> Dated: second half of June 1905
>
> Cited: **2**: 110, 240–241

Einstein 1905n
> Review of Emile Mathias, "La constante a des diamètres rectilignes et les lois des états correspondants [2e mémoire]." *Journal de physique théorique et appliquée* 4 (1905): 77–91
> *Beiblätter zu den Annalen der Physik* 29 (1905): 634–635 [Vol. 2, Doc. 19, 242–244; trans. 136]
> Dated: second half of June 1905
>
> Cited: **2**: 110, 242–243

Einstein 1905o
> Review of Max Planck, "On Clausius' Theorem for Irreversible Cycles, and on the Increase of Entropy." *Philosophical Magazine and Journal of Science* 9 (1905): 167–168
> *Beiblätter zu den Annalen der Physik* 29 (1905): 635 [Vol. 2, Doc. 20, 245–246; trans. 137]
> Dated: second half of June 1905
>
> Cited: **2**: 119n, 245–246, 249

Einstein 1905p
> Review of Edgar Buckingham, "On Certain Difficulties Which Are Encountered in the Study of Thermodynamics." *Philosophical Magazine and Journal of Science* 9 (1905): 208–214
> *Beiblätter zu den Annalen der Physik* 29 (1905): 635–636 [Vol. 2, Doc. 21, 247–249; trans. 137]
> Dated: second half of June 1905
>
> Cited: **2**: 110, 247–249

Einstein 1905q
> Review of Paul Langevin, "Sur une formule fondamentale de la théorie ciné-

tique." *Académie des sciences* (Paris). *Comptes rendus* 140 (1905): 35–38. *Beiblätter zu den Annalen der Physik* 29 (1905): 640–641 [Vol. 2, Doc. 22, 250–252; trans. 138–139]
Dated: second half of June 1905

Cited: **2**: 168n, 250–252

Einstein 1905r
"Zur Elektrodynamik bewegter Körper"
Annalen der Physik 17 (1905): 891–921 [Vol. 2, Doc. 23, 275–310; trans. 140–171]
Dated: June 1905 (recd. 1905/06/30; publ. 1905/09/26)
Republished in *Das Relativitätsprinzip. Eine Sammlung von Abhandlungen*, pp. 27–52. Blumenthal, Otto, ed. Leipzig: Teubner, 1913, 27–52

Cited: **1**: *Einstein 1905c* 223, 225, 330n **2**: xvi, xxiii, 134, 253, 254, 255, 257, 258, 259, 261, 264, 268, 270, 275–310, 315n, 372n, 402, 403n, 412n, 416, 417, 427n, 428n, 435, 436, 485n, 486n, 504, 510, 517n, 582n **3**: xxxii, 157, 175n, 275, 281n, 454n, 490, 497n **4**: 144n, 294 **5**: 32n, 33n, 42n, 44n, 57, 77n, 93n, 197n, 452n, 529n **6**: 67n, 418, 536n **7**: 121n, 280n **8**: 84n, 883n, 901n, 909n, 914n **9**: 471n, 524n **10**: 6n, 273n, 384n

Einstein 1905s
"Ist die Trägheit eines Körpers von seinem Energieinhalt abhängig?"
Annalen der Physik 18 (1905): 639–641 [Vol. 2, Doc. 24, 311–315; trans. 172–174]
Dated: September 1905 (recd. 1905/09/27; publ. 1905/11/21)

Cited: **2**: 253, 254, 311–315, 360, 366n, 436, 485n, 582n **3**: 127n, 176n **4**: 106n, 179n, 340n, 551n **5**: 33n, 44n, 93n, 104n **7**: 280n **9**: 524n

Einstein 1905t
Review of Heinrich Birven, *Grundzüge der mechanischen Wärmetheorie*. Stuttgart: Grub, 1905
Beiblätter zu den Annalen der Physik 29 (1905): 950 [Vol. 2, Doc. 25, 316–317; trans. 175]
Dated: second half of September 1905

Cited: **2**: 316–317

Einstein 1905u
Review of Auguste Ponsot, "Chaleur dans le déplacement de l'équilibre d'un système capillaire." *Académie des sciences* (Paris). *Comptes rendus* 140 (1905): 1176–1179

Beiblätter zu den Annalen der Physik 29 (1905): 952 [Vol. 2, Doc. 26, 318–319; trans. 175]

Dated: second half of September 1905

Cited: **2:** 318–319

Einstein 1905v

Review of Karl Bohlin, "Sur le choc, considéré comme fondement des théories cinétiques de la pression des gaz et de la gravitation universelle." *Arkiv för Matematik, Astronomi och Fysik* 1 (1904): 529–540

Beiblätter zu den Annalen der Physik 29 (1905): 952–953 [Vol. 2, Doc. 27, 320–322; trans. 176]

Dated: second half of September 1905

Cited: **2:** 320–322

Einstein 1905w

Review of Georges Meslin, "Sur la constante de la loi de Mariotte et Gay-Lussac." *Journal de physique théorique et appliquée* 4 (1905): 252–256

Beiblätter zu den Annalen der Physik 29 (1905): 1114 [Vol. 2, Doc. 28, 323–324; trans. 177]

Dated: first half of November 1905

Cited: **2:** 323–324

Einstein 1905x

Review of Albert Fliegner, "Das Ausströmen heissen Wassers aus Gefässmündungen." *Schweizerische Bauzeitung* 45 (1905): 282–285, 306–308 *Beiblätter zu den Annalen der Physik* 29 (1905): 1115 [Vol. 2, Doc. 29, 325–326; trans. 177]

Dated: first half of November 1905

Cited: **2:** 325–326

Einstein 1905y

Review of Jakob Johann Weyrauch, *Grundriss der Wärmetheorie. Mit zahlreichen Beispielen und Anwendungen*. Part 1. Stuttgart: Wittwer, 1905

Beiblätter zu den Annalen der Physik 29 (1905): 1152–1153 [Vol. 2, Doc. 30, 327–330; trans. 178–179]

Dated: second half of November 1905

Cited: **2:** 110, 327–330, 431n

Einstein 1905z

Review of Albert Fliegner, "Über den Wärmewert chemischer Vorgänge."
Naturforschende Gesellschaft in Zürich. Vierteljahrsschrift 50 (1905): 201–212

Beiblätter zu den Annalen der Physik 29 (1905): 1158 [Vol. 2, Doc. 31, 331–332; trans. 179]

Dated: second half of November 1905

Cited: **2:** 110, 331–332

Einstein 1906a

"Eine neue Bestimmung der Moleküldimensionen"
Annalen der Physik 19 (1906): 289–305 (recd. 1905/08/19; publ. 1906/02/08)
Slightly revised version of *Einstein 1905j*. See also *Einstein 1906c* and *Einstein 1911e*

Cited: **2:** 170, 172, 181, 203n, 204n, 205n, 206 **3:** 416, 418n **5:** 93n, 269n **7:** 342–343n **9:** 460n

Einstein 1906b

"Zur Theorie der Brownschen Bewegung"
Annalen der Physik 19 (1906): 371–381 [Vol. 2, Doc. 32, 333–345; trans. 180–190]

Dated: December 1905 (recd. 1905/12/19; publ. 1906/02/08)

Cited: **2:** 54, 140, 206, 211, 213, 215, 219, 235n, 333–345, 400n, 408n, 502n, 551n, 552n, 559n **3:** 246n, 562n **5:** 44n, 204n, 218n **8:** 802n

Einstein 1906c

"Nachtrag" to *Einstein 1906a*
Annalen der Physik 19 (1906): 305–306 [Vol. 2, Doc. 33, 346–348; trans. 191]

Dated: January 1906 (publ. 1906/02/08)

This supplement is appended to *Einstein 1906a*

Cited: **2:** 170, 179, 205n, 206, 235n, 345n, 346–348, 400n, 408n, 502n **3:** 418n

Einstein 1906d

"Zur Theorie der Lichterzeugung und Lichtabsorption"
Annalen der Physik 20 (1906): 199–206 [Vol. 2, Doc. 34, 349–358; trans. 192–199]

Dated: March 1906 (recd. 1906/03/13; publ. 1906/05/11)

Cited: **2:** xxviii, 42, 50, 110, 134, 138, 139, 140, 141, 167n, 168n, 349–358, 377n, 379, 390n, 415, 427n, 545, 551n, 583n **4:** 565n **5:** 42n

Einstein 1906e
"Das Prinzip von der Erhaltung der Schwerpunktsbewegung und die Trägheit der Energie"
Annalen der Physik 20 (1906): 627–633 [Vol. 2, Doc. 35, 359–366; trans. 200–206]
Dated: May 1906 (recd. 1906/05/17; publ. 1906/06/26)

Cited: **2:** 253, 260, 270, 294, 308n, 359–366, 414, 427n, 428n, 485n, 486n **3:** 127n, 439n **4:** 340n, 551n **5:** 44n, 149n

Einstein 1906f
Review of Max Planck, *Vorlesungen über die Theorie der Wärmestrahlung.* Leipzig: Barth, 1906.
Beiblätter zu den Annalen der Physik 30 (1906): 764–766 [Vol. 2, Doc. 37, 373–377; trans. 211–213]
Dated: first half of August 1906

Cited: **2:** 110, 134, 140, 373–377, 390n **3:** 268n **4:** 565n **5:** 50n

Einstein 1906g
"Über eine Methode zur Bestimmung des Verhältnisses der transversalen und longitudinalen Masse des Elektrons"
Annalen der Physik 21 (1906): 583–586 [Vol. 2, Doc. 36, 367–372; trans. 207–210]
Dated: August 1906 (recd. 1906/08/04; publ. 1906/11/20)

Cited: **2:** 243, 254, 270, 367–372, 486n **5:** 115n

Einstein 1907a
"Die Plancksche Theorie der Strahlung und die Theorie der spezifischen Wärme"
Annalen der Physik 22 (1907): 180–190 [Vol. 2, Doc. 38, 378–391; trans. 214–224]
Dated: November 1906 (recd. 1906/11/09; publ. 1906/12/28 for January 1907)
See also *Einstein 1907d*

Cited: **1:** *Einstein 1907* 236, 237 **2:** 50, 54, 96n, 134, 137, 138, 141, 142, 143, 167n, 239n, 378–391, 404–405, 406n, 415, 427n, 545, 549, 551n, 552n, 582n, 583n **3:** xxii, 245n, 410, 414n, 423n, 460, 475n, 476n,

544n, 545n **4:** 270, 285n, 534n, 565n **5:** 180n, 233n, 246n, 260n, 303n, 378n **6:** 39n, 370n **8:** 22n, 27n, 39n **9:** 418n

Einstein 1907b

"Über die Gültigkeitsgrenze des Satzes vom thermodynamischen Gleichgewicht und über die Möglichkeit einer neuen Bestimmung der Elementarquanta"

Annalen der Physik 22 (1907): 569–572 [Vol. 2, Doc. 39, 392–397; trans. 225–228]

Dated: December 1906 (recd. 1906/12/12; publ. 1907/03/05)

Cited: **2:** 54, 139, 206, 214, 221, 345n, 372n, 392–397, 491, 492n, 551n **3:** xxvii, 310n, 311n, 508n **5:** 55n

Einstein 1907c

"Theoretische Bemerkungen über die Brownsche Bewegung"
Zeitschrift für Elektrochemie und angewandte physikalische Chemie 13 (1907): 41–42 [Vol. 2, Doc. 40, 398–400; trans. 229–231]
Dated: January 1907 (recd. 1907/01/22; publ. 1907/02/08)

Cited: **2:** 179, 206, 210, 218, 219, 345n, 398–400, 500, 501n, 502n, 559n **5:** 80n, 124n, 204n, 218n **8:** 802n **9:** 286n

Einstein 1907d

"Berichtigung zu meiner Arbeit: 'Die Plancksche Theorie der Strahlung etc.'"
Annalen der Physik 22 (1907): 800 [Vol. 2, Doc. 42, 404–406; trans. 233–234]
Dated: 3 March 1907 (recd. 1907/03/03; publ. 1907/04/04)
Refers to *Einstein 1907a*

Cited: **2:** 134, 143, 390n, 391n, 404–406, 549, 552n **3:** xxiii, 414n

Einstein 1907e

"Über die Möglichkeit einer neuen Prüfung des Relativitätsprinzips"
Annalen der Physik 23 (1907): 197–198 [Vol. 2, Doc. 41, 401–403; trans. 232–233]
Dated: March 1907 (recd. 1907/03/17; publ. 1907/05/28)

Cited: **2:** 253, 254, 401–403, 485n **3:** 175n, 439n **4:** 105n **5:** 47n **9:** 357n

Einstein 1907f

"Ueber die Natur der Bewegungen mikroskopisch kleiner, in Flüssigkeiten

suspendierter Teilchen"
Naturforschende Gesellschaft Bern. Mitteilungen (1907): VII [Vol. 2, Doc. 43, 407–408; trans. 235]
Dated: 23 March 1907 (pres. 1907/03/23; publ. 1907)

Cited: **2:** 206, 218, 407–408

Einstein 1907g

"Bemerkungen zu der Notiz von Hrn. Paul Ehrenfest: 'Die Translation deformierbarer Elektronen und der Flächensatz'"
Annalen der Physik 23 (1907): 206–208 [Vol. 2, Doc. 44, 409–412; trans. 236–237]
Dated: 14 April 1907 (recd. 1907/04/16; publ. 1907/05/28)

Cited: **2:** xxii, 253, 254, 256, 267, 268, 409–412, 427n **5:** 80n

Einstein 1907h

"Über die vom Relativitätsprinzip geforderte Trägheit der Energie"
Annalen der Physik 23 (1907): 371–384 [Vol. 2, Doc. 45, 413–428; trans. 238–250]
Dated: May 1907 (recd. 1907/05/14; publ. 1907/06/13)

Cited: **2:** xxv, xxviii, xxix, 140, 253, 254, 265, 270, 308n, 310n, 358n, 390n, 412n, 413–428, 436, 468, 473, 485n, 486n, 487n, 551n, 562n **3:** 127n, 175n, 449n, 478 **5:** 50n, 57, 59n, 89n, 107n

Einstein 1907i

Review of Jakob Johann Weyrauch, *Grundriss der Wärmetheorie. Mit zahlreichen Beispielen und Anwendungen*. Part 2. Stuttgart: Wittwer, 1907
Beiblätter zu den Annalen der Physik 31 (1907): 777–778 [Vol. 2, Doc. 46, 429–431; trans. 251–252]
Dated: second half of August 1907

Cited: **2:** 110, 114n, 126n, 330n, 429–431

Einstein 1907j

"Über das Relativitätsprinzip und die aus demselben gezogenen Folgerungen"
Jahrbuch der Radioaktivität und Elektronik 4 (1907): 411–462 [Vol. 2, Doc. 47, 432–488; trans. 252–311]
Dated: 4 December 1907 (recd. 1907/12/04; publ. 1908/01/22)
See also *Einstein 1908b*

Cited: **2**: 253, 254, 255, 256, 257, 260, 267, 271, 272, 273, 274, 308n, 309n, 310n, 315n, 372n, 432—488, 493—495, 495n, 505 **3**: xxviii, 127n, 157, 175n, 434, 439n, 486, 497n **4**: xv, 4, 102n, 106n, 122, 123, 145n, 163n, 193, 340n, 485n, 511n, 551n **5**: 33n, 59n, 74n, 76n, 78n, 82n, 84n, 86n, 95n, 98n, 104n, 106n, 118n, 145n, 153n, 191n, 205n, 211n, 313n **6**: 129n, 338n, 537n **7**: 43n, 265, 279n—281n **8**: 883n **9**: liii, 209n, 524n **10**: 10n

Einstein 1908a

"Eine neue elektrostatische Methode zur Messung kleiner Elektrizitätsmengen"

Physikalische Zeitschrift 9 (1908): 216–217 [Vol. 2, Doc. 48, 489–492; trans. 312–315]

Dated: 13 February 1908 (recd. 1908/02/15; publ. 1908/04/01)

Cited: **2**: 41, 206, 222, 345n, 397n, 489–492 **3**: 9, 175n, 397n **5**: 55n, 89n, 98n, 103n, 112n, 152n **9**: 69n

Einstein 1908b

"Berichtigungen zu der Arbeit: 'Über das Relativitätsprinzip und die aus demselben gezogenen Folgerungen'"

Jahrbuch der Radioaktivität und Elektronik 5 (1908): 98–99 [Vol. 2, Doc. 49, 493–495; trans. 316–317]

Dated: 29 February 1908 (subm. 1908/02/29; recd. 1908/03/03)

Refers to *Einstein 1907j*

Cited: **2**: 253, 486n, 487n, 488n, 493–495, **4**: 122, 144n **5**: 106n

Einstein 1908c

"Elementare Theorie der Brownschen Bewegung"

Zeitschrift für Elektrochemie und angewandte physikalische Chemie 14 (1908): 235–239 [Vol. 2, Doc. 50, 496–502; trans. 318–328]

Dated: 1 April 1908 (recd. 1908/04/01; publ. 1908/04/24)

Cited: **2**: 179, 206, 218, 408n, 496–502 **3**: 454n **5**: 118n, 124n, 204n **8**: 802n

Einstein 1909a

"Bemerkung zu der Arbeit von D. Mirimanoff 'Über die Grundgleichungen...'"

Annalen der Physik 28 (1909): 885–888 [Vol. 2, Doc. 55, 536–540; trans. 353–356]

Dated: January 1909 (recd. 1909/01/22; publ. 1909/03/16)

Cited: **2**: 503, 507, 517n, 536–540 **5**: 156n, 157n **8**: 5n, 6n, 7n

Einstein 1909b
"Zum gegenwärtigen Stand des Strahlungsproblems"
Physikalische Zeitschrift 10 (1909): 185–193 [Vol. 2, Doc. 56, 541–553; trans. 357–375]
Dated: January 1909 (recd. 1909/01/23; publ. 1909/03/15)

Cited: **2:** xxvi, xxviii, xxvi, 42, 44, 49, 52, 54, 134, 137, 138, 138, 140, 141, 145, 146, 148, 168n, 214, 541–550, 552n, 555, 555n, 582n, 583n, 590n **3:** xix, xxvii, 8, 178n, 280, 281n, 454n, 455n, 476n, 505n, 506n, 546n, 562n **4:** 564n **5:** 84n, 89n, 165n, 166n, 167n, 168n, 180n, 188n, 197n, 218n, 261n, 283n, 322n **6:** xxiv, 39n, 261n, 370n, 377n, 398n **7:** 469n **8:** 236n, 333n, 424n **10:** 6n

Einstein 1909c
"Über die Entwickelung unserer Anschauungen über das Wesen und die Konstitution der Strahlung"
Deutsche Physikalische Gesellschaft. Verhandlungen 11 (1909): 482–500 [Vol. 2, Doc. 60, 563–583; trans. 379–394]
Dated: 21 September 1909 (pres. 1909/09/21; publ. 1909/10/30)
Reprinted in *Physikalische Zeitschrift* 10 (1909): 817–825

Cited: **2:** xvi, xviii, xxvi, 134, 139, 140, 141, 142, 145, 147, 148, 254, 255, 260, 262, 270, 273, 309n, 315n, 553n, 563–583, 584–586, 587n, 590n **3:** xviii, xix, xxvii, 174n, 176n, 178n, 253n, 311n, 423n, 545n **4:** 110, 564n **5:** 81n, 190n, 197n, 209n, 218n, 227n, 233n **6:** xxiv, 39n, 261n, 370n **7:** 279n–280n **9:** 338n, 374n **10:** 6n

Einstein 1910a
"Le principe de relativité et ses conséquences dans la physique moderne"
Archives des sciences physiques et naturelles 29 (1910): 5–28; 125–144 [Vol. 3, Doc. 2, 130–176; trans. 117–142]
Dated: 15 January and 15 February 1910 (publ. 1910/01/15 and 1910/02/15)
Translated by Edouard Guillaume

Cited: **2:** 262, 273, 307n **3:** 130–174, 439n **4:** 104n, 550n, 551n **5:** 255n **6:** 417 **7:** 279n–280n, 571n **10:** 10n, 273n

Einstein 1910b
"Sur la théorie des quantités lumineuses et la question de la localisation de l'énergie électromagnétique"
Archives des sciences physiques et naturelles 29 (1910): 525–528 [Vol. 3, Doc. 5, 248–253; trans. 207–208]
Dated: 7 May 1910 (pres. 1910/05/07; publ. 1910/05/15)

Cited: **3:** xix, 248–252, 562n **5:** 230n, 237n

Einstein 1910c

"Sur les forces pondéromotrices qui agissent sur des conducteurs ferromagnétiques disposés dans un champ magnétique et parcourus par un courant"
Archives des sciences physiques et naturelles 30 (1910): 323–324 [Vol. 3, Doc. 6, 254–257; trans. 209–210]
Dated: 15 July 1910 (pres. 1910/09/06; publ. 1910/07/15)
A German abstract of this paper was published in *Schweizerische Naturforschende Gesellschaft. Verhandlungen* (1910): 336

Cited: **2:** *Einstein 1910b* 507 **3:** 254–257, 399n **5:** 120n, 132n, 252n, 255n, 262n

Einstein 1910d

"Theorie der Opaleszenz von homogenen Flüssigkeiten und Flüssigkeitsgemischen in der Nähe des kritischen Zustandes"
Annalen der Physik 33 (1910): 1275–1298 [Vol. 3, Doc. 9, 286–312; trans. 231–249]
Dated: October 1910 (recd. 1910/10/08; publ. 1910/12/20)

Cited: **2:** *Einstein 1910c* 41, 52, 54, 215, 396n, 551n **3:** xxvii, 246n, 283–285, 286–310, 562n **4:** 564n **5:** 255n, 257n, 258n, 270n, 311n, 362n, 363n **6:** 579n **8:** 802n, 837n **9:** 276n, 291n

Einstein 1911a

"Bemerkung zu dem Gesetz von Eötvös"
Annalen der Physik 34 (1911): 165–169 [Vol. 3, Doc. 12, 401–407; trans. 328–331]
Dated: 30 November 1910 (recd. 1910/11/30; publ. 1910/12/30)

Cited: **2:** 5, 8, 20n, 21n **3:** 401–406, 414n **5:** 258n, 296n, 401n **10:** 19n, 482n

Einstein 1911b

"Eine Beziehung zwischen dem elastischen Verhalten und der spezifischen Wärme bei festen Körpern mit einatomigem Molekül"
Annalen der Physik 34 (1911): 170–174 [Vol. 3, Doc. 13, 408–414; trans. 332–335]
Dated: 30 November 1910 (recd. 1910/11/30; publ. 1910/12/30)

Cited: **2:** 390n **3:** xxiii, xxiv, 407n, 408–413, 420, 421n, 461, 475n, 476n, 526, 544n **5:** 269n, 279n, 296n

Einstein 1911c

"Bemerkungen zu den P. Hertzschen Arbeiten: 'Über die mechanischen Grundlagen der Thermodynamik'"

Annalen der Physik 34 (1911): 175–176 [Vol. 3, Doc. 10, 313–315; trans. 250]

Dated: October 1910 (recd. 1910/11/30; publ. 1910/12/30)

Cited: **2:** 41, 44, 53, 97n, 176, 217–218 **3:** 8, 313–315 **5:** 250n, 261n

Einstein 1911d

"Bemerkung zu meiner Arbeit: 'Eine Beziehung zwischen dem elastischen Verhalten . . .'"

Annalen der Physik 34 (1911): 590 [Vol. 3, Doc. 15, 419–421; trans. 338]

Dated: January 1911 (recd. 1911/01/03; publ. 1911/03/09)

Cited: **3:** xxiv, 414n, 419–423, 544n

Einstein 1911e

"Berichtigung zu meiner Arbeit: 'Eine neue Bestimmung der Moleküldimensionen'"

Annalen der Physik 34 (1911): 591–592 [Vol. 3, Doc. 14, 415–418; trans. 336–337]

Dated: January 1911 (recd. 1911/01/21; publ. 1911/03/09)

Refers to *Einstein 1906a* and *Einstein 1905j*

Cited: **2:** *Einstein 1911d* 170, 181, 204n, 348n **3:** 268n, 415–417 **5:** 271n **7:** 342–343n **8:** 930n

Einstein 1911f

"Zum Ehrenfestschen Paradoxon. Bemerkung zu V. Varičaks Aufsatz"

Physikalische Zeitschrift 12 (1911): 509–510 [Vol. 3, Doc. 22, 481–484; trans. 378]

Dated: May 1911 (recd. 1911/05/18; publ. 1911/06/15)

Cited: **3:** 478, 481–483 **4:** 193 **5:** 251n, 292n **10:** 15n

Einstein 1911g

"Elementare Betrachtungen über die thermische Molekularbewegung in festen Körpern"

Annalen der Physik 35 (1911): 679–694 [Vol. 3, Doc. 21, 459–480; trans. 365–377]

Dated: May 1911 (recd. 1911/05/04; publ. 1911/07/25)

Cited: **2:** *Einstein 1911f* 391n **3:** xxiv, xxv, 459–475, 510n, 514n, 544n, 545n, 546n **5:** 294n, 296n, 303n, 304n, 378n

Einstein 1911h

"Über den Einfluß der Schwerkraft auf die Ausbreitung des Lichtes"

Annalen der Physik 35 (1911): 898–908 [Vol. 3, Doc. 23, 485–497; trans. 379–387]

Dated: June 1911 (recd. 1911/06/21; publ. 1911/09/01)

Cited: **2:** *Einstein 1911g* 274, 487n **3:** xxix, 485–496 **4:** 123, 125, 130, 141, 145n, 163n, 179n, 295, 304, 309, 340n, 485n, 492, 501n, 502n, 510n, 511n **5:** 313n, 316n, 317n, 318n, 323n, 327n, 331n, 356n, 385n, 388n, 394n, 427n, 445n, 496n, 551n, 560n **6:** 130n, 243n, 339n **7:** 112, 177n–178n, 281n **8:** 14n, 147n, 206n, 257n **9:** lii, 33n, 187n, 304n, 403n, 578c

Einstein 1911i

"Die Relativitäts-Theorie"
Naturforschende Gesellschaft in Zürich. Vierteljahrsschrift 56 (1911): 1–14 [Vol. 3, Doc. 17, 424–439; trans. 340–350]
Dated: 16 January 1911 (pres. 1911/01/16; publ. 1911/11/27)
See also *Einstein 1911j*

Cited: **2:** *Einstein 1911* 254, 262, 273 **3:** xxviii, 175n, 424–438 **4:** 103n, 104n, 550n **5:** 265n, 275n, 305n **6:** 417 **7:** 279n–280n **9:** 484n **10:** 273n

Einstein 1911j

Statement on the light quantum hypothesis
Naturforschende Gesellschaft in Zürich. Vierteljahrsschrift 56. Part 2, *Sitzungsberichte* (1911): XVI [Vol. 3, Doc. 20, 456–458; trans. 364]
Dated: 21 February 1911 (pres. 1911/02/21; publ. 1911/04/12)
The statement was made at the conclusion of further discussion of *Einstein 1911i*

Cited: **3:** 456–457

Einstein 1912a

"L'état actuel du problème des chaleurs spécifiques"
La théorie du rayonnement et les quanta. Rapports et discussions de la réunion tenue à Bruxelles, du 30 octobre au 3 novembre 1911, sous les auspices de M. E. Solvay, pp. 407–435. Langevin, Paul, and de Broglie, Maurice, eds. Paris: Gauthier-Villars, 1912
Original French publication of *Einstein 1914a* (pres. 1911/11/03; publ. 1912)

Cited: **2:** *Einstein 1911h* 41 **3:** 544n, 545n, 546n, 548n, 562n **8:** 286n

Einstein 1912b

"Thermodynamische Begründung des photochemischen Äquivalentgesetzes"
Annalen der Physik 37 (1912): 832–838 [Vol. 4, Doc. 2, 114–128; trans. 89–94]

Dated: January 1912 (recd. 1912/01/18; publ. 1912/03/26)
See also *Einstein 1912f*

Cited: **2:** *Einstein 1912a* xxvi, 169n **3:** 546n **4:** 109, 110, 111, 112, 114–121, 166, 170n, 172, 173n, 293n, 624, 626 **5:** 353n, 391n, 395n, 406n, 413n, 419n, 422n, 427n, 438n, 445n, 452n, 454n, 484n, 530n **6:** 370n **8:** 288n **10:** 18n

Einstein 1912c

"Lichtgeschwindigkeit und Statik des Gravitationsfeldes"
Annalen der Physik 38 (1912): 355–369 [Vol. 4, Doc. 3, 129–145; trans. 95–106]
Dated: February 1912 (recd. 1912/02/26; publ. 1912/05/23)

Cited: **2:** *Einstein 1912b* 487n **4:** 104n, 122, 123, 124, 125, 126, 129–144, 155, 158, 159, 163n, 176, 179n, 187n, 193, 202n, 216n, 227n, 304, 340n, 341n, 502n **5:** 309n, 394n, 413n, 419n, 420n, 421n, 429n, 430n, 438n, 452n, 466n, 468n, 479n, 481n, 484n, 486n, 496n, 497n **7:** 178n, 280n–281n **8:** 707n, 829n

Einstein 1912d

"Zur Theorie des statischen Gravitationsfeldes"
Annalen der Physik 38 (1912): 443–458 [Vol. 4, Doc. 4, 146–164; trans. 107–120]
Dated: 23 March 1912 (recd. 1912/03/23; publ. 1912/05/23)

Cited: **4:** 122, 124, 128, 142, 145n, 146–162, 187n, 188n, 193, 194, 202n, 209n, 216n, 304, 340n, 342n, 502n **5:** 429n, 430n, 433n, 434n, 438n, 452n, 455n, 466n, 468n, 479n, 481n, 484n, 486n, 496n, 497n **7:** 178n **8:** 255n

Einstein 1912e

"Gibt es eine Gravitationswirkung, die der elektrodynamischen Induktionswirkung analog ist?"
Vierteljahrsschrift für gerichtliche Medizin und öffentliches Sanitätswesen 44 (1912): 37–40 [Vol. 4, Doc. 7, 174–179; trans. 126–129]
Dated: July 1912 (publ. 1912/07)

Cited: **4:** 122, 127, 174–178, 194, 340n, 437n **6:** xviii **7:** 121n, 576n **8:** 440n

Einstein 1912f

"Nachtrag zu meiner Arbeit: 'Thermodynamische Begründung des photochemischen Äquivalentgesetzes'"
Annalen der Physik 38 (1912): 881–884 [Vol. 4, Doc. 5, 165–170; trans. 121–124]
Dated: May 1912 (recd. 1912/05/12; publ. 1912/07/12)

Refers to *Einstein 1912b*

Cited: **4:** 109, 112, 121n, 165–169, 293n **5:** 429n, 454n, 460n, 466n **6:** 370n

Einstein 1912g
"Antwort auf eine Bemerkung von J. Stark: 'Über eine Anwendung des Planckschen Elementargesetzes ...'"
Annalen der Physik 38 (1912): 888 [Vol. 4, Doc. 6, 171–173; trans. 125]
Dated: 30 May 1912 (recd. 1912/05/30; publ. 1912/07/12)

Cited: **4:** 109, 110, 171–172, 293n **5:** 474n

Einstein 1912h
"Relativität und Gravitation. Erwiderung auf eine Bemerkung von M. Abraham"
Annalen der Physik 38 (1912): 1059–1064 [Vol. 4, Doc. 8, 180–188; trans. 130–134]
Dated: 4 July 1912 (recd. 1912/07/04; publ. 1912/08/13)
See also *Einstein 1912i*

Cited: **4:** 104n, 106n, 122, 124, 126, 180–186, 191n, 195, 299, 340n, 621n **5:** 394n, 498n

Einstein 1912i
"Bemerkung zu Abrahams vorangehender Auseinandersetzung 'Nochmals Relativität und Gravitation'"
Annalen der Physik 39 (1912): 704 [Vol. 4, Doc. 9, 189–191; trans. 135]
Dated: August 1912 (recd. 1912/09/02; publ. 1912/10/15)
Refers to *Einstein 1912h*

Cited: **4:** 122, 126, 189–190 **5:** 394n

Einstein 1912j
"Professor Einsteins Abgang von Prag"
Neue Freie Presse, 5 August 1912 [Vol. 5, Doc. 414, 499–500; trans. 320–321]
Dated: 3 August 1912 (publ. 1912/08/05)
An excerpted version appeared the same day in *Prager Tageblatt* 37, no. 214

Cited: **5:** 499–500

Einstein 1913a
"Déduction thermodynamique de la loi de l'équivalence photochimique"

Journal de physique 3 (1913): 277–282 [Vol. 4, Doc. 12, 286–293; trans. 146–150]

Dated: 27 March 1913 (pres. 27/03/13; publ. 1913/04)

Cited: **4:** 109, 112, 121n, 286–292 **5:** 519n **6:** 370n

Einstein 1913b

"Max Planck als Forscher"

Die Naturwissenschaften 1 (1913): 1077–1079 [Vol. 4, Doc. 23, 560–565; trans. 271–275]

Dated: 7 November 1913 (publ. 1913/11/07)

Cited: **2:** *Einstein 1913* xxviii, 44, 207, 267 **4:** 560–563 **5:** 40n, 561n **7:** 62n

Einstein 1913c

"Zum gegenwärtigen Stande des Gravitationsproblems"

Physikalische Zeitschrift 14 (1913): 1249–1262 [Vol. 4, Doc. 17, 486–503; trans. 198–222]

Dated: 23 September 1913 (pres. 1913/09/23; publ. 1913/12/15)

The same version was also published as *Einstein 1914b*. See also *Einstein et al. 1913* and *Einstein 1914c*

Cited: **4:** 126, 145n, 179n, 194, 295, 297, 299, 341n, 342n, 353, 358, 401n, 413n, 433n, 435n, 437n, 471n, 485n, 486–500, 510n, 570n, 577n, 578n, 581, 582n, 587n, 589, 591, 597n, 621n, 622n, 628 **5:** 523n, 532n, 544n, 550n, 551n, 556n, 571n, 594n, 597n **6:** 18n, 129n, 408n **7:** xxix, 121n–122n **8:** 101n, 165n, 301n, 305n, 361n, 440n, 463n, 694n **9:** 257n, 445n

Einstein 1913d

"Gravitationstheorie"

Schweizerische Naturforschende Gesellschaft. Verhandlungen 96, part 2 (1913): 137–138 [Vol. 4, Doc. 15, 474–476; trans. 190–191]

Dated: 9 September 1913 (pres. 1913/09/09; publ. 1913)

For a more detailed version of the lecture, see *Einstein 1914g*

Cited: **4:** 295, 297, 474–476, 477n, 484n **5:** 553n, 555n, 560n, 564n, 571n

Einstein 1914a

"Zum gegenwärtigen Stande des Problems der spezifischen Wärme"

Die Theorie der Strahlung und der Quanten. Verhandlungen auf einer von E. Solvay einberufenen Zusammenkunft (30. Oktober bis 3. Nov 1911). Mit einem Anhange über die Entwicklung der Quantentheorie vom Herbst 1911 bis Sommer 1913, pp. 330–352. Eucken, Arnold, ed. Halle a.S.: Knapp, 1914.

(*Abhandlungen der Deutschen Bunsen Gesellschaft für angewandte physikalische Chemie* 3, no. 7.) [Vol. 3, Doc. 26, 520–548; trans. 402–425]
Dated: 3 November 1911 (pres. 1911/11/03)
German version of *Einstein 1912a*; see also *Einstein et al. 1914a*

Cited: **3:** *Einstein 1914* xxi, xxvi, 242n, 253n, 421n, 455n, 458n, 476n, 477n, 507n, 513n, 514n, 515n, 520–543, 544n, 562n **4:** 111, 271, 285n, 565n, 625 **5:** 129n, 261n, 283n, 322n, 339n, 360n, 382n, 580n **6:** 261n, 370n **8:** 286n **10:** 304n

Einstein 1914b

"Zum gegenwärtigen Stande des Gravitationsproblems"
Verhandlungen der Gesellschaft deutscher Naturforscher und Ärzte. 85. Versammlung zu Wien vom 21. bis 28. September 1913. Part 2, sec. 1. Alexander Witting, ed. Leipzig: Vogel, 1914, 3–24
Republication of *Einstein 1913c*; see also *Einstein et al. 1914b*

Cited: **4:** 486n **5, 6**

Einstein 1914c

"Nachträgliche Antwort auf eine Frage von Herrn Reißner"
Physikalische Zeitschrift 15 (1914): 108–110 [Vol. 4, Doc. 24, 566–570; trans. 276–281]
Dated: 11 December 1913 (recd. 1913/12/11; publ. 1914/01/15)
Refers to *Einstein 1913c* and *Einstein et al. 1913*

Cited: **4:** 298, 341n, 502n, 510n, 511n, 566–569, 575, 578n, 627 **5:** 589n, 604n **6, 8:** 141n

Einstein 1914d

"Bemerkungen"
Zeitschrift für Mathematik und Physik 62 (1914): 260–261 [Vol. 4, Doc. 26, 579–582; trans. 289–290]
Dated: 30 January 1914 (publ. 1914/01/30)
Refers to *Einstein and Grossmann 1914a*

Cited: **4:** 297, 342n, 485n, 502n, 503n, 577n, 579–581, 622n **5:** 564n, 604n **6:** 8, 10, 18n, 130n **8:** 682n

Einstein 1914e

"Prinzipielles zur verallgemeinerten Relativitätstheorie und Gravitationstheorie"
Physikalische Zeitschrift 15 (1914): 176–180 [Vol. 4, Doc. 25, 571–578; trans. 282–288]
Dated: January 1914 (recd. 1914/01/24; publ. 1914/02/15)

Cited: **4:** 298, 485n, 503n, 510n, 571–576, 582n, 621n **5:** 551n, 564n, 584n, 586n, 589n, 594n, 597n, 604n **6:** 18n, 129n, 130n

Einstein 1914f

"Méthode pour la détermination de valeurs statistiques d'observations concernant des grandeurs soumises à des fluctuations irrégulières"
Archives des sciences physiques et naturelles 37 (1914): 254–256 [Vol. 4, Doc. 29, 598–602; trans. 300–301]
Dated: 28 February 1914 (pres. 1914/02/28; publ. 1914/03/15)

Cited: **2:** *Einstein 1914a* 215 **4:** 598–601 **5:** 599n, 603n **6**

Einstein 1914g

"Physikalische Grundlagen einer Gravitationstheorie"
Naturforschende Gesellschaft in Zürich. Vierteljahrsschrift 58 (1914): 284–290 [Vol. 4, Doc. 16, 477–485; trans. 192–197]
Dated: 9 September 1913 (pres. 1913/09/09; publ. 1913/03/16)
For a summary of the lecture, see *Einstein 1913d*. Reprinted in French translation in *Archives des sciences physiques et naturelles* 37 (1914): 5–12; and in *Bulletin de la Societé astronomique de France* 31 (1917): 407–411

Cited: **4:** 297, 474n, 476n, 477–484, 503n, 582n, 622n **5:** 553n, 555n, 560n, 564n, 571n, 584n **6**

Einstein 1914h

"Vom Relativitäts-Prinzip"
Vossische Zeitung, 26 April 1914, Morning Edition [Vol. 4, Doc. 31, 608–622; trans. 306–314]
Dated: 26 April 1914 (publ. 1914/05/01)

Cited: **6:** 3–4, 5n, 417 **8:** 17n, 31n **9:** 15n

Einstein 1914i

"Zum Relativitäts-Problem"
Scientia 15 (1914): 337–348 [Vol. 6, Doc. 1, 3–5; trans. 306–314]
Dated: March 1914 (publ. 1914/04/26)
A French translation appeared in a supplement to the same volume, *Scientia* 15 (1914): 139–150 (*Einstein 1914j*)

Cited: **4:** *Einstein 1914h* xviii, 127, 298, 300, 502n, 608–620 **5:** 584n, 596n **6:** *Einstein 1914i* 282 **8:** *Einstein 1914i* 84n **10:** 120n

Einstein 1914j

"Sur le problème de la relativité"

Scientia 15 (1914) (Supplément): 139–150
French version of *Einstein 1914i*

Cited: **4:** *Einstein 1914i* 608n **5:** *Einstein 1914i* **6:** *Einstein 1914j*

Einstein 1914k
"Antrittsrede"
Königlich Preußische Akademie der Wissenschaften (Berlin). *Sitzungsberichte* (1914): 739–742 [Vol. 6, Doc. 3, 19–24; trans. 16–18]
Dated: 2 July 1914 (pres. 1914/07/02; publ. 1914/07/09)

Cited: **2:** *Einstein 1914b* xxviii e **6:** 19–23, 130n **7:** xxxiv, 62n, 220n **8:** 41n, 76n

Einstein 1914l
"Bemerkungen zu P. Harzers Abhandlung: 'Über die Mitführung des Lichtes in Glas und die Aberration'"
Astronomische Nachrichten 199 (1914): cols. 7–10 [Vol. 4, Doc. 27, 583–587; trans. 291–292]
Dated: 9 February 1914 (pres. 1914/02/09; publ. 1914/12/31)

Cited: **6:** 25–27, 43n **9:** 209n

Einstein 1914m
"Antwort auf eine Replik Paul Harzers"
Astronomische Nachrichten 199 (1914): cols. 47–48 [Vol. 6, Doc. 6, 41–43]
Dated: 18 August 1914 (publ. 1914/08/29)

Cited: **6:** 28n, 41–42 **9:** 209n

Einstein 1914n
"Beiträge zur Quantentheorie"
Deutsche Physikalische Gesellschaft. Verhandlungen 16 (1914): 820–828 [Vol. 6, Doc. 5, 29–40; trans. 20–26]
Dated: 24 July 1914 (pres. 1914/07/24; publ. 1914/08/30)

Cited: **4:** *Einstein 1914j* 113 **5:** *Einstein 1914j* 419n **6:** xxiii, 29–38, 261n, 262n **8:** 42n, 55n, 66n, 263n, 555n, 865n, 866n **9:** 418n **10:** 24n, 485n, 549n

Einstein 1914o
"Die formale Grundlage der allgemeinen Relativitätstheorie"
Königlich Preußische Akademie der Wissenschaften (Berlin). *Sitzungsberichte* (1914): 1030–1085 [Vol. 6, Doc. 9, 72–130; trans. 30–84]
Dated: 29 October 1914 (subm. 1914/10/29; publ. 1914/11/26)

Cited: **4:** *Einstein 1914k* 357 **6:** xvii, xviii, 18n, 72–128, 215, 218, 224n, 243n, 264, 269n, 282n, 338n,

357n, 416n **7:** 42n, 177n, 180n, 574n **8:** 41n, 55n, 64n, 74n, 75n, 78n, 84n, 97n, 100n, 102n, 109n, 113n, 120n, 122n, 125n, 142n, 147n, 161n, 164n, 177n, 184n, 186n, 191n, 192n, 195n, 196n, 208n, 229n, 244n, 278n, 309n, 335n, 361n, 384n, 483n, 567n, 624n, 689n **9:** 362n **10:** 25n, 27n, 29n

Einstein 1914p

Review of Alexander von Brill, *Das Relativitätsprinzip. Eine Einführung in die Theorie.* 2d ed. Leipzig: Teubner, 1914
Die Naturwissenschaften 2 (1914): 1018 [Vol. 6, Doc. 10, 131–133]
Dated: 27 November 1914 (publ. 1914/11/27)

Cited: **6:** 131–132, 417

Einstein 1914q

Review of H. A. Lorentz, *Das Relativitätsprinzip. Drei Vorlesungen, gehalten in Teylers Stiftung zu Haarlem.* Keesom, W. H., ed. Leipzig: Teubner, 1914
Die Naturwissenschaften 2 (1914): 1018 [Vol. 6, Doc. 11, 134–136]
Dated: 27 November 1914 (publ. 1914/11/27)

Cited: **6:** 134–135, 417

Einstein 1914r

"Zur Theorie der Gravitation"
Naturforschende Gesellschaft in Zürich. Vierteljahrsschrift 59. Part 2, *Sitzungsberichte* (1914): IV–VI [Vol. 4, Doc. 27, 583–587; trans. 291–292]
Dated: 9 February 1914 (publ. 1914/12/31)

Cited: **4:** *Einstein 1914l* 295, 583–586, 621n **5:** *Einstein 1914l* 584n, 599n **6:** *Einstein 1914r*

Einstein 1915a

"Theoretische Atomistik"
Die Kultur der Gegenwart. Ihre Entwicklung und ihre Ziele. Hinneberg, Paul, ed. Part 3, sec. 3, vol. 1, *Physik*, pp. 251–263. Warburg, Emil, ed. Leipzig: Teubner, 1915 [Vol. 4, Doc. 20, 520–534; trans. 232–245]
Dated: before 21 October 1913 (recd. before 1913/10/21; publ. 1915)

Cited: **2:** 41, 47, 53, 97n, 176, 217–218 **3:** 7, 242n **4:** 520–533, 550n **5:** 597n **8:** 84n **9:** 276n

Einstein 1915b

"Die Relativitätstheorie"
Die Kultur der Gegenwart. Ihre Entwicklung und ihre Ziele. Hinneberg, Paul, ed. Part 3, sec. 3, vol. 1, *Physik*, pp. 703–713. Warburg, Emil, ed. Leipzig: Teubner, 1915 [Vol. 4, Doc. 21, 535–551; trans. 246–263]

Dated: before 21 October 1913 (recd. before 1913/10/21 and after 24 October 1924; publ. 1915 and 1925)

Cited: **4:** 535–550, 550n **5:** 597n **6:** 5n, 67n, 417 **7:** 279n **8:** 74n, 84n, 868n **10:** 273n

Einstein 1915c

"Experimenteller Nachweis der Ampèreschen Molekularströme"
Die Naturwissenschaften 3 (1915): 237–238 [Vol. 6, Doc. 15, 190–193]
Dated: 7 May 1915 (publ. 1915/05/07)

Cited: **6:** 145, 146, 190–192, 232n **8:** 63n, 92n, 128n, 201n, 209n **10:** 304n

Einstein 1915d

"Berichtigung zu meiner gemeinsam mit Herrn J. W. de Haas veröffentlichten Arbeit 'Experimenteller Nachweis der Ampèreschen Molekularströme'"
Deutsche Physikalische Gesellschaft. Verhandlungen 17 (1915): 203 [Vol. 6, Doc. 16, 194–196]
Dated: 10 May 1915 (recd. 1915/05/10; publ. 1915/05/30)
Refers to *Einstein and De Haas 1915a*

Cited: **6:** 145, 170n, 189n, 194–195 **8:** 124n, 128n

Einstein 1915e

"Antwort auf eine Abhandlung M. v. Laues 'Ein Satz der Wahrscheinlichkeitsrechnung und seine Anwendung auf die Strahlungstheorie'"
Annalen der Physik 47 (1915): 879–885 [Vol. 6, Doc. 18, 198–206; trans. 88–94]
Dated: 24 June 1915 (recd. 1915/06/24; publ. 1915/09/03)

Cited: **3:** *Einstein 1915b* 268n **6:** 198–205, 206n **8:** 133n

Einstein 1915f

"Zur allgemeinen Relativitätstheorie"
Königlich Preußische Akademie der Wissenschaften (Berlin). *Sitzungsberichte* (1915): 778–786 [Vol. 6, Doc. 21, 214–224; trans. 98–107]
Dated: 4 November 1915 (pres. 1915/04/11; publ. 1915/11/11)
See also *Einstein 1915g*

Cited: **2:** *Einstein 1915b* 254 **4:** *Einstein 1915c* 198, 254n **6:** xv, xvii, xviii, xix, 130n, 214–223, 226, 229n, 243n, 245, 247, 249n, 338n **7:** 103, 574n **8:** 164n, 186n, 190n, 191n, 195n, 197n, 201n, 202n, 206n, 208n, 209n, 211n, 217n, 218n, 231n, 236n, 237n, 244n, 254n, 266n, 313n, 315n, 624n, 699n **9:** 67n, 268n **10:** 34n, 38n, 63n

Einstein 1915g

"Zur allgemeinen Relativitätstheorie (Nachtrag)"

Königlich Preußische Akademie der Wissenschaften (Berlin). *Sitzungsberichte* (1915): 799–801 [Vol. 6, Doc. 22, 225–229; trans. 108–110]

Dated: 11 November 1915 (pres. 1915/11/11; publ. 1915/11/18)

Refers to *Einstein 1915f*

Cited: **6:** xv, xviii, 224n, 225–228, 243n, 245, 249n, 338n **7:** 103, 139n **8:** 195n, 201n, 202n, 206n, 208n, 211n, 217n, 218n, 221n, 229n, 231n, 236n, 624n **9:** 268n **10:** 34n, 35n, 38n, 482n

Einstein 1915h

"Erklärung der Perihelbewegung des Merkur aus der allgemeinen Relativitätstheorie"

Königlich Preußische Akademie der Wissenschaften (Berlin). *Sitzungsberichte* (1915): 831–839 [Vol. 6, Doc. 24, 233–243; trans. 112–116]

Dated: 18 November 1915 (subm. 1915/11/18; publ. 1915/11/25)

Cited: **3:** *Einstein 1915c* 497n **4:** *Einstein 1915d* 344, 346, 350, 351, 393n, 473n, 485n **5:** *Einstein 1915c* 551n **6:** xv, xix, 234–242, 249n, 337, 338n, 339n, 348, 357n, 538n, 552n **7:** 103, 121n, 181n, 189n, 281n, 349n, 575n **8:** 178n, 201n, 206n, 209n, 211n, 212n, 216n, 217n, 218n, 221n, 225n, 231n, 232n, 266n, 289n, 302n, 304n, 314n, 437n **9:** lii, 187n, 229n, 245n, 268n, 304n, 524n **10:** 35n, 38n, 57

Einstein 1915i

"Die Feldgleichungen der Gravitation"

Königlich Preußische Akademie der Wissenschaften (Berlin). *Sitzungsberichte* (1915): 844–847 [Vol. 6, Doc. 25, 244 249; trans. 117–120]

Dated: 25 November 1915 (subm. 1915/11/25; publ. 1915/12/02)

Cited: **4:** *Einstein 1915* 294, 341n, 344 **6:** xv, xviii, 224n, 234, 244–248, 357n, 338n, 398n **7:** 43n, 103, 139n **8:** 206n, 209n, 211n, 217n, 218n, 229n, 231n, 236n, 237n, 244n, 247n, 249n, 254n, 289n, 304n, 306n, 309n, 311n, 313n, 624n, 694n, 698n, 753n **9:** 268n, 524n **10:** 35n, 38n

Einstein 1916a

"Meine Meinung über den Krieg"

Das Land Goethes 1914–1916. Ein vaterländisches Gedenkbuch. Herausgegeben vom Berliner Goethebund, p. 30. Stuttgart, Berlin: Deutsche Verlags-Anstalt, 1916 [Vol. 6, Doc. 20, 211–213; trans. 96–97]

Dated: 23 October–11 November 1915 (subm. between 23 October and 11 November 1915)

Cited: **6:** 213n **8:** 188n, 194n

Einstein 1916b

"Eine neue formale Deutung der Maxwellschen Feldgleichungen der

Elektrodynamik"
Königlich Preußische Akademie der Wissenschaften (Berlin). *Sitzungsberichte* (1916): 184–188 [Vol. 6, Doc. 27, 263–269; trans. 132–137]
Dated: 3 February 1916 (subm. 1916/02/03; publ. 1916/02/10)

Cited: **6:** 130n, 263–268, 339n **7:** 100n, 139n, 179n, 572n **8:** 177n, 186n

Einstein 1916c
"Ernst Mach"
Physikalische Zeitschrift 17 (1916): 101–104 [Vol. 6, Doc. 29, 277–282; trans. 141–145]
Dated: 14 March 1916 (recd. 1916/03/14; publ. 1916/04/01)

Cited: **2:** 46 **6:** xviii, 129n, 277–281, 338n, 417, 537n, 552n **7:** 103, 279n–280n **8:** 17n, 221n, 299n, 395n, 404n, 432n

Einstein 1916d
"Ein einfaches Experiment zum Nachweis der Ampèreschen Molekularströme"
Deutsche Physikalische Gesellschaft. Verhandlungen 18 (1916): 173–177 [Vol. 6, Doc. 28, 270–276; trans. 138–140]
Dated: 25 February 1916 (pres. 1916/02/25; publ. 1916/04/15)

Cited: **6:** 145, 270–275 **8:** 163n, 176n, 186n, 198n, 261n, 270n, 1010 **10:** 40n, 304n

Einstein 1916e
"Die Grundlage der allgemeinen Relativitätstheorie"
Annalen der Physik 49 (1916): 769–822 [Vol. 6, Doc. 30, 283–339; trans. 146–200]
Dated: 20 March 1916 (recd. 1916/03/20; publ. 1916/05/11)
Published in book form as *Einstein 1916f*

Cited: **4:** *Einstein 1916a* 144n **6:** xvi, xix, xx, 243n, 282n, 283–337, 345n, 346n, 357n, 380n, 416n, 535n, 536n, 538n, 552n **7:** xxiv, 14, 26n, 36n, 42n–43n, 76n, 100n, 103, 139n, 177n–181n, 281n, 322n, 378n, 571n, 573n–574n **8:** 229n, 249n, 254n, 255n, 267n, 275n, 286n, 288n, 289n, 299n, 302n, 305n, 306n, 320n, 326n, 359n, 362n, 366n, 404n, 418n, 421n, 437n, 495n, 500n, 522n, 536n, 557n, 579n, 587n, 588n, 624n, 628n, 634n, 641n, 647n, 689n **9:** lii, 116n, 258n, 291n, 381n, 403n, 407n, 412n, 433n **10:** 40n, 50n, 57n, 301n, 392n, 484n

Einstein 1916f
Die Grundlage der allgemeinen Relativitätstheorie
Leipzig: Barth, 1916
Book version of *Einstein 1916e*

Cited: **6:** 338n, 380n, 535n **8:** 275n, 289n, 557n, 588n, 641n **9:** liii, 116n, 291n, 310n, 381n, 403n, 407n, 412n, 433n, 516n, 554c, 588c, 589c, 591c, 608c, 610c **10:** 118n, 327n, 573c, 596c

Einstein 1916g

"Näherungsweise Integration der Feldgleichungen der Gravitation"
Königlich Preußische Akademie der Wissenschaften (Berlin). *Sitzungsberichte* (1916): 688–696 [Vol. 6, Doc. 32, 347–357; trans. 201–210]
Dated: 22 June 1916 (subm. 1916/06/22; publ. 1916/06/29)

Cited: **6:** xix, 347–356, 552n **7:** xxiii–xxv, xxvii, 12, 15, 22, 26n–27n, 574n **8:** 266n, 301n, 302n, 314n, 331n, 366n, 375n, 483n, 523n, 536n, 554n, 560n, 588n, 753n **9:** 258n **10:** 45n, 48n, 64n

Einstein 1916h

"Gedächtnisrede des Hrn. Einstein auf Karl Schwarzschild"
Königlich Preußische Akademie der Wissenschaften (Berlin). *Sitzungsberichte* (1916): 768–770 [Vol. 6, Doc. 33, 358–362]
Dated: 29 June 1916 (pres. 1916/06/29; publ. 1916/07/06)

Cited: **6:** 358–361, 567n **8:** 288n

Einstein 1916i

"Vorwort"
Freundlich, Erwin. *Die Grundlagen der Einsteinschen Gravitationstheorie.*
Berlin: Springer, 1916 [Vol. 6, Doc. 35, 371–373]
Dated: ca. August 1916 (publ. ca. 1916/08)

Cited: **6:** 39n, 371–372, 380n, 417 **9:** 159n

Einstein 1916j

"Strahlungs-Emission und -Absorption nach der Quantentheorie"
Deutsche Physikalische Gesellschaft. Verhandlungen 18 (1916): 318–323
[Vol. 6, Doc. 34, 363–370; trans. 212–216]
Dated: 17 July 1916 (recd. 1916/07/17; publ. 1916/07/30)

Cited: **2:** *Einstein 1916a* 41, 54 **4:** *Einstein 1916b* 113 **6:** xvi, xxiii, 363–369, 382, 398n **7:** xxviii **8:** 331n, 333n **9:** 390n, 467n **10:** 45n, 50n, 349n, 352n

Einstein 1916k

Review of H. A. Lorentz, *Les théories statistiques en thermodynamique. Conférences faites au Collège de France en novembre 1912.* Dunoyer, L., ed.
Leipzig: Teubner, 1916
Die Naturwissenschaften 4 (1916): 480–481 [Vol. 6, Doc. 36, 374–377;

trans. 218]
Dated: 11 August 1916 (publ. 1916/08/11)

Cited: **6:** 374–376 **8:** 286n **10:** 352n

Einstein 1916l
"Selbstanzeige"
Die Naturwissenschaften 4 (1916): 481 [Vol. 6, Doc. 37, 378–380]
Dated: 11 August 1916 (publ. 1916/08/11)
Refers to *Einstein 1916f*

Cited: **6:** 378–379

Einstein 1916m
"Elementare Theorie der Wasserwellen und des Fluges"
Die Naturwissenschaften 4 (1916): 509–510 [Vol. 6, Doc. 39, 399–402; trans. 234–236]
Dated: 25 August 1916 (publ. 1916/08/25)

Cited: **6:** 399–401 **8:** 288n **10:** 45n, 48n, 106n

Einstein 1916n
"Zur Quantentheorie der Strahlung"
Physikalische Gesellschaft Zürich. Mitteilungen 18 (1916): 47–62 [Vol. 6, Doc. 38, 381–398; trans. 220–233]
Dated: after 24 August 1916 (publ. after 1916/08/24)

Cited: **2:** *Einstein 1916b* 41, 54, 583n **4:** *Einstein 1916c* 113 **6:** *Einstein 1916n* xvi, xxiii, xxiv, 39n, 370n, 381–397 **7:** *Einstein 1916n* xxviii **8:** *Einstein 1916n* 330n, 331n, 333n, 392n, 402n, 462n, 588n **9:** *Einstein 1916n* 374n **10:** Einstein 1916n .

Einstein 1916o
"Hamiltonsches Prinzip und allgemeine Relativitätstheorie"
Königlich Preußische Akademie der Wissenschaften (Berlin). *Sitzungsberichte* (1916): 1111–1116 [Vol. 6, Doc. 41, 409–416; trans. 240–246]
Dated: 26 October 1916 (subm. 1911/10/26; publ. 1916/11/02)

Cited: **6:** xix, 130n, 346n, 409–415 **7:** 26n, 30, 32n, 64, 76n, 139n, 177n, 180n–181n **8:** 184n, 249n, 319n, 320n, 347n, 350n, 361n, 362n, 364n, 366n, 370n, 374n, 380n, 500n, 522n, 523n, 554n, 579n, 588n, 675n, 689n, 699n, 716n, 835n **9:** 403n **10:** 56n, 64n

Einstein 1916p
"Über Friedrich Kottlers Abhandlung 'Über Einsteins Äquivalenzhypothese

und die Gravitation'"
Annalen der Physik 51 (1916): 639–642 [Vol. 6, Doc. 40, 403–408; trans. 237–239]
Dated: October 1916 (recd. 1916/10/19; publ. 1916/12/21)

Cited: **6:** 129n, 338n, 403–407, 537n **7:** 42n, 371n **8:** 345n, 347n, 708n

Einstein 1917a

Über die spezielle und die allgemeine Relativitätstheorie (Gemeinverständlich)
Braunschweig: Vieweg, 1917 [Vol. 6, Doc. 42, 420–539; trans. 247–420]
Dated: December 1916 (publ. 1917)

Cited: **2:** 273 **6:** xvi, xix, 67n, 417, 418, 420–534, 552n **7:** xxii, xxxiv, xxxvi, 7n, 104, 140n, 178n, 220n, 279n, 281n, 337n, 363n, 403n, 405n, 574n **8:** 147n, 236n, 402n, 450n, 456n, 495n, 548n, 557n, 658n, 871n, 892n, 898n, 908n, 914n, 1024, 1028 **9:** 15n, 36n, 70n, 105n, 116n, 137n, 229n, 257n, 262n, 295n, 311n, 320n, 324n, 328n, 346n, 407n, 412n, 432n, 462n, 471n, 516n, 524n, 527n, 528n, 530n, 532n, 535n, 537n, 577c, 582c, 589c, 592c, 593c, 594c, 595c, 597c, 599c, 600c, 602c, 603c, 604c, 605c, 606c, 607c, 608c, 609c, 611c, 612c, 613c, 614c, 615c, 616c **10:** 64n, 88n, 90n, 163n, 225n, 230n, 273n, 329n, 333n, 380n, 385n, 438n, 446n, 509n, 543n, 567c, 568c, 569c, 572c, 574c, 575c, 576c, 577c, 578c, 579c, 584c, 587c, 589c, 590c, 591c, 592c, 593c, 596c, 599c, 600c, 602c, 603c, 605c, 607c, 608c, 610c, 611c, 612c, 613c

Einstein 1917b

"Kosmologische Betrachtungen zur allgemeinen Relativitätstheorie"
Königlich Preußische Akademie der Wissenschaften (Berlin). *Sitzungsberichte* (1917): 142–152 [Vol. 6, Doc. 43, 540–552; trans. 421–432]
Dated: 8 February 1917 (subm. 1917/02/08; publ. 1917/02/15)

Cited: **6:** xix, xx, 539n, 540–551 **7:** xxiv, xxviii, 12, 26n, 36n, 40, 42n–44n, 49n, 73, 76n–77n, 121n, 139n–140n, 142, 146n, 177n, 181n–183n, 189n, 371n, 404n–405n, 424n, 457n, 576n **8:** 288n, 352, 357n, 360n, 386n, 387n, 391n, 392n, 393n, 402n, 407n, 413n, 414n, 416n, 417n, 418n, 426n, 430n, 431n, 433n, 440n, 467n, 474n, 479n, 484n, 485n, 495n, 498n, 500n, 522n, 554n, 557n, 574n, 576n, 578n, 607n, 613n, 628n, 633n, 634n, 641n, 647n, 652n, 653n, 662n, 689n, 693n, 694n, 725n, 734n, 753n, 754n, 757n, 780n, 783n, 788n, 808n, 829n, 1017 **9:** 101n, 102n, 112n, 113n, 119n, 268n, 279n, 403n **10:** 64n, 69n, 71n, 479n

Einstein 1917c

"Zur Quantentheorie der Strahlung"
Physikalische Zeitschrift 18 (1917): 121–128 (recd. 1917/03/03; publ. 1917/03/15)
Republication of *Einstein 1916n*

Cited: **6:** xxiii, 398n **8:** 330n, 462n, 464n, 588n

Einstein 1917d
   "Zum Quantensatz von Sommerfeld und Epstein"
   Deutsche Physikalische Gesellschaft. Verhandlungen 19 (1917): 82–92
   [Vol. 6, Doc. 45, 555–567; trans. 434–443]
   Dated: 11 May 1917 (pres. 1917/05/11; publ. 1917/05/30)

   Cited: **6**: xxv, 555–566, 575n **8**: 379n, 387n, 388n, 442n, 454n, 458n, 466n, 478n, 529n, 757n **9**: liii, 406n **10**: 83n, 86n, 245n

Einstein 1917e
   Review of H. v. Helmholtz, *Zwei Vorträge über Goethe*. Braunschweig: Vieweg, 1917
   Die Naturwissenschaften 5 (1917): 82–92 [Vol. 6, Doc. 46, 568–570]
   Dated: 2 November 1917 (publ. 1917/11/02)

   Cited: **6**: 568–569

Einstein 1917f
   "Eine Ableitung des Theorems von Jacobi"
   Königlich Preußische Akademie der Wissenschaften (Berlin). *Sitzungsberichte* (1917): 606–608 [Vol. 6, Doc. 47, 571–575; trans. 445–447]
   Dated: 22 November 1917 (pres. 1917/11/22; publ. 1917/11/29)

   Cited: **6**: 567n, 571–574 **8**: 442n, 531n **9**: 592c **10**: 83n

Einstein 1917g
   "Marian v. Smoluchowski"
   Die Naturwissenschaften 5 (1917): 737–738 [Vol. 6, Doc. 48, 576–579]
   Dated: 14 December 1917 (publ. 1917/12/14)

   Cited: **2**: *Einstein 1917b* 216 **3**: *Einstein 1917* 7, 284 **6**: 576–578 **8**: 514n, 551n **10**: 135n

Einstein 1917h
   "Der Angst-Traum"
   Berliner Tageblatt, 25 December 1917 [Vol. 6, Doc. 49, 580–582; trans. 449]
   Dated: 25 December 1917 (publ. 1917/12/25)

   Cited: **6**: xv, 580–581 **7**: 337n **9**: 324n **10**: 373n

Einstein 1918a
   "Über Gravitationswellen"
   Königlich Preußische Akademie der Wissenschaften (Berlin). *Sitzungs-*

berichte (1918): 154–167 [Vol. 7, Doc. 1, 11–28; trans. 9–27]
Dated: 31 January 1918 (subm. 1918/01/31; publ. 1918/02/21)

Cited: **6:** *Einstein 1918* 66n, 357n **7:** xxiii–xxv, xxvii, 11–25, 32n, 43n, 76n, 139n, 177n, 181n, 574n **8:** 442n, 500n, 523n, 524n, 536n, 588n, 612n, 682n, 689n, 699n, 707n, 708n, 716n, 753n

Einstein 1918b

"Notiz zu E. Schrödingers Arbeit 'Die Energiekomponenten des Gravitationsfeldes'"
Physikalische Zeitschrift 19 (1918): 115–116 [Vol. 7, Doc. 2, 29–32; trans. 28–30]
Dated: 5 February 1918 (recd. 1918/02/05; publ. 1918/03/15)

Cited: **7:** xxiv–xxv, 26n, 29–31, 76n **8:** 536n, 716n, 747n **10:** 64n

Einstein 1918c

"Kritisches zu einer von Hrn. de Sitter gegebenen Lösung der Gravitationsgleichungen"
Königlich Preußische Akademie der Wissenschaften (Berlin). *Sitzungsberichte* (1918): 270–272 [Vol. 7, Doc. 5, 45–49; trans. 36–38]
Dated: 7 March 1918 (subm. 1918/03/07; publ. 1918/03/21)

Cited: **7:** xxiv, 42n, 45–48, 80n **8:** 354, 357n, 486n, 497n, 502n, 613n, 641n, 713n, 720n, 747n, 762n, 765n, 768n, 778n, 781n, 788n, 806n, 807n, 810n, 962n **9:** 112n

Einstein 1918d

"Bemerkung zu Herrn Schrödingers Notiz 'Über ein Lösungssystem der allgemein kovarianten Gravitationsgleichungen'"
Physikalische Zeitschrift 19 (1918): 165–166 [Vol. 7, Doc. 3, 33–36; trans. 31–32]
Dated: 3 March 1918 (recd. 1918/03/03; publ. 1918/04/15)

Cited: **7:** xxiv, xxviii, 33–35, 140n, 405n, 424n, 457n **8:** 747n, 808n **9:** 279n

Einstein 1918e

"Prinzipielles zur allgemeinen Relativitätstheorie"
Annalen der Physik 55 (1918): 241–244 [Vol. 7, Doc. 4, 37–44; trans. 33–35]
Dated: 6 March 1918 (recd. 1918/03/06; publ. 1918/05/24)

Cited: **7:** xxiii, xxvii, xxxii, 37–41, 49n, 77n, 121n, 139n, 178n, 181n, 281n, 322n, 358n, 378n, 404n, 573n–574n, 576n **8:** *Einstein 1918f* 354, 357n, 423n, 578n, 613n, 641n, 652n, 662n, 670n, 700n, 713n, 765n, 810n **9:** 112n, 404n **10:** 325n

Einstein 1918f

"Der Energiesatz in der allgemeinen Relativitätstheorie"
Königlich Preußische Akademie der Wissenschaften (Berlin). *Sitzungsberichte* (1918): 448–459 [Vol. 7, Doc. 9, 63–77; trans. 47–61]
Dated: 16 May 1918 (subm. 1918/05/16; publ. 1918/05/30)

Cited: **7:** xxiv–xxvi, 26n, 28n, 32n, 63–75, 574n, 576n **8:** *Einstein 1918g* 716n, 765n, 775n, 783n, 787n, 788n, 793n, 806n, 827n, 837n, 860n, 917n, 949n **9:** 101n, 102n **10:** 64n

Einstein 1918g

"Nachtrag"
Königlich Preußische Akademie der Wissenschaften (Berlin). *Sitzungsberichte* (1918): 478 [Vol. 7, Doc. 8, 60–62]
Dated: 2 May 1918 (subm. 1918/05/02; publ. 1918/06/06)
Supplement to Weyl, Hermann, "Gravitation und Elektrizität." *Königlich Preußische Akademie der Wissenschaften* (Berlin). *Sitzungsberichte* (1918): 465–478

Cited: **7:** xxiv, xxvii, 54–55, 80n, 139n, 280n, 323n, 404n, 416n, 574n **8:** *Einstein 1918h* 727n, 743n, 802n, 804n, 839n **9:** 81n, 113n, 119n, 269n, 404n **10:** 294n, 349n

Einstein 1918h

Review of: Hermann Weyl, *Raum–Zeit–Materie. Vorlesungen über allgemeine Relativitätstheorie*. Berlin: Springer, 1918
Die Naturwissenschaften 6 (1918): 373 [Vol. 7, Doc. 10, 78–80; trans. 62–63]
Dated: 21 June 1918 (publ. 1918/06/21)

Cited: **7:** xxxii, 78–79, 179n **8:** *Einstein 1918i* 670n **9:** 113n, 119n, 404n

Einstein 1918i

"Lassen sich Brechungsexponenten der Körper für Röntgenstrahlen experimentell ermitteln?"
Deutsche Physikalische Gesellschaft. Verhandlungen 20 (1918): 86–87
[Vol. 7, Doc. 6, 50–53; trans. 39–40]
Dated: 21 March 1918 (subm. 1918/03/21; publ. 1918/06/30)

Cited: **7:** *Einstein 1918i* xxix, 50–52 **8:** 730n, 839n, 873n, 874n, 950n **10:** 417n

Einstein 1918j

"Motive des Forschens"
Zu Max Plancks sechzigstem Geburtstag. Ansprachen, gehalten am 26. April

1918 in der Deutschen Physikalischen Gesellschaft von E. Warburg, M. v. Laue, A. Sommerfeld und A. Einstein, pp. 29–32. Karlsruhe: C. F. Müllersche Hofbuchhandlung, 1918 [Vol. 7, Doc. 7, 54–59; trans. 42–44]
Dated: 26 April 1918 (held 1918/04/26; publ. ca. 1918/07)

Cited: **7:** *Einstein 1918j* xxxiv, xxxvi, 57–61, 220n, 381n, 570n **8:** 629n, 713n, 735n, 743n, 784n, 855n, 858n

Einstein 1918k

"Dialog über Einwände gegen die Relativitätstheorie"
Die Naturwissenschaften 6 (1918): 697–702 [Vol. 7, Doc. 13, 114–122; trans. 66–75]
Dated: before 20 October 1918 (publ. 1918/11/29)

Cited: **7:** xxxi, xxxiii, xxxv, 101–102, 105, 114–120, 348n, 358n **8:** 902n, 914n, 950n **10:** 189n, 190n, 308n, 383n, 428n, 439n, 570c, 572c, 573c

Einstein 1918l

"Bemerkung zu E. Gehrckes Notiz 'Über den Äther'"
Deutsche Physikalische Gesellschaft. Verhandlungen 20 (1918): 261 [Vol. 7, Doc. 15, 126–128; trans. 78]
Dated: 29 November 1918 (recd. 1918/11/29; publ. 1918/12/30)

Cited: **2:** *Einstein 1918* 262 **7:** 101, 126–127, 279n

Einstein 1919a

"Spielen Gravitationsfelder im Aufbau der materiellen Elementarteilchen eine wesentliche Rolle?"
Preußische Akademie der Wissenschaften (Berlin). *Sitzungsberichte* (1919): 349–356 [Vol. 7, Doc. 17, 130–140; trans. 80–88]
Dated: 10 April 1919 (subm. 1919/04/10; publ. 1919/04/24)

Cited: **6:** *Einstein 1919* 536n **7:** xxiv, xxvii, 36n, 104, 130–139n, 177n, 181n–183n, 189n, 323n, 357n, 378n, 404n–405n, 457n, 572n, 576n **8:** 554n, 837n, 861n **9:** 17n, 29n, 35n, 37n, 41n, 65n, 77n, 81n, 85n, 88n, 89n, 119n, 155n, 239n, 265n, 403n, 499n **10:** 363n, 364n, 371n, 378n, 380n, 482n, 550n, 590c

Einstein 1919b

"Bemerkung über periodische Schwankungen der Mondlänge, welche bisher nach der Newtonschen Mechanik nicht erklärbar schienen"
Preußische Akademie der Wissenschaften (Berlin). *Sitzungsberichte* (1919): 433–436 [Vol. 7, Doc. 18, 141–146; trans. 89–92]
Dated: 24 April 1919 (subm. 1919/04/24; publ. 1919/05/08)

Cited: **7:** xxviii, 141–145, 189n, 198n **8:** 557n **10:** 590c

Einstein 1919c

"Bemerkung zur vorstehenden Notiz"

Preußische Akademie der Wissenschaften (Berlin). *Sitzungsberichte* (1919): 711 [Vol. 7, Doc. 22, 196–198; trans. 96]

Dated: 24 July 1919 (subm. 1919/07/24; publ. 1919/07/31)

Cited: **7:** xxviii, 146n, 196–197

Einstein 1919d

"Prüfung der allgemeinen Relativitätstheorie"

Die Naturwissenschaften 7 (1919): 776 [Vol. 7, Doc. 23, 199–201; trans. 97]

Dated: 9 October 1919 (publ. 1919/10/17)

Cited: **7:** xxx, 199–200, 210n, 349n **9:** 167n, 192n, 211n, 229n

Einstein 1919e

"Leo Arons als Physiker"

Sozialistische Monatshefte 25 (1919): 1055–1056 [Vol. 7, Doc. 24, 202–205; trans. 98–99]

Dated: 17 November 1919 (publ. 1919/11/17)

Cited: **7:** xxxviii, 202–204, 283n **8:** *Einstein 1919f* 946n **9:** 475n

Einstein 1919f

"Time, Space, and Gravitation"

The Times (London), 28 November 1919 [Vol. 7, Doc. 26, 212–215]

Dated: 28 November 1919 (publ. 1919/11/28)

Cited: **2:** *Einstein 1919* xxi, 45, 257 **5:** *Einstein 1919* 89n **7:** xxxi, xxxiv–xxxv, 210n, 212–214, 371n, 378n, 430n, 433n **9:** 245n, 257n, 265n, 268n, 273n, 288n, 303n, 584c, 586c **10:** 120n

Einstein 1919g

"Induktion und Deduktion in der Physik"

Berliner Tageblatt, 25 December 1919, Morning Edition [Vol. 7, Doc. 28, 218–220; trans. 108–109]

Dated: 25 December 1919 (publ. 1919/12/25)

Cited: **7:** xxxiv–xxxvi, 62n, 218–219, 404n, 570n

Einstein 1919h

"Die Zuwanderung aus dem Osten"

Berliner Tageblatt, 30 December 1919, Morning Edition [Vol. 7, Doc. 29, 237–241; trans. 110–111]

Dated: 30 December 1919 (publ. 1919/12/30)

Cited: **7:** xxxviii, 221, 224–225, 237–239, 293n, 296n–297n, 430n, 441n

Einstein 1920a

[Uproar in the Lecture Hall]
8-Uhr-Abendblatt, 13 February 1920 [Vol. 7, Doc. 33, 284–288; trans. 152]
Dated: 13 February 1920 (publ. 1920/02/13)

Cited: **7:** xl, 226, 284–286, 430n, 448n **10:** 406n, 534n

Einstein 1920b

[An Exchange of Scientific Literature]
Neue Zürcher Zeitung, 4 April 1920, 1st Sunday Edition [Vol. 7, Doc. 36, 298–301; trans. 158]
Dated: 4 April 1920 (publ. 1920/04/04)

Cited: **7:** xli, 241n, 298–299, 333n, 363n, 436n, 470n, 494n–495n **9:** 74n, 485n, 515n, 534n **10:** 272n, 350n, 420n, 451n, 546n

Einstein 1920c

"Schallausbreitung in teilweise dissoziierten Gasen"
Preußische Akademie der Wissenschaften (Berlin). *Sitzungsberichte* (1920): 380–385 [Vol. 7, Doc. 39, 324–331; trans. 183–190]
Dated: 8 April 1920 (subm. 1920/04/08; publ. 1920/04/29)

Cited: **7:** xxix, 324–330 **9:** 513n

Einstein 1920d

[To the "General Association for Popular Technical Education"]
Neue Freie Presse, 16 July 1920, Morning Edition [Vol. 7, Doc. 42, 335–337; trans. 193–194]
Dated: 16 July 1920 (subm. 1920/07/16; publ. 1920/07/24)

Cited: **7:** 335–336, 381n

Einstein 1920e

[On New Sources of Energy]
Berliner Tageblatt, 25 July 1920, Morning Edition [Vol. 7, Doc. 43, 338–340; trans. 195]
Dated: 25 July 1920 (publ. 1920/07/25)

Cited: **7:** 338–339

Einstein 1920f

"Meine Antwort. Ueber die anti-relativitätstheoretische G.m.b.H."
Berliner Tageblatt, 27 August 1920, Morning Edition [Vol. 7, Doc. 45, 344–349; trans. 197–199]
Dated: 27 August 1920 (publ. 1920/08/27)

<small>Cited: **7:** xxxii, xli, 101–103, 106–107, 344–347, 357n **10:** 383n, 386n, 387n, 389n, 390n, 394n, 400n, 402n, 405n, 406n, 408n, 410n, 413n, 417n, 419n, 425n, 426n, 427n, 468n, 470n</small>

Einstein 1920g

"Bemerkung zu der Abhandlung von W. R. Heß 'Beitrag zur Theorie der Viskosität heterogener Systeme'"
Kolloid-Zeitschrift 27 (1920): 137 [Vol. 7, Doc. 44, 341–343; trans. 196]
Dated: 3 August 1920 (recd. 1920/08/03; publ. 1920/09)

<small>Cited: **2:** *Einstein 1920* 170 **5:** *Einstein 1920* 271n **7:** 341–342</small>

Einstein 1920h

[A Confession]
Israelitisches Wochenblatt für die Schweiz, 24 September 1920, p. 10 [Vol. 7, Doc. 37, 302–304; trans. 159]
Dated: 5 April 1920 (publ. 1920/09/24)

<small>Cited: **7:** xxxix, 221, 226, 228, 292n–293n, 302–303, 430n</small>

Einstein 1920i

[On the Contribution of Intellectuals to International Reconciliation]
Thoughts on Reconciliation, pp. 10–11. New York: Deutscher Gesellig-Wissenschaftlicher Verein von New York, 1920 [Vol. 7, Doc. 47, 360–364; trans. 201]
Dated: after 29 September 1920 (publ. 1920)

<small>Cited: **7:** xli, 62n, 241n, 360–362, 381n, 430n, 494n **10:** 334n</small>

Einstein 1920j

Äther und Relativitätstheorie. Rede gehalten am 5. Mai 1920 an der Reichs-Universität zu Leiden.
Berlin: Springer, 1920 [Vol. 7, Doc. 38, 305–323; trans. 160–182]
Dated: before 7 April 1920 (held 1920/10/27; publ. 1920)

<small>Cited: **3:** *Einstein 1920* 174n 439n **7:** xxvii, xxxiii, 105, 122n, 281n, 305–320, 378n, 468n **9:** 513n, 615c **10:** li, 246n, 276, 325n, 425n, 470n, 479n, 541n, 572c, 578c, 589c, 593c, 603c, 605c, 613c, 614c</small>

Einstein 1920k

"Antwort auf vorstehende Betrachtung"
Die Naturwissenschaften 8 (1920): 1010–1011 [Vol. 7, Doc. 49, 368–371; trans. 203–205]
Dated: 20 November 1920 (publ. 1920/12/17)

Cited: **7**: 121n, 357n, 368–370 **10**: 120n, 505n

Einstein 1920l

Relativity: The Special and the General Theory.
London: Methuen, 1920
Translation of *Einstein 1917a*

Cited: **6**: 538n

Einstein 1921a

"Das Gemeinsame am künstlerischen und wissenschaftlichen Erleben"
Menschen. Zeitschrift neuer Kunst 4 (1921): 19 [Vol. 7, Doc. 51, 379–381; trans. 207]
Dated: 27 January 1921 (publ. 1921/02)

Cited: **7**: xxxvi, 379–380

Einstein 1921a

La théorie de la relativité restreinte et généralisée. (Mise à la portée de tout le monde.)
Paris: Gauthier-Villars, 1921
Translation of *Einstein 1917a*

Cited: **6**: 417

Einstein 1921b

"Geometrie und Erfahrung"
Preußische Akademie der Wissenschaften (Berlin). *Sitzungsberichte* (1921): 123–130] (held 1921/01/27; publ. 1921/02/03)
An expanded version was published as *Einstein 1921c*

Cited: **4**: *Einstein 1921* 104n **7**: 382n, 481n

Einstein 1921c

Geometrie und Erfahrung. Erweiterte Fassung des Festvortrages gehalten an der Preußischen Akademie der Wissenschaften zu Berlin am 27. Januar 1921.
Berlin: Springer, 1921 [Vol. 7, Doc. 52, 382–405; trans. 208–222]

Dated: 27 January 1921 (held 1921/01/27; publ. 1921)
Expanded version of *Einstein 1921b*

Cited: **7:** xxviii, xxxiv–xxxvi, 220n, 280n–281n, 323n, 337n, 371n, 382–402, 416n, 424n, 433n, 456n, 481n, 570n **9:** 72n, 279n **10:** 604c

Einstein 1921d
"A Brief Outline of the Development of the Theory of Relativity"
Nature 106 (1921): 782–784 [Vol. 7, Doc. 53, 406–410]
Dated: 17 February 1921 (publ. 1921/02/17)

Cited: **2:** *Einstein 1921a* 307n **7:** xxxi, 279n, 322n, 378n, 406–409 **9:** 300n **10:** 120n

Einstein 1921e
"Über eine naheliegende Ergänzung des Fundamentes der allgemeinen Relativitätstheorie"
Preußische Akademie der Wissenschaften (Berlin). *Sitzungsberichte* (1921): 261–264 [Vol. 7, Doc. 54, 411–416; trans. 224–228]
Dated: 3 March 1921 (subm. 1921/03/03; publ. 1921/03/17)

Cited: **7:** xxvii, 411–415 **9:** liii

Einstein 1921f
"Eine einfache Anwendung des Newtonschen Gravitationsgesetzes auf die kugelförmigen Sternhaufen"
Festschrift der Kaiser-Wilhelm Gesellschaft zur Förderung der Wissenschaften zu ihrem zehnjährigen Jubiläum dargebracht von ihren Instituten, pp. 50–52. Berlin: Springer, 1921 [Vol. 7, Doc. 56, 420–425; trans. 230–233]
Dated: ca. 18 March 1921 (publ. ca. 1921/03/18)
See Vol. 7, Appendix A, for calculations for this item.

Cited: **7:** xxviii, 378n, 405n, 420–423, 433n, 579n **9:** liii, 233n, 336n **10:** 501n, 527n, 528n

Einstein 1921g
"Zur Abwehr"
Die Naturwissenschaften 9 (1921): 219 [Vol. 7, Doc. 55, 417–419]
Dated: 16 March 1921 (publ. 1921/04/01)

Cited: **7:** 417–418 **10:** 264n

Einstein 1921h
"Wie ich Zionist wurde"
Jüdische Rundschau, 21 June 1921, pp. 351–352 [Vol. 7, Doc. 57, 426–430;

trans. 234–237]

Dated: before 30 May 1921 (publ. 1921/06/21)

Cited: **7:** xxxix, 221, 223, 227, 232, 236, 426–428, 433n

Einstein 1921i

[On a Jewish Palestine. Final Version]

Jüdische Rundschau, 1 July 1921, p. 371 [Vol. 7, Doc. 60, 438–441; trans. 243–245]

Dated: 27 June 1921 (pres. 1921/06/27; publ. 1921/07/01)

Cited: **7:** xxxix, 221–222, 227, 236, 438–439

Einstein 1921j

"Zur Errichtung der hebräischen Universität in Jerusalem. Interview der 'JPZ' mit Prof. Albert Einstein"

Jüdische Pressezentrale Zürich, 26 August 1921, p. 1 [Vol. 7, Doc. 62, 445–448; trans. 248–249]

Dated: 26 August 1921 (publ. 1921/08/26)

Cited: **7:** xxxix, 221, 236, 436n, 445–446

Einstein 1921k

"Die Not der deutschen Wissenschaft. Eine Gefahr für die Nation"

Neue Freie Presse, 21 December 1921, Morning Edition [Vol. 7, Doc. 70, 492–495; trans. 259–260]

Dated: 21 December 1921 (publ. 1921/12/25)

Cited: **7:** xli, 364n, 492–493

Einstein 1921l

Teoriya otnositel'nosti. Obshchedostupnoe izlozhenie

Berlin: Slovo, 1921

Translation of *Einstein 1917a*

Cited: **6:** 417, 535n

Einstein 1922a

"Über ein den Elementarprozeß der Lichtemission betreffendes Experiment"

Preußische Akademie der Wissenschaften (Berlin). *Sitzungsberichte* (1921): 882–883 [Vol. 7, Doc. 68, 483–487; trans. 255–256]

Dated: 8 December 1921 (subm. 1921/12/08; publ. 1922/01/05)

Cited: **7:** xxviii, 483–485

Einstein 1922b
   [Impact of Science on the Development of Pacifism]
   Die Friedensbewegung. Ein Handbuch der Weltfriedensströmungen der Gegenwart, pp. 78–79. Lenz, Kurt, and Fabian, Walter, eds. Berlin: Schwetschke, 1922 [Vol. 7, Doc. 69, 488–491; trans. 257–258]
   Dated: before 9 December 1921 (publ. 1922)

   Cited: **7:** 217n, 488–490

Einstein 1922c
   Vier Vorlesungen über Relativitätstheorie gehalten im Mai 1921 an der Universität Princeton. Braunschweig: Vieweg, 1922 [Vol. 7, Doc. 71, 496–577; trans. 261–368]
   Dated: January 1922 (publ. 1922)

   Cited: **7:** *Einstein 1922c* xxvii–xxviii, xxxiii, 42n, 121n, 181n, 183n, 280n, 323n, 456n–457n, 468n, 496–569, 590n **8:** 670n, 825n

Co-Authored Publications

Einstein and De Haas 1915a
   (with Wander J. de Haas)
   "Experimenteller Nachweis der Ampèreschen Molekularströme"
   Deutsche Physikalische Gesellschaft. Verhandlungen 17 (1915): 152–170
   [Vol. 6, Doc. 13, 150–171]
   Dated: 19 February 1915 (pres. 1915/02/19; subm. 1915/04/10; publ. 1915/04/30)
   See also *Einstein 1915d*

   Cited: **3:** *Einstein and de Haas 1915* **6:** 39n, 145, 146, 148, 150–169, 189n, 192, 193n, 195, 196n, 231, 232n, 271, 276n **7:** xxix, 585n **8:** 63n, 92n, 116n, 119n, 121n, 124n, 130n, 137n, 147n **9:** 155n, 358n, 418n **10:** 91n, 304n, 405n, 503n, 504n, 574c

Einstein and De Haas 1915b
   (with Wander J. de Haas)
   "Proefondervindelijk bewijs voor het bestaan der moleculaire stroomen van Ampère"
   Koninklijke Akademie van Wetenschappen te Amsterdam. Wis- en Natuurkundige Afdeeling. Verslagen van de Gewone Vergaderingen 23 (1914–15): 1449–1464 (subm. 1915/04/23; publ. 1915)
   Reprinted in translation as *Einstein and de Haas 1915c*

   Cited: **6:** 145, 189n **8:** 63n, 116n

Einstein and De Haas 1915c

(with Wander J. de Haas)

"Experimental Proof of the Existence of Ampère's Molecular Currents"

Koninklijke Akademie van Wetenschappen te Amsterdam. Section of Sciences. Proceedings 18 (1915–16): 696–711 [Vol. 6, Doc. 14, 172–189]

Dated 23 April 1915 (subm. 1915/04/23; publ. 1915/05/14)

English translation of *Einstein and de Haas 1915b*

Cited: **6**: 145, 170n, 172–188, 193n **9**: 155n, 358n **10**: 405n.

Einstein and De Haas 1915d

(with Wander J. de Haas)

"Notiz zu unserer Arbeit 'Experimenteller Nachweis der Ampèreschen Molekularströme'"

Deutsche Physikalische Gesellschaft. Verhandlungen 17 (1915): 420 [Vol. 6, Doc. 23, 230–232; trans. 111]

Dated: 15 November 1915 (recd. 1915/11/15; publ. 1915/11/30)

Cited: **6**: 145, 149, 230–231, 276n **8**: 198n **10**: 503n, 504n

Einstein and Fokker 1914

(with Adriaan D. Fokker)

"Die Nordströmsche Gravitationstheorie vom Standpunkt des absoluten Differentialkalküls"

Annalen der Physik 44 (1914): 321–328 [Vol. 4, Doc. 28, 588–597; trans. 293–299]

Dated: 19 February 1914 (recd. 1914/02/19; publ. 1914/05/12)

Cited: **4**: xvii, 106n, 502n, 588–596, 622n, 628 **5**: 551n, 564n, 594n **6**

Einstein and Grossmann 1913

(with Marcel Grossmann)

Entwurf einer verallgemeinerten Relativitätstheorie und einer Theorie der Gravitation. Leipzig: Teubner, 1913 [Vol. 4, Doc. 13, 302–343; trans. 151–188]

Dated: before 28 May 1913 (publ. 1913)

Reprinted with *Einstein 1914d* as *Einstein and Grossmann 1914a*

Cited: **4**: 3, 106n, 107n, 164n, 192, 194, 195, 196, 197, 198, 199, 209n, 214n, 232n, 234n, 245n, 247n, 249n, 250n, 252n, 254n, 258n, 260n, 261n, 263n, 265n, 269n, 294, 295, 296, 297, 299, 300, 302–339, 302n, 344, 346, 349, 361n, 373n, 375n, 393n, 437n, 443n, 445n, 447n, 451n, 484n, 485n, 493, 501n, 502n, 503n, 565n, 569, 570n, 577n, 578n, 582n, 587n, 596, 597n, 622n **5**: 516n, 518n, 523n, 532n, 538n, 549n,

551n, 553n, 563n, 571n, 584n, 598n, 604n **6:** xvi, 7, 9, 17, 18n, 129n, 130n, 243n, 338n, 408n **7:** 26n, 42n, 121n, 180n, 456n, 576n **8:** 180n, 184n, 208n, 255n, 361n, 436n, 624n, 682n, 1033 **9:** 462n **10:** 21n, 38n

Einstein and Grossmann 1914a

(with Marcel Grossmann)

"Entwurf einer verallgemeinerten Relativitätstheorie und einer Theorie der Gravitation"

Zeitschrift für Mathematik und Physik 62 (1914): 225–259

Reprint with *Einstein 1914d* of *Einstein and Grossmann 1913*

Cited: **4:** 302, 582n, 590, 597n, 619, 622n **5: 6:** 7, 18n **8:** 33n, 309n

Einstein and Grossmann 1914b

(with Marcel Grossmann)

"Kovarianzeigenschaften der Feldgleichungen der auf die verallgemeinerte Relativitätstheorie gegründeten Gravitationstheorie"

Zeitschrift für Mathematik und Physik 63 (1914): 215–225 [Vol. 6, Doc. 2, 6–18; trans. 6–15]

Dated: 29 May 1914 (publ. 1914)

Cited: **4:** 103n, 294, 297, 300, 301, 341n, 503n **5:** 604n **6:** xvi, xvii, 6–17, 18n, 24n, 129n, 130n **7:** Einstein and Grossman 1914b **8:** 14n, 17n, 31n, 41n, 64n, 436n

Einstein and Hopf 1910a

(with Ludwig Hopf)

"Über einen Satz der Wahrscheinlichkeitsrechnung und seine Anwendung in der Strahlungstheorie"

Annalen der Physik 33 (1910): 1096–1104 [Vol. 3, Doc. 7, 258–268; trans. 211–219]

Dated: 29 August 1910 (recd. 1910/08/29; publ. 1910/12/20)

Cited: **2:** 41, 146, 180, 215, 551n **3:** 178n, 258–267, 274, 277, 281n **4:** 202n **5:** 255n, 336n **6:** 206n **8:** 133n

Einstein and Hopf 1910b

(with Ludwig Hopf)

"Statistische Untersuchung der Bewegung eines Resonators in einem Strahlungsfeld"

Annalen der Physik 33 (1910): 1105–1115 [Vol. 3, Doc. 8, 269–285; trans. 220–230]

Dated: August 1910 (recd. 1910/08/29; publ. 1910/12/20)

Cited: **2**: 41, 49, 146, 180, 215, 551n, 552n **3**: xix, xxvi, 178n, 268n, 269–280, 505n, 507n, 530, 545n **4**: 202n, 272, 280, 285n, 602n **5**: 255n, 283n, 336n **6**: xxiv, 398n

Einstein and Laub 1908a

(with Jakob Laub)

"Über die elektromagnetischen Grundgleichungen für bewegte Körper"
Annalen der Physik 26 (1908): 532–540 [Vol. 2, Doc. 51, 508–517; trans. 329–338]
Dated: 29 April 1908 (recd. 1908/05/13; publ. 1908/07/07)

Cited: **2**: 253, 503, 505, 506, 508–517, 528n, 529–530, 530n, 531–535, 535n, 540n **4**: 105n, 107n **5**: 93n, 121n, 122n, 144n, 254n **9**: 528n

Einstein and Laub 1908b

(with Jakob Laub)

"Über die im elektromagnetischen Felde auf ruhende Körper ausgeübten ponderomotorischen Kräfte"
Annalen der Physik 26 (1908): 541–550 [Vol. 2, Doc. 52, 518–528; trans. 339–348]
Dated: 7 May 1908 (recd. 1908/05/13; publ. 1908/07/07)

Cited: **2**: 253, 503, 506, 517n, 518–528 **3**: 257n **4**: 107n **5**: 93n, 114n, 120n, 121n, 132n, 254n, 255n **8**: 802n **9**: 528n

Einstein and Laub 1908c

(with Jakob Laub)

"Berichtigung zur Abhandlung: 'Über die elektromagnetischen Grundgleichungen für bewegte Körper'"
Annalen der Physik 27 (1908): 232 [Vol. 2, Doc. 53, 529–530; trans. 349]
Dated: 24 August 1908 (recd. 1908/08/24; publ. 1908/09/25)

Cited: **2**: 253, 503, 505, 517n, 529–530

Einstein and Laub 1909

(with Jakob Laub)

"Bemerkungen zu unserer Arbeit: 'Über die elektromagnetischen Grundgleichungen für bewegte Körper'"
Annalen der Physik 28 (1909): 445–447 [Vol. 2, Doc. 54, 531–535; trans. 350–353]
Dated: November 1908 (recd. 1908/12/06 and 1909/01/19; publ. 1909/02/04)

Cited: **2**: 253, 503, 506, 517n, 531–535 **5**: 144n, 254n

Einstein and Stern 1913

(with Otto Stern)

"Einige Argumente für die Annahme einer molekularen Agitation beim absoluten Nullpunkt"

Annalen der Physik 40 (1913): 551–560 [Vol. 4, Doc. 11, 274–284; trans. 137–145]

Dated: December 1912 (recd. 1913/01/05; publ. 1913/03/20)

Cited: **3:** 281n, 545n, 548n **4:** 270, 271, 272, 274–284, 552n, 553n **5:** 360n, 395n, 468n, 509n, 536n, 539n, 541n, 563n, 580n **6:** 146, 261n, 398n **8:** 20n, 42n **10:** 18n, 305n

Einstein et al. 1909a

"Diskussion" (following Siedentopf, Henry. "Über ultramikroskopische Abbildungen (Vorläufige Mitteilung)." *Physikalische Zeitschrift* 10 (1909): 778–779)

Physikalische Zeitschrift 10 (1909): 779–780 [Vol. 2, Doc. 58, 556–559; trans. 377]

Dated: 20 September 1909 (publ. 1909/11/10)

Cited: **2:** 206, 219, 220, 556–559

Einstein et al. 1909b

"Diskussion" (following Szarvassi, Arthur. "Die Theorie der elektromagnetischen Erscheinungen in bewegten Körpern und das Energieprinzip." *Physikalische Zeitschrift* 10 (1909): 811–813)

Physikalische Zeitschrift 10 (1909): 813 [Vol. 2, Doc. 59, 560–562; trans. 378]

Dated: 21 September 1909 (publ. 1909/11/10)

Cited: **2:** 253, 560–562

Einstein et al. 1909c

"Diskussion" (following *Einstein 1909c*)

Physikalische Zeitschrift 10 (1909): 825–826 [Vol. 2, Doc. 61, 584–587; trans. 395–398]

Dated: 21 September 1909 (publ. 1909/11/10)

Cited: **2:** xvii, 145, 148, 552n, 583n, 584–587 **3:** 547n **5:** 197n

Einstein et al. 1909d

"Diskussion" (following Hasenöhrl, Fritz. "Über die Umwandlung kinetischer Energie in Strahlung." *Physikalische Zeitschrift* 10 (1909): 829–830)

Physikalische Zeitschrift 10 (1909): 830 [Vol. 2, Doc. 62, 588–590; trans. 399]

Dated: 21 September 1909 (publ. 1909/11/10)

Cited: **2**: 588–590

Einstein et al. 1911a

[Discussions of Lectures delivered at the 83d meeting of the GDNÄ]
Physikalische Zeitschrift 12 (1911): 1068–1069, 978–979, 1084 [Vol. 3, Doc. 24, 498–504; trans. 388–390]

Cited: **3**: 498–504

Einstein et al. 1911b

"Diskussion" (following *Einstein 1911i*)
Naturforschende Gesellschaft in Zürich. Vierteljahrsschrift 56. Part 2, *Sitzungsberichte* (1911): II–IX [Vol. 3, Doc. 18, 440–449; trans. 351–358]

Cited: **3**: 440–448, 479 **4**: 621n **9**: 484n **10**: 120n

Einstein et al. 1912

"Discussion" (following *Einstein 1912a*)
La théorie du rayonnement et les quanta. Rapports et discussions de la réunion tenue à Bruxelles, du 30 octobre au 3 novembre 1911, sous les auspices de M. E. Solvay, pp. 436–450. Langevin, Paul, and de Broglie, Maurice, eds. Paris: Gauthier-Villars, 1912 (pres. 1911/10/30–1911/11/03; publ. 1912)
Original French publication of *Einstein et al. 1914a*

Cited: **3**: 549–562

Einstein et al. 1913

"Diskussion" (following *Einstein 1913c*)
Physikalische Zeitschrift 14 (1913): 1262–1266 [Vol. 4, Doc. 18, 504–511; trans. 223–230]
Dated: 23 September 1913 (pres. 1913/09/23; publ. 1913/12/15)
Refers to *Einstein 1913c*. See also *Einstein 1914b*

Cited: **4**: 187n, 298, 501n, 502n, 504–509, 567, 570n, 621n **5**: 551n **7**: 122n **8**: 141n, 460n, 463n, 694n **9**: 445n

Einstein et al. 1914a

"Diskussion" (following *Einstein 1914a*)
Die Theorie der Strahlung und der Quanten. Verhandlungen auf einer von E.

Solvay einberufenen Zusammenkunft (30. Oktober bis 3. November 1911). Mit einem Anhange über die Entwicklung der Quantentheorie vom Herbst 1911 bis Sommer 1913*, pp. 353–364. Eucken, Arnold, ed. Halle a.S.: Knapp, 1914 (*Abhandlungen der Deutschen Bunsen Gesellschaft für angewandte physikalische Chemie* 3, no. 7) [Vol. 3, Doc. 27, 549–562; trans. 426–437]
Dated: 3 November 1911 (pres. 1911/11/03; publ. 1914)

Cited: **3:** *Einstein et al. 1914* xxvi, 246n, 253n, 311n, 454n, 546n, 548n, 549–561 **4:** *Einstein et al. 1914a* 272, 564n **5:** 311n, 420n **6:** 585

Einstein et al. 1914b

"Diskussion" (following *Einstein 1914b*)
Verhandlungen der Gesellschaft deutscher Naturforscher und Ärzte. 85. Versammlung zu Wien vom 21. bis 28. September 1913. Part 2, sec. 1, pp. 24–26. Witting, Alexander, ed. Leipzig: Vogel, 1914, 24–26
Abbreviated reprint of *Einstein et al. 1913*

Cited: **4:** 504n

Einstein et al. 1920

[Discussions of Lectures in Bad Nauheim]
Physikalische Zeitschrift 21 (1920): 650–651, 662, 666–668 [Vol. 7, Doc. 46, 350–359]
Dated: 23–24 September 1920 (publ. 1920/11/01 and 1920/11/15)

Cited: **7:** xxxii, xli, 101–102, 109–110, 122n, 349n–356 **10:** 435n, 436n, 445n

Ritz and Einstein 1909

(with Walter Ritz)
"Zum gegenwärtigen Stand des Strahlungsproblems"
Physikalische Zeitschrift 10 (1909): 323–324 [Vol. 2, Doc. 57, 554–555; trans. 376]
Dated: April 1909 (recd. 1909/04/13; publ. 1909/05/01)

Cited: **2:** 134, 146, 551n, 554–555 **7:** 469n

ALPHABETICAL LIST OF CORRESPONDENCE, 1895–1920

In this alphabetical list of correspondence, the numbers following each date are the volume and document number. Documents written by Einstein are indicated by the letter "E." Documents abstracted in the calendars are indicated by the letter "C."

Adler, Friedrich
    12 Jun 1909   **5**, 167 E
    9 Feb 1911   **5**, 252 E
    9 Mar 1917   **8**, 307
    23 Mar 1917   **8**, 316
    13 Apr 1917   **8**, 324 E
    25 Apr 1917   **8**, 329
    7 May 1917   **8**, 336
    4 Jul 1917   **8**, 360
    6 Jul 1918   **8**, 582
    4 Aug 1918   **8**, 594 E
    9 Aug 1918   **8**, 596
    20 Sep 1918   **8**, 620
    29 Sep 1918   **8**, 628 E
    30 Sep 1918   **8**, 629 E
    12 Oct 1918   **8**, 632
    20 Oct 1918   **8**, 636 E
    22 Sep 1920   **10**, C
    9 Nov 1920   **10**, 196

Adler, Kathia
    20 Feb 1917   **8**, 301 E

Adler, Victor
    1917   **8**, C

Akademisk Revy
    30 Aug 1920   **10**, C

Allen, Ethel
    13 Dec 1919   **9**, C
    5 Jan 1920   **9**, C E

Allgemeine Gesellschaft für chemische Industrie
    19 Jun 1919   **9**, C

Allgemeine Studenten-Vertretung
    3 Aug 1920   **10**, C
    15 Aug 1920   **10**, C E
    24 Nov 1920   **10**, C
    20 Dec 1920   **10**, C E
    24 Dec 1920   **10**, C
    26 Dec 1920   **10**, C E

Anschütz and Company
    6 Jun 1918   **8**, 559
    21 Jun 1918   **8**, 568
    12 Jul 1918   **8**, 587

Anschütz-Kaempfe, Hermann
    9 Aug 1918   **8**, 603
    22 Aug 1918   **8**, 606 E
    10 Oct 1920   **10**, 172
    19 Dec 1920   **10**, 237
    28 Dec 1920   **10**, 247

Arco, Georg Count von
    12 Apr 1919   **9**, 21
    9 Jan 1920   **9**, 250
    14 Jan 1920   **9**, 260 E
    12 Mar 1920   **9**, 350
    11 Nov 1920   **10**, 199

Arkad'ev, Vladimir K.
    22 Jun 1920   **10**, 62

Arons, Leo
    12 Nov 1918 or later   **8**, 653 E

Arrhenius, Svante
    14 Nov 1918   **8**, 654 E

Association for Combating Anti-Semitism
    8 Sep 1920   **10**, C
    14 Sep 1920   **10**, 150 E

Bachem, [Franz Xaver?]
    6 Apr 1920   **9**, C

Baeyer, Otto von
    30 Jun 1920   **10**, C
    30 Jul 1920   **10**, C E
    15 Nov 1920   **10**, C

Bahn, Otto
    22 Mar 1920   **9**, 358 E

Bandi-Winteler, Rosa
    Aug 1899   **5**: Vol. 1, 48a E
    7 Dec 1913   **5**, 491 E
    7 Jan 1914   **5**, 500 E
    8 Jan 1914   **5**, 502 E
    after 9 Jan 1914   **5**, 504 E

Barth publishing house
    26 Feb 1919   **9**, C
    12 Dec 1919   **9**, C
    24 Mar 1920   **9**, C
    8 Apr 1920   **9**, C
    22 May 1920   **10**, C
    7 Sep 1920   **10**, C

Bartscht, Artur
    29 Aug 1920   **10**, C

Batavian Society for Experimental Philosophy
    18 Jul 1919   **9**, C

Bauer, Otto, and Kunfy, Sigmund
    9 Nov 1920   **10**, C

Beck, Carl
    28 Dec 1920   **10**, 248

Beck, Emil
    30 Apr 1917   **8**, 332 E

Beck, Günther
    16 Feb 1911   **5**, 255

Becker, Carl Heinrich
    25 Nov 1918   **8**, 660 E

    15 Oct 1919   **9**, 133 E
    4 Mar 1920   **9**, C
    9 Mar 1920   **9**, C E

Bennett, P. R.
    22 Sep 1920   **10**, C

Bergmann, Hugo
    22 Oct 1919   **9**, 147
    5 Nov 1919   **9**, 155 E
    10 Nov 1919   **9**, C
    21 Nov 1919   **9**, 171
    19 Jan 1920   **9**, 266

Berlin-Schöneberg, Office of Taxation
    10 Feb 1920   **9**, 306 E

Berliner, Arnold
    2 Jan 1915   **8**, C
    17 Oct 1918   **8**, C
    before 19 Nov 1918   **8**, 658 E
    9 Apr 1919   **9**, 19
    29 Nov 1919   **9**, 182
    19 Aug 1920   **10**, 108
    1 Dec 1920   **10**, 217

Bern Municipal Gas and Water Works
    23 Apr 1905   **5**, 35 E
    6 Jun 1906   **5**, 38 E

Bernays, Paul
    2 Nov 1918   **8**, 643
    22 Nov 1918   **8**, 659
    13 Oct 1916   **10**: Vol. 8, 263a E

Berufsamt für Akademiker E. V.
    5 Apr 1920   **9**, C E
    13 Apr 1920   **9**, C

Besso, Michele
    22 Jan 1903   **5**, 5 E
    7-11 Feb 1903   **5**, 6 E
    17 Mar 1903   **5**, 7 E
    17 Nov 1909   **5**, 187 E
    31 Dec 1909   **5**, 195 E
    13 May 1911   **5**, 267 E
    2d half of Aug 1911 **5**, 276 E
    before 11 Sep 1911   **5**, 282
    11 Sep 1911   **5**, 283 E
    21 Oct 1911   **5**, 296 E

23 Oct 1911 **5**, 299
26 Dec 1911 **5**, 331 E
4 Feb 1912 **5**, 354 E
26 Mar 1912 **5**, 377 E
after Jan 1914 **5**, 499 E
ca. 10 Mar 1914 **5**, 514 E
20 Mar 1914 **5**, 516
12 Feb 1915 **8**, 56 E
ca. 30 Sep 1915 **8**, C
ca. 30 Oct 1915 **8**, 133
17 Nov 1915 **8**, 147 E
29 Nov 1915 **8**, 154
30 Nov 1915 **8**, 155 E
after 30 Nov 1915 **8**, 158
10 Dec 1915 **8**, 162 E
11 Dec 1915 **8**, 164
21 Dec 1915 **8**, 168 E
3 Jan 1916 **8**, 178 E
6 Apr 1916 **8**, 209 E
21 Apr 1916 **8**, 215 E
22 Apr 1916 **8**, 217 E
14 May 1916 **8**, 219 E
28 Jun 1916 **8**, 229
14 Jul 1916 **8**, 233 E
17 Jul 1916 **8**, 237
21 Jul 1916 **8**, 238 E
21 Jul 1916 **8**, 239 E
31 Jul 1916 **8**, 245 E
11 Aug 1916 **8**, 250 E
24 Aug 1916 **8**, 251 E
6 Sep 1916 **8**, 254 E
26 Sep 1916 **8**, 260 E
31 Oct 1916 **8**, 270 E
5 Dec 1916 **8**, 283
after 6 Dec 1916 **10**: Vol. 8, 283a E
9 Mar 1917 **8**, 306 E
after 9 Mar 1917 **8**, 308 E
29 Apr 1917 **8**, 331 E
4 May 1917 **8**, 333
5 May 1917 **8**, 334
7 May 1917 **8**, 335 E
13 May 1917 **8**, 339 E
15 May 1917 **8**, 340 E
24 Jun 1917 **8**, 357 E
15 Aug 1917 **8**, 371 E
3 Sep 1917 **8**, 377 E
22 Sep 1917 **8**, 381 E
6 Oct 1917 **10**: Vol. 8, 385a E
15 Oct 1917 **10**: Vol. 8, 390a E
27 Dec 1917 **8**, 419
5 Jan 1918 **8**, 428 E
before 28 Jun 1918 **8**, 572 E
9 Jul 1918 **8**, 586 E
29 Jul 1918 **8**, 591 E
20 Aug 1918 **8**, 604 E
28 Aug 1918 **8**, 607 E
28 Aug 1918 **10**: Vol. 8, 607a
8 Sep 1918 **8**, 612 E
10 Nov 1918 **8**, 649
4 Dec 1918 **8**, 663 E
12 Dec 1919 **9**, 207 E
6 Jan 1920 **9**, 245 E
26 Jul 1920 **10**, 85 E
29 Jul 1920 **10**, 90
24–27 Dec 1920 **10**, 244

Besso, Michele, and Besso-Winteler, Anna
1 Aug 1917 **8**, 367 E

Besso, Vero
28 Mar 1918 **10**: Vol. 8, 494a
after 28 Mar 1918 **10**: Vol. 8, 494b E

Besso-Winteler, Anna
after 4 Mar 1918 **8**, 474 E
after 4 Mar 1918 **8**, 475

Bie, Oscar, et al.
31 Aug 1920 **10**, 117

Bjerknes, Vilhelm
18 Oct 1920 **10**, 177
12 Nov 1920 **10**, 201 E

Blaschke, Wilhelm
23 Dec 1920 **10**, C
29 Dec 1920 **10**, 249 E

Blau
5 Mar 1920 **9**, 339
6 Mar 1920 **9**, 342 E

Bloch, Helmut
30 Aug 1920 **10**, 118

Bloch, Werner
4 Nov 1915 **10**: Vol. 8, C E
27 Jun 1917 **10**: Vol. 8, 358a E

3 Jan 1918	**10**: Vol. 8, 424a E	31 Jul 1920	**10**, 95
		9 Sep 1920	**10**, 140 E
Blochmann, R.		2 Oct 1920	**10**, 161
31 Jul 1918	**8**, C		
		Bose, Emil	
Bohr, Niels		12 Feb 1908	**5**, 83
2 May 1920	**10**, 4 E		
24 Jun 1920	**10**, 64	Bosshart, Jakob	
		16 Jan 1908	**5**, 75
Bontraeger Bros.			
19 Dec 1917	**8**, C	Brandt, H. Ed.	
		17 Mar 1918	**8**, C
Born, Hedwig and Max		23 Mar 1918	**8**, C
15 Jan 1919	**9**, 2 E		
19 Jan 1919	**9**, 3 E	Braumüller, A.	
27 Jan 1920	**9**, 284 E	8 Mar 1916	**8**, C
Born, Hedwig		Bredig, Georg	
8 Sep 1916	**8**, 257 E	30 Jan 1913	**5**, 429 E
8 Feb 1918	**8**, 459 E		
21 Jul 1918	**8**, C E	Bucherer, Alfred	
31 Aug 1919	**9**, 97 E	7 Sep 1908	**5**, 117
18 Oct 1919	**9**, 144	9 Sep 1908	**5**, 119
8 Sep 1920	**10**, 138	10 Sep 1908	**5**, 120
1 Oct 1920	**10**, 159 E	26 Nov 1908	**5**, 128
7 Oct 1920	**10**, 166		
		Bucky, Gustav	
Born, Max		11 May 1918	**8**, C
27 Feb 1916	**8**, 195 E	18 May 1918	**8**, C
24 Jun 1918	**8**, 570 E		
after 29 Jun 1918	**8**, 575 E	Burghold, Julius	
after 3 Jul 1918	**8**, 580 E	19 Apr 1920	**9**, 381
4 Jun 1919	**9**, 56 E	25 Apr 1920	**9**, 396 E
1 Jul 1919	**9**, C		
16 Oct 1919	**9**, 138 E	Burkhardt, Heinrich	
before 9 Nov 1919	**9**, 162 E	17 May 1908	**5**, 98
8 Dec 1919	**9**, 198 E		
3 Mar 1920	**9**, 337 E	Büsching, Carl E.	
20 Apr 1920	**9**, 382 E	23 Oct 1919	**9**, C
18 Jun 1920	**10**, 59 E		
16 Jul 1920	**10**, 75	Cajal, S. R.	
11 Oct 1920	**10**, 174 E	6 Jul 1920	**10**, C
13 Oct 1920	**10**, 175	21 Jul 1920	**10**, C E
26 Oct 1920	**10**, 182 E		
28 Oct 1920	**10**, 185	Calisse, G. L.	
8 Dec 1920	**10**, 224	2 Sep 1920	**10**, C
Born, Max and Hedwig		Cambridge University Press	
28 Jul 1918	**8**, 590	23 Jan 1920	**9**, C E
2 Aug 1918	**8**, 593 E	27 Jan 1920	**9**, 285 E

ALPHABETICAL LIST OF CORRESPONDENCE

Canton of Bern, Department of Education
   17 Jun 1907   **5**, 46 E
   3 Aug 1909   **5**, 173 E

Canton of Zurich, Council of Education
   20 Jan 1908   **5**, 76 E

Carling, Viggo
   27 Nov 1919   **9**, C
   4 Dec 1919   **9**, C E

Carathéodory, Constantin
   6 Sep 1916   **8**, 255 E
   10 Dec 1916   **8**, 284 E
   16 Dec 1916   **8**, 285

Cassirer, Ernst
   10 May 1920   **10**, 11
   5 Jun 1920   **10**, 44 E
   16 Jun 1920   **10**, 58
   15 Jul 1920   **10**, C
   28 Aug 1920   **10**, 112

Cauer, Minna
   19 Sep 1920   **10**, 151
   19 Nov 1920   **10**, 205 E

Central Association of German Citizens
of the Jewish Faith
   29 Mar 1920   **9**, 363
   5 Apr 1920   **9**, 368 E

Central Organization for a Durable Peace
(CODP)
   Jul-Oct 1917   **8**, C

Chavan, Lucien
   23 Jun 1908   **5**, 107
   3 Mar 1909   **5**, 141 E
   28 May 1909   **5**, 164
   19 Oct 1909   **5**, 180 E
   19 Dec 1909   **5**, 193 E
   24 Mar 1910   **5**, 200 E
   24 Mar 1910   **5**, 201 E
   15 Apr 1910   **5**, 203 E
   6 May 1910   **5**, 205 E
   14 May 1910   **5**, 207 E
   17 May 1910   **5**, 208E
   2 Jul 1910   **5**, 213 E
   17 Jan 1911   **5**, 246 E
   28 Mar 1911   **5**, 260 E
   5 Apr 1911   **5**, 262 E
   5-6 Jul 1911   **5**, 271 E
   28 Jan 1912   **5**, 345 E
   Dec 1912   **5**, 423 E

Chavan, Lucien, and Chavan-Perrin, Jeanne
   13 Aug 1908   **5**, 114 E
   9 Jul 1909   **5**, 170 E
   30 Jul 1910   **5**, 215 E
   10 Mar 1911   **5**, 258 E
   Jan 1912   **5**, 335 E
   5 Aug 1913   **5**, 460 E
   15 Oct 1920   **10**, 176 E

Chisholm, Hugh
   7 Nov 1920   **10**, C

City Council of Greater Berlin
   7 Jun 1920   **10**, C

Civil Registry Record
   2 Jun 1919   **9**, 55

Coenen, Hermann
   21 Feb 1918   **8**, 468
   8 Nov 1919   **9**, 161
   25 Apr 1920   **9**, 397

Cohn, Hans T.
   12 Feb 1920   **9**, 309

Columbia University
   6 Jun 1920   **10**, C E
   15 Aug 1920   **10**, C E

Curie, Marie
   23 Nov 1911   **8**: Vol. 5, 312a E
   3 Apr 1913   **5**, 435 E

Czapek, Friedrich
   6–15 Jun 1920   **10**, C E
   17 Jun 1920   **10**, C

Czinner, H.
   18 Oct 1917   **8**, C

Dällenbach, Walter
   31 May 1915   **8**, 87 E
   after 15 Feb 1917   **8**, 299 E

15 Jun 1918	**8**, 564	9 Jan 1919	**9**, C
after 15 Jun 1918	**8**, 565 E	9 Dec 1919	**9**, C
8 Aug 1918	**8**, 595 E		
ca. 29 Jun 1919	**9**, 66 E		
19 Sep 1919	**9**, 107		
27 Sep 1919	**9**, 112 E		
9 Oct 1919	**9**, 129		
16 Aug 1920	**10**, C		

Department of Internal Affairs, Canton of Bern
   16 Jul 1901   **1**, 118

Des Coudres, Theodor
   9 Jan 1920   **9**, 251
   16 Jan 1920   **9**, 262 E

Darmstaedter, Ludwig
   2 Jan 1911   **5**, 435 E
   8 Dec 1919   **9**, 200
   8 Dec 1919   **9**, 201
   29 Dec 1919   **9**, 236 E

Dessau, Bernardo
   15 Aug 1920   **10**, C

Deutsche Gesellschaft für Auslandsbuchhandel
   8 Mar 1920   **9**, 343 E
   9 Jul 1920   **10**, C
   after 9 Jul 1920   **10**, C E

Däubler, Theodor
   9 Apr 1920   **9**, C
   after 10 Apr 1920   **9**, C E

Deutscher Gesellig-wissenschaftlicher Verein in New York
   29 Sep 1920   **10**, C

Debye, Peter
   2 Jul 1918   **8**, 577
   16 Jul 1918   **8**, C
   4 Sep 1918   **8**, 609
   27 Sep 1918   **8**, C
   22 May 1919   **9**, C E
   24 Jun 1919   **9**, C
   19 Dec 1919   **9**, 221
   5 Mar 1920   **9**, 340
   7 Jun 1920   **10**, C
   10 Jul 1920   **10**, C E
   10 Dec 1920   **10**, C E

Deutsches Museum, Munich
   21 Feb 1920   **9**, C

Dickmann, Ina
   28 Aug 1920   **10**, 113

Diels, Hermann
   after 20 Feb 1915   **8**, C E

Dinos
   25 Jun 1920   **10**, C

Debye, Peter *(cont.)*
   12 Dec 1920   **10**, C E
   20 Dec 1920   **10**, C
   28 Dec 1920   **10**, C E

Director's Office Technikum Burgdorf
   2 Juli 1901   **1**, 113 E

Divorce Decree
   14 Feb 1919   **9**, 6

Delbrück, Hans
   26 Jan 1920   **9**, 282 E

"Demokratischer Klub"
   12 Sep 1919   **9**, C E

Donder, Théophile de
   27 Jun 1916   **8**, 228
   30 Jun 1916   **8**, 230 E
   4 Jul 1916   **8**, 231
   8 Jul 1916   **8**, 232 E
   14 Jul 1916   **8**, 234
   17 Jul 1916   **8**, 236 E
   23 Jul 1916   **8**, 240 E
   6 Aug 1916   **8**, 248
   8 Aug 1916   **8**, 249

Department of Education, Canton of Aargau
   7 Sep 1896   **1**, 20 E

Department of Education, Canton of Bern
   13 Jul 1901   **1**, 117 E

Department of Education, Canton of Zurich
   23 Dec 1918   **10**: Vol. 9, C

ALPHABETICAL LIST OF CORRESPONDENCE

3 Aug 1920	**10**, 97	2d half of Nov 1913	**5**, 484 E
11 Aug 1920	**10**, 100 E	before 10 Mar 1914	**5**, 512 E
18 Aug 1920	**10**, 105	19 Mar 1914	**5**, 515 E
		22 Mar 1914	**5**, 517 E
Drechsler, R. W.		before 10 Apr 1914	**8**, 2 E
11 May 1920	**10**, C	10 Apr 1914 or later	**8**, 4
after 11 May 1920	**10**, C E	18 May 1914	**8**, 8 E
		20 May 1914	**8**, 9
Eddington, Arthur S.		21 May 1914	**8**, 10
1 Dec 1919	**9**, 186	25 May 1914	**8**, 11 E
15 Dec 1919	**9**, 216 E	8 Jul 1914	**8**, 19 E
21 Jan 1920	**9**, 271	19 Aug 1914	**8**, 34 E
2 Feb 1920	**9**, 293 E	beginning Dec 1914	**8**, 39 E
15 Mar 1920	**9**, 353	23 Aug 1915	**8**, 112 E
11 Jun 1920	**10**, 52 E	26 Dec 1915	**8**, 173 E
		29 Dec 1915	**8**, 174 E
Ehrat, Jakob		3 Jan 1916	**8**, 179 E
last week of Mar 1903	**5**, 11 E	5 Jan 1916	**8**, 180 E
16 May 1909	**5**, 158 E	17 Jan 1916	**8**, 182 E
7 Jan 1914	**5**, 501	24 Jan 1916 or later	**8**, 185 E
7 Jan 1914	**8**: Vol. 5, 500a E	29 Apr 1916	**8**, 218 E
		24 May 1916	**8**, 220 E
Ehrat, Jacob, and Ehrat-Ühlinger, Emma		25 Aug 1916	**8**, 253 E
15 Feb 1909	**5**, 139 E	6 Sep 1916	**8**, 256 E
		14 Sep 1916	**8**, 259 E
Ehrat-Ühlinger, Emma		24 Oct 1916	**8**, 269 E
22 Mar 1903	**5**, 9	7 Nov 1916	**8**, 275 E
last week of Mar 1903	**5**, 10 E	17 Nov 1916	**8**, 277 E
		4 Dec 1916	**8**, 282 E
Ehrenberg, Viktor G.		4 Feb 1917	**8**, 294 E
23 Nov 1919	**9**, 173	14 Feb 1917	**8**, 298 E
		25 May 1917	**8**, 344 E
Ehrenfest, Paul		3 Jun 1917	**8**, 350 E
12 Apr 1911	**5**, 264 E	14 Jun 1917	**8**, 352
26 Jan 1912	**5**, 342 E	22 Jul 1917	**8**, 362 E
12 Feb 1912	**5**, 357 E	12 Nov 1917	**8**, 399 E
29 Feb 1912	**5**, 369 E	27 Mar 1918	**8**, 494
10 Mar 1912	**5**, 369 E	1 May 1918	**8**, 528 E
before 3 Apr 1912	**5**, 380	8 May 1918	**8**, 534
25 Apr 1912	**5**, 384 E	5 Jun 1918	**8**, 558 E
26 Apr 1912	**5**, 387 E	4 Sep 1918	**8**, 608 E
2 May 1912	**5**, 390 E	27 Sep 1918	**8**, 625 E
14 May 1912	**5**, 393	6 Dec 1918	**8**, 664 E
after 16 May 1912	**5**, 394	22 Mar 1919	**9**, 10 E
3 Jun 1912	**5**, 404 E	2 Sep 1919	**9**, 98
before 20 Jun 1912	**5**, 409 E	8 Sep 1919	**9**, 101
29 Jun 1912	**5**, 411	12 Sep 1919	**9**, 103 E
20-24 Dec 1912	**5**, 425 E	21 Sep 1919	**9**, 109
28 May 1913	**5**, 441 E	28 Sep 1919	**9**, 115 E
before 7 Nov 1913	**5**, 481 E	5 Oct 1919	**9**, 123

100　ALPHABETICAL LIST OF CORRESPONDENCE

5 Oct 1919	**9**, 124	10 Sep 1920	**10**, 143
11 Oct 1919	**9**, C E	24 Nov 1920	**10**, C
15 Oct 1919	**9**, 134 E	29 Nov 1920	**10**, C E
3 Nov 1919	**9**, 154	8 Dec 1920	**10**, C
8 Nov 1919	**9**, 160 E		
24 Nov 1919	**9**, 175	Einstein, Edith	
4 Dec 1919	**9**, 189 E	29 Apr 1919	**9**, 31
9 Dec 1919	**9**, 203		
10 Dec 1919	**9**, 204 E	Einstein, Eduard	
20 Dec 1919	**9**, 224	after 4 Jun 1918	**10**: Vol. 8, 557c
30 Dec 1919	**9**, 239	before 28 Jun 1918	**8**, 573 E
12 Jan 1920	**9**, 254 E	ca. 17 Jul 1918	**10**: Vol. 8, 588c
21 Jan 1920	**9**, 272	ca. 25 Nov 1918	**10**: Vol. 8, 659c
23 Jan 9, 1920	**9**, 277 E	before 13 Jun 1919	**10**: Vol. 9, 59b
2 Feb 1920	**9**, 294 E	30 Nov 1919	**10**: Vol. 9, 183a
8 Feb 1920	**9**, 303	25 Feb 1920	**10**: Vol. 9, 328a
1 Mar 1920	**9**, 335 E	14 Mar 1920	**10**: Vol. 9, 351b
10–12 Mar 1920	**9**, 347	25 Jul 1920	**10**, 84 E
7 Apr 1920	**9**, 371 E	1 Aug 1920	**10**, 96 E
13 Apr 1920	**9**, 373		
16 Apr 1920	**9**, 375	Einstein [Löwenthal], Elsa	
1 May 1920	**10**, 2	30 Apr 1912	**5**, 389 E
4 May 1920	**10**, 6 E	7 May 1912	**5**, 391 E
6 Jun 1920	**10**, 46 E	21 May 1912	**5**, 399 E
19 Jul 1920	**10**, 76 E	ca. 14 Mar 1913	**5**, 432 E
24 Jul 1920	**10**, 83	23 Mar 1913	**5**, 434 E
30 Jul 1920	**10**, 92 E	3 Apr 1913	**5**, 436 E
6 Aug 1920	**10**, 99	14? Jul 1913	**5**, 451 E
13 Aug 1920	**10**, 102 E	19 Jul 1913	**5**, 453 E
16 Aug 1920	**10**, 104	after 19–before	
27 Aug 1920	**10**, 110	24 Jul 1913	**5**, 454 E
28 Aug 1920	**10**, 114	11 Aug 1913	**5**, 465 E
2 Sep 1920	**10**, 127	after 11 Aug 1913	**5**, 466 E
before 9 Sep 1920	**10**, 139 E	10 Oct 1913	**5**, 476 E
11 Sep 1920	**10**, 146	16 Oct 1913	**5**, 478 E
7 Oct 1920	**10**, 163 E	7 Nov 1913	**5**, 482 E
7 Nov 1920	**10**, 191	after 22 Nov 1913	**5**, 486 E
26 Nov 1920	**10**, 209 E	before 2 Dec 1913	**5**, 488 E
8 Dec 1920	**10**, 225	after 2 Dec 1913	**5**, 489 E
ca. 9 Dec 1920	**10**, 227 E	after 21 Dec 1913	**5**, 497 E
		27 Dec 1913–	
Ehrenfest, Paul and Tatiana		4 Jan 1914	**5**, 498 E
18 Oct 1916	**8**, 268 E	mid-Jan 1914	**5**, 505 E
		28 Jan 1914	**5**, 508 E
Ehrenhaft, Felix		Feb 1914	**5**, 509 E
20 Aug 1918	**8**, 605 E	after 11 Feb 1914	**5**, 510 E
3 Oct 1918	**8**, 630	5 Mar 1914	**5**, 511 E
28 May 1919	**9**, 46	26 Jul 1914	**8**, 26 E
6 Dec 1919	**9**, 196	after 26 Jul 1914	**8**, 27 E
14 Dec 1919	**9**, 211 E	before 30 Jul 1914	**8**, 28 E

ALPHABETICAL LIST OF CORRESPONDENCE

30 Jul 1914	**8**, 29 E	1 Jul 1919	**10**: Vol. 8, 68a E
30 Jul 1914	**8**, 30 E	2 Jul 1919	**10**: Vol. 9, 69a E
3 Aug 1914	**8**, 31 E	3 Jul 1919	**10**: Vol. 9, 70a E
after 3 Aug 1914	**8**, 32 E	4 Jul 1919	**10**: Vol. 9, 70b E
30 Aug 1915	**8**, 114 E	6 Jul 1919	**10**: Vol. 9, 70c E
3 Sep 1915	**8**, 115 E	8 Jul 1919	**10**: Vol. 9, 70d E
11 Sep 1915	**8**, 116 E	9 Jul 1919	**10**: Vol. 9, 70e E
13 Sep 1915	**8**, 117 E	12 Jul 1919	**10**: Vol. 9, 72a E
12 Apr 1916	**8**, 212 E	ca. 12 Jul 1919	**9**, 72
15 Apr 1916	**8**, 213 E	14 Jul 1919	**10**: Vol. 9, 72b E
21 Apr 1916	**8**, 216 E	15 Jul 1919	**10**: Vol. 9, 72c E
6 Apr 1916	**10**: Vol. 8, 209a E	17 Jul 1919	**10**: Vol. 9, 72d E
8 Apr 1916	**10**: Vol. 8, 210a E	19 Jul 1919	**10**: Vol. 9, 72e E
10 Apr 1916	**10**: Vol. 8, 211a E	21 Jul 1919	**10**: Vol. 9, 74a E
28 Sep 1916	**10**: Vol. 8, 261b E	22 Jul 1919	**10**: Vol. 9, 74b E
30 Sep 1916	**10**: Vol. 8, 261c E	23 Jul 1919	**10**: Vol. 9, 74c E
5 Oct 1916	**10**: Vol. 8, 262a E	25 Jul 1919	**10**: Vol. 9, 74d E
7 Oct 1916	**10**: Vol. 8, 262b E	26 Jul 1919	**10**: Vol. 9, 74e E
30 Jun 1917	**10**: Vol. 8, 359a E	28 Jul 1919	**10**: Vol. 9, 77a E
1 Jul 1917	**10**: Vol. 8, 359b E	29 Jul 1919	**10**: Vol. 9, 78a E
3 Jul 1917	**10**: Vol. 8, 359c E	31 Jul 1919	**10**: Vol. 9, 79a E
4 Jul 1917	**10**: Vol. 8, 359d E	4 Aug 1919	**10**: Vol. 9, 84a E
9 Jul 1917	**10**: Vol. 8, 360a E	9 Aug 1919	**10**: Vol. 9, 86a E
10 Jul 1917	**10**: Vol. 8, 360b E	19 Oct 1919	**10**: Vol. 9, 145a E
12 Jul 1917	**10**: Vol. 8, 361a E	20 Oct 1919	**10**: Vol. 9, 145b E
13 Jul 1917	**10**: Vol. 8, 361b E	21 Oct 1919	**10**: Vol. 9, 145c E
16 Jul 1917	**10**: Vol. 8, 361c E	23 Oct 1919	**10**: Vol. 9, 148b E
17 Jul 1917	**10**: Vol. 8, 361d E	24 Oct 1919	**10**: Vol. 9, 149a E
19 Jul 1917	**10**: Vol. 8, 361f E	26 Oct 1919	**10**: Vol. 9, 151a E
24 Jul 1917	**10**: Vol. 8, 364a E	28 Oct 1919	**10**: Vol. 9, 152a E
25 Jul 1917	**10**: Vol. 8, 364b E	7 May 1920	**10**, 7 E
26 Jul 1917	**10**: Vol. 8, 364c E	9 May 1920	**10**, 9 E
28 Jul 1917	**10**: Vol. 8, 364d E	after 9 May 1920	**10**, 10
30 Jul 1927	**10**: Vol. 8, 365a E	11 May 1920	**10**, 13 E
1 Aug 1917	**10**: Vol. 8, 367a E	17 May 1920	**10**, 17
6 Aug 1917	**10**: Vol. 8, 369a E	19 May 1920	**10**, 19 E
7 Aug 1917	**10**: Vol. 8, 369b E	before 20 May 1920	**10**, 20
9 Aug 1917	**10**: Vol. 8, 370b E	20 May 1920	**10**, 22 E
11 Aug 1917	**10**: Vol. 8, 370c E	22 May 1920	**10**, 25 E
13 Aug 1917	**10**: Vol. 8, 370e E	24 May 1920	**10**, 30 E
15 Aug 1917	**10**: Vol. 8, 371a E	27 May 1920	**10**, 32 E
17 Aug 1917	**10**: Vol. 8, 371b E	14 Sep 1920	**10**, 149 E
22 Aug 191	**10**: Vol. 8, 373a E	7 Oct 1920	**10**, 164 E
23 Aug 1917	**10**: Vol. 8, 374a E	9 Oct 1920	**10**, 170 E
28 Aug 1917	**10**: Vol. 8, 376b E	19 Oct 1920	**10**, 179 E
31 Aug 1917	**10**: Vol. 8, 376c E	22 Oct 1920	**10**, 179a E
3 Sep 1917	**10**: Vol. 8, 377a E	26 Oct 1920	**10**, 183 E
6 Sep 1917	**10**: Vol. 8, 378a E	28 Oct 1920	**10**, 184 E
30 Jun 1919	**10**: Vol. 9, 66a E	31 Oct 1920	**10**, 188 E

Einstein, Hans Albert
10 Sep 1914	**8**, 35 E
25 Jan 1915	**8**, 48 E
before 4 Apr 1915	**8**, 70 E
4 Nov 1915	**8**, 134 E
15 Nov 1915	**8**, 142 E
23 Nov 1915	**8**, 150 E
30 Nov 1915	**8**, 156 E
18 Dec 1915	**8**, 166 E
23 Dec 1915	**8**, 170 E
25 Dec 1915	**8**, 172 E
3 Mar 1916	**8**, 197 E
11 Mar 1916	**8**, 199 E
16 Mar 1916	**8**, 202 E
30 Mar 1916	**8**, 206 E
15 Apr 1916	**8**, 214 E
25 Jul 1916	**8**, 241 E
26 Sep 1916	**8**, 261 E
13 Oct 1916	**8**, 263 E
after 31 Oct 1916	**8**, 271 E
26 Nov 1916	**8**, 279 E
8 Jan 1917	**8**, 287 E
15 Oct 1917	**8**, 390 E
9 Dec 1917	**8**, 406 E
24 Dec 1917	**8**, 417 E
25 Jan 1918	**8**, 442 E
after 26 Apr 1918	**8**, 520 E
after 29 Jun 1918	**8**, 576 E
17 Oct 1918	**8**, 634 E
before 4 Apr 1915	**10**: Vol. 8, 69a
before 4 Apr 1915	**10**: Vol. 8, 69b
28 Jun 1915	**10**: Vol. 8, 91a
before 30 Nov 1915	**10**: Vol. 8, 154a
before 26 Nov 1916	**10**: Vol. 8, 278a
after 26 Nov 1916	**10**: Vol. 8, 279a
12–22 Apr 1917	**10**: Vol. 8, 319a
28 Apr 1917	**10**: Vol. 8, 330a
26 May 1917	**10**: Vol. 8, 344a E
1 Jun 1917	**10**: Vol. 8, 346a
after 14 Jan 1918	**10**: Vol. 8, 435a
after 25 Jan 1918	**10**: Vol. 8, 442a
before 22 Apr 1918	**10**: Vol. 8, 513a
after 4 Jun 1918	**10**: Vol. 8, 557b
ca. 17 Jun 1918	**10**: Vol. 8, 588b
ca. 25 Nov 1918	**10**: Vol. 8, 659b
ca. 20 Apr 1919	**10**: Vol. 9, 25a
before 13 Jun 1919	**10**: Vol. 9, 59a
after 15 Aug 1919	**10**: Vol. 9, 87a
30 Nov 1919	**10**: Vol. 9, 183b
after 1 Jan 1920	**10**: Vol. 9, 240a
28 Jan 1920	**10**: Vol. 9, 288a
27 Feb 1920	**9**, 333 E
14 Mar 1920	**10**: Vol. 9, 351a
5 Apr 1920	**9**, 369 E
14 May 1920	**10**, 15
28 Nov 1920	**10**, 212

Einstein, Hans Albert and Eduard
6 Apr 1916	**8**, 210 E
10 Dec 1918	**8**, 667 E
13 Jun 1919	**9**, 60 E
5 Dec 1919	**9**, 191 E
26 Mar 1920	**9**, 360 E
4 Jul 1920	**10**, 70 E
15 Dec 1920	**10**, 232 E

Einstein, Ida
3 Aug 1913	**5**, 459

Einstein, Ilse
12 May 1918	**8**, 536 E
27 May 1920	**10**, 33 E
ca. 23 Sep 1920	**10**, 153 E
7 Oct 1920	**10**, 165 E
10 Oct 1920	**10**, 173

Einstein, Ilse, to the Protestant Synod of Berlin
9 Mar 1920	**9**, 346

Einstein, Ilse, to Wasielewski, Theodor von
24 Oct 1919	**9**, C

Einstein, Ilse and Margot
17 Aug 1919	**9**, 90 E
24 Sep 1920	**10**, 154 E

Einstein, Maja
1898	**1**, 38 E
13 Jan 1898	**8**: Vol. 5, C E
after Feb 1899	**1**, 44 E

Einstein, Pauline
27 Jul 1901	**8**: Vol. 5, C E
28 Apr 1910	**5**, 204 E
18 Sep 1911	**5**, 285
22 Oct 1911	**5**, 298
2 Jul 1912	**5**, 412
21 Dec 1913	**5**, 496
8 Oct 1918	**8**, 631 E
11 Nov 1918	**8**, 651 E

16 Jun 1919	**9**, 61 E	9 May 1901	**1**, 106 E
3 Jul 1919	**9**, 70 E	2d half of May? 1901	**1**, 107 E
7 Aug 1919	**9**, 86 E	2d half of May? 1901	**1**, 108
9 Aug 1919	**9**, 87 E	2d half of May? 1901	**1**, 110 E
16 Aug 1919	**9**, 88 E	28? May 1901	**1**, 111 E
5 Sep 1919	**9**, 99 E	4? Jun 1901	**1**, 112 E
27 Sep 1919	**9**, 113 E	7? Jul 1901	**1**, 114 E
28 Sep 1919	**9**, 116	ca. 8 Jul 1901	**1**, 116
17 Oct 1919	**9**, 140 E	31? Jul 1901	**1**, 121
26 Oct 1919	**9**, 151 E	early Nov 1901	**1**, 123
		13 Nov 1901	**1**, 124

Einstein, Pauline, and Winteler-Einstein, Maja
4 Apr 1919	**9**, 17 E	28 Nov 1901	**1**, 126 E
		12 Dec 1901	**1**, 127 E
		17 Dec 1901	**1**, 128 E

Einstein, Pauline, et al.
		19 Dec 1901	**1**, 130 E
14 May 1919	**9**, 39 E	28 Dec 1901	**1**, 131 E
		4 Feb 1902	**1**, 134 E
		8? Feb 1902	**1**, 136 E

Einstein-Marić [Marić], Mileva
20 Oct 1897	**1**, 36	17? Feb 1902	**1**, 137 E
2 Jan 1898	**1**, 38 E	after 7 Jul 1901	**8**: Vol. 1, 116
16 Feb 1898	**1**, 39 E	28 Jun 1902 or after	**5**, 1 E
16 Apr-8 Nov 1898	**1**, 40 E	27 Aug 1903	**5**, 12
after 16 Apr 1898	**1**, 41 E	19 Sep 1903	**5**, 13 E
after 28 Nov 1898	**1**, 43 E	25 Jul 1904	**5**, 20 E
13 or 20 Mar 1899	**1**, 45 E	17 Apr 1908	**5**, 96 E
early Aug 1899	**1**, 50 E	4 Oct 1911	**5**, 290
10? Aug 1899	**1**, 52 E	28 Oct 1911	**5**, 300 E
after 10 Aug–		29 Oct 1911	**5**, 301 E
before 10 Sep 1899	**1**, 53	2 Apr 1914	**8**, 1 E
10 Sep 1899	**1**, 54 E	ca. 18 Jul 1914	**8**, 23 E
28? Sep 1899	**1**, 57 E	ca. 18 Jul 1914	**8**, 24 E
10 Oct 1899	**1**, 58 E	18 Aug 1914	**8**, 33 E
1900?	**1**, 61	15 Sep 1914	**8**, 36 E
29? Jul 1900	**1**, 68 E	12 Dec 1914	**8**, 40 E
1 Aug 1900	**1**, 69 E	12 Jan 1915	**8**, 46 E
6 Aug 1900	**1**, 70 E	27 Jan 1915	**8**, 49 E
9? Aug 1900	**1**, 71 E	1 Mar 1915	**8**, 58 E
14? Aug 1900	**1**, 72 E	15 May 1915	**8**, 83 E
20 Aug 1900	**1**, 73 E	5 Nov 1915	**8**, 135
30 Aug or 6 Sep 1900	**1**, 74 E	15 Nov 1915	**8**, 143 E
13? Sep 1900	**1**, 75 E	1 Dec 1915	**8**, 159 E
19 Sep 1900	**1**, 76 E	10 Dec 1915	**8**, 163 E
3 Oct 1900	**1**, 79 E	6 Feb 1916	**8**, 187 E
23 Mar 1901	**1**, 93 E	12 Mar 1916	**8**, 200 E
27 Mar 1901	**1**, 94 E	1 Apr 1916	**8**, 208 E
4 Apr 1901	**1**, 96 E	8 Apr 1916	**8**, 211 E
10 Apr 1901	**1**, 97 E	31 Jan 1918	**8**, 449 E
20 Apr 1901	**1**, 102 E	after 6 Feb 1918	**8**, 457
2 May 1901	**1**, 103	17 Mar 1918	**8**, 483 E
3 May 1901	**1**, 105	after 17 Mar 1918	**8**, 484 E

before 15 Apr 1918	**8**, 505 E	Eisfelder, Otto	
23 Apr 1918	**8**, 515 E	25 Mar 1920	**9**, C
26 Apr 1918	**8**, 519 E		
before 8 May 1918	**8**, 533 E	Eliasberg, Alexander	
23 May 1918	**8**, 546 E	27 Jan 1920	**9**, 286
4 Jun 1918	**8**, 557 E	30 Jan 1920	**9**, 289 E
before 9 Jul 1918	**8**, 585 E		
ca. 9 Nov 1918	**8**, 647 E	Encyclopaedia Britannica	
mid-Dec 1918	**8**, 672	19 Nov 1920	**10**, C
9 Feb 1918	**10**: Vol. 8, 461a	30 Nov 1920	**10**, C E
5 Mar 1918	**10**: Vol. 8, 475a		
before 17 Mar 1918	**10**: Vol. 8, 482a	Enriques, Federigo	
before 17 Mar 1918	**10**: Vol. 8, 482b	20 Apr 1920	**9**, 384
3 Apr 1918	**10**: Vol. 8, 496a E		
4 Apr 1918	**10**: Vol. 8, 496b	Eötvös, Roland von	
22 Apr 1918	**10**: Vol. 8, 514a	5 Jan 1918	**8**, 429 E
before 8 May 1918	**10**: Vol. 8, 532a	27 Jan 1918	**8**, 443
before 23 May 1918	**10**: Vol. 8, 545a	31 Jan 1918	**8**, 450 E
after 4 Jun 1918	**10**: Vol. 8, 557a		
ca. 24 Oct 1918	**10**: Vol. 8, 588a	Epstein, Paul	
after 24 Oct 1918	**10**: Vol. 8, 639a	May 1919	**9**, 32
before 9 Nov 1918	**10**: Vol. 8, 646a	11 Sep 1919	**9**, 102
10 Sep 1919	**10**: Vol. 9, 101a E	5 Oct 1919	**9**, 122 E
15 Oct 1919	**9**, 135 E	15 Oct 1919	**9**, 136
22 Oct 1919	**10**: Vol. 9, 148a	31 Jan 1920	**9**, 290
16 Nov 1919	**9**, 166 E	30 May 1920	**10**, 38
30 Nov 1919	**10**: Vol. 9, 183	4 Jun 1920	**10**, 42 E
5 Dec 1919	**9**, 190 E		
14 May 1920	**10**, 14	Eucken, Arnold	
23 Jul 1920	**10**, 81 E	23 Jan 1912	**5**, 340 E

Einstein-Marić [Marić], Mileva (Memorandum)
    ca. 18 Jul 1914   **8**, 22 E

Exner
    3 Jul 1920   **10**, C

Einstein-Marić [Marić], Mileva, and Einstein, Hans Albert
    10 Jan 1919   **9**, 1 E

Fabre, Lucien
    17 May 1920   **10**, 18
    5 Jul 1920   **10**, C
    17 Jul 1920   **10**, C

Einstein-Marić [Marić], Mileva, and Einstein, Hans Albert and Eduard
    23 Mar 1914   **5**, 518 E
    10 Apr 1914   **8**, 3 E

Fackenthal, Frank D.
    13 May 1920   **10**, C

Einstein-Marić [Marić], Mileva, to Savić [Kaufler], Helene
    20 Dec 1900   **1**, 85

Farrow, E. Pickworth
    17 Dec 1920   **10**, C
    28 Dec 1920   **10**, 245 E

Eisenhart, Luther P.
    1 Oct 1920   **10**, 160

Fichter-Bernoulli, Fritz
    17 Jan 1912   **5**, 338 E

Fiedler, Wilhelm
13 May 1909   **5**, 156

Fischer, Emil
1 Nov 1910   **5**, 230
5 Nov 1910   **5**, 232 E

Fischer, Herbert
28 Nov 1920   **10**, C
after 28 Nov 1920   **10**, C E

Fleck, Albert
27 Feb 1920   **9**, 334

Fleischer, Richard
21 Dec 1919   **9**, 227
29 Dec 1919   **9**, 238
27 Jul 1920   **10**, C
29 Jul 1920   **10**, 87 E
before 1 Sep 1920   **10**, C E

Flesch, Max
17 Oct 1920   **10**, C
after 17 Oct 1920   **10**, C E

Foerster, Wilhelm
25 Mar 1916   **8**, 204
Sep 1919   **9**, C

Fokker, Adriaan D.
26 Jul 1919   **9**, 75
30 Jul 1919   **9**, 78 E
18 Nov 1919   **9**, 168
after 1 Dec 1919   **9**, 187 E
2 Jun 1920   **10**, 40
2 Nov 1920   **10**, 189

Forrer, Ludwig
2 Feb 1912   **5**, 351 E

Forsch, Robert
8 Oct 1919   **9**, 128

Förster, Rudolf
11 Nov 1917   **8**, 398
16 Nov 1917   **8**, 400 E
28 Dec 1917   **8**, 420
17 Jan 1918   **8**, 439 E
16 Feb 1918   **8**, 463
19 Feb 1918   **8**, 467 E
19 Mar 1918   **8**, 485

Försterling, Karl
8 Apr 1919   **9**, C
2 May 1919   **9**, C E
11 Jun 1919   **9**, C

Franck, James
4 Nov 1920   **10**, C

Frank, K.
23 Apr 1920   **9**, C

Frank, Philipp
30 May 1919   **9**, 49
17 Apr 1920   **9**, C

Frankfurter Zeitung
21 Dec 1917   **8**, C

Franz, Josef
between mid-Feb and
29 Apr 1917   **10**: Vol. 8, 300a E

Freie Akademische Vereinigung an der
Technischen Hochschule Dresden
20 Sep 1920   **10**, C
27 Sep 1920   **10**, C

Freie Vereinigung für Technische Volksbildung
16 Jul 1920   **10**, C E

Freundlich, Erwin
1 Sep 1911   **5**, 281 E
21 Sep 1911   **5**, 287 E
8 Jan 1912   **5**, 336 E
27 Oct 1912   **5**, 420 E
mid-Aug 1913   **5**, 468 E
before 26 Aug 1913   **5**, 472 E
7 Dec 1913   **5**, 492 E
ca. 20 Jan 1914   **5**, 506 E
ca. 3 Feb 1915   **8**, 53 E
5 Feb 1915   **8**, 54 E
between 1 and
25 Mar 1915   **8**, 59 E
19 Mar 1915   **8**, 63 E
30 Sep 1915   **8**, 123 E
24 Nov 1915   **8**, 151 E

30 Nov 1915   **8**, 157 E
18 Feb 1917 or later   **8**, 300 E
17 Jun 1917   **8**, 353
3 Sep 1917   **8**, 378 E
4 Dec 1917   **8**, 402
6 Dec 1917   **8**, 404
before 17 Jan 1918   **8**, 438 E
20 Jan 1919   **9**, C
1 Mar 1919   **9**, 8 E
27 Mar 1919   **9**, 14
29 Mar 1919   **9**, 15 E
15 Sep 1919   **9**, 105
19 Sep 1919   **9**, 106 E
3 Oct 1919   **9**, 119
6 Dec 1919   **9**, 197
21 Feb 1920   **9**, 324
24 Feb 1920   **9**, 328
after 15 Dec. 1919   **10**: Vol. 9, 217a E
12 Aug 1920   **10**, 101
14 Dec 1920   **10**, 231

Freundlich, Erwin (Bericht)
31 Oct 1918   **8**, C
Jan 1920   **9**, 240

Fricke, Hermann
18 Feb 1918   **8**, C
15 Mar 1918   **8**, C
10 Feb 1919   **9**, C

Fricke, Robert
26 May 1920   **10**, 31
9 Jun 1920   **10**, 48 E

Frischeisen-Köhler, Max
5 Sep 1918   **8**, 610

Füchtbauer, Christian
before 2 Nov 1920   **10**, C

Fürth, Reinhold
19 Oct 1920   **10**, C
10 Dec 1920   **10**, C E
18 Dec 1920   **10**, C

Gasser, Adolf
mid-Jan 1908   **5**, 74
9 Mar 1908   **5**, 92
Oct 1908, second half   **5**, 123

Genewein, Fritz
18 May 1917   **8**, C

Gerhards, Karl
8 Jun 1920   **10**, C
24 Aug 1920   **10**, C

Gerlach, Hellmut von
6 Jan 1920   **9**, 246 E

German Central Committee for Foreign Relief
9 Jul 1920   **10**, 74

German League for the League of Nations
8 Jul 1920   **10**, 73
23 Jul 1920   **10**, 82 E

German News Agency for Foreign University
    and Student Affairs
before 27 Jul 1920   **10**, C
27 Jul 1920   **10**, 86 E

German University: Report to the Philosophical
    Faculty on a Successor to the Chair of
    Theoretical Physics
before 23 May 1912   **5**, 400

Gesellschaft Deutscher Naturforscher und Ärzte
30 Sep 1920   **10**, 158
8 Oct 1920   **10**, C E

Gilbert, Leo
20 Aug 1920   **10**, C

Glüer, ?
17 Apr 1919   **9**, C

Glum, Friedrich
11 Apr 1918   **8**, C
5 Aug 1920   **10**, C
16 Aug 1920   **10**, C

Gnehm, Robert
8 Dec 1911   **5**, 317
13 Dec 1911   **5**, 324 E
16 Dec 1911   **5**, 326
19 Dec 1911   **5**, 328 E
23 Jan 1912   **5**, 341
7 Feb 1912   **5**, 355

12 Feb 1912	**5**, 358 E	Grebe, Leonhard, and Bachem, Albert	
19 Oct 1913	**5**, 479 E	23 Dec 1919	**9**, 232
30 Nov 1913	**5**, 487 E	26 Jan 1920	**9**, 283
15 Dec 1913	**5**, 494	18 Jun 1920	**10**, 60

Gobat, Albert
    28 Feb 1908   **5**, 89

Grommer, Jakob
    1 Jul 1919   **9**, 67

Gockel, Albert
    3 Dec 1908   **5**, 130
    25? Mar 1909   **5**, 144 E

Grossmann, Marcel
    14 Apr 1901   **1**, 100 E
    6? Sep 1901   **1**, 122 E
    6 Apr 1904   **5**, 17 E

Goethebund, Berliner
    after 23 Oct 1915   **8**, 132 E
    11 Nov 1915   **8**, 138 E
    16 Nov 1915   **8**, 146 E

    3 Jan 1908   **5**, 71 E
    27 Apr 1911   **5**, 266 E
    18 Nov 1911   **5**, 307 E
    10 Dec 1911   **5**, 319 E
    12 Dec 1911   **5**, 321

Goldscheid, Rudolf
    13 Dec 1920   **10**, 228

    5 Feb 1920   **9**, 300
    27 Feb 1920   **9**, 330 E
    18 Mar 1920   **9**, 357

Goldschmidt, Amelie
    19 Jun 1920   **10**, C

    9 Sep 1920   **10**, 142
    12 Sep 1920   **10**, 148 E
    20 Nov 1920   **10**, 206

Goldstein, Eugen
    11 Sep 1920   **10**, C

Großmann, Will
    11 May 1920   **10**, C

Gottesman, Jacob
    20 Sep 1920   **10**, C

Gruner, Paul
    11 Feb 1908   **5**, 81 E
    9 Nov 1908   **5**, 127

Graetz, Leo
    22 Nov 1910   **5**, 235 E

Guillaume, Edouard
    24 Sep 1917   **8**, 383 E

Grau, Kurt J.
    29 Aug 1920   **10**, 115

    3 Oct 1917   **8**, 385
    9 Oct 1917   **8**, 387 E

Great Lodge of Germany VIII of the Independent Order of B'nai B'rith in Berlin
    6 Apr 1920   **9**, C

    17 Oct 1917   **8**, 392
    24 Oct 1917   **8**, 394 E
    25 Jan 1920   **9**, 280
    9 Feb 1920   **9**, 305 E

Grebe, Leonhard
    17 Apr 1919   **9**, 25
    26 Apr 1919   **9**, C E
    5 May 1919   **9**, C
    6 Jun 1919   **9**, 57
    29 Jun 1919   **9**, C
    9 Jul 1920   **10**, C E
    12 Jul 1920   **10**, C

    15 Feb 1920   **9**, 316
    30 Jun 1920   **10**, 68
    4 Jul 1920   **10**, 71 E
    14 Jul 1920   **10**, C
    19 Jul 1920   **10**, 77 E
    28 Jul 1920   **10**, C
    31 Jul 1920   **10**, 94 E
    20 Aug 1920   **10**, C
    22 Aug 1920   **10**, 109 E
    1 Sep 1920   **10**, C

4 Sep 1920	**10**, 132 E	Haberlandt, Gottlieb	
16 Dec 1920	**10**, 233 E	1 May 1920 May 1	**10**, 3
23 Dec 1920	**10**, 241		
29 Dec 1920	**10**, 250 E	Habicht, Conrad	
		4 Feb 1902	**1**, 133 E
Guye, Charles Eugène		Apr? 1902	**1**, 139 E
31 May 1913	**5**, 443	3 Oct 1913	**5**, 14 E
3 Jan 1920	**9**, 243	30 Nov 1903	**5**, 15 E
12 Jan 1920	**9**, 255 E	20 Feb 1904	**5**, 16 E
21 Jan 1920	**9**, 273	15 Apr 1904	**5**, 18 E
		1 Aug 1904	**5**, 21 E
Haas, Wander de		6 Aug 1904	**5**, 22 E
17 Mar 1915	**8**, 61 E	6 Aug 1904	**5**, 23 E
7 Aug 1915	**8**, 104 E	6 Mar 1905	**5**, 25 E
9 May 1919	**9**, 36 E	6 Mar 1905	**5**, 26 E
Dec 1920	**10**, 215	18 or 25 May 1905	**5**, 27 E
		30 Jun–22 Sep 1905	**5**, 28 E
Haas, Wander and Geertruida de		20 Jul 1905–	
ca. 10 May 1915	**8**, 82 E	summer 1915	**5**, 30 E
6 Jul 1915	**8**, 92 E	27 Jul 1906	**5**, 39 E
9 Jul 1915	**8**, 95 E	24 Dec 1907	**5**, 69 E
24 Jul 1915	**8**, 99 E	14 Feb 1908	**5**, 84 E
2 Aug 1915	**8**, 102 E	15 Apr 1909	**5**, 150 E
10 Aug 1915	**8**, 106 E	28 Apr 1909	**5**, 151 E
14 Aug 1915	**8**, 107 E	Sep 1909	**5**, 177 E
16 Aug 1915	**8**, 110 E	5 Nov 1909	**5**, 185 E
before 15 Nov 1915	**8**, 141 E	14 Dec 1909	**5**, 190 E
3 Oct 1916	**8**, 262 E	14 Dec 1909	**5**, 191 E
		17 Dec 1909	**5**, 192 E
Haas-Lorentz, Geertruida de		4 Mar 1910	**5**, 198 E
before 10 Apr 1915	**8**, 72 E	31 Mar 1910	**5**, 202 E
7 Oct 1920	**10**, C	27 Jul 1910	**5**, 214 E
		11 Aug 1910	**5**, 219 E
Haber, Fritz		2 Apr 1911	**5**, 261 E
19 Dec 1911	**5**, 329	2 Jun 1912	**5**, 403 E
8 Mar 1912	**5**, 368	14 Aug 1912	**5**, 415 E
22 Jul 1913	**5**, 456	3 May 1913 or after	**5**, 439 E
before 29 Jan 1918	**8**, 445	7 Jul 1913	**5**, 450 E
29 Jan 1918	**8**, 446 E	7 Sep 1913	**5**, 473 E
before 20 Dec 1918	**8**, 675 E		
ca. 20 Jul 1919	**9**, 74	Habicht, Conrad Sr.	
1 Aug 1919	**9**, 81	6 Aug 1919	**9**, C E
2 Aug 1919	**9**, 82 E		
after 3 Aug 1919	**9**, 84	Habicht, Conrad and Paul	
30 Aug 1920	**10**, 120	15 Jul 1907	**5**, 48 E
6 Oct 1920	**10**, 162 E	16 Aug 1907	**5**, 54 E
7 Oct 1920	**10**, 167	2 Sep 1907	**5**, 56 E
19 Nov 1920	**10**, C	9 Feb 1912	**5**, 356 E

Habicht, Conrad, and Habicht-Kehlstadt, Anna		Hammer, Wilhelm	
Oct-Dec 1913	5, 475 E	27 Mar 1919	9, C
		22 May 1919	9, C E
Habicht, Paul		16 Jun 1919	9, C
19 Feb 1908	5, 86		
17 Mar 1908	5, 93	Hansen, Klaus	
4 Apr 1908	5, 95	4 Jun 1920	10, 43 E
17 May 1908	5, 99		
Jun 1908	5, 104	Harms, Bernhard	
4 Jul 1908	5, 108	21 Apr 1920	9, C
12 Oct 1908	5, 122	after Apr 21 1920	9, C E
22 Oct 1908	5, 124	6 May 1920	10, C
18 Jan 1909	5, 134		
27 Dec 1911	5, 332	Harnack, Adolf von	
1 Jun 1912	5, 402	12 Sep 1917	8, 379
2 Dec 1914	8, C E	24 Sep 1917	8, C
Jul 1915	8, C E	6 Oct 1917	8, 386 E
		10 Oct 1917	8, 389
Haenisch, Konrad		20 Nov 1917	8, C
6 Dec 1919	9, 194 E	12 Dec 1917	8, C
19 Feb 1920	9, 317 E	5 Dec 1918	8, C
10–12 Mar 1920	9, 349 E	20 Jun 1919	9, C
12 Mar 1920	9, 350	14 Oct 1919	9, C E
28 May 1920	10, 36	10 Nov 1919	9, C E
30 Jul 1920	10, 93 E	22 Nov 1919	9, C
6 Sep 1920	10, 135	1 Dec 1919	9, C E
8 Sep 1920	10, 137 E	14 Jan 1920	9, C
		19 Jan 1920	9, C E
Hagenbach, August		31 Mar 1920	9, C
6 Jul 1908	5, 109 E	5 Apr 1920	9, C E
9 Jul 1908	5, 110	7 May 1920	10, C
14 Jul 1908	5, 111 E	24 Jun 1920	10, C
5 Nov 1912	5, 422 E		
		Hartmann, Eduard	
Haider, Carl		27 Apr 1917	8, 330 E
16 Dec 1918	8, C	3 Sep 1919	9, C E
		26 Sep 1920	10, 156
Hale, George			
14 Oct 1913	5, 477 E	Hartmann, Ludo Moritz	
8 Nov 1913	5, 483	2 Apr 1920	9, 365 E
Hallwachs, Wilhelm		Hasenclever, Walter	
2 May 1919	9, C	4 Apr 1920	9, C
16 May 1919	9, C		
13 Jul 1920	10, C	Hasse, Max	
19 Jul 1920	10, C E	1920	9, C E
Hamburger, Margarete		Hauck, ?	
16 Apr 1918	8, 510	27 Mar 1919	9, C

Havel, P.
    28 Aug 1920   **10**, C

Heller, Ester
    12 Apr 1920   **9**, C E

Heller, Robert
    1 Feb 1912   **10**: Vol. 5, 349b E
    19 Feb 1912   **5**, 361
    20 Jul 1914   **8**, 25 E

Helm, Georg
    22 Mar 1918   **8**, 490

Henkell, F. M.
    1 Jun 1920   **10**, C

Hennig, F.
    28 Aug 1920   **10**, C

Hertz, Paul
    14 Aug 1910   **5**, 220 E
    26 Aug 1910   **5**, 222 E
    27 Jul 1913   **5**, 458 E
    between 14 Aug and
        4 Nov 1915   **8**, 108 E
    22 Aug 1915   **8**, 111 E
    before 8 Oct 1915 **8**, 125 E
    before 8 Oct 1915 **8**, 126 E
    8 Oct 1915   **8**, 127
    9 Oct 1915   **8**, 128 E
    28 Oct 1920   **10**, 186
    11 Nov 1920   **10**, 200

Hertzsprung, Ejnar
    5 Dec 1916   **10**: Vol. 8, 282a E
    16 Nov 1919   **10**: Vol. 9, 166a

Hettner, Gerhardt
    20 Jul 1920   **10**, C

Hibben, John G.
    14 Nov 1920   **10**, 203 E
    24 Dec 1920   **10**, 243

Hilbert, David
    30 Mar 1912   **5**, 378
    4 Oct 1912   **5**, 417 E
    24 Jun 1915   **8**, 91 E
    7 Nov 1915   **8**, 136 E
    12 Nov 1915   **8**, 139 E
    13 Nov 1915   **8**, 140
    15 Nov 1915   **8**, 144 E
    18 Nov 1915   **8**, 148 E
    19 Nov 1915   **8**, 149
    20 Dec 1915   **8**, 167 E
    18 Feb 1916   **8**, 193 E
    30 Mar 1916   **8**, 207 E
    25 May 1916   **8**, 221 E
    27 May 1916   **8**, 222
    30 May 1916   **8**, 223 E
    2 Jun 1916   **8**, 224 E
    19 May 1917   **8**, 341 E
    12 Apr 1918   **8**, 503 E
    before 27 Apr 1918 **8**, 521 E
    before 27 Apr 1918 **8**, 522 E
    27 Apr 1918   **8**, 524
    1 May 1918   **8**, 530
    24 May 1918   **8**, 548 E
    9 Jun 1919   **9**, 58
    11 Jun 1919   **9**, 59 E
    20 Dec 1919   **9**, 225
    19 Feb 1920   **9**, 318
    21 Feb 1920   **9**, 322 E
    5 Mar 1920   **9**, 341

Hiller, Kurt
    7 Sep 1918   **8**, 611
    9 Sep 1918   **8**, 613 E

Himstedt, Franz
    27 Mar 1919   **9**, C
    26 Apr 1919   **9**, C E

Hirzel Publishing House
    2 Nov 1908   **5**, 126

Hochberger, Auguste
    before 24 Apr 1918 **8**, 516 E
    before 24 Apr 1918 **8**, 517 E
    30 Jul 1919   **9**, 79 E
    20 Aug 1919   **9**, 94 E
    21 Feb 1920   **9**, 325

Hoefft, Franz von
    11 Feb 1918   **8**, C

Hofsäss, Max
    24 Jun 1919   **9**, C
    17 Aug 1919   **9**, C E

ALPHABETICAL LIST OF CORRESPONDENCE 111

Holder, Roland
    18 May 1919   **9**, 42 E
    30 May 1919   **9**, 50

Hollweg, Chancellor Bethmann
    27 Jul 1915   **8**, C E
    16 Jan 1917   **8**, C

Holtzmann, Robert
    10 Jul 1919   **9**, 71
    17 Aug 1919   **9**, 91 E

Hopf, Ludwig
    21 Jun 1910   **5**, 209 E
    2 Aug 1910   **5**, 218 E
    19 Aug 1910   **5**, 221 E
    27 Dec 1910   **5**, 239 E
    13 Oct 1911   **5**, 294
    20 Feb 1912   **5**, 363
    after 20 Feb 1912   **5**, 364 E
    12 Jun 1912   **5**, 408 E
    16 Aug 1912   **5**, 416 E
    2 Nov 1913   **5**, 480 E
    2 Feb 1920   **9**, 295 E
    2 Sep 1920   **10**, 128

Horst, Helge
    6 Nov 1920   **10**, C

Hort, Wilhelm
    25 Nov 1919   **9**, 176
    29 Nov 1919   **9**, 181 E

Hulse, Edward P.
    8 Dec 1919   **9**, C

Humm, Rudolf
    15 Jan 1918   **8**, 436
    18 Jan 1918   **8**, 440 E

Hurwitz, Adolf
    23 Sep 1900   **1**, 77 E
    26 Sep 1900   **1**, 78 E
    after 22 Oct 1909   **5**, 181 E
    6 Aug 1913   **5**, 461 E

Hurwitz, Adolf and family
    4 May 1914   **8**, 6 E

Hurwitz, Ida
    before 18 Jul 1919   **9**, C E
    22 Nov 1919   **9**, 172 E

Hussarek von Heinlein, Max
    17 Sep 1910   **5**, 225

Imperial Academy of Sciences in Vienna
    4 Jun 1917   **8**, C
    14 Jun 1917   **8**, C E

Isensee, Hermann
    25 May 1918   **8**, C

Jaberg, Karl
    12 May 1908   **5**, 97

Jaeger, Frans M.
    1 Jun 1920   **10**, C

Jakob, Max
    17 May 1918   **10**: Vol. 8, 539a E
    3 Dec 1918   **10**: Vol. 8, 661c
    5 Dec 1918   **10**: Vol. 8, 663a E

Jeffery, George B.
    14 Oct 1920   **10**, C
    14 Dec 1920   **10**, 230 E

Jensen, Christian
    14 May 1919   **9**, C
    16 May 1919   **9**, C E
    10 Jun 1919   **9**, C
    7 May 1920   **10**, C E

Jewish Community of Berlin
    15 Dec 1920   **10**, C
    22 Dec 1920   **10**, 238 E
    30 Dec 1920   **10**, 253

Johnsen, Arrien
    28 May 1919   **9**, 47

Jong van Beek en Donk, Benjamin de
    9 Nov 1919   **9**, 163 E

Julius, Willem H.
    20 Aug 1911   **5**, 277
    24 Aug 1911   **5**, 278 E

26 Aug 1911	**5**, 280	3 Feb 1920	**9**, C E
22 Sep 1911	**5**, 288 E	30 Apr 1920	**9**, C E
27 Sep 1911	**5**, 289	3 May 1920	**10**, C E
11 Oct 1911	**5**, 292	27 Jul 1920	**10**, C E
18 Oct 1911	**5**, 295 E	13 Sep 1920	**10**, C E
1 Nov 1911	**5**, 302 E	14 Sep 1920	**10**, C E
15 Nov 1911	**5**, 304 E	7 Dec 1920	**10**, C E
16 Nov 1911	**5**, 306 E		
20 Nov 1911	**5**, 310	Kaluza, Theodor	
22 Nov 1911	**5**, 311 E	21 Apr 1919	**9**, 26 E
25 Nov 1911	**5**, 314	28 Apr 1919	**9**, 30 E
12 Dec 1911	**5**, 322	5 May 1919	**9**, 35 E
18 Dec 1911	**5**, 327 E	14 May 1919	**9**, 40 E
29 Dec 1911	**5**, 334	29 May 1919	**9**, 48 E
5 Dec 1919	**9**, 192 E		
8 May 1920	**10**, 8	Kamerlingh Onnes, Harm H.	
13 Jun 1920	**10**, 54	8 Dec 1920	**10**, 226
2 Sep 1920	**10**, 129		

Julius, Willem H. and Betsy
   11 Sep 1920   **10**, 145 E

Kamerlingh Onnes, Heike
		12 Apr 1901	**1**, 98 E
		31 Dec 1910	**5**, 242 E
		16 Aug 1913	**5**, 469 E
		18 Aug 1913	**5**, 471 E
		15 Nov 1919	**9**, C
		8 Feb 1920	**9**, 304
		23 Nov 1920	**10**, 208

Julius-Einthoven, Betsy
   before 11 Sep 1920   **10**, C

Junghans, ?
   21 Dec 1918   **8**, C

Kammerer, Paul
   15 Apr 1920   **9**, 374

Kaiser-Wilhelm-Gesellschaft
   9 Sep 1919   **9**, C E

Karr, Albert
   9 Mar 1919   **9**, C

Kaiser-Wilhelm-Institute of Physics, board of trustees

Karr, Hans
   9 Mar 1919   **9**, C

1 Feb 1918	**8**, C E		
22 May 1918	**8**, C E	Katz, Helene	
27 Aug 1918	**8**, C E	11 Jun 1915	**8**, 88
18 Sep 1918	**8**, C E		
7 Oct 1918	**8**, C E	Kaufler, Helene, *see* Savić, Helene	
23 Nov 1918	**8**, C E		
1 Mar 1919	**9**, C	Kaufmann, Walter	
3 Mar 1919	**9**, C E	8 Apr 1919	**9**, C
2 May 1919	**9**, C E	28 Apr 1919	**9**, C E
2–9 May 1919	**9**, C E	5 May 1919	**9**, C
7 May 1919	**9**, C E		
16 Sep 1919	**9**, C E	Kelen-Fried, Jolán	
11 Oct 1919	**9**, C E	8 Nov 1920	**10**, 194 E
8 Dec 1919	**9**, C E	12 Nov 1920	**10**, 202
20 Dec 1919	**9**, C E		
28 Jan 1920	**9**, C E		

Klein, Felix
 26 Mar 1917 **8**, 319 E
 4 Apr 1917 **8**, 323 E
 21 Apr 1917 **8**, 328 E
 15 Dec 1917 **8**, 408 E
 13 Mar 1918 **8**, 480 E
 20 Mar 1918 **8**, 487
 24 Mar 1918 **8**, 492 E
 10 Apr 1918 **8**, 500 E
 25 Apr 1918 **8**, 518
 27 Apr 1918 **8**, 523 E
 18 May 1918 **8**, 540
 19 May 1918 **8**, 543 E
 28 May 1918 **8**, 549 E
 31 May 1918 **8**, 552
 1 Jun 1918 **8**, 554
 before 3 Jun 1918 **8**, 556 E
 9 Jun 1918 **8**, 561 E
 16 Jun 1918 **8**, 566
 20 Jun 1918 **8**, 567 E
 5 Jul 1918 **8**, 581
 15 Jul 1918 **8**, 588
 22 Jul 1918 **8**, 589 E
 22 Oct 1918 **8**, 638 E
 28 Oct 1918 **8**, 641 E
 5 Nov 1918 **8**, 645
 8 Nov 1918 **8**, 646 E
 10 Nov 1918 **8**, 650
 27 Dec 1918 **8**, 677 E
 14 Apr 1919 **9**, 22 E
 16 Apr 1919 **9**, 24 E
 22 Apr 1919 **9**, 27
 28 Apr 1920 **9**, 398

Kleiner, Alfred
 28 Jan 1908 **5**, 78
 8 Feb 1908 **5**, 80
 3 Apr 1912 **5**, 382 E
 10 Apr 1912 **5**, 382 E
 10 Apr 1912 **5**, 383 E

Kleiner, Alfred, and Heinrich Burkhardt, Expert Opinion on Einstein's Dissertation
 22–23 Jul 1905 **5**, 31

Klemperer, Georg
 28 Apr 1918 **8**, C

Klötzel, C. Z.
 12 Sep 1920 **10**, C

Kneser, Adolf
 7 Jun 1918 **8**, 560 E
 7 Jul 1918 **8**, 583

Knudsen, Martin
 10 Apr 1920 **9**, C
 6 Nov 1920 **10**, C

Koch, Ceasar
 Summer 1895 **1**, 6 E

Koch, Peter P.
 8 Jun 1919 **9**, C
 24 May 1920 **10**, C
 5 Jun 1920 **10**, C E

Kohn, Hedwig
 2 Aug 1919 **9**, 83
 23 Aug 1919 **9**, C E
 2 Jan 1920 **9**, 241
 2 Jun 1920 **10**, C
 3 Jul 1920 **10**, C E
 11 Jul 1920 **10**, C
 28 Dec 1920 **10**, C

Könemann, Heinrich
 23 Mar 1918 **8**, C
 28 Mar 1918 **8**, C

König, Walter
 11 Mar 1912 **5**, 372
 after 11 Mar 1912 **5**, 373 E

Konrad Sannig & Co.
 14 Jan 1920 **9**, C
 18 Nov 1920 **10**, C

Kopp, Victor
 25 Oct 1920 **10**, C

Kormann, Carl
 15 Oct 1916 **8**, 265 E
 16 Oct 1916 **8**, 266

Korn, Arthur
 28 Jan 1920 **9**, 288 E

Korrodi, Eduard
   23 Mar 1920   **9**, 359

Kost, Hans
   3 Jan 1919   **9**, C

Kottler, Friedrich
   30 Mar 1918   **8**, 495
   21 Jan 1920   **9**, 274
   19 Feb 1920   **9**, 319
   29 Jul 1920   **10**, 88 E
   23 Aug 1920   **10**, C

Kowalski, Joseph
   30 Mar 1908   **5**, 94

Krakow, Georg
   after 15 Mar 1919   **9**, C
   1 May 1919   **9**, C
   6 May 1919   **9**, C E
   14 May 1919   **9**, 41

Kraus, Friedrich
   Jun 1916   **8**, C

Kronthal, Paul
   13 Nov 1920   **10**, C

Krüger, Friedrich
   31 Mar 1919   **9**, C
   25 May 1919   **9**, C
   25 May 1919   **9**, C E
   2 Jun 1919   **9**, C
   18 Aug 1919   **9**, C

Krüss, Hugo A.
   6 Jan 1918   **8**, 431
   9 Jan 1918   **8**, 433
   10 Jan 1918   **8**, 435 E
   31 Jan 1918   **8**, 451 E
   before 11 Apr 1918   **8**, 502 E
   15 Apr 1918   **8**, 508
   13 Jun 1918   **8**, 563
   13 Jun 1918   **10**: Vol. 8, 563a E
   1 May 1919   **9**, C

Krüss, Hugo, from Haber, Fritz
   4 Jan 1913   **5**, 428

Kuwaki, Ayao
   2 May 1909   **5**, 152
   28 Dec 1920   **10**, 246 E

Laer Kronig, Ralph de
   26 Sep 1920   **10**, C

Ladenburg, Rudolf
   20 Dec 1907   **5**, 68 E

Lampa, Anton
   19 Jan 1920   **9**, 267
   21 Jan 1920   **9**, 270 E
   27 Jan 1920   **9**, 287
   1 Feb 1920   **9**, 291
   3 Mar 1920   **9**, 338
   20 Apr–30 May 1920   **9**, 387 E
   30 May 1920   **10**, 39

Lampa, Anton?
   29 Jun 1912   **5**, 410 E

Landau, Leo
   20 Aug 1920   **10**, C E

Landgericht I, Berlin
   18 May 1915   **8**, C E
   21 Jul 1920   **10**, C E

Lange, Ludwig
   7 Aug 1920   **10**, C

Langevin, Paul
   before 9 Aug 1913   **5**, 463 E
   18 Sep 1915   **8**, C E

Laub, Jakob
   27 Jan 1908   **5**, 77
   2 Feb 1908   **5**, 79
   1 Mar 1908   **5**, 91
   18 May 1908   **5**, 101
   19 May 1908   **5**, 102
   30 May 1908   **5**, 103
   30 Jul 1908   **5**, 113 E
   after 1 Nov 1908   **5**, 125 E
   20 Mar 1909   **5**, 143 E
   16 May 1909   **5**, 159
   17 May 1909   **5**, 160 E
   19 May 1909   **5**, 161 E

31 Dec 1909	**5**, 196 E	15 May 1920	**10**, C
16 Mar 1910	**5**, 199 E	15 Jun 1920	**10**, C
27 Aug 1910	**5**, 224 E	29 Jul 1920	**10**, C
11 Oct 1910	**5**, 227 E	16 Aug 1920	**10**, C
4 Nov 1910	**5**, 231 E	26 Aug 1920	**10**, C
11 Nov 1910	**5**, 233 E	8 Dec 1920	**10**, C
15 Nov 1910	**5**, 234 E		
28 Dec 1910	**5**, 241 E	Lazarev, Pëtr Petrovich	
10 Aug 1911	**5**, 275 E	16 May 1914	**8**, 7 E
22 Jul 1913	**5**, 455 E		

League of German Scholars and Artists
10 Jan 1920   **9**, 252
13 Jan 1920   **9**, 258 E

Laue, Max [von]
2 Jun 1906	**5**, 37
4 Sep 1907	**5**, 57
27 Dec 1907	**5**, 70

Lehmann, Otto
| 1 Dec 1910 | **10**: Vol. 5, 235a E |
| 26 Mar 1919 | **9**, C |

27 Dec 1911	**5**, 333
10 Jun 1912	**5**, 407 E
27 May 1915	**8**, 85
24 Mar 1917	**8**, 318

13 Apr 1919	**9**, C
16 Apr 1919	**9**, C
28 Apr 1919	**9**, C E

| 18 Jun 1917 | **8**, 354 |
| 25 Jun 1917 | **8**, 358 |

Lehmann-Russbüldt, Otto
17 Oct 1919   **9**, 141 E

19 Dec 1917	**8**, 414
30 Jan 1918	**8**, 447
18 Feb 1918	**8**, 466

Lemmert, Otto
4 Sep 1920   **10**, C

29 May 1918	**8**, 550
7 Apr 1919	**9**, 18
18 Oct 1919	**9**, 145

Lenard, Philipp
| 16 Nov 1905 | **5**, 32 E |
| 5 Jun 1909 | **5**, 165 |

27 Oct 1919	**9**, 152
27 Mar 1920	**9**, 362
22 May 1920	**10**, 27

Lenz, Wilhelm
| 1 Jan 1917 | **8**, C |
| 25 Mar 1919 | **9**, 11 |

| 29 Jul 1920 | **10**, 91 |
| 2 Dec 1920 | **10**, C |

| 26 Apr 1919 | **9**, C E |

Lawson, Robert W.
| 26 Nov 1919 | **9**, 177 |
| 28 Nov 1919 | **9**, 180 |

Levi-Civita, Tullio
| 5 Mar 1915 | **8**, 60 E |
| 17 Mar 1915 | **8**, 62 E |

18 Dec 1919	**9**, 220
21 Dec 1919	**9**, 228
26 Dec 1919	**9**, 234 E
8 Jan 1920	**9**, 249
22 Jan 1920	**9**, 275 E
25 Jan 1920	**9**, C
2 Feb 1920	**9**, 297
4 Feb 1920	**9**, C E
7 Feb 1920	**9**, 301 E
22 Feb 1920	**9**, 326
31 Mar 1920	**9**, C
22 Apr 1920	**9**, 389 E
22 Apr 1920	**9**, 390

20 Mar 1915	**8**, 64 E
26 Mar 1915	**8**, 66 E
28 Mar 1915	**8**, 67
2 Apr 1915	**8**, 69 E
8 Apr 1915	**8**, 71 E
11 Apr 1915	**8**, 74 E
14 Apr 1915	**8**, 75 E
20 Apr 1915	**8**, 77 E
21 Apr 1915	**8**, 78 E
5 May 1915	**8**, 80 E

2 Aug 1917	**8**, 368 E	6 Dec 1911	**5**, 316
23 Aug 1917	**8**, 375	8 Dec 1911	**5**, 318
4 Aug 1920	**10**, C	12 Dec 1911	**5**, 320 E
18 Aug 1920	**10**, 106	13 Feb 1912	**5**, 359
		18 Feb 1912	**5**, 360 E
Levin, Shmarya		14 Aug 1913	**5**, 467 E
27 Nov 1919	**9**, 178	16 Aug 1913	**5**, 470 E
		between 1 and	
Lewald, Theodor		23 Jan 1915	**8**, 43
24 Oct 1916	**8**, C	23 Jan 1915	**8**, 47 E
		3 Feb 1915	**8**, 52 E
Lieber, Hugo		28 Apr 1915	**8**, 79 E
14 Nov 1920	**10**, 204 E	21 Jul 1915	**8**, 98 E
		2 Aug 1915	**8**, 103 E
Lindemann, Adolf Friedrich		23 Sep 1915	**8**, 122 E
23 Nov 1919	**9**, 174	12 Oct 1915	**8**, 129 E
18 Aug 1920	**10**, 107	1 Jan 1916	**8**, 177 E
		17 Jan 1916	**8**, 183 E
Lindemann, Frederick A.		19 Jan 1916	**8**, 184 E
23 Mar 1920	**9**, C	6 Jun 1916	**8**, 225
30 Apr 1920	**9**, C E	17 Jun 1916	**8**, 226 E
22 Dec 1920	**10**, 240	13 Nov 1916	**8**, 276 E
		22 Mar 1917	**8**, 315
Lindemann, Rudolf		3 Apr 1917	**8**, 322 E
4 Oct 1919	**9**, 120	18 Dec 1917	**8**, 413 E
7 Oct 1919	**9**, 125 E	26 Apr 1919	**9**, 28 E
		4 May 1919	**9**, 34
Linz, Karl		26 Jul 1919	**9**, 76
8 Feb 1920	**9**, C	1 Aug 1919	**9**, 80 E
		21 Sep 1919	**9**, 108 E
Lipka, Joseph		22 Sep 1919	**9**, 110
5 Jan 1920	**9**, C	22 Sep 1919 or later	**9**, C E
after 5 Jan 1920	**9**, C E	7 Oct 1919	**9**, 127
		30 Oct 1919	**9**, 153
Loeffler, Jean		14 Nov 1919	**9**, 164
31 Mar 1918	**8**, C	15 Nov 1919	**9**, 165 E
		21 Dec 1919	**9**, 229
Loewy (-Lánczos), Kornél		12 Jan 1920	**9**, 256 E
3 Dec 1919	**9**, 188	16 Jan 1920	**9**, 264
22 Jan 1920	**9**, 276 E	19 Jan 1920	**9**, 265 E
		11 Feb 1920	**9**, 308
Lorentz, Hendrik A.		17 Mar 1920	**9**, 355
30 Mar 1909	**5**, 146 E	18 Mar 1920	**9**, 356 E
13 Apr 1909	**5**, 149 E	18 May 1920	**10**, C
6 May 1909	**5**, 153	22 May 1920	**10**, 26 E
23 May 1909	**5**, 163 E	27 May 1920	**10**, 35
27 Jan 1911	**5**, 250 E	9 Jun 1920	**10**, 49
15 Feb 1911	**5**, 254 E	15 Jun 1920	**10**, 56 E
23 Nov 1911	**5**, 313 E	23 Jun 1920	**10**, 63

4 Aug 1920	**10**, 98 E	Mamroth, Paul	
3 Sep 1920	**10**, 130	11 May 1917	**8**, 338 E
10 Sep 1920	**10**, 144		
after 25 Sep 1920	**10**, 155 E	Mandelshtam, Leonid	
		23 Jul 1913	**5**, 457 E
Lorenz, Richard			
15 Nov 1907	**5**, 65	Mannoury, Gerrit	
12 Jan 1918	**8**, C	7 Nov 1920	**10**, C

Löwenthal, Elsa, *see* Einstein, Elsa

Marić, Mileva, *see* Einstein-Marić, Mileva

Lüdeke, Oskar		Marić, Milos	
Sep 1919	**9**, C E	28 Dec 1909	**5**, 194
Ludlam, Ernest B.		Marić, Rózsika (Zorka)	
23 Jan 1920	**9**, 279	after Aug 29 1917	**8**, C
4 Feb 1920	**9**, 298 E		
29 Feb 1920	**9**, C	Marthe, J. J.	
		14 Feb 1920	**9**, C
Ludwig, Emil			
11 Sep or 11 Nov 1920	**10**, C E	Martin, Rudolf	
		20 Jul 1905	**5**, 29 E
Ludwig, Ernst			
25 Jan 1918	**8**, C	Marx, Erich	
		11 May 1920 May 11	**10**, C
Lummer, Otto		after 1 Jun 1920	**10**, C E
4 Aug 1919	**9**, 85		
23 Aug 1919	**9**, C E	Marx, H. C.	
2 Jan 1920	**9**, C	25 Jul 1918	**8**, C
		30 Jul 1918	**8**, C
Mach, Ernst			
9 Aug 1909	**5**, 174 E	Marx, Otto	
17 Aug 1909	**5**, 175 E	22 Dec 1912	**5**, 426 E
25 Jun 1913	**5**, 448 E	22 Dec 1917	**8**, 415 E
2d half of Dec 1913	**5**, 495 E		
		Matthies, Wilhelm	
Magnus, Alfred		6 Oct 1920	**10**, C
7 Apr 1919	**9**, C	15 Nov 1920	**10**, C E
25 May 1919	**9**, C E		
1 Jun 1919	**9**, C	Mayer, Edmund	
11 Jul 1920	**10**, C	2 Jul 1919	**9**, 69
19 Jul 1920	**10**, C E		
25 Jul 1920	**10**, C	Mayer, Johann	
		21 Apr 1918	**8**, C
Maier, Gustav			
5 Jul 1920	**10**, C	Meinhardt, Wilhelm	
		12 Sep 1919	**9**, C
Malkin, Israel			
27 Aug 1920	**10**, 111		

Meißner, Walther
    30 Aug 1920   **10**, 119

Meitner, Lise
    before 14 Sep 1918   **8**, 615 E
    14 Sep 1918   **8**, 616 E
    29 Oct 1918   **8**, 642 E

Mendelssohn & Co.
    2 Feb 1918   **8**, C
    11 Sep 1918   **8**, C
    22 Apr 1919   **9**, C E
    22 Jun 1919   **9**, C E
    23 Aug 1919   **9**, C E
    25 Aug 1919   **9**, C
    6 Sep 1919   **9**, C E
    9 Dec 1919   **9**, C
    17 Dec 1919   **9**, C
    29 Apr 1920   **9**, C E

Mercur Aircraft Company
    29 Dec 1917   **8**, 422

Mereschowsky, Constantin von
    7 Mar 1919   **9**, C

Methuen publishing house
    23 Nov 1920   **10**, C
    8 Dec 1920   **10**, C
    22 Dec 1920   **10**, C E
    30 Dec 1920   **10**, C
    after 30 Dec. 1920   **10**, C E

Mettler, Gino
    2 Sep 1918   **8**, C
    3 Sep 1918\[1]   **8**, C E

Mewes Rudolf
    9 Jul 1920   **10**, C E

Meyer, Edgar
    28 Aug 1909   **5**, 176 E
    28 Sep 1909   **5**, 178 E
    29 Oct 1909   **5**, 182 E
    18 Nov 1909   **5**, 188 E
    11 May 1910   **5**, 206 E
    27 Dec 1910   **5**, 240 E
    26 Feb 1911   **5**, 256 E
    after Apr 1914   **8**, C E

    2 Jan 1915   **8**, 44 E
    30 Oct 1917   **8**, 396 E
    11 Aug 1918   **8**, 599
    18 Aug 1918   **8**, 602 E
    12 Sep 1918   **8**, 614
    after 12 Oct 1918   **8**, 633 E
    20 Oct 1918   **8**, 637
    4 Nov 1918   **8**, 644 E
    14 Dec 1919   **9**, 214
    after 28 Dec 1919   **9**, 235 E
    6 Jan 1920   **9**, 247 E
    25 Jan 1920   **9**, 281
    2 Feb 1920   **9**, 296 E
    30 Aug 1920   **10**, C
    7 Nov 1920   **10**, 192
    28 Nov 1920   **10**, 211 E

Meyer, Eduard
    12 Feb 1920   **9**, 311
    13 Feb 1920   **9**, 312
    14 Feb 1920   **9**, 315 E

Meyer, Georg
    7 Jun 1909   **5**, 166 E

Meyer, Isaak
    7 Sep 1920   **10**, 136

Meyer-Schmid, Anna
    12 May 1909   **5**, 154 E

Mie, Gustav
    30 May 1917   **8**, 346
    2 Jun 1917   **8**, 348 E
    14 Dec 1917   **8**, 407 E
    17 Dec 1917   **8**, 410
    22 Dec 1917   **8**, 416 E
    29 Dec 1917   **8**, 421 E
    5 Feb 1918   **8**, 456
    8 Feb 1918   **8**, 460 E
    17–19 Feb 1918   **8**, 465
    22 Feb 1918   **8**, 470 E
    21 Mar 1918   **8**, 488
    24 Mar 1918   **8**, 493 E
    6 May 1918   **8**, 532
    29 Jun 1919   **9**, 65

Minkowski, Hermann
    9 Oct 1907   **5**, 62

Mirimanoff, Dmitry
   12 Feb 1909   **5**, 137
   5 Feb 1909   **8**: Vol. 5, 136a
   9 Feb 1909   **8**: Vol. 5, 136b E

Mises, Richard von
   29 Nov 1919   **9**, 183
   6 Dec 1919   **9**, 195 E
   10 Dec 1919   **9**, 205
   21 Dec 1919   **9**, 226 E
   10 Feb 1920   **9**, 307 E
   after 19 Feb 1920 **9**, C

Mittag-Leffler, Gösta
   16 Dec 1919   **9**, 218
   12 Apr 1920   **9**, C E
   3 May 1920   **10**, C
   21 Jul 1920   **10**, 79 E
   16 Aug 1920   **10**, C

Moch, Gaston
   24 Apr 1920   **9**, C
   30 Apr 1920   **9**, C E
   3 May 1920   **10**, C
   3 Jul 1920   **10**, 69
   19 Jul 1920   **10**, 78 E

Moeller-Grevé, Maria
   6 Sep 1920   **10**, C

Müller, Hans Georg
   28 May 1920   **10**, C

Moos, Adolf and Friedricke
   Nov 1920   **10**, C E

Morf, Heinrich
   after Feb 20 1915 **8**, C E

Moser, Greti
   28 May 1920   **10**, 37

Mosse, Rudolf
   24 Aug 1920   **10**, C E

Mousson, Heinrich
   20 Dec 1919   **9**, C E

Moszkowski, Bertha
   22 Oct 1920   **10**, 180
   28 Oct 1920   **10**, 187

Moszkowski, Alexander
   18 Jan 1917   **8**, 288
   1 Feb 1917   **8**, 292

Mousson, Heinrich
   19 Jul 1915   **8**, 97
   24 Jul 1915   **8**, 100 E
   17 Sep 1915   **8**, 119 E
   12 Dec 1918   **8**, 670
   17 Dec 1918   **8**, 674 E

Mueller, Bernhard
   19 Apr 1919   **9**, C

Mühsam, Hans
   1 Dec 1920   **10**, 216 E

Mühsam, Paul
   24 Oct 1918   **8**, 639
   7 Dec 1920   **10**, 221

Müller, Géza
   1 Jul 1910   **5**, 212

Müller, Gustav
   9 Jan 1918   **8**, 434

Müller, Richard
   18 Dec 1917   **8**, C

Münchener Zeitung
   21 Dec 1917   **8**, C

Munich Military Tribunal
   19 May 1919   **9**, 44 E

Natanson, Władysław
   27 Jan 1915   **8**, 50 E
   24 Aug 1915   **8**, 113 E
   29 Dec 1915   **8**, 175 E
   28 Jan 1917   **8**, 291 E
   14 Sep 1917   **8**, 380 E

[Nathan, Paul]
   3 Apr 1920   **9**, 366 E

Natorp, Paul
    11 May 1919   **9**, 37 E
    26 Jun 1919   **9**, 64

Naturwissenschaften publishing house
    1 Mar 1920   **9**, C

Naumann, Otto
    after 1 Oct 1915   **8**, 124 E
    7 Dec 1915   **8**, 160 E

Nernst, Walther
    20 Jun 1911   **5**, 270 E
    23 Mar 1912   **8**: Vol. 5, 375a
    2 Jul 1914   **8**, 17
    25 Dec 1917   **8**, 418
    28 Nov 1920   **10**, 213

Neue Freie Presse (Vienna)
    6 Dec 1919   **9**, 193 E

Neue Zürcher Zeitung
    24 Mar 1920   **9**, C

Neurath, Otto
    15 Apr 1917   **8**, 326

Ney, Elisabeth
    30 Sep 1920   **10**, 157 E

Nicolai, Georg F.
    20 Feb 1915   **8**, 57 E
    2 Apr 1915   **8**, C E
    ca. 22 Jan 1917   **8**, 289 E
    26 Feb 1917   **8**, 302
    28 Feb 1917   **8**, 303 E
    after 28 Feb 1917   **8**, 304 E
    12 May 1918   **8**, 537 E
    18 May 1918   **8**, 541

Niggli, Julia
    28 Jul 1899   **1**, 48 E
    6? Aug 1899   **1**, 51 E
    11 Sep 1899   **1**, 55 E

Nissen, Knud A.
    9 Aug 1915   **8**, 105

Nixdorf, Wilhelm
    9 May 1918   **8**, C

Nobel Committee for Physics of the Royal Swedish Academy of Sciences
    before 18 Oct 1918   **8**, 635 E
    before 1 Oct 1918   **8**, C

Nomination of Arnold Sommerfeld and Peter Debye as Corresponding Members of the Prussian Academy of Sciences
    before 5 Feb 1920   **9**, 299 E

Norda, Hansjoachim H.
    10 May 1918   **8**, C
    2 Jun 1918   **8**, C
    18 Jun 1918   **8**, C

Nordström, Cornelia and Gunnar
    31 Jan 1918   **8**, 452

Nordström, Gunnar
    3 Aug 1916   **8**, 247
    30 Nov 1916   **8**, 281
    22–28 Sep 1917   **8**, 382
    23 Oct 1917   **8**, 393

Norwegian Students' Association
    9 Sep 1920   **10**, 141 E

Nowak, Josef
    27 Aug 1920   **10**, C

Nowak, Konstantin
    28 Dec 1918   **8**, C

Oettingen, Arthur von
    16 Nov 1919   **9**, 167 E
    11 Dec 1919   **9**, C

Olympia Academy: Dedication to Einstein as Member
    1903   **5**, 3

Oppenheim, Paul
    25 Sep 1919   **9**, 111
    1 Oct 1919   **9**, 117
    27 Nov 1919   **9**, 179
    14 Jan 1920   **9**, 261
    24 Apr 1920   **9**, 394
    29 Apr 1920   **9**, 399 E

ALPHABETICAL LIST OF CORRESPONDENCE

Ostwald, Wilhelm
    19 Mar 1901   **1**, 92 E
    3 Apr 1901   **1**, 95 E
    6 Nov 1916   **8**, 274 E

Ostwald, Wolfgang
    22 Nov 1920   **10**, C
    after 22 Nov 1920   **10**, C E
    20 Dec 1920   **10**, C

Paalzow, Carl
    12 Apr 1901   **5**: Vol. 1, 98a E

Palatini, Attilio
    16 Jan 1920   **9**, 263 E

Paschen, Friedrich
    13 Jan 1920   **9**, 259
    19 Jan 1920   **9**, 268
    23 Jan 1920   **9**, 278 E

Pechel, R.
    13 Mar 1919   **9**, C E

Pegram, George
    9 Janaury 1912   **5**, 337
    29 Jan 1912   **5**, 346 E

Perrin, Jean
    11 Nov 1909   **5**, 186 E
    12 Jan 1911   **5**, 244 E
    4 Apr 1913   **5**, 437 E
    28 Aug 1919   **9**, 96
    27 Sep 1919   **9**, 114 E
    5 Nov 1919   **9**, 156 E
    after 5 Nov 1919   **9**, 157

Peters, Rudolf
    after 20 Apr 1920   **9**, 388 E

Petzoldt, Joseph
    14 Apr 1914   **8**, 5 E
    11 Jun 1914   **8**, 13 E
    26 Jul 1919   **9**, 77
    19 Aug 1919   **9**, 93 E
    23 Aug 1919   **9**, 95 E
    6 Jul 1920   **10**, 72
    21 Jul 1920   **10**, 80 E

Pfeiffer, Heinrich
    12 Feb 1920   **9**, 310
    16 Mar 1920   **9**, 354

Pflüger, Alexander W.
    26 Nov 1919   **9**, C
    5 Sep 1920   **10**, 133

Planck, Marga
    30 Apr 1918   **8**, 527

Planck, Max
    6 Jul 1907   **5**, 47
    9 Nov 1907   **5**, 64
    8 Sep 1908   **5**, 118
    7 Jul 1914   **8**, 18 E
    12 Jul 1914   **8**, 20
    7 Nov 1915   **8**, 137
    15 Nov 1915   **8**, 145
    4 Feb 1917   **8**, 295
    26 May 1917   **8**, 345
    29 Dec 1917   **8**, 423
    23 Jan 1918   **8**, C E
    after 30 Jan 1918   **8**, 448 E
    13 Feb 1918   **8**, 462
    12 Mar 1918   **8**, 479
    19 Mar 1918   **8**, 486
    after 2 Jul 1918   **8**, 578 E
    8 Jul 1918   **8**, 584
    19 Jul 1918   **8**, C E
    26 Oct 1918   **8**, 640
    20 Jul 1919   **9**, 73
    29 Jul 1919   **9**, C
    12 Sep 1919   **9**, C
    23 Sep 1919   **9**, C
    4 Oct 1919   **9**, 121
    23 Oct 1919   **9**, 149 E
    18 Nov 1919   **9**, 169
    18 Nov 1919   **9**, C
    5 Dec 1919   **9**, C
    24 Dec 1919   **9**, C
    9 Jan 1920   **9**, C
    9 Mar 1920   **9**, C

Pohl, Robert W.
    16 Apr 1919   **9**, C
    25 May 1919   **9**, C E
    3 Jun 1919   **9**, C
    3 Jul 1920   **10**, C
    10 Jul 1920   **10**, C E

122   ALPHABETICAL LIST OF CORRESPONDENCE

    14 Jul 1920   **10**, C

Polányi, Michael
    13 Dec 1914   **8**, 41 E
    30 Dec 1914   **8**, 42 E
    10 Feb 1915   **8**, 55 E
    8 May 1915   **8**, 81 E
    18 Jun 1915   **8**, 89 E
    6 Jul 1915   **8**, 93 E
    20 Feb 1920   **9**, 321
    1 Mar 1920   **9**, 336 E

Polish Physicians and Natural Scientists,
    Eleventh Congress
    before 21 Jul 1911   **5**, 273 E

Polizeipräsidium
    14 Nov 1919   **9**, C E

Preuss, J. H. Albrecht
    11 Feb 1918   **8**, C

Prinz, Heinrich
    23 Mar 1920   **9**, C

Protestant Synod of Berlin
    26 Feb 1920   **9**, 329

Prussian Academy of Sciences
    22 Nov 1913   **5**, 485
    7 Dec 1913   **5**, 493 E
    23 Oct 1919   **9**, C E
    4 Dec 1919   **9**, C E
    4 Dec 1919   **9**, C E
    11 May 1920   **10**, C E
    18 Nov 1920   **10**, C E

Prussian Minister of Education
    13 Apr 1917   **8**, C
    7 Nov 1918   **8**, C

Prussian Ministry of Education
    27 Dec 1915   **8**, C E
    23 Aug 1919   **9**, C E

Quidde, Ludwig
    15 Nov 1918   **8**, 655 E
    16 Nov 1918   **8**, 656

Rabel, Gabriele
    3 Nov 1919   **9**, C
    20 Nov 1919   **9**, C

Radtke, Otto
    6 Nov 1918   **8**, C
    17 Apr 1919   **9**, C
    29 Apr 1919   **9**, C

Rahm, Hans
    13 Oct 1920   **10**, C
    16 Nov 1920   **10**, C E

Rassow, B.
    30 Sep 1920   **10**, C

Rathenau, Walther
    8 Mar 1917   **8**, 305 E
    10–11 May 1917   **8**, 337

Rebholz, Ludwig G.
    28 Mar 1920   **9**, C
    after 28 Mar 1920,   **9**, C E

Regener, Erich
    14 April 1919   **9**, C
    27 May 1919   **9**, C E
    12 Jun 1919   **9**, C
    21 May 1920   **10**, 24

Reiche, Fritz
    12 May 1909   **5**, 155 E
    18 Jul 1914   **8**, 21 E

Reichenbach, Hans
    16 Aug 1919   **9**, 89 E
    15 Jun 1920   **10**, 57
    30 Jun 1920   **10**, 66 E

Reichinstein, David
    27 Mar 1914   **5**, 519 E
    14 Jun 1920   **10**, 55
    27 Jul 1920   **10**, C
    31 Jul 1920   **10**, C
    16 Dec 1920   **10**, C

Reichsbank, Board of Directors
    before 8 May 1918   **10**: Vol 9, C, E
    8 May 1918   **10**: Vol.9, C

Reingold, A. J.
   22 Dec 1920   **10**, 239 E

Reis, Erna and Karl
   24 Feb 1920   **9**, C

Reissner, Hans
   22 Jun 1915   **8**, 90
   19 Dec 1917   **8**, C

Relief and Works Agency for Palestine
   13 Oct 1919   **9**, 132

Rey Pastor, Julio
   22 Apr 1920   **9**, 391
   28 Apr 1920   **9**, C
   11 May 1920   **10**, C
   3 Jun 1920   **10**, C E
   14 Jul 1920   **10**, C E
   5 Aug 1920   **10**, C
   13 Aug 1920   **10**, C E

Riesenfeld, Ernst
   5 Dec 1917   **8**, C E
   12 Dec 1917   **8**, C

Rödiger, Georg
   26 Dec 1917   **8**, C

Röhm, Stefan
   3 May 1918   **8**, C

Roethe, Gustav
   15 Nov 1920   **10**, C
   29 Dec 1920   **10**, C

Rolland, Romain
   22 Mar 1915   **8**, 65 E
   28 Mar 1915   **8**, 68
   15 Sep 1915   **8**, 118 E
   21 Aug 1917   **8**, 373
   22 Aug 1917   **8**, 374 E
   23 Aug 1917   **8**, 376

Röntgen, Wilhelm
   18 Sep 1906   **5**, 40
   29 Nov 1916   **8**, 280 E

Rosen, Friedrich
   after 11 May 1920   **10**, C E

Rosenberg, H.
   11 Apr 1919   **9**, C
   26 Apr 1919   **9**, C E

Rosenberg, I
   24 May 1919   **9**, C
   25 May 1919   **9**, C E

Rosenheim, Theodor
   11 Aug 1918   **8**, 600

Rotten, Elisabeth
   7 Oct 1919   **9**, 126 E

Rouvière, Jeanne
   23 Feb 1920   **9**, C
   8 Mar 1920   **9**, C E
   15 May 1920   **10**, C
   30 Nov 1920   **10**, C

Royal Academy of Sciences in Amsterdam
   24 May 1920   **10**, 29 E

Royal Danish Academy of Sciences and Letters
   16 Apr 1920   **9**, C

Royal Society of Sciences in Göttingen
   23 Dec 1915   **8**, 171 E

Rubner, Max
   17 Dec 1919   **9**, C

Ruff, ?
   17 Dec 1917   **8**, C

Runge, Carl
   8 Nov 1920   **10**, 195 E

Ruprecht, ?
   27 Jul 1908   **5**, 112

Rusch, Franz
   26 Aug 1910   **5**, 223 E

Rütschke
   31 Aug 1920   **10**, 124

Savić [Kaufler], Helene
   11 Oct 1900   **1**, 81 E
   20 Dec 1900   **1**, 86 E

ca. 20 Mar 1903	**5**, 8 E	29 Aug 1920	**10**, 116
Nov 1909–Feb 1910	**5**, 183 E	10 Oct 1920	**10**, 171
after 17 Dec 1912	**5**, 424 E		
8 Sep 1916	**8**, 258 E	Schneider, Ilse	
		15 Sep 1919	**9**, 104 E
Savić [Kaufler], Helene and Milivoj		5 Jan 1920	**9**, 244 E
15 May 1904	**5**, 19 E		
Dec 1906?	**5**, 42 E	Schmedeman, Albert G.	
before 1 Aug 1910	**5**, 217 E	30 Oct 1920	**10**, C
		13 Dec 1920	**10**, 229
Sazyma, W.		16 Dec 1920	**10**, 234 E
18 Feb 1920	**9**, C	23 Dec 1920	**10**, 242
Scheel, Karl		Schmidt, Adolf	
5 Jan 1918	**8**, 430	30 Oct 1914	**8**, 37 E
9 Mar 1918	**8**, 478	31 Oct 1914	**8**, 38
29 Jun 1918	**8**, 574 E	1 Jul 1919	**9**, 68
17 Mar 1919	**9**, 9 E	17 Aug 1919	**9**, 92 E
8 Jul 1919	**9**, C E		
		Schmidt, Erhard	
Schjerning, Otto von		3 Sep 1920	**10**, C
20 Jan 1916	**8**, C E		
		Schmidt, Harry	
Schlick, Moritz		11 Sep 1920	**10**, C
14 Dec 1915	**8**, 165 E	24 Nov 1920	**10**, C
4 Feb 1917	**8**, 296	28 Nov 1920	**10**, C
6 Feb 1917	**8**, 297 E	2 Dec 1920	**10**, 219 E
21 Mar 1917	**8**, 314 E	3 Dec 1920	**10**, C
1 Apr 1917	**8**, 320 E		
21 May 1917	**8**, 343 E	Schmidt-Ott, Friedrich	
10 Dec 1918	**8**, 668 E	11 Dec 1917	**8**, C
15 Oct 1919	**9**, 137	22 Feb 1920	**9**, C
17 Oct 1919	**9**, 142 E	28 Feb 1920	**9**, C
21 Nov 1919	**9**, 170 E	26 Mar 1920	**9**, C
1 Dec 1919	**9**, 184 E	18 May 1920	**10**, C
8 Dec 1919	**9**, 199 E	1 Jun 1920	**10**, C
19 Dec 1919	**9**, 222	before 10 Jun 1920	**10**, C E
22 Feb 1920	**9**, 327	10 Jun 1920	**10**, C
27 Feb 1920	**9**, 331 E	11 Jun 1920	**10**, C E
13 Mar 1920	**9**, 352	16 Jun 1920	**10**, C
19 Apr 1920	**9**, 378 E	23 Jun 1920	**10**, C
22 Apr 1920	**9**, 392	1 Jul 1920	**10**, C E
10 May 1920	**10**, 12	12 Jul 1920	**10**, C E
5 Jun 1920	**10**, C	13 Sep 1920	**10**, C E
7 Jun 1920	**10**, 47 E	9 Oct 1920	**10**, C
10 Jun 1920	**10**, 51	10 Nov 1920	**10**, C
12 Jun 1920	**10**, 53		
29 Jun 1920	**10**, C	Schmitt, ?	
30 Jun 1920	**10**, 67 E	11 Mar 1920	**9**, C

Schnauder, Alfred
 5 Jan–11 May 1907 **5**, 43 E

Schneider, Karl Camillo
 24 Feb 1918 **8**, 471 E
 16 Mar 1918 **8**, 481
 after 16 Mar 1918 **8**, 482

Schoenflies, Arthur
 15 Jan 1909 **5**, 133
 9 Jun–28 Jul 1920 **10**, 50
 29 Jul 1920 **10**, 89 E

Schottky, Walter
 25 Jun 1914 **8**, 16
 26 Sep 1917 **8**, 384 E
 10 Oct 1917 **8**, 388 E
 23 Jun 1918 **8**, 569 E
 9 Mar 1920 **9**, 344

Schrodt, Toni
 30 Aug 1920 **10**, 121

Schröter, Carl
 11 Dec 1910 **5**, 237 E
 20 Jan 1911 **5**, 248 E
 21 Jan 1911 **5**, 249 E
 1 Feb 1912 **5**, 349 E

Schubert, K.
 3 Sep 1920 **10**, C

Schubert-Soldern, Richard von
 20 Apr 1920 **9**, 385
 12 May 1920 **10**, C

Schuchard, Ernst
 17 Aug 1920 **10**, C E

Schücking, Walther
 22 Oct 1915 **8**, 131 E

Schüepp, Hermann: Expert Opinion on his Dissertation
 30 Nov 1909 **5**, 189 E

Schuh, Friedrich
 17 Oct 1919 **9**, C
 23 Oct 1919 **9**, C E

 6 Nov 1919 **9**, C E
 7 May 1920 **10**, C E

Schüller, H.
 14 Dec 1919 **9**, 212 E

Schwäbischer Bund
 19 May 1919 **9**, 43 E

Schwamberger, Emil
 22 Mar 1920 **9**, C
 1 Apr 1920 **9**, 364 E

Schwarzschild, Karl
 22 Dec 1915 **8**, 169
 29 Dec 1915 **8**, 176 E
 9 Jan 1916 **8**, 181 E
 6 Feb 1916 **8**, 188
 19 Feb 1916 **8**, 194 E

Schweinitz und Krain, Elsa, Countess of
 30 Aug 1920 **10**, 122

Schweitzer, Alfred
 19 Jan 1909 **5**, 135

Schweydar, Wilhelm
 4 Jan 1918 **8**, 426
 4 Jan 1918 **8**, 427
 14 Apr 1918 **8**, 504
 10 Oct 1919 **9**, 130

Searle, George
 20 May 1909 **5**, 162

Seelig, Carl
 21 Dec 1919 **9**, 230
 29 Dec 1919 **9**, 237 E

Seeliger, Rudolf
 31 Mar 1919 **9**, C
 29 Apr 1919 **9**, C
 11 Jun 1919 **9**, C
 middle of Dec 1919 **9**, C
 30 Apr 1920 **9**, C E
 before 2 May 1920 **10**, C

Seemann, Hugo
 26 Mar 1919 **9**, 13

28 Apr 1919	**9**, C E	Simonson, Emil	
2 May 1919	**9**, C	21 Nov 1918	**8**, C
6 May 1919	**9**, C E		
11 May 1919	**9**, 38	Sitter, Willem de	
12 Jul 1920	**10**, C	22 Jun 1916	**8**, 227 E
16 Nov 1920	**10**, C E	15 Jul 1916	**8**, 235 E
28 Nov 1920	**10**, C	27 Jul 1916	**8**, 243
10 Dec 1920	**10**, C E	27 Jul 1916	**8**, 244
		1 Nov 1916	**8**, 272
Seippel, Paul		4 Nov 1916	**8**, 273 E
19 Aug 1917	**8**, 372 E	23 Jan 1917	**8**, 290 E
		2 Feb 1917	**8**, 293 E
Schenk, Heinrich		before 12 Mar 1917	**8**, 311 E
31 Jan 1912	**5**, 348	15 Mar 1917	**8**, 312
		20 Mar 1917	**8**, 313
Schidlof, Arthur		24 Mar 1917	**8**, 317 E
17 Jun 1913	**5**, 446 E	1 Apr 1917	**8**, 321
5 Jul 1913	**5**, 449 E	14 Apr 1917	**8**, 325 E
		18 Apr 1917	**8**, 327
Schinz, Hans		14 Jun 1917	**8**, 351 E
10 Mar 1911	**5**, 259 E	20 Jun 1917	**8**, 355
		22 Jun 1917	**8**, 356 E
Selety, Franz		28 Jun 1917	**8**, 359 E
23 Jul 1917	**8**, 364	22 Jul 1917	**8**, 363 E
29 Oct 1917	**8**, 395	31 Jul 1917	**8**, 366 E
		8 Aug 1917	**8**, 370 E
Siemens, Wilhelm von		10 Apr 1918	**8**, 501
11 Dec 1917	**8**, C	15 Apr 1918	**8**, 506 E
before 16 Dec 1917	**8**, 409 E	1 Dec 1919	**9**, 185
24 Dec 1917	**8**, C	12 Dec 1919	**9**, 208 E
4 Jan 1918	**8**, 425 E	4 Nov 1920	**10**, 190
21 Jan 1918	**8**, 441	29 Nov 1920	**10**, 214
5 Feb 1918	**8**, C		
1 May 1918	**8**, C	Slowo Publishing House	
29 May 1918	**8**, C	6 Nov 1920	**10**, C
14 Sep 1918	**8**, C		
10 Oct 1918	**8**, C	Smekal, Adolf	
1 Nov 1918	**8**, C	5 Jun 1920	**10**, 45
19 Feb 1919	**9**, C		
25 Apr 1919	**9**, C	Smoluchowska-Baraniecka, Zofija	
26 Apr 1919	**9**, C	8 Nov 1917	**8**, 397
16 Jun 1919	**9**, C		
27 Jun 1919	**9**, C	Smoluchowski, Marian von	
		11 Jun 1908	**5**, 105 E
Silberstein, Ludwik		27 Nov 1911	**5**, 315 E
15 Jan 1918	**8**, C	12 Dec 1911	**5**, 323
10 Mar 1920	**9**, 348	10 Mar 1912	**5**, 370 E
1 May 1920	**10**, 1 E	24 Mar 1912	**5**, 376 E

ALPHABETICAL LIST OF CORRESPONDENCE

20 May 1912	**5**, 396 E	5 Feb 1919	**9**, 5 E
20 May 1912	**5**, 397 E	25 Mar 1919	**9**, 12
		25 Mar 1919	**9**, C
Solovine, Maurice		24 Oct 1919	**9**, 150
27 Apr 1906	**5**, 36 E	13 Dec 1919	**9**, 210
15 Aug 1908	**5**, 115 E	18 Dec 1919	**9**, 219 E
18 Aug 1908	**5**, 116	18 Dec 1919	**9**, C E
3 Dec 1908	**5**, 131 E	3 Sep 1920	**10**, 131
18 Mar 1909	**5**, 142 E	6 Sep 1920	**10**, 134 E
16-22 Mar 1913	**5**, 433 E	11 Sep 1920	**10**, 147
7 Apr 1920	**9**, 372	7 Oct 1920	**10**, 168
24 Apr 1920	**9**, 393 E	18 Dec 1920	**10**, 235
4 May 1920	**10**, C	18–28 Dec. 1920	**10**, 236 E
24 May 1920	**10**, C	29 Dec 1920	**10**, 252
2 Jun 1920	**10**, C E		
14 Jun 1920	**10**, C	Springer publishing house	
16 Jun 1920	**10**, C	25 Oct 1910	**5**, 228
		23 Apr 1920	**9**, C
Solvay, Ernest		29 Apr 1920	**9**, C
9 Jun 1911	**5**, 269	4 Nov 1920	**10**, C E
22 Nov 1911	**5**, 312 E	24 Dec 1920	**10**, C
		31 Dec 1920	**10**, C
Solvay International Institute of Physics			
Scientific Committee		Stark, Johannes	
29 Apr 1913	**5**, 438 E	13 Apr 1907	**5**, 45 E
		5 Sep 1907	**5**, 58 E
Sommerfeld, Arnold		4 Oct 1907	**5**, 60
5 Jan 1908	**5**, 72 E	7 Oct 1907	**5**, 61 E
14 Jan 1908	**5**, 73 E	1 Nov 1907	**5**, 63 E
29 Sep 1909	**5**, 179 E	7 Dec 1907	**5**, 66 E
19 Jan 1910	**5**, 197 E	11 Feb 1908	**5**, 82
Jul 1910	**5**, 211 E	17 Feb 1908	**5**, 85 E
29 Oct 1912	**5**, 421 E	19 Feb 1908	**5**, 87
15 Jul 1915	**8**, 96 E	22 Feb 1908	**5**, 88 E
28 Nov 1915	**8**, 153 E	29 Feb 1908	**5**, 90 E
9 Dec 1915	**8**, 161 E	2 Dec 1908	**5**, 129 E
2 Feb 1916	**8**, 186 E	14 Dec 1908	**5**, 132 E
8 Feb 1916	**8**, 189 E	6 Apr 1909	**5**, 147 E
3 Aug 1916	**8**, 246 E	8 Apr 1909	**5**, 148
1 Feb 1918	**8**, 453 E	31 Jul 1909	**5**, 172 E
after 1 Feb 1918	**8**, 454 E		
16 Feb 1918	**8**, 464	Starke, H.	
8 Mar 1918	**8**, 477	8 Apr 1919	**9**, C
1 Jun 1918	**8**, 553 E	26 Apr 1919	**9**, C E
after 1 Jun 1918	**8**, 555		
between 1 Aug and		Steinel, Oskar	
1 Nov 1918	**8**, 592	24 Jun 1920	**10**, C
3 Dec 1918	**8**, 662	after 24 Jun 1920	**10**, C E
6 Dec 1918	**8**, 665 E		

Steinhardt, Alice
   19 Aug 1917   **8**, C E

Steinhardt, S. Ogden
   17 Apr 1918   **8**, C

Steinman, D. B.
   24 Mar 1920   **9**, C
   15 Apr 1920   **9**, C E
   5 Jun 1920   **10**, C E

Stern, Alfred
   3 May 1901   **1**, 104 E
   14 May 1909   **5**, 157 E
   30 Jul 1910   **5**, 216 E
   6 Dec 1910   **5**, 236 E
   5 Jun 1912   **5**, 405

Stern, Alfred and Clara
   2 Aug 1911   **5**, 274
   2 Feb 1912   **5**, 352 E
   17 Mar 1912   **5**, 374 E
   6 Aug 1913   **5**, 662 E

Stern, Clara
   14 Mar 1913   **5**, 431 E

Stern, Heinrich
   3 Aug 1920   **10**, C

Stern, Minna
   29 Dec 1915   **8**, C E
   26 Apr 1918   **8**, C E
   before 11 Nov 1918 **8**, C E

Stern, Otto
   after 4 Jun 1914   **8**, 12 E
   15 Feb 1916   **8**, 191 E
   after 15 Feb 1916 **8**, 192 E
   10 Mar 1916   **8**, 198 E
   13 Mar 1916   **8**, 201
   27 Mar 1916   **8**, 205 E

Stern, Otto: Expert Opinion on his Habilitation
  Petition
   15 Jul 1913   **5**, 452

Steubing, Walter
   6 Apr 1919   **9**, C
   28 Jun 1919   **9**, C

   9 Sep 1919   **9**, C E
   19 Sep 1919   **9**, C
   11 Oct 1919   **9**, C E
   30 Jan 1920   **9**, C

Steubing, Walter and Kirschbaum, Heinz
   29 Mar 1920   **9**, C

Steubing, Walter and Wendt, Georg
   27 May 1919   **9**, C E

Sthamer, Eduard
   23 Jun 1920   **10**, C

Stöcker, Helene
   9 Apr 1919   **9**, 20

Stodola, Aurel
   17 May 1908   **5**, 100
   13 Jun 1908   **5**, 106
   12 Feb 1909   **5**, 138
   25 Feb 1909   **5**, 140 E
   31 Mar 1919   **9**, 16 E

Straneo, Paolo
   7 Jan 1915   **8**, 45 E

Strömgren, Elis
   before 24 Jun 1920 **10**, C E

Struck, Hermann
   9 Jul–15 Aug 1919 **9**, C

Struve, Hermann
   13 Feb 1916   **8**, 190 E

Students of the University of Berlin, Declaration,
   19 Feb 1920   **9**, 320

Study, Eduard
   17 Sep 1918   **8**, 618 E
   23 Sep 1918   **8**, 622
   25 Sep 1918   **8**, 624 E
   27 Sep 1918   **8**, 627
   24 May 1919   **9**, 45
   5 Sep 1919   **9**, 100 E

Stumpf, Carl
   22 Oct 1919   **9**, C
   3 Nov 1919   **9**, C E

Stürgkh, Count Karl von
   15 Dec 1910   **5**, 238
   13 Jan 1911   **5**, 245

Svedberg, The
   8 Dec 1919   **9**, 202
   14 Dec 1919   **9**, 213 E

Swarzenski, Georg
   14 Apr 1920   **9**, C
   after 14 Apr 1920   **9**, C E

Swinne, Richard
   12 Feb 1911   **5**, 253
   26 Feb 1911   **5**, 257 E
   1 Feb 1912   **5**, 350

Swiss Department of Foreign Affairs
   28 Feb 1900   **1**, 62 E

Swiss Department of Justice
   19 Jun 1902   **1**, 141
   6 Jul 1909   **5**, 169 E

Swiss Department of Justice to Swiss Federal Council
   2 Jun 1902   **1**, 140

Swiss Federal Council
   19 Oct 1899   **1**, 60 E

Swiss Patent Office
   18 Dec 1901   **1**, 129 E
   20 Sep 1904   **5**, 24
   13 Mar 1906   **5**, 34

Swiss Patent Office: Letter on the AEG Alternating Current Machine
   11 Dec 1907   **5**, 67 E

Tanner, Hans
   24 Apr 1911   **5**, 265 E
   13 Oct 1911   **5**, 293 E
   26 Apr 1912   **5**, 388 E
   23 Feb 1915   **8**, C E
   24 Aug 1915   **8**, C E
   29 Aug 1915   **8**, C E
   14 Dec 1917   **8**, C E
   7 Apr 1918   **8**, C E

   19 Sep 1918   **8**, C E

Technikum Winterthur, Director's Office
   29 May 1913   **5**, 442 E

Teubner Publishing House
   3 Oct 1907   **5**, 59
   9 Dec 1918   **8**, C
   23 Sep 1919   **9**, C
   28 Sep 1919   **9**, C E
   28 Sep 1919   **9**, C
   3 Oct 1919   **9**, C
   17 Dec 1919   **9**, C E
   20 Dec 1919   **9**, C
   21 Dec 1919   **9**, C E

Teweles, Heinrich
   23 Dec 1919   **9**, 231 E

Thirring, Hans
   20 Oct 1919   **9**, 146

Thirring, Hans, Smekal, Adolf, and Flamm, Ludwig
   11–17 Jul 1917   **8**, 361
   2 Aug 1917   **8**, 369 E
   3 Dec 1917   **8**, 401
   7 Dec 1917   **8**, 405 E
   20 Jun 1920   **10**, C
   25 Jun 1920   **10**, 65 E

Thoms, Hermann
   30 Jul 1920   **10**, C
   15 Sep 1920   **10**, C E

Ting, W. S.
   11 Oct 1920   **10**, C

Tinguely, Paul
   17 Jul 1909   **5**, 171

Traubenberg, Heinrich Rausch von
   10 Dec 1919   **9**, 206
   12 Jan 1920   **9**, 257 E

Trendelenburg, Ernst
   9 Jan 1918, **8**, C
   16 Sep 1918   **8**, 617 E
   23 Dec 1918   **8**, C

Treumann, Anna
  17 Mar 1920   **9**, C

Troeltsch, Ernst
  4 Feb 1918   **8**, 455
  7 Feb 1918   **8**, 458
  1 May 1918   **8**, 531

Trowbridge, Augustus
  27 Nov 1920   **10**, 210 E
  21 Dec 1920   **10**, C
  22 Nov 1920   **10**, 207

Tschuppik, Walter
  22 Jan 1920   **9**, C

Ulinski, Franz
  20 Apr 1920   **9**, 383 E

Umschau
  6 Dec 1919   **9**, C E

University of Amsterdam, Association of
  Students of the Natural Sciences
  28 Jan 1911   **5**, 250a E

University of Geneva, Faculty of Sciences
  after 31 May–
  before 5 Jun 1913   **5**, 444 E

University of Zurich, Bursar's Office
  26 Oct 1910   **5**, 229 E

Unknown Addressee
  2 Mar 1913   **5**, 430 E
  2 Mar 1913   **8**: Vol. 5, 430 E

Unthan, Carl Herrmann
  5 Apr 1920   **9**, 370 E
  23 May 1920   **10**, 28

Vaihinger, Hans
  23 Sep 1918   **8**, 623
  27 Apr 1919   **9**, 29
  3 May 1919   **9**, 33 E
  4 Apr 1920   **9**, 367
  14 Apr 1920   **9**, C E
  24 Apr 1920   **9**, 395
  23 May 1920   **10**, C
  3 Jun 1920   **10**, 41 E
  13 Jul 1920   **10**, C

Valentiner, Siegfried
  16 May 1919   **9**, C
  20 May 1919   **9**, C E

Varićak, Vladimir
  10 Feb 1910   **10**: Vol. 5, 197a E
  28 Feb 1910   **10**: Vol. 5, 197b E
  3 Apr 1910   **10**: Vol. 5, 202a E
  3 Apr 1910   **10**: Vol. 5, C
  5 Apr 1910   **10**: Vol. 5, 202b E
  8 Apr 1910   **10**: Vol. 5, C
  10 Apr 1910   **10**: Vol. 5, C
  11 Apr 1910   **10**: Vol. 5, 202c E
  14 Apr 1910   **10**: Vol. 5, C
  23 Apr 1910   **10**: Vol. 5, 203a E
  24 Feb 1911   **10**: Vol. 5, 255a E
  3 Mar 1911   **10**: Vol. 5, 257a E
  6 Mar 1911   **10**: Vol. 5, C
  14 May 1913   **10**: Vol. 5, 439a E

Vetter, Theodor
  14 Oct 1912   **5**, 419
  4 Jan 1912   **5**, 427
  28 Jan 1919   **9**, 4

Vieweg, Friedrich
  15 May 1918   **8**, C
  22 May 1918   **8**, C
  29 Aug 1918   **8**, C

Vieweg publishing house
  15 Sep 1919   **9**, C
  18 Sep 1919   **9**, C E
  23 Sep 1919   **9**, C E
  3 Nov 1919   **9**, C
  11 Nov 1919   **9**, C E
  29 Dec 1919   **9**, C
  30 Dec 1919   **9**, C E
  2 Jan 1920   **9**, C
  3 Jan 1920   **9**, C E
  19 Jan 1920   **9**, C
  21 Jan 1920   **9**, C E
  4 Feb 1920   **9**, C E
  5 Feb 1920   **9**, C
  19 Feb 1920   **9**, C E
  21 Feb 1920   **9**, C
  24 Feb 1920   **9**, C
  3 Mar 1920   **9**, C E

10 Mar 1920	**9**, C	Wagner, Mário Basto	
12 Mar 1920	**9**, C	9 Nov 1920	**10**, 197
16 Mar 1920	**9**, C E	29 Dec 1920	**10**, 251 E
14 Apr 1920	**9**, C		
27 Apr 1920	**9**, C E	Waldeyer, Wilhelm	
28 Apr 1920	**9**, C	16 May 1914	**8**, C
1 May 1920	**10**, C E	27 Jan 1915	**8**, 51 E
4 May 1920	**10**, C		
26 May 1920	**10**, C	Wankmüller, Romeo	
1 Jun 1920	**10**, C E	30 Mar 1918	**8**, 496
2 Jun 1920	**10**, C		
2 Jun 1920	**10**, C E	Warburg, Elisabeth	
7 Jun 1920	**10**, C	21 Mar 1918	**8**, 489
10 Jul 1920	**10**, C E		
21 Jul 1920	**10**, C	Warburg, Emil	
29 Jul 1920	**10**, C	19 Feb 1912	**5**, 419
31 Jul 1920	**10**, C E	25 Apr 1912	**5**, 385 E
21 Aug 1920	**10**, C	after 25 Apr–before	
8 Sep 1920	**10**, C E	11 May 1912	**5**, 386 E
13 Sep 1920	**10**, C	17 Jan 1918	**8**, C
15 Sep 1920	**10**, C	8 Feb 1918	**8**, 461
21 Sep 1920	**10**, C		
28 Sep 1920	**10**, C	Warburg, Max M.	
6 Oct 1920	**10**, C	8 Dec 1920	**10**, 223 E
29 Oct 1920	**10**, C		
8 Nov 1920	**10**, C E	Warburg, Otto H.	
18 Nov 1920	**10**, C	23 Mar 1918	**8**, 491 E
10 Dec 1920	**10**, C E		
		Wasielewski, Theodor K. von	
Vogelpohl, Georg		6 Nov 1919	**9**, 158 E
16 Apr 1920	**9**, 376	4 Dec 1919	**9**, C
after 16 Apr 1920	**9**, 377 E	26 Dec 1919	**9**, C E
Vollenhoven, Cornelis van		Wegscheider, Rudolf	
12 Jul 1920	**10**, C	20 Jan 1920	**9**, 269 E
20 Jul 1920	**10**, C E	1 Feb 1920	**9**, 292
20 Jul 1920	**10**, C E	7 Feb 1920	**9**, 302 E
26 Jul 1920	**10**, C		
		Weiß, Josef	
Voltz, Friedrich		25 Mar 1909	**5**, 145
19 Dec 1918	**8**, C		
		Weigert, Charlotte	
Wagner, Ernst		15 May 1918	**8**, 539
5 Apr 1919	**9**, C	10 Jan 1920	**9**, 253
25 May 1919	**9**, C E	3 Mar 1920	**9**, C
2 Jun 1919	**9**, C		
18 Jun 1920	**10**, C	Weigert, Fritz	
1 Jul 1920	**10**, C E	15 Feb 1920	**9**, C
14 Aug 1920	**10**, C	24 May 1920	**10**, C

Weinberg, Jehiel J.
  19 Dec 1919   9, C

Weisbach, Werner
  14 Oct 1916   8, 264 E
  15 Oct 1917   8, 391 E

Weishut, Fritz
  18 Apr 1915   8, 76 E

Wende, Erich
  8 Oct 1920   10, 169

Wendt, Georg
  14 Apr 1919   9, C
  2 Oct 1919   9, C

Wermuth, Adolf
  8 May 1920   10, C
  2 Jul 1920   10, C E

Wertheimer, Max
  15 May 1920   10, 16
  21 May 1920   10, 23 E

Westphal, Wilhelm
  16 Apr 1919   9, C
  27 May 1919   9, C E
  29 May 1919   9, C
  2 Oct 1919   9, 118

Wettstein, Richard
  13 Feb 1920   9, 313
  21 Feb 1920   9, 323 E

Weyl, Hermann
  23 Nov 1916   8, 278 E
  3 Jan 1917   8, 286 E
  1 Mar 1918   8, 472
  8 Mar 1918   8, 476 E
  5 Apr 1918   8, 497
  6 Apr 1918   8, 498 E
  8 Apr 1918   8, 499 E
  15 Apr 1918   8, 507 E
  15 Apr 1918   8, 509
  18 Apr 1918   8, 511 E
  19 Apr 1918   8, 512 E
  19 Apr 1918   8, 513 E
  27 Apr 1918   8, 525
  28 Apr 1918   8, 526
  1 May 1918   8, 529 E
  10 May 1918   8, 535 E
  19 May 1918   8, 544
  31 May 1918   8, 551 E
  3 Jul 1918   8, 579 E
  18 Sep 1918   8, 619
  27 Sep 1918   8, 626 E
  16 Nov 1918   8, 657
  29 Nov 1918   8, 661 E
  10 Dec 1918   8, 669
  16 Dec 1918   8, 673 E

Wiedemann, Eilhard
  14 Jun 1909   5, 168 E

Wien, Max
  12 May 1918   8, 538
  18 May 1918   8, 542

Wien, Wilhelm
  23 Jul 1907   5, 49 E
  25 Jul 1907   5, 50 E
  29 Jul 1907   5, 51 E
  7 Aug 1907   5, 52 E
  11 Aug 1907   5, 53 E
  26 Aug 1907   5, 55 E
  19 Jan 1909   5, 136
  7 Oct 1910   5, 226 E
  17 Jan 1912   5, 339 E
  27 Jan 1912   5, 343 E
  24 Feb 1912   5, 365 E
  11 Mar 1912   5, 371 E
  20 Mar 1912   5, 375 E
  11 May 1912   5, 392 E
  17 May 1912   5, 395 E
  30 May 1912   5, 401 E
  10 Jul 1912   5, 413 E
  15 Jun 1914   8, 14 E
  19 Jun 1914   8, 15
  28 Feb 1916   8, 196 E
  18 Mar 1916   8, 203 E
  17 Oct 1916   8, 267 E
  1 Jun 1917   8, 347
  2 Jun 1917   8, 349 E

Wiener, Otto
  9 Mar 1900 [1901]   1, 90 E

Wiener Bank-Verein Filiale Prag
  16 Feb 1917   8, C

ALPHABETICAL LIST OF CORRESPONDENCE 133

26 Mar 1919	**9**, C		
after 26 Mar 1919	**9**, C E		

Wiener Freiheitliche Studentenschaft,
Akademischer Monistenbund and
Akademisch-Pädagogischer Verein at the
University of Vienna
   8 Sep 1920   **10**, C

Wiener Urania
   3 Dec 1920   **10**, C E
   11 Dec 1920   **10**, C

Wilamowitz-Moellendorff, Ulrich von
   19 Apr 1920   **9**, 379 E
   20 Apr 1920   **9**, C

Wilouner, ?
   6 Nov 1919   **9**, 159 E

Winchester, George
   1 Sep 1920   **10**, C

Winteler, Jost
   8 Jul 1901   **1**, 115 E
   3 Nov 1906   **5**, 41 E
   7 Feb 1907   **5**, 44 E
   23 Jun 1913   **5**, 447 E
   9 Jan 1914   **5**, 503 E

Winteler, Marie
   21 Apr 1896   **1**, 18 E
   4-25 Nov 1896   **1**, 29
   30 Nov 1896   **1**, 30

Winteler, Paul
   10 Jun 1918   **10**: Vol. 8, 561b
   22 Nov 1918   **10**: Vol. 8, 659a
   29 Nov 1918   **10**: Vol. 8, 661b
   20 Jan 1919   **9**, C E
   5 Nov 1919   **10**:Vol. 9, C
   5 Nov 1919   **10**:Vol. 9, C
   10 Dec 1919   **10**: Vol. 9, 206b
   31 Dec 1919   **10**: Vol. 9, 239a
   before 20 May 1920   **10**, 21
   31 Aug 1920   **10**, 125
   1 Dec 1920   **10**, 218

Winteler, Paul, Winteler-Einstein, Maja, and
Einstein, Pauline
   23 Sep 1918   **8**, 621 E

Winteler, Pauline
   May? 1897   **1**, 34 E
   21 May 1897   **5**: Vol. 1, 34a E
   7 Jun 1897   **1**, 35 E
   11 Sep 1899   **1**, 56 E

Winteler, Rosa
   29 Apr 1899   **1**, 46 E

Winteler-Einstein, Maja
   6 Mar 1918   **10**: Vol. 8, 475b
   10 Jun 1918   **10**: Vol. 8, 561a
   29 Nov 1918   **10**: Vol. 8, 661a
   9 Oct 1919   **10**: Vol. 9, 128a
   10 Dec 1919   **10**: Vol. 9, 206a
   1 Sep 1920   **10**, 126
   6 Dec 1920   **10**, 220

Winteler-Einstein, Maja, and Winteler, Paul
   1 Mar 1917   **8**, C E
   11 Nov 1918   **8**, 652 E
   29 Aug 1919   **10**: Vol. 9, 96a
   10 Nov 1919   **10**: Vol. 9, C E

Wirtinger, Wilhelm
   26 Jan 1916   **10**: Vol. 8, 185a E

Wirtschaftshilfe der deutschen Studentenschaft
E. V.
   30 Aug 1920   **10**, C

Wittig, Hans
   20 Apr 1920   **9**, 386
   3 May 1920   **10**, 5 E

Witting, Alexander
   24 May 1913   **5**, 440 E
   11 Aug 1913   **5**, 464 E

Wöhlisch, Edgar
   15 Oct 1920   **10**, 181
   after 7 Nov 1920   **10**, 193 E

Wohlwend, Hans
   mid Aug–beginning
     of Oct 1902   **5**, 2 E

Wolf, Max
    30 Aug 1920   **10**, 123

Wolfer, Alfred
    14 Dec 1919   **9**, C
    20 Dec 1919   **9**, 223 E

Wollermann, E.
    3 Jun 1918   **8**, C

Wostok publishing house
    15 May 1920   **10**, C E
    20 May 1920   **10**, C

Wyss, Rudolf, Furniture Store
    24 Sep 1908   **5**, 121

Zametzer, Josef
    7 Jan 1906   **5**, 33

Zangger, Heinrich
    1 Jan 1911   **10**: Vol. 5, 242a E
    7 Apr 1911   **5**, 263 E
    before 1 Jun 1911   **10**: Vol. 5, 267a E
    7 Jun 1911   **5**, 268 E
    24 Aug 1911   **5**, 279 E
    20 Sep 1911   **5**, 286 E
    22 Oct 1911   **5**, 297 E
    7 Nov 1911   **5**, 303 E
    15 Nov 1911   **5**, 305 E
    20 Nov 1911   **5**, 308 E
    20 Nov 1911   **5**, 309 E
    13-16 Dec 1911   **5**, 325 E
    25 Dec 1911   **5**, 330 E
    27 Jan 1912   **5**, 344 E (incomplete)
    27 Jan 1912   **10**: Vol. 5, 344 E
    30 Jan 1912   **5**, 347
    before 1 Feb 1912   **10**: Vol. 5, 349a E
    before 29 Feb 1912   **5**, 366 E
    17 Mar 1912   **10**: Vol. 5, 374a E
    30 Mar 1912   **5**, 379
    14 Apr–1 Jul 1914   **10**: Vol. 8, 5a
    20 May 1912   **5**, 398 E
    after 5 Jun 1912   **5**, 406 E
    20 Sep 1913   **5**, 474 E
    ca. 20 Jan 1914   **5**, 507 E
    10 Mar 1914   **5**, 513 E
    27 Jun 1914   **10**: Vol. 8, 16a E
    24 Aug 1914   **10**: Vol. 8, 34a E
    after 27 Dec 1914   **10**: Vol. 8, 41a E
    11 Jan 1915   **10**: Vol. 8, 45a E
    ca. 10 Apr 1915   **8**, 73 E
    17 May 1915   **8**, 84 E
    28 May 1915   **8**, 86 E
    7 Jul 1915   **8**, 94 E
    16 Jul 1915   **10**: Vol. 8, 96a E
    between 24 Jul and
        7 Aug 1915   **8**, 101 E
    19 Sep 1915   **8**, 120 E
    21 Sep 1915   **8**, 121 E
    24 Sep 1915   **10**: Vol. 8, 122a E
    4 Oct 1915   **10**: Vol. 8, 124a E
    15 Oct 1915   **8**, 130 E
    15 Nov 1915   **10**: Vol. 8, 144a E
    26 Nov 1915   **8**, 152 E
    before 4 Dec 1915   **10**: Vol. 8, 159a E
    9 Dec 1915   **10**: Vol. 8, 161a E
    1 Mar 1916   **10**: Vol. 8, 196a E
    11 Jul 1916   **10**: Vol. 8, 232a E
    19 Jul 1916   **10**: Vol. 8, 237a E
    25 Jul 1916   **8**, 242 E
    3 Aug 1916   **10**: Vol. 8, 247a E
    18 Aug 1916   **10**: Vol. 8, 250a E
    24 Aug 1916   **8**, 252 E
    26 Sep 1916   **10**: Vol. 8, 261a
    13 Oct 916   **10**: Vol. 8, 263b E
    25 Oct 1916   **10**: Vol. 8, 269a
    31 Oct–13 Dec 1916   **10**: Vol. 8, 270a
    16 Nov 1916   **10**: Vol. 8, 276a E
    8 Jan 1917   **10**: Vol. 8, 287a E
    16 Jan 1917   **10**: Vol. 8, 287b E
    1 Feb 1917   **10**: Vol. 8, 291a E
    13 Feb 1917   **10**: Vol. 8, 297a E
    16 Feb 1917   **10**: Vol. 8, 299a E
    before 10 Mar 1917   **10**: Vol. 8, 308a E
    10 Mar 1917   **8**, 309 E
    after 10 Mar 1917   **8**, 310 E
    16 Apr 1917   **10**: Vol. 8, 326a E
    before 29 Apr 1917   **10**: Vol. 8, 330b E
    4 May 1917   **10**: Vol. 8, 332a E
    5 May 1917   **10**: Vol. 8, 333a E
    20 May 1917   **8**, 342
    23 or 30 May 1917   **10**: Vol. 8, 343a E
    2 Jun 1917   **10**: Vol. 8, 349a E
    12 Jun 1917   **10**: Vol. 8, 350a E
    17 Jun 1917   **10**: Vol. 8, 352a E
    24 Jun 1917   **10**: Vol. 8, 357a E
    17 Jul 1917   **10**: Vol. 8, 361e E
    20 Jul 1917   **10**: Vol. 8, 361g E
    29 Jul 1917   **8**, 365 E

1 Aug 1917	**10**: Vol. 8, 367b E	Zeeman, Pieter	
8 Aug 1917	**10**: Vol. 8, 370a E	15 Aug 1915	**8**, 109 E
11 Aug 1917	**10**: Vol. 8, 370d E	8 Jan 1918	**8**, 432
21 Aug 1917	**10**: Vol. 8, 372a E	16 Jan 1918	**8**, 437 E
26 Aug 1917	**10**: Vol. 8, 376a E	13 Dec 1919	**9**, 209 E
15 Sep 1917	**10**: Vol. 8, 380a E	21 May 1920	**10**, C
15 Oct 1917	**10**: Vol. 8, 391a E	15 Aug 1920	**10**, 103 E
6 Dec 1917	**8**, 403 E		
17 Dec 1917	**8**, 411	Zeitler's Studienhaus-Zusatz-Stiftung, board of trustees	
17 Dec 1917	**8**, 412		
31 Dec 1917	**8**, 424	before 18 Oct 1920	**10**, C
28 Jan 1918	**8**, 444	28 Oct 1920	**10**, C
21 Feb 1918	**8**, 469		
27 Feb 1918	**10**: Vol. 8, 471a E	Zentralkomitee für das ärztliche Fortbildungswesen in Preußen	
after 27 Feb 1918	**10**: Vol. 8, 471b E		
4 Mar 1918	**8**, 473	18 Sep 1920	**10**, C
22 Apr 1918	**8**, 514 E		
before 8 May 1918	**10**: Vol. 8, 533a E	Zermelo, Ernst	
24 Jun 1918	**8**, 571 E	4 Oct 1912	**5**, 418 E
before 11 Aug 1918	**8**, 597 E		
before 11 Aug 1918	**8**, 598	Zionist Association of Germany	
16 Aug 1918	**8**, 601 E	23 May 1918	**8**, 547
21 Sep 1918	**10**: Vol. 8, 620a E	9 Dec 1918	**8**, 666
5 Oct 1918	**10**: Vol. 8, 630a E	12 Dec 1918	**8**, 671
ca. 10 Nov 1918	**8**, 648		
101 28 Jan 1919	**9**, 7 E	Zionist Student Association of Eastern Galicia	
end of Feb 1919	**10**: Vol. 9, 7a	18 Oct 1920	**10**, 178
before 1 Jun 1919	**9**, 51		
1 Jun 1919	**9**, 52 E	Zürcher, Emil	
after 1 Jun 1919	**9**, 53	29 Jan 1911	**5**, 251 E
before 18 Jun 1919	**9**, 62	14 Oct 1918	**8**, C E
18 Jun 1919	**9**, 63 E	15 Apr 1919	**9**, 23 E
after 17 Oct 1919	**9**, 143	6 Jan 1920	**9**, 248 E
22 Oct 1919	**9**, 148		
before 15 Dec 1919	**9**, 215	Zürcher, Emil and Johanna	
15 or 22 Dec 1919	**9**, 217 E	25 Jul 1916	**10**: Vol. 8, 242a E
24 Dec 1919	**9**, 233 E		
3 Jan 1920	**9**, 242 E	Zürcher and Furrer & Co.	
after 13 Feb 1920	**9**, 314 E	11 Jul 1911	**5**, 272 E
27 Feb 1920	**9**, 332 E		
26 Mar 1920	**9**, 361 E	Zurich City Council	
19 Apr 1920	**9**, 380 E	26 Jun 1900	**1**, 65 E
27 May 1920	**10**, 34 E		
19 Jun 1920	**10**, 61	Zurich Physics Colloquium	
before 8 Dec. 1920	**10**, 222	11 Oct 1919	**9**, 131
		16 Oct 1919	**9**, 139 E

Zangger, Heinrich, to Forrer, Ludwig
   9 Oct 1911   **5**, 291

Zweig, Stefan
   22 Sep 1920   **10**, 152
   10 Nov 1920   **10**, 198 E

CHRONOLOGICAL LIST OF CORRESPONDENCE, 1895–1920

In this chronological list of correspondence, the volume and document numbers follow each name. Documents abstracted in the calendars are listed in the Alphabetical List of Texts in this volume.

1895

Summer	To Caesar Koch, **1**, 6

1896

21 Apr	To Marie Winteler, with a postscript by Pauline Einstein, **1**, 18
7 Sep	To the Department of Education, Canton of Aargau, **1**, 20
4–25 Nov	From Marie Winteler, **1**, 29
30 Nov	From Marie Winteler, **1**, 30

1897

May?	To Pauline Winteler, **1**, 34
21 May	To Pauline Winteler, **5**: Vol. 1, 34a
7 Jun	To Pauline Winteler, **1**, 35
after 20 Oct	From Mileva Marić, **1**, 36

1898

?	To Maja Einstein, **1**, 38
2 Jan	To Mileva Marić [envelope only], **1**
13 Jan	To Maja Einstein, **8**: Vol. 5, C
16 Feb	To Mileva Marić, **1**, 39
16 Apr–8 Nov	To Mileva Marić, **1**, 40
after 16 Apr	To Mileva Marić, **1**, 41
after 28 Nov	To Mileva Marić, **1**, 43

1899

after Feb	To Maja Einstein, **1**, 44
13 or 20 Mar	To Mileva Marić, **1**, 45
29 Apr	To Rosa Winteler, **1**, 46
18 May	To Rosa Winteler, **1**, 47
28 Jul	To Julia Niggli, **1**, 48
Aug	To Rosa Winteler, **5**: Vol. 1, 48a
early Aug	To Mileva Marić, **1**, 50
6? Aug	To Julia Niggli, **1**, 51
10? Aug	To Mileva Marić, **1**, 52
after 10 Aug–before 10 Sep	From Mileva Marić, **1**, 53
10 Sep	To Mileva Marić, **1**, 54
11 Sep	To Julia Niggli, **1**, 55
11 Sep	To Pauline Winteler, **1**, 56
28? Sep	To Mileva Marić, **1**, 57
10 Oct	To Mileva Marić, **1**, 58
19 Oct	To the Swiss Federal Council, **1**, 60

1900

?	From Mileva Marić, **1**, 61
28 Feb	To the Swiss Department of Foreign Affairs, **1**, 62
26 Jun	To the Zurich City Council, **1**, 65
29? Jul	To Mileva Marić, **1**, 68
1 Aug	To Mileva Marić, **1**, 69
6 Aug	To Mileva Marić, **1**, 70
9? Aug	To Mileva Marić, **1**, 71
14? Aug	To Mileva Marić, **1**, 72
20 Aug	To Mileva Marić, **1**, 73
30 Aug or 6 Sep	To Mileva Marić, **1**, 74
13? Sep	To Mileva Marić, **1**, 75
19 Sep	To Mileva Marić, **1**, 76
23 Sep	To Adolf Hurwitz, **1**, 77
26 Sep	To Adolf Hurwitz, **1**, 78
3 Oct	To Mileva Marić, **1**, 79
11 Oct	To Helene Savić [Kaufler], **1**, 81

11 Dec	Mileva Marić to Helene Savić, with postscript by Einstein, **1**, 83	13 Nov	From Mileva Marić, **1**, 124
20 Dec	To Helene Savić, **1**, 86	28 Nov	To Mileva Marić, **1**, 126
		12 Dec	To Mileva Marić, **1**, 127
		17 Dec	To Mileva Marić, **1**, 128
		18 Dec	To the Swiss Patent Office, **1**, 129
		19 Dec	To Mileva Marić, **1**, 130
		28 Dec	To Mileva Marić, **1**, 131

1901

8 Jan–19 Mar
    Mileva Marić to Helene Savić with a postscript by Einstein, **1**, 87
9 Mar   To Otto Weiner, **1**, 90
19 Mar   To Wilhelm Ostwald, **1**, 92
23 Mar   To Mileva Marić, **1**, 93
27 Mar   To Mileva Marić, **1**, 94
3 Apr   To Wilhelm Ostwald, **1**, 95
4 Apr   To Mileva Marić, **1**, 96
10 Apr   To Mileva Marić, **1**, 97
12 Apr   To Heike Kamerlingh Onnes, **1**, 98
12 Apr   To Carl Paalzow, **5**: Vol. 1, 98a
14 Apr   To Marcel Grossmann, **1**, 100
15 Apr   To Mileva Marić, **1**, 101
30 Apr   To Mileva Marić , **1**, 102
2 May   From Mileva Marić **1**, 103
3 May   To Alfred Stern, **1**, 104
3 May   From Mileva Marić, **1**, 105
9 May   To Mileva Marić, **1**, 106
2d half of May?
    To Mileva Marić, **1**, 107
2d half of May?
    From Mileva Marić, **1**, 108
2d half of May?
    To Mileva Marić, **1**, 110
28? May   To Mileva Marić, **1**, 111
4? Jun   To Mileva Marić, **1**, 112
3 Jul   To the Director's Office, Technikum Burgdorf, **1**, 113
7? Jul   To Mileva Marić, **1**, 114
8 Jul   To Jost Winteler, **1**, 115
ca. 8 Jul   From Mileva Marić, **1**, 116
13 Jul   To the Department of Education, Canton of Bern, **1**, 117
16 Jul   From the Department of Internal Affairs, Canton of Bern, **1**, 118
22? Jul   To Mileva Marić, **1**, 119
27 Jul   To Pauline Einstein, **8**: Vol. 5, C
31 Jul   From the Department of Internal Affairs, Canton of Bern, **1**, 120
31? Jul   From Mileva Marić, **1**, 121
6? Sep   To Marcel Grossmann, **1**, 122
early Nov   From Mileva Marić, **1**, 123

1902

4 Feb   To Conrad Habicht, **1**, 133
4 Feb   To Mileva Marić, **1**, 134
8? Feb   To Mileva Marić, **1**, 136
17? Feb   To Mileva Marić, **1**, 137
Apr?   To Conrad Habicht, **1**, 139
19 Jun   From the Swiss Department of Justice, **1**, 141
19 Jun   From the Swiss Patent Office, **1**, 142
28 Jun or later
    To Mileva Marić, **5**, 1
15 Aug–3 Oct
    To Hans Wohlwend, **5**, 2

1903

22? Jan   To Michele Besso, **5**, 5
7–11 Feb   From Michele Besso, **5**, 6
17 Mar   To Michele Besso, **5**, 7
ca. 20 Mar   To Helene Savić, **5**, 8
22 Mar   From Emma Ehrat-Ühlinger, **5**, 9
last week of Mar
    To Emma Ehrat-Ühlinger, **5**, 10
last week of Mar
    To Jakob Ehrat, **5**, 11
27 Aug   From Mileva Einstein-Marić, **5**, 12
19? Sep   To Mileva Einstein-Marić, **5**, 13
3 Oct   To Conrad Habicht, **5**, 14
30 Nov   To Conrad Habicht, **5**, 15

1904

20 Feb   To Conrad Habicht, **5**, 16
6? Apr   To Marcel Grossmann, **5**, 17
15 Apr   To Conrad Habicht, **5**, 18
15 May   To Helene and Milivoj Savić, **5**, 19
25 Jul   To Mileva Einstein-Marić, **5**, 20
1 Aug   To Conrad Habicht, **5**, 21

6 Aug	To Conrad Habicht, **5**, 22	26 Aug	To Wilhelm Wien, **5**, 55
6 Aug	To Conrad Habicht, **5**, 23	2 Sep	To Conrad and Paul Habicht, **5**, 56
20 Sep	From the Swiss Patent Office, **5**, 24	4 Sep	From Max Laue, **5**, 57
		25 Sep	To Johannes Stark, **5**, 58
		3 Oct	From Teubner publishing house, **5**, 59

1905

		4 Oct	From Johannes Stark, **5**, 60
6 Mar	To Conrad Habicht, **5**, 25	7 Oct	To Johannes Stark, **5**, 61
6 Mar	To Conrad Habicht, **5**, 26	9 Oct	From Hermann Minkowski, **5**, 62
18 or 25 May		1 Nov	To Johannes Stark, **5**, 63
	To Conrad Habicht, **5**, 27	9 Nov	From Max Planck, **5**, 64
30 Jun–22 Sep		15 Nov	From Richard Lorenz, **5**, 65
	To Conrad Habicht, **5**, 28	7 Dec	To Johannes Stark, **5**, 66
20 Jul	To Rudolf Martin, **5**, 29	20 Dec	To Rudolf Ladenburg, **5**, 68
20 Jul–summer 1915		24 Dec	To Conrad Habicht, **5**, 69
	To Conrad Habicht, **5**, 30	27 Dec	From Max Laue, **5**, 70
16 Nov	To Philipp Lenard, **5**, 32		

1908

1906

		3 Jan	To Marcel Grossmann, **5**, 71
7 Jan	From Josef Zametzer, **5**, 33	5 Jan	To Arnold Sommerfeld, **5**, 72
13 Mar	From the Swiss Patent Office, **5**, 34	14 Jan	To Arnold Sommerfeld, **5**, 73
23 Apr	To the Bern Municipal Gas and Water Works, **5**, 35	mid-Jan	From Adolf Gasser, **5**, 74
		16 Jan	From Jakob Bosshart, **5**, 75
27 Apr	To Maurice Solovine, **5**, 36	20 Jan	To the Council of Education, Canton of Zurich, **5**, 76
2 Jun	From Max Laue, **5**, 37		
6 Jun	To the Bern Municipal Gas and Water Works, **5**, 38	27 Jan	From Jakob Laub, **5**, 77
		28 Jan	From Alfred Kleiner, **5**, 78
27 Jul	To Conrad Habicht, **5**, 39	2 Feb	From Jakob Laub, **5**, 79
18 Sep	From Wilhelm Röntgen, **5**, 40	8 Feb	From Alfred Kleiner, **5**, 80
3 Nov	To Jost Winteler, **5**, 41	11 Feb	To Paul Gruner, **5**, 81
Dec?	To Helene and Milivoj Savić, **5**, 42	11 Feb	From Johannes Stark, **5**, 82
		12 Feb	From Emil Bose, **5**, 83

1907

		14 Feb	To Conrad Habicht, **5**, 84
5 Jan–11 May		17 Feb	To Johannes Stark, **5**, 85
	To Alfred Schnauder, **5**, 43	19 Feb	From Paul Habicht, **5**, 86
7 Feb	To Jost Winteler, **5**, 44	19 Feb	From Johannes Stark, **5**, 87
13 Apr	To Johannes Stark, **5**, 45	22 Feb	To Johannes Stark, **5**, 88
17 Jun	To the Department of Education, Canton of Bern, **5**, 46	28 Feb	From Albert Gobat, **5**, 89
		29 Feb	To Johannes Stark, **5**, 90
6 Jul	From Max Planck, **5**, 47	1 Mar	From Jakob Laub, **5**, 91
15 Jul	To Conrad and Paul Habicht, **5**, 48	9 Mar	From Adolf Gasser, **5**, 92
23 Jul	To Wilhelm Wien, **5**, 49	17 Mar	From Paul Habicht, **5**, 93
25 Jul	To Wilhelm Wien, **5**, 50	30 Mar	From Joseph Kowalski, **5**, 94
29 Jul	To Wilhelm Wien, **5**, 51	4 Apr	From Paul Habicht, **5**, 95
7 Aug	To Wilhelm Wien, **5**, 52	17 Apr	To Mileva Einstein-Marić, **5**, 96
11 Aug	To Wilhelm Wien, **5**, 53	12 May	From Karl Jaberg, **5**, 97
16 Aug	To Paul and Conrad Habicht, **5**, 54	17 May	From Heinrich Burkhardt, **5**, 98
		17 May	From Paul Habicht, **5**, 99

17 May	From Aurel Stodola, **5**, 100		5, 136a
18 May	From Jakob Laub, **5**, 101	9	To Dmitry Mirimanoff, **8**: Vol. 5, 136b
19 May	From Jakob Laub, **5**, 102		
30 May	From Jakob Laub, **5**, 103	12	From Dmitry Mirimanoff, **5**, 137
Jun	From Paul Habicht, **5**, 104	12	From Aurel Stodola, **5**, 138
11 Jun	To Marian von Smoluchowski, **5**, 105	15	To Jakob Ehrat and Emma Ehrat-Ühlinger, **5**, 139
13 Jun	From Aurel Stodola, **5**, 106	25	To Otto Stoll, **5**, 140
23 Jun	From Lucien Chavan, **5**, 107		
4 Jul	From Paul Habicht, **5**, 108	*March*	
6 Jul	To August Hagenbach, **5**, 109	3	To Lucien Chavan, **5**, 141
9 Jul	From August Hagenbach, **5**, 110	18	To Maurice Solovine, **5**, 142
14 Jul	To August Hagenbach, **5**, 111	20	To Jakob Laub, **5**, 143
27 Jul	From Frau Ruprecht, **5**, 112	25?	To Albert Gockel, **5**, 144
30 Jul	To Jakob Laub, **5**, 113	25	From Josef Weiß, **5**, 145
13 Aug	To Lucien and Jeanne Chavan, **5**, 114	30	To Hendrik A. Lorentz, **5**, 146
		April	
15 Aug	To Maurice Solovine, **5**, 115		
18 Aug	From Maurice Solovine, **5**, 116	6	To Johannes Stark, **5**, 147
7 Sep	From Alfred Bucherer, **5**, 117	8	From Johannes Stark, **5**, 148
8 Sep	From Max Planck, **5**, 118	13	To Hendrik A. Lorentz, **5**, 149
9 Sep	From Alfred Bucherer, **5**, 119	15	To Conrad Habicht, **5**, 150
10 Sep	From Alfred Bucherer, **5**, 120	28	To Conrad Habicht, **5**, 151
24 Sep	From the Rudolf Wyss Furniture Store, **5**, 121	*May*	
12 Oct	From Paul Habicht, **5**, 122	2	From Ayao Kuwaki, **5**, 152
2d half of Oct		6	From Hendrik A. Lorentz, **5**, 153
	From Adolf Gasser, **5**, 123	12	To Anna Meyer-Schmid, **5**, 154
22 Oct	From Paul Habicht, **5**, 124	12	To Fritz Reiche, **5**, 155
after 1 Nov	To Jakob Laub, **5**, 125	13	From Wilhelm Fiedler, **5**, 156
2 Nov	From Hirzel publishing house, **5**, 126	14	To Alfred Stern, **5**, 157
		16	To Jakob Ehrat, **5**, 158
9 Nov	From Paul Gruner, **5**, 127	16	From Jakob Laub, **5**, 159
26 Nov	From Alfred Bucherer, **5**, 128	17	To Jakob Laub, **5**, 160
2 Dec	To Johannes Stark, **5**, 129	19	To Jakob Laub, **5**, 161
3 Dec	To Albert Gockel, **5**, 130	19	To Vladimir Varićak, **10**: Vol. 5, 161a
3 Dec	To Maurice Solovine, **5**, 131		
14 Dec	To Johannes Stark, **5**, 132	20	From George Searle, **5**, 162
		23	To Hendrik A. Lorentz, **5**, 163
1909		28	From Lucien Chavan, **5**, 164
		June	
January			
		5	From Philipp Lenard, **5**, 165
15	From Arthur Schoenflies, **5**, 133	7	To Georg Meyer, **5**, 166
18	From Paul Habicht, **5**, 134	12	To Friedrich Adler, **5**, 167
19	From Alfred Schweitzer, **5**, 135	14	To Eilhard Wiedemann, **5**, 168
19	From Wilhelm Wien, **5**, 136		
		July	
February			
5	From Dmitry Mirimanoff, **8**: Vol.	6	To the Swiss Department of Justice, **5**, 169

9	To Lucien and Jeanne Chavan-Perrin, **5**, 170	28	To Vladimir Varićak, **10**: Vol. 5, 197b
17	From Paul Tinguely, **5**, 171	*March*	
31	To Johannes Stark, **5**, 172	4	To Conrad Habicht, **5**, 198
August		16	To Jakob Laub, **5**, 199
3	To the Department of Education, Canton of Bern, **5**, 173	24	To Lucien Chavan, **5**, 200
		24	To Lucien Chavan, **5**, 201
9	To Ernst Mach, **5**, 174	31	To Conrad Habicht, **5**, 202
17	To Ernst Mach, **5**, 175	*April*	
28	To Edgar Meyer, **5**, 176	3	From Vladimir Varićak, **10**: Vol. 5, C
September			
3	To Conrad Habicht, **5**, 177	5	To Vladimir Varićak, **10**: Vol. 5, 202a
28	To Edgar Meyer, **5**, 178		
29	To Arnold Sommerfeld, **5**, 179	8	From Vladimir Varićak, **10**: Vol. 5, C
October		10	From Vladimir Varićak, **10**: Vol. 5, C
19	To Lucien Chavan, **5**, 180		
after 22	To Adolf Hurwitz, **5**, 181	11	To Vladimir Varićak, **10**: Vol. 5, 202b
29	To Edgar Meyer, **5**, 182		
November		14	From Vladimir Varićak, **10**: Vol. 5, C
Nov–Feb 1910	To Helene Savić, **5**, 183	15	To Lucien Chavan, **5**, 203
1	To the Department of Education, Canton of Zurich, **5**, 184	23	To Vladimir Varićak, **10**: Vol. 5, 203a
5	To Conrad Habicht, **5**, 185	28	To Pauline Einstein, **5**, 204
11	To Jean Perrin, **5**, 186	*May*	
17	To Michele Besso, **5**, 187	6	To Lucien Chavan, **5**, 205
18	To Edgar Meyer, **5**, 188	11	To Edgar Meyer, **5**, 206
December		14	To Lucien Chavan, **5**, 207
		17	To Lucien Chavan, **5**, 208
14	To Conrad Habicht, **5**, 190	*June*	
14	To Conrad Habicht, **5**, 191	21	To Ludwig Hopf, **5**, 209
17	To Conrad Habicht, **5**, 192	*July*	
19	To Lucien Chavan, **5**, 193		
28	From Miloš Marić, **5**, 194	?	To Arnold Sommerfeld, **5**, 211
31	To Michele Besso, **5**, 195	1	From Géza Müller, **5**, 212
31	To Jakob Laub, **5**, 196	2	To Lucien Chavan, **5**, 213
		27	To Conrad Habicht, **5**, 214
1910		30	To Lucien and Jeanne Chavan-Perrin, **5**, 215
January		30	To Alfred Stern, **5**, 216
19	To Arnold Sommerfeld, **5**, 197	*August*	
February		before 1	To Helene and Milivoj Savić, **5**, 217
15	To Vladimir Varićak, **10**: Vol. 5, 197a	2	To Ludwig Hopf, **5**, 218

11	To Conrad Habicht, **5**, 219	20	To the Department of Education, Canton of Zurich, **5**, 247
14	To Paul Hertz, **5**, 220		
19	To Ludwig Hopf, **5**, 221	20	To Carl Schröter, **5**, 248
26	To Paul Hertz, **5**, 222	21	To Carl Schröter, **5**, 249
26	To Franz Rusch, **5**, 223	27	To Hendrik A. Lorentz, **5**, 250
27	To Jakob Laub, **5**, 224	28	To the Association of Students of the Natural Sciences, University of Amsterdam, **5**, 250a

September

17	From Max Hussarek von Heinlein, **5**, 225	29	To Emil Zürcher, **5**, 251

February

October

		9	To Friedrich Adler, **5**, 252
7	To Wilhelm Wien, **5**, 226	12	From Richard Swinne, **5**, 253
11	To Jakob Laub, **5**, 227	15	To Hendrik A. Lorentz, **5**, 254
25	From Springer publishing house, **5**, 228	16	From Günther Beck, **5**, 255
		24	To Vladimir Varićak, **10**: Vol. 5, 255a
26	To the Bursar's Office, University of Zurich, **5**, 229	26	To Edgar Meyer, **5**, 256
		26	To Richard Swinne, **5**, 257

November

March

1	From Emil Fischer, **5**, 230		
4	To Jakob Laub, **5**, 231	3	To Vladimir Varićak, **10**: Vol. 5, 257a
5	To Emil Fischer, **5**, 232		
11	To Jakob Laub, **5**, 233	6	From Vladimir Varićak, **10**: Vol. 5, C
15	To Jakob Laub, **5**, 234		
22	To Leo Graetz, **5**, 235	10	To Lucien and Jeanne Chavan-Perrin, **5**, 258

December

		10	To Hans Schinz, **5**, 259
1	To Otto Lehmann, **10**: Vol. 5, 235a	28	To Lucien Chavan, **5**, 260
6	To Alfred Stern, **5**, 236		
11	To Carl Schroter, **5**, 237	*April*	
15	From Count Karl von Stürgkh, **5**, 238	2	To Conrad Habicht, **5**, 261
		5	To Lucien Chavan, **5**, 262
27	To Ludwig Hopf, **5**, 239	7	To Heinrich Zangger, **5**, 263
27	To Edgar Meyer, **5**, 240	12	To Paul Ehrenfest, **5**, 264
28	To Jakob Laub, **5**, 241	24	To Hans Tanner, **5**, 265
31	To Heike Kamerlingh Onnes, **5**, 242	27	To Marcel Grossmann, **5**, 266

May

1911

		13	To Michele Besso, **5**, 267

June

January

		before 1	To Heinrich Zangger, **10**: Vol. 5, 267a
1	To Heinrich Zangger, **10**: Vol. 5, 242a	7	To Heinrich Zangger, **5**, 268
2	To Ludwig Darmstaedter, **5**, 243	9	From Ernest Solvay, with an invitation to the Solvay Congress, **5**, 269
12	To Jean Perrin, **5**, 244		
13	From Count Karl von Stürgkh, **5**, 245		
17	To Lucien Chavan, **5**, 246	20	To Walther Nernst, **5**, 270

July

5–6	To Lucien Chavan, **5**, 271
11	To Zürcher and Furrer & Co., **5**, 272
before 21	To the Eleventh Congress of Polish Physicians and Natural Scientists, **5**, 273

August

2	From Alfred and Clara Stern, **5**, 274
10	To Jakob Laub, **5**, 275
2d half	To Michele Besso, **5**, 276
20	From Willem Julius, **5**, 277
24	To Willem Julius, **5**, 278
24	To Heinrich Zangger, **5**, 279
26	From Willem Julius, **5**, 280

September

1	To Erwin Freundlich, **5**, 281
before 11	From Michele Besso, **5**, 282
11	To Michele Besso, **5**, 283
17	From Willem Julius, **5**, 284
18	From Pauline Einstein, **5**, 285
20	To Heinrich Zangger, **5**, 286
21	To Erwin Freundlich, **5**, 287
22	To Willem Julius, **5**, 288
27	From Willem Julius, **5**, 289

October

4	From Mileva Einstein-Marić, **5**, 290
11	From Willem Julius, **5**, 292
13	To Hans Tanner, **5**, 293
13	From Ludwig Hopf, **5**, 294
18	To Willem Julius, **5**, 295
21	To Michele Besso, **5**, 296
22	To Heinrich Zangger, **5**, 297
22	From Pauline Einstein, **5**, 298
23	From Michele Besso, **5**, 299
28	To Mileva Einstein-Marić, **5**, 300
29	To Mileva Einstein-Marić, **5**, 301

November

1	To Willem Julius, **5**, 302
7	To Heinrich Zangger, **5**, 303
15	To Willem Julius, **5**, 304
15	To Heinrich Zangger, **5**, 305
16	To Willem Julius, **5**, 306
18	To Marcel Grossmann, **5**, 307
20	To Heinrich Zangger, **5**, 308
20	To Heinrich Zangger, **5**, 309
20	From Willem Julius, **5**, 310
22	To Willem Julius, **5**, 311
22	To Ernest Solvay, **5**, 312
23	To Marie Curie, **8**: Vol. 5, 312a
23	To Hendrik A. Lorentz, **5**, 313
25	From Willem Julius, **5**, 314
27	To Marian von Smoluchowski, **5**, 315

December

6	From Hendrik A. Lorentz, **5**, 316
8	From Robert Gnehm, **5**, 317
8	From Hendrik A. Lorentz, **5**, 318
10	To Marcel Grossmann, **5**, 319
12	To Hendrik A. Lorentz, **5**, 320
12	From Marcel Grossmann, **5**, 321
12	From Willem Julius, **5**, 322
12	From Marian von Smoluchowski, **5**, 323
13	To Robert Gnehm, **5**, 324
13–16	To Heinrich Zangger, **5**, 325
16	From Robert Gnehm, **5**, 326
18	To Willem Julius, **5**, 327
19	To Robert Gnehm, **5**, 328
19	From Fritz Haber, **5**, 329
25	To Heinrich Zangger, **5**, 330
26	To Michele Besso, **5**, 331
27	From Paul Habicht, **5**, 332
27	From Max Laue, **5**, 333
29	From Willem Julius, **5**, 334

1912

January

?	To Lucien and Jeanne Chavan-Perrin, **5**, 335
8	To Erwin Freundlich, **5**, 336
9	From George Pegram, **5**, 337
17	To Fritz Fichter-Bernoulli, **5**, 338
17	To Wilhelm Wien, **5**, 339
23	From Arnold Eucken, **5**, 340
23	From Robert Gnehm, **5**, 341
26	To Paul Ehrenfest, **5**, 342
27	To Wilhelm Wien, **5**, 343
27	To Heinrich Zangger, **5**, 344

27	To Heinrich Zangger, **10**: Vol. 5, 344	30	From David Hilbert, **5**, 378
28	To Lucien Chavan, **5**, 345	30	From Heinrich Zangger, **5**, 379
29	To George Pegram, **5**, 346	*April*	
30	From Heinrich Zangger, **5**, 347	before 3	From Paul Ehrenfest, **5**, 380
31	From Heinrich Schenk, **5**, 348	3	To Alfred Kleiner, **5**, 381
February		3	To Alfred Kleiner, **5**, 382
before 1	To Heinrich Zangger, **10**: Vol. 5, 349a	10	To Alfred Kleiner, **5**, 383
		25	To Paul Ehrenfest, **5**, 384
1	To Robert Heller, **10**: Vol. 5, 349b	25	To Emil Warburg, **5**, 385
		26–10 May	To Emil Warburg, **5**, 386
1	To Carl Schröter, **5**, 349	26	To Paul Ehrenfest, **5**, 387
1	From Richard Swinne, **5**, 350	26	To Hans Tanner, **5**, 388
2	To Ludwig Forrer, **5**, 351	30	To Elsa Löwenthal, **5**, 389
2	To Alfred and Clara Stern, **5**, 352	*May*	
3	From Alfred Stern, with postscript by Clara Stern, **5**, 353	2	To Paul Ehrenfest, **5**, 390
		7	To Elsa Löwenthal, **5**, 391
4	To Michele Besso, **5**, 354	11	To Wilhelm Wien, **5**, 392
7	From Robert Gnehm, **5**, 355	14	From Paul Ehrenfest, **5**, 393
9	To Conrad and Paul Habicht, **5**, 356	after 16	From Paul Ehrenfest, **5**, 394
12	To Paul Ehrenfest, **5**, 357	17	To Wilhelm Wien, **5**, 395
12	To Robert Gnehm, **5**, 358	20	To Marian von Smoluchowski, **5**, 396
13	From Hendrik A. Lorentz, **5**, 359		
18	To Hendrik A. Lorentz, **5**, 360	20	To Marian von Smoluchowski, **5**, 397
19	From Robert Heller, **5**, 361		
19	From Emil Warburg, **5**, 362	20	To Heinrich Zangger, **5**, 398
20	From Ludwig Hopf, **5**, 363	21	To Elsa Löwenthal, **5**, 399
after 20	To Ludwig Hopf, **5**, 364	30	To Wilhelm Wien, **5**, 401
24	To Wilhelm Wien, **5**, 365	*June*	
before 29	To Heinrich Zangger, **5**, 366	1	From Paul Habicht, **5**, 402
29	To Paul Ehrenfest, **5**, 367	2	To Conrad Habicht, **5**, 403
March		3	To Paul Ehrenfest, **5**, 404
8	From Fritz Haber, **5**, 368	5	Alfred Stern, **5**, 405
10	To Paul Ehrenfest, **5**, 369	after 5	To Heinrich Zangger, **5**, 406
10	To Marian von Smoluchowski, **5**, 370	10	To Max Laue, **5**, 407
		12	To Ludwig Hopf, **5**, 408
11	To Wilhelm Wien, **5**, 371	before 20	To Paul Ehrenfest, **5**, 409
11	From Walter König, **5**, 372	29	To Anton Lampa?, **5**, 410
after 11	To Walter König, **5**, 373	29	From Paul Ehrenfest, **5**, 411
17	To Alfred and Clara Stern, **5**, 374	*July*	
17	To Heinrich Zangger, **10**: Vol. 5, 374a	2	From Pauline Einstein, **5**, 412
		10	To Wilhelm Wien, **5**, 413
20	To Wilhelm Wien, **5**, 375	*August*	
23	From Walther Nernst **8**: Vol. 5, 375a	14	To Conrad Habicht, **5**, 415
24	To Marian von Smoluchowski, **5**, 376	16	To Ludwig Hopf, **5**, 416
26	To Michele Besso, **5**, 377		

October			To the Faculty of Sciences, University of Geneva, **5**, 444
4	To David Hilbert, **5**, 417		
4	To Ernst Zermelo, **5**, 418	*June*	
14	From Theodor Vetter, **5**, 419	17	To Arthur Schidlof, **5**, 446
27	To Erwin Freundlich, **5**, 420	23	To Jost Winteler, **5**, 447
29	To Arnold Sommerfeld, **5**, 421	25	To Ernst Mach, **5**, 448
November		*July*	
5	To August Hagenbach, **5**, 422	5	To Arthur Schidlof, **5**, 449
December		7	To Conrad Habicht, **5**, 450
?	To Lucien Chavan, **5**, 423	14?	To Elsa Löwenthal, **5**, 451
after 17	To Helene Savić, **5**, 424	19	To Elsa Löwenthal, **5**, 453
20–24	To Paul Ehrenfest, **5**, 425	20–23	To Elsa Löwenthal, **5**, 454
22	To Otto Marx, **5**, 426	22	To Jakob Laub, **5**, 455
		22	From Fritz Haber, **5**, 456
1913		23	To Leonid Mandelshtam, **5**, 457
		27	To Paul Hertz, **5**, 458
January		*August*	
4	From Theodor Vetter, **5**, 427	3	From Ida Einstein, **5**, 459
30	To Georg Bredig, **5**, 429	5	To Lucien and Jeanne Chavan-Perrin, **5**, 460
March		6	To Adolf Hurwitz, **5**, 461
2	To Unknown, **5**, 430	6	To Alfred and Clara Stern, **5**, 462
2	To Unknown, **8**: Vol. 5, 430	before 9	To Paul Langevin, **5**, 463
14	To Clara Stern, **5**, 431	11	To Alexander Witting, **5**, 464
ca. 14	To Elsa Löwenthal, **5**, 432	11?	To Elsa Löwenthal, **5**, 465
16–22	To Maurice Solovine, **5**, 433	after 11	To Elsa Löwenthal, **5**, 466
23	To Elsa Löwenthal, **5**, 434	14	To Hendrik A. Lorentz, **5**, 467
April		mid-	To Erwin Freundlich, **5**, 468
3	To Marie Curie, **5**, 435	16	To Heike Kamerlingh Onnes, **5**, 469
3	To Elsa Löwenthal, **5**, 436	16	To Hendrik A. Lorentz, **5**, 470
4	To Jean Perrin, **5**, 437	18	To Heike Kamerlingh Onnes, **5**, 471
29	To the Scientific Committee, Solvay International Institute of Physics, **5**, 438	before 26	To Erwin Freundlich, **5**, 472
		September	
May		7	To Conrad Habicht, **5**, 473
3 or after	To Conrad Habicht, **5**, 439	20	To Heinrich Zangger, **5**, 474
14	To Vladimir Varićak, **10**: Vol. 5, 439a	*October*	
24	To Alexander Witting, **5**, 440	Oct–Dec	To Conrad and Anna Habicht-Kehlstadt, **5**, 475
28	To Paul Ehrenfest, **5**, 441	10	To Elsa Löwenthal, **5**, 476
29	To the Director's Office, Technikum Winterthur, **5**, 442	14	To George Hale, **5**, 477
31	From Charles-Eugène Guye, **5**, 443	16	To Elsa Löwenthal, **5**, 478
after 31–4 Jun		19	To Robert Gnehm, **5**, 479

November

2	To Ludwig Hopf, **5**, 480	
before 7	To Paul Ehrenfest, **5**, 481	
7	To Elsa Löwenthal, **5**, 482	
8	From George Hale, **5**, 483	
2d half	To Paul Ehrenfest, **5**, 484	
22	From the Prussian Academy of Sciences, **5**, 485	
after 22	To Elsa Löwenthal, **5**, 486	
30	To Robert Gnehm, **5**, 487	

December

before 2	To Elsa Löwenthal, **5**, 488
after 2	To Elsa Löwenthal, **5**, 489
7	To Rosa Bandi-Winteler, **5**, 491
7	To Erwin Freundlich, **5**, 492
7	To the Prussian Academy of Sciences, **5**, 493
15	From Robert Gnehm, **5**, 494
2d half	To Ernst Mach, **5**, 495
21	From Pauline Einstein, **5**, 496
after 21	To Elsa Löwenthal, **5**, 497
27–4 Jan	To Elsa Löwenthal, **5**, 498

1914

January

after 1	To Michele Besso, **5**, 499
7	To Rosa Bandi-Winteler, **5**, 500
7	From Jakob Ehrat, **5**, 501
7	To Jakob Ehrat, **8**: Vol. 5, 500a
8	To Rosa Bandi-Winteler, **5**, 502
9	To Jost Winteler, **5**, 503
after 9	To Rosa Bandi-Winteler, **5**, 504
mid-	To Elsa Löwenthal, **5**, 505
ca. 20	To Erwin Freundlich, **5**, 506
ca. 20	To Heinrich Zangger, **5**, 507
28	To Elsa Löwenthal, **5**, 508

February

Feb	To Elsa Löwenthal, **5**, 509
after 11	To Elsa Löwenthal, **5**, 510

March

5	To Elsa Löwenthal, **5**, 511
before 10	To Paul Ehrenfest, **5**, 512
10	To Heinrich Zangger, **5**, 513
ca. 10	To Michele Besso, **5**, 514
19	To Paul Ehrenfest, **5**, 515
20	From Michele Besso, **5**, 516
22	To Paul Ehrenfest, **5**, 517
23	To Mileva Einstein-Marić, Hans Albert, and Eduard Einstein, **5**, 518
27	To David Reichinstein, **5**, 519

April

2	To Mileva Einstein-Marić, **8**, 1
before 10	To Paul Ehrenfest, **8**, 2
10	To Mileva Einstein-Marić, Hans Albert and Eduard Einstein, **8**, 3
10 or later	From Paul Ehrenfest, **8**, 4
14	To Joseph Petzoldt, **8**, 5
ca.14–1 Jul	From Heinrich Zangger, **10**: Vol. 8, 5a
after	To Edgar Meyer, **8**, C

May

4	To Adolf Hurwitz and Family, **8**, 6
16	To Pëtr Petrovich Lazarev, **8**, 7
16	From Wilhelm Waldeyer, **8**, C
18	To Paul Ehrenfest, **8**, 8
20	From Paul Ehrenfest, **8**, 9
21	From Paul Ehrenfest, **8**, 10
25	To Paul Ehrenfest, **8**, 11

June

after 4	To Otto Stern, **8**, 12
11	To Joseph Petzoldt, **8**, 13
15	To Wilhelm Wien, **8**, 14
19	From Wilhelm Wien, **8**, 15
25	From Walter Schottky, **8**, 16
27	To Heinrich Zangger, **10**: Vol. 8, 16a

July

2	From Walther Nernst, **8**, 17
7	To Max Planck, **8**, 18
8	To Paul Ehrenfest, **8**, 19
12	From Max Planck, **8**, 20
18	To Fritz Reiche, **8**, 21
ca. 18	To Mileva Einstein-Marić, **8**, 23
ca. 18	To Mileva Einstein-Marić, **8**, 24
20	To Robert Heller, **8**, 25
26	To Elsa Einstein, **8**, 26
after 26	To Elsa Einstein, **8**, 27

before 30	To Elsa Einstein, **8**, 28	5	To Erwin Freundlich, **8**, 54
30	To Elsa Einstein, **8**, 29	10	To Michael Polányi, **8**, 55
30	To Elsa Einstein, **8**, 30	12	To Michele Besso, **8**, 56
		20	To Georg F. Nicolai, **8**, 57
August		after 20	To Hermann Diels, **8**, C
3	To Elsa Einstein, **8**, 31	after 20	To Heinrich Morf, **8**, C
after 3	To Elsa Einstein, **8**, 32	23	To Hans Tanner, **8**, C
18	To Mileva Einstein-Marić, **8**, 33	*March*	
19	To Paul Ehrenfest, **8**, 34	1	To Mileva Einstein-Marić, **8**, 58
24	To Heinrich Zangger, **10**: Vol. 8, 34a	1–25	To Erwin Freundlich, **8**, 59
		5	To Tullio Levi-Civita, **8**, 60
September		17	To Wander de Haas, **8**, 61
10	To Hans Albert Einstein, **8**, 35	17	To Tullio Levi-Civita, **8**, 62
15	To Mileva Einstein-Marić, **8**, 36	19	To Erwin Freundlich, **8**, 63
		20	To Tullio Levi-Civita, **8**, 64
October		22	To Romain Rolland, **8**, 65
30	To Adolf Schmidt, **8**, 37	26	To Tullio Levi-Civita, **8**, 66
31	From Adolf Schmidt, **8**, 38	28	From Tullio Levi-Civita, **8**, 67
		28	From Romain Rolland, **8**, 68
December		*April*	
beginning	To Paul Ehrenfest, **8**, 39	2	To Tullio Levi-Civita, **8**, 69
2	To Paul Habicht, **8**, C	2	To Georg F. Nicolai, **8**, C
12	To Mileva Einstein-Marić, **8**, 40	before 4	To Hans Albert Einstein, **8**, 70
13	To Michael Polányi, **8**, 41	before 4	From Hans Albert Einstein, **10**: Vol. 8, 69a
after 27	To Heinrich Zangger, **10**: Vol. 8, 41a	before 4	From Hans Albert Einstein, **10**: Vol. 8, 69b
30 Dec	To Michael Polányi, **8**, 42	8	To Tullio Levi-Civita, **8**, 71
1915		before 10	To Geertruida de Haas-Lorentz, **8**, 72
January		ca. 10	To Heinrich Zangger, **8**, 73
1–23	From Hendrik A. Lorentz, **8**, 43	11	To Tullio Levi-Civita, **8**, 74
2	To Edgar Meyer, **8**, 44	14	To Tullio Levi-Civita, **8**, 75
2	From Arnold Berliner, **8**, C	18	To Fritz Weishut, **8**, 76
7	To Paolo Straneo, **8**, 45	20	To Tullio Levi-Civita, **8**, 77
11	To Heinrich Zangger, **10**: Vol. 8, 45a	21	To Tullio Levi-Civita, **8**, 78
12	To Mileva Einstein-Marić, **8**, 46	28	To Hendrik A. Lorentz, **8**, 79
23	To Hendrik A. Lorentz, **8**, 47	*May*	
25	To Hans Albert Einstein, **8**, 48	5	To Tullio Levi-Civita, **8**, 80
27	To Mileva Einstein-Marić, **8**, 49	8	To Michael Polányi, **8**, 81
27	To Władysław Natanson, **8**, 50	ca. 10	To Wander and Geertruida de Haas, **8**, 82
27	To Wilhelm Waldeyer, **8**, 51	15	To Mileva Einstein-Marić, **8**, 83
February		17	To Heinrich Zangger, **8**, 84
3	To Hendrik A. Lorentz, **8**, 52	18	To Landgericht I, Berlin, **8**, C
ca. 3	To Erwin Freundlich, **8**, 53	27	From Max von Laue, **8**, 85

28	To Heinrich Zangger, **8**, 86	30	To Elsa Einstein, **8**, 114
31	To Walter Dällenbach, **8**, 87	*September*	
June		3	To Elsa Einstein, **8**, 115
11	From Helene Katz, **8**, 88	11	To Elsa Einstein, **8**, 116
18	To Michael Polányi, **8**, 89	13	To Elsa Einstein, **8**, 117
22	From Hans Reissner, **8**, 90	15	To Romain Rolland, **8**, 118
24	To David Hilbert, **8**, 91	17	To Heinrich Mousson, **8**, 119
28	From Hans Albert Einstein, **10**: Vol. 8, 91a	18	To Paul Langevin, **8**, C
		19	To Heinrich Zangger, **8**, 120
July		21	To Heinrich Zangger, **8**, 121
?	To Paul Habicht, **8**, C	23	To Hendrik A. Lorentz, **8**, 122
6	To Wander and Geertruida de Haas, **8**, 92	24	To Heinrich Zangger, **10**: Vol. 8, 122a
6	To Michael Polányi, **8**, 93	30	To Erwin Freundlich, **8**, 123
7	To Heinrich Zangger, **8**, 94	ca. 30	From Michele Besso, **8**, C
9	To Wander and Geertruida de Haas, **8**, 95	*October*	
15	To Arnold Sommerfeld, **8**, 96	after 1	To Otto Naumann, **8**, 124
16	To Heinrich Zangger, **10**: Vol. 8, 96a	4	To Heinrich Zangger, **10**: Vol. 8, 124a
19	From Heinrich Mousson, **8**, 97	before 8	To Paul Hertz, **8**, 125
21	To Hendrik A. Lorentz, **8**, 98	before 8	To Paul Hertz, **8**, 126
24	To Wander and Geertruida de Haas, **8**, 99	8	From Paul Hertz, **8**, 127
24	To Heinrich Mousson, **8**, 100	9	To Paul Hertz, **8**, 128
24–7 Aug	To Heinrich Zangger, **8**, 101	12	To Hendrik A. Lorentz, **8**, 129
27	To Theobald von Bethmann-Hollweg, **8**, C	15	To Heinrich Zangger, **8**, 130
		22	To Walther Schücking, **8**, 131
		after 23	To Berliner Goethebund, **8**, 132
		ca. 30	From Michele Besso, **8**, 133
August		*November*	
2	To Wander and Geertruida de Haas, **8**, 102	4	To Werner Bloch, **10**: Vol. 8, C
2	To Hendrik A. Lorentz, **8**, 103	4	To Hans Albert Einstein, **8**, 134
7	To Wander de Haas, **8**, 104	5	From Mileva Einstein-Marić, **8**, 135
9	From Knud A. Nissen, **8**, 105	7	To David Hilbert, **8**, 136
10	To Wander and Geertruida de Haas, **8**, 106	7	From Max Planck, **8**, 137
14	To Wander and Geertruida de Haas, **8**, 107	11	To Berliner Goethebund, **8**, 138
14–4 Nov	To Paul Hertz, **8**, 108	12	To David Hilbert, **8**, 139
15	To Pieter Zeeman, **8**, 109	13	From David Hilbert, **8**, 140
16	To Wander and Geertruida de Haas, **8**, 110	before 15	To Wander and Geertruida de Haas, **8**, 141
22	To Paul Hertz, **8**, 111	15	To Hans Albert Einstein, **8**, 142
23	To Paul Ehrenfest, **8**, 112	15	To Mileva Einstein-Marić, **8**, 143
24	To Władysław Natanson, **8**, 113	15	To David Hilbert, **8**, 144
24	To Hans Tanner, **8**, C	15	To Heinrich Zangger, **10**: Vol. 8, 144a
29	To Hans Tanner, **8**, C	15	From Max Planck, **8**, 145
		16	To Berliner Goethebund, **8**, 146

17	To Michele Besso, **8**, 147	5	To Paul Ehrenfest, **8**, 180
18	To David Hilbert, **8**, 148	9	To Karl Schwarzschild, **8**, 181
19	From David Hilbert, **8**, 149	17	To Paul Ehrenfest, **8**, 182
23	To Hans Albert Einstein, **8**, 150	17	To Hendrik A. Lorentz, **8**, 183
24	To Erwin Freundlich, **8**, 151	19	To Hendrik A. Lorentz, **8**, 184
26	To Heinrich Zangger, **8**, 152	20	To Otto von Schjerning, **8**, C
28	To Arnold Sommerfeld, **8**, 153	24 or later	To Paul Ehrenfest, **8**, 185
29	From Michele Besso, **8**, 154	26	To Wilhelm Wirtinger, **10**: Vol. 8, 185a
before 30	From Hans Albert Einstein, **10**: Vol. 8, 154a		

February

30	To Michele Besso, **8**, 155	2	To Arnold Sommerfeld, **8**, 186
30	To Hans Albert Einstein, **8**, 156	6	To Mileva Einstein-Marić, **8**, 187
30	To Erwin Freundlich, **8**, 157	6	From Karl Schwarzschild, **8**, 188
after 30	From Michele Besso, **8**, 158	8	To Arnold Sommerfeld, **8**, 189
		13	To Hermann Struve, **8**, 190

December

		15	To Otto Stern, **8**, 191
1	To Mileva Einstein-Marić, **8**, 159	after 15	To Otto Stern, **8**, 192
before 4	To Heinrich Zangger, **10**: Vol. 8, 159a	18	To David Hilbert, **8**, 193
7	To Otto Naumann, **8**, 160	19	To Karl Schwarzschild, **8**, 194
9	To Arnold Sommerfeld, **8**, 161	27	To Max Born, **8**, 195
9	To Heinrich Zangger, **10**: Vol. 8, 161a	28	To Wilhelm Wien, **8**, 196

March

10	To Michele Besso, **8**, 162	1	To Heinrich Zangger, **10**: Vol. 8, 196a
10	To Mileva Einstein-Marić, **8**, 163		
11	From Michele Besso, **8**, 164	3	To Hans Albert Einstein, **8**, 197
14	To Moritz Schlick, **8**, 165	8	From A. Braumüller, **8**, C
18	To Hans Albert Einstein, **8**, 166	10	To Otto Stern, **8**, 198
20	To David Hilbert, **8**, 167	11	To Hans Albert Einstein, **8**, 199
21	To Michele Besso, **8**, 168	12	To Mileva Einstein-Marić, **8**, 200
22	From Karl Schwarzschild, **8**, 169	13	From Otto Stern, **8**, 201
23	To Hans Albert Einstein, **8**, 170	16	To Hans Albert Einstein, **8**, 202
23	To Royal Society of Sciences in Göttingen, **8**, 171	18	To Wilhelm Wien, **8**, 203
25	To Hans Albert Einstein, **8**, 172	25	From Wilhelm Foerster, **8**, 204
26	To Paul Ehrenfest, **8**, 173	27	To Otto Stern, **8**, 205
27	To Prussian Ministry of Education, **8**, C	30	To Hans Albert Einstein, **8**, 206
		30	To David Hilbert, **8**, 207
29	To Paul Ehrenfest, **8**, 174		

April

29	To Władysław Natanson, **8**, 175	1	To Mileva Einstein-Marić, **8**, 208
29	To Karl Schwarzschild, **8**, 176	6	To Michele Besso, **8**, 209
29	To Minna Stern, **8**, C	6	To Elsa Einstein, **10**: Vol. 8, 209a
		6	To Hans Albert and Eduard Einstein, **8**, 210

1916

		8	To Elsa Einstein, **10**: Vol. 8, 210a
January		8	To Mileva Einstein-Marić, **8**, 211
1	To Hendrik A. Lorentz, **8**, 177	10	To Elsa Einstein, **10**: Vol. 8, 211a
3	To Michele Besso, **8**, 178	12	To Elsa Einstein, **8**, 212
3	To Paul Ehrenfest, **8**, 179	15	To Elsa Einstein, **8**, 213

15	To Hans Albert Einstein, **8**, 214	3	To Heinrich Zangger, **10**: Vol. 8, 247a
21	To Michele Besso, **8**, 215	6	From Théophile de Donder, **8**, 248
21	To Elsa Einstein, **8**, 216	8	From Théophile de Donder, **8**, 249
22	To Michele Besso, **8**, 217	11	To Michele Besso, **8**, 250
29	To Paul Ehrenfest, **8**, 218	18	To Heinrich Zangger, **10**: Vol. 8, 250a

May

14	To Michele Besso, **8**, 219	24	To Michele Besso, **8**, 251
24	To Paul Ehrenfest, **8**, 220	24	To Heinrich Zangger, **8**, 252
25	To David Hilbert, **8**, 221	25	To Paul Ehrenfest, **8**, 253
27	From David Hilbert, **8**, 222		
30	To David Hilbert, **8**, 223		

September

		6	To Michele Besso, **8**, 254
June		6	To Constantin Carathéodory, **8**, 255
?	From Friedrich Kraus, **8**, C	6	To Paul Ehrenfest, **8**, 256
2	To David Hilbert, **8**, 224	8	To Hedwig Born, **8**, 257
6	From Hendrik A. Lorentz, **8**, 225	8	To Helene Savić, **8**, 258
17	To Hendrik A. Lorentz, **8**, 226	14	To Paul Ehrenfest, **8**, 259
22	To Willem de Sitter, **8**, 227	26	To Michele Besso, **8**, 260
27	From Théophile de Donder, **8**, 228	26	To Hans Albert Einstein, **8**, 261
28	From Michele Besso, **8**, 229	26	To Heinrich Zangger, **10**: Vol. 8, 261a
30	To Théophile de Donder, **8**, 230	28	To Elsa Einstein, **10**: Vol. 8, 261b
July		30	To Elsa Einstein, **10**: Vol. 8, 261c
4	From Théophile de Donder, **8**, 231		
8	To Théophile de Donder, **8**, 232	*October*	
11	To Heinrich Zangger, **10**: Vol. 8, 232a	3	To Wander and Geertruida de Haas, **8**, 262
14	To Michele Besso, **8**, 233	5	To Elsa Einstein, **10**: Vol. 8, 262a
14	From Théophile de Donder, **8**, 234	7	To Elsa Einstein, **10**: Vol. 8, 262b
15	To Willem de Sitter, **8**, 235	13	To Hans Albert Einstein, **8**, 263
17	To Théophile de Donder, **8**, 236	13	To Paul Bernays, **10**: Vol. 8, 263a
17	From Michele Besso, **8**, 237	13	To Heinrich Zangger, **10**: Vol. 8, 263b
19	To Heinrich Zangger, **10**: Vol. 8, 237a	14	To Werner Weisbach, **8**, 264
21	To Michele Besso, **8**, 238	15	To Carl Kormann, **8**, 265
21	To Michele Besso, **8**, 239	16	From Carl Kormann, **8**, 266
23	To Théophile de Donder, **8**, 240	17	To Wilhelm Wien, **8**, 267
25	To Hans Albert Einstein, **8**, 241	18	To Paul and Tatiana Ehrenfest, **8**, 268
25	To Heinrich Zangger, **8**, 242		
25	To Emil Zürcher Jr. and Johanna Zürcher-Siebel, **10**: Vol. 8, 242a	24	To Paul Ehrenfest, **8**, 269
		24	From Theodor Lewald, **8**, C
27	From Willem de Sitter, **8**, 243	25	To Heinrich Zangger, **10**: Vol. 8, 269a
27	From Willem de Sitter, **8**, 244		
31	To Michele Besso, **8**, 245	31	To Michele Besso, **8**, 270
August		31–13 Dec	From Heinrich Zangger, **10**: Vol. 8, 270a
3	To Arnold Sommerfeld, **8**, 246	after 31	To Hans Albert Einstein, **8**, 271
3	From Gunnar Nordström, **8**, 247		

November

1	From Willem de Sitter, **8**, 272
4	To Willem de Sitter, **8**, 273
6	To Wilhelm Ostwald, **8**, 274
7	To Paul Ehrenfest, **8**, 275
13	To Hendrik A. Lorentz, **8**, 276
16	To Heinrich Zangger, **10**: Vol. 8, 276a
17	To Paul Ehrenfest, **8**, 277
23	To Hermann Weyl, **8**, 278
26	To Hans Albert Einstein, **8**, 279
before 26	From Hans Albert Einstein, **10**: Vol. 8, 278a
after 26	From Hans Albert Einstein, **10**: Vol. 8, 279a
29	To Wilhelm Röntgen, **8**, 280
30	From Gunnar Nordström, **8**, 281

December

4	To Paul Ehrenfest, **8**, 282
5	From Michele Besso, **8**, 283
5	To Ejnar Hertzsprung, **10**: Vol. 8, 282a
after 6	To Michele Besso, **10**: Vol. 8, 283a
10	To Constantin Carathéodory, **8**, 284
16	From Constantin Carathéodory, **8**, 285

1917

?	From Victor Adler, **8**, C

January

1	From Wilhelm Lenz, **8**, C
3	To Hermann Weyl, **8**, 286
8	To Hans Albert Einstein, **8**, 287
8	To Heinrich Zangger, **10**: Vol. 8, 287a
16	To Heinrich Zangger, **10**: Vol. 8, 287b
16	From Theobald von Bethmann-Hollweg, **8**, C
18	From Alexander Moszkowski, **8**, 288
ca. 22	To Georg F. Nicolai, **8**, 289
23	To Willem de Sitter, **8**, 290
28	To Władysław Natanson, **8**, 291

February

1	From Alexander Moszkowski, **8**, 292
1	To Heinrich Zangger, **10**: Vol. 8, 291a
2	To Willem de Sitter, **8**, 293
4	To Paul Ehrenfest, **8**, 294
4	From Max Planck, **8**, 295
4	From Moritz Schlick, **8**, 296
6	To Moritz Schlick, **8**, 297
13	To Heinrich Zangger, **10**: Vol. 8, 297a
14	To Paul Ehrenfest, **8**, 298
mid–29 Apr	To Emperor Franz Josef, **10**: Vol. 8, 300a
after 15	To Walter Dällenbach, **8**, 299
16	To Heinrich Zangger, **10**: Vol. 8, 299a
16	From Bank-Verein Filiale Prag, WIener, **8**, C
18 or later	To Erwin Freundlich, **8**, 300
20	To Kathia Adler, **8**, 301
26	From Georg F. Nicolai, **8**, 302
28	To Georg F. Nicolai, **8**, 303
after 28	To Georg F. Nicolai, **8**, 304

March

1	To Maja Winteler-Einstein and Paul Winteler, **8**, C
8	To Walther Rathenau, **8**, 305
9	To Michele Besso, **8**, 306
9	From Friedrich Adler, **8**, 307
after 9	To Michele Besso, **8**, 308
before 10	To Heinrich Zangger, **10**: Vol. 8, 308a
10	To Heinrich Zangger, **8**, 309
after 10	To Heinrich Zangger, **8**, 310
before 12	To Willem de Sitter, **8**, 311
15	From Willem de Sitter, **8**, 312
20	From Willem de Sitter, **8**, 313
21	To Moritz Schlick, **8**, 314
22	From Hendrik A. Lorentz, **8**, 315
23	From Friedrich Adler, **8**, 316
24	To Willem de Sitter, **8**, 317
24	From Max von Laue, **8**, 318
26	To Felix Klein, **8**, 319

April

1–22	From Hans Albert Einstein, **10**: Vol. 8, 319a

1	To Moritz Schlick, **8**, 320	1	From Wilhelm Wien, **8**, 347
1	From Willem de Sitter, **8**, 321	2	To Gustav Mie, **8**, 348
3	To Hendrik A. Lorentz, **8**, 322	2	To Wilhelm Wien, **8**, 349
4	To Felix Klein, **8**, 323	2	To Heinrich Zangger, **10**: Vol. 8, 349a
13	To Friedrich Adler, **8**, 324		
13	From Prussian Minister of Education, **8**, C	3	To Paul Ehrenfest, **8**, 350
		4	From Imperial Academy of Sciences in Vienna, **8**, C
14	To Willem de Sitter, **8**, 325		
15	From Otto Neurath, **8**, 326	12	To Heinrich Zangger, **10**: Vol. 8, 350a
16	To Heinrich Zangger, **10**: Vol. 8, 326a		
		14	To Imperial Academy of Sciences in Vienna, **8**, C
18	From Willem de Sitter, **8**, 327		
21	To Felix Klein, **8**, 328	14	To Willem de Sitter, **8**, 351
25	From Friedrich Adler, **8**, 329	14	From Paul Ehrenfest, **8**, 352
27	To Eduard Hartmann, **8**, 330	17	To Heinrich Zangger, **10**: Vol. 8, 352a
28	From Hans Albert Einstein, **10**: Vol. 8, 330a		
		17	From Erwin Freundlich, **8**, 353
before 29	To Heinrich Zangger, **10**: Vol. 8, 330b	18	From Max von Laue, **8**, 354
		20	From Willem de Sitter, **8**, 355
29	To Michele Besso, **8**, 331	22	To Willem de Sitter, **8**, 356
30	To Emil Beck, **8**, 332	24	To Michele Besso, **8**, 357
		24	To Heinrich Zangger, **10**: Vol. 8, 357a
May			
4	To Heinrich Zangger, **10**: Vol. 8, 332a	25	From Max von Laue, **8**, 358
		27	To Werner Bloch, **10**: Vol. 8, 358a
4	From Michele Besso, **8**, 333	28	To Willem de Sitter, **8**, 359
5	From Michele Besso, **8**, 334	30	To Elsa Einstein, **10**: Vol. 8, 359a
5 and 6	To Heinrich Zangger, **10**: Vol. 8, 333a		
		July	
7	To Michele Besso, **8**, 335	1	To Elsa Einstein, **10**: Vol. 8, 359b
7	From Friedrich Adler, **8**, 336	3	To Elsa Einstein, **10**: Vol. 8, 359c
10–11	From Walther Rathenau, **8**, 337	4	From Friedrich Adler, **8**, 360
11	To Paul Mamroth, **8**, 338	4	To Elsa Einstein, **10**: Vol. 8, 359d
13	To Michele Besso, **8**, 339	9	To Elsa Einstein, **10**: Vol. 8, 360a
15	To Michele Besso, **8**, 340	10	To Elsa Einstein, **10**: Vol. 8, 360b
18	From Fritz Genewein, **8**, C	11–17	From Hans Thirring, **8**, 361
19	To David Hilbert, **8**, 341	12	To Elsa Einstein, **10**: Vol. 8, 361a
20	From Heinrich Zangger, **8**, 342	13	To Elsa Einstein, **10**: Vol. 8, 361b
21	To Moritz Schlick, **8**, 343	16	To Elsa Einstein, **10**: Vol. 8, 361c
23 or 30	To Heinrich Zangger, **10**: Vol. 8, 343a	17	To Elsa Einstein, **10**: Vol. 8, 361d
		17	To Heinrich Zangger, **10**: Vol. 8, 361e
25	To Paul Ehrenfest, **8**, 344		
26	To Hans Albert Einstein, **10**: Vol. 8, 344a	19	To Elsa Einstein, **10**: Vol. 8, 361f
		20	To Heinrich Zangger, **10**: Vol. 8, 361g
26	From Max Planck, **8**, 345		
30	From Gustav Mie, **8**, 346	22	To Paul Ehrenfest, **8**, 362
		22	To Willem de Sitter, **8**, 363
June		23	From Franz Selety, **8**, 364
1	From Hans Albert Einstein, **10**: Vol. 8, 346a	24	To Elsa Einstein, **10**: Vol. 8, 364a
		25	To Elsa Einstein, **10**: Vol. 8, 364b

26	To Elsa Einstein, **10**: Vol. 8, 364c	6	To Elsa Einstein, **10**: Vol. 8, 378a
28	To Elsa Einstein, **10**: Vol. 8, 364d	12	From Adolf von Harnack, **8**, 379
29	To Heinrich Zangger, **8**, 365	14	To Władysław Natanson, **8**, 380
30	To Elsa Einstein, **10**: Vol. 8, 365a	15	To Heinrich Zangger, **10**: Vol. 8, 380a
31	To Willem de Sitter, **8**, 366	22	To Michele Besso, **8**, 381
July–Oct	From Central Organization of German Citizens of the Jewish Faith, **8**, C	22–28	From Gunnar Nordström, **8**, 382
		24	To Edouard Guillaume, **8**, 383
		24	From Adolf von Harnack, **8**, C
		26	To Walter Schottky, **8**, 384

August

1	To Michele and Anna Besso-Winteler, **8**, 367
1	To Elsa Einstein, **10**: Vol. 8, 367a
1	To Heinrich Zangger, **10**: Vol. 8, 367b
2	To Tullio Levi-Civita, **8**, 368
2	To Hans Thirring, **8**, 369
6	To Elsa Einstein, **10**: Vol. 8, 369a
7	To Elsa Einstein, **10**: Vol. 8, 369b
8	To Willem de Sitter, **8**, 370
8	To Heinrich Zangger, **10**: Vol. 8, 370a
9	To Elsa Einstein, **10**: Vol. 8, 370b
11	To Elsa Einstein, **10**: Vol. 8, 370c
11	To Heinrich Zangger, **10**: Vol. 8, 370d
13	To Elsa Einstein, **10**: Vol. 8, 370e
15	To Michele Besso, **8**, 371
15	To Elsa Einstein, **10**: Vol. 8, 371a
17	To Elsa Einstein, **10**: Vol. 8, 371b
19	To Paul Seippel, **8**, 372
19	To Alice Steinhardt, **8**, C
21	To Heinrich Zangger, **10**: Vol. 8, 372a
21	From Romain Rolland, **8**, 373
22	To Elsa Einstein, **10**: Vol. 8, 373a
22	To Romain Rolland, **8**, 374
23	To Elsa Einstein, **10**: Vol. 8, 374a
23	From Tullio Levi-Civita, **8**, 375
23	From Romain Rolland, **8**, 376
26	To Heinrich Zangger, **10**: Vol. 8, 376a
28	To Elsa Einstein, **10**: Vol. 8, 376b
after 29	From Rózsika (Zorka) Marić, **8**, C
31	To Elsa Einstein, **10**: Vol. 8, 376c

September

3	To Michele Besso, **8**, 377
3	To Elsa Einstein, **10**: Vol. 8, 377a
3	To Erwin Freundlich, **8**, 378

October

3	From Edouard Guillaume, **8**, 385
6	To Michele Besso, **10**: Vol. 8, 385a
6	To Adolf von Harnack, **8**, 386
9	To Edouard Guillaume, **8**, 387
10	To Walter Schottky, **8**, 388
10	From Adolf von Harnack, **8**, 389
15	To Hans Albert Einstein, **8**, 390
15	To Michele Besso, **10**: Vol. 8, 390a
15	To Werner Weisbach, **8**, 391
15	To Heinrich Zangger, **10**: Vol. 8, 391a
17	From Edouard Guillaume, **8**, 392
18	From H. Czinner, **8**, C
23	From Gunnar Nordström, **8**, 393
24	To Edouard Guillaume, **8**, 394
29	From Franz Selety, **8**, 395
30	To Edgar Meyer, **8**, 396

November

8	From Zofija Smoluchowska-Baraniecka, **8**, 397
11	From Rudolf Förster, **8**, 398
12	To Paul Ehrenfest, **8**, 399
16	To Rudolf Förster, **8**, 400
20	From Adolf von Harnack, **8**, C

December

3	From Hans Thirring, **8**, 401
4	From Erwin Freundlich, **8**, 402
5	To Ernst Riesenfeld, **8**, C
6	To Heinrich Zangger, **8**, 403
6	From Erwin Freundlich, **8**, 404
7	To Hans Thirring, **8**, 405
9	To Hans Albert Einstein, **8**, 406
11	From Friedrich Schmidt-Ott, **8**, C
11	From Wilhelm von Siemens, **8**, C
12	From Adolf von Harnack, **8**, C
12	From Ernst, Riesenfeld, **8**, C

14	To Gustav Mie, **8**, 407	16	To Pieter Zeeman, **8**, 437
14	To Hans Tanner, **8**, C	before 17	To Erwin Freundlich, **8**, 438
15	To Felix Klein, **8**, 408	17	To Rudolf Förster, **8**, 439
before 16	To Wilhelm von Siemens, **8**, 409	17	From Emil Warburg, **8**, C
17	From Gustav Mie, **8**, 410	18	To Rudolf Humm, **8**, 440
17	From Ruff, **8**, C	21	From Wilhelm von Siemens, **8**, 441
17	From Heinrich Zangger, **8**, 411	23	To Max Planck, **8**, C
17	From Heinrich Zangger, **8**, 412	25	To Hans Albert Einstein, **8**, 442
18	To Hendrik A. Lorentz, **8**, 413	25	From Ernst Ludwig, **8**, C
18	From Richard Müller, **8**, C	after 25	From Hans Albert Einstein, **10**: Vol. 8, 442a
19	From Bontraeger Bros., **8**, C		
19	From Max von Laue, **8**, 414	27	From Roland von Eötvös, **8**, 443
19	From Hans Reissner, **8**, C	28	From Heinrich Zangger, **8**, 444
21	From Frankfurter Zeitung, **8**, C	before 29	From Fritz Haber, **8**, 445
21	From Münchener Zeitung, **8**, C	29	To Fritz Haber, **8**, 446
22	To Otto Marx, **8**, 415	30	From Max von Laue, **8**, 447
22	To Gustav Mie, **8**, 416	after 30	To Max Planck, **8**, 448
24	To Hans Albert Einstein, **8**, 417	31	To Mileva Einstein-Marić, **8**, 449
24	From Wilhelm von Siemens, **8**, C	31	To Roland von Eötvös, **8**, 450
25	From Walther Nernst, **8**, 418	31	To Hugo A. Krüss, **8**, 451
26	From Georg Rödiger, **8**, C	31	From Cornelia and Gunnar Nordström, **8**, 452
27	From Michele Besso, **8**, 419		
28	From Rudolf Förster, **8**, 420		
29	To Gustav Mie, **8**, 421	*February*	
29	From Mercur Aircraft Company, **8**, 422	1	To Arnold Sommerfeld, **8**, 453
		1	To Kaiser-Wilhelm Institute of Physics, board of trustees, **8**, C
29	From Max Planck, **8**, 423		
31	From Heinrich Zangger, **8**, 424	after 1	To Arnold Sommerfeld, **8**, 454
		2	From Mendelssohn & Co., **8**, C
1918		4	From Ernst Troeltsch, **8**, 455
		5	From Gustav Mie, **8**, 456
January		5	From Wilhelm von Siemens, **8**, C
		after 6	From Mileva Einstein-Marić, **8**, 457
3	To Werner Bloch, **10**: Vol. 8, 424a		
4	To Wilhelm von Siemens, **8**, 425	7	From Ernst Troeltsch, **8**, 458
4	From Wilhelm Schweydar, **8**, 426	8	To Hedwig Born, **8**, 459
4	From Wilhelm Schweydar, **8**, 427	8	To Gustav Mie, **8**, 460
5	To Michele Besso, **8**, 428	8	From Emil Warburg, **8**, 461
5	To Roland von Eötvös, **8**, 429	9	From Mileva Einstein-Marić, **10**: Vol. 8, 461a
5	From Karl Scheel, **8**, 430		
6	From Hugo A. Krüss, **8**, 431	11	From Franz von Hoefft, **8**, C
8	From Pieter Zeeman, **8**, 432	11	From Albrecht J. H. Preuss, **8**, C
9	From Hugo A. Krüss, **8**, 433	13	From Max Planck, **8**, 462
9	From Gustav Müller, **8**, 434	16	From Rudolf Förster, **8**, 463
10	To Hugo A. Krüss, **8**, 435	16	From Arnold Sommerfeld, **8**, 464
12	From Richard Lorenz, **8**, C	17–19	From Gustav Mie, **8**, 465
after 14	From Hans Albert Einstein, **10**: Vol. 8, 435a	18	From Hermann Fricke, **8**, C
		18	From Max von Laue, **8**, 466
15	From Rudolf Humm, **8**, 436	19	To Rudolf Förster, **8**, 467
15	From Ludwik Silberstein, **8**, C	21	From Hermann Coenen, **8**, 468

CORRESPONDENCE, 1918

21	From Heinrich Zangger, **8**, 469	30	From Romeo Wankmüller, **8**, 496
22	To Gustav Mie, **8**, 470	31	From Jean Loeffler, **8**, C
24	To Karl Camillo Schneider, **8**, 471		
27	To Heinrich Zangger, **10**: Vol. 8, 471a	*April*	
after 27	To Heinrich Zangger, **10**: Vol. 8, 471b	3	To Mileva Einstein-Marić, **10**: Vol. 8, 496a
		4	From Mileva Einstein-Marić, **10**: Vol. 8, 496b
March		5	From Hermann Weyl, **8**, 497
1	From Hermann Weyl, **8**, 472	6	To Hermann Weyl, **8**, 498
4	From Heinrich Zangger, **8**, 473	7	To Hans Tanner, **8**, C
after 4	To Anna Besso-Winteler, **8**, 474	8	To Hermann Weyl, **8**, 499
after 4	From Anna Besso-Winteler, **8**, 475	10	To Felix Klein, **8**, 500
5	From Mileva Einstein-Marić, **10**: Vol. 8, 475a	10	From Willem de Sitter, **8**, 501
		before 11	To Hugo A. Krüss, **8**, 502
6	From Maja Winteler-Einstein, **10**: Vol. 8, 475b	11	From Friedrich Glum, **8**, C
		12	To David Hilbert, **8**, 503
8	To Hermann Weyl, **8**, 476	14	From Wilhelm Schweydar, **8**, 504
8	From Arnold Sommerfeld, **8**, 477	before 15	To Mileva Einstein-Marić, **8**, 505
9	From Karl Scheel, **8**, 478	15	To Willem de Sitter, **8**, 506
12	From Max Planck, **8**, 479	15	To Hermann Weyl, **8**, 507
13	To Felix Klein, **8**, 480	15	From Hugo A. Krüss, **8**, 508
15	From Hermann Fricke, **8**, C	15	From Hermann Weyl, **8**, 509
16	From Karl Camillo Schneider, **8**, 481	16	From Margarete Hamburger, **8**, 510
		17	From S. Ogden Steinhardt, **8**, C
after 16	From Karl Camillo Schneider, **8**, 482	18	To Hermann Weyl, **8**, 511
		19	To Hermann Weyl, **8**, 512
before 17	From Mileva Einstein-Marić, **10**: Vol. 8, 482a	19	To Hermann Weyl, **8**, 513
		21	From Johann Mayer, **8**, C
before 17	From Mileva Einstein-Marić, **10**: Vol. 8, 482b	before 22	From Hans Albert Einstein, **10**: Vol. 8, 513a
17	To Mileva Einstein-Marić, **8**, 483	22	To Heinrich Zangger, **8**, 514
17	From H. Ed. Brandt, **8**, C	22	From Mileva Einstein-Marić, **10**: Vol. 8, 514a
after 17	To Mileva Einstein-Marić, **8**, 484		
19	From Rudolf Förster, **8**, 485	23	To Mileva Einstein-Marić, **8**, 515
19	From Max Planck, **8**, 486	before 24	To Auguste Hochberger, **8**, 516
20	From Felix Klein, **8**, 487	before 24	To Auguste Hochberger, **8**, 517
21	From Gustav Mie, **8**, 488	25	From Felix Klein, **8**, 518
21	From Elisabeth Warburg, **8**, 489	26	To Mileva Einstein-Marić, **8**, 519
22	From Georg Helm, **8**, 490	26	To Minna Stern, **8**, C
23	To Otto H. Warburg, **8**, 491	after 26	To Hans Albert Einstein, **8**, 520
23	From H. Ed. Brandt, **8**, C	before 27	To David Hilbert, **8**, 521
23	From Heinrich Könemann, **8**, C	before 27	To David Hilbert, **8**, 522
24	To Felix Klein, **8**, 492	27	To Felix Klein, **8**, 523
24	To Gustav Mie, **8**, 493	27	From David Hilbert, **8**, 524
27	From Paul Ehrenfest, **8**, 494	27	From Hermann Weyl, **8**, 525
28	From Heiinrich Könemann, **8**, C	28	From Georg Klemperer, **8**, C
28	From Vero Besso, **10**: Vol. 8, 494a	28	From Hermann Weyl, **8**, 526
after 28	To Vero Besso, **10**: Vol. 8, 494b	30	From Marga Planck, **8**, 527
30	From Friedrich Kottler, **8**, 495		

May

1	To Paul Ehrenfest, **8**, 528
1	To Hermann Weyl, **8**, 529
1	From David Hilbert, **8**, 530
1	From Wilhelm von Siemens, **8**, C
1	From Ernst Troeltsch, **8**, 531
3	From Stefan Röhm, **8**, C
6	From Gustav Mie, **8**, 532
before 8	From Mileva Einstein-Marić, **10**: Vol. 8, 532a
before 8	To Mileva Einstein-Marić, **8**, 533
before 8	To Heinrich Zangger, **10**: Vol. 8, 533a
before 8	To Reichsbank, board of directors, **10**: Vol. 9, C
8	From Reichsbank, board of directors, **10**: Vol. 9, C
8	From Paul Ehrenfest, **8**, 534
9	From Wilhelm Nixdorf, **8**, C
10	To Hermann Weyl, **8**, 535
10	From Hansjoachim H. Norda, **8**, C
11	From Gustav Bucky, **8**, C
12	To Ilse Einstein, **8**, 536
12	To Georg F. Nicolai, **8**, 537
12	From Max Wien, **8**, 538
15	From Charlotte Weigert, **8**, 539
17	To Max Jakob, **10**: Vol. 8, 539a
18	From Gustav Bucky, **8**, C
18	From Felix Klein, **8**, 540
18	From Georg F. Nicolai, **8**, 541
18	From Max Wien, **8**, 542
19	To Felix Klein, **8**, 543
19	From Hermann Weyl, **8**, 544
22	To Kaiser-Wilhelm Institute of Physics, board of trustees, **8**, C
22	From Friedrich Vieweg, **8**, C
before 23	From Mileva Einstein-Marić, **10**: Vol. 8, 545a
23	To Mileva Einstein-Marić, **8**, 546
23	From Zionist Association of Germany, **8**, 547
24	To David Hilbert, **8**, 548
25	From Hermann Isensee, **8**, C
28	To Felix Klein, **8**, 549
29	From Max von Laue, **8**, 550
29	From Wilhelm von Siemens, **8**, C
31	To Hermann Weyl, **8**, 551
31	From Felix Klein, **8**, 552

June

1	To Arnold Sommerfeld, **8**, 553
1	From Felix Klein, **8**, 554
after 1	From Arnold Sommerfeld, **8**, 555
2	From Hansjoachim H. Norda, **8**, C
before 3	To Felix Klein, **8**, 556
3	From E. Wollermann, **8**, C
4	To Mileva Einstein-Marić, **8**, 557
after 4	From Mileva Einstein-Marić, **10**: Vol. 8, 557a
after 4	From Hans Albert Einstein, **10**: Vol. 8, 557b
after 4	From Eduard Einstein, **10**: Vol. 8, 557c
5	To Paul Ehrenfest, **8**, 558
6	From Anschütz and Company, **8**, 559
7	To Adolf Kneser, **8**, 560
9	To Felix Klein, **8**, 561
10	From Maja Winteler-Einstein, **10**: Vol. 8, 561a
10	From Paul Winteler, **10**: Vol. 8, 561b
13	To Hugo A. Krüss, **10**: Vol. 8, 563a
13	From Hugo A. Krüss, **8**, 563
15	From Walter Dällenbach, **8**, 564
after 15	To Walter Dällenbach, **8**, 565
16	From Felix Klein, **8**, 566
18	From Hansjoachim H. Norda, **8**, C
20	To Felix Klein, **8**, 567
21	From Anschütz and Company, **8**, 568
23	To Walter Schottky, **8**, 569
24	To Max Born, **8**, 570
24	To Heinrich Zangger, **8**, 571
before 28	To Michele Besso, **8**, 572
before 28	To Eduard Einstein, **8**, 573
29	To Karl Scheel, **8**, 574
after 29	To Max Born, **8**, 575
after 29	To Hans Albert Einstein, **8**, 576

July

2	From Peter Debye, **8**, 577
after 2	To Max Planck, **8**, 578
3	To Hermann Weyl, **8**, 579
after 3	To Max Born, **8**, 580
5	From Felix Klein, **8**, 581
6	From Friedrich Adler, **8**, 582
7	From Adolf Kneser, **8**, 583

8	From Max Planck, **8**, 584	*September*	
before 9	To Mileva Einstein-Marić, **8**, 585	2	From Gino Mettler, **8**, C
9	To Michele Besso, **8**, 586	3	To Gino Mettler, **8**, C
12	From Anschütz and Company, **8**, 587	4	To Paul Ehrenfest, **8**, 608
		4	From Peter Debye, **8**, 609
15	From Felix Klein, **8**, 588	5	From Max Frischeisen-Köhler, **8**, 610
16	From Peter Debye, **8**, C		
ca. 17	From Mileva Einstein-Marić, **10**: Vol. 8, 588a	7	From Kurt Hiller, **8**, 611
		8	To Michele Besso, **8**, 612
ca. 17	From Hans Albert Einstein, **10**: Vol. 8, 588b	9	To Kurt Hiller, **8**, 613
		11	From Mendelssohn & Co., **8**, C
ca. 17	From Eduard Einstein, **10**: Vol. 8, 588c	12	From Edgar Meyer, **8**, 614
		before 14	To Lise Meitner, **8**, 615
19	To Max Planck, **8**, C	14	To Lise Meitner, **8**, 616
21	To Hedwig Born, **8**, C	14	From Wilhelm von Siemens, **8**, C
22	To Felix Klein, **8**, 589	16	To Ernst Trendelenburg, **8**, 617
25	From H. C. Marx, **8**, C	17	To Eduard Study, **8**, 618
28	From Hedwig and Max Born, **8**, 590	18	To Kaiser-Wilhelm Institute of Physics, board of trustees, **8**, C
29	To Michele Besso, **8**, 591	18	From Hermann Weyl, **8**, 619
30	From H. C. Marx, **8**, C	19	To Hans Tanner, **8**, C
31	From R. Blochmann, **8**, C	20	From Friedrich Adler, **8**, 620
		21	To Heinrich Zangger, **10**: Vol. 8, 620a
August			
1–Nov	To Arnold Sommerfeld, **8**, 592	23	To Paul and Maja Winteler-Einstein, and Pauline Einstein, **8**, 621
2	To Hedwig and Max Born, **8**, 593		
4	To Friedrich Adler, **8**, 594		
8	To Walter Dällenbach, **8**, 595	23	From Eduard Study, **8**, 622
9	From Friedrich Adler, **8**, 596	23	From Hans Vaihinger, **8**, 623
before 11	To Heinrich Zangger, **8**, 597	25	To Eduard Study, **8**, 624
before 11	From Heinrich Zangger, **8**, 598	27	To Paul Ehrenfest, **8**, 625
11	From Edgar Meyer, **8**, 599	27	To Hermann Weyl, **8**, 626
11	From Theodor Rosenheim, **8**, 600	27	From Peter Debye, **8**, C
16	To Heinrich Zangger, **8**, 601	27	From Eduard Study, **8**, 627
18	To Edgar Meyer, **8**, 602	29	To Friedrich Adler, **8**, 628
19	From Hermann Anschütz-Kaempfe, **8**, 603	30	To Friedrich Adler, **8**, 629
20	To Michele Besso, **8**, 604	*October*	
20	To Felix Ehrenhaft, **8**, 605	before 1	From Nobel Committee for Physics of the Royal Swedish Academy of Sciences, **8**, C
22	To Hermann Anschütz-Kaempfe, **8**, 606		
27	To Kaiser-Wilhelm Institute of Physics, board of trustees, **8**, C	3	From Felix Ehrenhaft, **8**, 630
		5	To Heinrich Zangger, **10**: Vol. 8, 630a
28	To Michele Besso, **8**, 607	7	To Kaiser-Wilhelm Institute of Physics, board of trustees, 8, C
28	From Michele Besso, **10**: Vol. 8, 607a		
29	From Friedrich Vieweg, **8**, C	8	To Pauline Einstein, **8**, 631
		10	From Wilhelm von Siemens, **8**, C
		12	From Friedrich Adler, **8**, 632

after 12	To Edgar Meyer, **8**, 633	23	To Kaiser-Wilhelm Institute of Physics, board of trustees, **8**, C
14	To Emil Zürcher, **8**, C		
17	To Hans Albert Einstein, **8**, 634	ca. 25	From Hans Albert Einstein, **10**: Vol. 8, 659b
17	From Arnold Berliner, **8**, C		
before 18	To Nobel Committee for Physics of the Royal Swedish Academy of Sciences, **8**, 635	ca. 25	From Eduard Einstein, **10**: Vol. 8, 659c
		29	To Hermann Weyl, **8**, 661
20	To Friedrich Adler, **8**, 636	29	From Maja Winteler-Einstein, **10**: Vol. 8, 661a
20	From Edgar Meyer, **8**, 637		
22	To Felix Klein, **8**, 638	29	From Paul Winteler, **10**: Vol. 8, 661b
24	From Hans Mühsam, **8**, 639		
after 24	From Mileva Einstein-Marić, **10**: Vol. 8, 639a	*December*	
26	From Max Planck, **8**, 640	3	From Max Jakob, **10**: Vol. 8, 661c
28	To Felix Klein, **8**, 641	3	From Arnold Sommerfeld, **8**, 662
29	To Lise Meitner, **8**, 642	4	To Michele Besso, **8**, 663
31	From Erwin Freundlich (Bericht), **8**, C	5	To Max Jakob, **10**: Vol. 8, 663a
		5	From Adolf von Harnack, **8**, C
November		6	To Paul Ehrenfest, **8**, 664
		6	To Arnold Sommerfeld, **8**, 665
1	From Wilhelm von Siemens, **8**, C	9	From Teubner publishing house, **8**, C
2	From Paul Bernays, **8**, 643		
4	To Edgar Meyer, **8**, 644	9	From Zionist Association of Germany, **8**, 666
5	From Felix Klein, **8**, 645		
6	From Otto Radtke, **8**, C	10	To Hans Albert and Eduard Einstein, **8**, 667
7	From Prussian Minister of Education, **8**, C		
		10	To Moritz Schlick, **8**, 668
8	To Felix Klein, **8**, 646	10	From Hermann Weyl, **8**, 669
before 9	From Mileva Einstein-Marić, **10**: Vol. 8, 646a	12	From Heinrich Mousson, **8**, 670
		12	From Zionist Association of Germany, **8**, 671
ca. 9	To Mileva Einstein-Marić, **8**, 647		
ca. 10	From Heinrich Zangger, **8**, 648	mid	To Mileva Einstein-Marić, **8**, 672
10	From Michele Besso, **8**, 649	16	To Hermann Weyl, **8**, 673
10	From Felix Klein, **8**, 650	16	From Carl Haider, **8**, C
before 11	To Minna Stern, **8**, C	17	To Heinrich Mousson, **8**, 674
11	To Pauline Einstein, **8**, 651	19	From Friedrich Voltz, **8**, C
11	To Paul and Maja Winteler-Einstein, **8**, 652	before 20	To Fritz Haber, **8**, 675
		21	From Junghans, **8**, C
12 or later	To Leo Arons, **8**, 653	23	From Department of Education, Canton of Zurich, **10**: Vol. 9, C
14	To Svante Arrhenius, **8**, 654		
15	To Ludwig Quidde, **8**, 655	23	From Ernst Trendelenburg, **8**, C
16	From Ludwig Quidde, **8**, 656	27	To Felix Klein, **8**, 677
16	From Hermann Weyl, **8**, 657	28	From Konstantin Nowak, **8**, C
before 19	To Arnold Berliner, **8**, 658		
21	From Emil Simonson, **8**, C	**1919**	
22	From Paul Bernays, **8**, 659		
22	From Paul Winteler, **10**: Vol. 8, 659a	*January*	
25	To Carl H. Becker, **8**, 660	3	From Hans Kost, **9**, C

9	From Department of Education, Canton of Zurich, **9**, C	31	From Rudolf Seeliger, **9**, C
10	To Mileva Einstein-Marić and Hans Albert Einstein, **9**, 1	*April*	
15	To Hedwig and Max Born, **9**, 2	4	To Pauline Einstein and Maja Winteler-Einstein, **9**, 17
19	To Hedwig and Max Born, **9**, 3	5	From Ernst Wagner, **9**, C
20	To Paul Winteler, **9**, C	6	From Walter Steubing, **9**, C
20	From Erwin Freundlich, **9**, C	7	From Max von Laue, **9**, 18
26	From Bank-Verein Filiale Prag, Wiener, **9**, C	7	From Alfred Magnus, **9**, C
		8	From Karl Försterling, **9**, C
after 26	To Bank-Verein Filiale Prag, Wiener, **9**, C	8	From Walter Kaufmann, **9**, C
		8	From H. Starke, **9**, C
28	From Theodor Vetter, **9**, 4	9	From Arnold Berliner, **9**, 19
February		9	From Helene Stöcker, **9**, 20
		11	From H. Rosenberg, **9**, C
5	To Arnold Sommerfeld, **9**, 5	12	From Georg Count von Arco, **9**, 21
10	From Hermann Fricke, **9**, C	13	From Otto Lehmann, **9**, C
19	From Wilhelm von Siemens, **9**, C	14	To Felix Klein, **9**, 22
26	From Barth Publishing House, **9**, C	14	From Erich Regener, **9**, C
28	To Heinrich Zangger, **9**, 7	14	From Georg Wendt, **9**, C
end of	From Heinrich Zangger, **10**: Vol. 9, 7a	15	To Emil Zürcher, **9**, 23
		16	To Felix Klein, **9**, 24
March		16	From Otto Lehmann, **9**, C
		16	From Robert W. Pohl, **9**, C
1	To Erwin Freundlich, **9**, 8	16	From Wilhelm Westphal, **9**, C
1	From Kaiser-Wilhelm Institute of Physics, board of trustees, **9**, C	17	From Glüer, **9**, C
		17	From Leonhard Grebe, **9**, 25
3	To Kaiser-Wilhelm Institute of Physics, board of trustees, **9**, C	17	From Otto Radtke, **9**, C
		19	From Bernhard Mueller, **9**, C
7	From Constantin von Mereschkowsky, **9**, C	ca. 20	From Hans Albert Einstein, **10**: Vol. 9, 25a
9	From Albert Karr, **9**, C	21	To Theodor Kaluza, **9**, 26
9	From Hans Karr, **9**, C	22	To Mendelssohn & Co., **9**, C
13	To R. Pechel, **9**, C	22	From Felix Klein, **9**, 27
after 15	From Georg Krakow, **9**, C	25	From Wilhelm von Siemens, **9**, C
17	To Karl Scheel, **9**, 9	26	To Leonhard Grebe, **9**, C
19	From Albert Karr, **9**, C	26	To Franz Himstedt, **9**, C
22	To Paul Ehrenfest, **9**, 10	26	To Wilhelm Lenz, **9**, C
25	From Wilhelm Lenz, **9**, 11	26	To Hendrik A. Lorentz, **9**, 28
25	From Arnold Sommerfeld, **9**, 12	26	To H. Rosenberg, **9**, C
25	From Arnold Sommerfeld, **9**, C	26	To H. Starke, **9**, C
26	From Otto Lehmann, **9**, C	26	From Wilhelm von Siemens, **9**, C
26	From Hugo Seemann, **9**, 13	27	From Hans Vaihinger, **9**, 29
27	From Erwin Freundlich, **9**, 14	28	To Theodor Kaluza, **9**, 30
27	From Wilhelm Hammer, **9**, C	28	To Walter Kaufmann, **9**, C
27	From Hauck, **9**, C	28	To Otto Lehmann, **9**, C
27	From Franz Himstedt, **9**, C	28	To Hugo Seemann, **9**, C
29	To Erwin Freundlich, **9**, 15	29	From Edith Einstein, **9**, 31
31	To Aurel Stodola, **9**, 16	29	From Rudolf Seeliger, **9**, C
31	From Friedrich Krüger, **9**, C	29	From Otto Radtke, **9**, C

May

1	From Georg Krakow, **9**, C
1	From Hugo A. Krüss, **9**, C
2	To Karl Försterling, **9**, C
2	To Kaiser-Wilhelm Institute of Physics, board of trustees, **9**, C
2	From Paul Epstein, **9**, 32
2	From Wilhelm Hallwachs, **9**, C
2–9	To Kaiser-Wilhelm Institute of Physics, board of trustees, **9**, C
2	From Hugo Seemann, **9**, C
3	To Hans Vaihinger, **9**, 33
4	From Hendrik A. Lorentz, **9**, 34
5	To Leonhard Grebe, **9**, C
5	To Theodor Kaluza, **9**, 35
5	From Walter Kaufmann, **9**, C
6	To Georg Krakow, **9**, C
6	To Hugo Seemann, **9**, C
7	To Kaiser-Wilhelm Institute of Physics, board of trustees, **9**. C
9	To Wander de Haas, **9**, 36
11	To Paul Natorp, **9**, 37
11	From Hugo Seemann, **9**, 38
14	To Pauline Einstein et al., **9**, 39
14	To Theodor Kaluza, **9**, 40
14	From Christian Jensen, **9**, C
14	From Georg Krakow, **9**, 41
16	To Christian Jensen, **9**, C
16	From Wilhelm Hallwachs, **9**, C
16	From Siegfried Valentiner, **9**, C
18	To Roland Holder, **9**, 42
19	To Peter Debye, **9**, C
19	To Schwäbischer Bund, **9**, 43
19	To Munich Military Tribunal, **9**, 44
20	To Siegfried Valentiner, **9**, C
22	To Wilhelm Hammer, **9**, C
24	From I. Rosenberg, **9**, C
24	From Eduard Study, **9**, 45
25	To Robert W. Pohl, **9**, C
25	To I. Rosenberg, **9**, C
25	To Friedrich Krüger, **9**, C
25	To Ernst Wagner, **9**, C
25	From Friedrich Krüger, **9**, C
25	From Alfred Magnus, **9**, C
27	To Erich Regener, **9**, C
27	To Walter Steubing and Georg Wendt, **9**, C
27	To Wilhelm Westphal, **9**, C
28	From Felix Ehrenhaft, **9**, 46
28	From Arrien Johnsen, **9**, 47
29	To Theodor Kaluza, **9**, 48
29	From Wilhelm Westphal, **9**, C
30	From Philipp Frank, **9**, 49
30	From Roland Holder, **9**, 50

June

before 1	From Heinrich Zangger, **9**, 51
1	To Heinrich Zangger, **9**, 52
1	From Alfred Magnus, **9**, C
after 1	From Heinrich Zangger, **9**, 53
2	From Friedrich Krüger, **9**, C
3	From Robert W. Pohl, **9**, C
4	To Max Born, **9**, 56
6	From Leonhard Grebe, **9**, 57
8	From Peter P. Koch, **9**, C
9	From David Hilbert, **9**, 58
10	From Christian Jensen, **9**, C
11	To David Hilbert, **9**, 59
11	From Karl Försterling, **9**, C
11	From Rudolf Seeliger, **9**, C
12	From Erich Regener, **9**, C
before 13	From Hans Albert Einstein, **10**: Vol. 9, 59a
before 13	From Eduard Einstein, **10**: Vol. 9, 59b
13	To Hans Albert and Eduard Einstein, **9**, 60
16	To Pauline Einstein, **9**, 61
16	From Wilhelm Hammer, **9**, C
16	From Wilhelm von Siemens, **9**, C
before 18	From Heinrich Zangger, **9**, 62
18	To Heinrich Zangger, **9**, 63
19	From Allgemeine Gesellschaft für chemische Industrie, **9**, C
20	From Adolf von Harnack, **9**, C
22	To Mendelssohn & Co., **9**, C
24	From Peter Debye, **9**, C
24	From Max Hofsäss, **9**, C
26	From Paul Natorp, **9**, 64
27	From Wilhelm von Siemens, **9**, C
28	From Walter Steubing, **9**, C
29	From Leonhard Grebe, **9**, C
29	From Gustav Mie, **9**, 65
ca. 29	To Walter Dällenbach, **9**, 66
30	To Elsa Einstein, **10**: Vol. 9, 66a

July

1	To Elsa Einstein, **10**: Vol. 9, 68a
1	From Max Born, **9**, C

CORRESPONDENCE, 1919

1	From Jakob Grommer, **9**, 67	4	From Otto Lummer, **9**, 85
1	From Adolf Schmidt, **9**, 68	9	To Pauline Einstein, **9**, 87
2	To Elsa Einstein, **10**: Vol. 9, 69a	9	To Elsa Einstein, **10**: Vol. 9, 86a
2	From Edmund Mayer, **9**, 69	after 15	From Hans Albert Einstein, **10**: Vol. 9, 87a
2	From Ernst Wagner, **9**, C		
3	To Elsa Einstein, **10**: Vol. 9, 70a	16	To Pauline Einstein, **9**, 88
3	To Pauline Einstein, **9**, 70	16	To Hans Reichenbach, **9**, 89
4	To Elsa Einstein, **10**: Vol. 9, 70b	17	To Ilse and Margot Einstein, **9**, 90
6	To Elsa Einstein, **10**: Vol. 9, 70c	17	To Robert Holtzmann, **9**, 91
8	To Elsa Einstein, **10**: Vol. 9, 70d	17	To Adolf Schmidt, **9**, 92
8	To Karl Scheel, **9**, C	17	To Max Hofsäss, **9**, C
9	To Elsa Einstein, **10**: Vol. 9, 70e	18	From Friedrich Krüger, **9**, C
9	To Leonhard Grebe, **9**, C	19	To Joseph Petzoldt, **9**, 93
9–15 Aug	From Hermann Struck, **9**, C	20	To Guste Hochberger, **9**, 94
10	From Robert Holtzmann, **9**, 71	23	To Hedwig Kohn, **9**, C
12	To Elsa Einstein, **10**: Vol. 9, 72a	23	To Otto Lummer, **9**, C
ca. 12	From Elsa Einstein, **9**, 72	23	To Mendelssohn & Co., **9**, C
14	To Elsa Einstein, **10**: Vol. 9, 72b	23	To Joseph Petzoldt, **9**, 95
15	To Elsa Einstein, **10**: Vol. 9, 72c	23	To Prussian Ministry of Education, **9**, C
17	To Elsa Einstein, **10**: Vol. 9, 72d		
before 18	To Ida Hurwitz, **9**, C	25	From Mendelssohn & Co., **9**, C
18	From Batavian Society for Experimental Philosophy, **9**, C	28	From Jean Perrin, **9**, 96
		29	From Maja Winteler-Einstein and Paul Winteler, **10**: Vol. 9, 96a
19	To Elsa Einstein, **10**: Vol. 9, 72e		
20	From Max Planck, **9**, 73	31	To Hedwig Born, **9**, 97
ca. 20	From Fritz Haber, **9**, 74		
21	To Elsa Einstein, **10**: Vol. 9, 74a	*September*	
22	To Elsa Einstein, **10**: Vol. 9, 74b	?	From Wilhelm Foerster, **9**, C
23	To Elsa Einstein, **10**: Vol. 9, 74c	?	From Oskar Lüdeke, **9**, C
25	To Elsa Einstein, **10**: Vol. 9, 74d	2	From Paul Ehrenfest, **9**, 98
26	To Elsa Einstein, **10**: Vol. 9, 74e	3	To Eduard Hartmann, **9**, C
26	From Adriaan D. Fokker, **9**, 75	5	To Pauline Einstein, **9**, 99
26	From Hendrik A. Lorentz, **9**, 76	5	To Eduard Study [?], **9**, 100
26	From Joseph Petzoldt, **9**, 77	6	To Mendelssohn & Co., **9**, C
28	To Elsa Einstein, **10**: Vol. 9, 77a	8	From Paul Ehrenfest, **9**, 101
29	To Elsa Einstein, **10**: Vol. 9, 78a	9	To Kaiser-Wilhelm Gesellschaft, **9**, C
29	From Max Planck, **9**, C		
30	To Adriaan D. Fokker, **9**, 78	9	To Walter Steubing, **9**, C
30	To Auguste Hochberger, **9**, 79	10	From Mileva Einstein-Marić, **10**: Vol. 9, 101a
31	To Elsa Einstein, **10**: Vol. 9, 79a		
		11	From Paul Epstein, **9**, 102
August		12	To "Demokratischer Klub," **9**, C
1	To Hendrik A. Lorentz, **9**, 80	12	To Paul Ehrenfest, **9**, 103
1	From Fritz Haber, **9**, 81	12	From Wilhelm Meinhardt, **9**, C
2	To Fritz Haber, **9**, 82	12	From Max Planck, **9**, C
2	From Hedwig Kohn, **9**, 83	15	To Ilse Schneider, **9**, 104
after 3	From Fritz Haber, **9**, 84	15	From Erwin Freundlich, **9**, 105
4	To Elsa Einstein, **10**: Vol. 9, 84a	15	From Vieweg publishing house, **9**, C
6	To Conrad Habicht Sr., **9**, C		
7	To Pauline Einstein, **9**, 86	16	To Kaiser-Wilhelm Institute of

	Physics, board of trustees, **9**, C		**9**, 131
18	To Vieweg publishing house, **9**, C	13	From Relief and Works Agency for Palestine, **9**, 132
19	To Erwin Freundlich, **9**, 106		
19	From Walter Dällenbach, **9**, 107	14	To Adolf von Harnack, **9**, C
19	From Walter Steubing, **9**, C	15	To Carl H. Becker, **9**, 133
21	To Hendrik A. Lorentz, **9**, 108	15	To Paul Ehrenfest, **9**, 134
21	From Paul Ehrenfest, **9**, 109	15	To Mileva Einstein-Marić, **9**, 135
22	From Hendrik A. Lorentz, **9**, 110	15	From Paul Epstein, **9**, 136
22 or later	To Hendrik A. Lorentz, **9**, C	15	From Moritz Schlick, **9**, 137
23	To Vieweg publishing house, **9**, C	16	To Max Born, **9**, 138
23	From Max Planck, **9**, C	16	To Zurich Physics Colloquium, **9**, 139
23	From Teubner publishing house, **9**, C	17	To Pauline Einstein, **9**, 140
25	From Paul Oppenheim, **9**, 111	17	To Otto Lehmann-Russbüldt, **9**, 141
27	To Walter Dällenbach, **9**, 112		
27	To Pauline Einstein, **9**, 113	17	To Moritz Schlick, **9**, 142
27	To Jean Perrin, **9**, 114	17	From Friedrich Schuh, **9**, C
28	To Paul Ehrenfest, **9**, 115	after 17	From Heinrich Zangger, **9**, 143
28	To Teubner publishing house, **9**, C	18	From Hedwig Born, **9**, 144
28	From Pauline Einstein, **9**, 116	18	From Max von Laue, **9**, 145
28	From Teubner publishing house, **9**, C	19	To Elsa Einstein, **10**: Vol. 9, 145a
		20	From Hans Thirring, **9**, 146
October		20	To Elsa Einstein, **10**: Vol. 9, 145b
		21	To Elsa Einstein, **10**: Vol. 9, 145c
1	From Paul Oppenheim, **9**, 117	22	From Hugo Bergmann, **9**, 147
2	From Georg Wendt, **9**, C	22	From Mileva Einstein-Marić, **10**: Vol. 9, 148a
2	From Wilhelm Westphal, **9**, 118		
3	From Erwin Freundlich, **9**, 119	22	From Carl Stumpf, **9**, C
3	From Teubner publishing house, **9**, C	22	From Heinrich Zangger, **9**, 148
		22 or later	To Hendrik A. Lonretz, **9**, C
4	From Rudolf Lindemann, **9**, 120	23	To Elsa Einstein, **10**: Vol. 9, 148b
4	From Max Planck, **9**, 121	23	To Max Planck, **9**, 149
5	To Paul Epstein, **9**, 122	23	To Prussian Academy of Sciences, **9**, C
5	From Paul Ehrenfest, **9**, 123		
5	From Paul Ehrenfest, **9**, 124	23	To Friedrich Schuh, **9**, C
7	To Rudolf Lindemann, **9**, 125	23	From Carl E. Büsching, **9**, C
7	To Elisabeth Rotten, **9**, 126	24	To Elsa Einstein, **10**: Vol. 9, 149a
7	From Hendrik A. Lorentz, **9**, 127	24	From Arnold Sommerfeld, **9**, 150
8	From Robert Forsch, **9**, 128	24	Ilse Einstein to Theodor K. von Wasielewski, **9**, C
9	From Walter Dällenbach, **9**, 129		
9	From Maja Winteler-Einstein, **10**: Vol. 9, 128a	26	To Elsa Einstein, **10**: Vol. 9, 151a
		26	To Pauline Einstein, **9**, 151
10	From Hugo Bergmann, **9**, C	27	From Max von Laue, **9**, 152
10	From Wilhelm Schweydar, **9**, 130	28	To Elsa Einstein, **10**: Vol. 9, 152a
11	To Paul Ehrenfest, **9**, C	30	From Hendrik A. Lorentz, **9**, 153
11	To Kaiser-Wilhelm Institute of Physics, board of trustees, **9**, C		
		November	
11	To Walter Steubing, **9**, C	3	To Carl Stumpf, **9**, C
11	From Zurich Physics Colloquium,	3	From Paul Ehrenfest, **9**, 154

3	From Gabriele Rabel, **9**, C	29	To Wilhelm Hort, **9**, 181
3	From Vieweg publishing house, **9**, C	29	From Arnold Berliner, **9**, 182
		29	From Richard von Mises, **9**, 183
5	To Hugo Bergmann, **9**, 155	30	From Eduard Einstein, **10**: Vol. 9, 183a
5	To Jean Perrin, **9**, 156		
5	From Paul Winteler, **10**: Vol. 9, C	30	From Hans Albert Einstein, **10**: Vol. 9, 183b
5	From Paul Winteler, **10**: Vol. 9, C		
after 5	From Jean Perrin, **9**, 157	30	From Mileva Einstein-Marić, **10**: Vol. 9, 183c
6	To Friedrich Schuh, **9**, C		
6	To Theodor K. von Wasielewski, **9**, 158	*December*	
6	To Wilouner, **9**, 159	1	To Adolf von Harnack, **9**, C
8	To Paul Ehrenfest, **9**, 160	1	To Moritz Schlick, **9**, 184
8	From Hermann Coenen, **9**, 161	1	From Willem de Sitter, **9**, 185
before 9	To Max Born, **9**, 162	1	From Arthur S. Eddington, **9**, 186
9	To Benjamin de Jong van Beek en Donk, **9**, 163	after 1	To Adriaan D. Fokker, **9**, 187
		3	From Kornél Loewy (Lánczos), **9**, 188
10	To Adolf von Harnack, **9**, C		
10	To Maja Winteler-Einstein and Paul Winteler, **10**: Vol. 9, C	4	To Viggo Carling, **9**, C
		4	To Paul Ehrenfest, **9**, 189
11	To Vieweg publishing house, **9**, C	4	To Prussian Academy of Sciences, **9**, C
14	From Hendrik A. Lorentz, **9**, 164		
14	From Polizeipräsidium, **9**, C	4	To Prussian Academy of Sciences, **9**, C
15	To Hendrik A. Lorentz, **9**, 165		
15	From Heike Kamerlingh Onnes, **9**, C	4	From Theodor K. von Wasielewski, **9**, C
16	To Mileva Einstein-Marić, **9**, 166	5	To Mileva Einstein-Marić, **9**, 190
16	To Ejnar Hertzsprung, **10**: Vol. 9, 166a	5	To Hans Albert and Eduard Einstein, **9**, 191
16	To Arthur von Oettingen, **9**, 167	5	To Willem H. Julius, **9**, 192
18	From Adriaan D. Fokker, **9**, 168	5	From Max Planck, **9**, C
18	From Max Planck, **9**, 169	6	To Neue Freie Presse (Vienna), **9**, 193
18	From Max Planck, **9**, C		
20	From Gabriele Rabel, **9**, C	6	To Konrad Haenisch, **9**, 194
21	To Moritz Schlick, **9**, 170	6	To Richard von Mises, **9**, 195
21	From Hugo Bergmann, **9**, 171	6	To Umschau, **9**, C
22	To Ida Hurwitz, **9**, 172	6	From Felix Ehrenhaft, **9**, 196
22	From Adolf von Harnack, **9**, C	6	From Erwin Freundlich, **9**, 197
23	From Viktor G. Ehrenberg, **9**, 173	8	To Max Born, **9**, 198
23	From Adolf Friedrich Lindemann, **9**, 174	8	To Kaiser-Wilhelm Institute of Physics, board of trustees, **9**, C
24	From Paul Ehrenfest, **9**, 175	8	To Moritz Schlick, **9**, 199
25	From Wilhelm Hort, **9**, 176	8	From Ludwig Darmstaedter, **9**, 200
26	From Robert W. Lawson, **9**, 177	8	From Ludwig Darmstaedter, **9**, 201
26	From Alexander W. Pflüger, **9**, C	8	From Edward P. Hulse, **9**, C
27	From Viggo Carling, **9**, C	8	From The Svedberg, **9**, 202
27	From Shmarya Levin, **9**, 178	9	From Paul Ehrenfest, **9**, 203
27	From Paul Oppenheim, **9**, 179	9	From Department of Education, Canton of Zurich, **9**, C
28	From Robert W. Lawson, **9**, 180		

9	From Mendelssohn & Co., **9**, C	21	From Carl Seelig, **9**, 230
10	To Paul Ehrenfest, **9**, 204	23	To Heinrich Teweles, **9**, 231
10	From Richard von Mises, **9**, 205	23	From Leonhard Grebe and Albert Bachem, **9**, 232
10	From Heinrich Rausch von Traubenberg, **9**, 206	24	To Heinrich Zangger, **9**, 233
10	From Paul Winteler, **10**: Vol. 9, 206b	24	From Max Planck, **9**, C
10	From Maja Winteler-Einstein, **10**: Vol. 9, 206a	26	To Robert W. Lawson, **9**, 234
		26	To Theodor K. von Wasielewski, **9**, C
11	From Arthur von Oettingen, **9**, C	after 28	To Edgar Meyer, **9**, 235
12	To Michele Besso, **9**, 207	29	To Ludwig Darmstaedter, **9**, 236
12	To Willem de Sitter, **9**, 208	29	To Carl Seelig, **9**, 237
12	From Barth Publishing House, **9**, C	29	From Richard Fleischer, **9**, 238
13	To Pieter Zeeman, **9**, 209	29	From Vieweg publishing house, **9**, C
13	From Ethel Allen, **9**, C	30	To Vieweg publishing house, **9**, C
13	From Arnold Sommerfeld, **9**, 210	30	From Paul Ehrenfest, **9**, 239
14	To Felix Ehrenhaft, **9**, 211	31	From Paul Winteler, **10**: Vol. 9, 239a
14	To Hermann Schüller, **9**, 212		
14	To The Svedberg, **9**, 213		
14	From Edgar Meyer, **9**, 214	**1920**	
14	From Alfred Wolfer, **9**, C		
before 15	From Heinrich Zangger, **9**, 215	?	To Max Hasse, **9**, C
mid	From Rudolf Seeliger, **9**, C		
15	To Arthur S. Eddington, **9**, 216	*January*	
15 or 22	To Heinrich Zangger, **9**, 217	?	From Erwin Freundlich, **9**, 240
after 15	To Erwin Freundlich, **10**: Vol. 9, 217a	after 1	From Hans Albert Einstein, **10**: Vol. 9, 240a
16	From Gösta Mittag-Leffler, **9**, 218	2	From Hedwig Kohn, **9**, 241
17	To Teubner publishing house, **9**, C	2	From Otto Lummer, **9**, C
17	From Mendelssohn & Co., **9**, C	2	From Vieweg publishing house, **9**, C
17	From Max Rubner, **9**, C	3	To Vieweg publishing house, **9**, C
18	To Arnold Sommerfeld, **9**, 219	3	To Heinrich Zangger, **9**, 242
18	To Arnold Sommerfeld, **9**, C	3	From Charles-Eugène Guye, **9**, 243
18	From Robert W. Lawson, **9**, 220	5	To Ethel Allen, **10**, C
19	From Peter Debye, **9**, 221	5	To Ilse Schneider, **9**, 244
19	From Moritz Schlick, **9**, 222	5	From Joseph Lipka, **9**, C
19	From Jehiel J. Weinberg, **9**, C	after 5	To Joseph Lipka, **9**, C
20	To Kaiser-Wilhelm Institute of Physics, board of trustees, **9**, C	6	To Michele Besso, **9**, 245
20	To Heinrich Mousson, **9**, C	6	To Hellmut von Gerlach, **9**, 246
20	To Alfred Wolfer, **9**, 223	6	To Edgar Meyer, **9**, 247
20	From Paul Ehrenfest, **9**, 224	6	To Emil Zürcher, **9**, 248
20	From David Hilbert, **9**, 225	8	From Robert W. Lawson, **9**, 249
20	From Teubner publishing house, **9**, C	9	From Georg Count von Arco, **9**, 250
21	To Richard von Mises, **9**, 226	9	From Theodor Des Coudres, **9**, 251
21	To Teubner publishing house, **9**, C	9	From Max Planck, **9**, C
21	From Richard Fleischer, **9**, 227	10	From League of German Scholars
21	From Robert W. Lawson, **9**, 228		
21	From Hendrik A. Lorentz, **9**, 229		

	and Artists, **9**, 252	27	From Anton Lampa, **9**, 287
10	From Charlotte Weigert, **9**, 253	28	To Kaiser-Wilhelm Institute of Physics, board of trustees, **9**, C
12	To Paul Ehrenfest, **9**, 254		
12	To Charles-Eugène Guye, **9**, 255	28	To Arthur Korn, **9**, 288
12	To Hendrik A. Lorentz, **9**, 256	28	From Hans Albert Einstein, **10**: Vol. 9, 288a
12	To Heinrich Rausch von Traubenberg, **9**, 257		
		30	To Alexander Eliasberg, **9**, 289
13	To League of German Scholars and Artists, **9**, 258	30	From Walter Steubing, **9**, C
		31	From Paul Epstein, **9**, 290
13	From Friedrich Paschen, **9**, 259	*February*	
14	To Georg Count von Arco, **9**, 260		
14	From Adolf von Harnack, **9**, C	1	From Anton Lampa, **9**, 291
14	From Paul Oppenheim, **9**, 261	1	From Rudolf Wegscheider, **9**, 292
14	From Konrad Sannig & Co., **9**, C	2	To Arthur S. Eddington, **9**, 293
16	To Theodor Des Coudres, **9**, 262	2	To Paul Ehrenfest, **9**, 294
16	To Attilio Palatini, **9**, 263	2	To Ludwig Hopf, **9**, 295
16	From Hendrik A. Lorentz, **9**, 264	2	To Edgar Meyer, **9**, 296
19	To Adolf von Harnack, **9**, C	2	From Robert W. Lawson, **9**, 297
19	To Hendrik A. Lorentz, **9**, 265	3	To Kaiser-Wilhelm Institute of Physics, board of trustees, **9**, C
19	From Hugo Bergmann, **9**, 266		
19	From Anton Lampa, **9**, 267	4	To Robert W. Lawson, **9**, C
19	From Friedrich Paschen, **9**, 268	4	To Ernest B. Ludlam, **9**, 298
19	From Vieweg publishing house, **9**, C	4	To Vieweg publishing house, **9**, C
		before 5	Nomination of Arnold Sommerfeld and Peter Debye as Corresponding Members of the Prussian Academy of Sciences, **9**, 299
20	To Rudolf Wegscheider, **9**, 269		
21	To Anton Lampa, **9**, 270		
21	To Vieweg publishing house, **9**, C		
21	From Arthur S. Eddington, **9**, 271		
21	From Paul Ehrenfest, **9**, 272	5	From Marcel Grossmann, **9**, 300
21	From Charles-Eugène Guye, **9**, 273	5	From Vieweg publishing house, **9**, C
21	From Friedrich Kottler, **9**, 274		
22	To Robert W. Lawson, **9**, 275	7	To Robert W. Lawson, **9**, 301
22	To Kornél Loewy (-Lánczos), **9**, 276	7	To Rudolf Wegscheider, **9**, 302
		8	From Paul Ehrenfest, **9**, 303
22	From Walter Tschuppik, **9**, C	8	From Heike Kamerlingh Onnes, **9**, 304
23	To Cambridge University Press, **9**, C		
		8	From Karl Linz, **9**, C
23	To Paul Ehrenfest, **9**, 277	9	To Edouard Guillaume, **9**, 305
23	To Friedrich Paschen, **9**, 278	10	To Berlin-Schöneberg Office of Taxation, **9**, 306
23	From Ernest B. Ludlam, **9**, 279		
25	From Edouard Guillaume, **9**, 280	10	To Richard von Mises, **9**, 307
25	From Robert W. Lawson, **9**, C	11	From Hendrik A. Lorentz, **9**, 308
25	From Edgar Meyer, **9**, 281	12	From Hans T. Cohn, **9**, 309
26	To Hans Delbrück, **9**, 282	12	From Heinrich Pfeiffer, **9**, 310
26	From Leonhard Grebe and Albert Bachem, **9**, 283	12	From Eduard Meyer, **9**, 311
		13	From Eduard Meyer, **9**, 312
27	To Hedwig and Max Born, **9**, 284	13	From Richard Wettstein, **9**, 313
27	To Cambridge University Press, **9**, 285	after 13	To Heinrich Zangger, **9**, 314
		14	To Eduard Meyer, **9**, 315
27	From Alexander Eliasberg, **9**, 286	14	From J. J. Marthe, **9**, C

15	From Edouard Guillaume, **9**, 316	6	To Blau, **9**, 342
15	From Fritz Weigert, **9**, C	8	To German Society for Foreign-Book Trade, **9**, 343
18	From W. Sazyma, **9**, C		
19	To Konrad Haenisch, **9**, 317	8	To Jeanne Rouvière, **9**, C
19	To Vieweg publishing house, **9**, C	9	To Carl H. Becker, **9**, C
19	From David Hilbert, **9**, 318	9	Ilse Einstein to the Protestant Synod of Berlin, **9**, 346
19	From Friedrich Kottler, **9**, 319		
after 19	From Richard von Mises, **9**, C	9	From Max Planck, **9**, C
20	From Michael Polányi, **9**, 321	9	From Walter Schottky, **9**, 345
21	To David Hilbert, **9**, 322	10–12	To Konrad Haenisch, **9**, 349
21	To Richard Wettstein, **9**, 323	10–12	From Paul Ehrenfest, **9**, 347
21	From Deutsches Museum, Munich, **9**, C	10	From Ludwik Silberstein, **9**, 348
		10	From Vieweg publishing house, **9**, C
21	From Erwin Freundlich, **9**, 324		
21	From Auguste Hochberger, **9**, 325	11	From Schmitt, **9**, C
21	From Vieweg publishing house, **9**, C	12	From Georg Count von Arco, **9**, 350
22	From Robert W. Lawson, **9**, 326	12	From Konrad Haenisch, **9**, 351
22	From Moritz Schlick, **9**, 327	12	From Vieweg publishing house, **9**, C
22	From Friedrich Schmidt-Ott, **9**, C		
23	From Jeanne Rouvière, **9**, C	13	From Moritz Schlick, **9**, 352
24	From Erwin Freundlich, **9**, 328	14	From Hans Albert Einstein, **10**: Vol. 9, 351a
24	From Erna and Karl Reis, **9**, C		
24	From Vieweg publishing house, **9**, C	14	From Eduard Einstein, **10**: Vol. 9, 351b
25	From Eduard Einstein, **10**: Vol. 9, 328a	15	From Arthur S. Eddington, **9**, 353
		16	To Vieweg publishing house, **9**, C
26	From the Protestant Synod of Berlin, **9**, 329	16	From Heinrich Pfeiffer, **9**, 354
		17	From Hendrik A. Lorentz, **9**, 355
27	To Marcel Grossmann, **9**, 330	17	From Anna Treumann, **9**, C
27	To Moritz Schlick, **9**, 331	18	To Hendrik A. Lorentz, **9**, 356
27	To Heinrich Zangger, **9**, 332	18	From Marcel Grossmann, **9**, 357
27	To Hans Albert Einstein, **9**, 333	22	To Otto Bahn, **9**, 358
27	From Albert Fleck, **9**, 334	22	From Emil Schwamberger, **9**, C
28	From Friedrich Schmidt-Ott, **9**, C	23	From Eduard Korrodi, **9**, 359
29	From Ernest B. Ludlam, **9**, C	23	From Frederick A. Lindemann, **9**, C
March			
		23	From Heinrich Prinz, **9**, C
1	To Paul Ehrenfest, **9**, 335	24	From Barth publishing house, **9**, C
1	To Michael Polányi, **9**, 336	24	From *Neue Zürcher Zeitung*, **9**, C
1	From Naturwissenschaften publishing house, 9, C	24	From D. B. Steinman, **9**, C
		25	From Otto Eisfelder, **9**, C
3	To Max Born, **9**, 337	26	To Hans Albert and Eduard Einstein, **9**, 360
3	To Vieweg publishing house, **9**, C		
3	From Anton Lampa, **9**, 338	26	To Heinrich Zangger, **9**, 361
3	From Charlotte Weigert, **9**, C	26	From Friedrich Schmidt-Ott, **9**, C
4	From Carl H. Becker, **9**, C	27	From Max von Laue, **9**, 362
5	From Blau, **9**, 339	28	From Ludwig G. Rebholz, **9**, C
5	From Peter Debye, **9**, 340	after 28	To Ludwig G. Rebholz, **9**, C
5	From David Hilbert, **9**, 341	29	From Central Association of

	German Citizens of the Jewish Faith, **9**, 363	19	To Ulrich von Wilamowitz-Moellendorff, **9**, 379
29	From Walter Steubing and Heinz Kirschbaum, **9**, C	19	To Heinrich Zangger, **9**, 380
		19	From Julius Burghold, **9**, 381
31	From Adolf von Harnack, **9**, C	20	To Max Born, **9**, 382
31	From Robert W. Lawson, **9**, C	20	To Franz Ulinski, **9**, 383
April		20	From Federigo Enriques, **9**, 384
1	To Emil Schwamberger, **9**, 364	20	From Richard von Schubert-Soldern, **9**, 385
2	To Ludo Moritz Hartmann, **9**, 365	20	From Ulrich von Wilamowitz-Moellendorff, **9**, C
3	To [Paul Nathan], **9**, 366		
4	From Walter Hasenclever, **9**, C	20	From Hans Wittig, **9**, 386
4	From Hans Vaihinger, **9**, 367	20–12 May	To Anton Lampa, **9**, 387
5	To Berufsamt für Akademiker E. V., **9**, C	after 20	To Rudolf Peters, **9**, 388
		21	From Bernhard Harms, **9**, C
5	To Central Association of German Citizens of the Jewish Faith, **9**, 368	after 21	To Bernhard Harms, **9**, C
		22	To Robert W. Lawson, **9**, 389
		22	From Robert W. Lawson, **9**, 390
5	To Hans Albert Einstein, **9**, 369	22	From Julio Rey Pastor, **9**, 391
5	To Adolf von Harnack, **9**, C	22	From Moritz Schlick, **9**, 392
5	To Carl Hermann Unthan, **9**, 370	23	From K. Frank, **10**, C
6	From [Franz Xaver?] Bachem, **9**, C	23	From Springer publishing house, **9**, C
6	From Great Lodge of Germany VIII of the Independent Order of B'nai B'rith in Berlin, **9**, C	24	To Maurice Solovine, **9**, 393
		24	From Gaston Moch, **9**, C
		24	From Paul Oppenheim, **9**, 394
7	To Paul Ehrenfest, **9**, 371	24	From Hans Vaihinger, **9**, 395
7	From Maurice Solovine, **9**, 372	25	To Julius Burghold, **9**, 396
8	From Barth Publishing House, **9**, C	25	From Hermann Coenen, **9**, 397
9	From Theodor Däubler, **9**, C	27	To Vieweg publishing house, **9**, C
10	From Martin Knudsen, **9**, C	28	From Felix Klein, **9**, 398
after 10	To Theodor Däubler, **9**, C	28	From Julio Rey Pastor, **9**, C
12	To Ester Heller, **9**, C	28	From Vieweg publishing house, **9**, C
12	To Gösta Mittag-Leffler, **9**, C		
14	To Hans Vaihinger, **9**, C	29	To Mendelssohn & Co., **9**, C
13	From Berufsamt für Akademiker E. V., **9**, C	29	To Paul Oppenheim, **9**, 399
		29	From Springer publishing house, **9**, C
13	From Paul Ehrenfest, **9**, 373		
14	From Georg Swarzenski, **9**, C	30	To Kaiser-Wilhelm Institute of Physics, board of trustees, **9**, C
14	From Vieweg publishing house, **9**, C		
		30	To Frederick A. Lindemann, **9**. C
after 14	To Georg Swarzenski, **9**, C	30	To Gaston Moch, **9**, C
15	To D. B. Steinman, **9**, C	30	To Rudolf Seeliger, **9**, C
15	From Paul Kammerer, **9**, 374	*May*	
16	From Paul Ehrenfest, **9**, 375		
16	From Royal Danish Academy of Sciences and Letters, **9**, C	1	To Ludwik Silberstein, **10**, 1
		1	To Vieweg publishing house, **10**, C
16	From Georg Vogelpohl, **9**, 376	1	From Paul Ehrenfest, **10**, 2
after 16	To Georg Vogelpohl, **9**, 377	1	From Gottlieb Haberlandt, **10**, 3
17	From Philipp Frank, **9**, C	before 2	From Rudolf Seeliger, **10**, C
19	To Moritz Schlick, **9**, 378		

2	To Niels Bohr, **10**, 4	21	From Erich Regener, **10**, 24
3	To Kaiser-Wilhelm Institute of Physics, board of trustees, **10**, C	21	From Pieter Zeeman, **10**, C
		22	To Elsa Einstein, **10**, 25
3	To Hans Wittig, **10**, 5	22	To Hendrik A. Lorentz, **10**, 26
3	From Gaston Moch, **10**, C	22	From Barth Publishing House, **10**, C
4	To Paul Ehrenfest, **10**, 6		
4	From Maurice Solovine, **10**, C	22	From Max von Laue, **10**, 27
4	From Vieweg publishing house, **10**, C	23	From Carl H. Unthan, **10**, 28
		23	From Hans Vaihinger, **10**, C
6	From Bernhard Harms, **10**, C	24	To the Royal Academy of Sciences in Amsterdam, **10**, 29
7	To Elsa Einstein, **10**, 7		
7	To Christian Jensen, **10**, C	24	From Elsa Einstein, **10**, 30
7	To Friedrich Schuh, **10**, C	24	From Peter P. Koch, **10**, C
7	From Adolf von Harnack, **10**, C	24	From Maurice Solovine, **10**, C
8	From Willem H. Julius, **10**, 8	24	From Fritz Weigert, **10**, C
8	From Adolf Wermuth, **10**, C	26	From Robert Fricke, **10**, 31
9	To Elsa Einstein, **10**, 9	26	From Vieweg publishing house, **10**, C
after 9	From Elsa Einstein, **10**, 10		
10	From Ernst Cassirer, **10**, 11	27	To Elsa Einstein, **10**, 32
10	From Moritz Schlick, **10**, 12	27	To Ilse Einstein, **10**, 33
11	To Elsa Einstein, **10**, 13	27	To Heinrich Zangger, **10**, 34
11	To Prussian Academy of Sciences, **10**, C	27	From Hendrik A. Lorentz, **10**, 35
		28	From Konrad Haenisch, **10**, 36
11	From R. W. Drechsler, **10**, C	28	From Hans Georg, Möller, **10**, C
11	From Will Großmann, **10**, C	28	From Greti Moser, **10**, 37
11	From Erich Marx, **10**, C	30	From Paul Epstein, **10**, 38
11	From Julio Rey Pastor, **10**, C	30	From Anton Lampa, **10**, 39
after 11	To R. W. Drechsler, **10**, C		
after 11	To Friedrich Rosen, **10**, C	*June*	
12	From Richard von Schubert-Soldern, **10**, C	1	To Vieweg publishing house, **10**, C
		1	From F. M. Henkell, **10**, C
13	From Frank D. Fackenthal, **10**, C	1	From Frans M. Jaeger, **10**, C
14	From Mileva Einstein-Marić, **10**, 14	1	From Friedrich Schmidt-Ott, **10**, C
		after 1	To Erich Marx, **10**, C
14	From Hans Albert Einstein, **10**, 15	2	To Maurice Solovine, **10**, C
15	To Wostok publishing house, **10**, C	2	From Adriaan D. Fokker, **10**, 40
15	From Robert W. Lawson, **10**, C	2	From Hedwig Kohn, **10**, C
15	From Jeanne Rouvière, **10**, C	2	To Vieweg publishing house, **10**, C
15	From Max Wertheimer, **10**, 16	2	From Vieweg publishing house, **10**, C
17	To Elsa Einstein, **10**, 17		
17	From Lucien Fabre, **10**, 18	3	To Julio Rey Pastor, **10**, C
18	From Hendrik A. Lorentz, **10**, C	3	To Hans Vaihinger, **10**, 41
18	From Friedrich Schmidt-Ott, **10**, C	4	To Paul Epstein, **10**, 42
19	To Elsa Einstein, **10**, 19	4	To Klaus Hansen, **10**, 43
before 20	From Elsa Einstein, **10**, 20	5	To Ernst Cassirer, **10**, 44
before 20	From Paul Winteler, **10**, 21	5	To Peter P. Koch, **10**, C
20	To Elsa Einstein, **10**, 22	5	To D. B. Steinman, **10**, C
20	From Wostok publishing house, **10**, C	5	From Moritz Schlick, **10**, C
		5	From Adolf Smekal, **10**, 45
21	To Max Wertheimer, **10**, 23	6	To Columbia University, **10**, C

6	To Paul Ehrenfest, **10**, 46	30	To Moritz Schlick, **10**, 67
6–15	To Friedrich Czapek, **10**, C	30	From Otto von Baeyer, **10**, C
7	To Moritz Schlick, **10**, 47	30	From Edouard Guillaume, **10**, 68
7	From City Council of Greater Berlin, **10**, C	*July*	
7	From Peter Debye, **10**, C	1	To Friedrich Schmidt-Ott, **10**, C
7	From Vieweg publishing house, **10**, C	1	To Ernst Wagner, **10**, C
		2	To Adolf Wermuth, **10**, C
8	From Karl Gerhards, **10**, C	3	To Hedwig Kohn, **10**, C
9	To Robert Fricke, **10**, 48	3	From Exner, **10**, C
9	From Hendrik A. Lorentz, **10**, 49	3	From Gaston Moch, **10**, 69
9–28 Jul	From Arthur Schoenflies, **10**, 50	3	From Robert W. Pohl, **10**, C
before 10	To Friedrich Schmidt-Ott, **10**, C	4	To Hans Albert and Eduard Einstein, **10**, 70
10	From Moritz Schlick, **10**, 51		
10	From Friedrich Schmidt-Ott, **10**, C	4	To Edouard Guillaume, **10**, 71
11	To Arthur S. Eddington, **10**, 52	5	From Lucien Fabre, **10**, C
11	To Friedrich Schmidt-Ott, **10**, C	5	From Gustav Maier, **10**, C
12	From Moritz Schlick, **10**, 53	6	From S. R. Cajal, **10**, C
13	From Willem H. Julius, **10**, 54	6	From Joseph Petzoldt, **10**, 72
14	From David Reichinstein, **10**, 55	8	From German League for the League of Nations, **10**, 73
14	From Maurice Solovine, **10**, C		
15	To Hendrik A. Lorentz, **10**, 56	9	To Leonhard Grebe, **10**, C
15	From Robert W. Lawson, **10**, C	9	To Rudolf Mewes, **10**, C
15	From Hans Reichenbach, **10**, 57	9	From Deutsche Gesellschaft für Auslandsbuchhandel, **10**, C
16	From Ernst Cassirer, **10**, 58		
16	From Friedrich Schmidt-Ott, **10**, C	9	From German Central Committee for Foreign Relief, **10**, 74
16	From Maurice Solovine, **10**, C		
17	From Friedrich Czapek, **10**, C	after 9	To Deutsche Gesellschaft für Auslandsbuchhandel, **10**, C
18	To Hedwig Born, **10**, 59		
18	From Leonhard Grebe and Albert Bachem, **10**, 60	10	To Peter Debye, **10**, C
		10	To Robert W. Pohl, **10**, C
18	From Ernst Wagner, **10**, C	10	To Vieweg publishing house, **10**, C
19	From Amelie Goldschmidt, **10**, C	11	From Hedwig Kohn, **10**, C
19	From Heinrich Zangger, **10**, 61	11	From Alfred Magnus, **10**, C
20	From Hans Thirring, Adolf Smekal and Ludwig Flamm, **10**, C	12	To Friedrich Schmidt-Ott, **10**, C
		12	From Leonhard Grebe, **10**, C
22	From Vladimir K. Arkad'ev, **10**, 62	12	From Hugo Seemann, **10**, C
23	From Hendrik A. Lorentz, **10**, 63	12	From Cornelis van Vollenhoven, **10**, C
23	From Friedrich Schmidt-Ott, **10**, C		
23	From Eduard Sthamer, **10**, C	13	From Wilhelm Hallwachs, **10**, C
before 24	To Elis Strömgren, **10**, C	13	From Hans Vaihinger, **10**, C
24	From Niels Bohr, **10**, 64	14	To Julio Rey Pastor, **10**, C
24	From Adolf von Harnack, **10**, C	14	From Edouard Guillaume, **10**, C
24	From Oskar Steinel, **10**, C	14	From Robert W. Pohl, **10**, C
after 24	To Oskar Steinel, **10**, C	15	From Ernst Cassirer, **10**, C
25	To Hans Thirring, Adolf Smekal, and Ludwig Flamm, **10**, 65	16	To Freie Vereinigung für Technische Volksbildung, **10**, C
25	From Dinos, **10**, C	16	From Max Born, **10**, 75
29	From Moritz Schlick, **10**, C	17	From Lucien Fabre, **10**, C
30	To Hans Reichenbach, **10**, 66	19	To Paul Ehrenfest, **10**, 76

19	To Edouard Guillaume, **10**, 77	*August*	
19	From Wilhelm Hallwachs, **10**, C	1	To Eduard Einstein, **10**, 96
19	To Alfred Magnus, **10**, C	3	From Allgemeine Studenten-Vertretung, **10**, C
19	To Gaston Moch, **10**, 78		
20	To Cornelis van Vollenhoven, **10**, C	3	From Théophile de Donder, **10**, 97
20	To Cornelis van Vollenhoven, **10**, C	3	From Heinrich Stern, **10**, C
20	From Gerhardt Hettner, **10**, C	4	To Hendrik A. Lorentz, **10**, 98
21	To S. R. Cajal, **10**, C	4	From Tullio Levi-Civita, **10**, C
21	To Landgericht I, Berlin, **10**, C	5	From Friedrich Glum, **10**, C
21	To Gösta Mittag-Leffler, **10**, 79	5	From Julio Rey Pastor, **10**, C
21	To Joseph Petzoldt, **10**, 80	6	From Paul Ehrenfest, **10**, 99
21	From Vieweg publishing house, **10**, C	7	From Ludwig Lange, **10**, C
23	To Mileva Einstein-Marić, **10**, 81	11	To Théophile de Donder, **10**, 100
23	To German League for the League of Nations, **10**, 82	12	From Erwin Freundlich, **10**, 101
		13	To Paul Ehrenfest, **10**, 102
24	From Paul Ehrenfest, **10**, 83	13	To Julio Rey Pastor, **10**, C
25	From Eduard Einstein, **10**, 84	14	From Ernst Wagner, **10**, C
25	From Alfred Magnus, **10**, C	15	To Allgemeine Studenten-Vertretung, **10**, C
before 26	To Michele Besso, **10**, 85		
26	From Cornelis van Vollenhoven, **10**, C	15	To Columbia University, **10**, C
		15	To Pieter Zeeman, **10**, 103
before 27	German News Agency for Foreign University and Student Affairs, **10**, C	15	From Bernardo Dessau, **10**, C
		16	From Walter Dällenbach, **10**, C
		16	From Paul Ehrenfest, **10**, 104
27	To German News Agency for Foreign University and Student Affairs, **10**, 86	16	From Friedrich Glum, **10**, C
		16	From Robert W. Lawson, **10**, C
		16	From Gösta Mittag-Leffler, **10**, C
27	To Kaiser-Wilhelm Institute of Physics, board of trustees, **9**, C	17	To Ernst Schuchard, **10**, C
		18	From Théophile de Donder, **10**, 105
27	From Richard Fleischer, **10**, C		
27	From David Reichinstein, **10**, C	18	From Tullio Levi-Civita, **10**, 106
28	From Edouard Guillaume, **10**, C	18	From Adolf F. Lindemann, **10**, 107
29	To Richard Fleischer, **10**, 87	19	From Arnold Berliner, **10**, 108
29	To Friedrich Kottler, **10**, 88	20	To Leo Landau, **10**, C
29	To Arthur Schoenflies, **10**, 89	20	From Leo Gilbert, **10**, C
29	From Michele Besso, **10**, 90	20	From Edouard Guillaume, **10**, C
29	From Max von Laue, **10**, 91	21	From Vieweg publishing house, **10**, C
29	From Robert W. Lawson, **10**, C		
29	From Vieweg publishing house, **10**, C	22	To Edouard Guillaume, **10**, 109
		23	From Friedrich Kottler, **10**, C
30	To Otto von Baeyer, **10**, C	24	To Rudolf Mosse, **10**, C
30	To Paul Ehrenfest, **10**, 92	24	From Karl Gerhards, **10**, C
30	To Konrad Haenisch, **10**, 93	26	From Robert W. Lawson, **10**, C
30	From Hermann Thoms, **10**, C	27	From Paul Ehrenfest, **10**, 110
31	To Edouard Guillaume, **10**, 94	27	From Israel Malkin, **10**, 111
31	From Max and Hedwig Born, **10**, 95	27	From Josef Nowak, **10**, C
		28	From Ernst Cassirer, **10**, 112
31	From David Reichinstein, **10**, C	28	From Ina Dickmann, **10**, 113
31	To Vieweg publishing house, **10**, C	28	From Paul Ehrenfest, **10**, 114

28	From P. Havel, **10**, C	8	From Wiener Freiheitliche Studentenschaft, Akademischer Monistenbund and Akademisch-Pädagogischer Verein at the University of Vienna, **10**, C
28	From F. Hennig, **10**, C		
29	From Artur Bartscht, **10**, C		
29	From Kurt J. Grau, **10**, 115		
29	From Moritz Schlick, **10**, 116		
30	From *Akademisk Revy*, **10**, C	before 9	To Paul Ehrenfest, **10**, 139
30	From Oscar Bie et al., **10**, 117	9	To Max and Hedwig Born, **10**, 140
30	From Helmut Bloch, **10**, 118	9	To Norwegian Students' Association, **10**, 141
30	From Fritz Haber, **10**, 119		
30	From Walther Meißner, **10**, 120	9	From Marcel Grossmann, **10**, 142
30	From Edgar Meyer, **10**, C	10	From Felix Ehrenhaft, **10**, 143
30	From Toni Schrodt, **10**, 121	10	From Hendrik A. Lorentz, **10**, 144
30	From Elsa Countess von Schweinitz und Krain, **10**, 122	before 11	From Betsy Julius-Einthoven, **10**, C
30	From Max Wolf, **10**, 123	11	To Willem and Betsy Julius, **10**, 145
30	From Wirtschaftshilfe der deutschen Studentenschaft, **10**, C	11	From Paul Ehrenfest, **10**, 146
		11	From Eugen Goldstein, **10**, C
31	From Rütschke, **10**, 124	11 or 11 Nov	From Emil Ludwig, **10**, C
31	From Matt Winteler, **10**, 125		
September		11	From Harry Schmidt, **10**, C
before 1	To Richard Fleischer, **10**, C	11	From Arnold Sommerfeld, **10**, 147
1	From Edouard Guillaume, **10**, C	12	To Marcel Grossmann, **10**, 148
1	From Maja Winteler-Einstein, **10**, 126	12	From C. Z. Klötzel, **10**, C
		13	To Kaiser-Wilhelm Institute of Physics, board of trustees, **10**, C
1	From George Winchester, **10**, C		
2	From G. I. Calisse, **10**, C	13	To Friedrich Schmidt-Ott, **10**, C
2	From Paul Ehrenfest, **10**, 127	13	From Vieweg publishing house, **10**, C
2	From Ludwig Hopf, **10**, 128		
2	From Willem H. Julius, **10**, 129	14	To Elsa Einstein, **10**, 149
3	From Hendrik A. Lorentz, **10**, 130	14	To the Association for Combating Anti-Semitism, **10**, 150
3	From Erhard Schmidt, **10**, C		
3	From K. Schubert, **10**, C	14	To Kaiser-Wilhelm Institute of Physics, board of trustees, **10**, C
3	From Arnold Sommerfeld, **10**, 131		
4	To Edouard Guillaume, **10**, 132	15	To Hermann Thoms, **10**, C
4	From Otto Lemmert, **10**, C	15	From Vieweg publishing house, **10**, C
5	From Alexander W. Pflüger, **10**, 133		
		18	From Zentralkomitee für das ärztliche Fortbildungswesen in Preußen, **10**, C
5	From Max Planck, **10**, 133		
6	To Arnold Sommerfeld, **10**, 134		
6	From Konrad Haenisch, **10**, 135	19	From Minna Cauer, **10**, 151
6	From Maria Moeller-Grevé, **10**, C	20	From Freie Akademische Vereinigung an der Technischen Hochschule Dresden, **10**, C
7	From Barth publishing house, **10**, C		
7	From Isaak Meyer, **10**, 136	20	From Jacob Gottesman, **10**, C
8	To Konrad Haenisch, **10**, 137	21	From Vieweg publishing house, **10**, C
8	To Vieweg publishing house, **10**, C		
8	From Association for Combating Anti-Semitism, **10**, C	22	From Friedrich Adler, **10**, C
		22	From P. R. Bennett, **10**, C
8	From Hedwig Born, **10**, 138	22	From Stefan Zweig, **10**, 152

23 or before	To Ilse Einstein, **10**, 153	15	To Lucien Chavan and Jeanne Chavan-Perrin, **10**, 176
24	To Ilse and Margot Einstein, **10**, 154	17	From Max Flesch, **10**, C
after 25	To Hendrik A. Lorentz, **10**, 155	after 17	To Max Flesch, **10**, C
26	From Eduard Hartmann, **10**, 156	before 18	From Zeitler's Studienhaus-Zusatz-Stiftung, board of trustees, **10**, C
26	From Ralph de Laer Kronig, **10**, C		
27	From Freie Akademische Vereinigung an der Technischen Hochschule Dresden, **10**, C	18	From Vilhelm Bjerknes, **10**, 177
		18	From Zionist Student Association of Eastern Galicia, **10**, 178
28	From Vieweg publishing house, **10**, C	19	To Elsa Einstein, **10**, 179
29	From Deutscher Gesellig-wissenschaftlicher Verein in New York, **10**, C	19	From Reinhold Fürth, **10**, C
		22	To Elsa Einstein, **10**, 179a
		22	From Bertha Moszkowski, **10**, 180
30	To Elisabeth Ney, **10**, 157	25	From Edgar Wöhlisch, **10**, 181
30	From Gesellschaft Deutscher Naturforscher und Ärzte, **10**, 158	26	To Max Born, **10**, 182
		26	To Elsa Einstein, **10**, 183
30	From B. Rassow, **10**, C	28	To Elsa Einstein, **10**, 184
October		28	From Max Born, **10**, 185
		28	From Paul Hertz, **10**, 186
1	To Hedwig Born, **10**, 159	28	From Bertha Moszkowski, **10**, 187
1	From Luther P. Eisenhart, **10**, 160	28	From Zeitler's Studienhaus-Zusatz-Stiftung, board of trustees, **10**, C
2	From Max and Hedwig Born, **10**, 161		
6	To Fritz Haber, **10**, 162	29	From Vieweg publishing house, **10**, C
6	From Wilhelm Matthies, **10**, C	30	From Albert G. Schmedeman, **10**, C
6	From Vieweg publishing house, **10**, C		
		31	To Elsa Einstein, **10**, 188
7	To Paul Ehrenfest, **10**, 163	*November*	
7	To Elsa Einstein, **10**, 164		
7	To Ilse Einstein, **10**, 165	?	To Adolf and Friedricke Moos, **10**, C
7	From Hedwig Born, **10**, 166		
7	From Geertruida de Haas-Lorentz, **10**, C	before 2	From Christian Füchtbauer, **10**, C
		2	From Adriaan D. Fokker, **10**, 189
7	From Fritz Haber, **10**, 167	4	To Springer publishing house, **10**, C
7	From Arnold Sommerfeld, **10**, 168		
8	To Gesellschaft Deutscher Naturforscher und Ärzte, **10**, C	4	From James Franck, **10**, C
		4	From Willem de Sitter, **10**, 190
8	From Erich Wende, **10**, 169	6	From Helge Horst, **10**, C
9	To Elsa Einstein, **10**, 170	6	From Martin Knudsen, **10**, C
9	From Moritz Schlick, **10**, 171	6	From Slowo publishing house, **10**, C
9	From Friedrich Schmidt-Ott, **10**, C		
10	From Hermann Anschütz-Kaempfe, **10**, 172	7	From Hugh Chisholm, **10**, C
		7	From Paul Ehrenfest, **10**, 191
10	From Ilse Einstein, **10**, 173	7	From Gerrit Mannoury, **10**, C
11	To Max Born, **10**, 174	7	From Edgar Meyer, **10**, 192
11	From W. S. Ting, **10**, C	after 7	To Edgar Wöhlisch, **10**, 193
13	From Max Born, **10**, 175	8	To Jolán Kelen-Fried, **10**, 194
13	From Hans Rahm, **10**, C	8	To Carl Runge, **10**, 195
14	From George B. Jeffery, **10**, C		

8	To Vieweg publishing house, **10**, C	28	From Walther Nernst, **10**, 213
9	From Friedrich Adler, **10**, 196	28	From Harry Schmidt, **10**, C
9	From Otto Bauer, and Sigmund Kunfy, **10**, C	28	From Hugo Seemann, **10**, C
		after 28	To Herbert Fischer, **10**, C
9	From Mário Basto Wagner, **10**, 197	29	To Felix Ehrenhaft, **10**, C
10	To Stefan Zweig, **10**, 198	29	From Willem de Sitter, **10**, 214
10	From Friedrich Schmidt-Ott, **10**, C	30	To Encyclopaedia Britannica, **10**, C
11	From Georg Count von Arco, **10**, 199	30	From Jeanne Rouvière, **10**, C
11	From Paul Hertz, **10**, 200	*December*	
11 or 11 Sep		?	From Wander de Haas, **10**, 215
	From Emil Ludwig, **10**, C	1	To Hans Mühsam, **10**, 216
12	To Vilhelm Bjerknes, **10**, 201	1	From Arnold Berliner, **10**, 217
12	From Jolán Kelen-Fried, **10**, 202	1	From Paul Winteler, **10**, 218
13	From Paul Kronthal, **10**, C	2	To Harry Schmidt, **10**, 219
14	To John G. Hibben, **10**, 203	2	From Max von Laue, **10**, C
14	To Hugo Lieber, **10**, 204	3	To Wiener Urania, **10**, C
15	To Wilhelm Matthies, **10**, C	3	From Harry Schmidt, **10**, C
15	From Otto von Baeyer, **10**, C	6	From Maja Winteler-Einstein, **10**, 220
15	From Gustav Roethe, **10**, C		
16	To Hans Rahm, **10**, C	7	To Kaiser-Wilhelm Institute of Physics, board of trustees, **10**, C
16	To Hugo Seemann, **10**, C		
18	To Prussian Academy of Sciences, **10**, C	7	From Paul Mühsam, **10**, 221
		before 8	From Heinrich Zangger, **10**, 222
18	From Konrad Sannig & Co., **10**, C	8	To Max M. Warburg, **10**, 223
18	From Vieweg publishing house, **10**, C	8	From Max Born, **10**, 224
		8	From Paul Ehrenfest, **10**, 225
19	To Minna Cauer, **10**, 205	8	From Felix Ehrenhaft, **10**, C
19	From Encyclopaedia Britannica, **10**, C	8	From Harm H. Kamerlingh Onnes, **10**, 226
19	From Fritz Haber, **10**, C	8	From Robert W. Lawson, **10**, C
20	From Marcel Grossmann, **10**, 206	8	From Methuen publishing house, **10**, C
22	From Wolfgang Ostwald, **10**, C		
22	Augustus Trowbridge to Heike Kamerlingh Onnes, **10**, 207	ca. 9	To Paul Ehrenfest, **10**, 227
		10	To Peter Debye, **10**, C
after 22	To Wofgang Ostwald, **10**, C	10	To Hugo Seemann, **10**, C
23	From Heike Kamerlingh Onnes, **10**, 208	10	To Vieweg publishing house, **10**, C
		10	From Reinhold Fürth, **10**, C
23	From Methuen publishing house, **10**, C	11	From Wiener Urania, **10**, C
		12	To Peter Debye, **10**, C
24	From Allgemeine Studenten-Vertretung, **10**, C	13	From Rudolf Goldscheid, **10**, 228
		13	From Albert G. Schmedeman, **10**, 229
24	From Felix Ehrenhaft, **10**, C		
24	From Harry Schmidt, **10**, C	14	To George B. Jeffery, **10**, 230
25	From Victor Kopp, **10**, C	14	From Erwin Freundlich, **10**, 231
26	To Paul Ehrenfest, **10**, 209	15	To Hans Albert and Eduard Einstein, **10**, 232
27	To Augustus Trowbridge, **10**, 210		
28	To Edgar Meyer, **10**, 211	15	From Jewish Community of Berlin, **10**, C
28	From Hans Albert Einstein, **10**, 212		
28	From Herbert Fischer, **10**, C	16	To Edouard Guillaume, **10**, 233

16	To Albert G. Schmedeman, **10**, 234	24	From Springer publishing house, **10**, C
16	From David Reichinstein, **10**, C	24–27	From Michele Besso, **10**, 244
17	From Pickworth E. Farrow, **10**, C	26	To Allgemeine Studenten-Vertretung, **10**. C
18	From Reinhold Fürth, **10**, C		
18	From Arnold Sommerfeld, **10**, 235	28	To Ernest Pickworth Farrow, **10**, 245
18–28	To Arnold Sommerfeld, **10**, 236		
19	From Hermann Anschütz-Kaempfe, **10**, 237	28	To Ayao Kuwaki, **10**, 246
		28	To Peter Debye, **10**, C
20	To Allgemeine Studenten-Vertretung, **10**, C	28	From Hermann Anschütz-Kaempfe, **10**, 247
20	From Peter Debye, **10**, C	28	From Carl Beck, **10**, 248
20	From Wolfgang Ostwald, **10**, C	28	From Hedwig Kohn, **10**, C
21	From Augustus Trowbridge, **10**, C	29	To Wilhelm Blaschke, **10**, 249
22	To Jewish Community of Berlin, **10**, 238	29	To Edouard Guillaume, **10**, 250
		29	To Mário Basto Wagner, **10**, 251
22	To Methuen publishing house, **10**, C	29	From Gustav Roethe, **10**, C
		29	From Arnold Sommerfeld, **10**, 252
22	To A. J. Reingold, **10**, 239	30	From Jewish Community of Berlin, **10**, 253
22	From Frederick A. Lindemann, **10**, 240		
		30	From Methuen publishing house, **10**, C
23	From Wilhelm Blaschke, **10**, C		
23	From Edouard Guillaume, **10**, 241	after 30	To Methuen publishing house, **10**, C
23	From Albert G. Schmedeman, **10**, 242		
24	From Allgemeine Studenten-Vertretung, **10**. C	31	From Springer publishing house, **10**, C
24	From John G. Hibben, **10**, 243		

CHRONOLOGY, 1879–1920

This chronology contains references to: (1) significant events in Einstein's life; (2) Einstein's previously published and unpublished writings that appear in the *Writings* series of this edition. In the case of published papers, the date refers to receipt by a journal, unless otherwise indicated; (3) Einstein's lectures, courses, attendance at significant academic, administrative, or other gatherings, and his travels; (4) major political events; (5) interviews with Einstein. Newspaper titles without a date refer to the issue published on the date of the entry. All excerpts and quotations are rendered in English. For the original texts and their bibliographic references, see the respective calendars in the documentary edition.

The following abbreviations are used:

DPG   Deutsche Physikalische Gesellschaft (German Physical Society)
ETH   Eidgenössische Technische Hochschule (Swiss Federal Polytechnic)
GDNÄ Gesellschaft Deutscher Naturforscher und Ärzte (Society of German Scientists and Physicians)
KWG   Kaiser-Wilhelm-Gesellschaft (Kaiser Wilhelm Society)
KWIP Kaiser-Wilhelm-Institut für Physik (Kaiser Wilhelm Institute of Physics)
M   German marks
PAW   Preußische Akademie der Wissenschaften (Prussian Academy of Sciences)

1879

Mar 14   Albert Einstein is born to Pauline (Koch) Einstein and Hermann Einstein at Bahnhofstr. B 135 in Ulm, Germany.

1880

Jun 21   The Einstein family registers its residence at Müllerstr. 3, third floor, in Munich.

1880–1881

"It is true that my parents were worried because I started to talk only at a late age and they consulted a physician" (Einstein to Sybille Blinoff, 21 May 1954). On 1 July 1881, however, his grandmother Pauline Koch notes his "funny ideas" (*Hoffmann 1976*, p. 22).

1881

Nov 18   Maria (Maja) Einstein, Einstein's only sibling, is born in Munich.

1883–1884

"A wonder . . . I experienced as a child of 4 or 5 years, when my father showed me a compass. . . . I can still remember— or at least I believe I can remember —that this experience made a deep and lasting impression upon me" (*Einstein 1979*, p. 8).

1884–1885

Receives private instruction at home. He is still under the age for admission to a Munich public primary school.

1885

Mar 31
: The Einstein family registers at Rengerweg 14 (later renamed Adlzreiterstr.), first floor, in the Sendling district of Munich.

ca. Oct 1
: Enters the Petersschule on Blumenstr., a Catholic primary school, probably beginning in the second grade. Private Jewish religious instruction also begins, leading "to a deep religiosity, which, however, found an abrupt ending at the age of 12" (*Einstein 1979*, p. 2).

1885–1893

"I had violin lessons between the ages of 6 & 14. . . . I only learned something at the age of 13, after I fell in love mostly with Mozart's sonatas" (Einstein to Philipp Frank, draft letter, 1940).

1886

ca. Oct 1
: Enters class IIIa of the Petersschule. The class has 70 pupils.

Nov 12
: Is transferred to class IIIb.

1887

ca. Oct 1
: Enters class IVb, which has 71 pupils.

1888

Sep 26
: Entrance examinations in religion, German, and arithmetic are held at the Luitpold-Gymnasium in Munich.

Oct 1
: Enters the first year of the nine-year Luitpold-Gymnasium. The school year consists of a winter and a summer semester, and lasts from 1 October to 8 August (10 September to 14 July as of 1891).

1889

Fall — Medical student Max Talmey meets Einstein at his parents' home. They become close friends, and in the ensuing five years they discuss a number of mathematical, scientific, and philosophical topics.

ca. 1891

"At the age of 12 I experienced a second wonder . . . in a little book dealing with Euclidean plane geometry. . ." (*Einstein 1979*, p. 8).

1891–1895

"At the age of 12–16, I familiarized myself with the elements of mathematics together with the principles of differential and integral calculus. . . . I also had the good fortune of getting to know the essential results and methods of the entire field of the natural sciences in an excellent popular expostion. . ." (*Einstein 1979*, p. 12).

1894

Jun 1 — The Einstein family registers temporarily in Planegg (near Munich), prior to moving to Milan. Einstein stays in Munich to finish high school.

Sep 10 — Begins his seventh year at the Luitpold-Gymnasium.

Dec 29 — Withdraws from the Luitpold-Gymnasium. Travels to Milan, where he joins his family at their home on via Berchet 2. Begins preparation for the entrance examinations to the Eidgenössische Polytechnische Schule (ETH) in Zurich.

1895

Summer — Vacations with his family at Airolo, south of the Gotthard Pass. The family moves to via Foscolo 11 in Pavia. Einstein visits friends in Casteggio (near Pavia) and hikes across the Ligurian Alps to visit relatives in Genoa.

Oct 8 — The entrance examinations to the ETH begin. Einstein is permitted to take the examinations, although he is two years under the regular age of admission.

Oct 14 — The results of the ETH entrance examination are announced. Einstein is not admitted that year. He is advised to finish his secondary schooling in the Aargau Kantonsschule in Aarau.

Oct 26	Enrolls as a third-year pupil in the Technical School of the Aargau Kantonsschule three days after the third quarter started. While living in Aarau, he boards with the Winteler family.
Dec 23	The third quarter at the Kantonsschule ends. Einstein spends the Christmas holidays with the Wintelers.

1895–1896

"During this year in Aarau, the following question occurred to me: If one pursues a beam of light with the velocity c (velocity of light in a vacuum) one should observe such a beam of light as a spatially oscillatory electromagnetic field at rest. However, there seems to be no such thing! This was the first childlike thought experiment, that was concerned with the special theory of relativity . . ." (*Einstein 1955*, p. 146).

1896

Jan 7	The fourth quarter at the Kantonsschule begins.
Jan 28	Released from Württemberg citizenship at his request, with his father's consent. He remains stateless for five years.
Apr 6–8	Takes the third-year examinations at the Kantonsschule. The school year ends on 8 April. Einstein spends spring break with his family in Pavia.
Apr 29	The first quarter at the Kantonsschule begins. Einstein enters the fourth and final year.
Jun 24–26	Visits the Säntis massif in northeastern Switzerland during a school field trip.
Jul 9	The first quarter at the Kantonsschule ends. Einstein spends the summer holidays with his family in Pavia.
Aug 7	The second quarter at the Kantonsschule begins.
Fall	The Einstein family returns to Milan, where they live at via Bigli 21.
Sep 18, 19, 21	Takes the written *Matura* (high-school leaving) examinations at the Kantonsschule.
Sep 30	Takes the oral *Matura* examinations.
Oct 3	Is awarded the *Matura* certificate.
Oct 5–10	Reports to the director of the ETH for enrollment in section VI A.

	Oct 12	Winter semester at ETH begins. Classes start on 20 October. "I had also already studied some theoretical physics when, ..., I entered the Polytechnic Institute of Zurich" (*Einstein 1979*, p. 14). During this semester, Einstein meets fellow student Mileva Marić.
	Oct 29	Registers at Unionstr. 4 in Zurich, where he boards with Henriette Hägi.
	Dec 21	Winter vacation begins. Einstein spends the holidays with his family in Milan.
1897		
	Jan 2	Classes at the ETH resume.
	Mar 20	Classes at the ETH end. The winter semester ends on 27 March. Einstein spends the semester break with his family in Milan.
	Apr 20	Summer semester at the ETH begins and classes start.
	Jul 31	Classes at the ETH end. The summer semester ends on 5 August.
	Oct 11	Winter semester at the ETH begins. Classes start on 19 October.
	Dec 23	Winter vacation begins.
1898		
	Jan 3	Classes at the ETH resume.
	Mar 12	Classes at the ETH end. Winter semester ends on 19 March.
	Apr 12	Summer semester at the ETH begins and classes start.
	Jul 30	Classes at the ETH end. Summer semester ends on 4 August.
	Sep 17	Registers at Klosbachstr. 87 in Zurich, where he rooms in the house of Stephanie Markwalder.
	Oct 3	Start of the oral intermediate examination for the *Diplom*, which Einstein passes.
	Oct 10	Winter semester at the ETH begins. Classes start on 18 October.
	Dec 24	Winter vacation begins.
1899		
	Jan 7	Classes at the ETH resume.

	Mar 11	Classes at the ETH end. Winter semester ends on 18 March. Einstein spends the intersession with his family in Milan.
	Apr 10	The summer semester at the ETH begins and classes start.
	Jul 29	Classes at the ETH end. Summer semester ends on 3 Aug.
	Aug 1–Sep 11	Spends the summer holidays with his mother, sister, and aunt in Mettmenstetten, climbs the Säntis with Maja, and visits Aarau.
	Sep 11	Travels to Milan with his mother and sister.
	Oct 9	Winter semester at the ETH begins. Classes start on 17 October.
	Oct 16	Accompanies his sister to Aarau, where she enters the Teachers' College for Women as a second-year pupil, and then proceeds to Zurich.
	Oct 19	Applies for Swiss citizenship.
	Nov 9	Registers at Unionstr. 4 in Zurich, where he again rooms in the house of Henriette Hägi.
	Dec 23	Winter vacation begins.
1900		
	Jan 6	Classes at the ETH resume.
	Mar 17	Classes at the ETH end. Winter semester ends on 24 March.
	Apr 17	Summer semester at the ETH begins and classes start.
	Jul 27	Passes the oral final examination for the *Diplom*.
	Jul 27–ca. Aug 9	Spends a holiday with his mother, sister, and aunt in Melchtal. He informs his mother that Marić and he plan to marry.
	Jul 28	Receives his *Diplom* as *Fachlehrer in mathematischer Richtung* (teacher specialized in mathematics) from the ETH.
	ca. Aug 9	Goes to Zurich to inquire about a position as *Assistent* to Professor Adolf Hurwitz at the ETH.
	Aug 18	Travels to Milan.
	early Sep	Einstein and his father visit the father's power stations in Canneto and Isola della Scala, and also visit Venice.
	Sep 21	Goes on a trip to Lago Maggiore.
	Oct 7	Returns to Zurich, where he works on a doctoral dissertation during the winter semester.

Oct 11	Registers at Dolderstr. 17 in Zurich, Henriette Hägi's new address.
Dec 13	Submits his first scientific paper, on capillarity, to the *Annalen der Physik* ("Conclusions Drawn from the Phenomena of Capillarity" [Vol. 2, Doc. 1]).
end of Dec	Spends the holiday season with his parents, returning to Zurich by 3 January.

1901

Feb 21	Obtains Swiss citizenship.
Mar–Apr	Applies unsuccessfully for a position as *Assistent* to several physicists.
Mar 1	His first scientific paper is published in the *Annalen der Physik*.
Mar 13	Is classified for Swiss auxiliary military service on medical grounds.
Mar 23	Travels to Milan.
May 5	Leaves Milan for Winterthur. In Como, he joins Marić for a short trip over the Splügen Pass.
May 16–Jul 11	Is substitute teacher at the Technical School in Winterthur. On weekends, he often visits Marić in Zurich.
May 17	Registers his departure from Zurich to Winterthur.
May 21	Registers at Äußere Schaffhauserstr. 38 in Winterthur, where he rooms in the house of Maria Wachter.
July	Vacations with his mother in Mettmenstetten.
Jul 3	Applies unsuccessfully for a secondary-school position at the Technical School in Burgdorf.
late Jul	Applies unsuccessfully for a secondary-school position in Frauenfeld.
ca. Sep 15	Begins work as a tutor at the Lehr- und Erziehungsanstalt, Dr. Jakob Nüesch's private boarding school in Schaffhausen. Begins work on a dissertation on molecular forces in gases.
Oct 2	Registers with the military authorities in Schaffhausen. While there, lives at three addresses: Fulachstr. 22 (Nüesch's school), Fulachstr. 6 (Baumer family), Bahnhofstr. 102 (the Cardinal Inn).

Oct 14	Registers his departure from Winterthur for Schaffhausen.
early Nov	Visits Marić, who is in Stein am Rhein.
Nov 23	Submits doctoral dissertation to the University of Zurich.
Dec 18	Applies for a position at the Swiss Patent Office (Eidgenössisches Amt für geistiges Eigentum) in Bern.
ca. Dec 25	Spends the Christmas holiday with Maja in Mettmenstetten.

1902

ca. Jan	Einstein and Marić's daughter "Lieserl" is born
Feb 1	His dissertation fees are refunded by the University of Zurich, probably because he withdrew his dissertation.
Feb 11	Registers at Gerechtigkeitsgasse 32 in Bern, where he rooms in the house of Anna Sievers.
Apr 30	"On the Thermodynamic Theory of the Difference in Potentials between Metals and Fully Dissociated Solutions of Their Salts and on an Electrical Method for Investigating Molecular Forces" (Vol. 2, Doc. 2).
Jun 7	Registers at Thunstr. 43a, where he rooms in the house of the Dosch family.
Jun 16	Appointed Technical Expert third class at the Swiss Patent Office in Bern by the Swiss Federal Council on a trial basis (annual salary of 3,500 francs).
Jun 23	Begins work at Swiss Patent Office.
Jun 26	"Kinetic Theory of Thermal Equilibrium and the Second Law of Thermodynamics" (Vol. 2, Doc. 3).
Aug 14	Registers at Archivstr. 8, Bern, where he takes a room in the house of Bertha Hausmann-Louis.
Oct 10	Einstein's father Hermann Einstein dies in Milan.

1903

Jan 6	Marries Mileva Marić in Bern.
Jan 10	Registers residence at Tillierstr. 18, Bern.
Jan 26	"A Theory of the Foundations of Thermodynamics" (Vol. 2, Doc. 4).
Easter	Starts an informal study group, the "Olympia Academy," with Maurice Solovine, which Conrad Habicht joins shortly thereafter.

CHRONOLOGY, 1903-1905   183

	May 2	Becomes member of the Naturforschende Gesellschaft of Bern.
	Sep	Daughter Lieserl is registered.
	Oct 29	Registers residence at Kramgasse 49, Bern.
	Dec 5	Delivers a lecture to the Naturforschende Gesellschaft of Bern on "The Theory of Electromagnetic Waves."
1904		
	Mar 29	"On the General Molecular Theory of Heat" (Vol. 2, Doc. 5).
	May 14	Son Hans Albert is born in Bern.
	Sep 16	Receives a permanent appointment at the Swiss Patent Office (salary increase to 3,900 francs).
1905		
	first half of Mar	Publishes reviews of G. Belluzzo, "Principles of Graphic Thermodynamics" (Vol. 2, Doc. 6); A. Fliegner, "On Clausius's Law of Entropy" (Vol. 2, Doc. 7); W. McFadden Orr, "On Clausius' Theorem for Irreversible Cycles, and on the Increase of Entropy" (Vol. 2, Doc. 8); G. H. Bryan, "The Law of Degradation of Energy as the Fundamental Principle of Thermodynamics" (Vol. 2, Doc. 9); N. N. Schiller, "Some Concerns Regarding the Theory of Entropy Increase Due to the Diffusion of Gases Where the Initial Pressures of the Latter Are Equal" (Vol. 2, Doc. 10); J. J. Weyrauch, "On the Specific Heats of Superheated Water Vapor" (Vol. 2, Doc. 11); J. H. van 't Hoff, "The Influence of the Change in Specific Heat on the Work of Conversion" (Vol. 2, Doc. 12); and A. Giammarco, "A Case of Corresponding States in Thermodynamics" (Vol. 2, Doc. 13).
	Mar 18	"On a Heuristic Point of View Concerning the Production and Transformation of Light" (Vol. 2, Doc. 14).
	Apr 30	Completes doctoral dissertation at the University of Zurich: "A New Determination of Molecular Dimensions" (Vol. 2, Doc. 15).
	May 11	"On the Movement of Small Particles Suspended in Stationary Liquids Required by the Molecular-Kinetic Theory of Heat" (Vol. 2, Doc. 16).
	May 13	Registers residence at Besenscheuerweg 28, Bern.

184   CHRONOLOGY, 1905–1906

second half of Jun	Publishes reviews of K. F. Slotte, "On the Heat of Fusion" (Vol. 2, Doc. 17) and "Conclusions Drawn from a Thermodynamic Equation" (Vol. 2, Doc. 18); E. Mathias, "The Constant *a* of Rectilinear Diameters and the Laws of Corresponding States" (Vol. 2, Doc. 19); M. Planck, "On Clausius' Theorem for Irreversible Cycles, and on the Increase of Entropy" (Vol. 2, Doc. 20); E. Buckingham, "On Certain Difficulties Which Are Encountered in the Study of Thermodynamics" (Vol. 2, Doc. 21); and P. Langevin, "On a Fundamental Formula of the Kinetic Theory" (Vol. 2, Doc. 22).
Jun 30	"On the Electrodynamics of Moving Bodies" (Vol. 2, Doc. 23).
Jul 27	Einstein's petition to receive the doctorate is approved by the Philosophical Faculty II of the University of Zurich.
late summer	Visits Belgrade with wife and son and spends time in Újvidék (Novi Sad).
second half of Sep	Publishes reviews of H. Birven, *Fundamentals of the Mechanical Theory of Heat* (Vol. 2, Doc. 25); A. Ponsot, "Heat in the Displacement of the Equilibrium of a Capillary System" (Vol. 2, Doc. 26); and K. Bohlin, "On Impact Considered as the Basis of Kinetic Theories of Gas Pressure and of Universal Gravitation" (Vol. 2, Doc. 27).
Sep 27	"Does the Inertia of a Body Depend upon Its Energy Content?" (Vol. 2, Doc. 24).
first half of Nov	Publishes reviews of G. Meslin, "On the Constant in Mariotte and Gay-Lussac's Law" (Vol. 2, Doc. 28); and A. Fliegner, "The Efflux of Hot Water from Container Orifices" (Vol. 2, Doc. 29).
second half	Publishes reviews of J. J. Weyrauch, *An Outline of the Theory of Heat. With Numerous Examples and Applications.* Part 1 (Vol. 2, Doc. 30); and A. Fliegner, "On the Thermal Value of Chemical Processes" (Vol. 2, Doc. 31).
Dec 19	"On the Theory of Brownian Motion" (Vol. 2, Doc. 32).

1906

Jan	Submits "Supplement" to "A New Determination of Molecular Dimensions" (Vol. 2, Doc. 33).

Jan 13	Participates in discussion following E. Stähli's lecture on "Microscopy with Ultraviolet Rays and the Ultramicroscope" delivered to the Naturforschende Gesellschaft of Bern.
Jan 15	Receives doctorate from the University of Zurich.
Mar 10	Promoted to Technical Expert second class with a salary increase to 4,500 francs, effective 1 April.
Mar 13	"On the Theory of Light Production and Light Absorption" (Vol. 2, Doc. 34).
May 17	"The Principle of Conservation of Motion of the Center of Gravity and the Inertia of Energy" (Vol. 2, Doc. 35).
Jun 1	Registers residence at Aegertenstr. 53, Bern.
first half of Aug	Publishes review of M. Planck, *Lectures on the Theory of Thermal Radiation* (Vol. 2, Doc. 37).
Aug 4	"On a Method for the Determination of the Ratio of the Transverse and the Longitudinal Mass of the Electron" (Vol. 2, Doc. 36).
Nov 9	"Planck's Theory of Radiation and the Theory of Specific Heat" (Vol. 2, Doc. 38).
Dec 12	"On the Limit of Validity of the Law of Thermodynamic Equilibrium and on the Possibility of a New Determination of the Elementary Quanta" (Vol. 2, Doc. 39).

1907

Jan 22	"Theoretical Remarks on Brownian Motion" (Vol. 2, Doc. 40).
Mar 3	"Correction to My Paper: 'Planck's Theory of Radiation etc.'" (Vol. 2, Doc. 42).
Mar 17	"On the Possibility of a New Test of the Relativity Principle" (Vol. 2, Doc. 41).
Mar 23	Lectures "On the Nature of the Movements of Microscopically Small Particles Suspended in Liquids" to Naturforschende Gesellschaft of Bern (Vol. 2, Doc. 43).
Apr 16	"Comments on the Note of Mr. Paul Ehrenfest: 'The Translatory Motion of Deformable Electrons and the Area Law'" (Vol. 2, Doc. 44).
May 14	"On the Inertia of Energy Required by the Relativity Principle" (Vol. 2, Doc. 45), in which Einstein first uses the phrase "the equivalence of mass and energy."

	Jun 17	Makes first formal attempt to obtain *Privatdozentur* at the University of Bern.
	Aug 1–10	Vacations with wife and son in Lenk, canton of Bern.
	second half of Aug	Publishes review of J. J. Weyrauch, *An Outline of the Theory of Heat. With Numerous Examples and Applications.* Part 2 (Vol. 2, Doc. 46).
	Oct 28	Decision on *Privatdozentur* at the University of Bern is postponed until Einstein submits a *Habilitationsschrift*.
	Dec 4	"On the Relativity Principle and the Conclusions Drawn from It" (Vol. 2, Doc. 47), in which Einstein first formulates the equivalence principle, an idea that he would later call "the most fortunate idea of my life" (Vol. 7, Doc. 31, p. 265)
	Dec 14	Inquires about a position at the Kantonsschule Zurich.
1908		
	early Jan	Submits *Habilitationsschrift*: "Consequences for the Constitution of Radiation of the Energy Distribution Law of Black Body Radiation" to the University of Bern.
	Jan 20	Applies for a position at the Technikum Winterthur.
	Feb 15	"A New Electrostatic Method for the Measurement of Small Quantities of Electricity" (Vol. 2, Doc. 48).
	Feb 24	The Philosophical Faculty II of the University of Bern approves *Privatdozentur* for Einstein.
	Feb 27	Delivers inaugural lecture at the University of Bern, "On the Limit of the Validity of Classical Thermodynamics."
	ca. Feb 28	Receives *venia docendi* for theoretical physics and becomes *Privatdozent* at the University of Bern.
	Mar 3	"Corrections to the Paper: 'On the Relativity Principle and the Conclusions Drawn from It'" (Vol. 2, Doc. 49).
	April	Begins a three-week collaboration with Jakob Laub.
	Apr 1	"Elementary Theory of Brownian Motion" (Vol. 2, Doc. 50).
	Apr 21	Summer semester at the University of Bern begins: Einstein teaches a course in the molecular theory of heat.
	May 2	"On the Fundamental Electromagnetic Equations for Moving Bodies" (with Jakob Laub) (Vol. 2, Doc. 51).

CHRONOLOGY, 1908–1909

May 13	"On the Ponderomotive Forces Exerted on Bodies at Rest in the Electromagnetic Field" (with Jakob Laub) (Vol. 2, Doc. 52).
May 16	Works in laboratory of Albert Gockel at the University of Fribourg.
Jun 28	Again in Fribourg in Gockel's laboratory.
Jul 25	Summer semester at the University of Bern ends.
Aug 24	"Correction to the Paper: 'On the Fundamental Electromagnetic Equations for Moving Bodies'" (with Jakob Laub) (Vol. 2, Doc. 53).
summer	Vacations with wife and son in the Bernese Oberland.
Oct 20	Winter semester at the University of Bern begins. Einstein teaches a course in the theory of radiation.
Dec 6	"Remarks on Our Paper: 'On the Fundamental Electromagnetic Equations for Moving Bodies'" (with Jakob Laub) (Vol. 2, Doc. 54).

1909

Jan 19	"Supplement" to "Remarks on Our Paper: 'On the Fundamental Electromagnetic Equations for Moving Bodies'" (with Jakob Laub) (Vol. 2, Doc. 54).
Jan 22	"Comment on the Paper of D. Mirimanoff: 'On the Fundamental Equations…'" (Vol. 2, Doc. 55).
Jan 23	"On the Present Status of the Radiation Problem" (Vol. 2, Doc. 56).
Feb 11	Lectures on "Elektrodynamik und Relativitätsprinzip" to the Physikalische Gesellschaft of Zurich.
Feb 23	A. Kleiner outlines the need for a second chair of physics at the University of Zurich and recommends that Einstein be appointed to it.
Mar 6	Winter semester at the University of Bern ends.
Apr 13	"On the Present Status of the Radiation Problem" (with Walter Ritz) (Vol. 2, Doc. 57).
May 7	Appointed Extraordinary Professor of Theoretical Physics at the University of Zurich at an annual salary of 4,500 fr.
May 24	Attends Fribourg physics colloquium.

188   CHRONOLOGY, 1909-1910

Jul 6	Submits resignation to the Swiss Patent Office, effective 15 October 1909.
Jul 9	Granted an honorary doctorate in the physical sciences by the University of Geneva.
Aug	Vacations with wife and son in the Upper Engadine, canton of Graubünden.
Aug 4	Resigns *Privatdozentur* at the University of Bern.
Sep 20	Participates in a discussion following Henry Siedentopf's lecture, "On Ultramicroscopic Images" (Vol. 2, Doc. 58), at the Salzburg meeting of the GDNÄ.
Sep 21	Participates in a discussion following Arthur Szarvassi's lecture, "The Theory of Electromagnetic Phenomena in Moving Bodies and the Energy Principle" (Vol. 2, Doc. 59), at the GDNÄ.
	Lectures "On the Development of Our Views Concerning the Nature and Constitution of Radiation" (Vol. 2, Doc. 60) and participates in the following discussion (Vol. 2, Doc. 61), at the GDNÄ.
Sep 21	Participates in a discussion following Fritz Hasenöhrl's lecture, "On the Transformation of Kinetic Energy into Radiation" (Vol. 2, Doc. 62), at the GDNÄ.
Oct 2	W. Ostwald nominates Einstein for the Nobel Prize in Physics, citing his contribution in relativity.
Oct 15	Assumes duties at the University of Zurich.
Oct 18	Winter semester at the University of Zurich begins. Einstein teaches an introductory course in mechanics (Vol. 3, Doc. 1) and a course in thermodynamics, while also conducting a physics seminar.
Oct 22	Registers change of address from Bern to Moussonstr. 12, Zurich.
Dec 2	Becomes a member of the Physikalische Gesellschaft of Zurich.
Dec 11	Delivers inaugural lecture at the University of Zurich: "On the Role of Atomic Theory in Recent Physics."

1910

Jan 15	Publishes first part of "The Principle of Relativity and Its Consequences in Modern Physics" (Vol. 3, Doc. 2).

CHRONOLOGY, 1910

before Jan 18	Writes a response to a draft version of M. Planck, "Zur Theorie der Wärmestrahlung" (Vol. 3, Doc. 3).
Feb 15	Publishes second part of "The Principle of Relativity and Its Consequences in Modern Physics" (Vol. 3, Doc. 2).
Mar 5	Winter semester at the University of Zurich ends.
Apr 19	Summer semester at the University of Zurich begins. Einstein teaches the continuation of the mechanics course and a course in the kinetic theory of heat (Vol. 3, Doc. 4), while also conducting a physics seminar and directing a laboratory for advanced students (with Alfred Kleiner).
Apr 21	Proposed as a candidate for a chair of theoretical physics at the German University in Prague.
May 7	Lectures "On the Theory of Light Quanta and the Question of the Localization of Electromagnetic Energy" to the Neuchâtel meeting of the Schweizerische Physikalische Gesellschaft (Vol. 3, Doc. 5).
Jul 14	The Zurich Governing Council grants Einstein a salary increase to 5,500 francs as of October in order to dissuade him from accepting an offer from the German University in Prague.
Jul 15	"On the Ponderomotive Forces Acting on a Magnetic Body Carrying a Current" (Vol. 3, Doc. 6).
Jul 28	Einstein's second son Eduard is born in Zurich.
Aug 5	Summer semester at the University of Zurich ends.
Aug 29	"On a Theorem of the Probability Calculus and Its Application in the Radiation Theory" (with Ludwig Hopf) (Vol. 3, Doc. 7).
Aug 29	"Statistical Investigation of a Resonator's Motion in a Radiation Field" (with Ludwig Hopf) (Vol. 3, Doc. 8).
Sep 6	Lectures on his "On the Ponderomotive Forces Acting on a Magnetic Body Carrying a Current" at the Basel meeting of the Schweizerische Naturforschende Gesellschaft.
Sep 24	Travels to Vienna, to consult with the Austro-Hungarian authorities on a position at the German University of Prague, and also visits Ernst Mach, Victor Adler, and Anton Lampa.

Oct 8	"The Theory of the Opalescence of Homogeneous Fluids and Liquid Mixtures near the Critical State" (Vol. 3, Doc. 9).
Oct 17	Winter semester at the University of Zurich begins. Einstein teaches courses in electricity and magnetism (Vol. 3, Doc. 11) and in selected readings in theoretical physics, while also conducting a physics seminar and directing a laboratory for advanced students (with Alfred Kleiner).
Nov 1	E. Fischer, from Berlin, informs Einstein that he will receive a three-year annual grant of 5,000 M from an anonymous private donor (Franz Oppenheim).
Nov 2	Lectures "On the Boltzmann Principle and Some Consequences Derived from It" to the Physikalische Gesellschaft of Zurich.
Nov 14	Becomes member of the Naturforschende Gesellschaft of Zurich.
Nov 30	"Comments on P. Hertz's Papers: 'On the Mechanical Foundations of Thermodynamics'" (Vol. 3, Doc. 10).
Nov 30	"Comment on Eötvös's Law" (Vol. 3, Doc. 12).
Nov 30	"A Relationship between Elastic Behavior and Specific Heat in Solids with a Monatomic Molecule" (Vol. 3, Doc. 13).
Dec 16	The Minister of Education, Count Karl von Stürgkh, petitions Emperor Franz Joseph for Einstein's appointment to the chair of theoretical physics at the German University of Prague.

1911

Jan 2	Completes "Comment on a Fundamental Difficulty in Theoretical Physics" (Vol. 3, Doc. 16).
Jan 6	Emperor Franz Joseph appoints Einstein to the chair of theoretical physics at the German University of Prague, effective 1 April 1911 with a salary of 9,872 crowns.
Jan 16	Delivers lecture "The Theory of Relativity" to Naturforschende Gesellschaft of Zurich (Vol. 3, Docs. 17 and 18).
Jan 20	Submits letter of resignation from the University of Zurich.
Jan 21	"Correction to My Paper: 'A New Determination of Molecular Dimensions'" (Vol. 3, Doc. 14).
Jan 30	"Comment on My Paper: 'A Relationship between the Elastic Behavior…'" (Vol. 3, Doc. 15).

Feb 10	Lectures on fluctuations before the student association of the University of Leyden (Vol. 3, Doc. 19), and meets with H. A. Lorentz, H. Kamerlingh Onnes, and W. H. Keesom.
Feb 21	Participates in a further discussion at the Naturforschende Gesellschaft of Zurich on "The Theory of Relativity" delivered on 16 January (Vol. 3, Doc. 17). Also gives impromptu statement on the light quantum hypothesis (Vol. 3, Doc. 20).
Mar 4	Winter semester at the University of Zurich ends.
Mar 30	Registers his move from Zurich to Prague.
Apr 1	Start of appointment at German University of Prague.
Apr 2	On his way to Prague, visits A. Sommerfeld and meets P. Debye in Munich.
Apr 3–4	With his family, takes temporary quarters in Hotel Viktoria, Jungmannstr., Prague.
Apr 5	Obtains an apartment at Třebízského 7 in the Smichov district of Prague.
Apr 12	Assumes directorship of the Institute of Theoretical Physics of the German University.
Apr 20	Summer semester at German University begins. Einstein lectures on the mechanics of discrete mass points and on thermodynamics, while also conducting a physics seminar.
May 1	E. Nohel begins as assistant to Einstein at the Institute of Theoretical Physics.
May 4	"Elementary Observations on Thermal Molecular Motion in Solids" (Vol. 3, Doc. 21).
May 18	"On the Ehrenfest Paradox. Comment on V. Varičak's Paper" (Vol. 3, Doc. 22).
May 24	Delivers a lecture on "Das Relativitätsprinzip" to the Deutsche Gesellschaft für Bohemia—"Lotos" in the Physics Institute of the German University.
Jun 21	"On the Influence of Gravitation on the Propagation of Light" (Vol. 3, Doc. 23).
Jul 25	"Supplement to the Correction" (Vol. 3, Doc. 21).
Jul 31	Summer semester at the German University ends.
Aug 23	Takes oath of office as professor at the German University.
Aug 24	Begins negotiations with the University of Utrecht on a possible appointment there.

Sep	H. Zangger visits Einstein in Prague and discusses possibility of a position at the ETH.
Sep 25, 27	Participates in discussion of lectures by W. Nernst, A. Sommerfeld, and H. Rubens at the Karlsruhe meeting of the GDNÄ (Vol. 3, Doc. 24).
Oct 1	Winter semester at the German University begins. Einstein teaches courses in mechanics and thermodynamics, and also conducts seminar discussions.
Oct 9–14	Gives a series of eight lectures, "Über einige neuere Fortschritte auf dem Gebiete der theoretischen Physik" to a conference for secondary-school teachers in Zurich.
Oct 14	Travels to Bern to consult with Ludwig Forrer on a call to the ETH.
Oct 18	Returns to Prague.
Oct 29	Arrives in Brussels for first Solvay Congress.
Oct 30	Contributes discussion remarks at the Solvay Congress (Vol. 3, Doc. 25).
Nov	H. Poincaré recommends Einstein for a position at the ETH.
Nov 2 or 3	Lectures at Solvay Congress on "The Current State of the Problem of Specific Heat" (Vol. 3, Doc. 26) and participates in discussion (Vol. 3, Doc. 27).
Nov 17	M. Curie recommends Einstein for a position at the ETH.
Dec 19–25	Meets in Zurich with R. Gnehm, president of the ETH, to finalize details of an appointment there.
Dec 21	W. Ostwald again nominates Einstein for Nobel Prize in Physics, citing his contribution in relativity.

1912

	Begins work on a manuscript on electrodynamics and relativity theory (Vol. 4, Doc. 1).
Jan	E. Pringsheim, C. Schaefer, and W. Wien propose that H. A. Lorentz and Einstein share the 1912 Nobel Prize for the development of the relativity principle.
Jan 18	"Thermodynamic Proof of the Law of Photochemical Equivalence" (Vol. 4, Doc. 2).
Jan 30	Appointed Professor of Theoretical Physics at the ETH with annual salary of 11,000 francs.

CHRONOLOGY, 1912   193

Feb 3	Petitions Minister of Education for release from position at German University as of 30 September.
Feb 23	Has first meeting with P. Ehrenfest.
Feb 26	"The Speed of Light and the Statics of the Gravitational Field" (Vol. 4, Doc. 3).
Mar 23	"On the Theory of the Static Gravitational Field" (Vol. 4, Doc. 4).
Mar 28	Winter semester at the German University ends.
Apr 11	Summer semester at the German University begins. Einstein teaches courses in the mechanics of continua and the molecular theory of heat, and conducts seminar discussions.
Apr 15–22	Visits W. Nernst, F. Haber, E. Warburg, H. Rubens, and E. Freundlich in Berlin. Discusses scientific matters with them, and considers a position at the Physikalisch-Technische Reichsanstalt (which he will decline). Also visits his aunt and uncle, Fanny and Rudolf Einstein, at whose residence in Haberlandstr. he becomes reacquainted with his cousin Elsa Löwenthal (née Einstein).
May 12	"Supplement to My Paper: 'Thermodynamic Proof of the Law of Photochemical Equivalence'" (Vol. 4, Doc. 5).
May 23	"Note Added in Proof" (Vol. 4, Doc. 4).
May 30	"Response to a Comment by J. Stark: 'On an Application of Planck's Fundamental Law . . .'" (Vol. 4, Doc. 6).
Jun 1	Is released from his position at the German University as of the end of September.
July	"Is There a Gravitational Effect Which Is Analogous to Electrodynamic Induction?" (Vol. 4, Doc. 7).
Jul 4	"Relativity and Gravitation. Reply to a Comment by M. Abraham" (Vol. 4, Doc. 8).
Jul 25	Departs Prague for Zurich to take up position at the ETH.
Jul 31	Summer semester at German University ends.
ca. Aug	Begins research notes on a generalized theory of relativity (Vol. 4, Doc. 10) and, probably at the same time, his collaboration with M. Grossmann.
ca. Aug 1	Einstein and others call for the creation of a Society for Positivistic Philosophy.

Aug 10	Registers his change of residence from Prague to Hofstr. 116, Zurich.
Sep 2	"Comment on Abraham's Preceding Discussion 'Once Again, Relativity and Gravitation'" (Vol. 4, Doc. 9).
Oct 3	Winter semester at the ETH begins. Einstein teaches courses in analytical mechanics and thermodynamics, and a physics se-minar.
Oct 29	Supports a request by O. Stern to be considered Einstein's collaborator (*Mitarbeiter*) rather than a student of the ETH.
Dec 19	Is asked to serve as examiner for students working toward a degree in mathematics at the ETH.
Dec 30	W. Ostwald again nominates Einstein for the Nobel Prize in Physics, citing his contribution to relativity; B. Naunyn and W. Wien lend their support.

1913

Jan 5	"Some Arguments for the Assumption of Molecular Agitation at Absolute Zero" (with Otto Stern) (Vol. 4, Doc. 11).
Jan 16	Asked to administer *Diplom* examinations in theoretical physics.
Mar 7–8	Lecture on "Energy at Absolute Zero and Theoretical Formulae of Radiation" at Zurich meeting of the Swiss Physical Society.
Mar 20	"Remark Added in Proof" (with Otto Stern) (Vol. 4, Doc. 11).
Mar 22	Winter semester at the ETH ends.
Mar 27	Lecture on "Thermodynamic Deduction of the Law of Photochemical Equivalence" at Paris meeting of the French Physical Society (Vol. 4, Doc. 12).
Apr 15	Summer semester at the ETH begin. Einstein teaches courses in the mechanics of continua and the molecular theory of heat, a physics seminar, and supervises exercises in physics (with P. Weiss).
May	Begins working with M. Besso on calculations on the motion of the perihelion of Mercury (Vol. 4, Doc. 14).
before May 28	Completes "Outline of a Generalized Theory of Relativity and of a Theory of Gravitation" (with M. Grossmann) (Vol. 4, Doc. 13).

CHRONOLOGY, 1913   195

May 29	M. Planck and others announce in the physical-mathematical class of the Prussian Academy of Sciences (PAW) that they will be proposing Einstein for election at the next class meeting.
June–July	Visited by P. Ehrenfest and G. Nordström in Zurich.
Jun 3	L. Koppel commits to donate 6,000 M a year for twelve years to raise Einstein's salary at the PAW from 6,000 M to 12,000 M.
Jul 3	Physical-mathematical class of the PAW votes 21:1 in favor of Einstein's nomination.
mid-July	M. Planck, W. Nernst, and their wives visit Einstein in Zurich. The scientists offer him membership in the PAW and most likely discuss with him the creation of a theoretical physics institute of the Kaiser-Wilhelm-Gesellschaft (KWG) under his direction, and a professorship at the University of Berlin without teaching obligations.
Jul 24	The plenum of the PAW votes on the Einstein nomination, with 44 in favor and 2 dissenting.
Aug 4	Begins a walking tour with M. Curie through the Engadine and the Val Bregaglia in eastern Switzerland.
Aug 7	Summer semester at the ETH ends.
Sep 9	Lectures to the Frauenfeld meeting of the Schweizerische Naturforschende Gesellschaft on the "Physical Foundations of a Theory of Gravitation" (Vol. 4, Doc. 16).
mid-Sep	Visits wife's family in Újvidék (Novi Sad).
Sep 23	Lecture "On the Present State of the Problem of Gravitation" at the Vienna meeting of the GDNÄ (Vol. 4, Docs. 17 and 18).
Sep 24–Oct 9	Visits Berlin, Heilbronn, and Ulm before returning to Zurich.
Oct 2	Winter semester at the ETH begins. Einstein teaches courses in electricity and magnetism (Vol. 4, Doc. 19), and on ray optics and diffraction, conducts a physics seminar, and supervises exercises in physics (with P. Weiss).
before Oct 21	Writes "Theoretical Atomistics" and "Relativity Theory" for *Die Kultur der Gegenwart*, published in 1915 (Vol. 4, Docs. 20 and 21).

Oct 27–31	Participates in a discussion on papers delivered at second Solvay Congress (Vol. 4, Doc. 22).
Nov 7	"Max Planck as Scientist" (Vol. 4, Doc. 23).
Nov 12	Emperor Wilhelm II confirms the election of Einstein to the PAW.
Nov 22	The PAW informs Einstein of his election and of his annual salary of 12,000 M, moving expenses, and survivor benefits.
Dec 6	Swiss School Council accepts Einstein's resignation from the ETH.
Dec 7	Accepts offer of membership in the PAW and sets early April 1914 as date for his move to Berlin.
Dec 11	"Supplementary Response to a Question by Mr. Reißner" (Vol. 4, Doc. 24).
after Christmas	Mileva Einstein-Marić travels to Berlin to find housing for the family. She stays with the Haber family.

1914

Jan	B. Naunyn and O. Chwolson nominate Einstein for Nobel Prize in Physics, the former citing contributions in relativity, diffusion, gravitation, the latter citing his general contribution to theoretical physics.
Jan 15	Delivers lecture on "Neues zum Problem der Gravitation" the seventh lecture in the 52nd cycle of town-hall lectures ("Rathausvorträge") in Zurich.
Jan 24	"On the Foundations of the Generalized Theory of Relativity and the Theory of Gravitation" (Vol. 4, Doc. 25).
Jan 30	"Comments" (Vol. 4, Doc. 26) on "Outline of a Generalized Theory of Relativity and of a Theory of Gravitation" (with M. Grossmann) (Vol. 4, Doc. 13) is published.
early Feb	W. Nernst and others propose that Einstein be named permanent secretary of a scientific committee to supervise and administer a theoretical physics institute of the KWG.
Feb 9	Lecture "On the Theory of Gravitation" at meeting of Naturforschende Gesellschaft of Zurich (Vol. 4, Doc. 28).
Feb 19	"Nordström's Theory of Gravitation from the Point of View of the Absolute Differential Calculus" (with A. D. Fokker) (Vol. 4, Doc. 28).

CHRONOLOGY, 1914 197

Feb 28	Completes manuscript of "A Method for the Statistical Evaluation of Observations of Apparently Irregular, Quasi-periodic Processes" (Vol. 4, Doc. 29) before this date; and delivers a version of it to the Basel meeting of the Schweizerische Physikalische Gesellschaft (Vol. 4, Doc. 30).
March	Completes "On the Relativity Problem" (Vol. 4, Doc. 31).
Mar 21	Departs Zurich on last day of winter semester.
Mar 22	Visits uncle Caesar Koch in Antwerp.
Mar 23	Arrives in Leyden to visit P. Ehrenfest. Also visits H. A. Lorentz and meets W. de Sitter.
Mar 29	Arrives in Berlin. Is given an office in the Kaiser Wilhelm Institute of Physical Chemistry and Electrochemistry, directed by F. Haber. Lives at Ehrenbergstr. 33, in Berlin-Dahlem.
Mar 31 or Apr 1	Mileva Einstein-Marić departs with the children for Locarno, where Eduard Einstein recuperates from a lengthy illness.
Apr 6	Registers his change of address from Zurich to Berlin.
Apr 16	Participates for the first time in a meeting of the physical-mathematical class of the PAW.
Apr 18	Mileva Einstein-Marić and the children return to Zurich, then join Einstein in Berlin.
Apr 23	Participates for the first time in plenary session of the PAW.
Apr 26	"On the Principle of Relativity" (Vol. 6, Doc. 1).
May 8	Becomes a member of the advisory committee of the DPG.
May 16	Receives an academician's salary of 900 M, retroactive to April 1, in addition to his salary of 12,000 M.
May 29	"Covariance Properties of the Field Equations of the Theory of Gravitation Based on the Generalized Theory of Relativity" (with M. Grossmann) (Vol. 6, Doc. 2).
May 30	Ehrenfest pays a visit. Four days later, they meet J. Petzoldt.
Jul 2	Gives inaugural lecture (Vol. 6, Doc. 3) to the PAW during Leibniz commemorative festivities in the Academy's new building at Unter den Linden 38.
mid-Jul	Einstein-Marić moves out of Ehrenbergstr. residence with the children and stays at the Habers. Memorandum of rec-

	onciliation is drawn up, but divorce is decided upon and a contract drafted.
Jul 16	Co-signs nominations of R. Willstätter and F. Haber for membership in physical-mathematical class of the PAW.
Jul 18	"Remarks on P. Harzer's Paper: 'On the Dragging of Light in Glass and on Aberration'" (Vol. 6, Doc. 4).
Jul 21	Co-signs nomination of K. F. Braun for membership in the PAW.
Jul 24	Lectures at the DPG on the thermodynamical derivation of Planck's formula of radiation and on Nernst's heat theorem. Published as "Contributions to Quantum Theory" (Vol. 6, Doc. 5).
Jul 29	Accompanied by M. Besso, Einstein-Marić and the children leave Berlin for Zurich, after an agreement to a separation from Einstein—instead of a divorce—is reached.
Aug 1	Germany declares war on Russia.
Aug 12	The establishment of the KWI is postponed indefinitely.
Aug 18	Completes "Response to Paul Harzer's Reply" (Vol. 6, Doc. 6).
Oct 16–Mar 15	Teaches course on relativity at the University of Berlin during the winter semester (Vol. 6, Doc. 7).
	Collaborative experimental work with W. J. de Haas on molecular currents at the Physikalisch-Technische Reichsanstalt.
mid-Oct	"Manifesto to the Europeans" (with G. Nicolai and W. Foerster) (Vol. 6, Doc. 8) in response to the "Manifesto of the 93."
Oct 23	Delivers lecture to the DPG on a criterion for recognizing periodic processes.
Oct 29	Submits "The Formal Foundation of the General Theory of Relativity" (Vol. 6, Doc. 9) to the PAW.
Nov 5	Communicates two papers by Schwarzschild at PAW.
Nov 27	Publishes reviews of A. Brill, *The Principle of Relativity: An Introduction to the Theory,* and H. A. Lorentz, *The Principle of Relativity: Three Lectures . . .* (Vol. 6, Docs. 10 and 11).
before Dec 2	Moves from Ehrenbergstr., Berlin-Dahlem, to Wittelsbacherstr. 13, Berlin-Wilmersdorf.

CHRONOLOGY, 1914–1915   199

Dec 10	With E. Fischer, E. Warburg, and H. Rubens, sponsors proposal to award the Helmholtz Medal to M. Planck.
	With forty other members of the PAW, co-signs document addressed to Chantepie de la Saussaye, president of the Royal Academy of Sciences (Amsterdam), protesting a letter "containing insulting words about the Netherlands" published in a Dutch weekly on 11 October by an honorary professor at the University of Berlin.
Dec 18	Lectures to the DPG on an experimental proof of the theory of paramagnetism.

1915

Jan/Feb	With W. J. de Haas, performs experiments on the gyromagnetic effect at the Physikalisch-Technische Reichsanstalt as guest of its second section (Electricity and Magnetism).
Jan 19	F. Ehrenhaft nominates Einstein for Nobel Prize, citing work in Brownian motion, and special and general relativity.
Feb 6	"Expert Opinion on Legal Dispute between Anschütz & Co. and Sperry Gyroscope Company" (Vol. 6, Doc. 12).
Feb 19	Lectures to the DPG on a direct proof of Ampère's molecular currents.
Mar 25	Lectures "Über den Grundgedanken der allgemeinen Relativitätstheorie und Anwendungen dieser Theorie in der Astronomie" to the physical-mathematical class of the PAW.
Mar 26	Appears before Berlin court to give expert patent opinion in Anschütz vs. Sperry dispute.
Apr 10	Submits expanded version of his lecture on Ampère's molecular currents, "Experimental Proof of Ampère's Molecular Currents" (with W. J. de Haas) (Vol. 6, Doc. 13).
Apr 16–Aug 15	Lectures on the theory of relativity at the University of Berlin, Thursdays, 2–4 P.M.
Apr 23	"Experimental Proof of the Existence of Ampère's Molecular Currents" (with W. J. de Haas) (Vol. 6, Doc. 14).
May 7	"Experimental Proof of Ampère's Molecular Currents" (Vol. 6, Doc. 15) is published.
May 10	"Correction of My Joint Paper with J. W. de Haas: 'Experimental Proof of Ampère's Molecular Currents'" (Vol. 6, Doc. 16).

May 14	The Dutch version of the Ampère current paper is published. Reelected member of the advisory committee of the DPG.
ca. Jun	Becomes member of the Bund "Neues Vaterland."
Jun 2	Lectures on relativity of motion and gravitation to Society of Friends of the Berlin-Treptow Observatory.
Jun 15	"Comment on the Essay Submitted by Knapp: 'The Shearing of the Light-Ether...'" (Vol. 6, Doc. 17).
Jun 24	"Response to a Paper by M. von Laue: 'A Theorem in Probability Calculus and Its Application to Radiation Theory'" (Vol. 6, Doc. 18).
Jun 28–Jul 5	Spends a week in Göttingen to give six lectures on general relativity under the auspices of the Wolfskehl Foundation.
Jun 29	Lectures "Über Gravitation" to Mathematical Society of Göttingen.
Jul 10	Observes experiment in Kiel on stability of the Sperry compass in the patent dispute Anschütz vs. Sperry.
Jul 15	Vacations in Sellin (Rügen) with Berlin relatives.
Jul 22	Returns to Berlin to attend a session of the PAW.
Jul 24–Aug 5	Continues vacation in Sellin.
Jul 27	With 90 others, co-signs an open letter to Chancellor Bethmann Hollweg opposing the annexationist policy advocated in the so-called Seeberg memorandum.
Aug 7	"Supplementary Expert Opinion" on Anschütz vs. Sperry Gyroscope (Vol. 6, Doc. 19).
	Repeats the Ampère current experiment with alternating current, but a week later breaks off experiment because of optical difficulties.
Aug 29	Departs on a trip to Switzerland, with layover in Heilbronn.
Sep 16	With H. Zangger, meets R. Rolland in Park-Hôtel Mooser, Vevey, Switzerland.
Sep 22	Returns to Berlin.
Oct 16–Mar 15, 1916	Holds course on statistical mechanics and Boltzmann's principle at the University of Berlin, Thursdays, 2–4 P.M.
Oct 23–Nov 11	"My Opinion of the War" (Vol. 6, Doc. 20).
Nov 4	Submits "On the General Theory of Relativity" (Vol. 6, Doc. 21) to the PAW.

CHRONOLOGY, 1915–1916   201

Nov 11	Submits "On the General Theory of Relativity (Addendum)" (Vol. 6, Doc. 22) to the PAW.
Nov 15	"Comment on Our Paper: 'Experimental Proof of Ampère's Molecular Currents'" (with W. J. de Haas) (Vol. 6, Doc. 23).
Nov 18	Submits "Explanation of the Perihelion Motion of Mercury from the General Theory of Relativity" (Vol. 6, Doc. 24) to the PAW.
Nov 25	Submits "The Field Equations of Gravitation" (Vol. 6, Doc. 5) to the PAW.
Nov 28	In conversation with H. Struve, director of the Observatory in Potsdam, requests that E. Freundlich be permitted to perform experiments there for testing general relativity.
Dec 8	At H. Rubens's Wednesday physics colloquium at the University, presents the first part of a lecture on his theory of gravitation.
Dec 17	Speaks to the DPG on the general theory of relativity and on its explanation of the motion of the perihelion of Mercury.
Dec 18	Elected corresponding member of the Royal Society of Göttingen after being nominated on 5 December by D. Hilbert, F. Klein, C. Runge, W. Voigt, and E. Wiechert.
Dec 22	At H. Rubens's Wednesday colloquium, presents the second part of a lecture on his theory of gravitation.

1916

Jan 13	Communicates *Schwarzschild 1916a* to the PAW.
Jan 14	Lectures to the DPG, "Zur Begründung der Tetrode-Sackurschen Bestimmung der Entropiekonstanten," which may be a variant of "On the Theory of Tetrode and Sackur for the Entropy Constant" (Vol. 6, Doc. 26).
Jan 20	Co-signs proposal to award the Leibniz Gold Medal for 1916 to O. von Schjerning, director of the Kaiser-Wilhelm-Akademie für das Militärärztliche Bildungswesen.
Feb 3	Submits "A New Formal Interpretation of Maxwell's Field Equations of Electrodynamics" (Vol. 6, Doc. 27) to the PAW.
Feb 6	Proposes divorce from Mileva Einstein-Marić after a separation of a year and a half.
Feb 7	The Bund "Neues Vaterland" is outlawed for the duration of the war.

Feb 24	Communicates *Schwarzschild 1916b* to the PAW.
Feb 25	Performs a demonstration experiment at the DPG for the proof of Ampère's molecular currents, published as "A Simple Experiment to Demonstrate Ampère's Molecular Currents" (Vol. 6, Doc. 28).
Mar 8	A. Braumüller, Kommandant der Residenz Berlin, asks whether Einstein, a Swiss citizen, is a salaried member of the PAW and, if so, requests copies of his file. Complains that, when traveling, Einstein has repeatedly neglected to register with the police, either in Berlin or at his destination, which he is obliged to do as a national of a neutral foreign country.
Mar 14	Obituary for E. Mach (Vol. 6, Doc. 29).
Mar 16	The PAW, with M. Planck's signature, releases copies of Einstein's personal file to the Berlin Kommandantur.
Mar 20	"The Foundation of the General Theory of Relativity" (Vol. 6, Doc. 30). An unpublished "Appendix" supplies his "Formulation of the Theory on the Basis of a Variational Principle" (Vol. 6, Doc. 31).
Mar 23	Lectures "Über einige anschauliche Überlegungen aus dem Gebiete der Relativitätstheorie" to the PAW.
Apr 6	Begins three-week vacation in Switzerland.
May 5	Succeeds Haber as chairman of the DPG.
Jun 2	Delivers two lectures to the DPG on a thermodynamic derivation of the photochemical equivalence law and on an elementary explanation of water waves and of flight.
Jun 21	At H. Rubens's Wednesday colloquium, reviews Gans's theory of diamagnetism and paramagnetism.
Jun 22	Presents his "Approximative Integration of the Field Equations of Gravitation" (Vol. 6, Doc. 32) to the PAW.
Jun 29	Eulogizes K. Schwarzschild at a public session of the PAW (Vol. 6, Doc. 33).
ca. Jul 3	Einstein-Marić is confined to bed in Zurich for more than a year.
Jul 13	Elected a member of the commission of the PAW to decide the Schwarzschild succession.
Jul 17	"Emission and Absorption of Radiation in Quantum Theory" (Vol. 6, Doc. 34).

CHRONOLOGY, 1916 203

Jul 21	Delivers two lectures to the DPG on the quantum theory of absorption and emission of radiation, and on directed wireless telegraphy.
ca. Aug	"Preface" to E. Freundlich, *The Foundations of Einstein's Theory of Gravitation* (Vol. 6, Doc. 35).
Aug 11	Review of H. A. Lorentz, *Statistical Theories in Thermodynamics: Five Lectures . . .*, and Einstein's "Summary of *The Foundation of the General Theory of Relativity*" (Vol. 6, Docs. 36 and 37).
after Aug 24	"On the Quantum Theory of Radiation" (Vol. 6, Doc. 38) is published.
Aug 25	"Elementary Theory of Water Waves and of Flight" (Vol. 6, Doc. 39) is published.
Sep 27	Begins two-week visit to Holland.
Oct 16–Mar 15, 1917	Offers a course on relativity at the University of Berlin, Thursdays, 2–4 P.M.
Oct 19	"On Friedrich Kottler's Paper: 'On Einstein's Equivalence Hypothesis and Gravitation'" (Vol. 6, Doc. 40).
Oct 26	Submits "Hamilton's Principle and the General Theory of Relativity" (Vol. 6, Doc. 41) to the PAW.
Oct 27	Delivers first part of a lecture on the quantum theory of radiation to the DPG, presumably based on his paper "On the Quantum Theory of Radiation" (Vol. 6, Doc. 38).
Nov 10	Delivers second part of lecture on the quantum theory of radiation to DPG.
Nov 23	With H. Rubens, supports M. Planck's suggestion in the physical-mathematical class of the PAW that A. Sommerfeld's paper (*Sommerfeld 1916a*) be awarded the Helmholtz Prize.
Dec	Completes *On the Special and the General Theory of Relativity (A Popular Account)* (Vol. 6, Doc. 42).
Dec 20–21	Signs contract with F. Vieweg for the publication of a book entitled "Die Grundgedanken der speziellen und allgemeinen Relativitätstheorie in gemeinverständlicher Darstellung," completed 1 February 1917.
Dec 30	Is appointed to the board of trustees of the Physikalisch-Technische Reichsanstalt, to the seat formerly held by K. Schwarzschild.

1917

Jan 7	A. Haas nominates Einstein for Nobel Prize, citing work in the theory of gravitation.
Jan 18	A. von Harnack announces Franz Stock's intention of donating 540,000 M to the KWG. The interest from war bonds in the amount of 500,000 M is to be applied toward the planned KWI, the establishment of which had been broken off at the beginning of the war.
Jan 21	P. Weiss nominates Einstein for Nobel Prize, citing work in theoretical and experimental physics.
Jan 23	E. Warburg nominates Einstein for Nobel Prize, citing work in quantum theory, relativity theory, and gravitation.
Feb	First serious symptoms of chronic gastric condition.
Feb 8	Submits "Cosmological Considerations in the General Theory of Relativity" (Vol. 6, Doc. 43) to the PAW.
Feb 17	"Reply to the Plaintiff's Written Statement of 27 December, 1916" (Vol. 6, Doc. 44).
Mar 14	Participates for the first time in a meeting of the board of trustees of the Physikalisch-Technische Reichsanstalt.
Mar 29	His "cat's back" airfoil is tested in the wind tunnel of the Versuchsanstalt für Flugtechnik, Göttingen.
Apr 13	Prussian Minister of Education appoints Einstein for one year, with M. Born and H. Rubens, to a ministerial oversight committee for physics of the Königlich Wissenschaftliches Prüfungsamt in Berlin, which examines candidates for academic teaching positions.
	Evaluates F. Danziger's "Der Kreislauf im Weltall" submitted 28 February.
Apr 16–Aug 15	Continues lectures on the theory of relativity at the University of Berlin, Thursdays, 2–4 P.M.
Apr 27	Reports to the DPG on an elementary deduction of the Hamilton-Jacobi equation.
May 11	Reelected chairman of the DPG.
	Lectures "On the Quantum Theorem of Sommerfeld and Epstein" (Vol. 6, Doc. 45).
May 25	Chairs session of DPG at which F. Ehrenhaft lectures on subelectrons.

Jun 4	The Imperial Academy of Sciences in Vienna announces that the Baumgartner Prize in the amount of 3,000 crowns is awarded to Einstein and W. J. De Haas for "A Simple Experiment to Demonstrate Ampère's Molecular Currents" (Vol. 6, Doc. 28).
Jun 26	Attends meeting of Koppel-Foundation representatives and senate of KWG, at which it is decided to establish the KWIP on 1 October, with Einstein as director.
Jun 29	Departs for summer vacation in Switzerland, combined with a lecture in Frankfurt and a visit to his mother in Heilbronn.
Jul 6	The KWG grants 50,000 M annually to the KWIP. Einstein is appointed director, with an annual salary of 5,000 M. The organization of the institute and the composition of the boards of trustees and directors, the latter consisting exclusively of "physicists" (F. Haber, W. Nernst, M. Planck, H. Rubens, E. Warburg) are provisional (for the duration of the war).
after Aug 29	Rózsika (Zorka) Marić reports from Zurich on arrival at her sick sister Mileva's home to help in the household.
Sep 12	In Berlin, takes up new residence at Haberlandstr. 5.
before Oct 14	Signs "Manifesto for a Peace of Reconciliation," addressed to the German chancellor by University of Berlin professors.
Oct 1	Takes up duties as director of the KWIP.
Oct 1–Feb 2, 1918	Offers a course on statistical mechanics and quantum theory at the University of Berlin, Thursdays, 2–4 P.M.
Oct 26	Attends meeting of the Organization of the Like-Minded (Vereinigung Gleichgesinnter) at the home of Werner Weisbach in Berlin.
Nov 2	"Review of Hermann von Helmholtz: *Two Lectures on Goethe*" (Vol. 6, Doc. 46).
Nov 16	Reviews for the DPG the scientific papers of the late M. von Smoluchowski, and lectures on the problem of boundary conditions in the general theory of relativity.
Nov 22	Submits "A Derivation of Jacobi's Theorem" (Vol. 6, Doc. 47) to the PAW.
Nov 26	Joint constituent meeting of the boards of trustees and directors of the KWIP. W. von Siemens is elected chairman of the

	board of trustees; Einstein, chairman of the board of directors. The responsibilities of the two boards are budgetary for the former, and strictly scientific for the latter.
Dec 4	Attends meeting of the Organization of the Like-Minded.
Dec 14	"Obituary for Marian von Smoluchowski" (Vol. 6, Doc. 48).
Dec 16–20	Announcement on the founding of the KWIP in local and national newspapers.
Dec 21	Applications for research grants from the KWI P begin to arrive from various researchers.
Dec 25	"The Nightmare" (Vol. 6, Doc. 49).
ca. Dec 25	Becomes bedridden for several months with an abdominal ulcer.

1918

Jan 4	F. Ehrenhaft nominates Einstein for Nobel Prize, referring to his previous proposal, to the general theory of relativity developed in the meantime, and to the confirmation of Ampère's molecular theory.
Jan 17	E. Warburg nominates Einstein for Nobel Prize, citing work in quantum theory, relativity theory, and gravitation. Further proposals are made by W. Wien, M. von Laue, E. Meyer, and S. Meyer.
Jan 20	A memorandum marked "secret" by Von Berge, chief of staff, Oberkommando in den Marken, to the police president of Berlin, informing him that passport applications by well-known pacifists and radical Social Democrats need prior approval from the military command. Einstein's name was listed ninth on the blacklist of thirty-one drawn up by the political division of the Berlin police.
Jan 31	Because of Einstein's illness, M. Planck submits and comments on Einstein's paper "On Gravitational Waves" (Vol. 7, Doc. 1) and communicates *Freundlich 1918* to the plenary session of the PAW in his stead.
Feb 5	"Note on E. Schrödinger's Paper 'The Energy Components of the Gravitational Field'" (Vol. 7, Doc. 2).
Mar 3	"Comment on Schrödinger's Note 'On a Solution of the Generally Covariant Gravitational Equations'" (Vol. 7, Doc. 3).

CHRONOLOGY, 1918 207

Mar 6	"On the Foundations of the Theory of General Relativity" (Vol. 7, Doc. 4).
Mar 7	On behalf of the ailing Einstein, M. Planck submits "Critical Remarks on a Solution of the Gravitational Equations Presented by De Sitter" (Vol. 7, Doc. 5) to the PAW.
Mar 17	The philosophical faculty of the University of Göttingen awards him the biannual Vahlbruch Prize in the amount of 11,000 M, given to German-speaking authors of significant papers in the natural sciences.
Mar 21	"Can Refractive Indexes of Bodies Be Experimentally Established for X-Rays?" (Vol. 7, Doc. 6).
Mar 31	The Peter Wilhelm Müller Foundation awards him and D. Hilbert an honorary prize for achievements in the mathematical sciences.
Apr 4	For the first time since December 1917, attends a meeting of the PAW.
Apr 11	Communicates *Weyl 1918b* to the PAW, explaining that it contains an interesting hypothesis which is nevertheless unfruitful for physics.
Apr 18	Asks the plenary session of the PAW whether he should present a manuscript, *Weyl 1918b*, which is physically untenable. W. Nernst requests that Einstein add his objections to the manuscript. The PAW suggests postponement until Einstein has communicated further with the author.
Apr 26	Chairs the DPG session in celebration of M. Planck's 60th birthday. Delivers his talk "Planck als wissenschaftliche Persönlichkeit," published as "Motives of Research" (Vol. 7, Doc. 7).
before Apr 27	At the prompting of G. Nicolai, suggests to Hilbert and others a collective appeal, to be individually composed and addressed to neutral countries as a token of the international spirit of Germany's intellectuals.
May 2	Communicates *Weyl 1918b* and his own "Supplement" (Vol. 7, Doc. 8) to the PAW.
May 10	Elected member of the advisory committee of the DPG.
May 16	Submits "The Energy Theorem in the General Theory of Relativity" and "Supplement to the Correction" (Vol. 7, Doc. 9) to the PAW.

Jun 12	Signs divorce agreement.
Jun 14	Lectures on an edge phenomenon observed in X-ray images indicating total reflection, and on the conservation of energy in the general theory of relativity.
Jun 20	Lectures "Über eine von Levi-Civita und Weyl gefundene Vereinfachung der Riemannschen Theorie der Krümmung und über die hieran sich knüpfende Weylsche Theorie der Gravitation und Elektrizität" to the PAW.
Jun 21	Publishes review of H. Weyl's *Raum–Zeit–Materie* (Vol. 7, Doc. 10).
Jun 29	Leaves for Ahrenshoop with Elsa Einstein and her daughters Margot and Ilse.
Jul 16	Writes an expert opinion for Anschütz & Co. (Vol. 7, Doc. 11).
Aug 16–18	In reply to E. Meyer and H. Zangger's proposal to explore the possibility of a joint appointment at the University of Zurich and at the ETH, Einstein declines, but offers to hold guest lectures of 5–6 weeks' duration twice a year.
Aug 24	Returns to Berlin from Ahrenshoop vacation.
Aug 31	Admission of adultery with his cousin Elsa is introduced as cause for divorce in legal proceedings of November 1918.
Sep 30–Feb 1, 1919	Offers a course on relativity at the University of Berlin, Thursdays, 2–4 P.M. First lecture recorded on October 11.
Oct 17	Communicates a paper by L. Lichtenstein, "Über einige Eigenschaften der Gleichgewichtsfiguren rotirender homogener Flüssigkeiten, deren Teilchen einander nach dem Newtonschen Gesetz anziehen," and *Born, M. and Landé 1918* to the PAW.
before Oct 18	Nobel Committee for Physics invites Einstein to submit a nomination for the 1919 Nobel Prize.
Oct 22	The Philosophical Faculty of the University of Zurich approves E. Meyer's suggestion for periodic lectures by Einstein.
Nov 7	Is granted an annual cost of living allowance of 1,152 M, due to the war, retroactive as of April 1918; 648 M retroactively for the period July 1917 through March 1918; and two one-time payments of 1,000 M each in September and November 1918, by the Ministry of Education.

Nov 9	Abdication of the German emperor.
	Einstein makes a speech to the Students' Council in the Reichstag, and has brief audience with F. Ebert, head of the first republican government.
Nov 13	Addresses the Bund "Neues Vaterland": draft statement published as Vol. 7, Doc. 13.
Nov 16	Signs an appeal to join the Demokratische Partei.
	His name is affixed to a call for the founding of the Demokratischer Volksbund. In the *Berliner Tageblatt*, declares that he has no intention of joining the organization, and that he is not a member of the Demokratische Partei.
Nov 20	First hearing before the Zurich district court in the divorce proceedings filed by Mileva Einstein-Marić. Einstein does not appear. His interrogation before a Berlin court has been postponed.
Nov 29	"Dialogue on Objections to the Theory of Relativity" (Vol. 7, Doc. 14).
	"Comment on E. Gehrcke's Note 'On the Ether'" (Vol. 7, Doc. 15).
Dec 7	Affidavit acknowledging receipt of stocks and shares from Rudolf Einstein as Elsa's dowry, to be transferred to her or to her children upon his death.
Dec 12	Statement to the Verein Allgemeine Nährpflicht (Vol. 7, Doc. 16).
Dec 23	Interrogated by the Berlin municipal court at the request of the Zurich district court in his divorce case.

1919

Jan 5	Spartakus uprising in Berlin.
before Jan 9	Travels with Elsa Einstein to Switzerland.
Jan 9	E. Warburg nominates Einstein for the Nobel Prize in Physics for the quantum hypothesis, the theory of relativity, and the theory of gravitation.
Jan 15	Communist leaders K. Liebknecht and R. Luxemburg murdered.
Jan 19	M. Planck nominates Einstein for Nobel prize in physics for general relativity, for its definition of inertia and gravitation, and for thus providing a novel foundation to mechanics.

	Elections for the German National Assembly.
Jan 20	A 24-hour course on the theory of relativity by Einstein is scheduled to begin at the University of Zurich, to last until 20 February.
	In Zurich, resides at Pension Sternwarte.
after Jan 23	Co-signs "Erklärung in Sachen Liebknecht-Luxemburg" drafted by the *Liga zur Beförderung der Humanität* (*Menschheitsbund*).
Jan 27	Registers his change of address from Berlin to Zurich, Hochstr. 37/Merz.
Jan 30–31	S. Arrhenius nominates Einstein for the Nobel Prize in Physics for fundamental work on Brownian motion and related problems.
Feb 3	Announces that he will offer a course for war veterans during intermediate semester on theory of relativity at the University of Berlin. Began holding these lectures after his return from Zurich at the end of February.
Feb 7	H. Weyl expects a "big dispute" with Einstein about Weyl's "new extension of the theory of relativity" in the Physics Colloquium to take place that evening.
Feb 8	As member of Freundes-Rat des Internationalen Jugend-Bundes et al., co-signs "Aufruf an die freie Jugend aller Stände und Völker."
Feb 11	F. Ebert elected *Reichspräsident*.
Feb 14	Divorce from Mileva Einstein-Marić.
Feb 21	K. Eisner, prime minister of Bavaria, member of the Unabhängige Sozialdemokratische Partei Deutschlands, is assassinated.
before Feb 23	Returns from Switzerland.
Feb 23	In home of L. Landau, discusses founding of an "Akademie für die Wissenschaft des Judentums."
Mar 4	The Department of Education, Canton of Zurich, grants Einstein a 24-hour course on theoretical physics in summer semester 1919, with an honorarium of 1,200 fr.
Mar 15	KWIP board of directors informs physics institutions in Germany that research stipends are available. The KWIP has 81,000 M at its disposal.

CHRONOLOGY, 1919

April	A "Davis" typewriter is purchased for his secretary, Ilse Einstein, for 900 M.
Apr 7	Bavarian Soviet Republic is declared in Munich.
Apr 10	Divorce decree is delivered by a court bailiff to Einstein.
	Submits "Do Gravitational Fields Play an Essential Role in the Structure of the Elementary Particles of Matter?" (Vol. 7, Doc. 17) to the PAW.
Apr 11 to 15	Delivers a 1.5-hour popular lecture on "Grundgedanken der Relativitätstheorie" in the Viktoria-Luisen-Schule at the invitation of Sozialistischer Studentenverein to raise money for the organization.
Apr 24	Submits "Comment about Periodical Fluctuations of Lunar Longitude, Which So Far Appeared to Be Inexplicable in Newtonian Mechanics" (Vol. 7, Doc. 18) to the PAW.
before Apr 26	Joins a commission constituted to examine charges concerning German conduct in war, with findings to be published in Germany.
Apr 28–Aug 15	Offers a course on relativity theory at the University of Berlin, Sundays, 5:30–7 P.M. (see also Vol. 7, Doc. 19).
Summer semester	Course in theoretical physics at the University of Zürich. Draws 15 students and 22 auditors.
May 1–3	Bavarian Soviet Republic defeated by the Reichswehr and the Bavarian Freikorps.
May 7	Co-signs the Bund "Neues Vaterland" appeal, "Aufruf der von Kulturvereinen ganz Deutschlands und von Einzelpersonen unterzeichnet werden soll."
	The Allies hand the peace treaty to the German delegation at Versailles.
May 9	Elected member of the executive committee of the DPG.
	Presents *Kossel and Sommerfeld 1919* to the DPG.
May 15	Lectures at the PAW on "Eine Veranschaulichung der Verhältnisse im sphärischen Raum" and "Über die Feldgleichungen der allgemeinen Relativitätstheorie vom Standpunkte des kosmologischen Problems und des Problems der Konstitution der Materie." The latter is a summary of the paper submitted to the PAW on 10 April (Vol. 7, Doc. 17).

May 25	Agrees to serve as a patent expert in a case on optical and physico-chemical phenomena at the request of Allgemeine Gesellschaft für chemische Industrie m.b.H.
May 29	Total solar eclipse observed by two British expeditions, one in Principe, in the Gulf of Guinea, the other in Sobral, in northeastern Brazil.
Jun 2	Marries Elsa Löwenthal in Berlin.
Jun 25	Registers his change of address from Zurich to Berlin.
Jun 26	R. Rolland's "Un Appel: Fière déclaration d'intellectuels" with Einstein among thirty-five signatories, is published in *L'Humanité*.
Jun 28	Leaves for Switzerland. Will commute between Zurich and Lucerne, where his ill mother Pauline resides at his sister Maja's home.
	Treaty of Versailles signed.
Jul 8	The Department of Education, Canton Zurich, while not approving a regular visiting appointment, grants Einstein a 24-hour course on special topics in theoretical physics in winter semester 1919–20 at the University of Zurich.
Jul 10	The Medical Faculty of the University of Rostock votes to confer an honorary doctorate in medicine on Einstein.
after Jul 20	Promises M. Planck he will remain in Berlin.
Jul 24	"Comment on the Preceding Note" (of Albert von Brunn, "On Mr. Einstein's Remark about the Irregular Fluctuation of Lunar Longitude with an Approximate Period of the Rotation of the Lunar Nodes")" (Vol. 7, Doc. 22) is presented to the PAW.
Jul 31	Weimar Constitution adopted.
ca. Aug 5	A meeting of Koch family members takes place in Zurich. Einstein probably participates.
Aug 7	Leaves Zurich for Schaffhausen.
Aug 8	Visits with the Habichts in Schaffhausen.
Aug 9	Arrives in Benzingen.
Aug 15	Returns to Berlin.
	Decides not to lecture in winter term because of overwork.

CHRONOLOGY, 1919

Sep 3	Is aware that the photographs taken by the two British eclipse expeditions are good, but that the results of their evaluation have not yet been published.
after Sep 21	His signature on preface of first printing of *Arco et al. 1919* was printed without his approval. He withdraws from co-editorship.
Sep 22	First results of the test of Einstein's general theory of relativity by the British solar eclipse expeditions communicated to Einstein by H. A. Lorentz (Vol. 9, Doc. 110).
Oct 3	Participates in the first session of the conference of Kartell der deutschen Akademien, advocates freedom for individuals to act as they wish in international relations.
Oct 4	Holds discussion with leading Zionists on Hebrew University. Mentions P. Epstein and perhaps also P. Ehrenfest as prospective professors (Vol. 9, Docs. 122 and 136).
Oct 8	*Moszkowski 1919* is published, in which a full confirmation of Einstein's prediction on bending of light is claimed.
Oct 9	Signs his notice "A Test of the General Theory of Relativity" (Vol. 7, Doc. 23), reporting on Lorentz's telegram.
Oct 10	With H. G. Kessler, G. Nicolai, and others, discusses plan for distributing several million printed volumes in Russia ("Volksbüchereiprojekt").
after Oct 13	Signs the appeal "Für den Aufbau des jüdischen Palästina."
Oct 17	"A Test of the General Theory of Relativity" (Vol. 7, Doc. 23) is published.
Oct 18	Leaves Berlin for two weeks to stay with the Ehrenfests in Leyden.
Oct 25	Attends meeting of the Royal Academy of Sciences in Amsterdam, at which Lorentz informally announces results of British eclipse expeditions confirming Einstein's prediction of light deflection by gravitation.
Oct 28	Visits at W. Julius's home in Utrecht.
Nov 2	Planned return from Leyden to Berlin.
Nov 4	The Berlin University bursar reports that Einstein received 137 M and 20 pfennig lecture fees for summer and *Zwischensemester* 1919.

Nov 6	Joint meeting of the Royal Society and Royal Astronomical Society hears the report on the verification of the theory of general relativity by the British eclipse expeditions.
Nov 13	Presents M. Born and O. Stern, "Über die Oberflächenenergie der Kristalle und ihren Einfluß auf die Kristallgestalt" and Jakob Grommer, "Über das Energiegesetz der allgemeinen Relativitätstheorie" to the PAW.
Nov 14	Applies to Berlin police for an entry visa and a 10-day residence permit for Maja Winteler-Einstein and Josephine Tobler. They will move his ill mother Pauline from Switzerland to Berlin.
Nov 17	"Leo Arons as Physicist" (Vol. 7, Doc. 24).
Nov 18	In testimony before the Committee on Investigation inquiring into the German military's conduct of the war, General P. von Hindenburg launches the "stab-in-the-back" ("Dolchstoß") legend.
Nov 25	Departs for Rostock, where he resides with M. Schlick.
Nov 26	The Prussian Constituent Assembly resolves to request that the Prussian state cabinet, in agreement with the Reich state cabinet, seek adequate funding for facilitating further relativistic research in collaboration with other nations, and also to support Einstein's own research.
Nov 26–28	Participates in the 500th anniversary of the University of Rostock, where he receives an honorary doctorate from the medical faculty.
Nov 28	"Time, Space, and Gravitation" (Vol. 7, Doc. 26) is published.
Nov 29 or 30	Returns from Rostock.
Nov 30	Participates in a discussion of specialists on the economic situation of Germany.
Dec 3	Interview with *New York Times*: "Einstein Expounds His New Theory."
Dec 9	Ministerial decree granting Einstein a salary raise from 12,000 M to 18,000 M.
Dec 10	Elsa Einstein describes the intense public interest, the many letters, interviewers, and photographers who daily intrude upon their household.

CHRONOLOGY, 1919-1920

Dec 12	The Council of the Royal Astronomical Society selects Einstein as recipient of the society's Gold Medal.
Dec 14	Is asked whether he would consider an offer for the chair of theoretical physics at the University of Zurich (Vol. 9, Doc. 214).
	A photograph of Einstein on the cover of *Berliner Illustrirte Zeitung*, with caption likening his achievements to those of Copernicus, Kepler, and Newton.
Dec 16	Under the auspices of the Bund "Neues Vaterland" delivers a speech in honor of P. Colin (Vol. 7, Doc. 27).
Dec 17	Takes part in a meeting of board of directors of DPG on reorganizing the publications of the DPG.
Dec 18	In interview in Berlin, dismisses false rumors that he will accept a call to the future university in Jerusalem. He also states that he is neither a Communist, nor an anarchist.
before Dec 20	Accepts invitation to join the editorial board of *Mathematische Annalen* as editor responsible for physics.
Dec 20	Withdraws offer to lecture at University of Zurich during summer semester of 1920.
after Dec 20	Once again declines E. Meyer's inquiry as to whether he would accept a professorship at the University of Zurich.
Dec 25	"Induction and Deduction in Physics" (Vol. 7, Doc. 28) is published.
Dec 28	Pauline, Maja, a nurse, and Dr. J. Tobler arrive in Berlin from Switzerland.
Dec 30	"Immigration from the East" (Vol. 7, Doc. 29) is published.
	At meeting of the DPG with Vieweg on the new journal of the DPG and a merger of several abstracting journals into one, signs a report introducing new measures for the publication of the society's *Verhandlungen*.
1920	
	Becomes third chairman of the Verein zur Gründung und Erhaltung einer Akademie für die Wissenschaft des Judentums.
early 1920	Appeal signed by F. Haber, A. von Harnack, G. Müller, W. Nernst, M. Planck, H. Rubens, H. Struve, and E. War-

	burg for contributions by industry to the Einstein Donation Fund.
Jan 9	The Council of the Royal Astronomical Society does not confirm its earlier decision to award Einstein its Gold Medal.
Jan 10	Treaty of Versailles comes into effect.
Jan 15	Lectures on "Das Trägheitsmoment des Wasserstoff-Moleküls" to the PAW.
	At the same session, signs a motion to elect A. Sommerfeld and P. Debye as corresponding members.
Jan 17	L. S. Ornstein nominates Einstein for the Nobel Prize in Physics for 1920, for general relativity and the theory of gravitation.
Jan 24	Is recommended for Nobel Prize by H. A. Lorentz, W. Julius, P. Zeeman, and H. Kamerlingh Onnes: "By making progress in the field of gravitation for the first time since Newton, he has placed himself among the first tier of physicists of all time."
Jan 26	Initiates and signs declaration in support of G. Nicolai (Vol. 7, Doc. 32).
Feb 4	Starts a series of ten one-hour lectures for the Greater Berlin Adult Education Program on kinematics, equilibrium of bodies, and relativity.
Feb 5	Probably gives first Thursday evening lecture on relativity of the winter semester 1919/20 at the University of Berlin.
Feb 9	The Leidsch Universiteitsfonds nominates him to special professorship at the University of Leyden.
Feb 12	His weekly lecture at the University of Berlin is broken up by students protesting against his open admission policy.
Feb 13	"Uproar in the Lecture Hall" (Vol. 7, Doc. 33) is published.
	In telephone statement to C. H. Becker, declares that press accounts of the uproar are tendentious; sees no reason for remonstrating against the presence of nonstudents. "Utter chaos" ("wüste Lärmszenen") did not take place.
Feb 14	The Ministry of Education publishes a statement on the events at Einstein's lecture of 12 February. The protest against admission of unauthorized persons was not political, even less anti-Semitic. The next lecture will be delivered as

CHRONOLOGY, 1920   217

	a public one in the Auditorium Maximum of the university on Friday, 6 P.M.
Feb 17	States conditions for further participation in his classes in *Berliner Tageblatt*.
Feb 18	The Student Committee of the University of Berlin confirms that there was no uproar at Einstein's lecture, and blames the newspapers for using the events for their own purposes.
	Einstein's statement on founding of Hebrew University, possibly solicited by H. Bergmann (see Vol. 9, Doc. 266) and intended for publication in brochure.
Feb 19	Berlin students apologize to Einstein for disturbances at his lecture (Vol. 9, Doc. 320).
Feb 20	Pauline Einstein dies.
	Continues his lectures to a packed Auditorium Maximum at the University of Berlin.
	At session of the DPG, M. von Laue presents the photographs taken by the British solar eclipse expeditions proving light deflection by the Sun.
Feb 21	Is elected board member of the Deutsches Museum, Munich.
Feb 23	Pauline Einstein is buried in the Maxstr. cemetery of Berlin-Schöneberg.
Mar 13	Kapp Putsch in Berlin.
Mar 14	Largest general strike on record in Germany. Ebert–Bauer cabinet takes refuge in Dresden, then Stuttgart.
Mar 17	Military coup fails, Kapp resigns as chancellor.
Apr 4	"An Exchange of Scientific Literature" (Vol. 7, Doc. 36) is published.
Apr 5	Sends reply to Central-Verein deutscher Staatsbürger jüdischen Glaubens (Vol. 7, Doc. 37).
before Apr 7	Completes "Ether and the Theory of Relativity" (Vol. 7, Doc. 38).
Apr 8	Submits "Propagation of Sound in Partly Dissociated Gases" (Vol. 7, Doc. 39) to the PAW.
Apr 9	Is elected foreign member of the Royal Danish Academy of Sciences and Letters.

before Apr 19	Is a sponsor of the Anglo-American University Library for Central Europe (see Vol. 9, Doc. 379).
Apr 23	Is elected corresponding member of the Royal Dutch Academy of Sciences.
around Apr 27	Meets for the first time with N. Bohr in Berlin.
after May 4	Travels to the Netherlands.
May 6	Arrives in Utrecht.
May 7	Arrives in Leyden.
May 11	Co-signs nomination of M. von Laue as ordinary member of the PAW.
May 14	Visits at H. A. Lorentz's home.
May 17	French and Belgian troops leave the cities in Germany that they had occupied.
May 19	Lectures on "Raum und Zeit in der neueren Physik" at the University of Leyden.
	His salary as director of the KWIP is doubled to 2,500 M.
May 29	Inducted as foreign member into the Royal Dutch Academy of Sciences.
May 30	Co-signs an appeal in favor of the republican constitution that condemns violence and warns of the danger of destructive criticism to political freedom.
Jun 1	Arrives in Berlin.
Jun 2	Awarded the Barnard Medal of Columbia University.
Jun 6	General elections in Germany.
Jun 12	With Ilse Einstein, leaves Berlin for Oslo at the invitation of the Norwegian Students' Union.
Jun 14	Margot Löwenthal's last name is officially changed to "Einstein."
Jun 15	Delivers his first lecture in Oslo on special relativity.
Jun 17	Second lecture in Oslo on general relativity.
Jun 18	Third lecture in Oslo on cosmological consequences of general relativity.
	Is elected honorary member of the Norwegian Students' Association.
Jun 24	Arrives in Copenhagen.

CHRONOLOGY, 1920   219

Jun 25	Lecture on "Gravitation und Geometrie" to the Royal Danish Astronomical Society in the ceremonial hall of the Technical University of Copenhagen.
Jun 28	Einstein and Ilse leave Denmark for Germany.
Jun 29	Arrives in Berlin.
Jul 1	Takes the oath of allegiance to the national constitution.
Jul 5–16	International conference of Germans and Allies at Spa.
Jul 11	Statement to the German Central Committee for Foreign Relief (Vol. 7, Doc. 40).
after Jul 11	Statement on the Quaker Relief Effort (Vol. 7, Doc. 41).
Jul 16	Completes "To the 'General Association for Popular Technical Education'" (Vol. 7, Doc. 42).
Jul 17	Presents lecture "Grundlagen der Relativitätstheorie" at the University of Hamburg.
Jul 24	"To the 'General Association for Popular Technical Education'" (Vol. 7, Doc. 42).
Jul 25	"On New Sources of Energy" (Vol. 7, Doc. 43) is published.
Jul 26	Is nominated to special professorship by the Leyden University council for three years with annual remuneration of 2,000 guilders.
Aug 2	The first attack of P. Weyland on Einstein.
Aug 3	"Comment on the Paper by W. R. Heß, 'Contribution to the Theory of the Viscosity of Heterogeneous Systems'" is received (Vol. 7, Doc. 44).
Aug 24	Present at first meeting of the Arbeitsgemeinschaft deutscher Naturforscher zur Erhaltung reiner Wissenschaft e. V. in the Berlin Philharmonic Hall. Speakers are P. Weyland and E. Gehrcke.
Aug 27	"My Response. On the Anti-Relativity Company" (Vol. 7, Doc. 45).
	Rumor published in *Berliner Tageblatt* that Einstein plans to leave Germany as a result of hate campaign against him.
Sep 2	Second meeting against relativity at the Philharmonic Hall.
Sep 11	Aphorism signed: "Auch in wissenschaftlichen Dingen wird die herrschende Meinung durch das Urteil Weniger bestimmt. Nur wenige nehmen die Mühe auf sich, sich

	⟨selbst⟩ ihr Urteil selbst zu bilden. Albert Einstein" [70 447].
Sep 13	Leaves Berlin for Kiel, Bad Nauheim, Stuttgart, Sigmaringen, Benzingen, Leyden, and Hannover.
Sep 15	Lectures on "Raum und Zeit im Lichte der Relativitätstheorie" at Kiel Autumn Week for Arts and Sciences.
Sep 20	Start of the 86th meeting of the GDNÄ in Bad Nauheim.
Sep 21	At the business meeting of the DPG in Bad Nauheim, participates in the discussion of a proposed fusion of *Zeitschrift für Physik* and *Annalen der Physik*.
	Queen Wilhelmina issues decree confirming Einstein's appointment as Special Professor at the University of Leyden.
Sep 22	Elected to membership of the Scientific Committee of the GDNÄ.
Sep 23	Opens combined mathematical and physical sections of the Bad Nauheim meeting dedicated to relativity theory.
Sep 24	"A Confession" (Vol. 7, Doc. 37).
	Elsa Einstein joins him in Bad Nauheim.
Sep 26	Closing of the Bad Nauheim meeting.
Sep 28	In Stuttgart, delivers a lecture at the Verein "Schwäbische Sternwarte" for the establishment of an observatory.
after Sep 29	Draft on the "Contribution of Intellectuals to International Reconciliation" (Vol. 7, Doc. 47) is completed.
Oct 1	Is offered a special lectureship at Princeton University.
Oct 2	"Grüsse an die norwegischen Studenten" (Vol. 10, Doc. 141) is published.
Oct 4	The minister of finance allocates 200,000 M for the purchase of a spectrograph from Carl Zeiss Company, Jena. The government of Potsdam has no objections to the construction plan.
Oct 6	Meets his sons Hans Albert and Eduard in Sigmaringen and takes them to Benzingen.
	The ministry of education publishes Einstein's letter to K. Haenisch (Vol. 10, Doc. 137) to deny rumors that Einstein is leaving Germany for a foreign university.

Oct 16–Mar 15	Is listed as offering course on various topics in theoretical physics at the University of Berlin.
Oct 21	Arrives in Leyden.
Oct 25–31	"Magnet-Woche" at the University of Leyden.
Oct 27	Presents "Ether and the Theory of Relativity" as inaugural lecture in Leyden.
Nov 2	Visits Spinoza House in Rijnsburg.
Nov 3	Lectures in Hannover.
Nov 7	Returns to Berlin.
after Nov 11	"Private Expert Opinion for Telefunken on the Patents of Meissner and Kühn" (Vol. 7, Doc. 48).
Nov 15	First session of the League of Nations is held in Geneva.
Nov 20	"Response to Ernst Reichenbächer, 'To What Extent Can Modern Gravitational Theory Be Established without Relativity?'" (Vol. 7, Doc. 49) is signed.
after Dec 8	"Brief Outline of the Development of the Theory of Relativity" (Vol. 7, Doc. 50) is signed.
Dec 15	Co-signs petition to pardon ten commissars of the Hungarian Soviet Republic.
Dec 31	Awarded the Order Pour le mérite for Science and the Arts (Peace Class).

CUMULATIVE INDEX TO VOLUMES 1–10

In the following index, *CPAE* volumes are indicated by bold Arabic numbers. For any given volume, page numbers in italics indicate editorial apparatus; a lowercase "n" following a page number indicates an endnote to an Einstein document; and a lowercase "c" indicates a reference to the Calendar. Entries are listed under the appropriate English heading; institutions, organizations, and concepts that have no standard English translation are listed under their German designation. "Albert Einstein" is abbreviated to "AE" in subentries. Other abbreviations used are "DPG" for "Deutsche Physikalische Gesellschaft," "ETH" for "Eidgenössische Technische Hochschule," "GDNÄ" for "Gesellschaft Deutscher Naturforscher und Ärzte," "KWG" for "Kaiser-Wilhelm-Gesellschaft," "KWIP" for "Kaiser-Wilhelm-Institut für Physik," and "PAW" for "Preußische Akademie der Wissenschaften."

8-Uhr Abendblatt, **7:***106*, 287n, 348n
Aall, Anathon (1867–1943), **9:**532
Aarau, Canton of Aargau
  AE's stay in, **1:**10–42 passim, *372–373*
  See also Aargau Kantonsschule; Müller-Winteler, Marie; Winteler family; Winteler, Jost; Winteler, Pauline
Aarau Töchterinstitut und Lehrerinnenseminar, **1:**234n, 238n, *385, 389*
Aardenne, Gijsbert van (1888–1983), **9:**228, 268, 403, 415, 457, 508; **10:**262, 298, 403, 480
  AE on, **9:**352
Aargau, Canton of, Department of Education
  agreement with Swiss Federal School Council, **1:**24n, 25
Aargau Kantonsschule, **1:***lxv–lxvi*, 11, *12*, 28, 217, *372–373*; **2:***42, 110*; **8:**850n; **9:**91n
  AE's difficulties in French at, **1:**17, 18, 28
  AE's Entrance Report at, **1:**13–14
  AE's friends at (*see* Byland, Hans; Wohlwend, Hans)
  AE's Gedankenexperiment on light at, **1:**12, *372*
  AE's grades at, **1:**16–17, 23
  AE's music examination at, report on, **1:**21
  AE's studies at, **5:**34
  curriculum at, **1:***359–361*
  history and organization of, **1:***10–12*

Matura examinations at: AE's, **1:**25–42; at Gewerbeschule, *23–25*
teachers, list of AE's, **1:***359–361* (*see also* Ganter, Heinrich; Mühlberg, Friedrich; Rennhart, Martin; Tuchschmid, August)
textbooks at, **1:***361*
Winteler family, AE boards with, **1:***12*, 14, 17–18, 19 (*see also* Winteler family; Müller-Winteler, Marie; Winteler, Jost; Winteler, Pauline)
Abbé, F., AE's landlord at Wittelsbacherstraße, **10:**106, 122n, 131n
Abderhalden, Emil (1877–1950), **8:**887; **9:**45n; **10:**260
Aberration, **2:**435; **3:**165–166; **4:**53, 104n, 422, 545; **6:**26–27, 44, 45, 55, 67n, 392, 457, 526, 536n; **7:**127–128n, 178n, 246, 310, 321n, 466
  relativistic expression for, **2:***262*, 295–297, 447, 486n
  stellar, **2:**255, 262, 297, 447, 486n
  See also Stokes, George: theory of aberration of
Abraham, Max (1875–1922), **1:**259n; **2:**270, 306n, 307n, 309n, 523; **4:***122–128*, 141, 143, 505, 621n; **5:**120n, 190n, 232n, 251n, 449, 455, 595, 597n; **7:**321n, 355; **8:**145, 205, 305, 548, 549n, 803; **9:**7; **10:**22, 67
  AE invites, **5:**242
  AE meets with, **8:**282

Abraham, Max (*cont.*)
  AE on, **5:**189, 231
  AE quotes, **4:**183, 186
  AE's response to criticism by, **4:**181–186, 190, 621n; **5:**595
  on AE's theory of gravitation, **10:**17
  electrodynamics of moving media, paper on, **5:***162n*; AE on, 161
  electron model of, **2:***254, 270,* 308n, 310n, 371, 410, 412n, 461, 553n; **5:***57*; **8:**840, 913
  general relativity, criticism of, AE on, **5:**588
  gravitation theory of, **4:***122, 124, 126,* 130, 141, 143, 186, 187n, *299,* 488, 501n, 505, 506, 509, 615; **5:**394n; **10:**17
    AE's criticism of, **5:**395, 408, 413, 418, 420, 421, 430, 436, 447, 483, 550
    AE's criticism of modified version, **5:**505
    controversy with AE on, **4:***122–128,* 130, 179n, 181–186, 187n, 190, 488, 501n, 615, 621n, 622n; **5:**394, 394n, 406, 480, 501
    equations of motion in, **5:**465, 467
  Laub's work, criticism of, **5:**231
  leaves Milan for Zurich, **8:**146n
  ponderomotive forces of, **5:**119; AE on, 308
  radiation theory, discussion with Wien on, **5:***57, 59,* 448n
  recommends Ehrenfest as AE's successor in Prague, **5:**446
  sarcasm of, **8:**206n
  special relativity, work on, **4:**84, 92, 107n
  University of Zurich, candidacy for chair at: AE's recommendation of, **5:**447; negative decision on, 448n
  in Zurich, **10:**25
Absolute differential calculus, **10:**25
Absolute motion of solar system, from eclipses of Jupiter's moons, **10:**516
Absolute rest. *See* Rest, absolute
Absorption, **2:***142–143, 145,* 167n; **3:**535–536, 547n
  coefficient, **3:**542–543
  and coherence, **3:**540, 547n, 574
  and emission, **3:**457, 517, 535–536, 542, 558
  of γ-rays, **8:**874, 875
  infrared, **3:**503, 504n, 542, 547n
  of light, **8:**246
  maximum, **2:**243, 389, 405
  of radiation, **3:**500, 504n, 506n, 540, 542

  temperature dependence, **3:**312n
  time factor in, **3:**504n, 541
  in universe, **8:**393
  See also Light; Radiation
Absorption spectra. *See* Spectra, absorption
Academia, scholarly ideals in, AE on, **9:**194
Académie des Sciences, Paris, **3:**519n
Academy for the Science of Judaism. *See* Akademie für die Wissenschaft des Judentums
Academy of Sciences, Royal Danish. *See* Royal Danish Academy of Sciences and Letters
Academy of Sciences, Royal Dutch. *See* Royal Dutch Academy of Sciences
Acceleration, **3:***xxviii–xxix,* 6, 13–14, 22–24, 31, 81, 124–125, 143, 466; **6:**466, 517–518
  absolute, **3:**487; **7:**371n
  absolute and relative, **4:***194–195,* 484, 547, 585, 618, 620
  addition, law of, **3:**16
  constant, **2:**487n, 495
  effect of on measuring rods and clocks, **8:**392
  of electrons, **3:**543
  of fluid elements, **6:**400
  and frames of reference, **3:**175n, *480,* 487
  and gravitation, **2:**274, 436, 476, 495; **6:**8, 280, 282n, 287–288, 292, 405, 469–472, 474–475, 529–530, 531, 537n; **7:**116–118, 121n, 266, 354, 357n (*see also* Equivalence principle)
  influence of
    on rate of clock, **2:**476–480
    on shape of a body, **2:**476–480
  proper, **2:**495n; **4:**131, 147; **6:**407, 408n; uniform, **4:***194*
  space-time and field of, **4:**131–134
  transformation (*see* Transformation)
  See also Motion: accelerated; Relativity, principle of
Acceleration transformation. *See* Transformation: acceleration
Ackermann-Teubner, Alfred (1857–1941), **5:**75n
Acoustic research, **9:**127–128
Acoustics, **8:**433
  molecular (*see* Molecular acoustics)
Acta Mathematica, honoring memory of Poincaré, **9:**308
Action
  at a distance, **2:**581; **3:***xix,* 178, 178n, 252,

253n, 358; **6:**123, 467; **7:**308–309, 316, 349n
  local, **7:**308–309, 372, 407
  principle of least (*see* Least action, principle of)
  propagation of with superluminal velocity, impossibility of, **2:**424–425
  quantum of (*see* Quantum: of action)
Action and reaction, principle of, **2:**114, 525, 527–528; **3:**15, 42, 44, 136, 255–256, 257n, 316, 360, 392; **4:***124*, 156–161, 567, 610
  in AE's and Laub's electrodynamics of moving media, **5:**131, 132n, 253
  in AE's theory of static gravitational field, **5:**430n, 486n
  in Lorentz's electrodynamics, **5:**149n
Adams, Edwin (1878–1956), **7:**570n–571n, 573n, 576n, 590
Adams, Walter (1876–1956), **5:**316, 317n, 328, 330, 347, 354, 355, 357; **10:**249
Adapted coordinates. *See* Coordinates: adapted
Addition of velocities, law of, **3:**134, 146, 155, 160–162, 372; **4:**33, 48–50, 53; **6:**53–55, 449–452; **7:**523
  in classical mechanics, **6:**434–435, 444, 450
  Newtonian, **2:***257*
  relativistic, **2:**290–292, 302, 444–446, 448, 569–570; **3:**160
Adiabatic change of state. *See* Change of state: adiabatic
Adiabatic invariants, **4:***272*
  Ehrenfest's theory of, **3:**562n; **5:**564; **6:**36–37, 39n; **8:**12–13, 15, 19, 23, 28, 42, 386, 555, 642–643
  discussion between Ehrenfest and AE on, **8:**19, 23, 28
  publications on, **8:**961
Adiabatic process. *See* Change of state: adiabatic
Adler, Emma (1905–1979?), **8:**480
Adler, Felix (1911–1981?), **8:**480n
Adler, Friedrich (1879–1960), **3:**578, 581; **5:**199n, 264; **7:**121n; **8:**410, 420, 432, 447, 451, 479, 486, 488, 489, 899; **10:**78–80
  AE asks Zangger to help, **8:**409
  AE offers help to, **8:**394, 432, 438
  AE volunteers as witness at trial of, **10:**78
  on AE's candidacy for chair in Prague, **5:**254n
  amnesty for, **8:**829n
  apartment in Zurich of, **8:**403

assassinates Stürgkh, **8:**394
character of, **8:**394, 409, 441; **10:**73–74, 79–80
coordinate systems, manuscript on, **8:**403, 437, 438, 480, 494n, 844n–847n; **10:**80, 82
  discussion with AE on, **8:**828, 840–844, 848, 881–883, 899–901, 906–908, 913–914
death penalty for, **8:**403, 829n
intervention on behalf of, **8:**409; **10:***xxxiv*, 73–74, 79, 81
Kant and Mach, plan of book on, **8:**395n, 402, 480
Mach's nag ridden by, AE on, **8:**441, 444, 451
Nauheim, leaves GDNÄ meeting in, **10:**600c
on perihelion motion of Mercury, **8:**421
on prison conditions, **8:**828–829
on privileged frame, **8:**403
on relativity of rotation, **8:**403
scientific work in prison, **8:**480n
solicits AE's signature on appeal of amnesty for Hungarian people's commissars, **10:**484
sympathy for, **8:**464
trial of, **8:**404n, 494n
University of Zurich, course at, **5:**199; **8:**403
velocity-dependence of electron form and mass, discussion with AE on, **8:**908, 913
Weyl, criticizes book of, **8:**848
Adler, Johanna (1903–1978), **8:**480
Adler, Josef (1844–1918), **5:**239n; **10:**96
Adler, Kathia (1879–1969), **8:**394, 404n, 442n, 464, 479, 497; **10:**198
  AE offers to help, **8:**394
  AE plans to visit, 497
  AE visits, 829n
  visits Friedrich Adler, **8:**480
Adler, Paul (1878–1910), **5:**238, 239n
Adler, Rosa (1855–1935), **5:**238, 239n; **10:**96
Adler, Saul (1895–1966), **7:**436n
Adler, Victor (1852–1918), **8:**394, 442n, 1005c; **10:**82
  AE visits in Vienna, **5:**258n
Adler-Germanishskaya, Katerina. *See* Adler, Kathia
Adn. *See* Einstein, Hans Albert
Adolf Friedrich, Duke of Mecklenburg, **9:**281n
AEG. *See* Allgemeine Elektrizitätsgesellschaft
Aegeri, Canton Zug, **9:**270, 303, 307n
  Eduard Einstein in sanatorium in, **10:***xxxvii*
Aepfelkammer tavern, **5:**252

Aerodynamics, **2**:430; **8**:287, 577
Aerostatics, **2**:430
Afanas'jeva, Sonya, **8**:13; **9**:222, 227, 248, 457
Agar-agar, for Elsa Einstein, **10**:122
Agram (Zagreb), **1**:294.
Ahrenshoop, **10**:*xxxvi*
Airfoil designed by AE, **6**:401, 402n
  test of, **8**:577n; in wind tunnel, **10**:106n
  theory of, **8**:287
Airolo, Canton of Ticino, **1**:*lxv, 372*
Airplane
  gyrocompass for, **7**:190
  model by Hans Albert Einstein, **10**:*xxxii, xxxvi*
  rotation along vertical axis, **7**:192
Akademie für die Wissenschaft des Judentums, **9**:168n, 553c
Akademie Olympia. *See* Olympia Academy
Akademische Verlagsgesellschaft. *See* Publishers
Akademisch-Pädagogischer Verein, Vienna, expresses sympathy for AE, **10**:597c
Al-Azhar University, **9**:213n
Albert Einstein Donation Fund. *See* Albert-Einstein-Spende
Albert, Kurt, contributes to Albert-Einstein-Spende, **10**:372
Albert-Einstein-Spende, **9**:359, 388n, 448n, 585c, 589c, 606c, 614c, 616c; **10**:372n, 571c, 577c, 582c, 601c
  appeal for contributions to, **9**:593c
  board of trustees, members of, **10**:578c
  contributions to, **10**:372, 527, 582c
  popular lecture on, **9**:613c
Albis, Canton Zurich, **10**:41
Albrecht, Sebastian (1876–?), **10**:249
Algeciras, act of, **8**:173
Alldeutscher Verband, **7**:*112*, 282n; **8**:629n, 746n
Allen, Ethel, **9**:588c, 594c
Allen, Stanley (1873–1945), **8**:158
Allgemeine Elektrizitätsgesellschaft (AEG), **8**:400n, 451n
  contributes to Albert-Einstein-Spende, **10**:372
  legal dispute with Sannig & Co., **7**:242–243
Allgemeine Gesellschaft für chemische Industrie m.b.H., **9**:570c
"Allgemeine Nährpflicht," **7**:129; **9**:609c
Allgemeine Studentenausschüsse, and Deutsche Studentenschaft, **9**:179n

Allgemeine Studenten-Vertretung an der Technischen Hochschule Dresden, invites AE to lecture, **10**:590c; accepted, 591c, 608c, 612c, 613c
Allies
  AE on, **9**:281
  guarantee of democracy in Germany, **9**:513
  in Versailles Peace Treaty negotiations, **9**:110
  See also Versailles Peace Treaty
Alloys
  electrical conductivity of, **5**:337, 338
  electrical resistance of, **5**:318
Alpha particle, **2**:577, 586; **7**:339
Als-Ob conference (Halle), **9**:493, 532, 611c; **10**:*xlv*, 246, 262, 265, 275, 288, 298–299, 573c, 576c, 586c
  AE cancels participation in, **10**:267, 268, 277
  ignorance of relativity at, Petzoldt on, **10**:332
  Wertheimer on, **10**:260–261.
  See also Philosophy: of Als-Ob; Vaihinger, Hans
Alte Münze restaurant, **5**:115n; AE on, **5**:114
Althoff, Friedrich (1839–1908), on academic appointments, **9**:142
Altmann, Victor, proposes prize for essay on relativity and Als-Ob philosophy, **10**:586c
Amberg, Ernst (1871–1952), **1**:298, *362, 363*; **9**:271; **10**:227, 236–237, 330n
American Jewish Congress, **9**:17n
American Jewish Physicians' Committee, **7**:436n
American Relief Administration, **7**:332n; European Children's Fund of, **7**:332n
Amerika Institut, **9**:605c
Amorphous substances, thermal research on funded by KWIP, **9**:560c
Ampère, André-Marie (1775–1836), **1**:200; **2**:*xxv*; **3**:357, 565
  magnetism, work on, **6**:145, 151, 153, 173, 191
Ampère's molecular currents, **6**:39n; **7**:586–589; **10**:320
  AE's and De Haas's experiment on, **6**:*145–149*, 151–169, 173–188, 195, 231; **8**:63, 76, 79, 84n, 85, 88, 91, 117, 120–121, 135, 299; **10**:345, 533
  calculational error in, **8**:123
  disturbing effects in, **8**:97, 175
  effect measured, **6**:*148*; **7**:585n; by Beck, **9**:7n, 16, 57

effort spent on, **8:**136
evaluation of, **8:**116
Herzfeld on, **10:**531–532, 549
Ioffe on, **10:**404
manuscript on, **8:**116
Möller on, **10:**574c
paper on, **8:**135; correction to, 127
phase, relative, of torque and angular displacement in, **6:**163–164, 170n, 183–184, 189n, 195
skepticism toward results of, **8:**134
sources of error in, **6:***148*, 159–160, 161–162, 180–182
AE's experiment on, **6:**271–275; **8:**157, 162, 175, 185, 197, 261; **10:**28, 39
De Haas's experiment on, **8:**157, 159, 162, 197, 340n
literature on, **10:**502
See also Electron: circulating intra-atomic
Amsterdam Academy of Sciences. *See* Royal Dutch Academy of Sciences
Amtsgericht Berlin, **8:**975n
Analogy arguments
AE's, **3:**114, 128n
Nernst's, **3:**545n
Anarchism, **7:**124n
Andersen, Hans Christian (1805–1875), **8:**635; *The King's Robe,* **9:**155
Andreyev, Ivan (1880–1919), **5:**540n
Andromache, **10:**171n
Aner, Karl (1879–1933), **9:**71
Anglo-American University Library for Central Europe, **9:**511, 529, 533, 612c; **10:**334
Angular momentum, **2:**522; **3:**26, 63–67, 73, 101; **4:**454
conservation of, **4:***350, 355,* 374–376
inner, **6:**192
law of conservation of, **6:**152, 174, 192 (*see also* Area law)
and magnetic moment (*see* Magnetic moment: and angular momentum)
Annalen der Philosophie, **8:**886–888
Annalen der Physik, **1:**xl, 267, 304, 315, *375, 377*; **7:***103, 349n*
AE's reading of, **2:***260*
Ansbacher, Bernardo (1845–1914), **1:**282; **5:**12, 16n, 479n
Ansbacher, Julie (1845–1933), **1:**287, 296; **5:***403, 404n, 479n;* **10:**206–207, 210

Ansbacher, Luigi (1878–1956), **1:**258, 262, 296; **5:**23n, 183n, 403, 404n, 479n
AE visits, **5:**183
stay in Hechingen of, **5:**23
Ansbacher family, Alfred Stern's visit to, **5:**479
"Anschaulichkeit." *See* Physics: intuitive quality of
Anschütz & Co., **8:**790, 811–812, 832, 837, 857
AE's expert opinions on dispute between Sperry Gyroscope Company and, **6:**137–143, 143n, 144n, *146,* 207–210
legal dispute with Gesellschaft für nautische Instrumente, **7:**81–84
legal dispute with Kreiselbau Co., **7:**190–195
patent of, **7:**81–84, 192–195
Anschütz-Kaempfe, Hermann (1872–1931), **7:***xxix,* 84n–*85n;* **8:**837, 838, 857, 858n, 863, 864n; **10:**430, 531, 549
AE stays with, **10:***xlvi,* 431
endowment of, **10:**452
experiment on terrestrial magnetism, **10:**457–458, 533, 544
on gyrocompass, **10:**457, 533, 543–544
invites AE, **9:**7; **10:**458, 531, 533, 544
offers honorarium to AE, **10:**533, 544
proposes scientific lecture in Munich, **10:**543
Anschütz-Stöve, Reta (1897–1961), **10:**431
Anti-Oorlog Raad, **8:**118n, 186, 206n, 869n
session in Bern, **10:**36
Antipodal point, stellar light from, **8:**412
Anti-relativists, **7:***xxxi–xxxii, 101–113,* 279n, 357n
AE's response to, **7:**345–347
and anti-Semitism, **7:***102, 106, 112,* 348n
appeals to common sense by, **7:***105,* 118–119, 357n–358n
Anti-relativity meeting at Berlin Philharmonic Hall. *See* Philharmonic Hall, Berlin, anti-relativity meeting at
Anti-Semitism, **9:**169, 522
in academic circles, **9:**230n, 269n, 489, 494; AE on, 268
AE on, **9:**230, 287, 352, 492
AE on causes of, **7:**290, 294, 427
AE as target of, **7:**625; **9:**612c
AE's housing difficulties in Berlin as caused by, Winteler-Einstein on, **9:**307n
at AE's lecture course, **7:**286; **9:**423n
AE's reaction to German, **7:***xxxvi*

Anti-Semitism (*cont.*)
  and assimilation, **7:**289–291
  campaigns in Germany, **9:**489
  in Kiel, **9:**230
  methods of defense against, **7:**290–291
  in Munich Volksschule, **1:***lx* n
  in physics departments of German universities, **1:**282
  in Poland, **8:**964n
  psychological origin of, **7:**290
  role of in preserving Jewish identity, **7:**427–428, 430n
  in Russia, **7:**429n; **8:**18
  "science"of, **7:**427, 429n
  as theme in German politics, **7:***101*
  Zionist and Central-Verein differences on, **7:**292n
  See also Pogroms
Anti-War Council. *See* Anti-Oorlog Raad
Aphelion, **4:***351, 354*; **6:**241
Appeal
  "An die Europäer," **6:**69–70; **8:**78n, 276n, 342n, 505n, 762, 763, 832n; **9:**476n; **10:**29
  "An die freie Jugend aller Stände und Völker," AE signs, **9:**552c
  "An die Kulturwelt," **6:**70n; **8:**78n, 104n, 157n, 171n, 285, 286n, 637n, 774, 931n; **9:**476n
    AE on mitigating circumstances, **9:**163
    and Anglo-German relations, **9:**245n
    authors of, **9:**122n
    and bitterness against Germany, in France and Belgium, **9:**114, 121
    revocation, prospects of, **8:**176
    signatories of, **8:**170, 345, 347n
    signatures for, collection of, **8:**155
  "April 1919," **9:**33
  "Aufruf des deutschen Geistes zum Sozialismus," new version, **9:**94–96
  For a Peace of Reconciliation, **8:**1010c
  "Für den Aufbau des jüdischen Palästina," AE signs, **9:**193, 579c
  "Für die Unabhängigkeit des Geistes," **9:**575c; AE signs, 102, 105, 110, 134–135; Schmidt supports, 102
  Harnack-Fischer, on electoral reform in Germany, **10:**96
  in favor of republican constitution
    AE prepared to sign, **10:**242
    AE signs, 574c

  of the Intellectuals, **8:**151n, 342n, 837n
  Spring 1919 appeal, **9:**106n
  to join Demokratische Partei, **8:**1029c–1030c
  "Un Appel, Fière Declaration d'Intellectuels," **9:**575c; AE signs, 102, 564c
Appell, Paul (1885–1930), **8:**171n, 335
Applications, for funding for
  acoustic research, **9:**127–128
  air pump, **9:**589c; pending, 615c
  analyzing "ice-core" process, **8:**1022c
  atmospheric physics, **9:**565c; rejected, 566c; **10:**570c
  battery and discharge tubes for research on light emission: pending, **10:**568c; granted, 568c
  coal cutter, **8:**1014c
  compass and water wheel, **8:**1015c
  crystal structure of metals and alloys, **9:**556c, 567c
  determination of elementary electric charge, **10:**582c; pending, 589; granted, 609c
  developing melting technique, **8:**1014c
  developing temperature gauge, **8:**1016c
  diffusion pump, **9:**581c; rejected, 583c
  electrical oscillations, **9:**556c; granted, 560c, 567c
  electrometer, **9:**563c; rejected, 566c; granted, 613c
  electron impact measurements, **9:**612c; granted, 613c
  elementary electric charge, static determination of, **10:**603c; pending, 611c, 612c
  equipment for research on high-frequency resonance in iron-containing circuits, **9:**557c; rejected, 561c
  Fricke's theory of gravitation, publication of **8:**1018c, 1019c
  geophysical instruments, **9:**579c; rejected, 581c; **10:**570c
  high-voltage batteries for X-ray spectroscopy, **9:**556c; granted, 560c
  high-voltage battery and maintenance, **10:**579c 591c; pending, 582c; granted, 609c
  infrared spectra of gases, **10:**587c; granted 602c
  instrument for recording current curves, granted, **10:**604c
  instruments to measure elementary electric charge, **9:**558c; granted, 560c, 568c

instruments for photoelectric measurements in astrophysics, **9:**557c; rejected, 561c
mathematical assistance, **9:**102n; granted, 560c
medical inventions, **8:**1020c
mercury for research on light emission of atoms, **9:**556c, 562c; granted, 561c, 563c
meteorological station, **9:**556c; rejected, 561c
method to transform heat into mechanical work, **8:**1014c
microphotometer, **9:**551c; granted, 554c
molecular velocities, vapor pressure, molecular diffusion, X-ray spectroscopy, **9:**571c
perpetuum mobile, **8:**1019c
photochemical research, **9:**601c; granted, 613c
photoelectric research, **10:**583c; pending, 584c, 586c; granted, 609c
Physikalische Berichte, **9:**598c; granted, 603c
quartz spectrograph, **9:**337; pending, **10:**579c, 583c; granted, **9:**613c; **10:**609c
radiometer, theory of, **9:**559c; granted, 560c, 568c
redshift measurements, **9:**38; granted, 561c
research instruments, granted, **9:**563c
research on
  influence of magnetic field on intensity of band spectra, granted, **9:**568c
  influence of magnetic field on molecular-forces in liquid crystals, **9:**555c, 558c; rejected, 562c
  influence of magnetic field on spectral lines, **9:**557c
  insulators, heat conductivity of commercial **9:**566c; rejected, 566c
  mechanics and heat theory, **8:**1025c
  photochemistry, **9:**601c; granted, 613c
  photoelectricity and X-rays, **9:**559c; granted, 560c, 567c
  quantum theory of monatomic gases, **9:**19; rejected, 561c
  radiation formula, reserved, **9:**561c; granted, 571c; postponed, 576c
  refractive index and absorption coefficient of metals in infrared region, **9:**557c; granted, 560c
  thermal research of solid amorphous substances, **9:**560c
research stipend, **9:**21; rejected, 562c
short wavelength electric waves, production of, **9:**557c; granted, 560c, 562c

solar redshift measurement of, granted, **9:**591c
specific heat of solids at low temperature, **9:**557c; granted, 560c, 567c
spectral lines, intensity of, **10:**604c; granted, 609c
spectroscopic instruments, **9:**569c; granted,613c
Stark effect, **9:**558c; granted, 560c, 568c
stipend, **9:**555c, 563c, 579c; rejected, 68, 564c
smoke consumption, **8:**1022c
study of telescope and color photography, **8:**1023c
voltage recording instrument, granted, **10:**604c
X-ray diffraction research, **8:**821–822; granted, 823, 1024c
X-ray spectroscopy, **9:**559c; granted, 560c, 562c, 567c, 613c; **10:**585c, 609c; pending, 607c; declined, 611c
X-ray tube, **10:**609c
Approximations, **2:**386–387. *See also* Limit, Newtonian
Arago, François (1786–1853), **9:**333
Arbeiterfürsorgeamt der jüdischen Organisationen, **7:**240n–241n
Arbeitsgemeinschaft deutscher Naturforscher zur Erhaltung der reinen Wissenschaft, **7:***105*, 348n; **10:**382, 388n, 388, 400n, 401n, 407n, 407, 417n, 418n, 419n, 427n, 452n, 470n, 593c
Hennig on, **10:**594c
invites AE to lecture, **10:**451–452
meeting at Berlin Philharmonic Hall (*see* Philharmonic Hall, Berlin, anti-relativity meeting at)
Archimedes, **1:**337; **8:**764n, 941
Archimedes' spiral, **3:**196, 244n
Arc-length, **6:**89, 90, 306, 307
Arco, Georg Count von (1869–1940), **9:***xliv*, 34n, 34, 43n, 65n, 71, 132, 343n, 347, 358; **10:**486
on AE's worldview, **9:**347
invites AE to Monistenbund, **9:**347–348
letter to Kammerer on heritability, **9:**505
Bund "Neues Vaterland," signs circular of, **8:**947
requests AE's opinion on *Kammerer 1919*, **10:**486–487
requests court expert opinion from AE on legal dispute over Meissner's patent, **10:**486

Arco, Georg Count von (*cont.*)
supports Nicolai, **9:**475
supports Rausch von Traubenberg, **9:**291
Vereinigung Gleichgesinnter, nominates AE for membership in, **8:**342n
Area law, **2:**410; **3:**28, 33–35, 57, 65–67; **4:***350,* 374, 387n, 395n, 439n, 441n, 471n; **6:**238–239, 240
Area velocity, **4:***350, 353, 355,* 374, 403n
Aristotle, on heredity, **10:**92
Arkad'ev, Vladimir (1884–1953), **10:**603c
on restoration of international connections among scientists, **10:**319
Arkhangelsky, Aleksandr (1877–1926), **10:**418n, 465n, 469n
Arndt-Gymnasium, **8:**14n
Arnold, Libert, **5:**244
Arons, Leo (1860–1919), **8:**945; **9:**475
chromoscope of, **7:**205n
courage of political convictions of, **7:***xxxviii,* 203
loses position, **7:**205n, 283n
obituary for, **7:**205n
open letter to Rector and Senate of University of Berlin, **8:**946n
as physicist, **7:**203–204
Arosa, **10:**85, 91–92, 100, 103, 103n, 109, 121, 138, 141n, 157n, 158, 167, 181n
AE in, **9:**5
De Sitter in sanatorium in, **9:**238, 295; **10:**477, 500
Einstein, Eduard in sanatorium in, **10:***xxxiv–xxxv,* 84, 86, 91, 92, 98, 99, 102, 104, 105, 136, 139, 144, 145, 181, 185
Fokker in sanatorium in, **9:**238, 295; **10:**287
good for AE's health, **10:**140, 169
Arrhenius, Svante (1859–1927), **4:**561; **5:**16n; **8:**946; **9:**308n, 552c
book by, Stodola's comments on, **5:**125
comet tails, theory of, **6:**360
on dissociation, **5:**13, 16n
on entropy of universe, **5:**125
Art, AE on, **9:**572c
Aryan physics, **7:***111*
Aschkinass, Emil (1873–1909), **3:**413n
Assicurazioni Generali, Trieste, Italy, **1:**305
Assimilation, relationship to anti-Semitism, **7:**289–291

Association for Combating Anti-Semitism. *See* Verein zur Abwehr des Antisemitismus
Association of German Universities. *See* Verband der Deutschen Hochschulen
Aston, Francis (1877–1945), **10:**365, 513, 524
on isotopic composition of neon, **9:**316
Astronomy, **6:**22, 242, 243n, 359–361, 372, 475, 493–494, 517, 551; **7:***xxviii*
AE urges support for in Germany, **10:**357
measurement of position and time in, **7:**143, 146n, 197–198n
Astrophysical Observatory, Potsdam, **4:**607n; **6:**360; **7:**423–425n; **8:**204n, 225n, 260n, 262n, 293, 386n, 413, 563, 605, 608, 684n; **9:**14n, 158n, 167n, 275n, 385, 603c, 614c, 616c
affiliation of Freundlich to, **8:**601
candidates for directorship of, **8:**322–324
reservation of astronomers at toward general relativity, **9:**157
Asymmetries. *See* Electrodynamics of moving bodies: asymmetries in formulations of; Symmetries
Atlas Works
legal dispute with Signal Co., **7:**472–478n, 480–481
patent of, **7:**472–478n, 480–481
Atmospheric motions, **1:**220
Atomic hypothesis. *See* Atomic-molecular hypothesis
Atomic-molecular hypothesis, **1:***xl;* **2:***xviii, xix, 46, 51,* 95n–96n, *172, 177–178, 207–208, 218, 221, 222, 504,* 396n; *586;* **3:***136; 283–284,* 414n; **6:**282n, 523, 535n
compressibility treated on the basis of, **3:**412, 526–527
reality of
Mach's views on, **2:***207, 218*
nineteenth-century debates on, **2:***207*
Ostwald's views on, **2:***207, 218*
See also Atoms
Atomic theory, **6:***147*
AE's use of, **5:**10, 17
of electricity, **2:**, *208, 222, 504,* 585
of matter (*see* Atomic-molecular hypothesis)
See also Charge, elementary; Quantum: of matter
Atomic vibrations. *See* Vibrations: atomic
Atomism, Mach's skepticism of, **5:**204n

Atoms, **3:**517n
　absolute size of, as designation for Avogadro's number, **5:**217
　of action, **2:**585
　attractive forces between (*see* Molecular force)
　as carriers of heat, **2:**405
　constitution of, **8:**821–822; **10:**482
　degrees of freedom of, **2:**383
　distance between, **3:**468
　of electricity (*see* Charge, elementary; Electrons)
　and electrons, **3:**514n
　evidence of, **3:**508n
　existence of (*see* Atomic-molecular hypothesis)
　kinetic theory of (*see* Kinetic theory: of atoms)
　mass of, **3:**468, 470
　as mass points, **2:**351
　mean kinetic energy of, **3:**471–472, 521
　size of, **3:**422
　structure of, **10:**303
　thermal oscillations of, **3:**527
　See also Force: interatomic; Molecular dimensions; Molecules; Oscillations: atomic
Aubel, Edmond van (1864–1941), **9:**114; **10:**303n
Auer, Leopold (1845–1930), **5:**306, 308n, 479
Auer von Welsbach, Carl (1858–1929), **5:**438n
Auer-Aktien-Gesellschaft, Schweizerische, **10:***xxxv*
Auergesellschaft. *See* Deutsche Gasglühlicht Aktiengesellschaft
Aufruf. *See* Appeal
Auskunfts- und Hilfstelle für Deutsche im Ausland und Ausländer in Deutschland, Rotten's membership in, **8:**371n
Austria
　conflict with Serbs, **5:**508n
　difficulties of obtaining scholarly literature, **9:**45n, 485
　economic situation **9:**260, 373
　social politics in, **9:**436
　union with Bavaria, **9:**92
　universities under government control and funding, **9:**437n
Austria-Hungary. *See* World War I
Austrian Academy of Sciences, **9:**73
　awards Baumgartner Prize to AE and De Haas, **8:**756n, 1009c; **10:**91, 106
Austrian Chemical-Physical Society, **9:**133n
Austrian consulate, refuses Ehrenfest passport, **8:**702n
Austrian Technical Testing Bureau. *See* Technische Versuchsanstalt
Auwers, Arthur von (1838–1915), **8:**87
Avenarius, Richard (1843–1896), **2:***xxv;* **8:**539, 547, 887
Avogadro's law, **1:**100; **3:**181, 212, 245n; **5:**280
Avogadro's number, **2:**46, *53,* 108n, *136, 171, 176–177, 179, 180, 182, 212, 221,* 396n; **3:**181, 189, 243n, *284,* 311n; **4:***111,* 562, 564n; **8:**913
　alternative German designations for, **3:**243n; **5:**218n
　determination of: Perrin's, **5:**216; Planck's, 217
　See also Loschmidt's number
Axalp, **5:**136n
Axenstraße, Canton of Uri, **1:**280
Axiomatic method. *See* Method: axiomatic
Axiomatics, Schlick on Reichenbach's understanding of, **10:**454
Axioms, **2:***xxiii,* 255. *See also* Principles: of physics; Theory of principle
Axioms of geometry. *See* Geometry: axiomatic
Azimuth-top, **6:**138
Azzolini, Margherita (1881–?), **10:**148, 231

Baade, Walter (1893–1960), **8:**426
Babelsberg Observatory. *See* Royal Prussian Observatory
Bäbler, Johann Jakob, **1:***359,* 360
Bach, Johann Sebastian (1685–1750), **1:**21n; **8:**345, 346, 401n
　Notenbüchlein für Anna Magdalena Bach, **9:**340n
　St. Matthew Passion, **9:**453n, 495, 503
Bach, Rudolf. *See* Förster, Rudolf
Bachem, (Franz Xaver?), **9:**610c
Bachem, Albert (1888–1957), **6:**514; **7:***106,* 271, 281n, 347, 349n, 575n; **9:***xxxix,* 37, 86, 296n, 324–325, 328n, 330–332, 335, 342, 347n, 353, 355, 385–386, 401, 457, 478–479, 482, 596c, 598c, 610c; **10:***xlix,* 248–249, 346, 372
　on redshift of solar spectral lines, **10:**337, 365
Bachmann, Ernst (1888–1977), **8:**175n

Bächtold, Johanna (1852–1927), **1**:58, 59n, 213, 314n
Bacon, Francis (1561–1626), **6**:279
Bad Nauheim. *See* Gesellschaft deutscher Naturforscher und Ärzte, meeting in Bad Nauheim
Baden, Max Prince von (1867–1929), **8**:930n, 932n
Badische Anilin- und Sodafabrik, **8**:895n; **9**:158n
Baeck, Leo (1873–1956), **9**:169n
Baeyer, Otto von, **10**:606c
    requests KWIP funds for determination of elementary electric charge, **10**:582c; granted 609c; pending, 589c
Bahn, Carlota de, **9**:484n
Bahn, Otto, **9**:484
Balfour Declaration. *See* Palestine: Balfour Declaration on
Balfour, Lord Arthur (1848–1930), **9**:17n, 255n
Baltischwiler, ?, **3**:576
Balzac, Honoré de (1799–1850), **5**:546; **10**:160
Banachiewicz, Tadeusz (1882–1954), **8**:258
Bancelin, Jacques, **2**:*170*, *180–182*; **3**:416, 418n; **5**:271; **7**:343n
    viscosity of mastic emulsions, experiments on, **5**:267n; discrepancy with AE's prediction, 218n, 266, 267n, 268
Bandi, Benvenuto (1905–1926), **5**:592n; **8**:10n
Bandi, Ernst (?–1906), **8**:10n; **10**:101n
    death of, **5**:45n, 581n; AE's condolences, 44
Bandi, Ernst (1907–1991), **5**:592n; **8**:10n
Bandi-Winteler, Rosa (1875–1962), **1**:388; **5**:3n, 531, 531n, 588, 590; **8**:9, 10
    AE visits, **5**:591, 592
    business problems of, AE's advice on, **5**:580, 589
    plans for boardinghouse in Winterthur, **5**:580n
    wedding of, Bessos as witnesses at, **10**:101
Bär, Richard (1892–1940), **8**:916, 933; **9**:152, 192; **10**:296
    on atomistic structure of electricity, **8**:904
    on experiments of Ehrenhaft, **8**:935
    fractional electron charge, experiments on, **9**:7n
    stopper potential, paper on, **8**:911
Bär, Sara (1862–1925), **1**:248, 249n
Barberis, Giovanni, **1**:282
Barbusse, Henri (1873–1935), **7**:216n–217n, 491n; **9**:322, 323n, 331
    and Clarté movement, **9**:103n, 321
    signatory of "Un Appel, Fière Declaration d'Intellectuels," **9**:102
Barker, Ernest (1874–1960), **7**:433n
Barkla, Charles (1877–1944), invited to Third Solvay Congress, **10**:303
Barnard, E. E., **9**:550c
Barnard Medal, **10**:571c, 575c, 576c, 584c, 591c
Barnett, Samuel (1873–1956), **6**:*145*, *149*, 232n, 271; **8**:197
    AE and De Haas on work of, **6**:*149*, 231, 276n
    experiment on magnetism, **6**:*149*, 231
Barometer, mercury, vacuum in, **6**:519
Barrows, David, **10**:524n
Barth publishing house. *See* Publishers
Bartsch, Artur, expresses sympathy for AE, **10**:594c
Bas-Bulaneck, Henri (1871–1927), **8**:400
Basel, **3**:254, 257n. *See also* Schweizerische Naturforschende Gesellschaft: meeting in Basel; Schweizerische Physikalische Gesellschaft: meeting in Basel
Basel conference on Hebrew University. *See* Hebrew University of Jerusalem: scholars' conference in Basel on
Bassewitz, Gerdt von (1878–1923), **9**:360n
Bataafsch Genootschap der Proefondervindelijke Wijsbegeerte, **9**:133n; AE invited to membership in, **9**:234n, 572c
Batavian Society for Experimental Philosophy. *See* Bataafsch Genootschap der Proefondervindelijke Wijsbegeerte
Bateman, Henry (1882–1946), **8**:436, 570n
Battelli, Angelo (1862–1916), **1**:285, 287; **5**:16n; on dissociation, 12
Battelli's equation. *See* Equation of state: Battelli's
Bauch, Bruno (1877–1934), **9**:76n
Bauer, ?, **3**:576
Bauer, Hans (1891–1953), **7**:*101*
Bauer, Otto (1882–1938), solicits signature for amnesty petition for Hungarian people's commissars, **10**:605c
Baumer, Cäcilia (1872–1962), **1**:321
Baumer, Carl (1874–1955), **1**:321, 325, 326n
Baumgartner Prize, awarded to AE and De Haas, **8**:756n, 1009c; **10**:91, 106
Baur, Emil (1873–1944), **5**:540n
Baur au Lac, **10**:101, 110n

Bavaria
  Soviet Republic in, **9:***xliv*, 30; Laue fights against, 60; **10:**452
  union with Austria, **9:**92
  war with Württemberg, **6:**211
Bavarian Academy of Sciences, **2:***271*; **8:**217n, 261n
Bayrischer Schützenkorps, Laue joins, **9:**60
Beatenberg, AE's trip to, **5:**5
Becher, Erich (1882–1929), **9:**45n
Beck, Carl (1864–1952), **7:**436n; **10:**545
  on Americans' opinion of Germans, **10:**545–546
  offers services to AE for U.S. lecture tour, **10:**546
  on organizing financial aid for German and Austrian universities, **10:**545–546
Beck, Emil (1881–1965), **8:**441, 443; **9:**7n, 16, 57; **10:**79
Beck, Günther (1856–1931), **5:**284n
Becker, August (1879–1953), **9:**74
Becker, Carl (1876–1933), **8:**953; **9:**196n, 205, 217, 269n, 475, 589c, 600c, 604c, 605c; **10:**357n, 569c
  and academic policy in Germany, **9:**206n
  and Geodetic Institute, **9:**194
  and physics professorship at University of Bonn, **9:**194
  problems of education, lecture on, **10:**431
  on state funding for general relativistic research, **9:**275n
Becker, Emma (1887–?), **5:**406n
Becker, Oskar (1889–1964), **10:**260
Beckman, Bengt, **10:**521n
Beckmann, Ernst (1853–1923), **5:**16n, 511, 598n; **9:**488n
  appointment of, terms of, **5:**514n
  on dissociation, **5:**13
Beer, Fritz, **10:**285
Beethoven, Ludwig van (1770–1827), **1:***lxii*, 21, 321n; **8:**305; **10:**156, 436n
  Mondschein Sonata, played by Hans Albert Einstein, **10:**138
  Sonata pathétique, played by Hans Albert Einstein, **10:**140
Behrens, Peter, **9:**350n, 481
Beiblätter zu den Annalen der Physik
  AE's reviews for, **2:***xix*, *109–111*
  Ehrenfest's reviews for, **2:***109–110*
  founding of, **2:***109*
  reviewing procedures of, **2:***109–110*
Beilis, Mendel (1873–1934), **7:**429n; **8:**19n
Belgian Freemasons, against atrocities by German Army, **9:**54n
Belgian intellectuals, help private commission to investigate German war crimes, **9:**120
Belgium
  German atrocities in, **8:**347n, 702n
  German soldiers provoked in, **8:**929
  See also Louvain
Belgrade, possible teaching position for AE and Einstein-Marić in, **5:**23n
Bell Manufacturing Co., **5:**304
Belli, Giuseppe, **5:***52*; induction machine of, **5:***51*
Beltrami, Eugenio (1835–1900), **4:**343n; **8:**690n
Beltrami's first and second operators, generalized, **4:***196*, 205n, 215n, 217n, 220n, 330
Bendel, Hedwig, **1:**321n
Benndorf, Hans (1879–1953), **9:**393n, 399
Bennet, Abraham, induction machine of, **5:***51*
Bennett, P. R., on simultaneity of distant events, **10:**600c
Bentheim (Germany), **10:**247, 252; Ehrenfest's violin confiscated in, 247
Benzingen (Germany), **9:**129n, 133n, 574c; **10:***xxxvii*, *xlvi*, 97n, 115n, 118n, 120n, 121, 123n, 128–134, 173n, 203n, 204n, 206n, 208n, 209n, 210–213, 215n, 216n, 330, 337n, 342, 343n, 346, 362, 373, 403n, 418, 420n, 430n, 444–446, 449n, 454, 459, 461, 464, 590c
  Brandhuber in, **8:**431n
  food supply in, **8:**511
  foot and mouth disease in, **10:**445
  See also Brandhuber, Camillus; Ensingen
Berg, Otto (1874–?), **8:**882, 900
Berge, von, Chief of Staff, Oberkommando in den Marken, on passport applications, **8:**1016c
Berger, Joseph, **1:***349*
Berger, Julius (1863–1948), **9:***xlvi*, 153, 181n, 193, 213n, 222n; on AE's interest in Zionism, 198n
Bergman(n), Hugo S. (1883–1975), **7:***223*, *230*, 447n; **8:**337n; **9:***xlvi*, 153n, 181n, 222, 240, 316n, 352, 364, 582c
  on AE's time in Prague, **9:**211

Bergman(n), Hugo S. (*cont.*)
   invites Courant, Ehrenfest, Epstein, Landau to Basel conference on Hebrew University, **9**:240
   on requirements for Hebrew University, **9**:211–212, 240
   solicits statement from AE on founding of Hebrew University, **9**:365, 601c
Bergmann, Else Fanta (1886–1969), **9**:212, 222, 241
Bergmann, Ernst (1881–1945), **9**:45n; **10**:260
Bergson, Henri (1859–1941), **8**:491; **10**:368
   AE on, **10**:27
Berligne, Bella, **9**:353n
Berlin
   AE
     on advantages of living in, **10**:27
     compares with Zurich, **10**:496
     considers leaving, **10**:419
     declares loyalty to, **10**:209, 210, 213
     feels close to, **10**:415
     on inhabitants of, **5**:574
     on police in, **8**:167n, 210n
     on staying in, **10**:429, 488
   bad public security in, **8**:965
   child mortality rates in, **9**:498
   economic deprivation in, **9**:498
   food shortage in, **8**:963n
   Landwirtschaftliche Hochschule of (*see* Landwirtschaftliche Hochschule, Berlin)
   postwar hardship in, **9**:130, 139, 252, 486
   proclamation of the republic in, **10**:184
   rationing of clothing in, **10**:48n
   residences of AE in
     Ehrenbergstraße 33, **10**:22n
     Haberlandstraße 5, **10**:*xxxii*, 106, 114, 120–121, 131, 133; plan of, **8**:562n
     Wittelsbacherstraße 13, **10**:*xxxii*, 106, 121, 131n
   scientific life in, **10**:364–365
   strikes in, **9**:130n
   Technische Hochschule of (*see* Technische Hochschule Berlin)
   University of (*see* University of Berlin)
   See also Abbé, F.; Meissners
Berlin, Greater, municipal council of, contributes to a planned Einstein institute, **10**:570c, 575c, 577c
Berlin Jewish Community Council. *See* Jüdische Gemeinde Berlin, Vorstand
Berlin newspapers, and eclipse expedition of 1919, **9**:238n
Berlin Philharmonic. *See* Philharmonic Hall, Berlin
Berlin-Babelsberg, observatory at. *See* Royal Prussian Observatory
Berliner, Arnold (1862–1942), **6**:231, 232n; **7**:*102–103*, 121n; **8**:59, 640, 648, 655, 902n, 974n, 994c, 1028c; **9**:*xxxiv*, 31–32, 156, 157n, 252, 258, 386, 388n, 472, 614c; **10**:*xxxviii*, 275, 419n, 426, 444, 509
   on anti-relativists, **10**:382
   Nordström, requests AE's opinion on paper of, **8**:950
   proposes new edition of *Einstein 1918k*, **10**:382
   on publication of AE's opinion on book by Schmidt, **10**:505–506
   Schneider, requests AE's opinion on dissertation of, **10**:382
Berliner Goethebund, **8**:187, 193, 200. *See also* Einstein, Albert: Politics
Berliner Illustrirte Zeitung, **7**:*xxxii*; **10**:*xxxviii*
Berliner Tageblatt, **7**:*xxxix*, *xl*, *106*, *109–110*, 124n, 220n, *225–226*, 282n, 297n, 340n, 348n, 443n, 444n; **10**:*xxxviii*, *xxxix*
   abandonment of pacifism during the war, **9**:28n; AE on, 28, 306
   political perspectives, **9**:29n
   See also Wolff, Theodor
Berliner Zeitung am Mittag, **7**:*108*
Bern, **10**:224
   AE on, **1**:332
   AE's feeling of loneliness in, **10**:497
   AE's stay in, **1**:*xxxvii*, 326, 327n, 331–340 passim, *376*, *377*
   conference in, **10**:271
   University of (*see* University of Bern)
Bernays, Paul (1888–1977), **7**:62n; **8**:933, 950; **10**:54
   critique of special relativity, **6**:11, 18n
   on philosophy of Nelson, **8**:934
   solid body in general relativity, discussion with AE on, **8**:934–935, 951
Bernheim, ?, **1**:272
Bernheimer (Bernheim), Jette. *See* Koch, Jette
Bernheim-Karrer, Jakob (1868–1958), **8**:454; **10**:72, 75

Bernoulli, August (1879–1939), **5:**390n, 478n; **6:**39n; **9:**301, 315, 329
  AE on, **5:**390; **6:**32, 39n; **9:**487
  University of Basel, appointment to chair at, **5:**456n; AE on, 455, 468
Bernoulli, Johann I, **5:**469n
Bernoulli, Johann II, **5:**469n
Bernstein, Aaron (1812–1884), **1:***lxii*
Bernstein, Eduard (1850–1932), **8:**869n, 961n
Bertrand, Joseph (1822–1900), **2:**119
Berufsamt für Akademiker E.V., **9:**610c, 611c
Besso, Bice (1890–1965), tutored by Winteler-Einstein, **5:**12n
Besso, Ermina (1852–1922), Michele Besso visits, **5:**47n
Besso, Giuseppe (1839–1901), **1:**267, 303, 304n, 305, 309, *378*
Besso, Marco (1843–1920), **8:**581n; **10:**135
Besso, Marco Tullio (1880–1898), **1:**215
Besso, Maria. *See* Ruiz, Maria Besso
Besso, Michele (1873–1955), **1:**230n, 258, 266, 282–283, 300, 303, 306, 330; **2:***178, 264,* 306, 309n, 310n, 408n; **4:***110, 344–346, 356– 359,* 618; **5:**11n, 18n, 32n, 40, 187n, 204n; **8:**9, 48n, 51n, 91, 178n, 198, 201, 203, 210, 213, 218, 220n, 223, 250, 257n, 279, 281, 283, 285, 286, 315, 318, 320, 324, 329–332, 338n, 339, 347, 367, 372, 390n, 402n, 404, 408, 409, 441, 443, 446, 451, 455, 477, 497, 501n, 502, 509n, 511, 512n, 515, 568, 574, 590, 598, 615n, 755, 801, 814, 831, 835, 853, 858, 864, 870, 904, 958; **9:**74n, 79, 129n, 130n, 293, 340n, 342, 374n, 486–487, 500, 530; **10:***xxxii*, 37, 39, 42, 44–45, 48–49, 57, 62, 67–70, 72, 75, 78–79, 81, 83, 98–99, 115, 123–124, 135–137, 142, 153n, 160–161, 164, 171, 175, 175n, 180, 191, 343, 346, 384, 512, 540, 591c
  address in Zurich, **8:**280n
  AE
    advises to take vacation, **8:**998c
    asks for help of in understanding general relativity, **8:**305
    auditor of in Bern, **8:**287
    called closest friend of, **8:**815
    on character of, **10:**43, 116
    collaboration with, **8:**102n, 210n, 212n, 236n
    collaboration with on perihelion motion of Mercury (*see* Perihelion motion of Mercury, AE's and Besso's manuscript on)
    compassion with, **8:**669
    on divorce and remarriage of, **8:**188, 832n
    on duties of to Einstein-Marić, **8:**188
    encourages Hans Albert Einstein to visit, **8:**219–220
    friendship with, **8:**815; **10:**44
    on himself as sounding board for, **10:**540
    on inaugural lecture of as gesture toward Lorentz, **10:**540
    invites, **8:**189
    knows way of thinking of, **10:**384
    lectures on papers of, **8:**305
    on meeting with sons of, **8:**188
    plays music with, **8:**446n
    on sensitivity of, **8:**318n
  AE invites to: Berlin, **8:**515; Prague, **5:**295
  AE misunderstands salutation of, **8:**317, 318;
  AE on, **1:**258, 282–283, 285
  AE thanks
    for helping Einstein-Marić and sons, **8:**311
    for hospitality, **8:**497, 511
    for supporting Adler, **8:**451, 453
  AE visits, **8:**168, 283, 284
  Besso, Marco, works in library of in Rome, **8:**569n, 581n, 598n, 669n, 851; **10:**136
  Besso-Winteler, Anna, relation to, **8:**788
  biography, **1:***378–379*
  Buddhist character of, AE on, **9:**326
  on coal shortage in Switzerland, **8:**581
  departure from Zurich for Trieste, **5:**531
  on dissociation, **5:**13
  Einstein, Eduard
    accused by AE of spending too much on hospitalization of, **10:**143n
    on illness of, **10:**103
  Einstein, Hans Albert
    on correspondence with, **8:**234
    on feelings of toward AE, **8:**212, 219
    praises, **10:**346
  Einstein-Marić
    discussion with on meeting AE, **8:**281n
    on duties of to AE, **8:**188
    on feelings of toward AE, **8:**212
    helps, **8:**311
    on illness of, **8:**316, 321
    on reserve fund for, **8:**581
    visits, **8:**209

Besso, Michele (*cont.*)
  electron theory of metals, on paper by Oseen on, **8:**445
  expert opinions, works on, **8:**445
  general relativity, draft of lecture on, **8:**305n
  Gorizia, move to, **5:**296n
  and Guillaume, **10:***xlviii*
  ill in Prague, **5:**531
  intellect and character, praised for, **10:**43
  intends to join a monastery, **9:**161, 170
  intends to return to Swiss Patent Office, **9:**190, 293, 326
  interdisciplinarity, praised for, **10:**188
  intermediary between AE and Einstein-Marić, **8:**321
  in Krummenau, **8:**189n
  lectures on patent law at ETH, **10:**188
  marriage to Anna Besso-Winteler, **1:**2581n, *388*
  on past and present, **10:**177
  patent law, lectures on, **8:**284, 287, 304, 330n, 444, 452, 580
  on perihelion motion of Mercury, **8:**373, 374
  on redshift, **10:**541
  on relationship between AE and Einstein-Marić, **1:**266, 314
  on relativity, **8:**81
  on reversibility and irreversibility of time, **10:**176
  on rotating magnets in general relativity, **10:**354
  sails with AE in Zurich, **10:**41
  on Schwarzschild solution, **8:**373–374
  as sounding board for AE's ideas on physics, **1:***xl, 225,* 258, 285
  on Spinoza, **10:**177
  Stodola's lectures at ETH, attends, **5:**219n
  Swiss Patent Office, appointment at, **5:**41n
  unworldliness of, **9:**170n
  urges Weyl to publish *Raum–Zeit–Materie*, **8:**663
  visit to Zurich in fall 1919, **9:**190
  visits AE
    in Lucerne, **10:**114, 116
    in Prague, **5:**314
    in Zurich, **5:**524n
  visits Ermina Besso in Trieste, **5:**47
  visits Zangger, **8:**940
  on Weyl's theory, **10:**176, 354

  Winteler, Rosa, wedding witness of, **10:**101n
  and Winteler-Einstein, financial problems of, **5:**16n
Besso, Vero (1898–1971), **1:**258, *378*; **5:**12n, 187n, 322, 339, 382, 404, 438n, 589, 604; **8:**189, 285, 350, 404, 444, 445n, 446n, 451, 497, 667, 941; **9:**294n; **10:**103, 135, 151, 153, 349
  AE proposes practical work for, **10:**349
  AE's gifts to, **5:**310, 438
  defends Besso-Winteler, **10:**151–152
  engaged to Brönnimann, **10:**541
  private instruction of, **5:**296
  visits AE, **10:**114
  Winteler-Einstein, on character of, **10:**152
Besso family, **5:**186; **10:**102
Besso-Winteler, Anna (1872–1944), **1:***12,* 18n, 258, 267, *378, 388*; **5:**3, 3n, 12n, 187n, 320n, 322, 339, 344n, 382, 589, 604; **8:**318, 351, 497, 511, 598, 633, 677n, 678; **9:**4n, 294, 342; **10:***xxxii,* 63, 98, 116, 128, 136, 148, 150n, 153n, 154, 171
  AE
    bill for, **8:**665, 666
    on female members of family of, **8:**669n
    harsh letter to, **8:**788, 815
    on plan of remarriage of, **8:**668–669
    on marriage of, **10:**148, 152–153, 160, 17
  on AE neglecting his sons, **10:**90
  AE squabbles with, **8:**819
  burdened with work, **10:**102
  character of, AE on, **10:**116
  Einstein-Marić
    on housekeeping of, **8:**1032, 1033
    offends, **8:**788; **10:**164
    praised by AE for financial help to, **10:**136
    takes care of, **8:**515
  home of as potential boardinghouse for Eduard Einstein, **10:**134
  ill, **8:**374, 941
  takes care of AE, **10:**129
  visits AE, **10:**114
  Winteler-Einstein, feelings regarding, **10:**152
Bestelmeyer, Adolf (1875–?), **2:**272
Beta rays, **2:**586; **3:**173; **4:**545, 554, 613; **6:**458; **8:**706
  deflectability of, **2:***270,* 305–306, 368, 372n, 458
  experiments on mass of electrons in, **2:**267,

272, 459–461 (*see also* Kaufmann, Walter: experimants on electron mass)
  kinetic energy of electrons in, **2:**458
  See also Cathode rays; Electrons
Bethanienheim hospital, **8:**443, 452n, 458n; **10:***xxxiii*, 79
Bethmann Hollweg, Theobald von (1856–1921), **8:**507n, 524n; **9:**13n; open letter to, **8:**997c
Beugger, Selina (1828–1901), **1:**58n
Bezirksgericht, **8:**885n, 960n, 971n
Bianchi identities, **7:**139n, 180n, 183n, 456n; contracted, **8:**229n, 230, 236, 238, 646, 689n
Bible, **9:**143
Bibliothèque Nationale, **9:**284
Bidlingmaier, Friedrich (1875–1914), **8:**61
Bie, Oscar (1864–1938), **9:**392
  expresses sympathy for AE, **10:**392–393
Bieberbach, Ludwig (1886–1982), **9:**142
Biegel, R. A., **5:**540n
Bielersee accident, **8:**185
Binary stars, **8:**88, 91, 214, 470, 560; observations of, in test of emission theory of light, **5:**523, 524n, 555, 555n
Biological selection, **9:**506. *See also* Kammerer, Paul
Biot-Savart law, **1:**201; **2:**523; **4:**14; **7:**526–527
Birencweig, Gabryela, **5:**244
Birge, Edward (1851–1950), approaches University of California regarding AE's lecture tour in U.S., **10:**523n–524n
Birkeland, Kristian (1867–1917), **8:**370
Bismarck, Otto von (1815–1898), **8:**341, 342n, 507n, 872, 959; **10:**463
Bjerkén, Pehr (1859–1919), **8:**370
Bjerknes, Carl (1825–1903), **10:**462
Bjerknes, Vilhelm (1862–1951), **10:**488
  on AE's invitation to University of Oslo, **10:**462
  on gravitation and inertia, **10:**462
Bjerrum, Niels (1879–1958), **10:**313
  rotational spectra, theory of, **9:**457, 458n
  spectrum of HCl, **10:**356, 443
Black body, **2:***134*, 167n
Black-body radiation, **2:**106, *134*, 151, 152, 155, 163, 167n, *180*, 350, 472, 543, 576–582; **3:***xx*, 423n, 457, 506n, 545n, 562n; **4:**100, *109*, 154, 167, *270*, *280*, 288, 322, 561, 562; **6:**366–368, 382, 383, 390; **8:**673
  AE on, **1:***235–237*, 294–295
  AE's reading of Planck's papers on, **1:***xl*
  AE's study of, **2:***xx*, *135*; **5:**26, 27n
  application of statistical mechanics to, **2:**99, 105–107
  energy density of, **2:**375; **3:**178n, 451–452, 455n, 539, 562n
  energy fluctuations of, **2:***xviii*, *xx*, 105, 106, *134*, *139*, *146*, *213*, *214*, 545–546, 551n–552n, 585; **3:***xviii*, *xix*, 177, 178n, 451–454, 454n–455n, 533–539, 546n, 556
  energy spectrum of, **2:**108n, *134*, *135*, 375, 377n, 379
  entropy of, **2:***137*, 155–157, 160, 375–376, 575
    AE's criticism of Planck's views on, **5:**49
    Planck on, **5:**49
  experimental studies of, **2:***144*, 167n, 168n, *173*, 551n
  momentum fluctuations in, **2:***215*, 546–547, 552n, 583n
  Planck law for, **1:**287n; **2:***xx*, *134*, *136–137*, *138*, *139*, *141*, *144*, *146*, 154, 167n, 168n, *172*, *180*, *182*, *218*, 338, 345n, 351, 357n, 358n, 376, 382, 390n, 545–549, 575, 577, 581, 582; derivation of, *134–137*, *146*, *180*, 351–352, 486n–487n; **3:***xviii*, 249, 281n, *284*, 413, 422, 451, 454n–455n, 457, 506n, 524, 530–531, 534, 537, 543, 545n, 560; **4:***112*, *113*, 115, 121, *270–273*, 275–284, 289–292, 553, 562; **5:**41, 579; **6:**21–22, 30, 255, 364, 376, 377n, 382, 390, 395;
    AE's derivations of, **6:**30–35, 366–368, 370n, 383, 387–388; **10:**49, 347
    AE's and Stern's derivation of, AE's rejection of, **5:**541
    incompatibility with classical electrodynamics, **5:**166, 171
    Lorentz's derivation of, **5:**166, 172–173
    simple derivation of, **8:**329, 330, 332–333
  Planck's theory of, **2:***xxi*, 99, *135–136*, *143*, *145*, 153–154, 167n, *180*, 350–354, 379–383, 404–405, 501n, 502n, 543, 550, 575–577, 583n
  pressure fluctuations in, **2:***xx*, *134*, *138–139*, *146*, 546–547, 552n, 579–580
  Rayleigh-Jeans law for, **2:***46*, *137–138*, *144*, 167n, 377n, 381, 390n, 543, 546, 549, 550, 551n, 552n; **3:**253n, 268n, 270, 279–280, 281n, 423n, 545n; **4:***272*, 280, 554; **5:**359, 579; **6:**382, 388; **8:**445n

Black-body radiation (*cont.*)
  connection with classical mechanics and electrodynamics, **5:**568
  Lorentz's proof of, AE's criticism of, **5:**192
  and specific heat, **3:**521–530
  Stefan-Boltzmann law for, **2:**106, 375; **5:**27n
  theory of, **2:**99; **3:***xxiii*, 522
  Weber's semi-empirical law for, **2:**108n, *135*
  Weber's work on, **1:**197n
  Wien displacement law for, **2:**54, *108*, *135*, *138*, 375, 552n, 576; **5:**27n, 41; **6:**37, 40n, 368, 370n, 382, 388; **8:**332, 445
    AE's use of, **5:**42n
    Besso on, **5:**342
    Jeans's derivation of, **5:**84n, 167
  Wien distribution law for, **2:**54, *136*, *140*, 157, 161, 163, 168n, 350, 354, 375, 545, 549, 55ln–552n, 580; **3:**543, 555; **4:***109–113*, 115, 120, 121, 283, 291, 562; **6:**382
    Ehrenfest's derivation of, **5:**339
    role of in AE's work on photochemical equivalence, **5:**413, 442
    Thomson's derivation of, **5:**74n
  See also Radiation; Radiation theory
Blanck, Anton (1881–1951), **9:**285
Blaschke, Wilhelm (1885–1962), **10:**337
  invites AE to lecture in Hamburg, **9:**616c
  University of Hamburg, solicits AE's opinion on candidates for chair at, **10:**613c
Blasius, Heinrich (1883–1970), **9:**123
Blau (Osramwerke), **9:**462, 464
Blausee, AE's and Solovine's trip to, **5:**27
Bleier, August (1882–1958), support for Leviné, **9:**71
Bleuler, Eugen (1857–1939), **10:**284n
Bloch, Helmut, expresses sympathy for AE, **10:**393–394
Bloch, Werner (1890–1973), **3:**7, *600*; **9:**115, 235, 520, 588c; **10:**94, 138, 566c
  AE on book by, **10:**94
Blochmann, Richard, requests information on KWIP funding, **8:**1025c
Blok, Petrus, **9:**321n; **10:**267n
Blondel, André-Eugène (1863–1938), **5:**384n;
  oscillograph of, **5:**383
Blue of the sky, **6:**577. *See also* Smoluchowski, Marion von
Blumenfeld, Kurt (1884–1963), **7:***229–232*, *234–235*; **8:**964n
  meets with AE **9:**181n, 193
Blumenthal, ?, **9:**434n
Blumenthal, Otto (1876–1944), **2:***254*; **9:**317, 449, 591c, 602c. See also *Mathematische Annalen*
Blumer, Dietrich, **9:**139n
B'nai B'rith, Independent Order of Berlin, **9:**610c
BNV. *See* Bund "Neues Vaterland"
Boas, Franz (1858–1942), **7:**494n, 495n
Boas, Ismar (1858–1938), **8:**402n, 407, 410, 446, 452n, 855n, 920; **10:**68, 74–75, 85, 101n
  diagnoses AE with: gallstones, **10:**74; liver condition, 70, 72
  proposes drinking cure for AE, **10:**70
Bodmer-Weber, Fritz, **1:**270, 271
Boëthius, **5:**144n
Boguslavsky, Sergei (1883–1923), **10:**471, 515, 516
Böhi, Paul (1883–1943), **2:***217*; **5:**339n; **10:**13n
  doctorate of, **5:**298n
  experiments with Zangger on Brownian motion, **5:**298n
Bohlin, H., **9:**556c, 560c, 567c, 570c
Böhmisch-Trübau, **5:**423
Bohr, Niels (1885–1962), **6:***147*; **8:**158, 326, 463, 561, 671, 706, 783, 784, 862, 913; **9:***xlix*, 15, 16n, 22, 110, 165, 166n, 216, 228, 351, 598c, 614c
  AE praises, **10:**364
  on AE's radiation theory, **9:**390n
  AE's sympathy for, **10:**244, 246
  atom model of, **9:***xlviii*, 18, 75, 112, 124, 223n, 237, 369n, 458n; AE on, **9:**459
  Berlin, lecture in, **10:**244n
  bigwig-free colloquium of, **10:**322n
  Copenhagen
    AE visits in, **10:**580c
    invites AE to meet in, **10:**321
    pleased with AE's planned visit to, **10:**321
  Dahlem, has lunch with AE in, **10:**322n
  enthusiam for AE, **9:**351
  meetings with AE in 1920, **10:***xlvii*, 321, 532
  second rule of, **6:**369, 388, 395
  sends butter to AE, **10:**244
  Solvay Congress, Third: invited to, **10:**303; planned lecture at, **10:**303
  on Stern, **10:**353
  theory of spectra of, **6:**364, 368, 388; **10:**313

visits Leyden, **9:**145
Bohr quantum condition, **7:**484, 487n
Bohr-Norlund, Margrethe (1889–1884), **10:**321
Boiling process, **1:**123–130
Bois, Henri du (1863–1918), **5:**549n
Bolle, Co., contractor of Potsdam tower telescope, **10:**582c
Bolsheviks, **8:**919
Bolshevism
   AE on, **9:**387
   AE on success of, **9:**387
   agitation by, **7:**241n
   fear of, **7:***225;* in Holland, **9:**503
   in Germany, **9:**34n; AE expects success of, 29
   in Switzerland, AE on fears of, **9:**306
   theories of leaders of, AE on **7:**125n
   views on anti-Semitism, **7:**429n
Boltzmann, Ludwig (1844–1906), **1:***264, 265, 266,* 273, 331n, 335; **2:***xxiv, xxv–xxvi,* 4, 40n, *42, 43, 44, 46, 142,* 207, *217,* 252, 252n, 376, 379; **3:***xxii–xxiii,* 7, 180, 289, 506, 506n, 532, *550;* **4:**529–532, 534n, 562; **5:**18n, 99, 300, 411; **6:**424, 577; **8:**3, 4n, 21, 25, 30n, 483n, 897; **9:**47, 470; **10:**323n
   AE committed to approach of, **2:***46,* 99, 102–103, 107n, 158, *207–208,* 376
   AE criticizes, **2:**48–49, *52, 175, 207–208, 217,* 543–544
   AE improves upon, **2:***47,* 158, 545
   AE on, **10:**329, 340
   AE's interest in work of, **2:***46, 211*
   and canonical ensemble, **2:**48–49
   on dissociation of gases, **10:**15
   on elegance, **10:**328
   and entropy, **2:***44, 110;* **5:**87 (*see also* Boltzmann principle)
   and equipartition theorem, **2:**45–46, 49, 108n
   and ergodicity, **2:***49*
   Festschrift for, **2:**44, *110,* 121, 123, 128
   and gas diffusion, **2:**252, 252n
   Gastheorie, **3:**7–8
      AE's reading of, **1:***xxxix,* 230, 260–261, *262, 265,* 294, 315; **2:***4, 43, 44, 48,* 67, *207, 211,* 336, 376
   H-function of, **10:**283, 292n
   and kinetic theory of gases, **2:***48,* 57, 73n–74n, 102, *136, 175,* 336, 543, 575; **4:**529–532, 534n (*see also* Kinetic theory of gases: Maxwell-Boltzmann tradition in)
   succeeded by Hasenöhrl, **5:**413n
   terminology of, **2:**75n, 96n
   and Van der Waals's theory of fluids, **2:***4*
   See also Complexions; Entropy: Boltzmann's interpretation of
Boltzmann distribution, **2:**167n, *216;* **6:**384; **10:**347, 369n
   for stars, **6:**542
   See also Maxwell-Boltzmann distribution
Boltzmann equation, **2:**393; **3:**506, 551–556
Boltzmann principle, **2:***xx, xxvi, 41,* 107n, *137,* 158, 235n; **3:***xxvi–xxvii,* 250, *285,* 287–290, 310, 311n, 506, 532–533, 535, 537–538, 556–558, 562n; **4:**532, 534n, 562; **5:**282; **6:**30, 36–37, 39n, 366, 376, 385; **8:**20–22, 26, 28, 555, 865
   AE on validity of, **5:**310, 321
   AE's definition of probability in, **2:***214*
   AE's inversion of, **2:***138–139*
   AE's lecture on, **5:**257n
   AE's lectures on statistical mechanics and, **3:***599*
   AE's naming of, **2:**159, 168n
   in AE's paper on opalescence, **5:**256
   AE's use of, **2:***xx,* 54, *146,* 159–161, *214,* 235n
   applied to radiation by Laue, **5:**42n
   definition of probability in, **2:***52, 136, 137, 139,* 158, *214,* 544, 575
   and ergodic hypothesis, **3:**287
   and fluctuations, **2:***139;* **3:***xxviii, 285,* 297, 535
   and irreversibility, **3:***xxvii,* 289, 550–552
   and quanta, **3:***xxvii*
   universal validity of, **2:***146*
   Weiß's application of, **5:**166n
   See also Entropy: and probability; Probability
Boltzmann's constant, **2:**53–54, 75n, 108n, 167n, 344n, 390n; **3:**253n, 413, 414n, 450–454, 454n–455n, 524, 557; **4:**562; **5:**27n; **6:**366, 384
   AE's interpretation of, **2:***xix*
   AE's value for, **2:**108n
   definition of, **2:***136*
Bolza, Hans (1889–1986), **10:**516
Boni, Nell, **7:**443n
Bonn, University of. *See* University of Bonn
Bonnin, **2:**326, 326n
Book Center for German Prisoners of War, Bern, **9:**323n
Book export control in Germany, **9:**605c

Borchardt, Moritz, **8:**656, 815n
Borel, Emile (1871–1956), **9:**537n, 602c, 604c; and *Revue du Mois*, **9:**395
Borel and Cie., **5:**240n
Borgius, Walther (1870–1932), on problem of obtaining scholarly literature in Germany, **9:**514
Bormann, Elisabeth, **10:**336n
Born, Gritli (1915–2000), **8:**819n; **10:**336n
Born, Hedwig (1882–1972), **8:**637, 835, 839, 1025c; **9:**4–5, 142, 205–206, 223n, 226n, 230, 242, 304n, 386, 388, 460, 516, 524n; **10:**315, 419, 442
   AE on temper of, **10:**495
   on AE's peace of mind, **10:**416–417
   correspondence with Elsa Einstein, **9:**402n, 597c
   criticizes *Einstein 1920f*, **10:**416–417
   on death, **10:**360–361
   death of mother of, **10:**336
   invites AE to stay with them, **10:**361, 416
   on Max Born's plans to lecture in the U.S., **10:**442
   Moszkowski's book on AE, against publication of, **10:***xl*, 447–449; AE on, **10:**495
   poems of, **8:**336, 1003c, 1007c, 1019c
      on AE's rise to fame, **9:**591c
      on how to obtain professorship, **9:**207n
      on reading Wilhelm Busch, **9:**206
      on Strindberg's *Blaubuch*, **9:**206
   style of, AE on, **9:**280
   on Tree of Knowledge, **9:**143, 200, 230
Born, Irene (1914–2003), **8:**819n; **10:**336n
Born, Max (1882–1970), **2:**427n, *504*; **3:**449n, 475n, *478–479*; **4:**509, 511n; **5:**81n, 233n, 251n, 257, 277n, 446n, 461n, 496n; **6:**407; **7:***xxi*, 43n, 99n, 345; **8:**601, 753, 759, 813, 825, 944n, 1008c; **9:***xxx, xlviii, xlix*, 4–5, 65n, 86n, 142, 174, 201, 229, 242, 280, 282, 313, 323, 386, 459, 463–464, 515–516, 582c, 611c; **10:**28, 276, 419, 442, 448, 466, 468
   on academic policy in Germany, **9:**206n
   accelerated motion in special relativity, study of, **5:**486
   as adviser for *Mathematische Annalen*, **9:**317
   AE
      finds childish, **10:**460
      finds has poor ability to judge human character, **10:**471–472

   AE advises to stay in Frankfurt, **9:**460
   and anti-relativists, **7:***102*
   in Bad Nauheim, **7:***111*, 355, 359n
   on Bad Nauheim meeting, **7:***109*
   Boguslavsky, on help for, **10:**471, 515–516
   book on relativity of
      Schlick on, **10:**455
      Zangger on, **10:**513
   book on structure of matter of, Zangger on, **10:**513
   and chair funded by Moritz N. Oppenheim, **9:**142
   on distant sound detection, **8:**638n, 760n
   dynamical theory of crystal lattices of, **9:**85n
   exchange of positions with Laue, **8:**472, 576n, 621, 655n, 953; AE encourages, **8:**637
   helps Nordström, **8:**818
   on irreversible processes in crystals, **10:**516
   lecture tour in U.S.
      asks AE for help in getting invitations for, **10:**454
      on plan for, **10:**460
   letter to Becker on academic matters, **9:**194n; AE on, 194, 200
   on Lorentz, **10:**471–472
   on materialism, **9:**143
   on mean free path of silver atoms in air, **10:**336, 360
   Moszkowski's book on AE, against publication of, **10:***xl*, 459–460, 469, 471
   photo of, **8:***835, 839*
   on position for Rausch von Traubenberg, **9:**291
   praises Krutkov, **10:**472
   quantum theory of specific heat, work on, **5:**480, 505
   relativistic definition of rigidity of, **10:**10
   relativity, general
      lectures on, **9:**255, 386
      paper on, **8:**266
      enthusiasm for, **8:**263
   relativity, newspaper article on, **9:**255, 280
   requests KWIP funding for measurement of molecular velocities, vapor pressure, molecular diffusion, X-ray spectroscopy, **9:**571c
   rigid motion, relativistic: definition of, **2:**427n; paper on, **5:**211n, 232
   on Schlick's *Allgemeine Erkenntnislehre*, **9:**204

as substitute lecturer for AE, **9:**610c
University of Berlin, extraordinary professor at, **8:**165n
University of Frankfurt, on candidates for his chair at, **10:**335–336, 516
University of Göttingen, appointment to chair at, **9:**434, 440, 516; **10:**304, 335–336, 361
University of Zurich, candidacy for chair at, AE on, **5:**445
See also Relativity, special theory of: rigid motion in
Börnstein, Richard Leopold (1852–1913), **1:**197n
Borntraeger, offers to publish works produced by KWIP, **8:**1013c
Börsen-Verein der deutschen Buchhändler, **9:**605c
Bos, Martinus van den, **8:**837, 858n, 864
Bosch, Carl (1874–1940), **9:**177; **10:**372
Bošković, Ruder (1784–1846), **10:**6n
Bose, Emil (1874–1911), **5:**98n
  receives manuscript by AE, **5:**98
  succession of in La Plata, **5:**309n
Bossard, Konrad, ?, **9:**340n; **10:**236
Bosshard, Emil, **8:**916n
Bosshardt, Arnold, **1:***240*, 241
Bosshart, Jakob (1862–1924), **5:**91n; on vacancy at Zurich Gymnasium, **5:**91
Bota, Milana, **1:**244, 245n
Bothe, Walther (1891–1957), **7:**487n
Bottlinger, Kurt (1888–1934), **7:***xxviii*, 142, 144, 146n
Boundary conditions, **2:**512, 532, 535n.
  at infinity, **8:**349, 359n, 553, 557, 606–607, 612–613, 630
  See also Electromagnetic field: boundary conditions for; Relativity, general theory of: boundary conditions in
Bournemouth. *See* British Association for the Advancement of Science, meeting at Bournemouth
Bousfield, William (1854–1943), **2:***178*, *179*
Bouvier, Bernard (1861–1941), **7:**334n
  and relief for postwar Poland, **9:**204
Bowlker, Thomas, **7:**478n, 480
Boyle-Gay-Lussac law, **2:**160, 168n, 324
Boyle-Mariotte's law (Boyle's law), **1:**78, 79, 139, 143; **3:**308
Brachistochrone, **3:**53

Bradley, James (1693–1762), **7:**246
Bradt, Gustav (1869–1928), **9:**169n
Bragg lattices, **9:**210
Bragg, William Henry (1862–1942), **9:**114, 214; **10:**303n
  lecture at Second Solvay Congress, **5:**563n, 562
  lecture on X-ray diffraction, **4:***554n*
Bragg, William Lawrence (1890–1971), **9:**211n;
  X-ray diffraction, theory of, **5:**519n
Brahms, Johannes (1833–1897), **1:**321n; Hans Albert Einstein plays works of, **10:***xxxii*
Brand, Rudolf (1887–1967), **10:**101n
Brandeis, Louis (1856–1941), **7:***233–235*
Brandenberger, Konrad (1873–1919), **1:**250
Brandhuber, Camillus (1860–1931), **8:**431n, 512; **10:**97n, 115n, 122n, 123, 173n, 215n, 343n
  AE cancels visit, **10:**123, 211
  AE plans to visit, **8:**284; **10:**119, 128, 202, 204, 206–210, 212n, 330, 349n, 362, 418
  AE praises, **8:**511
  AE takes long walks with, **8:**512n
  AE visits, **9:**129, 130, 131, 133, 574c; **10:**130–131, 133, 213, 445, 446, 459, 464
  copy of *Einstein 1917a* for, **10:**446
  health problems of, **10:**454
  invites AE, **10:**128, 129
  views of, AE on, **10:**131, 133
  See also Benzingen
Brandhuber, Fidelia, **8:**512n; **9:**130–131, 133; **10:**213, 445, 454
Brandhuber, Inge, **9:**130–131; **10:**213
Brändli, Hans (1897–?), **9:**192
Brandt, ?, **8:**960n
Braude, Markus (1869–1949), **8:**772, 773
Brauer, August (1863–1917), **10:**134
Braumüller, A., Kommandant der Residenz Berlin, requests information on AE from PAW, **8:**1001c
Braun, K. F., nominated for membership of PAW, **8:**992c
Braun, Konrad von (1859–?), **5:**273n
Braune, Hermann, **5:**244
Bredig, Georg (1868–1944), **3:**406, 407n; **5:**514n; **10:**12
Bredow, Raimund, **5:**145, 145n
Bremsstrahlung, **9:**22–23
Brenner, Ernst (1856–1911), **1:**339; **5:**201n

Brentano, Franz (1838–1917), **7**:80n; **10**:261n
Brentano, Lujo (1844–1931), **8**:737
Breslau. *See* Technical University of Breslau
Breslauer, ?, **10**:602c
Brill, Alexander von (1842–1935), **6**:133n
  book by, AE's review of, **6**:132
Brillouin, Léon (1889–1969), on signal velocity, **5**:*60*
Brillouin, Marcel (1854–1948), **3**:*xxvii*, *508*; **5**:300, 302n, 349, 522n; **9**:113; **10**:303n
Briner, Emile (1879–1965), **9**:303n, 315, 329
British Association for the Advancement of Science, meeting in Bournemouth, **7**:*xxx*, 201n, 210n; **9**:*xxxv*, 167n, 186
British House of Commons, **7**:210n
British science, **7**:*xxx–xxxi*, *111*, 206, 210n, 213, 431
Brod, Max (1884–1968), AE on book by, **8**:337n
Brodetsky, Selig (1888–1954), **9**:255n
Brodnitz, Julius (1866–1936), **9**:490
Broek, Antonius van den (1870–1926), **9**:502
Broglie, Maurice de (1875–1960), **3**:519n; **4**:*559n*; **5**:300, 301n; **10**:381; Third Solvay Congress, planned lecture at, 303
Brönnimann, Lydia, **10**:541n
Brose, Henry (1890–1965), **9**:320n, 336, 347n, 528; **10**:256, 455
Brouwer, Luitzen E. J. (1881–1966), **8**:289; **9**:333, 352
Brown, Robert (1773–1858), **2**:208
Brownian motion, **2**:*xvii*, *42*, *172*, *211*, 224, 416, 491, 551n; **3**:7, 246n, *283–284*, 508n, 509, 550; **4**:185, 529–531; **5**:271, 520; **6**:33, 365, 376, 389, 398n, 577, 579n; **8**:287, 330, 364, 801, 861, 902–903, 916, 941; **10**:294
  AE on first paper on, **5**:31
  AE's derivation of laws of, **2**:*xix–xx*, *xxviii*, *139*, *206–222*, 224–235, 334–344, 497–500
  AE's and Smoluchowski's work on, **3**:245n–246n, 268n, *284*, 311n, 423n
  in colloidal solutions, **2**:*181*, *209–210*, 224–235, 399–400
  in conductors, **2**:*206*, 343, 491
  experimental study of, **2**:*41*, *206*, *211*, 236n, 334, 396, 400n, 557–558, 559n; AE on, *219–222*
  and fluctuations, **3**:*xviii*, 450–451, 575
  fundamental role of dissipation in, **2**:*210*
  Gouy's objections to AE's theory of, **5**:44
  influence of elastic force on, **2**:337–338, 345n
  influence of gravity on, **3**:223–224, 245n, 450–451, 454n
  kinetic theory of, **2**:*217–218*
  mean square displacement of, **2**:*212*, 234, 342, 408, 399, 500
    probability distribution for, **2**:*213*, 341–342
  of mirror in radiation field, **2**:*139*, *146*, *215*, 546–547, 552n; **3**:454
  photographs of, **2**:557–558, 559n
  and related electrical phenomena, **2**:*214*, *221–222*, 343, 396
  reprint edition of AE's papers on, **2**:*206*, *207*
  rotational, **2**:334, 342–343, 345n; **3**:224, 227–228, 245n–246n; Perrin's work on, **5**:216
  in suspensions, **2**:*xix– xx*, 224–235
  Svedberg's work on, **5**:217
  temperature dependence of, **2**:339, 341, 498
  theoretical study of, **2**:*208–210*, 398–400, 496–500
  translational, **2**:334, 344
  viscosity dependence of, **2**:408
  Zangger's experiments with Böhi on, **5**:296–298
  See also Smoluchowski, Marian von; Svedberg, The
Bruckner, Anton (1824–1896), **8**:550
Bruggmann, Emil, **5**:244
Bruins, Eva (1885–?), **5**:524n, 540n, 580n
Brunn, Albert von (1880–1940), **7**:146n, 196–198n
Brussels, **3**:*xxvii*, 544n; **10**:*xliv*
Brussels, Free University of. *See* University of Brussels, Free
Bryce Report 1915, **9**:43n
Bryn Mawr College, **8**:436n
Buber, Martin (1878–1965), **9**:241n, 353n, 558c
Bucek, Auguste (1873–?), **1**:314
Buchau am Federsee, Germany, **1**:*xlviii*, *xlix*, 1n
Bucherer, Alfred (1863–1927), **2**:254; **5**:50n, 187n, 190; **8**:900, 908, 913
  AE cites, **2**:307n, 310n, 461
  Cunningham, discussion with, **5**:134, 135n, 137–138
  Kaufmann's work, comments on at Cologne GDNÄ meeting, **5**:138n
  Lorentz-Einstein equation, supports, **2**:*254*, *272*
  Lorentz-Einstein theory, use of term, **5**:135n

on equivalence of mass and energy, **5:**147, 148
on force in electrodynamics, **5:**148
principle of relativity, objections to, **5:**50, 50n
principle of relativity of, **5:**135n
relativity, discussion with Planck on, **5:**50n
specific charge of electron, experimental determination of, **3:**173, 176n; **5:**133–134, 135n, 136–138
See also Beta rays: experiments on mass of electrons in; Electrons: Bucherer's model of
Buchholz, Hans, **1:***350, 351*
Buchholz, Hugo (1866–1921), **10:**357, 416, 453
  recommended by AE, **10:**357
  Wende on position for, **10:**453
Büchner, Ludwig (1824–1899), **1:***lxii*
Bucky, Gustav, on KWIP funding of X-ray research, **8:**1022c–1023c
Budapest, **10:**482; Einstein-Marić in, **5:**22
Budde, Emil, **8:**828
Buddha, **9:**326
Buek, Otto (1873–1966), **6:**71n
  character of, **8:**382, 831, 835
  signs Manifesto to the Europeans, **8:**832n
Bühler, Johann, **1:**20, 55, 241
Buisson, Henri, **5:**316, 317n
Bulgaria. *See* World War I
Bund Deutscher Gelehrter und Künstler, **9:**357
Bund für Mutterschutz, **9:**203n
Bund "Neues Vaterland" (BNV), **7:**124n, 216n–217n, 333n, 366n, 491n; **8:**103, 118n, 151n, 170, 171n, 174n, 187, 342n, 759n, 837n, 961n, 1000c, 1029; **9:**33n, 203n, 314n, 565c; **10:**36n, 433; **8:**103, 118n, 151n, 170, 171n, 174n, 187, 342n, 759n, 837n, 961n, 1000c, 1029
  AE joins, **8:**151n, 996c
  AE's speech to, **7:**123–124, 216
  contribution to international reconciliation, **7:**216
  Democratic Party, relation to, **8:**948
  disbandment of, **8:**343n
  executive committee of, **8:**947
  German Foreign Office, cooperates with, **8:**104n
  history of, **8:**104n
  manifesto by, **7:**124n
  National Assembly, circular for support of, **8:**947

purpose and goals of, **7:**124n
reconstitution of, **8:**930–931
spring 1919 appeal against civil war, **9:**106n
wartime aims of, **7:**124n
See also Einstein, Albert: Politics
Bund für proletarische Kultur, **9:**299n
Bund zum Ziel, **8:**869, 871
Bundesrealgymnasium, Vienna, **7:***101*
Burgdorf Technical School. *See* Technikum Burgdorf
Burgers, Johannes (1895–1981), **9:**145, 150, 502
  dissertation of, **8:**961
  multiply-periodic systems, paper on, **8:**386
  quantum theory of rotating atom, paper on, **8:**466, 468
Bürgerwehr, **9:**60
Burghold, Julius (1860–1923), **7:**300n; **9:**514, 533, 605c
Buridan's ass, Heine's poem on, **5:**325n–326n; **9:**339
Burke, Edmund (1729–1797), **9:**79
Burkhard, **2:**198
Burkhardt, Heinrich (1861–1914), **2:***176*, 184, 203n; **5:**36n, 188; on AE's dissertation, 36
Burlington House. *See* Royal Society of London: joint meeting with Royal Astronomical Society at Burlington House
Busch, Wilhelm (1832–1908), **5:**572, 573n; **8:**39n; Hedwig Born on, **9:**206
Büsching, Carl, requests funds for publishing book, **9:**580c
Butler, Nicholas (1862–1947), **5:**389, 390n
Buzzer, AE's use of, **5:**241
Byk, Suse, photo of AE by, **9:**588c
Byland, Arthur, **9:**129n
Byland, Hans (1878–1949), **1:***11*, 56, 307n; **9:**129n; AE on, **1:**306

Cadenábbia, Italy, **1:**301, 302n
Cahen, Louis (1882–?), **1:**315, 316n, 322, 325, 326n, 328, 329n
Cailler, Charles, **8:**350
Cailletet, Louis Paul (1832–1913), **1:**145, 146
Cailloux, Joseph (1863–1944), **10:**408
Cairo, American University in. *See* University of Cairo, American
Cairo, University of. *See* University of Cairo
Cajal, Santiago (1852–1934), invites AE to Madrid, **10:**583c, 587c

Calame, Louis, **5:**525n
Calculus of variations, **1:**212
Calisse, G. L., **10:**378; proposed as Italian translator of *Einstein 1917a*, **10:**590c, 596c
Caloric engines. *See* Heat engines
Calorimeter, water, **1:**75, 88–92
Cambridge University. *See* University of Cambridge
Cambridge University Press. *See* Publishers
Campbell, Norman (1880–1949), **5:**220
 Hopf's comment on work of, **5:**417
 polemic with Meyer, **5:**221n
Campbell, William (1862–1938), **5:**560n, 567n; **8:**216n; **9:**157–158
 provides eclipse photographs, **5:**566
Canal rays, **2:**252, 252n, 402–403, 444; **3:**162, 175n, 432, 439n; **7:**484–485, 487n
 Doppler effect in
  AE on, **5:**450
  Stark's work on, **5:**47, 144, 150, 452n
 Koch's planned experiment on, **5:**87
 Stark's work on, **5:**87
Canneto sull'Oglio, province of Mantua, Italy, **1:***lv* n, 215n, 281n, *375*
Cannstatt, **1:***xlix*, *lvi* n, *380*, *384*
Canonical distribution. *See* Distribution: canonical
Canonical ensemble. *See* Ensemble: canonical
Canonical equations, **6:**556, 557, 575
Canonical transformation. *See* Transformation: canonical
Canova, Antonio (1757–1822), **1:**302
Cantor, Matthias (1861–1916), **5:**120, 120n, 188
 on Minkowski's work, **5:**119
 planned experimental test of AE's and Laub's ponderomotive force, **5:**131
Capacitance, **3:**330–331, 337–338, 379–384
 of cables (insulated wires), **1:**169–170, 171
 and circuits, **3:**380
 of capacitor, **1:**171–172
 measurement of, **1:**162–167
 and resistance, **3:**367–368
 unit of, **3:**379–380
Capacities and dielectric constants
 research on, funded by KWIP, **9:**560c
Capacitor, **2:**395, 397n, *514*; **3:**386, 397n; **4:**152; **6:**272
 effect of dielectric on capacitance of, **1:**170–172

with large capacitance, **1:**171–172
Leyden jar as, **1:**168
measurement of charge on, **1:**167–168
plate, **3:**336, 338, 346
system of two, **3:**397n
and tension, **3:**382
See also Dark field capacitor; Fluctuations: of charge *and* of voltage
Capillarity, **2:***xviii*, 10, *208*; **3:**194, 406n, 414n, **3:**567; **8:**135; **10:**18
 AE discusses with Besso, **1:**285
 AE submits first paper on, **1:**273, *375*
 AE's equation for, **2:**6, 11, 20n
 AE's work on, **2:***3–6*, 10–20, *171*
 constant of, **3:**404
 and electromotive force, **3:**574
 historical background and survey of AE's thought and work on, **1:***264–265*
 joint work with Einstein-Marić on, **1:**267, 285
 Laplace's theory of, **2:***3–4*, *5–6*, 20n, 21n, *178*
 Minkowski review article on, **2:***4*
 Minkowski's ETH lecture on, influence on AE of, **1:***265*
 molecular theories of, **2:***3–4*, *171*
 Schiff's law for, **2:**19
 thermodynamic theory of, **2:**319
Capillary force. *See* Force: capillary
Caprotti, Selina (1850–1907), **1:**56n, 58n
Carathéodory, Constantin (1873–1950), **8:**334, 375, 388n, 598; **9:**267, 352, 417n, 434
 on canonical transformations, **8:**376–379
 nominated as member of PAW, **8:**1028c–1029c
Cardinal Inn, Schaffhausen, **1:**326n, 327n, *376*
Carl Zeiss Works, **9:**207
Carling, Viggo, **9:**584c, 586c
Carnot cycle, **1:**110–120; **4:**155, 555, 555n, 556
Carnot, Lazare (1753–1823), **9:**334n
Carnot principle, **2:**17, 73. *See also* Thermodynamics, second law of
Cartel of German Academies. *See* Kartell der deutschen Akademien
Casale, Italy, **1:**283
Cassel, Hans (1891–?), **10:**484–485
Cassirer, Ernst (1874–1945), **9:**71, 510, 169n; **10:**261, 265
 AE
  asks not to leave Berlin, **10:**387
  expresses sympathy for, **10:**387

invites to stay in his home, **10**:586c
manuscript of, **10**:*xlviii*, 255, 314–315; AE on, **10**:265, 289, 293
on relativity and philosophy, **10**:255–256
Cassirer, Paul (1871–1926), **8**:947n
Cassirer Verlag, **8**:738n
Casteggio, Italy, **1**:*372*
Catenary, **3**:125n
Cathode rays, **1**:304; **2**:252, 486n; **3**:173, 249, 437, 457, 540–541, 543; **6**:192; **8**:935; **9**:292
  deflectability of, **2**:368, 459
  emission of, **2**:163–165, *505*, 572–573
  experiments on mass of electrons in, **2**:*272*, 368–371, 372n, 458–461, 486n
  generating potential of, **2**:458–459
  Laub's work on, **5**:122n; AE on, 131
  Lenard's experiments on, AE's enthusiasm for, **1**:*224*, 236
  motion of in electromagnetic field, **4**:15, 102n, 545, 562, 613; **6**:458
  polemic between Laub and Marx on, **5**:121
  X-rays generated by, **2**:552n; **5**:428
  See also Beta rays; Electrons
Cauchy problem, **8**:657n
Cauchy's theorem, **4**:379n
Cauer, Minna (1841–1922), **9**:34n; **10**:*xxxix*
  expresses sympathy for AE, **10**:433
Causality, **6**:109, 130n, 227, 286–287; **9**:388
  Drill on, **9**:280
  and initial values, **10**:300, 307
  and law of inertia, **10**:300, 307, 324, 391
  principle of, **10**:300, 306
  and probability, **10**:161
  Stumpf's theory of, **9**:261
Cavallo, Tiberius, induction machine of, **5**:*51*
Cavendish's experiment, **3**:126n
Celestial bodies, emission of radiation by, AE on, **9**:553c
Celestial mechanics, **6**:22, 433, 495; Schwarzschild on, **6**:359–360
Censor, **8**:567–568
Censorship, postal, in Germany, **10**:82, 108
Center of gravity, **3**:36–37, 63–64, 69, 439n
  definition of, **3**:36, 64
  law of, **3**:63
  principle of conservation of motion of, **2**:360, 362–366, 399, 414, 462
  of systems, **3**:78
Center of mass. *See* Center of gravity

Center Party (Catholic), German, **8**:512n, 629n
Central (Hotel Central), Zurich, **1**:298
Central Association of German Citizens of the Jewish Faith. *See* Central-Verein deutscher Staatsbürger jüdischen Glaubens
Central Committee for the Relief of Distress in Germany and Austria, **7**:470n
Central European Catholic confederation, **9**:93n
Central limit theorem, **3**:268n
Central Organization for a Durable Peace, **7**:9n; **8**:117, 118n, 186, 205, 340n, 342n, 608, 747n; **10**:36n
  AE's commitments to, **10**:53n
  congress of, **8**:210, 211, 213
  program, **8**:210
Central Swiss Meteorological Institute, **5**:505n
Central-Verein deutscher Staatsbürger jüdischen Glaubens, **7**:*225–226, 228–229*, 292n–293n, 296n–297n, 304n; **9**:169n, 489, 494, 609c
  AE's ridicule of name of, **7**:303
  on anti-Semitic campaigns in Germany, **9**:489
  CV-Zeitung, **7**:304n
  defends Jewish civil rights, **7**:292n, 296n
  invites AE to fight against anti-Semitism, **9**:490
  requests information on AE, **9**:490n
  tensions with German Zionists, **7**:*225*
Centrifugal force. *See* Force: centrifugal
Certificate of citizenship, **1**:45, 55n
Chancellor of Germany, **8**:524n
Change of state
  adiabatic, **1**:96, 100–101; **2**:86, 94, 95n, 100; **6**:104–105; in chemical reactions, **7**:325
  cyclic, **2**:10, 23, 94, 102, 114, 246, 246n, 317n, 361, 473; **3**:*xxix*, 120–121, 129n, 490
  endothermic, **2**:116
  energy change during, **2**:119, 119n
  entropy change during, **2**:246
  exothermic, **2**:116
  of fluids, **2**:113
  graphic description of, **2**:113–114
  irreversible, **2**:114, 119, 246, 543–544, 555; **4**:531–532, 556 (*see also* Thermodynamics, second law of)
  isobaric, **2**:27
  isopycnic, **2**:86, 96n, 100, 107n
  reversible, **2**:114, 119, 119n, 246, 332, 383, 473–474, 475; **6**:255, 261n
Chaotic systems, theory of classical, **6**:567n

Chapiro, Joseph (1893–1962), expresses sympathy for AE, **10:**392–393
Charge carriers, **1:***236, 237*. *See also* Electron theory of metals; Electrons
Charge density
  in five-dimensional theory, **9:**57n
  transformation law of, **2:***257–258*, 302, 308n, *505, 507*
Charge, electric. *See* Electric charge
Charge, elementary, **2:***xxvi–xxvii*, 99, *256*, 577
  AE on explanation of, **5:**88
  in five-dimensional theory, **9:**39
  relation with Planck's constant, **5:**89n
    AE on, **5:**195, 321
    Lorentz on, **5:**178
Charge, specific, determination of, **9:**292. *See also* Electron: specific charge of, determination of
Charge invariance, **2:**302, 308n
Charged bodies, specific heat of, **1:**238
Charité Hospital, **8:**409n; **9:**387
Charles University. *See* University of Prague, German
Chaudesaigues, ?, **2:***221*
Chavan, Lucien (1868–1942), **3:**576; **5:**125n; **10:**15, 461
  AE invites, **5:**233, 234, 507
  AE thanks for gift, **5:**224
  AE tutors, **5:**160n, 224n
  AE visits in Bern, **5:**239, 241
  and AE's honorary doctorate at University of Geneva, **5:**202n
  assistance in AE's registration of change of address, **5:**211n
  buzzing device, work on, **5:**235
  death of father-in-law, AE's condolences, **5:**273
  Einstein, Hans Albert practices French with, **10:**343
  gift of tea by AE, **5:**241
  requested by AE to send
    resistor, **5:**240; sends 247
    telephones, **5:**241
  Swiss Telegraph Administration
    appointment at, **5:**224n, 234n
    difficulties at, **5:**234, 288n, 289, 304, 315, 507; AE on, **5:**290, 314, 340, 396; **10:**15–16
  takes days off, **5:**197

  transformers, work on, **5:**235
Chavan, Lucien and Jeanne
  AE invites, **5:**286
  AE's planned visit to, **5:**542
  congratulations on AE's ETH appointment, **5:**387
Chavan family, visits AE, **5:**238
Chavan-Perrin, Jeanne (1866–1958), **5:**132n, 211n, 224n, 234n, 237n, 240n, 242n, 274n, 286n, 289n, 507; **8:**320n; **10:**461
  Hans Albert Einstein practices French with, **10:**343, 345
Chavan-Perrin, Lucien, **9:**341n
Chemical constants, **9:**470
Chemical reactions
  AE's study of, **1:**286
  sound absorption in, **7:**325–331n
  speed of, **7:***xxix*, 325–331n
Chemical transformations, **3:**511n
Chemical Warfare Service, **8:**620n
Chemisch-Physikalische Gesellschaft (Vienna), **9:**276; invites AE to lecture, 298; **10:**608c, accepted, 609c, 610c
Chemistry
  colloidal, **2:***181, 209*
  molar, **2:**104
  physical, **1:**267; **2:***xix*, 129, 132–133, 383–389, 399–400
  of solutions, **2:**23–39, *177, 182*, 198–201
Cherbuliez, Paul (1891–1985), **8:**135n
Chiasso, Swiss border crossing to Italy, **1:**216
Chicago, University of. *See* University of Chicago
Chicago Congress. *See* World's Fair International Congress of Electricians
Chicago Zionist Club, expresses sympathy for AE, **10:**534
Chinese, **9:**79
  AE on, **9:**16
  mentality of, **9:**326
Chisholm, Hugh
  solicits article from AE for *Encyclopaedia Britannica*, **10:**600c, 601c, 605c, 607c; declined, 609c
Chodat, Robert-Hyppolite (1865–1935), **8:**364n
Cholera, **5:**556
Chopin, Frédéric (1810–1849), **10:**157
Christiaan Huygens Society for Science Students, Leyden, **9:**228n

Christian Socialist Party, Austria, **9**:437n
Christiania. *See* Oslo
Christianity, early, AE on, **10**:24
Christoffel, Elwin (1829–1900), **7**:545
and differential calculus, **6**:90, 93, 216, 218, 284
on differential covariants, **4**:*294, 296,* 324, 328, 336, 342n, 495, 620
school of, **8**:690n
Christoffel symbol, **4**:234n, 256n, 329, 337; **6**:89, 219, 306, 307, 308, 349; **7**:158–159, 178n, 180n, 183n, 188n, 544–545; **8**:207, 552–553, 556, 697; **9**:209n; as components of gravitational field, **7**:551
Chromoscope, **7**:205n
Chulanovsky, Vladimir (1889–1969), **10**:418n, 465n, 469n, 472
Chwolson, Orest. *See* Khvolson
Cicero, **8**:825n
Circuit. *See* Electric circuit
Circus Busch, **8**:965n
Citizenship. *See* Swiss citizenship, AE's; German citizenship; Einstein, Albert: Personal: Citizenship
City College of New York, **7**:629
Civilization, decline of Western, **8**:561–562
Clapeyron, Benoît-Pierre-Émile (1799–1864), **1**:120n
Clarté, **7**:217n
Clarté movement, **7**:216n–217n; **9**:103n, 375
German branch of, **9**:314, 328; AE on, 331, 450; AE's involvement with, **9**:321
Lawson on, **9**:346, 406
Schlick's interest in, **9**:450
Class, Heinrich (1868–1953), **7**:*112*
Classen, Johannes (1864–1928), specific charge of electron, value for, **5**:138n
Classical mechanics, **2**:*xvii, xxi, xxviii, 135, 144,* 265, 416, 455, 457; **3**:*5,* 8, 132–133, 396n, 423, 426, 487, 550; **6**:286, 365, 368, 458, 468, 493, 494; **7**:207, 213, 458–459, 535, 592; **8**:137n, 403, 437, 438, 494n, 626; **10**:63;
addition of velocities in, **6**:434–435, 444, 450
Adler on, **10**:80n
equations of motion in, **3**:*5,* 16, 95, 437, 511
foundations of, **6**:472–474; **7**:6
as fundamental science, **7**:*xxxiii,* 247, 279n, 308–311

and molecular motion, **6**:21, 250–252, 389
principle of relativity of, **6**:48, 285, 432–433
problems of, **7**:142
and quantum theory, **6**:22, 252, 261n, 364, 368, 370n, 382
space and time in, **6**:279–280, 288–289, 430–431, 442, 444, 446, 462, 517, 518, 524, 528, 532
and special relativity, **6**:285, 453, 454, 455, 527; **7**:5–7, 258–260
See also Galilean mechanics; Mechanics; Newtonian mechanics
Claudel, Paul, **9**:392n
Claudius, Matthias (1740–1815), **10**:436n
Clausius, Rudolf (1822–1888), **1**:85n, 118n; **5**:300; **7**:422
appointment to ETH, **2**:*173*
gas theory of, **4**:526, 534n
theory of heat of, **2**:*42*
H. F. Weber as successor to, **2**:*173*
Clausius-Clapeyron equation, **1**:135; **2**:21n; **9**:472n
Clausius-Mosotti-Lorentz relation, **3**:306
Clausius's approximation method, **2**:252, 252n
Clausius's entropy theorem, **2**:116, 117n, 119, 245–246, 246n, 248–249. *See also* Entropy; Thermodynamics, second law of
Clausius's relation, **2**:374–375
Clausius's theorem. *See* Virial theorem
Clemenceau, Georges (1841–1929), **7**:217n; **9**:387, 389n
Clément, Nicolas (1778–1841), **3**:567
Clifford, William Kingdon (1845–1879), **2**:*xxv*
Clinic Rosenau. *See* Rosenau sanatorium
Clock, **3**:11, 147–148, 156, 175n, 431–433, *479, 484*n; **4**:140, 150; **6**:76, 101, 285, 289, 440, 530; **7**:197, 251
accelerated, **2**:308n; **2**:477–481
assertions about, **2**:*268,* 410
behavior of, in gravitational field, **2**:477–481; **3**:491–494; **4**:141, 142, 309–310, 341n, 480, 498, 509, 549; **6**:127, 333–335, 490, 491, 492, 500–501, 512–514, 549; **7**:116–117, 168, 209, 214, 271
in De Sitter's cosmological model, **8**:806
definition of, **4**:37, 131, 490, 541
equivalent, **2**:308n, 437
as fundamental concept, **7**:352–353, 390–392, 416n

Clock (cont.)
   gravitational, **4**:142, 492
   independence of prehistory of, **7**:257, 391
   light clock, **4**:141, 145n, 151, 492
   moving, **2**:288–290, 403, 442–444; **6**:53, 135,
      290, 449, 477–480, 512–513; **5**:453;
      7:115–117, 208, 213, 252
   physical theory without assumption of, **7**:413
   at rest, **2**:*xxiii*, 277, 283, 437; **3**:152
   synchronization of, **2**:278–279, 308n, 437;
      3:149–151, 156, 161–162, 444–445
   and time definition, **2**:278, 570
   and time transformation, **3**:161–162
   See also Time: measurement of
Clock paradox, **2**:289–290, 308n; **3**:436, 439n,
   444; **7**:*102, 105*, 115–117, 121n, 346, 348n;
   8:16, 900, 908, 914; Petzoldt's exposition of,
   6:5n
Coal shortage
   in Berlin, **9**:130, 139
   in France, **9**:281
   in Germany, **8**:598; **9**:148n, 200n; **10**:118
   in Switzerland, **8**:581; **10**:118, 138, 140
   in Zurich, **9**:3n, 6n
Cochet, Marie-Anne, sends her book to AE,
   10:375
Cock fight, AE on his debate with Lenard in Bad
   Nauheim as, **10**:444
CODP. *See* Central Organization for a Durable
   Peace
Coebergh, Joannes (1841–1922), **9**:416n, 504n;
   curator of AE's Leyden professorship,
   10:*xlv*, 366
Coehn, Alfred (1863–1938), **5**:227n; paper by,
   5:227
Coenen, Hermann (1875–1956), **8**:657; **9**:534;
   congratulates AE, **9**:229
Cohen, Hermann (1842–1918), **8**:891; **9**:168n
Coherence, **3**:540, 574
Cohesion, electrical origin of, **3**:413n
Cohn, Emil (1854–1944), **2**:*260, 268*, 307n, 435,
   504; **5**:74, 75n; **9**:14–15; **10**:391
   AE's reading of, **2**:*272*
   electrodynamics of (*see* Electrodynamics of
      moving media: Cohn's theory of)
   space-time, paper on, AE on, **6**:4, 5n
Cohn, Hans, decries uproar at AE's lecture,
   9:422–423
Coil, solenoidal, **6**:*147*, 155, 158, 159, 165, 175,
   179, 184, 192, 272; self-induction of, **6**:164,
   183
Colbjørnsen, Ole, **10**:246n
Colico, Italy, **1**:301, 302n
Colin, Paul (1890–1943), **7**:216, 217n; **9**:351,
   589c
Collège de France, **8**:7n; **9**:172n
   Michonis lectures at: AE invited to give, **5**:571;
      Lorentz invited to give, **5**:571n
Collisions, **3**:37, 515n, 542–543
   of atoms and electrons, **5**:321, 338
   of electrons, **3**:516, 543
   elementary, **3**:542–543
   molecular, **3**:184–185, 507n
Collision times, **3**:515n, 516–517
Colloid particles, **8**:291
Colloidal solutions. *See* Chemistry: colloidal;
   Solutions: colloidal
Cologne. *See* Gesellschaft Deutscher Naturfor-
   scher und Ärzte, meeting in Cologne
Colors, theory of, **7**:205n
Columbia University, **7**:629
   awards Barnard Medal to AE, **10**:571c, 575c,
      576c, 584c, 591c
   invites AE to lecture, **5**:388; **10**:442
      declined, **5**:395, 397, 404
Committee of Olten, **8**:942n
Communism, **7**:124n. *See also* Bolshevism
Commutator, **6**:272, 273
Como, Italy, **1**:293, 297, 298n, 301, 302n, *376*
Como, Lake, **5**:543n
Complexions, **2**:*54, 138*, 575; **3**:288, 311n, 506,
   506n
   Boltzmann on, in kinetic theory, **2**:377n
   corresponding to states, **2**:353, 544
   and probability, **2**:*49, 137*, 353, 357n–358n,
      377n, 544, 545, 575
   See also States
Complex numbers, **3**:51
Complex quantities, **3**:373, 399n
Composition theorem, **2**:74n, 95n
Compressibility, **3**:*xviii–xxiv*, 412, 469, 476n,
   527
   of atoms, **3**:526
   Besso's idea for measurement of, **5**:338
   coefficient, **3**:411, 468
   cubic, **3**:462
   isothermal, **3**:311n
   of metals, **3**:471

Compton, Arthur H. (1892–1962), **7**:53n
Concept and experience, **7**:352, 387–388, 390
Concepts, physical, **2**:150; incompleteness of, **2**:*139*, 338
Concussion, of the brain, induced gravitational field to explain effect of, **10**:602c, 606c
Condenser. *See* Capacitor
Conduction, electrolytic. *See* Electrolytes: conductivity of
Conduction, heat. *See* Heat conduction
Conduction current, **2**:*507*, 519
Conductivity, electric. *See* Electric conductivity
Conductivity, thermal. *See* Thermal conductivity
Conductor, electric. *See* Electric conductor
Conference, General, on International Geodesy, **8**:718n
Confirmation of experimental predictions, **2**:*136*, 142, 143, *221*, 236n, 309n, 358n, 397n, *505*, 517n. *See also* Experiments
Conformal theory, **7**:*xxvii*
Congrès International des Électriciens, Paris, 1889, **1**:191, 207
Congress
  of Councils, **8**:965n
  of Polish Physicians and Natural Scientists, **8**:87n
Conservation laws, **3**:5, 32, 66, 101. *See also* Energy: conservation of; Mass: conservation of; Momentum: conservation of; Electric charge: conservation of; Energy-momentum, law of conservation of
Conservative Party, German, **8**:629n
Constancy of the speed of light. *See* Light, speed of: constancy of
Constants, fundamental. *See* Elementary quanta
Constructive theory, **1**:*xli*; **2**:*xxi, xxix, 45, 257*; **5**:89n; **7**:*xxxv*, 206–207, 210n, 213
  See also Theory of principle
Contact electricity. *See* Electricity: contact
Contacts, electrical
  AE on, **5**:237
  AE's and Gockel's work with, **5**:162
Continuity equation, **4**:99, 101, 246, 518; **6**:105; **7**:97, 513, 534
  electrical, **4**:54
  See also Incompressibility condition; Liouville's theorem
Continuum, **3**:325–326, 397n
  AE's lectures on mechanics of, **3**:*599*

Euclidean, **7**:261, 566
finite, **7**:397–398
infinite, **7**:396–397
See also Geometry; Space; Space-time continuum; Universe
Continuum theory, limits of applicability of, **7**:351, 392–393, 404n
Continuum versus discreteness, **8**:391–392
Contraction hypothesis, Lorentz-FitzGerald, **2**:*256*, 434–435, 568; **3**:140, 161; **4**:45, 540, 550n; **6**:49, 67n, 459, 460–461; **7**:249, 465; **10**:9n, 15n
  ad hocness of, Lorentz on, **8**:71–72
  See also Length contraction, relativistic
Convection currents, **2**:*208*, 301, 486n, *503*
Conventionalism, **7**:*xxxvi*, 220n, 256, 389–390, 403n–404n
  and Reichenbach, Schlick on, **10**:455
  See also Poincaré, Henri: conventionalism of
Conventions
  in definition of time, **2**:277–280, 439, 480, 569–570
  in length measurement, **3**:*479*, 483
  in physics, **3**:430
  in relativity theory, **3**:446–447
  in space-time measurement, **3**:434
  in synchronizing clocks, **2**:277–280, 281–282, 437
  and time definition, **3**:432
  in transformation equations, **2**:570
Coordinate condition, **7**:26n; of De Donder, **7**:13, 555
Coordinate system, **2**:*xxiii*; **3**:11, 321, 426, 432; **4**:37; **6**:427–430, 445; **7**:117, 197, 207, 213
  accelerated, **7**:266, 281n
  acceleration-free, **2**:418, 437, 542 (*see also* Frame of reference: inertial)
  Cartesian, **2**:188, 277, 282, 416, 437; **6**:429, 481, 482, 484, 485, 487, 507; **7**:273, 502–505, 507, 509–510, 512, 515–516
  dependent quantities, **2**:451
  four-dimensional, **3**:170
  Gaussian, **6**:483–485, 488, 489–490, 491, 492; **7**:272–278, 377, 409, 618
  inertial (*see* Frame of reference: inertial)
  isotropic, **7**:26n
  linearized harmonic, **7**:574n
  question of preferred, in general relativity, **7**:355–356

Coordinate system (*cont.*)
  relative, uniformly moving, **2:***255*, 277, 282–287, 300, 303, 312, 414, 426, 451, 462, 509, 561, 569
  rotating, **7:**208, 214, 270, 355, 358n, 371n
  uniformly moving, **3:**36–37, 171
  See also Frame of reference
Coordinate transformation, spatio-temporal, **2:***253, 256, 257*, 282–287, 411, 418, 433 434, 510
  See also Galilean transformation; Lorentz transformation
Coordinates
  adapted, **8:**40, 67–69, 84n, 97n, 102, 104, 107, 109, 113, 161, 207, 233
  cyclic, **3:**121, 129n
  dependent, **8:**41n
  generalized, **2:**73n, 95n, 458
  isotropic, **8:**523n
  light beam, **8:**586–587
  in phase space, **2:**74n
  physical meaning of, **3:**426, 431, 435
  polar, **3:**41, 326
  space-time, **3:**170, 432, 442, 446–447
  spatial and temporal character of, **8:**348
  See also Coordinate system; State variables
Copenhagen, AE's meeting with Bohr in, **10:***xlvii*
Copernican frame. *See* Frame of reference: Copernican
Copernicus, Nicolaus (1473–1543), **7:***xxxii*, 433n; **10:***xxxviii*
Coppel, Theodore, **10:**569c, 575c
Corbetta, Pietro, **1:**282n
Corelli, Arcangelo (1653–1713), Sonata Nr. 5 of, **10:**167
Coriolis force, **4:***295*, 392, 499–500, 549; **7:**281n; **8:**82, 324, 325n, 349, 501
Cornelius, Johannes (1863–1947), **8:**543, 888; **9:**45n
Cornu, Georges, **5:**243
Correspondence principle, **8:**784n
Corresponding states
  law of, **2:**132–133, 239, 243–244; **3:**402, 470–471
  Lorentz's theorem of, **2:***256*
Cosmic pressure. *See* Cosmological constant: as negative pressure
Cosmogonic hypotheses, Poincaré on, **9:**467n

Cosmological constant, **6:**551; **7:**26n, 36n, 41–42n, 46–47, 73, 80n, 131, 138, 182n–183n, 188–189n, 433n, 457n; **8:***352*, 688, 878; **9:**117, 263; **10:***xlix*, 69n, 371, 501
  and closed vs. open universe, Fokker on, **9:**111
  as constant of integration, **8:**836
  as constant of nature, **8:**414, 416, 553, 557, 860
  De Sitter on, **10:**501
  empirical determination of, **7:***xxviii*, 370–371n, 377, 395, 409, 424n; **8:**433, 434
  and globular star clusters, **9:**233n
  introduction of, **6:**543; reasons for, **7:***xxxiii*, 36n, 121n, 133, 146n, 371n, 405n
  as negative pressure, **7:***xxviii*, 35–36n, 135, 140n, 171, 174, 182n–183n, 395, 424n, 456–457n, 567–568, 576n
  See also Cosmological term
Cosmological model, **9:***xli*, 293
  boundary conditions at infinity in, **9:**403
  boundary conditions in, AE and Eddington on, **10:**365
  in five-dimensional theory, **9:**39, 76
  See also Cosmological model, Einstein's *and* De Sitter's; Universe
Cosmological model, De Sitter's, **7:***xxxiii*, 46–49n; **8:**260n, *351*, 414–416, 420n, 421–422, 429n, 466, 473, 501, 613, 653n, 690n, 712–713, 725n, 734n, 765n, 778; **10:**477–478
  cosmological term in, **8:**435
  and Einstein's cosmological model, **8:***353–355*
  from interior Schwarzschild solution, **8:**806
  homogeneous, **8:**485
  inhomogeneous, **8:**467, 476
  line element in, **8:**496
  mass horizon in, **8:***355*
  nonstatic, **8:**352, 353
  preferred center in, **8:***353*
  singularities in, **8:***352, 354–356*, 422, 427–428, 435, 496, 613, 712–713, 720, 779, 805–806, 809
  time-independent metric in, **8:**485
  world lines in, **8:**733
  See also Sitter, Willem de
Cosmological model, Einstein's, **8:**351, 352, 415–416, 417n, 473, 501
  AE on, **8:**386, 390, 392, 401; **9:**117–118, 293
  compared with De Sitter's model, **8:**353–355
  ghost images of stars in, De Sitter on, **10:**477–478, 501

and interior Schwarzschild solution, **8**:688
Cosmological problem. *See* Newtonian theory of gravitation: cosmological problems of; Relativity, general theory of: cosmological considerations in
Cosmological term, **8**:*352*, 497, 498, 574, 612, 698
  in De Sitter's cosmological model, **8**:435
  introduction of, reasons for, **8**:406, 556, 700n 860
  and parallel postulate, **8**:691
  and relativistic theory of gravitation, **8**:433
  See also Cosmological constant
Cosmology, **6**:495–501, 516–517, 541–551; **7**:*xxiv, xxviii*, 35, 170, 187, 562–564
  See also Universe
Coster, Dirk (1889–1950), **9**:221
Cottingham, Edwin, **9**:*xxxiii, xxxv*
Cotton, Aimé (1869–1951), **2**:*219*
Coulomb's law, **1**:150–156; **3**:346, 348; **4**:9, 152, 488, 585
Council of Intellectual Workers. *See* Rat geistiger Arbeiter
Council of People's Deputies. *See* Germany: Rat der Volksbeauftragten
Courant, Richard (1888–1972), **9**:240, 352
  and Jewish matters, **9**:222
Covariance
  under Galilean transformations, **7**:254
  under linear transformations, **7**:507, 513, 516, 526
  under Lorentz transformations, **7**:258 (*see also* Relativity, principle of: and covariance under Lorentz transformations)
Covariance, general, **4**:181, 185–186, 192, 193, *294–301*, 308, 313, 319, 476, 483, 488, 493, 495, 573–575, 580, 589, 612; **7**:42n, 177n, 275, 370, 371n, 377, 389, 409, 539, 574n
  arguments against, **4**:*294, 297, 298, 300*, 574, 580–581 (*see also* Hole argument)
  See also Relativity, general principle of: and general covariance
Cracow, **10**:28
Critical opalescence. *See* Opalescence, critical
Critical state, **3**:287
Crommelin, Andrew (1865–1939), **6**:512, 537n; **7**:*xxx*; **9**:*xxxiii, xxxiv*
Crookes, William (1832–1919), **9**:48n, 49
Crown Council, German, **8**:524n

Crystals, **6**:261n
  and heat theorem of Nernst (*see* Heat theorem of Nernst: for mixed crystals)
  magnetic moment of ferromagnetic, **6**:151, 159, 180, 191
  mixed, **6**:30, 37–38, 257
Crystal lattice, **3**:462, 526
  dynamical theory of, **9**:85n
  model, **3**:405, 407n, 411, 421n, 512n, 526
  normal modes of, **3**:*xxv*
Crystallography, **8**:497
Crystal structure, **8**:528n, 576; **9**:570c, 582c
  study by X-rays of, **9**:24n (*see also* X-ray diffraction)
Cunningham, Ebenezer (1881–1977), **9**:261
  discussion with Bucherer, **5**:134, 135n, 137–138
Cunow, Heinrich (1862–1936), **10**:242
Curie, Eve (1905–2007), **5**:346n, 519n, 545n
Curie, Irène (1897–1956), **5**:346n, 519n
  AE on, **5**:544
Curie, Marie (1867–1934), **5**:300, 302n, 349, 383, 522n, 541n, 543n; **9**:171, 224–225; **10**:303n, 328
  AE on, **5**:345, 544
  AE's impressions of visit to, **5**:518
  alleged affair with Langevin, AE on, **5**:345
  hiking trip with AE, **5**:543n
  praised by AE, **8**:7
  writes letter of recommendation for AE, **5**:353n
  Zangger's attendance of lectures of, **5**:332
Curie, Pierre (1859–1906), measurements of paramagnetic susceptibility of oxygen, **4**:*272*, 284
Curie-Langevin law for paramagnetism. *See* Paramagnetism, Curie-Langevin law for
Curie law for paramagnetism. *See* Paramagnetism, Curie law for
Current
  Ampère's molecular (*see* Ampère's molecular currents)
  closed, **6**:*145*, 152–153, 173, 191
  conduction, **4**:87, 514
  convection, **4**:11, 81, 87, 320, 513
  density, **6**:62, 266, 328
  displacement, **4**:10, 102n
  eddy, **6**:*148* (*see also* Foucault current)
  electric, **6**:107, 264

Current (*cont.*)
  electric convection, **6:**106, 107, 108
  electric polarization, **6:**46, 107, 108
  energy of, **6:**98
  Foucault (*see* Foucault current)
  magnetic convection, **6:**107
  magnetic polarization, **6:**107, 108, 109
  and magnetism, **6:***145*, 151, 173, 191
  polarization, definition of, **6:**46
Current, electric. *See* Electric current
Curricula, of German-language universities, **3:**8
Curti-Forrer, Eugen (1865–?), **10:**231, 567c
Curtius, Friedrich (1851–1933), **8:**634; **10:**155n
Curtius, Theodor (1857–1928), **8:**636n
Curvature
  geometric interpretations of, **8:**712, 733, 738
  spatial, **6:**501, 511, 547–548, 551; **7:**136, 209, 214, 538, 558
Curvature scalar (*see* Riemann scalar)
CV. *See* Central-Verein deutscher Staatsbürger jüdischen Glaubens
Cwiklinski, Ludwig, **8:**265n
Cyclic process. *See* Change of state: cyclic
Cylinder, iron
  for measurement of Ampère's molecular currents, **6:***147*, 155, 158, 165, 175, 179, 184, 192, 271–272
  moment of inertia of, **6:**154, 160–161, 168, 175, 181, 187, 192, 273
Czapek, Friedrich, **10:**568c, 577c, 579c
Czech University of Prague. *See* University of Prague, Czech
Czellitzer, Arthur, **1:***xlviii*
Czinner, H., offers bibliographic services, **8:**1011c

Da Vinci, Leonardo (1452–1519), **9:**314
Dabrowski, ?, **2:**559n
Daheim, boardinghouse of Stahel-Baumann, **10:**110n
Dahlem, AE lives in, **10:**22
Dahms, Albert (1872–?), **5:**98n
D'Alembert's principle, **3:**88–91
Dällenbach, Walter (1892–1990), **2:***54*; **3:***4, 6, 8*, 128n, 590, *599*; **5:**602n; **7:**62n; **8:**372, 380, 400, 402n, 404, 406, 410, 444, 477, 721n, 743n, 815, 837n, 853; **9:***xlviii*, 40n, 99, 159, 169, 190, 294n, 389n
  AE's advice on research strategy to, **8:**136
  on AE's concept of "measuring rod," **10:**591c
  in AE's lecture course at ETH, **5:**602n
  character and abilities of, **8:**366
  congratulates AE, **9:**190
  dissertation of, **8:**391, 847
  generally covariant electrodynamics, work on, **8:**350n, 796–801, 803
  Habilitation of, **8:**851
  notes by on AE's course, **4:***6, 273, 298, 300*
  plans book on Maxwell theory, **9:**160
  Riemann tensor, on contraction of, **8:**348
  on rotating magnets in general relativity, **10:**591c; AE on, 348; Besso on, 354
  in Swiss Army, **8:**137n
  and Swiss politics, **9:**189–190
Dalton's law, **3:**180, 242n; **5:**280
Damping, **3:**364, 385–386, 460, 544n–545n
  of atomic oscillations, **3:**461–464, 510n, 511, 518n, 518
  of ionic oscillations within a crystal, **3:**510n, 511
  of oscillations of pendulum, **3:**52
  See also Oscillators: damping of
Danish Academy of Sciences. *See* Royal Danish Academy of Sciences and Letters
Danish Astronomical Society, **10:**568c
  AE lectures at, **10:**321, 581c
  invites AE to lecture, **10:**244
Dann, Walter (1881–?), **9:**130n, 139n
Dann-Böhm, Elsa Maria (1897–?), **9:**30, 129, 131, 147, 171, 219
d'Annunzio, Gabriele (1863–1938), **9:**210
Danzig. *See* Gdansk
Danzig, Technische Hochschule. *See* Technical University of Danzig
Danziger, Fritz, **8:**1008c
Danziger, Jacques, **6:**208, 210n
Dark field capacitor, **2:**559n
Darmstadt, **5:**306, plans for Hans Albert Einstein to attend school in, **10:***xxxvii*
Darmstadt-Stern, Emma (1885–?), **5:**183n, 403n, 404
  marriage of, **5:**306
Darmstaedter, Ludwig (1846–1927), **5:**270n; **9:**283–284; AE sends autograph to, **5:**270
Darmstaedter autograph collection, **5:**270n
Darquet, Gabriel, **10:**578c
Darwin, Charles (1809–1882), **6:**569; **8:**918; theory of evolution of, **6:**509, 569

D'Asar, Mario Russo, **7:**478n
Das Odeon, **9:**391–392, 394–395
Däubler, Theodor, **9:**610c, 611c
David, Eduard, **9:**515n
Davidson, ?, **6:**512
Davidson, Charles R., **9:***xxxiii*
Daxenberger, Otto, **1:***5*
De Donder, Théophile (1872–1957), **8:**536n
   discussion with AE on
      energy-momentum pseudotensor, **8:**303, 306, 307, 308, 313, 315, 319, 327
      equivalence of general relativity with theory of gravitation, **8:**303–304, 306, 307, 308, 309–310, 312–313, 315, 318–319, 327–328, 575
   gravitation theory of, paper on, **8:**575, 609
De Haas, Wander. See Haas, Wander de
De Sitter, Willem. See Sitter, Willem de
De Sitter clock, **8:**804
De Sitter's cosmological model. See Cosmological model, De Sitter's
Debye, Peter (1884–1966), **3:**475n, 477n, 517n; **4:***552n*, 553; **5:**285n, 287n, 307, 374, 398, 408n, 428n, 446, 446n, 448, 468, 597n; **6:**35, 556; **7:***109*, 345; **8:**145, 425, 851, 853n, 863n; **9:***xlviii*, 7, 24n, 149n, 150n, 192, 197, 214, 215n, 290, 302n, 312, 318, 354n, 408, 440, 460n, 463, 502, 513, 516, 559c, 566c, 570c, 596c; **10:**17, 20, 22, 25, 28, 208, 256, 317, 481, 516, 577c, 611c, 612c, 613c
   abilities of, AE on, **5:**290, 374; **9:**451
   constitution of atom, lecture on, **8:**820
   Ehrenfest, negative comment on, **5:**447n
   ETH appointment of, **9:**268, 292, 301, 303, 305, 312, 326, 339, 382, 403, 449, 451
   invited to Wolfskehl meeting (Göttingen), **5:**506n
   Julius's request for AE's opinion on abilities of, **5:**361
   KWIP
      contract with, **8:**821–823, 830, 866, 876
      funding by, **8:**1024c–1025c, 1027c
      loans transformer from, **10:**584c
   meeting with AE in Munich, AE on, **5:**290
   meeting with Julius in Bern, **5:**386
   parameter-dependent weight function of, **8:**24, 26
   PAW, corresponding member of elected, **9:**605c
   nominated, **9:**410
   Physikalische Gesellschaft of Zurich, lectures to, **8:**915
   plans to write book on relativity, **10:**513
   on polarizability of molecules, **10:**443
   on quantum state of macroscopic system, **6:**33
   quantum theory of specific heat, work on, **5:**480, 505, 514
   ring atom, **8:**562n
   University of Göttingen
      professor at, **10:**25n
      leaves, **9:**317, 434
   University of Leyden, candidacy for Lorentz's chair at, **5:**421
   University of Utrecht
      acceptance of appointment, **5:**422n
      candidacy for chair at, **5:**346, 348n, 350, 359, 369, 373
         AE on, **5:**349, 356
         AE's recommendation for, **5:**374
         official recommendation for, **5:**376n
         uncertainties of, **5:**354
         welcomes offer, **5:**347, 350, 361
      formal appointment, **5:**395n
      professor at, **10:**25n
   University of Zurich
      appointment, **5:**291n
      candidacy for AE's chair at, **5:**285n
      invited to, **8:**148
      promoted to professorship at, **5:**394; **10:**17,
      withdrawal from, **5:**422n
   Wolfskehl lectures by, **8:**27n
   X-ray diffraction, on influence of temperature on, **5:**562
   X-ray spectra, paper on, praised by AE, **8:**561
Debye-Scherrer experimental setup, **9:**23, 61
Debye-Sommerfeld theory of dispersion, Epstein on, **9:**197
Decomposition
   of magnetic fields, **3:**377
   spectral, of energy, **3:**500, 510n, 515n
   See also Fourier decomposition
Dedekind, Richard (1831–1916), **2:***xxv*
Deduction. See Method, deductive
Degeneracy, of energy states, **6:**39n
Degenhart, Joseph, **1:**lxi, lxiii, *351*
Degrees of freedom, **2:***49*, 67, 75n; **3:**68, 72, 89, 92, 220, 245n, 422, 475n, 510, 534
Dehlinger, Walter (1889–?), **9:**386, 447

Dehmel, Richard, **9:**558c
Delbrück, Hans, **9:***xliv*, 17n, 551c
   AE asks to sign declaration in support of Nicolai, **9:**384
Delbrück-Dernburg petition, **8:**174n, 175; **10:**97n
   AE signs, **10:**33n
   signatories, **8:**146n, 150n, 157n, 176n, 364n, 637n, 759n
Delcassé, Théophile (1852–1923), **8:**173
Delft, AE visits, **10:**223
Democratic Party, German. *See* Demokratische Partei
Demokratische Partei, **7:**124n, 211n; **8:**948
Demokratischer Klub, **9:**574c, 576c
Deng, L., sends food package to Elsa Einstein, **10:**267, 270, 275
Density
   of continuous mass distribution, **6:**102, 351
   electrical charge, **6:**61, 106, 107
   electrical current, **6:**62, 266, 328
   electrical rest, **6:**62
   energy, **3:**279; **6:**98, 355, 392
      "complex" of (*see* Gravitational field: energy-momentum components (pseudotensor) of)
   of energy of static gravitational field, **4:**161, 162
   of incompressible fluid, **6:**326
   magnetic charge, **6:**107
   of matter, in universe (*see* Universe, matter density in)
   momentum, **6:**98
   radiation (*see* Radiation: density of)
   rest, **6:**392;
   rest of matter, **4:**101
   See also Electric charge
Density, magnetization, **2:***507*
Department of Education, Canton of Zurich
   accepts AE's conditions for lecturing, **10:**567c
Deprez-D'Arsonval instrument, **3:**361, 363, 398n
Der Tag, **10:***xxxviii*
Derzbacher, Julius. *See* Koch, Julius
Des Coudres, Theodor (1862–1926), **9:**349, 360
Descartes, René (1596–1650), **6:**518, 519, 529, 533; **8:**851; **9:**388; **10:**191
Deslandres, Henri (1853–1948), **5:**355, 356n; **10:**382

Desormes, Charles-Bernard (1777–1862), **3:**567
Dessau, ?, **9:**434n
Dessau, Bernardo, requests information on education at Haifa Technion, **10:**591c
Dessoir, Max (1867–1957), **8:**854–855
Deussen, Paul (1845–1919), **9:**76n
Deutsche Allgemeine Zeitung, **7:***110*
Deutsche Friedensgesellschaft, **8:**174n; **9:**203n
Deutsche Gasglühlicht Aktiengesellschaft, **9:**12
   AE shareholder of, **9:**126n, 148n, 214, 463, 551c, 576c
Deutsche Gesellschaft für Auslandsbuchhandel, **7:**363n; **9:**425n, 465
   for restoration of German book trade, **9:**424
   invites AE to join organizing committee, **10:**584c
   requests statement from AE, **9:**424–425
Deutsche Gesellschaft für Mutter- und Kindesrecht, **9:**203n
Deutsche Liga für Völkerbund, **9:**34n
   solicits article from AE, **10:**333–334; declined, 343
Deutsche Mathematiker-Vereinigung, **7:**357n; **8:**762, 765
Deutsche Physikalische Gesellschaft (DPG), **2:***xvi*; **7:**59n, *107–111*, 357n; **8:**458, 672n, 818, 884, 994c; **9:**20n, 64; **10:***xxxix*, 40n
   advisory committee of, **8:**760n; AE elected member of, **10:**24n
   AE elected member of executive committee of, **9:**565c
   AE participates in meeting on fusion of physics journals, **10:**599c
   AE's lecture on periodic processes to, **4:**607n
   board of directors, **8:**31
   chairmanship, **8:**32, 759, 764, 781
   discrimination in, **8:**32
   on funding of *Fortschritte der Physik*, **8:**1021c
   history of, **8:**33n
   Laue presents eclipse expedition results to, **9:**602c
   lectures to by
      Ehrenhaft, **8:**459n
      Franck and Hertz, **8:**29n
      Planck, **8:**193n, 217n
      Rubens, **8:**212
   letter of Wien to Planck on, **8:**31
   new journals of, **9:**297, 309n–310n, 312, 353, 354n, 470n, 585c, 586c, 589c, 590c, 592c

Wien opposes, **9:**297
revision of statutes of, **8:**31–35
unity of, **8:**32
See also Einstein, Albert: Lectures: DPG
Deutscher Bund für Mutterschutz, **9:**34n
Deutscher Gesellig-Wissenschaftlicher Verein von New York, **7:**363n
solicits contribution to album, **10:**601c
Deutscher Monistenbund, **9:**34, 347–348
Deutscher Schutzbund für die Grenz- und Auslandsdeutschen, **9:**349–350
Deutscher Verband der technisch-wissenschaftlichen Vereine, **7:**494n
Deutscher Zentralausschuß für die Auslandshilfe, **7:**332
circular letter, 333n
solicits statement from AE, **10:**334–335
Deutsches Museum, **8:**822; **9:**594c; elects AE as board member, **9:**602c
Deutsche Studentenschaft, **9:**179n
Deutsche Tageszeitung, **7:**240n; attacks on Nicolai, **9:**384
Deutsche Vaterlandspartei, **8:**629
Deutsche Versuchsanstalt für Luftfahrt, **8:**577n
Deutsche Zeitung, **7:***110, 112;* **9:**602c, 612c; anti-Semitism of, **9:**522
Deutschnationale Volkspartei, **7:**240n
Deutschvölkischer Schutz- und Trutzbund, **7:***112*
Diamagnetism, **6:**33, 39n, 191; **10:**303
Diamond
 absorption spectrum of, **2:**388, 405
 specific heat of, **2:**389; **5:**245
Diatomic molecules, rigidity of, **9:**459
Dickmann, Ina, **10:***xxxix,* expresses sympathy for AE, **10:**388
Dictatorship of proletariat, **8:**946n, 947n
Die Naturwissenschaften, **10:***xxxviii*
Die zwölf Bücher, **9:**321
Dielectric, **1:**170–172; **3:**341–346, 348, 386, 398n; **4:**17; moving, **6:**48, 67n
Dielectric constant, **1:**170–172; **2:**512; **3:**298, 341, 374, 386; **4:**17, 19, 21; **6:**107; determination of, **3:**347, 398n
Dielectric displacement, **4:**16, 514
Diels, Hermann (1848–1922), **5:**596n; **8:**92, 346, 347n, 726, 994c; **9:**515n
Dieterici, Conrad H. (1858–1929), **9:**74–75
Differential calculus, **6:**7, 11, 55–61, 73, 77–82, 87, 89–97, 111–112, 216–219, 227, 228, 246, 248, 284, 294–301, 379, 496; **7:**153, 451, 453, 541, 550, 574n
three-dimensional, **6:**55–58
See also Gaussian theory of surfaces; Geometry: Riemannian
Differential calculus, absolute, **4:***3, 192, 195, 296, 300,* 319, 324–339, 342n, 476, 480–481, 495–496, 573, 574, 589–596, 620
See also Differential covariants; Tensor calculus
Differential, complete, **3:**335
Differential covariants, **4:**78–80; **6:**17. See also Differential calculus, absolute
Differential equations, **1:**212; **3:**505
for diffusion, **3:**262, 268n
linear vs. nonlinear, **3:***xix*
ordinary, **3:**505n
Diffraction
of light (*see* Light: diffraction of)
Reiche's paper on, AE on, **5:**182
of X-rays (*see* X-ray diffraction)
Diffraction image, **8:**424n
Diffraction theory, Kottler on, **9:**373, 436
Diffusion, **3:**183, 188, 243n, 268n, 454n, 572, 575–576; **8:**125, 144; **10:**54
coefficient of, **1:***265,* 292; **2:***177,* 200, 211, 212, 229–230, 232, 233, 234, 251–252, 252n, 347, 497, 499, 502n
connection with osmotic pressure, **2:**199–201, *205,* 497–499
equation, **2:***211–212,* 233
of gases, **2:**123–124, 251
relationship of mean square displacement to, **2:**501n
of suspended particles, **2:**229, 231–234, 497
Tamman on, **10:**13n
theory of, **2:**170, 171, 173, 178, 179, 199–201, *212,* 497–498
under external force, **2:**235
Dilution, Ostwald's law of, **2:***178;* **4:**561; **5:**16n; Besso on, 14
Dimensional considerations, **2:**549, 580; AE's, **3:**460–461, 467–470, 474, 476n, 527, 544n
Dingler, Hugo (1881–1954), **7:***109;* **9:**529
Diogenes, **1:**326; **7:**57
Dipole, **2:**520–522; **3:**341–343, 395, 507, 545n
mean energy of rotating, **4:***273*
Dipole moment, electrical of diatomic molecule, **4:***276,* 277

Dipole, rotating
  AE's and Fokker's work on, **5**:578–579
  in radiation field, AE on, **5**:359, 568
Diptmar, Johann, **1**:349, 350
Dirac field, **8**:968n
Direktorium. *See* Kaiser-Wilhelm-Institut für Physik
Disk, rotating. *See* Rotating disk
Dispersion, **7**:51–52, 485; **8**:158, 626
  Drude's theory of, **2**:*143*, 384
  of light in a medium, **3**:250, 253n
  optical, **1**:283n; **2**:585; **3**:280, 522, 544n
  theory of, **3**:414n, 544n
  in ultraviolet, **3**:544n
Dispersion, anomalous
  Larmor on, **10**:252n
  in solar atmosphere, **5**:316; **9**:267, 272, 287, 470
  theory of, **10**:248
  See also Sun: optical phenomena in atmosphere of
Displacement law, of Sommerfeld, **9**:21n
Displacement law, Wien's. *See* Black-body radiation: Wien displacement law for
Displacement vector *D*. *See* Electric field: displacement vector *D*
Displacements, virtual, **3**:88–89, 92
Disraeli, Benjamin (1804–1881), **10**:463
Dissipative force. *See* Force: dissipative
Dissociation, **1**:285; **2**:*178*
  Arrhenius on, **5**:13
  Battelli and Stefanini on, **5**:12
  Beckmann on, **5**:13
  Besso on, **5**:13, 14, 343
  electrolytic, **10**:575c; Roloff on, **5**:13
  of gases, **7**:325–331n; **10**:15, 17
  Kohlrausch on, **5**:13
  Ostwald on, **5**:13
  Raoult on, **5**:13
  quantum theory of, **9**:470
  role of gravitation in, Besso on, **5**:14
  role of hydration in, **5**:16n, Besso on, 14
  Tammann on, **5**:13
Distant masses, **8**:*352*, 357, 358, 360, 362, 502n
Distribution
  canonical, **2**:74n, *139*; **3**:219–220, 228, 232
  vertical, of granules in a liquid, **2**:345n
  See also Boltzmann distribution; Maxwell–Boltzmann distribution; Maxwell distribution law; State distribution
Divorce contract
  of 1918, **10**:150
  AE accepts, **10**:155
  draft of, **10**:156–159, 163, 165
  Einstein-Marić
    accepts AE's proposal for, **10**:146
    denies initiating divorce proceedings, **10**:41
  terms of financial support in, **10**:159; Zürcher on, **10**:147
Divorce proceedings of 1919, **9**:82n, 306
DNVP. *See* Deutschnationale Volkspartei
Doctoral dissertation, AE's. *See* Einstein, Albert: Career: Doctoral dissertation
Doeberl, Michael, **1**:347
Dolder, Jacob, **8**:349
Dolezalek, Fritz (Friedrich) (1873–1920), **2**:397n
Dominik, Hans (1872–1945), **9**:395
Donder, Théophile de (1872–1957)
  on energy tensor, **10**:370–371
  on his notation in general relativity, **10**:376–377
  requests copy of *Einstein 1919a*, **10**:363
Doppler effect, **3**:162–163, 165–166, 175n, 492, 574; **4**:35, 51, 105n, 545; **6**:27, 55, 135, 391, 392, 458, 517, 526, 536n; **7**:467, 484–487n
  in canal rays
    AE on, **5**:450
    Stark's work on, **5**:47n, 144, 144n, 150, 452n,
  relativistic theory of, **2**:295–297, 435, 445–449
  in solar atmosphere, **5**:355
  solar spectral lines, influence of on shape of, **5**:388
  transverse
    in canal rays, **2**:402, 403n, 444
    in emission theory of light, Ehrenfest on, **5**:452n
  See also Relativity, special theory of: Doppler shift in
Doppler principle, **8**:332
Doryon, Yisrael (1908–?), AE's draft preface for brochure of, **7**:129n
Dörzbacher, Julius. *See* Koch, Julius
Dosch family, **1**:*377*
Dostoyevsky, Fyodor (1821–1885), **9**:415, 487, 503; **10**:152–153
  Karamazov Brothers, AE enjoys, **9**:498

Double refraction, **1**:8
Double stars, **4**:5, 35; **6**:67n, 435
DPG. *See* Deutsche Physikalische Gesellschaft
Drag, of sphere in fluid, **9**:221
Dragging coefficient, **2**:438, 485n, 567; **3**:164, 428; **5**:73n; **6**:26–27, 42, 47–48, 67n; **7**:246, 279n; **8**:162n, 350n
   Fresnel value, **6**:43n
   Laub's paper on
      AE's criticism of, **5**:74
      Laue's criticism of, **5**:73
   Lorentz value, **6**:43n
   See also Ether: dragging of; Light: dragging of
Dragging of inertial frames. *See* Lense-Thirring effect
Dražić, Ružica, **1**:244, 245n
Drechsler, R. W., **10**:570c, 571c, 573c
Dresden. *See* Gesellschaft Deutscher Naturforscher und Ärzte, meeting in Dresden
Drexler, Franz, **7**:195n
Dreyfus, Bertha (1871–1942), **5**:558, 559n
Dreyfus, Cosman (1835–1918), **5**:237, 238n, 558
Dreyfus, Marie (1875–1943), **5**:237, 238n, 558; marriage of, **5**:559n
Driesch, Hans (1867–1941), **10**:307
Drill, Robert
   debate with Schlick, **9**:282n, 313
   paper by, **9**:280, 282n, 323
   "proof" of principle of energy from sausage, **9**:313
Droste, Johannes (1886–1963), **4**:*344*, 373n; **5**:569n; **6**:552n; **7**:*101*; **8**:350n, 517, 519, 521; **9**:110, 145, 150; **10**:55n
   candidate as *Assistent* with AE in Berlin, **5**:568, 603n
   collaboration with Lorentz, **8**:420n
   dissertation of, **8**:457
   Lagrangian for many-body problem in general relativity, paper on, **8**:430
   solves field equations for point mass, **8**:362; priority in, 425
Drude, Paul (1863–1906), **1**:213, 267n, 305n, 326; **2**:*xviii, 143, 175, 267*, 384, 386, 405; **3**:*9*, 414n, 529, 544n; **4**:529; **5**:69n
   AE's reading of, **2**:45, 46, 135–136, 259, 260
   book on ether physics, AE's criticism of, **5**:430, 431
   correspondence with AE, **1**:303, 306, 308, 310

   electrodynamics of moving bodies of, AE plans to study, **1**:*225*, 330
   electron theory of metals of (*see* Electron theory of metals: Drude's)
Duality of electricity and magnetism, **2**:526, 528n; **4**:25, 26
Duane, William, **9**:237
Dübi, Ernst, **5**:244
Dübi, Walter, **3**:6
Duck, pregnant, **6**:402n
Ducrue, Joseph, **1**:*351, 353*
Dufour, Alexandre (1875–1942), **5**:287n; AE on abilities of, 287
Duhamel, Georges (1884–1966), **9**:322
Duhem, Pierre (1861–1916), **3**:9, 397n; **8**:890
Dukas, Helen (1896–1982), **8**:265n, 503n; **9**:485n
Dulong-Petit rule, **1**:236, 279–280, 283; **2**:*142–143*, 384, 386, 390n; **3**:219, 422, 423n, 460, 472–473, 521; **4**:533; **5**:259, 280
   deviations from, **3**:522
Dumont, Louise, **9**:558c
Du Pasquier, Louis-Gustave (1876–1953), **1**:214
Dutch Academy of Sciences. *See* Royal Dutch Academy of Sciences
Dutch Israelite Seminary, **9**:288n
Dutch Natural Scientists and Physicians, congress of, **8**:390, 418, 458n
Dutch Zionist League, **9**:249n
Dutoit, Paul (1873–1944), **5**:401, 402n
Dynamics, **3**:63–64
   classical, **2**:368; **3**:556
   of ideal fluids, **3**:6
   of material systems, **3**:*4*, 78
   relativistic, **2**:*273*, 369
   See also Mechanics: classical
Dynamo, **1**:*li, liv*
Dyson, Frank (1868–1939), **7**:*xxx*, 210n; **9**:*xxxiii–xxxv*, 138n, 199n, 244; **10**:222n
   notice on eclipse results, **9**:236
   proposes eclipse expedition, **9**:32
DZA. *See* Deutscher Zentralausschuß für die Auslandshilfe

Earth, **3**:15, 59–62, 127n, 136–139, 175n
   constitution of, **8**:596
   gravitational field of, **6**:472 (*see also* Gravitational field: of mass point)
   magnetic field of (*see* Magnetism: terrestrial)

Earth (*cont.*)
   moment of inertia of, **7:**142–143
   motion of, relative to ether (*see* Motion: relative)
   observation of eccentricity of orbit of by redshift, AE on, **10:**61
   perihelion motion of, **6:**242
   rotation of, **7:***xxviii*, 142–146n, 197–198n; **8:**79; fluctuations in, 596
Easter message of Wilhelm II, **8:**506n; **10:**97n
Eastern Europe, effects of malnutrition in, **7:**334n
Eastern European students, AE's course in Berlin for, **10:**386
Eastern Jews. *See* Jews of eastern Europe
Ebert, Friedrich (1871–1925), **7:***xxi*; **8:**944n, 961n, 1029c; **9:**4n
Ebner, ?, official registrar, **9:**84
Eckart, Pauline. *See* Winteler, Pauline
Eclipse expedition. *See* Solar eclipse expedition
Eclipse, solar. *See* Solar eclipse
École Polytechnique, Paris, **7:**349n; **9:**333
Economics, **8:**701, 756, 789
Economy, planned, **7:**124n, 129n
Eddington, Arthur S. (1882–1944), **3:**125n; **6:**512, 537n–538n; **7:***xxxi*, 27n–28n, *101*, 201n, 340n, 345, 410n, 581; **8:**350n; **9:***xxxiii–xxxvii, xxxix, li,* 167, 182, 195, 199n, 262, 264, 304, 311, 369, 390n, 401, 408, 479, 498, 577c, 599c; **10:**222–223, 226n, 309, 380, 500
   and anti-relativists, **7:**347
   general relativity, interest in, **9:**244
   on German-British scientific collaboration, **9:**307n
   on Gold Medal affair, **9:**369–370
   gravitation and principle of relativity, lecture on, **7:**201n
   on gravitational field due to boundary conditions, **8:**359n
   on gravitational light deflection, **9:**32
   invites AE, **9:**370, 408
   Lorentz on book by, **10:**320, 365
   Mach's principle, disagreement with AE on, **7:**377, 409
   publishes rebuttal against Guillaume, **10:***xlix*
   as Quaker, **9:**378n
   relativistic theory of gravitation, on ignorance of in England, **8:**323n, 384n
   solar eclipse expedition of 1919, **7:***xxx*, 178n, 200, 201n, 210n; **9:**201; **10:***xxxvii*;
   debates on results, **9:**474n
   on positive results of, **9:**186, 216; **10:**222, 223
   sends report of to AE, **10:**309
   stellar theory of, **9:**13
   on virial theorem, **7:**425n
   on Weyl's theory, **9:**113n, 263; **10:**349n
Eder, Josef Maria (1855–1944), **5:**212, 214n
Eeden, Frederik van (1860–1932), **9:**322
Egidy, Moritz von (1847–1898), **10:**329
Ehlers, Ernst (1835–1925), **5:**502n
Ehrat, Emma, **5:**158
Ehrat, Jakob (1876–1960), **1:**214, 247, 253, 263, 269n, 290, 298–299, 329, 330, 337; **3:**578–579; **5:**5, 5n, 20, 20n, 21, 21n, 557n, 589; **8:**511
   AE as matchmaker for, **5:**591n; **8:**9
   Bieberstein/Rhön, appointment in, **5:**25, 26n
   biography, **1:***379*
   change of residence in Winterthur, **5:**590
   ETH, *Assistent* at, **1:**250, 251, 252n, 253, 263n, 337n, **5:**6n, 26n
   marriage of, **5:**590n
   marriage plans of, AE on, **5:**592
   mountain trip with Solovine, **5:**248
   Swiss Patent Office, possible position at, **5:**82
   Thurgau Kantonsschule, candidate at, **1:**250n, 251, 252n, 255
   visits AE in Bern, **5:**82, 85
Ehrat, Jakob, and Ehrat-Ühlinger, Emma, AE visits, **5:**158
Ehrenberg, Helene (1852–1920), **10:**315, 361n
Ehrenberg, Viktor G, (1851–1929), **9:**242; **10:**449n; on AE as German and Jew, **9:**243
Ehrenbergstraße, **8:**55; lodger for, **8:**49n
Ehrenfest, Anna (1910–1979), **5:**428, 429n, 451; **8:**13; **9:**146, 227; drawing by of AE welcoming eclipse results, **9:**246, 266
Ehrenfest, Anna and Tatiana, violins for, **9:**267, 288–289, 316, 334n, 353, 402, 456–457, 471, 497; **10:**246–247, 252, 267, 270, 277, 297, 337, 344, 366, 356
   brought by AE, **10:***xlv*
   confiscated in Bentheim, **10:**247
Ehrenfest, Arthur (1862–?), **10:**385n
Ehrenfest, Emil (1865–?), **5:**423n
Ehrenfest paradox, **3:***478–479*, 482–483, 484n; **10:**6, 7n, 10, 14

thought experiment to illustrate, **10:**13n
See also Rotating disk
Ehrenfest, Paul (1880–1933), **2:***102, 109–110, 138, 144, 253–254, 263, 267,* 410, 412n; **3:***xx, 478–479,* 483, 484n, 562n; **4:***5,* 34, *112,* 145n, 151, *299,* 502n; **5:**251n, 292n, 429, 468, 540; **6:**40n, 261n; **7:***223,* 486n; **8:**12, 15, 56, 84, 128n, 150, 160n, 164, 230, 232, 233n, 236, 237, 244n, 247n, 249, 285, 288, 331, 335, 338, 339, 346, 360, 361, 364, 371, 386, 390, 413n, 418, 427, 457, 464, 468, 476, 480, 484, 534, 536, 562n, 643n, 720, 892, 958, 960; **9:***xxx, xxxviii, xlix,* l, 15, 30n, 43n, 55, 55n, 101n, 129n, 139n, 152, 154, 171–172, 181, 181n, 195, 197, 203n, 216, 218, 221n, 221, 227, 255n, 263n, 266, 272, 286, 289, 315, 321, 332, 339, 352, 355, 360n, 362, 364n, 413, 422n, 456, 481, 497, 500, 507, 523, 578c; **10:***xxxi, xlvi,* 10, 20, 25n, 50–52, 56, 219n, 223, 253, 262, 267, 270, 279, 289n, 297, 311, 320, 356, 373, 417, 444, 465, 469, 471–472, 476
adiabatic invariants, theory of (*see* Adiabatic invariants: Ehrenfest's theory of)
advises on printed version of AE's inaugural lecture, **9:**371, 414, 469–470, 501–503
and AE, **8:**13n, 20n, 22n, 76n, 144n, 165n
AE
  on acquaintance with, **8:**22
  advises not to participate in Als-Ob conference, **10:***xlv*
  on approval of professorship for, **10:**344
  on arithmetical miscalculation by, **9:**414; AE's comment, **9:**456
  criticizes attire of, **10:**252
  on curators of Leyden professorship of, **10:**366
  on diet of, **9:**165
  discusses superconductivity with, **10:***xlvii*
  discussions with, **10:**257, 279
  on Dutch visa for, **10:**241–242, 375
  on expectations toward, **10:**366
  expedites appointment of at University of Leyden, **10:**364
  first meeting with, **10:**20
  general relativity, congratulates for, **8:**242
  health of, worries about, **9:**182
  on inaugural lecture of, **10:**366, 385; attire for, 375
  on invitation to University of Wisconsin of, **10:**479
  invites, **8:**62, 228, 555; **9:**15, 151, 183
  plays Bach for, **10:**253
  plays music with, **10:**220, 222–223, 519
  on professorship for at University of Leyden, **9:**145, 150–151, 164, 165, 371, 503; **10:***xxxix,* 389
  requests expression of appreciation of for research by Julius, **10:**518
  requests intervention of for transit visa for Russian physicists, **10:**517
  on response from regarding Berlin Philharmonic event, **10:***xl*
  on U.S. visit of, **10:**479–480
  visits by to Ehrenfest family, **8:**11; **10:***xxxii, xxxvii;* good memories of, **8:**12, 340, 348
  visits in Leyden, **8:**13n, 22
  visits in Prague, **5:**393, 408, 422n, 428n
  visits in Zurich, **5:**508, 524n, 569n
AE declines invitation by, **8:**228, 457
AE enjoys children of, **10:**219, 247, 253, 264
AE invites to Berlin, **8:**28
AE invites to Zurich, **5:**523
AE praises, **8:**19; **10:**222–223
AE requests official invitation from, **8:**892
AE visits, **8:**11; good memories of, 12, 340, 348
AE's deep sympathy for, **10:**298
AE's financial debt to, **10:**444
AE's planned visit to, **5:**563, 598n, 601, 602, 603, 607
against mass actions, **9:**248
aids young Russian scientists, **9:**153
anarchistic views of, **9:**237
anti-Semitism, on efforts to fight against, **9:**287
asked for newspaper article on relativity, **9:**246
atheism of, **9:**288n
atheism of, AE on, **10:**20
on Bach's music, **8:**345n
Beiblätter zu den Annalen der Physik, reviews for, **2:***109–110*
on Bohr, **9:**216; **10:***xlvii,* 244
Boltzmann principle, discussion with AE on, **8:**20–22
on call to Ukrainian Academy of Sciences, **9:**152
on collected articles of AE, **9:**371, 414

Ehrenfest, Paul (*cont.*)
  collects literature and instruments for Russian colleagues, **10**:376, 404, 425–426
  comments on AE being called "Jewish Newton," **9**:287
  critique of AE's light emission experiment, **7**:487n
  on cynicism, **9**:416
  Debye's negative comment on, **5**:447n
  declines invitation by Hilbert, **8**:701, 715, 737, 740, 744, 756
  dedication to AE by, **5**:630c
  depression of, **9**:286; **10**:368
  disapproves of *Einstein 1920f*, **10**:403–404, 426
  on Dutch copies of AE's inaugural lecture, **9**:615c
  economics, interested in, **8**:701, 756, 789
  efforts of on behalf of Epstein, **9**:333–334, 344, 470, 487, 498
  and Ehrenfest, Tatiana, **10**:247, 251
  emission theory of light, paper on, AE on, **5**:450
  on English edition of *Einstein 1917a*, **10**:385
  Epstein, invites to Leyden, **10**:285n, 289
  equivalence principle, generalization of, **5**:487–496
  European tour of, **5**:393n
  feelings of inferiority of, **10**:375
  financial problems of, **10**:368
  on fluctuations in radiation theory, **5**:465
  GDNÄ meeting in Nauheim, expects demonstration against AE at, **10**:369
  Habilitation attempts of, **5**:408n, 422, 428n, 461
    AE on, **5**:408, 421, 427
    Kleiner's role in, **5**:421, 422n
    opposition by ETH authorities to, **5**:464n
    Sommerfeld on, **5**:463n
    Sommerfeld's support of, **5**:461, 476
    Weiss's role in, **5**:427, 451, 476, 478n
  and Hebrew University, **9**:222, 240, 287, 316, 332–333, 352
  on Herglotz, **9**:415
  on historical development of theory of relativity, **9**:247
  hospitality of, AE on, **10**:297–298
  on identity as Jew, **9**:287
  ill with jaundice, **8**:756, 789
  on length contraction, **10**:6
  on literature about Jewish life, **9**:415
  liver condition of, **10**:476
  magnetic experiment of, **8**:345
  magnetic quanta of, **8**:22
  initiates meeting on magnetism ("Magnet-Woche"), **10**:*xlvi*, 366, 368, 404
  on mediating between Russian and Western European science, **9**:153
  nondenominationalism of, **5**:422n, 452n; AE's criticism of, **5**:451
  on northern German self-confidence, **9**:415
  organizational talents of, **9**:228n
  on paramagnetism, **10**:366–368, 376
  on parameter-dependent weight function, **8**:20n, 21, 23–27
  passport confusion of, **5**:423n
  photochemical equivalence
    generalization of AE's work on, **5**:440–444, 451
  piano for, **9**:315, 334n, 352, 376, 402, 413
  on Planck's ellipses, **8**:21
  plans to accompany AE to ETH, **5**:464n
  on political unrest and Jewish unity in Europe, **9**:416
  popular lectures on relativity by, **9**:468
  Prague, lecture in, **5**:474n; AE's praise of, **5**:446
  radiation theory, paper on
    AE on, **5**:339
    Besso on, **5**:343
  reads Bergson, **10**:368
  receives proofs of AE's second paper on static gravitational field, **5**:455
  relativistic theory of gravitation, reception of, **8**:263
  on research of Russian colleagues, **10**:426
  on revolution in Europe, **9**:416
  rigid body motion in special relativity, **5**:211n; dispute with Varićak on, 292n
  on rigid rotation in special relativity, **10**:14
  on sensitive areas on atoms, **8**:30n
  Solvay Congress, Third, invited to, **10**:303
  specific heat, work on, **8**:41
  suggests spherical four-dimensional space-time, **8**:417n
  on superconductivity, **9**:504
  University of Leyden, Lorentz's successor at, **5**:484, 490, 496n, 509, 509n; **10**:*xlii*

University of Prague, candidacy for chair at, **5**:470, 474n
  Abraham's recommendation for, **5**:446
  official evaluation of, **5**:470–472
University of Zurich, candidacy for chair at
  AE on, **5**:446
  Kleiner's opposition to, **5**:451
Van der Goot's statement, signs, **8**:63
violins for daughters of, **9**:267, 288–289, 316, 334n, 353, 402, 456–457, 471, 497; **10**:246–247, 252, 267, 270, 277, 297, 337, 344, 366, 356
  brought by AE, **10**:*xlv*
  confiscated in Bentheim, **10**:247
visit by Russian physicists, **10**:465, 517
visits Herglotz in Leipzig, **5**:393n
visits Petzoldt, **8**:31n
visits Smoluchowski in Lemberg, **5**:429n
vitality of, **8**:865
Volga trip with Tatiana Ehrenfest, **5**:460
on worldlines-field corresponding to static gravitational field, **5**:460, 462
on Zionism, **9**:248
Ehrenfest Jr., Paul (1915–1939), **9**:146, 227; **10**:257, 404; AE plays with, **10**:247
Ehrenfest, Tatiana (1905–1984), **5**:428, 429n, 451; **8**:13; **9**:*xl*, 227, 413; **10**:344
Ehrenfest, Wassily (1918–1933), **8**:865; **9**:146, 227, 248
Ehrenfest-Afanassjewa, Tatiana (1876–1964), **5**:393n, 428, 440, 451, 524n; **8**:12, 345; **9**:146, 216, 227, 248, 316, 457; **10**:*xxxvii*, 220; visits Katwijk with AE, **10**:265, 270
Ehrenfest's adiabatic theorem. *See* Adiabatic invariants: Ehrenfest's theory of
Ehrenhaft, Felix (1879–1952), **2**:*220*; **3**:509, 509n; **5**:290, 320, 322n; **8**:935, 1009c; **9**:7, 276, 298, 340n, 365, 367, 369, 393, 397–399, 413, 428, 436, 440–441; **10**:294–295, 436n, 546n
  AE on abilities of, **9**:368
  AE
    expresses sympathy for, **10**:422
    invites to lecture in Vienna, **10**:608c; accepted, 609c, 610c
    invites to Vienna, **9**:133n, 586c
    nominates for Nobel Prize, **8**:994c, 1015c
  on application for KWIP funds, **9**:73
  approached by Weyland for anti-relativity lecture, **10**:422
  Brownian motion, experiments on, **8**:902–903, 916, 941
  criticizes Bär, **8**:904
  elementary charge, discussion with AE on, **8**:861–862, 902–905
  experiments on elementary charge, controversy on, **5**:291n, 320n
  GDNÄ meeting in Bad Nauheim, lecture at, **10**:422
  offers AE his home to room, **9**:277
  photophoresis, experiments on, **8**:861, 903, 961; **9**:252; **10**:580c
  subelectron of, **3**:*xxvi*, 509n; **8**:459n, 464, 548, 861, 862, 902, 941; **10**:295–297; Norst on, **10**:580c
  theories of, AE on, **10**:322
  University of Vienna
    appointment at, AE on, **10**:322–323, 580c
    candidacy for chair at, **9**:398–400, 461
    on difficulties in obtaining chair at, **10**:422
  visits Meyer, **8**:902, 904, 916
Ehrhardt, Paul, **8**:566n
Ehrler, Hans H. (1872–1951), **9**:70n
Eichelberg, Gustav (1891–1976), **3**:*6*, 242n, *599*
Eichenwald, Aleksandr (1863–1944), **7**:88; experiments by, **4**:17, 27; **6**:48, 67n
Eichhorn, Gustav (1867–?), **5**:430, 431n
Eichhorn, Walter, **3**:*9*
Eidgenössische Polytechnische Schule. *See* ETH
Eidgenössische Technische Hochschule. *See* ETH
Eidgenössisches Amt für geistiges Eigentum. *See* Swiss Federal Patent Office
Einbeck, Georg (1870–1951), **10**:402
Einsiedeln, Canton of Schwyz, **1**:225
Einstein & Cie., Munich. *See* J. Einstein & Cie.
Einstein & Co., Milan. *See* Einstein e C.
Einstein, Abraham (1808–1868),
Einstein, Abraham Ruppert (1808–1868), **1**:*xlviii–xlix*, 1n; **5**:324n, 559n; **7**:440n; **9**:294n

EINSTEIN, ALBERT (1879–1955)

ADDRESSES
Of AE
  Berlin, Ehrenbergstraße 33, **5**:636c; **8**:12n; Wittelsbacherstraße 33, **8**:85n;

Haberlandstraße 5, **8:**512, 515n, ground plan of apartment, 562n
Bern, Gerechtigkeitsgasse 32, **1:**331, 333–334; Thunstraße 43a, **1:**340; **5:**Aegertenstrasse 53, **5:**39n, 40, 620c; Archivstrasse 8, **5:**9, 617c; Besenscheuerweg 28, **5:**34n, 618c; Kramgasse 49, **5:**26n; Tillierstrasse 18, **5:**9n, 617n
Lucerne, Brambergstrasse 16A, **8:**479
Prague, Třebízkého ulice 7, **5:**289n, 627c
Schaffhausen, Bahnhofstraße 102, **1:**327, *376*; Fulachstraße 22, **1:**318n, *376*
Winterthur, Äussere Schaffhauserstraße 38, **1:**299, 308, 310
Zurich, Dolderstraße 17, **1:**267, 269, 272, 277, *375*; Klosbachstraße 87, **1:**229n, 241n, 246, *374*; Unionstraße 4, **1:**54, 234n, 242, 275, *373*; Moussonstrasse 12, **5:**212n, 624c; Hofstrasse 116, **5:**501n, 631c

Of Einstein family
Milan, via Berchet 2, **1:***liii* n, 372; via Bigli 21, **1:***liv* n, 231, 263, 278, 284, *373*
Munich, Adlzreiterstraße 14, **1:***li* n, *liii* n; Müllerstraße 3, **1:***li* n, *370*
Pavia, via Foscolo 11, **1:***liv* n
Ulm, Bahnhofstraße B 135, **1:**1

CAREER
Albert-Einstein-Spende, trustee of, **10:**578c
Annalen der Philosophie, invited to serve on editorial board, **8:**888
Assistent, tries to find position as, **1:***xxxvi–xxxvii*, 44, 44n, 269n, 285, 287, 290
with Battelli in Pisa, **1:**285, 287
convinced Weber is hindering, **1:***xxxvii*, 279, 281–282, 290
in Germany, hampered by anti-Semitism, **1:**282
with Hurwitz at ETH, **1:***xxxvi*, 249, 250, 253, 255, 256, 262, 263, 264, 269
in Italy, **1:**282
with Kamerlingh Onnes in Leyden, **1:**288–289; **5:**4n
with Koch in Stuttgart, **1:**285
with Ostwald in Leipzig, **1:**278–279, 284, 289
with Paalzow in Berlin, **5:**4
with Riecke in Göttingen, **1:**279, 281
with Righi in Bologna, **1:**285, 287
with Wiener in Leipzig, **1:**277
Berlin
office in Haber's institute, **5:**604
position at Physikalisch-Technische Reichsanstalt, **5:**457n; offered, 480; declined, 511
Deutsches Museum, elected member of board of, **9:**602c; nominated, 594c
Doctoral dissertation, **2:***xx*, 170–182, 184–202, 203n, 211; **3:***xvi*, 6, 418n
Burkhardt's opinion on, **5:**36
calculation of molecular size in, **5:**18n
calculational error in, **5:**36n
comments on, **5:**31
hydration hypothesis in, **5:**16n
Kleiner's opinion on, **5:**35–36
official acceptance of, **5:**36n
Doctorate, **1:**265, 290, 328; **5:**32n
awarding of, **5:**37n
first attempt, **2:***xix*, 6–7, 170, 175–176, 266
gives up attempts at, **5:**11, 12n
with Kleiner at University of Zurich, **1:***xl*, 61, 266, 318n, 320, 322, 326–328, 330–331
petitions for awarding of, **5:**33
with Weber, **1:***xxxvii*, 61, 258, 259n, 270, 272, 273n
DPG
member of advisory committee of, **8:**760n, 818n; **10:**24n
member of board of directors of, **8:**31
Employment
attempts to find, **1:***xxxvii*, 298, 304, 306, 308; difficulties in, Einstein-Marić on reasons for, 320
ETH
appointment to chair at, **5:**382, 406, 411; acceptance of, 351, 352, 409n; comments in Prague on, 432; congratulations from: Chavan, 387, Hopf, 416, Lorentz, 364, Schenk, 399, Stern, 403; defrayal of moving expenses, 407; happiness about, 402; meeting with Gnehm about, 365, 367, 368, 371n, 372, 376, 392n; negotiations for, 365, 367; offer of, 350; official approval by Swiss Federal Council, 398, 399n; official notifi-

cation of, 407; official recommendation for, 392, 396; overcoming opposition to, 399n; possibility of, 327, 330n, 336, 346, 349; reactions to Zangger's role, 333n; role of: Forrer, 340, 341n, Grossmann, 368, Zangger, 325n, 350n, 352, 371, 378; terms of, 392n, 399n; thanks Forrer for, 402; urges Grossmann to initiate negotiations for, 367; Zangger on desirability of, 332; Zangger's enthusiasm about, 398; **10:**xxxiii, 17
attempts to keep AE at, **5:**583n
change of AE's class hours at, **5:**503, 510
comments on lecturing at, **5:**568
joint professorship with University of Zurich offered (see Einstein, Albert: Career: University of Zurich)
reaction to planned departure from, **5:**529n
request for resignation from chair at, **5:**572; approval of, 583
studies at, **5:**4
takes courses with, **5:**Minkowski, 77n; Fiedler, 182n
GDNÄ, member of scientific committee of, **10:**440, 600c
German Mathematical Society, invited to join, **8:**762; joins, 765
Gesellschaft für positivistische Philosophie, one of founders of, **8:**17n, 495n
Insurance company, position with
refuses, **1:**255
tries to find, **1:**xxxvii, 300, 301, 303, 305, 308–309; **8:**4n
Königlich Wissenschaftliches Prüfungsamt, member of, **9:**65n
KWIP
plans for, **5:**598n, 602, 602n
planned directorship of, **5:**529n
director of, **8:**513; **10:**68
Direktorium of, member of, **8:**527n
Lenzburg, looks for position in, **8:**3
Mathematische Annalen, editor of, **9:**602c
Mercur Aircraft Co., scientific collaborator at, **8:**588n
PAW
Astrophysical Observatory, member of appointment commission on directorship of, **8:**385, 412n
Geodetic Institute: intervenes in selecting director for, **8:**594, 599; member of committee on directorship of, 796n
PAW, appointment at
acceptance of, **5:**534n, 582
comments on, **5:**546
conditions of, **5:**569
discussion of with Planck and Nernst, **5:**534
Haber's plans for, **5:**510–512; financial consequences of, 512
official notification of, **5:**569
official proposal for, **5:**526–528
pleased with, **5:**537
procedure of, **5:**529n, 534n, 569n
salary, **5:**529n; Koppel's financial support of, 581n
uneasiness about, **5:**582n
Private tutor, **1:**xxxvii, 256, 262, 269, 270, 272, 307, 334, 335. See also Cahen, Louis; Nüesch, Jakob
Royal Society of Göttingen: corresponding member of: proposed, **8:**222n; elected, 222, 227
Secondary school teacher, tries to find position as, **1:**282. See also Technikum Burgdorf; Thurgau Kantonsschule
Stark, Johannes, declines position offered by, **5:**167; Stark's reaction, 167
Students, **3:**xvii, 3. See also Bloch, Werner; Dallenbach, Walter; Dübi, Walter; Eichelberg, Gustav; Eichhorn, Walter; Sidler, Eduard; Tanner, Hans; Zabel, Walter
Swiss Federal Patent Office
appointment at, **1:**xxxvii, 338–340, 377; **5:**6n
Director Haller, AE on, **5:**22
position at, **1:**291n, 292, 32ln, 327, 376; **5:**34
promotion at, to Technical Expert second class, **5:**38, 39n; to Technical Expert third class, 29, 29n
requirements for position, **1:**336
resignation from, **5:**201
salary at, **5:**7n, 29, 39
work at, AE on, **5:**6, 81n; Einstein-Marić on, 7n
Teaching
praised by University of Zurich students, **5:**243
Zangger on qualities of, **5:**332

Technikum Burgdorf, looks for position at, **8:**4n
Technikum Winterthur, consults Grossmann for application at, **5:**84n
University of Bern
  Habilitation at, **3:***xvi*; **5:**105; failed attempts at, 11, 12, 18n, 48, 48n; Gruner's role in, 96; Kleiner's comments on procedure for, 95; Kleiner's role in, 97; topic of *Habilitationsschrift*, 96
  inaugural lecture at, **5:**105, 105n
  request for withdrawal from, **5:**203
University of Leyden
  candidacy for Lorentz's chair at, **5:**366n, 409; dismay at, 411, 509; refusal of, 411, 421, 480
  special professor at, **7:**321n, 323n; **9:**150–151, 154, 180n, 247, 267, 352, 355, 362–363, 457, 469; **10:***xlii–xlvi*, 242n, 246, 257, 279, 298, 337, 585c, 587c, 600c; appointment delayed, 252, 277, 320; salary, 588c
University of Prague
  appointment to chair at: announcement of, **5:**264; candidacy for, 243; conditions of, 255–256, 272, 283; difficulties involved in, 247n, 253; Adler on candidacy for, 254n; official notification of, 266; offer of, 255; reasons for acceptance of, 274n; recommendation for, 239n, 244n; role of religious affiliation in, 254n, 266n; trip to Vienna to discuss conditions of, 257n; uncertainty about, 265; takes oath of office, 314
  assisted by Nohel at, **5:**333n
  attempts to retain AE at, **5:**433n
  conditions at, AE on, **5:**347, 433
  library budget at, **5:**305
  petition for release from position at, **5:**402
  professor at, **8:**12n
  quarters at, **5:**291n
  reasons for leaving, **5:**499, 500n
  satisfaction with work conditions at, **5:**499
  students at, AE on, **5:**404, 433
  work at, AE on, **5:**293, 295, 308
University of Utrecht, candidacy for chair at
  asks more information, **5:**327
  considers offer, **5:**325, 327
  declines offer, **5:**312n, 347, 349
  discussion with Lorentz in Brussels on, **5:**348n, 364
  financial conditions, **5:**329
  invitation for, **5:**311, 323
  Julius's reaction to AE's refusal, **5:**315, 354
  Lorentz's regret about AE's refusal of, **5:**363, 364n
  Lorentz's role in, **5:**351n, 354, 356
  misunderstanding of Lorentz's opinion on, **5:**348n; apologies for, 358
  official recommendation for, **5:**340n
  postpones decision on, **5:**336, 340
  visit to Julius on, **5:**345, 346; AE on, 347
University of Vienna
  possible position at, **5:**372n, 399n, 480; **8:**264, 265n
  position at, gives consideration to an offer of, **10:**38
University of Zurich
  appointment to chair at: Fiedler's congratulations on, **5:**182; Laub's congratulations on, 184; procedure of, 190n; terms of, 181n
  candidacy for chair at, **5:**131, 169; Kleiner's support of, 94n, 96n, 159n, 160n, 188
  comments on activities at, **5:**224, 226, 227
  comments on lecturing at, **5:**218, 238
  inaugural lecture at, **5:**224n
  joint professorship with ETH: compromise accepted, **8:**969, 972–973; compromise suggested, 855–858, 870, 873, 879, 881n, 884, 885n, 894, 909, 911n, 912, 915, 916n, 935, 939, 950n, 961; offered, 455n, 849, 850n, 851–853, 854, 953
  lack of influence at, **5:**546
  plans to offer professorship at, **9:**78, 109, 180n, 301, 329, 381, 588c, 591c
  resignation from chair at, **5:**274; Kleiner's reaction on, 275n; procedure of, 275n
  resolve to stay at, **5:**261n
  salary raise at, **5:**244n
  student petition to retain AE at, **5:**243
  students in courses at, **5:**244n
  succeeded by Debye at, **5:**291n
Wissenschaftliche Gesellschaft für Luftfahrt, invited to join, **8:**709
Zeitler's Studentenhaus-Zusatzstiftung, member of special board of trustees, **10:**603c

Zurich Gymnasium, applies for vacancy at, **5:**92

CHILDHOOD AND ADOLESCENCE, **1:***lvi–lxvi, 1*
Birth, **1:***xxxvi, lvi, 1*
Birth of sister Maja, **1:***lvi–lvii, 370 (see also* Winteler-Einstein, Maja)
Compass, wonder at, **1:***5, 370*
Elementary schooling (*see* Petersschule)
Geometry, interest in, **8:**113
Hobbies, **8:**190, 367, 380
Instruction at home, **1:***lvii, 370*
Latin reports, **8:**367n
Milan, family moves to: from Munich, **1:***liii–liv*, 371; from Pavia, *liv*, 45n, 373
Munich: family moves to from Ulm, **1:***li*, 370; leaves to join family in Milan, *xxxvi, lxiii,* 372
Music, learns, **8:**381
Parents (*see* Einstein, Hermann; Einstein, Pauline)
Pavia, family moves to from Milan, **1:***liv, 372*
Religious instruction, **1:***lix*
Religious sentiments, Jewish, **1:***lix–lx, 370*
Reluctant to write letters, **8:**234
Secondary schooling (*see* Aargau Kantonsschule; Luitpold-Gymnasium)
Speech, late development of, **1:***lvi, 370*
Talmey, friendship with (*see* Talmey, Max)
Unhappiness at Luitpold-Gymnasium, **8:**531, 532n
Winteler-Einstein on, **1:***xlviii–lxvi*
See also Einstein, Albert: Personal

COURSES TAUGHT, **3:***598–600*
Berlin, for foreigners, introduction to theoretical physics (1920), **9:***xlvii*, 434n, 523
ETH
  analytical mechanics (WS 1912/13), **5:**503n; **8:**137n
  electricity and magnetism (WS 1913/14), **3:**8; **4:**3, 6, 106n, 108n, 298, 300, 512–519; **5:**538n; **6:**67n, 68n; **8:**137n
  geometrical optics and diffraction (WS 1913/14), **5:**538n; **8:**137n
  mechanics of continua (SS 1913), **5:**538n
  molecular theory of heat (SS 1913), **2:**41, 54–55; **3:**6, 572; **5:**538n
  physics seminar (WS 1912/13), **5:**503n, 538n; **8:**137n; (WS 1913/14), **5:**538n
  physics seminar (SS 1913), **5:**538n
  thermodynamics (WS 1912/13), **5:**503n; **8:**137n
University of Berlin
  course fee, **9:**581c; free admission to, 425; sets conditions for participation in, 601c; stops temporarily, 147, 574c; uproar at his lecture, *xlvii*, 422–423, 423n, 426–427, 429, 437, 446, 510, 600c, 601c; **10:***xliii*, consequences of, **9:**437; press coverage of, 428, 450; for war veterans, 552c
  relativity (WS 1914/15), **6:**44–66; **8:**64n; (SS 1915), 129n, 144; (SS 1917), 485n; (WS1918/19), **7:**86–97, 177n, 279n; **8:**906; (SS 1919), **7:***xxxii*, 139n, 147–176, 188n, 281n; **8:**670n, 699n, 824n
  relativity (Zwischensemester 1919), **9:**17n; (SS 1919), 64, 562c; (WS 1919/20), 599c
  statistical mechanics (WS 1915/16, WS 1917/18), **2:**41, 54–55; **3:**7–8
  statistical mechanics and Boltzmann's principle (WS 1915/16), **8:**239n
  statistical mechanics and quantum theory (WS1917/18), **8:**561, 735
  various topics in theoretical physics (WS 1920/21), **10:**602c
University of Bern
  molecular theory of heat (SS 1908), **2:**41, 54–55; **3:**7; **5:**99n, 189n
  theory of radiation (WS 1908/09), **5:**160n; **8:**288n
University of Prague
  mechanics (WS 1911/12), **5:**350n
  mechanics of continua (SS 1912), **5:**481n
  mechanics of discrete mass points (SS 1911), **5:**294n
  molecular theory of heat (SS 1912), **5:**481n
  physics seminar (SS 1911), **5:**294n; (WS 1911/12), 350n; (SS 1912), 481n
  theory of heat (WS 1911/12), **5:**350n
  thermodynamics (SS 1911), **5:**294n
University of Zurich, **3:***xv, xvii*, 3–10
  courses not extended, **9:**572c; on free admission to, 329; quits, 147, 326, 404; tired of, 6
  electricity and magnetism (WS 1910/11),

3:*xvii*, 8, 126n, l27n, 316–396, 396n–400n; **5**:258n
general relativity (SS 1919), **7**:*xxxii*, 146n, 185–188
kinetic theory of heat (SS 1910), **2**:41, 42, 54–55; **3**:*xvii*, 6–8, 10, 179–241, 242n–247n, 562n; **4**:534n; **5**:239n; **6**:170n, 189n, 579n
mechanics (SS 1910), **2**:180
mechanics (WS 1909/10), **3**:*xvii*, 3–6, 8–9, 11–125, 125n–129n, 572, 593; **4**:209n, 355; **5**:211n; (SS 1910), 239n; **7**:424n
physics seminar (SS 1910), **2**:180; **5**:239n
physics seminar (WS 1909/10), **5**:211n; (WS 1910/11), 258n
relativity (Jan–Feb 1919), **9**:3n, 4n, 16, 550c, 551c
selected topics in theoretical physics (WS 1910/11)
special relativity (WS 1918/19), **7**:86–97, 177n, 279n
theoretical physics (Jul–Aug 1919), **9**:57, 80, 89, 91, 99, 105, 132, 563c; **10**:195n, 197–202, 205–206, 208–209
thermodynamics (WS 1909/10), **5**:211n
topics in theoretical physics (WS 1919/20), **9**:578c
Volkshochschule Groß-Berlin
kinematics and equilibrium of bodies (1920), **9**:599c
writing up, **9**:449, 523; for publication, 295, 412

EVALUATION OF ABILITIES OF
Bernoulli, **9**:315
Born, **9**:440
Buchholz, **10**:357, 453
Debye, Keesom, van Laar, and Ornstein, **5**:373–375
Ehrenhaft, **9**:367, 413, 441, 491
Epstein, **9**:405; **10**:352, 547
Flamm, **10**:547
Greinacher, **8**:152, 994c
Krüger, **8**:624, 625
Küstner, **8**:324n
Laue, **10**:547
Lenz, **10**:547
Marx, **9**:360–361
Meyer, **8**:172; **9**:377; **10**:28

Perrier, **8**:152
Petzoldt, **8**:54
Piccard, , **8**:148–149, 152–153, 154, 172
Ratnowsky, **9**:405
Reiche, **10**:547
Runge, **10**:172
Scherrer, **9**:405
Schrödinger, **10**:547
Schweidler, **9**:413
Schweydar, **8**:622, 625
Stern, **10**:353
Successor of Paschen, **9**:357
Tank, **9**:405
Thirring, **10**:547

EXPERT OPINIONS
On aircraft, **8**:588
Asked to serve as patent expert, **9**:463, 464–465, 567c
On device for determination of direction of sound waves, **7**:472–477, 480–481
On device to generate electrical waves, **7**:365–366
On gyrocompass, **6**:137–143, 143n, 144n, 146; *146*, 207–210; **7**:81–84, 190–195; **8**:63n, 790, 811–812, 832, 837, 857; **10**:196, 206
On incandescent lamps, **9**:595c
On mixing-tubes, **8**:287
On production of tungsten wires for filaments in incandescent lamps, **7**:242–243; **10**:607c

FAMILY
See Einstein, Abraham Ruppert (grandfather), Einstein, Edith (cousin); Einstein, Eduard (son), Einstein, Elsa (cousin and second wife); Einstein, Hans Albert (son), Einstein, Helene (grandmother); Einstein, Ilse (stepdaughter), Einstein, Jakob (uncle); Einstein, Hermann (father); Einstein, Ida (aunt); Einstein, Margot (stepdaughter), Einstein, Pauline (mother); Einstein, Robert (cousin); Einstein, Rudolf (uncle); Einstein-Marić (first wife), Koch, Alice (cousin); Koch, Caesar (uncle); Koch, Fanny (aunt); Koch, Jette (grandmother); Koch, Julius (grandfather); Koch, Jacob (uncle); Koch, Julie (aunt); Koch, Mathilde (aunt); Koch, Paul (cousin);

Koch, Raymond (cousin); Koch, Robert (cousin); Koch, Suzanne (cousin); Winteler-Einstein, Maja (sister)

FINANCES
Bank account in Prague, **8**:86n, 128, 1007c
Course fee
 at University of Berlin, **9**:581c
 at University of Zurich, 6n, 90
Czech taxation, **9**:555c
Defrayal of moving expenses, **8**:56
Devaluation of German mark, **9**:90, 138, 147, 195, 201, 222, 226, 234, 242, 289, 293, 306, 456, 486; **10**:81, 121, 362
Expenses for Eduard Einstein sanatorium, **10**:89, 91, 113, 121, 126, 129, 133, 135, 137, 145
Honorarium
 for copyright of Russian edition of *Einstein 1917a*, **10**:570c, 572c, 573c
 for lecture at Chemisch-Physikalische Gesellschaft in Vienna, **10**:609c
 for lecture at Kiel Autumn Week for Arts and Sciences, **10**:549
 from Anschütz-Kaempfe, **10**:533, 544
 requested from Princeton University, **10**:490
Income, **8**:39, 40n, 41n, 43, 52, 453, 513, 514n, 563n, 714n, 978, 991c, 992c, 1009c–1010c, 1029c; **10**:81, 83, 89
 from abroad, **9**:270
 from Luftverkehrsgesellschaft, **10**:106–107
 from shares, **9**:3n, 126n, 214, 551c, 576c
 from Switzerland, **9**:346n
Indebted to Zangger, **9**:345
One-time subvention from Prussian Ministry of Education, **8**:1013
One-time support from Ministry of Education, **9**:574c, 575c
On payment for Hans Albert Einstein's boarding, **9**:306
Royalties for
 4th English edition of *Einstein 1917a*, **10**:610c, 612c, 613c
 9th German edition of *Einstein 1917a*, **10**:577c
 10th edition of *Einstein 1917a*, **10**:592c, 597c–601c; lost royalty cheque for 10th edition, 611c
 11th and 12th editions of *Einstein 1917a*, **10**:607c
 Einstein 1920j, **10**:613c
 English edition of *Einstein 1917a*, **10**:569c, 593c, 608c
 French edition of *Einstein 1917a*, **10**:574c
 new printing of *Einstein 1916f*, **10**:573c, 596c
 Spanish edition of *Einstein 1917a*, **10**:591c
Salary, **10**:*xxxvii, xliii, xlv*
 in 1919 as director of KWIP, **10**:598c
 from KWIP, **9**:126n, 155n, 303n, 559c
 from PAW, **9**:126n, 142, 155n, 303n; onetime supplement, 126n; raise, 125–126, 196n, 580c, 581c, 582c, 587c, 589c
 raised, **10**:by PAW, 579c, 580c, 606c, 613c; by KWG, 572c
 as special professor at University of Leyden, **10**:588c
 at University of Leyden, **9**:247, 346n, 362
Shares from Schweizerische Auer-Aktien-Gesellschaft, **10**:231, 234, 567c
Support to
 Pauline Einstein, **9**:138; **10**:81
 Swiss family, **9**:9–10, 90, 138, 154, 196, 234, 242, 270, 338, 345, 452, 486, 496; **10**:67, 69, 81, 89, 92, 106, 110, 133, 136–137, 279, 330, 342, 362, 418, 444, 528, 567c
 two households, **9**:306; wartime tax declaration, 420, 601c
Tax problems, **10**:106, 133, 135
Unpaid bill in Prague, **8**:11
See also Einstein, Albert: Popular book on relativity

INVITATIONS FROM
Als-Ob conference, to attend, **9**:493, accepts, 532, 611c
Annalen der Philosophie, to join editorial board, **9**:44
Anschütz-Kaempfe, **9**:7; **10**:458, 531, 533, 544
Arts and Sciences Committee of Deutscher Schutzbund für die Grenz- und Auslandsdeutschen, to join, **9**:350; declines, 357
Association for Combating Anti-Semitism, to join executive board, **10**:432, 597c
Basel conference on Hebrew University, to attend, **9**:212, 253–254

Bataafsch Genootschap der Proefondervindelijke Wijsbegeerte, to join, **9:**572c
Born, Max and Hedwig, **10:**361, 418
Bund Deutscher Gelehrter und Künstler, to join, declines, **9:**357
Cassirer, **10:**586c
Das Odeon, to join editorial board, **9:**391–392; declines, 394
De Haas-Lorentz, **10:**602c
Demokratischer Klub, to join, **9:**574c, 576c
Eddington, Arthur, **9:**370, 408; accepts, 401
Ehrenfest, **9:**183
Exner, to join Freie Vereinigung für Technische Volksbildung, Vienna, **10:**583c; declines, 586c
Freie Akademische Vereinigung an der Technischen Hochschule Dresden, accepts, **10:**599c, 601c
German Red Cross, on American support for German science, **10:**599c
Graetz, declines, **5:**264
Grossmann, to University of Zurich, declines, **10:**211
Haenisch, **9:**477
Hilbert, to Wolfskehl meeting, **5:**502; declines, 505
Intellectus et Labor, to join committee supervising, **9:**576c
Julius-Einthoven, **10:**597c
KWG, for meeting on salaries, **10:**570c
Landau, Leo, **10:**592c
Laub, **5:**185
Lindemann, , to Oxford, **10:**535
Lorentz, to stay with in Leyden, **5:**276
Mathematische Annalen, to join editorial board, **9:**317, 590c
Meyer, to University of Zurich, declines, **10:**211
Monistenbund, to join, **9:**347–348; declines, 358
National Research Council, **10:**493, 524; declines, 496, 612c; Ehrenfest on, 481; financial demands, 490, 494, 514–515, 523n–524n; on agent in U.S., 514, 515, 530
Oppenheim, Paul, **9:**255, 360
Perrin, **9:**225
Pfeiffer, to join organizing committee of exhibition and congress on German book, **10:**584c; declines, 584c

Rosen, **10:**570c, 571c, 573c
Schlick, **9:**198–199
Schmidt, for lunch, **10:**598c
Trowbridge, declines, **10:**494
University of Bern, **10:**597c
University of Frankfurt, **10:**599c
University of Oslo, declines, **10:**488
University of Rostock, to attend jubilee, **9:**198, 203, 216n, 219, 225, 280, 580c; **10:**222
University of Zurich
  to lecture course at, **9:**300–301, 552c, 553c, 554c, 564c, 568c, 572c, 573c, 587c; declines, 329; offer withdrawn, 591c
  to professorship at, **10:**481; declines, 496–497
Wiedemann, to write book, declines, **5:**200
Zeitler's Studienhaus-Zusatzstiftung, to session of, **10:**603c

INVITATIONS TO LECTURE AT/IN
Allgemeine Studenten-Vertretung an der Technischen Hochschule Dresden, **10:**590c; accepts, 591c, 608c, 612c, 613c
Amsterdam, declines, **5:**277
Arbeitsgemeinschaft 1920, Munich, **10:**451–452
Austrian section of Society of German Engineers, **10:**385n
Berufsamt für Akademiker, **9:**611c
Chemical-Physical Society, Vienna, **9:**276, 586c
Chemisch-Physikalische Gesellschaft in Vienna, by Ehrenhaft, **10:**608c; accepts, 609c, 610c
Collège de France, Michonis lectures, **5:**571n
Columbia University, **5:**388; declines, 395, 397, 404; **10:**17, 442
Danish Astronomical Society, **10:**244, 568c
Frankfurter Gesellschaft für Handel, Industrie und Wissenschaft, literary club of, **9:**516, 536, 604c, 611
Freie Vereinigung für technische Volksbildung in Vienna, declines, **10:**609c
Gauverein of DPG in Munich, **10:**452
GDNÄ meeting in Bad Nauheim, **10:**302; declines, 353
German Pharmacological Society, **10:**589c; declines, 598c
Hannover, **10:**444, 446, 475

Karlsruhe, **10:**11
Kiel Autumn Week for Arts and Sciences, **9:**612c; **10:**330; accepts, 570c
Liga zur Beförderung der Humanität, **9:**559c
Madrid, **10:**583c; declines, 587c
Monistenbund, **9:**34
Munich, **9:**6, 404; **10:**530–531, 543; declines, 532
Naturwissenschaftlicher Verein in Hamburg, **9:**607c, 616c
Norwegian Students' Association, **10:**246, 275, 292
Own apartment, by Arco, on principle of relativity, **9:**64
PAW public session, **10:**604c
Princeton University, **10:**441, 443, 491, 494, 514, 601c; accepts, 490; financial demands, 490, 539
Schwäbische Sternwarte Society, **10:**419
Spain, **9:**527, 614c, 615c; **10:**443, 571c; accepts, 576c; declines, 586c, 590c
Technical University of Dresden, **10:**532
Third Solvay Congress, **10:**302, 312
United States, **10:**491
University of Basel, **10:**602c; postpones, 606c
University of Frankfurt, **9:**281
University of Geneva, **9:**341, 354, 372, 451
University of Hamburg, **9:**616c
University of Kristiania (Oslo), **9:**497, 504, 536, 607c; **10:**462
University of Peking (Beijing), **10:**598c
University of Utrecht, **10:**375
University of Vienna, **5:**372n; declines, 395, 404; **10:**17
University of Wisconsin, **10:**479, 494, 514, 604c
Urania, Vienna: accepts, **10:**609c; terminates series, 610c
Zentralkomitee für das ärztliche Fortbildungswesen in Preußen, **10:**599c

JEWISH MATTERS
Anti-Semitism, **7:***xli*, **9:**230
  during schooltime in Munich, **9:**492
  German, **1:**282; **9:**268, 352
Appeal "Für den Aufbau des jüdischen Palästina," signs, **9:**193, 579c
Association for Combating Anti-Semitism, **10:**597c; does not join board of, 432

Eastern European Jews, petition to have courses for, **9:**433–434
Hebrew University
  Basel conference on: cannot attend, **9:**298; invited, 212, 253–254; plans to participate in, 293, 306, 588c; recommends Ehrenfest, 227
  on being funded by world Jewry, **9:**181
  on close ties with institute of technology, **9:**267
  discusses with Zionists, **9:**578c
  on European quality of, **9:**181
  for East European Jewish students, **9:**227, 352
  interested in, **9:**152
  involvement in, **9:***xlv–xlvi*, 222
  no teaching at because of lack of knowledge of Hebrew, **9:**152
  on plans for, **9:**352, 457
  recommends Courant for professorship, **9:**222
  recommends Ehrenfest for professorship, **9:**222, 578c
  recommends Epstein for professorship, **9:**180, 222, 578c
  recommends Landau for professorship, **9:**222
  statement on founding of, **9:**601c
Jewish Community of Berlin
  declines joining, **10:**534
  requested to pay congregational tax to, **10:**611c
Jewish Congress, joins committee for preparation of, **8:**964n
Jewish homeland in Palestine, **9:**16, 181, 222, 307
Jewish identity, **1:***lix–ix*, 12, 282; **9:**181, 468, 492, 495
"Jewish Newton," **9:**287
Jewish scholars, in favor of fund-raising among Jews for, **9:**230
On Jewish students not admitted to German universities, **10:**350
On Jews, **9:**16, 230n, 294, 494–495
Offers contribution to Jewish charity, **10:**534
Religious affiliation, **9:**83, 448, 468, 495; **10:**21n, 534
Sends manuscript of *Einstein 1920k* for Jewish philanthropic cause, **10:**504

On status of German Jewish Community, **10**:*xli*

Verein zur Gründung und Erhaltung einer Akademie für die Wissenschaft des Judentums, chairman of, **9**:593c

Zionism, support for, **9**:180

Zionists, meets with, **9**:181n, 223n, 550c

LECTURES AT, ON

Berlin-Treptow Observatory, relativity of motion and gravitation (1915), **8**:996c

Bund "Neues Vaterland," in honor of Colin (1919), **9**:589c

Danish Astronomical Society, gravitation and geometry (1920), **10**:321, 364, 581c

DPG

    Ampère's molecular currents (1915), **6**:145, 147, 151–169; (1916), 271–275; **8**:995c; (1916), 198n, 261n

    directed wireless telegraphy (1916), **8**:1003c

    general relativity: and perihelion motion of Mercury (1915), **8**:999c; boundary conditions in (1919), **8**:1011c

    Hamilton-Jacobi equation (1917), **8**:442n

    Jacobi's theorem (1917), **6**:575n

    paramagnetism (1914), **8**:994c

    photochemical equivalence (1916), **8**:1002c

    Planck (1918), **8**:628, 671, 672, 735, 855

    quantum theorem of Sommerfeld and Epstein (1917), **6**:556–566

    quantum theory (1914), **6**:30–38; **8**:42n, 54, 442

    quantum theory of radiation (Jul 1916), **8**:1003c; (Oct–Nov 1916), **6**:398n; **8**:1004c

    quantum theory of Sommerfeld and Epstein (1917), **8**:388n, 442n

    recognition of periodic processes (1914), **4**:607n; **8**:60n

    Smoluchowski (1917), **8**:551n

    theory of Tetrode and Sackur (1916), **6**:261n; **8**:186n, 244, 247, 263n

    theory of water waves and of flight (1916), **6**:402n; **8**:288n

ETH, surface fluctuations (1913), **5**:540

GDNÄ

    meeting in Salzburg (1909), radiation theory, **2**:*134–135, 142, 147–148, 270, 273*, 564–582; **4**:*110*; **5**:81n, 190n, 209, 210n

    meeting in Vienna (1913), gravitation, **4**:*126, 295, 297, 298, 299, 358*, 470, 471n, 487–500, 505–509, 581; **5**:522; **8**:141n, 694n

Kiel Autumn Week for Arts and Sciences, space and time in relativity theory (1920), invited, **9**:613c; **10**:*xlvi*, 431, 434, 598c

King's College, theory of relativity (1921), **7**:431–433

Kyoto University, relativity (1922), **5**:32n

Leyden Society for Scientific Lectures, University of Leyden, space and time in recent physics (1920), **10**:262, 264, 267, 271, 289, 572c

Middle-school teachers in Zurich, recent developments in theoretical physics, lecture series (1911), **5**:333n, 337; accepts Grossmann's invitation for, 294; topics of, 339n

Monistenbund, private lecture (1919), **9**:34, 64

Naturforschende Gesellschaft Bern

    Brownian motion (1907), **2**:408n, *206*, 408, 408n

    electromagnetic waves (1903), **2**:*261*

Naturforschende Gesellschaft in Zürich

    gravitation (1914), **4**:*295*, 584–586; **5**:599n

    relativity (1911), **3**:425–438, 439n, 457; **5**:265; publication of, 275n, 275, 305

Norwegian Students' Association, University of Kristiania (Oslo)

    three lectures on special relativity, general relativity, and cosmology (1920), **10**:246, 262, 265, 298, 315, 364, 578c, 579c; planned, **9**:496

Physikalische Gesellschaft Zürich

    Boltzmann principle (1911), **5**:257n

    electrodynamics and the principle of relativity (1909), **5**:155, 156n

Physikalischer Verein, Frankfurt, principle of relativity (1917), **8**:472, 478; **10**:93, 94n, 95

Princeton University, relativity, four lectures (1921), **7**:*xxvii, xxxiii–xxxiv*, 456n, 468n, 497–569, 591–619; **8**:670n, 825n

Prussian Academy of Sciences

    considerations from the field of relativity (1916), **8**:1002c general relativity and its application to astronomy (1915), **8:**94

general relativity, cosmology, and the constitution of matter (1919), **7:**139n, 195n, 405n

inaugural (1914), **6:**20–23; Planck's response to, 24n; **8:**41n

on moment of inertia of hydrogen molecule (1920), **9:**596c

perihelion motion of Mercury (1915), **6:**234–242

Schwarzschild, memorial lecture (1916), **6:**359–361; **8:**288n

on spherical space, field equations of general relativity, and constitution of matter (1920), **9:**65n, 566c

unified field theory of Weyl (1918), **8:**670n, 824

Schwäbische Sternwarte Society, physical foundations of relativity (1920), **10:***xlvi*, 434, 601c

Schweizerische Naturforschende Gesellschaft
meeting in Basel (1910), ponderomotive force on magnetic body, **5:**250n, 252n

meeting in Frauenfeld (1913), gravitation, **4:**475–476, 478–484; **5:**553n, 555

Schweizerische Physikalische Gesellschaft
meeting in Basel (1914), determining statistical values of observations of fluctuating quantities, **4:**599–601; **5:**599n

meeting in Neuchâtel (1910), light quanta, **5:**236, 238, 239

Société française de Physique in Paris, photochemical equivalence (1913), **4:***109, 112,* 287–292; **5:**517; **9:**141n; success of, **5:**520

Solvay Congress, First (1911), specific heats, **3:**455n, 521–543, 544n–548n; **4:***271,* 285n, *554*n

Sozialistischer Studentenverein, relativity (1919), **9:**29, 34, 558c

University of Berlin, Wednesday colloquium
diamagnetism and paramagnetism (1916), **8:**1002c

relativistic theory of gravitation (1915), **8:**218n

theory of colors of Ostwald (1916), **8:**361

unified field theory of Hilbert (1916), **8:**289

University of Hamburg, foundations of relativity theory (1920): invited, **9:**607c; accepts, 616c; **10:**262, 265, 337, 587c

University of Hannover, relativity (1920), **10:**444, 465, 604c

University of Leyden
ether and relativity theory, inaugural (1920), **7:***xxvii, xxxiii, 105,* 306–321n; **9:**353, 355, 364, 371, 402, 456, 469, 482–483; **10:***xlii, xlvi,* 297, 320, 373, 374, 444n, 469, 470, 603c, 604c; printed version, **9:**469, 497, 615c; **10:**613c, 614c

fluctuations (1911), **3:**450–454, 454n; **5:**261, 269, 276, 283n; expenses paid by students, **5:**270n

space and time in recent physics, Leyden Society for Scientific Lectures (1920), **10:**262, 264, 267, 271, 289, 572c

University of Zurich, role of atomic theory in recent physics, inaugural (1909), **5:**224n

Wolfskehl Foundation, University of Göttingen, "Entwurf" theory, six lectures (1915), **8:**142n, 143n, 145, 146n, 154, 162; **10:**32

See also Einstein, Albert: Invitations to lecture

PERSONAL
Abilities, **8:**857
Academics, **9:**142, 194, 408; in Göttingen, 460
Amsterdam, on sightseeing in, **10:**223
Anonymous grant: accepted, **5:**262; offered, 260
Anschütz's hospitality, **10:**430–431
Anschütz-Stöve, Reta, on, **10:**431
Aphorism, **10:**581c, 597c
Appearance, **8:**503
Appreciated more in Berlin than in Zurich, **10:**496
Attachment to individuals, not to country, **9:**80
Attracted to early Christianity, **10:**24
Authority, antipathy toward, **1:**310
Bavaria, plans moving family to, **8:**515n
Berlin
burden of formalities in, **8:**17
conditions of work in, **8:**13, 28, 29, 32, 46
inhabitants of, **8:**18, 46
intention to leave, **7:***xxxii, 108*
landlord in, **8:**11
lodger, attempts to find, **8:**45n
move to, **8:**11
new apartment in, **8:**11, 14, 515

possibility of leaving, **8**:430
relatives in, **8**:13
settling down in, **8**:17
Berlin, Berlin physicists, first visit with, **10**:21n
Berliners, on character of, **10**:23
Bern, time in, **9**:293
Bible, reads, **8**:729
Bolshevik, being thought of as, **9**:306
Citizenship, **8**:188n; **9**:286, 495, 511, 600c, 602c
    double, **8**:167n
    German, renunciation of, **1**:*lxiv*, 20
    Municipal Naturalization Commission, Zurich, AE questioned by, **1**:271–272
    stateless status, **1**:lxiv, 45n, 55n, *239*
    Swiss: documents relating to, **1**:241, 242, 243, 245–246, 269–270, 271, 272, 275–276; process of obtaining, *239–241*; **8**:135, 167n, 187, 333, 335, 759, 791, 871, 946; **9**:266–267, 357
Comment on
    aggressive nature of men, **6**:211
    didactic failings of scientific authors, **6**:375–376
    foundations of physics, **6**:122–123
    offended honor, **6**:213
    principles and physics research, **6**:21, 22, 23, 508
    working method of theoretical physicist, **6**:21, 508, 522
Contemporaries, on stupidity of, **10**:47–48
Courses as burden, **8**:287, 850
Court case against landlord, **5**:599, 599n
Customs inspection at border, **10**:40
Democrat, **8**:856
Democrat, republican, and supporter of justice, **8**:946
Difficulties of earlier separation from family, **10**:25
Digestive problems, **5**:114, 183, 210, 565
Distinguishes between political conviction and personal relations, **10**:89
Divorce, plan for (1914)
    considers, **8**:47, 49, 189n
    contract stipulation on visiting sons, **8**:49n, 978
    denies having, **8**:55
Divorce, plan for (1916)

breaks off attempt, **8**:332, 348
considers, **8**:220n, 257, 270–271, 278, 280–281
consults Pinner about, **8**:278
guilty party in, **8**:280–281
on reasons for, **8**:270
on Swiss law on, **8**:281n
Divorce (1918), **8**:635, 794–795, 816, 831, 1000c, 1024c, 1025c, 1030c, 1031c; **10**:154, 155, 179
    admits to adultery, **8**:885n, 960n, 974, 1026c
    deposition of, **8**:959, 960n 974
    draft of contract for, **8**:622, 678, 718, 730–731, 733, 754–755, 772, 788
    history of filing suit, **8**:885n
    on proceedings of, **8**:719; reasons to speed up proceedings of, **8**:971n
    on visitation rights, **8**:734
Doctoral degree, value of, **10**:245n
Domestic: intervenes for, **8**:343; rejected, 344
Domestic life, **5**:40
Domestic problems, **5**:560, 572, 585
Dostoyevsky, enjoys: *Aus einem Totenhause*, **10**:153; *Karamazov Brothers*, **9**:487, 498
Doubts about quality of his teaching at University of Leyden, **9**:352, 355
Draws up memorandum of reconciliation to Einstein-Marić, **8**:991c
Dutch, on character of, **10**:51, 53, 55–56
Dutch and Swiss fostering science, **9**:487
Education, own summary of, **5**:92, 159
English language, learns, **10**:1, 542
Enjoys eventful life, **10**:128
Establishes a household independent of relatives, **10**:62
Estrangement from others, **1**:330
Examinations, on, **1**:234
Fame, **9**:*li*, 280, 293, 326, 339
Family ties, **1**:221
Fate, on, **1**:300
Father, on his, **9**:94
Feels close to Berlin, **10**:415
Feels honored by all, **10**:75
Financial problems of, **8**:453, 515
Fortieth birthday, **9**:29, 490
Freedom, on, **1**:267; **9**:358
Friendship, on, **8**:129
Gains weight, **10**:110

General relativity, comments on intensity of work on, **5:**517, 523
German colleagues and authorities, good will of, **10:**89
German literature, against propaganda abroad of, **9:**465
Germany
 considers leaving, **8:**961, 971; **10:***xxxix*, 205, 208, 496
 decision to remain in, **9:***xxxi*, 29, 154, 187, 202, 242, 306, 326, 329, 572c
 efforts to keep him in, **9:**154
 on moving Swiss family to, **10:**129, 133, 528–529; Hans Albert Einstein against, 497–498
 on possible financial necessity to leave, **9:**496
 social environment in, **9:**326
 on suffering in, **9:**496
 thinks of leaving, **8:**961, 971
In good health, **10:**40, 105, 106, 111, 131, 135, 136, 137, 195, 201, 223
Good Swiss citizen, **10:**89
Happiness, motto on, **9:**565c
Has no new subject to lecture on, **9:**6
Has pondered much but learned little, **8:**894
Has trust in individuals but not in society, **10:**43
Health problems, **1:**lxiii, 213, 218, 222, 251, 278, 281, 290, 294, 296, 303; **9:**3, 15, 29, 90, 143, 154, 163, 227, 298, 329; **10:**66, 67, 68, 78, 84–85, 91, 100, 103, 107, 108, 116, 127, 138, 145
 drinking cure in Tarasp for, **10:**103
 history of, **10:**74
 liver condition, **10:**70, 72
On himself, **9:**326, 352, 358, 364, 460, 468, 498, 607c
History, on, **9:**90
Housemaid, proposes for his Zurich family, **10:**47
Hunger and love, as driving forces in life, **1:**252
Ill
 in Prague, **5:**313
 with cold, **5:**160, 161
 with digestive disorder, **8:**471
 with diphtheria, **5:**18n, 21
 with duodenitis, **8:**485n, 496n, 497n, 514, 579, 598, 610, 614
 with gallstones, **8:**390, 399–400, 418, 462
 with influenza, **5:**10; **8:**86, 87, 91
 with liver problem, **8:**453, 599n
 with stomach disease, **8:**199, 502, 568
Illness
 on bright side of, **8:**732
 on cure of, **8:**54, 453, 615n, 816
 on gain in weight after, **8:**667
Importance of extrapersonal ties, **10:**56
Impracticality, **9:**498
Improving health, **10:**92, 120, 129, 133, 160
Inherited characteristics, interest in, **9:**505
Inner world, creation of, **1:**56
Intellectual work, **1:**55–56
Internationalist, **8:**772, 791
Italian language, command of, **8:**98
Italy, stay in, **8:**98
Jew, Swiss, and man, **8:**791
Journalists, **10:**262
Journey to Prague via Munich, **5:**288
Lack of free time, **5:**565
Lack of knowledge of non-Euclidean geometry, **8:**425
Lack of rhetorical skill, **8:**628
Lacks refuge from worldly affairs, **10:**70–71
Letter writing, laziness in, **1:**9, 211
Liberation from the merely personal, **9:**51
Likes sea voyage, **10:**262
Lives above Adler family, **5:**279n
Loneliness in Zurich, **9:**329
On losing one's mother, **10:**315
Love, **1:**21, 231, 286
Malnutrition in youth, **8:**615n
Marriage
 not allowed to remarry for two years, **9:**9
 to Elsa Einstein, **9:**82, 83, 568c
Military service obligations
 in Germany, **1:**lxiv, 20n
 in Switzerland, **1:**277–278
"Most fortunate idea of my life," **7:**265
Move from
 Bern to Zurich, **5:**211n; defrayal of expenses, 215, 216n
 Prague to Zurich, **5:**403, 406, 408, 480n, 501n; defrayal of expenses, 407
 Zurich to Berlin, **5:**605n
 Zurich to Prague, **5:**273, 288, 288n, 291
Munich, greetings from former nanny, **10:**281

Music
- charity concert, **8:**85
- lack of time to play, **8:**18
- new violin, **9:**486
- on playing, **8:**85, 269
- playing violin, **1:***lvii, lviii, lxii,* 21, 22, 50, 54, 54n, 56, 56n, 57, 219, 245n, 249, 251, 262, 290, 307n, 309n, 321, 323; with: Besso and Adele Silberstein, **8:**446n, Ehrenfest, **9:**218, 272; **10:**220, 222–223, Hans Albert Einstein, **9:**129, 132, Greinacher, **10:**206, Harm Kamerlingh Onnes, **10:**519, Hurwitz, **5:**308n, Hurwitz family, **8:**18n, Julius and daughters, **9:**272; **10:**225, 262, 272, 277, Pick, **5:**307n, Wohlwend family, **5:**7n
- sends scores to Hans Albert Einstein, **9:**452, 495

Nature, **1:**56, 222
Newspaper reports, **9:**266, 307, 326
Nickname in Olympia Academy, **5:**223n
No mastery of mathematics, **8:**163, 245
Oath of allegiance, asked to take, accepts, **10:**580c
Office in institute of Haber, **8:**11n, 13, 43
Optimist, **10:**180
Orders furniture, **5:**139
Oriental mentality, **9:**326
Overburdened, **9:**138, 264, 404, 457
Overvalued, **9:**364; **10:**349
Own "Gypsy life," **9:**270
Own lifestyle, **5:**545
Own parents, **1:**55–56, 211, 251, 252, 253, 300
Own writings, **9:**330–331, 402
Pacifist, **8:**872
Patent cases, **9:**7n, 570c
Personal hygiene, **5:**570, 574, 585
Petit bourgeois needs, on unimportance of, **8:**850
Photo with Wertheimer and Born, **8:**835, 839
Planned attendance of congress in Paris, **5:**598; cancellation, 599
Planned trip
- from Prague to Munich and Zurich, **5:**482n
- to Holland, **5:**579, 598, 601, 602, 603

Police
- fails to register absence with, **8:**166n, 277n
- rental dispute in Zurich, involvement of, **8:**990c

Politically passive, **8:**759, 763, 871
Ponderous writing style, **8:**9, 245, 394, 401, 849
Poor memory, **8:**849
Possibility of change in human beings, **9:**143
Potsdam, plan to move to, **9:**147
Practical work, on use of, **10:**352
Prague
- domestic life in, **5:**432
- life in, **5:**289, 293, 294, 295, 304, 400, 432
- time in, **9:**222

Prefers worried people to satisfied people, **9:**5
Press, attacks by, **10:**437
Professors, German, **1:**310
Prussian Public Library, donating his correspondence to, **9:**331
Receives stocks and shares as Elsa's dowry, **8:**1031c
Recommendations for, **1:**309
Relationship between man and woman, **1:**251–252, 325
Religious affiliation, **5:**266n; **9:**83, 448, 468, 495; **10:**21n, 534
- comments on, **5:**254n
- lack of as adult, **1:**20n, 269, 270n

Religious organizations, as still necessary, **9:**358
Rent contract
- extended, **9:**608c
- problem with, 607c

Rental dispute in Zurich, **5:**634c, 636c; **8:**990c
Research, no personal progress in, **9:**147, 268, 272, 293, 457, 498, 513, 581c
Role as father, **10:**37–38, 44
Rooms lived in, **1:**299, 332–333
Russian physicists
- intervenes on behalf of, **10:**417, 444
- visited in Berlin by, **10:**417, 465

Sailboat, on buying, **10:**213, 419, 431
Sailing, in Berlin, **9:**143, 147
Schleusner, Thea, portrait by, **9:**342
Science, joy of, **10:**154
Scientific profession, independence of, **1:**28
Secluded lifestyle, **10:**65
Seeks refuge in scientific work, **5:**586
Self-accusation for fathering son Eduard, **10:**75
Self-characterization as "Swiss Jew," **7:**210, 214

Self-description, **10**:439
Skill in contacting people, insufficient, **8**:150
Smart, contented, and impeccable international reputation, **8**:753
Socialist, **8**:944, 959
Solitude, **1**:321, 325; **8**:347
Sons
  anxious about, **8**:320
  bad memories of meeting with, **8**:169
  on bad terms with, **8**:311
  boarding plans for, **8**:677
  book for, **8**:568, 579
  on character of, **10**:464
  on educating them personally, **10**:49
  on emotional and physical well-being of, **9**:512
  on importance of relation with, **8**:199, 270
  inherited his carelessness, **10**:180
  invites to hotel, **8**:280
  invites to vacation, **8**:772, 789
  on lack of understanding separation by, **8**:337
  misses, **8**:47, 49, 50, 52, 58, 63, 91, 118, 129, 145, 205, 279, 337, 341; **9**:326
  pleased by their intelligence, **10**:104
  pleased by their love, **10**:106
  on psychological shame of him, **9**:512
  on raising as Swiss, **10**:49
  on relationship with, **10**:42
  satisfied with letters from, **8**:835
  Switzerland as socially benevolent environment for, **10**:26
  on taking care of, **8**:321
  vacationing with, **9**:90, 129, 132, 452, 486–487, 495; **10**:330; in Alps, plans for, 155, 164; in Benzingen, 437, 444–446, 454, 459, 461, 464, 601c, plans for, 329–330, 342–343, 346, 362, 373, 374, 403n, 418, 429
Spinoza House, visits, **10**:604c
As sponger, **9**:174
Students at Berlin University, on his, **9**:437
Studying, solace in, **1**:211, 258
Successful work as consolation for imperfect offspring, **10**:72
Summer house, on buying, **10**:419, 431, 464, 470
Sunset, on a colorful, **10**:94
Swiss family (Einstein-Marić, and Hans Albert and Eduard Einstein)
  move to Germany, **9**:*xxxi*, 196, 201, 214, 234, 242, 281, 293, 306, 326, 339, 342, 345; postpones, **9**:270
  reasons for not visiting, **10**:46
Switzerland
  attached to, **8**:855
  court case with landlord in, **8**:11
  Federal Patent Office, times spent in, **8**:610
  home, calls, **8**:103, 498
  itinerary from, to Germany, **8**:511
  itinerary in, **8**:477
  passport problems, **8**:276
  on reentry visa, **8**:174
  visa to, arranges for, **8**:284, 285
  visit to, **8**:165, 279, 280, 485; plans, 269, 274, 276, 279, 479
Teaching, **1**:310
Threat of assassination, **7**:*113*
Times (London), writing article for, **9**:273
Tree of Knowledge, **9**:143, 200, 230
Turns over duties in physical society, **5**:*487*
Unity of apparently disparate phenomena, **1**:*xl*, 265, 290–291
University of Berlin, feels obligation to stay at, **8**:855, 856, 857, 858, 870, 894, 939, 953, 961, 971
Visa
  Dutch, problems with, **9**:154, 172, 195, 497, 579, 615; **10**:246
  Norwegian, **10**:267, 292
Visit with Zangger to Forrer, **5**:332
Vocation as a physicist, **1**:*xxxvi*, 28
Wedded state, **5**:19
Wedding witness, **10**:101
Winterthur teachers, **1**:305
Women and men, on differences between, **9**:94
Youth, **9**:69, 91n, 486, 492
Zurich
  citizen of, **8**:333n
  as real home, **8**:855, 856, 857, 859, 870, 894, 909

PHILOSOPHY
Causal and teleological perception of phenomena, **9**:143
Causality, **10**:299–301, 324–325
Cognition, **9**:143
Early interest in, **1**:*lx*, *lxii*, 4

Experience, relation of concepts to, **10**:293
Lack of: competency in, **10**:245; understanding of, **8**:440;
Metaphysics, crossing border between physics and, **10**:605c, 606c
Methodology of scientific research, **9**:xli
Nihilism, **9**:143
Not well versed in, **9**:51
Nützlichkeitsprinzip, **9**:143
On philosophers, **10**:265;
On philosophy, **10**:293
Relationship between thought and its object, **1**:4
Relativity and monism, **9**:509
Space, on reality of, **10**:324
Spinoza's *Ethics*, reads, **10**:96

POLITICS
Academics, German, deplores attitude of, **9**:449
Act of Algeciras, **8**:173
Addresses Students' Council in Reichstag, **8**:1029c
Agreement on most favored nations, **8**:506
Agreements, international, on mutual help and limits of armament, **8**:506
Allies
  on behavior of, **9**:281
  as guarantors against restoration of old regime, **9**:513
American influence on Europe, positive, **9**:117
Annexationist policy, against, **8**:170, 174, 663, 676
Anti-British campaign, **8**:76
Anti-Oorlog-Raad, member of international council of, **10**:36
"Un Appel, Fière Déclaration d'Intellectuels," signs, **9**:102
Appeal in favor of republican constitution for Germany, signs, **10**:*xlii*, 242, 574c
Arbitration tribunal of U.S., Great Britain, France, and Russia, **8**:506
Arons, Leo, open letter of, declines signing, **8**:946
Aufruf an die freie Jugend aller Stände und Völker, signs, **9**:552c
Aufruf des deutschen Geistes zum Sozialismus, **9**:59
Berliner Goethebund, prepares manuscript on war for, **8**:187, 200
Berlin police, on blacklist of political division of, **8**:1016, 1017
Blockade
  of Germany, intellectual, teaches humility, **9**:*xliii*, 121, 163
  of Russia, protests against, **9**:202
Bund "Neues Vaterland"
  Appeal of the Intellectuals of, committee member for, **8**:151n, 342n, 837n
  circular of, signs, **8**:947
  committee member of, **8**:342n
  connection with, **8**:103
  discussion of, **8**:118n
  on hard times of, **8**:170
  joins, **8**:151n, 996c
  meeting of, attends, **8**:103n
  resolution of, collects signatures for, **8**:947
Bund zum Ziel, declines invitation to meeting of, **8**:869, 871
Central Organization for a Durable Peace
  congress of, plans to attend, **8**:210, 211, 213
  serves in, **8**:186, 205, 210, 342n, 608
Delbrück-Dernburg petition, **8**:175; signs, 146n, 150n, 157n
Democrat, **10**:*xl, xliii*, 418
England
  lack of sympathy for, **8**:171n
  on public opinion of, in Germany, **8**:170
  traveling to, would appear as captatio benevolentiae, **10**:309
Erklärung in Sachen Liebknecht-Luxemburg, signs, **9**:17n, 551c
Foreign press, finds news on attacks against him exaggerated in, **10**:534, 542
France, on public opinion of, in Germany, **8**:170
Aufruf "Für die Unabhängigkeit des Geistes," signs, **9**:102, 105, 110, 134, 135
German defeat, on consequences of, **8**:342
German militarism, rejoices in downfall of, **8**:945
German revolution, on events of, **8**:964
German success on Eastern front, on consequences of, **8**:170
German victory, on consequences of, **8**:170, 341
German war atrocities, discussion with Lorentz on, **8**:347n

Germany
- on admitting foreign students to German universities, **10**:350
- on being Swiss, international, and faithful to Germany, **10**:542
- on chancellor succession in, **8**:506
- considers the possibility of leaving, **10**:412
- on cordiality of German colleagues, **10**:542
- deals with, on danger of, **8**:505
- famine in, on danger of, **8**:960
- imperialistic mentality in, on lessening of, **8**:505
- on leaving Berlin, **10**:469, 594c; no reason for, 417
- oath of allegiance: required, **10**:577c; takes, 582c
- political change in, means of forcing, **8**:506

Governments
- based on power, not on legal systems, **10**:348–349
- on governing people, **10**:346–347

Heilbronn, on political views of inhabitants of, **8**:167

Hungarian commissars, signs petition to pardon, **10**:611c

Imperialism as reaction to internal problems, **10**:340

Independence, of countries, sacrificed to end anarchy, **9**:143

Intellectuals, on past and present, **9**:264

International association of democratic countries, **8**:506

International relations, for freedom of individuals in, **9**:578c

International relations of scientists, **8**:77; on restoring, **8**:149, 150

International solidarity, proposes collection of statements on, **8**:736, 737, 740, 745–748, 774

Internationalism of scientists, **8**:155

Kelen, joins amnesty action on behalf of, **10**:482–483

Manifesto of Democratic Party, signs, **8**:948

Manifesto of Reconciliation, signs, **8**:532n

Manifesto of the 93, **8**:170, 176, 772
- on prospects of revoking, **8**:176
- on signatories of, **8**:170
- signatures to, on circumstances of collecting, **8**:155

Manifesto to the Europeans, co-signer of, **8**:78n, 276n, 762; **10**:29

Massart appeal, talks of, **8**:346, 361, 363, 364, 419

Monopoly of ruling classes in press and power, on, **8**:155

Moral behavior, of individuals and groups, **9**:121

Nationalism, against using his work to influence, **9**:497

Norwegian students, on internationalism of, **10**:420

Pacifist, on being a, **9**:497

Patriotism, **8**:63, 154, 156, 165, 193

Political activity: police interest in, **8**:342n, 772n; restrains own, **8**:187n, 636

Prisoners, for release of political, **9**:343

Professors, arrested, intervenes for, **8**:944n

Prussian mentality, on increase in, **9**:163

Reconciliation, European, **9**:314n, 134–135, 497

Relativity and politics, **10**:428; reason for publishing *Einstein 1920f*, **10**:412–413, 418

Religion of might, **8**:451, 505, 532, 959

Scholarly literature, on exchange of German and foreign, **9**:533

Socialism, on preparation of masses for, **9**:28

State, on mission of, **8**:399

States, on peaceful organization of, **8**:342

Swedish students, on Germanophilia of, **10**:350

Swiss, considers himself, **10**:343

Switzerland as ideal state, **8**:399

United States of Europe, **10**:437

Vereinigung Gleichgesinnter, agrees with resolution of, **8**:532; joins, 532n

War crimes
- asks Lorentz to join private commission to investigate, **9**:42
- French atrocities against German prisoners of war, **9**:483
- joins private commission to investigate German, **9**:*xliii*, 121, 561c

War-crimes commission, on, **8**:345n

War-guilt resolution, requested to sign, **9**:571c

Weimar Republic, **10**:*xl*

Workers, on their feelings of exploitation, **9**:93

World War I, **8**:63
- expects end of, **8**:85, 118, 367

on madness of, **8:**103, 116
on need for a supranational peacekeeping organization, **10:**26; plan of, 125–126
opposition to, **10:***xliii, xxxiii–xxxiv*; on positive effect of, 45
on outbreak of, **8:**56
paper on views on, **8:**187, 200
on psychological causes of, **10:**26
rejoices over peace initiative of new German government in July 1917, **10:**108n
Zionist Club Chicago, thanks for sympathy statement from, **10:**534

POPULAR BOOK ON RELATIVITY
9th edition, royalties, **10:**577c
10th edition
    manuscript of, **10:**584c, 588c
    royalties, 592c, 597c, 598c, 599c, 600c, 601c
11th and 12th editions
    addenda, **10:**574c
    royalties, 568c, 607c
Braille transcript, requested by Hochschulbücherei, **10:**589c; granted, 589c
Comments on, **8:**891
English edition, **9:**257, 26; **10:**576c, 578c, 593c
    4th edition, **10:**610c
    additions, **9:**523; **10:**572c
    Lawson on, **10:**589c
    resumé for, **9:**523–524, 613c
    royalties, **9:**346n, 346–347, 374, 412, 594c, 597c; **10:**385, 568c, 569c, 575c, 608c, 610c, 612c, 613c
    sent to Ehrenfest, **10:**593c
French edition, **9:**603c, 604c, 606c, 614c, 616c; **10:**578c, 579c, 587c
    contract between publishing houses, **10:**589c
    galleys, **10:**603c, 605c
    Moch as possible translator, **10:**327, 340, 569c; proposed, 572c, 574c
    proposed, **9:**531, 536, 537n, 609c
    Rouvière as prospective translator, **10:**575c, 609c
    royalties, **10:**574c
    Solovine on, **10:**569c
Hungarian edition, royalties, **10:**575c
Italian edition, Calisse proposed as translator, **10:**590c; gives consent, 378, 596c
New edition
    asks for galleys, **10:**611c
    proposed by Vieweg, 602c
Plan for, **8:**147, 234
Polish edition, proposed, **9:**597c
Russian edition
    honorarium for translation rights offered, **10:**570c; accepts, 572c, 573c
    introduction to, **10:**605c
    proposed, **10:**574c
    royalties for, **10:**574c
Spanish edition
    proposed, **9:**528
    recommends to Vieweg, **10:**591c
Swedish edition
    royalties, **9:**597c
    translated, 599c
Works on, **10:**63

RECOGNITIONS
Barnard Medal of Columbia University, **10:**571c, 575c, 576c, 584c, 591c
Baumgartner Prize, **8:**756n, 1009c; **10:**91, 106
Danish Academy, corresponding member
    nominated, **9:**598c
    elected, **9:**611c, 612c; **10:**568c
Müller Prize, **8:**756n, 1019c
Nobel Prize
    nominated by: Arrhenius, **9:**552c, Julius, 597c, Kamerlingh Onnes, 597c, Lorentz, 597c, Ornstein, 596c, Warburg, 550c, Zeeman, 597c
    nominations for, **8:**623n
Norwegian Students' Association, honorary member, **10:**579c
Order Pour le mérite for Science and the Arts, **10:**605c, 614c
Royal Dutch Academy of Sciences, corresponding member, **9:**613c; **10:***xlv*, 268n, 267, 270–271, 274–275, 277, 287, 288, 573c, 574c
University of Geneva, honorary doctorate, **5:**202
University of Rostock, honorary doctorate, **9:**225, 572c, 584c, 586c, 591c
Vahlbruch Prize, **8:**698, 699n, 715, 756n
See also Royal Astronomical Society: Gold Medal for AE

REQUESTS BY

Acta Mathematica, for article, **9:**308; **10:**568c; declines, 341, 592c

Adler, Friedrich, to sign amnesty appeal for ten Hungarian people's commissars, **10:**484

Akademisk Revy, for article, **10:**594c

Annalen der Physik, to solicit papers for, **9:**535

Arco
 for expert opinion on patent case, **10:**486
 for opinion on *Kammerer 1919*, **10:**486–487

Berliner, for opinion on Schneider's dissertation, **10:**382

Burghold, for support of exchange of German and foreign scholarly literature, **9:**514–515

Central-Verein deutscher Staatsbürger jüdischen Glaubens, to fight against anti-Semitism, **9:**490; declines, 494

Chisholm, for article for *Encyclopaedia Britannica*, **10:**600c, 601c, 605c, 607c; declines, 609c

Debye, for recommendation for Born, Karman, Lenz, Madelung, Mie, Schrödinger, **9:**463

Deutsche Revue, for article, **10:**588c

Deutscher Gesellig-Wissenschaftlicher Verein in New York, for contribution to album, **10:**601c

Dinos, for opinion on Lilienthal's theory, **10:**581c

Exner, for statement on technical education, **10:**583c, accepts, 586c

Fischer, for financial help for university studies, **10:**608c, 609c

Forum, for article, **9:**285; accepts, 300

Gerhards, for comments on manuscript, **10:**577c; for personal discussion, 593c

German Central Committee for Foreign Relief, for article, **10:**334–335

German League for the League of Nations, for article, **10:**333–334; declines, 343

German News Agency for Foreign University and Student Affairs, for support, **10:**588c

Jeffery, for English edition of selected papers, **10:**602c

Jewish Community of Berlin, for congregational tax, **10:**611c

Johnsen, for recommendation for Becker, Gans, Harms, Koch, Madelung, Valentiner, Weber, Zahn, **9:**74

Kantstudien, for article, **9:**44; declines, 51

Klötzel, for support for Karwe, **10:**598c

Lánczos, for postgraduate position, **9:**265–266

Lawson, for English edition of *Einstein 1920j*, **10:**572c

Lotos, for paper, **10:**568c, 577c, 579c

Marx, for an appointment, **10:**570c; granted, 575c, 577c

Meyer, Edgar
 for recommendation, **10:**28
 to help obtain position for Rosenberg, **10:**594c
 to submit Rosenberg's paper to *Sitzungsberichte*, **10:**595c

Nature, for article, **9:**252, 256; in preparation, 299, 328, 346, 374, 406, 523; **10:**610c

Neue Freie Presse, for article; 273, declines, **9:**607c

Neue Zürcher Zeitung, for article, **9:**608c

Ostwald, for republication of papers, **10:**608c; agrees, 608c, 612c

Physikalische Berichte, to review manuscript, **9:**571c

Schlick
 for commenting on his book on relativity, **9:**313
 for opinion on successor to Weber, **10:**390–391

Schmidt, for opinion on his book, **10:**608c

Schoenflies, for opinion on candidates for Born's succession, **10:**304–305

Schubert-Soldner, for help, **10:**571c

Schwäbischer Bund, for article, declines, **9:**69

Seelig, for contribution to *Die zwölf Bücher*, **9:**322; declines, 331

Stöcker, for signing April 1919 appeal, **9:**33

Studentenvereinigung für künstlerische Kultur an der Universität Berlin, for support, **9:**178–179; declines, 184

Süddeutsche Monatshefte, for article, **10:**409; declines, 413

Umschau, for article, declines, **9:**586c

Vaihinger, to publish lecture to Leyden Society, **10:**573c

Wermuth, for popular lecture for City Council, **10:**570c

Wirtschaftshilfe der deutschen Studentenschaft, Amerika-Werkstudenten-Dienst, for letter of recommendation, **10:**595c

Wittig, to review his book, **10**:245
Wolfer, for recommendation for Briner, **9**:589c

SCIENCE
Analogy arguments in, **3**:114, 128n
Annalen der Physik, early reading of, **1**:*xl*, 304, 305n
Anti-relativists, compares to flies, **10**:351
Astronomy, on lag of Germany in, behind Britain and the U.S., **10**:357
Controversy with
    Abraham on theory of gravitation, **5**:394, 394n, 406, 480, 501
    Stark on photochemical equivalence, **5**:480
Dimensional considerations in, **3**:178n, 460–461, 467–470, 474, 476n, 527, 544n
Einstein 1910a, on, **10**:9
Einstein 1919a, on, **10**:371
Electromagnetic field, primacy of, over ponderable matter, **10**:488
Electrotechnology, early interest in, **1**:*lxiv, lxi*, 5, 253, 255
Errors, in publications, **2**:*170*, 203n, 204n–205n, 345n, 348n, 494–495, *505–506*; made, **3**:*10*, 268n, 418n
Evaluation of AE's work, **5**:526–528
Experimental work, **3**:*xvi, xxvi, 10*, 471, 486, 500, 547n
Experiments proposed, **1**:*61*, 219, 227n
    on ether drift, **1**:*224, 225*, 230, 234n, 316, 328, 329n
    on heat conduction, **1**:*235–236*, 244n
    on propagation of light in magnetic field, **1**:8–9
    on radiation, **1**:*224*
    on specific heats, **1**:*235*, 238
    on Thomson effect, **1**:*236*, 258
First four papers, **5**:31
Forces, atomic and molecular, on inadequate knowledge of, **10**:482
Formal analogies in physics, **10**:488
Formal vs. physical thinking in physics, **10**:17
Gockel's laboratory, work in, **5**:124n
Heuristic principles in, **3**:*xxvii*, 178n, 423n, 488
Interesting scientific idea, **10**:41
On lecturing abilities, **5**:188
Mathematics
    abilities praised by teacher, **1**:*lxiv*
    early study of, **1**:*lxi*
    no mastery of, **8**:163, 245
    usefulness of, **5**:505;
On own scientific abilities, **5**:86, 412
Papers, high demand for his, **9**:590c, 596c
Physical laws, on transfer from rest to moving systems of, **9**:376
Physics, ideas about, **1**:*lxiv, 5–6, 6–9, 12, 28, 372*
Press attacks against relativity, **10**:595c
Quantum theory, on work on, **5**:187, 189
Readings about
    electrodynamics and optics, **2**:*259–260*
    electrodynamics before 1905, **2**:*260*
    foundations of science, **2**:*xxiii–xxiv, xxv, 260*
    popular science, **1**:*lxii*, 265n; **2**:*3, 42*
Scientific literature, proposes exchange of German and foreign, **9**:514
Statistical mechanics, book on, reluctant to write, **8**:815
Symmetry arguments in, **3**:20, 24, 141, 149, 157, 194, 256, 337–338, 451, 513, 565
Working on small problems, **10**:43
On writing lecture on relativity, **5**:515

SUPPORTS ACADEMIC POSITION FOR
Dehlinger, **9**:386
Ehrenhaft, **9**:365, 396–397, 400
Epstein, **9**:339, 344, 353, 457, 498
Franck, **9**:368
Freundlich, **9**:158, 274
Kammerer, **9**:449, 451, 512
Marx, **9**:349
Petzoldt, **9**:116
Ratnowsky, **9**:344
Rausch von Traubenberg, **9**:291–292
Reichenbach, **9**:132
Scherrer, **9**:487
Schlick, **9**:280, 449, 450, 451
Schubert-Soldern, **9**:522

Einstein, Albert, and Einstein-Marić, Mileva, rendezvous with Savić, Helene and Milivoj in Kijevo, **5**:45n
Einstein, Carl (1885–1940), **7**:125n; AE confused with, **9**:307n; **10**:*xliv*
Einstein Donation Fund. *See* Albert-Einstein-Spende

Einstein e C., Milan, **1:***liv*, 276
Einstein, Edith (1888–1960), **1:***lvii* n; **5:**237n, 239n, 541; **8:**168–169, 884; **9:**47, 129, 192; **10:***xlix*, 196–197, 199, 201, 282
   doctoral dissertation of, **9:**49, 132
      AE on, **10:**290–291
      Epstein on, 282–283
   sails with AE, **10:**210
   on theory of radiometer effect, **9:**47–48
   visits AE, **10:**121
Einstein, Eduard (1910–1965), **1:***381*; **5:**215n, 290n, 335, 344n, 403n, 404n, 420n, 433n, 479n; **8:**14, 57, 64, 84, 113, 190, 198, 203, 226, 279, 280, 320, 351, 367, 410, 561, 573, 677, 678, 730, 772, 817, 831, 938, 941, 964; **9:***xxx*, 89, 235, 294n, 303, 486, 512; **10:***xxix–xxxvii*, 24n, 32, 59, 84, 92–93, 129, 135, 140, 144, 149, 164, 167, 175, 186, 190, 199, 226–228, 464, 498
   AE
      disappointed by cancellation of visit to Zurich by, **10:**168
      dreams about, **10:**30
      feelings toward, **10:**166, 258, 345
   AE on abilities of, **8:**269, 337
   AE about, **10:**32, 103, 105, 362, 464
   AE on hereditary causes for health condition of, **10:**71–72
   in Aegeri sanatorium, **9:**270, 338, 495; **10:**226, 236, 237, 238; cost of, **9:**306
   in Arosa sanatorium, **8:**457, 572, 579, 598; **10:**85–86, 91–92, 98–99, 102, 103n, 104–105, 109, 135–136, 138–139, 144–145, 181, 185, 192
      cost of, AE on, **8:**515, 531, 598, 614
      leaves, **8:**568
   attends play by Schiller, **10:**345
   attends: second grade, **10:**156, 168n; third grade, 194; fourth grade, 258, 345
   in Bethanienheim hospital, **8:**443; **10:**79
   birth of, **5:**248n, 248–249
   birthday of, **9:**90; **10:**345
   book for, **8:**816, 817, 964
   complains about Einstein-Marić's leaving Zurich, **10:**226
   grows cacti, **10:**345
   health condition of, **8:**153, 400, 618; **10:***xxxvi*, 60n, 75–76, 104–105, 109, 172, 181, 185, 342
   ill with
      influenza, **8:**912
      lung inflammation, **8:**400, 404
      lymphatic tuberculosis, **8:**668n
      middle-ear infection, **8:**11, 20
   illness of, **5:**593n, 599, 600n, 601, 603
   interested in geography, **10:**166
   in Locarno, **8:**990c
   mathematical abilities of, **10:**29
   mild climate for, **8:**666
   on mountain resort for, AE on, **8:**407, 408, 410
   music for, **9:**271, 339
   nickname of, **5:**607, 607n; **8:**11
   photo with brother Hans Albert, **10:**105
   plans of moving to Berlin, **10:**144
   plans of moving with Einstein-Marić to her parents, **10:**121
   plans to accompany Einstein-Marić to Rheinfelden, **10:**194
   plays chess, **8:**341
   plays piano, **10:**221, 226
   plays with lead soldiers, **10:**186
   provisions for in Divorce Decree, **9:**9
   reads Goethe, **10:**345
   reads history of Switzerland, **10:**186
   requests travel book from AE, **10:**168, 175
   in Rheinfelden, **9:**131; **10:**200, 210
   schooling of, **9:**496n
   sing, lacks ability to, **8:**269
   sings on Einstein-Marić's return, **10:**58
   Stahel Baumann as prospective host for, **10:**104, 109, 113, 126
   stamps for, **10:**343
   sterile surroundings for, AE against, **8:**562, 614, 623
   toy weapons, AE against, **8:**965
   tuberculosis, endangered by, **8:**400, 666
   on vacation near Lausanne, **8:**321, 338n
   visits AE at Zanggers, **10:**196.
   weak health of, **9:**4n, 452, 512, 530
   See also Einstein, Albert: Personal: Sons
Einstein, Elsa (1876–1936), **1:***lvii* n, *380*; **5:**238, 239n, 457n, 459n, 516n, 598n; **8:**11n, 12n, 13, 14n, 31n, 40n, 48, 49n, 50–51, 54, 91, 138, 166, 168, 169, 270, 271, 282, 283, 383n, 395, 397n, 446n, 512, 668, 714n, 728n, 733n, 761, 789n, 814, 816, 856, 974; **9:**4n, 5n, 11n, 30n, 65n, 91n, 92n, 107n, 109, 120n, 130n, 132, 168, 219, 221, 226n, 248, 288,

Einstein, Elsa (*cont.*)
290n, 294n, 302n, 304n, 351, 360n, 414, 442, 457, 524n, 572c, 573c, 595c; **10**:*xxix–xxxvii, xliv*, 21n, 25n, 33n, 39–42, 51–53, 94–100, 107–112, 114–115, 117, 119–120, 123–124, 127–128, 130–133, 144, 148, 170, 173n, 191, 195–203, 205–213, 219–220, 222–224, 232n, 247, 252, 257, 262, 264–265, 267, 270, 275, 277, 279n, 289n, 361, 401, 417, 430, 434, 439, 442–443, 454, 464–466, 469–470, 475, 510

AE
accompanies to Kiel, **9**:613c
advises not to participate in Als-Ob conference, **10**:*xlv*, 275
as Cinderella of, **10**:121
on delay of Leyden appointment of, **10**:275
family relation with, **5**:470n
joins in Nauheim, **10**:600c
joint trip to Wannsee with, **5**:456
longs for, **10**:254
marries, **9**:82, 83, 568c
milk for, **8**:729
misses, **9**:106
old friend of, **8**:13
organizes string quartet for, **10**:266
on political outspokenness of, **10**:254
on printing of Leyden inaugural lecture of, **10**:275
on public interest in, **9**:587c
reacquainted with, in Berlin, **10**:21n
on renewing lease on apartment of, **10**:106, 107
separation of, feels guilty for, **8**:49
takes care of, **8**:48, 91, 561, 884; **9**:64, 359; **10**:23, 66, 70, 72, 74, 78, 254, 266
on volume of mail of, **10**:266
AE apologizes for neglecting to write to, **5**:593, 597
AE asks for help in registering his absence, **8**:166
AE decides to marry, **10**:39
AE destroys letters from, **5**:457
AE eager to see, **8**:169
AE loves, **10**:109
on AE marrying Ilse Einstein, **8**:770–771
AE on affection for, **8**:51, 53
AE on living with and marrying, **8**:51, 54, 205, 234, 270, 271, 332, 512, 667, 668, 836

AE plans rendezvous with, **10**:118, 121, 123, 128, 131
in Ensingen, **10**:97, 99, 101, 103, 107, 108, 111–112
in Mergentheim, **10**:100
in Sigmaringen, **10**:114
in Thüringen, **10**:115, 119, 124, 130, 131, 132
in Weimar, **10**:119
AE plans trip with, **10**:120, 127
AE promises to send picture to, **5**:516, 517, 520
AE resigned to breaking off relationship with, **5**:459
AE stops correspondence with, **5**:469n
AE vacations in Sellin with, **10**:32
AE visits in Berlin, **5**:437, 544, 546n, 565; enjoyment of visit, **5**:557, 560
AE's affection for, **5**:456, 459
AE's Berlin appointment, discussion with Haber on, **5**:545n, 545
AE's letters to, comments on, **5**:458n
affected by anti-relativity events, **10**:*xl*, 435
in Bayrischzell, **8**:47, 52
cardiac problems of, **5**:545; consults Nicolai on, **5**:561n
cooks for the poor, **8**:145
corresponds with Hedwig Born, **9**:402n, 597c
daughters, neglect of, **8**:1033
De Haas, helps in moving, **8**:159
divorce of, **5**:588n
domestic, on character of, **8**:344n
dowry of, **9**:420n
Einstein, Pauline
quarrel with, **5**:558
on move of to Berlin, **9**:290n
takes care of, **9**:106, 268, 386
on export of violins for Ehrenfest's daughters, **10**:253–254, 265, 275, 298
Haber as good friend of, **10**:275
health condition of, **9**:12, 13n, 28, 79; **10**:435, 445–446, 450n, 454
heart problems of, **8**:93n
illegibility of handwriting of, **10**:107
as incentive for AE to come to Berlin, **8**:145; **10**:23
on invitation to U.S., **10**:470, 514
invitation to Zurich, **9**:300

Jewish origin of, **9:**468
on *Moszkowski 1921*, **10:**470, 474
Munich, plans visit to, **5:**571n
poetry readings, **5:**518n, 572, 574n
    AE on, **5:**565, 570, 573
    AE's congratulations on, **5:**517
    in Zurich, **5:**574
    review of, **5:**518n
praised by AE, **10:**23, 66, 78
religious affiliation of, **9:**83, 448, 468
on rental problem, **9:**607c, 608c
Schweizerische Auer-Aktien-Gesellschaft (SAG) shares for, **10:**567c
sends condolences to Ida Hurwitz, **9:**242n
stays with Oppenheims during GDNÄ meeting in Bad Nauheim, **10:**419
widow pension for Einstein-Marić, intervenes for, **8:**713

Einstein, Fanny (née Koch) (1852–1926), **1:***lvii*, *380*; **5:**10n, 239n, 457n, 518n, 534n, 536; **8:**47, 53–54; **9:**30n, 83, 173; **10:***xxxii*, 21n, 24n, 119n, 121, 123n, 124, 127, 132, 196, 209, 511
annual expenses of, **8:**817n
on decision of AE in favor of cousin Elsa, **8:**52
hospitalized, **10:**211
lives in Hechingen, **5:**10n
pressing AE to marry cousin Elsa, **8:**205, 234
on vacation, **10:**114

Einstein, Garrone e C., Pavia (factory), Milan (office), Turin (branch), **1:***liii*, *liv*, 211n

Einstein, Hans Albert (1904–1973), **1:***381*; **5:**26n, 45n, 46, 115n, 133n, 141n, 152n, 225n, 226n, 249n, 344n, 387n, 403n, 404n, 420n, 433n, 479n, 522n, 542n, 543n, 601n, 605; **8:**14, 56–57, 64, 84, 113, 129, 134, 190–191, 198–199, 203, 205, 212, 222, 225, 227–228, 258, 271, 276, 279–280, 283–284, 304, 367, 380, 406, 410, 455, 457, 503n, 530, 561, 567, 598, 623, 666, 678, 730, 772, 819, 851, 911, 964; **9:**3, 4n, 89, 130–131, 235, 294n, 452, 530; **10:***xxix–xxxvii*, 24n, 31, 33–35, 37, 55, 58, 65, 67, 70, 73, 76, 78–79, 81, 83–86, 91–93, 97, 103–104, 116, 121, 130, 138, 140, 144, 148, 151, 159, 166–167, 169, 173, 179, 184, 190–191, 199, 202–203, 206–208, 210, 213, 228, 279, 329, 422n, 430, 464, 512
accompanies Wohlwend-Battaglia on piano, **10:**167

AE
anxious about health of, **10:**193–194
asks about vacation plans, **10:**238
asks for money from, **10:**192
asks for stamps from, **10:**259
brings food for, with Eduard, **10:**445
conflict with, **8:**284
correspondence with, **8:**57, 78, 441
disappointed by cancellation of visit to Zurich by, **10:**166–167
expects trip with, **8:**209
expects visit from, **10:**88
feelings for, **8:**219
harsh to, **8:**153, 210, 211, 213
on ignorance of appropriate treatment of Eduard by, **10:**140
invites for Easter vacation, **10:**30
invites to Switzerland, **10:**140
looks forward to meeting, **8:**218
plans of being raised by, **10:**75, 81
proposes medicine for gastric ailments to, **10:**138
proposes Zugerberg for joint vacation with, **10:**35
reluctant to be in company of, **8:**186n, 189
requests English textbook from, **10:**259
requests letter from, **10:**30
sails with, **9:**129, 132; **10:**106
sends harshly worded postcard to, **10:**32
stops corresponding with, **8:**339
tours with, **8:**280, 282, 284, 337; in Switzerland, **10:**41, 42
on vacationing with, **10:**31
visits, **10:**97, 196–197
AE apologizes for not visiting, **8:**819–820
AE on, **10:**89–90, 100, 107, 110, 112–113, 201, 203, 362, 464
AE on living with him, **8:**400, 406, 408, 410, 446
AE plans vacation with, **10:**37
    at Baltic Sea, 202
    in Berlin, 33, 34
    in Winteler-Einstein's home, 99, 101
AE pleased with, **8:**614
AE praises for helping with chores, **8:**351, 820
Bas-Bulaneck, Henri, visits with, **8:**400
Besso, Michele, plans visit to, **8:**189; visits, 372, 404
Besso, Vero, visits, **8:**941

Einstein, Hans Albert (*cont.*)
  birth of, **5:**23n, 27
  boards with
    Bessos, **10:**238
    Zanggers, **9:**303, 306, 326, 338, 451, 487n; **10:**79, 88, 97, 236
  Catholic instruction of, **5:**432
  character of, **9:**78; **10:**89–90
    AE on, **9:**512
    AE pleased with, **10:**98, 100, 103, 105, 199, 201, 203, 205
  constructs
    model airplane, **9:**129, 132, 271; **10:**156, 202, 214, 227, 238, 259
    model cableways, **10:**76, 167
    model electric railroad, **10:**140, 156
    model monorail, **10:**173–174
    model ship, **10:**59, 60, 167, 193
    toy machines, **10:**181
  correspondence of, AE happy with, **10:**55, 67, 91
  Ehrenfest's affection for, **5:**605n; **8:**165n, 340
  Einstein, Eduard: planned visit to, with AE, **8:**477; in Aegeri with, **10:**238
  elementary school of
    in Berlin, **8:**14
    in Zurich, 114n; graduates from, 226n
  examinations of, **10:**30n
  experiment, AE invites to observe, **8:**283, 284
  feelings of, AE understands, **8:**330
  on general strike in Switzerland, **10:**184–185
  geometry problems for, AE sends, **8:**113, 531
  Germany, argues against moving to, **10:**497–498
  Glarisegg, possible stay at, **8:**446
  gymnasium
    attends: second year, **8:**531n; **10:**77; third year, **10:**156; fifth year, **10:**30n
    entrance examinations to, **8:**267, 269, 274
    final examinations in, **8:**665
    opts for Realgymnasium section of, **8:**614
    short vacation in, **8:**911
  handicraft, engaged in, **10:**221
  harshness of, AE on, **8:**153, 210, 211, 213
  health condition of, **10:**227–228, 238
  helps ill mother, **8:**351
  ill with fever, **8:**443, 454
  Kuwaki's misidentification of, **5:**170n
  learns
    botany, English, history, physics, **10:**193
    French, **10:**181, 317, 343, 345
    German, **10:**87
    joinery, **8:**320
    Latin, **8:**320; **10:**58, 87
    mathematics, **10:**29, 87, 193, 237
    woodwork, **10:**192
  in Locarno, **8:**990c
  on lost items of AE, **10:**214
  misspellings of, AE on, **8:**274
  music exams of, **10:**193
  nickname for, **8:**44
  notes on psychology of disintegration of Russia by, **9:**79
  on organ patents, **10:**498
  on own memory, **10:**87
  photo with Eduard, **10:**105
  piano lessons of, **10:**77, 88
  plans summer vacation in Western Switzerland, **9:**495, 512
  plays
    Beethoven, **10:**138, 236
    Brahms, Händel, Mozart, Schubert, **10:**236
  plays music, **8:**735; **10:**30, 58, 77, 140, 156, 167, 192
    AE on, **8:**113, 190, 341, 820
    with AE, **9:**129, 132
  provisions for in Divorce Decree, **9:**9
  reads Shaw, **10:**237
  relativity, reads AE's popular book on, **10:***xxxiv*, 87, 446
  on renting out their home, **10:**235–236
  returns from Lucerne to Zurich, **10:**111–113
  school reports, AE on, **8:**341, 367,
  on school trip to Ticino, **10:**258
  on sixteenth birthday, **10:**16, 258–259
  on ski tour, **8:**579
  stops taking cabinetmaking instructions, **10:**77
  studies with Amberg, **9:**271
  style of writing, AE on, **8:**234, 269
  takes care of family, **10:**174
  technical interest of, **8:**851; **9:**69, 78; AE on, **8:**939; **9:**270
  toothcare of, AE on, **8:**113, 226, 227, 258, 269
  tours with Winteler, **10:**110–111
  on vacation: near Lausanne, **8:**316n, 321, 338n; with Chavans, **10:**461
  visits
    Besso, **9:**486

Eduard in Arosa with AE, **10**:102, 104, 167
mother's family, **5**:115n
Winteler-Einstein with AE, **10**:106
Winteler household, possible stay in, **8**:446, 451, 453, 666; **10**:121, 144, 146, 150–151
Winteler, Paul, trip with, **8**:495, 497
Winterthur, stay in, **5**:249, 250n
Zangger, Heinrich
  boards with, **8**:452, 454
  works in garden of, **10**:88
See also Einstein, Albert: Personal: Sons
Einstein, Hermann (1847–1902), **1**:*xxxvi, xxxvii*, 45n, *239, 240*, 251–252, 289–290, 300; **5**:3, 3n, 9, 238n; **7**:*222*; **9**:70n, 83
  against relationship of AE with Einstein-Marić, **8**:52
  biographical information, **1**:*l–lvi, 380*
  death of, **5**:7n, 10n
  debts of, **5**:12n
  businesses, **1**:*xxxvi, li, liv*, 256, 281n (*see also* Ludwig Kiessling u. Cie.; J. Einstein & Cie.; Einstein, Garrone e C.; Einstein e C.)
  lacks ear for music, **8**:269
  writes to Ostwald, **2**:6
Einstein, Hermine (1874–1943), **9**:65n
Einstein, Ida (1865–ca. 1922), **1**:*li, lvii*; **5**:237, 238, 239n, 541n; visits AE, **10**:121
Einstein, Ilse (1897–1934), **4**:*5, 7*; **5**:457n, 516n, 558; **6**:535n, 537n; **7**:*106*, 244n, 332n, 348n, 366n, 381n, 435n, 479n, 481n; **8**:37, 47–48, 51, 53, 205, 270, 333n, 593, 668n, 758, 764n, 769, 814; **9**:30n, 132, 302n, 360n, 416, 467, 472n, 556c, 573c, 595c; **10**:*xxxii*, 24n, 119, 119n, 121, 123n, 124, 127, 132, 144, 225, 270, 324, 417, 446, 465, 486, 504, 511, 580c, 598c, 602c
  AE
    accompanies to Norway, **10**:292, 298, 315
    on enormous correspondence of, **10**:458
    forwards correspondence to, **10**:201, 206, 222, 277, 434, 459
    on planned visit to Spain with, **10**:459
  AE considers marrying, **8**:769, 771
  AE's love for, **8**:769, 770
  assistant of Nicolai, **9**:134n
  leftist leanings, **8**:945
  music lessons of, **9**:226
  Petzoldt, letter to, **9**:573c
  praised for diligence, **10**:278

salary raise from KWIP for, **10**:584c, 598c
secretary of KWIP, **8**:758n
secretary to AE
  one-time acquisition cost, **9**:582c, 583c
  salary raise, **9**:133, 579c
  as travel companion, **10**:443, 446
  on vacation, **10**:114
Einstein, Jakob (1850–1912), **1**:*lii, lxi*; **5**:239n; **8**:169n; **10**:122n
  biographical information, **1**:*l–liv*
  businesses, **1**:*xxxvi, li, lii, liv*, 5 (*see also* Ludwig Kiessling u. Cie.; J. Einstein & Cie.; Einstein, Garrone e C.)
  divorce of, **5**:239n
Einstein, Jette (1844–1905), **5**:238n
Einstein, Maja. *See* Winteler-Einstein, Maja
Einstein, Margot (1899–1986), **5**:457n, 516n, 558, 593; **8**:47, 48, 51, 53, 668n, 814; **9**:30n, 132, 360n, 416, 595c; **10**:*xxix, xliv*, 24n, 107–110, 114–115, 123–124, 127–128, 130–131, 132n, 144, 211, 265
  composes music, **10**:204, 511
  health condition of, **10**:111, 169, 209, 402, 511
  ill with influenza, **8**:906
  interest in sculpting, **10**:119
  music lessons of, **9**:226
  in sanatorium, AE on, **10**:209
Einstein, Paula (1878–ca. 1955), **5**:238, 239n;
  AE's annoyance at behavior of, 456
Einstein, Pauline (1858–1920), **1**:219, 231, 248, 249, 287n, 300; **5**:3, 3n, 9, 342n, 393n, 459n, 544, 558, 586n; **8**:11n, 53, 54, 166n, 512n, 731, 812, 835, 884, 944, 989c–990c; **9**:29, 63, 65n, 81, 83, 91, 93n, 105–106, 119, 128, 130–131, 133n, 134n, 138, 147, 168, 170, 173, 201, 218–219, 248, 290n, 298, 303, 305, 359, 397n, 572c; **10**:*xxxi, xxxiv–xxxv, xxxvii*, 81, 93, 202, 207–208, 220n, 224, 230, 234–235, 281, 511, 583c;
AE on, **1**:221
AE, proud of, **9**:64
AE reads newspaper to, **10**:211
AE visits, **8**:166, 477; in Heilbronn, **10**:93, 95; in Weggis, **10**:121, 127
on AE's decision in favor of Elsa Einstein, **8**:52
Ansbacher, breaks with, **10**:207
Berlin, moving to, **5**:458n; **9**:64, 226, 268, 281, 289, 293, 325, 339, 342, 592c; **10**:195–196, 224

Einstein, Pauline (*cont.*)
  biographical information, **1:***1*, *liv*, *lvi*, *lix*, 1, *380*
  burial of, **9:**456, 468, 602c
  death of, **9:**441–442, 448, 451, 453, 482, 484, 602c; **10:**281; condolences on, **9:**441, 603c, 604c, 606c
  debts of, **5:**458n
  Einstein, Elsa, quarrel with, **5:**558
  Einstein-Marić
    bad relationship with, AE on, **5:**457, 587
    relationship with AE, attitude toward, **1:***xxxvi*, *xxxvii*, 244, 248–249, 252–253, 319–320
  expenses for, **9:**155n
  on family meeting in Zurich, **9:**573c
  financial support from AE, **5:**23n; **8:**453
  health condition of, **8:**813n; **10:**187, 195–196, 197n, 198, 200–201, 203, 211–212, 215, 230; AE's anxiety about, 220n
  Hechingen
    lives in, **5:**10n
    move to, 8n
  Heilbronn
    advised by AE to stay in, **5:**456
    move to, 238n, 324n
  ill, terminally, **8:**885n, 892; **9:***xxx–xxxi*, 29, 90–91, 93, 105, 130, 132, 147, 171, 173, 187, 196, 237, 293, 330, 339, 352, 355, 386, 402, 404, 419, 421
  ill with influenza, **8:**906
  in Maja's care, **10:**195
  interest in eclipse expedition results, **9:**92, 94
  keeps household
    of Jacob Koch in Berlin, **5:**600
    of Emil Oppenheimer in Heilbronn, **5:**458n; **8:**166n; wants to leave, 732–733
  leaves Lucerne for Heilbronn, **10:**128
  medical condition, **8:**813n
  morphine injections for, **9:**139
  as mother-in-law, AE on, **5:**585
  moves in with Maja and Paul Winteler-Einstein, **8:**885n; plans for, 166
  operation of, **8:**41, 58
  on own deteriorating health, **9:**172
  plans visit to Switzerland, **10:**97–98
  Prague, with AE in, **5:**432
  private nurse for, **10:**216
  room in Berlin for, **9:**226, 274

  roots in Swabia of, **9:**70n
  in Rosenau sanatorium, **9:**572c
  in sanatorium stay in Lucerne, **10:***xxxvi*, 199–200, 203–204, 206, 211
  sends Christmas presents, **5:**585; Einstein-Marić's reaction, 586
  Switzerland, planned trip to, **5:**497
  visits
    AE in Berlin, **8:**228; **10:**169
    Berlin, **5:**237
    Weggis, **10:**111–112, 121
    Winteler-Einstein in Lucerne, **10:**110, 187
  Winteler, feels antipathy for, **10:**196
  Zangger, examined by, **9:**92; **10:**201, 207, 209, 215
Einstein, Robert (1884–1945), **1:***lvii*; **5:**238, 239n
Einstein, Rudolf (1843–1928), **1:***li*, *liv–lv*, *lvii* n, 3n, 281n, *380*; **5:**10n, 239n, 457n, 458n, 518n, 534n, 536; **8:**17, 53, 54, 343n; **9:**30n, 64, 74n, 83, 201, 420n; **10:***xxxii*, 24n, 128, 130, 511n
  AE visits, **10:**20
  Hechingen, lives in, **5:**10n
Einstein-De Haas effect. *See* Ampère's molecular currents
Einstein-De Haas experiment. *See* Ampère's molecular currents
Einstein-Marić, Mileva (1875–1948), **3:**125n, 178n, 321, 397n; **5:**5n, 9, 11n, 19n, 26n, 35n, 82n, 89, 133n, 141n, 152n, 181, 211n, 224n, 225n, 226n, 234n, 237n, 239n, 240n, 242n, 249, 274n, 279n, 283n, 286n, 288n, 289n, 311n, 324, 343, 379n, 387n, 407n, 433n, 438n, 470n, 484n, 515, 518n, 519n, 542n, 543n, 556n, 557n, 558, 589n, 600n, 604n, 606; **7:***222*; **8:**11, 14, 44–46, 48n, 52, 55, 64, 86, 93, 128, 188, 199, 213, 226, 257, 280, 339n, 406, 497, 515, 666, 718, 734, 754, 788, 830, 835, 938, 970; **9:**4n, 13n, 36n, 91n, 130, 132, 170n, 195, 234, 270, 294n, 306, 486, 495, 496, 496n, 500, 530, 573c; **10:***xxix–xxxvii*, 5, 13n, 22n, 29, 31, 34, 35n, 37, 41n, 46, 48, 62, 75, 81, 102, 116–117, 118n, 126, 135, 140–141, 146, 148, 150, 154, 156–157, 159, 163, 179, 181, 213–214, 217, 342, 418
  academic and career plans, AE on, **1:**211–212, 222, 229–230, 255, 294, 300, 305, 312
  address in Zurich: first, **8:**58n; second, 59n;

third, 85n, 91; fourth, 129n
AE
　advises sons on corresponding with, **8**:78–79, 190–191
　agrees to divorce from, **8**:278
　discusses with Besso, **8**:281n
　excursions and trips with, **1**:58, 235, 275, 280, 286, 288, 293–295, 297, 301–302, 311–312, *376*
　on feelings of Hans Albert Einstein toward, **8**:186n
　on financial support by, **10**:142, 181, 228–229
　jealous of dependence of Eduard and Hans Albert Einstein on, **8**:168
　joint study of books with, **1**:*xxxix*, 220–221, 230, 235, 267, 336
　joint work with: on capillarity, **1**:*xxxix*, 267, 300; on molecular forces, **1**:292; on relative motion, **1**:*xxxix*, *225*, 28
　last discussion with, about separation, **8**:50
　marriage to, **1**:*xxxvii*, 381; **5**:9, 9n; certificate, **9**:11n
　on planned mountain trip with sons, **10**:164
　on relationship with family of, **8**:3
　requests direct contact with, **10**:150–151
　on sons' disappointment by cancellation of visit of, **10**:166
　wishes to meet with, **10**:121
AE attempts to push out of Berlin apartment, **8**:977
AE on, **5**:199n, 574, 585, 587; **10**:26–27, 31–32, 37, 81, 89, 116–117, 146, 161
AE on character of, **8**:50, 58, 78, 836
AE on excellent circumstances of life of, **8**:317
AE on impossibility of living with, **8**:52
AE on own responsibility for ruining relations with, **8**:729
AE, relationship with, intellectual, **1**:59, 258, 273, 318–319; description of, **1**:*xxxix–xl*
AE, relationship with, personal
　AE's feelings on, **1**:242, 250–251, 253–256, 258–260, 262, 280, 286, 294, 300, 304, 308, 322, 325, 330, 335
　AE's family's reaction to, **1**:227, 239, 244, 248–249, 251–253, 256, 257, 259, 266, 308, 312–314, 317, 319–320, 336
　Besso on, **1**:266
　description of, **1**:*xxxvi–xxxviii*

　family's reaction to, **1**:59, 308, 310–311, 314
　feelings on, **1**:229, 244, 268, 273, 298, 301, 313–314, 318
　Winteler's' reaction to, **1**:287, 306, 326–327
AE on separation from, **8**:45, 47, 49, 50, 118
AE resides in apartment of, **9**:573c
AE satisfied with behavior of, **8**:280, 729, 835
AE on uncommon ugliness of, **5**:199n
on AE's academic and career plans, **1**:270, 275, 310, 320
AE's conditions of living with, **8**:45, 46, 44
on AE's first doctoral dissertation, **1**:320; **2**:*174–175*
on AE's family, **1**:228, 244, 273, 314, 317, 319
AE's notes, use of to study for ETH examinations, **1**:*61*, 212, 228, 229n, 230, 311
on AE's personality, **1**:245, 320
AE's shared assets with, **8**:57, 58, 64, 93
awarded care of sons, **9**:10
Berlin
　arrives in, **8**:17, 20
　looks for apartment in, **5**:570, 586n, 593, 595n
　leaves, **8**:47, 50
Besso, displeased with visits of, **8**:404
Besso-Winteler, feels offended by, **8**:788; **10**:164
in Bethanienheim hospital, **10**:79
biography, **1**:*380–381*
called stubborn and without goodwill by Besso-Winteler, **8**:1032
daughter Lieserl (*see* Lieserl, daughter of AE and Einstein-Marić)
divorce from AE, **9**:8–10, 556c, 557c
divorce proceedings
　accepts AE's proposal for, **10**:146
　asks for patience from AE in, **10**:141–142
　denies having agreed to initiation of, **10**:41
　on divorce contract, **10**:156, 157–158, 159, 163, 165
　proposes Zurich as location for, **10**:147
dowry of, **8**:78, 816; **10**:143n
on Drude, **8**:3
education
　doctoral dissertation, **1**:260, 300, 303n
　ETH final examination for the *Diplom*, **1**:*61*, 247, 260n, 306, 307n, 311–312, 313n

Einstein-Marić, Mileva (*cont.*)
   ETH intermediate examination for the
     Diplom, **1:**220–221, 226, 228–230, 234
   ETH studies, **1:***43*, 59n, 211–212, 292n
   Heidelberg, semester at, **1:**58–59
   primary and secondary, **1:***xxxvi*, *380*
   Einstein, Eduard, on seriousness of illness of, **10:**142
   Einstein, Hans Albert
     on feelings of, **8:**186n
     influence on, **8:**205
     piano instruction to, **8:**372; **10:**77
   Einstein, Pauline, bad relationship with, **5:**457
   employment, attempts to find, **1:**256, 262, 275, 294
   family, AE on, **1:**252, 254 (*see also* Marić, Marija (mother); Marić, Miloš (father); Marić, Zorka (sister))
   financial help for AE, **1:**257, 288, 314, 318, 326
   financial support from AE, **8:**48n, 55, 57–58, 64, 78, 86, 93, 257, 270, 340, 406, 453, 531, 581n, 598, 666, 677–678, 730–731, 754–755, 772, 788, 794–795, 814, 830, 911, 938, 978
   German securities deposited by AE in her name, **10:**180, 217, 258
   gifts to AE, **1:**59, 216, 261, 317, 322, 326, 329
   Gloriastrasse apartment of, plans to lease out, **10:**228; sublet, 99, 102
   health of, **10:**55, 58–59, 75, 109, 137, 179
     AE on, **10:**44, 46, 49, 62
     after birth of: Eduard, **5:**251; Hans Albert, **5:**27n
   household budget of, **8:**665n
   ill, **8:**316, 320, 324, 330, 331, 332, 337, 339, 340, 348, 350n, 367, 372, 381, 443, 452n, 457, 665, 677, 851
   ill with
     back pains, **8:**573–574
     brain tuberculosis, **8:**330, 331, 400
     glandular swelling, **8:**400
     headache, **8:**3
     heart problems, **8:**311
     influenza, **5:**10
     neck and jaw infection, **8:**852
     nerve pressure on spine, **8:**562n
     scrofula, **8:**400
     toothache, **5:**515
   illness of
     AE inquires after, **8:**561
     AE misjudges, **8:**677
     AE on responsibility for, **8:**321
   jealousy of, **5:**219n, 516; AE's apologies to Georg Meyer for, **5:**199
   Locarno, trip with sons to, **5:**599–601, 603; **8:**18n, 990c
   Meyer-Schmid, annoyance at letter by, **5:**199n
   moving costs of, AE on, **8:**64
   on moving to Germany, **10:**220–221, 228, 498
   neurologist of, **8:**372
   in Novi Sad, **10:**237–238
   nurse in household of, **8:**658, 665; **10:**58
   parents of
     plans of moving to, **10:**121
     plans of visiting in Novi Sad, **10:**226, 228
   payments to, **9:**9–10, 90, 234
   personality, AE on, **1:**220–221, 226, 229–230, 267
   plays piano, **5:**223n
   pregnancy of, **5:**22, 22n, 215n
   reasons for not allowing sons to visit Germany, **10:**172
   reserve fund for, **8:**270, 598
   return to Zurich: from Berlin, **8:**992c; from Vienna, **5:**559n;
   sons, Hans Albert and Eduard
     AE feels has bad influence on, **8:**169
     AE feels prevents meeting with, **8:**185, 279
     AE requests regular information about, **8:**56
   study of English, **2:***110*
   suffers from solitude, **8:**337
   Swiss Patent Office, on AE's work at, **5:**7n
   takes cure in Rheinfelden, **10:**195n, 196, 200, 210
   teaching position in Belgrade, inquiry about, **5:**23n
   temporary lodging of, **8:**57
   tensions with AE's relatives in Berlin, **5:**544, 587
   tubercular condition of, **10:**75
   tutors of, **8:**316
   Varićak, good relationship with, **10:**23
   visits
     family, **5:**115n
     Haber in Berlin, 570, 574
     parents in Serbia, **9:**270, 303, 338

widow's pension for, **8:**673, 684, 713–714, 721–722; AE on, 271, 623, 677, 678, 719, 730; **10:**142, 146–147, 567c
Winteler-Einstein
  bad relationship with, **5:**457
  mistrusts, **10:**90
Wintelers, rejects AE's plan to have Hans Albert Einstein board with, **10:**150–151
Zurich, life in with AE, **1:**213, 226, 230, 234, 238, 243, 268–269, 272, 280
Einstein-Richardson effect. *See* Ampère's molecular currents
Einstein's cosmological model. *See* Cosmological model, Einstein's
Einstein's equation. *See* Capillarity: AE's equation for
Einstein's photoelectric equation. *See* Photoelectric effect: AE's equation for
Einstein-Smoluchowski scattering. *See* Smoluchowski-Einstein scattering
Einstein-Stiftung. *See* Albert-Einstein-Spende
Einstein tensor, **7:**25, 28n
Einstein Tower Solar Observatory. *See* Tower Telescope
Eisenach, AE and Elsa Einstein visit, **10:**33
Eisenhart, Luther (1876–1965), **10:**490; invites AE to Princeton University, 441
Eisfelder, Otto, **9:**226, 607c
  dispute with, on room for Pauline Einstein, **9:**274
  extends AE's rent contract, **9:**608c
Eisner, Kurt (1867–1919), **9:***xliv*, 488n, 558c; assassination of, **9:**13n
Eka-iodine, **9:**217
Elasticity
  and specific heat, **3:**409–413, 413n–414n, 420
  coefficient of, for gases, **1:**101
  of solids, **3:***xxiii*, 475n
  theory, **10:**282; relativistic, 241
  See also Force: elastic
Elbogen, Ismar (1874–1943), **9:**169n
"Electra," Apparatenbau-Ges.m.b.H., Vienna, **1:***liv*
Electric charge, **1:**224, 226; **2:**256, 294, 451, *503–504*; **3:**9, 316–319, 338, 396n
  bound, **3:**344
  on conductors, **3:**327–329
  conservation of, **3:**318–319, 325, 384
  definition of, **3:**316–318, 325; **4:**9, 54

density of, **4:**10, 54, 150; **7:**134
distribution of, **3:**325
freely moving, **3:**246n
and impressed forces, **3:**351–352
measurement of small quantities of, **3:**9, 340–341, 397n–398n
positive and negative, **3:**318–319
rest density of, **4:**54, 82, 87, 320
static spherically symmetric distribution of, **7:**138
subelectronic, **3:***xxvi*, 509n
  controversy on discovery of, **5:**291n, 320n, 322n; AE on, 321
surface density of, **1:**160–161
unit of, **3:***xix*, 362–363, 508n–509n
violation of conservation of, **7:**572n
See also Charge: elementary; Measuring instruments
Electric circuits, **3:**117–119, 368–369
  and capacity, **3:**380–382
  closed, **1:**177–178, 181
  Kirchhoff's laws for, **1:**181–184; **3:**368
  magnetic energy of, **3:**362, 373
  networks, **1:**182
  parallel, **1:**184, 192
  and self-induction, **3:**380
  series, **1:**192
  system of two, **3:**376–379
  three-wire system, **1:**185
Electric conductivity, **2:***174*, 512–513; **4:**19
  AE on, **5:**337–338
  experiments on, **3:**504n
  of metals, Besso on, **5:**319, 342
  of negative charge carriers, Drude on, **1:**284, 285n
  of pure metals, **3:**501
  relation to thermal conductivity, **1:**194, 305n
  relation with temperature, AE on, **5:**281
  Weber, H. F., on, **1:***235*
  See also Electric conductor; Electric current
Electric conductor, **2:**490–491, *503–504*, 523, 525; **3:**119, 327–328, 334
  distribution of electric charge on, **1:**159–161
  extended, **3:**369–370, 399n
  ferromagnetic, **3:**255–256
  interrupted by dielectric, **3:**386
  motion of, **3:**336
  relation between charge and potential of, **1:**161–167

Electric conductor (*cont.*)
  resistance of, **3**:367
  See also Electric conductivity
Electric current, **1**:*6*, 7, 9, 172, 227n; **2**:*262–263*, *507*, 512, 519, 526, *585*; **3**:356–357
  density of, **7**:134
  and displacement vector D, **3**:386–387
  distribution in Voltaic cell, **1**:176–178
  inductive, **3**:142
  in magnetic field, **3**:255–256, 257n
  measurement of, **1**:35, 158, 200–210
  as motion of charges in empty space, AE on, **1**:*224*, 226
  Poynting vector, **3**:391–392
  units of, **1**:207; **3**:362–363
  See also Ampère's molecular currents
Electric field, **1**:*5*, *223–225*; **3**:132
  and bound electricity, **3**:344
  boundary conditions for, **2**:*506*, 512, 515, 532–534, 535n
  definition of strength of, **4**:9
  displacement vector D, **2**:510–511, 513, 515, 521, 537–539; **3**:342–347, 387
  external, **2**:417
  force vector E, **2**:510–511, 519, 520, 537–538
  of light wave, **3**:298
  of point charge, **4**:152
  strength, **2**:417, 451
  transformation equations for, **2**:292–296, 301, 411, 417, 450, 481–482
  See also Electromagnetic field
Electric force, **2**:*208*; **3**:272–273, 316, 320, 322, 325, 332, 342, 348, 393; AE on definition of, **1**:226. *See also* Ponderomotive force
Electric lighting filaments, **1**:197n
Electric meter, **1**:*lii*
Electric motor, **1**:*liv*
Electric polarization, **4**:16, 85, *202*
  in Hertz's electrodynamics, **1**:*223*, 226
  of molecules, **1**:172
Electric potential (*see* Potential: electric)
Electric resistance, **1**:175–210
  in branched conductors, **1**:184–187
  measurement of, **1**:35, 186–190
  specific
    of copper, **1**:199–200
    dependence on temperature, **1**:190–191
    of metals, **1**:190–191
  units of, **1**:191–194; **3**:367

  vanishing, close to absolute zero, **3**:501
Electric resonator energy, as source of internal kinetic energy, **1**:*235–236*, 279. *See also* Resonator
Electric state of medium. *See* Material medium: electric state of
Electric waves, **3**:384–385
Electricity, **1**:*xxxix*, *xl*, *5–6*, 148–210, *224*, 226, 227, *236*, *237*, 238
  AE's lectures on magnetism and, **3**:*xvii*, 8, 126n–127n, 316–396, 396n–400n, *598–599*
  atomistic constitution of, **2**:45
  carriers of, **2**:411
  contact, **1**:178–181; **2**:358n
  duality of magnetism and, **2**:526, 528n; **4**:25, 26
  electron theory of (*see* Electron theory)
  law of conservation of, **4**:10, 11
  Maxwell's theory of (*see* Maxwell's electromagnetic theory)
  measurement of small quantities of (*see* Maschinchen, Einstein's)
  true, **4**:26
  See also Electric charge
Electrochemical equivalence, Faraday's law of, **4**:*111*
Electrochemical equivalent, **1**:226
Electrochemistry, **1**:286
Electrode, **2**:7, 24–29, 33–35, 38, 40n
Electrodynamic force, **3**:256, 466
Electrodynamics, **3**:*xxvi*, 117–119, 160, 513; **4**:9–28, 51–56, 59–64, 81–98, 147–154, *192*, *199*, *202n*, 264–269, 318–321, 487, 495, 499, 512–517, 545, 562, 584, 610–612; **6**:21, 45–48, 59–66, 264–268, 360, 365, 457, 476, 525–526, 577; **7**:79, 139n, 207, 213, 219, 526–527
  AE's course at ETH on, **4**:*3*, *6*, 106n, 108n, *298*, *300*, 512–519
  AE's lectures on, 579
  AE's work on, between 1902 and 1905, **2**:*259*
  and Ampère's molecular currents, **6**:*146*, 151, 173, 191
  of bodies at rest, **2**:277, 452, *504*, 509, 522, 538–539
  boundary conditions in, **4**:90–91, 516–517
  classical, **3**:178n, 506n, 514n; **9**:160
  concept of force in, Bucherer on, **5**:148
  conservation of energy-momentum in (*see*

Energy-momentum, law of conservation of: in electrodynamics)
contiguous action interpretation of, **6**:457
covariant, **3**:*10*, 396n
covariant formulation of, **6**:59–65, 67n, 68n, 105–109, 129n, 135, 264–268, 327–330, 408n; **7**:91, 157, 160–161, 454, 525, 531, 561–562
development of, **3**:*xxviii*, 174n, 178, 426, 439n; **7**:372–373, 407, 431
duality of electricity and magnetism in, **2**:526, 528n; **4**:25, 26
energy density, electromagnetic, **4**:13, 20, 154
epistemological status of, **9**:264
equation of motion of point mass in, **2**:411; **4**:95–98
field equations of (*see* Electromagnetic field: equations of)
foundations of, **2**:*139*, *144*, *148*, 565
as fundamental science, **7**:311, 315, 321n
and relativity, general, **6**:105–109, 226, 264–267, 269n, 294, 318, 325–326, 327–330, 536n
generally covariant, **8**:350n, 796–801, 803
Göttingen seminar on, **2**:267, 504
and gravitational field, **4**:*124*, *127*, 147–154, 318–321
incompatibility with Planck's radiation law, AE on, **5**:166
Lorentz's: action and reaction in, **5**:149n; formulation of, **7**:247
Maxwell field tensor of (*see* Maxwell field tensor)
Maxwell's (*see* Maxwell's electromagnetic theory)
Maxwell's formulation of, **7**:247
and mechanics, **3**:523
and quantum theory, **6**:356, 364, 368, 370n, 382, 384, 385, 387, 388, 392, 395
and radiation, **3**:*xx*, 517
relativistic, **2**:292–306, 449–453; **3**:177, 423n, 445
and relativity, general, **6**:105–109, 226, 264–267, 269n, 294, 318, 325–326, 327–330, 536n
and relativity, special, **6**:4, 26, 59–65, 75, 132, 264, 266, 280, 325, 328, 330, 433, 437, 452, 453–455, 458, 459, 527; **7**:*xxxi*, 6, 208, 214, 245–250, 313–315

retarded potential in, **6**:348, 350
special relativistic, **8**:5, 6
stress-energy tensor in (*see* Energy-momentum tensor: of electromagnetic field)
and time-reversal invariance, **10**:54
See also Electric field; Electromagnetic field; Electron theory: Lorentz's *and* Poincaré's; Magnetic field; Maxwell-Hertz equations
Electrodynamics of bodies at rest, **2**:277, 452, *504*, 509, 522, 538–539. *See also* Maxwell-Hertz equations
Electrodynamics of moving bodies, **1**:*xl*, 223–225, 226–227, 325, 328, 330; **2**:*253*, *258*, *268*, 509–517, 530, 532–534; **3**:133
AE's theory of, **2**:*xxii–xxiii*, *175*, *259–260*, 276–306, 509
asymmetries in formulations of, **2**:276, 295, *309*
Drude's theory of, AE plans to study, **1**:225, 330
Hertz's theory of, **2**:*255–256*, 307n, 308n, 532
Lorentz's theory of, **2**:*259*, *264–265*, 301–302, 307n, 410, 434–435, 438, 449, 540, 567–568; **8**:5, 6, 900
macroscopic theory of, **2**:268, *503*
problems of, **2**:*147*, 542
Electrodynamics of moving media, **3**:257n
Abraham's paper on, **5**:162n; AE on, 161n
AE's and Laub's work on, **2**:*253–254*, *503–507*; **5**:114n, 119; action and reaction in, 131, 132n, 253
Cohn's theory of, **2**:*255–256*, *258*, 267, 307n, 504; **3**:445, 449n
derivation of macroscopic equations in, **2**:517n
Hertz's theory of, **2**:*503*, 504
Lorentz's theory of, **2**:*xxviii*, *503*, *507*, 514
Minkowski's theory of, **2**:*xxii*, *504–507*, 517n, 537–540, 540n; **3**:445, 449n; **4**:26, 84, 88, 89, 92, 107n; **5**:93n, 114n; **7**:91; **8**:5, 6
relativistic, **2**:*xxii*, *xxviii*, *503–504*, 514
See also Ponderomotive force: AE's and Laub's expression for
Electrolysis, **1**:226n; Reichinstein on, **10**:312
Electrolytes, **2**:7, 25
conductivity of, **2**:*xviii*, 7, 27, 40n, *178*, 501n
Nernst's theory of, **2**:27–28
viscosity in, **2**:*179*, *180*
Electromagnetic energy, **2**:312, 420, 425, 456, 485n; **3**:*xix*; 400n; **5**:163–165; **7**:137, 140n

Electromagnetic energy (*cont.*)
  distribution and propagation of, **3:**270, 392
  expected minimum density of, **3:**539
  inertia of (*see* Energy: inertia of; Equivalence of mass and energy)
  localization of, **3:**249–252, 253n; in Maxwell's theory, **2:**583n
Electromagnetic field, **3:***xix*, 136, 171–172, 422, 423n
  boundary conditions for, **2:***506*, 532–534, 535n, 565
  of charged mass rotating around gravitational source, Mie's calculation of, **9:**97
  emission and absorption of, **2:**543
  energy of, **3:**350, 355, 392, 400n
  equations of, **2:***256, 507*; **7:**89, 95, 357n, 516–517, 571n, 595
    macroscopic, **2:***503, 504*
    microscopic, **2:***503*
    Minkowski's, **2:***503, 505–507*
    for moving media, **4:**25–28, 51–56, 84–91, 515; **6:**46, 73, 107, 108–109; **7:**89, 98n, 372, 407
    for stationary media, **4:**15–24, 513; **6:**65–66, 266; **7:**88, 91, 98n, 516
    for vacuum, **4:**9–12, 81–84, 147–154, 265n, 268n, 320–321; **6:**59, 106, 264–267, 327–330, 340; **7:**87, 132–133, 247, 250, 373, 407, 412, 461, 514, 567, 593
  as independent structure, **2:***148, 257–258*, 435, 569, 572
  inertia of (*see* Energy: inertia of)
  lack of understanding of, **9:**56
  and matter, **7:**247
  Maxwell tensor of (*see* Maxwell field tensor)
  Maxwell's theory of (*see* Maxwell's electromagnetic theory)
  measuring instrument for, **4:**151, 154
  medium for, **7:**313–315
  momentum of, **3:**393
  stresses in (*see* Energy-momentum tensor: of electromagnetic field)
  tensor of, **4:**81, 519n
  transformation properties of, **2:**292–296, 301, 411, 417, 420, 449–450, 462, 481–483
  within electron, **7:**351
  See also Electric field; Electrodynamics; Magnetic field

Electromagnetic induction, **2:***262*, 306n; **7:**121n, 372, 407
  problem of electrodynamic explanation of, **7:**264–265
  symmetry of, Lehmann on, **9:**562c
Electromagnetic phenomena in moving media. *See* Electrodynamics of moving media
Electromagnetic potential (*see* Potential: electromagnetic)
Electromagnetic radiation. *See* Radiation
Electromagnetic stress-energy tensor. *See* Energy-momentum tensor: of electromagnetic field
Electromagnetic theory. *See* Electrodynamics; Maxwell's electromagnetic theory
Electromagnetic units, **3:**379–380
Electromagnetic waves, **1:***xxxix, 5, 6*, 6–9; **2:**261; **3:**389–396, 400n
  energy of, Weiß on, **5:**163–165
  See also Ether waves
Electromagnetic worldview. *See* Worldview: electromagnetic
Electrometer, **1:**172; **2:**397n, 490, 492n; **3:**9, 339–340, 397n, 398n
  AE's construction of, **5:**150
  quadrant, **1:**156–158, 162–164; of Elster and Geitel, **5:**383
  See also Thomson's balance
Electromotive force, **1:**35, 178, 181, 201; **2:**28, 262, 276, 292–295, 309n, 451; **3:**119, 351, 368, 370–371, 388, 399n; **4:**15, 27, 84; **8:**8
Electromotive force series, **2:**354, 358n
Electrons, **1:***236–237*, 284–285 **3:**499, 505n, 540–541, 547n; **4:**15, 64, 116, 552; **6:**454, 458–459, 536n
  Abraham's model of (rigid), **2:***254, 270*, 308n, 310n, 371, 410, 412n, 461, 553n; **5:***57*; **8:**840, 913
  accelerated, **2:***270*, 411
  acceleration of, **3:**543
  AE on influence of magnetic field on, **10:**12
  and atoms, **3:**514n
  bound, Fokker's theory of, **10:**298
  Bucherer's model of, **2:***270*, 310n, 371, 461; **8:**900
  calculation of quantum levels of, **10:**244n
  charge of, **2:**302, 553n; **6:**364, 370n, 526; **10:**297

nonfractional, **9:**7
circulating intra-atomic, **6:***146, 147*, 151–152, 153, 165, 169, 170n, 173, 174, 183, 189n, 191
  determination of sign of charge of, **6:**163–165, 179, 183–184, 189n, 192
  See also Ampère's molecular currents
circulating intramolecular, **7:***xxvii*, 586–589
cohesive forces in, **10:**371
collisions of, **3:**515–517, 543
contribution of to specific heat of solids, **2:**386
deformable, **2:**410–412, 553n, 561
  and superluminal velocity, **5:***57*
  Wien's support of, **5:***57*
and dielectrics, **3:**398n
ejection of, from metals (see Photoelectric effect)
in electrodynamics, **2:***148*
equation of motion of, **2:***258, 270*, 302–306, 411, 436, 453–458; **4:**98; **6:**64–65, 458–459
  in five-dimensional theory, **9:**66
existence and stability of, **10:**378
fluctuations in velocity of, **3:**505n
and gravitational field, **10:**62
gravitational field in constitution of, **9:**264
gyromagnetic factor of, **6:***148, 149*
inertial mass of, **10:**287
kinetic energy of, **2:**304–305
Langevin's model of, **2:**310n
Lorentz-contracted, **10:**348
Lorentz-FitzGerald hypothesis on contraction of, **10:**9n
Lorentz's model of, **2:**310n, 371
in magnetic field, **3:**518, 518n; AE on invalidity of mechanics for, **5:**359
magnetic effect on, novel theory of, **10:**12
and magnetism, **10:**303
mass of, **7:**321n
  AE on nature of, **5:**88
  electromagnetic, **2:***561*
  longitudinal, **2:***270*, 303–304, 310n, 370, 372n, 486n
  ratio of transverse to longitudinal, **2:***270*, 303–304, 368–371
  transverse, **2:**270, *272*, 304, 310n, 370, 486n
  variation of with velocity, **2:***270, 272*, 486n; **8:**815n, 900, 908, 913

mean energy of, **3:**505n
in metals, **3:**232–233, 500
motion of
  in electromagnetic field, Schuster's calculation of, **5:**138n
  rapid, **2:**411
  slow, **2:**370, 411
negative pressure within, **7:**134, 139n, 456–457n, 567
new theory of, AE on need for, **5:**88
nonspherical, nonellipsoidal, **2:**410
number and position of in atom, **8:**821–822
and origin of paramagnetism, **10:**28
as point singularity, **2:**436, 553n
positive, **6:**165, 179
radiating, **6:***146, 147*, 152, 173, 191
radiating gravitational waves, **6:**356; **7:***xxvii*
in radiation field, **3:**505n, 543
rest energy of, AE on, **5:**88
rigid
  nonspherical, **2:**412n
  and superluminal velocity, **5:***57, 58*, 65
rotating but not radiating, **10:**541
secondary, **3:**540, 547n
as singularity or nonsingular solution of differential equations, AE on, **9:**375
specific charge of, **6:***147, 148*, 152, 168, 170n, 175, 184, 188, 189n, 192
specific charge of, determination of, **5:**114, 115n, 186
  Bucherer's, **3:**173, 176n, **5:**133–134, 135n, 136–138
  Classen's, **5:**138n
  Hupka's, **5:**187n, 189, 190n
  Kaufmann's (see Kaufmann, Walter: experiments on electron mass)
stability of, **7:**131, 140n; **9:**498
structure in atom of, **10:**303
and subelectrons, **10:**295, 298n
superluminal velocities of, **2:**310n
theory of as topic of Third Solvay Congress, **10:**302
Zangger on, **10:**513
See also Beta rays; Cathode rays; Electric charge
Electron gas, **8:**776
Electron impact method of Franck, **9:**368
Electron orbits, invariance of, in Weyl's theory, **9:**112

Electron theory, **2**:151, *256, 261, 265,* 309n, 350, 351, *503, 504,* 520, 526, 528n; **7**:351
AE's work on, **5**:11
derivation of macroscopic electrodynamic equations from, **2**:*504,* 517n
limits of, **2**:*144,* 585
Lorentz-Einstein equations of, **2**:*254, 272*
Lorentz's, **2**:*xvi, xxviii,* 253, *256–257, 259, 261, 264, 268, 270,* 308n, 371, *503–504,* 568, 569, 570; **3**:*xix,* 136, 138, 142–146, 344, 398n, 445, 449n; **4**:*3,* 9–28, 29, 39, 51–56, 84, 153, 550n; **6**:45–48, 61, 67n, 151, 169, 170n, 173, 189n, 191, 437, 452; **7**:139n–140n, 514, 530
field equations of, **6**:106
and Kaufmann's experiments, **5**:138
macroscopic, **2**:*503–504*
of metals (*see* Electron theory of metals)
Poincaré's, **7**:*xxviii,* 139n–140n, 567
with quaternions, **9**:265
relativistic, **7**:131–135, 138
relativistic invariance of, **2**:*507*
superluminal velocity in, **5**:*56*
Electron theory of metals, **8**:4n, 445
AE's interest in, **1**:*xl, 236–237,* 238, 284–285, 287, 303, 304n, 305, 306, 309n
Besso on, **5**:318, 342
Drude's, **1**:*236–237;* **2**:*xviii, 45, 46, 143,* 151, 167n, *175, 207,* **5**:320n; **8**:4n
Gruner's work on, **5**:145–147, 147n
Electrophorus, **5**:*51*
Electrostatic field, **3**:*xix,* 389; "frequency" of, 178n
Electrostatic force, **1**:150–156; **2**:305
Electrostatic induction, **1**:164–167
Electrostatic potential (*see* Potential: electrostatic)
Electrostatics, **3**:317–341, 367, 389, 392; **4**:22, *127, 194,* 315, 488, 567; **6**:476; **7**:86
Heaviside's electrostatic unit, **4**:9
Poisson equation in, **4**:397n
use of electrophorus in, **5**:*51*
use of friction machines in, **5**:*51*
use of induction machines in, **5**:*51*
Electrotechnology, **1**:307, 308n, 327; **2**:397n
Elementary charge. *See* Charge: elementary
Elementary particles
constitution of, **7**:*xxvii,* 131–140n, 318–319, 351, 377, 392, 409

existence of, **8**:392
See also Electron theory
Elementary quanta (fundamental atomic constants), **2**:99, 107n, 108n, 154, 167n, 338, 376, 393–396, 396n, 546, 549, 552n–553n, 577, 585
Eliasberg, Alexander (1878–1924), **9**:*xliv,* 394
invites AE to join editorial board of *Das Odeon,* **9**:391–392
Jewish identity of, **9**:394
Eller Prize, **8**:1001c
Ellermann (Institutsmechaniker), **3**:564
Elliptic geometry. *See* Geometry: elliptic
Elsa, Countess von Schweinitz und Krain, expresses sympathy for AE, **10**:399–400
Elsenhans, Theodor (1851–1923), **8**:695
Elster, Julius (1854–1920), **5**:384n; **9**:349; induction machine of, **5**:52
Emde, Fritz (1873–1951), **9**:292
Emden, Robert (1862–1940), and light refraction as cause of light deflection, **9**:296, 297, 309, 310
Emergency Society for German Science and Scholarship. *See* Notgemeinschaft der Deutschen Wissenschaft
Emergency Society in Aid of German and Austrian Science and Art, **7**:495n
Emission, **3**:260, 506n
and absorption, **3**:457, 517, 535–536, 542, 558
coefficient, **3**:513
induced and spontaneous, **4**:*113*
See also Radiation
Emission theory of light. *See* Light, emission theory of
Emmert, Karl (1813–1903), **1**:335n
Empirical facts. *See* Experience; Experiments
Empirical knowledge versus speculation, **8**:864–865, 870–871
Endothermic process, **2**:116
Energetics, **2**:*xxvii, 207;* AE on, **5**:285
Energy, **3**:32, 204, 374–375
atomic, in lattice, **3**:463–464
in classical mechanics, **10**:63
components (*see* Gravitational field: energy-momentum components (pseudotensor) of)
concept of, **2**:121, 150
conservation of (*see* Energy, law of conservation of; Energy-momentum, law of conservation of; Thermodynamics: first

law of)
conversion of, into heat, **3**:351
of current, **6**:98
current and Poynting vector, **3**:392
definition of, **3**:32
degradation of, **2**:121
density, **3**:279; **6**:98, 355, 392
of dipole, rotating, **4**:*273*
distinction between potential and kinetic, **2**:*52–53*, 75n, 95n
distribution of, **2**:150, 352; **3**:*xix*, 178, 270, 281n–282n, 557
electric, **3**:332
electric resonators, **2**:*143*
electromagnetic (*see* Electromagnetic energy)
elementary quantities of, **3**:504n
emission of, **3**:395–396, 515–516
equipartition theorem of, **4**:524; **6**:383, 390, 398n, 577; **7**:86
equivalence of, with inertial mass (*see* Equivalence of mass and energy)
exchange of, **2**:338; **3**:504n, 522–524
of fields, **3**:*xix*, 350, 555
fluctuations (*see* Energy fluctuations)
free, **2**:121, 211, 225, 229, 235n; **6**:31, 250–251
and frequency, **3**:250, 497n, 546n
increase of, and work, **3**:375
inertia of, **2**:312–314, 360, 414–427, 436, 463–464, 485n (*see also* Inertial mass)
kinetic (*see* Kinetic energy)
localization of, **2**:583n; **3**:178, 249, 252, 423n
magnetic, **3**:350–351, 362, 373
and mass (*see* Equivalence of mass and energy)
of matter, **7**:137
in Maxwell theory
  AE on, **5**:229, 230n
  AE's expression for, **5**:225–226
mean
  deviation from, **3**:533, 535–536, 538
  of electron, **3**:505n
  of moving gas molecules, **3**:543
  of oscillator and temperature, **3**:510, 523–524, 531
mean square, **3**:536
mechanical, **4**:522, 533
of mixture of molecules, **6**:31
of moving system, **2**:298, 466–469, 561

new sources of, **7**:339
nuclear, **7**:339
of oscillator (*see* Oscillators: energy of)
of point mass, **6**:64, 103, 454, 456
of ponderable bodies, **2**:150
potential (*see* Potential energy)
quantization of, **2**:*134*, 353–354, 383, 390n, 545, 575, 577, 585; **3**:422, 531
quantum distribution of, **3**:545n
in quantum theory, AE on, **5**:228–229
of radiation (*see* Radiation: energy of)
relation between frequency and, of radiation, **2**:299, 309n
release of, in radioactive decay, **2**:314, 464–465
rest, **4**:59, 108n, 569
rotational, of gas molecule, **9**:438
of secondary electrons, **3**:540, 547n
thermal, **3**:446; **4**:522, 563
transfer by radiation (*see* Radiation: energy transfer by)
transformation of, relativistic, **2**:313–314, 466–469
transmission of, **3**:514, 523
  through molecular kinetics, 457
  through radiation, 392, 489, 492
velocity dependence of, **2**:463
of X-rays, Sommerfeld's paper on spatial distribution of, **5**:228
zero-point (*see* Zero-point energy)
Energy fluctuations
of black-body radiation (*see* Black-body radiation: energy fluctuations of)
of oscillator, **6**:365
of radiation, **8**:424n
in thermal equilibrium, *xx*, **2**:*41*, *47–48*, 105, *137*
Energy knots, matter as, **8**:578n
Energy, law of conservation of, **1**:7, 92–94; **2**:*xxvi*, 67, 95n, 96n, 121, 309n–310n, 475, 484, 542, 561; **3**:*xxi*, *xxvi*, 32, 34, 40, 68–69, 116, 334, 346, 374–376, 391–392, 438, 457, 488, 508, 539, 550, 562n; **4**:138, 140, 152, 258n, 521–523, 546, 613; **6**:4, 65, 100, 238–239, 455, 456
AE on possible statistical validity of, **5**:261n
in "Entwurf" theory, **5**:552
motion of pendulum derived from, **3**:69
in psychology, **9**:520

Energy, law of conservation of (*cont.*)
   renunciation of in radiation theory, **5:**261
   in special relativity, **4:**64, 101
   use of, **5:**10, 17
   violation of, **3:**538
   See also Energy-momentum, law of conservation of; Thermodynamics: first law of
Energy quantum. *See* Quantum: of energy
Energy states, degeneracy of, **6:**39n
Energy transfer, as directed process, **8:**330, 333, 401
Energy-momentum density, components (pseudotensor) of. *See* Gravitational field: energy-momentum components (pseudotensor) of
Energy-momentum, law of conservation of, **7:**80n, 452, 456n; **8:**312, 315
   in closed universe, **8:**782, 784–785
   as consequence of field equations, **8:**236–237, 238, 242–244, 249–254
   controversy about, **7:***xxiv–xxvi*, 64, 76n, 79, 574n
   in covariant theories of AE and Hilbert, **8:**291, 294
   and definition of straight line, **4:**580
   in electrodynamics, **4:**12–15, 19, 22, 24, 63, 82, 91, 95–96; **8:**176; of, **6:**65, 66, 109, 219, 264, 267–268; **7:**162, 179n, 532
   in "Entwurf" theory, **8:**101
   for gravitational field, **6:**319–321, 323–324, 346n
   for matter, **4:***198*, 222n, 232n, 246, 311, 316, 476, 481, 488, 494, 574, 591, 595, 622n; **8:**698; of, **6:**9, 11, 97–101, 219–220, 221, 246, 248, 324–325, 350351, 550; **7:**553–554
   for matter and gravitational field, **4:**318, 496, 567, 574, 580, 620; **6:**9, 100, 120, 221, 247, 324, 351, 414–415, 416n, 493; **7:***xxv–xxvi*, 15, 23–24, 31, 64, 66, 165, 552; **8:**834; **9:**36, 100–101
   and perihelion motion, **4:**439n, 441n
   in special relativity, **7:**132
   in Weyl's unified field theory, **8:**878
Energy-momentum tensor, **6:**68n; **7:***xxv*, 20–21, 30–31, 36n, 39, 72, 452
   of dust, **7:**166–167, 180n, 182n, 456n, 555–556, 567
   of electromagnetic field, **2:***506*, 528n; **3:**394; **4:**91–94, 269n, 513, 517, 518; **5:**552; **6:**66, 226, 267–268, 329–330; **7:**95–96, 100n, 132–133, 136, 139n–140n, 313, 322n, 455, 457n, 530–531; **8:**142n
   of fluid, **6:**104–105, 326; **7:**96, 100n, 456, 534
   of gravitational field (*see* Gravitational field: energy components (pseudotensor) of)
   of matter, **4:**99–100, *195*, *196*, 232n, 247n, 249, *297*, 312, 336, *352*, 361n, 395n, 465n, 467n, 471n, 481, 491, 495, 496, 567, 573, 590–591; **6:**8, 9, 10, 98–99, 104–105, 219–220, 226, 246–248, 322–323, 326, 332, 345n, 349, 351, 411, 416n, 545, 547, 549; **7:**13, 16, 32n, 132, 137, 139n–140n, 165, 456n, 533, 552; **8:**553
      trace of, **6:**222, 226–228, 234–235, 245–246, 349
   of radiation, **6:**65
   symmetric, **6:**56, 79, 298
Energy-momentum vector, **4:**97, 249, 309, 569, 575; **8:**782, 785–786, 791–793, 805, 825–826, 827n–828n, 833n
   of point mass, **6:**103, 125, 127–128, 544
Engel, Franz Joseph, **1:***348*, *350*
Engelbrecht, Johanna (1855–1940), **1:**255n, 283n, 285n, 288, 293, 301; **3:**576; **8:**4
England
   AE on friendliness of colleagues in, **9:**295
   AE on moderateness of, **9:**139
   AE's planned visit to, **9:**378, 401, 603c
   relief aid to Germany in, **9:**387
   research in, **8:**40n
Engstlen Alp, **10:**164
Enke, Alfred (1852–1937), **5:**430, 430n
Enke Publishing House. *See* Publishers
Enriques, Federigo (1871–1946), **8:**572; **10:**278;
   on confirmation of general theory of relativity, **9:**517
Ensemble, **2:***49*, 73n–74n, 96n
   canonical, **2:***41–42*, 48, *49–50*, 74n, 96n, *137*; **6:**36, 250, 384; **3:**204–205, 207–211, 231–232, 244n–245n, 315
      fluctuation formula for, **2:***48*, *138*
      Lorentz's use of, **5:**172–173
   microcanonical, **2:***48*, *49*, *52*, 73n–74n, 75n; **6:**36, 562; **3:**208, 231 –232, 245n, 315n;
      equations of motion for, **5:**18n
   probability distribution for, **2:***48–49*, 60–62, 74n, *137*

statistical laws in, **3:**204, 207–208
See also Boltzmann, Ludwig
Ensemble average, equality of to time average. *See* Ergodic hypothesis
Ensingen, **10:**97, 99, 101, 103, 107–108, 111–112, 114, 119, 123n. *See also* Benzingen
Entente, **7:**9n, 129n, 334n
creates International Research Council, 363n
See also Allies
Enthalpy, **2:**130n
Entropy, **3:***xxvi*, 228–229, 250–251, 288–293, 450, 538, 550–552, 554; **10:**176
addition theorem of, validity for radiation, **5:**42n
AE's derivation of, **5:**10
behavior for infinite pressure, Polanyi on, **5:**514
of black-body radiation (*see* Black-body radiation: entropy of)
Boltzmann's interpretation of, **2:***xxv–xxvi*, *44*, 99, *137*, 158, 246n, 393, 544–545; **5:**87
Boltzmann principle for (*see* Boltzmann principle)
calculation of, AE on problems of, **5:**310, 321
definition of, **1:**114n; **3:**550, 557; **2:***50*, 57, 72, 119
density, **3:**450–451, 455n
of diatomic molecules, **4:**280
difference, between two physical states, **6:**253–255, 260, 261n
and ektropy, **10:**178n
expressions for, **2:***41–42*, *52–53*, 72–73, 77, 87–89, 99–100, 107n, 317, 317n, 332, 352, 544–545
of gas, **2:**246, *578*; **6:**257–261
of gas mixture, **4:**290
Gibbs's conception of, **2:***44*
gravitational potential and, **4:**155
of heat reservoir, **2:**101
increase of, **2:**116, 123–124, 158, 246n, 332; **4:**561
and irreversibility, **3:**314
of joint systems, **2:**93
maximum, **2:**551n; **3:**291–292
of mixed crystal, **6:**37–38, 257
of mixture of molecules, **6:**31, 32, 34
of moving systems, **2:**473–475
for nonequilibrium states, AE on, **5:**310
and probability, **2:***xxv–xxvi*, 158–160, 394;

3:250, 288–291, 307, 532–533, 550–557; **5:**188n; **8:**672–673, 682–683, 775n, 865 (*see also* Boltzmann principle)
of radiation (*see* Radiation: entropy of)
of resonators, **2:**351–354
of reversible processes, **2:**332
of rotation of diatomic molecules, **8:**30n, 192
of solutions, **10:**548
states and, **3:**307, 553
of system, at equilibrium, **2:**72; in heat reservoir, **6:**35–38, 250–252
transformation equation for, **2:**473–475
of the universe, **2:**117, 117n
Arrhenius on, **5:**125
Stodola on, **5:**125
at zero temperature, **4:**558; **6:**38, 252, 256–257
See also Heat theorem of Nernst; Thermodynamics, second law of; Thermodynamics, third law of
Entropy constant, **8:**39n, 186n, 247, 865; **9:**472n
theory of Tetrode and Sackur for, **6:**250–261, 261n
Entropy difference around absolute zero, **8:**30, 138. *See also* Heat theorem of Nernst
"Entwurf" theory of AE and Grossmann, **4:***127*, 201–269, *294–301*, 303–339, *344*, 475–476, 478–484, 487–489, 492–500, 505–509, 567–569, 572–576, 580–581, 584–586, 589, 592, 596, 616–620; **5:**501, 504, 523, 531; **6:**73, 129n, 130n, 243n, 338n; **7:**42n; **8:**96–97, 105, 111–112, 114–115, 119; **10:**21, 37
adapted coordinates in, **8:**40, 41n, 67, 68, 69, 70, 82, 84n, 97n, 102, 104, 107, 109, 113, 160, 161, 163, 207, 233
AE convinced of correctness of, **10:**23
AE satisfied with, **8:**63
AE's collaboration with Grossmann on, **5:**505, 516, 517, 538; **8:**13, 147, 201, 207, 218, 233, 245, 436
AE's later addendum to, **4:**580–581
AE's polemic with Mie on, **5:**594, 594n, 595
charge distribution in, **8:**139–141
conservation laws in, **5:**552, 563, 568, 584
coordinate system in, choice of, **8:**82–83
covariance of, **5:**552; **6:**7–17, 18n, 73, 74–75, 98, 109, 110, 117, 215; **8:**16, 17n, 32, 63, 69–70, 80, 161, 163–164
lack of, under rotation, **8:**177–178, 179n–180n, 206, 233, 383

"Entwurf" theory of AE and Grossmann (cont.)
    reasons for rejection of, **8:**207, 218, 233
    with respect to linear transformations, **6:**7,
        110–114, 117, 118, 120, 124, 215–216,
        222, 344, 413
    criticism of, **8:**460n
    deflection of light rays in, **4:***295, 299*, 422,
        475, 479, 490, 498, 507, 586
    dual six-vectors in, **8:**176
    efforts spent on, **8:**16, 136
    electrodynamics in, **8:**176
    energy of continuous mass distribution in,
        4:311, 494
    energy of point mass in, **4:**308
    equation of motion of
        continuous mass distribution in, **4:**214n,
            246n, 247n, 249n, 310–312
        point mass in, **4:***193*, 214n, 249n, 307–309
    error in, **8:**191, 277–278, 383
    field of
        rotating hollow sphere in, **8:**325n
        rotating ring in, **4:***127, 194, 359*, 464;
            8:325n
        rotating shell in, **4:***295, 359*, 432–434
        rotating sun in **4:***352–353*, 396–398
        static sun in **4:***348–349*, 360–374, 392–394
    field equations of, **4:***196–197*, 262, 312–318,
        338–339, 482–483, 492, 496, 568, 574,
        575, 581
    flaws of, **8:**63, 163–164, 177, 202n, 206–207,
        218, 233, 325n, 383
    force on
        continuous mass distribution in, **4:**311, 494
        point mass in, **4:**308
    foundations of, **8:**63
    generalization of, **5:**601
    gravitational light deflection in, value of, **5:**559
    Hamiltonian in, **8:**207, 233
    hole argument in, **5:**563n, 564n; **8:**67–68, 74n,
        79–80, 161n, 228, 230, 235, 247n, 383,
        463n
    inertia of point mass in, **8:**361n
    lack of general covariance of, AE on, **5:**547,
        562, 563, 568, 584
    Lagrange formalism for, **4:**213, 248, 308
    mass-energy equivalence in, **5:**588, 604
    metric field due to electric field, in, **8:**142n
    momentum of continuous mass distribution in,
        4:311, 494
    Newtonian approximation in, **8:**184
    origin of inertia in, **5:**548
    paper with Grossmann on, **8:**67–71, 74n
    perihelion motion
        of Mars in, **4:**459n; **8:**325n
        of Mercury in, **4:***344–359*, 360–472; **8:**178,
            212n, 233, 236n (*see also* Perihelion
            motion of Mercury, AE's and Besso's
            manuscript on)
    perturbations to, **8:**236n
    planned colloquium on, **8:**29
    point mass in, **4:**308
    Poisson equation in, **8:**40
    postulates of, **4:**488
    question of reduction to a scalar of, **4:**321–323
    reception of, **8:**29, 77, 91, 117, 120, 136, 145,
        147, 154, 162; **10:**23; AE on, **5:**571, 588–
        589, 594
    role of Grossmann in creation of, **8:**147
    role of Mach's ideas in, AE on, **5:**584
    Tolman's principle, incompatibility with,
        8:165
    transformations in
        dependent, **8:**41n
        justified, 41n, 84n, 97n, 163, 164n
    ugly dark spot on, **4:***297*
    validity of equivalence principle in, **5:**601,
        604; Besso's comments on, **5:**605
    See also Energy-momentum, law of conserva-
        tion of; Energy-momentum tensor
Eötvös, Roland von (1848–1919), **2:**21n, *274*;
    7:147; **8:**594, 595n, 615, 625, 795; **10:**171
    AE sends popular book on relativity, **8:**624
    colon cancer of, **8:**618
    experiments on equality of inertial and gravita-
        tional mass, **4:**304, 305, 478, 489, 493, 508,
        585, 614, 621n; **6:**288; **7:**147, 267, 536;
        8:600, 624, 718n; AE's ignorance of,
        5:498n
Geodetic Institute
    on candidates for directorship of, **8:**617,
        625, 795–796
    on purpose of, 616–617
    praises Schweydar, **8:**625, 717
    See also Mass, equality of inertial and gravita-
        tional
Eötvös's law, **3:**402–406, 406n–407n
    AE on, **10:**18
    AE's paper on, **5:**401n; Swinne on, 401

atomistic interpretation of, **3:**414n
and experiments, **3:**407n
Epidemics, in Russia, **9:**202; Zangger on fighting against, 204
Episcopal Seminary for Priests in Fulda, **8:**440n
Epistemology, **6:**129n, 278–279, 286–287, 372, 508, 569; **7:***xxxiv–xxxvii*, 250–251, 268, 280n, 369, 371n
and relativity: AE on, **9:**267; Sellien on, **9:**155
Epp, Franz Ritter von, **9:**63n
Epstein, Paul (1883–1966), **5:**567n; **6:**388; **7:**293n; **8:**386; **9:***xl, xlix*, 7, 192, 196, 333–334, 339, 353, 382, 405, 498, 578c; **10:**83n, 282, 289, 337, 516
AE on quantum theorem of Sommerfeld and, **6:**556–566
on AE's qualities, **9:**395
called scholar of international significance by AE, **9:**405
Einstein, Edith
on dissertation of, **10:***xlix*, 282–283
helps, **9:**47, 49–50
on Eliasberg, **9:**394–395
enemy alien in Germany, **8:**549n
financial problems of, **9:**152, 344
Hebrew University, prepared to teach at, **9:**180
on help for AE in Zurich, **8:**853
on learning Hebrew, **9:**197
and Jewish matters, **9:**152, 197, 222, 240
leaves Germany, **8:**548, 549n
Mann, Thomas, on political views of, **9:**394
on need for popular publications on science, **9:**395
no academic position for, **9:**457
passport difficulties of, **9:**49
quantum theory of, **8:**466n; generalized, 464–465, 468, 478
radiometer effect, on theory of, **9:**47, 49–50
recommended by AE as successor to Born, **10:**352; disregarded, 360
relativity, lectures on to psychiatrists, **10:**284
University of Hamburg, candidate for position at, AE on, **10:**547
University of Leyden, invited to, **10:**289
University of Zurich, fails to get professorship at, **10:**284, 284n–285n
University of Zurich, position at, **9:**381–382, 395–396, 403, 458n, 483
Equation of continuity. *See* Continuity equation

Equation of state, **3:**180
Battelli's, **2:**114, 114n
for extended molecules, **3:***6*
for ideal gases, **3:**179, 212
for moderately compressed gases, derived by Tanner, **5:**334n
relativistic, **2:**471–472
for solids, **5:**415
of steam, **2:**114
Tumlirz's, **2:**114, 114n
Van der Waals's, **2:**244n
Zeuner's, **2:**126, 126n
Equations of motion
electrodynamical (*see* Electrodynamics)
Lagrange's, **2:**69, 75n, 457
Newton's, **2:***255, 257–258, 259*, 364, 368, 433–434, 542
See also Classical mechanics; "Entwurf" theory of AE and Grossmann; Gravitation, relativistic theory of, static field; Newtonian mechanics; Relativity, general theory of; Relativity, special theory of
Equilibrium, **3:**33, 352, 450, 512, 521, 523
chemical, **6:**33, 260
conditions for, **3:**85–86
deviations from, **2:***213*; **3:**291–294, 508
dynamic, **2:**152–153, 167n, 201, *211*, 228, 230, 351, 472, 497, 547, 578; **6:**383
dynamic, photochemical, **4:***110*
electrostatic, **2:**522
indifferent, **2:**335
material, in universe, **6:**543
mechanical, **2:**337, 417
and rigid bodies, **3:**76
of rotating liquid body, **6:**360
statistical, **2:**579; **3:**465, 522–524; **6:**366, 367
thermal, **2:**65–67, 74n, 77, 83, 95n, 121, *137, 177*, 235n, 319, 335–337, 352, 393; **6:**33, 366–368, 383
irreversible approach to, **2:***136*
kinetic theory of, **2:**57–73, 77, 152, 336–337, 497, 579
thermochemical, **4:**290
thermodynamic, **3:**296, 314, 465, 503, 522, 550–551; **6:**31, 395, 577
improper, **4:***109, 112*, 115–121, 121n, 166–169, 289
proper, **4:**288
Equinox, vernal, **4:***347–348*

Equipartition theorem, **1:**305n; **3:***xx*, 270, 281n, 508, 507n, 562n; **4:**524; **6:**383, 390, 398n, 577; **9:**318n
  AE and Mises on, **9:**276, 290, 318
  for canonical ensemble, **2:***42, 137*
  and heat radiation, **3:**268n, 505n
  limits of applicability of to radiation, **2:***48–49, 143, 144,* 167n
  for microcanonical ensemble, **2:***45–46,* 75n
  and oscillator motion, **3:**280
  range of validity of, **2:***167,* 265
  for suspended particles, **2:***208, 209,* 216, 344n, 400n
Equivalence of mass and energy, **2:**5; 269, 314, 360, 363, 425, 428n, 464, 570–572; **3:**64, 174, 437–438, 448–491; **4:**59–64, 92, 95–98, 130, 158, 175, 184, 305, 322, 489, 545–546, 563, 573, 575, 585, 591, 613, 615, 617, 620; **6:**4, 63–64, 68n, 135, 322, 455, 456, 492, 536n, 537n; **7:**7, 95, 208, 213, 259–260, 314, 376, 408, 455, 529, 571n–572n.
  Bucherer on, **5:**147
  discovery of, **2:***253, 268–270,* 312–314, 414–427, 428n; **5:**33
  in electrodynamics, Bucherer and Planck on, **5:**148
  in "Entwurf" theory, **5:**588, 604
  experimental test of, **5:**33
  extension of to gravitational mass, **2:**465; verification of, 464–465, 487n
  first use of expression, **5:**621c
Equivalence principle, **2:***xxix, 253, 274,* 465, 476, 487n; **3:***xxix, 5,* 126n, 486–492, 497n; **4:***122–128,* 130–144, 144n, 147–162, 185, *301,* 304, 475, 479, 480, 573, 619; **5:**466n, 531; **6:**8, 129n, 130n, 136n, 243n, 338n, 404–407, 408n, 530, 532, 535n, 537n; **7:***xxv, xxxii,* 38–39, 42n–43n, 121n, 147, 177n–178n, 266, 280n, 376, 408, 432, 536–538, 557, 573n, 608, 610, 617; **8:**349, 627; **9:**268n, 601c
  in AE's theory of static gravitational field, **5:**486
  conclusions from, **7:**268–270
  consequences of, **5:**86n
  critique of, AE's response to, **7:**369
  Hartmann on, **10:**438–439
  Laue's criticism of, **5:**384
  and weak gravitational fields, AE on, **4:**160
  See also Acceleration: and gravitation; Mass, equality of inertial and gravitational
Erdmann, Benno (1851–1921), helps Schlick, **9:**478
Ergode, **2:***49,* 73n–74n, 75n. *See also* Ensemble: microcanonical
Ergodic hypothesis, **2:***48, 49, 52, 54,* 79, 95n; **3:**196, 202, 244n, 287; **9:**318
  AE on, **9:**276
  Mises on, **9:**290
Ergodic systems, **3:**551; **8:**672–673, 682–683; and trajectories, **3:**195–201, 244n
Erismann, Theodor (1883–1961), **8:**441
Erklärung in Sachen Liebknecht-Luxemburg, AE signs, **9:**17n, 551c
"Erlebnis" (individual act of experience), **7:**352, 388, 403n, 500–501, 510
Ernst, Heinrich (1847–1934), **5:**215n, 274n; **8:**441
Ernst, Otto (1862–1926), **5:**518n; **10:**274
Erzberger, Matthias (1875–1921), **9:**29n, 387; **10:**211
Escherich, Gustav von (1849–1935), **9:**400
Estorff, von, ?, **10:**527
ETH (Eidgenössische Technische Hochschule), **2:***xvi,* 501n; **3:***5, 284,* 407n, 449n; **7:**27n, 211n, *222–223;* **8:**4n, 10n, 14n, 20n, 47n, 92n, 93, 135n, 137n, 148, 149n, 284n, 288n, 305n, 330n, 347n, 350n, 366n, 445n, 452n, 478n, 512n, 581n, 664n, 802n, 819n, 850n, 854n, 916n; **10:**22, 25, 29, 154, 257n, 591c
  AE's 1895 attempt to enter, **1:***xxxvi, liv, lxv,* lxv, 10, *10–11,* 12–13
  AE's appointment at, **10:***xxxiii,* 20n
  AE's chair at, possible candidacy for: Keesom's, **5:**546; Laue's, 546
  AE's *Diplomarbeit* at, **1:**61, *235–236,* 244, 244n
  AE's experiences at, **1:***xxxvi, 43, 44, 60–62*
  AE's grades at, **1:**45–50
    at intermediate examination for the *Diplom,* **1:**214
    at final examination for the *Diplom,* **1:**247
  AE's lectures at, **3:***4, 6, 10,* 599
  AE's physics education at, **2:***258,* 317n
  AE's professorship at, **3:***xviii,* 3
  AE's studies at, **5:**4, 34
  AE's succession at, **5:**595
  Assistent, AE's failure to obtain position as (*see* Einstein: Career)

change of name of, **5:**332n
curriculum, AE's, **1:***362–369*
curriculum at
    AE on, **5:**351
    Grossmann on, **5:**351
Diplom, **1:**44, 45n, 50
doctorate not granted by, until 1911, **1:***61*
entrance examination at, **1:***10–11*; required topics, 3n, 6n, *356–358*
establishment of theoretical physics chair at, objections to, **5:**33n, 340n, 350n
expansion of, **5:**366n, 393n
friends of AE at (*see* Ehrat, Jakob; Grossmann, Marcel; Einstein-Marić, Mileva; Stern, Alfred)
history and organization of, **1:***43–44*
laboratories of, **1:***xxxvi*, *60–62*, 199, 218, 219n
physics instruction and research at, **1:***60*
Record and Grade Transcript, AE's at, **1:***45–50*
reforms at, **9:**28
reorganization of, **5:**333n
reorganization of electrotechnology teaching at, **5:**482n
teachers, list of AE's at, **1:***362–369* (*see also* Fiedler, Wilhelm; Geiser, Carl Friedrich; Heim, Albert; Herzog, Albin; Hurwitz, Adolf; Minkowski, Hermann; Pernet, Jean; Weber, Heinrich F.)
theoretical physics at, **2:***172–174*
Weber's lectures on physics at, **1:***60–62*; AE's notes on, *xxxix*, *63–210*
See also Einstein, Albert: Career: ETH; Einstein, Albert: Courses taught: ETH
Ether, **1:***223–224*, 226, 285, 330; **2:***256, 503*; **3:***xix*, 131–133, 178, 426–430, 446; **4:**183, 536–541; **7:**122n, 128n, 245–250, 371n, 462, 465, 467, 593; **8:**72, 301, 302n, 349, 358; **9:**232
    and absolute space, **10:**300, 325
    as ad hoc hypothesis, **3:**443
    AE on, **7:**306–320
    AE's arguments against hypothesis of, **4:**539–541
    AE's early interest in, **1:***xxxix, xl, 5–6, 6–9*
    AE's experiments to detect motion relative to, **1:***224–225*, 230, 233, 234n, 316, 328, 329n
    as alternative for influence of distant masses, **8:**297–298
    atomistic properties of, Planck on, **5:**49
    De Sitter on, **10:**477
    degrees of freedom of, Lorentz on, **5:**177
    dragging of, **2:***255, 262*, 567, 582n; **3:**133, 136; **7:**127, 246, 279n (*see also* Dragging coefficient)
    Earth's motion through, **3:**137–138, 175n
    electrokinetic energy of, **8:**15
    elimination of concept from electrodynamics, **2:***139, 147–148, 257, 264–265*, 309n, 564–572
    energy exchange with matter: AE on, **5:**192; Lorentz on, 171–172, 174, 176
    existence of, **2:***260–261*, 307n, 434, 564, 568–569; **3:**141–142, 144–145, 443
    forces on, in Lorentz's electrodynamics, **5:**149n
    frame of reference fixed in, **2:***xxii*, *256*, 438, 569
    in general relativity, **7:***xxxiii*, *105*, 120, 278, 317–320, 355; **8:**300–301
    immobile, **2:***256–257*, 567, 569; **7:**246–247, 280n, 310–312, 321n, 372–373, 407, 466, 517
    influence on length contraction of, **3:**444
    Leyden lecture by AE on, **10:**246, 540
    Lorentz's theory of (*see* Ether theory: Lorentz's)
    luminiferous, **2:***255*, 276–277, 434–435, 564, 585
    and matter, **3:**133–136, 557; **7:**311, 317, 322n, 355, 372, 407
    mechanical model for, **7:**247, 279n, 310–311
    motion of, **3:**135, 137, 429; relative to matter, **2:***255*, 308n, 566–568
    nonparticulate, **7:**314–315
    origin of idea of, **7:**308–310
    and physical space, AE on, **9:**232, 482–483
    properties of, **2:***174*
    relation to moving matter of, **3:**135–136, 138, 427–429
    rotating in grave, **5:**419
    in special relativity, **7:**120, 260, 312–315; **8:**71, 300
    stationary, **3:**135, 439n
    theory of (*see* Ether theory)
    in theory of matter of Mie, **8:**578n
    as universal medium, **8:**554, 557
    value of concept of, **3:**443
Ether forces, **1:**7–9

Ether and Relativity, AE's inaugural lecture at University of Leyden (*see* Einstein, Albert: Lectures: University of Leyden)
Ether theory, **3:**142, 174n, 439n; **6:**4, 22, 67n, 136, 459–460, 525–528
   Fresnel's, **6:**45
   Hertz's, **7:**311–312, 321n, 372, 407, 462
   Lorentz's, **3:**135, 428–430, 439n; **4:**183, 537–541; **6:**45, 526–527, 529; **7:***105*, 119, 246–250, 312, 321n–322n, 355, 372–373, 407, 462–463, 466, 468n
   Stokes's, **7:***104*
   Stokes's and Planck's, **9:**472–473; AE on, **10:**241
Ether waves, **1:**7–8; **3:**131
Ether wind, **7:**248
Ethical Culture Society, **8:**187n
Ethnic Germans, plebiscite in the East, **9:**349
Eucken, Arnold (1884–1950), **3:***6*, 473–474, 477n, 532, 545n–546n; **5:**335, 336n; **8:**20n
   specific heat of hydrogen, measurements of, **4:***270–273*, 278, 279, 553n, 554; **5:**391, 395, 467, 509n, 579; **6:**261n
Euclid, **9:**388, 413
Euclidean continuum, **6:**484, 485, 548
   and non-Euclidean continuum, **6:**480–482
   and space-time continuum
      of general relativity, **6:**487–489, 548
      of special relativity, 485–487
   See also Space; Universe
Euclidean geometry. *See* Geometry: Euclidean
Euler equations (mechanics), **3:***6*, 102–103, 106, 114
Eulerian angles, **3:**105–106; **4:***355*
Euler's equations (hydrodynamics), **6:**73, 102, 105, 326–327, 576; **7:**97, 326, 342, 456, 512–513, 532, 534
Euler's generalized hydrodynamic equations, **4:**98–101, 517–519
Euler's theorem, **3:**119
Evaporation, **2:***208*
   molar heat of, **3:**407n
   point, **3:**402–403
Events, **3:**148, 211, 431; **6:**288–289, 291–292, 462, 507, 521–522, 527, 528; **7:**509, 596
   coincidence of, **6:**289, 292, 428; **7:**450, 502, 510
   distant, **2:***253*, 278
   elementary, **3:**151–152

point, **2:**437, 440
   as positions in spacetime, **7:**519
   simultaneity of (*see* Simultaneity)
   time of, **3:**432
   transformation equations for coordinates of, **2:**283–287
Evershed, John (1864–1956), **6:**514; **8:**13; **9:***xxxviii*, 244, 287, 325n, 330, 355, 401; **10:**248–249
   on daytime observation of gravitational light deflection, **9:**244
   solar redshift, **10:**381
Evershed effect, **5:**329n
Evolution, theory of, **6:**509, 569; **8:**886
Ewald, Peter (1888–1985), **9:**75; **10:**456
Exchange, of German and foreign scholarly literature, **9:**514–515, 605c
Exchange rate, currency
   German mark to Dutch guilder
      8 September 1919, **9:**151n
      9 December 1919, **9:**290n
   German mark to Swiss franc, **10:***xxxv*, 65, 101, 122, 139, 330n, 528
      July 1914, **8:**48n
      March 1916, **8:**599n
      September 1917, **8:**515n, 589n
      December 1917, **8:**589n, 599n
      9 November 1918, **8:**939n
      26 November 1918, **9:**91n
      30 November 1918, **8:**960n
      10 December 1918, **8:**965n
      14 December 1918, **8:**971n
      13 June 1919, **9:**91n
      20 August 1919, **9:**139n
      5 September 1919, **9:**148n
      15 October 1919, **9:**195
      mid-November 1919, **9:**235n
      15 December 1919, **9:**303n, 307n
      22 December 1919, **9:**307n
      January 1920, **9:**345
      26 March 1920, **9:**487n
Excitation threshold, **3:***xxi*, 546n
Exner, Felix (1876–1930), **2:**209, *210*, 236n, 400n
Exner, Franz (1849–1926), **8:**425n, 560n; **9:**251, 398–399; **10:**583c
   retires, **9:**366n, 428
   succession of, Kottler on, **10:**593c
Exner, Karl (1842–1914), **8:**424

Exner, Wilhelm (1840–1931), **7:**336; **10:**483n
Exothermic process, **2:**116, 197
Experience, **7:**219, 386–392. *See also* "Erlebnis"
Experience versus theory, **8:**864–865, 870–871
Experiments, **3:***xxi*, 414n, 475n, 509n
  on black-body radiation, **2:***136*, *144*, 167n, *172*, 391n, 551n
  on Brownian motion, **2:***220–211*, *219–222*, 236n, 334, 345n, 399, 400n, 556–558, 559n
  on conductivity, **3:**504n
  crucial, **3:**133
  on Doppler effect, **2:**402–403, 403n
  Ehrenhaft's (*see* Ehrenhaft, Felix: and subelectronic charge)
  on electrodynamics, **2:***xvi*, 150–151, *222*, *253*, *255*, *256–257*, *258–259*, *434–435*, 438, *503*
  on energy-mass equivalence, **3:**176n
  Eötvös's law and, **3:**407n
  by Ives and Stilwell, **3:**175n
  on light, **3:**547n
  on mass-energy equivalence, **2:**464
  on molecular dimensions, **2:***170–171*, *172*
  on motion, **3:**429
  on optics, **2:***xvi*, 150–15 1, 167n
  on photoelectric effect, **2:***141–142*, 163–166
  on physical chemistry, **2:***xviii–xix*, *8*, 39, 40n, 326
  on radiation fluctuations, **3:**547n
  on residual rays, **3:***xxiii*, 510n, 544n
  on specific heat, **2:***xx*; **3:***xxii*, 525–527
  and theory, **3:**242n, 512, 515, 528–529, 532, 544n (*see also* Theory: and experience)
  on variation of electron mass, **2:***267*, *270–272*, 458–461, 486n
  on X-rays, **3:**547n
Expert opinions, AE's. *See* Einstein, Albert: Expert opinions
Extended body. *See* Rigid body
Extremum principle. *See* Variational principle

Fabian Society, **7:**124n; Kessler on, **9:**553c
Fabre, Lucien (1889–1952), **7:**418–419n; **9:**530, 536; **10:**263, 583c
  manuscript by, **10:**587c; requests that AE check, 263–264
  relativity, plans popular article on, **9:**531
  requests AE's opinion on his papers, **9:**531; AE agrees to read, 536
Fabrique Nationale, **5:**111n

Fabry, Charles (1867–1945), **5:**316, 317n
Fachgemeinschaft der deutschen Hochschullehrer der Physik, **7:***111*
Fackenthal, Frank, **10:**571c
Fajans, Kasimir (1887–1975), **9:**386, 503
Falsifiability. *See* Theory: falsification of
Family tree, **1:***xlviii*, 1; **5:**645
Fanta salon, **8:**336, 337n
Faraday, Michael (1791–1867), **2:**40n, *262–263*, 309n, 502n; **3:**178, 370; **4:**507, 510n; **6:**457, 467, 525; **7:**319, 372, 407, 431; **8:**754n
  law of electrochemical equivalence, **4:***111*; **5:**280, 424
  law of electrolysis, **1:**226n
  law of induction, **2:***262–263*, 502n; **3:**370; **4:**11; **6:**265; **7:**264
  studies on liquefaction of gases, **1:**141
  See also Force: lines of
Faraday's constant, **2:**40n
Farrow, Ernest (1891–1956), **10:***xlix*, 542; inquires about AE's willingness to come to Cambridge University, **10:**612c
Fechheimer, Hedwig, **10:**123n; friendship with Elsa Einstein, **10:**119
Fechner, Theodor, on time as fourth dimension, **9:**556c
Fehling, Margarete, née Planck (1889–1917), **8:**459n; **9:**59n, 269n
Feiwel, Berthold (1875–1937), **9:**181n, 327n
Fekete, Eugen (Jenö) (1880–1943), **4:**508
Feldkeller, Paul (1889–1972), **10:**260
Fermat's principle, **9:**220; in optics, 208
Fernau, Hermann (1883–?), **10:**329
Ferromagnetism, **3:**7, 224–226; **6:***147*, 151, 159, 170n, 180, 189n, 191; **10:**368, 404. *See also* Weiss, Pierre
Fetz, Werner, **5:**244
Feytis, Eugénie (1881–1967), **5:**521n
Fichte, Johann Gottlieb (1762–1814), **7:**80n; **8:**397, 865
Fichter-Bernoulli, Fritz (1869–1952), **5:**390n, 469n; **9:**303n
Fiedler, Wilhelm (1832–1912), **1:**212, 228, 234, 330, *363*, *365*, *381*; **5:**85
  AE's courses with, **5:**85n, 182n
  congratulates AE on appointment in Zurich, **5:**182
Field equations, gravitational. *See* Gravitational field equations

Field strength, **3:**xxix, 324, 326
  derived from potential, **3:**321
  in dielectrics, **3:**342
  electric, **3:**298, 325–326, 344, 389
  as equal to line density, **3:**324
  magnetic, **3:**298, 348
Field theory, **3:**xi
  electromagnetic (*see* Maxwell's electromagnetic theory)
  nonlinear, **2:**xxix
  unified (*see* Unified field theory)
  See also Electromagnetic theory
Field
  concept of, **6:**524–528
  electric (*see* Electric field)
  electromagnetic (*see* Electromagnetic field)
  electromotive, **3:**389
  electrostatic (*see* Electrostatic field)
  finite directed, **3:**178n
  force lines of, **3:**443, 486, 398n
  gravitational (*see* Gravitational field)
  homogeneous, **3:**67, 487–488, 492
  magnetic (*see* Magnetic field)
  radiation (*see* Radiation field)
  static and stationary, **3:**178
Figaro, **5:**595
Filaments in diffraction picture, **8:**424
Filzbach, **10:**168–169, 186
Fine structure constant, **2:**553n
Fine structure of spectral lines, **8:**260
Finland. *See* World War I
Finsterwalder, Sebastian (1862–?), **8:**796n
Fisch, Adolf (1877–?), **1:**236n
Fischer, Eduard (1861–1939), **2:**408, 408n
Fischer, Emil (1852–1919), **5:**260n, 262n, 263n; **8:**79n, 155; **9:**487, 488n, 583c, 603c
  commission on succession of, members of, **9:**488n
  death of, **9:**108
  Manifesto of the 93, on circumstances of signing of, **8:**155
  opposes actions against foreign Academy members and institutions, **8:**156n, 170, 171n
  praise for AE's work on specific heats, **5:**259
  signs Appeal of 30 June (Harnack-Fischer), **10:**96
Fischer, Herbert, solicits AE's help for continuing his studies, **10:**608c–609c

FitzGerald, George Francis (1851–1901), **2:**434, 435, 568; **6:**460; **8:**71. *See also* Contraction hypothesis, Lorentz-FitzGerald
Five-dimensional theory
  cosmological problem in, **9:**39, 76
  elementary electric charge in, **9:**39
  equation of motion in, **9:**57n; of electron, 66
  field equations in, **9:**66
  general covariance of, **9:**56
  geodesics in, **9:**39, 46, 56
  of Kaluza (*see* Kaluza, Theodor: five-dimensional unified theory of)
  Lagrangian in, **9:**66
  mass density in, **9:**57n
  neutral matter in, **9:**68n
  of Nordström, **9:**39n
  See also Unified field theory
Fizeau, Armand (1819–1896), **2:**255, *262*, 438, 448, 566–567, 582n; **3:**427–428; **6:**451; **7:**98n, 462, 517; **9:**209
Fizeau experiment, **1:**230n; **2:**255, *262*, 438, 448–449, 566–567, 582n; **3:**133–134, 136–138, 164, 175n, 429, 439n; **4:**27–28, 34–36, 50, 104n, 183, 536–537, 545; **6:**26, 27, 44–45, 55, 135, 449–452, 457, 459, 536n; **7:**88–89, 98n–99n, 246, 257–258, 279n, 310, 312, 321n, 372, 407, 462–463, 465–466, 517; **8:**161, 349, 608n, 840, 881, 908
  discussed by Cassirer, **10:**315n
  influence of on AE, **2:***262*
  and interference, **3:**427–428
  role in development of relativity, AE on, **5:**229
  See also Dragging coefficient; Ether: dragging of
Flake, Otto (1880–1963), **8:**869
Flamm, Ludwig (1885–1964), **9:**75, 252; **10:**322, 323n
  against Ehrenhaft as Exner's successor, **10:**580c
  calculation of quantum theoretical constants, **8:**480
  Schwarzschild solution, paper on, **8:**373–374
  University of Hamburg, candidate for chair of theoretical physics at, **10:**613c; AE on, 547
Fleck, Albert, **9:**454–455
Fleischer, Richard (1849–1937), **10:**351, 595c
  offers funds for
    Grebe's and Bachem's work, **9:**331–332, 596c

practical application of theory of relativity, **9**:319
plans to found chair for Laue, **8**:621
requests article from AE for *Deutsche Revue*, **10**:588c
Fleischmann, Helen (?–1919), **10**:202
Fleischmann, Michael (1857–1926), **1**:246
Flemish separatist movement, **8**:701n
Flesch, Carl (1873–1944), **5**:264n; AE's praise of, **5**:264
Flesch, Max, on demonstrating slowing down of time, **10**:602c; AE on, 602c
Fliess, Bernhard, **9**:493; **10**:260
Flight, elementary theory of, **6**:400–401; **10**:44, 48
Flow in phase space, field of, **6**:576–577
Fluctuation-dissipation mechanisms, **2**:*xix*
Fluctuations, **3**:505n, 536–537, 546n
  AE's Leiden lecture on, **3**:450–454, 454n–455n
  AE's study of, **2**:*214–215*
  AE's theory of
    acceptance of, **5**:419
    AE on, **5**:282
    Haber on, **5**:539
    Planck's skepticism of, **5**:420n
    in radiation theory, Ehrenfest on, **5**:465
  of temperature, AE on, **5**:282
  of charge, in a capacitor, **2**:396n
  of density, **3**:*283–285*
  of density, in gases, **2**:*215–216*
  and electromagnetic momentum, **3**:271
  of emission and absorption, **3**:558
  experimental study of, **2**:*206, 221–222*
  in γ-ionization, experiment on, **8**:875n, 909–911, 915, 933, 935; planned, 874, 875
  interference and, **3**:178n
  Maxwell's theory and, **2**:*146*, 552n
  mean square, **2**:*xix, 138*, 546, 579–580
  methods for calculation of, **2**:*xix, 138–139, 214–215*, 393–395
  of momentum, **3**:*xx*, 178n, 271, 276–280, 282n; in black-body radiation, **2**:*215*, 546–547, 552n, 583n
  of motion of reflecting plate, **8**:683–684
  observability of, **2**:*213*
  of pressure in black-body radiation, **2**:*xx*, 134, 138–139, *146*, 546–547, 552n, 579–580
  and probability, **3**:556
  of radiation field, **2**:*xviii*, 589
  Smoluchowski's work on (*see* Smoluchowski, Marian von)
  of state variables (*see* State variables: fluctuations of)
  of states, **3**:556
  statistically independent, **3**:285
  theory of, **3**:546n; **6**:365, 376, 388–395, 577
  thermodynamic approach to, **2**:*xix, 214*
  thermodynamics and, **3**:310n
  of velocity of electron, **3**:505n
  of voltage, in a capacitor, **2**:*214, 221*, 245n, 395–396, 491
  See also Energy fluctuations; Radiation: fluctuations of; Radioactive decay: fluctuations in
Fluids
  acceleration of, **6**:400
  critical opalescence of, **6**:577, 579n
  density of, **3**:295
  density of incompressible, **6**:326
  energy-momentum tensor of, **6**:104–105, 326; **7**:96, 100n, 456, 534
  friction in, **6**:553–554
  frictionless
    adiabatic, **6**:326–327
    incompressible, 400
  homogeneous, **3**:287–310, 310n–311n
  ideal, **3**:*6*; **4**:100; **6**:104–105
  mixtures of, **3**:287, 307–310
  viscous, **3**:*6*; laminar flow in, **3**:238, 247n
  See also Liquids
Fluid mechanics. *See* Euler's equations (hydrodynamics); Hydrodynamics
Fluorescence, **2**:*141*, 162–163, 165, 168n, 548, 586
  of uranyl salts, **9**:228
  See also Light: fluorescent
Flying machine, Paul Habicht's design for, **5**:100–103, 109–111
Fodor, Andor (1884–1968), **7**:448n
Foerster, Wilhelm (1832–1921), **6**:71n; **8**:275
  asks AE to sign Aufruf für die Unabhängigkeit des Geistes, **9**:575c
  co-signer with AE of Manifesto to the Europeans, **8**:342n
  requests popular exposition of general relativity, **8**:275
Foëx, Gabriel, **5**:243

Fokker, Adriaan (1887–1972), **4:***273, 299*; **5:**360n, 564, 565; **7:***101*; **8:**244, 350n, 368, 535, 536; **9:***xxxvii, xlix*, 112, 145, 247, 264, 502; **10:**55n, 298, 471
   accompanies AE on trip to Holland, **5:**605, 607
   candidate as *Assistent* with AE in Berlin, **5:**568, 603n
   collaboration with AE in Zurich, **5:**568, 578
   congratulates AE, **9:**236; **10:**287
   on energy components of gravitational field, **9:**41
   on geodetic precession, **10:**476
   on gravitational redshift, **10:***xlix*
   on invariance of electron orbits in Weyl's theory, **9:**112; AE on, 118
   joint paper with AE, **5:**564n
   on League of Nations, **9:**236
   on need of experimental proof for time dilation, **10:**287
   paper with AE, **4:**589–596
   rotating electrical dipole, work on, **5:**578
   in sanatorium in Arosa, **9:**110, 117, 166, 166n, 238, 262, 295
   stay with AE in Zurich, **5:**564n, 577
   on Weyl's theory, **9:**111–112; **10:**349n
Fokker-Kessler, Margaretha, **10:**477n, **9:**112n, 296n
Fontane, Theodor (1819–1898), **9:**351; *Effi Briest*, 352n
Food packages, **8:**717, 929
   from Switzerland, **8:**400, 406, 407, 409n, 410, 455, 561, 562, 563n
   from Winteler-Einstein, **10:**169, 187–188
   from Zangger, **10:**70, 73–74, 93
Food rationing
   in Germany, **8:**411n
   in Switzerland, **8:**411n, 735n
Food shortage, in Berlin, **8:**963n
Föppl, August (1854–1924), **2:**306n; **3:***5*; **7:**85n;
   AE's reading of, **2:***260*
Force, **3:**15–19, 24, 41, 72–73, 77, 92, 121, 339–340, 468
   active, **3:**124–125
   attractive, **2:**322, 322n
   capillary, **2:***3–4*, 225; **3:**508; **6:**274
   central, **3:**22, 33, 37–38
   central, motion of point mass as result of, **6:**562, 563–566
   centrifugal, **4:**549, 617; **6:**74–75, 280, 513; **6:**75, 477–480, 513; **7:**178n, 376, 408, 563, 565; **8:**82, 324, 349; and gravitational, **7:**208–209, 214, 538 (*see also* Acceleration: and gravitation)
   cohesive (*see* Capillarity; Molecular force)
   conservative, external, **2:***212–213*
   coriolis (*see* Coriolis force)
   definition of relativistic, **2:**304, 436, 455–456, 486n
   density of, **3:**257n
   derived from a potential, **3:**30–32, 87, 121
   dissipative, **2:***211*
   elastic, in solids, **3:**81, 409, 461, 539
   electric (*see* Electric force)
   electrodynamic (*see* Electrodynamic force)
   electromotive (*see* Electromotive force)
   electrostatic (*see* Electrostatic force)
   elimination of, **2:**95n–96n
   external, **2:**124n, *212–213*, 336–337, 344n–345n, 416; **3:**127n, 392
   fictitious, **2:***177*, 201, *213*, 411
   frictional, **3:**247n, 505n; **6:**138, 139, 140
   gravitational (*see* Gravitational field)
   impressed, **3:**351–352, 398n
   impulsive, **2:**322
   interatomic, **3:**468, 512n, 526 (*see also* Potential)
   intermolecular (*see* Molecular force)
   inverse fifth power repulsive, **3:**127n
   inverse square law of, **3:**126n, 317, 332, 346 (*see also* Coulomb's law)
   law, **3:**37, 246n
   lines of, **3:**256, 321–322, 324, 355, 357, 361–362, 370; **6:**495
      of fields, **3:**443, 486
      at the interface of two media, **3:**344
      magnetic, **3:**348, 377
      perpendicular to conductor surface, **3:**328
   Lorentz (*see* Lorentz force)
   magnetic (*see* Magnetic force)
   magnetomotive (*see* Magnetomotive force)
   mechanical, **3:**325
   molecular (*see* Molecular force)
   Newtonian, **2:**455; **8:**557
   osmotic, **2:**497–498
   ponderomotive (*see* Ponderomotive force)
   stationary, **2:**419
   superposition of, **3:**318
   surface, **6:**102, 104, 124, 351

system of, **3**:72–75
thermoelectric, **2**:355; **3**:233–234, 246n
tidal, **7**:142
total, **2**:*507*
velocity-dependent, **2**:*255*, 522–526
velocity-independent, **2**:520–522
vital, **2**:*208*
Ford, Henry (1863–1947), **7**:430n
Foreign scholars, harsh judgment of against German colleagues, AE on, **9**:163
Forel, Auguste (1848–1931), **1**:317, 318–319, 334
Formal vs. physical thinking in physics, AE on, **10**:17
Forrer, Ludwig (1845–1921), **5**:288n, 304, 314, 325n, 340, 347n, 350n, 398, 402n; **8**:455n, 582, 729, 852n; **10**:16n, 19n
  AE and Zangger visit, **5**:332
  AE's ETH appointment, role in, **5**:341n
  elected president of Swiss Federal Council, **5**:399n
Forsch, Robert (1871–1948), **9**:188
Forster, Aimé (1843–1926), **5**:48n, 95, 96n
Förster, Friedrich (1869–1966), **10**:*li*, 329
Förster, Rudolf (1885–1941) (ps. Rudolf Bach), **8**:551, 578n, 581, 643, 655, 707n, 716n, 805n
  discussions with AE on
    boundary conditions at infinity, **8**:553, 557
    infinity and finiteness, **8**:645, 656, 679
    nonsymmetric metric tensor, **8**:582–584, 610–611, 644–646, 656
    unified field theory, **8**:553, 554, 557, 582–584, 610–611, 643–646, 656–657, 679–680
  on ether as universal medium, **8**:554, 557
  on light beam coordinates, **8**:586–587
  on own job, **8**:681
Förster, Wilhelm (1832–1921), **10**:125
Försterling, Karl, **9**:569c
  requests KWIP funds for research instruments, granted, **9**:563c
  requests KWIP funds for research on refractive index and absorption coefficient of metals in IR region, **9**:557c; granted, 560c
Foscolo, Ugo (1778–1827), **1**:liv
Foster, Edwin, **8**:470
Foucault current, **6**:160, 170n, 180–181, 189n
Foucault gyroscope, **3**:114; **6**:137, 138, 139, 141, 207

Foucault pendulum, **3**:61–62; **5**:532; **6**:139; **8**:300, 403, 487, 501, 649, 692, 700, 749; **10**:300
Four-dimensional formalism. *See* Relativity, special theory of: four-dimensional formulation
Fourier decomposition, of radiation field, **3**:267, 268n; statistical independence of coefficients of, **6**:199–205
Fourier series, **1**:212; **3**:259–260, 267, 273, 276–277, 515n, 516–517; **4**:282, 599, 602n, 603
  of torque, **6**:156, 157, 176, 177
Fourier's heat conduction equation, **1**:63n
Four-potential, electromagnetic, **8**:689n
Fourth dimension
  psychological world as, **9**:554c
  time as, **9**:556c
Four-vector, **4**:70, 72, 326; **6**:77–78, 91
  contravariant, **6**:77–78, 295–297, 312
  covariant, **6**:77, 91–92, 296–297, 307, 308, 312
  differentiation of, **6**:91–92, 94–95
  divergence of, **6**:58, 94–95, 312
  "Erweiterung," of, **6**:94–95, 308, 309
  inner product of, **6**:58, 78
  rotation of, **6**:312
  V(olume)-, **6**:99, 106, 267
  vector product of, **6**:56–57, 309, 310
  See also Vector
Fowler, Alfred (1868–1940), **7**:215n; on daytime observation of gravitational light deflection, **9**:244
Frame of reference, **4**:39; **7**:197–198n, 449–450, 592
  absolute, **8**:692–693, 700
  accelerated, **2**:*274*, 436, 476, 487n, 495; **3**:175n, *480*, 487–488
  adapted, **6**:12–13, 15, 113–114, 121
  Copernican, **8**:437, 447, 487
  definition of, **2**:438
  dragging of (*see* Lense-Thirring effect)
  equivalent, **2**:*255*, 440
  ether (*see* Ether: frame of reference fixed in)
  form of law of nature relative to, **2**:438
  Galilean, **6**:286, 287, 289, 404, 406, 407, 431–432, 433–434, 455, 459, 465, 469, 474, 477, 479, 485–486, 490, 491–492, 512, 537n; **7**:115–116, 537, 556, 613; **8**:240, 258, 498
  geodesic, **8**:436
  inertial, **2**:*xxix*, *253*, *255*, 477; **4**:547; **6**:524,

Frame of reference (*cont.*)
    527, 528, 529–530; **7:**6, 207, 213, 250, 253, 515–518, 524, 526, 536–537
  kinematical shape of a body relative to, **2:**439, 485n
  local, **6:**292, 293, 303, 334; **7:**269, 276–277
  metric tensor and choice of, **6:**9–11, 110, 123, 124, 352, 541
  moving, **2:***255*, 451, 462
  noninertial, **7:**121n, 208, 214
  nonrigid ("Molluske"), **6:**491
  normal ("Normalsystem"), **6:**101, 107, 108
  physical reality of, **8:**228
  preferred, **4:**31, 40, 66, 183, *299–300*, 483, 498, 539, 547, 572, 575, 594, 610, 617–618, 620; **7:**267, 313; **8:***352*
    in classical mechanics, **6:**74, 136n, 286, 288, 433–434, 459–460, 472–473, 517, 524, 527; **7:**4, 6, 250
    in Lorentz's electrodynamics, **7:**373, 407
  privileged, **8:**358, 403, 486–490, 578, 648–650, 660–661, 750–752, 828
  Ptolemaic, **8:**487, 488
  See also Coordinate system
France, **8:**53n, 150, 338, 801
  against Austria joining Germany, **9:**143
  basic research in, **8:**40n
  childish behavior of, AE on, **9:**513
  coal shortage in, **9:**281
  politics in, **8:**173–174
  role of, AE on, **9:**387
France, Anatole (1844–1924), **9:**416; **10:**160, 169
Franck, James (1882–1964), **8:**28, 32; **9:**366, 368, 377, 397–398, 434n; **10:**335, 404, 418n, 572c
  electron impact method of, **9:**368
  granted KWIP funds for voltage curves recording instrument, **10:**604c
  requests KWIP funds for electron impact measurements, **9:**612c; granted 613c
Francke, pastor (1864–1938), **9:**71
Franck-Hertz experiment, **8:**28, 32, 862
Francois, ?, on campaign against AE, **10:**426
Franco-Prussian War, **8:**505
Franel, Jerôme, **5:**533n
Frank, K., **9:**613c
Frank, Michael, **5:**445n
  paper by, **4:***194*

    AE on, **5:**450
    Ehrenfest on submission of, **5:**439
Frank, Philipp (1884–1966), **2:***507*, 540; **5:**469n, 500; **7:***223*; **8:**381n, 394, 480, 486, 488, 914; **9:**212; **10:**473
  asks AE for recommendation for successor to Lampa, **9:**77
  causality, paper on, AE on, **5:**474n
  evaluation of manuscript of Adler, **8:**494n
  Mach, paper on, **8:**394; **10:**68
  University of Prague, candidacy for chair at, **5:**470
    appointment, **5:**500n
    official evaluation of, **5:**472–473
    official recommendation for, **5:**468
Frankamp, Catherine (1888–?), **5:**524n, 540n, 580n
Frankfurt
  AE visits, **5:**344; **10:**94
  University of (*see* University of Frankfurt)
Frankfurter, Felix (1882–1965), **7:***234*
Frankfurter Gesellschaft für Handel, Industrie und Wissenschaft, **9:**611c
Frankfurter Zeitung, **7:***112*
Franz, ?, **9:**434n
Franz Josef, Emperor (1830–1918), **10:**73, 82n; appoints AE to University of Prague, **5:**626c
Franzkowiak, Edmund, **8:**159, 162
Frauenfeld, Canton of Thurgau, **1:**315, *376*. *See also* Schweizerische Naturforschende Gesellschaft: meeting in Frauenfeld
Fraunhofer lines, **10:**248. *See also* Sun: spectral lines of
Frederick the Great, **8:**87n, 135n; book on by Macaulay, 134
Free energy, **2:**225, *235*; and osmotic pressure, **2:**226, *235*
Free fall, **3:**18–19
Free German Youth Movement. *See* Freideutsche Jugendbewegung
Free path. *See* Path, free, of molecules
Free University of Brussels. See University of Brussels, free
Free vectors, **8:**783n, 827n
Fréedericksz, Vsevolod (1885–1955), **8:**426, 688n
Freedom, degrees of, **6:**253, 257
  of periodic mechanical system, **6:**556, 558, 567n

rotational, **6:**259
sleeping, **6:**259, 262n
at zero temperature, **6:**254–255
Freedom for individuals, AE on, **9:**578c
Frei, Paul, **9:**609c
Freiburg, University of (*see* University of Freiburg)
Freideutsche Jugendbewegung, **9:**34n
Freie Akademische Vereinigung an der Technischen Hochschule Dresden, invites AE to lecture, **10:**599c, 601c
Freie Hochschulgemeinde für proletarische Kultur, **9:**299n
Freie Vereinigung deutscher Gewerkschaften, **9:**203n
Freie Vereinigung für technische Volksbildung, **7:**337n
  invites AE to join, **10:**583c; declined, 586c
  invites AE to lecture, declined, **10:**609c
Freies Gymnasium, Bern, **8:**339n
French Physical Society, **9:**172n
French publishers, against German book trade, **9:**424
Frenkel, Elsa, AE expert for doctorate of, **5:**633c
Frequency, **3:**547n
  of electrostatic fields, **3:**178n
  and energy, **3:**250, 497n, 546n
  of light, **3:**253n
  proper (*see* Proper frequency)
  of residual rays, **3:***xxiv*
  See also Light: frequency of
Fresnel, Augustin (1788–1827), **8:**162n
  dragging coefficient of (see Dragging coefficient)
  mirror experiment of, **5:**129, 130
  theory of stationary ether of, **6:**45
Fresnel's hypothesis. *See* Dragging coefficient; Ether theory: Fresnel's
Freundes-Rat des Internationalen Jugendbundes, AE member of, **9:**552c
Freundlich, Erwin (1885–1964), **4:**510n; **5:**317n, 326n, 385n, 438n, 555n, 560n; **6:**234, 237, 242, 335, 339n, 373n; **7:**43n; **8:**12n, 14n, 88, 89n, 94, 100, 177, 179, 211, 221, 267n, 380, 386n, 463n, 512, 608, 682, 718n, 733, 738, 830, 894, 895n, 999c, 1028c; **9:***xxxii, xxxix, xli*, 13, 86, 108n, 158n, 158, 191, 246, 263–264, 274, 359, 374, 386, 531, 552c, 554c, 561c, 564c, 579c, 587c, 591c, 595c, 596c, 614c, 616c; **10:**21n, 61n, 225, 232, 310n, 448, 577c
  abilities and character of, AE on, **8:**216n, 241, 255–256, 277, 604–605
  AE helps in finding position, **8:**88, 177, 203, 204n, 215, 216n, 267n, 277, 393
  as AE's problem child, **9:**107
  Als-Ob conference, plans attending, **10:**275
  appointed trustee of Albert-Einstein-Spende, **10:**578c
  asks AE for assistance with position, **9:**156–157
  book on general relativity of, **6:**373n, 379, *417*; **8:**403; **9:**140, 177
    AE asks for higher royalties for, **9:**346, 390–391
    AE on, **6:**373n; **9:**156
    AE's preface to, **6:**372
    English edition, **9:**320, 328, 336
    Lange on, **10:**590c
    Zangger on, **10:**513
  on density of star clusters, **10:**525–527
  dispute with De Sitter on emission theory of light, **5:**555
  and eclipse expedition of 1914, **9:**305
  Einstein, Pauline, offers condolences on death of, **9:**441
  on elliptic geometry, **7:**405n; **8:**393, 425, 479n, 734n
  emission theory of light, paper on test of, **5:**555
  fears militarization of Geodetic Institute, **9:**191, 195n
  on funding experimental research in general relativity, **9:**583c, 603c
  general relativity, paper on verification of, **6:**514
  German solar eclipse expedition of 1914
    member of, **8:**57n, 215, 469
    report on, **8:**19n, 57n, 609n
  gravitational light deflection
    eclipse expedition to investigate, **5:**593, 581n, 594n, 596n
    interest in, **8:**13, 208, 241, 242n, 256
    investigation of, **5:**317, 387, 406, 503, 550, 554, 566
  gravitational redshift
    interest in, **8:**13, 94n, 147, 214, 241, 255, 262
    paper on, **10:**225

Freundlich, Erwin (*cont.*)
   on terrestrial light source for measurement of, **10:**371–372
   solar, 335–336
   stellar, **9:**25–26
   and Grebe and Bachem's work, **9:**325; **10:***xlix*
   interned in Russia, **8:**56, 57n; **10:**25n
   KWIP, contract with, **8:**563–564, 579–580, 589, 593, 609, 613, 876, 1015c, 106c, 107c, 1018c
   marriage of, **5:**555n
   position for, **8:**89, 178, 241, 277, 290, 293, 393, 471n, 563, 601, 603–604, 1015c
   on position at Astrophysical Observatory, Potsdam, **9:**177, 278
   report of to Haenisch, **10:**280
   report on his work, **9:**335–336, 569c
   requests budgeted funds and reimbursement, **9:**447
   requests KWIP funds for microphotometer, **9:**551c; granted, 552c
   research, plan for, **8:**469–471, 560
   salary of, **9:**278, 559c, 587c
   Seeliger, controversy with, **8:**101n, 217, 256
   star clusters, work on, **7:**424n–425n
   Struve, Hermann, relation with, **8:**258
   on tower telescope, **10:**569c, 571c
   visits Haenisch, **9:**604c
   visits Oppenheim, **9:**157, 174
Freundlich-Hirschberg, Käthe, **9:**158n, 159n
Frey, Adolf (1855–1920), **1:**25n, *359, 360*
Freytag, G., **9:**446
Freytag-Loringhoven, Hugo Freiherr von (1855–1924), **8:**620n
Fricke, Hermann, **9:**53c; requests KWIP fund for publication of his theory of gravitation, **8:**1018c, 1019c
Fricke, Robert (1861–1928), **10:***xl*
   GDNÄ Bad Nauheim meeting, session on relativity at
      invites Laue, Hilbert, Sommerfeld, Weyl, and Born to, **10:**276
      organizes, **10:**276–277, 305
      solicits lecture from AE at, **10:**302
Friction, **2:***216*; **3:**52–53
   coefficient of for sliding, **2:**187, 194–198, 204n, 205n (*see also* Mixture of fluid with suspended spheres)
   force of acting on electrons, **3:**505n
   hydrodynamic, **2:***171, 178* (*see also* Stokes's law of hydrodynamic friction)
   See also Viscosity
Friction law, **8:**920–929
Fried, Alfred (1864–1921), **9:**103n, 203n; **10:**274
Friedemann, Ulrich, **9:**434n
Friedlaender, Benedict, and Friedlaender, Immanuel, **9:***xlii*; Machian experiment by, **9:**250
Friedländer, Jacob, **3:**312n
Friedmann, Alexander (1888–1925), **6:**516, 517
Friedmann, Heinrich, **1:***346, 347, 348*
Friedrich-Wilhelms-Universität, Berlin. *See* University of Berlin
Friese, Robert (1868–1925), **8:**941
Frischeisen-Köhler, Max (1878–1923), **8:**867–868, 888
Fritsch, Theodor (1852–1934), **7:**112
Frobenius, Ferdinand (1849–1917), **10:**134
Frösch, Hans (1877–1938), **1:**334, 335n, 335
Füchtbauer, Christian (1877–1959), **9:**72n, 149n, 217
   paper by, AE on, **5:**131
   requests KWIP funds for intensity measurements of spectral lines, **10:**604c; granted, 609c
   secondary rays, paper on, **5:**132n
   teaches course in Würzburg, **5:**120, 121n
Fueter, Rudolf (1880–1950), **9:**383n
Fulda, Ludwig, **9:**122n
Function theory, **1:**212n; **6:**563; AE's notes on Minkowski's course on, **1:**61
"Für den Aufbau des jüdischen Palästina." *See* Appeal
Furrer, Ernst (1876–1926), **8:**444
Fürst, Arthur, **8:**381
Fürth, Reinhold (1893–1979), **2:***170, 206*; **10:**295; requests KWIP funds for static determination of elementary electric charge, **10:**603c, 611c, 612c
Furtwängler, Philipp (1869–1940), **9:**400
Fusion, heat of. *See* Heat: of fusion

Gabba, Luigi, **1:**282n
Gale, Henry (1874–1942), **7:**444n
Galić, Sofija, **5:**115n, 344n, 345n
Galilean mechanics, **4:**484, 538, 547, 585, 609; **6:**21, 22, 74, 285, 406, 432

basic law of, **6:**404, 431–432, 465, 466, 469, 472, 474, 490, 524, 528; **7:**369; **8:**418
See also Classical mechanics; Mechanics: Galilei-Newtonian; Newtonian mechanics
Galilean principle, **3:**425, 487
Galilean space-time, **7:**26n, 278
Galilean transformation, **2:***253, 256,* 434; **4:**30, 33, 39, 543; **6:**446–447, 449, 450, 451, 453, 459, 462; **7:**7n, 254, 373, 407, 461, 516
and Lorentz transformation, **3:**155–160
and relativity principle, **3:**143, 425–426
Galilei, Galileo (1564–1642), **2:***xxviii, 253, 504*; **3:**561; **7:**219, 358n, 433n; **9:**214, 314, 606c; **10:***xxxviii,* 401n
Dialogue, **7:***xxxi*
Galileo's law of inertia. *See* Galilean mechanics: basic law of
Galli, Giacomo, **1:***lv*
Galvanic cell. *See* Voltaic cell
Galvanometer, **1:**32–35, 66–67, 188, 203–210, 209; **3:***9,* 359; **6:**182; tangent, **3:**359, 398n
Galvanometric method for comparing lengths, **8:**843, 900, 901, 907, 914
Gamma rays, **2:**586; **3:**540; **4:**554; **6:**386
ionization due to, AE on, **5:**284
Gans, ?, **3:**577
Gans, Richard M. (1880–1954), **3:**518n; **5:**308, 309n, 447n; **8:**165n; **9:**74
University of Zurich, candidacy for chair at, AE on, **5:**445
Ganter, Heinrich (1848–1915), **1:***12,* 29n, 39n, *359, 360*
Gap in foundations of thermodynamics, **2:***41,* 48–49, 57, 543, 551n
Garrone, Lorenzo, **1:***liii, liv,* 276. *See also* Einstein, Garrone e C.
Gas, **3:***6,* 558
adiabatic change of state of, **1:**96, 100–101
AE extends theory of molecular forces to, **1:***xl,* 290, 292, 295, 320, *376*
all energy kinetic in, **1:**261
Avogadro's law for, **1:**100
coefficient of elasticity of, **1:**101–104
critical opalescence of, **6:**577, 579n
critical point of, **3:***283*
cyclic thermal processes in, **1:**106–120
diatomic, specific heat of (*see* Specific heat: of diatomic molecules)
diffusion in, **2:**123–124; **4:**528

dynamic theory of, **1:**212
entropy of, **2:**246, *578;* **6:**257–261
friction of flow of, **6:**553–554
heat conduction in, **4:**527–528
ideal (*see* Ideal gas)
ionization of, **2:***141,* 165–166, 168n, 548
isothermal change of state of, **1:**101–103
kinetic theory of (*see* Boltzmann, Ludwig: and kinetic theory of gases; Kinetic theory of gases)
liquefaction of, **1:**138–147
mean free path in, **4:**527–529
molecular forces in, **2:***7–8*
molecules of, **3:***xx,* 37, 181, 214, 507n, 508, 543
monatomic
kinetic energy of, **3:**181–182, 211–212
quantum theory of, **9:**19
specific heat of (*see* Specific heat: of monatomic molecules
in narrow tubes, **3:**192–195
optical properties of, **3:**513
photochemical reactions in, at low temperature, **6:**369
pressure of, **2:**320–322
radiation interacting with, **3:**507n, 522–524, 542
rarefied, **3:***6,* 243n; temperature jump in, **6:**577, 579n
specific heat of (*see* Specific heat)
thermodynamics of, **1:***94*–96
Van der Waals's theory of, **1:***265;* **4:**529
viscosity in (*see* Viscosity)
See also Kinetic theory of gases
Gas constant, **2:**108n, *212,* 324, 324n; **3:**272, 288, 306
Gas theory, kinetic. *See* Kinetic theory of gases
Gasser, Adolf (1877–1948), **2:**357n; **5:**85n, 132n, 141n, 250n, 524
congratulates AE on appointment, **5:**107
death of mother-in-law, **5:**108, 108n
electrometer, work with, **5:**140
Maschinchen, work on, **5:**89
Technikum Winterthur, offers AE help in obtaining position at, **5:**108; on possible vacancy at, 90
visits AE, **5:**140
Gasser, Rudolf (1873–1963), **5:**91n, 151n, 162n; Maschinchen, work on, **5:***53,* 90, 132n

Gasser-Reiniger, Hedwig (1881–1941), **5:**90n, 108n, 141n
Gattiker, Johannes, **9:**5
Gauchat, Ludwig Emil (1838–1905), **5:**9, 10n
Gauge invariance, **7:**352, 413; **8:**954–956, 967
Gaul, Georg (1869–1921), **8:**947
Gaule, Karl, **5:**243, 249
Gauss, Carl Friedrich (1777–1855), **1:**207; **2:***4*; **3:**19, 126n, 359, 398n; **6:**482, 485; **7:**432; **8:**870–871
  and differential calculus, **6:**216, 284, 295, 535n
Gauss's error law, **3:**259, 265, 267, 294, 297, 303. *See also* Statistics
Gauss's law, **1:**160, 161, 166, 169, 181; **3:**6, 321–324, 326, 328, 331, 342–343, 348, 352, 387
Gauss's theorem, **2:**521; **7:**170; **8:**405
Gaussian coordinates. *See* Coordinate system: Gaussian
Gaussian theory of surfaces, **4:***193–195*, 209n, 245n, 589; **7:**269–270, 273–275, 281n, 539, 573n
Gauthier-Villars publishing house. *See* Publishers
Gauverein der DPG in Munich, invites AE to lecture, **10:**452
Gdansk, possibility of cession of to Poland, **9:**60
GDNÄ. *See* Gesellschaft Deutscher Naturforscher und Ärzte
Gebrüder Volkart, Winterthur, **1:**299n
Gehrcke, Ernst (1878–1960), **7:***101–113*, 121n, 127–128n, 279n, 345–348n, 359n; **8:**29n, 344, 375n; **10:***xxxviii*, 382, 397n, 401n, 408, 419n, 428n, 449n, 460, 470
  accuses AE of plagiarism, **7:***103*, 349n
  attacks general relativity, **8:**345n, 439, 494
  at Berlin Philharmonic Hall event, **10:**383n, 386n, 389, 395n, 593c
  character of, **8:**29
  on clock paradox, **7:***103*, 346, 348n
  on ether, **7:***104*
  on own motives, **7:**348n
  on relativity as mass suggestion, **7:***111*
  and replication of Harress's experiment, **9:**208
  role in anti-relativity campaign, Hennig on, **10:**594c
Geiger, Hans (1882–1945), **2:**577; **7:**485–487n; **8:**285
Geiger, Moritz (1880–1937), **10:**451, 452

Geiger, Walburga, **9:**43n, 422n
Geiser, Carl (1843–1934), **1:***44*, 330, *362*, *366*, *379*; lectures on infinitesimal geometry by, **4:***193*, 209n
Geitel, Hans (1855–1923), **5:**384n; **9:**349; induction machine of, **5:***52*
General Association for Popular Technical Education. *See* Freie Vereinigung für technische Volksbildung
General principle of relativity. *See* Relativity, general principle of
General relativity. *See* "Entwurf" theory of AE and Grossmann; Gravitation, relativistic theory of, static field; Relativity, general theory of
Generally covariant field equations. *See* Gravitational field equations
Geneva, intended headquarters of League of Nations, **9:**341
Genewein, Fritz, **8:**1008c
Genoa, **1:**lxv n, 312, *372*
Gentner-Aichroth, Friedrich (1857–1935), **5:**599n, 634c, 636c; **8:**11, 990c
Geodesic, **4:***194*, *195*, 209n; **6:**87–89, 220, 308, 317, 547
  light ray as, **10:**62
  as trajectory of point mass, **8:**418, 804, 824, 859, 878, 893, 948, 955, 967, 971
  variational principle for, **6:**305–307
Geodesic equation, **7:**150–151, 167, 179n, 357n, 453, 456n, 549–551, 573n; generalization of, **7:**413, 416n
Geodetic Institute (Potsdam), **8:**615
  candidates for directorship of, AE on, **10:**171–172
  deliberations on directorship of, **8:**594, 595n, 596–597, 599, 617, 624, 625, 717, 718n, 795–796
  fear of militarization of: AE on, **9:**194; Schweydar on, 191
  purpose of, **8:**596, 616–617
  selection of director of, **9:**191
Geodetic precession, **9:**16, 258n; **10:**477n
  AE on, **9:**483
  detectability of, **9:**258n
  Lorentz's calculation of, **9:**421–422
Geometric object, **8:**348
Geometric shape of moving body. *See* Rigid body: geometric shape of

Geometrical world picture versus physical world picture, **8:**633
Geometry, **6:**285, 518, 519
 analytical foundation of, need for, **8:**877
 anisotropy in space, **10:**9n
 axiomatic, **7:**386–390; **9:**72n
 conventionality of (*see* Conventionalism)
 Einstein, Hans Albert studies, **10:**29, 87
 elliptic, **7:**402, 405n; **8:**258, 728
 epistemological foundations of, **8:**877
 Euclidean, **6:**123, 127, 289, 290, 321, 335, 336, 407, 425, 429, 430, 462, 479, 482, 484, 485, 497, 498, 501, 507, 519, 523, 530; **7:***xxxvi*, 6, 209, 214, 251, 261–263, 389, 396–401, 432, 504, 515, 520, 538, 541, 609–612, 617–618
  and gravitation, Bjerknes on, **10:**462
  invalidity of, **8:**456
  as limiting case of Riemannian geometry, 392
 infinitesimal, **4:***193*, 209n
 Lobatschevskyan, **10:**9n
 nature of, **7:**272–273, 281n
 non-Euclidean, **7:**272–278, 376, 388, 409
  Grossmann's work on, **5:**25
  intuitive representation of, 395–402; **10:**5, 7n
 as physical science, **6:**67n, 122, *418*, 425–427, 429; **7:***xxxvi–xxxvii*, 272–273, 387–393, 403n
 and physics, **8:**815
 Poincaré on, **9:**52; **10:**341
 practical, **4:**104n
 projective, **1:**212
 Riemannian, **7:**62n, 79, 275–278, 352, 391–393, 403n–404n, 541, 550, 573n; **8:**258, 745, 871
  as geodesy, **8:**871
  Weyl's generalization of, **7:**412–413
 as rule of spatial arrangement of rigid bodies, **7:**209, 214, 273–275, 387–393, 396–402
 spherical, **7:**398–402
 Study on, **9:**52
 truth of axioms of, 425–427
 of Weyl, **8:**721n, 745
Gerber, Paul (1854–?), **7:***103–104*, 346–347, 349n; **8:**345n, 373, 421; **10:**62
Gerhard, Wilhelm (1780–1858), **8:**257n
Gerhards, Karl, **10:**577c; requests private discussion with AE, **10:**593c
Gerlach, Hellmut von (1866–1935), **8:**948, 961n; **9:***xliv*, 43n, 71, 343; **10:***xlii*, 274, 329, 393; asked to formulate petition for release of political prisoners, **9:**343
Gerlach & Co., **10:**247
German academics, AE deploring political attitudes of, **9:**449
German Association of Technical-Scientific Societies. *See* Deutscher Verband der technisch-wissenschaftlichen Vereine
German book trade, difficult situation of, **9:**424, 480–481
German Bunsen Society, 25th general assembly, **9:**461n, 533
German Central Bank, **8:**756n, 772n
German Central Committee for Foreign Relief. *See* Deutscher Zentralausschuß für die Auslandshilfe
German chancellor, **8:**893n
German citizenship, **1:**20, *372*
German Communist Party, and March 1919 uprising, **9:**28n
German culture and language, AE's attachment to, **1:***xxxvi*
German currency
 decrease in exchange rate of, **9:***xxxi*, 201, 222, 226, 240, 293, 456; **10:**65, 101, 122, 187, 330n, 528
 increase in exchange rate of, **10:**139
 See also Exchange rate, currency
German Democratic Party, **10:***xlii*
German Foreign Office, **8:**331n; AE's visit to, **10:**51n
German furniture and art, foreign purchases of, **9:**281
German intellectuals
 growing republican spirit of, AE on, **9:**326
 isolated from intellectuals of Allied countries, **9:**273
 learning humility from intellectual blockade, **9:***xliii*, 121, 163
 past and present of, AE on, **9:**264
German League for the League of Nations. *See* Deutsche Liga für Völkerbund
German Mathematical Association. *See* Deutsche Mathematische Vereinigung
German Mathematical Society. *See* Deutsche Mathematische Vereinigung

German National Assembly, and Deutscher Schutzbund für die Grenz- und Auslandsdeutschen, **9:**350
German National People's Party. *See* Deutschnationale Volkspartei
German navy officers, employed by Japanese navy, **9:**237
German News Agency for Foreign University and Student Affairs, requests support from AE, **10:**588c
German Peace Society. *See* Deutsche Friedensgesellschaft
German Physical Society. *See* Deutsche Physikalische Gesellschaft
German prisoners-of-war, condition of, **8:**110
German Red Cross, **10:**599c
German revolution, central organs of, **8:**965n
German science, American support for, **10:**599c
German Social and Scientific Society of New York. *See* Deutscher Gesellig-Wissenschaftlicher Verein von New York
German Society for Foreign Book Trade. *See* Deutsche Gesellschaft für Auslandsbuchhandel (Leipzig)
German University of Prague. *See* University of Prague, German
German war crimes, Bryce Report on, **9:**43n. *See also* Lille booklet; Private commission to investigate German war crimes
German-American Relief Committee for Germany and Austria, **7:**301n, 495n
Germany
  AE expects moderate treatment of by Allies, **9:**36
  AE on positive effects of failure and need in, **9:**120
  AE thinks of leaving, **8:**961, 971
  aim of economic domination of eastern Europe, **8:**747n
  Allied blockade of, **7:**129n
  American relief work in, **9:**253n
  as Anglo-American colony, AE on, **9:**281
  antirevolutionary forces in, **9:**16
  anti-Semitism in, **9:**352; AE on, 268; fight against, 490
  army of, threat posed by, **9:**513
  barbarism of right-wing groups, AE on, **9:**487
  basic research in, **8:**40n
  blockade of, **9:**253n, 499n
  Bolshevism in, **9:**34n; AE on, 29
  ceding territory to France, AE against, **9:**36
  chancellor resigns in, **8:**506, 524n
  as Cinderella among nations, **9:**243
  coal shortage in, **8:**598; **10:**118
  coalition in Reichstag, **8:**506n
  collapse of economy of, **9:**201; foreseen, 260
  congress of councils in, **8:**965n
  control of book export in, **9:**605c
  corruption and poverty in, **9:**306
  council democracy in, **7:**124n
  Council of People's Deputies in, **8:**944n
  currency export restrictions in, **9:**120, 138
  currency, value of (*see* Exchange rate, currency; German currency)
  danger of becoming Anglo-American colony, **7:**334n
  danger of deals with, **8:**505
  democratic elections for, **8:**931n
  devaluation of currency of (*see* Exchange rate, currency; German currency)
  differences between southern and northern parts of, AE on, **9:**139
  economic collapse of, **8:**958
  economic instability in, **7:**300n, 470, 494n; effect on scientific research, 494n
  effects of malnutrition in, **7:**129n, 333n
  export restrictions for books, **10:**135
  famine in, **8:**407, 431n, 960
  food rationing in, **8:**411n; **10:**53n, 123n, 124
  foreign purchase of furniture and art in, **9:**281
  future of, AE on, **9:***xlii*, 5, 28, 85, 92, 139, 147, 154, 264, 306, 352
  Gesetzgebende Nationalversammlung (Legislative National Assembly), **7:**123–124
  government, liberalization of, **8:**506n; Socialists in, 964
  and idea of revenge, AE on, **9:**121, 135
  image abroad of, AE on, **9:**474–475
  immigration from eastern Europe in, **7:**238–239, 241n
  improving social environment in, AE on, **9:**326
  inflation in, **8:**965
  influenza in, **8:**911, 939, 961
  intellectual blockade of, **9:**121, 273; AE on, *xliii*, 121, 163
  Jews ostracized from, **9:**243
  Kapp Putsch, **7:***xli*, *101*, 283n
  lack of moral courage of intellectuals in, **8:**636

milk ration in, **8:**728n
mutiny of sailors in, **8:**964
paper shortage in, **8:**117, 954, 959
parliamentary system for, **8:**931n, 932
political climate in, **9:**498, 513
political stabilization of, Muehlon on, **9:**12n
potato harvest, failure of, **8:**409n
propaganda against Entente, **10:**183
Quaker relief work in, **9:**139n, 253n, 496n
Rat der Volksbeauftragten (Council of People's Deputies), **7:**124n
Reichstag, **7:**240n
religion of might in, **8:**451, 505, 532, 872n, 959
republic proclaimed, **10:**182
resignation of Bethmann Hollweg, **10:**108n
revenge idea in, **9:**121, 135
revolution in, **7:***xxi*, 90, 99n, *101*; **8:**964
salvation of by democracy, **8:**872
scholarly literature, difficulties of obtaining in, **9:**45n, 485, 514, 533
social environment in, AE on, **9:**329
Stargard concentration camp, **7:**240n
strikes in, **8:**944n; **9:**106, 201
suffering in, **9:**148n, 200n, 483, 496, 512
turnip winter in, **8:**409n
Workers' and Soldiers' Councils, Berlin, **7:**123–124n
See also Einstein, Albert: Politics; World War I
Gesamt- und Bürgerschule, Olsberg, **1:**51n, 53n
Gesellschaft Deutscher Naturforscher und Ärzte (GDNA), **10:***xxxviii*
  AE elected as member of scientific committee of, **10:**440
  founding of, **2:***147*
  meetings of, **3:***xviii–xix*, *479*, 499–503, 504n, 546n
  meeting in Bad Nauheim (1920), **7:***xxxii, 102, 107–111*, 347, 349n, 351–357n; **10:***xxxvii–xli*, 416, 426–427, 434, 442, 449n
    AE on, **10:**437, 468
    AE stays with Borns during, **10:**418
    anti-relativity demonstrations at: expected, **10:**373, 408; did not occur, 444
    begins, **10:**599c
    business meeting on fusion of physics journals at, **10:**599c
    closes, **10:**600c
    discussion on relativity at, **10:**435, 492n, 510, 523n, 534, 542n, 600c; AE on, 444; AE proposes, 302, 305, 353, 413; Fricke proposes, 305; Grebe asked to participate in, 409
    Ehrenhaft's lecture at, **10:**422
    Fricke invites AE to lecture at, **10:**302
    Laue's planned lecture at, **10:**305
    Meyer on, **10:**481
    Planck on support for AE at, **10:**412
    Weyl's planned lecture at, **10:**305
  meeting in Cologne (1908), **5:**89n, 105n, 136, 136n, 149n, 152
  meeting in Dresden (1907), **5:**75, 89n
  meeting in Karlsruhe (1911), **3:**546n
    AE's attendance of, **5:**324n, 331; **10:**11n
    AE's discussion remarks at, **3:**499–503, 504n
    Haber's paper at, **5:**378n
    Hopf's paper at, **5:**336n
    Zangger's attendance of, **5:**326n
  meeting in Leipzig (1922), **7:***112*
  meeting in Salzburg (1909)
    AE's attendance of, **2:***xvii, 147, 206*; **5:**81n, 202
    AE's lecture at, **2:***xvii, 134–135, 142, 147–148, 270, 273*, 564–582; **3:***xviii–xix*; **4:***110*; **5:**190n, 209n, 210n, 227, 232
    AE's participation in discussions at, **2:**558, 561, 585, 586, 589
    Born's paper at, **5:**211n
  meeting in Stuttgart (1906), **2:***254*
  meeting in Vienna (1913), **8:**33, 462, 463n, 707
    AE's lecture at, **4:***126, 295, 297, 298, 299, 358, 470*, 471n, 487–500, 581; **5:**522n, 550n, 556; AE on, 544; discussion following, **4:**505–509; submitted, **5:**543
    discussion between AE and Mie at, **5:**551n
Gesellschaft für drahtlose Telegraphie m.b.H. *See* Telefunken
Gesellschaft für nautische Instrumente, **7:**81–85n; **8:**791n, 812n, 838n, 839n
Gesellschaft für positivistische Philosophie, **8:**17n, 495n
Gesetzgebende Nationalversammlung. *See* Germany: Gesetzgebende Nationalversammlung
Gewerbeschule. *See* Aargau Kantonsschule
Gibbs, Josiah Willard (1839–1903), **2:***45*, 551n; **3:***7*, 204, 244n, 554; **4:***561*; **5:**172, 193; **6:**250, 376; **8:**815, 958

Gibbs, Josiah Willard (*cont.*)
AE's reading of, **2:***44, 49*, 73n
approach by, as distinct from AE's, **2:***52, 54–55*
conception of entropy, **2:***44, 110*
on dissociation of gases, **10:**15
fills "gap," **2:**543
and microcanonical ensemble, **2:**49
statistical mechanics of, **3:***7–8*, 315, 315n, 559, 562n
terminology of, **2:***54–55*, 73n–74n
Gide, André, and *Nouvelle revue française*, **9:**392n
Gierster, Joseph, **1:***347*
Giese, W., **1:***236*
Gijselaar, Nicolaas de (1865–1937), **10:***xliv*, 267n
Gilbert, Leo, **10:**594c
Gimler, Friedrich, **8:**1016c
Ginsberg, Shlomo (1889–1968), **9:**255n
Ginzberg, Asher (Ahad Ha'am) (1856–1927), **7:***234*
Ginzberg, Salomon (1889–1968), **7:***234*, 623
Gipfel, Wilhelm, **9:**437
Giulietti, Davide, **1:***liii, liv*
Gjesdahl, Sven, requests article from AE for *Akademisk Revy*, **10:**594c
Glaciers, **1:**35–38
Gladbach, Philipp, **1:***360, 361*
Glarisegg, boarding school for Hans Albert Einstein, **10:**81
Glaser, Ludwig (1889–?), **7:***106–107*, 349n; **10:**401n, 418n, 428n; lectures at anti-relativity meeting, **10:**595c
Glass, properties of, **1:**280, 283
Gleichen Rußwurm, Heinrich von (1882–1959), **9:**350, 357n
Gliding of birds, Lilienthal on, **10:**581c
Glitscher, Karl, **8:**914n
Globular star clusters. *See* Star clusters, globular
Gloriastrasse apartment, subletting of, **8:**452, 503n
Glum, Friedrich (1891–1974), **9:**108n, 563c, 565c, 566c; **10:**590c, 592c, 593c; donation to KWIP, **8:**1020c
Gnehm, Robert (1852–1926), **5:**333n, 350n, 352, 353n, 367n, 368n, 371, 382n, 407n, 510n, 529n; **8:**852n, 916n; **9:**169, 190, 215n, 312n; **10:**17, 18n, 317

ETH
attempts to keep AE at, **5:**583n
initiates negotiations with AE on appointment at, **5:**365n
theoretical physics chair at, objections to, **5:**333n, 340n; dropped, **5:**365n 399n
Gobat, Albert (1843–1914), **5:**106n
Gocht, Moritz (1869–1938), **10:**260
Gockel, Albert (1860–1927), **5:**124n, 151n
collaboration with AE, **5:**162
Gockel-Baumhauer, Paula (1898–1969), **5:**151n
Gödel, Kurt (1906–1978), **6:**130n
Godin, Jean (1817–1888), **8:**941
Goethe, Johann Wolfgang von (1749–1832), **6:**70, 213n; **7:***112*; **8:**889n; **10:**345
two lectures by Helmholtz on, **6:**569, 570n
Goethebund. *See* Berliner Goethebund
Göhring, Salome, **8:**283n
Gold Medal of Royal Astronomical Society, **9:***li*, 408, 436, 588c, 605c
Goldscheid, Rudolf (1870–1931), **8:**836, 844; **10:**521, 594c
expresses sympathy for AE, **10:**522
requests private discussion with AE on objections to relativity, **10:**521–522
on traces of traditional physics in relativity, **10:**521–522
Goldscheid-von Maltzahn, Marie (1875–1938), **10:**523n
Goldschmidt, Alice (1892–?), engagement to Hopf, **5:**484n; marriage, 502n
Goldschmidt, Amelie, puzzle in verse, **10:**579c
Goldschmidt, Richard (1878–1958), **7:**448n
Goldschmidt, Robert (1877–1935), **5:**300, 301n, 522n; **9:**114
Goldstein, Eugen (1850–1930), **9:**20, 297n; awarded funds by KWIP, **10:**597c
Goldstein rays. *See* Canal rays
Gomperz, Heinrich (1873–1942), **8:**346n
Gomperz, Theodor (1832–1912), **5:**19, 19n
Gonzenbach, Wilhelm von (1880–1955), **10:**167, 192
Goot, D. H. van der, **8:**63
Gorky, Maxim (1868–1936), **9:**415
Görz (Gorizia), **5:**296n
Gothein, Georg (1857–1940), **10:**433n
Gottesman, Jacob, expresses sympathy for AE, **10:**599c
Gottfried-Keller centenary at University of

Zurich, AE participates in, **10**:204–205
Göttingen, **9**:440, 460; **10**:106n. *See also* University of Göttingen
Göttingen Academy, **7**:76n
Göttingen Observatory, **6**:360
Göttinger Vereinigung für Angewandte Physik und Mathematik, **8**:805
Gottmadingen, **10**:130
Gouy, Louis-Georges (1854–1926), **2**:*208–209, 217*, 334, 344n; **5**:44
    objections to AE's theory of Brownian motion, 44
Grabowsky, Adolf (1880–1969), **9**:33, 71
Graetz, Leo (1856–1941), **5**:264n
Graf, Johann Heinrich (1852–1918), **5**:24, 25n; **9**:464n
Graf, Johann Jakob (1854–1925), **1**:*24*
Graham, Thomas (1805–1869), **2**:202
Granquist, Gustaf (1866–1922), **9**:217
Grassmann, Hermann (1809–1877), **5**:296, 296n, 533n
Grau, Kurt (1891–1947), **10**:390
Grave. *See* Ether
's Gravesande, Willem J. (1688–1742), **9**:502
Gravitation, **3**:*xxviii–xxx, 21, 25*, 348, 446, 582
    absolute differential calculus for theory of, **10**:25
    absorption of, **10**:296, 478
    and acceleration (*see* Acceleration: and gravitation; Force: centrifugal: and gravitational)
    AE on connection with molecular forces, **1**:*265*, 290, 292
    AE working on, **10**:20n
    AE's lectures on, **3**:*10*
    constructed from orbits of comets, **10**:299, 306
    direct effect of, **8**:392
    electromagnetic theories of, **3**:126n
    and electromagnetism, **10**:57
    and electron, **10**:62
    energy tensor of, **10**:176
    "Entwurf" theory for (*see* "Entwurf" theory of AE and Grossmann)
    and generalized relativity theory, **2**:*xxix, 253, 273,* 476
    and inertia, Bjerknes on, **10**:462
    influence of
        on Brownian motion, **3**:223–224, 245n, 450–451, 454n
        on electromagnetic processes, **2**:481–484
        on optical phenomena, **2**:483–484
        on rate of clock, **2**:480–481
        on vertical distribution of suspended particles, **2**:339, 345n
    kinetic theory of, **2**:321–322, 322n
    and light deflection, **3**:486, 494–496
    local action theory of, **7**:*xxxv*, 119
    and pendulums, **3**:47–53
    possible influence on dissociation and solubility, Besso on, **5**:14
    and propagation of light, **3**:486–490, 497n
    propagation of at speed of light, **3**:447
    relativistic theory of, **2**:476–484
    and relativity principle, **2**:*273–274*, 476–484, 495
    and relativity theory, **3**:497n
    repulsive, **8**:706
    role of in constitution of matter, **8**:194, 706
    theories of (*see* De Donder, Théophile: gravitation theory of; Newtonian theory of gravitation; Nordström's theory of gravitation; Abraham, Max: gravitation theory of; Kottler, Friedrich: gravitation theory of)
    unity of with electrodynamics, **8**:195
    See also Gravitation, relativistic theory of, static field; Relativity, general theory of
Gravitation, relativistic theory of, dynamic field. *See* "Entwurf" theory of AE and Grossmann; Relativity, general theory of
Gravitation, relativistic theory of, static field, **4**:*122–128*, 130–144, 147–162, 175 178, 181–186, 251, 305–307; **5**:413, 418, 428, 429, 434, 435, 467, 483
    acceleration in, **4**:130–137, 175, 252n, 478, 489
    AE on validity of, **5**:486
    AE's work on, **5**:82, 309
    deflection of light rays in, **4**:*123*
    and electrodynamics, **4**:*124*, 147–154
    electromagnetic field equations in, **5**:436
    energy density of, **4**:*124*, 161–162, 567
    energy of point mass in, **4**:138, 176, 186, 306
    entropy of a system in, **4**:155
    equation of motion of point mass in, **4**:135–140, 162, 176, 305–307; **5**:435
    equivalence of energy and gravitational mass in, **5**:465
    equivalence principle in, **5**:436, 466n, 486; Ehrenfest's generalization of, 487–496

Gravitation, relativistic theory of, static field (*cont.*)
  field equations of, **4:***123*, *125*, 135, 137, 156–162, 202n
  force in, **5:**413, 435
  force on
    mass distribution in, **4:**156–157
    point mass in, **4:**139, 142, 159, 306
  hyperbolical motion in, Ehrenfest on, **5:**460
  induction analogy, **4:***127*, 175–178, *295*, 436
  Lagrange formalism for, **4:***127*, 162
  Laue's objections to, **5:**482n
  momentum of point mass in, **4:**139, 306
  paper submitted on, **5:**420, 433
  potential, AE on physical meaning of, **4:**140–142
  principle of action and reaction in, **5:**430n, 486n
  redshift in, **4:***122*, 479, 509, 550, 567
  speed of light as potential in, **4:**104n, *122–126*, 130–144, 179n, 306, 475, 479, 494, 506, 549; **5:**434–435, 465, 484
  and thermodynamics, **4:***124*, 154–156
  worldlines field in, Ehrenfest on, **5:**460, 462
Gravitation tensor, **4:***196–197*, *198*, *199*, 222n, 238n, 239n, 247n, 250n, 253n, 254n, 263n, *296*, 312–316, 496 (*see also* Einstein tensor; Gravitational field: components of; Ricci tensor; Riemann tensor)
Gravitational constant, **3:**126n; **4:**135, 137, 492, 497; **6:**126, 333; **7:**553, 557
  calculation of, **4:**413n, 421n, 431n, 447n
  in "Entwurf" theory and Newton's theory, **4:***348*, 360, 365, 468
Gravitational effect
  of infinite stellar system, **8:**644
  of relative acceleration, **8:**439–440
  of rotation of Earth and Sun, **9:**258
Gravitational field, **3:***xxix*, 490–491; **6:**75–77, 288, 467–469, 531; **7:**162
  absorption of by masses, **7:**142
  and acceleration (*see* Acceleration: and gravitation; Force: centrifugal: and gravitational force)
  behavior of clock in (*see* Clock: behavior of in gravitational field)
  behavior of measuring-rod in (*see* Measuring-rod: behavior of in gravitational field)
  components of, **6:**101, 119, 120, 220, 235, 237–238, 239, 246, 316–317, 332, 406 (*see also* Einstein tensor; Gravitation tensor; Ricci tensor; Riemann tensor)
  in constitution of matter, **9:**28, 35–36, 65n, 85n, 87, 118, 155, 566c
  discussion between AE and Hilbert on, **9:**88–89
  dynamic, AE on, **9:**258
  and electromagnetic field, **7:**318–319
  energy-momentum components (pseudotensor) of, **4:**222n, 248n, 250n, 258n, 260n, *297*, 317, 483, 492, 496, 567; **6:**9, 100, 120, 221–222, 247, 321, 322, 350–351, 357n, 406, 411, 415; **7:***xxv–xxvi*, 14–17, 21, 26n, 28n, 30–32n, 66, 71–73, 76n, 165, 181n; **8:**303, 306–308, 313, 315, 319, 327, 498–500, 509–510, 516–522, 687–688, 704–705, 833, 834, 859, 932, 938; **9:**41
  equations of (*see* Gravitational field equations)
  "fictitious," **7:**117–118, 121n, 354–355, 357n, 369, 371n
  force exerted by, **6:**286, 288, 406–407, 467–468, 478, 496
  from four-potential, **8:**584, 644, 646
  Hamiltonian of, **6:**11, 117–120, 215, 319–321, 340, 342, 343–345, 346n, 410–415, 416n, 556–557, 575–577
  as inductive effect, **7:**118, 121n, 265, 280n, 354, 358n
  infinitesimal, **4:***124*, 185 (*see also* Weak field approximation)
  isotropic, **6:**544
  kinematic interpretation of, **6:**292, 318, 405–406, 471–472, 477
  law of conservation of energy-momentum of (*see* Energy-momentum, law of conservation of: for gravitational field)
  law of uniform acceleration in, **7:**265, 376, 408
  of mass point, **6:**235–238, 318, 334, 348, 351–352, 405, 472, 552n (*see also* Schwarzschild solution)
  measurement in, **8:**633
  molecular, **8:**194, 201
  nonlocalizability of energy of, **7:***xxvi*, 28n
  observability of, **10:**300, 307
  potential of, **6:**126, 127, 128, 332–333, 513, 514, 541, 542, 543, 545, 552n; **7:**12, 14, 555–556
  potential energy in, **3:**348, 490; **6:**545; **7:**576n

propagation of light in, **3:**494–496, 497n
quasi-static, **6:**332
real and apparent, **8:**16; 632, 640, 649, 750
responsible for anomalies in perihelion motion, **8:**100–101
singularities of, **7:**40, 49n
in small and large scale, **8:**240, 258–259, 661
spherically symmetric, **6:**545
static, **6:**333–337, 548
strength of, **6:**120;
suspension in, **2:***213, 221*
terrestrial, **6:**472
uniform, equivalence with uniformly accelerated frame of reference, **2:***273–274*, 476; **5:**86 (*see also* Equivalence principle)
weak static, **8:**100–101
See also "Entwurf" theory of AE and Grossmann; Gravitation, relativistic theory of, static field; Gravitational field equations; Metric tensor; Relativity, general theory of
Gravitational field equations, **4:***123, 125*, 135, 137, 156–162, 202n; **6:**109–123, 220–222, 227–228, 245–248, 322–325, 410–412, 532, 533, 545, 550–551; **7:**40, 131, 139n, 166, 171, 174, 181n, 278, 354, 377, 409, 453, 456n, 553; **10:**27, 35n, 38n
analogy with Poisson equation of (*see* Poisson equation: analogue in general relativity)
approximated, **6:**4, 123–128, 223, 235, 236–238, 245, 319, 331–333, 348–356, 493; **7:**551
cosmological term in, **6:**516, 539n, 543, 547, 549–550, 551
covariance properties of, **6:**7–17, 412–415
in five-dimensional theory, **9:**66
for universe, **7:**187
for vacuum, **6:**235–238, 245–246, 317–319, 319–321, 322; Euclidean solution of, **9:**393n, 403n
Hamiltonian form of, **8:**251
modified, of 1919, **10:**364n
Poisson form of, **8:**207, 976
solutions of, **6:**360, 362n, 552n; **9:**403n
  with cosmological term, with matter, **8:**415–416, 473, 501
  with cosmological term, without matter, **8:**414, 415416, 466–467, 473, 501, 712–713, 725n, 765n, 778
  in first approximation, **8:**302

for rotating hollow sphere, **8:**375n, 481–483, 500
from Weyl's unified field theory, **8:**878, 893
static, **8:**725n; spatially symmetric with degenerate boundary conditions, **10:**63
without cosmological term, with matter, **8:**302, 368, 534–535
See also Cosmological model, De Sitter's; Schwarzschild solution
tracefree, **7:**133–135, 139n; **9:**85n
uniqueness of, **8:**248
Gravitational lens, **8:**185
Gravitational light deflection, **2:**274, 483, 488n; **3:**494–496; **4:**548; **6:**4, 24n, 73, 127, 136n, 234, 237, 288, 336–337, 339n, *417, 418*, 475, 494, 510–512, 535n, 537n; **7:***xxiv, xxix–xxxi*, 148, 177n–178n, 200–201n, 206, 209–210n, 213–214, 268–269, 357n, 558–559, 573n, 614, 619; **8:**221, 232, 242n, 560; **9:***xxxii–xxxvii*, 219; **10:**22n, 483–484
AE's formula for, **5:**326
approximate values of, **9:**170
Campbell's assistance in investigation of, **5:**566
by celestial bodies, **8:**205, 215
confirmation of, **9:**170, 305
  Eddington on, **9:**216
  hurts English pride of Newton, **9:**245
daylight investigation of, **5:**505n, 554; **9:**244
  AE on, **5:**325, 326, 503
  AE's enquiry to Hale on, **5:**559
  Hale on, **5:**567
difficulty of test of, Laue on, **5:**385
eclipse expeditions for investigation of (*see* Solar eclipse expedition)
half value prediction of, **9:**304n, 305; Zangger on, 303
in emission theory of light, AE on, **5:**550
Freundlich's investigation of (*see* Freundlich, Erwin: gravitational light deflection)
interference experiment as test of, Laue's proposal of, **5:**385
by Jupiter, **3:**496; **8:**13, 208, 215, 216n, 241, 256, 258, 264, 469, 470, 560
Newton on, **7:***xxxi, 112*
novas as result of, **8:**185
observation of, AE on influence of opalescence on, **5:**387

Gravitational light deflection (*cont.*)
relativistic and nonrelativistic, Eddington on, **9**:32
Soldner's calculation of, **5**:551n
by Sun, **6**:337; **8**:19n, 57n, 208, 215, 469, 470, 560
as special case of perihelion motion, **8**:375n
as test of general theory of relativity, **9**:32
in Weyl's theory, **9**:217
value of in AE's and Grossmann's theory, **5**:559
Gravitational lines of force, in crystals, **8**:608n
Gravitational mass, relationship to inertial mass. *See also* Mass: equality of inertial and gravitational
Gravitational potential, **2**:483, 487n; **3**:*xxix*, 489, 492–493
influence on physical laws of, **4**:488
physical significance of, Laue on, **5**:384
relativity of, **8**:459, 460n–461n, 462, 692
uniformity of in universe, **8**:358, 413, 423, 467
velocity-dependence of, **8**:345n, 373
See also Metric field
Gravitational radiation. *See* Gravitational waves
Gravitational redshift, **2**:*274*, 481, 487n, 488n; **3**:*xxix*, 491–494, 497n; **6**:24n, 73, 127, 130n, 136n, 237, 243n, 335, 339n, 372, 373n, 494, 512–515, 535n, 539n; **7**:*xxiv*, 147, 177n–178n, 209, 214, 271, 281n, 353, 357n, 453, 558, 575n, 615, 619; **8**:221, 232, 894, 941; **9**:*xxxvii–xxxviii, xxxix–xl*; **10**:*xlix*, 248–251
AE confident about, **9**:27, 342, 498, 118, 419
confirmation of, AE on, **9**:353
and daytime photography, **10**:381
empirical confirmation of, **7**:*xxx–xxxi, 106*, 281n, 347, 349n
explained in terms of equivalence principle, **9**:304–305
Freundlich's work on (*see* Freundlich: gravitational redshift)
Guillaume on, **9**:380
half-shift prediction of, **9**:32
magnitude of AE's prediction of, **5**:328
observational difficulties of, Julius on, **5**:330
solar, **8**:13, 14n, 470, 879, 894; **9**:*xxxix*, 27, 37, 86–87, 112, 295, 328, 330–332, 342, 346, 353, 355, 385, 401, 419, 457, 478–479, 482, 498; **10**:316, 346, 371–372, 409, 413, 571c
Evershed on, **10**:381

Grebe and Bachem on, **10**:337, 365
Julius on, **10**:309
negative findings, **9**:*xxxviii*, 87, 112, 244, 355, 478–479, 498
negative findings criticized, **9**:324, 355, 401
Perot on, **10**:382
of star light, **9**:*xxxix*, 25–27, 295, 447
stellar, **8**:88, 91, 94, 136, 147, 205, 208, 214, 216n, 255, 257n, 261, 262, 264, 470, 560; **10**:232–233, 309
AE on, **10**:60
Freundlich on, **10**:225
to determine eccentricity of Earth's orbit, AE on, **10**:61
terrestrial
observational difficulties of, **10**:61
to measure gravitational potential of Earth, **10**:61
as test of general relativity, **9**:236, 244
and Weyl's theory, **10**:346
See also Equivalence principle; Redshift, solar
Gravitational waves, **4**:616; **6**:348, 352–357, 357n; **7**:*xxiii–xxv*, 12, 17–18, 43n; **8**:265, 300, 301n, 302, 303n, 314, 374, 611, 697, 698, 699n, 753n; **10**:44, 48, 63
absorption of, **7**:22–23
AE's 1916 paper on, error in, **7**:*xxv*, 12, 15, 22, 26n–27n
energy transported by, **6**:353–356; **7**:19, 21–22, 27n
quadrupole formula for, **7**:*xxiv–xxv, xxvii*, 21–22, 27n
apparent ("scheinbare"), **6**:356, 357n; **7**:*xxv*, 19, 27n
Gravity, center of. *See* Center of gravity
Great Britain, **8**:150
relief work for Viennese children in, **9**:311
and U.S. as guarantors of peace, **8**:962
Greater Berlin Adult Education Program. *See* Volkshochschule Groß-Berlin
Grebe, Leonhard (1883–1967), **6**:514; **7**:*106*, 271, 281n, 347, 349n, 575n; **9**:*xxxix*, 86, 296n, 324–325, 328n, 330–332, 335, 342, 347n, 353, 355, 385, 386, 401, 457, 470, 478–479, 482, 498, 598c; **10**:*xlix*, 248–249, 346, 372, 584c, 585c
asked to participate in discussion on relativity in Bad Nauheim, **10**:409

funding by Fleischer, **9:**596c
on gravitational redshift in Sun, **9:**37–38, 86–87
on redshift of solar spectral lines, **10:**337, 365, 413
requests KWIP funds for spectroscopic measurements of redshift, **9:**38; granted, 560c, 561c, 564c
sends AE manuscript coauthored with Bachem, **9:**571c
submits paper with Bachem on redshift to AE, **10:**316
Green's theorem, **3:***6*, 331–332
Greenwall, H. J., **8:**963n
Grégorie, Henri (1881–1964), **10:**363
Greifswald, University of (*see* University of Greifswald)
Greinacher, Heinrich (1880–1974), **5:**241, 241n, 447n; **8:**148, 152; **10:**206; University of Zurich, candidacy for chair at, AE on, **5:**446
Grether, ?, **1:**271
Grimm Brothers, **1:**336n
Grimm, Robert (1881–1958), **10:**183
Grob, August (1870–1954), **8:**665
Grob, Emanuel, **1:***241*
Grojean, Oscar (1875–1950), **10:**363
Grommer, Jakob (1879–1933), **4:***7*; **6:**545, 552n; **7:**77n, *101*, 293n; **9:**100, 361
  AE presents paper by, **9:**582c
  AE's collaboration with, **10:**63
  AE's memorandum on, **7:**293n
  mathematical assistance from, funded by KWIP, **9:**101, 560c
  position for, AE helps to find, **8:**484
Groos, Karl (1861–1946), **8:**888; **9:**45n
Großmann, Will, **10:**570c
Grossmann, Amélie Amanda (1871–1956), **5:**85n
Grossmann, Eduard (1882–1947), **5:**85n
Grossmann, Elsbeth (1909–1986), **5:**294n
Grossmann, Eugen (1879–1963), **5:**85, 85n, 351
Grossmann, Jules (1843–1934), **5:**85n; helps AE obtain position at Swiss Federal Patent Office, **1:***xxxvii*, 291, 292
Grossmann, Marcel (1878–1936), **1:**212n, 234, 299, 328, 329n; **2:**185, 203n, 317n; **3:**576; **4:***5*, *195–199*, *193*, *195*, *197*, 209n, 233, 253, *271*, *294–301*, 475, 480, 493, 586; **5:**26n, 184, 294n, 339n, 351n, 352, 353n, 353, 368n, 371n; **6:**73, 215, 284, 535n; **8:**305, 509, 690n; **9:**448, 451n; **10:**202, 211, 331, 536, 537, 548
  AE consults on application at Technikum Winterthur, **5:**84
  AE meets with, **10:***xxxiv*
  AE, helps to obtain position at Swiss Federal Patent Office, **1:**322
  on AE's considering to leave Germany, **10:**205, 208
  biography, **1:***381–382*
  collaboration with AE, **5:**505, 506n, 516, 517, 538; **8:**201, 207, 218, 233, 245, 436; **10:**37 (*see also* "Entwurf" theory of AE and Grossmann)
  contribution to relativity theory of, AE on, **6:**129n, 338n
  covariance properties of field equations of gravitation, AE and on, **6:**7–17
  doctoral dissertation, **1:**330
  Einstein, Pauline, death of, condolences on, **9:**484
  on "Entwurf" theory of gravitation, **8:**13, 147 (*see also* "Entwurf" theory of AE and Grossmann)
  ETH: appointment at, **5:**85n; classmate of AE at, 26n
  on French edition of AE's scientific papers, **9:**411
  grades, **1:**214, 247
  Guillaume
    on AE's remarks on, **10:**492
    on anti-relativity campaign of, **10:**421
    publishes note against, **10:***xlviii*
    suggests public debate with, **10:**421, 529
    on theory of, **10:**325, 492
  Schlick, on book by, **9:**483
  on special relativity, **8:**348
  See also "Entwurf" theory of AE and Grossmann
Grossmann, Marcel Hans (1904–1986), **5:**26n
Grossmann, Marcel, Jr., **10:**422n, 430n
Grossmann-Keller, Anna (1882–1967), **5:**26n, 85n, 294n; **9:**450n; **10:**422n
Grossmann-Lichtenhahn, Henriette (1850–1925), **5:**85n
Group
  Lorentz (*see* Lorentz group)
  space-time symmetry, **2:***253*

Group (cont.)
transformation, **2**:*xxix*, 292, 308n
Group theory, and Lorentz transformation, **6**:50, 53–55
Group velocity
in absorptive media, AE's expression for, **5**:*58*
AE's definition of, **5**:60, 65
relation with signal velocity, AE on, **5**:66, 67, 70
Wien's expression for, **5**:*58*, 60
See also Superluminal velocity; Signal velocity
Grühr, Heinz, **9**:437
Grüneisen, Eduard (1877–1949), **3**:412, 476n; **5**:415n; **7**:331n; **8**:66n, 175; **9**:77; **10**:370n
and compressibility, **3**:412, 414n, 471
equation of state for solids, derivation of, **5**:415
lecture on molecular theory of solids, **4**:*554n*
Gruner, Paul (1869–1957), **5**:48n, 95
electron theory of metals, work on, **5**:147n
reply to AE's objections, **5**:145–147
University of Bern, courses given at, **5**:97n
Grünwald, Josef, AE on committee to select successor to, **5**:628c
"A Guaranteed Subsistence for All" Society (Vienna). *See* Verein "Allgemeine Nährpflicht"
Guillaume, Charles Edouard (1861–1938), **3**:131, 155
Guillaume, Edouard (1881–1959), **5**:162n, 187n; **9**:*xl*, 378, 380, 411, 430, 449; **10**:325, 346, 354, 383, 421, 529, 535, 547–548ì
on absolute simultaneity, **9**:432n
AE on, **9**:536
AE unable to understand considerations of, **10**:331, 358–359, 384, 428–430, 529–530
on AE's conception of a light source, **10**:536–537
against time dilation, **10**:592c
collaboration with AE, **5**:161; **6**:67n
conflict with AE, **10**:537–538
congratulates AE, **9**:378
correspondence with AE, **10**:*xlviii–xlix*
equations between things, not numbers, AE on, **10**:331, 338–339, 346
on his principle of relative constancy of light velocity, **10**:326–327, 588c
Lorentz transformation, discussion with AE on, **8**:524, 525–526, 528, 533, 536–537
on meaning of a clock's period, **10**:586c
on relativistic Doppler shift, **10**:595c

special relativity
on absolute time in, **10**:429, 530
on time measurement in, **10**:410–411
theory of
on AE's inability to understand, **10**:536
on Grossmann's remarks on, **10**:536
requests public statement by AE on, **10**:326
time dilation, discussion with AE on, **9**:379, 418–419, 430–432
translated *Einstein 1910a*, **10**:10n
universal time, discussion with AE on, **8**:526, 528, 536–537
Guillaume, Hélène (1883–1928), **5**:187n; **8**:528n; **9**:419n, 432
Guillaume family, **5**:186
Guldberg's rule, **3**:407n
Gumbel, Emil, **10**:*xlii*
Gumlich, Ernst (1859–1930), **6**:169, 171n
Gumpertz, Ludwig (1855–1943), **9**:64, 65n, 83
Günther, Ernst, requests KWIP funds for thermal research of solid amorphous substances, granted, **9**:560c
Günther, Johannes von (1886–1973), **9**:392n
Günther, Paul (1892–1969), **10**:499
Gutmann, Ida, on heritability of dialects, **9**:505–506
Gutzkow, Karl (1811–1878), **5**:21n
Guye, Charles-Eugène (1866–1942), **5**:526n; **8**:814, 913 **9**:341, 354, 405, 452; **10**:287, 421, 492
and AE's honorary doctorate at University of Geneva, **5**:202n
invites AE to lecture at University of Geneva, **9**:372
on motion of electrons, **9**:354
Gymnasium. *See* Luitpold-Gymnasium; Aargau Kantonsschule
Gyrocompass
Anschütz-Kaempfe on, **10**:457, 533, 543–544
expert opinions on, **6**:137–143, 143n, 144n, 146; *146*, 207–210; **7**:81–84, 190–195; **8**:63n, 790, 811–812, 832, 837, 857; **10**:196, 206
See also Gyroscope
Gyromagnetic effect, **10**:303
Einstein invited to report on at Third Solvay Congress, **10**:*xlvii*.
measurement of, **9**:7
See also Ampère's molecular currents

Gyromagnetic factor, of electron, **6:***148, 149*
Gyroscope, **3:**114; **6:**137–143, *146*, 155, 207–210, 231; **7:**81–85n, 190–195; **8:**812n; **10:**476
  azimuth-top, **6:**138
  damping of oscillations in, **6:**140–143, 208–210
  magnetic molecule as, **6:***146*, 152, 174, 191, 231
  meridian-top, **6:**137
  precession of, **6:**155
  torque on, **6:**137, 155, 208, 209, 210, 231
Gysel, Julius (1851–1935), **5:**475, 475n

Haab, Otto (1850–1931), **1:**232, 233n
Haab, Robert (1865–1939), **8:**852n
Haas, Albert de (1911–?), **8:**85n
Haas, Aletta de (1913–?), **8:**85n
Haas, Arthur, **8:**1006c; **9:**550c
Haas, Hendrik de (1919–?), **9:**55, 121
Haas, Johanna de (1916–?), **8:**299
Haas, Marc de (1866–1951), **9:**54
Haas, Wander de (1878–1960), **5:**549n; **6:***145, 148*, 191, 193n, 271; **8:**79, 91, 127, 229, 340, 345, 346n; **9:**7n, 16, 54, 57, 145, 150, 155, 233; **10:**52, 302, 368
  AE visits, **8:**340; **10:**222, 223
  Ampère's molecular currents
    experiments on, **6:***145–149, 149*, 151–169, 175–176, 173–188, 195, 231; **8:**63, 76, 79, 84n, 85, 88, 91, 117, 120–121, 128, 135, 143, 157, 162, 175, 197, 299, 340n
    papers with AE on *145*, **6:***147*, 151–169, 173–188, 231
    review paper at Third Solvay Congress, **6:***149*
  Baumgartner Prize for, with AE, **8:**756n; **10:**100
  candidate as *Assistent* with AE in Berlin, **5:**547, 603n
  collaboration with AE, **8:**63, 64n, 76, 85, 97, 117, 135, 175, 299n; **10:***xlvii*, 28
  conservator at Teyler's Foundation, **8:**298, 299
  called "De Haas-Lorentz," by AE, **8:**127
  landlord of in Berlin, **8:**143n, 146, 151, 159
  lists literature on experiments on Ampère's molecular currents, **10:**502
  move from Berlin to the Netherlands, **8:**142, 146, 150, 151, 155, 157, 159, 162
  moving expenses of, **9:**166
  new position and home, **8:**160n, 163n, 175, 197
  paper with Geertruida de Haas-Lorentz, **6:***149*
  praised by AE, **8:**79, 88, 299
  Solvay Congress, Third
    invited to, **10:**303
    lecture at, **7:***xxix*, 585n, 586–587
  See also Ampère's molecular currents
Haase, Hugo (1863–1919), **9:**71
Haas-Lorentz, Geertruida de (1885–1973), **5:**282n, 360n, 549n; **7:**585n; **8:**84n, 116, 127, 142, 146, 151, 155, 175, 197, 229, 340; **9:**121, 145; **10:**53n, 223
  invites AE to stay in Delft, **10:**602c
  paper with De Haas, **6:***149*
  praised by AE, **10:**223
Habberton, John (1842–1921), **10:**464
Haber, Charlotte (1889–1978), **9:**124n, 126n; **10:**212
Haber, Fritz (1868–1934), **3:**581; **5:**353n, 390, 468, 529n, 536n, 546n, 558, 573, 581, 586, 594, 598n, 602n; **7:**220n, *231–232*, 300n, 340n, 494n; **8:**11, 20n, 40n, 51, 53, 59n, 514n, 579, 620, 626n, 722n, 818, 973; **9:**122, 124–125, 127, 155n, 297n, 309, 310n, 317, 350n, 360n, 386, 511, 590c, 593c; **10:**21n, 24n, 109n, 211, 213, 254, 579c, 588c, 608c
  and additional income for AE, **8:**52
  AE on, **5:**574
  AE visits, **5:**437; **8:**11
  AE's Berlin appointment, discussion with Elsa Einstein on, **5:**545n, 545
  AE's office in institute of, **5:**604
  atomic vibrations, paper on, AE on, **5:**352
  Berlin, urges AE to stay in, **10:***xxxix*, 395–396
  Bohr, has lunch with in Dahlem, **10:**322n
  character of, AE on, **8:**13; **9:**280
  on compressibility of monovalent metals, **9:**85
  Deutsche Physikalische Gesellschaft, assumes chairmanship of, **8:**32
  discussion with AE in Karlsruhe, **5:**378
  Einstein-Marić and sons, offers temporary lodging to, **8:**14, 45n, 1032
  Einstein-Marić visits in Berlin, **5:**570, 574
  Elsa Einstein
    discusses business matters with, **10:***xlv*, 275
    as good friend of, **10:**275
    positive opinion on, **8:**52

Haber, Fritz (cont.)
    fame of, **5:**575n
    fears extradition as war criminal, **9:**123n
    friendship with AE, **9:**126
    GDNÄ meeting in Karlsruhe, paper at, **5:**378n
    about to go to Switzerland, **9:**122
    home address of, **8:**14n
    Kaiser-Wilhelm-Institut für physikalische Chemie und Elektrochemie, directorship of, **5:**427n
    on keeping AE in Germany, **9:**109, 125
    on keeping Debye in Germany, **9:**269n
    KWIP
        Direktorium, member of, **8:**527n
        Kuratorium, member of, **8:**571n
    magnetic experiment of, **10:**443
    Maschinchen, interest in, **5:**383
    meeting with AE in Berlin, **5:**457n, 467
    Nobel Prize for, **9:**308n
    Nordström, helps, **8:**619, 813; AE's thanks for, **8:**620
    PAW
        nominated for membership of, **8:**992c
        nominates Sommerfeld and Debye for membership of, **9:**410
    photochemical equivalence, generalization of AE's law of, **5:**424–426
    position in Berlin for AE, plans for creating, **5:**510–512
    quantum theory of solids, **5:**377; AE on, 379
    on raising AE's income, **10:**395–396
    Reichinstein on, **10:**589c
    on relation between frequency and heat production, **5:**426
    role of in bringing AE to Berlin, **8:**13n
    on salary raise for AE, **9:**125–126, 196n
    on sensitive areas on atoms, **8:**30
    separation of AE, involvement in, **8:**45, 46, 47, 50, 56n, 257, 271n, 1033
    on Stern's paper on gas dissociation, **8:**29
    on Switzerland, **9:**125
    on *Technische Nothilfe*, **10:**450–451
    University of Berlin, successor to Fischer at, **9:**487
    Wildhagen's dissertation, requests AE's review of **9:**122–123
    work of
        AE on, **5:**418
        Hopf on, 417
    on zero-point energy, **5:**539
Haber, Hermann (1902–1946), **8:**85, 113
Haber-Born cycle, total energy change in, **9:**281n
Haber-Immerwahr, Clara (1870–1915), **8:**11, 44, 1032; suicide of, 129
Haberlandstraße, as headquarters of KWIP, **8:**571n. *See also* Berlin: residences of AE in
Haberlandt, Gottlieb (1854–1945), on appeal in favor of a republican constitution, **10:**242–243
Haberlandt, Ludwig, **9:**488n
Habicht, Conrad (1876–1958), **1:**xl, 335, 336n biography, *382*; **2:***xxiv, 221–222,* 492n; **5:**7n, 9, 40, *51*, 100, 112, 118n, 152n, 154; **7:***xxxiv*; **8:**402n, 815n; **9:**128, 130–131, 450n, 574c; **10:**130n, 205, 209, 213, 278
    accident of, **5:**82, 82n
    AE invites, **5:**23, 26, 28, 30, 43, 216, 230, 234, 250, 501, 522
    AE visits, **10:**97
    dissertation of, **5:**25n, 32n
    doctorate of, **5:**24n
    engagement of, **5:**476n
    marriage of, **5:**522n
    Maschinchen, work with AE on, **5:**169
    move from Schiers to Schaffhausen, **5:**35n
    Olympia Academy, member of, **5:**7n, 24n, 25
    plays music with Kugler, **5:**206
    Schiers, teaching position in, **5:**25n, 33n, 41n, 231n
    scolded by AE, **5:**24, 25, 28, 29, 31
    sends book to AE, **5:**234
    Swiss Patent Office, possible appointment at, **5:**32
    Technikum Winterthur, recommended by AE for position at, **5:**524
    visits AE, **5:**222
    visits parents in Schaffhausen, **5:**235n
Habicht, Conrad and Anna
    AE invites, **5:**557
    AE visits with family, **5:**556, 557n
Habicht, Conrad and Paul, **5:***53*, 408
    AE invites, **5:**56
    AE's work with, **5:**81n
    Maschinchen
        completion of, **5:***53*
        paper on, **5:***53*, 230
        work on, **5:**70, 234

Habicht, Conrad, Jr. (1914–1988), **10**:97
Habicht, Emma Maria (1880–1954), **5**:27n
Habicht, Ernst (1916–1993), **10**:97
Habicht, Johann Conrad (1842–1931), **5**:27n
Habicht, Paul (1884–1948), **2**:*221–222*, 492n; **5**:7n, 24n, 26, *51*, 82, 114, 141, 169, 216, 250n, 438n, 501
　AE invites, **5**:234, 522
　AE makes acquaintance of, **5**:5n
　departure from Bern, **5**:27n
　design for
　　alternating current recorder, **5**:123
　　circuit breaker, **5**:116–117
　　electrometer, **5**:142–143
　　flying machine, **5**:100–103, 109–111
　　relay, **5**:24
　　telephone improvement, **5**:112–113
　　vacuum pump, **5**:126–128
　　voltmeter, **5**:154
　electrical waveforms, determination of, **5**:383
　electrolysis, on influence of pressure on, **5**:154
　on electrometer of Elster and Geitel, **5**:383
　ill, **5**:140
　Maschinchen, **5**:99, 154
　　completion of, **5**:140, 151n
　　demonstration of in Berlin, **5**:*54*, 379, 381, 383n, 406, 437
　　gilding of, **5**:406
　　improvement of, **5**:338, 339
　　influence of electromagnetic waves on, **5**:475
　　modification of, **5**:141–142
　　patent application for, **5**:219n
　　unwanted charges on, **5**:340n, 383, 437
　　work on, **5**:82, 90, 219, 222
　Schaffhausen laboratory, location of, **5**:82n
　Technikum Winterthur, appointed at, **5**:525n
　unable to make drawing, **5**:123
Habicht, Walter (1915–?), **1**:337n; **10**:97
Habicht-Kehlstadt, Anna (1888–1961), **5**:476n, 501; **10**:209, 213; AE invites, **5**:522
Habicht-Oechslin, Susanna (1850–1908), **5**:27n
Hack, Karl, **8**:1018c
Hadamard, Jacques (1865–1963), **9**:614c; **10**:339
Haeckel, Ernst (1834–1919), **9**:348n
　at beginning of WWI, **9**:348
　"materialism" of, **9**:358
Haenisch, Konrad (1876–1925), **7**:300n; **8**:55n;
9:*xliv, xlvii*, 196n, 360n, 433, 478, 515n, 524n, 604c; **10**:*xl*, 357
　AE requests help to obtain apartment for Pauline Einstein from, **10**:230n
　on AE's plans to leave Berlin, **10**:*xxxix*, 414
　annuls Nicolai's expulsion from University of Berlin, AE's thanks for, **9**:474–475
　approves special courses for foreign students at University of Berlin, **9**:466
　attacked by right wing, **9**:477
　congratulates AE on confirmation of light deflection prediction, **9**:477
　expresses sympathy for AE, **10**:413–414
　invites AE to visit, **9**:477
　redshift research, on state support for, **10**:280–281
Häfliger-Stamminger, Hedwig (1879–1952), **10**:231, 402
Haga, Herman (1852–1936), **5**:325n; **8**:873
Hagen, Aga von, **10**:*xliv*
Hagenbach, August (1871–1955), **5**:128n, 130n, 292, 293; **8**:815n; **9**:345n, 406n
　interference phenomena, influence of absorption on, **5**:129
Hägi, Henriette (1843–1906), **1**:53n, 54, 246, 262, 272, 298, 299n, *373, 375*
The Hague, AE plans visit to, **10**:52
Hahn, E., **9**:606c
Hahn, Hans (1879–1934), **9**:149n
Haider, Carl, requests information on KWIP funding, **9**:551c
Haifa, Technion, **9**:153n
Haigerloch, **10**:446
Halberstädter, ?, **9**:434n
Haldane, Lord Richard (1856–1928), **7**:433n, 625, 627
Hale, George Ellery (1868–1938), **4**:510n; **5**:176, 180n, 328, 330, 560n, 567n
Hall, Edwin (1855–1938), **1**:*237*
Hall effect, **10**:*xlvii*, 337, 613
　AE on, **10**:494
　and superconductivity, AE on, **10**:519–520
Halle
　position for astronomy in, AE on, **10**:453
　University of (*see* University of Halle)
　See also Als-Ob conference
Haller, Friedrich (1844–1936), **1**:291n, 312, 313n, 328, 329n, 336, 339n; **5**:23n, 32, 201n; **9**:191n

Haller, Friedrich (*cont.*)
  AE on, **5:**22
  biography, **1:***382–383*
  rehires Besso, **10:**540
  Swiss Patent Office
    and AE's promotion at, **5:**29n, 39n
    director of, **5:**23n
Hallwachs, Wilhelm, **9:**563c; **10:**572c, 585c, 587c
  requests KWIP funds for electrometer, granted, **9:**613c; rejected, 566c
Halm, Jacob (1866–1944), **5:**323n
Hamburger, Margarete (1869–?), **8:**723, 1024c; dedications from AE, **9:**593c
Hamel, Georg (1877–1954), **7:**353, 357n; **9:**454; lectures on Weyl's theory, **9:**453
Hamilton, William Rowan (1805–1865), **3:***8*, 128n, 550
Hamilton's equations, **2:***52*, 96n, 457–458; **3:**244n, 562n; **5:**18n
Hamilton-Jacobi theory, **6:**556–557, 559–561, 575–577, 578n; **8:**334–335, 387–388
Hamiltonian function, of gravitational field. *See* Gravitational field: Hamiltonian of
Hamiltonian principle, **2:**457; **9:**35, 41, 209n
  in theory of gravitation of De Donder, **8:**303, 307
  in theory of gravitation of Nordström, **8:**369
  See also Least action, principle of; Variational principle
Hammer publishing house. *See* Publishers
Hammer, Wilhelm, **9:**569c
  requests KWIP funds for measurement of capacities and dielectric constants, **9:**556c granted, **9:**560c
  requests KWIP funds for measurement of electrical oscillations, granted, **9:**567c
Händel, Georg Friedrich (1685–1759), **1:**21n.
Hansen, Adolf (1851–1920), **8:**887; **9:**45n
Hansen, Klaus (1895–1971), **10:**276n, 292
Hantke, Arthur (1874–1965), **8:**773
Happel, Hans (1876–1946), **5:**446n; University of Zurich, candidacy for chair at, AE on, **5:**445
Harden, Maximilian (1861–1927), **9:**43n, 71
Hardt, Ernst, **9:**350n
Hardy, E., **7:**480, 482n
Harmonic coordinate condition, **4:***198*, 245n, 246n, 248n, 252n

Harmonic oscillators. *See* Oscillators: harmonic
Harms, Bernhard, **9:**612c, 613c; **10:**570c
Harms, Friedrich (1876–1946), **5:**131, 308
  experiments of, Laub on, **5:**119
  specific charge of electron, determination of, **5:**115n
Harms, Karl (1876–1946), **9:**74, 209; in Bürgerwehr, **9:**60
Harnack, Adolf von (1851–1930), **7:**300n; **8:**513, 527, 571, 1011c, 1012c; **9:**108, 126n, 350n, 360n, 550c, 570c, 578c, 579c, 580c, 582c, 583c, 585c, 593c, 595c, 596c, 604c, 608c, 609c; **10:**96, 473, 581c
  invites to meeting on KWG salaries, **10:**570c
  KWIP
    Direktorium and Kuratorium of, on meeting of, **8:**529
    formulates press announcement on foundation of, **8:**570
    Kuratorium of, member of, **8:**571n
  memorandum, **7:**300n–301n
  signs appeal of 30 June (Harnack-Fischer), **10:**96
Harnack-Fischer appeal, on electoral reform in Germany, **10:**96
Harpner, Gustav (1864–1924), **8:**438n
Harress, Franz, **6:**28n
  dragging coefficient, experiment on, **6:**26, 27, 28n, 43n
  on optics of moving bodies, **9:**207–209, 219
Hartmann, Alfred (1891–?), **9:**192
Hartmann, Eduard (1874–1952), **8:**439; **9:**148n, 575c
  on equivalence of gravitation and acceleration, **10:**438–439
  relativity, lectures on, **10:**438
Hartmann, Hans (1874–1957), **10:**87
Hartmann, Johannes (1865–1936), **9:**25; **10:**37n
  abilities of, **8:**322
  Astrophysical Observatory, candidate for directorship of, **8:**293
  on position for Freundlich, **8:**264, 277
Hartmann, Ludo (1865–1924), **9:**277, 491
Hartmann und Braun A. G., **5:**154; voltmeter of, **5:**155n
Harzer, Paul (1857–1932), **6:**28n; **8:**393; **9:**209n
  on closed universe, **8:**394n
  dragging of light and aberration, paper on, **6:**26–27, 28n, 42, 43n

on light velocity, **9**:220
on stellar statistics, **8**:394n
Hasenclever, Walter (1890–1940), **7**:381n; **9**:609c
Hasenöhrl, Friedrich (1874–1915), **2**:589, 590n; **3**:559–560; **4**:507, 510n; **5**:107n, 300, 302n, 322n, 411, 481n, 624c; **8**:265n, 481, 560n; **10**:39n, 323n
  succeeds Boltzmann in Vienna, **5**:413n
  thermodynamics of moving systems, paper on, Laub on, **5**:107
Hasse, Max, **9**:592c
Haßler, Alfred (1879–?), **1**:21
Hassler-Steidle, Vreneli, **1**:309n
Hauck, ?, **9**:556c
Hauler, Edmund, **8**:265n
Hauptmann, Carl (1858–1921), **9**:322, 323n
Hauptmann, Gerhart (1862–1946), **1**:56; **9**:350n
Hauschner, Auguste, **9**:558c
Hauser, Walter, **1**:*240*n
Hausmann, **3**:576
Hausmann-Louis, Bertha (1854–1933), **5**:114; landlady of AE, **5**:7n
Havel, P., **10**:*xli*; expresses sympathy for AE, **10**:594c
Haydn, Joseph (1732–1809)
  Oratorio "The Creation," **10**:454
  Hans Albert Einstein plays works by, **10**:*xxxii*
Health Ministry in Germany, on individual caloric requirement, **10**:123n
Heap, David (1843–1910), **7**:480, 482n
Heat, **3**:120, 128n, 220, 366, 457, 460, 508, 535
  analogy between kinetic energy and, **1**:92–94
  atomic, **3**:522, 544n
  atomistic theory of, **2**:*53*; AE's early interest in, **1**:*xl*
  conversion of energy into, **3**:351
  as cyclic process, **3**:120, 129n
  exchange of, **3**:538
  of fusion, **2**:238–239
  generation of, **1**:324
  Joule, **3**:399n
  kinetic theory of (*see* Kinetic theory of heat)
  latent
    AE proposes experiments on, **1**:*236*, 238, 283
    connection with absorption spectra, AE on, **1**:280
    of solids, AE on, **1**:287

  mechanical equivalent of, **1**:91, 134–138; measurement by Joule of, **1**:88–92
  mechanical theory of, **1**:121–123; **2**:23, 40n, 317, 334, 351
  molecular theory of, **2**:*47*, 99–107, *137*, 334–335, 377n, 379–380, 382, 387, 393, 399, 416, 491, 499
  nature of, **1**:83–94
  radiation of (*see* Heat radiation)
  relativistic treatment of, **2**:473–475
  specific (*see* Specific heat)
  statistical theory of, **2**:545
  theorem, Nernst's (*see* Heat theorem of Nernst)
  theory of, **2**:*xix*, *42*, *109*, 328, 382–389, 430–431, 543; **6**:21, 30, 395, 397, 577 (*see also* Thermodynamics)
  of vaporization, of liquids, **1**:130–147; **2**:326 (*see also* Steam)
  H. F. Weber's lectures on, **1**:63–147, 212
Heat capacity, **3**:533, 537; **4**:555, 557; **6**:30; **7**:328
Heat conduction, **1**:63–65, *265*, 292, 294n, 305; **3**:183–184, 191, 461, 471–475, 477n, 514, 514n, 532, 534, 545n; **4**:155, 527–528; **6**:524–525, 577
  of gases, **3**:186
  model for, **3**:532
  and quantum hypothesis, **3**:477n
  and temperature, **3**:477n
  See also Thermal conductivity
Heat conductivity
  in metals, Besso on, **5**:319
  in quantum theory, AE's results on, **5**:303
Heat engines, **1**:96, 106–109; **2**:329. *See also* Carnot cycle
Heat loss, **1**:79–83, 87–89
Heat radiation, **3**:259–260, 268n, 503, 504n, 522
  and equipartition theorem, **3**:268n, 505n
  vs. luminescence, **3**:503
Heat reservoir, **2**:94, 101, 107n
Heat theorem of Nernst, **3**:*xxi*, *xxii*, 513, 513n, 514; **4**:280, *554n*, 556–557; **5**:535; **6**:30–38, 39n, 250, 252, 257, 261n; **8**:8, 30n, 42, 65, 66, 67, 90, 125–126, 138, 143–144
  AE on, **10**:20, 23
  for mixed crystals, **8**:262, 263–264, 267–268, 272–273, 276
  and lowest quantum states, **9**:467

Heat theorem of Nernst (*cont.*)
  Nernst's proof of
    AE's criticism of, **5:**418, 437
    controversy between AE and Nernst on, **5:**419n, 451, 566n, 467
    critical paper by AE on, **5:**421n
  Planck's generalization of, **10:**485, 548
  and thermodynamics, **10:**485, 499, 548
Heaviside, Oliver (1850–1925), **2:**309n; **5:**191n
  electrostatic unit of, **4:**9
  Searle visits, **5:**191
  on superluminal velocity, **5:***56*
Heaviside-Hertz analogy. *See* Duality of electricity and magnetism
Hebrew University of Jerusalem, **7:***221, 230–231, 235–236*, 430n, 435n–436n, 441n, 446–447n; **10:***xl*
  AE on plans for, **9:**578c
  AE's support of, **1:***lx*
  AE's tour of USA on behalf of, **7:**443n
  discussions on research vs. teaching at, **9:**198n
  Epstein prepared to teach at, **9:**180
  for East European Jewish students, **9:**197, 198n
  foundation stone laid, **9:**254
  founding of, **7:**446; **9:**153n, 197; AE's statement on, **9:**601c
  funding for by Zionist Organization, **9:**364–365
  as intellectual center of world Jewry, **9:**240
  involvement in of
    Courant, **9:**222, 240
    Ehrenfest, **9:**222, 240, 352
    Epstein, **9:**222, 240
    Ornstein, **9:**287, 316, 332, 415
    Weizmann, **9:**353n, 364
  Medical College of, **7:**436n
  medical and microbiological institutes of, **7:**446
  Oriental institute of, **7:**446–447n
  research institutes of primary importance for, **9:**332
  scholars' conference in Basel on, **9:**212, 222, 227, 253–254, 271, 277, 287, 293, 298, 306, 316, 360, 588c, 596c
    postponed, **9:**326, 332, 339, 342, 352, 458n
    program of, **9:**240–241
    Zionist Organization on, **9:**153n
  University Fund of, **7:***234*, 436n–437n, 624
  See also Einstein, Albert: Jewish matters:

Hebrew University
Hechingen, **1:***lv*; **10:**435, 442, 445–446, 450n, 454
Hecke, Erich (1887–1947), **10:**337
Hector (Greek mythology), **10:**171n
Hecuba (Greek mythology), **10:**171, 171n
Hedemünden lecture, **8:**778
Hedinger, Friedrich, **1:**246
Heffner, Fritz, **1:***348, 349*
Hegel, Georg Wilhelm (1770–1831), **8:**865
Heger, Paul (1846–1925), **9:**54, 113
Heidelberg, **1:**58, 59, 211; University of (*see* University of Heidelberg)
Heilbronn, **10:**95, 124, 128
  AE visits mother in, **10:***xxxiv*
  AE visits relatives in, **5:**556n, 557
  food supply in, **8:**167
Heim, Albert (1849–1937), **1:***43, 44, 363, 367*; **5:**503, 503n; **10:**345
Heim, Karl (1874–1958), **8:**887; **9:**45n
Heine, Eduard (1821–1881), **1:**262n, 305
Heine, Heinrich (1797–1856), **5:**20, 325, 325n–326n, 518n; **8:**87, 412, 413n, 858; **9:**523n
  poem on Buridan's ass, **9:**339
Heine, Wolfgang (1861–1944), **7:**240n; **9:**326n;
  AE on, **9:**326
Heinlein, Max Hussarek von (1865–1935), **5:**256n, 433n
Heisenberg, Werner (1901–1976), **7:***113*
Heiskanen, Veiko (Weikko) (1895–1971), **7:**425n
Helfferich, Karl (1872–1924), **8:**1005c; lawsuit of, **9:**389n
Helfritz, Hans (1877–1958), **9:**433, 466n
Heliostat, **7:***xxx*, 347
Helium, liquefied, **10:**253n, 521n
Hellberg, ?, **9:**133
Hellberg, Anna, **10:**211, 214, 224
Heller, Ester, **9:**611c
Heller, Helene-Irene (1913–?), **8:**46
Heller, Robert (1876–1930), **5:**313, 314n, 325, 326n, 346, 379n, 421n, 596n, 633c; **8:**130, 145, 173; **10:**19–20
  abilities of, AE on, **8:**204
  dissertation, work on, **5:**415n
  illness of, AE on, **8:**46
  takes classes with AE, **5:**595
  on Zangger's state of mind, **5:**414
Heller, Sigismund, **3:**580

Heller, Stephen (1813–1888), **9:**90; **10:**193
Heller-Chazrewin, Ester-Reizel (1886–?), **8:**46
Helm, Georg (1851–1923), **2:***207*; **8:**695; **9:**116
Helmert, Friedrich (1873–1917), **8:**594, 617, 625n, 717
Helmholtz, Hermann von (1821–1894), **1:***235*; **2:***42*; **3:**116, 128n; **5:**280, 281n, 511, 577; **6:**279, 496; **7:**505; **8:**898; **10:**395
  AE's reading of, **1:***xxxix*, 220, 22ln, 226, 230, 238; **2:***xxiv, xxv, 260*
  on foundations of geometry, **7:**403n
  publication on Goethe, AE's review of, **6:**569
  on visualization of non-Euclidean space, **7:**405n
Helmholtz, Ludwig (1821–1894), **9:**127, 235
Helmholtz Prize
  Planck nominated for, **8:**993c
  Sommerfeld nominated for, **8:**1004c
Helsingfors (Helsinki), University of (*see* University of Helsingfors)
Helsinki. *See* Helsingfors
Henggeler, Oscar (1871–1929), **8:**374n
Henkell, F. M., sends wine to AE, **10:**575c
Henle, Jakob (1809–1885), AE reads book by, **8:**495
Hennig, F., expresses sympathy for AE, **10:**594c
Henri, Victor (1872–1940), **2:**220–221, 559n; **9:**204; **10:**317
Heracles, **8:**511n
Herbart, Johann Friedrich (1776–1841), **1:**4
Hercules globular cluster, **9:**278; **10:**527n
Herder, Johann Gottfried von, **8:**397
Herglotz, Gustav (1881–1953), **2:***xvii*; **3:***478*; **5:**233n, 393; **8:**277, 278n, 704, 712n; **9:**415, 417n; **10:**246
  Ehrenfest's stay with, **5:**393n
  mechanics of deformable bodies of, **8:**368
  on rigid motion in special relativity, **5:**232; **10:**8
  on rigidity in special relativity, **9:**473
  as successor to Carathéodory, **9:**352
Hering, Ewald (1834–1918), **8:**364, 695
Hermann publishing house. *See* Publishers
Herold, Curt, **1:**321n
Herrigel, Hermann (1888–1973), **9:**94
Herrmann, Elsa (1893–?), **7:**332n; **10:**335
Hertel, Eduard (1899–1954), **9:**437
Hertling, Georg, Count von (1843–1919), **8:**893n

Hertz, Gustav (1887–1975), **8:**28, 32; **10:**404, 418n
Hertz, Hans (1915–?), **8:**161n
Hertz, Heinrich (1857–1894), **2:***255–256, 503*, 532; **3:**133, 400n; **7:**311, 321n, 462; **8:**76
  AE's reading of, **1:***xxxix*, 7, 226; **2:***xxiv*, 75n, *259–260*, 308n
  on electrodynamics, **1:***6*, 7, *223–225*, 226
  on electromagnetic radiation from a dipole, **1:**259n
  on elementary magnets, **1:**227n
  See also Electrodynamics of moving bodies: Hertz's theory of; Electrodynamics of moving media: Hertz's theory of; Ether theory: Hertz's; Maxwell-Hertz equations
Hertz, Helene (1891–1971), **8:**161n
Hertz, Paul (1881–1940), **2:***41, 53*, 74n–75n, 96n; **3:**314–315, 315n; **5:**186n, 232, 257; **6:**279, 385; **8:**163, 180, 182; **9:**75; **10:**483n
  on adapted coordinates, **8:**160
  AE invites to Zurich, **5:**540
  AE on, **5:**189
  AE's accusation of lack of civil courage, **8:**181
    angry reaction at, **8:**181
    retracted, **8:**182
  on amnesty for Kelen, **10:**473, 487
  criticism of papers by AE, **5:**250n
    AE invites for discussion of, **5:**250
    AE's response, **5:**261
    meeting with AE on, **5:**251
  experiment on electromagnetic waves, **4:**487, 501n
  on finding a practical job, **10:**487–488
  Laub on, **5:**185
  Patent Office, on finding a position at, **10:**487
  Siemens-Schuckert, applies for job at, **10:**487
Hertz, Rudolf, **2:***44*
Hertzsprung, Ejnar (1873–1967), **8:**323
  abilities of, 322; **9:**166, 199n, 216, 413, 502; **10:**60, 226
  on light deflection by Jupiter, **8:**258
  on positive results of 1919 solar eclipse expedition, **10:**222n, 226
  on trying to arrange Eddington meets AE, **9:**182
Herzen, Alexander, **9:**415
Herzen, Edouard, requests AE's Solvay paper, **5:**628c
Herzfeld, Karl (1892–1978), **2:***41*; **5:**509, 509n,

Herzfeld, Karl (*cont.*)
  540n; **8:**21, 26; **9:**439; **10:**323n
  on Einstein-De Haas effect, **10:**531, 532, 549
Herzog, Albin (1852–1909), **1:***11, 24, 240*; **3:***5*;
    5:222n
  and AE's ETH entrance examination, **1:***10*,
    12–13, *24*
  AE's study with, **1:**212, 292n, 307, 308n, *364*,
    365
  and Einstein-Marić's ETH intermediate examination, **1:**228, 229n
Herzog, Wilhelm (1884–1960), **8:**947
Hess, Adolf (1879–1967), **5:**90, 91n
Heß, Walter R. (1881–1973), **7:**342–343n
Hessenberg, Gerhard (1874–1925), **7:**79–80n
Hettner, Gerhard (1892–1968), **3:***600*; **10:**598c,
    602c, 605c, 606c
  on infrared spectra of molecular gases, **10:**297,
    313
  requests KWIP funds for studying infrared
    spectra of gases, **10:**587c; granted, **10:**602c
Heuristic, AE's use of term, **2:***xxvii–xxviii*, 150,
    167n, *268*, 410
Heuristics, AE's, **3:***xxvii*, 178n, 423n, 488
Hibben, John (1861–1933), **10:**l, 441, 471n, 490,
    514, 539
  on AE's financial demands for U.S. lecture
    tour, **10:**539
  Princeton University, invites AE to, **10:**441
Hilbert, David (1862–1943), **2:**267; **5:**439n;
    6:130n, 325, 345n, 410; **7:***101*, 140n; **8:**142,
    194, 199, 201, 222, 264, 460, 569n, 607n,
    646, 673, 687, 701, 702, 704, 714, 717, 736,
    737, 740, 744, 805, 937, 942; **9:**19n, 98n,
    158n, 535, 564c, 602c; **10:**36, 276, 377, 471,
    516
  AE
    congratulates for paper on perihelion motion, **8:**202
    helps in finding position for Freundlich,
      8:267n, 290
    invites for recreation, **8:**746, 774
    invites to own lecture on unified field theory, **8:**195, 199
    invites to Wolfskehl lectures of Mie and
      Smoluchowski, **8:**291, 293, 295, 453,
      459, 462
    on proposal of on international solidarity,
      8:745–746

  proposes as corresponding member of Royal Society of Göttingen, **8:**222n
  tension with, **8:**211n
  AE in agreement with, **8:**295
  AE requests contribution to book to support international relations, **8:**736, 737; declines,
    745–746
  AE thanks for hospitality, **8:**277
  AE visits, **8:**142, 264
  AE's resentment toward, **8:**222n; conquered,
    8:222
  on axiomatic geometry, **7:**403n
  axiomatic method of, **8:**366n
  Congress of Schweizerische Naturforschende
    Gesellschaft, lecture to, **10:**127
  Delbrück-Dernburg petition, signs, **8:**146n,
    176n
  on difference between theories of Hilbert and
    AE, **8:**196
  "Entwurf" theory, reveals error in, **8:**191, 277–
    278, 383
  foreign colleagues, supports keeping good relations with, **8:**145
  general relativity, variational formulation of,
    10:64
  gravitation theory of, AE's criticism of,
    6:346n, 416n
  invites AE to Wolfskehl meeting, **5:**502n
  Lehmann, on political stance of, **8:**746
  Mathematische Annalen, invites AE to join editorial board of, **9:**317
  Noether
    invites to University of Göttingen, **8:**292n
    supports venia legendi for, **8:**976
  physical constants, on relationship between,
    8:195
  praised by AE, **8:**145, 147, 154
  requests AE's opinion on
    Born, **9:**434–435
    Stern, **9:**464
  requests reprints, **5:**439
  Schücking, on political stance of, **8:**746
  Schwarzschild, regrets death of, **8:**291
  suggests Wolfskehl lectures to Mie, **8:**460n
  theory of integral equations of, **9:**50
  theory of matter of, **7:**131, 139n, 572n
  Troeltsch, on political stance of, **8:**746
  unified field theory of, **8:**195, 196n, 217, 288,
    289

energy-momentum conservation in, **8**:289, 291, 293–294, 295
geodesic frame in, **8**:436
Hamiltonian for matter in, **8**:364, 366
polars ("Polarenprozess") in, **8**:289, 290n, 291
theory of matter of Mie, relation to, **8**:216
University of Bern
receives call to, **10**:205
regrets rejecting offer from, **9**:464
University of Göttingen
on keeping Debye at, **9**:317
on theoretical physics at, **9**:460, 464
visits Switzerland, **9**:87
Weber, on political stance of, **8**:746
Weyl's unified field theory, accepts, **8**:879
Hilbert energy vector, **8**:833, 917, 932, 936–937, 938, 942–943, 975
Hilbert, Käthe (1864–1945), **8**:197n; praises AE for modesty, **8**:291
Hilgert, Heinrich, **1**:*liii*
Hiller, Kurt (1885–1972), **8**:868, 871; **9**:106n
Himstedt, Franz, requests KWIP funds for meteorological station, **9**:556c; rejected, 561c
Himstedt, Friedrich (1852–1953), **7**:*110*
Hindenburg, Paul von (1847–1934), and "stab-in-the-back" legend, **9**:238n
Hippocrates, on heredity, **10**:92
Hirn, Carl, **8**:370, 371
Hirn, Gustave Adolfe (1815–1890), **1**:86–88
Hirsch, Arthur (1866–1948), **1**:*362, 363, 364, 367, 368*
Hirschberg, Julius (1843–1925), **7**:448n
Hirschberg, Käthe, **5**:555n
Hirschmann, Christoph, **1**:*347*
Hirzel publishing house. *See* Publishers
History of science, Varićak on, **10**:6n
Hnatek, Adolf (1876–1960), **9**:336
Hochberger, Auguste (1867–1936), **5**:559n, 586n; **8**:731, 732; **9**:119, 138, 201; **10**:122, 231
Einstein, Pauline
offers condolences on death of, **9**:442
financial difficulties in visiting, **10**:215–21
visits, **9**:147, 172; **10**:218
Hochberger, Siegfried (1887–?), **10**:122
Hochberger, Victor (1869–1918), **8**:731
Hochdorf, Max (1880–1948), **9**:33
Hochheim, Ernst (1876–?), **9**:177; **10**:372

Hochschulbücherei, Marburg, requests permission to transcribe *Einstein 1917a* into Braille script, **10**:589c; granted, **10**:589c
Hochschule für die Wissenschaft des Judentums, Berlin, **7**:448n; **8**:892n
Hochschule für Proletarier, AE on, **9**:299
Höchwald sanatorium, Arosa, **8**:455n, 659n, 939n; **10**:*xxxiv*, 86n, 90n, 93n, 103n, 104n, 105n, 110n, 134n, 137n, 145n, 146n, 170n
Hodann, Max (1894–1946), **9**:43n, 71, 422n
Hodograph, **3**:14, 126n
Hoefft, Franz von, **8**:1018c
Hoff, ?, **10**:442
Hoff, Jacobus van 't (1852–1911), **1**:*265*; **2**:*6, 171, 221*; **5**:511, 534, 537, 537n, 549n; **9**:502
position at PAW, **5**:513n, 534n
See also Osmotic pressure: Van 't Hoff's law of; Solutions: Van 't Hoff's theory of
Hoffmann, Arthur (1857–1927), **10**:183
Hoffmann, Johannes, **9**:63n
Hofmann, W., **4**:498
Hofmannsthal, Hugo von (1874–1929), **9**:392, 394
Hofsäss, Max, **9**:570c, 574c
Hohenzollern dynasty, **8**:171n. *See also* Wilhelm II; Wilhelm, Crown Prince
Hohl, Kuno (1876–1940), **5**:396; Swiss Telegraph Administration, resignation from, **5**:396n
Holder, Roland, **9**:69; **10**:192; on Hans Albert Einstein, **9**:78
Hole argument, **4**:*297–298, 300*, 485n, 574, 577n, 580, 582n, 622n; **5**:563n, 564n; **6**:10, 18n, 130n; **7**:42n, 378n; **10**:27
Holism, **7**:404n
Holländer, **10**:452
Hollnagel, H., **3**:413n, 445n; **10**:18n; experiments on residual rays, **5**:395n
Holst, Helge (1871–1944), **10**:332
on mistakes in Moszkowski's book on AE, **10**:604c, 605c
paper by, **9**:351; Schlick on, 529
on relativity, **10**:341
Holtzmann, Robert (1873–1946), **9**:106
Homogeneity. *See* Space: homogeneity of; Space and time: homogeneity of; Time: homogeneity of
Hondros, Demetrios (1882–1962), appointment in Athens, **5**:417, 418n

Hoop, van der, ?, **5:**578
Hoover, Herbert (1874–1964), **7:**332n
Hopf, Elise (1865–1936), **5:**249n, 267n, 484n
Hopf, Hans (1854–1918), **5:**249n, 267n, 484n, 563n
Hopf, Ludwig (1884–1939), **2:***170, 180–181,* 551n; **3:***xx, xxvi,* 178n, 259–267, 268n, 270–280, 281n–282n, 416, 418n, 505n, 574, 576, 580; **4:***272, 273,* 280; **5:**242n, 252, 515n; **7:**343n; **8:**8n, 9, 66n, 875n; **9:**404; **10:**12, 21n
    AE invites, **5:**242
    checks AE's viscosity calculations, **5:**267, 269n, 271
    collaboration
        with AE in Prague, **5:**254, 335
        with Meyer, **5:**417
    congratulates AE on appointment at ETH, **5:**416
    engagement, AE's congratulations on, **5:**483
    expresses sympathy for AE, **10:**405–406
    GDNÄ meeting in Karlsruhe, paper at, **5:**336n
    hydrodynamics, work on, **5:**416
    invites AE, **5:**249, 562
    marriage, **5:**501
    papers with AE, **4:**202n, *272,* 280–283; **6:**199, 398n; **8:**133n
    requests picture of AE, **5:**335
    Royal Aircraft Factory, works in, **8:**426
    sends gifts, **5:**266
    Technische Hochschule Aachen
        activities at, **5:**335
        appointment at, **5:**336n
    visits parents in Nürnberg, **5:**267n
Horace, **8:**816n
Hornbostel, Erich von (1877–1935), **7:**478n
Hort, Wilhelm (1878–1938), **9:**250; on Lense-Thirring effect, **9:***xli*
Hosking, ?, **2:**348
Hotel Bristol, **8:**385n
Hotel Gebhart, **8:**142
Hubble, Edwin (1889–1953), **6:**517
Huber, Albert, **1:***241*
Huber, Frieda (1880–?), **9:**129–131, 139n, 147, 171, 219n, 304n
    arrives in Berlin, **9:**339, 592c
    offers to accompany Pauline Einstein to Berlin, **10:**229–230
Huber, Rudolf, lecture by, **5:**618c, 620c
Huguenin, Gustav (1840–1920), **5:**596, 597n, 602; **8:**118, 331; **9:**512; **10:**48, 58, 160
    anxious about Weyl's health, **10:**512
Huguenin pastry shop, **5:**578
Humboldt, Alexander von (1769–1859), **1:***lxii,* 291n; **9:**476; AE's reading of, **2:***xxvii*
Humboldt, Wilhelm von (1767–1835), **9:**476
Hume, David (1711–1776), **6:**279, 523; **7:**59n; **8:**544
    AE's reading of, **2:***xxiii–xxiv, xxv, 260*
    influence on AE, **8:**220, 346
    philosophy of, **8:**347n, 818
Humm, Rudolf (1895–1977), **8:**827
    on boundary conditions at infinity, **8:**606–607, 612–613
Hungarian Soviet Republic, **10:***xlii*
    people's commissars of: trial of, **10:**605c; pardon for, 484, 611c
Hunger
    in Germany, **9:***xlii,* 29, 253; AE on, 139, 260, 496, 498
    in Russia, **9:**204
Hunziker, Jakob (1827–1901), **1:**17n, 28n, *359, 360*
Hupka, Erich (1884–1919), **8:**908
    experiments of, **3:**173
    specific charge of electron, determination of, **5:**187n, 190n; AE's knowledge of, 189
Hurwitz, Adolf (1859–1919), **5:**212n, 307, 479; **8:**17, 498; **9:**11n, 271; **10:**202, 206
    AE thanks for hospitality, **8:**18
    AE's attempts to find position as *Assistent* with, **1:***44,* 262, 269n, *375, 379*
    AE's courses with, **1:**212, *362, 363, 364*
    appointment with AE, **5:**212
    plays music with AE, **5:**308n
    teaching replacement of, **5:**627c
Hurwitz, Eva (1896–1942), **8:**17; **10:**206, 210
    AE invites, **9:**572c
    AE's condolences on death of husband, **9:**242
Hurwitz, Ida (1864–1951), **8:**17, 18n; **9:**241, 572c; **10:**159
Hurwitz, Lisbeth (1894–1983), **8:**17, 312n, 341n; **10:**210; diary of, **10:**105n
Hurwitz, Otto (1898–?), **8:**17; **10:**210
Hurwitz, Siegmund (1904–1994), **10:**104
Hurwitz family, AE discusses separation from Einstein-Marić with, 10:103–104
Hussarek, Max. *See* Heinlein, Max Hussarek von
Husserl, Edmund (1859–1938), **7:**80n

Huth, Erich F. Co., **7**:365–366
Huygens, Christiaan (1629–1695), **7**:245; **9**:502
Huygens's principle, **3**:494; **4**:548–549; **5**:182; **6**:237, 336
  compatibility with quantum hypothesis, AE on, **5**:245
Hydrates, **2**:*172*
Hydrathüllen. *See* Molecular aggregates combined with water
Hydration
  role in dissociation and solubility, **5**:14, 16n
  treatment in AE's dissertation, **5**:16n
Hydrodynamics, **3**:*6*; **4**:185; **6**:525, 553–554, 576; **10**:l, 282
  classical, **2**:*170, 171*
  and general relativity, **6**:73, 102–105, 325, 326–327
  Hopf's work on, **5**:416
  of incompressible liquid, **2**:177
  Navier-Stokes equations of, **2**:203n
  relativistic, **4**:*3–6*, 98–101, 517–519
  and size of ions, **5**:17
  of solutions, **2**:186
  Stokes's law in (*see* Stokes's law of hydrodynamic friction)
  stresses in, **2**:177
  Von Kármán's work on, **5**:416
  See also Euler's equations (hydrodynamics); Maxwell hydrodynamics
Hydrogen
  artificial production of, **10**:595c
  at low temperatures, **10**:17; viscosity of, 500n
  liquid, **10**:521n
  mass of, **6**:364, 370n
  specific heat of, **3**:547n–548n, 558, 562n; **4**:*270–273*, **6**:*146*, 260–261, 261n; **10**:356, 443
    AE's and Stern's quantum theory of, **4**:554, 276–280; **5**:467, 509
    AE's theory of, **5**:395
    Eucken's measurements of, **4**:278, 279, *553n*; **5**:391, 395, 467, 509n, 579; **6**:261n
Hydrogen molecule, moment of inertia of, AE on, **9**:439n
Hydrosols, metallic, **2**:*219*
Hydrostatics, **4**:521, 529
Hypnotism, **1**:318–319
Hypothesis
  ad hoc, **3**:443
  counterfactual, **3**:528, 545n, 556
  definition of, **8**:890
  value of, **8**:862
  working, **3**:458n
Hysteresis, **3**:223, 226, 351, 375

Ideal gas, **2**:68, 114, *221*; **3**:179, 204–205, 212–213, 521–524; **7**:425n
  deviations from, **1**:292
  entropy of, **2**:*578*; **6**:257–261
  equation of state of, **3**:242n; **4**:525
  mixture of, **3**:307
  pressure of, **3**:180
  quantum theory of, **6**:261n
Ignatowsky, Waldemar von (1875–1923), **3**:*478*; **5**:251n;
  relativistic rigid body, paper on, **5**:251n; AE's objections to, **5**:251
Iliad, **10**:171n
Imes, Elmer (1882–1941), measurement of rotation bands, **9**:458n
Impenetrability of matter, **8**:706
Imperial Academy of Sciences, Vienna, **8**:756n
Imthurneum, Winterthur, **1**:321n
Incompressibility condition, **2**:95n–96n, 108n; AE's use of, **5**:17
  See also Continuity equation; Liouville's theorem
Independent Socialists. *See* Unabhängige Sozialdemokratische Partei Deutschlands
Independent Socialists. *See* Social Democratic Party: German Independent
Index of refraction. *See* Light: refraction of
Induction, **3**:122, 255
  between massive shell and point mass, **4**:*127*, 175–178, *295*, 436
  electric, **3**:369
  Faraday's law of, **2**:*262–263*, 502n; **3**:370; **4**:11; **6**:265; **7**:264
  magnetic, **4**:11, 19
  mutual, **3**:377
  unipolar, **2**:309n
  See also Electromagnetic induction; Electrostatic induction; Self-induction
Induction machines
  use in electrostatics, **5**:*51*
  use in twentieth century, **5**:*52*
Inductive machines, **2**:492n

Inertia, **4:**295, 538, 586, 613; **6:**4, 532; **7:**535–536, 592, 606, 616
  AE on origin of, **5:**532
  in classical mechanics, **8:**437
  of electric energy in crystal, **8:**818
  of electromagnetic energy (see Electromagnetic energy: inertia of)
  of energy (see Energy: inertia of; Equivalence of mass and energy)
  Galilean law of (see Galilean mechanics: basic law of)
  gravitation and, **4:**298, 299, 548, 569
  as interaction, **7:**370, 394 (see also Gravitational field: as inductive effect)
  law of, and causality, **10:**300
  moments of, **3:**70–72
  principal axes of, **3:**72, 81–82, 101, 103, 105
  relativity of, **4:**194, 433n, 484, 498–500; **6:**523, 544–546, 552n; **7:**xxxiii, 42n, 354, 431, 563; **8:**240, 287, 358, 361n; **9:**110–111, 117–118, 247
  transport of from distant masses, **8:**358
  See also Equivalence principle; Mass: equality of inertial and gravitational
Inertial ellipsoid, **3:**72, 107
Inertial frame. See Frame of reference, inertial
Inertial mass. See Equivalence of mass and energy; Mass, equality of inertial and gravitational
Inertial system, term first introduced, **8:**447, 448n. See also Frame of reference: inertial
Infeld, Leopold (1898–1968), **7:**288n
Infinity and finiteness, **8:**645, 656, 679
Influenza epidemic, **10:**xxxv
  in Germany, **8:**847, 911, 939, 961; **10:**170n
  in Switzerland, **8:**851, 884, 911, 940; **10:**169, 173n, 181, 187
Information and Aid Agency for Germans Abroad and Foreigners in Germany. See Auskunfts- und Hilfstelle für Deutsche im Ausland und Ausländer in Deutschland
Infrared radiation. See Radiation: infrared
Infrared spectra of molecular gases, Hettner on, **10:**297
Inheritance
  of acquired characteristics, **9:**506
  of dialects, **9:**505–506
Initial conditions. See Boundary conditions
Institut für Radiumforschung, **7:**279n

Institut international de physique Solvay, **8:**915; **9:**114, 115n; **10:**302
Institut international du froid, **10:**xlvi
Institut Pasteur, **9:**333
Institute of Radium Research, Vienna, Lawson's wartime work at, **9:**436
Instruments, scientific. See Measuring instruments
Insulator, **3:**341, 344, 471–475, 476n–477n
  thermal, **1:**76–79, 81–83
  thermal properties of, **3:**473, 514, 529
Integration, mechanical device for, **4:**600, 606, 607n; **8:**59–60, 61
Intellectuals, past and current, AE on, **9:**264
Intellectus et Labor, Rubakin's institute, **9:**576c
Interaction
  between electron and an atom, **3:**514n
  of matter and radiation, **2:**xvii–xviii, 134, 141, 150, 167n, 383, 483, 548, 553n, 585–586
  between molecules, **3:**403, 410, 420, 461, 507n
  between permanent magnets and current, **3:**375
  of oscillator with radiation field, **3:**270–271, 476n, 507
  range of, **3:**414n
  thermal, **3:**538, 542
  of two circuits, **3:**376
Interference,
  acoustic, **8:**16
  of light (see Light: interference of)
Interference phenomena, incompatibility with light quantum, AE on, **5:**465
Intermolecular force (see Molecular force)
International Agency for Prisoners-of-War, **8:**103n
International Committee of the Red Cross, **9:**205n
International Congress on Mathematics, Strasbourg (1920), **10:**305
International Electrical Exhibition, Munich (1882), **1:***li*
International Institute of Physics. See Institut international de physique Solvay
International reconciliation
  AE's doubts on, **9:**134–135
  through personal contacts, AE on, **9:**135, 511
International Red Cross, **8:**64n, 103n, 110
International relations of scientists. See Scientific exchange, international
International Research Council, **7:**363n

International Society of Amateur Astronomers (Ingedelia), popular lectures of, **9:**613c
International solidarity, **8:**736, 737, 740
  AE's proposal for statements on, **8:**736
    doubts on of: Hilbert **8:**745–746, 774; Troeltsch, **8:**747–748
Internationale Frauenliga für Frieden und Freiheit, **9:**34n, 203n
Internationale Schule Protestantischer Familien in Mailand, **1:***liii*, *389*
Internationale Vereinigung für Mutterschutz und Sexualreform, **9:**34n
Internationalism, and Jewishness, AE on, **9:**181
Interval
  space-time (*see* Invariant space-time interval)
  spatial and temporal, **2:***265*, 308n
Intuition, **7:***xxxvi*, 57, 219–220n
Invariance
  proof of from consciousness, **8:**801
  of similarity, **8:**777, 804
  See also Symmetry
Invariance properties, **2:**302, 308n, 366, 438, 474, *504*; **3:**442, 447
Invariant distance
  Euclidean, **7:**262–263, 374, 408, 502
  in Galilean space-time, **7:**516
Invariant space-time interval, **4:**44, 309, 311, 319, 324, 325, 336, 476, 480, 490, 494, 495, 574, 590, 594–595, 619; **6:**76–77, 88–89, 126, 292–293, 295, 301–302, 305, 334, 412, 484–485, 531, 544, 548; **7:**93, 352, 451, 528, 539–540
  criterion for Euclidean, **6:**96
  in general relativity, **7:**276–277, 377, 409
  not given with space-time continuum, **7:**412
  spacelike, **6:**121–122, 127, 293; **7:**264
  in special relativity, **6:**76, 77, 84, 88, 121–122, 292–293, 486, 531; **7:**255, 263, 374, 408, 523
  of spherical space, **6:**549
  timelike, **6:**121–122, 127, 130n, 293; **7:**264
Invariant tori, **6:**567n
Invariant volume element, **6:**83–85, 216, 303, 304; **7:**156, 505–506, 528, 533, 543
Invariantentheorie, Felix Klein's use of term, **2:***254*
Invariants, adiabatic, **3:**562n; **4:***272*
Ioffe, Abram (1880–1960), **5:**427; **8:**11n, 42n; **10:**404, 426n, 517; possible candidate for succession of Debye in Zurich, **5:**428n; **9:**415
Ion, **6:**454
  as carrier of heat, **2:**386
  as clock, **2:**444
  contribution of to specific heat of solids, **2:**386
  migration velocity of, **2:**500, 502n
  mobility of, **2:**497–498; **9:**460
  oscillating, **2:**543, 573
  positive (*see* Canal rays)
  resonator as, **2:**351
  size of, calculation of, **5:**17
  size of, in solutions, **2:***178*
  theory, **2:***178*, 235n; AE's study of, **1:**267
Ionic hydrates, **2:***178*
Ionization
  by gamma rays, AE on, **5:**284
  of gases (*see* Gas: ionization of)
Iring, G., **9:**192
Irreversibility, **2:***217–218*, 246, 376; **3:**236, 246n, 288–289, 314, 550
  apparent, **3:**289
  Boltzmann principle and, **3:***xxvii*
  Born on, **10:**516
  See also Change of state: irreversible; Thermodynamics, second law of
Isensee, Hermann, requests KWIP funds for telescope and color photography, **8:**1023c
Ishiwara, Jun (1881–1947), **5:**262n, 540n
  ponderomotive force of, AE on, **5:**261
"Isms," philosophical, **8:**885, 890
Isobaric process. *See* Change of state: isobaric
Isola Bella, **1:**261
Isola della Scala, province of Verona, Italy, **1:***lv*, 281n, *375*
Isomery, of mixed crystals, **10:**499
Isopycnic process. *See* Change of state: isopycnic
Isothermal change of state. *See* Gas: isothermal change of state of
Isothermal condition, **4:**245n
Israel und Levi, feather-bedding firm, Ulm, **1:**1
Istanbul
  Robert College, **9:**213n
  University of (*see* University of Istanbul)
Italy. *See* World War I
Itelson, Gregorius, **6:**535n; **10:**605c

J. Einstein & Cie., Munich, **1:***li, lii, liii*
Jaberg, Karl (1877–1958), **5:**115n

Jabotinsky, Vladimir (1880–1940), **9:**198n
Jacobi's equations, **5:**17; **7:**152
Jacobi's rule for determinants, **6:**303, 304
Jacobi's theorem, **6:**556, 565, 567n, 578n; derivation of, **6:**575–577
Jacobson, Victor (1869–1935), **9:**181n
Jaeger, Frans (1877–1945), literature on dissociation of electrolytes, **10:**575c
Jaeger, Wilhelm (1862–?), **6:**273, 275, 276n
Jaffé, George (1880–1965), **9:**349
Jäger, Gustav (1865–1938), **4:**507, 509, 510n; **9:**398–399, 428
Jagor Foundation, **8:**564; **9:**569c
Jahnke, Eugen, **9:**297n, 309
Jahnke, Paul (1861–1921), **8:**600, 671
Jahrbuch der Radioaktivität und Elektronik, **5:**74n; **7:***104*
  AE's paper for, **5:**74, 76, *76*, 77, 78, 82
    corrections and additions to, **5:**106
    Stark's thanks for, **5:**97n
Jakob, Max (1879–1955), **9:**14; **10:**189
  reviews Einstein 1917a, **10:**163
  on twin paradox, **10:**189
James, William (1842–1910), **8:**543
Janke, Johannes (1884–1969), **9:**34
Jannasch, Lilli, **8:**186
Japanese navy, and German navy, **9:**237
Jaumann, Gustav (1863–1924), University of Prague, candidacy for chair at, **5:**247n; declines offer, **5:**256n
Jaurès, Jean (1859–1914), **10:**408; AE on assassination of, **8:**173
Jean Paul (Richter, Friedrich), **8:**397
Jeans, James (1877–1946), **2:***137, 142, 144, 145, 146,* 167n, 542, 543, 549, 55ln, 552n; **3:**250, 253n, 280, 476n, 506n; **5:**42n, 299, 300, 301n, 349; **7:**410n; **8:**445n; **9:**370n; **10:**380
  dimensional argument in radiation theory, **5:**166; AE's use of, **5:**167
  displacement law, derivation of, **5:**84n
  and Planck's law, **2:***144*
  radiation theory of, **6:**35, 39n
  relativity principle, derivation of, **5:**83
  Third Solvay Congress, invited to, **10:**303
  See also Black-body radiation: Rayleigh-Jeans law for
Jeans law. *See* Black-body radiation: Rayleigh-Jeans law for
Jeans-Lorentz law, **2:**543, 55ln. *See also* Black-body radiation: Rayleigh-Jeans law for
Jebenhausen, **1:***xlix*
Jeffery, George (1891–1957), **10:**524
  on English edition of *Lorentz et al. 1920*, **10:**524
  proposes edition of selected papers by AE, **10:**602c
Jensen, Christian, **9:**569c
  requests KWIP funds for atmospheric physics, **9:**565c; rejected, **9:**566c; **10:**570c
Jerusalem, Hebrew University of. *See* Hebrew University of Jerusalem
Jerusalem, Wilhelm (1854–1923), **8:**480
Jewell, Lewis E., **9:***xxxvii*; redshift of solar spectral lines, discovery of, **5:**313n
Jewish autonomy, **8:**964n
Jewish Chronicle, **7:**429n
Jewish Community of Berlin. *See* Jüdische Gemeinde Berlin
Jewish Congress in Germany, **8:**964n
Jewish Correspondence Bureau, **7:***236*, 429n, 447n
Jewish Gymnasium, in Poland, **8:**772
Jewish Hospital, Berlin, **8:**930n
Jewish Labor Bureau. *See* Jüdisches Arbeitsamt
Jewish nationality, concept of, **7:**289–290, 428. *See also* Nationalism: Jewish
Jewish question, **7:***221–236*
Jewish religion, AE's indifference to, **7:***227*, 428
Jewish students, eastern European, **9:**231n, 433; courses for, *xlvii*, 523
Jewish teacher training college, **8:**773
Jewish Territorial Organization, **9:**417n
Jews
  AE on, **9:**16, 230n, 494–495
  in America, **7:**430n, 623
  assimilation of (*see* Assimilation)
  characteristic features of, **7:**289–290
  comparable positions of in Russia, Germany, England, and the U.S., **7:**427
  eastern European (*see* Jews of eastern Europe)
  emancipation of in kingdom of Württemberg, **7:**440n
  in Great Britain, **7:**429n
  historical account of, in Germany, **7:**427
  influence of in Germany, **7:**427
  intermarriage with Gentiles of, AE on, **9:**294

ostracized from Germany, **9:**243
racialist influence on AE, **7:**294
solidarity with, AE on, **9:**495
See also Anti-Semitism; Einstein, Albert: Jewish matters
Jews of eastern Europe, **9:**197, 198n, 227, 352
AE's identification with, **7:**227
deportation of, contemplated, **7:**241n
flight of from pogroms, **7:**241n
in Germany, **9:**327n
immigration of conflated with that of ethnic Germans, **7:**238, 241n
internment camps for, **7:**238, 240n, 428
numbers of in Berlin, **7:**238
occupational structure of, **7:**240n
as scapegoats, **7:**238, 240n, 291, 428
state-sanctioned courses for, **7:**288n, 428
wartime labor of, **7:**239; **7:**241n
Joël, Kurt, interview with AE, **9:**589c
Joffe, Abram. *See* Ioffe, Abram
Johannsen, Wilhelm (1857–1927), **9:**506
Johns Hopkins University, **8:**437n
Johnsen, Arrien (1877–1934), **9:**74, 75
Jonasen, Jonas, **10:**246n
Jong van Beek en Donk, Benjamin de (1881–1948), **9:**231; and Lille booklet, **9:**232
Jonsson, Axel, **9:**597c
Joseph, ?, **9:**185
Josephson, Ernst, **9:**572c
Joule, James Prescott (1818–1889), **1:**84–86, 88–89, 91–92
Journalists, **7:**210, 214, 442–443
Jubiläumsstiftung der Deutschen Industrie, **8:**822
Jüdische Gemeinde Berlin, requests congregational tax from AE, **10:**611c; AE declines, **10:**534; second request, **10:**550
Jüdische Rundschau, **8:**963
Jüdisches Arbeitsamt (Jewish Labor Bureau), **7:**239, 241n
Julius, Louise (1901–1982), **5:**348n; **10:**225, 252n, 262
Julius, Maria (1894–1977), **5:**348n; **10:**225, 252n, 262
Julius, Willem (1898–?), **5:**348n
Julius, Willem H., (1860–1925), **4:**511n; **5:**312n, 348n, 360n, 386n, 388, 500n; **6:**539n; **9:**145, 247, 269n, 470, 498; **10:***xlix*, 242, 247, 326, 424, 465, 518

AE plays music at home of, **10:**224–225, 262, 277
AE visits in Utrecht, **5:**345, 346, 347
approached by Weyland for anti-relativity lecture, **10:**406–407
friendship with AE, **5:**348n
on health of family, **10:**407
meets with Debye in Bern, **5:**386
optical phenomena in solar atmosphere, theory of, **5:**313n, 317n
AE on, **5:**327, 347, 357
observational support for, **5:**355
reactions to, **5:**316
recommends AE for Nobel Prize, **9:**418n, 597c
redshift, on anomalous dispersion as cause of, **9:***xxxvii*, 248, 267, 287; AE on, **9:**272
redshift, gravitational, **5:**323; **10:**309, 311, 346
assesses evidence regarding, **10:**248–251
requests AE's opinion on abilities of
Debye, **5:**354
Keesom, Ornstein, and Van Laar, **5:**369
requests proofs back from AE, **5:**386
thanks AE for portrait, **10:**310
University of Utrecht
fears Keesom's appointment at, **5:**369
meets with Lorentz on vacancy at, **5:**363
offers AE chair at, **5:**325
regrets AE's declining chair at, **5:**354
See also Einstein, Albert: Career: University of Utrecht; University of Utrecht: vacant chair at
Juliusburger, ?, **9:**459n
Julius-Einthoven, Betsy (1867–1945), **5:**348n; **10:**252n, 424; invites AE to visit and play music, **10:**597c
Jung, Giuseppe (1845–1926), **1:**282, 285, 287
Junghans, ?, requests KWIP funds, **8:**1014c
Jupiter
deflection of light rays passing (*see* Gravitational light deflection: by Jupiter)
eclipses of moons of, **6:**136
satellites of, **10:**516
Just, Gerhard (1877–?), **5:**513, 514n

Kać (formerly Káty, Hungary), **1:***xxxvii*, 59n, 225n, 228, 268, 321
residence of Marić family, **5:**115n
stay of Einstein family in, **5:**556

Kafka, Franz, **8:**337n
Kahn, Bertha, **5:**541
Kahn, Emma, **5:**541
Kaiser, Josef, **9:**604c, 608c; requests KWG research funds for producing electrical power directly from heat, pending, **9:**609c
Kaiser-Wilhelm-Gesellschaft (KWG), **7:**211n, 494n; **8:**471n; **10:**97n, 199n
  administrative correspondence, **10:**581c
  application for research funds for producing electrical power directly from heat, **9:**604c; pending, 609c
  beer party of, **9:**578c
  directors' conference, AE attends, **10:**605c, 606c
  and funding of KWIP, **9:**570c
  new regulations of after abdication of Wilhelm II, **9:**550c
  proposal to double budget of Einstein's institute, **7:**363n
  senate of, **8:**513n
  tenth anniversary of, **7:**424n
Kaiser-Wilhelm-Institut für Biologie, **7:**448n
Kaiser-Wilhelm-Institut für Chemie, **5:**512, 514n; **8:**875n; founding of, **5:**260n
Kaiser-Wilhelm-Institut für Experimentelle Therapie, **7:**448n
Kaiser-Wilhelm-Institut für Physik (KWIP), **7:**424n, 494n; **8:**12n, 41n, 513n, 598, 758
  account statements of, **9:**561c, 609c, 593c; **10:**603c
  administrative correspondence of, **8:**1017c, 1030c; **9:**554c, 559c, 564c, 565c, 566c, 569c, 570c, 575c, 576c, 577c, 579c, 585c, 586c, 587c, 591c, 595c, 600c, 606c, 608c, 615c; **10:**572c–573c, 575c–577c, 582c, 584c–585c, 587c–588c, 592c–593c, 598c, 605c–606c, 609c–610c, 613c
  AE as director of, **8:**1009c, 1011c; **9:**xlvii–xlviii
  AE's salary as director of, **10:**598c
  allocation of funds by, criticism of, **9:**68
  appropriation conditions of grants, **10:**576c
  budget of, **9:**559c, 563c, 566c, 569c, 609c
  budget for 1920, **10:**577c, 605c, 606c; to be doubled, 578c
  call for research proposals, **9:**73, 555c
  contract of with Debye, **8:**821–822, 823, 866, 866, 876

  contract with Freundlich, **8:**563–564, 579–580, 589, 593, 609, 613, 876
  contribution requested from for 10th anniversary of KWG, **10:**608c
  Direktorium of, **8:**527, 530n, 1010c
    AE member of, **8:**527n
    AE requests meeting of, **8:**527
    decision on secretary's salary, **10:**584c
  endowment for, by Koppel, **9:**13n
  establishment of, **8:**513, 992c, 1008c, 1009c, 1010c
  Haider request for information on funding, **9:**551c
  Kuratorium of, **8:**530n, 571n, 620
    administrative correspondence of, **10:**579c, 590c, 592c, 605c
    and Direktorium, meeting of, **8:**529
    doubles AE's salary, **10:**572c
    on support of research of Laue, **8:**621n
  meeting on establishment of, **10:**108; AE participates in, **10:**109n
  Mie inquires about research funds of, **9:**98
  planned creation of, **5:**534n, 549n, 561, 565, 598n, 602n, 635c; **8:**12n, 40n, 471n
  policy of funding, changes in, **9:**568c
  press announcement on, **8:**527, 570, 571n, 578
  promised to AE, **10:**68
  purpose of, **8:**528n, 876
  remuneration for Radtke, **9:**563c, 598c, 602c
  report for 1918 requested, **9:**13
  report for 1919, **10:**598c, 605c, 606c
  report on activities of, **8:**876
  secretary for, **8:**570, 758n; salary raise of, **9:**579c
  solicits research grant applications, **8:**1013c, 1014c
  transformer on short-term loan: given **10:**584c; requested back, 611c, Debye on, 612c; request retracted, 613c
  typewriter for, **9:**556c, 559c, 561c
  working committee of, **8:**530n
  See also Freundlich, Erwin; Goldstein, Eugen, Kohn, Hedwig; Krüger, Louis; Lenz, Wilhelm; Magnus, Alfred; Pohl, Robert; Regener, Erich; Rosenberg, Hans; Rubens, Heinrich; Schuh, Friedrich; Seeliger, Rudolf; Seemann, Hugo; Steubing, Walter; Wagner, Ernst; Warburg, Emil; Weigert, Fritz

Kaiser-Wilhelm-Institut für physikalische Chemie und Elektrochemie, **5:**353n, 529n, 575n, 595n; **7:**220n; **8:**14n, 20n, 30n, 43
   AE's office in, **5:**511, 604n
   Haber's directorship of, **5:**353n, 427n
   official opening of, **5:**427n
Kalähne, Alfred (1874–1946), **9:**127
Kaluza, Theodor (1885–1954), **7:**562; **9:***xli, l–li*, 76, 81n
   five-dimensional unified field theory of, **9:**l, 38–40, 44, 46, 56–57, 65–68; general covariance of, 56; AE on, 39
Kamerlingh Onnes, Catharina (1861–1936), **10:**465, 469n
Kamerlingh Onnes, Elisabeth (1897–?), **10:**469n
Kamerlingh Onnes, Harm (1893–1985), **10:**469n, 518, 604c
   AE visits, **10:**270
   has good memories of AE, **10:**519
   on playing music with AE and Ehrenfest, **10:**519
   sends color reproductions of his portraits of AE, **10:**518–519
Kamerlingh Onnes, Heike (1853–1926), **1:**288–289; **3:***283*, 501, 504n, 513n, 548n, 558, 562n; **5:**269n, 281, 287, 300, 325, 349, 361, 386, 410, 413, 522n; **8:**84, 465; **9:**55, 150, 247, 362, 414, 422n, 457, 469–470, 471n, 497; **10:***xliii, xliv*, 298, 303n, 313, 367, 389, 437, 469, 470, 518
   AE
      congratulates, **9:**582c
      discussion with on low temperature physics, **9:**321, 363, 418
      helps get Dutch visa, **9:**182–183, 482, 503, 507; **10:**241
      hopes will contribute to research at cryogenic laboratory, **10:***xlvii*
      sends reprints, **5:**269
      nominates for Nobel Prize, **9:**418n, 597c
   AE seeks position as *Assistent* with, 4n
   AE stays at home of, **10:**465
   AE visits, **10:**224, 257
   AE's planned visit to, **5:**552, 554
   discovers superconductivity, **8:**156
   discussion with AE, **10:**270
   electrical conductivity, experiments on, **5:**283n
   Encyklopädie article with Keesom, **5:**386n
      AE's praise of, **5:**374

   Keesom's contributions to, **5:**361n
   on Hall effect, **10:**494
   helps Russian physicists, **10:**425
   ill, **8:**468
   laboratory of, **10:**521n; AE visits, 253
   lectures on liquefaction of helium, **10:**253
   meeting on magnetism ("Magnet-Woche"): arranges, **10:**344, 404; participates in, **10:***xlvi (see also* "Magnet-Woche")
   as mediator between Trowbridge and AE, **10:**493–494
   opalescence, work with Keesom on, **5:**362n
   Solvay Congress, Third, planned lecture at, **10:**303
   and superconductivity, **4:**553
   University of Leyden
      expedites AE's appointment at, **10:**280, 364
      on special professorship for AE at, **9:**145, 286, 417–418, 502
Kamerlingh Onnes, Jenneke (1894–?), **10:**469n
Kamerlingh Onnes, Menso (1860–1925), **10:**270, 518
   AE stays at home of, **10:**469
   has good memories of AE, **10:**518
Kamerlingh Onnes-Bijleveld, Maria (1861–1938), **5:**554n
Kammerer, Paul (1880–1926), **9:**449, 451, 505, 512
   on biological selection, and inheritability of dialects, **9:**505–506
Kandersteg (Canton Bern), AE's and Maurice Solovine's trip to, **5:**27; **10:**171n
Kang-fuh Hu, **9:**237
Kant, Immanuel (1724–1804), **1:**46, 49, *364*; **6:**519, 569; **7:**403n; **8:**220, 346, 383n, 397, 480, 632, 818, 877, 891, 934; **9:**520, 559c; **10:***xxxviii*
   AE on conception of time of, **9:**155
   Kritik der reinen Vernunft, AE reads, **1:***lxii*
   and Newton, **10:**293
   Reichenbach on, **9:**510; **10:**314, 455
   Rosenthal-Schneider on, **9:**342
Kant Society
   and *Annalen der Philosophie*, **10:**332
   meeting of, **9:**493, 532, 611c; **10:***xlv*, 260, 332
Kantonsschule Aargau. *See* Aargau Kantonsschule
Kantonsschule Zurich. *See* Zurich Kantonsschule

Kant-Studien, **8:**867, 868; **9:**44, 51
Kapp Putsch, **9:***xliv*, 479n, 487n, 487, 494n, 507, 527n; **10:***xlii*, 257n
  AE on, **9:**483
  consequences of at University of Rostock, **10:**256
  University of Berlin closed during, **9:**486
Kapp, Wolfgang (1858–1922), **9:**479n
Kappeler, Johann (1816–1888), **8:**454; **10:**82
Kapteyn, Jacobus (1851–1922), **8:**412n, 470, 560; **10:**53n; stellar statistics research of, **6:**360
Karl der Grosse restaurant, **5:**184n; AE on, **5:**183
Karl-Ferdinands Universität. *See* University of Prague, German
Karlsruhe
  AE invited to lecture in, **10:**11
  AE visits, **5:**324
  GDNÄ meeting in (see Gesellschaft Deutscher Naturforscher und Ärzte: meeting in Karlsruhe)
  "Naturwissenschaftlicher Verein" in, **10:**11n
Kármán, Theodor von (1881–1963), **3:**475n; **5:**417n; **9:**463; **10:**487, 593c
  hydrodynamics, work on, **5:**416
  quantum theory of specific heats, work on, AE on, **5:**480
Karr, ?, **3:**576
Karr, Albert (1869–1927), **5:**238, 239n; **9:**345, 554c; **10:**200–202, 228–229
Karr, Hans, **9:**554c
Karr family, AE visits, **5:**237
Karrer, Paul (1889–1971), **9:**383n
Karrer, Victor (1877–?), **1:**219n
Karr-Krüsi, Luise (1875–1959), **5:**239n; **10:**200n
Kartell der deutschen Akademien, **9:**180, 578c
Karwe, Raghunath?, **10:**598c
Katwijk, Netherlands, **10:**257n
Káty. *See* Kać
Katz, Amalie, **8:**138n
Katz, David (1884–1953), **9:**445
Katz, Frau, **9:**478
Katz, Helene, **8:**137, 761
Katzenstein, Moritz (1872–1932), **7:**448n; **9:**434n; sails with AE, **9:**147
Kaufler, Adolfine, **1:***386*
Kaufler, Alma, **1:**273

Kaufler, Felix (1878–1957), **8:**153
  accepts position in Vienna, **5:**481n
  move to Corsica, **5:**215n
  visits AE in Prague, **5:**480
Kaufler, Helene. *See* Savić, Helene
Kaufler, Ida, **1:**244
Kaufmann, Walter (1871–1947), **7:**572n; **8:**32; **9:**564c
  experiments on electron mass, **2:***266, 267, 270–272*, 372n, 486n; **5:**138
  AE on, **2:***270–272*, 368, 458–461
  Bucherer's criticism of, **5:**136
  disagreement with special relativity, **5:**78n
  Planck on, **2:***254, 270–271, 272,* 461; **5:**77, 78, 78n, 79n
  on relativity theory, **2:***267,* 372n, 416
  requests KWIP funds for apparatus for high-frequency currents, granted, **9:**560c
  requests KWIP funds for research on production of short wavelength electric waves, **9:**557c; granted, **9:**560c, 562c
  See also Electrons: mass of *and* specific charge of
Kautsky, Karl (1854–1938), **9:**59, 71
Kautsky, Luise, **9:**43n
Kautzsch, Rudolf (1868–1945), on problems of obtaining scholarly literature, **9:**514
Kayser, Emma (1860–1930), **10:**123
Kayser, Heinrich (1853–1940), search for successor of, **9:**72n, 149n, 217
Kayser, Rudolf (1889–1964), **10:**123n
Kayser, Sigmund (1850–1936), **10:**123
Keesom, Willem (1876–1956), **3:***283–284,* 508n–509n, 509, 558; **5:**281, 283n; **8:**715;
  abilities of, **5:**361, 374, 546
  AE on, **10:**29
  doctorate of, **5:**362n
  opalescence, work on, **5:**374, 362n, 375n
  University of Utrecht, candidacy for chair at, **5:**354, 357, 369, 373, 386n
  University of Zurich, candidacy for chair at, **5:**546
  zero-point energy, work on, **5:**564n; AE on, **5:**564
  See also Kamerlingh Onnes, Heike: *Encyklopädie* article with Keesom
Kehlstadt, Anna. *See* Habicht-Kehlstadt, Anna
Kelen, József (1892–1939?), **10:***xlii,* 473, 482–483, 487; character of, **10:**489–490

Kelen-Fried, Jolán (1891–1979), **10**:473n, 482
   on Kelen's character, **10**:489–490
   publishes AE's statement on Kelen, **10**:489
   requests appeal to amnesty for Kelen from AE, **10**:489
Kelle, Karl, **10**:285
Keller, Ernst (1890–1974), **5**:540n
Keller, Gottfried (1819–1890), **7**:295–296n; **10**:204n
Kellner, Captain, **8**:395, 397n
Kelvin, Lord. *See* Thomson, William
Kepler, Johannes (1571–1630), **7**:*xxxii*; **10**:*xxxviii*
Kepler's laws, **3**:21–22; **6**:240, 337, 510, 562; **7**:181n; **10**:299
   second, **3**:39; **4**:*350, 354*
   third, **3**:24, 37, 126n; **4**:389n, 447n, 459n, 473n
   See also Planets
Keren Hayesod (Palestine Foundation Fund), **7**:*226, 228, 233–234*, 436n–437n; **9**:193
Kerkhof, Karl (1877–1945), **10**:271
Kern, ?, **1**:271
Kern, Johann (1879–1916?), **5**:509, 509n, 540n; visits Ehrenfest in Leyden, **5**:564n
Kessler, Harry Count (1868–1937), **8**:947n; **9**:203n, 576c
   books for Russia, **9**:578c
   on Fabian Society, **9**:553c
Kestenberg, Leo (1882–1962), **3**:585
Key, Ellen (1849–1926), **8**:505n
Keyserling, Hermann Count von (1880–1946), **9**:76n, 392
Khvolson (Chwolson), Orest (1852–1934), **2**:564; nominates AE for Nobel Prize, **5**:635c
Kiel Autumn Week for Arts and Sciences, **9**:612c; **10**:*xlvi*, 434, 570c
   AE invited to lecture at, **10**:330n
   AE on, **10**:431
   AE's honorarium for lecturing at, **10**:549
   history of, **10**:432n
Kiessling. *See* Ludwig Kiessling u. Cie., Munich
Kinematics, **3**:11–15, 97–100, 144–160, 433–435, 487; **7**:208, 213
   classical, **2**:281
   foundations of, **2**:*263*, 437–449
   Newtonian, **2**:*253* (*see also* Limit, Newtonian; Mechanics: Galilei-Newtonian)
   relativistic, **2**:*253, 257–258, 273*, 277–292, 437–449, *503*
   of rigid bodies (*see* Rigid body: kinematics of)
Kinetic energy, **1**:92–94, 261; **2**:85, 103, 143, 152, 161, 304, 315n, 399, 456; **3**:30, 68, 96, 100, 127n, 287, 457, 523, 540, 559; **4**:138, 141–142, 176, 307, *350*, 522, 524–526, 530; **6**:64, 103, 383, 389, 390, 454, 456, 542; **7**:117, 259
   of a particle, **3**:541
   of atoms, **3**:471–472
   internal, connection with electric resonator energy, AE on, **1**:*236*, 279, 324n
   and Lagrangian, **3**:514n–515n
   maximum, **3**:499–500
   mean, **3**:216–217, 218, 220, 242n, 510
   of molecules, parallelism between black body radiation, temperature, and, AE on, **1**:*236*, 294–295
   of monatomic gas, **3**:181–182, 212, 329, 508
   and potential energy, **3**:510n (*see also* Virial theorem)
   in quantum theory, **3**:516
   and rigid bodies, **3**:100
   transformation into radiation, **2**:338
   and work, **3**:30, 33, 42, 55, 68–69, 127n
Kinetic theory
   of atoms, **2**:102, 108n
   of Brownian motion (*see* Brownian motion: kinetic theory of)
   and electromagnetism, **2**:565–566
   of gravitation (*see* Gravitation: kinetic theory of)
   history of, **2**:*207*
   molecular, **2**:199, 201
   of thermal equilibrium (*see* Equilibrium: thermal)
Kinetic theory of gases, **1**:294; **2**:67, 85, 152, 167n, *170–171, 174*, 186, *212*, 251–252, 324n, 501n–502n; **3**:245n, 270, 272, 280, 507n, 542, 545n, 547n; **7**:219; **10**:15, 61
   AE's first paper on, **1**:315, 327
   AE's lectures on statistical physics and, **3**:*xvii, 6–7, 10*, 179–241, 242n–247n, *598–599*
   calculation on, **3**:125n
   controversies about, **2**:*42*
   and Drude's electron theory, AE on, **1**:236, 287
   Maxwell-Boltzmann tradition in, **2**:*41, 47*, 67–68, 73n, *136*
   role of hypothetical molecular forces in, AE on, **1**:261, *265*

Kinetic theory of gases (*cont.*)
　measurement of thermal molecular velocities in, **10**:355n
　See also Thermodynamics: compared to kinetic theory of gases
Kinetic theory of heat, **2**:*xvii, xix–xx*, 77, 95n, *137, 206, 209, 213, 218*, 224, 228, 235n, 379, 382, 384, 387, 408; **4**:521–533, 534n; **6**:170n, 189n, 577, 579n
Kinetic theory of liquids, **1**:265, 279, 324; **2**:*171, 172*, 186, *209*, 212
Kinetic theory of matter, **1**:279, 287
King's College, London, **7**:433n
Kirchhoff, Gustav Robert (1824–1887), **1**:*xxxix*, 187, 250–251, 293; **2**:74n, 167n, 189, 200, 203n, 230, 342, 374, 375; **6**:279
　AE's reading of, **2**:*xxiv, 43, 135, 177*
　See also Transport coefficients: Maxwell-Kirchhoff method of calculating
Kirchhoff's laws, **1**:181–184; **4**:562; **5**:359
　for electric circuits, **1**:181–184; **3**:368
　for radiation, **3**:542
Kirchhoff theorem, **2**:374–375
Kirschbaum, Heinz, **9**:577c, 579c, 598c, 608c
Kjellén, Rudolf (1864–1922), **8**:931
Klausen Pass, **1**:312, 313n
Klein, Felix (1849–1925), **2**:*254*; **3**:447; **5**:502n; **7**:*xxvi*, 36n, 43n, 49n, 76n, 80n, *101*, 140n, 179n; **8**:260n, *352, 353*, 425, 431, 435, 570n, 647n, 684n, 699n, 716n, 765, 775, 809, 834; **9**:3n, 8n, 35–36, 101n, 111, 230n, 350n, 602c; **10**:279n, 516
　AE
　　conflates cosmological model of with De Sitter's model, **8**:426n, 690n, 780n
　　invites to join German Mathematical Society, **8**:762
　　lecture on paper of on energy-momentum conservation, **8**:791, 825
　　presents lecture on cosmological ideas of, **8**:805
　　conservation laws in general relativity, discussion with AE on, **8**:673–674, 686–688, 697–698, 715, 761, 782, 784–785
　　curvature: lecture on, **8**:712n; lecture notes on, **8**:712, 733, 738
　　De Sitter's model, discussion with AE on, **8**:*355–356*, 779, 805–806
　　doctorate of, commemoration of, **8**:975
　　editing his mathematical papers, **9**:40, 535
　　editor of: *Annalen der Physik*, **9**:535; *Mathematische Annalen*, **9**:317
　　on elliptic geometry, **7**:405n; **8**:479n, 734n
　　elliptic versus spherical space, discussion with AE on, **8**:688, 724, 733, 738–739, 778–780
　　on energy-momentum conservation, **8**:635n
　　energy-momentum vector
　　　discussion with AE on, **8**:782, 785–786, 791–793, 805, 825–826
　　　lecture on, **8**:833n
　　"Entwurf" theory, reception of, **8**:162
　　general relativity
　　　on AE's work on, **9**:40–41
　　　on mathematical roots of, **8**:690n
　　on Hamiltonian treatment of own theory and general relativity, **8**:685–686
　　Hedemünden lecture, **8**:778
　　Hilbert energy vector, discussion with AE on, **8**:833, 917, 932, 936–937, 938, 942–943, 975
　　illness of, **8**:431
　　Noether
　　　invites to University of Göttingen, **8**:292n
　　　supports venia legendi of, **8**:976
　　quadratic differential forms, lecture notes on, **8**:688
　　reads *Raum–Zeit–Materie*, **8**:827
　　reducing general to special relativity, discussion with AE on, **8**:674–675, 685
　　special relativity, lecture notes on, **8**:436, 569
　　University of Göttingen, on physics at, **9**:535
Klein, Franz (1854–1926), **8**:204; **10**:57
Kleiner, Alfred (1849–1916), **1**:267, 316, 328; **2**:*xxv*, 7, *173–176*, 184, 203n, *259*, 397n, 492n; **3**:*xvi–xvii*, 441–443, 449n, 576, *598*; **5**:36n, 94n, 108n, 155, 188, 206, 219n, 275n, 284, 287, 287n, 451n, 506, 507n, 549n; **8**:76n, 146n, 148, 152, 153n, 172n, 206n, 330, 638n; **9**:489n; **10**:25, 28, 36, 44AE on, **5**:224, 227, 230, 232
　AE
　　displeasure with, **5**:428n
　　directs laboratory class with, **5**:239n, 241
　AE submits two papers to, **1**:317n, 318, 326, 334, 335n
　AE's dissertation, opinion on, **5**:35
　AE's doctoral dissertation under, **1**:321, 322, 328, 331n, 335n

AE's *Habilitation* at University of Bern, role in, **5:**95, 97n
biography, **1:***383*
Ehrenfest's attempts at *Habilitation*, role in, **5:**421, 422n
encouraged AE to publish ideas on relative motion, **1:***225,* 328
lecture by AE, comments on, **5:**158
University of Zurich
  considers AE for position at, **5:**94n, 96n
  opposes Ehrenfest's candidacy for chair at, **5:**451
  reaction to AE's resignation from, **5:**275n
  role in AE's appointment at, **5:**159n, 160n, 188
  role in filling Debye's vacant chair at, **5:**449n
  solicits recommendations for vacant chair at, **5:**445, 446n
  supports Schur's candidacy for chair at, **5:**449
Klemperer, Georg, **8:**1021c
Klossowski, Erich (1875–1949), **9:**392
Klotz, Paul, **5:**513n
Klötzel, C. Z., requests support from AE for Karwe, **10:**598c
Kluyver, Jan (1860–1932), **8:**423c; **9:**321n
Knäge, **3:**576
Knapp, Fritz, **8:**996c; **9:**261n, 585c; AE on submitted paper by, **6:**197
Knecht, Frieda (1895–1959), **10:**167n
Kneser, Adolf (1862–1930), **8:**791, 829
Knipping, Paul, **10:**604c
Knopf, Otto (1856–1945), **6:**28n; **9:**207, 219
Knopf, Rudolf (1874–1920), **10:**260
Knopp, Konrad, dedication to AE by, **5:**632c
Knudsen, Martin (1871–1949), **3:**6–7, 192, 194, 243n–244n, 247n, 507n; **5:**299, 300, 301n, 522n; **9:**176n, 554c, 598c, 611c; **10:**303n
  helps Nordström, **8:**371
  on mistakes in Moszkowski's book on AE, **10:**605c
  nominated as corresponding member of PAW, **9:**555c
  research on dilute gases, **4:**529, 534n
Knudsen's relation, **3:**247n
Koch (or Steinhardt), Alfred, **9:**129; contributes to treatment of Pauline Einstein, **10:**216, 234
Koch, Alice. *See* Steinhardt, Alice

Koch, Caesar (1854–1941), **5:**279, 279n, 324n; **8:**169; **9:**147
  AE sends first scientific essay to, **1:***5,* 9–10
  AE's stay in Antwerp with, **5:**607
  biography, **1:***384*
Koch, family, AE visits, **3:**581
Koch, Fanny. *See* Einstein, Fanny
Koch, Heinrich, **1:***xlix*
Koch, Jacob (1850–1921), **1:***lvii, lxv,* 246n, 313n; **5:**239n, 458n; **8:**11n, 17, 58n, 732, 835, 884; **9:**3n, 30, 129, 138, 271n, 551c; **10:**82n, 97, 110, 111, 112, 201, 207, 216, 234, 235
  AE visits in Weggis, **10:**121
  Einstein, Pauline
    household run by, **5:**600
    promises help for, **10:**225
  lives in Baur au Lac, Zurich, **10:**101
  SAG shares for, **10:**231, 567c
  stay in Weggis, **10:**121
  visits Winteler-Einstein, **10:**187
Koch, Jette (née Bernheimer) (1825–1886), **1:***xlix–l, lvi, 370*
Koch, Julie (1857–1914), **1:**231, 232, 259, *374*; **5:**458n
  AE on, **1:**222–223, 227; **5:**599n
  death of, AE on, **5:**599
Koch, Julius (Julius Dörzbacher, Derzbacher) (1816–1893), **1:***xlix, li, lvii, 380*; **7:**440n
Koch, Mathilde (née Levy) (1868–1927), **1:**10n, *384*; **5:**324, 324n
Koch, Paul (1890–?), **1:**10n
Koch, Pauline. *See* Einstein, Pauline
Koch, Peter P. (1879–1945), **5:**89n; **8:**470; **9:***xlviii,* 72n, 74, 217, 334n; **10:**337, 572c, 573c, 576c, 593c
  canal rays, planned experiment on, **5:**87
  requests KWIP funds for spectroscopic instruments, **9:**569c; granted, 613c
Koch, Raymond (1893–1930), **1:**10n
Koch, Richard (1852–1924), **1:**285n; **9:**292n
Koch, Robert (1843–1910), **7:***222*
Koch, Robert (1879–1952?), **1:***lvii,* 12, 14, 222; **9:**129; Pauline Einstein, contributes to treatment of, **10:**216, 234
Koch, Suzanne (b, **1:**1892), 6n, 10n, *384*
Koch, Walter (1889–1968), **9:**33, 71
Koch photometer, **9:**330, 561c
Kocherthaler, Julius, **8:**451n

Kocherthaler, Lina, dedication to, **10**:589c
Koch-Steinhardt family, visiting Wintelers, **10**:216
Koerner, Guglielmo, **1**:282n
Koffka, Kurt (1886–1941), **9**:45n; **10**:260
Kohl, Emil (1862–1924), **5**:473n
  evaluation of work of, **5**:473, 474n
  University of Prague, candidacy for chair at, **5**:470
Köhler, Alban (1874–1947), **7**:51–53n
Köhler, W., request for assistance from PAW for printing book, rejected, **9**:598c
Kohlrausch, Friedrich (1840–1910), **1**:*236*; **5**:16n; on dissociation, **5**:13
Kohlrausch, Fritz (1884–1953), **10**:295
Kohlschütter, Arnold (1883–1969), **8**:604; **9**:13, 27
Kohlschütter, Ernst (1870–1942), **8**:597n, 599, 625
Kohn, Hedwig (1887–1965), **9**:574c, 593c; **10**:572c, 576c, 579c, 585c, 593c, 611
  requests additional KWIP funds for quartz spectrograph, granted, **10**:609c; pending, **10**:579c, 583c
  requests KWIP funds for quartz spectrograph, **9**:124–125, 337–338; granted, **9**:613c
Kollros, Louis (1878–1959), **1**:214, 247, *265*
Kollwitz, Käthe (1867–1945), **8**:947n; **9**:103n
Kolozsvár, University of (*see* University of Kolozsvár)
Kommol, ?, **8**:960n
Könemann, Heinrich, requests KWIP funds for perpetuum mobile, **8**:1019c
Konen, Heinrich (1874–1948), **9**:72n; AE on, **9**:149, 194
König, Walter (1859–1936), **2**:109; **5**:430n; **6**:569, 570n; requests AE's objections to book by Drude, **5**:430
König's theorem, **3**:69, 127n
Königlich Wissenschaftliches Prüfungsamt, **9**:65n
Königsberger, Johann (1874–1946), **3**:500; **5**:308, 309n
Königsberger bridge problem, **3**:584
Konrad Sannig & Co., AE's expert opinion for, **10**:607c
Konstantinowsky, Kurt (1891–?), **8**:862, 902, 904; **9**:73
Kopf, August, **4**:*6*

Kopp, Victor, on serving as mediator between AE and Russian physicists, **10**:603c
Kopp rule, **2**:384, 387, 390n
Koppel, Leopold (1854–1933), **5**:511, 513n, 534n, 549n, 570n; **9**:12, 108n, 125, 126n, 463, 465; **10**:199
  AE visits, **8**:11
  and endowment for KWIP, **9**:13n
  and funds for AE's PAW salary, **9**:142
  gift to AE, **8**:11
  KWIP, member of Kuratorium of, **8**:571n
  provides part of AE's salary in Berlin, **5**:529n, 581
  role in bringing AE to Berlin, **8**:12n
  SAG shares for, **10**:231, 234, 567c
Koppel Foundation, **8**:11n–12n, 513, 527n, 529, 530n, 571n
  financial support for
    AE's planned Berlin institute, **5**:602n
    Haber's institute, **5**:513n
  Kuratorium of, **8**:514n, 530
Kormann, Carl, **8**:343, 344
Kornprobst, Sebastian, **1**:*lv* n
Korrodi, Eduard (1885–1955)
  requests contribution by AE for *Neue Zürcher Zeitung*, **9**:485, 608c
  seeks AE's help to acquire scholarly literature for Central European institutions, **9**:485
Korteweg, Diederik (1848–1941), **10**:298n
Kossel, Walther (1888–1956), **8**:958; **9**:20; **10**:456, 513
  AE on, **10**:353
  candidate as successor of Born, **10**:304, 516, 336
  lectures on shell structure of atoms, **8**:814
  on X-ray absorption, **9**:21
Kossel-Born-Landé theory of chemical bonds, **9**:210
Kost, Hans, requests information on KWIP funding, **9**:550c
Köster, Albert (1862–1924), **9**:481
Kottler, Friedrich (1886–1965), **4**:324, 342n, 495; **6**:338n, 404, 407, 408n; **7**:76n, 369, 371n; **8**:753; **9**:473, 535, 601c; **10**:323n, 351
  asks AE's help to obtain position in Germany, **9**:373
  on difficult conditions in Austria, **9**:373
  Encyklopädie der mathematischen Wissenschaften, article for, **9**:373

equivalence principle, criticism of paper of AE on, **8:**344, 345, 346
gravitation theory of, discussion with AE on, **8:**702–706
paper of, AE on, **6:**404–407
on radiation theory, **9:**373–374
seeks position, **9:**435–436
on singularities in light waves as quanta, AE on, **10:**352
University of Vienna, on Exner's succession at, **10:**593c

Kowalewski, Arnold (1873–1945), **9:**493; **10:**260
Kowalewski, Gerhard, **8:**337n; **9:**45n
Kowalski, Joseph (1866–1927), **5:**112n, 123, 151
interest in Maschinchen, **5:**55, 111, 124n
wants to visit AE in Bern, **5:**112n
Kraft, Ludwig, **5:**558, 561, 561n; **8:**31, 167; **10:**41, 123; recommends Spinoza's *Ethics* to AE, **10:**96n
Krakatoa eruption (1883), **3:**507n
Krakow, Georg (1891–?)
criticizes KWIP allocation of funds, **9:**68
requests KWIP funds for stipend, **9:**555c, 563c rejected, 68, 564c
Kramers, Hendrik (1894–1952), **9:**150, 151n, 351, 502
Kraus, Friedrich, **8:**275, 696
Kraus, Oskar (1872–1942), **7:**110, 356, 359n; **10:**260–261, 332, 401n, 418n, 427; lecture at anti-relativity meeting, cancels, **10:**595c
Kraus, Werner (1884–1962), **10:**392–393
Krauss, ?, **9:**434n
Krazer, Adolf (1858–1926), **8:**762
Kreiselbau Co., legal dispute with Anschütz & Co., **7:**190–195
Kremmer, Martin (1864–?), **8:**14n
Kretschmann, Erich (1887–1973), **7:**38; **8:**679, 681, 753; on general principle of relativity, **7:***xxxii*, 39, 43n; **8:**650, 652n
Kries, J. von, **5:**174
Kristensen, W. Brede, **9:**321n
Kristiania. *See* Oslo
Kronig, Ralph de Laer (1904–1995), on observational criterion of closedness of universe, **10:**600c
Kronthal, Paul, book for AE, **10:**605c, 606c
Kroo, Jan, on electron energy levels, **9:**237

Krückmann, Paul (1866–1943), **8:**887; **9:**45n
Krüger, Friedrich (1877–1940), **5:**308, 309n
complains about changed policy of KWIP funding, **9:**568c
dispute with AE, **5:**352
requests KWIP funds for research on crystal structure of metals and alloys, **9:**556c, 567c; granted, 567c; rejected, 567c; refuses, 574c
Krüger, Louis (1857–1923), **8:**594, 597n, 599, 624, 625n; **10:**172
abilities of, **8:**617, 796
Geodetic Institute
against independence of, **9:**191, 195n
candidate for directorship of, **8:**617, 625, 796
Krupp Works, **8:**554n, 610
Krüss, Hugo Andres (1879–1945), **5:**513n; **8:**12n, 13n, 571n, 604, 625, 684, 714n, 721, 731n, 795, 1015c; **9:**275n, 562c, 563c, 569c, 574c, 605c; **10:**171
Geodetic Institute, for independence of, **9:**192n, 195n
helps finding position for Freundlich, **8:**601, 603
on widow pension for Einstein-Marić, **8:**713
Krutkov, Yuri (1890–1952), **10:**472
Kubierschky, ?, **9:**570c
Kuenen, Johannes (1866–1922), **5:**410, 411n, 413; **9:**145, 150, 166n, 320, 362, 414, 422n, 502
and funds for AE's trip to Leyden, **9:**183n
participates in "Magnet-Woche," **10:***xlvi*
on special professorship for AE at University of Leyden, **9:**286
Kuffner, Katharina, **9:**168n
Kuffner family, **9:**167
Kugler, Gustav (1874–1939), **5:**206n; plays music with Conrad Habicht, **5:**206
Kuhlmann, August Karl (1877–1963), succeeds H. F. Weber at ETH, **5:**482n
Kühlmann, Richard von (1873–1948), **8:**745
Kühn, Ludwig, **7:**365–366n
Kultur der Gegenwart, AE's papers for, **5:***596*
Kundt, August (1839–1894), **3:**191, 243n; **6:**577; **9:**127
Kunfi, Sigmund, solicits signature for petition, **10:**605c
Kunitz, Moses, **2:***181*

Kunz, Jakob (1874–1938), **5**:287n; AE on abilities of, **5**:286

Künzler, Gustav, **1**:*363*

Kurhaus Melchthal, **1**:249n, 250n

Küstner, Friedrich (1856–1936), **8**:386n, 411, 413, 1004c
  abilities of, **8**:322–323
  Astrophysical Observatory, candidate for directorship of, **8**:293, 324
  helps find position for Freundlich, **8**:293

Kuwaki, Ayao (1878–1945)
  AE praises knowledge of, **10**:542–543
  meets with Solovine in Paris, **5**:169
  misidentifies Hans Albert Einstein, **5**:170n
  takes courses at University of Berlin, **5**:161n
  translates *Einstein 1917a* into Japanese, **10**:542–543
  visits AE in Bern, **5**:160

KWG. *See* Kaiser-Wilhelm-Gesellschaft

KWIP. *See* Kaiser-Wilhelm-Institut für Physik

Kyoto University. *See* University of Kyoto

Laar, Johannes van (1860–1938), **5**:370n
  abilities of, AE on, **5**:373–374
  expression for osmotic pressure of, AE's criticism of, **5**:373
  University of Utrecht, candidacy for chair at, **5**:369, 373

Ladenburg, Erich (1878–1908), **3**:413n, 500; experiments of, **5**:80

Ladenburg, Rudolf (1882–1952), **3**:*600*
  AE sends reprints to, **5**:81
  at University of Breslau, **5**:81n
  visits AE in Bern, **5**:81n

Lago Maggiore, **1**:261, *375*

Lagrange, Joseph-Louis de (1736–1813), **3**:8, 90; **10**:536

Lagrange equations, **2**:69, 75n, 457; **3**:90–91, 95–96, 108, 117, 120, 128n, 550; **8**:690n

Lagrange multiplier, **8**:27n

Lagrangian, **3**:128n, 514n–515n
  for "Entwurf" theory, **8**:182–184
  in five-dimensional theory, **9**:66
  for many-body problem, **8**:419, 430
  Lie variation of, **8**:699n, 970
  relativistic, **2**:457, 486n
  variational derivative of, **8**:96–97, 98–100, 102, 104–105, 107–109, 111–112, 114–115, 119, 121–123, 124

Lamé, Gabriel (1795–1870), **4**:343n

Lämmel, Rudolf (1879–1962), **3**:446–447, 449n; lectures on AE in Zurich, **9**:484

Lampa, Anton (1868–1938), **5**:247n, 263, 265n, 309n, 320, 321, 449, 474n; **9**:366, 369, 396, 522; **10**:285, 323n
  AE visits in Vienna, **5**:258n
  angry at AE for revealing name of successor, **5**:500n
  in Austrian Ministry of Education, **9**:277
  Ehrenhaft, requests AE's opinion on, **9**:365, 367, 393, 396–397
  German University of Prague
    fights for, **9**:461
    leaves professorship at, **9**:77
    supported AE's appointment to, **10**:286
  Prague
    on scientific life in, **5**:290
    on times with AE in, **9**:397, 461
  on rumors of AE leaving Berlin, **10**:286
  Schubert-Soldern, on financial support for, **10**:285–286
  sends books, **9**:462

Lánczos, Kornél (1893–1974)
  dissertation on electron theory
    requests AE's opinion on, **9**:265
    AE on, **9**:375
  requests AE's help to do postgraduate work in Germany, **9**:265–266

Landau, Edmund (1877–1938), **5**:502n; and Hebrew University, **9**:222, 240

Landau, Leo (1880–?), invites AE to visit Lübeck, **10**:592c

Landau, Leopold (1848–1920), **9**:169n, 173, 223n, 353n, 434, 466, 524n, 553c
  University of Berlin, special courses for foreign students at, **9**:433–434, 466

Landauer, Gustav (1870–1919), **9**:344n, 563c, 558c

Landé Alfred (1888–1975), **9**:86n
  on criticism of *Born 1920a* by Lenard and Ramsauer, **10**:516

Landolt, Hans (1831–1910), **1**:324

Landolt and Börnstein tables, **2**:19, 198, 347, 388, 389

Landwirtschaftliche Hochschule, Berlin, **7**:288n; **8**:933n

Lang, E., **9**:8; intends to translate *Einstein 1920j* into French, **10**:614c

Lange, Fritz, request for KWIP funds, Laue's recommendation for, **10:**609c
Lange, Gustav (1863–1936), **10:**211
  on introducing concept of "inertial system" before AE, **10:**590c
  on discussing "simultaneity of distant events" before AE, **10:**590c
Lange, Konrad (1855–1921), **8:**888; **9:**45n
Lange, Ludwig (1863–1936), **8:**447, 448n
Langevin, Paul (1872–1946), **2:***215, 217, 221, 270*; **3:**7, 217, 222, 245n–246n, 439n, 505n, 513n, 518n, 557–558, 560; **4:**184, 340n, 615, 621n; **5:**217, 218n, 300, 302n, 345, 349, 360n, 520, 543n, 598n; **6:**170n, 189n, 191; **7:**345, 530; **8:**998c; **9:**171, 224–225, 500; **10:**317, 344, 366, 368, 373, 404, 470, 472, 513, 529, 548, 575c, 583c
  affair with Marie Curie, **5:**345; **8:**7
  interest in general relativity, **5:**588
  invites AE for Michonis Lectures, **5:**571n
  participates in "Magnet-Woche," **10:***xlvi*, 356, 468, 469, 475
  Third Solvay Congress, invited to, **10:**303
  Zangger's attendance of lectures of, **5:**332
Langevin law for paramagnetism. *See* Paramagnetism: Curie-Langevin law for
Langhans, Jan F., **5:**517, 518, 520
Langsdorf, Heinrich (1834–1901), **1:**309
Laplace, Pierre Simon de (1749–1827), **1:**201; **2:**3–4, 20n–21n; **3:**268n. *See also* Capillarity: Laplace's theory of; Molecular force: Laplace's theory of
Laplace operator, generalized, **4:**80, 329, 497; **6:**94–95
Laplace's equation, **3:**321–322, 348
Larmor, Joseph (1857–1942), **2:**256; **5:**300, 301n; **7:***xxxiv*, 210n, 345, 348n; **10:**249
  lectures at Columbia University of, **5:**389
  reformulates general relativity, **9:**244
l'Art libre, **7:**216n–217n
Lasker, Emanuel (1868–1941), AE meets with, **8:**906
Laski, Gerda (1893–1928), **10:**295
Latent heat. *See* Heat: latent
Lattice. *See* Crystal lattice
Latzko, Andreas (1876–1943), **10:**392–393
Laub, Jakob (1882–1962), **3:**257n; **4:**551n; **5:**118, 188; **8:**181n, 236n, 395n, 803, 804n, 909n; **9:**397n, 528; **10:**21n

Abraham, criticized by, **5:**231
AE
  collaboration with in Bern, **5:**93n, 114, 119; **5:**94–95, 106, 120n; 185, 188n
  congratulates on appointment at University of Zurich, **5:**184
  requests picture of, **5:**185
AE on, **5:**114
AE on paper by, **5:**231
AE's papers with, **2:***xxii, 253–254, 268, 503, 504–506*, 509–517, 517n, 519–528, 530, 532–534, 539; errors in, **4:**107n; **5:**144
on boundary conditions of electromagetic fields, **2:***505–506*, 512–513, 532–534
Buenos Aires, position in, **5:**538n
cathode rays
  planned experiment on, AE on, **5:**131, 187
  polemic with Marx on, **5:**121
  work on, **5:**95, 122n
dragging coefficient, paper on
  AE's criticism of, **5:**74, 94, 95n
  Laue's criticism of, **5:**73
on electron mass, **2:**436, 485n
electron theory, planned book on, **5:**161
Hasenöhrl, comments on paper by, **5:**107
Heidelberg: appointment in, **5:**186n, 187; plans to leave, **5:**263n
ill with influenza, **5:**106
invites AE, **5:**185
La Plata, appointment in, **5:**309n; AE's assistance with, **5:**263
Lenard, difficulties with, **5:**263
Minkowski, response to, **2:***504–506*, 517n, 540n
polarization experiment, **5:**119
on ponderomotive force, **2:***506–507*, 519–528, 528n; planned paper, **5:**161
relativity, review paper on, **5:***202,* 203n
requests reprints, **5:**93, 107
on stress-energy-momentum tensor, **2:***506–507*, 528n
ultraviolet light, planned experiment on, **5:**119
at University of Würzburg, **5:**73n, 184
and Wien, **2:***505*, 528n
Wilson's experiment, discussion with Wien on, **5:**121
See also Electrodynamics of moving media: AE's and Laub's work on; Ponderomotive force: AE's and Laub's expression for

Laub-Wendt, Ruth (1886–?), **5**:309n
Laue, Max (von) (1879–1960), **3**:*4*, 268n, *599–600*; **4**:*6*, 36, 50, *125*, 187n, 322, 491, 621n; **5**:99n, 251n, 463n, 509, 540n, 563n, 598n; **6**:*148*, 199, 206n; **7**:*xxxi*, 20, 121n, 345; **8**:75, 471, 478, 601, 620, 671, 853n, 883, 1021c; **9**:7, 22, 149, 214, 266, 302n, 319n, 345n, 472, 488; **10**:28, 39n, 276, 332, 336, 397n, 460
   AE's and Abraham's theories of gravitation, objections to, **5**:482n; AE on, **5**:588
   on AE's and Laub's work, **2**:*505–506*, 532; **5**:253
   on AE's criticism of his treatment of clock synchronization, **10**:272–273
   AE's light emission experiment, critique of, **7**:487n
   AE's opinion on, **5**:468
   and anti-relativists, **7**:*104*, *106*, *112–113*, 348n–349n
   Born
      criticizes paper by, **10**:467n
      exchange of positions with, **8**:472, 576, 621, 622, 622n, 637, 655n, 953
   on boundary conditions of electromagnetic fields, **2**:532, 535n
   character of, **8**:637
   classical wave theory, on failure of, **8**:424
   conditions for accepting a new position, **9**:488–489
   dragging coefficient, paper on, **5**:73
   on Einstein-De Haas experiment, **8**:131
   on electron gas, **8**:776
   on entropy of radiation, **5**:83
   "Entwurf" theory, reception of, **8**:154
   equivalence principle, criticizes, **5**:384
   on error in paper, **5**:73
   ETH, candidacy for AE's chair at, **5**:546
   on Fizeau experiment, **7**:257–258
   fights Bavarian Soviet Republic, **9**:60
   formalism of, **6**:97, 129n
   Fourier coefficients of radiation, discussion with AE on, **8**:131–133
   GDNÄ meeting in Bad Nauheim, planned lecture at, **10**:305
   on Gehrcke's attack on general relativity, **8**:345n
   general relativity, textbook on, **7**:*112*
   Göttingen, studies in, **5**:73n
   Harress's experiment, paper on, **6**:28n
   inherits patent of nobility, **5**:549n
   on interaction between radiation and matter, **5**:72
   on investigation of crystals with X-rays, **8**:576
   KWIP, on financial help from, **8**:576, 621
   Laub, criticizes paper by, **5**:73
   lecture in Bad Nauheim, **7**:353, 357n
   lectures on eclipse expedition results to DPG, **9**:442n, 602c
   light propagation, paper on, **5**:73n
   light quantum hypothesis, comments on, **5**:41
   military service of, **8**:621
   Munich, position in, **5**:385n
   nervous condition of, AE on, **8**:637
   on optics of moving bodies, **9**:207–209, 219–220, 296
   paper by, AE on, **6**:199–205, 206n
   PAW
      aspires to be member of, **8**:621
      nominated as member of, **10**:570c
   petition for *Habilitation*, **5**:42n
   Planck
      aspires to be successor of, **8**:637
      assistant of, **2**:266
   Planck celebration
      edits lectures at, **8**:775, 784n
      presents lecture at, **8**:628, 654–655, 672
   planned meeting with AE in Munich, **5**:482
   probability calculus in theory of radiation, paper on, **8**:133n
   on radiation theory, **5**:83
   recommends Fritz Lange's application for KWIP funds, **10**:609c
   relativity
      early interest in, **5**:40n, 42n
      book on, **4**:*4*; **5**:200n; **7**:*112*; AE's praise of, **5**:445
      paper on, **5**:76
      paper for philosophers on, **8**:868
      on principle of, **6**:423
      work on, **2**:*266*, 427n, 436, 448, 485n**4**:*3*, 31, 40, 84, 92, 102n, 104n, 105n, 106n, 107n, 324
   on Seemann's application for KWIP funds, **9**:30–31
   on signal velocity, **5**:*59*
   signs press statement supporting AE, **10**:414n
   Solvay Congress, Second, lecture at, **8**:157n

on Stern's paper on thermal molecular velocities, **10**:355
on symmetry of stress-energy tensor, **5**:552
thermodynamics of interference phenomena, paper on, **5**:41, 42n
Thomson, criticizes paper by, **5**:73
University of Berlin, intends to leave, **10**:361
University of Hamburg, candidate for chair of theoretical physics at, **10**:613c; AE on, **10**:547
University of Vienna, nominated for chair of Physics at, **8**:265n
University of Zurich, candidacy for chair at, **5**:448
    AE on, **5**:445
    appointment, **5**:468
    official recommendation for, **5**:448
    procedure of, **5**:468n
on velocity-dependence of electron mass, **8**:908
visits AE, **10**:95; in Bern, **5**:78, comments on, **5**:74n
Wien, collaboration with, **8**:472n
X-ray diffraction
    discovery of, **5**:480, 482, 483
    lecture on, **4**:*552n*, 553
    theory of, **5**:519, 519n
on X-rays, **7**:53n
zero-point energy, rejects, **8**:131
Laue scalar, **4**:107n, 322, 491, 492, 502n; **6**:322; **8**:80
Laue's theorem, **8**:101, 517, 787n
Laue-Degen, Magdalene (1891–1961), **8**:638n, 654
Lauer, Heinrich, **5**:243
Laval, Carl Gustav Patrik de (1845–1913), **5**:117, 118n
Lavanchy, Ch., **8**:913
Law of nature, **2**:*xxi*, 241n, *257*, 438, 440
Laws of motion. *See* Equations of motion; Galilean mechanics; Newtonian mechanics
Lawson, Robert W. (1890–1960), **6**:538n; **7**:279n, 410n; **9**:*xxxix*, 259, 268n, 310, 319, 346, 374, 412, 445, 523, 525, 592c, 599c, 601c, 603c, 605c; **10**:*xlviii*, 569c, 578c, 610c
on Clarté, **9**:346
congratulates AE, **9**:252
on English edition of AE's lectures on relativity, **9**:444

and English edition of AE's popular book on relativity (*Einstein 1917a*), **9**:311, 319, 526; **10**:572c, 589c
contract for, **9**:525
requests additions to, **9**:609c, 612c
resume and photos for, **9**:444
royalties for, **9**:346–347, 407, 443, 598c
translates, **9**:295
on translation rights, **9**:311, 597c
on harsh conditions in Germany and Austria, **9**:311
intends to translate AE's (inaugural?) lecture into English, **10**:592c
offers to translate AE's articles, **9**:251
picture gallery from his Vienna years, **9**:257
proposes English edition of *Einstein 1920j*, **10**:572c, 589c
on reconciliation between England and Germany, **9**:311
requests AE article for *Nature*, **9**:252, 256, 310, 328
solicits signed picture from AE, **9**:257
wartime work of at Institute of Radium Research, Vienna, **9**:436
Lazarev, Pëtr (1878–1942), AE declines invitation by, **8**:18
Le Verrier, Urbain (1811–1877), **6**:234, 319, 337, 494, 510; **7**:561; **8**:202, 221; **9**:229
League for Proletarian Culture. *See* Bund für proletarische Kultur
League of German Scholars and Artists. *See* Bund Deutscher Gelehrter und Künstler
League of Nations, **7**:6–7n, 334; **8**:187n, 918–919
AE on, **9**:117, 142, 143, 281
American support for, **9**:143
concept of a, **7**:10n
first session of, **10**:605c, 606c
Fokker on, **9**:236
as guarantor of rights, **7**:8
humanitarian relief efforts of, **7**:334n
orders partition of Upper Silesia, **7**:470n
prospects for, **7**:9
psychological prerequisites for, **7**:334
Least action, principle of, **2**:475; **3**:91, 93, 116–117, 119–120; **4**:563; **5**:50, 50n
Lecher, Ernst (1856–1926), **8**:295, 462, 578; **9**:398–399, 428, 435
Lecher's experiment, **8**:295, 300

Lederer, Eugen (1884–1947), **9:**277n; **10:**546, 608c–610c
Leeuwen, Cornelia van. *See* Nordström-van Leeuwen, Cornelia
Leeuwen, Hendrika van, **8:**468
Legislative National Assembly. *See* Germany, Gesetzgebende Nationalversammlung
Lehmann, Max (1845–1929), **8:**737, 745–746
  political views of, **8:**758
  signs Delbrück-Dernburg petition, **8:**759n
Lehmann, Otto (1855–1922), **10:**10
  on electrodynamic force between moving rods, **10:**11
  on electromagnetic induction, **9:**558c
  invites AE to lecture in Karlsruhe, **10:**11
  requests KWIP funds for research on influence of magnetic field on molecular forces in liquid crystals, **9:**555c, 558c; rejected, 562c
Lehmann-Rußbüldt, Otto (1873–1964), **9:***xliv*, 202
Leibniz, Gottfried Wilhelm (1646–1716), **7:**57, 59n; **8:**540
Leibniz Gold Medal, **8:**1000c
Leidsch Universiteitsfonds, **9:**249n
  appoints AE special professor, **10:***xliii–xlv*, 585c
  funds AE's special professorship, **9:**183n, 247, 416n
Leithäuser, Gustav (1881–1961), **5:**308, 309n
Lelewer, Hermann (1891–?), **7:***233*
Lemke, Karl (1895–1969), **9:**95
Lemmert, Otto, on AE's opinion on Kant, **10:**596c
Lenard, Philipp (1862–1947), **2:***142*, 163–166, 168n, 169n; **3:**497n, 547n; **5:**37n, 185, 186, 186n, *202*, 261n, 263, 269; **7:***101–113*, 122n, 128n, 279n, 346–348n; **9:**31, 150n; **10:***xxxviii–xl*, 401n, 408, 427, 449, 460, 470–471
  AE on, **5:**187, 232, 253, 260, 263, 309; **10:**595c
  AE compares with Moszkowski and Wien, **10:**468
  AE on paper by, **5:**37
  AE's attack on, **7:***106*, 345
  AE's Bad Nauheim debate with, **7:***xxxii*, *109–111*, 354–359n; **10:**435
  AE's reading of, **2:**260
  and anti-Semitism, **7:***112*

  and "Aryan physics," **7:***111*
  anti-relativist activities, involvement in, **7:***106, 107, 111–112*
  blocks Laub's plans to leave Heidelberg, **5:**263n
  Born, criticizes paper by, **10:**516
  on ether, **7:***104, 111*, 354–355
  experiments on cathode rays by, AE familiar with, **1:***224*, 304
  Gerber, defense of, **7:**349n
  Laub's comments on, **5:**184
  lecture by, Einstein-Marić on, **1:***xxxix*, 59
  metal spectra, work on, **5:**37n
  phosphorescence, work on, **5:**198
  photoelectric effect
    AE reads paper on, **1:***xl*
    triggering hypothesis in, **5:**180n, 198n
    experiments on, **2:***142*, 165, 168n–169n; **5:**80, 195, 198
  on superluminal velocities, **7:**355, 358n
  train-crash objection to general relativity of, **7:***104–105*, 118–119, 122n, 354, 358n
  See also Photoelectric effect
Length, **2:***261–262*
  determination of for moving rod, **3:**153–154, 156, 433–434 (*see also* Conventions)
  relativity of, **2:***261–262*, 280–281, 443, 485n; **4:**544 (*see also* Space: relativity of distance in)
  invariant, **8:**951–952
  See also Invariant distance; Space: measurement of
Length contraction, relativistic, **2:**288, 410, 443, *507*, 540; **4:**131, *193*, 544, 549; **6:**53, 135, 290, 448–449, 479, 537n; **7:**256, 388, 522–523, 538, 604; **10:**11
  AE and Varićak on, **10:**8–9, 13–15
  of charges, **10:**354
  demonstration of, **9:**601c
  explained by Holst with "neutral field" of fixed stars, **10:**333n
  Hasenöhrl's proof of, **5:**107
  physical significance of, **3:***478–479*, 484n
  possible role of ether in, **3:**444
  reality of, **3:***478–479*, 444, 482–483, 484n; **10:**14–15; Lorentz on, **8:**72, 83
  and rotating disk paradox, **9:**115, 135, 136, 140
  and time dilation, **8:**900–901, 907–908
  velocity dependence of, **3:**160–161, 435, 444

See also Contraction hypothesis, Lorentz-FitzGerald; Rigid rod
Lenin, Vladimir I. (1870–1924), **9:**36n; return to Russia, Germany's role in, **10:**184n
Lense-Thirring effect, **7:***xxiv, xxxiii*, 563, 565, 576n; **8:**483, 501
  experimental test proposed for, **9:**250
Lenz, Emma and Max, **8:**150n
Lenz, Wilhelm (1888–1957), **8:**132, 147, 326, 671, 1006c; **9:**20, 75, 217, 463, 464, 555c; **10:**456
  Born, candidate as successor of, **10:**304, 336; AE on, 353
  curriculum vitae of, **9:**18–19
  requests KWIP funds for research in quantum theory of monatomic gases, **9:**19; rejected, **9:**561c
  University of Hamburg, candidate for chair at, **10:**547, 613c; AE on, 547
Lenzburg, Canton of Aargau, **1:**305n, 308, 311
Lenz's law, **3:**123
Léon, Xavier (1868–1935), **10:**529
Lesezirkel Hottingen, **5:**575n
Levi, Emma (1842–1927), **8:**329
Levi, Erna, **9:**172
Levi, Ernst, **10:**435
Levi, Rudolf (1863–1929?), **10:**445
Levi-Civita, Tullio (1873–1941), **2:**549, 553n; **6:**357n; **7:**24–25, 27n, 30, 79, *101*, 157, 177n, 179n, 278, 345, 541, 544, 574n; **8:**332n, 507, 523n, 670n, 704, 712, 765, 959; **9:**361; **10:**117, 339
  AE asks to write in Italian, **8:**98, 104
  AE expresses affection for, **8:**59
  AE hopes to meet, **8:**120, 124
  comparing AE to Newton, **10:**378
  correspondence with, AE enjoys, **8:**112
  cosmological term, discussion with AE on, **8:**498
  and differential calculus, **6:**78, 90, 216, 284, 297, 535n
  on differential covariants, **4:***195, 294, 296*, 324, 329, 495, 620
  on *Einstein 1919a*, **10:**378
  energy-momentum pseudotensor
    discussion with AE on, **8:**498–500, 509–510
    paper on, **8:**442
  "Entwurf" theory, discussion with AE on,
8:96–97, 98–100, 102, 104–105, 107–109, 111–112, 114–115, 119, 121–123, 124
  general relativity, papers on, **8:**497
  on internationalism of intellectuals, **10:**378
  proposes Italian translation of *Einstein 1917a*, **10:**590c
Levi-Civita tensor, **4:***197*; **6:**85–86, 217
Levin, Max, **8:**130, 134
Levin, Shmarya (1867–1935), **7:***234*; **9:***xlvi*, 181n, 249n
Leviné, Eugen (1883–1919), **9:**344n
  execution of, **9:**87n
  request for just trial of, **9:**70–71
Lewald, Theodor (1860–1947), **8:**825n
Lewin, Louis (1850–1925), **7:**448n
Lewinowitsch, Raphael (1883–?), **5:**250, 250n; **8:**402n
Lewis, Gilbert (1875–1946), **5:**260, 261, 261n
  creates position for Epstein, **10:**516
  meets with AE in Zurich, **5:**262n
Lex Arons. See Arons, Leo: loses position
Lex Heinze, **8:**188n
Leyden. *See* Einstein, Albert: Career: University of Leyden; "Magnet-Woche"; University of Leyden
Leyden jar, **1:**168
Leyden Society for Scientific Lectures, AE's lecture to, **10:**262, 264, 267, 271, 289
Leyden University Fund. *See* Leidsch Universiteitsfonds
Libert, Arnold (1887–?), **9:**192
Libert-Weinstein, Janusch, **9:**192
Licht, Hugo, **6:**138, 144n
Lichtenecker, Karl (1882 –?), **3:**504n
Lichtenstein, Léon (1878–1933), **9:**46
Lichtheim, Richard (1885–1963), **7:***233*
Lick Observatory, **8:**216n; **9:***xxxii*, 158n
Lie variation, **8:**278n, 689n, 699n, 834n, 917n, 970
Lieber, Hugo, **7:**301n, 470n, 494n; as AE's agent in the U.S., **10:**491
Liebermann, Max (1847–1935), **9:**350n
Liebert, Arthur (1878–1946), **8:**994c; **9:**532; **10:**289n
  on Schlick's *Allgemeine Erkenntnislehre*, **9:**510
Liebisch, Theodor, **9:**488n; nominates Laue as member of PAW, **10:**570c
Liebknecht, Karl (1871–1919), **7:**282n; **9:***xliv*,

Liebknecht, Karl (*cont.*)
  17n, 34n, 384n, 389n, 488n, 550c, 551c;
  10:184n
  murder of, **9:**5n
Liechti, Paul (1843–1903), **1:**41n, *360, 361*
Liesegang, Franz (1873–1949), **7:***109*
Lieserl (1902–?), daughter of AE and Einstein-Marić
  AE seeks Einstein-Marić's father's advice on keeping, **1:**324
  AE's comments on Einstein-Marić and, **1:**304, 305, 306, 324, 332
  AE's desire for son, **1:**305, 322
  AE's wish to live with Einstein-Marić and, **1:***xxxviii*, 324
  Einstein-Marić pregnant with, **1:***xxxvii*, 304, 305, 306, 324; **8:**4n; does not want friends to know, **1:**314, 318
  Einstein-Marić's desire for daughter, **1:**332
  birth of, **1:***xxxv, xxxvi, xxxvii*, 305n, 332, 333n, *377, 381*; **5:**23n
  ill with scarlet fever, **1:***xxxviii*; **5:**22
  no information about fate after 1903, **1:***xxxviii*
  registration of, **5:**22, 23n
Liga zur Beförderung der Humanität, **9:**17n, 203n, 551c, 559c, 562c
Light
  aberration of (*see* Aberration)
  absorption of, **2:***xvii–xviii, 110, 134, 146*, 350, 353, 379, 573, 585
  AE's search for fusion of wave and emission theories of, **2:***xvii–xviii, 147–148, 273*
  coefficient of absorption of in metals, **1:**283
  cone, **7:**412, 524
  corpuscular theory of, **2:***148, 263* (*see also* Light, emission theory of; Light quantum)
  deflection of, **3:***xxix*, 486, 494, 497n; in solar atmosphere, caused by refraction, Emden on, **9:**297, 309, Lorentz on, 186, 309 (*see also* Gravitational light deflection)
  diffraction of, **3:***xviii*, 131, 426; **6:**197
  direct transformation of kinetic energy into, AE on, **1:***236*, 294–295
  dispersion of, **3:**250, 253n, 280, 522, 544n; **6:**26, 45 (*see also* Dispersion, anomalous; Dispersion: optical)
  dragging of, **2:**435–436
  dragging coefficient of (*see* Dragging coefficient)
  dual quantum-wave theory of, **7:**486n–487n
  effect of on chemical reactions, **9:**141, 224
  electromagnetic theory of, **1:**328; **2:**307n, 565
  emission of, **2:***xvii, xxii, 110, 134, 146*, 150, 263, 350, 353, 379, 542, 544, 571–573, 585
  emission and absorption, **3:**457; **10:**44, 48
  emission theory of (*see* Light, emission theory of)
  experiments on, **3:**547n
  fluorescent, **2:**552n
  frequency of, **2:**350, 390n, 403; **3:**253n
  identity of with electromagnetic radiation, **1:**7
  inaccessibility of speeds higher than speed of, **4:**44, 49, 50, 58–59, 488
  as independent entity, **2:**309n
  index of refraction of, **3:**297; **4:**28, 537
  infrared, **2:**386, 390n, 405, 406n
  interaction of with matter, **2:***xvii–xviii, 134, 141*, 150, 383, 483, 548, 553n, 585–586
  interference of, **2:**564, 566, 586, 587n; **3:***xviii*, 131, 134, 426–428, 537, 547n, 557, 574; **4:**536–537; **6:**197, 525; **7:**486n; fluctuations and, **3:**178n
  Maxwell's theory of, **2:***xvii, 134*, 358n, 565, 583n
  microstructure of, **2:**309n
  monochromatic, **2:**566; **3:**500
  nature of, **2:**150–151, 564, 572
  polarization of, **2:**565
  principle of constancy of speed of (*see* Light, speed of: constancy of)
  production of, **2:**150–151, 350
  propagation of, **1:**7, 230; **2:***147–148, 258, 259*, 307n, 441, 564, 566, 569; **3:**131–140, 145, 150, 158
  and gravity, **3:**486–496, 497n
  measurement of, **3:**431
  theory of, **3:**125n
  quantum (*see* Light quantum)
  quantum hypothesis of (*see* Light quantum hypothesis)
  redshift of (*see* Gravitational redshift)
  reflection of, from mirror, **2:**299
  refraction of, **2:**564, 582n
  scattering of (*see* Scattering of light)
  signals, **2:***268*, 278, 283, 410, 424–425; **3:**149–150, 431–432, 441, *479*
  source, **2:**447; **4:**34, 104n; conception of, Guillaume on, **10:**536–537

stellar, from antipodal point, **8**:412
ultraviolet, **2**:168n, 386, 390n; **3**:511n, 540, 544n; ionization of gases by, **4**:*110*
wave theory of, **2**:*xvii*, *147–148*, 150, *255*, 564–566, 573–574; **4**:50, 536; **6**:396, 525, 577; **7**:*xxix*, 245, 309–310, 484–487n; vs. particle theory, **3**:*xviii*, 177–178
See also Electromagnetic waves; Light, speed of; Light wave; Radiation
Light, emission theory of, **2**:*xvii, xxii, 147–148, 261, 262, 263–264,* 485n, 564, 569, 573; **3**:*xviii*, 133
AE's discussion with Ehrenfest on, **5**:458, 476, 485
AE's early adherence to, **5**:450
Doppler effect in, Ehrenfest on, **5**:452n, 461
Ehrenfest's paper on, AE on, **5**:450
Newton's, **6**:535n; **7**:245
reflection law in, AE on, **5**:477, 485
Ritz's, **4**:*5*, 34, 35; **5**:450; **6**:49, 67n; **7**:467
test of, using binary star observations, **5**:524n
AE on, **5**:523
De Sitter's paper on, **5**:524n
Freundlich's dispute with DeSitter on, **5**:555n
Freundlich's paper on, **5**:555
Light pressure, **2**:299, 309n, 582n; **3**:*5*, 64; **8**:332
negative, **8**:548, 861, 862, 903, 961
Schwarzschild-Debye maximum of, **9**:398
Light quantum, **2**:*xxvi–xxvii, 134, 145, 148,* 309n, 415, 545, 548, 585–586; **3**:*xx–xxi*, 125n, 457, 546n; **5**:83
absorption of, **2**:548; Laue on, **5**:72
AE's conception of, **5**:193
dimensions of, Lorentz's estimate, **5**:174–176
directed emission of, **2**:574, 583n
energy of, **2**:*134*, 350, 356, 547, 580, 583n
existence of, **3**:*xxi*, 547n; **8**:333
hypothesis of (*see* Light quantum hypothesis)
incompatibility of with interference phenomena, AE on, **5**:465
individuality of, Lorentz on, **5**:174
meaning of, Planck on, **5**:50
momentum of, **2**:583n
Planck's rejection of, **5**:203n
and Planck's theory, **2**:351–354
singularity in radiation field as model of, **2**:148, 581–582

Stark's paper on, **5**:203n
theory of, **3**:249–250
wave-pulse interpretation of, **2**:*145*
Light quantum hypothesis, **2**:*xvii, 139–140, 141, 146, 148,* 151, 162, *263*, *265*, *270*, 350, 354, 415, 549, 577, 580
AE on first paper on, **5**:31
AE's experiment on, **7**:*xxviii–xxix*, 484–487n
Laue's comments on, **5**:41
See also Light quantum
Light, speed of, **1**:7–9, *372*; **3**:131, 134, 137, 366, 494
in accelerated frame of reference, **2**:477–478
constancy of, **2**:*xxii, 253, 257, 263–264,* 277, 280, 282–283, 286, 307n, 312, 402, 410, 437–438, 440, 569; **3**:145–146, 150, 156, 158, 168, 430, 438, 439n, 442, 494; **4**:29, 39, 40, 130, 181–185, *300*, 479, 492, 539, 541, 543, 546, 568, 572, 573, 585, 589, 592–596, 611, 612, 619; **6**:4, 22, 280, 285, 288, 440, 445–447, 452–453, 465, 475, 486, 487, 528; **7**:4, 245, 250, 254, 280n, 431, 458, 461, 463, 517–518, 594, 598, 601, 603; **8**:40 (*see also* Relativity, principle of: and principle of constancy of speed of light)
electric waves propagated at, **3**:385
in gravitational field, **3**:491–494
as maximum speed, **3**:445–447, *478*; **4**:44, 49, 50, 58–59, 488; **6**:55, 448, 449, 454; **7**:259, 358n
in moving medium, **8**:161
Harzer on, **9**:220
Laue on, **9**:207–209, 219–220, 296
Zeeman's experiments on, **6**:452, 536n; **8**:608, 161; **9**:209, 296
See also Fizeau's experiment
and propagation, **3**:145, 158
relative to its source, **2**:*265*, 566–567, **2**:277 (*see also* Light, emission theory of)
in vacuum, **3**:298, 526
variability of, **4**:104n, *122–126*, 130–144, 179n, 306, 475, 479, 494, 506, 549; **5**:434–435, 465, 484; **6**:127, 130n, 475; **7**:269
Light wave, **3**:131, 298, 390
amplitude of, **2**:452–453
group velocity of, **2**:448–449
polarization of, **2**:452–453, 565
and state of medium, **2**:565
transformation equations for, **2**:446, 452–453

Light-bulb filament, production of, **7**:242–244n
Lighting and power stations installations by Einstein e C., **1**:*lv*, 215n, 281n, *375*
  J. Einstein & Cie., **1**:*lii*
Ligurian Alps, Italy, **1**:*372*
Liliencron, Detlev von (1844–1909), **5**:518n
Lilienthal, Gustav, **10**:581c
Lille booklet
  first version of, **9**:*xliii*
    AE on, **9**:162, 231
    AE signs preface, **9**:577c
    on foreigners, **9**:163
    on French prisoner-of-war camps, **9**:185
    in preparation, **9**:135
    problems with German documents used in, **9**:164n
    problems with introduction of, **9**:164n
  second version of, **9**:*xliii*
    animosity toward, **9**:355
    Lorentz approves, **9**:421, 483
    in press, **9**:355
    purpose of, **9**:422n
Limit, Newtonian, **2**:315n, 455, 462
Limmathof (Hotel Limmathof), Zurich, **1**:298
Linde, Karl (1842–1934), **1**:147n
Lindemann, Adolf (1846–1931), **9**:243, 245; **10**:380, 535n
  on daytime photography of stars, **10**:380
  invites AE to lecture in Hamburg, **9**:607c, 616c
  on observing light deflection by daytime photography, **9**:244
Lindemann, Frederick (1886–1957), **2**:*143*; **3**:*xxiv–xxv*, 475n–477n, 501, 503, 512, 512n, 527–528, 542, 544n, 547n, 560–561; **5**:378n; **7**:211n; **8**:469; **9**:244; **10**:381n, 535
  atomic frequencies, formulas for, **5**:377
  debates on eclipse expedition results, **9**:474n
  equation of, **3**:460, 467–468, 470–471, 476n–477n
  quantum theory of specific heat, work on, **5**:303n
  specific heat experiments, **2**:390n–391n
  See also Nernst-Lindemann equation; Solid bodies, specific heat of
Lindemann, Rudolf, requests AE's support for Studentenvereinigung für künstlerische Kultur an der Universität Berlin, **9**:178–179; declined, **9**:184

Line, straight, concept of, **6**:479; **7**:506
Line element
  as abstraction, **8**:391
  of De Sitter, **8**:779
  definition of, **8**:392
  path-dependent, **8**:710, 720–721, 724, 726–727, 742, 803–804, 859, 878, 893, 934, 956, 967
  of Schwarzschild, **8**:313, 779
  See also Invariant space-time interval
Lines of force. *See* Force: lines of
Line spectra, **2**:402–403, 444
l'Intransigeant, **7**:419n
Linz, Karl, **9**:599c
Liouville's theorem, **2**:*50, 52*, 60, 67, 390n; **3**:244n; **8**:957–958, 962. *See also* Continuity equation; Incompressibility condition
Lipka, Joseph, **9**:594c
Lippich, Ferdinand (1838–1913), **5**:256n, 289, 473, 473n, 499, 500n
Lipschitz, Rudolf (1832–1903), **8**:690n, 712n
Liquefaction. *See* Gas: liquefaction of
Liquids, **2**:10, *171*; **3**:6, 287, 402
  AE applies his theory of molecular forces to, **1**:*xl*, 273, 324
  binary mixture of, **3**:283
  boiling process in, **1**:123–130
  cohesive forces in, **1**:123n
  diffusion in, **2**:*211*
  heat of vaporization of, **2**:21n
  incompressible, **2**:177
  kinetic theory of (*see* Kinetic theory of liquids)
  mixtures of (*see* Fluid: mixtures of)
  molecular structure of, **2**:*171*, 186
  potential energy of per unit volume, **2**:15
  specific heat of, **2**:129; **3**:567
  stationary motion of, **2**:*177*
  surface tension of (*see* Surface tension)
  surfaces of, AE on, **1**:312
  suspended particles in (*see* Particles, suspended; Suspensions)
  Van der Waals's theory of, **1**:265, 324n; **2**:*4, 178*; **4**:529
  viscosity coefficient of, **3**:418n
  See also Capillarity
Lissauer, Ernst, **8**:77n
Literature, scholarly, problem of obtaining in: Austria, **9**:45n, 485; Germany, 45n, 485, 514, 533

Lloyd George, David (1863–1945), **9:**144n
Local time. *See* Time: local
Locarno, Einstein-Marić's trip with children to, **5:**599, 600, 601, 603
Løchen, Arne (1850–1930), **9:**532
Lockyer, Norman (1836–1920), **10:**381
Lodge, Oliver (1851–1940), **7:**210n
  congratulates AE, **9:**186
  dedication to AE by, **5:**635c
Loeffler, Jean, **8:**1019c
Lohner, Emil (1865–1959), **5:**203n
London, peace conference in, **5:**508n
Loos, Franz (1889–?), **5:**406n
Löppen, Franz, **5:**318n
Lorentz, Geertruida. *See* Haas-Lorentz, Geertruida de
Lorentz, Hendrik Antoon (1853–1928), **1:***224, 225,* 330; **3:**510n, 550, 562n; **4:***3,* 153, *272, 273,* 540, 550n, *555n,* 559n; **5:**74, 75n, 84n, 89n, 134, 146, 148, 156, 157, 167n, 230n, 269, 279, 299, 300, 322n, 325, 327, 361, 366, 421, 480, 484, 490, 509, 509n, 522n, 523, 568, 569n, 601; **6:**67n, 135, 136n, *145,* 151, 173, 191, 193n, 267, 345n, 376, 410, 437, 452, 459; **7:**7n, 25, 30, 72, 91, *101,* 200, 215n, 217n, 345, 378n, 410n, 431, 518; **8:**4, 7n, 41n, 64n, 79, 92n, 117, 127, 149, 182, 220, 229, 230n, 234n, 236n, 239n, 245, 247, 288, 299, 304n, 333, 340, 350n, 362, 364, 370n, 371, 390, 392n, 404n, 418, 468, 534, 575, 609, 615n, 652n, 687, 689n, 704, 756, 872n; **10:***xlii,* 55n, 211, 264, 271, 279, 298, 303n, 311, 344, 389, 404, 472, 475, 521, 572c; **9:***xxx, xxxv, xliii,* 16, 42, 58n, 115n, 120, 134n, 145, 150, 164n, 183n, 183, 228, 231–232, 308, 320, 333, 334n, 349, 355, 390n, 393, 421, 422n, 457, 469, 471n, 482, 497, 499n, 501, 577c
  AE
    congratulates on ETH appointment, **5:**364
    congratulates on general relativity, **8:**242
    discovers error by, **6:***145,* 170n, 189n, 195
    discusses German war atrocities with, **8:**347n
    discusses Massart appeal with, **8:**346
    expresses sympathy for, **10:**407–408
    invites, **8:**233, 233n, 335, 338, 419,
    loan of money to, **5:**367; AE's miscalculation of amount of, **5:**364
    thanks for support for De Haas, **8:**298
    worries about health of, **9:**54, 182, 187
  AE attends colloquium of, **10:**219
  AE attends lecture by, **10:**257
  AE on importance of work of, **7:**322n–323n
  AE invites to Zurich, **5:**359
  AE praises, **5:**187, 346, 349; **8:**97, 429
  AE requests to organize international meeting of intellectuals, **8:**150; declined 155, 164
  AE visits, **8:**340; AE's good memories of, 348; **10:**52, 224, 225, 271
  AE's electron model, suspects instability in, **9:**264
  on AE's inaugural lecture, **9:**421; date of, **10:**320
  AE's Leyden lecture as homage to, **10:***xliii*
  AE's planned visit with, **5:**589n, 598n, 602, 603
  AE's reading of, **2:***145,* 259, 272, 307n
  on AE's relation between Planck's constant and elementary charge, **5:**178
  AE's reviews of books by, **6:**135, 375–376
  AE's 1911 stay with in Leyden, **5:**276, 279, 281
  Ampère's molecular currents, participates in new experiment on, **8:**175
  and anti-relativists, **7:**347
  on book by Eddington, **10:**320, 365, 437
  Born's crystal lattice theory, lectures on, **10:**468
  classical electrodynamics and Planck's law, on incompatibility of, **5:**171
  Columbia University, lectures at, **5:**389
  contraction hypothesis of, AE's critique of, **7:**249, 279n (*see also* Contraction hypothesis, Lorentz-FitzGerald)
  correspondence with, AE on, **5:**187, 189
  corresponding states, theorem of, **2:**256
  on drag in a viscous fluid, **9:**221
  Droste, collaboration with, **8:**420n
  Dutch Academy of Sciences, pleased with AE's election in, **10:**280
  Einstein, Pauline, condolences on on death of, **9:**481–482
  electrodynamics of
    action and reaction in, **5:**149n
    criticized by Poincaré, **5:**149n
    forces on ether in, **5:**149n
    on foundations of, **7:**312

Lorentz, Hendrik Antoon (*cont.*)
   electrodynamics of moving bodies of, **2:***259, 264–265*, 301–302, 307n, 410, 434–435, 438, 449, 540, 567–568; **8:**5, 6, 900
   electrodynamics of moving media of, **2:***xxviii, 503, 507*, 514
   on electromagnetism, **2:***256–257*, 549
   electron mass, on velocity-dependence of, **8:**908
   electron model of, **5:***57*
   electron theory (*see* Electron; Electron theory: Lorentz's)
   enjoys AE's joke in *Times* (London), **9:**286
   "Entwurf" theory, on covariance of, **5:**553n; **8:**69–71
   Epstein
      efforts on behalf of, **9:**470, 487
      invites to University of Leyden, **10:**285n
   ether
      on degrees of freedom of, **5:**177
      on energy exchange of with matter, **5:**171–172, 174, 176
      requests AE's public statement on, **9:**353
      theory of (*see* Ether theory: Lorentz's)
   escorts family of De Haas from Berlin to the Netherlands, **8:**143n
   on geodetic precession, **9:**421–422
   German war crimes
      on private commission to investigate, **8:**391n; **9:**42, 53–54, 57, 120
      consults about with French and Belgian colleagues, **9:**54
   Göttingen lectures of, AE's enjoyment of, **5:**276
   gravitation
      on AE's theory of, **10:**23
      on special-relativistic theory of, **6:**136n
   on gravitational redshift, **10:**252n
   Grebe's and Bachem's results, congratulations on, **9:**482
   Haarlem, planned move to, **5:**409
   helps Russian physicists, **10:**425
   on hole argument, **8:**67–68
   Institut international de physique, on revival of, **9:**114
   light quantum
      on existence of, **2:***148*
      estimate of dimensions of, **5:**174–176
      on individuality of, **5:**174
   light velocity in moving media, formula for, **8:**161
   Lille booklet, approves second version of, **9:**421, 483
   local time of, **2:**308n, 487n; **5:**121n (*see also* Time: local)
   "Magnet-Woche," participates in, **10:***xlvi*
   Manifesto of the 93
      on statement by Planck on, **8:**285, 286n
      on undoing damage created by, **8:**157n
   on Massart appeal, **8:**361
   Maxwell's equations for free ether, on validity of, **5:**177
   Michonis Lectures at Collège de France, invited to give, **5:**571n
   Monday lectures of, **8:**299n
   Nobel prize
      recommends AE for, **9:**418n, 597c
      nominated for, with AE, **5:**629c
   on optics, **2:**434, 485n, 567 (*see also* Optics: of moving bodies)
   on photoelectric phenomena, **5:**178
   Planck's constant, on interpretation of, **5:**173
   Planck's law, derived using canonical ensemble, **5:**172–173
   ponderomotive force of, **2:***503–504*, 527; Laub's comments on, **5:**119
   on principle of relativity, **6:**423
   on prize contest of *Scientific American*, **10:**424
   published lectures of, **9:**248, 287; AE on, 228, 233, 267
   quantum theory
      lectures on, **8:**522
      of light, **7:**486n–487n
      paper on, **5:**245, 246n
   radiation theory, **2:***144–145*, 542, 543; **3:**250, 253n, 281n, 499–500, 505n–506n, 507, 515n
      on equipartition theorem in, **2:***144*
      lecture at Rome congress on, **5:**168n, 180n, 170–171; AE on, **5:**168, 192
   on refraction as cause of light deflection, **9:***xxxvi*, 186, 309
   on relation between radiation law and properties of electrons, **5:**179
   on relativity
      and ether, **8:**73
      principle of, **6:**423
      of rotation, **8:**69–70

of time, **8:**526
relativity, general
    interest in, **5:**588
    Lagrangian for, **8:**249n, 419, 430
    lectures on, **8:**295
    papers on, **8:**247n
    problems with field equations in, **8:**233, 254
    reception of, **8:**263
    works on, **8:**347, 425
relativity, special, on covariance of, **8:**70
on simultaneity, **8:**73
solar eclipse expedition results
    communicates, **9:**218, 580c; to AE, **7:**201n; **9:**167, 170, 229, 232, 577c, 578c
    discusses with AE, **10:**223
    writes newspaper article on, **9:**246
Solvay
    meets with, **9:**114
    on Planck's intercession for, **9:**216
Solvay Congress, First, chairman of, **5:**346, 566
Solvay Congress, Second, edits proceedings of, **8:**156, 175
Solvay Congress, Third
    invites AE to, **10:***xlvii*, 302, 312
    on members of scientific committee of, **10:**303n
    planned lecture at, **10:**303
    program of, **10:**302–303
    solicits lecture from AE for, **10:**303, 320
space and time, on difference between, **8:**72–73
spectral lines, on damping of, **8:**175
and statistical mechanics, **3:**553–554, 556–557
statistical methods in thermodynamics, lectures on, **8:**285, 300
Stokes's theory of aberration, critique of, **7:**128n
Teyler's Foundation, appointed Curator at, **5:**411n
Theory of Electrons, AE on, **5:**200
on transformation laws, **2:**256–257, *308*
University of Leyden
    on special professorship for AE at, **9:**286, 320–321, 329, 362, 371, 421, 482; **10:**320, 423–424
    wants AE to be successor at, **5:**366n; **5:**409–410

vacates chair at, **5:**409
University of Utrecht, AE's candidacy for chair at
    discussion with AE in Brussels on, **5:**364
    meeting with Julius on, **5:**363
    pleased by, **5:**348n
    regrets AE's refusal of, **5:**363, 364n
Van der Goot's statement, signs, **8:**63
views as opposed to AE's, **2:***267*
See also Clausius-Mossotti-Lorentz relation; Maxwell-Lorentz equations
Lorentz contraction. *See* Contraction hypothesis, Lorentz-FitzGerald; Length contraction, relativistic
Lorentz field equations, **2:***507*, 562n. *See also* Electromagnetic field: equations of
Lorentz force, **2:***503–504*. **4:**14, 15, 17, 83, 499; **6:**62–63, 65, 75, 267; **7:**264, 527; **8:**349. *See also* Ponderomotive force;
Lorentz group, **2:***xxix*, 256n–257n, *504*
Lorentz, Johanna (1889–1980), **5:**282n, 360n; **9:**121
Lorentz, Rudolf (1895–1977), **5:**282n, 360n, 580; **9:**121
Lorentz transformation, **2:***253, 256, 257–258, 292–296*, 308n, *440–442, 449–450, 462–472, 504, 507, 510–511, 550*; **3:**156–170, 175n, 275; **4:**130, 488, 505, 544, 595, 612; **5:**231; **6:**49–55, 61, 135, 285, 444–452, 453, 455, 462, 486, 490, 507, 527, 529, 530; **7:**7, 12, 67, 90–91, 374–375, 407–408, 453–454, 519–526, 600, 604; **8:**358, 436, 524, 525–526, 528, 533, 536–537, 899–900, 908; **9:**379
application to electromagnetic field equations, **4:**51–56
derivation of, **3:**156–160, 439n; **4:**40–44; **6:**50–51, 502–506; **7:**254–255, 280n
Euclidean transformation and, **7:**262–263
formal properties of, **3:**167–170
fundamental importance of, **3:**166
geometrical interpretation of, **6:**51
group theoretical properties of, **6:**50, 53–55
heuristic role of, **7:**258, 280n
infinitesimal, **4:***126*, 143, 185
in optics, **9:**208
kinematic consequences of, **4:**48–51
physical content of, **3:**160–166; **4:**44–48; **6:**52–53; **7:**256–258

Lorentz transformation (*cont.*)
  as rotational transformation, **4:**65–68
  special, **4:**44, 66, 82
Lorentz-Einstein theory, use of term, **5:**135n
Lorentz-FitzGerald contraction. *See* Contraction hypothesis, Lorentz-FitzGerald; Length contraction, relativistic
Lorentz-Kaiser, Aletta (1858–1931), **5:**277n, 282n, 360n, 413n, 580; **8:**298; **9:**54, 121, 233, 356; **10:**272
Lorenz, Richard (1863–1929), **2:***218*, 326, 497, 501n; **5:**79n, 153, 153n requests reprints, 79; **10:**336
  AE on, **9:**281
  University of Frankfurt, invites AE to lecture at, **9:**281
Los von Rom movement, **10:**118
Loschmidt, Joseph (1821–1895), **4:**528
Loschmidt's method, **2:***171*, 176
Loschmidt's number, **2:***136–137*, 167n, 557; **3:**272; **4:**528. *See also* Avogadro's number
Lothar Meyer curve, **8:**671
Lourie, Heinrich (1892–?), **9:**192
Louvain, **9:**54; vandalization of by German Army, **9:**113
Löwe, Heinrich (1867–1950), **7:**448n
Löwenthal, Elsa. *See* Einstein, Elsa
Löwenthal, Ilse. *See* Einstein, Ilse
Löwenthal, Margot. *See* Einstein, Margot
Löwenthal, Max (1864–1914), **5:**561n; **8:**771n; **10:**143n; death of, **5:**588n
Löwenthal-Einstein, Elsa. *See* Einstein, Elsa
Löwy, Heinrich, **5:**540n
Lübsen, Heinrich Borchert, **1:***lxi*, 4n
Lucerne, **10:***xxxvii*
  AE visits, **5:**329n
  AE visits sister in, with Hans Albert Einstein, **10:***xxxiv*
  climate of, **10:**169
  sanatorium for Pauline Einstein in (*see* Rosenau sanatorium)
Luchsinger, Fridolin (1894–?), **9:**152
Lüdeke, Oskar, **9:**148n, 575c
Lüdemann, Hermann (1880–1957), **10:**281
Ludendorff, Erich von (1865–1937), **9:**238n; AE on, **9:**85
Ludendorff, Hans (1873–1941), **7:**425n
  abilities of, **8:**322
  stellar redshift, paper on, **8:**261

Lüdin, Emil (1867–1932), **1:**307, 308n
Ludlam, Ernest B, (1879–1958), **9:**369–370, 378, 390n, 408, 603c; **10:**309n
  on narrow-mindedness of English scientists, **9:**378
  as Quaker, **9:**378n
Ludwig der Eiserne, Landgraf, **8:**257n
Ludwig, Emil, **10:**605c–606c
  Einstein 1917a sent to, **10:**597c
  sends book to AE, **10:**597c
Ludwig, Ernst, requests KWIP funds for developing temperature gauge, **8:**1016c
Ludwig Kiessling u. Cie., Munich, **1:***li*
Luftverkehrsgesellschaft (LVG), **6:**402n; **8:**577n, 588n, 709n; AE's income from, **10:**106–107
Lugano, **10:**160, 170n
  lake of, **10:**41
  meeting of Schweizerische Naturforschersammlung in, **10:**162n
Luitpold-Gymnasium, Munich, **8:**367n, 531
  AE's entrance at, **1:***lx*, 371
  AE's experiences at, **1:***lx–lxii, lxiii, lxv*
  AE's grades at, **1:***lx* n
  AE's mathematical abilities at praised by teacher, **1:***lxiv* n
  AE's studies at, **5:**34
  AE's textbooks at, **1:***353–355*
  AE's withdrawal from, **1:***372*
  curriculum of, **1:***346–353*
  rector of (*see* Markhauser, Wolfgang)
  teachers at
    characterization of by AE, **1:***lviii*
    list of AE's, **1:***346–353*
  See also Degenhart, Joseph; Ruess, Ferdinand; Zametzer, Joseph)
Luminescence, **3:**503, 504n
Luminescence, cathode, **2:**165, 169n, 548
Luminiferous ether. *See* Ether: luminiferous
Lummer, Otto R. (1860–1925), **2:***144*; **8:**77n; **9:**124, 338n, 574c, 593c; **10:**401n
  dedication to AE by, **5:**625c
  requests KWIP funds for acoustic research, **9:**127–128
Lummitzsch, Otto (1886–1962), **10:**450
Lunacharskii, Anatolii (1884–1953), **10:**319
Lunar longitude. *See* Moon: longitude of
Lustige Blätter, **8:**382n
Luther, Martin (1483–1546), **9:**143; **10:**33

Luxemburg, Rosa (1871–1919), **7**:282n; **9**:*xliv*, 17n, 34n, 384n, 389n, 488n, 550c, 551c
   commemoration of in Zurich, **9**:94n
   funeral of, **9**:94n
   murder of, **9**:5n
Luzzatti, Luigi (1841–1927), **1**:*lxv*

Maag, Jacob (1868–1923), represents AE in rental dispute, **5**:636c; **8**:11
Macaulay, Thomas Babington (1800–1859), **8**:134
Mach, Ernst (1838–1916), **3**:578; **4**:585; **5**:204n; **6**:282n, 286, 474, 523; **7**:279n; **8**:69, 76n, 223n, 298, 359n, 402, 403, 404n, 448n, 490, 491, 493, 539, 547, 695; **10**:68, 176, 286, 590c
   AE reads works of, **1**:*xxxix*, 230, 335
   AE visits in Vienna, **5**:258n
   AE's obituary of, **6**:278–281, 537n
   AE's paper on, **8**:394
   AE's reading of, **2**:*xxiii–xxiv, xxv, 3, 43, 46, 135*
   anti-reductionism of, **7**:59n
   atomism, views on, **5**:204n
   concept of reality of, **8**:456
   concept of *Verknüpfung*, **10**:293
   dedication to AE by, **5**:624c
   definition of mass, **3**:*5*, 9, 126n, 396n
   definition of mass of, **4**:102n
   edited by Petzoldt, **10**:332
   elements of, **8**:543, 546
   on existence of atoms, **2**:*46, 207, 218*
   Frank's paper on, **8**:394
   general relativity, interest in, **5**:583; role of ideas of in development of, 584
   on inductive method, **7**:*xxxvi*
   influence on AE, **2**:*xxiv, 260*; **6**:279, 282n, 338n; **7**:*xxxv*; **8**:17n, 220, 297
   Lampa's book on, **9**:462
   Mechanik, AE's reading of, **5**:204n
   Mechanik and *Wärmelehre*, recommended to AE by Besso, **1**:230n, *378*
   on molecular forces, **2**:*3*
   Neurath, correspondence with, **8**:434
   Newtonian mechanics, critique of, **4**:*127*, 177, *194–195, 295*, 307, 476, 484, 485n, 498, 499, 507, 508, 587n, 616; **5**:548; **6**:5n, 74, 129n, 279–280, 282n, 474; **7**:*xxxiii*, 267–268, 316, 322n, 370, 432, 535–537; **10**:325
   on observability, **10**:307
   on optical illusion, **7**:53n
   Optik, **8**:480
   Planck, polemic with, **5**:204n, 532n, 595; **7**:57, 59n; AE on, 204, 584
   positivistic philosophy of, **7**:59n, 280n
   principle of economy of, **8**:850
   receives AE's reprints, **5**:204, 205
   on relativity theory, **5**:205; **8**:81
   sends AE copy of lecture, **5**:204
   on theory of heat, **2**:*218*
   work of, AE's praise for, **5**:204
Mach, Ludwig (1868–1951), **8**:480
Mache, Heinrich (1876–1954), **9**:251–252, 393n, 399
Mach's principle, **6**:552n; **7**:*xxxiii*, 38–40, 43n–44n, 49n, 122n, 170, 181n, 322n–323n, 358n, 369, 377, 394, 404n, 409, 424n, 433, 563–565, 568–569, 576n; **8**:*352, 353*, 422, 423n, 425, 427, 433, 578, 613, 627, 639, 640, 641n, 659, 700n, 810n; **9**:*xlii*, 111, 233, 233n, 249n; **10**:325, 479n
Machula, **9**:566c
Mack, Julian (1866–1943), **7**:*234*
Madelung, Erwin (1881–1972), **3**:414n, 420, 420n, 526, 544n; **9**:74–75, 463; candidate for Born's succession, **10**:516
Maeterlinck, Maurice, **9**:323n
Magnes, Judah Leon (1877–1948), **9**:198n
Magnet, **3**:349
   permanent, **3**:354, 375, field of, **5**:431
   relative motion between conductor and, **2**:276, 295; **3**:141–142, 369–370
Magnetic charge, **1**:200–201
Magnetic field, **1**:5, 6–9, 203, *223–225*; **3**:132, 138, 142, 170–171, 255–256, 257n, 272–273, 349, 353, 374, 388, 555
   boundary conditions for magnetic force vector H, **2**:*505–506*, 512, 515–516, 532–534, 535n
   of current, **3**:353
   decomposition of, **3**:377
   definition of strength of, **4**:9
   determination of, **3**:370, 398n
   differential equations of, **3**:356
   energy of, **3**:350
   in galvanometer, **1**:32–35
   induction vector B, **2**:*505–506*, 510–512, 516, 519, 520, 523, 537–538

Magnetic field (*cont.*)
    intensity of, **3:**136, 255, 399n (*see also* Electric force)
    motion in, **3:**369–370, 518n
    and permanent magnets, **3:**354
    properties of, **3:**354
    strength *H*, **2:**292–295, *506*, 510–517, 523–526, 537–539
    terrestrial, **1:**34–35, 206–207
    transformation equations for, **2:**292–296, 301, 411, 417, 420, 449–450, *507*
    of a wire, **3:**383, 399n
    See also Electric field; Electromagnetic field
Magnetic force, **1:**200–210; **2:**295, 453, *503*. *See also* Magnetic field; Ponderomotive force
Magnetic gyroscopic effect, **9:**7
Magnetic moment, **1:**205, 206, 207
    and angular momentum, **6:***146*, *147*, 152, 152–155, 174–175, 191–192; **7:***xxix*, 586–589
    of ferromagnetic crystal, **6:**159, 180
    macroscopic, **6:***147*, 154, 168, 174, 187
    molecular, temperature independent, **6:***146*, 152, 173, 191
Magnetic monopoles, nonexistence of, **3:**348.
Magnetic polarization, **1:***223*; **2:**520, 523; **4:**18–19, 86
Magnetic poles, **1:**203
Magnetic properties of media and matter, **2:***503*, *505–507*, 512, 517, 517n, 520, 523–524
Magnetic saturation, **3:***226*
Magnetic susceptibility, **3:**398n
Magnetism, **1:***6*, *224*; **3:**217, 221–227, 245n, 348, 518n; **6:***145*, 151, 467, 468
    AE on difficulties in explaining, **1:***237*, 287
    AE's lectures on electricity and, **3:***xvii*, 8, 126n–127n, 316–396, 396n–400n, *598–599*
    Ampère's work on, **6:***145*, 151, 153, 173, 191
    bound, **3:**349
    change in, **3:***226*
    discussions on with Ehrenfest, **10:**344
    duality of electricity and, **2:**526, 528n; **4:**25, 26
    elementary magnets in crystals, **10:**366
    experimental investigations on nature of, **10:**28
    experiments on
        Barnett's, **6:***149*, 231
        Eichenwald's, **6:**48, 67n
        Röntgen's, **6:**48, 67n
        Wilson's, **6:**48, 67n
    induction, **4:**11, 19

    kinetic theory of, **3:**518n; **4:**534n
    at low temperatures, **10:**303, 356
    nonexistence of true, **3:**389
    Oersted's work on, **6:***145*, 151, 173, 191
    Röntgen's experiments on, **4:**17, 27
    in superconductors, **10:**494
    terrestrial, **6:***146*, *148*, *149*, 155, 159, 163, 180, 182, 272, 273; **8:**79, 345n; experiment on, **10:**533, 544
    topic discussed on Third Solvay Congress, **10:**303
    units of, **3:**518n
    See also Ampère's molecular currents; Curie's law; Diamagnetism; Ferromagnetism; Paramagnetism
Magnetometer, **3:**360
Magnetomotive force, **2:**295, 309n; **3:**356; **4:**27, 84; **6:**155, 231
Magneton, **8:**134
Magnetostatics, **4:**23, *127*, *194*, 488
Magnette, Charles, **9:**55n
"Magnet-Woche," **10:***xlvi–xlvii*, 366, 368, 373, 404, 468, 469n, 495n, 603c; planned, 344, 356. *See also* Ehrenfest, Paul; Kamerlingh Onnes, Heike
Magnus, Alfred (1880–1960), **3:**476n; **9:**568c; **10:**585c, 587c, 588c, 592c
    requests KWIP funds for research on specific heat of solids at low temperature, **9:**557c; granted, 560c, 567c
Maier, Ernst (1873–1916), **1:**298, 299n
Maier, Gustav, (1844–1923), **1:***10*, 272; **8:**970; biography, **1:***384*
Maier, Gustav and Regina, express condolences on Pauline Einstein's death, **10:**583c
"Maier, Madame Federico," AE's pet name for Einstein-Marić, **1:**261
Maitre, Ida, **8:**338
Majorana, Quirino (1871–1957), on absorption of gravitation, **10:**287, 296
Majority Social Democrats. *See* Sozialdemokratische Partei Deutschlands
Majority Socialists. *See* Sozialdemokratische Partei Deutschlands
Malkin, Israel, **10:**385–386
Maloja region, AE's hiking trip in, **5:**541, 542, 542n, 543n, 544; itinerary of, 545
Mamlock, Gotthold (1876–1942?), **7:**448n
Mamroth, Paul (1859–1938), **8:**450

Manchester University Jewish Students' Society, **7:**435n

Mandelshtam, Leonid (1879–1944), **5:**540n; **8:**283n; paper on surface fluctuations, lecture by AE on, **5:**540

Manifesto to the Civilized World. *See* Appeal: "An die Kulturwelt"

Manifesto of Democratic Party, **8:**948

Manifesto to the Europeans. *See* Appeal: "An die Europäer"

Manifesto of the 93. *See* Appeal: "An die Kulturwelt"

Manifesto of reconciliation, **8:**532n, 636n

Manifestos, statistics of academic signatories of, **8:**532n

Mann, Heinrich (1871–1950), **8:**947n; **9:**103n

Mann, Thomas (1875–1955), **6:**582n; **9:**392, 394
  Betrachtungen eines Unpolitischen, **9:**396n
  Das Odeon, invites AE to join editorial board of, **9:**392
  political views of, **9:**394

Mannoury, Gerrit (1867–1956), on general relativistic kinematics based on worldlines and worldpoints, **10:**605c

Marangoni family, AE visits, **8:**77

Marburg School of philosophy, **9:**478

Marckwald, Willy (1864–?), **7:**340n

Marconi Co., **7:**366n

Marcus Aurelius, **10:**347

Marić, Marija (1847–1935), **1:**249, 295; **5:**9, 10n, 115n, 225n, 556n; **8:**4n, 338n; **10:**122n, 229n
  attitude toward Einstein-Marić's relationship with AE, **1:***xxxvii*, 295, 317, 321
  crisis with Einstein-Marić over letter from AE's parents, **1:***xxxvii*, 319–320

Marić, Mileva. *See* Einstein-Marić, Mileva

Marić, Miloš (1846–1922), **1:**59, 321n, *380*; **5:**9, 10n, 115n, 225n, 556n; **8:**4n, 338n, 817n; **10:**122n, 229n
  AE suggests Einstein-Marić consult about keeping Lieserl, **1:**324
  crisis with Einstein-Marić over letter from AE's parents, **1:***xxxvii*, 319–320
  informs AE of Lieserl's birth, **1:**332, 333n
  relationship with Einstein-Marić, **1:**314

Marić, Miloš, Jr. (1885–1944), **5:**115n; **8:**338; **10:**229n
  medical studies of, **5:**225n

military service of, **5:**225

Marić, Zorka (1883–1938), **1:**261, 262, 266, 267n; **5:**115n, 225n, 344n, 345n; **8:**4n, 64, 320, 338, 339, 340, 503n, 1010c; **9:**214, 271n, 304n; **10:**49, 84, 99, 129, 144, 227n, 229n
  AE sends books to, **1:**293, 326
  arrival in Zurich, **1:**266, 268, 269n
  ill with depression, **8:**658, 665
  invites AE to visit, **1:**310–311
  lives with sister Mileva, **10:**102
  placed in a mental institution, **10:**143

Mariotte's law. *See* Boyle-Mariotte law

Markhauser, Wolfgang (1830–1910), **1:**13

Markov, Andrei (1856–1922), **3:**268n

Markstaller, Robert (1865–1933), **1:**225n

Markwalder, Stephanie (1851–1934), **1:**229, 230, 232, 238, 254, 255n, *374*

Marmonier, Louis, **7:**195n

Mars, **8:**101n, 388; perihelion motion of, **4:**459n; **6:**242

Marthe, J. J., **9:**601c

Martienssen, Oscar (1874–1954), **8:**838

Martin, Nikolaus, **1:***351*

Martin, Rudolf (1864–1925), **5:**34n, 36n

Marval, C. de, **8:**110

Marx, ?, 576

Marx, August (1864–1934), **5:**324, 324n, 331n, 378, 559n; **9:**294n, 306, 340n; AE visits in Karlsruhe, **5:**378n

Marx, Clementine (1842–1930), **5:**558, 559n

Marx, Erich (1874–1956), **3:**504n; **5:**122n; **9:**349, 360–361; **10:**577c
  cathode rays, polemic with Laub on, **5:**121
  and paper of AE, **4:***3–7*

Marx, Erich (1901–1990), **5:**331n

Marx, H. C., requests KWIP funds for research on mechanics and heat theory, **8:**1025c

Marx, Lise (1875–1957), **5:**331n

Marx, Lore (1899–1964), **5:**331n

Marx, Otto (1886–1973), **5:**510n; **8:**577; requests AE's help, **5:***509*

Marx, Walter (1907–1984), **5:**331n

Marx family, AE visits, **5:**331

Maschinchen, Einstein's, for the measurement of small charges, **2:***221–222*; 489–491; **3:***9*, 339–341, 397n–398n; **5:***51–55*, 87, 123; **9:**69n
  AE's optimism about future of, **5:***54*, 379, 381

Maschinchen, Einstein's (*cont.*)
   completion of, **5:***53*, 140, 144; of second copy, 150
   construction of, **5:***53*, 70, 131
   copy: in Tübingen, **5:***54*; in Winterthur, *54*
   demonstration of
      in Berlin, **5:**379, 381, 383n, 406, 437
      Paul Habicht's, **5:***54*
   design for, Paul Habicht's, **5:**154
   experiments with
      AE's, **5:**150, 152, 161
      AE's and Conrad Habicht's, **5:**169, 230
   final form of, **5:***53*
   flaws of, **5:***53, 54*
   gilding of, **5:***55*, 406, 437
   Haber's interest in, **5:**383
   improvements of, Paul Habicht's, **5:**338, 339
   influence on by electromagnetic waves, **5:**475
   invention of, **5:***51*, 56
   Kowalski on, **5:**111
   paper on
      by AE, **5:***52*, 98
      by Conrad and Paul Habicht, **5:***53*, 230
   problems of, **5:**189; with contacts, 132n, 219
   selling of, **5:***54*
   suggested modifications of, Paul Habicht's, **5:**141–142
   testing of, **5:***53*
   unwanted charges on
      elimination of, **5:**340n
      Paul Habicht's comments on, **5:**383, 437
   work on
      AE's, **5:**124n, 163n, 216n
      Gasser's, **5:***53*, 89
      Paul Habicht's, **5:**82, 90, 222
      in Winterthur, **5:**90
Maschinenfabrik Oerlikon, **8:**137n, 401n
Maschke, Georg, **8:**708, 709, 1017c
Maslać, Mara (1906–?), **5:**45n
Mass, **3:**5, 24, 64
   of atoms, **2:**396n
   concept of, **3:**396n
   conservation of, **2:**366; **3:**174, 438, 488
   constancy of, **2:**464
   definition of, **2:**486n–487n
   definition of unit of, **6:**102
   dependence on energy of, **2:**462–466 (*see also* Equivalence of mass and energy)
   distribution of in universe, **7:**371n, 394, 421

electric, **2:**168n, 456, 561
of electrons, **3:**439n, 443 (*see also* Beta-rays)
and energy (*see* Equivalence of mass and energy)
gravitating, **7:**139n
inertial, **3:***xxix*, 21
inertial and gravitational (*see* Equivalence principle; Mass, equality of inertial and gravitational)
law of conservation of, **4:**64, 98, 546, 613; **6:**4, 455, 456, 457
longitudinal, **2:***270*, 303–304, 310n, 370, 372n, 486n
Mach's definition of, **3:***9*, 15, 126n, 396n; **4:**102n
molecular, Sutherland on, **2:**171
negative, **8:**375n
rest, **4:**98
transverse, **2:***270–271*, 303–304, 370, 372n, 486n
unit of, **3:**19
See also Gravitational mass; Inertial mass
Mass action, law of, **4:***110*, 115–121; **7:**329
Mass density
   average in universe, **9:**267
   in five-dimensional theory, **9:**57n
Mass distribution in universe
   and geometry, **8:**630–631, 638–639, 650–651, 661–662
   homogeneous, **8:**428, 654n, 691, 699–700, 786
   inhomogeneous, **8:**428
   self-restoring, **8:**475n, 652n–653n, 691, 694n, 699–700
   and star velocities, **8:**787
Mass-energy equivalence. *See* Equivalence of mass and energy
Mass, equality of inertial and gravitational, **2:***273–274*, 465, 484, 487n; **3:**5, 21, 126n, 488–491; **4:**64, 154, 158, 177, 184, 185, *299*, 304, 322, 475, 476, 478, 482, 488, 505, 506, 507, 508, 575, 585, 591, 596, 614–616 ; **6:**8, 128, 280, 288, 404, 468, 493, 529–530; **7:***xxxii*, 119, 201n, 208, 214, 266–267, 369; **8:**197, 198n, 80; **9:**267
   AE's proposed test of using uranium, **5:**497
   Eötvös's experiments on, **4:**304, 305, 478, 489, 493, 508, 585, 614, 621n; **6:**288; **7:**147, 267, 536; **8:**600, 718n; AE's ignorance of, **5:**498n

and general principle of relativity, **6:**469–472; **7:**376, 408, 432
Laue on, **5:**384
Southern's experiments on, **5:**498n
tests of, **8:**602, 608, 624; AE's ignorance of, 198n
See also Equivalence principle
Mass horizon, **8:***355*, 485, 501, 720, 724, 728, 741, 757, 765–767, 776, 786–787
Mass point, fundamental equations of, **3:**11–18, 26–36, 124–125, 125n
Massart, Jean (1865–1925), **8:**347n; **9:***xliii*, 54
Massart appeal, **8:**346, 347n, 361, 363, 364n, 419, 429
Mass-energy equivalence. *See* Equivalence of mass and energy.
Mastic emulsions, viscosity of
  Bancelin's experiments on, **5:**267n
  discrepancy between experimental results and AE's prediction, **5:**218n, 266, 268, 270
Material medium
  conducting (*see* Electrical conductor)
  dielectric, **2:***503, 505*, 513–517, 517n
  electric state of, **2:***503–504, 507*
  electromagnetic energy-momentum tensor of (*see* Energy-momentum tensor, electromagnetic)
Materialism, **6:**522
Mathematical versus physical way of thinking, **8:**749–750
Mathematical Society of Göttingen, lectures to
  by Hilbert, **8:**195
  by Klein, **8:**712n, 791, 805, 825, 833n
  by Runge, **8:**688, 699n
Mathematics
  certainty of, **7:**385
  heuristic value of, **8:**569
  and physical reality, **7:**385–387
  See also Geometry
Mathematics and physics, **3:**152, 426, 447–448. *See also* Probability; Simplicity
Mathematische Annalen, **9:**259, 276
  AE invited to join editorial board of, **9:**317
  contract for with Springer publishing house, signatories of, **9:**602c
Mathematische Zeitschrift, **9:**76
Matter, **3:**11, 506n
  absorption and emission of, **2:**548
  AE pursues laws for, on constructive basis, **1:***xli*
  atomic constitution of, **3:**136, *283–284*
  atomistic constitution of (*see* Atomic-molecular hypothesis; Quantum: of matter)
  distinction between ether and, **1:**285
  electrical properties of, **2:***xviii, xxviii, 503–507*, 509–517, 519–522
  as energy knots in ether, **8:**578n
  interaction of with fields, **2:**520
  interaction of with light, **2:***xvii–xviii, 134, 141*, 150, 383, 548, 553n, 585–586
  models of, **2:***504*, 586
  motion of
    relative to earth, **2:***255, 256–257, 262*, 276, 434–435, 567–568
    relative to ether, **1:***225*, 316; **2:***255*
  optical properties of, **1:**279–280; **2:***xviii, xxviii, 503*
  ponderable, **2:**564; **3:**131, 325
  spectral properties of, **1:***xl, 236*
  structure of, **2:***265*, 405
  thermal properties of, **2:***xxviii*, 405 (*see also* Solid bodies, specific heat of)
  velocity of, **2:**509, 540
  vortex theory of, Bucherer on, **5:**149
  See also Ether
Matter, Karl (1874–1957), **1:**250n, 253, 255, 260, 263
Matthies, Wilhelm, University of Basel, invites AE to lecture at, **10:**602c; postponed, 606c
Matura examinations. *See* Aargau Kantonsschule: *Matura* examinations
Maturitätsprüfung, AE on, **6:**581, 582n
Maurer, Julius (1857–1938), **5:**505n, 551n, 560, 567
Mauthner, Fritz, **9:**558c
Maxwell, James Clerk (1831–1879), **2:***4, 42, 48*, 73n, 309n, *503*, 565; **3:**127n; **5:**300; **6:**122, 457, 525, 526; **7:**86, 431, 518; **8:**197, 198n
  and Ampère's molecular currents, **6:***145, 149*, 231
  determination of absolute motion of solar system by, **10:**516
  electrodynamics, local action theory of, **7:**319, 372, 407
  electromagnetic theory, **1:***xxxix, 5, 223*
  experiment of on gyromagnetic effect, **10:**503n
  on mechanical model of ether, **7:**279n, 310, 321n

Maxwell, James Clerk (*cont.*)
  on radiometer effect, **9:**48n, 49
  theory of radiometer of, **10:**284n, 290
  See also Electromagnetic energy; Kinetic theory of gases; Light; Thermodynamics; Transport coefficients: Maxwell-Kirchhoff method of calculating
Maxwell-Boltzmann distribution, **2:**252n, 344n–345n, 352. *See also* Boltzmann distribution
Maxwell distribution law, **2:**68, 84, 235n, 344n–345n, 589; **3:**209–211, 242n, 244n, 507n, 508; **5:**164, 359; **6:**382, 383, 385, 389; **8:**37n; **9:**571c; **10:**356n
  constant of, **3:**211
Maxwell field tensor, **4:**22–24, 91–94, 264n, 266n, 269n, 567; **6:**59–63, 106, 264–267, 327–328; **7:**352, 525, 561
Maxwell-Hertz equations, **2:**301, 308n, 509, 510
  with convection currents, **2:**301, 486n
  for empty space, **2:**292, 293, 312, 486n
  relativistic transformation of, **2:**292–295, 510–511
Maxwell hydrodynamics, **7:**453
Maxwell velocity distribution. *See* Maxwell distribution law
Maxwell-Kirchhoff method. *See* Transport coefficients: Maxwell-Kirchhoff method of calculating
Maxwell-Lorentz electrodynamics. *See* Electrodynamics
Maxwell-Lorentz equations, **2:***xxii, xxvii, 145–146, 257–258,* 363, 449, 542; **3:***170,* 250, 252; **8:**142n. *See also* Electromagnetic field: equations of
Maxwell-Lorentz theory. *See* Electrodynamics; Maxwell's theory
Maxwell thermodynamic relations, **1:**120; **2:**241n
Maxwell's electromagnetic theory, **2:***xvii, xxi, xxvi–xxvii, xxviii, 42, 43,* 134, *135, 136, 140, 141, 146,* 150, 151, 155, *255–257, 259,* 265, 276, 397n, 308n, 309n, 350, 351, 354, 377n, 381, 435, 451, *503,* 543, 545, 549; **3:***xviii,* 135, 178, *283–284,* 366, 457, 465, 517, 523, 542–543, 556; **4:***9–12,* 36, 39, 102n, 487, 488, 509, 550n, 562, 584; **7:**247
  apparent contradiction of relativity of, **5:***57*
  for bodies at rest, **2:**277
  energy in, AE on, **5:**225–226, 229, 230n
  limits of validity of, **2:***xxviii,* 134, 256, 265, 309n, 415
  modification of, AE on, **5:**194
  superluminal velocity in, **5:***56, 57, 58*; AE on, 61, 63–64, 71
  See also Electrodynamics; Electromagnetic field
Maxwell's equations, **2:***148, 263–264, 268–269,* 308n, 360, 375, 414–416, 485n, *503,* 526–527, 585; **3:***xix,* 9, 136, 178n, 276, 298, 311n, 358, 386, 422, 517, 557; **5:***33, 50*; **8:**349
  with constant dielectrical constant, **3:**298
  in empty space, **2:***145, 256, 257,* 411, 415, 520, 542, 586
  Galilean transformations of, **2:***256*
  generalized, **8:**195, 584
  Hertz's form of (*see* Maxwell-Hertz equations)
  homogeneous, generally relativistic, **8:**304n
  mechanical explanation of, **2:***260*
  from metric, **8:**670
  modification of in radiation theory, Lorentz on, **5:**178
  in moving media, **2:***255, 257–258, 503–504*
  nonlinear modifications of, **2:***148*
  for perfect conductors, **10:***xlvii,* 520n
  relativistic transformation of, **2:***257* (*see also* Maxwell-Hertz equations)
  validity of: AE on, **5:**87, 245; Lorentz on, 177
  validity of near oscillator, **3:**507
  See also Electromagnetic field: equations of; Maxwell-Lorentz equations
Maxwell stress tensor. *See* Energy-momentum tensor: of electromagnetic field.
Mayer, Alfred (1836–1897), **7:**478n, 480, 482n
Mayer, Dismas, **1:***347*
Mayer, Edmund, **9:**103–104, 105n
Mayer, Johann, requests KWIP funds, **8:**1020c
Mayer, Julius Robert (1814–1878), **1:**105; **2:**329, 330n; **5:**501, 502n
Mean free path, **4:**527–529; **6:**577
Measurement, **7:**250, 351
  of space, **6:**101, 289–291, 292–294, 404, 407, *418,* 427–430, 431, 443–444, 462, 478–479, 484–485, 530 ; **7:**251, 253, 388
  of time, **6:**48, 101, 289–291, 292–294, 404, *418,* 440, 442, 462, 478–479, 484–485, 512–513, 530 ; **7:**251
  See also Clock; Experiments; Measuring rod; Simultaneity

Measuring instruments
  for small charges (*see* Maschinchen, Einstein's)
  Thomson's multiplier, **3:**340–341
  voltage, **3:**339–341, 397n
  See also Electrometer; Galvanometer; Magnetometer
Measuring rod, **4:**141, 543; **6:**76, 101, 285, 289, 292, 426, 427–430, 497, 530; **7:**251, 400–401, 509
  in accelerated reference frame, **2:**308n, 477
  behavior of, in gravitational field, **6:**333–335, 490–491, 492, 500–501, 549; **7:**168, 209, 214, 272
  definition of, **4:**37, 131, 150, 490
  equivalent, **2:**308n
  as fundamental concept, **7:**352–353, 390–392, 416n
  independence of prehistory of, **7:**257, 391, 412–413
  influence of gravitation on, **4:**309–310, 480, 549
  moving, **6:**290, 448–449, 477–480, 537n **7:**208, 213, 252, 523; length of, **2:**280–282, 442–444, 485n (*see also* Contraction hypothesis, Lorentz-FitzGerald; Length contraction, relativistic)
  physical theory without assumption of portability of, **7:**413
  rest length, **2:**442, 485n
  See also Measurement: of space
Measuring-rod objection, **8:**710, 720–721, 724, 726–727, 742, 803–804, 859, 878, 893, 934, 956, 967
Meat rationing in Switzerland, **8:**730n
Mechanical equivalent of heat. *See* Heat: mechanical equivalent of
Mechanical system. *See* System: mechanical
Mechanical theory of heat. *See* Heat: mechanical theory of
Mechanical worldview. *See* Worldview: mechanical
Mechanics
  AE's lecture notes on, **4:**209n, *355*
  AE's lectures on, **3:***xvii, 3–9,* 11–125, 125n–129n, 572, 593, *598–599*
  as analogy to explain action-at-a-distance forces, **10:**488
  classical (*see* Classical mechanics)
  of continua, **10:**241
  elastic forces in, **3:**461
  and electrodynamics, **3:**523
  electromagnetic foundation of, **2:**565 (*see also* Worldview: electromagnetic)
  and equipartition theorem, **9:**290
  foundations of, **3:**466, 524
  as fundamental science, **6:**433, 526, 577
  Galilei-Newtonian, **2:***xxviii, 253,* 277, 456, 462
  general principles of, **3:***4,* 68, 84–95, 116–123
  general relativistic
    of deformable bodies, **8:**368–370
    of solid bodies, **8:**934–935, 951
  limitations of, **3:**518n, 522, 538
  as analogy to explain action-at-a-distance forces, **10:**488
  molecular (*see* Molecular mechanics)
  relativistic, **2:**455, 456
  statistical (*see* Statistical mechanics)
  technical, **3:***5*
  and thermodynamics, **3:**128n–129n, 423n
  and time-reversal invariance, **10:**54
  See also Galilean mechanics; Newtonian mechanics
Mechanistic worldview, **1:***5;* **10:**489n
Meckel, Aurel, **7:**478n–479n, 480
Mecklenburg, monarchism in, **9:**260; political climate in, AE on, 280
Mecklenburg, Duke Adolf Friedrich von, **9:**280
Medicine, forensic, **1:**334, 335n
Medicus, Fritz (1876–1956), **9:**445, 449–450, 478, 483, 529; **10:**256
Meinecke, Friedrich (1862–1954), **10:**242
Meinhardt, Wilhelm (1872–1955), **9:**147, 576c
Meissner, Alexander (1883–1958), **7:**366n
  feedback, **7:**365–367n
  infringement of patent of, **10:**486
Meissner, Ernst (1883–1939), **3:**445, 447–448, 449n
Meissner, Janka, **8:**884; **9:**48, 192; **10:**282
Meissner, Karl (1891–1959), **8:**853, 885n; **9:**192; **10:**197
Meissner, Walther (1882–1974), on rumors of AE's intention to leave Berlin, **10:**397
Meissners, landlords at Haberlandstraße, **10:**114, 121
Meitner, Lise (1878–1968), **8:**933; **9:**397; **10:**286; planned fluctuation experiment with AE, **8:**874, 875

Melander, Gustaf (1861–1938), **8:**370
Melchtal (Melchthal), Canton of Obwalden, **1:**248–253 passim, 257, 375. *See also* Kurhaus Melchthal
Melde, Franz (1873–1901), **9:**127
Melting point, **3:***xxiv*, 470, 475n–476n
Membranes
 physical properties of, **2:***46*
 semipermeable, **2:***8*, 40n, 124n, 224, 227, 497
  AE's interest in, **5:**16n
  Besso on, **5:**13, 14, 15
  Sutherland's hypothesis on, **5:**13, 16n
Memorandum against annexations, **8:**174
Mendeleev, Dmitry Ivanovich (1834–1907), **2:**19, 21n
Mendelism, **9:**506
Mendelsohn, Erich (1887–1953), **9:**614c; **10:**571c
Mendelssohn, Franz von, **9:**108n
Mendelssohn, Moses (1729–1786), **10:***xl*, 390
Mendelssohn & Co., **8:**513, 1017c, 1027c; **9:**570c, 575c, 587c, 589c, 609c, 615c; **10:**590c, 592c
Mendelssohn Bartholdi, Felix (1809–1847), **10:**77, 156
Menger, Anton, **10:**134
Menozzi, Angelo, **1:**282n
Menschen, **7:**381n
Mentz, **8:**1011c
Mercur Aircraft Co., **8:**588, 708
Mercury (element), resistance of thread of, AE on, **5:**338
Mercury (planet), perihelion motion of. *See* Perihelion motion of Mercury
Mereschkowsky, Constantin von, requests AE's help to publish his book, **9:**554c
Mergentheim, preferred by AE over Tarasp as resort, **10:**100
Meridian-top, **6:**137
Merritt, Ernest (1865–1945), **9:**228
Merton, Wilhelm (1848–1916), **8:**941
Merz, Karl, **1:**269n
Metals, **3:**316
 absorption of radiation by, **2:***145*
 alkali, **2:**35n
 compressibility of, **3:**471
 conductivity of pure, **3:**501
 contact electricity in, **2:***171*
 electrons in, **3:**232–233, 500
 photoelectric sensitivity of, **2:***141*, 168n, 354–357
 potential differences between solutions of, **2:**23–39
 surface of, **3:**351
 See also Electron theory of metals
Meteorological-Magnetic Observatory, Potsdam, **4:**607n; **8:**60n
Method
 analytic versus synthetic, **7:**206, 213
 axiomatic, **7:**272, 385–390, 403n
 deductive, **7:***xxxiv*, 56–57, 59n, 219–220n, 278
 inductive, **7:***xxxiv*, *xxxvi*, 219–220n
 of theoretical physics, **7:***xxxiv–xxxvii*, 59n, 219
Methuen publishing house. *See* Publishers
Metric, conformal theory of. *See* Conformal theory
Metric field
 as cause of inertia and gravitation, **7:***xxxii–xxxiii*, 370
 as gravitational potential, **7:**278
Metric tensor, **4:***192–197*, *294*, *297*, 308, 309, 314, 476, 480, 494–497, 549, 569, 573, 590, 592, 594, 619; **6:**76, 79, 109, 118, 121, 124, 293–294, 410, 531, 533, 548; **7:**46, 149–150, 155–156, 177n, 274–278, 281n, 377, 409, 451, 539–540, 542–543, 547, 555, 557, 573n
 approximated, **6:**127, 235–237, 332, 334
 and choice of frame of reference, **6:**9–11, 110, 123, 124, 352, 541
 contravariant, **6:**82–83, 302
 covariant, **6:**79–80, 301–302
 determinant of, **4:**311, 325, 481, 494; **6:**82, 83, 94, 121, 216, 302, 303, 311
  condition on value of, **6:**222, 228, 235, 245, 304, 316, 318, 319, 321, 322, 323, 330, 348, 356, 416n, 544
  transformation of, **6:**303
 formation of new tensors with, **6:**304–305, 314
 for mass point, **6:**351–352
 Minkowski's (*see* Minkowski metric)
 nonsymmetric, on earlier attempts at using, **8:**610–611, 656
 ratio of coefficients, **7:**412–416n
 relations concerning, **6:**82–87, 93–94, 302–305, 310–311
 and Riemann condition, **6:**532
 for spatially closed universe, **6:**549
 variation of, **6:**15, 114–116

Métropole Hotel, **5**:358n
Mettler, Gino, **8**:1026c; **9**:*xlviii*
Mettmenstetten, Canton of Zurich, **1**:219–223, 225–227, 229–233, 312–315, 329n, *374, 376*;
AE's walking tour from, **5**:3n
Mewes, Rudolf, against relativity, **10**:584c
Meyer, Edgar (1879–1960), **3**:547n; **4**:*110*, 586; **5**:203n, 287n, 308, 335, 419; **8**:75, 76n, 172, 548, 851, 852n, 884, 909, 911n, 915, 933, 935, 953; **9**:4n, 8n, 17n, 50n, 148n, 152, 153n, 192, 214, 318n, 329, 344, 366, 367n, 377, 395–396, 458n, 529, 552c, 573c, 591c; **10**:36, 67, 178, 192, 197, 198, 201, 207, 211, 496
  accident of, **10**:197
  as advocate of Germany in Zurich, **9**:367
  on AE considering leaving Berlin, **10**:481
  AE helps getting position, **8**:75
  AE invites, **5**:205
  AE praises, **8**:172n
  on AE's article in *Times* (London), **9**:302
  on appreciation for AE in Zurich, **9**:300
  asks AE for intervention regarding position for Rosenberg, **10**:594c
  Campbell, polemic with, **5**:221n
  Ehrenhaft, repeats experiments of, **8**:902, 904, 916; **9**:7
  Epstein, recommends for position, **9**:8n, 498
  fluctuations
    experiments on, **8**:875n
    in radioactive decay, work on, **5**:209n, 254, 285n; AE on, **5**:207–209, 213, 220, 284, 418; with Müller, **5**:214n
  gamma rays, work on, **5**:268; **8**:874, 875
  on GDNÄ meeting in Bad Nauheim, **10**:481
  Hopf, collaboration with, **5**:417
  invites AE
    to ETH and University of Zurich, **8**:852–853, 856, 858, 870, 872
    to stay with him, **9**:381
  leaves Zurich for Aachen, **5**:206n
  offers institute to AE, **8**:853
  publication of paper, AE's advice on, **5**:240
  requests AE's opinion on Epstein, Ratnowsky, Scherrer, Tank, **9**:382
  on scientific community in Zurich, **9**:301
  solicits recommendation from AE, **10**:28
  Stark, conflict with, **5**:418n; Hopf's comments on, **5**:417
  on Swiss democracy, **10**:481
  Technical University of Aachen, appointment at, **5**:203n; AE's congratulations on, 268
  University of Tübingen,
    appointment at, **5**:417, 417n
    candidate for position at, **9**:366–367
    finds reactionary, **10**:284
  University of Zurich
    appointment at, **8**:172n
    candidacy for AE's chair at, AE on, **5**:284
    on full professorship for AE at, **9**:301
    invites AE to, **10**:481
    proposes to invite AE to give course at, **9**:300; 564c
Meyer, Edgar Michel (1907–1969), **5**:209n
Meyer, Eduard (1855–1930), **7**:283n, 285, 287n; **9**:350n, 425–426, 429
  on charges against Nicolai, **9**:384
  University of Berlin
    on regulations of admission at, **9**:425–426
    on uproar at AE's lecture at, **9**:426–427
Meyer, Else (1884–1964), **5**:209n
Meyer, Eugen, **1**:*351*
Meyer, Georg (1875–1962), **5**:199n; AE's apologies to, **5**:199n
Meyer, Hans, **9**:147, 575c
Meyer, Isaak (1883–1967), **10**:415; offers to forge gates for Hebrew University in honor of AE, **10**:415
Meyer, Lothar (1830–1895), **8**:671
Meyer, Oskar Emil (1834–1909), **1**:294; **2**:*43*, 104; **5**:114, 115n
Meyer, Stefan (1872–1949), **9**:251–252, 399
Meyer von Knonau, Gerold, **4**:*357*
Meyer-Schmid, Anna (1882–1948), **5**:181n
  AE thanks for card, **5**:181
  AE's affection for, **5**:199n
  letter to AE, Einstein-Marić's annoyance at, **5**:199n
Meyerson, Emile, **8**:63n
Michaelis, Georg (1857–1936), **8**:507n
Michaëlis, Sophus (1865–1932), **8**:761; **9**:351
Michelson, Albert (1852–1931), **2**:262; **3**:138–139; **5**:385, 385n, 485; **6**:460; **7**:443n, 603, 624, 626
Michelson-Morley experiment, **1**:224, 234n; **2**:*255*, 438, 568; **3**:138–140, 161, 444; **4**:32, 34, 45, 182, 493, 539, 540, 545; **5**:486n; **6**:48, 67n, 460–461, 526, 527, 536n; **7**:5, 7n, 248,

Michelson-Morley experiment (*cont.*)
250, 373, 407, 431, 463–467, 469n, 517, 595, 603; **8:**71, 840, 881, 908; **9:**534; **10:**315n
  AE's first mention of, **2:**434, 485n
  negative result of, **2:***xxvi*, *256*, *259*, 434–435, 568
Michelson-Morley-type experiments, **8:**651, 662
Michonis Lectures at Collège de France
  AE invited to give, **5:**571
  Lorentz invited to give, **5:**571n
Microcanonical ensemble. *See* Ensemble: microcanonical
Microstates, **2:***53*; canonical distribution of, **2:**96n, 107n–108n. *See also* States
Mie, Gustav (1868–1957), **4:**502n, 510n, 577n, 578n, 621n; **5:**551n; **6:**345n; **7:**27n, 42n–44n, 122n; **8:**217, *353*, 670n, 880n, 898n; **9:**88n, 97, 389n, 435n, 463, 532
  absolute frame, discussion with AE on, **8:**692–693, 700
  on absolute space and time, **8:**631
  asks AE's opinion on Weyl, **9:**97
  axiom of general relativity of gravitational potential, **8:**459, 460n–461n, 462
  on causality, **8:**648
  cosmological model of AE, discussion with AE on, **8:**475n
  "Entwurf" theory, criticism of, **4:***298*, 505–509, 572, 577n; **5:**594, 594n, 595; AE's response, **4:**510n, 572–576, 621n
  at GDNÄ meeting in Bad Nauheim, **7:***110*, 352, 355, 357n
  gravitation, discussion with AE at GDNÄ meeting in Vienna, **4:**505–509; **5:**551n
  inquires about research funds from KWIP, **9:**98
  invites AE, **8:**463
  mass distribution in universe, discussion with AE on, **8:**630–631, 638–639, 650–651, 654n, 661–662, 691, 699–700
  personal discussion with AE in Berlin, **8:**748, 749
  on philosophy, **8:**753n
  on privileged frame, **8:**750–752
  relativistic standpoint, discussion with AE on, **8:**639, 648–650, 659–661
  on rotating charged spheres in general relativity, **10:**349
  theory of light diffraction of, **10:**296n

  theory of matter of, **4:**501n, 505–509, 575, 577n, 615; **6:**345n, 416n; **7:**131, 137, 139n, 572n; **8:**217n, 289n, 364n, 460n–461n
  AE on, **5:**550
  relation to unified field theory of Hilbert, **8:**216
  underwater telegraphy, work on, **8:**569n
  Weyl, praises unified field theory of, **8:**956n
  Wolfskehl lectures by, **8:**291, 459–460, 460n, 461n, 462, 569, 571–572, 577–578, 587, 649, 650, 750, 752; AE cannot attend, **8:**453
Mie's solution, **8:**653n
Miescher, Albert, **1:**53
Milan
  AE's travels to, **1:***xxxvii*, *lxiii*–*lxiv*, 215–216, 219, 230–239 passim, 255–267 passim, 279–297 passim, *373*, *374*, *375*
  Einstein family and firm (offices) move to, **1:***liv*
  as residence of AE's parents, **1:**53, 54, 246, 272
Milan Polytechnic, **8:**146n
Militarism, **8:**945
Military applications of physics
  by Laue, **8:**472n
  by Mie, **8:**569n
  by Thirring, **8:**559n
  by Wien, **8:**472n
Military service book, **1:**277–278
Milk rationing: in Germany, **8:**730n; in Switzerland, 730n
Milky Way, **10:**500
Mill, John Stuart (1806–1873), **2:***xxv*, *260*, *261*, 307n; **6:**279; **9:**449
Miller, Dayton (1866–1940), **7:**469n
Miller, Oskar von, **8:**822, 823n
Millikan, Robert (1868–1953), **2:***142*, 168n–169n, *222*; **3:**507n–509n; **7:**443n–444n, 624, 626; **10:**517
  experiments on photoelectric effect, **2:***142*, 168n–169n
  on producing hydrogen, **10:**595c
  Third Solvay Congress, invited to, **10:**303
Milner, Samuel (1875–1958), **9:**257
Minister of Education, **8:**40n, 412n, 530n, 564n, 595n, 596n, 597n, 600n, 622n, 722, 852n
  as member of Kuratorium of KWIP, **8:**530n
Minister of Finance, **8:**40n

Ministry of Education, **8:**56n, 86n, 601n, 606n, 678, 684, 730, 851n, 953
Ministry of Foreign Affairs, **8:**746n
Minkowski, Hermann (1864–1909), **1:***61*, 265, 330, *365*, *366*, *367*, *368*, *369*; **2:***4*, *267*, *503*, *504*, *506*, 509, 519; **3:**169, 175n, 438, 444–445; **4:***3*, 502n; **5:**77n, 156, 162n, 365, 434, 527; **8:**4, 803; **9:**556c; **10:**5, 521
 on AE's first paper on special relativity, **8:**526
 capillarity, review article on, **2:***4*
 death of, **5:**365n
 electrodynamics of moving media of (*see* Electrodynamics of moving media: Minkowski's theory of)
 four-dimensional formulation of special relativity of (*see* Relativity, special theory of: four-dimensional formulation of)
 ponderomotive force of (*see* Ponderomotive force: Minkowski's expression for)
 on principle of relativity, **6:**423
 requests reprints, **5:**77
 on symmetry of energy-momentum tensor, **5:**552
 withdrawal from ETH, **5:**365n
 works of, **8:**234
Minkowski, Rudolf (1895–1976), **9:**229
Minkowski metric, **4:***199*, 212n, 229n, 258n, 308, *346*, *348*, 442, 444, 446, 448, 450, 452, 464, 494, 497, 569; **6:**84, 99, 121, 124, 235, 266, 293, 331, 546, 550; **7:**356
Minkowskian space-time, five-dimensional, **8:**778, 786, 805. *See also* Space-time continuum, Minkowski's
Mintrop, Ludger (1880–1956), **8:**707
Mirimanoff, Dmitry (1861–1945), **2:***507*, 537–540, 540n; **5:**157n; **8:**7n
 AE invites, **8:**6
 AE on paper by, **5:**156, 157, 157n
 relativistic electrodynamics, discussion with AE on, **8:**4–5, 6
Mirror, **3:**139
 Brownian motion of, **3:**454
 moving, **3:**178n, 281n
 in radiation field, **2:***146*, 546–547; **3:**281n, 454, 455n
Mises, Richard von (1883–1953), **9:**259, 318, 420, 601c; **10:**295, 351
 AE on manuscript by, **9:**275–276
 on equipartition theorem, **9:**276, 290

on ergodic hypothesis, **9:**276
 helps Kottler get position, **9:**436
Missenharter, Hermann (1886–1962), **9:**70n
Mittag-Leffler, Gösta (1846–1927), **9:**308, 611c; **10:**568c; solicits paper from AE on Poincaré, 341, 592c
Mittwoch, Eugen, **9:**434n
Mixing tube, **6:**553–554
Mixture of fluid with suspended spheres, **2:**194–198; coefficient of friction of, **2:**198
Moch, Gaston (1859–?), **9:**614c, 616c
 on AE awakening Germany from its dream of sixty years, **10:**329
 asks AE for opinion on pacifism of Pflüger, **10:**329
 on his method of translation, **10:**328
 offers to translate *Einstein 1917a* into French, **10:**569c; denied, 327
 translates Egidy's articles, **10:**329
Model, **3:**319, 421n, 538–539
 of electricity, **3:***9*
 of heat conduction, **3:**532
 of magnetization, **3:***5*18n
 molecular, **3:**348, 405, 407n
Modellversuchsanstalt, Göttingen, **8:**577n; wind tunnel of, **10:**106n
Modersohn-Becker, Paula (1876–1907), **8:**138n
Moeller-Grevé, Maria, expresses sympathy for AE, **10:**596c
Mohrmann, Hans (1881–1941), **9:**192
Moissi, Alexander (1880–1935), expresses sympathy for AE, **10:**392–393
Mojoïu, Pierre, **5:**401
Molar volume, **8:**920–929
Molecular acoustics, **7:***xxix*, 331n
Molecular aggregates combined with water (Hydrathüllen), **2:***172*, 205n
Molecular agitation at low temperatures, AE on, **10:**17
Molecular chaos, **2:***136*, 377n, 395
Molecular collisions. *See* Collisions: molecular
Molecular current. *See* Ampère's molecular currents; Electric current
Molecular dimensions, **2:***170*, 186–202, *206*, 347–348; **3:**189, 243n, 422
 determination of, **3:**416–417, 418n, 423n
 experimental determination of, **2:***172*, *179–180*
 hydrodynamical method for determining, **2:***176–180*

Molecular dimensions (*cont.*)
  theoretical determination of, **2:***170–182*, 184–202
Molecular force, **1:**285; **2:***xviii–xix, xxviii*, 18–20; **3:**242n, 246n, 403–404, 406n, 411, 420, 444; **10:**482
  AE extends theory of, to gases, **1:***xl*, 290, 292, 295, 320, *376*
  AE's planned paper on, **5:**257
  AE's work on, **1:***xl, 62, 264–266*, 290, 303, 324; **2:***3–8, 46, 174–175, 208, 261*; **5:**11, 12n, 18
  analogy of with gravitation, **1:**290–292; **2:***5, 6*, 12, 20, 20n
  in dilute salt solutions, AE on, **1:**292, *377*
  and kinetic theory of gases, **1:**261
  Laplace's theory of, **2:***3–4, 6*
  in liquids, **2:***xix*, 29–32
  Mach's discussion of, **2:***8*
  in metal lattice, **9:**86n
  modified by length contraction, **10:**14
  nature of, **2:**20
  range of, **2:***8*, 20n
  H. F. Weber's discussion of, **1:**130
Molecular mechanics, **3:**125n, 457, 461, 475, 514, 518n, 521–522, 542
Molecular motion, **3:**533
  linear, **3:**545n
  thermal, in solids, **3:**460–475, 475n–477n
Molecular process, **3:**195–196, 514n
Molecular theory, **4:**362, 523; **6:**251, 252, 253. *See also* Atomic theory
Molecule formation, **8:**814
Molecules, **1:***265*, 295, 324; **6:**366
  constant *c* characteristic of, **2:**12, 33–36
  as designation for mole, **2:**103–104
  diatomic, **3:**215–216, 220, 245n, 545n
  dimensions of (*see* Molecular dimensions)
  elasticity of, **2:**322n
  energy states of, **6:**366, 385; transitions between, **6:**366–369, 385–387, 392–393, 395
  entropy of mixture of, **6:**31, 32, 34
  equation of state for extended, **3:***6*
  existence of (*see* Atomic-molecular hypothesis)
  interaction between, **3:**403–406, 409, 420, 461, 507n (*see also* Molecular force)
  inverse fifth-power repulsion law for, **3:**127n
  isotropy/pseudoisotropy of, **6:**387
  kinetic energy of, **3:**181, 242n; **6:**383, 389, 390
  magnetic, **3:**221–222, 224–227; **6:***145–146*
  mean path of, **3:**183–185
  mean thermal velocity of, **3:**242n
  moment of inertia of, **6:**259, 261
  monatomic, **3:**182, 409
  motion of, in radiation field, **6:**388–390
  polyatomic, **3:**219–221, 245n
  resistance to motion of, **2:**498
  size of (*see* Molecular dimensions)
  solute, **2:**186, *209*, 497–498
  solvent, **2:**186, 497–498
  sugar, **2:**198–199, 202
  symmetry properties of, **6:**258
  temperature independent magnetic moment of, **6:***146*, 152, 173, 191
  (true) size of, as designation for Avogadro's number, **2:***172*; **5:**216–217
  true volume of, Wöhlisch on, **10:**467
Molière, Jean Baptiste Poquelin (1622–1673), **9:**51, 389n
Möller, ?, **9:**596c
Möller, Hans, on Einstein-De Haas experiment, **10:**574c
Mollusks, reference, in general relativity, **9:**137n, 140n
Mombert, Alfred, **9:**558c
Moment of inertia
  and gravitational waves, **6:**355
  of hydrogen molecule, AE on, **9:**439n
  of iron cylinder, **6:**154, 160–161, 168, 175, 181, 187, 192, 273
  of molecule, **6:**259, 261
Momenta. *See* Coordinates
Momentoide, **2:***49*, 67, 75n
Momentum, **3:**26, 63; **6:**57
  angular (*see* Angular momentum)
  conservation of, **2:**309n–310n, 456–457, 466, 475; **3:**26–27, 72, 101, 114, 127n, 391–392, 508; **4:**57, 63; 140, 153, 315; **6:**66, 100; **10:**290 (*see also* Energy-momentum, law of conservation of)
  density, **6:**98; electromagnetic, **4:**14
  electromagnetic, **3:**271, 393
  fluctuations in, **3:***xx*, 178n, 271, 276–280, 282n; **4:**281, 283; of oscillator, **6:**388–395
  law of conservation of,
  mean square, **3:**271
  of point mass, **6:**64, 103

of radiation, **3:**282n
relativistic, **2:**457, 466–469, 486n
in theory of radiation, **4:***202*
transfer of by radiation, **6:**383, 384, 386, 387, 389–397; direction of, **6:**384, 386–387, 396
vector field of, **6:**558, 560, 561–563
Monad, **8:**493, 495n, 540
Monakow, Konstantin von (1853–1930), on Nicolai, **8:**572; **9:**484n
Monarchism, in Germany, **9:**260, 280, 513
Monge, Gaspard (1746–1818), **9:**333
Monism, **9:**348n
and anticlericalism, **9:**358
and freedom for the individual, **9:**358
popular view of, **9:**509
Monomolecular decay, **6:**369, 370n
Monorail, plan by Hans Albert Einstein for, **10:**173–174
Moon
longitude of, **7:**141–146n, 196, 198n
motion of, **8:**302, 303n
Moos, Adolph (1853–1926), **5:**238n; **8:**395, 396, 397, 399
Moos, Adolph and Friedericke
dedication by AE to, **10:**604c
visit AE, **5:**237
Moos, August, **9:**224
Moos, Else, **5:**342n
Moos, Friedericke (1855–1938), **5:**238n
Moos, Helene. *See* Einstein, Helene
Moos, I., **9:**490n
Moos, Rudolf, AE on political trustworthiness of, **9:**12
Morality, individual versus public, **8:**871–872
Morals of Europe, **8:**561, 574
Morf, Heinrich (1854–1921), **8:**92
Morgenroth, ?, **9:**434n
Morgenroth, Julius (1871–1924), **7:**448n
Morin, Heinrich, **1:***348, 349, 350*
Morley, Edward (1838–1923), **3:**138–139; **6:**460; **7:**469n, 517. *See also* Michelson-Morley experiment
Moscow, physicists in, **10:**376
Mosengeil, Kurd von (1884–1906), **2:**266, 269, 272, 436, 485n, 487n; **5:**74; **6:**390; relativity, early interest in, **5:**40n
Moser, Christian (1861–1935), **5:**95, 96n
Moser, Greti, **10:**281
Mosse, Rudolf (1843–1920), **10:***xxxviii*; gift subscription to *Berliner Tageblatt* for Popper-Lynkeus, 593c
Mossotti, Ottaviano (1791–1863), **3:**306
Moszkowski, Alexander (1851–1934), **7:**340n; **8:**906n; **9:**477; **10:***xxxviii, xl–xli*, 109, 208, 211, 431, 448, 449
AE compares with Lenard and Wien, **10:**468
AE visits, **9:**147
eye operation of, **9:**106
intends to write review of *Einstein 1917a*, AE on, **10:**117
meetings at home of, **10:**121, 124
Moskowski 1921
AE forbids publication of, **10:**459, 465–467, 468–470, 474–475
Born, Hedwig on, **10:**447–449
Born, Max on, **10:**459–460, 469, 471, 471
Holst on mistakes in, **10:**604c
Knudsen on mistakes in, **10:**605c
in print, **10:**495
popularizes relativity, **8:**381, 384
requests interview with AE, **8:**385
visits AE, **8:**382n, 385, 385n
works of, **10:**447
Moszkowski, Bertha (1859–1942), **10:**208, 431, 465–466, 474–475
Motion, **3:**11–12, 63, 72
absolute, **2:**265; **3:**429
absolute and relative, **6:**23, 280, 464; **7:***xxxii*, 4, 119, 207, 213
accelerated, **2:**476; **3:**487–491
Brownian (*see* Brownian motion)
of center of gravity, **2:**360–366, 427
and clock paradox, **3:**436
of a conductor, **3:**336
curvilinear, **3:**12
cyclic, **3:**121
of dust particles, **3:**507n
of an electron, **3:**505n
equations of (*see* Equations of motion)
force-free of rigid bodies, **3:**103–115
hyperbolic, Born on, **5:**486n
laws of, Newton's (*see* Newtonian mechanics: laws of motion of)
in magnetic field, **3:**369–370, 518, 518n
of molecules in radiation field, **6:**388–390
perihelion (*see* Earth: perihelion motion of; Mars: perihelion motion of; Perihelion motion of Mercury)

Motion (*cont.*)
  of periodic mechanical system, **6:**556–566
  of a point, **3:**39, 42–43
  quantization of, **3:**545n, 561
  random, **2:***210–211*, 231, 336
  relative, **3:**11, 141, 143, 161, 172
    AE's experiments for detecting, with respect to ether, **1:***224–225*, 230, 234, 316, 328, 329n (*see also* Ether)
    AE's ideas on, **2:***259*
    AE's work on, **1:***225*, 282, 325
    of Earth and ether, **2:***255, 256–257, 259, 262*, 276, 434–435, *504*, 567–568
    lack of influence of on optical path, **2:**435–436
    of magnet and closed circuit, **2:**276, 295; **3:**141–142, 369–370
    of ponderable bodies (particles), **2:***265*, 277
    of two inertial reference frames, **2:***254–255*, 308n
  of rigid bodies, **3:**72–84, 99–115
  rotational, **2:***221*
  separability between oscillatory and linear, **3:**505n
  thermal, **2:***218*
  unaccelerated, **3:**124
  uniform, **2:**418; **6:**4, 22–23, 73–74, 432
  uniform free, **3:**429 (*see also* Translation)
Mount Wilson Observatory, **5:**576, 176, 180n, 567; **8:**879
Mousson, Heinrich (1866–1944), **8:**149n, 152, 172, 206n, 549n, 851, 854n; **9:**3n, 8n, 396n, 591c; **10:**37n
  invites AE, **8:**969, 972
  on lack of young physicists in Switzerland, **8:**148
  on Piccard, **8:**148–149
Moussonstrasse, **8:**403
Mouton, Henri, **2:***219*
Moving bodies
  dragging of light by, **2:**435–436
  electrodynamics of (*see* Electrodynamics of moving bodies)
  electromagnetic properties of, **3:**427
  energy content of, **2:**561
  geometric shape of, **2:**439
  inertia of (*see* Inertial mass)
  kinematic shape of, **2:**439–440
  See also Moving system

Moving dielectric, **2:***503*, 513–517. *See also* Electric field: displacement vector *D*; Material medium
Moving media. *See* Electrodynamics of moving media; Fizeau's experiment
Moving system
  energy of, **2:**466–469
  entropy of, **2:**473–475
  equations of motion of, **2:**469–472
  momentum of, **2:**466–469
  pressure of, **2:**469–472
  principle of least action for, **2:**475
  state variables of, **2:**471, 473
  temperature of, **2:**473–475
  volume of, **2:**469–472
  See also Moving bodies
Mozart, Wolfgang Amadeus (1756–1791), **1:***lviii*, 321n, *371*; **5:**596n; **8:**367, 381; **10:**77, 156
  Hans Albert Einstein plays works of, **10:***xxxii*; sonata of, 60
Muehlon, Wilhelm (1878–1944), **9:**12n
  against union of Bavaria and Austria, **9:**92
  asked to sign war-guilt resolution, **9:**571c
  on political stabilization in Germany, **9:**12n
  political trustworthiness of, AE on, **9:**12
Mühlberg, Friedrich (1840–1915), **1:***11, 12*, 35n, 37n, 217, 276, *360*, *361*
Mühll, Karl von der (1842–1912), **5:**478n
Mühsam, Hans (1876–1957), **10:**209, 504
  dedication to, **9:**592c
  on inequality of nations, **8:**918–919
  medical advice to AE, **8:**920
  against Social Democrats, **8:**919
  on survival of fittest, **8:**918–919
  on task of League of Nations, **8:**918–919
Mühsam, Paul (1876–1960), sends AE his pacifist book, **10:**511–512
Müller, ?, **1:**271
Müller, Adolf (1880–?), **5:**220
  collaboration with Edgar Meyer, **5:**213
  takes course with AE, **5:**214n
Müller, Albert (1887–1958), **1:***385*; **5:**382n, 592
Müller, Alex, **5:**243
Müller, C. F., **8:**775
Müller, Conrad, **8:**690n
Müller, E. H., **1:**241
Müller, Friedrich von (1858–1941), **7:***108*; **10:**408, 435n

Müller, Fritz (Johann Friedrich Theodor), **3**:444–445, 449n
Müller, Géza (1894–1979), **5**:247n
Müller, Gustav (1851–1925), **8**:324n, 604, 1004c; **9**:14n, 177, 275n, 360n, 579c, 593c, 616c; **10**:578c
  abilities of, **8**:323, 386n
  AE regrets appointment of, **8**:411
  Albert-Einstein-Spende, appointed trustee of, **10**:578c
  alleged antipathy toward general relativity of, **9**:157
  on experiments on relativity at Astrophysical Observatory, **10**:571c
  Freundlich, on getting position for, **8**:601, 603–604; **9**:274
  inertia and gravitation, manuscript on, **9**:573c
  invites AE to Astrophysical Observatory, **8**:604
Müller, Gustav, mayor of Bern, role in Wildbolz affair, **9**:162n
Müller, Heinz, **1**:22n
Müller, Hermann (1876–1931), **9**:203n, 479n; **10**:211
Müller, Julius (1870–1930), **5**:407n
Müller, Martha, **1**:231, 233
Müller, Max (1873–1923), **5**:400n
Müller, Paul Albert (1912–?), birth of, **5**:438n
Müller Foundation, awards Müller Prize to AE, **8**:756n, 1019c
Müller-Freienfels, Richard (1882–1949), **10**:260
Müller-Jabusch, Maximilian (1889–1961), **10**:334
Müller-Winteler, Marie (1877–1957), **5**:3n, 382n, 438, 438n, 592; **10**:510
  AE's relationship with, **1**:*xxxvi*, 56, 235 337n; **5**:45n
  biography, **1**:*385*
  marriage of, **5**:382
  teaches school in Olsberg, **1**:51n, 52, 53n
  writes to Pauline Einstein, **1**:19
Multiply-periodic systems, **8**:386
Munich, **1**:*xxxvi, li–lxiv* passim, *370–372*. See also Luitpold-Gymnasium; University of Munich
Munich International Electrical Exhibition 1882, **1**:*li*
Munich military tribunal, **9**:70
Munich Volksschule. *See* Petersschule (Blumenstraße)
Municipal Naturalization Commission. *See* Zurich Municipal Naturalization Commission
Musäus, Johann, **8**:756
Music, **1**:*xxxvi, lviii, lxii*, 21, 219, 251, 290, 321n, *370, 371*

Nägeli, Karl von (1817–1891), **2**:*208–209*
Nägeli & Co., **5**:80
Napoleon Bonaparte (1769–1821), **10**:346
Natanson, Julia (1906–1987), **8**:87n
Natanson, Władysław (1864–1937), **8**:86, 231, 384, 514, 1007c; **10**:28
  invites AE, **8**:166
  visits AE, **8**:91
Natanson, Wojciech (1904–?), **8**:87n
Natanson, Zofija (1909–1981), **8**:87n
Natanson-Baranowska, Elżbieta, **8**:87n
Nathan, Otto (1893–1987), **8**:451n, 498n
Nathan, Paul (1857–1927), **7**:297n; **9**:169n, 269n, 492
National Academy of Sciences, U.S.A., **9**:605c
National Center for Reporting on the Natural Sciences. *See* Reichszentrale für naturwissenschaftliche Berichterstattung
National Center for Scientific Reporting, Berlin, **10**:271
National Committee of the Non-Conscription Fellowship, **8**:511n
National labor service, **7**:129n
National Liberal Party, German, **8**:629n
National minorities, state protection of, **7**:290
National Research Council, Washington, D.C., **7**:*231*; invites AE to lecture, **10**:493
National self-determination, **7**:8–9
Nationalism
  in academic appointments at University of Bonn, **9**:150n
  AE against use of his work to inflame, **9**:497
  and internationalism, **7**:363n, 430n
  Jewish, **7**:*230*, 363n, 428
Natorp, Paul (1854–1924), **8**:867; **9**:*xliv*, 59, 60n, 94, 103n, 106, 107n
  and Aufruf des deutschen Geistes zum Sozialismus, new version, **9**:94–96; AE endorses, 59
  on radicalism of workers, **9**:95
  on violence, **9**:95

Natterer, Johann August (1821–1901), **1:**141, 142, 143, 145, 146
Natural radiation. *See* Radiation: natural
Naturally measured interval, **4:**309, 597n. *See also* Invariant space-time interval
Naturally measured quantities, **6:**101, 124, 304, 351
Nature, **7:**279n, 378n, 410n
  AE's article for, **9:**252, 256, 299, 310, 328, 346, 374, 406, 523
  solicits paper from AE, **10:***xlvii*, 610c
Nature, laws of, **3:**141, 145, 425
Naturforschende Gesellschaft Bern, **2:**408n
  AE joins, **5:**617c
  AE's lecture to, **2:***206, 261*, 408, 408n
Naturforschende Gesellschaft Danzig, **7:**146n
Naturforschende Gesellschaft Zurich, **3:**449n, 458n; **8:**409
  AE's lecture at (1914), **4:***295*, 584–586
  lectures by AE to, **3:**425–438, 439n, 457; **5:**265, 599n
  preparation of publication of lecture to, **5:**275, 275n, 305
Naturwissenschaften, Die, **7:***102–103*, 121n, 357n, 419n
Naturwissenschaftlicher Verein, Hamburg, invites AE to lecture, **9:**607c
Naumann, Otto (1852–1925), **8:**214, 293, 564n, 594n, 851; **9:***xxxii*; **10:**175, 179n, 571c
  AE praises, **8:**203, 212
  AE visits, **8:**203
  help of enlisted in finding position for Freundlich, **8:**177, 178, 203
Naunyn, Bernhard, nominates AE for Nobel Prize, **5:**632, 635c
Navier-Stokes equations. *See* Hydrodynamics: Navier-Stokes equations of
Nebulizer, **6:**400
Nelson, Leonard (1882–1927), **8:**933, 952; abilities of, **8:**934
Neo-Kantianism
  and general relativity, **8:**867; **9:**204
  at University of Marburg, **9:**478
Nernst, Emma Lohmeyer (1871–1949), **10:**381n
Nernst, Gustav (1896–1917), **8:**466n
Nernst, Rudolf (1893–1914), **8:**466n
Nernst, Walther (1864–1941), **2:**40n, *143, 171, 178, 179*, 390n–391n, 497, 501n; **3:***xxi–xxv*, 466, 501, 504n, 507n, 510n, 558–559, 581; **4:***271*, 276, *554n*, 556; **5:**233n, 263, 299, 300, 301, 349, 379, 382n, 391, 522n, 529n, 549n, 598n, 602n; **6:**252; **7:***xxix*, 62n, *106*, 220n, 326, 331n, 340n, 348n; **8:**8, 39n, 66n, 514n, 589, 593, 726, 742; **9:**27, 46n, 50n, 74, 125, 294n, 310n, 312, 350n, 360n, 438n, 472n, 488n, 590c, 593c, 604c; **10:**20, 109n, 303n, 381, 397n, 588c
AE
  on separation of, **8:**52
  planned meeting with in Berlin, **5:**458n
  praises work of, **5:**233n
  proposes raise of PAW salary of, **9:**580c
  signs press statement supporting, **10:**414n
  technical collaboration with, **9:**293
  visits in Zurich, **5:**232, 534
AE on, **5:**467
AE on character of, **8:**452
AE joins, **5:**626c
AE plans to meet, **8:**8n
AE visits in Berlin, **5:**437, 468n
AE's work, confirmation of, **5:**233n, 245
experiments, **3:***xxii–xxiv*, 460, 470
gas degeneration, theory of, **10:**499
heat theorem of (*see* Heat theorem of Nernst)
Institut international de physique, dismissed from scientific committee of, **9:**114, 121
on isomery of mixed crystals, **10:**499–500
KWIP
  on draft contract of Freundlich with, **8:**579–580, 613
  member of Direktorium of, **8:**527n
  member of Kuratorium of, 571n
  requests report from, **9:**13
Laue, nominates as member of PAW, **10:**570c
loses sons in war, **8:**452, 465
Manifesto of the 93, signs, **8:**78n
Massart appeal, supports, **8:**363
oscillator model, **3:**559
proposes financial help of PAW to *Physikalische Berichte*, **9:**580c
quantum formula for rotational molecular motion of, **4:***271*
and quantum theory, **3:**510n, 513n, 530–531, 541, 545n
on recovering instruments of solar eclipse expedition, **8:**718n
Solvay Congress, First, role in organizing, **5:**301n

Solvay Congress, Second, discussion with AE at, **5**:565
specific heat
    double-quantum theory of, **5**:302, 381
    experiments on, **5**:232, 259, 262, 295
    of iodine, measurement of, **8**:272
    work on, **6**:370n
specific heat data of, **3**:*xxii, xxiv–xxv*, 413, 414n, 423n, 469, 473, 475n–477n, 500, 51ln, 525, 527–529, 544n, 547n
vapor pressure and entropy constant, on paper of Stern on, **8**:38–39
on zero-point energy, **4**:*552n*, 553
Nernst-Einstein process, **9**:294n
Nernst-Lindemann equation, **3**:*xxv*, 466–467, 469, 475, 476n, 512, 512n, 528, 542, 544n, 547n, 562n
Nernst's theory of electrolytic conductivity. *See* Electrolytes: conductivity of
Neter, Walter (1878–?), **10**:41
Netherlands
    AE on character of the Dutch, **10**:51, 53, 55–56
    AE praises weather in, **10**:220, 223
    AE visits, **10**:50, 51
Neuberg, Carl (1877–1956), **7**:448n
Neuchâtel, **3**:253n
    meeting of Schweizerische Physikalische Gesellschaft in: AE's attendance of, **5**:239; AE's paper at, 236
Neue Freie Presse, **9**:607c; requests article by AE, 273
Neue Zürcher Zeitung, **7**:300n
"Neues Vaterland." *See* Bund "Neues Vaterland"
Neumann, Franz, **8**:60
Neumann-Kopp rule. *See* Kopp rule
Neumann's law, **1**:280n
Neurath, Konstantin, Baron von (1873–1956), reception in AE's honor, **10**:581c
Neurath, Otto (1882–1945), **8**:433; asks help of AE, 434; correspondence with Mach, 434
Neusatz. *See* Novi Sad
Neustätter, Otto, **9**:69n
Neuweiler, Georg (1878–1953), **1**:235
Newcomb, Simon (1835–1909), **8**:218
    planetary constants calculated by, **6**:242, 510
    work on planetary constants, **4**:*356, 359*, 422, 423n, 445n
New York Evening Post, **7**:570n, 590n

New York Times, **7**:*xxx, 112*, 321n, 443n, 570n, 573n, 620n
Newton, Isaac (1642–1727), **1**:290; **3**:21, 133, 497n; **5**:548; **6**:74, 279–280, 473, 518, 577; **7**:*xxxii*, 431, 433n; **8**:69, *352*; **9**:*xxxvi*, 109, 213–214, 245, 445, 597c; **10**:*xxxviii–xxxix*, 191, 263, 293, 300, 325, 378, 380n, 596c
    as Englishman vs. AE as German, **8**:275
    on absolute space, **7**:248, 267, 316, 322n, 370, 433, 535
    bucket experiment of, **5**:532; **6**:280
    color theory of, **6**:569
    emission theory of light of (*see* Light, emission theory of: Newton's)
    equations, **3**:173, 437, 447
    experiments of, **3**:126n, 592
    on gravitational light deflection, **7**:*xxxi, 112*
    importance of, AE on, **7**:209, 214–215n
    laws of motion (*see* Newtonian mechanics)
    See also Newtonian theory of gravitation
Newtonian kinematics. *See* Kinematics, Newtonian
Newtonian limit. *See* Limit, Newtonian
Newtonian mechanics, **3**:143, 167, 174, 488; **4**:56, 59, 162, *194*, 209n, *353, 355, 356, 359*, 395n, 411n, 463n, 487, 547, 585, 609, 613; **6**:21, 22, 74–75, 123, 279–280, 285, 286–287, 379, 432, 509, 517–518, 535n
    and absolute space, **10**:307
    acceleration in, **10**:300
    first law of (*see* Galilean mechanics: basic law of)
    laws of motion of, **3**:143; **7**:254, 459, 510–512, 516, 536, 550–552, 601
    Mach's critique of (*see* Mach, Ernst: Newtonian mechanics, critique of)
    modification of, through relativity theory, **7**:208, 213
    second law of, **4**:30, 56, *356*, 387n, 395n; **6**:468; **7**:208, 213, 258, 510, 512, 550; **10**:324, 347
    space and time in (*see* Classical mechanics: space and time in)
    and space-time transformations, Galilean, **3**:143, 426
    third law of (*see* Action and reaction, principle of)
    See also Classical mechanics; Galilean mechanics; Mechanics: Galilei-Newtonian

Newtonian theory of gravitation, **4:***194*, *197*, 314, 433n, 439n, 445n, 459n, 480, 487–488, 497–498, 547–550, 585, 621n; **6:**73, 75, 135, 136n, 379, 457, 478, 528; **7:**131, 219, 308–309, 512, 551–557, 614; **8:**405
   in analogy to photometric law, **10:**488
   as approximation of general relativity, **6:**4, 73, 125–128, 223, 237–238, 245, 319, 331–333, 493; **7:**395, 421, 618
   boundary conditions in, **6:**541–543
   and British national feeling, **7:***xxxi*, 210n–211n
   cosmological problems of, **6:**495–496, 541–543, 545, 547, 552n; **7:**142, 146n, 170, 187, 576n
   as first approximation, **8:**208, 214
   and general relativity (*see* Relativity, general theory of: and Newtonian theory of gravitation)
   gravitational potential in, **7:**557
   overthrown by general relativity, **9:**246
   and perihelion motion, **6:**234, 240, 242, 337, 494, 509, 510
   Poisson equation in, **6:**7, 117, 125, 322, 541, 543, 550
   Seeliger's correction of (*see* Seeliger, Hugo von: modification of Newtonian theory of gravitation)
   and special relativity, **7:**265
   to explain stellar velocities, **10:**501
   violates causality, **8:**660
Newton-Poisson law, **4:**312
Newton's equations of motion. *See* Equations of motion: Newton's
Ney, Elisabeth, **10:**439
Nichols, Edward L. (1854–1937), **5:**98n; fluorescence, work on, 97, 104; **9:**228
Nichols, Ernest (1869–1924), **3:**413n
Nicholson, William (1881–1955), induction machine of, **5:***51*
Nicolai, Georg Friedrich (1874–1964), **5:**560; **6:**70n, 71n; **7:***225–226*, 282n–283n; **8:**92, 275, 282, 738n, 758, 762, 769, 832n, 947n, 994c–995c, 1021c; **9:***xliv*, 17n, 34n, 71, 134n, 385n, 387, 475, 476n, 478, 490n, 551c, 562c, 564c, 576c; **10:***xlii, lin,* 29, 329
   AE
     asks to sign war-guilt resolution, **9:**571c
     diagnoses with stomach acid, **10:**116
   AE intervenes on behalf of, **8:**93n

   AE signs declaration in support of, **9:***xliv*, 598c
   on books for Russia, **9:**578c
   condemned as a traitor, **7:**282n–283n
   courage of political convictions of, **7:**282
   Einstein, Elsa consults on cardiac problems, **5:**561n
   emigration to Argentina, **7:**283n
   flees Germany, **9:**384n
   lectures of, disrupted at University of Berlin, **9:**384n
   Manifesto to the Europeans, **7:**282n
   manuscript on German-French rapprochement, **7:**217n
   military proceedings against, **8:**504n, 572n, 758n
   nervous breakdown of, **8:**572
   Nobel Peace Prize, lobbies for, **8:**764n
   Politik der Klassiker book series
     AE pledges money for, **8:**383n
     AE withdraws support, **8:**382, 395, 398
     doubts of AE on plans, **8:**396–397
     plans to publish, **8:**382, 395, 398
   prospect of lecturing, **9:**475–476
   protests murders of Liebknecht and Luxemburg, **9:**384n
   requests political activity from AE, **8:**763
   right-wing attacks on, **9:**384, 387
   visits with Grossmann, **9:**483
   wartime psychological assessments of, **9:**484n
Nicolai-Busley, Friederike (1886–?), **8:**397n
Niekleniewicz, J. R., **8:**12n
Niemann-Konow, Friede (1862–1959), **8:**813, 824
Nieuwe Rotterdamsche Courant, **7:**321n, 443n, 626, 628n, 630
Niggli, Arnold (1843–1927), **1:**231
Niggli, Friedrich (1875–1959), **1:**231
Niggli, Julia (1873–1959), **1:**233n; biography, *385–386*
Niggli, Martin, **1:**219n
"Nightmare, The," **6:**581
Nissen, Knud, **8:**158
Nixdorf, Wilhelm, requests KWIP funds for research on smoke consumption, **8:**1022c
Nobel Committee for Physics, **8:**912
Nobel Institute, **8:**946n
Nobel Prize, **7:**220n; **8:**623, 678, 719, 730
   for AE, **2:***142*; **10:**147n, 158, 165n; political reasons hindering, **10:**255n

AE nominated for, **8:**623n, 994c, 1006c, 1015c, 1016c
   by Arrhenius, **9:** 552c
   by Chwolson, **5:**635c
   by Lorentz, Julius, Zeeman, and Kamerlingh Onnes, **9:**597c
   by Naunyn, **5:**632c, 635c
   by Ornstein, **9:**596c
   by Ostwald, **5:**624c, 629c, 631c
   by Planck, **9:**551c
   by Pringsheim, **5:**629c
   by Schaefer, **5:**629c
   by Warburg, **9:**550c
   by Wien, **5:**629c, 632c
AE on possibility of receiving, **9:**9–10, 306
awarded to
   Haber, **9:**308n
   Planck, **9:**239n, 248, 308n
   Rolland, **10:**58
   Stark, **9:**308n
Elsa Einstein on, **10:**xlv
Planck nominated for, **8:**912–913
See also Einstein, Albert: Recognitions
Noddack, Walter, **9:**294n
Noether, Emmy (1882–1935), **7:***xxvi*, 76n, *101*; **8:**292n, 774, 976
   energy conservation in unified field theory of Hilbert, work on, 291, 294
Noether, Fritz (1884–1941), **3:***478*; **5:**233n; on relativistic rigid motion, **10:**10
Noether's theorem, **7:***xxvi*; **8:**195, 196n, 699n
Nohel, Emil (1886–1944), **5:**333n
Nole, W., **9:**321n
Norda, Hansjoachim, wants to present his theories, **8:**1022c–1024c
Nordmann, Charles (1881–1940), **9:**395
Nordström, Gunnar (1881–1923), **4:**145n, *299*, 502n; **5:**540n; **7:***xxix*, 17, 26n, 30, 32n, 64, 76n, *101*; **8:**285, 332, 339, 348, 350n, 555n, 744; **9:**16, 112n, 145; **10:**50–51
   AE helps, **8:**371, 813, 818
   on attributing dimension to metric, **8:**536
   on energy-momentum pseudotensor, **8:**516–522
   on "Entwurf" theory and Tolman's principle, **8:**165
   on error in paper of AE, **8:**588n
   Finland
      position in, **8:**370n, 619n

      problems of returning to, **8:**619–620, 626, 813, 818
   five-dimensional theory of, **9:**39n
   general relativity
      on concept of rigidity in, **9:**474n
      on field of point mass in, **8:**534–535
      on mechanics of deformable bodies in, **8:**368–370
   invites AE, **8:**326, 522
   lives in home of Ehrenfest, **8:**165n, 332n
   marriage of, **8:**468, 522n
   University of Berlin, professorship at, **8:**165, 370
   Zurich, stay in, **5:**551n, 569n
Nordström's theory of gravitation, **4:***126–127*, *298–299*, 341n–342n, 470, 471n, 472, 473n, 494, 498, 505–509, 582, 585–586, 615–616, 622n; **8:**463n
   AE on, **4:**489–492, 500, 502n; **5:**550, 551n, 594
   AE and Fokker on, **4:**589–596; **5:**564n
   energy of: continuous mass distribution in, **4:**491; point mass in, 490
   equation of motion of point mass in, **4:**489
   field equations of, **4:**593, 595
   force
      on continuous mass distribution in, **4:**491
      on point mass in, **4:**490
   Lagrange formalism for, **4:**489–490
   momentum
      of continuous mass distribution in, **4:**491
      of point mass in, 490
Nordström-van Leeuwen, Cornelia, **8:**813
"Normalsystem." *See* Frame of reference: normal
Norst, Else, criticizes Ehrenhaft's experiments, **10:**294–295, 580c
Northcliffe, Lord (1865–1922), **9:**256
Norway, AE visits, **10:**298
Norwegian Students' Association, **10:**420
   AE lectures at, **10:**265, 298, 315
   elects AE honorary member, **10:**579c
   invites AE to lecture, **9:**607c; **10:**246, 268n, 275, 292
Noske, Gustav (1868–1946), **9:**28
Notenbüchlein für Anna Magdalena Bach, **9:**339
Notgemeinschaft der Deutschen Wissenschaft, **7:**300n, 494n; founding session of, **10:**603c
Nova, **8:**185, 898

Novi Sad (formerly Újvidék Neusatz, Hungary), **1**:319, 321n, *380*; **10**:5n, 14n; Einstein-Marić visits parents in, **10**:*xxxvii*
Nowak, Josef, expresses sympathy for AE, **10**:594c
Nowak, Konstantin, requests KWIP funds for compass and water wheel, **8**:1015c
Noyons, Adriaan (1878–1941), **9**:54, 113, 164n
Nuclear disintegration, **7**:339–340n; self-sustaining, 340n
Nuclear reaction. *See* Radioactivity
Nüesch, Bertha (1847–1917), **1**:323
Nüesch, Jakob (1845–1915), **1**:315, 316n, 323, 331
Numbers, theory of, **1**:212
Numerical computation, **3**:125n
Nussbaum, Jakob (1873–1936), **10**:95
Nutting, Perley (1873–?), **9**:31

Oberlin, Hermann (1857–1928), **5**:23; appointed at Swiss Patent Office, 23n
Observable quantities, **6**:286
Observations. *See* Experiments
Observatory, **7**:*xxx*; verse on AE in, **9**:413
Observer, **2**:278, 280–282, 296–297, 400, 403, 447, 480, 566; **3**:144, 163, 165
    and motion, **3**:153
Occupied Enemy Territory Administration, **9**:197n
O'Connell, Daniel (1775–1847), **10**:463n
Oechsli, Wilhelm (1851–1919), **1**:*367*, *369*; **10**:186
Oettingen, Arthur von (1836–1920), **9**:235, 588c
Ohio State University, **8**:198
Ohm, definition of, **1**:191–192; **3**:367
Ohm's law, **1**:175, 181; **3**:366–368, 375
Olivier, Louis, **3**:572
Olsberg, Canton of Aargau, **1**:50, 51n, 52, 53n
Olschki, Leonardo (1885–1961), **9**:606c; Schlick on, **9**:314
Olten, Committee of, **10**:184n, 185
Olympia Academy (Akademie Olympia), **1**:*382*; **5**:5n, 24n–25n, 30, 151n; **7**:*xxxiv*, 403n; **8**:168n, 221n; **9**:450n
    AE's nickname in, **5**:35n, 223n, 522n
    formation of, **2**:*xxiv*
    membership of, **5**:7n
    readings of members, **2**:*xxiv–xxv*, 306n; **5**:7n, 19n

Ampère, André–Marie, *L'essai sur la philosophie des sciences*, **2**:*xxv*
Avenarius, Richard, *Kritik der reinen Erfahrung*, **2**:*xxv*
Clifford, William Kingdon, "On the Nature of Things-in-Themselves," **2**:*xxv*
Dedekind, Richard, *Was sind und was sollen die Zahlen*, **2**:*xxv*
Mill, John Stuart, *Logic*, **2**:*xxv*, *260–261*, 307n
Pearson, Karl, *Grammar of Science*, **2**:*xxiv*
Poincaré, Henri, *Science et hypothèse*, **2**:*xxv*, *211*, *255*, *261*, 306n, 307n
Riemann, Bernhard, "Ueber die Hypothesen, welche der Geometrie zu Grunde liegen," **2**:*xxv*
Spinoza, Baruch, *Ethics*, **2**:*xxv*
Opalescence, **2**:*215*; **8**:835
Opalescence, critical, **3**:*283–285*, 287–310, 310n–312n, 508n; **6**:577, 579n
    AE's interest in, **5**:124n
    AE's work on, **5**:254, 256
        confirmation of, **5**:362n
        possible test of, **5**:269
    of gas, **6**:577, 579n
    Kamerlingh Onnes's and Keesom's work on, **5**:362n; AE on, 269
    Keesom's paper on, **5**:375n
        AE on, **5**:374
        AE's role in writing of, **5**:362n
    Smoluchowski's paper on
        AE's criticism of, **5**:362
        error in, **5**:370
Oppenheim, Felix E. (Felix Errera) (1913–?), **9**:360n; dedication to, 595c
Oppenheim, Franz (1852–1929), **5**:263n; **8**:79n; awards AE grant anonymously, **5**:260n
Oppenheim, Jacques (1849–1924), **9**:287; **10**:320
Oppenheim, Moritz (1848–1933), **9**:168, 537n; **10**:95, 201; philanthropic activities of, **9**:142
Oppenheim, Otto, **10**:213
Oppenheim, Paul (1885–1977), **9**:84, 142, 157, 158n–159n, 167, 173, 530, 536, 611c; **10**:95, 201, 213, 263, 416
    on AE's decision to remain in Germany, **9**:255
    asks AE to lecture in Frankfurt, **9**:604
    on classification of sciences, **9**:174, 256
    invites AE to Frankfurt, **9**:255, 360

Judaism
  Academy for the Science of, donation for, **9**:173
  disinterest in science of, **9**:168
  proposes French edition of AE's popular book on relativity, **9**:531
  searches for assistant, **9**:280
  on silhouettes made by AE, **9**:359
Oppenheim, Samuel (1857–1928), **8**:563; **9**:373, 535
Oppenheim-Edle von Kuffner, Katharina (1862–1933), **9**:537n
Oppenheim-Errera, Gabriella (1892–1997), **9**:256, 360, 537n
Oppenheim family, Elsa Einstein's stay with in Frankfurt, **10**:419
Oppenheimer, Emil (1844–1922), **5**:324n, 342n, 456, 458n; **8**:166n, 732, 733n
Oppenheimer, Eugen, **5**:341, 342n, 344; **10**:95
Oppenheimer, Franz (1863–1943), **10**:481n; lecture in Holland, **9**:415
Optical dispersion. *See* Dispersion: optical
Optical illusion, **7**:53n
Optical properties
  of gases, **3**:513
  of matter, AE's interest in connection between thermal and, **1**:*236*
  temperature dependence of, **3**:545n
Optics, **1**:*6*; **3**:*xxiii–xxiv*, 131–142, 174n, 426–431, 439n, 494–496, 497n, 529, 545n; **6**:526, 527
  AE's lectures on, **3**:*599*
  of bodies at rest, **2**:300, 452
  development of, **7**:431
  geometrical, **6**:360
  of moving bodies, **2**:*253, 258,* 295–300; **3**:133–136; **6**:4, 22, 26–27, 42, 437
    Lorentz's, **2**:301, 434
    Harres on, **9**:207–209
    Laue on, **9**:207–209, 219–220, 296
    Zeeman on, **9**:209, 296
  relativistic, **2**:*273,* 446–449, 452
Order Pour le mérite for Science and the Arts, awarded to AE, **10**:605c, 614c
Orell Füssli Verlag, **8**:764n
Organic chemistry, AE's study of, **5**:11
Organosols, metallic, **2**:400n
Orion nebula, redshift of stars in, **9**:25
Orlich, Ernst (1868–1935), **6**:275, 276n

Ornstein, Leonard (1880–1941), **2**:95n; **3**:*285,* 311n; **5**:325n; **9**:247, 255n, 267, 502; **10**:311
  and Hebrew University, **9**:287, 316, 332, 415
  proposes AE for Nobel Prize, **9**:596c
  University of Utrecht, candidacy for chair at, **5**:369, 373
Ørsted, Hans Christian (1777–1851), magnetism, work on, **6**:*145,* 151, 173, 191
Oscillating circuits, **7**:365–366
Oscillations, **3**:47–53, 56–57, 507, 510n, 527–528
  anharmonic, **3**:466
  atomic, **3**:461, 465, 476n, 512, 529 (*see also* Damping: of atomic oscillations; Solid bodies: atomic oscillations in)
  damped, **3**:365, 510n
  electromagnetic, **3**:*xx,* 380
  infrared, **3**:577
  of ions, **3**:163
  longitudinal and transverse, **3**:512n
  period of, **3**:57, 83, 365, 381, 561
  and rigid bodies, **3**:83
  of solid bodies, **3**:512n
  thermal, of atoms, **3**:527
  torsional, **6**:155–156, 175, 180, 192, 272, 274
  ultraviolet proper, **3**:511n
Oscillators, **3**:522; **6**:30, 200, 255
  bound electrons as, **2**:167n
  canonical ensemble of, **2**:*138*
  classical, **2**:*142*
  damping of, **3**:272, 460–461, 464, 466, 518, 518n
  electromagnetic, **3**:270
  in electromagnetic field, **6**:365, 386
  elementary, **3**:178n, 281n
  emission by, **3**:506n
  energy of, **2**:*136, 140–141,* 543; **3**:510, 524, 531; **4**:*270–273,* 275–284; **6**:30–31, 364, 365
  entropy of, **2**:*136*
  frequency of, in gravitational field, **4**:509
  harmonic, **2**:*134, 136,* 152, 239
  Hertz's, **3**:394, 400n
  interaction of, with radiation, **2**:*136, 138,* 543
  linked to molecule, in radiation field **4**:280–283
  material, **3**:*xx*
  monochromatic, **3**:465, 517; one-dimensional, **6**:32

Oscillators (*cont.*)
  Nernst's, **3:**559
  Planck's, **2:***137*; **4:**553n, 562–563; **6:**365–366, 368, 385–387, 395
  potential energy of, **3:**544n
  quantization of energy of (*see* Energy: quantization of; Quantum of energy: of oscillators)
  quantized three-dimensional, **2:***142*
  in radiation field, **3:**270–271, 476n, 507, 545n
  thermodynamic equilibrium of, **3:**465 two-dimensional monochromatic, **6:**34
  Wien's, **2:**168n
Oscillogram, **6:**157
Oscillograph, of Blondel, **5:**383
Oscilloscope, **6:**177
Oseen, Carl (1879–1944), **8:**445
Oslo, **10:**262
  AE to lecture in, **9:**496–497, 505n, 508, 536, 607c
  AE visits, **10:**320, 578c
Osmotic pressure, **3:**450; **8:**20, 65, 66n, 67, 164; **10:**367
  application of, to Brownian motion, **2:***209–210*, 216, 224–226, 497
  connection of with diffusion, **2:**199–201, 205n, *216*, 497–499
  as consequence of kinetic theory of heat, **2:**226–228, 497–498
  and free energy, **2:**226–228, 235n
  Van Laar's expression for, AE's criticism of, **5:**373
  Van 't Hoff's law of, **2:***177, 211*, **4:**558; **5:**16n
Osram Co. GmbH, **7:**243n; **9:**148n, 463
Ossietzky, Carl von (1889–1938), **10:**274
Ostwald, Wilhelm (1853–1932), **3:**576; **5:**16n, 280; **7:**205n; **8:**361; **9:**348n
  and AE, **2:**5–6
  AE's correspondence with, **1:**285, 287n
  AE's reading of, **1:***xxxix*, 267n, 278, 286, 324; **2:***46, 207, 261*, 307n
  and AE's work on capillarity, **1:***265*, 278
  at beginning of World War I, **9:**348
  dilution law of, **2:***178*; **4:**561; **5:**16n; Besso on, 14
  on dissociation, **5:**13
  Einstein, Hermann writes to, **2:**6
  on energetic worldview, **2:***207, 261* (*see also* Worldview: energeticist)
  on ether hypothesis, **2:***261*, 307n
  on existence of atoms, **2:**5–6, *46, 207, 218*
  influence on AE, **2:**5
  Nobel Prize, nominates AE for, **5:**624c, 629c, 631c
  on romantic scientists, **8:**550
  theory of colors of, **8:**361, 364
Ostwald, Wolfgang (1883–1943), **3:**312n
  solicits AE's papers on Brownian motion and on diffusion for reprinting, **10:**608c; sent, 608c, 612c
Otto, Wolfgang (1878–1957), **8:**858n
Overdetermination of classical variables, AE on, **9:**387, 403, 458, 460, 498
Oxford, University of. *See* University of Oxford
Oxford University Press. *See* Publishers
Ozone, Warburg's experiments on, **4:***112*, 166; **5:**452 (*see also* Warburg, Emil)

Paalzow, Carl (1823–1908), **5:**4n; AE seeks position as *Assistent* with, 4
Paasche, Hans (1881–1920), **10:***li* n
Pacifist movement, **8:**342n
Pacifist organization of nations, AE's vision of, **10:***xxxiv*
Padua, University of. *See* University of Padua
Pagenstecher, ?, contributes to Albert-Einstein-Spende, **10:**527
Pagenstecher, Rudolf (1886–1921), **7:**470n, 494n, 581; **9:**314
Painlevé, Paul, **9:**614c
Palágyi, Menyhért (Melchior) (1859–1924), **7:***110*, 355, 359n; **10:**401n
Palatini, Attilio (1889–1949), **10:**590c; AE on article by 361
Palestine, **9:**197n, 253, 293, 332
  Balfour Declaration on, **7:***233*, 435n; **9:**17n, 254
  British Mandate in, **9:**197n
  economic and sanitary conditions in, **9:**334n
  as embodiment of Jewish nationality, **7:**439
  Jewish homeland in, **9:**16, 212
    AE on, **9:**181, 222, 307
    optimistic perspectives for, **9:**197
  See also Appeal: "Für den Aufbau des jüdischen Palästina"
Palestine Foundation Fund. *See* Keren Hayesod
Paneth, Friedrich (1887–1958), **9:**252
Pan-German League. *See* Alldeutscher Verband

Pannekoek, Antonie (1873–1960), **9:**505n
Paquet, Alfons (1881–1944), **9:**94
Paradies (Hôtel-Pension Paradies), **1:**220, 221, 227, 312, 328, 329n; **5:**181; AE's vacation in, 181n
Paradoxes, apparent, **2:***xvi*, 257, 362, 423, 543
Paradox of length contraction and time dilation, **8:**900–901, 907–908
Parallax, **8:**470, 560
  negative, 402n, 412, 474
  solar, **4:**422
Parallel displacement, **8:**670
Parallel transport, of vectors, **7:**80n, 157–158, 184n, 451–452, 544, 548
Paramagnetism, **3:**7, 221–222, 226–227; **4:***272*, 284, 558; **6:***146*, *147*, 151, 152, 170n, 189n, 191; **8:**76; **10:**28, 303
  AE's optimism regarding theoretical treatment of, **10:***xlvi*
  Curie-Langevin law for, **3:**222, 245n; **4:**558–559; **6:***146*, 152, 170n, 173, 189n, 191; **8:**92n; **10:**369n; AE on, **6:**170n, 189
  Curie law for, **3:**222, 245n; **4:**284; **10:** 356n, 366, 369n, 404, 405n
  of gases, **10:**404
  Langevin on, **10:**357n
  of solids, **10:**366
Parankiewicz, Irene (1893–?), **8:**902; **10:**295, 296n
Parapsychology, **8:**854–855
Paris Congress. *See* Congrès International des Électriciens
Paris Peace Conference
  Allies at, **9:**110
  British exclusion of Soviet Russia at, **9:**36n
Paris Peace Treaty. *See* Versailles Peace Treaty
Parseval, August von (1861–1942), **8:**709
Particles, suspended, **2:**208, 345n; **3:**223, 234–236, 246n, 416–417, 552–553, 555
  Brownian motion of (*see* Brownian motion: in suspensions)
  diffusion of, **2:**497
  impossibility of measuring velocity of, **2:***210*, 399
  mean square displacement of, **2:**234, 408n
  motions of, **2:**224, 334, 408, 416, 558, 559n
  and osmotic pressure, **2:**224–226, 497–499
  size of, **2:**234–235, 408, 408n
  velocity of, **2:**399–400, 400n

vertical distribution of, **2:**339, 345n
Pasch, Moritz (1843–1930), **8:**887; **9:**45n, 71
Paschen, Friedrich (1865–1947), **5:***55*; **8:**76, 77n; **9:**20, 72n, 149, 217, 367n, 376
  Edgar Meyer, requests AE's recommendation for, **9:**366
  on Franck, **9:**366
  requests AE's recommendation for his successor, **9:**357
Paschen, Paul, poetry reading with Elsa Einstein, **5:**518n
Pasquier, Louis Du, **5:**627c
Pasteur, Louis (1822–1895), **9:**334n
Pastor, ?, **3:**583
Patent infringment case, AEG vs. Sannig & Co., **9:**462
Patent Office. *See* Swiss Federal Patent Office
Patent procedures, Swiss, **5:**81n
Patents, **7:***xxix*, 81–85n, 190–195, 242–243, 365–367n, 472–482n
  compulsory license in, **7:**365, 367n
  pioneering, **7:**367n
  revocatory action on, **7:**365, 367n
  See also Einstein, Albert: Expert opinions *and under individual companies*
Path, free, of molecules, **3:**183–185; finiteness of, effects due to, 191–192
Pathology, forensic. *See* Medicine, forensic
Patijn, Rudolf (1863–1956), **9:**416n, 504n; **10:***xlv*; as curator of AE's Leyden professorship, 366
Patriotism, **8:**154, 193, 717
Pauer, Franz (1891–?), **9:**382
Pauli, Wolfgang (1900–1958), **4:***6*; **6:**398n; **7:**351; **8:**437n; **9:**217, 389n, 535
  AE on, **9:**298
  against field-theoretic treatment of electron, **9:**387
  relativity, article on for *Encyklopädie der mathematischen Wissenschaften*, **9:**373
  on Weyl's theory, **9:**267–268, 293
Pavia, Italy, **1:***liin*, *liii*, *livn*, *lxv*, *372*, *373*; AE on, **1:**22
PAW. *See* Preußische Akademie der Wissenschaften
Payot publishing house. *See* Publishers
Peace, guaranteed by Great Britain and U.S., **8:**962
Peace Conference, **8:**964n

Pechel, R., **9:**555c
Pechstein, Max (1881–1955), **8:**947n
Pedersen, P. O., **9:**598c
Pedolin, Peter (1869–1934), **8:**454, 455n, 590, 939; **10:**104, 105n, 122n, 137, 144, 186n
Pegram, George (1876–1958), **5:**389n; **10:**18n, 571c; interest in relativity, **5:**389
Peirce, Charles (1839–1914), **8:**548
Pekár, Desider (Dezsö) (1873–1953), **4:**508
Peltier, Jean (1785–1845), **3:**123
Peltier effect, **3:**234
Peltier heat, **1:**191
Pendulum, **3:**40, 46–53, 561; **6:**280
 damping of oscillation of, **3:**52, 461–462
 and energy principle, **3:**69
 Foucault's, **3:**61–62; **6:**139
 mathematical (simple), **3:**82
 oscillation of, **3:**48, 115
 physical, **3:**82
 spherical, **3:**55, 64
Pérès, Joseph (1890–1962), **10:**379
Perett, ?, as prospective English translator of AE's papers, **10:**524
Perihelion motion
 anomalies in, **8:**100–101
 of Earth, **8:**235
 of Mars, **4:**459n; **6:**242
 of Venus, **8:**235
 See also "Entwurf" theory of AE and Grossmann: perihelion motion in
Perihelion motion of Mercury, **6:**136n, 234–242, 245, 248, 319, 337, 493–494, 509–510, 538n; **7:***xxiv, 103*, 119, 170, 175, 177n, 181n, 183n, 187–189n, 209, 214, 346–347, 349n, 395, 559, 561, 614, 619; **8:**101n, 180n, 191n, 201, 204, 208, 215, 217, 218n, 221, 223, 231, 232, 234, 235, 240, 244, 256, 263, 303, 374, 375n, 501; **9:***xxxi*, 32, 245n; **10:**34, 62
 AE's attempted explanation of, **5:**82
 AE on, **10:**34
 Besso on, **8:**373, 374
 in Weyl's theory, **9:**217
 Wiechert on, **10:**62
 Zangger on, **10:**57
Perihelion motion of Mercury, AE's and Besso's manuscript on, **4:***295, 344–359*, 360–472, 502n, 503n; **5:**589n; **6:**24n, 243n; **7:**575n
 dating of and nature of collaboration, **4:***356–359*

 elliptic orbit, **4:***351*, 426
 expansion of metric field tensor, **4:***346–347*
 field equations and Minkowski space-time, **4:**442–446
 field equations for Eulerian case, **4:**450–452
 Jupiter's influence on motion of nodes of Mercury, **4:***359*, 458, 464
 Lagrange formalism, **4:***349, 353*, 374, 387n, 401n, 434
 Mars
  motion of nodes of, **4:***356*, 458, 465n
  perihelion motion of, **4:**459n
 Mercury
  motion of nodes of, **4:***356*, 442, 444, 445n, 449n, 458, 462, 465n
  perihelion motion of, **4:***352, 354*, 412, 414, 416–420, 428–430, 439n, 440, 459n, 473n
 Newcomb's work on planetary constants, correction to, **4:**422
 nodes, contribution of motion of, **4:***347*
 perihelion motion in Nordström's theory, **4:**470, 472, 473n
 perihelion motion in special relativistic gravitational theory, **4:**438
 period of Newtonian orbit, **4:**440
 solar pressure influence on metric field, **4:**392, 466
 Sun, rotating, field of to first order, **4:***352–353*, 396–398
  effect on orbit of, **4:***347*
  precession of nodes in, **4:***355–356*, 442–462
  precession of perihelion in, **4:***353–354*, 400–408, 418, 424–430
 Sun, static, field of to second order, **4:***348–349*, 360–374, 392–394
  advance of perihelion in, **4:**360–394, 410–420, 426, 440
  effect on orbit of, **4:***347*
  precession of perihelion in, **4:***349–352*, 374–391, 412–420, 426, 440
 Venus
  motion of nodes of, **4:***356*, 442, 444, 445n, 459n, 462
  solar parallax and transits of, **4:**423n
Periodic processes, AE's manuscript on, **8:**60–61
Periodogram, **8:**61

Perles, Joseph (1835–1895), **1:***349, 350*
Permeability, **3:**371; **4:**19
  magnetic, **2:***505*, 512, 517, 517n, 523–524; **3:**398n; **6:**107
  and media, **3:**359
Pernet, Jean (1845–1902), **1:**47n, *60, 368*
Pérot, Alfred (1863–1925), **3:**347, 398n; **6:**539n; **7:**347, 349n; observes redshift of solar spectral lines, **10:**382
Perpetuum mobile, **3:**45, 445; **4:**118; **10:**120
  impossibility of, **2:**94
  See also Thermodynamics, second law of
Perrier, Albert (1883–1962), **5:**287n; **8:**148, 152; **9:**214; AE on abilities of, **5:**287
Perrin, Aline (1899–1991), **5:**521n
Perrin, Anne (1886–1933), **5:**274n
Perrin, Charles Louis (1839–1910), **5:**239n
Perrin, Francis (1901–1992), **5:**521n; **9:**225
Perrin, Henriette (1869–1938), **5:**521, 521n
Perrin, Jean (1870–1942), **2:***179–181, 182, 206, 220–221*, 344n, 345n, 557, 559n; **3:**416, 418n, 508n–509n, 552; **5:**217n, 266, 267, 268, 291n, 299, 300, 322n, 345, 349, 519n; **7:**342–343n; **8:**7, 562n, 913n, 930n; **9:**171, 223, 286n, 517; **10:**12
  AE meets with, **8:**561
  AE's impressions of visit to, **5:**520
  Avogadro's number, determination of, **5:**216
  complimented by AE on work on Brownian motion, **5:**216
  congratulates AE, **9:**224
  on effect of light on chemical reactions, **9:**141, 224
  and experiments, **3:**223, 246n, 562n
  on molecular dissociation, **7:**328
  Solvay Congress, First, paper at, **5:**346n
  Solvay Congress, Third, invited to, **10:**303
  Zangger, meets with, **8:**561
Pestalozzi, Hans, **1:***240*
Peterchens Mondfahrt, silhouettes by AE on first page of, **9:**360n
Peters, Rudolf, **9:**612c; on anti-Semitism in the press, **9:**522
Petersschule (Blumenstraße), Munich, **1:***lix, 370, 371*
  AE's experiences at, **1:***lviii–lix*
  AE's grades at, **1:**3
  Catholic religious instruction at, **1:***lix*
  curriculum at, **1:***341–345*

  teachers at, AE's characterization of, **1:***lviii*
Petzoldt, Joseph (1862–1929), **7:**121n; **8:**31n, 867, 882, 900; **9:**135, 137, 573c; **10:**22n, 341
  AE on, **6:**4, 5n
  AE hopes to meet, **8:**16
  AE visits, **8:**31n
  AE writes letter of recommendation for, **8:**54
  on clock paradox, **6:**5n; **8:**16
  disagrees with AE on finiteness of universe, **10:**332
  on epistemology and relativity, **10:**332
  exposition of clock paradox by,
  Gesellschaft für positivistische Philosophie, chairman of, **8:**17n
  on Holst's critique of relativity, **10:**332; AE agrees with, 342
  Lange on, **10:**590c
  proposes meeting on epistemology and relativity, **10:**332
  relativity
    book on, **8:**31
    paper on, **8:**16; **9:**14–15
  on rotating disk paradox, **9:**115–116, 140
  Technical University of Dresden, proposed for chair at, **8:**695
Pexider, **4:***6*, 35. *See also* Sitter, Willem de
Pfedi, **5:**114, 518. *See also* Ross, Alfred
Pfeiffer, Heinrich (1879–?), **10:**584c
  on difficult situation of German book trade, **9:**424, 480–481
  invites AE to join organizing committee of exhibition and congress on the "German book," **10:**584c; declined, **10:**584c
Pfister, Julius (1867–1946), **5:**259n
Pfitzner, Hans (1869–1949), **9:**392
Pflüger, Alexander (1869–1946), **7:**340n; **9:**534; **10:**340
  congratulates AE, **9:**584c
  pacifism of, Moch on, **10:**329
Phase
  of current, **3:**378
  in microcanonical distribution, **3:**204
Phase space, **3:**554, 560
  cell size in, **2:***49*
  coordinates in, **2:**74n
  field of flow in, **6:**576–577
  flow in, **5:**17
  for crystal, **6:**256
  "rational," **6:**563–566, 567n

Phase space (*cont.*)
   structure function of, **2:***50*, 62, *141*
   See also Continuity equation; Incompressibility condition; Liouville's theorem
Phase transition, **3:***284*
Philharmonic Hall, Berlin, anti-relativity meeting at, **7:***xxxii, 101, 105,* 345–347, 349n; **10:***xxxviii, xli,* 385, 389, 390n, 392, 394n, 395, 400, 402, 412, 423n, 433n, 435n, 449n, 452n, 461n, 492n, 510, 523n, 534n, 542n, 593c, 594c, 595c
Phillichody, A., **5:**621c
Philosophical studies, AE's, **2:***xxiii–xxv*
Philosophie des Als Ob, **8:**887, 889
Philosophische Jahrbücher, **8:**868
Philosophy, **1:***xxxvi*
   of Als-Ob, **9:**43–44, 51–52, 493 (*see also* Als-Ob conference; Einstein, Albert: Philosophy; Kant-Society; Vaihinger, Hans)
   causal relations and Newtonian inertial motion, AE on, **10:**300, 324–325; Schlick on, 307
   causal relations and repetition of identical processes, AE on, **10:**299–300, 324; Schlick on, 306
   gravitational field, Schlick on observability of, **10:**307
   Kantian, **7:***xxxv*; and relativity, **8:**220; **9:**342, 510; **10:**293
   as obstacle to physics research, **8:**753n
   relativity and epistemology
      Cassirer on, **10:**314–315
      Petzoldt on, **10:**332, 341
      Reichenbach on, **10:**313–314
   relativity and philosophy
      Cassirer on, **10:**255–256
      Lindemann on, **10:**535
      Schlick on, **10:**573c
   space, AE on reality of, **10:**324
   spatial and temporal causality, AE on, **10:**300–301; Schlick on, 307–308
   value of relativity for, **10:**323
Philosophy of nature, **3:**577
Phosphorescence
   Lenard's work on, **5:**198
   Stokes's rule for, **3:**249; AE on, **5:**195
Photochemical effects, **9:**141, 171, 223
Photochemical equivalence, **3:**546n; **8:**287
Photochemical equivalence, AE's law of, **2:**169n; **4:***109–113,* 115–121, 166–169, 173n, 287–292; **6:**369, 370n, 388; **9:**294n
   AE on, **5:**412, 418, 437, 483
   AE's discovery of, **5:**352
   AE's papers on, **5:**391, 394, 406, 422n, 459; **10:**17
   AE's response to Stark's claim concerning discovery of, **4:***109,* 172, 293n; **5:**474
   Ehrenfest's generalization of, **5:**440–444, 451
   Haber's generalization of, **5:**424–426
   Haber's praise of, **5:**423
   for nonmonochromatic substances, AE on, **5:**453
   Warburg's experimental test of, **5:**416, 421
Photochemical processes, **3:***xxi,* 546n
   AE on mechanism of, **5:**218
   AE's discussion with Warburg on, **5:**352
   dissociation/recombination, molecular, **4:***109,* 115–121, 166–169, 287–292
   dynamic equilibrium in, **4:***110*
   energy of radiation absorbed in, **4:***112,* 121, 166, 285n
   experiments on by Noddack and Pusch, **9:**294n
   influence of intensity of radiation on, AE on, **5:**213n
   intensity threshold in, **4:***110*
   Laue on, **5:**72
   role of radiation frequency in, AE on, **5:**460, 464
   Schidlof's work on, AE's criticism of, **5:**530, 533
   Warburg's work on, **5:**452; AE's praise of, 452
   See also Photochemical equivalence, AE's law of
Photochemical research, funded by KWIP, **9:**613c
Photoelectric devices, **8:**559n
Photoelectric effect, **1:***236;* **2:***141,* 163–166, 168n, 350, 354–357; **3:***xxi,* 499–500, 504n, 518, 518n, 540, 543, 547n; **4:***112,* 552, 562
   accumulation theory for, AE on, **5:**464
   AE reads Lenard on, **1:***xl,* 236, 304
   AE's equation for, **2:***142,* 164, 168n–169n
   alternative explanations of, **2:***142*
   delay time of, **3:**504n
   experimental evidence for, **3:**546n
   experiments on
      AE on, **5:**210, 245
      Ladenburg's, **5:**80n
      Lenard's, **2:***142,* 165, 168n–169n; **5:**80

Millikan's, **2:***142*, 168n–169n
in gases and vapors, Kohn on, **9:**124, 337
Lenard's comments on, **5:**198
and light quantum hypothesis, **3:**546n
Sommerfeld's theory of, **5:**466n
triggering hypothesis for, **2:***142*, 582n–583n; **5:**180n
    AE on, **5:**195
    Lenard's adherence to, 198n
    Lorentz on, **5:**178
and Volta effect, **2:**354–357
Photoelectricity and X-rays, research funded by KWIP, **9:**560c, 567c
Photographic plates, AE on sensitivity of, **5:**212n
Photography, **2:**544, 558, 559n. *See also* Henri, Victor; Seddig, Max
Photoluminescence, **3:**546n
Photometry, **4:***109*; **6:**361
Photon
    existence of, **8:**836
    Swinne's use of term, **5:**280
Photon. *See* Light quantum
Photophoresis, **9:**74n, 252, 253n, 369n, 398, 441n
    negative, Rubinowicz on, **10:**580c (*see also* Light pressure: negative)
Physical chemistry. *See* Chemistry: physical
Physical constants, relationship between, **8:**195
Physical system. *See* System: physical
Physical world picture, **8:**633
Physics
    AE's lectures on theoretical, **3:***598–599*
    atmospheric, **1:**220
    classical, **3:**281n, 423n (*see also* Dynamics; Electrodynamics; Kinematics; Mechanics; Thermodynamics)
    conceptual foundations of, **2:***147*, 434
    conventions in, **3:**430
    development of, **2:***xvi, 144–145, 147, 206, 253*, 549–550, 564–565
    dualism in the foundations of, **7:**311, 321n
    experimental (*see* Experiments)
    foundations of, **2:***xviii, xxii, xxiii, xxv–xxix, 144, 145, 172, 174, 260*, 416, 552n
    fundamental laws of, **7:***xxxvi*, 57, 207, 213, 219
    hypothetical nature of, **7:**219
    intuitive quality of, **2:***xxvi*, 540; **7:**354, 357n–359n

and mathematics, **3:**152, 426, 447–448
philosophical viewpoints on, **2:***xxiii–xxv*
preestablished harmony in, **7:**57, 59n
prevailing mechanistic outlook in, **1:**5
problems in contemporary, **3:***xxv*, 458n
progress of, **7:**219
reality in, **7:**117–118
symmetry criteria in (*see* Symmetries)
theoretical, **2:***xvi, xvii, 173*
    AE as instructor of, **3:***xvii*
    AE's dedication to, **1:**275
    AE's self-instruction in, **1:***xxxvi*, 264, 321
    development of, **3:***xviii*
    fundamental difficulty in, **3:**422–423
    method of (*see* Method: of theoretical physics)
theoretical foundations of, **2:**542, 544, 552n
theoretical,
thermal (*see* Thermodynamics)
unification of, **2:***xxiii, xxvi–xxix, 134–135, 148, 255, 268, 272*, 379, 390n, 461, 553n, 565; **7:***xxvii*, 58–59n
H. F. Weber's lectures on, **1:***60–62*, 63–210
world picture of, **7:**56, 59n
Physikalische Berichte
    KWIP support for, **9:**598c, 603c
    PAW support for, **9:**580c
Physikalische Gesellschaft Zürich, **3:**311n; **9:**197, 198n
    AE joins, **5:**624c
    lecture by AE to, **5:**155, 156n, 257n
        Kleiner's comments on, **5:**158
        Stodola's praise for, **5:**158
    lecture to: by Besso, **8:**305; by Debye, 915; by Weyl, 815
    motion of on Adler, **8:**412, 441, 443, 444, 451, 453
Physikalische Zeitschrift, **7:***109*
Physikalischer Verein, Frankfurt, AE's lecture at, **8:**472, 478; **10:**93, 94n, 95
Physikalisch-Technische Reichsanstalt, **6:**169, 170n, 171n, 188, 191, 275, 276n; **7:***101*, 300n, 331n, 486n–487n; **8:**30n, 63n, 84n, 91, 285n, 672n, 1004c, 1005c; **9:**563c, 605c; **10:***xxxviii*
    possible position for AE at, **5:**457n, 480, 511
    and replication of Harress's experiment, **9:**208
    work atmosphere at, **9:**61–62
Picard, Charles (1856–1941), **10:**536

Picard, Max (1888–1965), **9:**322
Piccard, Auguste (1884–1962), **8:**135n, 148–149, 152–153, 154, 172, 853; **9:**214
  character of, AE on, **10:**36
  doctorate of, **5:**632c
Pichon, Paul, gift for AE, **9:**476
Pick, Georg (1859–1942), **4:**607; **5:**307n, 474n
  AE on, **5:**483
  plays music with AE, **5:**307n
Pictet, Raoul Pierre (1846–1929), **1:**147
Pilatus, Pontius, **9:**416
Pinner, Albert (1857–1933), **8:**278, 281n; **10:**155n
Pischinger, Arnold, **1:***350*
Pitsch, Adolf, **9:**589c
Pitt, William (1759–1806), **9:**79
Planck, Emma (1888–1919), **5:**136n; **8:**459n; death of, **9:**240
Planck, Erwin (1893–1945), **5:**136n; **9:**269n; **10:**43n; prisoner of war in France, **10:**26
Planck, Karl (1888–1916), **5:**136n; **9:**269n; **10:**43n
Planck, Margarete (1889–1917), **5:**136n
  death of, **8:**458
Planck, Marie (1861–1909), **5:**136n; **9:**59n
Planck, Max (1858–1947), **3:**177–178, 281n–282n, 505n, 522, 547n; **4:**92, *111*, *128*, 162, 272, 282, 533, 558, 621n; **5:**42n, 74, 84n, 104, 107, 138n, 148, 179, 189, 259, 299, 300, 391, 419, 446n, 472, 512, 529n, 549n, 573, 573n, 581n, 598n, 602n; **6:**24n, 39n, 70n, 197n, 282n, 364, 370n, 382, 398n; **7:***xxxi*, 26n, 49n, 57 62n, 128n, 220n, 345, 491n, 494n; **8:**8, 31, 32n, 33, 35, 39, 51, 87n, 88, 93, 150, 216n, 221n, 276, 332, 382n, 424, 472n, 514n, 527, 563, 576, 593, 614n, 620, 621, 622, 637, 642, 647, 654, 671, 677n, 714n, 726, 776, 819n, 823, 1001c; **9:***xl*, 18, 46n, 74, 115n, 125, 149, 158, 166n, 191, 221, 229, 240, 248, 257, 266, 269n, 279n, 297, 308, 310n, 360n, 366, 369, 382, 393, 451n, 515n, 572c, 590c, 591c, 593c, 595c, 596c; **10:**43, 109n, 172, 211, 254, 286, 347, 389, 436n, 460, 471, 481, 485, 516, 590c, 592c
  AE
    congratulates, **9:**180
    correspondence with, **5:**40, 50, 202; AE on, 187
    creation of physics institute, discussion with on, **8:**40n
    criticism of, **2:**583n, 587n
    expresses sympathy for, **10:**412
    helps in publication of separatum, **8:**275n
    influence on, **2:***xxi*, *45*, *135*, *143*
    meets with, **2:***147*; in Berlin, **5:**467; in Salzburg, 227; in Zurich, 534
    on plans of to lecture in Zurich, **8:**935
    relationship with, **8:**855, 870
    on salary of, **8:**41n, 43; proposes raise of **9:**580c
    on separation of, **8:**52
    solicits help from to approach neutral academies for scientific literature, **10:**271–272
    suggests meeting with, **5:**135
  AE on, **5:**187, 346, 349; **8:**363, 865; **9:**58, 261, 329
  AE called friend of, **8:**743
  AE praises, **2:***44*; **8:**145, 223
  AE requests help of, **8:**177
  AE on scientific achievements of, **4:**561–563
  AE visits in Berlin, **5:**437
  AE's comments on, **2:***42*, *110*
  AE's criticism of, **2:***42*, *49*, *52*, *54*, 544, 550
  AE's inaugural lecture, reply to, **6:**24n
  on AE's loyalty toward Germany, **10:**209
  AE's paper in honor of, **5:**561
  AE's papers, discusses, **2:**377n, 585–586, 587n
  AE's reading of, **1:***xxxix*, *xl*, *236*, *284*; **2:***xviii*, *44*, *45*, 99, 107n, *135–136*, *207*
  AE's reviews of papers by, **2:***110*, *134*, 245–246, 246n, 249n, 373–376, 377n
  AE's Salzburg talk, comments on, **2:***xvii*, 585–586
  AE's sympathy for, **10:**33
  AE's theory of fluctuations, skeptical of, **5:**420n
  absolute zero, on unattainability of, **5:**451
  Annalen der Physik, editor of, **5:**257n
  and anti-relativists, **7:***102*, *108*
  Berlin
    on keeping AE in, **9:**107–108, 154
    on news that AE is considering leaving, **10:**412
    urges Einstein to stay in, **10:***xxxix*
  Boguslavsky, helps, **10:**471
  Born, recommends as extraordinary professor, **8:**165n

Bund "Neues Vaterland," declines signing declaration of, **8:**930–931
and classical electrodynamics, **2:***xvii*
Columbia University, lectures at, **5:**389
complexions, use of, **5:**172
death of daughter, AE's condolences, **9:**584c
Delbrück-Dernburg petition, signs, **8:**146n, 150n, 157n, 176n, 364n
determination of
 Avogadro's number, **2:***46–47*, 108n, *171, 218*; **5:**217
 Boltzmann's constant, **2:**108n
on dynamics, relative, **2:***269, 272, 273*, 309n, 436, 461, 474–475, 486n
Einstein-Marić reads works of, **1:**317
on electron models, **2:***270–271*, 461
on elementary quanta, **2:**107n, 154, 552n–553n
on energetics, **2:***xxvii–xxviii*
energy, on alternative sources of, **7:**340n
entropy
 compares formulas for, **8:**192
 and probability, discussion with AE on, **8:**672–673, 682–683, 775n, 865
 of rotation of diatomic molecules, **8:**192
"Entwurf" theory, reception of, **8:**76, 154
on equivalence of mass and energy in electrodynamics, **5:**148
on ergodicity, **2:***49, 144*
Gans, recommends as extraordinary professor, **8:**165n
at GDNÄ meeting in Bad Nauheim, **7:***108*, 110
Geodetic Institute
 on competence of Wiechert as director of **8:**597n
 defends independence of, **9:**195n
Germany
 on own allegiance to, **8:**931
 attachment to, AE on, **9:**80
on favorable military position of, **8:**589
Freundlich, helps in finding position, **8:**89, 179, 203, 214, 265n
on Hamilton-Jacobi equations, **8:**387–388
Helmholtz Medal, nominated for, **8:**993c
on holism, **7:**404n
on exchange rate of German currency, **8:**589
Institut international de physique, dismissed from scientific committee of, **9:**115n
invited
 to receive honorary doctorate at University of Rostock, **9:**199
 to stay in Schlick's home, **9:**199
Kaufmann's determination of specific charge of electron, criticism of, **5:**77, 78, 78n, 79n
Kuwaki takes courses with, **5:**161n
KWIP
 on contract of Debye with, **8:**830, 866n
 on contract of Freundlich with, **8:**589
 formulates press announcement on foundation of, **8:**570
 member of Direktorium of, **8:**527n; **9:**552c, 554c, 573c, 576c
 Kuratorium of: member of, **8:**571n; acting president o , **9:**577c, 583c, 586c, 600c, 605c
 proposes Direktorium for, **8:**527n
light quantum, rejection of, **5:**203n
Mach, polemic with, **5:**204n, 531, 532n, 595; AE on, 204, 584; **7:**57, 59n
Manifesto of the 93
 signs, **8:**78n, 151n, 155
 statement on, **8:**285
on mass-energy equivalency, **2:***269*, 464, 486n–487n
on natural radiation, **2:***136*, 167n
Nernst's heat theorem, generalized by, **10:**548
Nobel Prize
 awarded, **9:**239n, 248, 268, 308n; AE congratulates on, 239
 nominated for, **8:**912–913
 nominates AE for, **9:**551c
osmotic pressure, on doubts of AE about, **8:**20
on patriotism and internationalism, **8:**286n, 931
PAW
 on keeping relations of with foreign institutions, 8:145, 149, 156n, 170, 171n, 286n
 nominates Laue as member of, **10:**570c
 nominates Sommerfeld and Debye as members of, **9:**410
 on page limit for *Sitzungsberichte* of, **9:**40n
 proposes financial help of to *Physikalische Berichte*, **9:**580c
personal tragedies of, **9:**280, 288; AE on, 268
philosophy of science of, AE on, **7:***xxxvi*
on physical constants, **2:**108n, 155, 168n, 577
political activity, retreats from, **8:**930
on probabilities (in statistical physics), **2:***44, 52, 54, 138*, 544

Planck, Max (*cont*.)
  on quantum of action, **2:***144, 145*
  and quantum of energy, **3:**499, 533, 560
  on quantum hypothesis, **2:***42, 48–49,* 585–586
  and quantum theory, **3:**506–507; paper on, **5:**245, 246n
  quantum theory, of molecules, paper on, **8:**193n, 217n
  radiation
    denial of applicability of equipartition theorem to, **2:***49*
    on fluctuations in, **2:**589
    model of, **2:**167n
  radiation law of (*see* Black-body radiation: Planck law for)
  radiation theory, **3:***xxiii,* 178n, 268n, 280, 410, 412, 540
    AE on, **1:**284, 286–287
    discussion with AE on, **5:**245
    work on, AE's criticism of, **5:**192
  relativity, general
    reception of, **8:**76n, 223, 263
    rejection of, **5:**584, 584n; AE on, **5:**589
  relativity, special, **2:***254, 266–267,* 474–475, 485n, 486n, 487n, 495; **4:***128,* 162, 489, 563
    discussion with Bucherer on, **5:**50n
    early interest in, **5:**40n, 50
    on momentum and energy flow in, **5:**149n
    paper on, **5:**50n, 76
    work on, AE's knowledge of, **5:**75n
  relativity, on special and general, **6:**24n
  resonator model, **1:***xl, 236,* 279n, 286
  on resonators, **2:**167n, 390n
  reviews of papers by, **2:**44
  Ritz, on work of, **8:**200
  Rostock University anniversary, plans to attend, **10:**222, 224
  second quantum theory of, **4:***270,* 275; **5:**464, 466n
  sixtieth birthday of (*see* Planck celebration)
  Solvay, intercedes for, **9:**115n, 216
  on specific heats, **2:***143*
  spectral lines, presents paper on, **8:**217n
  and statistical mechanics, **3:**506, 556
  on thermodynamics, **2:***273,* 474, 487n
  on thermodynamic probabilities for molecules with many degrees of freedom, **8:**193
  University of Berlin, appointment as rector of, **5:**561n; ranks Nordström second for position at, **8:**371
  University of Leyden, lecture at, **7:**59n
  University of Zurich, thought of for position at, **9:**78, 80, 92
  war crimes investigation, skeptical about, **9:**55n
  Weyl's unified field theory: interested in, **8:**824; prefers to general relativity, **8:**744
  Wolfskehl lectures, **8:**701, 715, 762, 765, 774
  and zero-point energy, **4:***270, 271*
Planck celebration, **7:**59n; **8:**600, 627, 733, 734n, 743n
  candidates for lectures at, **8:**601
  lectures at
    by AE, **8:**628, 672, 735, 855
    by Laue, **8:**628, 654–655, 672
    by Sommerfeld, **8:**628, 647, 672
    by Warburg, **8:**672
  program of, **8:**628, 671
  publication of lectures at, **8:**776n, 784n
Planck-Hesslin von, Marga, **8:**743
Planck's constant, **2:***xxvi, 137, 140, 142,* 390n, 549, 551n; **3:**178n, 413, 455n, 504n, 514n, 515, 524, 541, 560; **4:***111,* 115, 120, 562; **6:**199, 254–255, 368, 388
  connection with electron energy, Weiß on, **5:**165n
  interpretation of: AE's attempts at, **5:**87; Lorentz's attempts at, 173
  relation with elementary charge, **5:**89n
    AE on, **5:**195
    Lorentz on, **5:**178
  role in atomic vibrations, AE on, **5:**378n
  See also Quantum: of action
Planck's ellipses, **8:**21, 26
Planck's radiation law. *See* Black-body radiation: Planck law for
Planck's oscillators, **3:**272, 281n, 464–466, 476n, 510, 523–524, 531, 534–535, 545n, 560; **4:***553n,* 562, 563; **6:**365–366, 368, 385, 386, 387, 395; **8:**957
Planck-von Hößlin, Marga (1882–1948), **9:**108
Planegg, near Munich, **1:***liii, 371*
Planetary orbits, AE requests data on, **8:**211–212
Planetary problem, **6:**541, 546, 552n
Planets, motion of, **3:**5, 22–24, 37; **8:**303n. *See also* Kepler's laws
Plate condenser, **3:**336, 338, 346

Platter, Julius (1844–1923), **1:***367, 369*
Plebiscite on Upper Silesia, Versailles Peace Treaty on, **9:**143
Plummer's law. *See* Star clusters, globular
Pockels, Friedrich (1865–1913), **5:**187n, 253, 257; Laub on, **5:**186
Pocket measuring instruments, **4:**151, 154, 155, 502n
Poems
  AE to Anna Schmid, **1:**220
  AE to Einstein-Marić, **1:**248, 255–256, 257
  AE to Helene Savić, **1:**274
Poggendorff, Johann Christian (1796–1877), **1:**207; **2:***109*
Pogroms
  in Poland, **8:**964n
  in Russia, **8:**19n
  Russian, **7:**429n
  Ukrainian and Polish, **7:**430n
Pohl, Robert (1884–1976), **9:**269n, 291, 317, 569c; **10:**336n
  requests KWIP funds for research on photoelectricity and X-rays, **9:**559c; **10:**583c; granted 560c, **9:**567c; **10:**609c; pending, **10:**584c, 586c
Pohle, Ludwig (1869–1926), **9:**45n
Poincaré, Henri (1854–1912), **2:***42, 211, 256, 257, 261,* 307n, 308n, 360; **3:***xxvii,* 513n, 554, 557, 559; **4:**439n, 551n; **5:**149, 300, 302n; **6:**496, 566; **7:**450, 456n, 567; **8:**5, 71, 706, 891, 892n, **9:***xli,* **10:**341, 569c
  AE on, **5:**349
  AE's reading of, **2:***xxiv, xxv, 260,*
  conventionalism of, **7:***xxxvi,* 280n, 389–390, 403n–404n; **10:**455
  cosmogonic hypotheses, lectures on, **9:**467n
  on electric field of rotating magnets, Dällenbach on, **10:**591c
  electron model of, **9:**264
  electron theory of (*see* Electron theory: Poincaré's)
  on foundations of geometry, **7:**501
  on geometry, **9:**52
  on hypotheses in science, **9:**52n
  influence on AE, **7:***xxxv*
  Lorentz's electrodynamics, critique of, **5:**149n
  mechanical worldview, critique of, **7:**247, 279n, 321n
  memorial volume of *Acta Mathematica* for, **9:**308, 611c
  model of non-Euclidean world of, **8:**631–632
  theory for equilibrium of rotating liquid body, **6:**360
  on virial theorem, **7:**422, 425n
  on visualization of non-Euclidean space, **7:**405n
  writes letter of recommendation for AE, **5:**353n
Poincaré cycles, **2:***42*
Poincaré stress. *See* Electron: negative pressure within
Point, **3:**39, 41–43, 202–203, 422. *See also* Mass point
Point-coincidence argument, **7:**42n–43n, 178n; **8:**235, 238–239, 245, 493, 640
  first formulation of, 228
Point electron, **8:**365–366, 372–373, 379–380
Point tensor/vector, **4:**232n
Poiseuille's law, **3:**192, 238–239, 243n, 247n
Poisson, Siméon (1781–1840), **2:***4*
Poisson equation, **3:***6,* 327; **7:**369, 452
  analogue of in general relativity, **7:**278, 552–553; **8:**207, 976
  in electrostatics, **4:**397n
  in "Entwurf" theory, **8:**40
  in Newtonian gravitation, **6:**7, 117, 125, 322, 541, 543, 550; **7:**376, 408
Pol, Balthasar van der (1889–1959), **7:**201n; **9:***xxxv,* 167n; transmits news of eclipse results, **9:**186
Polak, Martin (1882–?), **10:**264; debate with AE, 278
Poland, anti-Semitism in, **9:**197; and postwar relief, 204
Polányi, Michael (1891–1976), **5:**514n; **8:**66n, 139n, 143; **9:***xlix*
  heat theorem of Nernst, discussion with AE on, **8:**65, 66, 90, 125–126, 138, 143–144
  on rotational energy of gas molecules, **9:**438–439
  on stability of diatomic molecules, **9:**459
  work of, AE on, **5:**514
Polarization, **3:**138, 274, 305, 348, 522; **6:**67n, 107, 108
  electric (*see* Electric polarization)
  of light wave (*see* Light wave: polarization of)
  magnetic (*see* Magnetic polarization)

Polarization current, **2:**519, 526
  electric, **6:**46, 107, 108
  magnetic, **6:**107, 108, 109
Polarization density, **2:***507*
Polish physicians and natural scientists, meeting in Cracow, AE's non-attendance of, **5:**306, 324n
Political prisoners, AE's advocacy for release of, **9:**343
Politiken, **9:**584c
Politik der Klassiker, **8:**382, 395, 398
Politischer Rat geistiger Arbeiter, **8:**869n; spring 1919 appeal of, **9:**106n
Pollak, Leo (1888–?), **5:**313n, 317n
Pólya, Georg (1887–1985), **9:**192
Polymerization, **3:**412, 511n
Pommat Valley, Switzerland, **10:**171n
Ponderomotive force, **2:***503*; **3:**142, 255–256, 257n, 273–274, 361, 392; **4:**14, 20–24, 152, 153, 184, *202n*; **6:**267–268
  Abraham's expression for, **5:**119; AE on, **5:**308
  AE's and Laub's expression for, **2:**527, 528n; **5:**120n
    controversy on, **5:**255n
    criticism of, **5:**122, 253
    planned experimental test of, **5:**131
    thought experiment on, **5:**253
    Wien's criticism of, **5:**
  AE's and Laub's work on, **5:**114n, 119
  on bodies at rest in electromagnetic field, **2:**304, 519–528
  controversy on correct form of, **2:***506–507,* 528n; **5:**120n
  Ishiwara's, work on, **5:**261
  on liquids, **2:**522
  Lorentz's expression for, Laub on, **5:**119
  on magnetizable medium, **2:**519, 523
  on magnetized bodies, **3:**373, 399n
  Minkowski's expression for, **2:**519, 528n; **5:**120n; AE on, **5:**114, 308
  planned paper by Laub on, **5:**161
  See also Electrodynamics of moving media
Ponte, Lorenzo da (1749–1838), **5:**596n
Popert, Hermann (1871–1932), **10:**273
Popova, Maria (1878–?), **8:**4
Popper, Karl (1902–1994), **7:**220n
Popper, Sigmund, **8:**438n
Popper-Lynkeus, Josef (1838–1921), **7:**129; **9:**420n, 506, 609c; **10:**522, 593c
  AE on modesty of, **9:**420
Popper-Lynkeus-Spende, AE contributes to, **9:**420
Positive rays. *See* Canal rays
Positivism, **7:**59n; **8:**867, 890–891; **9:**52n
  idealistic, **9:**43
  and relativity, **8:**220
Potential, **3:**320–321, 325, 327–328, 336, 338, 349, 352
  advanced, **2:**555
  anharmonic interatomic, **3:**477n
  auxiliary, **2:**490, 492n, 542
  contact, **2:**355
  continuity of, **3:**327
  of a current, **3:**357
  difference, **3:**371, 397n–398n
  discharge, **2:**486n, 490
  electric, **1:**161–164
  electromagnetic, **7:**413, 416n
  electrostatic, **3:**320–321, 337, 339
  gravitational, **2:**483, 487n; **3:***xxix,* 489, 492–493; physical significance of, Laue on, **5:**384
  high, **2:**492n
  jump between electrode and electrolyte, **8:**135–136
  kinetic, **2:**487n; **3:**116, 128n
  retarded, **2:**542, 555; **8:**301
  of space charge, **8:**35
  See also Field-strength; Force; Mechanics
Potential difference
  electric, distribution of, in Voltaic cell, **1:**176–178
  between electrodes, **2:**26, 36–39
  in electrometer, **2:**397n
  between metals and salt solutions, **2:**23–39
Potential energy, **3:**32, 87, 92, 332, 476n, 521; **4:**522, 533
  in gravitational field, **3:**348, 490; **4:**350, **6:**545; **7:**510
  for interaction between molecules, **3:**403–405
  internal, **1:**324n
  and Lagrangian, **3:**514n
  in mechanics, **3:**403
  of an oscillator, **3:**544n
Potsdam Observatory. *See* Astrophysical Observatory; Meteorological-Magnetic Observatory

Power and lighting stations. *See* Lighting and power stations
Poynting's theorem, **8:**464
Poynting vector, **3:**392; **5:**148
Prager Tagblatt, **9:**323, 597c
Pragmatism, **8:**890–891
Prague
  AE invites Zangger to, **10:**16
  AE moves to, **10:**13
  AE on colleagues in, **10:**16
  AE on his time in, **9:**222
  AE's opinion of, **10:**16
  Czech University of (*see* University of Prague, Czech)
  Fanta salon in, **9:**223n
  German University of (*see* University of Prague, German)
  life in, AE on, **5:**289, 293, 294, 295, 304, 400, 432
  as Zangger's patient in, **10:**17
Prandtl, Ludwig (1875–1953), **8:**709
Prašil, Franz (1857–1929), **3:**444, 449n
Precht, Julius (1871–1942), **2:**464
Pressure, **1:**120–123.
  changes in, **3:**194
  definability of, **2:**119
  and diffusion, **3:**572
  of ideal gas, **3:**180
  in incompressible fluid, **6:**400; **7:**513
  law of osmotic, **4:**558
  of light, **3:**5, 64
  negative (*see* Electron: negative pressure within; Cosmological constant: as negative pressure)
  osmotic, **3:**450
    Perrin's explanation of, **5:**218n; AE on, 217
  and shift of spectral lines, **3:**493
  transformation equation for, **2:**469–472, 487n
  of vapor, **6:**250
  See also Radiation pressure; Vapor pressure
Preuss, J. H. Albrecht, **8:**1018c
Preussische Akademie der Wissenschaften (PAW), **3:**xxii; **4:**301, 344; **6:**197n; **7:**121n, 139n, *232,* 287n, 300n–301n, 405n, 487n, 491n; **8:**40a, 41n, 87n, 151n, 514n, 684n, 693n, 709, 710, 714n, 722n, 727n, 796n, 807n
  AE free from teaching obligations, **10:**579c, 580c
  AE's salary as member of, **7:**300n
  AE submits and withdraws manuscript for *Sitzungsberichte* of, **10:**586c
  asks AE to deliver talk at public session, **10:**604c
  character of, **8:**29
    of members of, **8:**17, 346, 364, 429; AE on, **10:**23
  as clearinghouse for publication exchanges, **7:**299
  Geodetic Institute, proposes Wiechert as director of, **8:**718n
  Laue nominated as member of, **10:**570c
  page limit for publications, **9:**39, 40n, 46, 56n, 276
  Planck, presents paper to, **8:**217n
  report of Freundlich to, **8:**19n, 57n, 609n
  Schwarzschild
    meeting on successor of, **8:**324n
    articles of submitted by AE to, **6:**362n
  Van 't Hoff's position at, **5:**534n
  See also Einstein, Albert: Career: PAW
Prévost, Pierre (1751–1839), **5:**525n; unveiling of bust of, 525, 526n
Priam (Greek mythology), **10:**171n
Princeton, **3:**xv
Princeton lectures. *See* Einstein, Albert: Lectures: Princeton University
Princeton University, **7:**231, 499, 570n, 590, 629; **8:**670n, 825n; invites AE to lecture, **10:**1, 494, 601c
Princeton University Press. *See* Publishers
Principe Island, **10:**226n
Principle
  of action and reaction (*see* Action and reaction, principle of)
  Boltzmann (*see* Boltzmann principle)
  of constancy of speed of light (*see* Light, speed of: constancy of; Relativity, principle of: and principle of constancy of speed of light)
  of equivalence (*see* Equivalence principle)
  of general relativity (*see* Relativity, general principle of)
  Hamilton's (*see* Hamilton's principle)
  of least action (*see* Least action, principle of)
  of relativity (*see* Relativity, principle of)
  of relativity of gravitational potential (*see* Mie, Gustav: axiom of relativity of gravitational potential)

Principle (*cont.*)
   superposition, **2:**187, 290, 445, 582
   variational (*see* Variational principle)
Principle, theory of. *See* Theory of principle
Principles
   of physics, **2:***xxi–xxiii, xxvi*, 43, 257, 265–266, 308n, 410–411, 412n, 550
   role of, in AE's thought, **2:**461 (*see also* Constructive theory; Theory of principle)
   of thermodynamics, **2:***43*, 265, 411, 412n (*see also* Thermodynamics)
   See also Physics: fundamental laws of
Pringsheim, Ernst (1859–1917), **2:***144*; **9:**248; nominates AE for Nobel Prize, **5:**629c
Pringsheim, Peter (1881–1963), **3:***4*, 600
Prinz, Heinrich, **9:**607c
Prisoner of war camps, French, German experiences in, **9:**185n, 483
Prisoner of war exchange through Switzerland, **10:**57n
Private commission to investigate German war crimes, **9:**42, 120–121, 231
   AE joins, **9:**135, 561c
   helped by Lorentz, **9:**57
   Lorentz on, **9:**53
   members of, **9:**42
   purpose of, **9:**57–58
   See also Lille booklet
Probability, **3:***xxvi*, 7, 210, 215, 241, 251, 288–290, 310n–311n, 450, 554, 562n; **8:**133n, 672–673, 682–683, 775n, 865, 957, 962
   of a given macroscopic state, **3:**506n
   of a state, **3:**287, 290, 307, 538, 551–552, 562n
   calculation of, **2:***138–139*
   calculus, **2:**158; **6:**199–205
      foundations of, **9:**275
      and radiation theory, **3:**259–267, 268n
   in canonical ensemble, **6:**250
   definition of, **3:**240, 259, 268n, 554, 556–557
      in Boltzmann principle, **2:***52, 136, 137, 139*, 158, *214*, 544, 575
      as time average, **2:***42, 54*, 95n, *138*, 544
   distribution for displacements, **2:***53, 54*, 342, 502n
   of distribution of suspended particles, **3:**450, 454n
   and entropy (*see* Entropy: and probability)
   and fluctuations, **3:**556
   in foundations of thermodynamics, **2:**96n–97n

   and molecular processes, **3:**195
   of physical state, **4:**532, 562
   in physics, **2:***42, 47–48, 52*, 339, 394, 396n, 544–545
   for radiation components, **6:**201
   for radiation emission and absorption, **6:**367, 385–386
   relative, for energy states, **6:**31, 34, 35, 366, 367, 384, 388, 393
   stationary, **2:**60
   statistical, **2:**62, 90, 100–101, 158, 160, 167n, *214*
   in statistical mechanics, **9:**290
   and succession of states, **3:**551
   temporal, **3:**554
   of theories, **2:**461, 564
   theory of, **3:**268n
   and time-reversal invariance, **10:**54
   Zangger invites AE to conference on, **10:***xxxiii*, 160
   See also Boltzmann principle
Progressive People's Party, German, **8:**629n, 948n
Prometheus, **7:**337n; and popular science publications, **9:**395
Propagation of light. *See* Light: propagation of
Proper frequency, **3:**460–461, 475n–477n
   calculation of, **3:**461, 467–468
   infrared, **3:**526, 529
   of macroscopic system, **6:**33
   optical, **3:**526
   of solid bodies, **3:**511n
   thermal, **3:**527; of thermal atomic oscillations, 461
Protestant Synod of Berlin, **9:**448, 467
Proust, Marcel (1871–1922), **9:**392n
Prussia
   electoral reform in, **8:**506n
   House of Lords of, **7:**217n
   Ministry of Education of, **7:***xxxi*, 227, 287n–288n
   monarchy overthrown in, **8:**941
   Parliament of, **7:**240n
   voting system in, **8:**506n
Prussian Academy of Sciences. *See* Preußische Akademie der Wissenschaften
Prussian Minister of Education
   appoints AE to oversight committee, **8:**1008c
   grants cost of living allowance, **8:**1029c

reimburses moving expenses, **8:**994c
supports AE's research, **8:**1012c, 1013c
Prussian Ministry of Education, and Geodetic Institute, **9:**191
Prussian Ministry of the Interior, and Geodetic Institute, **9:**191
Prussian Royal Observatory. *See* Royal Prussian Observatory
Prussian state, funding by for general relativity research, **9:**274
Prussian State Assembly, and Deutscher Schutzbund für die Grenz- und Auslandsdeutschen, **9:**350
Prussian State Library, **8:**513n, 571n
Prussian voting system, **8:**506n; **10:**97n
Przibram, Karl (1878–1973), **3:**509n; **5:**321; determination of elementary charge, 322n
Pseudotensor of energy-momentum density. *See* Gravitational field: energy-momentum components (pseudotensor) of
Psychology, **6:**279, 281
Ptolemaic frame. *See* Frame of reference: Ptolemaic
Public security in Berlin, **8:**965
Publilius Syrus, **9:**168n
Publishers
  Akademische Verlagsgesellschaft, **4:***3*
  Barth, **9:**290, 554c, 577c, 578c, 588c, 589c, 602c, 607c, 608c, 610c; **10:***xlviii*, 573c, 596c
  Cambridge University Press, **9:**328n, 390–391, 597c
  De Gruyter, **9:**590c, 596c
  Enke, **5:**430n
  Gauthier-Villars, **9:**499; **10:**569c, 574c, 578c, 587c, 589c, 603c, 605c
  Hammer, **7:***112*
  Hermann, **9:**609c; **10:**572c
  Hirzel, **7:***109*; **9:**354n; solicits book by AE, **5:**145, 150, 152
  Methuen, **9:**526, 598c, 599c, 603c, 605c, 613c, 614c, 615c; **10:**568c, 572c, 575c, 576c, 593c, 603c, 608c, 610c, 612c, 613c
    proposes English edition of AE's popular book on relativity, **9:**261
    proposes English edition of collection of AE's articles, **9:**406–407
  Oxford University Press, **9:**328n
  Payot, **7:**418
  Princeton University Press, **7:**570n
  Rascher, **8:**737
  Slowo, **10:**605c
  Springer, **8:**776; **9:**309, 371, 614c, 615c; **10:***xlviii*, 604c, 613c, 614c
    begins selling *Einstein 1920j*, **10:**604c
    proposes remuneration for translation rights of *Einstein 1920j*, **10:**614c
    solicits publication from AE, **5:**258
  Teubner, **5:**145n; **9:**554c, 577c, 578c, 588c, 589c, 591c, 610c
    solicits publication from AE, **5:**75
  Ullstein, **3:**592; **10:***xxxviii*
  Verlag Naturwissenschaften, **9:**603c
  Vieweg, **9:**309, 319, 354n, 576c, 577c, 581c, 582c, 590c, 592c, 594c, 597c, 598c, 599c, 602c, 603c, 605c, 606c, 611c, 613c, 614c, 615c; **10:***xlviii*, 508–509, 568c, 569c, 574c–578c, 584c, 587c, 589c, 591c, 592c, 597c–601c, 603c, 605c, 607c, 611c
    on new edition of *Einstein 1917a*, **10:**602c
  Wostok, **9:**610c; **10:**570c, 572c, 573c
Pulin, ?, **2:**326, 326n
Pulkowa Observatory, **4:**423n
Pulsack, Elise, **9:**226; dispute with on room for Pauline Einstein, **9:**274
Pupin, Michael (1858–1930), **3:**386, 400n
Purkinje phenomenon, **8:**212
Pusch, L., **9:**294n
Pyrometer, optical, **3:**567

Quadrant electrometer. *See* Electrometer: quadrant
Quadratic differential forms, **8:**688; theory of, **4:***197*
Quadrupole formula. *See* Gravitational waves: quadrupole formula for
Quakers. *See* Society of Friends
Quantization
  of energy (*see* Energy: quantization of)
  of motion of diatomic molecule, **3:**545n
  of rigid rotator, **3:**242n, 246n
  of rotation, **3:**518n
Quantum, **3:***xxv–xxvii*
  of action, **2:***144–145*, 549, 585; **3:**499, 510, 514n, 515
  AE and, **3:***xv, xxvi*, 562n
  "full" and "half," **3:**544n
  of electric charge (*see* Charge, elementary)

Quantum (*cont.*)
  elementary (*see* Elementary quanta)
  light (*see* Light quantum)
  magnetic, **8:**22
  of matter, **2:**99, 108n, 549
  of radiation (*see* Light quantum)
Quantum condition. *See* Bohr quantum condition
Quantum emission, random, **6:**39n
Quantum of energy, **2:***134, 144,* 151, 161, 162, 165, 166, 577, 585; **3:**178n, 422, 510, 514, 531, 533, 539, 556
  absorption by matter, Laue on, **5:**72
  existence of, AE on, **5:**295
  inevitability of, AE on, **5:**245
  of oscillators, **2:***140–141*
  Stark's use of, **5:**47n, 144n
  use of, Eucken on, **5:**391
  See also Energy: quantization of
Quantum hypothesis, **2:**382, 585; **3:***xxvii,* 177–178, 253n, 423n, 439n, 457, 458n, 506n–507n, 510, 510n, 514n, 524, 534, 546n, 556, 561, 562n; **4:**562; **6:**22, 32; **8:**28
  AE and, **3:***xxiii,* 544n
  AE's early work on, **2:***xx, xxi, xxviii–xxix, 134–148*
  alternative form of, **3:**544n
  confirmation of, **2:**143–144; **3:**423n, 525, 539–541
  and heat conduction, **3:**477n
  implications of, **3:***xxv,* 458n, 476n
  and radiation, **4:***109–113,* 172; **6:**364–369, 370n, 382, 383, 384–385, 386, 395, 396
  and radioactive decay, **4:**554
  and rotational motion, **4:**270–271
  and statistical methods, **3:**506n
  See also Light quantum hypothesis
Quantum mechanics, **4:***273*
Quantum statistics, **8:**957–958
Quantum theorem of Sommerfeld and Epstein, **6:**556–566, 567n; **8:**442, 454, 457, 464–465, 468, 478; **10:**82, 245n
Quantum theory, **2:***xxvi–xxvii, 143–144, 146,* 585; **3:***xxii, xxv–xxvi,* 457, 465, 500–501, 513n, 516, 532, 561; **6:**30–38, 360, 377n, 534, 535n, 556–566, 578; **7:***xxviii;* **8:**913; **9:***xlviii–l,* 318; **10:**17
  AE dissatisfied with, **9:**84–85, 99
  AE on lack of understanding of, **5:**419
  AE works on, **10:**352

AE's contributions to, **3:***285,* 423n; **5:**187, 189, 227; negative evaluation of, 527
AE's interest in, **10:***xlvii–xlviii*
AE's lectures on, **3:***599–600*
AE's paper at GDNÄ meeting in Salzburg on, **5:**190n
Bohr's derivation of quantum states, AE on, **10:**244
calculations on, **10:**244n
causality in, AE on, **9:**388
and classical mechanics, **6:**22, 252, 261n, 364, 368, 370n, 382
from continuum theory through overdetermination, AE on, **9:**387, 403, 458, 460, 498
criticism of, **7:***112*
and determination of entropy constant, **6:**252–261
discussed at "Magnet-Woche," **10:***xlvii*
and dissociation equlibrium, **9:**498
and electron theory, **8:**783
and electrodynamics, **6:**356, 364, 368, 370n, 382, 384, 385, 387, 388, 392, 395
emission and absorption of
  light in, **10:**44, 48
  radiation, **6:**364–369, 370n, 382–397; **7:**484–486n
Epstein on, **10:**352
and field theory, **7:***xxvii,* 320, 351
and general relativity, **6:**356; **7:***xxvii,* 22, 27n, 351
Haber's model for solids in, **5:**377; AE on, **5:**379
and ideal gas, **6:**261n
interaction between radiation and matter in
  AE on, **5:**192
  Laue on, **5:**72
  Lorentz on, **5:**171–172, 174, 176
and kinetic energy, **3:**516
Kottler's theory of quanta as singularities, AE on, **10:**352
of light emission and absorption, **10:**44, 48–49
and magnetism, **10:**373
molecular spectra in, **10:**297, 313
motion of electron ring in molecules, **10:**367
Nernst's heat theorem derived in, **10:**23, 485
Planck's radiation formula derived in, **10:**49, 347
Planck's second, **10:**298n
problems in, **3:**281n, 510, 534, 550

provides theoretical foundation of chemical constant, vapor pressure constant, and Nernst's theorem, **9:**471
quantum states in, derivation of, **10:**244
of radiation, **1:**284, 286–287; **6:**366–368, 382–397; **10:**347
rotational energy of gas molecules in, Polányi on, **9:**438–439
Sommerfeld's advances in, **10:**67
spatial distribution of X-ray energy in, AE on, **5:**228–229
of specific heat (*see* Specific heat: quantum theory of)
still not understood, **10:**67
as topic at Third Solvay Congress, **10:**303
and wave theory of light, **6:**396
weights of quantum states, **9:**467
See also Atomic theory
Quartz spectrograph, funded by KWIP, **9:**613c
Quasiperiodic, mechanism, **3:**539; processes, **4:**603–607
Quaternions, **9:**375; theory of, **3:**127n
Quidde, Ludwig (1858–1941)
memorandum of against annexations, **8:**174n
political stance of, **8:**947–948
Quincke, Georg (1834–1924), **3:**398n–399n

Rabbi ben Akiba, **5:**21n; quoted by AE, 20
Rabel, Gabriele, requests KWIP funds for diffusion pump, **9:**581c; rejected, 583c
Radbruch, Gustav (1878–1949), **9:**33
Rade, Martin (1857–1940), **9:**55n
Radek (Sobelsohn), Karl (1885–1939), **9:**387
Rademacher, Hans Adolph, **9:**434n
Radiation, **1:***235–236*, 7, 259; **3:***xx*, 253n, 451, 517, 517n, 546n, 556
acceleration of electrons through, **3:**543
AE pursues laws for, on constructive basis, **1:***xli*
box filled with, **4:**157, *299*, 322–323
of charged sphere rotating around a gravitational source, **9:**97
coherent beams of, **3:**540
constitution of, **2:***xvii, 135, 140, 147,* 167n, 542–550, 555, 564–582
degrees of freedom of, AE on, **5:**194
density of, **2:**531, 547; **3:**275, 505, 523; **6:**365, 367, 386, 387
emission of, **2:**414–415, 548, 574

by celestial bodies, AE on, **9:**553c
elementary process of, **7:**484–486n
See also Light: emission of
emission of, induced and spontaneous, **4:***113*
emission and absorption of, **3:**506n, 542; **6:**364–369, 370n, 382–397, 455–456
emission centers of, **3:**260
in empty space, **3:**178n, 261, 423
energetic treatment of, **2:***261*
energy of, **2:**150; **3:**250, 423, 515–516, 560
absorbed in photochemical reactions, **4:***112*, 121, 166, 285n
energy distribution of (*see* Black-body radiation: energy density of)
energy-momentum of, localization of, **8:**401, 464
"energy radiation," **7:**486n–487n
energy transfer by, **6:**366–368, 385–387, 396–397; as directed process, **8:**330, 333, 401
energy transmission through, **3:**392, 489, 492
entropy of, **2:***xx; 140,* 155–157, 390n, 415; **4:**118, 289; **5:**49, 83; AE on volume dependence of, **5:**210
in equilibrium with walls of container, **2:**472 (*see also* Black-body radiation)
experiments on, **1:***224*, 227
field equations for, AE's view on, **5:**194
fluctuation experiments on, **3:**547n
fluctuation properties in, **3:***xviii–xix*, 177, 178n, 535–537, 556
fluctuations of, **8:**300, 424n
Fourier coefficients of, **8:**131–133
free, **3:**556, 561
frequency of, **2:***142*, 579
frequency dependence of molecular absorption of, **4:***112*, 169, 291
as function of temperature, in metals, AE on, **1:**283
friction of, **2:**578
gravitational, lack of for planets, **8:**706
heat (*see* Heat radiation)
impulse time of, **3:**515n
inertial and gravitational mass of, **4:**154, 322
infrared, **3:***xxiii–xxiv*, 526
absorption of, **2:**386, 405, 406n
intensity of, **3:**541, 547n
interacting with gas, **3:**522–524, 542
interaction of with matter, Laue on, **5:**72; Voigt on, 72

Radiation (*cont.*)
  "interference radiation," **7**:486n–487n
  mathematical description of, **2**:*148*
    AE's use of singularities in, **5**:194
    AE's view on, **5**:193
  mean square fluctuation of, **2**:580
  momentum of, **3**:282n
  momentum transfer by, **6**:383, 386, 387, 389–397; direction of, 384, 386–387, 396
  monochromatic, **2**:*140*, 161
  natural, **2**:*136*, 167n, 357n; **3**:268n; **6**:199–201, 202–205
    Planck's hypothesis of, **5**:73, 73n, 607
  nature of, **2**:*148*, 564–582; AE on, **1**:7, 286–287
  Planck's lectures on, **2**:374–376
  Planck's theory of (*see* Black-body radiation)
  processes, **2**:415; directed, **8**:330, 333, 402n, 461–462, 463–464
  quantum hypothesis of (*see* Light quantum hypothesis; Quantum hypothesis: of radiation)
  quantization of energy of, **2**:*140*, 548
  quantum structure in, **3**:*xviii*, 535
  quantum structure of, **2**:*138*, *140*, *145*, *148*, 161, *273*, 415, 547, 549, 581, 585
  reflection of, from mirror, **2**:546–547
  resistance, **2**:590n
  resonator theory of, **2**:544, 576–577
  and singularities, **3**:*xix*, 423n
  from sinusoidal current, **1**:258, 259n
  solar, **1**:105
  and specific heat, **3**:464
  statistical treatment of, **2**:*138*; **3**:507
  statistics of, **6**:199–205
  Stefan-Boltzmann law for, **2**:106, 375; **5**:27n
  temperature of, **2**:375, 578; **3**:547n
  terminology for, **2**:*148*
  thermal, **2**:*135*, *136*, *137*, *146*, 167n, 338, 373–376, 574–577 (*see also* Black-body radiation)
  transfer of inertial mass by, **2**:314
  ultraviolet, **2**:544
  vector theory of, **2**:415
  wave equation for, AE's modification of, **5**:196
  wavelength of, **2**:108n
  See also Absorption; Black-body radiation; Electrodynamics; Energy; Heat; Heat radiation; Light; Luminescence; Planck, Max; Radiation theory

Radiation, absorption of, **2**:415, 548
  AE on, **5**:128, 320
  influence on interference phenomena, **5**:128, 129, 130
  selective **2**:*142*
  See also Light: absorption of
Radiation field, **3**:270–280, 281n–282n
  electron moving in, **3**:505n
  mirror moving in, **3**:281n, 454, 455n
  oscillator in, **3**:270–271, 476n, 507, 545n
Radiation formula, research on funded by KWIP, **9**:561c, 571c, 576c
Radiation laws. *See* Black-body radiation
Radiation pressure, **2**:*215*, 298–300, 472, 475, 578–579, 582n, 585; **3**:177, 178n, 271, 392, 394; **4**:60, 157, 281, 562; **6**:360; **8**:863n. *See also* Fluctuations: pressure, of black–body radiation)
Radiation studies, funded by KWIP, **9**:569c
  theories of, **2**:*xvii–xviii*, *xxi*, 309n, 379, 544–545
Radiation theory, **2**:*xvii–xviii*, *xxi*, 309n, 379, 544–545; **3**:*xviii–xix*, 250, 259–260, 311n, 423n, 454n, 465, 522–524; **4**:*3*, *192*, *202*, 561–562, 599, 603; **6**:35, 39n, 199–205
  AE on riddle of, **5**:268
  AE's attempt at formulation of without light quanta, **5**:261, 263
  AE's and Hopf's joint work on, **5**:254
  AE's renunciation of energy conservation in, **5**:261
  AE's struggle with, **10**:12
  discussion between Wien and Abraham on, **5**:*57*, *59*
  fluctuations in, Ehrenfest on, **5**:465
  Kottler on, **9**:373–374
  Laue on, **5**:83
  limitations of, **3**:260
  modification of Maxwell's equations in, Lorentz on, **5**:178
  paper on
    by AE, **5**:166, *167*
    by Ehrenfest, **5**:339
    by Lorentz, **5**:168, 170–171
  Planck on, **5**:49, 50
  Planck's work on, AE's criticism of, **5**:192
  and probability calculus, **3**:259–267, 268n
  quantum hypothesis in (*see* Quantum hypothesis)

relation between radiation law and properties of electron, Lorentz on, **5:**179

thermodynamic approach of, AE on, **5:**464

and thermodynamics, AE on, **10:**5

Thomson's paper on, Laue's criticism of, **5:**73

Radicalism, Natorp on, **9:**95

Radioactive decay, **2:**314, 464–465, 491, 492n; **6:**33, 39n, 367, 368, 370n, 386, 458; **7:**572n; artificial, **7:**339; **4:**64, 106n, 184, 305, 545, 554, 614

fluctuations in, Edgar Meyer's work on, **5:**207–209, 213, 214n, 220, 221n, 254, 284, 418

mechanism of, AE on, **5:**321

Radioactive materials, **2:**314, 315n, 458, 464–465

Radioactive processes, **8:**528n

Radioactivity,

Radiology, **7:**51

Radiometer, **3:**195, 244n; **9:**47–50, 398

Maxwell's theory of, **10:**284n, 290

research on theory of, funded by KWIP, **9:**560c, 568c

theory of, Edith Einstein's dissertation on, **10:**290–291 (*see also* Einstein, Edith)

Westphal's theory of, **9:**48n, 175–176; AE on, **9:**176n

Radium, use of to test mass-energy equivalence, **5:**33

Radtke, Otto, **8:**1028c, 1030c; **9:**566c; remuneration of by KWIP, **9:**562c, 598c, 602c

Rahm, Hans, on relativistic explanation of effects of brain concussion, **10:**602c; AE on, 606c

Rahtjen, ?, requests KWIP funds for developing melting technique, **8:**1014c

Ramsauer, Anna (1881–1970), **1:**250n

Ramsauer, Carl (1879–1955), **7:***112*; criticizes *Born 1920a*, **10:**516

Ramsay, William (1852–1916), **2:***208–209*

Raoult, François Marie (1830–1901), **5:**16n; on dissociation, **5:**13

Rappard, William (1883–1958), **7:**334n; **9:**205n; and relief for postwar Poland, **9:**204

Rascher, O., role of in AE's rental dispute, **5:**634c

Rascher Verlag. *See* Publishers

Rassow, Berthold (1866–1954), **10:**440

Rat geistiger Arbeiter, Breslau, on Aufruf für die Unabhängigkeit des Geistes, **9:**105–106

Rathenau, Emil (1838–1915), **8:**450

Rathenau, Walther (1867–1922), **7:**9n, *113*; **8:**400n; **9:**60n, 350n; **10:**96

book by, **8:**399, 906; for Pauline Einstein, **10:**96

dedicates book to AE, **9:**556c

dedications to AE by, **8:**1007c, 1009c, 1015c, 1027c

eulogy for father, **8:**451n

open letter to Trützschler-Falkenstein, **8:**451

on popular book of AE, **8:**448–450

Ration bread, composition of, **8:**515n

Ratnowsky, Eleonore (1908–?), **5:**507n

Ratnowsky, Raoul (1912–?), **5:**507n

Ratnowsky, Simon (1884–1945), **5:**415n, 507n, 540n; **8:**853; **9:**192, 382, 405; **10:**67, 284n

Assistent at University of Zurich, **5:**415n

candidate as successor of Weyl, **8:**814

equation of state for solids, derivation of, **5:**415

financial situation of, **9:**344

Habilitation, **5:**507n

University of Basel, recommended by AE for position at, **5:**506

University of Zurich, position at, **9:**381–382, 458n

on velocity-dependence of electron mass, **8:**908, 913

Ratnowsky-Kraft, Jeanne (1882–1966), **5:**507n; **8:**815n

Rau, ?, serves in Bürgerwehr, **9:**60

Rausch von Traubenberg, Heinrich (1880–1944) homogeneous cathode rays, experiments with, **9:**356

requests AE's help to obtain position, **9:**291–292

Rayleigh, John William Strutt (Lord) (1842–1919), **2:**4, 167n; **3:***283*, 517; **5:**42n, *59*, 300, 301n, 387

on light scattering, **5:**362, 370

radiation theory of, **6:**39n, 577

Rayleigh scattering, **3:***285*, 307, 311n; **8:**175, 176n

Rayleigh-Jeans catastrophe, **2:***138*; **3:***xx*

Rayleigh-Jeans radiation law. *See* Black-body radiation: Rayleigh-Jeans law for

Reaction. *See* Action and reaction, principle of

Reaction speed. *See* Chemical reactions: speed of

Real, definition of, **8:**890n; meaning of, 890, 896
Reality
  concept of, Mach's, **8:**456; Schlick's, 456
  of sense impressions and events, **8:**456–457
  See also Physics: reality in
Reality, physical
  of frame, **8:**228
  of space, **8:**241
  of space and time, **8:**214, 221
  of spatio-temporal coincidences, **8:**228, 235, 238–239, 245, 493
Rebholz, Ludwig G., **9:**607c, 608c
Rebstein, Jakob (1868–1951), **1:**291–292, 298, 299n, *364–365*
Rebstein, Johann Jakob (1840–1907), **1:***367, 379*
Reconciliation, French-German, **7:**217n
Reconciliation, international
  American contribution to, **7:**299
  brain trust as means to achieve, **7:**217n
  intellectuals' contribution to, **7:**361–362
  Quakers' contribution to, **7:**332, 334
  Rector and Senate of University of Berlin, open letter from Arons, **8:**946n
Red Cross
  German, **7:**301n
  international committee of, **7:**334n
Red giant stars, distribution of in globular clusters, **9:**278
Reding, Alois (1856–1937), **5:**224, 224n, 340, 396; complaint against, 304
Redshift
  caused by Doppler effect, **9:***xxxvii–xxxviii*, 330
  and distinction between Doppler effect and Einstein effect, **9:**336
  explained by Earth's repulsion of light, **9:***xxxviii*, 287
  gravitational (*see* Gravitational redshift)
  measurements of
    by Grebe and Bachem, **9:**335
    difficulties of, **9:**262
    funded by KWIP, **9:**561c, 564c, 591c
    spectral oven for, **9:**118, 157, 177, 335, 447
  of solar spectral lines (*see* Gravitational redshift: solar; Redshift, solar)
  of star light, calculations for globular clusters, **9:**278–279
Redshift, solar, **9:***xxxvii*, 37, 330, 355, 401
  AE's inquiry to Julius on, **5:**312n
  AE's prediction of, **5:**312n, 357, 387

  discovery of, **5:**313n
  explained by anomalous dispersion in solar atmosphere, **9:***xxxvii*, 267, 272, 287, 470
  Julius on, **5:**323, 316, 330; 355
  observations of, **5:**316; AE on, 328, 337
  role of pressure effects in, **5:**357
  See also Gravitational redshift: solar
Reductionism, **7:**59n
Reference frame. *See* Frame of reference
Reference mollusks, in general relativity, **9:**137n, 140n
Reflection coefficient, **3:**557
Refraction
  exponents, **8:**729
  of field lines, **3:**398n
  index of, **3:**297–298; **4:**28, 537; **6:**45
  of light
    in earth's atmosphere, influence on determination of Earth's radius, **5:**405
    in solar atmosphere, Julius on, **5:**316
Refrigerator, **2:**317; **7:***xxix*; AE's and Nernst's work on, **9:**294n
Regener, Erich (1881–1955), **2:**577, 583n; **5:**308, 309n; **8:**933; **9:**291, 569c; **10:**582c
  on Ehrenhaft's subelectron, **10:**297
  Reichenbach's thesis, solicits AE's opinion on, **10:**269
  requests KWIP funds for measurements of elementary electric charge, **9:**558c; granted, 560c, 568c
  solicits AE's recommendation of candidates in theoretical physics at Technical University of Stuttgart, **10:**269
Regional high command, interest of in AE's political activity, **8:**342n
Regnault, Henri Victor (1810–1878), **1:**121
Reich, Ferdinand (1799–1882), experiment of, **3:**62, 127n
Reiche, Fritz (1883–1969), **5:**81n; **8:**43, 382; **9:**75; **10:**269
  Born, successor to, **10:**336
  diffraction, paper on, **5:**182n; AE on, 182
  University of Hamburg, candidacy for chair at, **10:**547
Reichenbach, Hans (1891–1953), **3:**7, 128n; **7:**177n–179n, 181n, 183n; **9:**132; **10:**270, 382
  book by
    dedicated to AE, **10:**313–314

Schlick on, 454–455
coordinative definitions of, Schlick on, **10**:455
on epistemology and relativity, **10**:313–314
on Kant and general relativity, **9**:510
Schmidt, on book by, **10**:505, 506; 608c
student of AE's, **10**:314n, 323
thesis of, Regener on, **10**:269
Reichenbächer, Ernst (1881–1944), **7**:357n, 369–371n; at GDNÄ meeting in Bad Nauheim, **7**:352
Reichinstein, David (1882–1955), **5**:290, 291n, 540n, 607n; **8**:283; **10**:586c
on chemical properties of atoms, **10**:611c
on effect observed by Haber, **10**:312
electrolytic amplification of electric currents, lecture on, **10**:311–312
on Haber, **10**:589c
on oxyde theory of metallic passivity, **10**:588c
on principle of displacement, **10**:588c
Reichsbank, **8**:756n; monopoly of for foreign currency, **9**:139n
Reichsbank, Board of Directors of, AE requests permission from to send money to Swiss family, **10**:567c
Reichstag, **8**:506n; and Deutscher Schutzbund für die Grenz- und Auslandsdeutschen, **9**:350
Reichszentrale für naturwissenschaftliche Berichterstattung, **7**:300n; **10**:271
Reicke, Georg (Berlin mayor), **9**:122n
Reifeprüfung, AE's comments on, **6**:581, 582n
Reinganum, Maximilian (1876–1914), **1**:237, 305n; **5**:293n
AE's reading of, **2**:45, 260
equation of state, work on, **5**:293
University of Zurich, candidacy for chair at, **5**:445
Reingold, A. J., **10**:534
Reinhardt, Max (1873–1943), **10**:*xxxix*; expresses sympathy for AE, **10**:392–393
Reiniger, Anna (1861–1907), **5**:108n
Reininghaus, Fritz, **9**:261n, 583c
Reinkober, Otto (1884–1947), experiments on residual rays, **5**:246n
Reis, Erna and Karl, **9**:603c
Reisner, Heinrich, **8**:1013c
Reißner, Hans (1874–1967), **4**:510n; **5**:418n
AE's supplementary response to, **4**:567–569
on charge distribution in "Entwurf" theory, **8**:139–141

discusses paper of AE, **8**:141n
on gravitational binding forces in elementary charge, **8**:142n
Hopf on, **5**:417
on metric field from electric field, **8**:142n, 380n
supplementary question to AE on gravitation, **4**:508–509,
Weyl's theory, lectures on, **9**:453
Relative motion. *See* Motion: relative
Relativity, **8**:896–897
AE advocates sober discussion of, **10**:245
AE lectures on, in Zurich, **10**:*xxxi*
AE on further development of, **9**:457
AE's popular book on, **8**:401; Hans Albert reads, **10**:*xxxiv*
attacks against, **10**:*xxxv*
axiomatics of, **10**:454
British interest in, as means of reconciliation, **9**:436
campaign against, **10**:*xxxvii–xlii*
debate on
with anti-relativist Martin Polak, **10**:278
in Bad Nauheim, **10**:*xli*
and elasticity theory, **10**:241
epistemological issues of, **10**:332
generalization of, reasons against, **8**:752–753
of gravitational potential, principle of, **8**:692, 753
historical development of, **9**:247, 267
of inertia, **10**:287 (*see also* Sitter, Willem de: relativity of inertia)
interest of psychiatrists in, **10**:284
layman's reaction to, **9**:103–104
and monism, **9**:509
of motion, **8**:77
parallel work in Göttingen and Leyden, **8**:425
philosophical implications of, **10**:*xlv*
and philosophy of Als-Ob, **9**:493
popular lecture on, in Leyden, **10**:*xliv*
principle of (*see* Relativity, principle of)
publications on, sales of, **10**:*xxxvii*
and quantum problem, **9**:403, 460, 498
reception of, in the Netherlands, **10**:*xxxii*
of rotation, **8**:69–70, 82, 295–297, 403, 632, 639
theory of, AE's first usage of term, **3**:439n
and thermodynamics, common principles of, **10**:120

Relativity (*cont.*)
   and time-reversal invariance, **10**:54
   of translation, **8**:297
Relativity, general principle of, **4**:548; **6**:23, 109,
   215, 248, 280, 286–289, 291, 294, 304, 323,
   326, 341, 464–466, 472, 480, 482, 489–494,
   530, 533, 546–547, 549–550; **7**:38, 42n, 119,
   122n, 149, 208, 214, 267–268, 281n, 539,
   616
   AE's response to critique of, **7**:39, 369
   and general covariance, **7**:*xxxii*, 43n, 277, 369,
     371n
   objections to, **7**:354–355
   physical content of, **7**:276–277
   See also Relativity, principle of
Relativity, general theory of, **1**:*381*; **2**:*xxix*, *253–
   254, 273–274*; **3**:*xxix*, 125n, *480*, 497n;
   4:547–550; **6**:4, 7–17, 23, 24n, 73–128, 215–
   223, 226–228, 234–242, 245–248, 264–268,
   280, 282n, 284–337, 340–345, 348–356, 360,
   372, 379, 404–407, 410–415, *417–418*, 464–
   494, 500–501, 508–517, 529–534, 541–551;
   7:*xxiii–xxvii*, 64, 160, 451, 535, 539, 550,
   563, 573n–574n, 576n, 591, 605, 618; **10**:478
   and absolute differential calculus, **10**:25
   absorption of gravitation in
     De Sitter on, **10**:478
     Majorana on, **10**:287, 296
   acceptance of, **10**:36, 52–53, 65, 78
   AE on own strenuous work on, **8**:201, 203, 206
   AE's attempts at modifying, **9**:*xl–xli*
   in AE's popular book on relativity, **6**:*417–418*,
     427, 429, 464–494, 500–501, 508–515,
     516–517, 529–534
   AE's summary of *Einstein 1916f*, **6**:379
   approximate equations of, **6**:4, 123–128, 223,
     235–238, 245, 319, 331, 333, 348–356, 493
   Born lectures on, **9**:255, 386
   boundary conditions in, **6**:543–547, 552n;
     7:121n; degenerate, **8**:385
   centrifugal and Coriolis field inside rotating
     hollow sphere in, **8**:558, 566
   closed timelike curves in, **6**:122, 130n
   conservation laws in, **8**:559, 564–566, 635n,
     673–674, 686–688, 697–698, 715, 761
   and constitution of electron, **10**:549
   and constitution of matter, **7**:*xxvii*, 131–140n
   coordinate condition in, **8**:288, 301–302, 310,
     313–315, 319, 366, 436, 534–535, 579n,
     749, 752
   cosmological considerations in, **6**:500–501,
     516–517, 541–551; **7**:*xxviii*, 133, 138–
     139n, 187–188, 370
   cosmological constant in (*see* Cosmological
     constant; Cosmological term)
   covariance of, **6**:245, 288–292, 294–295, 304,
     316, 330, 341–343, 406–407, 530, 550;
     8:190, 194, 201, 204, 207, 218, 223, 231,
     233, 238–239, 248, 263, 459, 630n, 632;
     9:267
     earlier reasons for rejecting, **8**:201, 202n,
       207, 245, 325n
     with respect to unimodular transformations,
       6:216, 218–220, 223, 228, 234–235,
       245, 304, 328
   curvature tensor in, geometric interpretation of,
     8:299
   development of, **7**:264–278, 376–377, 388,
     408–409, 432
   distinction between covariant and contravariant expressions in, **10**:370
   and eclipse expedition of 1919, **10**:226
   and electrodynamics, **6**:105–109, 226, 264–
     268, 269n, 294, 318, 325–326, 327–330,
     536n; **8**:306
   elliptic vs. spherical space in, **8**:393, 425; **9**:37
   empirical confirmation of, **6**:23, 508–515, 517;
     7:*xxix–xxxi*, 111, 200–201n, 206, 209–
     210n, 213–214, 346–347; **8**:197; **9**:*xxxi–
     xlii*; 583c; **10**:*xxxvi* (*see also* Solar eclipse
     expeditions; Gravitational redshift: empirical confirmation of)
   energy, concept of in, **10**:370
   energy of point mass in, **8**:534–535
   energy tensor in, AE and De Donder on,
     10:370–371
   energy-momentum
     pseudotensor in, **8**:304n, 332n, 442, 498–
       500, 509–510, 516–522, 673–674, 697,
       938
     tensor in, **8**:195n, 230, 235, 332, 553
     vector of point mass in, **6**:103, 125, 127–
       128, 544
   equation of motion of continuous mass distribution in, **6**:101–105
   equation of motion of point mass in, **6**:76, 87–
     89, 103–104, 125, 220, 238–240, 294, 305–
     307, 316–317, 331–332, 406, 548 (*see*

also Geodesic equation)
equations of material processes in, **6:**7, 97–109, 219–220, 325, 330, 340–341, 410–412, 414–415
equivalence of
  with theory of gravitation of De Donder, **8:**303–304, 306–310, 312–313, 315, 318–319, 327–328, 575, 609
  with field theory of Hilbert, **8:**201, 295
equivalence principle in, **8:**344–345
and ether, **8:**300–301
Euclidean solution of vacuum field equations of, **9:**393n, 403n
field equations of (*see* Gravitational field equations)
final formulation of, **10:**39
foundations of, **6:**73–128, 284–337, 379; critical remarks on, 121–123; **7:***xxiv, xxxii–xxxiv*, 37–43, 245; **8:**298, 608
generalization of, **7:**412–415
geodetic precession in, Fokker on, **10:**476
as German product, **8:**791n, 829
gravitational waves in (*see* Gravitational waves)
Hamiltonian formalism for, **6:**11–12, 112–120, 221, 319–321, 340–345, 410–415, 416n; **8:**245–247, 247n, 248, 275, 318–319, 327–328, 346, 350, 360–361, 363–366, 369; **10:**56
heuristics of, **8:**216–217, 230
historical account of, **10:***xlviii*
hole argument in, **10:**27
and hydrodynamics, **6:**73, 102–105, 325–327
ignorance of in England, **8:**323, 359n
imaginary time-coordinate in, **6:**124, 125, 223, 348
inertial mass in, **6:**128, 544 (*see also* Mass: inertial and gravitational)
influence of gravitation on clocks in, AE on, **10:**358–359
influence of quantum theory on, **6:**356
integral equations for, **8:**681
and Kant, **9:**510
and kinematics, **7:**209, 214; **10:**605c
Lagrangian for, **8:**419, 430
lectures on in Göttingen, **10:**32
light deflection in (*see* Gravitational light deflection)
limiting case for small space-time regions, **6:**76, 101, 121, 292–293, 303–304, 326, 331; **7:**269
linearized approximation of, **7:***xxiii–xxiv*, 1213, 166, 181n, 551, 554, 574n
logical structure of, **7:**209, 214
mathematical roots of, **8:**690n
meaning of *dt* in, AE on, **10:**339
mechanics of deformable bodies in, **8:**368–370
mechanics of solid bodies in, **8:**934–935, 951
metric in
  dimension of components of, **8:**536
  from electric field, **8:**142n
  inside and outside rotating hollow sphere, **8:**481483
  nonsymmetric, **8:**582–584, 610–611, 644–646, 656
  time-independent, **8:**485
and neo-Kantianism, **9:**204
Newtonian approximation of, **7:***xxiv*, 36n, 168, 551, 556; **10:**241
and Newtonian theory of gravitation, **7:***xxxi, xxxvi*, 118, 209–210n, 214–215n, 220n, 359n, 377, 409; **8:**208, 214, 223, 232, 265
no more task for AE in, **10:**43; **10:**43
objections to, **7:***xxxi–xxxii, xxxiv*, 116–119, 121n–122n (*see also* Anti-relativists)
and overdetermination of classical variables, **9:**498
perihelion motion of Mercury in (*see* Perihelion motion of Mercury)
physical content of, **6:**123–128, 223
in the popular press, **7:**210n
privileged frame in, **8:**230 390
and problem of space, **6:**517–534
and quantum theory (*see* Quantum theory: and general relativity)
questions on by Laue, **10:**273
radiation of charged sphere rotating around gravitational source in, **9:**97
reception of, **7:***101*; **8:**210, 223, 347, 348, 350n, 561, 562n, 605
  in the Netherlands, **10:**53n, 55
redshift in (*see* Gravitational redshift)
reference mollusks in, **9:**137n, 140n
regularity condition in, **8:**712
rejection of Ricci tensor in, **10:**38n
as relativistic theory of gravitation, **7:**209, 214
relativity of inertia in, **8:**287 (*see also* Sitter, Willem de: relativity of inertia)

Relativity, general theory of (*cont.*)
 research on funded by Prussian state, **9**:274, 584c
 research on in the Netherlands, **8**:350n, 426n
 reservations of Potsdam astronomers toward, **9**:157, 158
 rigidity, concept of in, **9**:140, 474n; Silberstein on, 473–474
 and rotating disk paradox, **9**:115–116, 140
 rotating magnets and conductors in, **10**:348, 354; Dällenbach on, 591c
 Schwarzschild solution of (*see* Schwarzschild solution)
 space and time in, **6**:290, 490–491, 529–533; **7**:272
 space-time continuum of (*see* Space-time continuum: and general relativity)
 spatial and temporal character of coordinates in, **8**:246
 speed of light in, **6**:127, 130n, 475; **7**:269
 summation convention in, **8**:249
 supernatural masses in, **8**:*353*, 414–416, 467n
 twin paradox in, **10**:189, 189–190.
 universe
  size of, **8**:360n, 385, 386, 390, 392, 393, 401, 404–406, 557, 627, 670
  structure of, **6**:500–501, 516–517; **7**:318, 393–395, 398
 variational formulation of, **8**:275
 waves in (*see* Gravitational waves)
 Weyl's path to, AE on, **9**:80
 without gravitational redshift, Larmor on, **9**:244
 world matter in, **8**:414
 See also Cosmology; "Entwurf" theory of AE and Grossmann; Gravitation, relativistic theory of, static field; Gravitational field; Gravitational potential; Gravitational radiation; Gravitational waves; Metric tensor
Relativity, principle of, **2**:*xxii–xxiii, xxi, xxix, 253–254*, 255, *262–264, 276, 280, 286,* 302, 303, 307n, 308n, 312, 410–411, 412n, 414, 420, 433, 438, 451, 568; **3**:131–174, 174n–176n, 426, 429–430, 441–443, 447; **4**:30–32, 39, 40, 44, 54, 105n, *126,* 181–185, *193, 294,* 307, 492, 505–509, 538–543, 610–612; **6**:4, 22, 26, 132, 135, 285, 338n, 423, 432–434, 449, 451, 455, 464–466, 503, 527, 530; **7**:6, 91, 121n–122n, 449, 458–460, 463–465, 515, 517–518, 523, 593–594, 598; **8**:5, 71, 81–82, 297, 659; **10**:11
 and accelerated reference systems, **3**:175n, *480,* 487–488
 according to Kretschmann, **8**:650, 652n
 Bucherer's, **5**:135n; objections to, 50
 in classical mechanics, **2**:255, *258,* 433–434, *504;* **6**:48, 285, 432–433; **7**:250, 254, 373, 407, 519, 603
 and covariance under Lorentz transformations, **7**:258, 262–263, 374, 408
 consequences of, **2**:433–484; **3**:131–174, 174n–176n
 definition of, **3**:143
 derivation of electrodynamic equations for moving media using, **2**:*253–254,* 494
 discussion between Bucherer and Planck on, **5**:50n
 and equivalence of inertial and gravitational mass, **6**:469–472; some conclusions from, 474–477
 extension of to uniformly accelerated frame of reference, **2**:476
 and Galilean transformation, **3**:143, 425–426 (*see also* Transformation)
 general (*see* Relativity, general principle of)
 generalization of
  to uniformly accelerated frames of reference, **5**:86
  to uniformly rotating systems, **5**:210
 and gravitation, **2**:*xxix,* 476–484
 in mechanics, **10**:324
 paper by Hasenöhrl on, **5**:107
 Planck's support of, **5**:50
 Poincaré's definition of, **2**:307n, 308n
 and principle of constancy of speed of light, **3**:430, 434; **4**:32–36, 539, 540, 541, 543, 544, 612; **6**:435–437, 442, 444, 452, 505, 527; **7**:5, 207–208, 213, 431 (*see also* Light, speed of: constancy of)
 public opinion on, in England, **9**:444–445
 as restriction on possible laws of nature, **7**:208, 213, 374, 408
 status of, **2**:255, 286
 and theory of, **3**:425
 validity of, **2**:255, *256–257,* 568
Relativity, special theory of, **1**:*xl, 12, 372;* **2**:*xvi–xvii, xxii, xxv–xxvi, xxviii, xxix,* 410, 412n, 570; **3**:*5,* 131–174, 425–438, 439n, 441–448,

449n; **4:**9–101, 139, 438, 489, 494, 497, 536–
546, 549, 563, 573–575, 585, 590, 591, 609,
616; **6:**4, 22, 26, 44–66, 122, 129n, 132, 135,
269n, 279, 285, 290, 322, 338n, 391, 404,
417–418, 425–463, 479, 485–487, 527–529,
536n; **7:**3–7, 149–150, 160, 449–450, 458,
515, 526, 591–592, 602; **8:**40
absolute time in, Guillaume on, **10:**429, 530
AE and, **2:***139, 253–274*
AE on first paper on, **5:**31
AE's lecture notes on, **3:***10*
in AE's popular book on relativity, **6:***417–418*,
425–463
AE's refusal to write book on, **5:**200
apparent contradiction with Maxwell theory,
5:*57*
Born on accelerated motion in, **5:**486
and classical mechanics, **6:**285, 453, 454, 455,
527; **7:**5, 7
clock synchronization in, Laue on, **10:**272–273
conception of, AE on, **5:**485
connection of to general theory of relativity,
4:548
constancy of speed of light in, AE on, **5:**485
covariance in, **8:**70, 348–349
debate with Guillaume on, **10:***xlviii*
definition of rigidity in, **10:***xxx*, 7n, 10
development of, **7:**245–264, 373–376, 407–
408
Doppler shift in, **10:**411
AE on, **10:**338
Guillaume on, **10:**338
transversal, Fokker on, **10:**287
early interest in
Mosengeil's, **5:**40n
Planck's, **5:**40n
electrodynamic field of moving rods in, **10:**11
and electrodynamics, **6:**4, 26, 59–65, 75, 132,
264, 266, 280, 325, 328, 330, 433, 437, 452,
453–455, 458, 459, 527; **7:***xxxi*, 6, 208, 214,
245–250, 313–315
electrostatic force in, **10:**11
energy of point mass in, **4:**58, 489; **6:**64, 103,
454, 456; **7:**259
epistemological foundations of, **10:**9
equation of motion of point mass in, **2:**268–
269, 365, 411; **3:**437; **4:**56–59, 545; **6:**64–
65, 75–76, 132, 135; **7:**530, 572n
and ether, **8:**73, 300

experimental tests of, **2:***253, 270–273*, 402–
403, 458–461; **3:**175n; **5:**133n–134n,
136n–138n
and experiments, **6:**22, 457–461
first course on, given by Sommerfeld, **2:***267*
foundations of, **6:**472–474; **7:**245; AE on, **5:**87
four-dimensional (Minkowskian) formulation
of, **2:***504–505, 506*; **4:***4*, 41, 42, 65–80, 81,
106n, *125*, 324, 340n, 488, 501n, 546, 573,
589, 590, 612; **6:**89, 97, 124, 125, 264,
269n, 284, 293, 328, 461–463, 485–487,
506–507; **7:**260–264, 280n, 374, 408, 514,
519–520, 524, 571n; **10:**6n
AE and Laub on, **5:**121n
AE's use of, **5:**246n
Laub's comments on, **5:**119–120
Sommerfeld's papers on, **5:**246
and general relativity, **6:**7, 73, 97, 98, 105, 123,
215, 235, 248, 284, 286, 288–289, 292–
294, 304, 331, 335, 348, 476, 490, 492, 493,
530, 532, 537n; **8:**674–675, 685
heuristic value of, **4:**545, 612; **6:**452–453
historical background of, **2:***253, 254–255,
261–266, 273*
invariant space-time interval in, **6:**76, 77, 84,
88, 121–122, 292–293, 486, 531; **7:**255,
263, 374, 408, 523
invariant volume element in, **6:**84, 303
and Kaufmann's experiments, **5:**138
kinematical foundations of, **2:***253*, 411 (*see
also* Kinematics: relativistic)
Laub's review paper on, **5:**203n
Laue's book on, **5:**200n
Laue's early interest in, **5:**40n
length contraction in (*see* Contraction hypothe-
sis, Lorentz-Fitzgerald; Length contraction,
relativistic)
light wavefront in, **10:**547
limits of, **2:**415
and Lobatchevskyan geometry, **10:**6n
and Lorentz's electrodynamics of moving bod-
ies, **8:**220, 900
Mach's appreciation of, **5:**205
manuscript on, **4:***3–7*, 9–101
mechanical model to illustrate effects in, **9:**15n
and Michelson-Morley experiment, **10:**264
momentum and energy flow in, **5:**149n
momentum of point mass in, **4:**58, 158, 489;
6:64, 103; **7:**259

Relativity, special theory of (*cont.*)
  motion of electrons as confirmation of, **9:**354
  objections to, **2:***253–254*; **7:**115–116, 280n
  Planck's work on, **2:***266–267*
  reception of, **2:***253, 266–268*
  reflection of radiation from moving mirrors in,
    10:7n
  results from, **6:**453–457; **7:**375, 408
  rigid motion in
    AE on, **5:**229, 232
    Born on, **2:**427n; **5:**211n
    degrees of freedom of, **2:**427n
    discussion on, **5:**251n
    dispute between Ehrenfest and Varićak on,
      5:292n
    Ehrenfest on, **5:**211n
    kinematics and dynamics of, **2:**422–425,
      485n
  rigidity, concept of, in, **9:**473
  rigidly rotating disk in (*see* Rotating disk)
  role of Fizeau experiment in development of,
    AE on, **5:**229
  rotation of rigid bodies in, **10:***xxx*, 6–15 (*see
    also* Rotating disk)
  simultaneity of distant events in, Bennett on,
    10:600c
  space and time in, **4:**39; **6:**4, 285, 288–289,
    404; **7:**208, 213, 260
  space-time continuum of (*see* Space-time continuum: and special relativity)
  superluminal signals in (*see* Signal velocity:
    superluminal)
  termed "Relativtheorie" by Planck, **2:***254*
  validity of, **4:**546
  variational principle in, **4:**489, 494
Relay, Paul Habicht's design for, **5:**24
Relief and Works Agency for Palestine, **9:**193
Relief work
  in Austria, British, **9:**311
  in Germany: American, **9:**253n, 387; British,
    387; Quaker, 253n
Religion of might. *See* Germany: religion of
  might in; Treitschke, Heinrich von
Rembrandt, **8:**761n
Rennhart, Martin (1855–1928), **1:**217, 359
Republic, declared in Berlin, **8:**964
Reserve fund, financial, **8:**270, 581, 598
Residual rays, **3:***xxiii*, 510n; **10:**17
  AE's paper on, **5:**372, 380, 405; Rubens's ob-

  jections to, **5:**360n, 393, 394, 405
  AE's work on, **5:**418, 437
  experiments on, **3:***xxiii, xxiv*, 510n, 544n;
    5:233n, 360n, 395, 437
  AE's criticism of, **5:**380–381
  refraction of, **5:**360n, 382n, 393
Resistance, electric. *See* Electric resistance
Resistor, made by Chavan, **5:**240
Resistors, parallel, **3:**368
Resonance, **3:**382, 517n, 540, 546n
  of torsional cylinder oscillations, **6:***147, 148*,
    156, 157, 158, 160, 170n, 176, 177, 181,
    192, 195, 273, 274
  curve of, 165–168, 184–188
Resonator, **1:***236*, 279, 283, 286; **3:**457, 460,
    512; **2:**152, 167n, 351–354, 375, 379, 575,
    585–586
  damped, AE's calculation for, **5:**359
  energy of, **3:**560
  motion of, and radiation field, **3:**270–280,
    281n–282n
  See also Oscillator
Rest, absolute, **1:***225*, 285
Rest density, **4:**101; **6:**392; electrical, **4:**54, 82,
    87, 320; **6:**62
Rest energy, **4:**59, 108n, 569
Rest mass, **4:**98; **6:**64
Rest volume, **4:**45, 310, 320, 490; **6:**101, 350
Retarded potential. *See* Potential: retarded
Reutemann, Walter (1870–1938), return to Argentina, **5:**140n
Reutemann-Habicht, Elisabeth (1874–1968), return to Argentina, **5:**140n
Revenge idea in Germany, AE on, **9:**121, 135
Reversibility of elementary events, **8:**860
Reversible process. *See* Change of state: reversible
Rey, Abel (1873–1940), on French edition of
  AE's scientific papers, **9:**411
Rey Pastor, Julio (1888–1962), **9:**614c; **10:**571c,
    576c, 591c
  AE's popular book on relativity, proposes
    Spanish edition of, **9:**528
  invites AE to lecture in Spain, **9:**527; **10:**586c;
    declined, **10:**590c
  on publishing *Einstein 1917a* in serialization,
    10:590c
Reynolds, Osborne (1842–1912), on radiometer,
    9:48n, 50

Rheinfelden (Canton Aargau), **10**:195n, 200, 210

Ricci tensor, **7**:28n, 160, 179n, 188n–189n, 452, 549, 553, 574n

Ricci-Curbastro, Gregorio (1853–1925), **7**:277, 541, 574n
   and differential calculus, **6**:78, 90, 216, 284, 297, 535n
   on differential covariants, **4**:*195, 294, 296*, 324, 329, 495, 620

Richards, Theodore William (1868–1928), **2**:129

Richardson, Owen (1879–1959), **5**:377; **6**:174, 189n; thermionics, work on, **5**:378n

Richardson effect, Reichinstein on, **10**:312. See also Ampère's molecular currents

Richetti, Max, **5**:243

Richter, Ernst von (1862–1935), **9**:475

Richter, Viktor von (1841–1891), **5**:11, 12n

Ridder, Carel de (1881–1962), **9**:415; **10**:262, 479, 480

Ridder, W. de, **10**:479

Riecke, Eduard (1845–1915), **1**:236, 279, 281; **4**:507, 510n, 529; **8**:158

Riehl, Alois (1844–1924), **9**:204, 350n; as coauthor of Manifesto of the 93, **9**:122n

Riemann, Bernhard (1826–1866), **2**:*xxv*; **6**:372, 496, 499, 531–532, 563; **7**:432, 541, 574n; **8**:690n, 712n, 870–871, 898; **9**:235
   and differential calculus, **6**:216, 226, 284, 372, 482, 535n
   on differential covariants, **4**:*294, 296*, 336

Riemann condition, **6**:532

Riemann hypothesis on countability of space, **10**:540

Riemann scalar, **4**:235n, 239n, 242n; **7**:134, 160, 182n, 549; **10**:364n

Riemann surfaces, **10**:244

Riemann tensor, **4**:*197–198*, 232n, 234n, 235n, 240n, 242n, 343n, 245n, 253n, 254n, *296, 300*; 597n; **6**:18n, 96, 123, 218, 314–316, 318, 339n, 341; **7**:27n, 44n, 80n, 132, 159, 184n, 413–415, 452, 547–549, 553, 563; **8**:194, 201, 233, 552–553, 556, 583, 611, 644, 656, 670, 712
   definition of, **4**:336, 593, 596
   trace of, **6**:412, 550

Riemannian geometry. See Geometry: Riemannian

Riemannian space. See Space: Riemannian

Riese, ?, **10**:332

Riesenfeld, Ernst, **8**:1012c

Riess, Carl (1875–1929), **9**:347

Righi, Augusto (1850–1920), **1**:285, 287; **9**:114; **10**:303n

Rigi, Switzerland, **10**:164

Rigid body, **3**:*5*, 72, 81, 83, 102, 442–443; **7**:387–393, 400–401
   assertions about, **2**:*268*, 410–411
   definition of, **3**:*478*
   definition of Lorentz-invariant, **3**:449n
   dynamics of, **2**:308n, 411, 412n, 427n
   equilibrium and, **3**:76
   geometric shape of, **2**:439, 485n
   in homogeneous field, **3**:67
   kinematics of, **2**:*xxiii*, 288–290, 308n, 410–411, 437, 439–440
   kinetic energy of, **2**:561
   Lorentz-invariant definition of, **2**:288–290, 427n
   motion of, **1**:250; **3**:73, 79, 97, 99–113
   positioning of, **2**:290
   in relativity theory, **3**:449n, *478–480*
   relativistic dynamics of, **2**:419, 424, 427n
   rigidly electrified, **2**:415, 420, 422
   speed changes of, Schüepp on, **5**:221.
   in uniform translation, **2**:277, 416, 420, 437, 485n; kinetic energy of, 416–420
   See also Relativity, special theory of: rigidity *and* rigid motion in; Rigid rod

Rigid framework, **2**:277, 411, 549

Rigid rod, **3**:11, 156

Rigid motion, relativistic. See Relativity, special theory of: rigid motion in

Rigidity. See Relativity, general theory of: rigidity, concept of in; Relativity, special theory of: rigidity, concept of in

Rilke, Rainer Maria (1875–1926), **8**:138

Ring atom, **8**:562n

Ring, rotating, field of, **8**:325n

Ritschard, Johannes (1845–1908), **1**:312; **5**:48n, 106n

Ritz, Walter (1878–1909), **2**:*134, 144, 145, 146*, *263*, 542, 551n, 555, 555n; **8**:200; **5**:451n, 464n, 478n; **7**:469n
   emission theory of light of, **4**:*5*, 34, 35; **5**:450; **6**:49; **7**:467; AE's thermodynamic argument against, **6**:67n

Ritz effect, **3:**574
Riva, Domenico, **1:***lv*
Robert College, Istanbul, **9:**213n
Robert Koch Institute of Infectious Diseases, **7:**448n
Robitschek, Hedwig (1890–?), **5:**406n
Rochester, University of (*see* University of Rochester)
Rockefeller Foundation, **7:**241n, 300n
  assists German and Austrian universities, **10:**546
  Emergency Program for Europe, **7:**300n
Rod
  action of contrary impulsive forces on, **2:**422–424
  slithering, **8:**632, 640, 749
Rödelberger, Franz (1863–1926), **1:**21
Roderich-Stoltheim, F. *See* Fritsch, Theodor
Rödiger, Georg, requests KWIP funds for method to transform heat into mechanical work, **8:**1014c
Roethe, Gustav (1859–1926), **5:**570n; **9:**515n; **10:**580c, 582c; on raise of AE's salary, 606c, 613c
Rogowski, Walter (1881–1947), **6:**157, 170n
Röhm, Stefan, requests KWIP funds for analyzing "ice-core" process, **8:**1022c
Rohrer, Fritz, **10:**36
Rolland, Romain (1866–1944), **7:**88, 216n–217n, 491n; **8:**168, 169, 170, 204, 505, 510; **9:**134n, 164n, 322, 323n; **10:**33, 65, 126, 129, 188n
  AE on character of, **8:**103; **10:**129
  AE prepared to visit, **8:**169n, 171n, 504; **10:**65
  AE prepared to write to, **10:**58
  as author of "Un Appel, Fière Declaration d'Intellectuels," **9:**102, 564c, 570c, 575c
  as author of "Für die Unabhängigkeit des Geistes," **7:**216n–217n; 9:102n–103n
  for French-German understanding, **8:**103
  on international meeting of intellectuals, **8:**109, 117
  on international organization of nations, **8:**109
  on lost optimism of AE, **8:**504
  on new world order, **8:**510
  Nicolai
    praises book of, **8:**504
    supports, **8:**503n
  Nobel Prize for, **10:**58
  and relief for postwar Poland, **9:**204
  on responsibility of intellectuals for war, **8:**109
  Western civilization
    on decline of, **8:**504, 510
    on revitalization of, **8:**504
  works on novels, **8:**504
Roloff, Friedrich Max (1870–1915), **3:**421n; **5:**16n; on electrolytic dissociation, **5:**13
Romain, Julie, **5:**343
Rome, congress of mathematicians in, **5:**168n
Ronacher, ?, **3:**578
Röntgen, Wilhelm Conrad (1845–1923), **2:***271*; **3:**414n; **5:**44n, 428n; **7:**88, 494n; **9:**217
  AE declines invitation by, **8:**368
  proposed as foreign member of PAW, **10:**607c
  requests reprints, **5:**43
Röntgen's experiment on magnetism, **4:**17, 27; **6:**48, 67n
Rosen, Friedrich (1856–1935), **10:**267n, 570c, 571c, 573c; invites AE to The Hague, **10:**267
Rosenau sanatorium (Lucerne), **9:**118n, 139, 219, 572c; **10:***xxxvi*, 199, 201n, 204n, 212n
Rosenberg, Hans
  on light amplification, **10:**594c
  requests KWIP funds for astrophyical measurements, **9:**557c; rejected, 561c
Rosenberg, I., **9:**567c
Rosenblüth, Felix (1887–1978), **8:**963, 970; meets with AE, **9:**181n
Rosenheim, Theodor (1860–1939), **8:**854
  diagnoses AE with duodenal ulcer, **10:**108
  on Eduard Einstein's condition, **10:**145
  examines AE, **10:**100
Rosenthal, Ludwig (1855–1928), **7:**448n
Rosenthal-Schneider, Ilse (1891–1990), **9:***xl*, 155, 204n, 256, 281n
  book on Kant and relativity, 342; **10:**262n, 382
Rosenzweig, Franz (1886–1929), **9:**168n
Ross, Alfred (1831–1916), **5:**115n
Rössler, Mauritz von (1857–1912), **5:**266n
Rostock, University of. *See* University of Rostock
Rotating disk, **3:***478–480*; **5:**211n; **6:**477–480, 512–513, 537n; **7:**178n, 270–272, 281n, 388, 538, 573n, 617; **10:***xxx*, 8–15
  AE on paradox of, **9:**135–137, 140
  circumference of, **4:**131, 144n, *193*; **6:**289–290, 338n, 479
Rotating shell, **7:**121n

See also Lense-Thirring effect
Rotation, **3:**81, 97, 100, 542, 545n
  absolute, **7:**316, 322n, 370
  degrees of freedom of, **6:**259
  of disk (*see* Rotating disk)
  of Earth, **3:**61, 127n
    around its axis, **8:**692, 700
    around Sun, 692
    and terrestrial magnetism, 79
  of four-dimensional system of coordinates, **3:**170 (*see also* Lorentz transformation)
  of gas molecules, **3:**513, 513n, 541–543, 560
  quantized, **3:**242n, 246n, 518n
  relativity of, **6:**552n
  transformation (*see* Transformation: rotational)
  velocity of, **3:**561
Rotations, **2:**308n, 334, 342–343, 420–421, *504*
Rotator
  rigid, **3:**242n, 246n; quantized, **8:**42n
  velocity of, **3:**545n
Roth, Otto (1853–1927), **5:**595; report by, on conditions in Zangger's office, 596n
Rothe, Hermann (1882–1923), **5:**472, 474n
Rothmund, Ludwig (1870–1927), **8:**8
Rothschild, Baron Edmond de (1845–1934), **9:**198n
Rothschild, Lord Lionel W. (1868–1937), **9:**255n
Rotszajn, Sophie (1873–?), **5:**540n; **9:**192
Rotten, Elisabeth (1882–1964), **7:**333n; **8:**345, 364, 371; **9:***xliv*, 34n, 43n, 71, 185, 231, 422n; **10:**211, 333
  AE meets with, **8:**371n
Rousseau, Jean Jacques (1712–1778), **10:**160; AE reads *Confessions*, **8:**729
Rouvière, Jeanne, **9:**537n, 602c, 604c, 606c, 609c; **10:**340, 575c; translates *Einstein 1917a* into French, **10:**328, 572c, 609c
Rowland, Henry A., **9:***xxxvii*, 324
Rowland's experiment, **4:**11, 183
Royal Aircraft Factory, Adlershof, **8:**221n, 426, 427n
Royal Astronomical Society, **6:**512, 537n; **7:***xxi*, *xxx*, 210n, 215n; **8:**384n; **9:**158n
  1919 solar eclipse expedition, meeting about, **9:**138n
  Gold Medal for AE, **9:**387, 582c, 588c; not awarded, 369–370, 378, 401, 408, 595c, 600c, 605c; **10:**255n, 309n, 380
  joint meeting of with Royal Society, **9:***xxxv*, 232, 243, 351
Royal Danish Academy of Sciences and Letters, AE as corresponding member of, **9:**598c, 610c–612c
Royal Dutch Academy of Sciences, **6:***145*, *147*, 552n; **8:**247n, 302n, 304n, 370n, 416n, 466n–467n, 474n, 479n, 522n–523n, 609n, 713n
  AE as corresponding member of
    election, **9:**613c; **10:**268n, 274–275, 287
    induction, **10:***xlv*, 277
    nomination, **10:**270–271
  meeting on eclipse results, **9:**580c
Royal Institution of Great Britain, **7:**201n, 340n
Royal Prussian Observatory, Neubabelsberg, **5:**504, 505n; **7:**146n; **8:**57n, 89n, 204n, 209n, 215, 242n, 257n, 260n, 265n, 287, 471n, 564n, 593, 602n, 605, 684n; **9:**158n, 275n
Royal Society of London, joint meeting with Royal Astronomical Society, **7:***xxi*, *xxx*, 210n; **9:***xxxv*, 232, 243, 351
Royal Society of Göttingen
  AE corresponding member of, **8:**222, 227
  lecture to
    by Debye, **8:**820
    by Klein, **8:**833n
    by Runge, **8:**688
Royal Surveyor's Office, **8:**595n, 597n
Royds, Thomas, **10:**249
Rozhdestvensky, Dmitri (1876–1940), **10:**517
Rubakin, Nicolai (1862–1946), **9:**576c
Rubens, Heinrich (1865–1922), **2:***147*, 557, 559n, 586; **3:***xxiv*, 413n–414n, 500, 503, 504n, 510n, 512n, 544n–545n; **5:**187n, 300, 349, 512, 529n, 598n, 602n; **7:***102*, 340n; **8:**347n, 361, 388n, 514n, 655, 781, 1001c, 1004c, 1008c, 1021c; **9:**65n, 74, 127, 149, 150n, 228n, 310n, 360n, 488n, 590c, 593c; **10:**17, 21n, 64n, 109n, 365, 397n
  AE on character of, **8:**363
  AE's salary, proposes raise of, **9:**580c
  awarded KWIP funds for research on radiation formula, **9:**571c, 576c; **10:**609c
  Delbrück-Dernburg petition, signs, **8:**176n, 364n
  Institut international de physique, dismissed from scientific committee of, **9:**115n
  KWIP, member of Direktorium of, **8:**527n

Rubens, Heinrich (*cont.*)
  meets with AE: in Berlin, **5:**458n, 467; in Salzburg, 227
  PAW
    nominates Laue as member of, **10:**570c
    nominates Debye and Sommerfeld as members of, **9:**410
    proposes financial help of to *Physikalische Berichte*, **9:**580c
    press statement supporting AE, signs, **10:**414n
  Purkinje phenomenon, lecture on, **8:**212
  residual rays
    criticism of AE's work on, **5:**360n, 393, 394, 405, 437
    experiments on, **5:**395n; AE on, 232, 380–381
  Wednesday colloquium of, **8:**289, 589, 999c, 1000c, 1002c; **9:***xlix*, 228, 279n; **10:**273n, 524
Rubens, Peter, **8:**761n
Rubinowicz, Adalbert (1889–1964), **9:**218n
  criticizes Ehrenhaft's negative photophoresis, **10:**580c
  spectral lines, on theory of, **8:**783
Rubner, Max, **9:**350n, 582c, 589c
Rüchardt, Eduard (1888–1962), **9:**60
Ruchet, Marc (1853–1912), **5:**201n
Rudio, Ferdinand (1856–1929), **1:**212n, 337, *365, 379*
Rudolph, Heinrich (1863–1953), **7:**355, 359n
Ruess, ?, **3:**581
Ruess, Ferdinand, **1:**262n, 282n, 349, 351
Ruiz, Maria Besso, **1:**215n
Rümelin, Theodor (1877–1920), **10:**550
Rumpler aircraft firm, **8:**480n
Runge, Carl (1856–1927), **5:**502n; **7:**76n; **8:**688, 805; **10:**471
  AE recommends, **10:**172
  on energy-momentum conservation in general relativity, **8:**688, 761
  on erroneous formula for light deflection in *Einstein 1916e*, **10:**483–484
  Geodetic Institute, candidate for directorship of, **8:**796
  gravitational waves, lecture on paper of, **8:**699n
Ruppin, Arthur (1876–1943), **9:**197, 223n
Rusch, Franz (1880–1962), **5:**241, 241n, 415, 415n; excursion with AE, **5:**242, 242n

Ruskin, John (1819–1900), **8:**941
Russell, Bertrand (1872–1970), **8:**492, 511, 738n; **10:**408
Russell, Charles H., **9:**12n
Russi, Ugo (1875–1964), **8:**329–330, 332
Russia, **8:**53n, 57n, 215, 484, 485n, 620n
  anti-Semitism in, **8:**18
  blockade of, **9:**203n, 205, 205n; AE on, 202
  instability and violence in, **9:**35–36
  pogroms in, **8:**19n
  political pattern for northern Germany, **8:**958
  postwar conditions in, **9:**202, 204–205
  Red Army, military successes in Poland of, **9:**389n
  See also World War I
Russian Academy of Sciences, **8:**18n–19n
Russian Association of Physicists, first meeting of, **10:**319
Russian Imperial Academy of Sciences, **7:***223*
Russians, White, **7:**241n
Russo-Polish War, **7:**430n
Rutherford, Ernest (1871–1937), **2:**577; **3:**511n, 513n; **5:**300, 301n, 349, 522n; **6:**370n; **7:**339, 340n; **8:**285, 706; **10:**287, 303n, 365, 513, 595c
  experiments on radioactive decay, **4:**554n
  inducted as foreign member of Dutch Academy of Sciences, **10:**287
  law of radioactive decay, **6:**368, 370n
  pleased about eclipse results, **9:**236, 238n
  Solvay Congress, Third, planned lecture at, **10:**303
Rütschke et al., on news about AE considering to leave Berlin, **10:**401
Ryffel, Jakob (1861–1935), **1:**21
Ryzkov, Nikolay (mathematician), **3:**582

Sackur, Otto (1880–1914), **3:**407n; **5:**481n, 535, 536n; **6:**261n; **8:**20, 30n, 38, 42n, 186n
  entropy constant, work on, **4:**280; **5:**480; **8:**39n; **6:**250–261
  gas dissociation, on paper of Stern on, **8:**29
  on specific heat, **8:**20n
  on zero-point energy, **8:**20
SAG. *See* Schweizerische Auer-Aktien-Gesellschaft
Sahli, Hermann (1856–1933), **2:**408n
Saint-Venant and Wantzel's hypothesis, **2:**114
Saitschick, Robert (1867–?), **1:***364*

Salaman, Redcliffe N. (1874–1955), **7**:436n
Salamander-Schuhgesellschaft mbH, **9**:13n
Salomon, Charles M., **7**:480–481n
Salt solutions, **1**:*265*, 292, 324n, *377*
Salzburg. *See* Gesellschaft Deutscher Naturforscher und Ärzte: meeting in Salzburg
Samaden hospital, **8**:659
Samson and Delila, pets in Elsa Einstein's household, **10**:119, 122, 127
San Remo Peace Conference, **9**:197n; negotiations at, on British mandate in Palestine, 365n
Sänger, Friedrich (1875–?), **1**:59n
Sannig & Co., **9**:462, 595c
   legal dispute with Allgemeine Elektrizitätsgesellschaft, **7**:242–243
   patent of, **7**:243n
Säntis, massif in northeastern Switzerland, **1**:219, 222, 235, 373c, 374c
Sarasin brothers, **8**:372
Sarnen, Canton of Obwalden, **1**:248, 249n
Saturation magnetization, **6**:154, 157, 163, 170n, 175–176, 189n
Sauerbruch, Ernst (1875–1951), **8**:814
Sauerwein, Wilhelm, **9**:261n
Sauter, Joseph (1871–1961), **2**:*47*, 75n, 96n, *260*
Sauvage, Eduard, **2**:326n
Savart, Félix (1791–1841), **1**:201; **7**:526–527
Savić, Helene (née Kaufler) (1871–1943), **1**:245n, 262–263, 271n, 274, 318–319; **5**:19n, 215n; **8**:4n, 53n, 337–338, 350n, 374n, 381n, 402n, 444n, 455n, 574n, 659n; **9**:4n, 91n, 271n, 496n
   AE praises, **10**:44
   biography, **1**:*386*
   and Savić, Milivoj, rendezvous with AE and Einstein-Marić in Kijevo, **5**:45n
Savić, Julka (1901–1986), **1**:274n; **5**:19n
Savić, Milivoj (1876–1940), **1**:263n, 271n, 273, *386*; **5**:19n
Savić, Zora (1903–?), **5**:19n
Sazyma, W., **9**:601c
Scalar, **6**:78, 298; **7**:154–155, 510, 513, 541, 574n
   density, **7**:546
   See also Riemann scalar; Weyl (conformal) scalar
Scattering of light, **3**:310n–311n
   by density fluctuations, **3**:*283*
   by small particles, **3**:311n

   in solar atmosphere, Julius on, **5**:316
   See also Rayleigh scattering; Smoluchowski-Einstein scattering
Schaefer, Clemens (1878–1968), **8**:913; **9**:127, 149n, 150n
   AE on, **9**:149
   nominates AE for Nobel Prize, **5**:629c
Schäfer, Wilhelm (1868–1952), **9**:94, 323n
Schaffhausen, **10**:130
   AE's stay at, **1**:*xxxvii*, 317–333 passim, *376*, *379* (*see also* Nüesch, Jakob)
   AE teaches at school in, **5**:34n
Schaffhausen Cantonal School, **9**:129n
Schaufelberger, H., **4**:586
Scheel, Karl (1866–1936), **8**:116, 600, 671, 817, 818n, 973, 974; **9**:14, 20, 27, 297, 297n, 309, 344n, 571c; **10**:332
Scheidemann, Philipp (1865–1939), **9**:28
Schenk, Heinrich (1872–1938), **1**:338, 339n; **5**:114, 115n; congratulates AE on appointment at ETH, **5**:399
Schenkel, Hans (1869–1926), **5**:90, 91n, 525n
Scherrer, Otto (1875–?), mathematics teacher of Hans Albert Einstein, **10**:87
Scherrer, Paul (1890–1969), **8**:823n; **9**:24n, 75, 382, 405
   leaves University of Göttingen, **9**:434
   recommended to University of Zurich, **9**:487
Scheye, A., paper by, **5**:227
Schickele, René (1883–1940), **8**:947
Schidlof, Arthur (1877–1934), **4**:*112*; **5**:530n; work on photochemistry, **5**:530n, 533n
Schiemann, Elisabeth, **8**:911n
Schiff, Jacob (1847–1920), **9**:13n; AE on political trustworthiness of, 11
Schiff, R., **2**:13, 19, 21n
Schild, Karl (1875–1943), **5**:234n, 304, 396
   AE suggests transfer of, **5**:314, 340
   AE's opinion of, **5**:234n
   appointed *Assistent* by Weber, H. F., **5**:234n
   Swiss Telegraph Administration
      retains position at, **5**:396n
      role in Chavan's difficulties at, **5**:234, 290
Schiller, Friedrich (1759–1805), **10**:345
Schiller Foundation (Weimar), **7**:363n
Schinz, Hans (1858–1941), **1**:331; **2**:174; **5**:287n; **8**:75, 76n, 153n, 404n
Schirach, Friedrich von, **8**:858n
Schirmann, Marie A. (1893–?), **10**:295

Schjelderup, Harald, **10**:246n
Schjerning, Otto, nominated for Lebiniz Gold Medal, **8**:1000c
Schläfli, Ludwig (1814–1895), **9**:41
Schläfli's theorem, **8**:551
Schleich, Carl Ludwig (1859–1922), **9**:392, 394
Schlesinger, Erich, **9**:43n, 422n
Schleusner, Thea (1879–1964), portrait of AE by, **9**:342
Schlick, Blanche (1881–1964), **9**:261n, 313
Schlick, Moritz (1882–1936), **7**:*xxxi, xxxv*; **8**:448, 472n, 660; **9**:51, 75, 76n, 115, 234n, 239, 280, 328, 374, 449–451, 471n, 483, 510; **10**:262n, 586c
  AE invites, **8**:221, 426
  Allgemeine Erkenntnislehre: AE on, **7**:403n; Born on, **9**:204
  and Als-Ob conference
    invited, **10**:333
    plans to attend, **10**:275
    unable to attend, **10**:573c, 576c
  anti-relativity campaign in Berlin, on coverage of English press of, **10**:455
  on axiomatic method, **7**:387, 403n
  on *Born 1920a*, **10**:455, 582c
  on causality, **10**:306–307, 310
  conventionalism of, **7**:220n, 404n
  Dingler, on book by, **9**:529
  Drill, debate with, **9**:282n, 313
  on English translation of *Schlick 1917*, **10**:256
  on general relativity for philosophers, **10**:78
  gravitational field, on observability of, **10**:307
  Holst, on paper by, **9**:529
  hopes for call to
    German University in Prague, **10**:391
    University of Erlangen, **10**:456
    University of Giessen, **10**:256
    University of Zurich, **9**:445–446, 477–478, 483, 529
  invited to Danzig and Harburg, **10**:455
  invites AE and Planck to stay in his home, **9**:198–199
  Mach, criticizes, **8**:648
  participates in prize contest of *Scientific American*, **10**:455–456
  Raum und Zeit in der gegenwärtigen Physik, **9**:140, 530
    AE on higher royalties for, **9**:346, 390–391, 528
    English edition of, **9**:320
    requests AE's comments on, **9**:313
  reality, on concept of, **8**:456
  Reichenbach, on book by, **10**:454–455
  relativity, book on, **8**:456, 648, 898, 965; AE praises, **8**:456, 965
  relativity, paper on, **8**:388–389, 417, 426, 438, 627, 640; AE praises, **8**:389, 627
  relativity, paper on meaning of, **8**:220, 389
  on results of AE's calculations regarding star clusters, **9**:314
  Royal Aircraft Factory, works in, **8**:221n, 426
  solicits AE's opinion on successor of Weber in Rostock, **10**:390–391, 456
  on spatial and temporal causality, **10**:307–308
  University of Rostock, jubilee of, **9**:198–199, 203, 216n, 580c
  on uproar at AE's lectures, **9**:478
  visits AE, **8**:388
  writings of, valued by AE, **10**:*xlviii*
Schlick, O., gyroscope of, **8**:812n
Schlubach, Heinrich, AE on political trustworthiness of, **9**:11
Schlubach, Thiemer & Co. (Hamburg), **9**:13n
Schlumpf, Emil, **1**:239n
Schmedeman, Albert (1864–1946), **10**:479, 491n, 514, 530
  on AE's financial demands for his U.S. lecture tour, **10**:523
  University of Wisconsin
    forwarded AE's information on Warburg to, **10**:538
    invites AE to lecture at, **10**:604c
Schmid, Anna (1882–1948), **1**:220
Schmid, Elfriede (1883–1971), **5**:590n
Schmid, Margaretha (1886–1978), marriage to Ehrat, **5**:590n
Schmidt, Adolf (1860–1944), **4**:607n; **8**:717; **9**:102, 134
  integrating device of, **8**:59–61
  invites AE, **8**:61
  manuscript on periodic processes, AE on, **8**:60–61
Schmidt, Erhard (1876–1959), **5**:449
  expresses sympathy for AE, **10**:596c
  University of Zurich
    resigns from, **5**:449n
    support of Ernst Zermelo's candidacy for chair at, **5**:449n

Schmidt, Harry (1894–1951), **10:**509
  invites AE for lunch in Altona, **10:**598c
  on Reichenbach's competence, **10:**610c
  book on relativity by, Reichenbach's criticism of, **10:**505; response, 608c–609c
Schmidt, Heinrich, **9:**348n
Schmidt, Jakob (1875–1954), **5:**91n, 141n
Schmidt, Raymund (1890–?), **8:**886; **9:**494; **10:**260
Schmidt, Robert, **9:**148n
Schmidt und Haensch Company, **9:**124, 337
Schmidtbonn, Wilhelm, **9:**323n
Schmidt-Ott, Friedrich (1860–1956), **5:**511, 513, 513n, 529n, 549n; **7:**300n, 364n, 494n; **8:**513n, 722n, 822, 1031c; **9:**279n, 602c, 603c, 605c, 608c; **10:**577c–580c, 582c, 585c, 603c
  KWIP, member of Kuratorium of, **8:**530n, 571n, **9:**583c; new president of, 600c
Schmidt-Ott/Wildhagen memorandum, **7:**363n–364n, 494n
Schmitt, ?, **9:**605c
Schmückle, Georg (1880–1948), **9:**70n
Schnauder, Alfred (1871–1956), sends compositions to AE, **5:**46, 46n
Schnauder, Hanna (1903–?), **5:**46n
Schnauder, Otto (1896–1983), AE thanks for sending compositions, **5:**46, 46n
Schnauder, Sigrid (1900–1961), **5:**46n
Schnauder-Habermehl, Maria (1876–1953), **5:**46n
Schneider, Erhard, nominates Laue as member of PAW, **10:**570c
Schneider, Ilse. See Rosenthal-Schneider, Ilse
Schneider, Karl Camillo (1867–1943)
  against democracy, **8:**676
  on own pacifism, **8:**676
  on physicists popularizing physics, **8:**675–676
  relativity, paper on, **8:**662, 675–676
Schneider, Rudolf, appointed trustee of Albert-Einstein-Spende, **10:**578c
Schnitzler, Arthur (1862–1931), **5:**546, 546n
Schobinger, Josef (1849–1911), **5:**333n, 399n
Schoenflies, Arthur (1853–1928), **5:**153n; **8:**497; **10:***xl*, 276, 335–336, 352
  concept of time, lecture on, **5:**153n
  GDNÄ meeting in Bad Nauheim, solicits introductory lecture to relativity session at, **10:**305

  praises AE's work, **5:**153
  requests reprints, **5:**153
  solicits AE's opinion on candidates for successor to Born, **10:**304–305
Scholz, Heinrich (1884–1956), **9:**76n
Schoorl, Nicolaas (1872–1942), **5:**334, 334n
Schopenhauer, Arthur (1788–1860), **1:**316, 325, 326n; **7:**55, 59n, 381n
Schott, Otto, nominated as corresponding member of PAW, **8:**1000c
Schottky, Walter (1886–1976), **8:**35, 525, 529, 812; **9:**30n, 75, 467
  AE expresses condolences to, **8:**525
  AE invites, **8:**525
  experiments of, **8:**37n
  visits AE, **8:**37n
  on weights of quantum states, **9:**467
Schottky-Noll, Dora, **8:**525n
Schouten, Jan, (1883–1971), **9:**16
  on geodetic precession, **9:**258n, 421, 483; **10:**476
Schrobsdorff, Alfred, **8:**143n, 146n, 151, 159n
Schrödinger, Erwin (1887–1961), **7:**17, 30–31, 32n, *101*; **8:**559, 690n; **9:**75, 399, 463; **10:**323n
  AE on, **9:**298
  cosmological constant, interpretation of, **7:***xxviii*, 34–35, 36n, 140n
  University of Hamburg, candidate for chair at, **10:**613c; AE on, 547
Schrodt, Toni, **10:***xxxix*; expresses sympathy for AE, 397–398
Schröter, Carl (1855–1939), **5:**265n, 275n, 398
Schubert, Franz (1797–1828), **1:**21n, 219n
  Hans Albert Einstein plays works of, **10:***xxxii*
Schubert, K., expresses sympathy for AE, **10:**596c
Schubert-Soldern, Richard von (1852–1935), **9:**518–519, 522n; **10:**285, 571c
Schuchard, Ernst, on reaction force of electric wind, **10:**592c
Schücking, Walther (1875–1935), **8:**118n, 151n, 186, 737, 947n; character of, 746
Schüepp, Hermann (1884–1971), AE's evaluation of dissertation of, **5:**221–222
Schuh, Friedrich, **9:**580c
  requests KWIP funds for geophysical research, **9:**579c; rejected, 581c; **10:**570c
Schuhfabrik Jakob Sigle & Cie., **9:**13n

Schuler, Max (1882–1972), **10**:458
Schüller, Hermann (1893–1948), **9**:299
Schultz, Julius (1862–?), **10**:260
Schumacher, Hermann, **9**:350n
Schumann, Richard, **8**:597n, 599, 625
  abilities of, **8**:617
  Geodetic Institute, possible director of, **8**:597, 617
Schumann, Robert (1810–1856), **10**:77
Schuppe, Wilhelm (1836–1913), **8**:695
Schur, Issai (1875–1941), **5**:449n; **7**:448n; **9**:434n
  University of Zurich, recommended by Kleiner for chair at, **5**:449
Schur, Paul, **8**:157
Schuster, ?, **9**:434n
Schuster, Arthur (1851–1934), **5**:136, 138n, 300, 577; **8**:61
  motion of electron in electromagnetic field, calculation of, **5**:138n
Schuster's law, **10**:527n. *See also* Star clusters, globular
Schütz, ?, **4**:508
Schwaben (Swabia), AE's roots in, **9**:70
Schwabing (now part of Munich), **1**:*lii n*
Schwäbische Sternwarte Society. *See* Verein Schwäbische Sternwarte
Schwäbischer Bund, **9**:69
Schwalmis, Switzerland, **10**:110–111
Schwamberger, Emil (1882–1955), **9**:490, 607c
Schwarz, Abraham, **7**:*231*
Schwarz, Hermann (1843–1921), **8**:17
Schwarzschild, Karl (1873–1916), **5**:581, 581n; **6**:337, 362n, 514, 552n, 556; **7**:*106*, 349n, 559; **8**:224, 231, 258, 265, 690n, 863, 995c; **9**:*xxxii, xxxviii*, 37–38, 86, 112n, 274, 330, 355, 401
  abilities of, **8**:287, 293, 323, 605
  AE's memorial lecture for, **6**:359–361, 567n
  articles by, submitted by AE, **6**:362n
  death of, **8**:291; AE on, 287, 288n, 293
  on elliptic space, **8**:474
  formula for blackening of photographic plates, **5**:212, 214n; **6**:361
  selection of successor of, **8**:293, 412n, 1003c–1004c
Schwarzschild horizon, **8**:720
Schwarzschild solution, **4**:393n; **7**:*xxiv*, 177n, 181n, 183n, 188n, 560

  AE on, **8**:231, 239
  AE submits paper on, **8**:225n, 232n, 239
  exterior, **8**:224, 231, 239, 326, 362n, 373–374, 425, 585, 725n
  interior, **8**:259–260, 373–374, 473, 687, 688, 690n, 698, 725n, 749, 806, 824, 834
  and Mach's principle, **9**:110
Schwarzschild-Debye maximum in light pressure, **9**:398
Schwarzschild-Droste solution. *See* Schwarzschild solution
Schweidler, Egon von (1873–1948), **9**:393n, 399, 413; et al., **8**:33n
Schweitzer, Alfred (1875–1920), **5**:156n
Schweizer, Sophie (1877–1953), **5**:3, 3n
Schweizerische Auer-Aktien-Gesellschaft (SAG), **10**:*xxxv*, 216, 231, 234, 507, 510, 567c
  AE's shares in, 231, 234, 507
Schweizerische Naturforschende Gesellschaft, **3**:253n, 257n, 315n; **8**:169
  meeting in Basel, AE's paper at, **5**:250n, 252n
  meeting in Frauenfeld, AE's paper at, **4**:475–476, 478–484; **5**:553n, 555
  meeting in Lugano, **9**:152
  meeting in Zurich, **10**:127
Schweizerische Physikalische Gesellschaft, **8**:524n, 905n
  meeting in Basel, **6**:67n; AE's paper at, **4**:599–601; **5**:599n
  meeting in Neuchâtel: AE's attendance of, **5**:239; AE's paper at, 236, 238
Schweizerischer Bund für Reformen der Uebergangszeit, **9**:99n, 159–160; goals of, 190n
Schweizerisches Informationsbureau
  report on AE, 30 January 1901, **1**:275–276
Schwenk, Rudolf, **1**:*346*
Schweydar, Wilhelm (1877–1959), **8**:597n, 599, 601, 624, 716; **9**:191, 192n, 195n; **10**:172
  abilities of, **8**:617, 625, 717
  Eötvös, on character of, **8**:594, 717
  gas warfare, on inventors of, **8**:717
  Geodetic Institute
    possible director of, **8**:617
    proposes candidates for directorship of, **8**:596–597
    on purpose of, **8**:596
    on requirements for directorship of, **8**:596
  Helmert, on character of, **8**:717

on patriotism, **8:**717
requests help of AE in obtaining appointment as department head, **8:**594–595
sends food package to AE, **8:**717
solar eclipse expedition, ready to recover instruments of, **8:**717
Science, **7:**444n
Scientific American, prize contest for relativity essay, **10:**424, 437, 455–456
Scientific exchange, international, **7:**378n
  Germany's exclusion from, **7:**300n, 334n, 363n
  interruption by World War I, **7:***xxxi*, 206, 213
Scratch notebook, AE's, **4:***122*, 145n, 163n, 179n, *345, 351,* 443n
Scrofula, **8:**400
Sculpting, Margot Einstein's interest in, **10:**119
Scuola Svizzera di Milano. *See* Internationale Schule Protestantischer Familien in Mailand
Searle, Alice Mary, **5:**191n
Searle, George (1864–1954), **5:**191n
  on relativity paper by AE, **5:**190
  visits Bern, **5:**191
Second law of thermodynamics. *See* Thermodynamics, second law of
Secondary-school leaving examination. *See* Aargau Kantonsschule: *Matura* examinations at
Seddig, Max (1877–1963), **2:***220,* 558, 559n; Brownian motion, paper on, **5:**132n; AE on, 131
Seddig, R.J.W., company, **9:**21
Seeberg memorandum, **8:**146n
Seelig, Carl (1894–1962), **8:**42n, 968n; **9:**6n
  AE looks forward to meeting, **9:**331
  and *Die zwölf Bücher*, **9:**321–322, 323n
Seeliger, Hugo von (1849–1924), **6:**495; **7:**146n, 576n–577n; **8:**242n, 557, 578; **9:**296; **10:**37n, 62, 64
  and anti-relativists, **7:***104,* 349n
  Astrophysical Observatory, favors Gustav Müller, for directorship of **8:**386n, 411
  character of, **8:**255
  on flat universe, **8:**578n
  gravitational redshift, criticizes paper on, **8:**261
  on inertial systems for astronomy, **8:**447
  modification of Newtonian theory of gravitation, **7:***xxviii,* 142, 187
  perihelion motion of Mercury, paper on, **8:**217, 218n; Freundlich's criticism of, 101n, 256
Seeliger, Rudolf (1886–1920), **9:**569c; **10:**572c
  as possible successor of Lampa, **9:**77
  requests KWIP funds for air pump for research on light emission of atoms, **9:**589c; pending, 615c
  requests KWIP funds for battery and discharge tubes for research on light emission, pending, **10:**568c; granted, 568c
  requests KWIP funds for mercury for research on light emission of atoms, **9:**556c, 562c; granted, 561c, 563c
Seeliger's paradox, **8:**557, 644
Seelisberg, Switzerland, **10:**41
Seemann, Hugo (1884–1974), **9:**30, 563c, 564c
  asks AE for assistance, **9:**60
  on bremsstrahlung, **9:**22–23
  curriculum vitae of, **9:**21–22
  Physikalisch-Technische Reichsanstalt, rejects offer of position at, **9:**60
  on polarization of X-rays, **9:**22, 61
  requests KWIP funds for stipend, **9:**21; rejected, 562c
  requests KWIP funds for X-ray spectroscopy, **10:**585c, 609c; pending, **10:**607c; granted, **9:**560c, 562c; declined, **10:**611c
Seiler, Ulrich (1872–1928), **9:**271; **10:**227
Seippel, Paul (1858–1926), **8:**503, 504n; **10:**125
Seismic waves, artificial, **8:**708n
Selety, Franz (1893–1933?), **8:**537, 652n
  on consciousness, **8:**490–494
  on doubts of Ehrenhaft on elementary charge, **8:**538
  on elements of continuum, **8:**492
  on infinity of similar events, **8:**494
  on necessary occurrence of improbable events, **8:**494
  on perception of: music, **8:**541–542; paintings, 546; speech, 542–543
  on privileged frame, **8:**486–490
  on time, **8:**491
Self-induction, **2:**492n; **3:**371, 375, 382, 399n–400n
  and circuits, **3:**380
  coefficient of, **3:**399n
  measurement of, **3:**373
  per unit, **3:**384, 399n–400n
Seligsohn, Arnold (1854–1939), **7:**195n
Selle, Hermann (1896–1960), **7:**331n

Sellien, Ewald (1893–?), **9:**204, 576c; dissertation of, AE on, **9:**155–156
Selmayr, Karl (1884-1974), **9:**298n
Semipermeable barriers, **2:***212–213*
Semon, Richard, on heritability of acquired characteristics, **9:**506
Sensitive areas on atoms, **8:**30
Separability principle, **3:**315n
Separation theorem, **2:**74n–75n, 95n, 96n
Serbia. *See* World War I
Serbs, in conflict with Austrians, AE on, **5:**508
Serchinger, Reinhard, **8:**525n
Serini, Rocco (1886–1964), **9:**393, 403
Shakespeare, William, AE on, **9:**84
Shankland, R. S. (1908–1982), **2:***262*
Shanyavsky City University of Moscow. *See* University of Moscow, Shanyavsky City
Shapley, Harlow, on stellar distributions in Mess 15 cluster, **9:**278
Shaw, Bernard (1856–1950), **10:**237
Sheffield, University of. *See* University of Sheffield
Shell, rotating. *See* Rotating shell
Sheppard, Samuel (1882–1948), **10:**317
Shots, soundwaves produced by, **6:**281
Sidler, ?, **1:**271
Sidler, Eduard (1889–1987), **3:***8, 599*; notes on course by AE, **4:***6*; **6:**67n
Siedentopf, Henry, (1872–1940), **2:***210– 211, 219–220*, 334, 344n–345n
 discussion of Salzburg lecture of, **2:**557–558, 559n
 lectures by, **5:**623
Siegbahn, Karl Manne (1886–1978), **9:**217, 218n; **10:**303; on X-ray spectra, **8:**783
Siemens, Arnold von (1853–1918), **8:**825n
Siemens, Werner von (1816–1892), **1:**191, 193, 197n
Siemens, Wilhelm von (1855–1919), **1:***lii*; **8:**570, 593, 613; **9:***xlvii*, 107, 108n, 119n, 134n, 279n, 552c–553c, 561c, 563c–566c, 569c–570c, 583c; **10:**222n
 funeral notice of, **9:**579c
 KWIP
  administrative correspondence with, **8:**1012c, 1014c, 1016c–1018c, 1021c, 1023c, 1026c–1028c
  chairman of Kuratorium of, **8:**571n, 1011c; succeeded by Schmidt-Ott, **9:**600c

on financial report of, **8:**758n
Siemens centenary, **8:**368
Siemens Co., contributes to Albert-Einstein-Spende, **10:**372
Siemens & Halske, **5:**384n; **8:**37n, 571n, 822, 866, 883n
 acquisition of gyroscope patent by, **6:**139, 144n
 measuring instruments of, **6:**182
 oscilloscope of, **6:**177
Siemens-Helmholtz, Ellen von (1864–1941), **8:**825n
Siemens Ring Foundation, **8:**368n
Siemens-Schuckert, **8:**571n
Siemering, Hertha (1883–1966), **10:**274
Sieveking, Hermann (1875–1914), **3:**544n
Sievers, Anna (1860–1912), **1:**377
Sigmaringen, **10:**114, 130, 330, 346, 362, 446, 454
Signal Co.
 legal dispute with Atlas Works, **7:**472–478n, 480–481
 patent of, **7:**481n
Signal, superluminal. *See* Superluminal velocity; Signal velocity: superluminal
Signal velocity
 AE's definitions of, **5:***58*, 67–69, 70
 Brillouin on, **5:***60*
 Laue on, **5:***59*
 relation with group velocity, according to AE, **5:**70
 Sommerfeld on, **5:***60*
 superluminal, **10:**8; impossibility of: according to AE, **5:***59*, 61, 63–64, 71, 85; according to Sommerfeld, *59*; in Maxwell theory, *58*
 See also Superluminal velocity
Silberstein, Adele (1876–?), **8:**446n
Silberstein, Ludwik (1872–1948), **7:***xxxi*, 443n–444n; **8:**446, 1015c; **9:***xxxvi*, 472, 474; **10:**241
 debates of on eclipse expedition results, **9:**474n
 on ether, **9:**472–473
 general relativity, skeptical of, **9:**244
 on Stokes-Planck ether, **10:**241
Silver, **3:***xxiv*, 413, 414n; specific heat of, **5:**245
Silver atom beams, mean free path of, **10:**336, 360
Simon, Hugo (1880–1950), **9:**71, 343n

Simon, Leon, **9**:327n
Simon, S., **5**:136
Simonson, Emil, on crackpot scientific ideas, **8**:1030c
Simplon Pass, Canton of Valais, **1**:293, 313n
Simplon Tunnel, Canton of Valais, **1**:293n
Simultaneity, **3**:*xx*, 151, 483; **4**:39, 183, 544, 611; **8**:73
  absolute, **2**:*253;* **9**:432n
  definition of, **2**:*257, 264,* 277–280, 439; **4**:38, 132, 542–543; **6**:4, 280, 289, 438–442, 528; **7**:3, 251, 373, 407; **10**:14
  distant, **2**:*253, 265,* 278
  Poincaré's comments on, **2**:307n–308n
  relativity of, **2**:282; **6**:4, 285, 440–443, 527; **7**:5, 208, 213, 252
Singularities, **2**:*148,* 351, 553n, 581–582, 586
  admissibility of, **8**:379
  as energy quanta, **10**:352n
  in radiation, **3**:*xix,* 423n
Sitter, Willem de (1872–1934), **4**:5, 104n, 439n; **6**:67n, 435, 545–546; **7**:16, 42n–43n, 46, 49n, *101,* 198n, 323n; **8**:208n, 244, 288n, 301, 313, 323n, 359n, 385, 407n, 413n, 426n, 429n, 458, 536n, 562n, 578n, 606, 633n, 641n, 654n, 662n, 690n, 694n, 727n, 733, 734n, 961, 990c; **9**:*xxxiii,* 145, 150, 166, 258n, 261, 502; **10**:55n, 117
  on abilities of
    Hartmann, **8**:322
    Hertzsprung, **8**:322
    Küstner, **8**:322–323
    Ludendorff, **8**:322
    Müller, **8**:323, 413
  on AE's cosmological constant, **10**:501
  AE's popular book on relativity, on English edition of, **9**:261
  on AE's reintroduction of absolute time, **10**:478
  in Arosa sanatorium, **9**:167n, 238, 238n, 262, 264, 295
  on astronomers and astrophysics, **8**:322–323, 606n
  Astrophysical Observatory, on candidates for directorship of, **8**:322–324
  closed universe, against, **10**:477–478
  congratulates AE, **9**:262n
  controversy between AE and, **6**:552n
  degenerate boundary conditions, discussion with AE on, **8**:413
  eclipse results, on news of, **9**:236
  emission theory of light, work on test of using binary star observations, **5**:524n; dispute with Freundlich on, **5**:555n
  ether, **8**:303n
  on AE's concept of, **10**:477
  finite universe of, **8**:415
  on Galilean space, **8**:302n
  galaxy, on stability of, **10**:500–501
  general relativity, publishes in England on, **8**:323, 347, 350n, 357, 359, 383, 413; **9**:264
  on geodetic precession, **9**:422n
  on ghost images of stars in a closed universe, **10**:477–478, 50
  gravitation, on absorption of, **10**:478
  on gravitational waves, **8**:302n
  ill with tuberculosis, **8**:390, 411, 421, 427, 432, 468, 476
  on inhomogeneous mass distribution in universe, **8**:428
  lectures in Leyden, **10**:52n
  on lunar motion, **8**:302, 303n
  Mach's principle
    against, **10**:477
    disagreement with AE on, **7**:42n–43n, 371n, 404n, 576n
  mass horizon, discussion with AE on, **8**:720
  paper of, AE on, **6**:536n
  on planetary motion, **8**:303n
  presents lecture at gravitation colloquium of Ehrenfest, **8**:536
  priority in giving first-order metric for field of mass point, **8**:302n
  relativity of inertia, discussion with AE on, **8**:*351, 352–353,* 357–360, 414–416, 421–423, 427–428, 434, 466–467, 472–473, 475–476, 478–479, 485, 496–497, 501–502, 712–713, 720
  Ritz's emission theory, refutation of, **7**:467–469n, 517
  singularities, discussion with AE on, **8**:*354–355,* 720
  spectral lines, on identifiability of, **8**:358, 413
  on statistical equilibrium as a condition for a closed universe, **10**:478
  violet shift, on lack of, **8**:413
  See also Cosmological model, De Sitter's; Pexider

Sivkovich, Hans (1881–1968), **9:**261n, 281n
Six-vector, **4:**72; **6:**56–57, 80–81, 264, 298–299
  antisymmetric "Erweiterung" of, **6:**312
  divergence of, **6:**95, 217, 312–313
  dual, **6:**59–60, 68n, 87, 130n, 264, 269n
  V(olume)-, **6:**106, 266
  See also Tensor
Skillings, Everett, **7:**300n
Sklarek, **10:**486
Sky, blue color of, **3:**283–284, 310n
Slichter, Charles
  on AE's financial demands for his U.S. lecture tour, **10:**523n
  on AE's proposal to lecture in German, **10:**539n
Slithering rod, **8:**632, 640, 749
Slocum, Frederick (1873–1944), 470
Slowo publishing house. *See* Publishers
Smekal, Adolf (1895–1959), **10:**322, 367, 375
  AE on, **9:**368
  against Ehrenhaft as Exner's successor, **10:**580c
  on evidence against optical size measurement by Ehrenhaft's group, **10:**294–296
Smithsonian Institution, **9:**605c
Smoluchowska-Baraniecka, Zofija, **5:**467n; **8:**514n
  thanks AE for condolence, **8:**549
  visits AE in Prague, **8:**550
Smoluchowski, Marian von (1872–1917), **2:***208, 210, 212, 215–217,* 396n; **3:***7,* 191, *283–285,* 287, 310n–311n, 508n; **5:**124n, 451; **8:**231, 265n, 801, 1011c; **9:**176, 518n; **10:**39n, 134
  AE invites to Prague, **5:**429, 434, 466
  AE's obituary of, **3:***284;* **6:**577–578; **8:**549
  blue color of sky, explanation of, **5:**363n
    acknowledges error in, **5:**370
    AE's criticism of, **5:**362
  character of, **8:**550; AE on 514
  death of, **8:**514n, 561; AE on, 514
  musical taste of, **8:**550
  opalescence, work on, **5:**254, 269, 362n, 374
  University of Vienna, invited to, **8:**264
  unsuccessful attempt to visit AE in Bern, **5:**429
  Ehrenfest visits in Lemberg, **5:**429n
  visits AE in Prague, **8:**514n
  Wolfskehl lectures of, **8:**291
  See also Brownian motion
Smoluchowski-Einstein scattering, **3:***285*

Smoluchowski-Einstein theory of opalescence, **3:**311n–312n
Smuts, Jan Ch. (1870–1950), **9:**110
Snellius, Willebrord, **9:**502
Sobral, Brazil, **10:**226n
Social Democratic Party
  Austrian, **8:**395n
  German Independent, **8:**947n
  German Majority (*see* Sozialdemokratische Partei Deutschlands)
  Swiss, **8:**442n, 942n
Social Democratic Party, Germany. *See* Sozialdemokratische Partei Deutschlands
Socialism, **7:**124n
Socialist government for Germany, **8:**964
Socialist Student Association. *See* Sozialistischer Studentenverein
Società Anonima Cooperative Pavese di Elettricità, **1:***liv*
Société Française de Physique
  AE's lecture to (1913), **4:***109, 112,* 287–292; **5:**517n–520n
Société Suisse de Physique. *See* Schweizerische Physikalische Gesellschaft
Society for the Founding and Preservation of an Academy for the Science of Judaism. *See* Verein zur Gründung und Erhaltung einer Akademie für die Wissenschaft des Judentums
Society of Friends (Quakers)
  aid program of, **7:**241n
  Eddington and Ludlam as members, **9:**378n
  opposes isolation of German scientists, **9:**378n
  relief work in Germany, **7:**332, 332n–333n, 334, 470n–471n; **9:**139n, 253n, 496n
Society of Friends of the Goethe Museum. *See* Verein der Freunde des Goethemuseums
Society of German Natural Scientists and Physicians. *See* Gesellschaft deutscher Naturforscher und Ärzte
Society of Nautical Instruments. *See* Gesellschaft für nautische Instrumente
Society for Positivistic Philosophy, call for creation of, **5:**631c
Sohnke-Schoenfliess theory of crystal structure, **9:**210
Solar eclipse, **4:**509, 550; **6:**475, 511; **8:**469, 560
Solar eclipse expedition of 1914, **4:**295, *299, 300–301,* 500, 586, 587n; **5:**531, 532n, 538,

550; **6**:24n; **7**:*xxx*; **8**:19n, 56, 57n, 215, 469, 564n, 608–609, 682, 717; **9**:*xxxii*, 263–264, 305
  failure of, **10**:25
  Freundlich's role in, **5**:593
  funding of, **5**:581, 594n, 595, 596n
  Planck's support of, **5**:581, 593, 595
  planned, **10**:22–23
Solar eclipse expedition of 1918, **9**:*xxxii*, 157–158
Solar eclipse expeditions of 1919, **4**:549; **6**:512, 537n; **7**:*xxi, xxx, 106, 111*, 178n, 245, 269, 347, 559, 614, 619; **8**:684n; **9**:*xxxiii–xxxvi*, 236, 262, 285, 292–293, 346, 408, 526, 568c; **10**:*xxxvi*
  AE congratulated on positive results by
    Bergmann, Hugo, **9**:582c
    Bonn University physicists, **9**:584c
    Coenen, **9**:229
    Dällenbach, **9**:190
    De Sitter, **9**:262
    Fokker, **9**:236
    Guillaume, **9**:378
    Lawson, **9**:252
    Oppenheim, **9**:173, 255
    Perrin, **9**:224
    Planck, **9**:180
    Ulm, mayor of, **9**:607
    Von Traubenberg, **9**:292
    Zürich physicists, **9**:192
  alternative explanations of positive result of, **9**:*xxxvi*
  British debates on results of, **9**:474n
  financing, **7**:210n
  funding of, **9**:273
  Lorentz's telegram to AE on, **9**:180
  no news about results of, **9**:98, 116, 147, 154
  organized by Dyson, **9**:244
  photos taken by, **9**:91, 94, 137, 138n
  positive influence on reconciliation of German and English scientists, **9**:263
  preparation for, **9**:31–32, 64
  press coverage of: British, **9**:243; German, **9**:404
  results of, **7**:*xxx*, 201n, 210n; **9**:199, 218–219, 232, 236, 243, 246, 255, 262, 295, 305; **10**:222, 223
    AE's confidence in, **9**:*xl*, 197
    popular enthusiasm at, **9**:262, 326

  preliminary, **7**:200–201n, 210n; **9**:167, 170, 186
  presented to DPG, **9**:602c
  See also Eddington, Arthur S.
Solar radiation. *See* Radiation: solar
Solar system, **3**:37–38. *See also* Kepler's laws; Planets
Solar theory, **6**:360
Soldner, Johann G. von (1776–1833), **3**:497n; **6**:536n; **7**:112
  gravitational light deflection, calculation of, **5**:551n
Solenoid, **3**:371, 399n
Solenoidal condition. *See* Incompressibility condition
Solid bodies, **2**:430; **3**:511n–512n
  analogy of with highly dilute solutions, **3**:545n
  anisotropic, **2**:512, 522
  atomic oscillations in, **3**:*xxiii–xxiv*, 475n (*see also* Oscillations: atomic)
  density of, **3**:*xxiii*
  elasticity of, **3**:*xxiii–xxiv*, 409–413, 413n–414n, 475n (*see also* Force: elastic)
  electronic vibrations in, Haber on, **5**:377n
  energy fluctuations in, **3**:546n
  equation of state for
    derived by Grüneisen, **5**:415
    derived by Ratnowsky, **5**:415
  heating of, **3**:476n
  in general relativity, **8**:934–935, 951
  infrared eigenfrequencies of, **2**:384, 386, 405
  lattice model of, **2**:*143*
  melting temperature of, **3**:*xxiv*, 475n–476n
  molecular weight of, **3**:*xxiii*
  oscillator model of, **2**:239, 383–384, 405
  proper frequency of, **3**:*511n*; ultraviolet, **2**:384, 386
  properties of, **2**:379, 549
  quantum theory of, works on, **8**:515
  thermal properties of, **1**:*xl*, 284–285
  vibrational energy of, **2**:*xx*
Solid bodies, specific heat of, **3**:410, 412, 500, 511n, 512n, 522, 524, 544n
  anomalous behavior of, **2**:*xx, 134, 141–143, 173*, 384, 388–389, 390n, 405 (*see also* Dulong-Petit rule; Kopp rule)
  kinetic theory of, **2**:549
  Nernst's and Lindemann's experiments on, **2**:390n–391n

Solid bodies, specific heat of (*cont.*)
  quantum theory of, **2:***xx*, 379–389
  research funded by KWIP, **9:**560c, 567c
  temperature dependence of, **2:**238, 385–386, 405, 406n
  Weber's experiments on, **2:***142*, 389, 390n
Solipsism, **7:**346, 348n
Solovine, Maurice (Moritz) (1875–1958), **1:***382*; **2:***xxiv*, *260*; **5:**5, 9, 24n, 26, 30n, 152n, 290; **7:***xxxiv*, 576n; **9:**450n, 537n; **10:**575c
  accompanies AE on trip, **5:**27n
  AE invites, **5:**151
  AE on, **5:**31
  attends: University of Bern, **5:**5n, 32n; University of Lyon, 28n, 41n
  departure for Lyon, **5:**28n, 28–29
  Ehrat, mountain trip with, **5:**248
  Kuwaki, meets with in Paris, **5:**169
  move from Bern to Strasbourg, **5:**26n
  offers to translate *Einstein 1917a* into French, **10:**569c, 578c–579c
  Olympia Academy, member of, **5:**5n, 7n
  position in Paris, **5:**133n; AE's congratulations on, 133
  possible job as translator, **5:**39
  as prospective French translator of AE's popular book on relativity, **9:**536, 616c
  return to Bern, **5:**30n
  trip in Bernese Oberland, **5:**28
  trips to Thun with AE, **5:**5n
  visits AE in Zurich, **5:**248
  writes dedication to AE, **10:**573c
  on writing popular book on relativity, **9:**499–500, 529
Solubility
  Besso on, **5:**14
  role of gravitation in, Besso on, **5:**14
  role of hydration in, **5:**16n; Besso on, 14
Solutions
  analogy of to ideal gas, **2:***221*
  aqueous, **2:***181*, 400n
  attachment of solvent to solute molecules in, **2:**199
  colloidal, **2:***181*, 209–210, *219*, 399–400, 400n, 558
  concentration of, **2:**499
  diffusion in, **2:**497
  dilute, **1:**292
  as distinct from suspensions, **2:***209–210*

fully dissociated, **2:**23
nondissociated, **2:**186, 198–201
salt, **2:**7, 23–39; dilute, *6–8*
solid, Besso on, **5:**14
sugar, **2:***179*, 198–199, 202, 347–348, 500
theory of, **2:***xix*, 23–39, *171*
Van 't Hoff's theory of, **2:***171*; **4:**558, 562
Solvay, Ernest (1838–1922), **3:***xxv*; **5:**301n; **9:**54, 114, 115n, 121, 216
  AE's appreciation of, **5:**358
  supports Solvay Congress participants, **5:**358n
Solvay Congress, First (1911), **3:***xxv–xxviii*, 243n, 245n, 504n, 545n–547n, 562n; **4:***111*, *272*, *554n*; **6:**39n, 370n; **7:**331n; **8:**561; **9:**7n, 172n; **10:***xxxiii*
  AE and, **3:***xxvii*, *xxx*
  AE accepts invitation to, **5:**302
  AE attends, **8:**7n,
  AE's discussion remarks at, **3:***xxvi*, *xxviii*, 243n, 245n–246n, 253n, *284*, 311n, 505–518, 505n–519n, 550–561, 562n
  AE's impressions of, **5:**345, 349, 380, 419
  AE's lecture at, **3:**455n, 521–543, 544n–548n
  AE's paper at, **4:***271*, 285n; **5:**320, 322n; discussion of Boltzmann principle in, **5:**311n
  AE's trip to, **5:**341n, 344
  Lorentz as chairman of, AE on, **5:**346
  publication of proceedings, **5:**418n
  topics of, **5:**300–301
Solvay Congress, Second (1913), **4:***270*, *273*, 559n; **6:**39n; **8:**66n, 157n, 175; **9:**245n; **10:**370n
  AE on, **5:**565
  AE asks permission to attend, **5:**561
  AE's discussion remarks at, **4:***273*, 552–559; **5:**541n; **8:**20n, 156,
  AE's invitation to, **5:**521
  Bragg's paper at, AE on, **5:**562
Solvay Congress, Third (1921), **6:***149*; **7:**585n; **10:***xlvii*, 302, 312, 320
  AE invited as international individual, **10:**312
  participants at, **10:**303n
  planned lectures at, **10:**303
Solvay Institute. *See* Institut international de physique Solvay
Somme, battle of, **10:**43n
Sommerfeld, Arnold (1868–1951), **2:***147*, 267, 307n; **3:**257n, 268n, 500, 578; **4:**3, 112; **5:**86n, 107, 299–300, 335, 349, 386, 386n,

391, 418n, 446n, 465, 478, 482, 506n; **6**:55, 67n, 388, 567n; **7**:59n, 345; **8**:132, 147, 191, 195, 206, 216, 255, 386n, 425n, 436, 561, 569, 601, 621–622, 626, 688, 712, 733, 738, 775, 858n, 962; **9**:*xxxix, xlix,* 6, 8n, 15n, 26n, 50n, 84, 218n, 266, 278n, 309, 354n, 390n, 397n, 408, 434, 435n, 464n, 503, 535, 590c, 596c; **10**:*xl–xli,* 6n, 39n, 62, 67, 83n, 276, 418, 533, 543
abilities of, **8**:627
AE
    expresses sympathy for, **10**:408
    invites to lecture in Munich, **10**:452, 530–532, 549
    on mediating between Lenard and, **10**:427
    meeting with in Salzburg, **5**:227
AE on character of, **9**:388
AE visits in Munich, **5**:290
AE's affection for, **5**:210, 227
AE's work, negative comments on, **5**:88n
and anti-relativists, **7**:*108, 113*
on *Arbeitsgemeinschaft 1920,* **10**:451–452
asks AE to lecture in Munich, **9**:404
asks AE to present own paper to DPG, **9**:20, 64
Atombau und Spektrallinien: AE on, **9**:388; **10**:532; Zangger on, 513
atom-electron collisions, hypothesis on, **5**:321, 338
atomic structure, popular book on, **8**:783, 957
Berlin, on news about AE considering to leave, **10**:*xxxix,* 408–409
Bohr, praises, **10**:549
bremsstrahlung theory of, **9**:22
DPG, **10**:427
    chairman of, **8**:781
    recruits lecturers for, **8**:784
Ehrenfest
    on *Habilitation* of, **5**:461, 463n, 476
    praises, **5**:464n
"eka-iodine," on discovery of, **9**:217
electron mass, on velocity-dependence of, **8**:913
"Entwurf" theory, reception of, **8**:154
Epstein, intervenes on behalf of, **9**:153n
GDNÄ meeting in Bad Nauheim, on preventing anti-relativist demonstrations at, **10**:408
on German revolution, **7**:*xxi*
Helmholtz Prize, nominated for, **8**:1004c

hypothesis of elementary collisions, **3**:516–517, 542–543
Institut international de physique, dismissed from scientific committee of, **9**:115n
on Laue's teaching abilities, **5**:447n
Lenz, supports application by for KWIP funds, **9**:18, 20, 555c
Mathematische Annalen, as adviser for, **9**:317
PAW, corresponding member of: elected, **9**:605c; nominated, 409
photoelectric effect, theory of, **3**:504n, 518, 517n, 546n–547n; **5**:466n
Planck celebration, lecture at, **8**:628, 647, 672
possible anti-Semitism of, **9**:390n
quantum condition of, **5**:360n
quantum statistics, on foundations of, **8**:957–958
quantum theorem of Epstein and, AE on, **6**:556–566
and quantum theory, **3**:501, 504n, 515, 515n, 516–518, 541–543; **10**:67
quantum theory of, **8**:464–465, 468, 478
relativity, general
    on electron and, **10**:549
    reaction to, **5**:589
relativity, special
    gives first course on, **2**:*267*
    work on, **4**:*3,* 72, 106n–107n, 324; **5**:246
signal velocity, **5**:*57, 60*
    AE's interest in work on, **5**:87
    discussion with Wien on, **5**:59
    lecture at GDNÄ meeting in Dresden on, **5**:*59,* 75n, 86n, 89n
    sends paper on, **5**:85
solicits article from AE for *Süddeutsche Monatshefte,* **10**:409
Solvay Congress, First, lecture at, **3**:547n
spatial distribution of X-ray energy, paper on, **5**:228, 230n
spectroscopy, work on, **8**:260, 326, 627
Stark, polemic with, **5**:232, 233n
University of Ghent, lectures at, **8**:701
Usener, criticizes book of, **8**:837–838
visits AE in Zurich, **5**:246n, 252; AE on, 253
on Weyl's unified field theory, **8**:879, 956n; **9**:113n; **10**:349n
X-ray spectra of, theory of, **8**:784n
on zero-point energy experiments, **4**:552n

Sommerfeld, Arnold Lorenz (1904–1919), death of, **9**:218n
Sommerfeld, Eckart (1908–1977), **5**:506n
Sommerfeld, Ernst (1899–1976), **5**:506n
Sommerfeld, Johanna (1874–1955), **5**:506n; **9**:218n
Sommerfeld, Margarete (1900–1977), **5**:506n
Sondermaier, Ludwig, **1**:347–349
Sorbonne, **7**:331n; **8**:7n, 74n, 202n
Sorel, Georges (1847–1922)
  on belief in myths, **9**:96n
  Réflexion sur la violence, **9**:95
Sound
  absorption of, **7**:330
  detection of direction of waves of, **7**:472–478n, 480–481; distant, **8**:638n, 760n
  propagation in gases, **7**:325–330
Southerns, Leonard, experiments on equality of inertial and gravitational mass, **4**:187n; **5**:498
Soviet Republic, Hungarian, **10**:*xlii*
Soviet Union, civil war in, **7**:430n
Sozialdemokratische Partei Deutschlands (Majority Socialists), **7**:124n, 205n, 240n, 429n; **8**:629, 919, 944n, 946n, 947n, 965n; **10**:*xlii*; AE's support of leadership, 123–124
Sozialistischer Studentenverein, **9**:29, 558c
Space
  absolute, **2**:277; **7**:*xxxiii*, 535; **8**:358, 639; **10**:300, 307, 325, 392
    in general relativity, **10**:324
    Kant on, **10**:293
    and relative, **6**:280, 552n
    Riemannian hypothesis of countability of, **10**:540
    See also Newton, Isaac: on absolute space
  absolutely at rest, **2**:277
  anisotropy of, **2**:567
  of reference ("Bezugsraum"), **7**:501–504, 509
  and clocks, **3**:148
  concept of, **2**:*264*; **6**:519, 523; in general relativity, 529–533; **7**:3, 351, 501
  curvature of, **6**:501, 511, 547–548, 551; **7**:136, 209, 214, 538, 558
  curved, **8**:553, 556
  empty, **2**:277, 415, 542, 569; **6**:*418*, 518–519, 529, 536n (*see also* Vacuum)
  and ether, **3**:132–133, 145
  Euclidean, **7**:502
  four-dimensional, **3**:170, 438
  Galilean, **6**:286, 470, 476, 490, 491–492; **8**:302, 314, 498 (*see also* Galilean space-time)
  homogeneity of, **2**:440; **7**:401; of time and, **3**:157, 166
  isotropy of, **7**:257
  lack of characteristics of, **8**:240
  matter-free, **2**:307n (*see also* Vacuum)
  measurements of, **6**:101, 289–294, 404, 407, *418*, 427–431, 443–444, 462, 478–479, 484–485, 530; **7**:197–198n
  Newtonian, **8**:499
  physical reality of, **8**:241
  problem of, **6**:*418*, 517–534, 536n
  relativity of distance in, **6**:443–444; **7**:253
  Riemannian, **7**:276
  spherical, **7**:139n, 566
  theory of, **2**:*261*
  and time (*see* Space and time)
  in uniformly accelerated reference frame, **2**:476–480
  See also Space-time; Space-time continuum
Spacelike interval. *See* Invariant space-time interval
Space and time, **3**:144, 147–148, 170, 431, 438
  absolute, **8**:352, 631
  difference between, **8**:72–73
  homogeneity of, **3**:157, 166
  objective meaning of, **8**:348, 388
  physical reality of, **8**:214, 221
Space-time
  and acceleration field, **4**:131–134
  AE's remarks on, **4**:143–144, 549
  conventions in measurement of, **3**:434
  five-dimensional Minkowskian, **8**:778, 786, 805
  four-dimensional Minkowskian, 169, 438, 444; **6**:529, 531, 533
  geometry at large, **8**:393, 414–416, 417n, 421–422, 425, 427–428, 432, 435, 439, 466–467, 472–476, 478–479, 485, 496–498, 501–502, 577–578, 630–631, 688, 712–713, 724, 733, 738–739, 767, 776–780
  influence of gravitation on measurement of (*see* Clock; Measuring rod)
  invariant interval in (*see* Invariant space-time interval)
  paradox in spherical, **8**:897–898
  physical meaning of measurements in, **4**:36–39

Space-time continuum, **6:**288–292, 527–528; **7:**40, 535, 537, 540–541, 573n
  curvature of (*see* Riemann scalar *and* tensor)
  Galilean (*see* Galilean space-time)
  of general relativity, **6:**122–123, 289–292, 303–304, *418*, 487–489, 532–533, 547–548; **7:**278, 317–320, 412
  homogeneity of, **7:**257
  Minkowski's, **6:**461–463, 506–507; **7:***xxv–xxvi*, 26n–27n, 42n, 76n, *102*, 261–264, 371n, 432, 524; and Euclidean space, 374, 408
  of special relativity, **6:**284, 485–487, 532; **7:**260, 519, 525, 549–550
Sparmann, Edmund, **7:**195n
Spartacists, Germany, **7:**124n, 282n; **8:**947n, 965n; **10:**183
Spartacus League, **9:**5n; uprising, **9:**4n
Spatial order, in atomistic and macroscopic dimensions, **8:**30
Spatio-temporal character of coordinates, **8:**348
Spatio-temporal coincidences. *See* Point coincidence argument
Special courses for foreign students, AE and Landau's petition for, **9:**433–434, 466
Special relativity. *See* Relativity, special theory of
Specific heat, **1:**210n, 280; **2:**125–126. **3:***xxii–xxvi*, 7, 242n, 403, 413, 457, 475, 476n, 521–543, 544n–548n, 550–561, 562n; **6:**31, 255, 364; **8:**41
  at absolute zero, **8:**65n
  AE on, **1:**236, 279, 287
  AE's formula for, **3:**500, 524–525
  AE's proposed experiments on, in metals, **1:**238, 283
  and black-body radiation, **3:**521–530
  and chemical bonds, **3:**528
  at constant volume, **3:**500
  contribution of rotational motion to, **4:**270–273, 275–284
  of diatomic molecules, **3:**216, 245n; **5:**267; **10:**12n
  discontinuity of, **3:**223
  and elasticity, **3:**409–413, 413n–414n, 420, 421n
  Eucken's measurements of, **4:**270–273, 278–279, 553n
  of gases at constant volume, **1:**83–86
  graphs of, **3:***xxii*, 476n, 525
  of hydrogen (*see* Hydrogen: specific heat of)
  of hydrogen and helium, **8:**20n, 42n
  of isotopic mixtures, **8:**126
  at low temperatures, **3:***xxii*, 6, 422, 500, 513–514; **4:**270–271, 276–280, 533, 555, 563; **10:**499
  measurement of, **1:**96–100; **8:**272–273
  of monatomic molecules, **3:**182, 409, 521
  Nernst's and Lindemann's double-quantum theory of, AE on, **5:**302
  Nernst's work on, **6:**370n
  of one-atomic gas, **4:**526, 533
  of polyatomic molecules, **3:**216, 221, 245n
  and radiation, **3:**464
  of rotating dipole, AE's and Fokker's calculation of, **5:**579
  of solid bodies (*see* Solid bodies, specific heat of)
  temperature dependence of, **3:***xxv*, 460 (*see also* Nernst-Lindemann equation)
  of transparent bodies, **3:**422
Specific heat, quantum theory of, **1:**236
  AE's, **3:**524, 544n; **6:**370n
    experimental confirmation of, **5:**232, 233n, 245, 262, 295
    Fischer's praise for, **5:**259
    modification of, **5:**295
    Nernst's experiments on, **5:**259, 262
    of solid bodies, **2:***xx*, 379–389
    use of damped oscillators in, **5:**360n
  Born's work on, **5:**480
  Debye's work on, **5:**480, 505
  frequencies of atomic vibrations in, AE on, **5:**302
  Von Kármán's work on, **5:**480
Specific inductivity, **3:**511n
Spectra, absorption, **1:**279–280
Spectral lines, **3:***xxix*, 493, 497n, 500; **8:**217n
  AE on, **5:**33
  anomalies of, **8:**913
  Bohr's theory of, **8:**326, 463, 783, 862, 913
  damping of, **8:**175
  fine structure of, **8:**260
  identifiability of, **8:**358, 413, 467
  origin of, AE's views on, **5:**37
  redshift of (*see* Gravitational redshift)
  Rubinowicz' theory of, **8:**783
  sharpness of, **7:**392
  shift of, in binary stars, **7:**467–468

Spectral lines (*cont.*)
    solar (*see* Doppler effect: solar spectral lines;
        Sun: spectral lines of)
Spectral properties of matter. *See* Matter: spectral properties of
Speculation vs. empirical knowledge, **8:**864–865, 870–871
Spee, Antonius Count von (1873–1948), **8:**745
Speed of light. *See* Light, speed of
Speiser, Andreas (1885–1970), **9:**383n
Spengler, Oswald (1880–1936), **9:**521; **10:**431
    book by, AE on, **9:**387–388
Sperry Gyroscope Company, **8:**838n; AE's expert opinion on dispute between Anschütz & Co. and, **6:**137–143, 143n, 146; supplementary, **6:**144n, 207–210
Spheres, **3:**331, 346
    in dielectrics, **3:**346
    electrostatic interaction between two, **3:**336–338
    hollow, **3:**330
    rigid, **3:**559
    Stokes's law for rotating, **3:**228, 246n
    suspended, **2:**187–198, 229, 498
Spherical functions, **1:**262
Spherometer, **1:**75
Spinoza, Benedictus de (Baruch) (1632–1677), **2:***xxv*; **6:**278; **10:***xl*, 390
    AE reads *Ethics* of, **8:**167; **10:**96
    AE visits house of, **10:**604c
    on freedom, Besso on, **10:**177
Spiral, **3:**55, 196
Spiral nebulae, **10:**501
Splügen, pass on Swiss-Italian frontier, **1:***xxxvii*, 297, 302, *376*
Spoerri, Theophil (1890–1974), **8:**339
Springer, Ferdinand (1881–1965), **4:**564n; **5:**258n; **8:**757
Springer publishing house. *See* Publishers
Springs, **3:**124–125
St. John, Charles (1857–1935), **5:**355, 356n; **6:**514; **7:**349n, 410n, 575n; **8:**880n, 895n; **9:***xxxviii–xxxix*, *xl*, 87, 112, 244, 325n, 330, 355, 401, 479, 498; **10:**249
St. Matthew Passion by J. S. Bach, **9:**503
St. Petersburg, physicists in, **10:**376
Stability, **3:**105
    condition for, **2:**96n, *215*
    thermal, **2:**105
    thermodynamical (*see* Equilibrium: dynamic)
    See also Equilibrium
Stab-in-the-back legend, **9:**583n
Stadler, August (1850–1910), **1:**46, 49, 318, 364–365
Stahel-Baumann, Lydia, **10:**104; as prospective host for Eduard Einstein in Arosa, 103, 109, 113, 126
Stähli, E., lecture by, **5:**620c
Star clusters, globular, **7:***xxviii*, 421–423, 580–584; **10:***xlix*, 501n, 525
    density of, **7:**424n–425n, 580–581, 584; **9:**336; **10:**525–527
Stark, Johannes (1874–1957), **1:**281n; **3:**162, 175n, 499–500, 504n; **4:***110*, 173n; **5:**47n, 74n, 76, 78n, 83, 89n, 98n, 145, 145n, 209, 419n; **7:***104*, 220n, 485; **9:**31, 149n–150n, 249n, 366, 367n, 581c; **10:***xxxix*, 427n–428n
    Aachen, appointment in, AE's congratulations on, **5:***167*
    AE, contact with, **2:**8
    AE sends reprints to, **5:**79
    AE's work, neglect of, **5:**84n
    and Aryan physics, **7:***111*
    canal rays, work on, **2:**402–403, 403n, 444, 548, 552n, **5:**47, 47n, 87, 144, 144n, 150, 452n
    on electricity in gases, **2:**166
    Hopf on, **5:**417
    involvement in anti-relativist activities, **7:**107, 113
    Jahrbuch der Radioaktivität, editor of, **2:**267, 272
    on light quanta, **2:**269, 583n, 586
    localized light quanta, paper on, **5:**203n
    on mass-energy relation, misattribution of, **2:***269*, **5:**84n
        AE on, **5:**99, 104
        response to AE's complaint on, **5:**103
    Meyer, conflict with, **5:**418n; Hopf's comments on, 417
    move from Hannover to Greifswald, **5:**76n
    Nobel Prize awarded to, **9:**308n
    offers AE position, AE's reaction, **5:***167*
    photochemical equivalence
        comment on AE's work on, **5:**401n; AE's response to, 474, 480
        claim concerning discovery of law of, **4:***109*, 173n; AE on, **4:***109*, 172, 293n

photochemistry, paper on, **4:***110*
Planck, comment on paper by, **5:**76
 on radiation, **2:**145
 relativity papers, draws AE's attention to, **5:**76
 requests paper by AE on fluorescence, **5:**97n, 99n, 104
 Sommerfeld, polemic with, **5:**232, 233n
 state of mind of: AE on, **5:**418; Hopf on, 417
 X-ray diffraction, theory of, **5:**519n
 X-rays, work on, **2:***145*
Stark effect, **6:**562; **7:**486n; **8:**386n, 783; **9:**405
 discovery of, **5:**588
 Epstein on, **9:**339
Starke, H., requests KWIP funds for research on high-frequency resonance in iron-containing circuits, **9:**557c; rejected, 561c
Stars, **7:**197
 binary, **7:**467–468
 Boltzmann distribution for, **6:**542
 daytime photography of, **10:**380
 distance of, **7:**421
 distribution of, **7:**394–395, 422–424n, 580–584
 mass of, **6:**514–515; **7:**423, 425n, 581
 size of cluster of, **3:**125n
 statistics for, **6:**360
 velocities of, **7:**395, 421–422, 424n, 581
  in universe, **6:**500, 542, 545, 547, 551
  and distribution of mass in universe, **8:**787
 See also Light: deflection of
State distribution
 evolution of probability of, **2:**544
 probabilistic interpretation of, **2:**49, 82–83, 89–94, 544
 probability of, **2:**60, 89–92, 545, 576
 stationary, **2:**78–81, 88
 See also Distribution
State Laboratory of Physics, Hamburg, **7:**53n
State variables, **2:**78, 335, 351–352, 379, 393, 471, 473, 542
 fluctuations of, **2:**138–139, 393–396
States
 of a system, **3:**288
 change of (*see* Change of state)
 complexions corresponding to, **2:**353, 544
 definition of, **2:**96n
 and entropy, **3:**307, 553
 fluctuation of, **3:**556
 phenomenological, **2:***53*

probability of, **2:***214*; **3:**287, 289–290, 307, 538, 551–552, 562n
 stationary, **2:**96n
 succession of, **3:**551
 total, **2:**102, 107n–108n
 See also Critical state; Microstates
Statics, **3:**11, 84; graphical, **3:***5*
Statistical arguments, **3:**197–201
Statistical laws, **3:**261–262, 295
 for single systems, **3:**201, 262–265
Statistical mechanics, **2:***xix* **3:**120, 260, 271, 422, 465, 510, 523, 559, 562n; **6:**39n, 250–252, 366, 375–376, 384, 542–543, 562; **8:**237, 285, 300, 561, 735, 815
 AE on Mises's paper on, **9:**275–276
 AE's lectures on, **3:***xvii*, 6–7, 128n, 599–600
 AE's work on, **2:***172*
 applicability of to thermal radiation, **2:***138, 146*, 543
 Boltzmann's approach to (*see* Boltzmann, Ludwig)
 classical, **3:***xx*
 consequences of, **2:**578
 foundations of, **2:***139*
Statistical physics, **3:**285; **4:***202*
 AE's interest in, **3:***7–8, 284–285*, 562n
 AE's lectures on kinetic theory of gases and, **3:***xvii, 6–7, 10*, 179–241, 242n–247n
 foundations of, **2:***xix, xxviii*, 137, 545; AE and, 41–55, 137–138, 177, 211, 214, 501n; **3:***7–8*
 methods of, **3:**506n
 probabilities in, **2:***52*
 role of fluctuations in, **2:***213*
 See also Thermodynamics; Kinetic theory of gases
Statistical thermodynamics. *See* Thermodynamics: statistical
Statistical values of observations, method for determination of, **4:**599–601, 603–607
Statistics, **3:***xxviii*, 291. *See also* Gauss's error law
Statistics, quantum, **2:**54. *See also* Black-body radiation: application of statistical mechanics to
Staudinger, Franz (1859–1921), **9:**94
Staudinger, Hermann, **9:**12n
Steam, **2:**114, 125–126, 326, 329, 430
Steam engine, **2:**317, 430

Stefan, Josef (1835–1893), **2:**202, 252n; **3:**243n; **10:**323n
Stefan-Boltzmann law. *See* Black-body radiation: Stefan-Boltzmann law for
Stefanini, Annibale (1855–?), **5:**16n; on dissociation, 12
Stefanović, Milana, **5:**508n
Steidle, Clara, **8:**18n
Steidler, W., **9:**192
Stein am Rhein, Canton of Schaffhausen, **1:**316–317, 320n, 376
Steinel, Oskar, on archeology, **10:**581c
Steinhardt, Alfred. *See* Koch (or Steinhardt), Alfred
Steinhardt, Alice (née Koch) (1893–1975), **1:***lvii*, 222n, 259; **8:**1010; **9:**129, 147; **10:**169, 234
Steinhardt, S. Ogden (1882?–1965), **8:**1020c; **9:**129, 147; **10:**112, 169, 234
Steinman, D. B., **9:**608c, 612c; proposes English translation of *Einstein 1917a*, denied, **10:**578c
Steinmann, Georg (1856–1929), **9:**72n
Steinmann, Rudolf, **9:**149n, 150n
Steissbein, A. Ritter von, **5:**34, 223, 522
Stellar aberration. *See* Aberration: stellar
Stellar statistics, **6:**360
Stellar theory of Eddington, **9:**13
Stendal, Sachsen-Anhalt, **10:**219
Stenström, Karl (1891–?), **9:**217
Stereochemistry, **2:**207
Stern, Alfred (1846–1936), **1:**216, 246, 296, 297n, 298, 299n; **5:**183n, 481n, 515; **8:**18n, 55, 56n, 615n; **9:**4n; **10:**205–207
biography, **1:***386–387*
congratulates AE on ETH appointment, **5:**403
dedication to AE by, **5:**636c
makes acquaintance of H. F. Weber, **5:**479n
return to Zurich, **5:**479
stay in: Frankfurt, **5:**403; Rome, 403
Stern, Antonia (1891–?), **5:**183n, 306, 403n, 479, 516n; pupil of Auer, 479n
Stern, Clara (1862–1933), **1:**296, 297n, *387*; **5:**183n, 403, 433n, 479; **10:**206n, 207
invites AE and family, **5:**515
Stern, Dora (1882–1979?), **1:**296, 297n; **5:**306, 403n, 404; **10:**207
stay in Berlin, **5:**183
tutored by AE, **5:**183n

Stern, Emma. *See* Darmstadt-Stern, Emma
Stern, Heinrich, **10:**589c
Stern, Minna, **8:**733n
gift of pears, **8:**1029c
helps AE obtaining condensed milk, **8:**1021c
Stern, Otto (1888–1969), **3:**576; **4:**271–272; **5:**536n, 540n, 579, 631c; **9:***xlix*, 75, 388, 390n, 439n, 464, 472n, 571c, 582c; **10:**18n, 24n, 336, 516
AE, collaboration with, **8:**20n, 42n
AE's joint paper with, **4:**270–273, 275–284, *552n*, 553; **5:**395n; 541, 563; **6:**39n, 146, 261n, 398n
Bohr on, **10:**353
dissertation, topic of, **5:**535
gas dissociation, paper on, **8:**20, 29, 30n
Habilitation petition of
AE's opinion on, **5:**535
approval of, **5:**536n
heat theorem of Nernst, discussion with AE on, **8:**262–264, 267–268, 272–273, 276
thermal molecular velocities, paper on, Laue on, **10:**355
University of Frankfurt
appointed at, **9:**460
candidate as Born's successor at, **10:**304, 335, 516; AE on, 353, 360
vapor pressure and entropy constant, work on, **6:**250; **8:**38–39
visits AE, **9:**142
work of, Haber's comments on, **5:**539
Stern, Toni (1839–1912), **5:**404n
death of, **5:**479n
illness of, **5:**403, 433n, 479
Sterne, Laurence, **8:**286, 317n, 324
Steubing, Walter (1885–1965), **9:***xlviii*, 337, 570c–571c, 575c–577c, 579c, 598c, 608c; **10:**588c
requests KWIP funds for research on influence of magnetic field on spectral lines, **9:**557c; granted 560c, 568c
Stevin, Simon (1548–1620), **9:**502
Sthamer, Friedrich, **10:***xlii*; on rumors about AE leaving Berlin, 596c
Stierlin, Hans, **10:**193, 227
Stinnes, Hugo (1870–1924), **10:**581c
Stochastic approach, **2:***215*
Stochastic processes, **2:***xvii*
Stock, Franz (1868–1939)

declines membership of Kuratorium of KWIP, **8:**529
donation for KWIP, **8:**513n, 1006c
Stöcker, Helene (1869–1943), **9:***xliv*, 34n, 43n, 71; solicits AE's signature to April 1919 appeal, **9:**33
Stocker, Jakob (1874–1960), **8:**497
Stodola, Aurel (1859–1942), **2:***217*; **4:**586; **5:**118n, 218, 398; **8:**93, 288n; **9:**27; **10:**33, 78, 199
   Arrhenius, comments on book by, **5:**125
   attends AE's lectures at University of Zurich, **5:**219n
   on Brownian motion, **8:**287
   on entropy of universe, **5:**125
   praise for lecture by AE, **5:**158
   thanks for reprints, **5:**118
   on union of Bavaria and Austria, **9:**92
Stoessel, Johann, **1:***239*
Stokes, George (1819–1903)
   ether theory of, **7:***104*
   theory of aberration of, **7:***104*, 127–128n, 279n
Stokes-Cunningham law, **10:**294
Stokes-Planck ether, **10:**241
Stokes's law of hydrodynamic friction, **2:**171, 177–179, 211–213, 221, 345n, 400n, 498; **3:**223, 246n, 508n–509n, 567
   for rotating spheres, **3:**228, 246n
Stokes's rule for fluorescence, **2:**141, 162–163, 165, 168n, 548; **3:**249, 457, 580; **4:**10, 103n; **5:**97n, 195, 280
Stokes's theorem, **3:***6*, 353–356; **7:**98n, 548
Stoll, Eugen, **9:**192
Stoll, Otto (1849–1922), **2:***xvi*; **5:**159n, 190n
Størmer, Carl (1874–1957), **8:**158
Straneo, Paolo (1874–1968), **8:**77, 91, 92n
Straszewicz, Stephan, **5:**243
Strauss, Richard (1864–1929), **9:**350n
Strauss, S., **7:**366n
Strength of materials, **1:**212, 307
Stress tensor, electromagnetic. *See* Energy-momentum tensor: of electromagnetic field
Stress-energy tensor. See Energy-momentum tensor
Stresses
   hydrodynamical, **2:***177*
   internal, nonelectromagnetic, **2:**553n
Strikes
   in Berlin, **8:**629, 964; **9:**87n
   in Germany, **8:**944n; **9:**20n, 106
   in Zurich, **8:**940n, 942n
Strindberg, August (1849–1912)
   Das Blaubuch, **9:**206
   Rausch, **9:**142
   Traumspiel, **9:**142
Stroh, Eugen, **3:**581
Strömgren, Elis, **10:**580c
Struck, Hermann (1876–1944), **7:***229*; **9:**193, 572c, 581c; **10:***xlv*
   etching of AE, **9:**360n, 524n, 592c
   portrait of AE, **10:**266, 311n, 585c
Structure function. *See* Phase space: structure function of
Strutt, John William. *See* Rayleigh, John William Strutt (Lord)
Struve, Karl Hermann (1854–1920), **5:**581; **8:**57n, 261, 606n, 609n, 682, 995c, 999c; **9:**275n, 360n, 573c, 593c; **10:**595c
   character of, AE on, **8:**203, 209n, 241, 262
   Freundlich
      opinion on, **8:**216n
      on paper on redshift of, **8:**257n
      on plan of research of, **8:**216n
      on position for, **8:**89, 277
      relationship with, **8:**258
      on work of, **8:**216n, 563
   on Seeliger's candidacy as director of Astrophysical Observatory, **8:**386n
   solar eclipse expedition
      opposition to, **5:**581n
      on retrieval of instruments of, **8:**718n;
Studentenvereinigung für künstlerische Kultur an der Universität Berlin, **9:**179
Students' Council, **8:**944n
Study, Eduard (1862–1930), **8:**895; **9:**149, 150n; **10:**593c
   on AE as positivist, **9:**71
   on Als-Ob philosophy, **9:**43–44
   on axiomatics, **9:**71
   on geometry, **9:**52
   geometry book by, **8:**885–886; AE on, 877, 890–891; **9:**51
   meaning of "real," discussion with AE on, **8:**890, 896
   on positivists, **9:**71–72
   relativity: criticizes Schlick's book on, **8:**898; doubts on, **8:**896–897

Stumpf, Carl (1848–1936), **9:**127
  on chain of physical-psychological causes, **9:**261
  congratulates AE, **9:**579c, 581c
Stumpf, Felix (1885–?), **9:**598c; **10:**372
Stürgkh, Count Karl von (1859–1916), **5:**247n, 284n, 433n, 626c, 630c, 631c; **8:**394, 404n
  assassinated by Adler, **10:***xxxiv*, 21n
Stuttgart, **1:***li*; AE's lecture in, **10:***xlvi*
Suarès, André, **9:**323n
Subelectron
  AE on, **9:**7, 367–368
  Norst on, **10:**580c
  Smekal on, **10:**295–296
  See also Ehrenhaft, Felix; Electron
Submarine warfare. *See* World War I: Germany
Suchtelen, Nicolaas, van (1878–1949), publication by, **8:**177n; AE reads, 176
Suchy, Julius (1879–?), **5:**342, 343n
Sudermann, Hermann (1857–1928), co-author of Manifesto of the 93, **9:**121
Sulzer, E., role of in AE's rental dispute, **5:**634c
Summation convention, **6:**296, 338n, 411; first occurrence of, **8:**249
Summation notation, AE's,
Sun, **3:***xxix*, 15, 21–23, 37–38, 137, 496, 497n
  deflection of light rays by (*see* Gravitational light deflection; Light: deflection of)
  magnetic field of, Hale's discovery of, **5:**567
  optical phenomena in atmosphere of
    AE on Julius's theory of, **5:**313n, 317n, 327, 347, 357
    Doppler effect, **5:**355
    Julius's theory of, **5:**313n, 317n
    Zeeman effect, **5:**355
    See also Dispersion, anomalous: in solar atmosphere
  spectral lines of
    redshift of (*see* Gravitational redshift, solar; Redshift, solar)
    shift of, causes of, **5:**388
    violetshift of, **5:**375, 386
  spectrum of, **10:**295, 372; gravitational redshift in, **10:**248
Sunday Express (London), **7:**304n
Sundell, August (1843–1924), **8:**370
Superconductivity, **4:**273, 553; **8:**156, 157n; **10:**368, 613
  critical magnetic field strength for, **10:**521n
  discovery of, **5:**283n; **10:**253n
  discussed at "Magnet-Woche," **10:***xlvii*
  Ehrenfest on ignorance about, **9:**504
  and Hall effect, **10:***xlvii*, 337n, 494; AE on, 519–520
  and magnetic fields, **10:**368
  See also Kamerlingh Onnes, Heike
Superluminal signals. *See* Signal velocity: superluminal
Superluminal velocity
  AE and Wien on, **5:***56–59*
  AE's correspondence with Wien on, **5:**60–71, 85
  compatibility of with Maxwell's theory, **2:***267*
  in dispersive and absorptive media, **5:***57*
  for deformable electron, **5:***57*
  in electron theory, **5:***56*
  and gravitation, **3:**446, 447, 449n
  Heaviside on, **5:***56*
  incompatibility of with relativity theory, **2:**288, 305, 310n, 424–425, 428n, 443, 445–446
  in Maxwell theory, **5:***56, 57*
  nonpropagation of an action with, **2:**424–425; 3:165, 175n
  for rigid electron, **5:***57*, 65
  signal with, **2:**424, 428n
  Sommerfeld on, **5:***56, 59*, 75n, 86n, 89n, *59*, 75n, 86n
  Wiechert on, **5:***57*
  See also Light, speed of: as maximum speed; Signal velocity: superluminal
Supernatural masses. *See* Relativity, general theory of: supernatural masses in
Superposition, **3:**100
  of forces, **3:**318
  of radiation components, **6:**199, 201–202
  of velocities (*see* Addition of velocities, law of)
Superposition principle, **2:**187, 290, 445, 582; **3:**251
Surface of liquid, potential energy of, **2:**13
Surface tension, **1:**312; **2:**10, 20n; **3:**402, 407n
Surface tensor/vector, **4:**232n
Survival of fittest, **8:**918–919
Susa, Italy, **1:***lii–liii*
Susceptibility, **6:**170n, 189n; magnetic, **10:**367
Suspended particles. *See* Particles, suspended
Suspensions, **7:**342
  AE's determination of volume of through viscosity, **5:**217

Bancelin's experiments on, **5:**267n; discrepancy with AE's prediction, 218n, 266, 268, 270
  distinguished from solutions, **2:**209–210, 225
  viscosity of, AE's calculations on, **10:**12
  See also Brownian motion; Particles, suspended
Sussmann, ?, **9:**558c
Sutherland, William (1859–1911), **2:**177–178, 213; **3:***xxiv,* 409–410, 413, 413n–414n, 420, 42ln, 476n, 526, 579; **5:**279n
  on molecular mass, **2:***171*
  semipermeable membranes, hypothesis on, **5:**16n; Besso on, 13–15
Svedberg, The (1884–1971), **2:**219–220, 399, 400n, 497, 501n, 558, 559n; **5:**218n; **9:**299
  Brownian motion, work on, AE on, **5:**217
  solicits article from AE, **9:**285, 300
  on weekly *Forum,* **9:**285
Swabia. *See* Schwaben
Swarzenski, Georg, **9:**537n, 611c–612c
Swastikas, displayed at Berlin Philharmonic event, **10:***xl*
Swedish Academy, **7:**220n
Swinne, Richard (1885–1939), **5:**281n; **10:**19n
  on atomistic structure of matter, electricity, and radiation, **5:**280
  chronergon concept, introduction of, **5:**280
  Eötvös's law, comments on AE's paper on, **5:**401
  extergon hypothesis, **5:**280
  hypotheses of, AE on, **5:**285
  photon, use of term, **5:**280
  Riga, lecture in, **5:**279
Swiss Army, **8:**137n. *See also* Knife
Swiss citizenship, AE's, **1:***lxiv,* 239–241, 243; **8:**135, 167n, 187, 636n, 759, 763, 871
  applications for, **1:**242, 245–246
  minutes of Zurich Municipal Naturalization Commission, **1:**271–272
  Municipal Certificate of Residence and Good Conduct (Domizil- & Leumundszeugnis), **1:**241
  Municipal Police Detective's Report, **1:**246
  questionnaire for municipal citizenship applicants, **1:**269–270
  report of Schweizerisches Informationsbureau, **1:**275–276
Swiss Civil Law Code, **8:**281n

Swiss Embassy in Berlin, **8:**276
Swiss Federal Council, **8:**730n, 852n
Swiss Federal Institute of Technology. *See* ETH
Swiss Federal Insurance Bureau, **8:**524n
Swiss Federal Patent Office (Eidgenössisches Amt für geistiges Eigentum), **2:***xvi,* 111; **8:**445n, 497, 610
  address of, **5:**206n
  advertisement of administrative deputy position at, **1:**312, 313n
  AE and, **3:***xv–xviii*
  AE seeks and applies for position at, **1:**291n, 292, 32ln, 327, 376
  AE's appointment at, **1:***xxxvii,* 338–340, 377
  AE's resignation from, procedure for, **5:**201n
  Besso's appointment at, **5:**41n
  Habicht's possible appointment at, **5:**32
  Ehrat's possible appointment at, **5:**82
  Haller's directorship of, **5:**23n
  Oberlin's appointment at, **5:**23n
  requirements for position at, **1:**336
  See also Einstein: Career: Swiss Federal Patent Office; Grossmann, Jules; Grossmann, Marcel; Haller, Friedrich
Swiss Liberal Democratic Party, **10:**187n
Swiss Natural Science Society. *See* Schweizerische Naturforschende Gesellschaft
Swiss school, as healthy environment, **8:**406
Swiss School Council, **8:**852n; nominates AE for professorship at ETH, **10:**17
Swiss Social Democratic Party, **10:**184n
Swiss Telegraph Administration, **10:**15. *See also* Chavan, Lucien: Swiss Telegraph Administration
Swiss Trade Union Federation, **8:**942n; **10:**184n
Switzerland, **8:**56, 103n, 144, 150, 165–166, 166n, 167, 174, 199, 330, 338, 479, 484–485, 719, 738n
  AE's trips to, **10:***xxxi;* in 1919, *xxxvi;* in April 1916, *xxxii*
  as asylum for war dissenters, **8:**572
  coal shortage in, **10:**138, 140, 141n; predicted, **8:**581; **10:**118
  debate over constitution in, **9:**189
  economic situation in, **8:**408, 410; **10:**57
  fear of Bolshevism in, AE on, **9:**306
  food supply in, **10:**106, 138, 149n; AE on, 98
  general strike in, **10:***xxxv,* 182–187
  Haber on, **9:**125

Switzerland (*cont.*)
  humanitarian relief efforts of, **7:**334n
  influenza in, **8:**851, 884, 911; **10:**181, 187
  insularity of, AE on, **9:**93
  lack of young physicists in, **8:**148
  as model of ideal state, **8:**399
  as political model for South Germany, **8:**958
  proportional election introduced in, **10:**187
  rationing in, **8:**411n, 730n, 735n
  relief efforts in, **9:**205n
  riots in, **9:**79
  social problems in, **8:**941
  strike in, **8:**942n
  support for Swiss nationals abroad, **8:**409n
  Swiss politicians for separate peace between Germany and Russia, **10:**184n
Symmetry, **2:***xvii*, 188, 196, 253, 261–263, 276, 294, 440–442, 477, 569; **3:**20, 24, 149, 157, 194, 256, 337, 451, 512, 565
Symmetry arguments, **1:**5
Synchronization, **3:**442
  between systems in relative motion, **3:**433–434
  within one system, **3:**432
  See also Clock
Syria, **9:**197n
Syrian Protestant College, Beirut, **9:**213n
System
  accelerated, **3:***xxviii* (*see also* Acceleration)
  adiabatically influenced, **2:**86, 95n
  center of gravity of, **3:**78
  closed, **2:**255, 267, 410, 462
  complete, and conservation laws, **3:**393
  ergodic (*see* Ergodic system)
  holonomic, **3:**90
  inertial (*see* Inertial system; Frame of reference: inertial)
  isolated, **2:**77, 85
  mechanical, **2:**48, 75n, 95n
  moving (*see* Moving system)
  physical, **2:**52, 77–78, 95n
  state of, **3:**288
  statistical laws for single, **3:**201, 204, 262–265
  temperature of (*see* Temperature: of moving system)
  thermodynamic and statistical properties of, **3:**291
Szarvassi, Arthur, **2:**560–561, 562n; lecture by, **5:**623–624
Szilard, Leo (1898–1964), **2:**206

Tag, Der, **7:***108*
Tägliche Rundschau, **7:***106*; **10:***xxxviii*
Tagore, Rabindranath (1861–1941), **10:**417; on nationalism, **9:**237, 322
Talmey, Bernard, **1:***lxii*
Talmey, Max (1869–1941), **1:***lxi, lxii, 5, 371*; **10:**571c
Tammann, Gustav (1861–1938), **5:**16n, 401; **10:**12, 13n
  on dissociation, **5:**13
  on isomery of mixed crystals, **10:**499
Tandler, Julius (1869–1936), **10:**423
Tank, Franz (1890–1981), **8:**331n, 853; **9:**382, 405; **10:**284n, 298n
Tanner, Hans (1886–1961), **3:***3, 10*; **5:**243, 290, 291n, 507n; **8:**173n, 446, 998c, 1020c
  awarded doctorate, **5:**334n
  dissertation, of, **5:**293n
    AE on publication of, **5:**455
    AE's approval of, **5:**334
    AE's suggestions to improve, **5:**292
    supervised by Hagenbach, **5:**293n
    topic of, **5:**334n
  invited to Prague as AE's *Assistent,* **5:**291n
  as prospective educator of Hans Albert Einstein, **10:**81
  recommendations for, **8:**99 5c, 999c, 1013c
  University of Basel: appointed *Assistent* at, **5:**292; leaves, 506
Tänzer, Aron, **1:***xlviii, xlix, l*
Tarasp, drinking cure for AE in, **10:**70, 91, 103
  postponed, **10:**108
  recommended, **10:**100, 102
Tassel, Émile, **9:**54; **10:**304n
Täubler, Eugen (1879–1953), **9:**169n, 434n
Taylor expansion, **3:**292, 294, 311n
Taylor's theorem, **2:**187; **7:**503
Technical Museum for Industry and Commerce (Vienna). *See* Technologisches Gewerbemuseum
Technical University of Aachen, **8:**9
Technical University of Berlin, **7:**357n, 448n; **8:**17, 141n, 368n, 601n, 709n, 823n
Technical University of Breslau, **7:**80n
Technical University of Danzig, **7:**146n
Technical University of Delft, **8:**961n
Technical University of Dresden, **8:**695, 696n
Technical University of Helsingfors, **8:**370n, 371n, 619n

Technical University of Munich, **8:**815n
Technical University of Stockholm, **8:**370n
Technical University of Tsingtao (German), **8:**909n
Technical University of Vienna, **8:**483n, 597, 597n
Technikum Burgdorf, Canton of Bern, **8:**4n
 AE applies for position at, **1:**307, 309, 311, 376, rejected, 313
Technikum Winterthur, **1:***xxxvii*, 291, 294, 296, 310, *376*
 AE consults Grossmann on application at, **5:**84
 AE teaches at, **5:**34n
 construction at, **5:**89
 explosion at, **5:**90n
 possible vacancy at, Gasser on, **5:**90
 work of laboratory steward at, **5:**90n
Technion, Haifa, **9:**153n
Technische Nothilfe, Haber on, **10:**450–451
Technische Versuchsanstalt (Austrian Technical Testing Bureau), **7:**337n
Technologisches Gewerbemuseum (Technical Museum for Industry and Commerce, Vienna), **7:**337n
Technology
 AE on rapid development of, **10:**26
 institutes of, proposed administrative unification with universities, **7:**337n
Teddy. *See* Einstein, Eduard
Telefunken, legal dispute with Erich F. Huth Co., **7:**365–366
Telefunken-Gesellschaft, **8:**342n, 549n
Teleky, Pál Count (1879–1941), **10:**489
Telle, Margarethe, **8:**343, 344n
Temperature, **1:**63–73, 194–200, 283; **2:***49–50*, 96n, 100, 241, 558, 559n; **3:**121, 181, 194, 208–209, 212, 242n, 477n, 503, 521
 absolute, **2:**68, 83–85, 103, 121, 226, 243, 399; **3:**213–214, 306, 521, 544n, 545n; **4:**561
 absolute zero, **2:**24; **3:***xxii*
 AE on, **5:**10
 concept of, **3:**503
 critical, **3:**287, 402, 407n
 definability of, **2:**119
 definition of, **4:**154, 155, 525
 dependence on, of specific heat, **3:***xxv*, 460
 equilibrium, **3:**314, 522
 in gravitational field, **4:**155
 field, **6:**524
 fluctuations of, **3:**454, 535–536, 558
 high, **2:**572; **3:**503
 inaccessibility of zero temperature, **4:**556–557 (*see also* Heat theorem of Nernst)
 influence of on spectral lines, **3:**493
 jump, in dilute gas, **6:**577, 579n
 of macroscopic system, **6:**251, 253
 and mean energy, **3:**523–524, 531
 of melting, **3:***xxiv*
 of moving system, **2:**473–475
 observable measure of, **2:**96n (*see also* Thermometer)
 of radiation, **3:**541, 547n
 relativistic transformation, **2:**473–475, 487n
Tension
 and condensers, **3:**382
 electrostatic, **3:**339
 increase in, **3:**339
 unit of, **3:**366
Tensor, **4:**70, 106n, *195*, *296*; **6:**78–82, 295; **7:**154
 algebraic operations on, **4:**73–78, 326–328
 antisymmetric, **7:**154, 157, 509, 511, 546–548 (*see also* Six-vector)
 antisymmetric fundamental, **6:**85, 217, 245
 components of energy-momentum (*see* Gravitational field: energy-momentum components (pseudotensor) of)
 contraction of, **6:**299–300, 313; **7:**159, 508, 542, 549
 contravariant, **6:**80, 93, 297; **7:**542; definition of, **4:**327
 covariant, **6:**78–80, 90–93, 297–298; **7:**542
  definition of, **4:**327
  differentiation of, **7:**158, 452, 456n, 545–547
 definition of, **7:**507; **8:**348–349
 density, **7:**66, 546, 574n (*see also* Tensor, V(olume)-)
 determinant of, **7:**151–152, 155
 differential, **4:**336–337
 differential operations on, **4:**79–80, 328–332 (*see also* Beltrami's first and second operators; Laplace operator)
 discriminant of, **4:**333–334
 divergence of, **6:**58, 90, 93–94, 95, 217–218, 313–314; **7:**132, 139n
 dual, definition of, **4:**335
 electromagnetic field, **4:**81, 519n

Tensor (*cont.*)
  energy-momentum (*see* Energy-momentum tensor)
  "Ergänzung," **6**:305
  "Erweiterung," **6**:90–93, 96, 217, 308–310, 313
  formation of, by differentiation, **6**:89–97, 111, 307–310, 314
  fundamental (*see* Metric tensor)
  inner product, **6**:55, 58, 82, 300–301
  mixed, **6**:9, 80, 95, 298, 299–300; definition of, **4**:327
  mixed fundamental, **6**:83, 256, 302
  mixed product, **6**:82, 300–301, 312
  "November," **7**:574n
  outer product, **6**:55, 81–82, 299
  of rank n, **4**:71
  reciprocal, **6**:86
  special, **4**:332–335
  stress-energy (*see* Energy-momentum tensor)
  symmetric, **4**:71; **7**:154, 157, 509, 513
  V(olume)-, **6**:96–97, 106, 129n, 216, 218, 220, 266, 267
  "Verjüngung" of (*see* Tensor, contraction of)
  weight of, introduction of, **8**:711n
  See also Einstein tensor; Gravitation tensor; Levi-Civita tensor; Maxwell field tensor; Metric tensor; Point tensor/vector; Ricci tensor; Riemann tensor; Surface tensor/vector; Weyl tensor
Tensor calculus, **4**:65–80
  Besso on, **10**:540
  See also Differential calculus, absolute
Terwin, Johanna (1884–1962), expresses sympathy for AE, **10**:392–393
Tete. *See* Einstein, Eduard
Tetrode, Hugo (1895–1931), theory for entropy constant of, **6**:261n; **8**:39n, 186n, 192, 263n
  AE on, **6**:250–261; **8**:244, 247
Teubner publishing house. *See* Publishers
Teucher, Emil Konrad (1877–1948), **1**:197n; **2**:*135*
  notes on H. F. Weber's physics lectures, **1**:*62*, *63*, 73n, 101n, 178n, 189n
    differences with AE's notes, **1**:137n, 138n, 141n, 147n, 148n, 164n
Teweles, Heinrich (1856–1927), **9**:323
Teyler's Foundation, **8**:84n, 176n, 298, 299, 299n, 340n

Physics Laboratory of, **7**:201n; AE visits, **8**:340, **10**:52
  Lorentz's appointment at, **5**:411n
Thalwil (Thalweil), Canton of Zurich, **1**:299
Theodosianum, **8**:320n, 351n, 374n
Theoretical physics. *See* Physics: theoretical
Theory, **3**:*xxvi*, 141, 550
  axiomatic (*see* Method: axiomatic)
  complete, **3**:288
  constructive (*see* Constructive theory)
  conventionality of (*see* Conventionalism)
  disagreement between experiment and, **3**:140, 532, 544n
  evaluation of, **8**:707
  and experience, **3**:325, 397n, 512, 515, 529; **7**:*xxxv–xxxvii*, 57, 59n, 79, 219, 352; **8**:864–865, 870–871(*see also* Concept and experience)
  falsification of, **7**:219–220n
  of invariants, **7**:412–413
  physical content of, **7**:250–253
  of principle (*see* Theory of principle)
  simplicity of, **7**:*xxxiv–xxxvi*, 57, 369, 371n
  truth of, **7**:*xxxvi*, 219–220n
  underdetermination of, **7**:*xxxvi*, 57, 219–220n, 404n
  unity of, **7**:*xxxiv–xxxvi*
  See also Hypothesis
Theory of gravitation. *See* De Donder, Théophile: gravitation theory of; Newtonian theory of gravitation; Nordström's theory of gravitation; Abraham, Max: gravitation theory of; Kottler, Friedrich: gravitation theory of
Theory of heat. *See* Heat: theory of
Theory of principle, **2**:*xi–xxii*, *xxix*, *45*, *257*; **5**:89n; **7**:*xxxv*, 119, 206–207, 210n, 213, 371n, 378n; **10**:120. *See also* Axioms; Constructive theory; Principles: of physics
Theory of radiation. *See* Radiation theory
Theory of relativity. *See* Relativity, theory of
Thermal agitation, **3**:513
Thermal conductivity, **1**:63–70, 73–79, 194, *235*, 305n; **2**:*174*; **3**:*xxvi*, 471, 475, 477n, 511, 514, 567
  coefficient of, **1**:190; determination of, 103–105; evaluation by AE of, *265*, 292; **3**:472
  of insulators, **3**:473, 514
  relationship to electric conductivity in pure metals, **1**:194

H. F. Weber's research on, **1**:*235*
See also Heat conduction
Thermal processes, **1**:106–120; statistical properties of, **3**:532–533
Thermal radiation. *See* Black-body radiation
Thermodynamic theory, **3**:*xxi*
Thermodynamics, **1**:63–147; **3**:*xxix*, 128n, 251, 287, 291, 508, 552; **4**:115–121, *192*, *202*, 166–169, 185, 287–292, 532, 555–559, 561–563; **6**:30–38, 67n, 251, 252, 255, 260, 261n, 366, 375–376, 385, 577; **7**:219
  AE's lectures on, **3**:*xvii*, *3*, 593, *598–599*
  AE's use of, **2**:*xxi–xxii*, *47*
  AE's work on statistical foundations of, **1**:*266*, 316n, 337
  applicability of, **8**:263
  classical, **2**:*xvii*, *209*, *218*, 224, 317, 335
  compared to relativity theory, **10**:120
  corresponding states in (*see* Corresponding states: law of)
  development of, **3**:*285*
  equations of, **2**:241
  first law of, **2**:*10*, *41*, *48*, 58, 562n (*see also* Energy, law of conservation of)
  and fluctuations, **3**:311n
  foundations of, **2**:*45*, *47*, 77–94, 119, 121, *177*, 226, 246
    gap in (*see* Gap in foundations of thermodynamics)
  of gases, **1**:94–96
  Gibbs's approach to, **2**:*52*
  graphical, **2**:113
  and gravitation, **4**:*124*, 154–156
  and heat conductivity, **10**:54
  heat of evaporation in, **10**:18
  improper thermodynamic equilibrium, **4**:*109*, *113*, 115–121, 166–169, 289
  independent variables in, **2**:319n
  and kinetic gas theory, **7**:206, 213; **10**:54
  laws of, **2**:*xxi*
  limitations of, **2**:416; **3**:422, 423n
  macroscopic, **2**:*54*
  Maxwell relations in, **1**:120; **2**:241n
  and mechanical equivalent of heat, **10**:62
  of mixtures, **10**:484
  Nernst's heat theorem in (*see* Heat theorem of Nernst)
  and perpetuum mobile, **10**:120
  phenomenological, **2**:*217*
  principles of from mechanics, **3**:423n
  processes in, **2**:*8*
  proper thermodynamic equilibrium, **4**:288
  and properties of radiation, **10**:5
  relativistic, **2**:*273*, 473–475
  second law of (*see* Thermodynamics, second law of)
  and specific heat of hydrogen, **10**:443
  statistical, **2**:*54*, *206*; **3**:*xxvii*, *285*
  third law of, **2**:241n (*see also* Heat theorem of Nernst)
  and work, **3**:293
Thermodynamics, second law of, **1**:119–120, 134–138; **7**:369, 374, 408; **2**:*xxii*, *xxvi*, *8*, 224, 411; **3**:213, 445, 539; **4**:118, 613, 621n; **10**:15, 54, 120n, 499
  AE's derivation of, **5**:10, 17
  and Brownian motion, **2**:*211*
  derivation of, **2**:*41*, *48*, *49–50*, *53*, 57, 89, 94, 95n–96n, 99, 100–102, 121, 555
  and irreversibility, **2**:543
  Kelvin's formulation of, **2**:246n, 249
  for reversible processes, **2**:23–24
  statistical interpretation of, **2**:*8*, *52*, *53*, 69–72, 91, 96n–97n, 379
  for systems at equilibrium, **2**:57
  for systems not at equilibrium, **2**:116, 117n, 555
  validity of, **2**:*xix*, *xxix*, *8*, 40n, *46*, 57, 73, *177*
  See also Carnot principle
Thermoelectric effect, **3**:574
Thermoelectricity, **1**:*xl*, 235–237, 238, 303, 324n; **2**:*174*, 355
Thermoelement, **1**:*224*, 238
Thimig, Helene (1889–1974), **10**:392–393
Thirring, Gretl (1897–?), **9**:211n
Thirring, Hans (1888–1976), **4**:*6*; **7**:*101*, 565, 576n; **8**:325n, 480; **9**:*xlix*, 75, 250, 252, 399; **10**:296, 322, 323n
  AE on, **9**:298
  and anti-relativists, **7**:*111*
  Austrian Army, serves in, **8**:559n
  rotating hollow sphere, discussion with AE on: centrifugal and Coriolis fields in, **8**:558, 566; metric of, 481–483, 500
  congratulates AE, **9**:21
  energy-momentum conservation in general relativity, discussion with AE on, **8**:559, 564–566

Thirring, Hans (*cont.*)
  nominated for membership of DPG, **8:**1023c
  opposes Ehrenhaft as Exner's successor, **10:**580c
  research on crystals of, **9:**210
  University of Hamburg, candidate for chair at, **10:**613c; AE on, 547
Thirring, Margarethe (1897–1987), **8:**566n
Thoma, Hans, **9:**350n
Thoms, Hermann (1859–1931), invites AE to lecture at German Pharmacological Society, **10:**589c; declined, 598c
Thomsen-Berthelot rule, **2:**129, 130n
Thomson, Joseph J. (1856–1940), **1:***237*; **2:***142*; **5:**287, 287n, 300, 301n; **8:**706; **9:**33n
  lecture on theories of atomic structure, **4:***552n*
  radiation theory of
    AE's planned paper on, **5:**257
    Laue's criticism of paper on, **5:**73
  Solvay Congress, Third, invited to, **10:**303
  Wien's radiation law, derivation of, **5:**74n
Thomson, William (Lord Kelvin) (1824–1907), **1:**156, 258n; **2:***4*, 20n, 129, 246, 246n, 249, 492n; **3:**397n
  formulation of second law of thermodynamics, **2:**246n, 249
  induction machine of (replenisher), **5:***52*
Thomson effect, **1:***236*, 258; **3:**234, 246n
Thomson's balance, **3:**366, 398n
Thomson's multiplier, **3:**340–341, 398n
Thought experiments, **3:**257n, *479*, 484n; **7:***113*, 354–355
  on energy-mass equivalence, **3:**489–491
Thovert, ?, **2:**347
Thread, four-dimensional, **4:**95, 96; **6:**101, 102
Three-body problem, **6:**359, 566
Thun-Hohenstein, Franz von (1847–1916), **5:**273, 273n
Thurgau Kantonsschule, Frauenfeld, **1:**250n, 260, 315
Thüringen, **10:**115, 119, 124, 130–132
Till Eulenspiegel, **8:**831
Time, **3:**11
  absolute, **3:**447; **4:**543; universal, **2:***253*, 485n
  absolute and relative, **6:**279–280, 446, 462, 528; **7:**5, 516, 535
  accumulation of, **3:**500, 504n

Bergson on, **8:**491
concept of, **2:***261*, *264*, 277–280, 435, 437, 439, 478, 570; **3:**431, 441; **7:**3, 501
coordinate, imaginary, **6:**97, 124, 125, 223, 348, 462, 487, 506, 507; **7:**262–263, 375, 408
definition of, **3:**148–149, 151–152, 432, 493
  in general relativity, **6:**490–491
  in special relativity, **7:**5
delay, **3:**504n, 541, 547n
dependence of on velocity, **3:**441
dilation (*see* Time dilation)
as fourth dimension, Fechner on, **9:**556c
direction of, **10:**54
homogeneity of, **2:**440
interval, **2:***265*, 307n–308n
light-second as unit of, **6:**103, 126
local, **2:**308n, 435, 478–479, 483, 485n, 487n; **4:**141
meaning of, in physics, **6:**438–440
measurement of, **3:**18, 146–147, 161, 163, 431; with light, 441; **6:**48, 101, 289–291, 292–294, 404, *418*, 440, 442, 462, 478–479, 484–485, 512–513, 530; 541–542; **7:**197–198n (*see also* Clock)
nonexistence of, **9:**554c
objective concept of, **6:**520–522
proper, **6:**76, 89, 125, 240
in relation to a coordinate system, **3:**432
relativity of, **2:**280–282, 435–439; **4:**542–544; **8:**526
and space, **3:**147–148, 431, 438; homogeneity of, 157, 166; **8:**631, 651
transformation equations for, **2:**282–287, 440–442
in uniformly accelerated reference frame, **2:**476–480
universal, **8:**526, 528, 536–537
See also Clock; Conventions; Measurement; Space-time; Space and time
Time average, **2:***52*, 78–79, *138*, 150, 343–344, 400, 544–545; **3:**303
  equality with ensemble average (*see* Ergodic hypothesis)
Time dilation, **2:**288–289, 403, 478, *507*; **3:**436, 491–494; **4:**45, 46, 545; **6:**53, 290, 449, 479, 513; **7:**121n, 257, 523, 604
  AE and Guillaume on, **9:**379, 418–419, 430–432

experimental test of by transverse Doppler effect, **9**:356
gravitational, **7**:558, 619 (*see also* Clock: behavior of, in gravitational field)
in rotating frame of reference, **9**:116, 137, 140n
Time evolution. *See* Change of state
Time-like curve, closed, **8**:335, 375
Time-like interval, **4**:594, 595. *See also* Invariant space-time interval
Times (London), **7**:*xxx*, 210n–211n, 215n
AE's article in, **9**:256, 286
and wartime propaganda, **9**:256
Ting, W. S., invites AE to lecture at University of Peking, **10**:598c
Tinguely, Arthur (1893–1977), **5**:202n
Tinguely, Paul (1864–1932), neighbor of AE at Aegertenstrasse, **3**:576; **5**:202n
Titlis, peak on the border between the cantons of Uri and Bern, **1**:250
"To the Civilized World." *See* Appeal: "An die Kulturwelt"
Tobler, Gustav (1855–1921), **5**:48n, 97n, 106n
Tobler, Josephine (1879–1959), **9**:92, 93n, 118n, 130n, 131, 138, 147, 171, 219, 289, 573c, 582c; **10**:196n, 216, 230
Einstein, Pauline
accompanies to Berlin, **9**:303, 339, 592c
discusses condition of with Zangger, **10**:218
proposes moving to Berlin, **10**:218
Toepfer Co., **8**:470
Toggenburg, region in Canton of St. Gallen, **1**:51
Toller, Ernst (1893–1939), **9**:323n
and Bavarian Soviet, **9**:344n
and Bund "Neues Vaterland," **9**:344n
Tolman, Richard (1881–1948), principle of similitude of, **8**:165
Tolstoy, Leo (1828–1910), **8**:154, 193; **9**:415; **10**:56
Tönnies, Ferdinand (1855–1936), **9**:94
Top. *See* Gyroscope
Töplitz, Otto (1881–1940), on anti-Semitism at University of Kiel, **9**:230
Torque, **3**:81, 113, 128n
on gyroscope, **6**:137, 155, 208, 209, 210, 231
on magnetized body, **6**:*147*, 154–160, 162, 163–164, 165, 170n, 174, 175, 176, 182, 183, 191, 192, 195, 271, 274
Torricelli, Evangelista (1608–1647), **6**:400

Torsion, **3**:84, 126n
Torus, motion on, **3**:196–197, 244n
Tosa River, Italy, **10**:171n
Tower telescope, **9**:603c, 604c, 614c, 616c; **10**:*xlix*, 571c, 577c, 582c
under construction, **10**:372
permission to build, **10**:571c
spectrograph for, state fund for, **10**:601c
Train, physical processes in, **6**:4, *418*, 430–431, 432, 434–435, 436, 440–445, 464–466
Train service, passenger, discontinuation of in Germany, **9**:281
Trajectory
of periodic mechanical system, **6**:558, 559–566
in phase space, **3**:195–201, 244n
Transformation, **3**:36
acceleration, **4**:132–134, 148, 160, 185, *195*, 227n, *295*, *301*, 493; **6**:8, 111, 287, 405, 406, 407, 474, 529, 530; **8**:16
of amplitude of electromagnetic wave, **4**:55–56
conformal, **7**:*xxvii*, 414
of Bateman, **8**:436, 570n
canonical, **8**:375, 376–379
Euclidean, **7**:261–262
Galilean (*see* Galilean transformation)
homogeneous, **4**:40, 65; **6**:50, 89
infinitesimal, **4**:*196*, 218n, 222–224, 227, 228, 230n, 257; **6**:12, 113, 115, 343, 344, 413
invariance under relativistic, **3**:447
justified, **6**:13; **8**:41n, 84n, 97n, 163, 164n
linear, **4**:40, 65, 207, *294*, *296*, *300*, 309, 313, 319, 476, 483, 496, 568, 574, 575, 580; **6**:7, 10, 50, 51–52, 74, 83, 90, 110–114, 117, 118, 120, 124, 129n, 130n, 215–216, 222, 236, 285, 295, 344, 348, 413; **7**:504, 506–507, 543
linear orthogonal, **4**:307, 323, 488, 489, 493, 573, 589
Lorentz (*see* Lorentz transformation)
orthogonal, **4**:206n
permissible, **7**:375, 408
by reciprocal radii, **8**:436, 570
rotational, **4**:65–68, 185, *195*, 211, 212n, 227n, 229n, 258n, *301*, 369n, 373n, 445n, 548 of tensor, 70; **6**:18n, 63, 74, 111, 223, 224n, 289, 355, 473, 477, 512–513; **7**:521–522
similarity, **4**:595
of space-time, **3**:434–436, 442, 447

Transformation (*cont.*)
  of time, equations for, **3:**162
  unimodular, **4:***196*, *198*, 209n, 239n, 242n, 254n, 256n; **6:**216, 218, 219, 220, 223, 228, 234, 235, 245, 304, 328
Transformation equations
  for charge densities and currents, **2:***258*, *507*
  for electric and magnetic field components, **2:**292–295, 296, 301, 411, 417, 420, 449–450, *507*, 509–517, 537–540
  for entropy, **2:**473–475
  for equations of motion, **2:**303
  inverse, **2:**287, 294, 441
  for light wave, **2:**298–302
  for momentum and energy, **2:**466–469
  for radiation pressure, **2:**298–300, 475
  for space and time coordinates, **2:**282–287, 296, 411, 434, 440–442, 510, 570
  for temperature, **2:**473–475, 487n
  for volume and pressure, **2:**466–472, 487n
Transformer, **3:**378–379
Translation, **2:**416, 463
  kinematics of parallel, **2:**412n
  and laws of nature, **3:**425
  uniform, **3:**143, 157, 161, 167
  uniform, relative to ether, **3:**138–139
  See also Motion: uniform
Transport coefficients, **2:**252n; Maxwell-Kirchhoff method of calculating, 251, 252n
Transport phenomena. *See* Diffusion; Heat conduction; Thermal conductivity; Viscosity
Transverse Doppler effect. *See* Doppler effect: transverse
Treaty of Versailles. *See* Versailles Peace Treaty
Tree of Knowledge
  AE on, **9:**143, 200, 230
  Hedwig Born on, **9:**143, 200, 206, 230
Treitschke, Heinrich von (1834–1896), **7:**216–217n; **8:**341, 342n, 429, 505
  AE on, **8:**959
  AE reads works of, **10:**56
Trendelenburg, Ernst (1882–1945), **8:**527, 593, 876; **9:**157n
Trendelenburg, Friedrich, **8:**714, 722, 1015c, 1031c
Trennungssatz. *See* Separability principle
Treumann, Anna, **9:**606c
Triggering hypothesis. *See* Photoelectric effect: triggering hypothesis for

Trinity College, Cambridge, **9:**370
Triple Alliance, **8:**125n, 130
Tristram Shandy, **8:**317n, 325n
Trkal, Viktor (1888–1956), **6:**261n; **9:**470
Troeltsch, Ernst (1865–1923), **7:**10n; **8:**737, 747, 775n, 837n; **9:**350n; **10:**481n
  for alliance of intellectuals, **8:**629, 636n
  change in political stance of, **8:**746
  Delbrück-Dernburg petition, signs, **8:**637n
  Manifesto of reconciliation, co-authors, **8:**636n
  Manifesto of the 93, against, **8:**637n
  University of Leyden, lectures at, **9:**415
  Vereinigung Gleichgesinnter, expresses sympathy for, **8:**636
  Volksbund für Freiheit und Vaterland, address to, **8:**629, 747n
Trott zu Solz, August von (1855–1938), **5:**514n, 570n
Trouton's rule, **3:**402, 407n
Trowbridge, Augustus (1870–1934), **10:**494, 496
  on AE invitations to U.S., **10:**493, 612c
  on AE's financial demands for U.S. lecture tour, **10:**524n
Troy (Ancient), **10:**171n
Trützschler-Falkenstein, Curt von, open letter from Rathenau, **8:**451
Tschocke, F., **3:**576
Tschuppik, Walter (1889–1955), **9:**597c
Tübingen, University of. *See* University of Tübingen
Tuchschmid, August (1855–1939), **1:***11*, 23, 32n, *360*, *361*
Tumlirz, Ottokar, **2:**114, 114n, 126n
Turgenev, Ivan S., **9:**415
Turin, **1:***liii*
Turkey. *See* World War I
Turner, Herbert, **9:**320n, 370n
Turnip winter, **8:**409n
Twain, Mark (1835–1910), **8:**890; book for Eduard Einstein by, **10:**464
Twardy, ?, **9:**195n
Twin paradox. *See* Clock paradox
Tyndall phenomenon, **3:**287, 310n

Uhland, Ludwig (1787–1862), **1:**255n
Újvidék. *See* Novi Sad
Ukrainian Academy of Sciences, **9:**152, 181n
Ulinski, Franz (1890–1974), and energy supply

for spacecraft, **9**:516
Ullstein publishing house. *See* Publishers
Ulm (Germany), **1**:*xxxvi, xlviii* n, 1, 54, *370*; **9**:607c
  AE on, **5**:557
  AE's visit to relatives in, **5**:556n
  building program in for socially and economically disadvantaged, **9**:490
Ultramicroscope, **2**:*209–210, 218, 219*, 224, 338, 344n, 345n, 559n
Ultraviolet catastrophe. *See* Rayleigh-Jeans catastrophe
Ultraviolet light. *See* Light, ultraviolet; Photoelectric effect
Unabhängige Sozialdemokratische Partei Deutschlands, **7**:124n
"Un Appel, Fière Declaration d'Intellectuels." *See* Appeal
Ungewitter, Johannes, **1**:*348*
Unification of disparate physical phenomena, **1**:*xl*, 290–291
Unification of physics. *See* Physics: unification of
Unification of theories of electromagnetism and optics, **3**:136
Unified field theory, **2**:*xxvii*, 553n; **7**:*xxvii, xxxiii*, 62n, 319, 323n, 377, 409, 562, 575n; **8**:201, 804, 824, 878, 893
  AE on limits of continuum description of reality, **10**:592c
  AE's work on, **8**:199, 670; **9**:*l–li*
  five-dimensional approach of (*see* Five-dimensional theory)
  of gravitation and electromagnetism, **10**:62
  as opposed to dualistic theory, **9**:76
  overdetermination in, AE on, **10**:495
  of Weyl (see Weyl's unified field theory)
  Weyl on in Bad Nauheim, **10**:305
Unified index theory, Rosenkranz's, **11**:435
Union of Bavaria and Austria, **9**:92
Unipolar dynamo, **2**:295, 451
Unipolar induction, **2**:309n
Unit charge, structure of, **8**:139–141
United States, **9**:117
  AE visits, **7**:585n, 620–627, 629–630
  humanitarian relief efforts, **7**:471n
  Nautical Almanac Office, **8**:218n
  patriotism in, AE on, **7**:630
  and possible future war with Japan, **9**:236
  relief aid of
    to Germany, **9**:387
    to Poland, **9**:204
  support for League of Nations, **9**:143
  See also World War I
United States of Europe, **8**:177n; AE on, **10**:437
Units, **2**:168n, 324, 397n, 583n
Universe
  AE on, **10**:342
  age of, **6**:517
  average mass density of, **9**:267
  center of, **6**:495–496, 541, 542, 543
  closed, **8**:385, 475, 476, 639, 661, 670; **10**:68, 70
  De Laer Kronig on, **10**:600c
  De Sitter on conditions for, **10**:478
  elliptic, **6**:500, 501; **7**:41, 43n, 76n, 566
  equilibrium of matter in, **7**:323n
  expansion of, **6**:517
  extension of, **9**:293
  finite, **6**:496–500, 517, 542, 552n
    from finite matter density, **9**:403
    in space, **8**:359, 411, 476
    in space-time, **8**:357–358, 415
    in time, **8**:359
  ghost images of stars in, **10**:501
  infinite, **6**:501, 517; **7**:44n, 393, 563, 569, 576n
  mass of, **6**:542, 551
  matter density of, **6**:495, 501, 516, 541, 542, 543, 547–548, 551; **8**:393, 401, 406, 411(*see also* Mass: distribution in universe)
  nonclosed, of De Sitter, **10**:477–478
  Petzoldt on, **10**:332
  quasi-Euclidean, **6**:501; **7**:563, 568–569; **8**:639
  quasi-spherical, **6**:501; **7**:68, 75
  radius of, **6**:499, 501, 516–517, 548, 551, 552n; **7**:424n; **10**:70
  size of, **8**:390, 393, 401, 406, 412, 425, 431
  size of observable, **10**:70
  spatially closed, **6**:547–551; **7**:*xxvi*, 42n, 68, 121n, 133, 135, 182n, 318, 323n, 377, 393–396, 409, 421, 433n, 566, 568; **9**:233
  spherical, **7**:41, 43n, 68, 71, 135–137, 172, 398
    three-dimensional, **6**:499–500, 501, 548, 549, 551
    two-dimensional, **6**:497–499
  stability of Galaxy in, De Sitter on, **10**:500–501

Universe (cont.)
　　static, **6:**516–517, 543; **7:***xxvi*, 182n, 187, 189n, 565; **8:***352*, 412, 422, 428, 467, 472–473, 478, 810n
　　stellar velocities in, **6:**500, 542, 545, 547, 551
　　structure of, **8:**412; according to general relativity, **6:**500–501, 516–517; **7:**118
　　total energy in, **7:**68, 74
　　unbounded, **6:**496–500, 519–520–521
　　See also Cosmological model, Einstein's *and* De Sitter's; Euclidean continuum; Space
University, Columbia. See Columbia University
University, Hebrew. See Hebrew University of Jerusalem
University, Johns Hopkins. See Johns Hopkins University
University, Kyoto. See Kyoto University
University, Ohio State. See Ohio State University
University, Princeton. See Princeton University
University, Washington. See Washington University
University, Wesleyan. See Wesleyan University
University of Amsterdam, **8:**161n, 289n
University of Basel, **3:**547n
　　Bernoulli's candidacy for chair at
　　　　AE's negative evaluation of, **5:**390, 469n
　　　　appointment, AE's negative comments on, **5:**455, 468, 476
　　　　Haber's recommendation of, **5:**390n, 469n
　　invites AE to lecture, **10:**602c; postponed, 606c
University of Berlin (Friedrich-Wilhelms-Universität), **2:***41*, 377n; **3:**4; **7:**102n, 205n, *226*, 282–283n, 287n, 340n, 448n; **8:**32n, 37n, 60n, 63, 87n, 93n, 129, 144, 156n, 165n, 176n, 221n, 237, 275n, 361n, 370n, 388n, 472n, 485n, 513n, 551n, 561, 595n, 597n, 598, 607n, 621n, 629n, 658n, 670n, 699n, 735, 737n, 814, 824n, 825n, 855n, 906, 944n, 946n, 953
　　admissions policy of, **7:**285
　　AE's lectures at (*see* Einstein, Albert: Courses taught: University of Berlin)
　　Auditorium Maximum at, **7:**287n
　　closed: due to unrest, **9:**16; during Kapp Putsch, 486
　　faculty senate of, charges Nicolai, **9:**384; expels Nicolai, 474

　　Institute of Physical Chemistry of, **7:**62n, 331n
　　Institute of Theoretical Physics of, **7:**59n
　　Psychological Institute of, **7:**478n
　　public's access to *Privatvorlesungen* at, **7:**287n
　　and revolution, **7:***xxi*
　　revolutionary students at, **7:**99n
　　student council at, **7:**285, 287n–288n; protests against AE's free admission policy, **9:**425
　　students of on AE's significance, **9:**437
　　student uproar during AE's lecture at (*see* Einstein, Albert: Courses taught: University of Berlin)
　　Wednesday physics colloquium at, **7:***102*
University of Bern, **2:***41*, 505; **3:***xvi*, *3*, *598*; **8:**288n
　　AE's Habilitation at, **5:**96
　　call of Hilbert to, **10:**205
　　invites AE, **10:**597c
　　opening hours of library, **5:**75n
University of Bologna, **8:**573n
University of Bonn, **7:**281n; **8:**294n, 877n, 901n
University of Breslau, **8:**30n, 658n, 710, 791n, 815n, 879
University of Brussels, Free, **8:**304n, 347n
University of Budapest, **8:**595n, 618n
University of Cairo, **9:**213n
University of Cairo, American **9:**213n
University of Cambridge, **7:**210n; **8:**511n
　　Cavendish Laboratory of, **7:**340n
　　inquires whether Einstein would consider a position at, **10:***xlix*
　　Observatory of, **7:**27n
University of Chicago, **7:**443n–444n, 629; **8:**471n
University of Copenhagen, **8:**371n
University of Cracow, **8:**86n, 231n
University of Frankfurt, **7:**53n; **8:**472n, 478n, 498n, 621n, 638n, 655, 852n, 953
University of Freiburg, **7:***110*
University of Fribourg, relation with University of Prague, **5:**433n
University of Geneva, **8:**5n, 364n, 815n; awards honorary doctorate to AE, **5:**202
University of Ghent, **8:**701
University of Gießen, **8:**4n, 889n
University of Göttingen, **7:**36n, 76n; **8:**142n, 146n, 158, 161n, 200n, 265n, 278n, 292n, 596n, 597n, 607n, 689n, 699n, 709n, 737, 935n, 937n, 1019c

AE lectures at, **10**:32
  seminar at, **2**:*267, 504*
University of Greifswald, **7**:27n, *104*; **8**:217n, 461n, 696n
University of Groningen, **8**:874n
University of Halle, **7**:448n; **8**:461n, 868n, 889n
University of Hamburg, **8**:471n; AE lectures at, **10**:262, 265, 587c
University of Hannover, AE lectures at, **10**:604c
University of Heidelberg, **1**:59n; **7**:*101*; **8**:383n, 615, 636, 737, 746
University of Helsingfors (Helsinki), **7**:26n; **8**:165n, 370n
University of Istanbul, **9**:213n
University of Jena, **8**:760n
University of Kolozsvár, **7**:*110*
University of Königsberg, **8**:615, 889n
University of Kristiania, **8**:370n
University of Kyoto, AE's 1922 lecture at, **2**:*264, 310*; **5**:32n
University of Leipzig, **8**:4n, 278n, 361n, 365n, 448n
University of Leyden, **7**:*xxvii, xxxiii,* 26n, 42n, 59n, *107*; **8**:84n, 299n, 350n, 386n, 423n, 458n, 757n, 961n; **9**:290n
  AE's appointment as special professor at (*see* Einstein, Albert: Career: University of Leyden)
  AE's lectures at (*see* Einstein, Albert: Lectures: University of Leyden)
  cryogenic laboratory of, **10**:*xlIIII*
  founding of, **9**:418n
  Lorentz's vacant chair at
    Debye's candidacy for, **5**:421
    Ehrenfest's appointment at, **5**:509, 509n
    Ehrenfest's candidacy for, **5**:484, 490, 496n
    Einstein's candidacy for (*see* Einstein, Albert: Career: University of Leyden)
  professor's salary at, **5**:410
  See also "Magnet-Woche"
University of Lund, **8**:784n
University of Manchester, **8**:285n
University of Marburg, **8**:737, 868n, 892n; and Neo-Kantianism, **9**:478
University of Moscow, Shanyavsky City, **8**:18n
University of Munich, **7**:*108–109*, 146n; **8**:62n, 218n, 368, 737
  Institute of Theoretical Physics at, **7**:*108*
  Observatory of, **7**:146n

University of Münster, **8**:889n
University of Oxford, **7**:211n
University of Padua, **7**:27n; **8**:97n
University of Paris, **8**:171n
University of Prague, Czech, **9**:462n
University of Prague, German (Karl-Ferdinands-Universität), **2**:*147*; **7**:*223*; **3**:*xvii, 3,* 425, 475, 475n, 483, 484n, 509, 509n; **8**:8n, 12n, 337n, 394, 850n; **9**:86n; **10**:16n
  AE leaves, **10**:20n
  AE's lectures at (*see* Einstein, Albert: Courses taught)
  AE's memories of, **6**:535n
  AE's vacant chair at
    Ehrenfest's candidacy for, **5**:446, 470–472, 474n, 478n
    Frank's appointment at, **5**:500n
    Frank's candidacy for, **5**:468, 472–473
    Kohl's candidacy for, **5**:470473
  developments after World War I, **9**:462n
  Ehrenfest's lecture on radiation theory at, **5**:474n
  Jaumann's refusal of chair at, **5**:256n
  Lampa fights for, **9**:461
  location of Institute of Experimental Physics at, **5**:309n
  rumors regarding its dissolution, **9**:77
  See also Einstein, Albert: Career: University of Prague
University of Rochester, **7**:443n; *xlii*
University of Rostock, **7**:220n; **8**:221n, 627; **9**:216n; **10**:*xlii*
  500-year anniversary of, **9**:198, 203, 216n, 580c, 584c; **10**:222; AE on, **9**:260, 280
  awards honorary doctorate to AE, **9**:572c
University of Sheffield, **7**:279n
University of Strasbourg, **8**:442n
University of Tübingen, **8**:76n, 889n; **10**:*xlii*
University of Turin, **8**:78n
University of Uppsala, **8**:932n
University of Utrecht, **3**:*xxix*; **7**:53n; **8**:874n
  professor's salary at, **5**:311
  vacant chair at
    Debye's appointment, **5**:395n, 422n; **10**:21n
    Debye's candidacy for, **5**:346, 347, 349, 350, 354, 356, 359, 361, 369, 373, 374
    Keesom's candidacy for, **5**:354, 357, 361, 369, 373, 386n

University of Utrecht (*cont.*)
 official recommendation for, **5:**376n; Julius's thanks for AE's recommendation for, 386
 Ornstein's candidacy for, **5:**369, 373
 Van Laar's candidacy for, **5:**369, 373
 See also Einstein, Albert: Career: University of Utrecht
University of Vienna, **7:**32n, *106*, 416n; **8:**264, 265n, 299n, 425n, 480n, 483n, 494n, 564n, 567n, 663n
 balance between theoretical and experimental physics at, AE on, **10:**322–323
 invites AE to lecture, **10:**17, 38
University of Wisconsin, **7:***231*; invites AE to lecture, **10:***l*, 479, 494
University of Würzburg, **7:***104*, *106*; **8:**35n, 472n
University of Zurich, **1:**331; **2:***173–176*; **3:***xvi*, 268n, 449n; **7:**53n, 343n; **8:**4n, 47n, 75, 93, 119n, 146n, 149n, 152, 153n, 154, 172n, 175n, 374n, 395n, 403, 404n, 409n, 411n, 442n, 446n, 549n, 573n, 574n, 814n, 815n, 854n, 885n, 905n, 930n, 940n
 AE considers position at, **10:***xxxiv*
 AE offers to lecture at, **10:**175, 178
 AE tired of teaching at, **10:**208
 AE's appointment at, **10:***xvi*
 AE's chair at
  Debye's appointment, **5:**291n
  search for successor, **5:**287n
 AE's doctoral dissertation at (*see* Einstein, Albert: Career: Doctoral dissertation)
 AE's inaugural lecture at, **3:**125n
 AE's lectures at (*see* Einstein, Albert: Courses taught: University of Zurich)
 appointment at, **10:***xxxvi*
 Debye's vacant chair at
  AE on candidates for, **5:**445–448
  AE's lack of influence in filling of, **5:**427
  Ehrenfest's candidacy for, **5:**446, 451
  Joffe's possible candidacy for, **5:**428n
  Kleiner's role in filling of, **5:**449n
  Laue's appointment at, **5:**468
  official recommendation for, **5:**448
  splitting of, **5:**422n
 Gottfried-Keller centenary at, AE participates in, **10:**204–205
 Kleiner's work at, **2:**7, *173–174*

 public's access to *Privatvorlesungen* at, **7:**287n
 salary offered to AE, **9:**301
 student petition at, **3:***xvii*, 3
 theoretical physics at, **2:***173–174*
 See also Einstein, Albert: Career: University of Zurich; Kleiner, Alfred
Unruh, Fritz von (1885–1970), **8:**572
Unthan, Carl (1848–1928), **9:**496–497; on his militant pacifism, **10:**273–274
Uproar at AE's lecture at University of Berlin. *See* Einstein, Albert: Courses taught: University of Berlin
Urania in Vienna
 on AE's lecture series, **10:**611c
 invites AE to lecture, accepted, **10:**609c, 610c
Usener, Hans (1872–1929), **8:**837–838, 858n, 863
USPD. *See* Social Democratic Party, German Independent
Ussishkin, Menahem (1863–1941), **7:***234*; **9:**255n
Ütliberg, outskirts of Zurich, **1:**235
Utrecht, **3:***xxix*
 University of (*see* University of Utrecht)
Utrecht, Veterinary School of, **8:**716n; **10:**29n

Vacuum, **2:***145*, 150, 401, 437, *503*, 509, 564, 569, 585; **3:**298, 353, 390, 526
Vahlbruch Foundation, **8:**699n, 756n
Vahlbruch Prize, **8:**698, 699n, 715, 756n
Vaihinger, Hans (1852–1933), **8:**877n; **9:**43, 492, 494, 532, 611c; **10:***xlv*, 260, 246n, 260, 268n, 288, 299, 332, 456
 advancing blindness of, **9:**43
 AE recommends Cassirer to, **10:***xlviii*
 Als-Ob conference
  invites AE to, **9:**493
  organizes, **9:**532
  reports to AE on, **10:**586c
 co-founder of *Annalen der Philosophie*, **8:**886
 daughter's suicide, **9:**43
 invites AE to join editorial board of *Annalen der Philosophie*, **8:**888
 requests paper from AE, **9:**44
 requests permission to publish AE's Leyden lecture, **10:**573c.
 See also Als-Ob conference; Philosophy: of Als-Ob

Valentiner, Siegfried (1876–1971), **9:**74; requests KWIP funds for research on heat conductivity of insulators, **9:**566c; rejected 566c
Valentini, Rudolf von (1855–1925), **5:**513n
Valéry, Paul, **9:**392n
Van den Bos, Marinus, gyroscope of, **6:**138, 140, 144n, 208, 209
Van der Waals, Johannes D. *See* Waals, Johannes D. van der
Van der Waals force, **9:**86n
Van der Waals's theory of gases and liquids, **1:***265*, 324n; **2:**4, *178*; **4:**529. *See also* Corresponding states: law of
Van 't Hoff, Jacobus. *See* Hoff, Jacobus van 't
Van 't Hoff's law. *See* Osmotic pressure: Van 't Hoff's law of
Van 't Hoff's theory of solutions. *See* Solutions: Van't Hoff's theory of
Vanoni, Luigi (1854–1940), **5:**289n, 290, 396
Vapor, saturated, **1:**120–124, 130–131, 134–138
Vapor pressure, **1:**121–125, 135; of solids, **10:**353
Vaporization, heat of. *See* Heat: of vaporization
Varcollier, Henri, **9:**532n, 536
Varese, Italy, **1:***lii*
Variational principle, **2:**487n; **4:**162, *194*, 209n, 211, 305, 307, 319, 321, 479, 480, 489, 490, 494, 573, 590
 and energy-momentum conservation, **7:**139n
 and equation of motion of point mass, **6:**75–76, 87
 and field equations, **7:**139n
 and general covariance, **6:**14–17
 and geodesics, **6:**87–89, 305–306
 and gravitation, **6:**11, 15, 114–116, 130n, 215, 319–321, 340–345, 410–415, 416n, 550
 See also Relativity, general theory of: Hamiltonian formalism for
Varićak, Vladimir (1865–1942), **3:***478–479*, 482, 484n; **5:**251n; **10:***xxx*, 5–6, 13, 22
 and Einstein-Marić, **10:**5, 23
 on Lorentz transformations in Lobatchefskyan geometry, **10:**8
 manuscript of, **10:**10, 13
 on misprints in *Einstein 1905r*, **10:**6
 relativity, special
  reality of length contraction in, debate with AE on, **3:***478–479*; **10:**14–15
  rigid motion in, paper on, **5:**292, 292n
 on rotation of rigid bodies in, **10:**7
 sends cheese to AE, **10:**21
 son of, **10:**21
Vaterlandspartei, **9:**348n
Veblen, Oswald (1880–1960), **10:**441
Vector, **3:***5–6*, *9*, 13, 28–29, 65, 73–75, 281n, 372–373; **4:**72, 332–335; **7:**524, 527
 axial, **6:**57
 convection current, **6:**106, 107, 108
 definition of, **7:**508
 electric current, **6:**107, 264
 electric polarization current, **6:**46, 107, 108
 electric vacuum current density, **6:**62, 266, 328
 electromagnetic potential, **6:**264, 327
 energy-momentum, **6:**63, 103, 125, 127–128, 544
 field, of momenta, **6:**558, 560, 561–563
 force, **6:**62, 98–99, 104, 219, 220, 267–268
 magnetic polarization current, **6:**107, 108, 109
 magnetization, **6:**153, 162, 165
 operations on (*see* Tensor: algebraic operations on *and* differential operations on)
 parallel transport of (*see* Parallel transport, of vectors)
 polar, **6:**57
 six- (*see* Tensor: antisymmetric)
 tensor of, **3:**28, 127n
 See also Four-vector; Point tensor/vector; Six-vector; Surface tensor/vector; Tensor: special
Vector analysis and calculus, **3:***5–6*
Vector calculus, generalized. *See* Differential calculus, absolute; Tensor calculus
Vector fields, **3:**320
Vegard, Lars (1880–1963), **10:**303
Velocity, **3:***5*, 19, 126n
 absolute, **3:**487
 angular, **3:**53, 81, 110
 apparent, **2:**400n
 change in, **3:**92
 of diffusion, **2:***216*
 of electron, **3:**505n
 of light (*see* Light, speed of)
 mean, of particles, **2:**399–400, 400n
 mean square, **3:**211
 of molecules, **3:**181, 214, 242n
 momentary, **2:**400
 parallelogram of (*see* Addition of velocities, law of)

Velocity (*cont.*)
  rotational, **3**:561
  superluminal (see Signal velocity: superluminal; Superluminal velocity)
  superposition of, **3**:134, 146, 163–164
  of suspended particles, **2**:*208, 210, 219–220*
  time dependence on, **3**:441
  See also Addition of velocities, law of; Ions: migration velocity of; Kinematics; Maxwell's distribution law; Mechanics
Venice (Venedig), **1**:253, 256, 257, 286, *375*
Venizelos, Eleftherios, **9**:269n
Venus
  anomalies of motion of, **8**:101n
  perihelion motion of, **8**:235
Veraguth, Otto (1870–1944), **8**:372; **10**:55
Verband der Deutschen Hochschulen, **7**:494n
Verein zur Abwehr des Antisemitismus, **10**:*xli*, 432
  invites AE to join executive board, **10**:597c; declines, **10**:432
Verein "Allgemeine Nahrpflicht," **7**:129; **9**:609c
Verein deutscher Ingenieure, **9**:605c
Verein der Freunde des Goethemuseums, **7**:300n
Verein zur Gründung und Erhaltung einer Akademie für die Wissenschaft des Judentums, **7**:447n; **9**:168n, 174n, 593c
Verein Österreichischer Chemiker, **9**:366n
Verein Schwäbische Sternwarte, AE lectures at, **10**:419, 434, 601c
Vereinigung Gleichgesinnter, **8**:342n, 532, 636, 1011c, 1012c
Vereinigung wissenschaftlicher Verleger Walter de Gruyter & Co. *See* Publishers: De Gruyter
Verhaeren, Emile (1855–1916), **5**:518n; **9**:392n
Veringenstadt, **10**:213
Verlag Naturwissenschaften. *See* Publishers
Verlaine, Paul, **9**:392n
Vermeil, Hans (1889–1959), **8**:937; **9**:41
Versailles Peace Treaty, **7**:240n, 282n, 333n, 334; **9**:*xliv*, 86n, 130n, 479n, 593c
  comes into effect, **9**:595c
  effect of on Bolshevism, AE on, **9**:80
  German dislike of, **9**:119n
  Germany requests modification of, **10**:583c
  harshness of, AE on, **9**:85, 387
  relative mildness of, AE on, **9**:93
  text of: definitive, **9**:93; preliminary, 58
  and "week of mourning," **9**:63

Veterinary School of Utrecht. *See* Utrecht, Veterinary School of
Vetter, Theodor (1853–1922), **5**:503n, 510n; **8**:973n; **9**:6n, 302n, 423n
  on AE's policy of free admission to course at University of Zurich, **9**:5–6
  requests AE to change class hours, **5**:503
Via Mala, Canton of Graubünden, **1**:302
Vibert, James (1872–1942), **5**:526n
Vibration frequency, **3**:*xxiii*
Vibrations
  atomic, **3**:*xxiii*, 475n
    AE on, **5**:352
    in AE's quantum theory of specific heat, **5**:302, 295
    Haber on, **5**:377
    Lindemann's formulas for, **5**:377
    and Planck's constant, **5**:378n
  elastic, **3**:409, 413n–414n
  high-frequency, **3**:*xx*
  molecular, **3**:414n
  See also Oscillations; Oscillators
Vienna (Wien), **1**:275
  collection in Britain for children of, **9**:311
  GDNÄ meeting in (*see* Gesellschaft Deutscher Naturforscher und Ärzte: meeting in Vienna)
  poor living conditions in, **9**:252
  Social Democratic government of, **9**:437n
  University of (*see* University of Vienna)
Vienna Observatory, **6**:360
Vienna Radium Institute. *See* Institut für Radiumforschung
Viereck, George (1884–1962), **10**:274
Vierwaldstättersee (Lake Lucerne), **10**:41, 42
Vieweg publishing house. *See* Publishers
Viktoria Hotel, **5**:288
Viktoria-Luisen-Schule, Berlin, **9**:558c
Villa Carlotta, near Cadenábbia, **1**:302
Villarceau's theorem, **1**:122
Vincent, George (1864–1941), **10**:546
Vincent, Walter, **10**:545, 546
Violetshift, **8**:413, 422, 423
Violins. *See* Ehrenfest, Paul: violins for daughters of
Violle, Jules (1841–1923), **2**:307n; **8**:170, 171n; **9**:614c
  AE's reading of, **2**:*xxv, 3, 42, 178, 255, 258–259*

Virchow hospital, **8:**658
Virial theorem, **1:**122–123; **3:**180, 212–213, 242n, 246n; **7:**422, 584
Viscosity, **1:**292, 294n; **2:***172, 176, 179, 180, 181,* 189, 198, 199, 205n, 216, 236n, 348, 399, 498, 502n; **3:***6,* 183, 187, 191, 243n, 418n, 567; **4:**526–527; **7:**342–343n; **8:**158
  coefficient of, **1:***265,* 292; for liquid, **3:**418n
  of gas, Wildhagen on, **9:**122–123
  Hopf's correction of AE's calculations of, **5:**271
  of mastic emulsions, Bancelin's experiments on, **5:**267n
    discrepancy between experimental results and AE's prediction, **5:**218n, 266, 268, 270
  of suspensions, AE's calculations on, **5:**217; **10:**12
Visser, Johannes de, **10:***xliii–xliv*
Visualization, **3:**321, 324, 343
  graphic, **3:**372
  of relations in spherical space, AE on, **9:**65n, 566c
  of relativistic effects, **9:**601c
Vogelpohl, Georg (1900–1975), **9:**508–509
Voigt, Woldemar (1850–1919), **1:**321; **2:**582n; **3:**414n; **5:**73n, 149n; **9:**435; **10:**372
  on interaction between radiation and matter, **5:**72
"Volk," Nationality and, AE's definition of, **7:**8
Volkart, Gustav, **10:**193
Volkmann, Paul (1856–1938), **8:**887, 889; **9:**45n
Volksbüchereiprojekt, **9:**578c
Volksbund für Freiheit und Vaterland, **8:**629, 636n, 747n
  support for a league of nations, **7:**10n
Volkshochschule für Proletarier, Berlin, **9:**299n;
  AE lectures at, **10:**261
Volkshochschule Groß-Berlin, **7:**288n; **9:**484n; **9:**339
Volksschule. *See* Petersschule
Vollenhoven, Cornelis van (1874–1933), **9:**151n, 166n, 321n, 422n; **10:***xliv, xlvi,* 374–375, 585c, 587c, 588c
  on AE's salary as special professor, **10:**375
  and funds for AE's trip to Leyden, **9:**183n
Vollenweider, Otto (1887–1973), **5:**275n, 275
Volta, Alessandro (1745–1827), **5:***51*; electrophorus, invention of, *51*

Volta effect, **2:**168n, 350, 356–357, 358n; **3:**348, 351; **5:**42, 42n. *See also* Photoelectric effect;
Voltage, **3:**329
  experiment, **3:**339
  measuring instruments for, **3:**340–341, 397n–398n
Voltaic cell, **1:**158, 172, 176–178
Voltz, Friedrich, **8:**1014c
Volume, transformation equation for, **2:**469–472
Volume element, invariant. *See* Invariant volume element
Vorwärts, **7:***106,* 348n
Vossische Zeitung, **7:***106, 108,* 124n, 348n
Vrkljan, Vladimir (1894–1974), **8:**600

Waals, Johannes D. van der, Sr. (1837–1923), **2:***4,* 133n; **3:**403, 573; **5:**300, 302n, 362n, 410; **9:**502. *See also* Corresponding states: law of; Van der Waals force; Van der Waals's theory of gases and liquids
Waals, Johannes D. van der, Jr. (1873–1971), **5:**180n, 192
  criticizes paper by Lorentz, **5:**170
Wachsmuth, Friedrich (1868–1941), **8:**471; **10:**94, 95n, 335, 336, 516
  anti-Semitism of, **10:**360
  University of Frankfurt, invites AE to, **10:**599c
Wächter, Maria (1862–1933), **1:**299
Wadsworth, Eliot, **9:**13n
Waetzmann, Erich, requests KWIP funds for acoustic research, **9:**127–128
Wagner, Ernst, **9:**568c
  requests additional KWIP funds for high-voltage battery and maintenance, **10:**579c; granted, 609c; pending, 582c, 591c
  requests KWIP funds for high-voltage batteries for X-ray spectroscopy, **9:**556c; granted, 560c, 567c
Wagner, Mário Basto (1887–1922), **10:**484, 548
  on Planck's generalization of Nernst's heat theorem, **10:**485, 548
  requests copy of *Einstein 1914n,* **10:**484–485
Wagner, Richard (1813–1883), **8:**550
Walden, Paul (1863–1957), **5:**401, 402n
Waldeyer-Hartz, Wilhelm von (1836–1921), **8:**41n, 87, 93, 514n, 991c; **9:**350n, 515n, 555c
  letter to Lorentz, **8:**361, 362n, 363, 390, 419, 429

Waldeyer-Hartz, Wilhelm von (*cont.*)
  Manifesto of the 93, signs, **8:**347n
  on Massart appeal, **8:**346, 361, 362n, 363, 371, 419
Waldorf-Astoria Hotel, New York City, **7:**436n
Walls, reflecting, **2:**167n, 545
  semipermeable (*see* Membranes: semipermeable).
Walter, Bernhard (1861–1950), **7:**53n
Wangerin, Albert (1844–1933), **9:**97
Wankmüller, Romeo, **8:**588, 708, 709n
Wannsee, **5:**458n, 598n
Wantzel, Pierre (1814–1848). *See* Saint-Venant and Wantzel's hypothesis
War crimes, commission on, **8:**345n, 347n
Warburg, Emil (1846–1931), **3:**7, 191, 243n, 507n, 546n, 561, 581, 592; **4:***111*, 117, 166; **5:**300, 302n, 349, 419n, 512, 522n, 529n, 598n, 602n; **6:**169, 171n, 275, 276n, 577; **8:**83, 185, 514n, 601, 641, 655, 671, 695n, 776, 1001c, 1007c, 1016c; **9:**114, 208, 360n, 488n, 593n; **10:**109n, 303n, 397, 481
  AE
    offers position at Physikalisch-Technische Reichsanstalt, **5:**480; refused, 511
    meeting with AE in Berlin, **5:**437, 457n, 467, 481n
    nominates for Nobel Prize, **9:**550c
    relationship with, **8:**855
  AE's article on, **6:**579n
  AE's salary, proposes raise in, **9:**580c
  discussion with AE in Berlin, **5:**452, 454n
  energy balance of photochemical reactions, papers on, **4:***111*, 117
  invites AE to stay with him in Berlin, **5:**415
  KWIP, member of Direktorium of, **8:**527n
  PAW
    nominates Laue as member of, **10:**570c
    nominates Sommerfeld and Debye as members of, **9:**410
    proposes financial help of to *Physikalische Berichte*, **9:**580c
  photochemical equivalence, experimental test of AE's law of, **4:***112*, *113*, 166; **5:**406, 416, 421, 452; AE's praise of, 452
  photochemical processes, discussion with AE on, **5:**352
  Planck celebration, presents lecture at, **8:**672
  radiation formula, research on funded by KWIP, **9:**571c, 576c
Warburg, Fritz, **9:**12n
Warburg, Max (1867–1946), **10:**514; AE on political trustworthiness of, **9:**11
Warburg, Otto (1859–1938), **7:***234*; **8:**773; **9:**169n, 181n, 327n, 434n
Warburg, Otto Heinrich (1883–1970), **8:**695n, 696
Warburg, Paul (1868–1932), **10:**538–539; as agent for AE's planned U.S. trip, **10:**515n, 530, 538
Warburg-Gertner, Elisabeth (1861–1935), **5:**415, 416n, 454n; **8:**694, 695n
Wartenberg, Hans von (1880–1960), **3:**504n
Washington, D.C., National Academy of Sciences, invites AE, **10:***l*
Washington University, Department of Physics of, **7:***53*
Wasielewski, Theodor von (1868–1941), **9:**199n, 586c, 591c; University of Rostock, invites AE to jubilee of, 225, 580c
Wassermann, August von (1866–1925), **7:**448n; **9:**434n
Water waves, **7:**314; elementary theory of, **6:**400–401
Wave equations, **2:***148*, 295, 550
Wave theory, **3:**537–538, 555–556
  basic equation of, **3:**391
  and fluctuations, **3:**454
  vs. particle theory of light, **3:***xviii*, 177–178
  See also Light: wave theory of
Wavelengths, for elastic vibrations and light, **3:**409–410, 413n–414n
Waves. *See* Electric waves; Electromagnetic waves; Ether waves; Gravitational waves; Water waves
Weak field approximation, **4:***124*, 160, *198*, 245n, 246n, 247n, 248n, 337, *346*, *349–350*
Weber, Alfred (1868–1958), **8:**737, 746
Weber, Carl Maria von (1786–1826), **10:**402
Weber, Eduard von (1870–1934), **5:**120, 121n; **8:**647
Weber, Gustav (1858–1913), **1:**300, 308n; **5:**525n
Weber, Heinrich F. (1843–1912), **1:***11*, 85n, 233n; **2:***135*, *142*, *173*, *174*, *260*; **3:**246n, *284*, 397n, 522; **5:**234n, 500n; **8:**3
  AE believes hindered by, in search for position, **1:***xxxvii*, 279, 281, 290

AE's courses with, **1**:46–49, 212, 307, 308n, *364, 366, 367, 368*
AE's *Diplomarbeit* under, **1**:*61, 235–236*, 244n
AE's doctoral work under, **1**:*xxxvii, 61*, 272
AE's feelings of ill will toward, **5**:481
AE's grades in courses of, **1**:46–49, *60*
AE's notes on ETH physics lectures of, 1897–1898, **1**:*xxxvii, 61–62*, 63–210; AE's study of, **1**:*62*, 229, 230
AE's relationship with, **1**:*60*, 303
bibliography, **1**:*235*
biography, **1**:*387–388*
death of, **5**:478, 479n; AE on, **5**:480, 483
Einstein-Marić's relationship with, **1**:243, 303, 311
ETH
  activities at, **5**:481n
  physics lectures at, **2**:*3*, 20n, *42, 135, 173*, 358n, 397n, 492n
  succession at, **5**:482n
research interests, **2**:*135, 173*
research of, **1**:*62*, 73–76, 197n, *235*, 305
See also Black-body radiation: Weber's semi-empirical law for *and* Weber's work on; Solid bodies, specific heat of: Weber's experiments on
Weber, Rudolf H. (1874–1920), **9**:74–75; **10**:390, 456
Weber, Wilhelm (1804–1891), **1**:207, *224, 236*; **7**:*104*, 349n
Webster, David L., **9**:22
Wecker-Heilbronn, Ernst, **9**:602c
Wednesday physics colloquium, Berlin, **8**:37n, 218n, 289, 361, 388, 589, 814; **10**:273
Weggis (Canton Lucerne), **10**:111–112, 121, 127
Wegscheider, Rudolf (1859–1935), **9**:366–367, 369, 393, 396, 412, 440, 462n; **10**:323n
  on Ehrenhaft's candidacy for professorship at University of Vienna, **9**:398–400
  requests AE's opinion on Ehrenhaft, **9**:400
Wehberg, Hans, **9**:571c
Wehrli, Max, **9**:153n
Weidner, General Major, **9**:195n
Weigert, Charlotte, **8**:760, 761; **9**:350, 604c
  on AE's pacifism, **9**:351
  on AE's Zionism, **9**:351
  on Danish press coverage of AE, **9**:350

Weigert, Fritz (1876–1947), **3**:578; **10**:572c, 573c; requests KWIP funds for photochemical research, **9**:601c; granted, 613c
Weight function for phase space
  parameter-dependent, **8**:20, 23–27, 28, 556n
  temperature-dependent, **8**:21, 26
Weight of tensor. *See* Tensor: weight of
Weil, Paula, **10**:97
Weimar, **10**:119
Weimar coalition, **10**:*xlii*
Weimar Republic
  AE's support for, **9**:*xlii–xlv*
  image of abroad, AE on, **9**:474–475
  weakness of, **9**:498
Weinberg, Jehiel J., **9**:590c
Weinstein, Alexander (1897–?), **9**:192
Weinstein, Max, **8**:236n, 275
Weisbach, Werner (1873–1953), **8**:341n, 532, 636; **9**:35n
  convenes meeting of Vereinigung Gleichgesinnter, **8**:342n
Weishut, Fritz (1890–?), **8**:120
Weiss, Edmund, **3**:509, 509n; **5**:290, 291n, 322n; **9**:7n
  criticizes Ehrenhaft's experiments on electronic charge, **5**:291n
Weiss, Josef (1889–1953), **5**:165n
  application of Boltzmann principle, **5**:166n
  on energy of electromagnetic waves, **5**:163–165
Weiss, Pierre (1865–1940), **3**:7, 217, 222, 224, 226, 245n, 518n, 547n, 574, *599*; **4**:*272*, 284, 601; **5**:123, 124n, 125, 217, 286, 291n, 332, 333n, 352, 353n, 368n, 398, 408n, 428n, 445, 452n, 476, 478, 500n, 509, 535, 547; **8**:148, 152, 477, 561, 667, 853, 1006c; **9**:141, 171, 225; **10**:*xlvi*, 25, 26n, 36, 125, 126, 207, 366, 368, 373, 404, 472
  directs students with AE, **5**:538n, 632c, 634c
  Ehrenfest's *Habilitation* attempts, role in, **5**:427, 451, 461, 464n, 476, 478n
  interference experiment of, **5**:261
  participates in "Magnet-Woche," **10**:*xlvi*, 468, 469, 475
  theory of ferromagnetism of, **3**:222, 224–225, 245n; **6**:159, 170n, 180, 189n, 191; AE on, **6**:170n, 189n
  Solvay Congress, Third, invited to, **10**:303
  H. F. Weber, eulogy of, **5**:478

Weissgerber, Andreas (1900–1941), **10**:266
Weiss-Rances, Jane (?–1919), **10**:207
Weizmann, Chaim (1874–1952), **7**:*231, 233–235*, 435–436n, 447n–448n; **9**:*xlv*, 17n, 181n, 198n, 223n, 249n, 327n
  Hebrew University
    involvement of in plans for, **9**:353n, 364
    on language of education at, **9**:153n
    lays foundation stone for, **9**:254
Weizmann, Vera (1882–1966), **7**:*234*
Welch, William (1850–1934), **10**:546
Weltsch, Robert (1891–1982), **7**:*235*, 292n
Wende, Erich (1884–1966), **10**:453
Wendorff, Hugo (1864–1945), **9**:281n
Wendt, Georg, **9**:570c, 571c, 575c, 577c, 578c, 579c
  requests KWIP funds for research on influence of electric field on spectral lines, **9**:558c; granted 560c, 568c
Wermuth, Adolf (1855–1927), **10**:570c
Werner, Alfred (1866–1919), **8**:75, 921
Werner, Cossmann (1854–1918), **1**:*351*
Wertheim, ?, **3**:577
Wertheimer, Max (1880–1943), **7**:99n, 478n; **8**:825, 835, 839, 944n; **9**:206, 533n; **10**:268, 289n
  advises AE not to participate in Als-Ob conference, **10**:*xlv*, 260–261
Wesleyan University, **8**:471n
Wessel, Peter Hubert (1866–?), **5**:559n
West, revitalization of by Eastern cultures, **8**:504, 561–562
West, Andrew Fleming (1853–1943), on AE's financial demands for his U.S. lecture tour, **10**:523n
West Prussia, cession of to Poland, **9**:60
Westerdijk, Johanna (1883–1961), AE visits, **10**:224
Westphal, Wilhelm (1882–1978), **3**:*599–600*; **9**:47, 297n, 310n, 568c
  radiometer, on theory of, **9**:175–176
  requests KWIP funds for research on theory of radiometer, **9**:559c; granted, 560c, 568c
Wettstein, Richard (1863–1931), **9**:427, 440; **10**:323n
  requests AE's opinion on Ehrenhaft, **9**:427–428
Weyl, Helene (1893–1948), **7**:80n; **9**:6n, 581c; **10**:197, 279n

Weyl, Hermann (1885–1955), **4**:*6*; **6**:129n; **7**:27n, 49n, 72, *101*, 410n, 412–414, 546, 575n; **8**:305, 350n, *352*, 670n, 699n, 802n, 816n, 837n, 839n, 848, 853, 877, 880n, 915, 956n, 959; **9**:6n, 37n, 40n, 47n, 92, 113n, 115, 158n, 192, 217, 302n, 329, 387, 389n, 432, 520; **10**:67, 202, 203, 207, 276, 317, 346, 354, 481, 540, 541, 587c, 591c
  abilities and character of, AE on, **8**:815, 838, 849, 859, 893
  AE on, **9**:80
  and anti-relativists, **7**:*111*
  book of, AE on, **6**:535n
  dispute of with AE, **9**:8n, 552c
  elliptic versus spherical space, discussion with AE on, **8**:767, 776–777
  and extending general relativity, AE on, **9**:80, 118, 403, 452
  financial difficulties of, **9**:79–80
  gauge-invariance, discussion with AE on, **8**:954–956, 967
  GDNÄ meeting in Bad Nauheim
    attendance of, **7**:352, 355, 357n
    planned lecture at, **10**:305
    report on, **7**:*109*
  geodesic and trajectory of point mass, discussion with AE on, **8**:824, 878, 967, 971
  geometry
    inspired by physics in work on, **8**:966
    on local, **8**:721n
    and physics, lecture on, **8**:815
    on relation to Riemannian geometry, **8**:767
    on Riemannian as geodesy, **8**:871
  Hamiltonian of, AE on, **10**:62
  health problems of, **9**:452, 512
  ill with: asthma, **10**:198; tuberculosis, **8**:879
  mass horizon, discussion with AE on, **8**:*355*, 724, 728, 741, 757, 765–767, 776, 786–787
  on new foundations of mathematical analysis, **8**:966
  on parallel transport, **7**:157, 177n, 179n, 544
  philosophical views, **7**:80n
  on point electron, **8**:372–373; discussion with AE on, 365–366, 379–380
  Raum–Zeit–Materie, **7**:*xxxii*, 79–80n; **8**:663, 669, 698, 720, 724, 739, 824, 827, 838, 848, 949, 966; **9**:453, 530
    AE on French edition of, **9**:536
  redshift and theory of, **10**:346

on Schwarzschild solution, **7:**170, 183n, 559, 575n

significance of line element, discussion with AE on, **8:**726–727, 878, 893, 956, 967

unified field theory of (*see* Weyl's unified field theory)

University of Berlin, invited by, **10:**284; AE on, **10:**278

University of Breslau, accepts invitation to, **8:**710; declines position at, 722, 879

University of Göttingen, invited by, AE on, **10:**279

University of Göttingen, plans lectures at, **9:**87–88

University of Halle, considered for position at, **9:**97

University of Zurich
  decision to stay at, AE on, **8:**894
  leaves, **10:**154

weight of tensor, introduces, **8:**711n

Weyl (conformal) scalar, **7:**414, 416n

Weyl (conformal) tensor, **7:**414–415

Weyl's unified field theory, **7:***xxvii*, 61, 131, 139n, 320, 351–352, 357n, 412–414, 416n, 562, 572n; **8:**664n, 670, 710, 711, 712, 716, 801, 824, 879, 938; **9:***xxxviii*, 111–112, 263; **10:**39, 161, 293
  AE on, **9:**39, 80, 89, 118, 267–268, 293, 305, 403, 452; **10:**161, 347–348
  AE's measuring-rod objection to, **9:**89, 118, 305; **10:**294n, 347–348
  Dällenbach on, **10:**591c
  AE's objections to, **7:***xxvii*, 61–62n, 80n, 139n, 280n, 352, 404n, 413, 416n, 574n
  as alternative to general relativity, **9:***xxxviii*
  Besso on, **10:**540–54
  discussion with AE on, **8:**712, 720–721, 724–725, 726–727, 728, 741, 742, 757, 765–767, 776–777, 824, 878–879, 893, 948, 954–956, 966–967, 971; **9:**8n, 552c
  Eddington on, **9:**263
  energy-momentum conservation in, **8:**878
  field equations in, **8:**379, 859, 878, 879, 893
  Fokker on, **9:**111–112
  fundamental ideas of, **7:**412–413
  geodesic and trajectory of point mass in, **8:**804
  invariant line element in, **8:**951–952
  manuscript on, **8:**663
  mathematical foundations of, **8:**878

paper on, **8:**709, 710
Pauli on, **9:**267–268
plan of further development of, **8:**801
and redshift, **10:**346
requests to present papers on, **8:**711, 712, 716, 719, 720, 722, 726–727, 741, 742, 744, 757, 767, 948
static solutions with nonzero electric potentials missing in, **9:**268, 293

Weyland, Paul (1888–1972), **7:***105–111*, 345–346, 348n; **10:***xxxviii–xli*, 400, 401n, 408, 419n, 419, 427, 436n, 449, 449n, 452, 460
  approaches, for anti-relativity lecture
    Ehrenhaft, **10:**422, 423n
    Julius, **10:**406–407, 424
    Wolf, **10:**400
  at Berlin Philharmonic Hall, **10:**383n, 386n, 389, 395n, 461n, 593c
  first attack of on AE, **10:**589c

Weyssenhoff, Johann (Jan) V. (1889–1972), **8:**173n, 174, 915; **9:**192

Wheatstone bridge, **1:**35, 186–187, 192; **3:**369, 383, 399n

Whitehead, Alfred N. (1861–1947), **7:***xxi*

Whyte, W. J. Arnold, **9:**588c

Wichmann, Ottomar (1890–1973), **10:**260

Widmer, Eugen, **1:**217n

Wiechert, Emil (1861–1928), **2:***256*; **4:**550n; **5:***59*, 62n, 66n, 71n, 85, 86n; **8:**373, 625; **10:**62
  abilities of, **8:**617
  electrodynamics of, **5:**61, 64
  Geodetic Institute, candidate for directorship of, **8:**596–597, 617, 717, 718n, 796n
  paper by cited by AE, **5:***58*
  perihelion motion of Mercury, paper on ether theory of, **8:**374
  on superluminal velocity, **5:***57*

Wiedemann, Eilhard (1852–1928), **5:**200n

Wiedemann, Gustav (1826–1899), **1:**267n; **5:**479n

Wiedemann-Franz law, **1:***236–237*; **5:**319, 320n

Wiedemann's Annalen. See *Annalen der Physik*

Wieleitner, Heinrich (1874–1931), **1:**lx n

Wien, Max (1866–1938), **9:**21, 127
  DPG, declines chairmanship of, **8:**759, 764, 781
  distant sound detection, works on, **8:**760n

Wien, Wilhelm (1864–1928), **2:***147*; **3:**249, 423n, 555, 558; **4:***111, 123, 124,* 552n, 562, 621n; **5:**62n, 73n, 95, 95n, 119, 120n, 121, 132n, 185, 261, 300, 420n; **6:**70n, 338n, 382; **7:***104, 111, 113,* 321n; **8:**7n, 143n, 157n, 198n, 274, 344, 460n, 569n, 634n, 694n; **9:**21–22, 149n, 208, 217, 308–310, 349; **10:***xxxix,* 18n, 40n, 427n, 428n, 435n, 471
   AE compares with Lenard and Moszkowski, **10:**468
   AE
      criticizes note by, **5:**156
      influence on, **2:***xxi*
      meeting with in Salzburg, **5:**227
      nominates for Nobel Prize, **5:**629c, 632c
   AE on, **5:**189
   AE writes to, **1:***224,* 233–234
   on AE's and Laub's ponderomotive force, **5:**122, 253
   AE's reading of, **1:***xl, 224,* 234; **2:***259, 260,* 306n
   Annalen der Physik, co-editor of, **2:**505, 540n; **5:**257n; **8:**266
   Appeal of, **8:**77n
   Columbia University, lectures at, **5:**397n
   on constancy of speed of light, **2:**307n
   controversy with, on AE's and Laub's work, **2:***505, 506, 507,* 527, 528n
   DPG
      on new statutes of, **8:**33–35
      opposes new journals of, **9:**297
      proposed as chairman of, **8:**32
   directed radiation processes, discussion with AE on, **8:**461–464
   on displacement law, **2:***135,* 157, 168n
   on entropy of radiation, **2:**155–156, 168n
   electromagnetic worldview of (*see* Worldview: electromagnetic)
   equivalence of energy and gravitational mass, abandons, **5:**484
   GDNÄ meeting in Merano, lecture at, **5:***57*
   general relativity, learns, **8:**35
   Institut international de physique, dismissed from scientific committee of **9:**115n
   Laub on, **5:**184
   Laue, collaboration with, **8:**472n
   Manifesto of the 93, signs, **8:**78n
   manifesto on refusing publications in British journals, **8:**151n
   Michelson-Morley experiment, discussion of, **1:***224,* 234n
   participates in Bürgerwehr, **9:**60
   and photoelectric experiment of Laub, **5:**130
   on polarization of X-rays, **9:**61
   radiation theory, discussion with Abraham on, **5:***57, 59,* 448n
   on reply of AE to Mirimanoff, **8:**6
   studies of radiation from sinusoidal currents, **1:**259n
   superluminal velocity, **5:**106
      correspondence with AE on, **5:***56–59,* 85
      discussion with Sommerfeld on, **5:***59*
      participates in Dresden GDNÄ discussion on, **5:***59,* 75n, 86n
   Wilson's experiment, discussion with Laub on, **5:**121
   See also Black-body radiation: Wien displacement law for *and* Wien distribution law for
Wien displacement law. *See* Black-body radiation: Wien displacement law for
Wien radiation law. *See* Black-body radiation: Wien distribution law for
Wiener Akademischer Monistenbund, expresses sympathy for AE, **10:**597c
Wiener Bank-Verein, **9:**555c
Wiener Freiheitliche Studentenschaft, expresses sympathy for AE, **10:**597c
Wiener, Otto H. (1862–1927), **10:**456
Wiener-Khinchin theorem, **4:**602n
Wietikon, **3:**576
Wilamowitz-Moellendorff, Ulrich von (1848–1931), **7:**283n; **9:**350n, 511, 612c; **10:**395
   leads campaign against pacifists, **9:**385n
   meets with AE, **9:**511
   political differences of with AE, **9:**511
Wildbolz, Eduard (1858–1932), **9:**162n
Wildbolz, Georg (1893–1951), **9:**162n
Wildbolz affair, **9:**160
Wildhaber, Jacques, *Diplom* examination of, **5:**632c
Wildhagen, Max (1888–1960), **9:**122–123
Wilhelm, Crown Prince (1882–1955), abdicates, **8:**965n
Wilhelm II, German Emperor (1859–1941), **7:***xxi*; **8:**87n, 135n, 571n
   abdicates, **8:**869n, 930n, 932n, 944n, 964
   confirms AE's membership in PAW, **5:**635c
   Easter message of, **8:**506n; **10:**97n

Wilhelmina, Queen of the Netherlands (1880–
1962), confirms AE as corresponding member of Royal Dutch Academy of Sciences,
10:*xlv*, 268n, 600c
Wilkens, Alexander (1881–?), **8**:658
Wille, Ulrich, **9**:162n
William of Orange, **9**:418n
Willigens, Charles, **10**:421
Willstätter, Richard (1872–1942), **5**:511, 514n
nominated for membership of PAW, **8**:991c
terms of appointment at University of Berlin,
5:514n
Willy, Rudolf, **8**:495n
Wilouner, ?, **9**:226
Wilson, Harold Albert (1874–1964), **7**:88
Wilson, Woodrow (1856–1924), **8**:918, 930n;
9:*xlv*, 17n, 144n, 205n; **10**:347
supports Balfour Declaration, **9**:17n
supports League of Nations, **9**:119n, 143
Wilson effect, **2**:*505*, 513–517, 517n, 539; **8**:6.
See also Material medium: dielectric
Wilson's experiment on polarization, **4**:17, 27;
6:48, 67n
AE and Laub on, **5**:122n
discussion between Wien and Laub on, **5**:121
Winchester, George, **10**:595c
Wind, Cornelis (1867–1911), **5**:312n; **7**:53n;
8:873
death of, **5**:311
succession of, AE's possible candidacy for,
5:311
See also University of Utrecht: vacant chair at
Wing, lifting power of, **6**:400, 401
Winkelmann, Adolf (1848–1910), **3**:9
Winteler, Anna. *See* Besso-Winteler, Anna
Winteler, Fridolin (1873–1953), **1**:267
Winteler, Jost (1846–1929), **1**:*xxxvi, lxv*, *12*,
233n, 282n, 287, *385*; **5**:47n; **8**:10n, 201,
223n, 667n; **9**:307n, 340n
AE invites to Zurich, **5**:531
asked by AE for recommendation for position
at Burgdorf Technical School, **1**:307, 308n,
309, 315
biography, **1**:*388*
death of wife and son of, **5**:45n; AE's condolences on, 44
Winteler, Jost, son of Jost and Pauline Winteler,
1:*388*
Winteler, Julius, **1**:*388*

Winteler, Marie. *See* Müller-Winteler, Marie
Winteler, Matt, expresses sympathy for AE,
10:401
Winteler, Matthias (1878–1934), **1**:*388*
Winteler, Paul (1882–1952), **1**:*380, 388*; **5**:161,
161n, 181n, 438n, 531; **8**:285, 446, 495, 497,
884, 945; **9**:*xxx*, 3n, 48n, 105, 129–131, 147,
171, 219, 530, 551c; **10**:*xxxii, xxxiv*, 62, 110,
123, 144, 147–148, 153n, 169–170, 182,
185n, 187, 196, 215, 224, 267, 402
AE
on food package for, **10**:188
offers advice in financial matters, **10**:507–
509
proposes Swiss lakes to for sailing, **10**:170
AE feels comfortable with, **10**:112
AE praises, **10**:121
disappointed by AE's cancellation of visit to
Lucerne, **10**:170
Einstein, Pauline
on estate of, **10**:266–267
on financing move to Berlin of, **10**:234–235
opposes move to Berlin of, **10**:235
hobbies of, **10**:216
on leaving Lucerne, **10**:507
marital problems of, **9**:294, 342; denies rumors
of, **10**:231
on publication of *Einstein 1917a* with better financial conditions, **10**:508
on quarrel between AE and Besso-Winteler,
10:171
retires, **10**:507, 510
and SAG shares, **10**:216, 231, 234, 507, 510,
567c
tours with Hans Albert Einstein in the Alps,
10:110, 111
Winteler-Einstein
on birthday of **10**:182
defends character of, **10**:266–267
Winteler, Pauline (neé Eckert) (1845–1906),
1:*385*; **5**:3n; **9**:52n
biography, **1**:*388*
death of, **5**:45n; AE's condolences on, **5**:44
Winteler, Peter (1886–1963), **10**:168
Winteler, Rosa. *See* Bandi-Winteler, Rosa
Winteler family, **1**:305, 306, *388, 389*
AE's relationship with, **1**:*xxxvi, xxxix, lxv*, 219,
372
Winteler-Einstein's relationship with, **1**:234

Winteler-Einstein, Maja (1881–1951), **1**:249, 280, 300, 306; **2**:*43, 266*; **3**:*5*, 574; **5**:115n, 141n, 161, 438n, 586; **7**:292n; **8**:85n, 167, 167n, 169, 189, 287, 446, 452, 454, 477, 497, 503, 566, 666, 819, 884, 989c; **9**:29, 48n, 65n, 69n, 92n, 93n, 105, 119, 129–131, 138, 147, 170–172, 201, 219, 290n, 304n, 307n, 340n, 442, 487, 492n, 530, 572c, 582c; **10**:*xxxi, xxxiv–xxxv*, 41, 83, 84, 90, 99, 107, 110, 130n, 144, 146, 147, 151n, 153n, 168, 171, 215, 218, 229, 231, 267, 281, 507, 540
AE
  biographical memoir of, **1**:*xxxv, xlviii–lxvi*, *239*
  suggests mountain air to, **8**:580
  visits, **8**:282, **10**:130
AE enjoys staying with, **8**:168, 497
AE feels comfortable with, **10**:111, 112
AE visits, **5**:329n; **8**:284, 503; **10**:99
on AE's and Elsa Einstein's children, **10**:169
AE's holidays with, **1**:219, 231, 286n, 288, 303–328, *376*
AE's impressions of, **1**:221, 280, 288, 330
on AE's popularity, **10**:230
AE's travels with, **1**:*374*
arrives in Berlin, **9**:339, 592c
at Filzbach primary school, **10**:168–169, 186
Besso-Winteler, feelings about, **10**:152
biography, **1**:389
birthday of, **8**:945; **10**:182
character of, Vero Besso on, **10**:152
disappointed by AE's cancellation of visit to Lucerne, **10**:169
education, **1**:234n, 238n, *389*
Einstein, Pauline
  on hiring nurse for move to Berlin of, **10**:229–230
  and inheritance of, **10**:266
  on last months of, **10**:511
  proposes moving to Berlin, **10**:218
  takes care of, **10**:195–196, 224
Einstein-Marić
  attitude toward AE's relationship with, **1**:305, 314, 317, 336
  bad relationship with, AE on, **5**:457
financial problems of, **5**:10, 12, 16n
marital problems of, **9**:294, 342
marriage of, **5**:181
plays piano, **10**:123

praised by AE for hospitality, **10**:114
press campaign against, **10**:402
as prospective host for Hans Albert Einstein, **10**:81, 90, 147, 149
reads *Einstein 1917a*, **10**:230
on rumors about AE leaving Berlin, **10**:402
sends food package for AE, **10**:169, 187
stay in Paris, **5**:181
tutors Bice Besso, **5**:12n
Winteler, Paul
  life with, as model of harmonious life, **10**:100, 117, 119, 121
  on retirement of, **10**:510
Winternitz, Josef (1896–1952), **10**:332, 341
Winterthur, Canton of Zurich
  AE's stay at, **1**:*xxxvii*, 297–317 passim, *376*. *See also* Rebstein, Jakob; Technikum Winterthur; Wohlwend, Hans
Winzer, M. J., **8**:1020c
Wirtinger, Wilhelm (1865–1945), **7**:413–414, 416n; **9**:400; **10**:38
Wirtschaftshilfe der deutschen Studentenschaft, Amerika-Werkstudenten-Dienst, solicits letter of recommendation to American companies, **10**:595c
Wirz, ?, **1**:271
Wisconsin, University of (*see* University of Wisconsin)
Wise, Stephen (1874–1949), **7**:*234*
Wissenschaftliche Gesellschaft für Luftfahrt
  general meeting of, **8**:708
  invites AE to join, **8**:709
  Prandtl lectures to, **8**:709
Witches' sabbath, **5**:337, 343
Witkowski, Georg, **9**:481
Witte, Hans, **5**:225
Wittelsbacherstraße. *See* Berlin: residences of AE in
Wittfeld, Gustav (1855–1923), proposes test of Lense-Thirring precession, **9**:250
Wittich, Karl (1868–1939), **5**:518n
Wittig, Hans, **9**:520
  dedicates dissertation to AE, **9**:521
  extends concept of energy conservation to psychology, **9**:520
  space and time in psychology, writes book on, **10**:245
Witting, Alexander (1861–1946), **5**:523n
Wohlfahrt, Theodor, **1**:*353*

Wöhlisch, Edgar (1890–1960), **10**:467, 482
Wohlwend, Clara (1880–1958), **5**:7n
Wohlwend, Hans (1878–1962), **1**:299; **5**:7n, 46;
    8:58, 84, 392
  AE invites, **5**:6
  AE plays music with, **1**:21, 307n, 309n
  teaches AE English, **5**:589, 589n
  visits Wintelers, **1**:305, 307n
  Wintelers complain about AE's lifestyle to,
    1:306
  works in Karachi, **5**:46n
Wohlwend, Karl (1881–1944), **5**:7n
Wohlwend, Max (1888–1944), **5**:7n
Wohlwend, Mrs. Max, **10**:528
Wohlwend-Battaglia, Maria (1879–1980), **8**:58;
    10:167
Wohlwend-Rupp, Lina (1855–1910), **5**:7n
Wolf, Max (1863–1932), **10**:427
  approached by Weyland for anti-relativity lecture, **10**:400
  expresses sympathy for AE, **10**:400
  on Weyland's misusing his name, **10**:400, 408
Wolfer, Alfred (1854–1931), **1**:*367*, *369*; **9**:8n,
    315, 383n
  Bernoulli and Briner, requests opinions on,
    9:589c
Wolff, Cornelia, **9**:597c
Wolff, Heinrich (1875–1949), **10**:260
Wolff, Theodor (1868–1943), **7**:297n; **9**:28n,
    29n
Wolffsohn, David (1856–1914), **9**:255n
Wolfinger, Max, **1**:*360*, *361*
Wolfke, Mieczyslaw, **9**:192; *Habilitationsschrift*
    of, **5**:633c
Wolfromm, Wilhelm, **7**:195n
Wolfskehl Foundation, **8**:142n, 146n, 292n
Wolfskehl lectures
  of AE, **8**:142n, 143n, 145, 154
  of Debye, **8**:24, 27n
  of Mie, **8**:291, 461n, 462, 569, 571–572, 577–
    578, 587, 649, 650, 750, 752
  of Planck, **8**:701, 715, 740n, 762, 765, 774
  of Smoluchowski, **8**:291, 293
Wolfskehl meeting (Göttingen)
  AE declines invitation for, **5**:502, 505
  Debye's invitation for, **5**:506n
Wollermann, E., on unified theory of matter,
  8:1024c
Women's International League for Peace and
  Freedom. *See* Internationale Frauenliga für
  Frieden und Freiheit
Wood, Robert (1868–1955), **3**:580; **5**:212, 214n
Work, **1**:83–92, 111, 116; **3**:30, 32, 42, 68–69,
  84–86, 119, 127n, 293, 321, 332, 336, 339
  electric, **3**:334
  and electric forces, **3**:348
  and energy increase, **3**:375
  and gravity, **3**:348
  and magnetic fields, **3**:350
  mechanical, **3**:334, 554
  ponderomotive, **3**:370
  virtual, **3**:85–86
Workers' and soldiers' councils, **8**:947n, 964
Workers' Welfare Bureau of Jewish Organizations. *See* Arbeiterfürsorgeamt der jüdischen
  Organisationen
World line, **4**:68; **6**:122, 488; **7**:134, 140n, 315;
  not time-orientable, **8**:779–780
World-matter. *See* Relativity, general theory of:
  world-matter in
World point, **4**:68; **7**:263
World's Fair International Congress of Electricians, Chicago 1893, **1**:191n
Worldview
  classical, **2**:*xxvii*
  electromagnetic, **2**:*xxvii*, *269*, 561
  electromechanical, **2**:415
  energeticist, **2**:*xxvii*, *207*
  mechanical, **2**:72
  relativistic, **2**:*xxv*, 415
World War I, **6**:28n, 69–70, 281, 282n, 570n,
  578
  AE's opinion on, **6**:211–213
  Allied blockade, **8**:961n
  Armistice, hope for, **8**:935
  Austria-Hungary
    declares war on Serbia, **8**:719n
    peace negotiations of, **8**:872n
  Belgium
    atrocities to German prisoners-of-war in,
      refutation of, **8**:63
    German atrocities in, **8**:347n, 702n
    military actions in, **6**:71n
    provocations by population of, **8**:929
  Bulgaria, sues for peace, **8**:892n
  Finland, **8**:370n
    civil war in, **8**:626n
    gains independence, **8**:620n, 626

World War I (*cont.*)
  German deportation of Belgian workers during, **7:**239, 241n
  German military conduct in Belgium and Poland during, **7:**295
  German wartime atrocities during, examined, **7:**241n
  Germany
    Allies, armistice with, **8:**930n, 932n, 944n, 961n
    France, declares war on, **8:**53n
    gas warfare by, **8:**452n, 620n, 717
    military position of, **8:**170, 589, 892n
    rail transport in, **8:**635n
    Russia: armistice with, **8:**589n; invades, 53n; peace talks with, 629n; peace treaty with, 746n
    submarine warfare by, **8:**413n, 505
  Italy
    declares war on Austria-Hungary, **8:**125n, 130
    leaves Triple Alliance, **8:**125n
    political position of, **8:**120n, 130
  outbreak of, **10:**25n
  Versailles. *See* Versailles Peace Treaty
  Russia (*see* World War I: Germany)
  Serbia, Austria-Hungary declares war on, **8:**719n
  Turkey, defeated in Palestine, **8:**892n
  United States
    opposition to war in, **8:**91
    relationship to hostilities in Europe, **8:**206n
  See also Einstein, Albert: Politics
Wostok publishing house. *See* Publishers
Wright, Joseph (1878–1910), **8:**436
Wüchner, Hans, **1:**351
Wüest, Conrad (1849–1904), **1:**219n, 227, 233
Wundt, Wilhelm (1832–1920), **9:**350n, 481, 518
Württemberg, **1:***xlviii*, 20, 54, 245, 372; war with Bavaria, **6:**211
Würzburg, University of. *See* University of Würzburg
Wyczalkowski, Jan, **5:**243
Wyss, Heinrich, **1:***240, 241*
Wyss, Konrad, **9:**94n
Wyss, Rudolf (furniture store), **5:**139

X-ray diffraction, **4:***552n, 554,* 554n; **7:**53n
  alternative theories of, **5:**519

Bragg's lecture on at Second Solvay Congress, **5:**562
  Bragg's theory of, **5:**519n
  influence of temperature on, Debye's work on, **5:**562
  Laue's discovery of, **5:**480; AE on, 482, 483
  Laue's theory of, 519n
  Stark's theory of, **5:**519n
X-ray photo, bright rim on, **8:**873
X-ray polarization
  Seemann on, **9:**22, 61
  Wien on, **9:**61
X-ray spectra, **8:**561, 783, 784n
X-ray spectroscopy, funded by KWIP, **9:**560c, 562c, 567c
X-rays, **3:**249, 515, 515n, 540, 543; **4:**292, 562; **7:***xxix*, 53n
  absorption by metals, **2:***145*
  deflection of, **8:**873
  diffraction of (*see* X-ray diffraction)
  energy quanta in, **2:***145*, 586
  experiments on absorption of, **3:**547n
  investigation of crystal structure by, **8:**576
  nature of, polemic between Sommerfeld and Stark on, **5:**233n
  production of, by cathode rays, **2:**552n, 573–574; AE on, **5:**427
  pulse theory of, **5:**230n, 233n
  reflection and refraction of, **7:**51–52
  spatial distribution of energy of
    AE on, **5:**228–229
    Sommerfeld's paper on, **5:**228
  Stark's application of light quantum hypothesis to, **5:**203n
  Stark's experiments on, **2:***145*

Yerkes Observatory, **8:**470
York-Steiner, H., **9:**583c
Young, Thomas (1773–1829), **2:***171*; **6:**197

Zabel, Walter, **3:***7*, 128n
Zagreb (Agram), **1:**294, *380*
Zahn, H. (1877–1952), **9:**74
Zametzer, Josef, **1:**350
  AE's mathematics classes with, **5:**38n
  congratulates AE on doctorate, **5:**38
  thanks AE for sending papers, **5:**38
Zangger, Gertrud (1907–1918), **5:**340, 341n; **8:**659n; **10:**145n, 154

death of, **8:**730n, 815n, 852n
ill with: measles, **8:**572, 574; pneumonia, **8:**666n
Zangger, Gina (1911–2005), **5:**346, 347n, 422n; **10:***xxix*
  birth of, **5:**341n; AE's congratulations on, 340
Zangger, Heinrich (1874–1957), **2:***217*; **3:**175n, 409; **5:**32n, 149n, 289n, 294, 304, 340n, 396n, 402n; **7:**53n, 334n; **8:**7n, 45n, 47n–48n, 76n, 93, 103, 116, 119n, 130n, 144, 146n, 154n, 164, 172–173, 186n, 189n, 190, 198, 220n, 281n, 283, 287, 317, 318n, 320, 330n, 339–340, 348, 366n–367n, 390n, 409, 442, 445n, 449n, 453, 458n, 498n, 504, 515n, 568, 580, 615n, 636n, 659n, 666, 669n, 678n, 729, 738n, 789n, 813, 817n, 855n, 911, 916n, 939; **9:***xxx, xl, xlv,* 3n, 7n, 11, 12n–13n, 36n, 48n, 69n, 78–79, 92–93, 99n, 139n, 172n, 192, 197n, 203n, 269n, 270, 271n, 288n, 299n, 302n–303n, 305, 325, 330n, 340n, 345n, 345, 373n, 378n, 406n, 428, 451n, 487, 489n, 499n, 513n, 517; **10:***xxix–xxxvii,* 12, 20–22, 24, 28, 31, 33–35, 37, 39, 42, 44–45, 47–50, 54–55, 57, 64, 66, 68, 71, 78–80, 83–84, 86–89, 91, 97–98, 103, 112, 116, 119, 125, 129, 133, 135–137, 140, 143, 145, 148, 151n, 158, 160, 164, 170n, 178–179, 190, 196n, 196, 201–202, 218, 229, 278, 317
  AE
    on cosmological model of, **8:**574
    diagnoses: with duodenitis, **8:**485n, 496n, 497n; **10:**108; high blood pressure, 102
    dissuades visit to Switzerland of, **8:**320n
    empathy with research efforts of, **8:**574
    encourages visit to Switzerland of, **8:**219
    examines, **10:**99, 100, 103
    hints at move to Zurich of, **8:**454
    joint professorship in Zurich, discussion with, **8:**455n, 849, 851, 852–853, 855, 856, 858, 870, 872, 894
    keeps informed about sons of, **8:**134
    on neglect of sons by, **10:**90
    on popular book on relativity of, **8:**455; promises special food to, **10:**68
    proposes drinking cure for, **10:**70
    proposes stay in Tarasp to, **8:**446
    on resentment from, **8:**665
    sends bill to, **8:**598
    sends food packages to, **8:**400, 406, 407,

455; **10:**68, 70, 73–74, 76, 93
    as teacher, comment on, **5:**332
  AE apologizes to, **10:**145
  AE asks to help Adler, **8:**409
  AE dislikes boarding with, **10:**100
  AE expects help from in obtaining rights to visit sons, **8:**168, 169
  AE invites, **8:**185
    to Prague, **5:**421; **10:**16; Heller's suggestion for, **5:**415
  AE on modesty of, **10:**92
  AE praises, **8:**210
  AE on qualities and position of, **5:**278
  AE requests help from in obtaining visa, **8:**172–173
  AE on sensitivity of, **10:**24
  AE thanks
    for hospitality, **8:**173
    for taking care of sons, **8:**153, 173
  AE's ETH appointment, role in, **5:**371, 378; **8:**455n, 852n; **10:***xxxiii,* 317
  AE's sons, takes care of, **9:**487
  AE's Swiss family, helps, **10:**142
  appointment to full professor, **10:**16
  at the Riviera, **10:**238
  on Born 1920a, 1922c, **10:**513
  Brownian motion
    discussed with AE, **5:**32n, 118n
    experiments with Böhi on, **5:**296–298
  character of, **8:**210
  on conditional sentencing, **10:**318
  considers position in Paris, **5:**279n, 290, 354n, 372
  Debye's ETH appointment, role in, **9:**304n; **10:**317
  depressed, **10:**19
  Einstein, Eduard
    on health condition of, **8:**618
    pays expenses for sanatorium stay of, **8:**581, 590; **10:**126
    praises, **8:**851
    takes care of, **10:**56; AE on burden of, 90
  Einstein, Elsa, on cause of illness of, **10:**191
  Einstein, Hans Albert
    opens home to, **8:**443, 658, 665; **9:**303, 306, 326, 338, 451, 487n, **10:**236
    praises, **8:**454
    takes care of, **10:**56, 79, 81, 85; AE on burden of, 90

Zangger, Heinrich (*cont.*)
  Einstein, Pauline
    examines, **10:**201, 209, 215
    on transport of, **9:**214
    uncertain about cancer of, **10:**207–208
  Einstein-Marić, **10:**102
    angry with, **8:**219
    on condition of spinal cord of, **8:**573–574
    diagnoses with brain tuberculosis, **8:**330, 331
    on illness of, **8:**372, 885n
    medical advice to, **8:**316
  England, lacks sympathy for, **8:**171n
  European morals, on decline of, **8:**574
  expert opinion, work on, **8:**444
  on *Freundlich 1916a*, **10:**513
  GDNÄ meeting in Karlsruhe, attends, **5:**326n
  handwriting, illegibility of, **10:**27, 75, 107, 279; AE on, **8:**129, 561
  Heller, on state of mind of, **5:**414
  hopes for position in Paris, **10:**17
  ill with
    heart disease, **8:**204
    influenza, pleuritis, and pneumonia, **8:**873n, 940
    periostitis, **8:**444, 451, 495; **10:**79
  intermediary between AE and Einstein-Marić, **8:**321
  Kammerer, helps, **9:**512
  manuscripts of, **8:**118, 134, 145, 185
  medical confidentiality, paper on, **8:**134
  medicine and law, book on, **8:**444, 495
  Nicolai
    expert opinion on, **8:**572
    psychological assessment of, **9:**484n
  organizes conference on probability, **10:***xxxiii*
  Perrin, meets with, **8:**561
  probability, manuscript on, **10:**161–162
  problems with colleagues, **10:**83, 85
  raises funds for guest lecturers, **10:**513
  reflects on life, **5:**397
  relativity, works on personal account of, **8:**411n, 455
  report on conditions in office of, **5:**596n
  sick leave of, **5:**596n, 602n
  on *Sommerfeld 1919*, **10:**513
  Switzerland, on economic situation in, **8:**408, 410
  takes drinking cure in Tarasp, **10:**114; invites
    AE to visit, 119
  University of Zurich
    activities at, **5:**279n
    promotion at, **5:**468n
    quarters at, **5:**333n
  on use of spectrography in forensic medicine, **10:**317–318
  visits
    AE in Lucerne, **10:**107
    AE in Prague, **5:**314n, 325n; **10:**17
    Einstein, Pauline, **9:**81, 92, 105
    Forrer with AE, **5:**332
    patients in Prague, **5:**395n; **10:**17
    Rolland, Romain, with AE, **8:**998c
  Weyl
    intervenes on behalf of, **10:**317
    reads book on continuum by, **8:**940
    takes care of treatment for tuberculosis of, **10:**512
  workload of, **5:**398n; complains about, 397
Zangger-Mayenfisch, Mathilde (1883–1981), **5:**326n, 346, 347n, 422n; **8:**173; **9:**339, 513, 609c; **10:**12n, 86, 100
Zangger-Müller, Rosine, **10:**25n
Zangwill, Israel (1864–1926), novels on Jewish ghetto life, **9:**415
Zeeman, Pieter (1865–1943), **4:***4*; **6:**536n; **9:**145, 150, 247, 296, 416n, 422n, 502; **10:***xlv*, 268n, 275n, 277, 475
  as curator of AE's Leyden professorship, **10:**366, 374
  on directional dependence of gravitational lines of force, **8:**608n
  on directional orientation of gravitational mass of crystals, **8:**602
  on measurements with Eötvös torsion balance, **8:**602
  Nobel Prize, nominates AE for, **9:**418n, 597c
  speed of light in moving media, experiments on, **6:**452, 536n; **8:**608, 161; **9:**209, 296
  Solvay Congress, Third, invited to, **10:**303
Zeeman effect, **4:***4*, 15; **8:**783; in solar atmosphere, **5:**355, 567
Zehden, Alfred (1876–1948), **8:**588
Zeipel, Hugo von (1873–1959), **7:**424n
Zeiss optical works, **2:**559n; **8:**470
Zeitler's Studienhaus-Zusatz-Stiftung, invites AE to attend session, **10:**603c
Zeitschrift für Physik, **9:**297, 309, 470n

Zemplén, Gyözö (1879–1916), **4:**508, 510n
Zenneck, Jonathan (1871–1959), **8:**373, 815n
Zentralkomitee für das ärztliche Fortbildungswesen in Preußen, invites AE to lecture, **10:**599c
Zermelo, Ernst (1871–1953), **4:**586; **5:**242n, 314, 449n; **9:**192
   AE invites, **5:**242, 502
   Göttingen, position in, **5:**449n
   University of Zurich
      candidacy for chair at, **5:**449
      leaves of absence due to ill health from, **5:**449n
Zerner, Fritz (1895–1951), **10:**295
Zernike, Frits (1888–1966), **3:***285*, 311n; **9:**247; **10:**53n
Zero-point
   degrees of freedom at, **6:**254–255
   entropy at, **6:**38, 264, 256–257
   molecular magnetic moment at, **6:***146*
   state of system at, **6:**37–38
Zero-point energy, **3:**281n; **4:***552n*, 553; **5:**562; **6:**33, 39n, *146*, *148*, 152, 170n, 173, 189n, 191; **8:**20, 38, 41, 42n, 91, 246; **10:**17, 499
   AE's and Stern's paper on, **4:***270–273*, 275–284, *552n*; **5:**395n; AE's objections to, **4:***270*, *273*, 553n, 553; **5:**564
   for rotational motion, **10:**356n, 443
   Haber on, **5:**539
   Keesom's work on, **5:**564n
   in Planck's theory, **5:**466n
Zeuner, Gustav Anton (1828–1907), **2:**126, 126n, 326, 326n
Ziegler, Hans, **2:**586
Zimmerli, Jakob (1860–1918), **5:**525n
Zimmermann, Heinrich (1877–1961), **5:**396n; investigation against, **5:**396
Zinglé, Alfred (1884–?), **5:**507n
Zionist Association of Germany. *See* Zionistische Vereinigung für Deutschland
Zionist conference of 1920, program of, **9:**241n
Zionist meeting, AE attends, **9:**223n, 550c
Zionist movement, **1:***lx*; **7:**428, 629
   AE to aid cause of, **9:**180, 267
   AE's American tour on behalf of, **7:**439, 623–627
   debate about cultural or political nature of, **7:***233*, 435n
   devotion to, **7:***229–236*

   Ehrenfest on, **9:**248
   importance of cultural aspect, **7:**439
   See also Einstein, Albert: Jewish matters
Zionist Organization (German), **8:**774n
Zionist Organization (international), **7:***227*, *231*, *234*, 436n, 443n; **9:**334n
   Annual Conference of, **7:***235*
   Education Department of, **7:***230*, 447n
   and Hebrew University, **9:**153n; funding for, 364–365
   University Advisory Committee, **7:**436n
   World Congress of
      Eleventh, **7:***231*; **9:**213n, 249n, 254
      Fifth, 447n
   Zionist Executive of, **7:***234*
   See also Hebrew University of Jerusalem
Zionist Organization of America, **7:***231*, *234*, 436n
   dispute with Zionist Organization, *233–234*
Zionist Society at the University of Chicago, **9:**423n
Zionist Student Association of Eastern Galicia
   on AE and Hebrew University, **10:**463
   expresses sympathy for AE, **10:***xl*, 463
Zionistische Vereinigung für Deutschland, **7:***225*, *229*, *232*, *234*, 240n, 293n; **8:**772, 963, 970; **9:**181n
   AE approaches, **8:**773
   AE attends meeting of, **9:**567c
   Program of Zionism, **7:***232*
   proposed congress of, **7:***224*
   tension with Central-Verein, **7:***225*, 297n
Zloscisti, Theodor, **9:**327n
Zoff, Otto, **9:**323n
Zofingen, Canton of Aargau, **1:**231
Zopf, Elisabeth, **10:**593c
Zsigmondy, Richard A. (1865–1929), **2:***209*, *219*, 345n; **8:**291
Zug, Canton of, **1:**225, 314
Zugersee, Switzerland, **10:**41
Zuiderzee, The Netherlands, AE's and Lorentz's walk along, **10:**52
Zuoz (Canton Grisons), **10:**164; AE in, **9:**4
Zürcher, Emil, Jr. (1877–1937), **8:**312, 321, 409n, 635, 678, 679n, 718, 731, 755, 884, 959, 1027c, 1030c, 1033c; **9:**8, 35, 345, 496; **10:***xxxvi*, 37, 45, 49, 141, 155, 156n, 157–160, 164–165, 179, 181, 217, 229, 497–498
   AE praises, **10:**44

Zürcher, Emil, Jr. (*cont.*)
 and divorce contract of AE and Einstein-Marić, **10:**147,150
 manages AE's financial support for Swiss family, **9:**214, 270, 338, 345
 solicits photo from AE, **10:**445
Zürcher, Emil, Sr. (1850–1926), **5:**278n; **8:**409n
Zürcher, Richard (1911–1982), **8:**227, 407, 735; **10:**345
Zürcher and Furrer printing firm, **5:***305*
Zürcher Heilstätte bei Aegeri, **9:**340n
Zürcher-Siebel, Johanna (1873–1939), **8:**312; **9:**345, 496; **10:**45–46, 49
 AE praises, **10:**44
 Einstein-Marić
  helps, **8:**316; **9:**36n
  on household of, **8:**372
   intermediary between AE and, **8:**321n, 409n
Zurhellen, Walther (1880–1916), **8:**469
Zurich, **3:***xix*, *xxii*, 281n, 310, 310n, 315, 315n, 316, 396n, 417, 418n, 420, 42ln, 422, 458
 AE compares with Berlin, **10:**496
 AE returns to, **3:***xviii*
 AE visits in 1917, **10:***xxxiv*
 AE's feeling of loneliness in, **10:**497
 county court in, **9:**556c
 free air in, AE on, **10:**19
 Hans Albert Einstein's school in, **8:**114n
 heating shortages in, **9:**3n, 6n
 influenza in, **8:**940
 poor treatment of scientists in, **9:**498
 riots in, **9:**94n, 307n
 strike in, **8:**940n, 942n
 student procession in, **5:**393n
 tense situation in, **8:**941
 University of (*see* University of Zurich)
 vacancy at Gymnasium in, AE's application for, **5:**91, 92
Zurich, Canton of, AE's stay in, **1:**60–298 passim, *373–375*
Zurich Kantonsschule, **8:**226n, 442n; **10:**157n, 167n, 194n, 228n
Zurich Municipal Naturalization Commission
 AE's citizenship applicant's questionnaire, **1:**269–270
 minutes of, **1:**271–272
Zurich Physical Society. *See* Physikalische Gesellschaft Zürich
Zurich Physics Colloquium, **9:**196, 200; congratulates AE, 192
Züricher Obersee, **1:**225
Zweig, Arnold and Beatrice, **9:**581c
Zweig, Stefan (1881–1942), **9:**322, 323n, 392; **10:***xxxix*
 expresses sympathy for AE, *392–393*, 434

CUMULATIVE BIBLIOGRAPHY and INDEX OF CITATIONS TO VOLUMES 1–10

This bibliography lists all references by named authors that are cited in volumes 1–10 of the *Collected Papers of Albert Einstein*, as well as the pages in the individual volumes on which these publications are cited. Excluded from this list are any items that were not listed under a named, personal author or editor, for example, *Vorlesungsverzeichnisse*, *Adressverzeichnisse*, *Statuten*, *Verhandlungen*, *Jahresberichte*, Journal runs, and others.

In the individual volumes of the *Collected Papers* series, references are identified by means of a short title of the form *Author(s) year*. Different publications by the same author in the same year are distinguished by trailing characters, "a," "b," etc. In general, the use of these short titles is not consistent between different volumes of the series. Therefore, in the cumulative list of citations given at the end of each reference, the bold number refers to the volume number, and the text in italics following it is the short title under which the reference was cited in that particular volume. The same applies to cross-references to other items within a bibliographic reference.

In the list of citations, a trailing "n" to the page number indicates that the citation occurs in a note and a trailing "c" indicates that the citation occurs in the Calendar.

For publications by Albert Einstein, published before 1922, see "Einstein Bibliography, 1901–1921," pp. 45–91.

Abbe, Ernst. *Die Lehre von der Bildentstehung im Mikroskop*. Lummer, Otto and Reiche, Fritz, ed. Braunschweig: Vieweg, 1910.
Cited: **5** *Abbe 1910*: 625c.

Abderhalden, Emil. *Lehrbuch der physiologischen Chemie in Vorlesungen*. 3d ed. Part 1, *Die organischen Nahrungsstoffe und ihr Verhalten im Zellstoffwechsel*. Berlin: Urban & Schwarzenberg, 1914.
Cited: **8** *Abderhalden 1914*: 889n.

Abraham, Max. "Die electrischen Schwingungen um einen stabförmigen Leiter, behandelt nach der Maxwell'schen Theorie." *Annalen der Physik und Chemie* 66 (1898): 435–472.
Cited: **1** *Abraham 1898*: 259n.

———. "Geometrische Grundbegriffe." In *Encyklopädie der mathematischen Wissenschaften, mit Einschluss ihrer Anwendungen*. Vol. 4, Mechanik, part 3, pp. 3–47. Klein, Felix, and Müller, Conrad, eds. Leipzig: Teubner, 1901–1908. Issued 6 June 1901.
Cited: **4** *Abraham 1901*: 232n.

———. "Dynamik des Elektrons." *Königliche Gesellschaft der Wissenschaften zu Göttingen. Mathematisch-physikalische Klasse. Nachrichten* (1902): 20–41.
Cited: **2** *Abraham 1902a*: 269, 270, 310n, 372n, 412n, 461, 486n. **8** *Abraham 1902*: 380n.

———. "Prinzipien der Dynamik des Elektrons." *Physikalische Zeitschrift* 4 (1902): 57–62.
Cited: **2** *Abraham 1902b*: 269, 270, 310n, 372n, 412n, 553n.

———. "Prinzipien der Dynamik des Elektrons." *Annalen der Physik* 10 (1903): 105–179.
Cited: **2** *Abraham 1903*: 260, 261, 269, 270, 308n, 310n, 372n, 412n, 553n.

———. "Der Lichtdruck auf einen bewegten Spiegel und das Gesetz der schwarzen Strahlung." In *Festschrift Ludwig Boltzmann gewidmet zum sechzigsten Geburtstage 20. Februar 1904*, pp. 85–93. Meyer, Stefan, ed.

Leipzig: Barth, 1904.
Cited: **2** *Abraham 1904a*: 309n.
———. "Kritik der Erwiderung des Hrn. W. Wien." *Annalen der Physik* 14 (1904): 1039–1040.
Cited: **5** *Abraham 1904b*: 59n, 448n.
———. *Theorie der Elektrizität*. 2d rev. ed. Vol. 1, August Föppl, *Einführung in die Maxwellsche Theorie der Elektrizität*. Abraham, Max, ed. Leipzig: Teubner, 1904.
Cited: **2** *Abraham/Föppl 1904*: 236n, 255, 256, 307n, 309n, 528n. **4** *Abraham/Föppl 1904*: 232n.
———. "Zur Theorie der Strahlung und des Strahlungsdruckes." *Annalen der Physik* 14 (1904): 236–287.
Cited: **2** *Abraham 1904b*: 260, 307n, 309n. **3** *Abraham 1904*: 272, 281n. **5** *Abraham 1904a*: 448n.
———. *Theorie der Elektrizität*. Vol. 2, *Elektromagnetische Theorie der Strahlung*. Leipzig: Teubner, 1905.
Cited: **2** *Abraham 1905*: 207, 262, 523, 528n. **3** *Abraham 1905*: 257n, 398n. **5** *Abraham 1905*: 120n.
———. *Theorie der Elektrizität*. 3d rev. ed. Vol. 1, August Föppl, *Einführung in die Maxwellsche Theorie der Elektrizität*. Abraham, Max, ed. Leipzig: Teubner, 1907.
Cited: **3** *Abraham/Föppl 1907*: 9, 398n, 399n. **4** *Abraham/Föppl 1907*: 570n.
———. *Theorie der Elektrizität*. Vol. 2, *Elektromagnetische Theorie der Strahlung*. 2d ed. Leipzig: Teubner, 1908.
Cited: **7** *Abraham 1908*: 359n.
———. "Zur Elektrodynamik bewegter Körper." *Circolo Matematico di Palermo. Rendiconti* 28 (1909): 1–28.
Cited: **4** *Abraham 1909*: 107n. **5** *Abraham 1909*: 162n, 309n. **8** *Abraham 1909*: 804n.
———. "Die Bewegungsgleichungen eines Massenteilchens in der Relativtheorie." *Physikalische Zeitschrift* 11 (1910): 527–531.
Cited: **3** *Abraham 1910*: 478.
———. "Zur Theorie der Gravitation." *Physikalische Zeitschrift* 13 (1912): 1–4.
Cited: **4** *Abraham 1912a*: 125, 130, 141, 161, 144n, 145n, 164n, 179n, 186, 187n, 188n. **5** *Abraham 1912a*: 394n, 502n.
———. "Das Elementargesetz der Gravitation." *Physikalische Zeitschrift* 13 (1912): 4–5.
Cited: **4** *Abraham 1912b*: 125. **5** *Abraham 1912b*: 394n.
———. "Berichtigung." *Physikalische Zeitschrift* 13 (1912): 176.
Cited: **4** *Abraham 1912c*: 125, 126, 187n.
———. "Der freie Fall." *Physikalische Zeitschrift* 13 (1912): 310–311.
Cited: **4** *Abraham 1912d*: 125. **5** *Abraham 1912c*: 394n.
———. "Die Erhaltung der Energie und der Materie im Schwerkraftfelde." *Physikalische Zeitschrift* 13 (1912): 311–314.
Cited: **4** *Abraham 1912e*: 125. **5** *Abraham 1912d*: 394n.
———. "Das Gravitationsfeld." *Physikalische Zeitschrift* 13 (1912): 793–797.
Cited: **4** *Abraham 1912g*: 126, 510n. **5** *Abraham 1912g*: 394n, 506n.
———. "Relativität und Gravitation. Erwiderung auf eine Bemerkung des Hrn. A. Einstein." *Annalen der Physik* 38 (1912): 1056–1058.
Cited: **4** *Abraham 1912f*: 126, 145n, 181, 183, 186, 187n, 188n. **5** *Abraham 1912e*: 394n.
———. "Nochmals Relativität und Gravitation. Bemerkungen zu A. Einsteins Erwiderung." *Annalen der Physik* 39 (1912): 444–448.
Cited: **4** *Abraham 1912h*: 126, 190, 191n. **5** *Abraham 1912f*: 394n.
———. "Die neue Mechanik." *Scientia* 15 (1914): 8–27. Reprinted in translation as "La nouvelle mécanique." *Scientia* 15 (1914) Supplément: 10–29.
Cited: **4** *Abraham 1914a*: 127, 577n, 621n, 622n. **5** *Abraham 1914a*: 589n, 596n.
———. "Sur le problème de la relativité." *Scientia* 16 (1914): 101–103.
Cited: **4** *Abraham 1914b*: 127, 621n, 622n. **5** *Abraham 1914b*: 596n.
———. "Neuere Gravitationstheorien." *Jahrbuch der Radioaktivität und Elektronik* 11 (1914–1915): 470–520.
Cited: **4** *Abraham 1915*: 298, 501n, 622n. **7** *Abraham 1915*: 27n.

Adams, Walter S., assisted by Jennie B. Lasby. *An Investigation of the Rotation Period of the Sun by Spectroscopic Methods*. Washington, D.C.: Carnegie Institution, 1911.
Cited: **5** *Adams 1911a*: 356n.
———. "An Investigation of the Displacements of the Spectrum Lines at the Sun's Limb." *Astrophysical Journal* 31 (1910): 30–61. Reprinted as **5** *Adams 1911b*.
Cited: **5** *Adams 1910*: 317n, 323n, 331n, 358n. **10** *Adams 1910*: 252n.
———. "An Investigation of the Displacements of the Spectrum Lines at the Sun's Limb."

Contributions from the Mount Wilson Solar Observatory, no. 43 (1911).
Cited: **5** *Adams 1911b*: 356n.

Adams, Walter S., and Kohlschütter, Arnold. "Some Spectral Criteria for the Determination of Absolute Stellar Magnitudes." *Astrophysical Journal* 40 (1914): 385–398.
Cited: **9** *Adams and Kohlschütter 1914*: 14n.

Adelswärd, Theodor, Baron. *Avant-projet d'un traité général relatif aux transferts de territoires. Rapport*. Stockholm: Eklund, 1917.
Cited: **7** *Adelswärd 1917*: 9n.

Adler-Rudel, Shalom. *Ostjuden in Deutschland 1880–1940*. Tübingen: Mohr, 1959.
Cited: **7** *Adler-Rudel 1959*: 240n–241n.

Adler, Cyrus. *Jacob H. Schiff. His Life and Letters*. 2 vols. Garden City, N.Y.: Doubleday, 1928.
Cited: **9** *Adler 1928*: 13n.

Adler, Friedrich. *Ernst Machs Ueberwindung des mechanischen Materialismus*. Vienna: Wiener Volksbuchhandlung Brand & Co., 1918.
Cited: **8** *Adler 1918*: 404n, 480n.

———. *Ortszeit, Systemzeit, Zonenzeit und das ausgezeichnete Bezugssystem der Elektrodynamik. Eine Untersuchung über die Lorentzsche und die Einsteinsche Kinematik*. Vienna: Wiener Volksbuchhandlung, 1920.
Cited: **8** *Adler 1920*: 480n, 829n, 844n, 845n, 846n, 847n, 849n, 883n, 901n, 902n. **10** *Adler 1920*: 600c.

Albertini, Jean, ed. *Romain Rolland. Textes: politiques, sociaux et philosophiques choisis*. Paris: Editions Sociales, 1970.
Cited: **7** *Albertini 1970*: 217n.

Albrecht, Sebastian. "Anomalous Dispersion in the Sun." *Astrophysical Journal* 41 (1915): 333–358.
Cited: **10** *Albrecht 1915*: 252n.

———. "Anomalous Dispersion in the Sun. II." *Astrophysical Journal* 44 (1916): 1–14.
Cited: **10** *Albrecht 1916*: 252n.

Alkemade, Fons. "Biography." In *Selected Papers of J. M. Burgers*, pp. xi–lxxxvi. Nieuwstadt, F.T.M., and Steketee, J. A., eds. Dordrecht: Kluwer, 1995.
Cited: **8** *Alkemade 1995*: 961n.

Allen, H. Stanley. "The Magnetic Field of an Atom in Relation to Theories of Spectral Series." *Philosophical Magazine* 29 (1915): 40–49.
Cited: **8** *Allen 1915*: 158n.

Altermatt, Urs. *Die Schweizer Bundesräte. Ein biographisches Lexikon*. Zurich: Artemis & Winkler, 1991.
Cited: **8** *Altermatt 1991*: 574n.

Ampère, André-Marie. "Note sur un appareil à l'aide duquel on peut vérifier toutes les propriétés des conducteurs de l'électricité voltaique." *Annales de chimie et de physique* 18 (1821): 88–106, 313–333.
Cited: **1** *Ampère 1821*: 200n.

———. *Essai sur la philosophie des sciences ou exposition analytique d'une classification naturelle de toutes les connaissances humaines*. Paris: Bachelier, 1834.
Cited: **2** *Ampère 1834*: xxv.

Anderson, Alexander. "On Coefficients of Induction." *Philosophical Magazine* 31 (1891): 329–337.
Cited: **3** *Anderson 1891*: 567.

Anderson, James L. "Conditions of Motion for Radiating Charged Particles." *Physical Review D* 56 (1997): 4675–4678.
Cited: **7** *Anderson 1997*: 457n.

Andrews, Thomas. "On the Continuity of the Gaseous and Liquid States of Matter." *Royal Society of London. Philosophical Transactions* 159 (1869): 575–590.
Cited: **1** *Andrews 1869*: 143n.

Anglès, Auguste. *André Gide et le premier groupe de La Nouvelle revue française*. Vol. 1, *La formation du groupe et les années d'apprentissage 1890–1910*. Paris: Gallimard, 1978.
Cited: **9** *Anglès 1978*: 392n.

Anonymous. "Zum Gravitationsproblem. Referat eines Vortrages, gehalten auf der Naturforscher-Versammlung in Wien. Von Prof. Einstein–Zürich." *Himmel und Erde. Illustrirte Naturwissenschaftliche Monatsschrift* (1913–1914): 90–93. Unsigned review of Einstein's lecture published as **4** *Einstein 1913c*/ **5** *Einstein 1913c*/ **6** *Einstein 1913c*/ **7** *Einstein 1913c*/ **8** *Einstein 1913c*.
Cited: **4** *Referat 1913*: 501n.

Anschütz, Gerhard, et al. "Zur Annexionsfrage. Eine Eingabe an den Reichskanzler." *Die Friedens-Warte. Blätter für zwischenstaatliche Organisation* 17, no. 8 (October 1915): 298–299.
Cited: **10** *Anschütz et al. 1915*: 34n.

Appell, Paul. *Traité de mécanique rationnelle*. 3 vols. Paris: Gauthier-Villars, 1902–1909; includes **6** *Appell 1904* and **8** *Appell 1909*.
Cited: **3** Appell 1902–1909.

———. *Traité de mécanique rationnelle*. 2d rev.

ed. Vol. 2, *Dynamique des systèmes. Mécanique analytique*. Paris: Gauthier-Villars, 1904; included in **3** *Appell 1902–1909*.
Cited: **6** *Appell 1904*: 567n, 575n. **8** *Appell 1904*: 171n, 335n.

———. *Traité de mécanique rationnelle*. 2d rev. ed. Vol. 3, *Équilibre et mouvement des milieux continus*. Paris: Gauthier-Villars, 1909; included in **3** *Appell 1902–1909*.
Cited: **8** *Appell 1909*: 171n.

Arco, Georg Count von, Einstein, Albert, Geiger, Walburga, Gerlach, Hellmut von, Harden, Maximilian, Hodann, Max, Kautsky, Luise, Rotten, Elisabeth, Schlesinger, Erich, and Stöcker, Helene. *Lille. Beiträge zur Naturgeschichte des Krieges*. Berlin: Engelmann, 1919.
Cited: **9** *Arco et al. 1919*: liii, 43n, 164n, 185n. **10** *Arco et al. 1919*: 212n.

Ardelt, Rudolf G. *Friedrich Adler. Probleme einer Persönlichkeitsentwicklung um die Jahrhundertwende*. Vienna: Österreichischer Bundesverlag, 1984.
Cited: **5** *Ardelt 1984*. **8** *Ardelt 1984*: 395n.

Ardenne, Manfred von. *Sechzig Jahre für Forschung und Fortschritt: Autobiographie*. Berlin: Verlag der Nation, 1987.
Cited: **8** *Ardenne 1987*: 696n.

Arnsberg, Paul. *Die Geschichte der Frankfurter Juden seit der Französischen Revolution*. Vol. 3, *Biographisches Lexikon der Juden in den Bereichen: Wissenschaft, Kultur, Bildung, Öffentlichkeitsarbeit in Frankfurt am Main*. Darmstadt: Roether, 1983.
Cited: **9** *Arnsberg 1983*: 144n.

Arons, Leo. *Bestimmung der Verdet'schen Constante in absolutem Maass*. Leipzig: Metzger & Wittig, 1884.
Cited: **7** *Arons 1884*: 205n.

———. "Verdünnungswärme und Wärmecapacität von Salzlösungen." *Annalen der Physik und Chemie* 25 (1885): 408–416.
Cited: **7** *Arons 1885*: 205n.

———. "Ueber den electrischen Rückstand." *Annalen der Physik und Chemie* 35 (1888): 291–311.
Cited: **7** *Arons 1888*: 205n.

———. "Beobachtungen an elektrisch polarisirten Platinspiegeln." *Königlich Preußische Akademie der Wissenschaften* (Berlin) *Sitzungsberichte* (1890): 969–973.
Cited: **7** *Arons 1890*: 205n.

———. "Ein Demonstrationsversuch mit electrischen Schwingungen." *Annalen der Physik und Chemie* 45 (1892): 553–559.
Cited: **7** *Arons 1892c*: 205n.

———. "Ueber einen Quecksilberlichtbogen." *Annalen der Physik und Chemie* 47 (1892): 767–771.
Cited: **7** *Arons 1892a*: 205n.

———. "Versuche über electrolytische Polarisation." *Annalen der Physik und Chemie* 46 (1892): 169–171.
Cited: **7** *Arons 1892b*: 205n.

———, ed. *Die Actenstücke des Disciplinarverfahrens gegen den Privatdocenten Dr. Arons*. Berlin: Reimer, 1900.
Cited: **7** *Arons 1900*: 205n. **8** *Arons 1900*: 946n.

———. "Ein Chromoskop." *Annalen der Physik* 33 (1910): 799–832.
Cited: **7** *Arons 1910*: 205n.

———. "Das Arbeiten mit dem Farbenweiser (Chromoskop)." *Annalen der Physik* 39 (1912): 545–568.
Cited: **7** *Arons 1912*: 205n.

———. *Universitäten heraus!* Berlin: Verlag der Sozialistischen Monatshefte, 1918.
Cited: **8** *Arons 1918*: 946n.

Arons, Leo, and Rubens, Heinrich. "Fortpflanzungsgeschwindigkeit electrischer Wellen in einigen festen Isolatoren." *Annalen der Physik und Chemie* 44 (1891): 206–213.
Cited: **7** *Arons and Rubens 1891b*: 205n.

———. "Ueber die Fortpflanzungsgeschwindigkeit electrischer Wellen in isolirenden Flüssigkeiten." *Annalen der Physik und Chemie* 42 (1891): 581–592.
Cited: **7** *Arons and Rubens 1891a*: 205n.

Arrhenius, Svante. "Über die Dissociation der in Wasser gelösten Stoffe." *Zeitschrift für physikalische Chemie* 1 (1887): 631–648.
Cited: **4** *Arrhenius 1887*: 564n. **5** *Arrhenius 1887*: 16n.

———. "Theorie der isohydrischen Lösungen." *Zeitschrift für physikalische Chemie* 2 (1888): 284–295.
Cited: **5** *Arrhenius 1888a*: 16n.

———. "Über den Gefrierpunkt verdünnter wässeriger Lösungen." *Zeitschrift für physikalische Chemie* 2 (1888): 491–505.
Cited: **5** *Arrhenius 1888b*: 16n.

———. *Das Werden der Welten*. Leipzig: Akademische Verlagsgesellschaft, 1907.
Cited: **5** *Arrhenius 1907*: 125n.

Arvidsson, Gustaf. "Eine Untersuchung über die Ampèreschen Molekularströme nach der Methode von A. Einstein und W. J. de Haas."

Physikalische Zeitschrift 21 (1920): 88–91.
Cited: **6** *Arvidsson 1920*: 149. **10** *Arvidsson 1920*: 304n, 504n.

Aspray, William. "The Emergence of Princeton as a World Center for Mathematical Research, 1896–1939." In *History and Philosophy of Modern Mathematics*, pp. 346–366. Aspray, William, and Kitcher, Philip, eds. Minneapolis: University of Minnesota Press, [1988].
Cited: **10** *Aspray 1988*.

Asquith, Peter D., and Nickles, Thomas, eds. *PSA 1982: Proceedings of the 1982 Biennial Meeting of the Philosophy of Science Association*. Vol. 2. East Lansing, Mich.: Philosophy of Science Association, 1983.
Cited: **2** *Asquith and Nickles 1983*.

Aston, F. W. "The Constitution of Atmospheric Neon." *Philosophical Magazine* 39 (1920): 449–455.
Cited: **9** *Aston 1920a*: 316n.

———. "The Mass-Specta of Chemical Elements." *Philosophical Magazine* 39 (1920): 611–634.
Cited: **9** *Aston 1920b*: 316n.

Auerbach, Felix. "Berührungselektricität." In **1** *Winkelmann 1893b*/ **2** *Winkelmann 1893*, pp. 106–136.
Cited: **1** *Auerbach 1893a*: 178n. **2** *Auerbach 1893*: 358n.

———. "Strommessung." In **1** *Winkelmann 1893b*/ **2** *Winkelmann 1893*, pp. 206–249.
Cited: **1** *Auerbach 1893b*: 33n, 207n.

———. "Strommessung." In *Handbuch der Physik*. 2d ed. Vol. 4, *Elektrizität und Magnetismus I*, pp. 254–313. Winkelmann, Adolph, ed. Leipzig: Barth, 1905.
Cited: **3** *Auerbach 1905*: 398n.

———. "Magnetische Messungen." In *Handbuch der Physik*. 2d ed. Vol. 5, *Elektrizität und Magnetismus II*, pp. 68–118. Leipzig: Barth, 1908.
Cited: **3** *Auerbach 1908*: 399n.

———. "Messung von Raum- und Zeitgrößen." In *Handbuch der Physik*. 2d ed. Vol. 1, *Allgemeine Physik*, pp. 92–122. Winkelmann, Adolph, ed. Leipzig: Barth, 1908.
Cited: **1** *Auerbach 1908*: 75n.

———. *Ektropismus oder die physikalische Theorie des Lebens*. Leipzig: Engelmann, 1910.
Cited: **10** *Auerbach 1910*: 178n.

Avenarius, Richard. *Kritik der reinen Erfahrung*. Leipzig: Reisland, 1888–1890.
Cited: **8** *Avenarius 1888–1890*.

———. *Kritik der reinen Erfahrung*. Vol. 1. Leipzig: Reisland, 1888.
Cited: **2** *Avenarius 1888*: xxv.

———. *Kritik der reinen Erfahrung*. Vol. 2. Leipzig: Reisland, 1890.
Cited: **2** *Avenarius 1890*: xxv.

Azzolini, Margherita. *Giosuè Carducci und die deutsche Literatur*. Tübingen: Mohr (Siebeck), 1910.
Cited: **10** *Azzolini 1910*: 149n.

Bach, Rudolf. "Die Anziehung eines unendlichen Sternsystems." *Astronomische Nachrichten* 206 (1918): 165–172.
Cited: **8** *Bach 1918*: 647n, 657n, 682n.

———. "Elektrische Wellen in geschichteten Körpern. (Wirbelstrombildung in lamellierten Eisenkörpern)." *Archiv für Elektrotechnik* 7 (1919): 225–240.
Cited: **8** *Bach 1919*: 682n.

Bachmann, Ernst. "59–13 = 46." *Jahresheft der Altgymnastika und der Ehemaligen des Seminars Kreuzlingen* (1959): 5–12.
Cited: **8** *Bachmann 1959*: 175n.

Baedeker, Karl. *Switzerland and the Adjacent Portions of Italy, Savoy, and Tyrol. Handbook for Travellers*. 23d ed. Leipzig: Baedeker, 1909.
Cited: **10** *Baedeker 1909*: 165n.

Bancelin, Jacques. "La viscosité des émulsions." *Académie des sciences* (Paris). *Comptes rendus* 152 (1911): 1382–1383.
Cited: **2** *Bancelin 1911a*: 180, 181, 182. **3** *Bancelin 1911a*: 418n. **5** *Bancelin 1911a*: 218n, 267n, 271n.

———. "Ueber die Viskosität von Suspensionen und die Bestimmung der Avogadro'schen Zahl." *Zeitschrift für Chemie und Industrie der Kolloide* 9 (1911): 154–156.
Cited: **2** *Bancelin 1911b*: 180, 182. **3** *Bancelin 1911b*: 418n. **5** *Bancelin 1911b*: 218n, 267n, 271n.

Bane, Suda Lorena, and Lutz, Ralph Haswell, eds. *The Blockade of Germany after the Armistice 1918–1919: Selected Documents of the Supreme Economic Council, Superior Blockade Council, American Relief Administration, and Other Wartime Organizations*. Stanford: Stanford University Press, 1942.
Cited: **9** *Bane and Lutz 1942*: 253n.

Bane, Suda, and Lutz, Ralph, eds. *The Blockade of Germany after the Armistice 1918–1919. Selected Documents of the Supreme Economic Council, Superior Blockade Council,*

American Relief Administration, and Other Wartime Organizations. New York: Fertig, 1972.
Cited: **8** *Bane and Lutz 1972*: 961n, 963n.

Bär, Richard. "Bemerkung zu der Arbeit von Irene Parankiewicz: „Größen und elektrische Ladungen von kleinen Schwefel-, Selen- und Quecksilberkugeln, bestimmt aus deren Fallgeschwindigkeit und Farbe"." *Physikalische Zeitschrift* 19 (1918): 373.
Cited: **9** *Bär 1918a*: 7n.

———. "Sur la structure corpusculaire de l'électricité." *Archives des sciences physiques et naturelles* 46 (1918): 47–48.
Cited: **8** *Bär 1918a*: 549n, 905n, 911n, 916n, 933n, 936n.

———. "Über die atomistische Struktur der Elektrizität." *Annalen der Physik* 57 (1918): 161–182.
Cited: **8** *Bär 1918b*: 549n, 905n, 911n, 916n, 936n. **9** *Bär 1918b*: 7n. **10** *Bär 1918*: 297n.

———. "Über eine Methode zur Bestimmung der Dichte von mikroskopischen und ultramikroskopischen Partikeln; ein Beitrag zur Frage nach der Existenz des Elektrons." *Annalen der Physik* 59 (1919): 393–408.
Cited: **8** *Bär 1919*: 549n, 936n. **9** *Bär 1919*: 7n.

Barbour, Julian B. "Einstein and Mach's Principle." In *Studies in the History of General Relativity*, pp. 125–153. Eisenstaedt, Jean, and Kox, A. J., eds. Boston: Birkhäuser, 1992.
Cited: **4** *Barbour 1992*: 127, 485n, 503n. **6** *Barbour 1992*: xviii, 282n.

Barbour, Julian B., and Pfister, Herbert, eds. *Mach's Principle: From Newton's Bucket to Quantum Gravity*. Boston: Birkhäuser, 1995.
Cited: **7** *Barbour and Pfister 1995*: 43n, 576n. **8** *Barbour and Pfister 1995*: 299n, 423n. **9** *Barbour and Pfister 1995*.

Barkai, Avraham. *"Wehr Dich!" Der Centralverein deutscher Staatsbürger jüdischen Glaubens (C.V.) 1893–1938*. Munich: Beck, 2002.
Cited: **9** *Barkai 2002*: 490n.

Barkan, Diana L. Kormos. "Walther Nernst and the Transition to Modern Physical Chemistry." Ph.D. dissertation, Harvard University, 1990.
Cited: **3** *Barkan 1990*: xxi, xxiii.

Barkhausen, Heinrich. *Das Problem der Schwingungserzeugung mit besonderer Berücksichtigung schneller elektrischer Schwingungen*. Leipzig: Hirzel, 1907.

Cited: **7** *Barkhausen 1907*: 366n.

Barnett, Samuel J. "On Magnetization by Angular Acceleration." *Science* 30 (1909): 413.
Cited: **6** *Barnett 1909*: 232n.

———. "Magnetization by Rotation." *Science* 42 (1915): 163–164.
Cited: **6** *Barnett 1915a*: 231, 232n.

———. "Magnetization by Rotation." *Physical Review* 6 (1915): 171–172.
Cited: **6** *Barnett 1915b*: 149, 271, 276n.

———. "The Theory of Magnetization by Rotation." *Science* 42 (1915): 459–460.
Cited: **6** *Barnett 1915c*: 231, 232n.

———. "Magnetization by Rotation." *Physical Review* 6 (1915): 239–270.
Cited: **6** *Barnett 1915d*: 149. **10** *Barnett 1915*: 504n.

———. "The Magnetization of Iron, Nickel, and Cobalt by Rotation and the Nature of the Magnetic Molecule." *Physical Review* 10 (1917): 7–21.
Cited: **10** *Barnett 1917*: 504n.

———. "The Angular Momentum of the Elementary Magnet." *Bulletin of the National Research Council* 3 (1921–1922): 235–250.
Cited: **10** Barnett 1921/1922.

Bartal, Israel. "Yehudei Misraḥ Europa ve-haHaskala ha-Gvoha'a." In *Toldot ha-Universita ha-Ivrit bi-Yerushalayim. Shorashim ve-Hathalot*, pp. 75–89. Katz, Shaul and Heyd, Michael, eds. Jerusalem: Hebrew University Magnes Press, 2000.
Cited: **9** *Bartal 2000*: 213n.

Barzilay, Dvorah, and Litvinoff, Barnet, eds. *The Letters and Papers of Chaim Weizmann. Series A, Vol. 8, November 1917–October 1918*. New Brunswick, N.J.: Rutgers University Press, 1977.
Cited: **9** *Barzilay and Litvinoff 1977*: 334n.

Bateman, Harry. "The Transformation of the Electrodynamical Equations." *London Mathematical Society. Proceedings* 8 (1910): 223–264.
Cited: **8** *Bateman 1910*: 436n.

Battelli, Angelo. "Sulle proprietà termiche dei vapori. Parte I. Studio del vapore d'etere rispetto alle leggi di Boyle e di Gay-Lussac." *Reale Accademia delle Scienze di Torino. Memorie* 40 (1889): 21–130.
Cited: **2** *Battelli 1889*: 114, 114n.

Battelli, Angelo, and Stefanini, Annibale. *Esposizione critica della teoria della dissociazione elettrica*. Lucca: Baroni, 1899.
Cited: **5** *Battelli and Stefanini 1899*: 16n.

Bauer, Hans. "Kugelsymmetrische Lösungssysteme der Einsteinschen Feldgleichungen der Gravitation für eine ruhende, gravitierende Flüssigkeit mit linearer Zustandsgleichung." *Akademie der Wissenschaften* (Vienna). *Mathematisch-naturwissenschaftliche Klasse. Abteilung IIa. Sitzungsberichte* 127 (1918): 2141–2227.
Cited: **10** *Bauer 1918*: 64n.

———. "Über die Energiekomponenten des Gravitationsfeldes." *Physikalische Zeitschrift* 19 (1918): 163–165.
Cited: **7** *Bauer 1918*: 64–65, 76n. **8** *Bauer 1918*: 716n.

Beck, Emil. "Zum experimentellen Nachweis der Ampèreschen Molekularströme." *Annalen der Physik* 60 (1919): 109–148.
Cited: **6** *Beck 1919*: 149. **9** *Beck 1919*: 7n, 17n, 58n. **10** *Beck 1919a*: 304n, 504n.

———. "Zum experimentellen Nachweis der Ampèreschen Molekularströme." *Physikalische Zeitschrift* 20 (1919): 490–491.
Cited: **10** *Beck 1919b*: 504n.

Becker, Carl H. *Gedanken zur Hochschulreform*. Leipzig: Quelle & Meyer, 1919.
Cited: **9** *Becker 1919*: 194n, 390n.

Beckman, Bengt. "On the Hall Effect and the Change of the Electric Resistance in a Transverse Magnetic Field at Low Temperature, Down to the Melting Point of Hydrogen." *Communications from the Physical Laboratory of the University of Leiden* 14 (1914–22) (1915). Supplement No. 40 (June 1915).
Cited: **10** *Beckman 1915*: 521n.

Beckmann, Ernst. "Bestimmung von Molekulargewichten nach der Siedemethode." *Zeitschrift für physikalische Chemie* 6 (1890): 437–473.
Cited: **5** *Beckmann 1890*: 16n.

Becquerel, Jean, et al., "La théorie de la relativité. Discussion." *Société française de Philosophie. Bulletin* 22 (1922): 91–113.
Cited: **6** *Becquerel et al. 1922*: 282n.

Beer, Fritz. *Die Einsteinsche Relativitätstheorie und ihr historisches Fundament. Sechs Vorträge für Laien*. Vienna: Perles, 1920.
Cited: **10** *Beer 1920*: 286n.

Beetz, W. von; Miller, O. von; and Pfeiffer, E. "Offizieller Bericht über die im königlichen Glaspalaste zu München 1882 . . . stattgehabte internationale Elektricitäts-Ausstellung verbunden mit elektrotechnischen Versuchen." Munich: Autotypie-Verlag, 1883.
Cited: **1** *München 1883*: li.

Belke, Ingrid. *Die sozialreformerischen Ideen von Josef Popper-Lynkeus (1838–1921) im Zusammenhang mit allgemeinen Reformbestrebungen des Wiener Bürgertums um die Jahrhundertwende*. Tübingen: Mohr, 1978.
Cited: **7** *Belke 1978*: 129n.

Belli, Giuseppe. "Di una nuova maniera di Macchina elettrica." *Annali delle scienze del regno Lombardo-Veneto* 1 (1831): 111–128.
Cited: **5** *Belli 1831*: 55n.

———. *Corsa di fisica sperimentale*. 3 vols. Milan: Società Tipografica de' Classici Italiani, 1838.
Cited: **5** *Belli 1830–1838*, 55n.

Belluzzo, Giuseppe. "Principi di termodinamica grafica." *Nuovo Cimento* 8 (1904): 196–222, 241–263.
Cited: **2** *Belluzzo 1904*: 112, 113, 114.

Ben-Menahem, Yemima. "Convention: Poincaré and Some of His Critics." *British Journal for the Philosophy of Science* 52 (2001): 1–43.
Cited: **7** *Ben-Menahem 2001*: 404n.

Bendix, Reinhard. *From Berlin to Berkeley: German-Jewish Identities*. New Brunswick, N.J.: Transaction Books, 1986.
Cited: **7** *Bendix 1986*: 440n.

Benedicks, Carl. "Über die Herleitung von Plancks Energieverteilungsgesetz aus Agglomerationsannahme; einfache Beziehung zwischen Härte und Schwingungszahl." *Annalen der Physik* 42 (1913): 133–162.
Cited: **3** *Benedicks 1913*: 511n.

Bensaude-Vincent, Bernadette. *Langevin, 1872–1946. Science et vigilance*. Paris: Belin, 1987.
Cited: **9** *Bensaude-Vincent 1987*: 500n.

Bentwich, Norman. *The Hebrew University of Jerusalem, 1918–1960*. London: Weidenfeld and Nicolson, 1961.
Cited: **7** *Bentwich 1961*: 231, 436n.

Beradt, Martin, and Bloch-Zavrzel, Lotte, ed. *Briefe an Auguste Hauschner*. Berlin: Rowohlt, 1929.
Cited: **9** *Beradt and Bloch-Zavrzel 1929*: 558c.

Berg, Otto. "Das Relativitätsprinzip der Elektrodynamik." *Abhandlungen der Fries'schen Schule* 3 (1910): 333–382.
Cited: **8** *Berg 1910*: 883n, 901n.

Berghahn, Volker. *Modern Germany Society, Economy and Politics in the Twentieth Century*. 2d ed. Cambridge: Cambridge University Press, 1987.
Cited: **8** *Berghahn 1987*: 747n.

Bergia, Silvio. "Attempts at Unified Field Theo-

ries (1919–1955). Alleged Failure and Intrinsic Validation/Refutation Criteria." In *The Attraction of Gravitation: New Studies in the History of General Relativity*, pp. 274–307. Earman, John, Janssen, Michel, and Norton, John D., eds. Boston: Birkhäuser, 1993.
Cited: **7** *Bergia 1993*: 56n. **8** *Bergia 1993*: 664n.

Bergia, Silvio, and Navarro, Luis. "Recurrences and Continuity in Einstein's Research on Radiation between 1905 and 1916." *Archive for History of Exact Sciences* 38 (1988): 79–99.
Cited: **4** *Bergia and Navarro 1988*: 109.

Bergia, Silvio, Lugli, Paolo, and Zamboni, Nadia. "Zero-Point Energy, Planck's Law and the Prehistory of Stochastic Electrodynamics. Part 1: Einstein and Hopf's Paper of 1910." *Annales de la Fondation Louis de Broglie* 4 (1979): 295–318.
Cited: **3** Bergia, Lugli, and Zamboni 1979: 281n.

———. "Zero-Point Energy, Planck's Law and the Prehistory of Stochastic Electrodynamics. Part 2: Einstein and Stern's Paper of 1913." *Annales de la Fondation Louis de Broglie* 5 (1980): 39–62.
Cited: **3** Bergia, Lugli, and Zamboni 1980: 281n.

Bergmann (Bergman), S. Hugo. "ha-Ve'ida ha-Universitayit." *Ha'Olam* 11 (26 September 1919): 3–6.
Cited: **9** *Bergman 1919*: 213n.

———. "Personal Remembrance of Albert Einstein." In *Logical and Epistemological Studies in Contemporary Physics*, pp. 388–394. Cohen, Robert S., and Wartofsky, Marx W., eds. Dordrecht: Reidel, 1974.
Cited: **7** *Bergman 1974*: 223. **8** *Bergman 1974*: 337n. **9** *Bergman 1974*: 223n.

———. *Tagebücher und Briefe*. Sambursky, Miriam, ed. Königstein a. T.: Jüdischer Verlag bei Athenäum, 1985.
Cited: **9** *Bergman 1985*: 241n, 353n.

Bergson, Henri. *Essai sur les données immédiates de la conscience*. Paris: Alcan, 1889.
Cited: **8** *Bergson 1889*: 495n.

Bernays, Paul. *Über die Bedenklichkeiten der neueren Relativitätstheorie*. Göttingen: Vandenhoeck & Ruprecht, 1913.
Cited: **6** *Bernays 1913*: 18n.

Bernhard, Georg. "Berliner Proteststreik." *Vossische Zeitung*, 7 June 1919, Evening Edition.
Cited: **9** *Bernhard 1919a*: 87n.

———. "Geldentwertung und Valuta." *Vossische Zeitung*, 16 October 1919, Evening Edition.
Cited: **9** *Bernhard 1919b*: 202n.

Bernhardt, Hannelore. "Über die Entwicklung und Bedeutung der Ergodenhypothese in den Anfängen der statistischen Mechanik." *NTM–Schriftenreihe für die Geschichte der Naturwissenschaften, Technik und Medizin* 8 (1971): 13–25.
Cited: **2** *Bernhardt 1971*: xxxiii. **3** *Bernhardt 1971*: 244n.

Bernoulli, August. "Das Nernstsche Wärmetheorem und die Thermodynamik der thermoelektrischen Erscheinungen." *Zeitschrift für Elektrochemie* 17 (1911): 689–693.
Cited: **5** *Bernoulli 1911*: 390n.

———. "Eine elementare Herleitung des Planckschen Strahlungsgesetzes." *Zeitschrift für Elektrochemie* 20 (1914): 269–271.
Cited: **6** *Bernoulli 1914*: 32, 39n.

Bernstein, Aaron. *Aus dem Reiche der Naturwissenschaft. Für Jedermann aus dem Volke*. 12 vols. Berlin: Besser's Verlagsbuchhandlung, 1853–1857. Reissued as: *Naturwissenschaftliche Volksbücher*. Wohlfeile Gesammt-Ausgabe. 20 vols. Berlin: Duncker, 1867–1869.
Cited: **1** *Bernstein 1853–1857*: lxii, 6, 293n. **2** *Bernstein 1853–1857*: 3, 42.

———. *Naturwissenschaftliche Volksbücher*. 3d impr. and enl. ed. Vol. 5. Berlin: Duncker, 1870.
Cited: **1** *Bernstein 1870*: 265.

Bertrand, Joseph. *Thermodynamique*. Paris: Gauthier-Villars, 1887.
Cited: **2** *Bertrand 1887*: 119n.

Bessel, Richard. "Violence as Propaganda: The Role of the Storm Troopers in the Rise of National Socialism." In *The Formation of the Nazi Constituency, 1919–1933*, pp. 131–146. Childers, Thomas, ed. London: Croom Helm, 1986.
Cited: **10** *Bessel 1986*: 451n.

Besser, Bruno Ph. "Franz Ulinski, an Almost Forgotten Early Pioneer of Rocketry." *53d International Astronautical Congress: The World Space Congress, October 10–19, 2002, Houston, Texas*. 2002. Report IAC-02-IAA.2.1.04.
Cited: **9** *Besser 2002*: 516n.

Beyerchen, Alan D. *Scientists under Hitler: Politics and the Physics Community in the Third Reich*. New Haven: Yale University Press, 1977.
Cited: **7** *Beyerchen 1977*: 107–109, 111,

357n. **10** *Beyerchen 1977*: 427n, 472n.

Bianchi, Luigi. *Vorlesungen über Differentialgeometrie*. Lukat, Max, trans. Leipzig: Teubner, 1896.
Cited: **4** *Bianchi 1896*: 196, 245n, 330, 343n, 597n.

———. *Vorlesungen über Differentialgeometrie*. 2d rev. ed. Lukat, Max, trans. Leipzig: Teubner, 1910.
Cited: **8** *Bianchi 1896*: 587n.

Biermann, Kurt-R. *Die Mathematik und ihre Dozenten an der Berliner Universität 1810–1933*. Berlin: Akademie-Verlag, 1988.
Cited: **9** *Biermann 1988*: 437n.

Bikerman, Jacob J. "Theories of Capillary Attraction." *Centaurus* 19 (1975): 182–206.
Cited: **2** *Bikerman 1975*: 3.

———. "Capillarity before Laplace: Clairaut, Segner, Monge, Young." *Archive for History of Exact Sciences* 18 (1978): 103–122.
Cited: **2** *Bikerman 1978*: 3.

Binding, Karl, ed. *Deutsche Staatsgrundgesetze in diplomatisch genauem Abdrucke*. Vol. 1. Leipzig: Engelmann, 1898.
Cited: **1** *Binding 1898*: 20n.

Biot, Jean-Baptiste. *Précis élementaire de physique expérimentale*. 3d ed. 2 vols. Paris: Déterville, 1824.
Cited: **1** *Biot 1824*: 201n.

Biot, Jean-Baptiste, and Savart, Félix. "Note sur le magnetisme de la pile de Volta." *Annales de chimie et de physique* 15 (1820): 222–223.
Cited: **1** *Biot and Savart 1820*: 201n.

Birck, Otto. "Die Einsteinsche Gravitationstheorie und die Sonnenfinsternis im Mai 1919." *Die Naturwissenschaften* 5 (1917): 689–696.
Cited: **9** *Birck 1917*: lii.

Birkhoff, G. D. *Relativity and Modern Physics*. Cambridge, Mass.: Harvard University Press, 1923.
Cited: **7** *Birkhoff 1923*: 27n.

Birven, Heinrich. "Grundzüge der mechanischen Wärmetheorie." Stuttgart: Grub, 1905.
Cited: **2** *Birven 1905*: 316, 317, 317n.

Bjerknes, Carl A. *Hydrodynamische Fernkräfte. Fünf Abhandlungen über die Bewegung kugelförmiger Körper in einer incompressiblen Flüssigkeit (1863–1880)*. Korn, Arthur, and Bjerknes, Vilhelm, eds. Leipzig: Engelmann, 1915.
Cited: **10** *Bjerknes, C. 1915*: 463n.

Bjerknes, Vilhelm F. K. *Vorlesungen über hydrodynamische Fernkräfte nach C. A. Bjerknes's Theorie*. 2 vols. Leipzig: Barth, 1900–1902.

Cited: **10** *Bjerknes 1900/1902*: 463n.

———. *Die Kraftfelder*. Braunschweig: Vieweg, 1909.
Cited: **10** *Bjerknes 1909*: 463n.

Bjerrum, Niels. "Ultrarote Absorptionsspektra der Gase." In *Festschrift W. Nernst zu seinem fünfundzwanzigjährigen Doktorjubiläum gewidmet von seinen Schülern*, pp. 90–98. Halle: Knapp, 1912.
Cited: **9** *Bjerrum 1912*: 458n.

———. "Die Dissoziation der starken Elektrolyte." *Zeitschrift für Elektrochemie* 24 (1918): 321–328.
Cited: **10** *Bjerrum 1918*: 575c.

———. "Der Aktivitätskoeffizien der Ionen." *Zeitschrift für anorganische Chemie* 109 (1919): 275–292.
Cited: **10** *Bjerrum 1919*: 575c.

Blackmore, John, ed. *Ernst Mach—A Deeper Look: Documents and New Perspectives*. Dordrecht: Kluwer, 1992.
Cited: **6** *Blackmore 1992*.

———. *Ernst Mach: His Work, Life, and Influence*. Berkeley: University of California Press, 1972.
Cited: **2** *Blackmore 1972*: 207, 218.

———. "Mach über Atome und Relativität—neueste Forschungsergebnisse." In **6** *Haller and Stadler 1988*, pp. 463–483.
Cited: **6** *Blackmore 1988*: 282n.

Blackmore, John, and Hentschel, Klaus, eds. *Ernst Mach als Aussenseiter. Machs Briefwechsel über Philosophie und Relativitätstheorie mit Persönlichkeiten seiner Zeit*. Vienna: Braumueller, 1985.
Cited: **8** *Blackmore and Hentschel 1985*: 434n.

Blasius, Heinrich. "Das Ähnlichkeitsgesetz bei Reibungsvorgängen in Flüssigkeiten." *Mitteilungen über Forschungsarbeiten auf dem Gebiete des Ingenieurwesens insbesondere aus den Laboratorien der technischen Hochschule, herausgegeben vom Verein deutscher Ingenieure* 131 (1913): 1–40.
Cited: **9** *Blasius 1913*: 123n.

Bleuel, Hans Peter. *Deutschlands Bekenner. Professoren zwischen Kaiserreich und Diktatur*. Bern: Scherz, 1968.
Cited: **9** *Bleuel 1968*: 476n.

Bloch, Werner. *Einführung in die Relativitätstheorie*. Leipzig: Teubner, 1918.
Cited: **9** *Bloch 1918*: 116n, 235n, 522n. **10** *Bloch 1918*: 94n.

Blumenfeld, Kurt. *Erlebte Judenfrage: Ein Vier-

teljahrhundert deutscher Zionismus. Stuttgart: Deutsche Verlags-Anstalt, 1962.
Cited: **9** *Blumenfeld 1962*: 181n.

———. *Im Kampf um den Zionismus. Briefe aus fünf Jahrzehnten.* Sambursky, Miriam, and Ginat, Joachim, eds. Stuttgart: Deutsche Verlags-Anstalt, 1976.
Cited: **7** *Blumenfeld 1976*: 231, 234–235, 435n.

Blumenthal, Otto, ed. *Das Relativitätsprinzip. Eine Sammlung von Abhandlungen.* Leipzig: Teubner, 1913.
Cited: **2** *Blumenthal 1913*: 254, 307n, 308n, 309n, 310n.

———. "Karl Schwarzschild." *Deutsche Mathematiker-Vereinigung. Jahresbericht* 26 (1918): 56–75.
Cited: **6** *Blumenthal 1918*: 362n.

Böhi, Paul. "Eine neue Methode der Bestimmung der Avogadroschen Zahl *N*." *Naturforschende Gesellschaft in Zürich. Vierteljahrsschrift* 56 (1911): 183–212.
Cited: **2** *Böhi 1911*: 217. **5** *Böhi 1911a*: 298n, 339n. **10** *Böhi 1911b*: 13n.

———. *Untersuchungen zur Kapillar- und Diffusionsanalyse.* Zurich: Zürcher & Furrer, 1911.
Cited: **5** *Böhi 1911b*: 298n. **10** *Böhi 1911a*: 13n.

Bohlin, Karl. "Sur le choc, considéré comme fondement des théories cinétiques de la pression des gaz et de la gravitation universelle." *Arkiv för Matematik, Astronomi och Fysik* 1 (1904). 529–540.
Cited: **2** *Bohlin 1904*: 320–322, 322n.

Bohr, Niels. "On the Constitution of Atoms and Molecules." *Philosophical Magazine* 26 (1913): 1–25, 476–502, 857–875.
Cited: **6** *Bohr 1913*: 147, 370n, 398n.

———. "On the Quantum Theory of Radiation and the Structure of the Atom." *Philosophical Magazine* 30 (1915): 394–415.
Cited: **6** *Bohr 1915*: 147.

———. "On the Quantum Theory of Line-Spectra. Part 1, On the General Theory." *Det Kongelige Danske Videnskabernes Selskab Skrifter Naturvidenskabelig og Matematisk Afdeling* 8, no. 4.1 (1918): 3–36.
Cited: **8** *Bohr 1918a*: 784n. **9** *Bohr 1918*: 390n.

———. "On the Quantum Theory of Line-Spectra. Part 1, On the General Theory." In *Niels Bohr Collected Works.* Vol. 3, *The Correspondence Principle (1918–1923)*, pp. 65–102. Rud Nielsen, J., ed. Amsterdam: North-Holland, 1976.
Cited: **10** *Bohr 1918a*: 245n.

———. "On the Quantum Theory of Line-Spectra. Part 2, On the Hydrogen Spectrum." In *Niels Bohr Collected Works.* Vol. 3, *The Correspondence Principle (1918–1923)*, pp. 103–166. Rud Nielsen, J., ed. Amsterdam: North-Holland, 1976.
Cited: **10** *Bohr 1918b*: 245n.

———. "Some Considerations of Atomic Structure." In *Niels Bohr Collected Works.* Vol. 4, *The Periodic System (1920–1923)*, pp. 43–69. Rud Nielsen, J., ed. Amsterdam: North-Holland, 1977.
Cited: **10** *Bohr 1920b*: 533n.

———. "Über die Serienspektren der Elemente." *Zeitschrift für Physik* 2 (1920): 426–469.
Cited: **10** *Bohr 1920a*: 245n.

Boltzmann, Ludwig. "Studien über das Gleichgewicht der lebendigen Kraft zwischen bewegten materiellen Punkten." *Kaiserliche Akademie der Wissenschaften* (Vienna). *Mathematisch-naturwissenschaftliche Classe. Zweite Abtheilung. Sitzungsberichte* 58 (1868): 517–560.
Cited: **2** *Boltzmann 1868*: 95n, 345n.

———. "Analytischer Beweis des 2. Hauptsatzes der mechanischen Wärmetheorie aus den Sätzen über das Gleichgewicht der lebendigen Kraft." *Kaiserliche Akademie der Wissenschaften* (Vienna). *Mathematisch-naturwissenschaftliche Classe. Zweite Abtheilung. Sitzungsberichte* 63 (1871): 712–732.

———. "Einige allgemeine Sätze über Wärmegleichgewicht." *Kaiserliche Akademie der Wissenschaften* (Vienna). *Mathematisch-naturwissenschaftliche Classe. Zweite Abtheilung. Sitzungsberichte* 63 (1871): 679–711.
Cited: **2** *Boltzmann 1871a*: 74n, 95n.

———. "Weitere Studien über das Wärmegleichgewicht unter Gasmolekülen." *Kaiserliche Akademie der Wissenschaften* (Vienna). *Mathematisch-naturwissenschaftliche Classe. Zweite Abtheilung. Sitzungsberichte* 66 (1872): 275–370.
Cited: **2** *Boltzmann 1872*: 74n.

———. "Über die Natur der Gasmolecüle." *Kaiserliche Akademie der Wissenschaften* (Vienna). *Mathematisch-naturwissenschaftliche Classe. Zweite Abtheilung. Sitzungsberichte* 74 (1876): 553–560.

Cited: **2** *Boltzmann 1876*: 239n, 390n.

———. "Über die Beziehung zwischen dem zweiten Hauptsatze der mechanischen Wärmetheorie und der Wahrscheinlichkeitsrechnung, respective den Sätzen über das Wärmegleichgewicht." *Kaiserliche Akademie der Wissenschaften* (Vienna). *Mathematisch-naturwissenschaftliche Classe. Zweite Abtheilung. Sitzungsberichte* 76 (1877): 373–435.
Cited: **2** *Boltzmann 1877*: 44, 107n, 168n, 551n. **4** *Boltzmann 1877*: 564n.

———. "Über die Beziehung der Diffusionsphänomene zum zweiten Hauptsatze der mechanischen Wärmetheorie." *Kaiserliche Akademie der Wissenschaften* (Vienna). *Mathematisch-naturwissenschaftliche Classe. Zweite Abtheilung. Sitzungsberichte* 78 (1878): 733–763.
Cited: **2** *Boltzmann 1878b*: 40n, 124n.

———. "Weitere Bemerkungen über einige Probleme der mechanischen Wärmetheorie." *Kaiserliche Akademie der Wissenschaften* (Vienna). *Mathematisch-naturwissenschaftliche Classe. Zweite Abtheilung. Sitzungsberichte* 78 (1878): 7–46.
Cited: **2** *Boltzmann 1878a*: 377n.

———. "Ableitung des Stefan'schen Gesetzes, betreffend die Abhängigkeit der Wärmestrahlung von der Temperatur aus der electromagnetischen Lichttheorie." *Annalen der Physik und Chemie* 22 (1884): 291–294.
Cited: **2** *Boltzmann 1884*: 108n. **4** *Boltzmann 1884*: 564n.

———. "Über die Eigenschaften monocyklischer und anderer damit verwandter Systeme." *Journal für die reine und angewandte Mathematik* 98 (1885): 68–94.
Cited: **2** *Boltzmann 1885*: 49, 74n.

———. "Ueber die mechanischen Analogien des zweiten Hauptsatzes der Thermodynamik." *Journal für die reine und angewandte Mathematik* 100 (1887): 201–212.
Cited: **2** *Boltzmann 1887*: 74n.

———. *Vorlesungen über Gastheorie.* Part 1, *Theorie der Gase mit einatomigen Molekülen, deren Dimensionen gegen die mittlere Weglänge verschwinden.* Leipzig: Barth, 1896.
Cited: **1** *Boltzmann 1896*: 230n, 260n, 261n, 262n, 265, 266, 292n, 294n, 295n, 335n. **2** *Boltzmann 1896*: 42, 43, 74n, 167n, 207, 252n, 336, 345n, 377n, 544, 551n. **3** *Boltzmann 1896*: 7, 127n, 242n, 243n. **5** *Boltzmann 1896*: 99n, 223n. **9** *Boltzmann 1896*: 48n.

———. *Vorlesungen über Gastheorie.* Part 2, *Theorie van der Waals'; Gase mit zusammengesetzten Molekülen; Gasdissociation; Schlussbemerkungen.* Leipzig: Barth, 1898.
Cited: **1** *Boltzmann 1898*: 230n, 260n, 262n, 265, 266, 292n, 294n, 324n, 335n. **2** *Boltzmann 1898a*: 4, 5, 21n, 42, 43, 44, 46, 49, 60, 67, 73n, 74n, 75n, 95n, 96n, 103, 107n, 108n, 133n, 207, 211, 244n. **3** *Boltzmann 1898*: 7, 128n, 242n, 244n, 245n, 246n. **5** *Boltzmann 1898*: 18n, 223n. **6** *Boltzmann 1898*: 579n. **8** *Boltzmann 1898*: 30n. **9** *Boltzmann 1898*: 472n. **10** *Boltzmann 1898*: 15n.

———. "Vorschlag zur Festlegung gewisser physikalischer Ausdrücke." In *Verhandlungen der Gesellschaft Deutscher Naturforscher und Ärzte. 70. Versammlung zu Düsseldorf 19.–24. September 1898.* Part 2, 1st half, *Naturwissenschaftliche Abtheilungen,* pp. 67–68. Leipzig: Vogel, 1899.
Cited: **2** *Boltzmann 1898b*: 96n.

———. *Populäre Schriften.* Leipzig: Barth, 1905.
Cited: **10** *Boltzmann 1905*: 341n.

———. *Wissenschaftliche Abhandlungen.* 3 vols. Hasenöhrl, Fritz, ed. Leipzig: Barth, 1909.
Cited: **2** *Boltzmann 1909*. **3** *Boltzmann 1909*. **4** *Boltzmann 1909*.

Boltzmann, Ludwig, and Nabl, Josef. "Kinetische Theorie der Materie." In *Encyklopädie der mathematischen Wissenschaften, mit Einschluss ihrer Anwendungen.* Vol. 5, Physik, part 1, pp. 493–557. Sommerfeld, Arnold, ed. Leipzig: Teubner, 1903–1921. Issued 25 April 1907.
Cited: **2** *Boltzmann and Nabl 1907*: 41.

Borgius, Walter. *Die Ideenwelt des Anarchismus.* Leipzig: Dietrich, 1904.
Cited: **9** *Borgius 1904*: 515n.

———. *Der Völkerbund: Seine Kultur- und Wirtschaftsaufgaben.* Flugschriften des Bundes Neues Vaterland, no. 9. Berlin: Berger, 1919.
Cited: **9** *Borgius 1919*: 515n.

———. "Buchhandel und Valuta." *Frankfurter Zeitung,* 14 April 1920, 1st Morning Edition.
Cited: **9** *Borgius 1920*: 391n, 515n.

Born, Hedwig. "Einstein ganz privat." *Die Weltwoche* 23, no. 1137 (26 August 1955): 7.
Cited: **8** *Born, H. 1955*.

Born, Hedwig and Born, Max. *Der Luxus des*

Gewissens. Munich: Nymphenburger Verlagshandlung, 1969.
Cited: **8** *Born, H. and M. 1969*: 336n, 1003c.

Born, Max. *Untersuchungen über die Stabilität der elastischen Linie in Ebene und Raum unter verschiedenen Grenzbedingungen.* Göttingen: Dieterichsche Universitäts-Buchdruckerei, 1906.
Cited: **8** *Born, M. 1906*: 754n.

———. "Die Theorie des starren Elektrons in der Kinematik des Relativitätsprinzips." *Annalen der Physik* 30 (1909): 1–56.
Cited: **2** *Born 1909*: 427. **3** *Born 1909*: 449n, 478. **4** *Born 1909*: 144n, 163n. **5** *Born 1909a*: 233n, 461n, 486n. **6** *Born 1909*: 408n. **10** *Born 1909*: 7n.

———. "Über die Dynamik des Elektrons in der Kinematik des Relativitätsprinzips." *Physikalische Zeitschrift* 10 (1909): 814–817.
Cited: **5** *Born 1909b*: 211n.

———. "Über die Definition des starren Körpers in der Kinematik des Relativitätsprinzips." *Physikalische Zeitschrift* 11 (1910): 233–234.
Cited: **3** *Born 1910a*: 478, 479. **5** *Born 1910*: 211n, 233n.

———. "Zur Kinematik des starren Körpers im System des Relativitätsprinzips." *Königliche Gesellschaft der Wissenschaften zu Göttingen. Mathematisch-physikalische Klasse. Nachrichten* (1910): 161–179.
Cited: **3** *Born 1910b*: 478.

———. "Zum Relativitätsprinzip: Entgegnung auf Herrn Gehrckes Artikel 'Die gegen die Relativitätstheorie erhobenen Einwände'." *Die Naturwissenschaften* 1 (1913): 92–94.
Cited: **7** *Born 1913*: 102.

———. *Dynamik der Kristallgitter.* Leipzig: Teubner, 1915.
Cited: **9** *Born 1915*: 440n. **10** *Born 1915*: 541n.

———. "Einsteins Theorie der Gravitation und der allgemeinen Relativität." *Physikalische Zeitschrift* 17 (1916): 51–59.
Cited: **8** *Born, M. 1916*: 266n.

———. "Berechnung der Ionenladung aus Messungen der Reststrahlen, der ultraroten Brechungsindizes und der Dielektrizitätzkonstante." *Deutsche Physikalische Gesellschaft. Verhandlungen* 20 (1918): 224–229.
Cited: **9** *Born 1918*: 86n.

———. "Die elektromagnetische Masse der Kristalle." *Königlich Preußische Akademie der Wissenschaften* (Berlin) *Sitzungsberichte* (1918): 712–718.
Cited: **8** *Born, M. 1918a*: 819n.

———. "Über die ultraroten Eigenschwingungen zweiatomiger Kristalle." *Physikalische Zeitschrift* 19 (1918): 539–548.
Cited: **8** *Born, M. 1918b*: 823n.

———. "Raum, Zeit und Schwerkraft." *Frankfurter Zeitung,* 23 November 1919, 1st Morning Edition.
Cited: **9** *Born 1919b*: 256n, 281n, 282n, 314n.

———. "Eine thermochemische Anwendung der Gittertheorie." *Deutsche Physikalische Gesellschaft. Verhandlungen* 21 (1919a): 13–24.
Cited: **9** *Born 1919a*: 86n.

———. *Der Aufbau der Materie. Drei Aufsätze über moderne Atomistik und Elektronentheorie.* Berlin: Springer, 1920.
Cited: **10** *Born 1920c*: 514n.

———. *Die Relativitätstheorie Einsteins und ihre physikalischen Grundlagen, gemeinverständlich dargestellt.* Berlin: Springer, 1920.
Cited: **9** *Born 1920b*: 204n, 516n. **10** *Born 1920a*: 456n, 456, 461n, 475n, 495n, 514n, 517n, 541n, 582c.

———. "Eine direkte Messung der freien Weglänge neutraler Atome." *Physikalische Zeitschrift* 21 (1920): 578–581.
Cited: **10** *Born 1920b*: 336n, 361n.

———. "Über die Beweglichkeit der elektrolytischen Ionen." *Zeitschrift für Physik* 1 (1920): 221–249.
Cited: **9** *Born 1920c*: 460n, 461n.

———. "Über die elektrische Natur der Kohäsionskräfte fester Körper." *Annalen der Physik* 61 (1920): 87–106.
Cited: **9** *Born 1920a*: 440n.

———. *Die Relativitätstheorie Einsteins und ihre physikalischen Grundlagen elementar dargestellt.* 2d. ed. Berlin: Springer, 1921.
Cited: **10** *Born 1921*: 517n.

———. "Atomtheorie des festen Zustandes (Dynamik der Kristallgitter)." In *Encyklopädie der mathematischen Wissenschaften, mit Einschluss ihrer Anwendungen.* Vol. 5, *Physik,* part 3, pp. 529–589. Sommerfeld, Arnold, ed. Leipzig: Teubner, 1909–1926. Issued 24 October 1923.
Cited: **3** *Born 1923*: 476n. **9** *Born 1923*: 85n.

———. *Ausgewählte Abhandlungen.* 2 vols. Göttingen: Vandenhoeck & Ruprecht, 1963.
Cited: **9** *Born 1963.*

———. "Erinnerungen an Einstein." *Physikali-*

sche Blätter 21 (1965): 297–306.
Cited: **9** *Born 1965*: 145n, 389n.

———. *Mein Leben. Die Erinnerungen des Nobelpreisträgers*. Munich: Nymphenburger, 1975.
Cited: **7** *Born 1975*: 99n. **9** *Born 1975*: 231n, 281n. **10** *Born 1975*: 336n.

———. *My Life: Recollections of a Nobel Laureate*. New York: Scribner's Sons, 1978.
Cited: **8** *Born, M. 1978*: 638n, 813n, 944n, 961n, 1029. **9** *Born 1978*: 144n, 207n. **10** *Born 1978*: 261n.

Born, Max, and Huang, Kun. *Dynamical Theory of Crystal Lattices*. Oxford: Clarendon Press, 1954.
Cited: **3** *Born and Huang 1954*: 512n.

Born, Max, and Kármán, Theodor von. "Über Schwingungen in Raumgittern." *Physikalische Zeitschrift* 13 (1912): 297–309.
Cited: **3** *Born and von Kármán 1912*: xxv, 475n. **5** *Born and von Kármán 1912*: 481n, 506n.

Born, Max, and Landé, Alfred. "Kristallgitter und Bohrsches Atommodell." *Deutsche Physikalische Gesellschaft. Verhandlungen* 20 (1918): 202–209.
Cited: **9** *Born and Landé 1918b*: 86n.

———. "Über die absolute Berechnung der Kristalleigenschaften mit Hilfe Bohrscher Atommodelle." *Königlich Preußische Akademie der Wissenschaften* (Berlin). *Sitzungsberichte* (1918): 1048–1068.
Cited: **9** *Born and Landé 1918a*: 86n, 211n.

———. "Über die absolute Berechnung der Kristalleigenschaften mit Hilfe Bohrscher Atommodelle." *Königlich Preußische Akademie der Wissenschaften* (Berlin). *Sitzungsberichte* (1918): 1048–1068.
Cited: **8** *Born, M. and Landé 1918*: 1028.

———. "Über die Berechnung der Kompressibilität regulärer Kristalle aus der Gittertheorie." *Deutsche Physikalische Gesellschaft. Verhandlungen* 20 (1918): 210–216.
Cited: **10** *Born and Landé 1918*: 468n.

Born, Max, and Oppenheimer, Robert. "Zur Quantentheorie der Molekeln." *Annalen der Physik* 84 (1927): 457–484.
Cited: **9** *Born and Oppenheimer 1927*: 439n.

Born, Max, and Stern, Otto. "Über die Oberflächenenergie der Kristalle und ihren Einfluß auf die Kristallgestalt." *Preußische Akademie der Wissenschaften* (Berlin). *Sitzungsberichte* (1919): 901–913.
Cited: **9** *Born and Stern 1919*: liii, 230n.

Börnstein, Richard, and Meyerhoffer, Wilhelm, eds. *Landolt-Börnstein physikalisch-chemische Tabellen*. 3d rev. ed. Berlin: Springer, 1905.
Cited: **2** *Landolt and Börnstein 1905*: 143, 179, 347, 348n, 388n, 389, 390n, 391n, 502n. **3** *Landolt and Börnstein 1905*: 243n.

Börnstein, Richard, and Roth, Walther, ed. *Landolt-Börnstein physikalisch-chemische Tabellen*. 4th rev. ed. Berlin: Springer, 1912.
Cited: **3** *Landolt and Börnstein 1912*: 243n. **4** *Landolt and Börnstein 1912*: 285n. **8** *Landolt and Börnstein 1912*: 33n.

Bosl, Karl, ed. *Bayern im Umbruch. Die Revolution von 1918, ihre Voraussetzungen, ihr Verlauf und ihre Folgen*. Munich: Oldenbourg, 1969.
Cited: **8** *Bosl 1969*: 948n.

Bosquet, Jean. "Théophile de Donder et la gravifique einsteinienne." *Académie Royale de Belgique. Classe des Sciences. Bulletin* 73 (1987): 209–253.
Cited: **10** *Bosquet 1987*: 363n, 371n, 378n.

Bosscha, Johannes, ed. *Recueil de travaux offerts par les auteurs à H. A. Lorentz, professeur de physique à l'Université de Leiden, à l'occasion du 25me anniversaire de son doctorat le 11 décembre 1900*. The Hague: Nijhoff, 1900. *Archives néerlandaises des siences exactes et naturelles* 5 (1900).
Cited: **2** *Bosscha 1900*: 236, 237. **3** *Bosscha 1900*. **5** *Bosscha 1900*. **8** *Bosscha 1900*.

Bots, Marcel. *Bibliografie van de liberale tijdschriften. Le Flambeau (1918–1976)*. Ghent: Liberaal Archief, 1996.
Cited: **10** *Bots 1996*: 364n.

Bottlinger, Kurt F. E. "Die Erklärung der empirischen Glieder der Mondbewegung durch die Annahme einer Extinktion der Gravitation im Erdinnern." *Astronomische Nachrichten* 191 (1912): cols. 147–150.
Cited: **7** *Bottlinger 1912a*: 146n.

———. *Die Gravitationstheorie und die Bewegung des Mondes*. Freiburg: Troemer, 1912.
Cited: **7** *Bottlinger 1912b*: xxviii, 142, 146n.

Bousfield, William Robert. "Ionengrössen in Beziehung zur Leitfähigkeit von Elektrolyten." *Zeitschrift für physikalische Chemie* 53 (1905): 257–313.
Cited: **5** *Bousfield 1905*: 16n.

———. "Ionengrössen in Beziehung zur Leitfähigkeit von Elektrolyten." *Zeitschrift für physikalische Chemie* 53 (1905): 257–313.
Cited: **2** *Bousfield 1905b*: 172, 178, 179.

———. "Ionic Sizes in Relation to the Conductivity of Electrolytes. (Abstract.)" *Royal Society of London. Proceedings* 74 (1905): 563–564.
Cited: **2** *Bousfield 1905a*: 178, 179.

Bouty, Edmond. Review of *Jewell 1896*. In *Journal de physique* 6 (1897): 84–85.
Cited: **3** *Bouty 1897*: 493, 497n.

Bragg, William Henry. "La réflexion des rayons X et le spectromètre à rayons X." In *La structure de la matière. Rapports et discussions du Conseil de Physique tenu à Bruxelles du 27 au 31 octobre 1913, sous les auspices de l'Institut International de Physique Solvay*, pp. 113–120. Goldschmidt, Robert, de Broglie, Maurice; and Lindemann, Frederick A., eds. Paris: Gauthier-Villars, 1921.
Cited: **4** *Bragg 1921*: 554n. **5** *Bragg, W. H. 1921.*

Bragg, William Henry, et al. "Discussion" following **4** *Bragg 1921*/ **5** *Bragg, W.H. 1921*. In *La structure de la matière. Rapports et discussions du Conseil de Physique tenu à Bruxelles du 27 au 31 octobre 1913, sous les auspices de l'Institut International de Physique Solvay*, pp. 121–140. Goldschmidt, Robert, de Broglie, Maurice, and Lindemann, Frederick A., eds. Paris: Gauthier-Villars, 1921.
Cited: **4** *Bragg et al. 1921*: 554n.

Bragg, William Lawrence. "The Diffraction of Short Electromagnetic Waves by a Crystal." *Cambridge Philosophical Society. Proceedings* 17 (1912–1914): 43–57.
Cited: **5** *Bragg, W.L. 1912.*

Brans, Carl H. "Mach's Principle and the Locally Measured Gravitational Constant in General Relativity." *Physical Review* 124 (1962): 388–396.
Cited: **8** *Brans 1962*: 440n.

Braun, F. "Thermoelektricität." In *Winkelmann 1893b*, pp. 387–410.
Cited: **1** *Braun 1893*: 238n.

Braunthal, Julius. *Victor und Friedrich Adler. Zwei Generationen Arbeiterbewegung.* Vienna: Wiener Volksbuchhandlung, 1965.
Cited: **9** *Braunthal 1965.*

Brausewetter, Max. *"J'accuse": Zwei Jahre in französischer Gefangenschaft*. Berlin: Cassirer, 1918.
Cited: **9** *Brausewetter 1918*: 185n.

Bredig, Georg. "Beiträge zur Stöchiometrie der Ionenbeweglichkeit." *Zeitschrift für physikalische Chemie* 13 (1894): 191–288.
Cited: **2** *Bredig 1894*: 207, 502n.

Brenner, Michael. *The Renaissance of Jewish Culture in Weimar Germany*. New Haven: Yale University Press, 1969.
Cited: **9** *Brenner 1996.*

Brentano, Franz. "Zur Lehre von Raum und Zeit." *Kantstudien* 25 (1920): 1–22.
Cited: **10** *Brentano 1920*: 261n.

Bresciani-Turroni, Costantino. *The Economics of Inflation: A Study of Currency Depreciation in Post-war Germany*. London: Allen and Unwin, 1937.
Cited: **9** *Bresciani-Turroni 1937.*

Brett, Vladimír. *Henri Barbusse, sa marche vers la clarté, son mouvement Clarté*. Prague: Editions de l'Académie tchécoslovaque des sciences, 1963.
Cited: **7** *Brett 1963*: 216n.

Brill, Alexander von. *Das Relativitätsprinzip. Eine Einführung in die Theorie*. 2d ed. Leipzig: Teubner, 1914.
Cited: **6** *Brill 1914*: 132, 133n, 417.

Brillouin, Léon. "Über die Fortpflanzung des Lichtes in dispergierenden Medien." *Annalen der Physik* 44 (1914): 203–240.
Cited: **5** *Brillouin 1914*: 60n, 71n.

———. *Wave Propagation and Group Velocity.* New York: Academic Press, 1960.
Cited: **5** *Brillouin 1960*: 59n.

Brillouin, Marcel. "Propos sceptiques au sujet du principe de la relativité." *Scientia* 13 (1913): 10–26.
Cited: **4** *Brillouin 1913*: 621n.

Brocke, Bernhard vom. "'Wissenschaft und Militarismus.' Der Aufruf der 93 'An die Kulturwelt!' und der Zusammenbruch der internationalen Gelehrtenrepublik im Ersten Weltkrieg." In *Wilamowitz nach 50 Jahren*, pp. 649–719. Calder, William, Flashar, Hellmut, and Lindken, Theodor, eds. Darmstadt: Wissenschaftliche Buchgesellschaft, 1985.
Cited: **9** *Brocke 1985*: 164n.

Brod, Max. *Tycho Brahes Weg zu Gott*. Munich: Wolff, 1915.
Cited: **8** *Brod 1915*: 337n.

———. *Streitbares Leben 1884–1968*. Munich: Herbig, 1969.
Cited: **8** *Brod 1969*: 337n.

Brodsky, Michel L. "A Belgian Lodge in London, 1914–1927." *Transactions of the Quatuor Coronati Lodge* (19 February 2000): 1–13.
Cited: **9** *Brodsky 2004*: 55n.

Broelmann, Jobst. *Intuition und Wissenschaft in*

der Kreiseltechnik, 1750 bis 1930. Munich: Deutsches Museum, 2002.
Cited: **10** *Broelmann 2002*: 452n.

Brooks, Sidney. *American Aid to Germany 1918–1925*. New York: Russel Sage Foundation, 1943.
Cited: **9** *Brooks 1943*: 253n.

Brown, Robert. "A Brief Account of Microscopical Observations Made in the Months of June, July, and August 1827, on the Particles Contained in the Pollen of Plants; and on the General Existence of Active Molecules in Organic and Inorganic Bodies." *Edinburgh New Philosophical Journal* 5 (1828): 358–371. Reprinted in *Philosophical Magazine* 4 (1828): 161–173.
Cited: **2** *Brown 1828*: 208.

Bruber, Helmut. *Red Vienna: Experiment in Working-Class Culture, 1919–1934*. New York: Oxford University Press, 1991.
Cited: **9** *Gruber 1991*: 437n.

Brunn, Albert von. "Zu Hrn. Einsteins Bemerkung über die unregelmäßigen Schwankungen der Mondlänge von der genäherten Periode des Umlaufs der Mondknoten." *Preußische Akademie der Wissenschaften* (Berlin). *Sitzungsberichte* (1919): 710–711.
Cited: **7** *Brunn 1919*: 146n, 198n.

Brush, Stephen G. "A History of Random Processes: I. Brownian Movement from Brown to Perrin." *Archive for History of Exact Sciences* 5 (1968): 1–36.
Cited: **2** *Brush 1968*: 206, 208, 218.

———. *The Kind of Motion We Call Heat. A History of the Kinetic Theory of Gases in the 19th Century*. Book 1, *Physics and the Atomists*. Book 2, *Statistical Physics and Irreversible Processes*. Amsterdam: North-Holland, 1976.
Cited: **2** *Brush 1976*: xxxiii, 42, 144, 170, 203, 207, 208. **3** *Brush 1976*: 242n, 243n, 244n, 245n. **4** *Brush 1976*: 534n. **8** *Brush 1976*: 655n, 673n. **9** *Brush 1976*: 48n. **10** *Brush 1976*: 284n.

Bryan, George Hartley. "Allgemeine Grundlegung der Thermodynamik." In *Encyklopädie der mathematischen Wissenschaften, mit Einschluss ihrer Anwendungen*. Vol. 5, *Physik*, part 1, pp. 71–160. Sommerfeld, Arnold, ed. Leipzig: Teubner, 1903–1921. Issued 23 April 1903.
Cited: **1** *Bryan 1903*: 85n, 238n.

———. "The Law of Degradation of Energy as the Fundamental Principle of Thermodynamics." In *Festschrift Ludwig Boltzmann gewidmet zum sechzigsten Geburtstage 20. Februar 1904*, pp. 123–136. Meyer, Stefan, ed. Leipzig: Barth, 1904.
Cited: **2** *Bryan 1904*: 3, 42.

Bryce, James, et al. *Report of the Committee on Alleged German Outrages*. London: British Government Report, 1915.
Cited: **9** *Bryce et al. 1915*: 43n.

Bucherer, Alfred H. "Über den Einfluß der Erdbewegung auf die Intensität des Lichtes." *Annalen der Physik* 11 (1903): 270–283.
Cited: **2** *Bucherer 1903*: 260, 307n.

———. *Mathematische Einführung in die Elektronentheorie*. Leipzig: Teubner, 1904.
Cited: **2** *Bucherer 1904*: 269, 270, 307n, 310n, 372n, 461, 486n, 528n. **8** *Bucherer 1904*: 901n.

———. "Ein Versuch, den Elektromagnetismus auf Grund der Relativbewegung darzustellen." *Physikalische Zeitschrift* 7 (1906): 553–557.
Cited: **5** *Bucherer 1906*: 135n.

———. "Notiz über eine neue experimentelle Anordnung zu Messungen an Becquerelstrahlen." *Physikalische Zeitschrift* 8 (1907): 430.
Cited: **5** *Bucherer 1907b*: 135n.

———. "On a New Principle of Relativity in Electromagnetism." *Philosophical Magazine* 13 (1907): 413–420.
Cited: **5** *Bucherer 1907a*: 135n.

———. "On the Principle of Relativity and on the Electromagnetic Mass of the Electron, A Reply to Mr. E. Cunningham." *Philosophical Magazine* 15 (1908): 316–318.
Cited: **5** *Bucherer 1908a*: 135n.

———. "On the Principle of Relativity. A Reply to Mr. E. Cunningham." *Philosophical Magazine* 16 (1908): 939–940.
Cited: **5** *Bucherer 1908c*: 135n, 138n.

———. "Messungen an Becquerelstrahlen. Die experimentelle Bestätigung der Lorentz-Einsteinschen Theorie." *Physikalische Zeitschrift* 9 (1908): 755–762.
Cited: **3** *Bucherer 1908*: 173, 176n. **5** *Bucherer 1908b*: 50n, 135n, 138n, 149n.

———. "Die experimentelle Bestätigung des Relativitätsprinzips." *Annalen der Physik* 28 (1909): 513–536; 29 (1909): 1063.
Cited: **5** *Bucherer 1909*: 135n, 138n, 149n. **8** *Bucherer 1909*: 909n.

Buchholz, Hugo. *Untersuchung der Bewegung vom Typus 2/3 im Problem der drei Körper*

und der "Hilda-Lücke" im System der kleinen Planeten auf Grund der Gyldénschen Störungstheorie. Part 1. Vienna: K. K. Hof- und Staatsdruckerei, 1902.
Cited: **10** *Buchholz 1902*: 358n.

―――. *Das mechanische Potential nach Vorlesungen von L. Boltzmann bearbeitet, und die Theorie der Figur der Erde zur Einführung in die höhere Geodäsie (angewandte Mathematik)*. Leipzig: Barth, 1908.
Cited: **10** *Buchholz 1908*: 358n.

―――. *Ludwig Boltzmanns Vorlesungen über die Prinzipe der Mechanik*. Part 3, *Elastizitätstheorie und Hydromechanik*. Leipzig: Barth, 1920.
Cited: **10** *Buchholz 1920*: 358n.

Büchner, Ludwig. *Kraft und Stoff. Empirisch-naturphilosophische Studien*. Frankfurt am Main: Meidinger Sohn & Cie., 1855.
Cited: **1** *Büchner 1855*. **2** *Büchner 1855*: 3, 42.

Buchwald, Jed Z. *From Maxwell to Microphysics: Aspects of Electromagnetic Theory in the Last Quarter of the Nineteenth Century*. Chicago: University of Chicago Press, 1985.
Cited: **3** *Buchwald 1985*: 544n.

Buckingham, Edgar. "On Certain Difficulties Which Are Encountered in the Study of Thermodynamics." *Philosophical Magazine* 9 (1905): 208–214.
Cited: **2** *Buckingham 1905*: 247–249.

Budde, Emil Arnold. "Kritisches zum Relativitätsprinzip." *Deutsche Physikalische Gesellschaft. Verhandlungen* 16 (1914): 586–612.
Cited: **8** *Budde 1914a*: 829n.

―――. "Kritisches zum Relativitätsprinzip. II." *Deutsche Physikalische Gesellschaft. Verhandlungen* 16 (1914): 914–925.
Cited: **8** *Budde 1914b*: 829n.

―――. *Tensoren und Dyaden im dreidimensionalen Raum. Ein Lehrbuch*. Braunschweig: Vieweg, 1914.
Cited: **4** *Budde 1914*: 342n.

Buek, Otto, ed. *Immanuel Kants kleinere Schriften zur Naturphilosophie*. 2d ed. Leipzig: Dürr, 1909.
Cited: **8** *Buek 1909*: 383n.

Burbury, Samuel Hawksley. "Boltzmann's Minimum Function." *Nature* 51 (1894): 78.
Cited: **2** *Burbury 1894*: 377n.

Burchardt, Lothar. *Wissenschaftspolitik im Wilhelminischen Deutschland. Vorgeschichte, Gründung und Aufbau der Kaiser-Wilhelm-Gesellschaft zur Förderung der Wissenschaften*. Göttingen: Vandenhoeck & Ruprecht, 1975.
Cited: **5** *Burchardt 1975*: 513n, 603n.

Burgers, Johannes M. "Adiabatische invarianten bij mechanische systemen, I. *Koninklijke Akademie van Wetenschappen te Amsterdam. Wis- en Natuurkundige Afdeeling. Verslagen van de Gewone Vergaderingen* 25 (1916–17): 849–857. Reprinted in translation as "Adiabatic Invariants of Mechanical Systems. I." *Koninklijke Akademie van Wetenschappen te Amsterdam. Section of Sciences. Proceedings* 20 (1917–18): 149–157; and in abridged form as "Die adiabatischen Invarianten bedingt periodischer Systeme." *Annalen der Physik* 52 (1917): 195–202.
Cited: **8** *Burgers 1916a*: 386n, 961n.

―――. "Adiabatische Invarianten bij mechanische systemen, II. *Koninklijke Akademie van Wetenschappen te Amsterdam. Wis- en Natuurkundige Afdeeling. Verslagen van de Gewone Vergaderingen* 25 (1916–17): 918–922. Reprinted in translation as "Adiabatic Invariants of Mechanical Systems. II." *Koninklijke Akademie van Wetenschappen te Amsterdam. Section of Sciences. Proceedings* 20 (1917–18): 158–162.
Cited: **8** *Burgers 1916b*: 961n.

―――. "Adiabatische Invarianten bij mechanische systemen, III. *Koninklijke Akademie van Wetenschappen te Amsterdam. Wis- en Natuurkundige Afdeeling. Verslagen van de Gewone Vergaderingen* 25(1916–17): 1055–1061. Reprinted in translation as "Adiabatic Invariants of Mechanical Systems. III." *Koninklijke Akademie van Wetenschappen te Amsterdam. Section of Sciences. Proceedings* 20 (1917–18): 163–169.
Cited: **8** *Burgers 1917a*: 961n.

―――. "Het spektrum van een roteerend molekuul volgens de theorie der quanta. *Koninklijke Akademie van Wetenschappen te Amsterdam. Wis- en Natuurkundige Afdeeling. Verslagen van de Gewone Vergaderingen* 26 (1917–18): 115–123. Reprinted in translation as "The Spectrum of a Rotating Molecule According to the Theory of Quanta." *Koninklijke Akademie van Wetenschappen te Amsterdam. Section of Sciences. Proceedings* 20 (1917–18): 170–177.
Cited: **8** *Burgers 1917b*: 466n, 468n.

―――. *Het atoommodel van Rutherford–Bohr*. Haarlem: Loosjes, 1918. Doctoral dissertation, University of Leyden.

Cited: **8** *Burgers 1918*: 961n.

Byland, Hans. "Aus Einsteins Jugendtagen. Ein Gedenkblatt." *Neue Bündner Zeitung*, 7 February 1928.
Cited: **1** *Byland 1928*: 11, 56n.

Byrne, Patrick H. "Statistical and Causal Concepts in Einstein's Early Thought." *Annals of Science* 37 (1980): 215–228.
Cited: **2** *Byrne 1980*: 55.

———. "The Origins of Einstein's Use of Formal Asymmetries." *Annals of Science* 38 (1981): 191–206.
Cited: **2** *Byrne 1981*: 55.

Cahan, David. "The Young Einstein's Physics Education: H. F. Weber, Hermann von Helmholtz, and the Zurich Polytechnic Physics Institute." In *Einstein: The Formative Years*, pp. 43–82. Stachel, John, and Howard, Don, eds. Boston: Birkhäuser, 2000.
Cited: **9** *Cahan 2000*: 170n.

Cailler, Charles. "Les équations du principe de relativité et de la géometrie." *Archives des sciences physiques et naturelles* 35 (1913): 109–139.
Cited: **8** *Cailler 1913*: 350n.

Cailletet, Louis Paul. "Sur la liquéfaction de l'acétylène." *Académie des Sciences* (Paris). *Comptes rendus* 85 (1877): 851–852. "Liquéfaction du bioxyde d'azote." Ibid., 1016–1017. "De la condensation de l'oxygène et de l'oxyde de carbone." Ibid., 1213–1214. "Sur la condensation des gaz réputés incoercibles." Ibid., 1270–1271.
Cited: **1** *Cailletet 1877*. 145n.

———. "Sur la liquéfaction des gaz." *Académie des Sciences* (Paris). *Comptes rendus* 86 (1878): 97–98.
Cited: **1** *Cailletet 1878*: 145n.

Calame, Louis. *Das Kantonale Technikum in Winterthur 1874–1924. Zur Feier des Fünfzigjährigen Bestehens*. Winterthur: Buchdruckerei Winterthur, 1924.
Cited: **5** *Calame 1924*: 90n.

Campbell, Norman. "Der Äther." *Jahrbuch der Radioaktivität und Elektronik* 7 (1910): 15–28.
Cited: **3** *Campbell 1910b*: 174n, 439n.

———. "The Aether." *Philosophical Magazine* 19 (1910): 181–191.
Cited: **3** *Campbell 1910a*: 174n, 439n.

———. "Über Schweidlersche Schwankungen. (On Schweidler's Fluctuations.)" *Physikalische Zeitschrift* 11 (1910): 826–833.
Cited: **5** *Campbell 1910*: 221n.

Campbell, William W. "The Crocker Eclipse Expedition from the Lick Observatory, University of California, June 8, 1918." *Publications of the Astronomical Society of the Pacific* 30 (1918): 219–240.
Cited: **9** *Campbell 1918*: 158n.

Carmichael, R. D. "Einstein's Third Victory. Red-Displacement of Spectral Lines Regarded as Completing Proof of Relativity Theory." *New York Times*, 28 March 1920.
Cited: **9** *Carmichael 1920*: 479n.

Carnot, Sadi. *Réflexions sur la puissance motrice du feu et sur les machines propres à developper cette puissance*. Paris: Bachelier, 1824.
Cited: **1** *Carnot 1824*: 110n.

Cartan, Élie. "Sur les variées à connexion affine et la théorie de la relativité généralisée." *Annales de l'École Normale Supérieure* 40 (1923): 325–412.
Cited: **7** *Cartan 1923*: 43n.

Case, Thomas. "Theories of Space. Newton and Einstein. The Absolute and the Relative." *The Times* (London), 22 November 1919.
Cited: **9** *Case 1919*: 245n.

Cassirer, Ernst. *Zur Einsteinschen Relativitätstheorie*. Berlin: Cassirer, 1921.
Cited: **10** *Cassirer 1921*: 256n, 289n, 294n, 315n, 388n.

Cattani, Carlo. "Levi-Civita's Influence on Palatini's Contribution to General Relativity." In *The Attraction of Gravitation: New Studies in the History of General Relativity*, pp. 206–222. Earman, John, Janssen, Michel, and Norton, John D., eds. Boston: Birkhäuser, 1993,
Cited: **9** *Cattani 1993*: 361n.

Cattani, Carlo, and De Maria, Michelangelo. "Max Abraham and the Reception of Relativity in Italy: His 1912 and 1914 Controversies with Einstein." In *Einstein and the History of General Relativity*, pp. 160–174. Howard, Don, and Stachel, John, eds. Boston: Birkhäuser, 1989.
Cited: **4** *Cattani and De Maria 1989*: 122, 126, 187n, 191n, 621n. **5** *Cattani and De Maria 1989*: 394n, 596n. **7** *Cattani and De Maria 1989*: 101.

———. "The 1915 Epistolary Controversy between Einstein and Tullio Levi-Civita." In *Einstein and the History of General Relativity*, pp. 175–200. Howard, Don, and Stachel, John, eds. Boston: Birkhäuser, 1989.
Cited: **6** *Cattani and De Maria 1989*: xviii, 129n, 130n. **8** *Cattani and De Maria 1989*:

97n. **9** *Cattani and de Maria 1989*: 362n.

———. "Conservation Laws and Gravitational Waves in General Relativity (1915–1918)." In *The Attraction of Gravitation: New Studies in the History of General Relativity*, pp. 63–87. Earman, John, Janssen, Michel, and Norton, John D., eds. Boston: Birkhäuser, 1993.
Cited: **6** *Cattani and De Maria 1993*: 346n, 357n, 416n. **7** *Cattani and De Maria 1993*: 28n. **8** *Cattani and De Maria 1993*: 442n, 500n, 689n.

Cawkell, Tony, and Garfield, Eugene. "Assessing Einstein's Impact on Today's Science by Citation Analysis." In *Einstein: The First Hundred Years*, pp. 31–40. Goldsmith, Maurice, Mackay, Alan, and Woudhuysen, James, eds. Oxford: Pergamon, 1980.
Cited: **2** *Cawkell and Garfield 1980*: 182.

Cermak, Paul. "Elektrostatische Meßapparate und Messung elektrostatischer Größen." In *Graetz 1918*, pp. 94–156.
Cited: **2** *Cermak 1918*: 397n, 492n.

Chandrasekhar, Subrahmanyan. *An Introduction to the Study of Stellar Structure*. New York: Dover, 1957.
Cited: **4** *Chandrasekhar 1957*: 467n.

———. "Eddington, the Expositor and the Exponent of General Relativity." Reprinted in *Truth and Beauty*, pp. 110–143. Chicago: University of Chicago Press, 1987.
Cited: **7** *Chandrasekhar 1987*: 101.

Chaudesaigues, ———. "Le mouvement brownien et la formule d'Einstein." *Académie des sciences* (Paris). *Comptes rendus* 147 (1908): 1044–1046.
Cited: **2** *Chaudesaigues 1908*: 221.

Chernow, Ron. *The Warburgs: The Twentieth-Century Odyssey of a Remarkable Jewish Family*. New York: Random House, 1993.
Cited: **9** *Chernow 1993*: 12n.

Chickering, Roger. *Imperial Germany and a World Without War: The Peace Movement and German Society, 1892–1914*. Princeton: Princeton University Press, 1975.
Cited: **9** *Chickering 1975*: 28n, 55n, 348n. **10** *Chickering 1975*: 274n.

———. *Imperial Germany and the Great War, 1914–1918*. Cambridge: Cambridge University Press, 1998.
Cited: **9** *Chickering 1998*: 55n.

Christoffel, Elwin Bruno. "Ueber die Transformation der homogenen Differentialausdrücke zweiten Grades." *Journal für die reine und angewandte Mathematik* 70 (1869): 46–70.
Cited: **4** *Christoffel 1869*: 324, 328, 336, 342n, 343n, 495, 502n, 622n. **6** *Christoffel 1869*: 129n.

Chwolson, Orest D. *Lehrbuch der Physik*. Vol. 4, part 1, *Die Lehre von der Elektrizität*. Pflaum, H., trans. Braunschweig: Vieweg, 1908.
Cited: **3** *Chwolson 1908*: 9, 397n.

Cigognetti, Claudio. "L'alleanza Planck–Nernst." In *Rappresentazione e oggetto dalla fisica alle altre scienze*, pp. 53–64. La Forgia, Mauro, and Petruccioli, Sandro, eds. Rome: Edizioni Theoria, 1987.
Cited: **3** *Cigognetti 1987*: xxii.

Clapeyron, Benôit-Pierre-Émile. "Memoire sur la puissance motrice de la chaleur." *Journal de l'École Polytechnique* 14 (1834): 153–190.
Cited: **1** *Clapeyron 1834*: 120n.

Clark, Ronald W. *Einstein: The Life and Times*. New York: World Publishing, 1971.
Cited: **1** *Clark 1971*: xlii. **4** *Clark 1971*: 485n. **5** *Clark 1971*: 223n, 534n, 555n. **7** *Clark 1971*: 433n. **8** *Clark 1971*: 171n.

Classen, Johannes W. "Eine Neubestimmung von ε/μ für Kathodenstrahlen." *Physikalische Zeitschrift* 9 (1908): 762–764.
Cited: **5** *Classen 1908*: 138n.

Clausius, Rudolf. "Ueber die bewegende Kraft der Wärme und die Gesetze, welche sich daraus für die Wärmelehre selbst ableiten lassen." *Annalen der Physik und Chemie* 79 (1850): 368–397, 500–524.
Cited: **1** *Clausius 1850*: 118n.

———. "Ueber die Art der Bewegung, welche wir Wärme nennen." *Annalen der Physik und Chemie* 100 (1857): 353–380.
Cited: **1** *Clausius 1857*: 95n, 130n.

———. "Ueber die mittlere Länge der Wege, welche bei der Molecularbewegung gasförmiger Körper von den einzelnen Molecülen zurückgelegt werden; nebst einigen anderen Bemerkungen über die mechanische Wärmetheorie." *Annalen der Physik und Chemie* 15 (1858): 239–258.
Cited: **2** *Clausius 1858*: 252n.

———. "Ueber die Concentration von Wärme- und Lichtstrahlen und die Gränzen ihrer Wirkung." *Annalen der Physik und Chemie* 1 (1864): 1–44.
Cited: **2** *Clausius 1864*: 377n.

———. "Zusätze zu Abhandlung VI. Zusatz A. Ueber einige Benennungen." In *Abhandlungen über die mechanische Wärmetheorie*.

Part 1, pp. 280–286. Braunschweig: Vieweg, 1864.
Cited: **1** *Clausius 1864*: 85n.

———. "Über einen auf die Wärme anwendbaren mechanischen Satz." *Annalen der Physik und Chemie* 141 (1870): 124–130.
Cited: **7** *Clausius 1870*: 425n.

———. *Die mechanische Wärmetheorie.* 3d rev. ed. 3 vols. Braunschweig: Vieweg, 1879–1891.
Cited: **2** *Clausius 1879–1891*: 42. **3** *Clausius 1879–1891*: 7.

———. *Die kinetische Theorie der Gase.* 2d rev. ed. 2 parts. Planck, Max, and Pulfrich, Carl, eds. Braunschweig: Vieweg, 1889–1891.
Cited: **1** *Clausius 1889–1891*: 95n.

Clemence, Gerald M. "The Relativity Effect in Planetary Motions." *Reviews of Modern Physics* 19 (1947): 361–364.
Cited: **4** *Clemence 1947*: 348.

Clemenceau, Paul. "Les machines dynamo-électriques de leur origine jusqu'aux derniers types industriels." Paris: Tignol, 1889.
Cited: **1** *Clemenceau 1889*: li.

Clifford, William Kingdon. *Von der Natur der Dinge an sich.* Kleinpeter, Hans, trans. and ed. Leipzig: Barth, 1903.
Cited: **2** *Clifford 1903*: xxv.

Cochet, Marie-Anne. *L'intuition et l'amour. Essai sur les rapports métaphysiques de l'intuition et de l'instinct avec l'intelligence et la vie.* Paris: Perrin, 1920.
Cited: **10** *Cochet 1920*: 376n.

Cockcroft, John D., and Walton, Ernest T. S. "Experiments with High Velocity Positive Ions. II. The Disintegration of Elements by High Velocity Protons." *Royal Society of London. Proceedings A* 137 (1932): 229–242.
Cited: **2** *Cockcroft and Walton 1932*: 487n. **6** *Cockcroft and Walton 1932*: 536n.

Coehn, Alfred, and Raydt, Ulrich. "Über die quantitative Gültigkeit des Ladungsgesetzes für Dielektrika." *Annalen der Physik* 30 (1909): 777–804. Also published in *Königliche Gesellschaft der Wissenschaften zu Göttingen. Mathematisch-physikalische Klasse. Nachrichten* (1909): 263–288.
Cited: **5** *Coehn and Raydt 1909*: 227n.

Cohen, Hermann. *Die Logik der reinen Erkenntnis.* Berlin: Cassirer, 1902.
Cited: **8** *Cohen 1902*: 892n.

Cohn, Emil. *Das elektromagnetische Feld.* Leipzig: Hirzel, 1900.
Cited: **8** *Cohn 1900*: 802n.

———. "Über die Gleichungen der Electrodynamik für bewegte Körper." In *Recueil de travaux offerts par les auteurs à H. A. Lorentz, professeur de physique à l'Université de Leiden, à l'occasion du 25me anniversaire de son doctorat le 11 décembre 1900,* pp. 516–523. Bosscha, Johannes, ed. The Hague: Nijhoff, 1900. *Archives néerlandaises des siences exactes et naturelles* 5 (1900).
Cited: **2** *Cohn 1900*: 255, 256, 268, 272, 307n, 485n. **3** *Cohn 1900*: 449n. **5** *Cohn 1900*: 75n.

———. "Ueber die Gleichungen des elektromagnetischen Feldes für bewegte Körper." *Annalen der Physik* 7 (1902): 29–56.
Cited: **2** *Cohn 1902*: 255, 256, 260, 268, 272, 307n, 485n. **3** *Cohn 1902*: 449n. **5** *Cohn 1902*: 75n.

———. "Zur Elektrodynamik bewegter Systeme." *Königlich Preußische Akademie der Wissenschaften* (Berlin). *Sitzungsberichte* (1904): 1294–1303.
Cited: **2** *Cohn 1904a*: 256, 268, 272, 485n. **3** *Cohn 1904a*: 449n. **5** *Cohn 1904a*: 75n.

———. "Zur Elektrodynamik bewegter Systeme. II." *Königlich Preußische Akademie der Wissenschaften* (Berlin). *Sitzungsberichte* (1904): 1404–1416.
Cited: **2** *Cohn 1904b*: 258, 268, 272, 485n. **3** *Cohn 1904b*: 449n. **5** *Cohn 1904b*: 75n.

———. *Physikalisches über Raum und Zeit.* Leipzig: Teubner, 1911.
Cited: **7** *Cohn 1911*: 102.

———. *Physikalisches über Raum und Zeit.* 2d rev. ed. Leipzig: Teubner, 1913.
Cited: **4** *Cohn 1913*: 546, 551n. **6** *Cohn 1913*: 5n, 417. **9** *Cohn 1913*: 15n.

———. *Physikalisches über Raum und Zeit.* 3d ed. Leipzig: Teubner, 1918.
Cited: **9** *Cohn 1918*: 15n.

Cohn, Emil, and Arons, Leo. "Leitungsvermögen und Dielectricitätsconstante." *Annalen der Physik und Chemie* 28 (1886): 454–477, 433.
Cited: **7** *Cohn and Arons 1886*: 205n.

———. "Messung der Dielectricitätsconstanten leitender Flüssigkeiten." *Annalen der Physik und Chemie* 33 (1888): 13–31.
Cited: **7** *Cohn and Arons 1888*: 205n.

Cohnstaedt, Emil. "Untersuchungen über die Wasserhaut und damit zusammenhängende Oberflächenvorgänge." *Physikalische Zeitschrift* 10 (1909): 643–645.

Cited: **3** *Cohnstaedt 1909*: 564.

Colin, Paul. *Allemagne (1918–1921)*. Paris: Rieder, 1923.
Cited: **7** *Colin 1923*: 217n.

Compton, Arthur H. "The Intensity of X-Ray Reflection, and the Distribution of the Electrons in Atoms." *Physical Review* 9 (1917): 29–57.
Cited: **7** *Compton 1917a*: 53n.

———. "The Reflection Coefficient of Monochromatic X-Rays from Rock Salt and Calcite." *Physical Review* 10 (1917): 95–96.
Cited: **7** *Compton 1917b*: 53n.

———. "The Total Reflexion of X-Rays." *Philosophical Magazine* 45 (1923): 1121–1131.
Cited: **7** *Compton 1923*: 53n.

Contro, Walter S. "Von Pasch zu Hilbert." *Archive for History of Exact Sciences* 15 (1976): 283–295.
Cited: **9** *Contro 1976*: 72n.

Coolidge, Julian Lowell. *A History of Geometrical Methods*. Oxford: Clarendon Press, 1940.
Cited: **4** *Coolidge 1940*: 193.

Cornelius, Hans. *Psychologie als Erfahrungswissenschaft*. Leipzig: Teubner, 1897.
Cited: **8** *Cornelius 1897*: 548n.

———. *Einleitung in die Philosophie*. 2d ed. Leipzig: Teubner, 1911.
Cited: **8** *Cornelius 1911*: 889n.

Corry, Leo. "Hermann Minkowski and the Postulate of Relativity." *Archive for History of Exact Sciences* 51 (1997): 273–314.
Cited: **7** *Corry 1997*: 280n.

———. "David Hilbert between Mechanical and Electromagnetic Reductionism (1910–1915)." *Archive for History of Exact Sciences* 53 (1999): 489–527.
Cited: **7** *Corry 1999a*: 139n.

———. "From Mie's Electromagnetic Theory of Matter to Hilbert's Unified Foundations of Physics." *Studies in History and Philosophy of Modern Physics* 30 (1999): 159–183.
Cited: **7** *Corry 1999b*: 139n.

Corry, Leo, Renn, Jürgen, and Stachel, John. "Belated Decision in the Hilbert–Einstein Priority Dispute." *Science* 278 (1997): 1270–1273.
Cited: **7** *Corry et al. 1997*: 139n. **8** *Corry et al. 1997*: liv, 196n, 223n.

Cotti, Piero. "Einstein als Mensch und als Physiker." *Techinfo* 1/IV (1989): 11–14.
Cited: **5** *Cotti 1989*: 55n.

Cotton, Aimé. "Recherches récentes sur les mouvements browniens." *Revue du mois* 5 (1908): 737–741.
Cited: **2** *Cotton 1908*: 220, 559n.

Cotton, Aimé, and Mouton, Henri. *Les ultramicroscopes et les objets ultramicroscopiques*. Paris: Masson, 1906.
Cited: **2** *Cotton and Mouton 1906*: 210, 219, 345n.

Crawford, Elisabeth, Heilbron, J. L., and Ullrich, Rebecca. *The Nobel Population, 1901–1937: A Census of the Nominators and Nominees for the Prizes in Physics and Chemistry*. Berkeley and Uppsala: University of California, Berkeley, and Uppsala University, 1987.
Cited: **10** *Crawford 1987*: 255n.

Crelinsten, Jeffrey. "Einstein, Relativity, and the Press: The Myth of Incomprehensibility." *Physics Teacher* 18 (1980): 115–122.
Cited: **9** *Crelinsten 1980a*: liii.

———. "Physicists Receive Relativity: Revolution and Reaction." *Physics Teacher* 18 (1980): 187–193.
Cited: **9** *Crelinsten 1980b*: liii.

———. "William Wallace Campbell and the 'Einstein Problem': An Observational Astronomer Confronts the Theory of Relativity." *Historical Studies in the Physical Sciences* 14 (1983): 1–91.
Cited: **3** *Crelinsten 1983*: 497n. **9** *Crelinsten 1983*: lii, 158n.

Crommelin, Andrew C. D. "Einstein's Relativity Theory of Gravitation. III. The Crucial Phenomena." *Nature* 104 (1919): 394–395.
Cited: **9** *Crommelin 1919b*: 479n.

———. "The Eclipse of the Sun on May 29." *Nature* 102 (1919): 444–446.
Cited: **9** *Crommelin 1919a*: 33n, 187n.

———. "Results of the Total Solar Eclipse of May 29 and the Relativity Theory." *Nature* 104 (1919–20): 280–281.
Cited: **7** *Crommelin 1919*: xxx, 210n. **9** *Crommelin 1919c*.

Crommelin, Claude A. "Der „supraleitende Zustand" von Metallen." *Physikalische Zeitschrift* 21 (1920): 274–280, 300–304, 331–336.
Cited: **10** *Crommelin 1920*: 521n.

Crookes, William. "On the Attraction and Repulsion Resulting from Radiation." *Royal Society of London. Proceedings* 23 (1874–75): 373–378.
Cited: **9** *Crookes 1875*: 48n.

———. "On Repulsion Resulting from Radiation. Part 6." *Royal Society of London. Philo-

sophical Transactions 170 (1879): 87–134.
Cited: **9** *Crookes 1879*: 50n.

Crowe, Michael J. *A History of Vector Analysis*. Notre Dame: University of Notre Dame Press, 1967.
Cited: **3** *Crowe 1967*: 5.

Croze, F. "Les raies du spectre solaire et la théorie d'Einstein." *Annales de physique* 19 (1923): 93–229.
Cited: **3** *Croze 1923*: 497n.

Cunningham, Ebenezer. "On the Principle of Relativity and the Electromagnetic Mass of the Electron. A Reply to Dr. A. H. Bucherer." *Philosophical Magazine* 16 (1908): 423–428.
Cited: **5** *Cunningham 1908*: 135n.

Curie, Eve. *Madame Curie*. Sheean, Vincent, trans. Garden City, N.Y.: Doubleday, Doran & Co., 1937.
Cited: **5** *Curie 1937*: 545n.

Curie, Pierre. "Propriétés magnétiques des corps à diverses températures." *Annales de chimie et de physique* 5 (1895): 289–405.
Cited: **3** *Curie 1895*: 245n. **4** *Curie 1895*: 284, 285n. **6** *Curie 1895*: 170n, 189n.

Cushing, James T. "Electromagnetic Mass, Relativity, and the Kaufmann Experiments." *American Journal of Physics* 49 (1981): 1133–1149.
Cited: **2** *Cushing 1981*: 270. **5** *Cushing 1981*: 138n.

Dahl, Per Fridtjof. "Kamerlingh Onnes and the Discovery of Superconductivity: The Leyden Years, 1911–1914." *Historical Studies in the Physical Sciences* 15 (1984): 1–37.
Cited: **5** *Dahl 1984*: 283n. **8** *Dahl 1984*: 157n.

———. *Superconductivity. Its Historical Roots and Development from Mercury to the Ceramic Oxides*. New York: American Institute of Physics, 1992.
Cited: **10** *Dahl 1992*: 521n.

Dahms, Albert. "Neuere Arbeiten über Phosphoreszenz." *Jahrbuch der Radioaktivität und Elektronik* 2 (1905): 314–345.
Cited: **5** *Dahms 1905*: 98n.

Dahms, Hans-Joachim. "Appointment Politics and the Rise of Modern Theoretical Physics at Göttingen." In *Göttingen and the Development of the Natural Sciences*, pp. 143–157. Rupke, N., ed. Göttingen: Wallstein, 2002.
Cited: **9** *Dahms 2002*: 435n, 536n. **10** *Dahms 2002*: 336n.

Dalen, Dirk van. "The War of the Frogs and the Mice, or the Crisis of the *Mathematische Annalen*." *Mathematical Intelligencer* 12 (1990): 17–31.
Cited: **9** *Dalen 1990*: 317n.

———. *Mystic, Geometer, and Intuitionist: The Life of L. E. J. Brouwer*. Vol. 1, *The Dawning Revolution*. Oxford: Clarendon Press, 1999.
Cited: **9** *Dalen 1999*: 354n.

Dällenbach, Walter. "Die allgemein kovarianten Grundgleichungen des elektromagnetischen Feldes im Innern ponderabler Materie vom Standpunkt der Elektronentheorie." Doctoral dissertation, ETH Zurich, 1918.
Cited: **8** *Dällenbach 1918*: 802n, 847n.

———. "Die allgemein kovarianten Grundgleichungen des elektromagnetischen Feldes im Innern ponderabler Materie vom Standpunkt der Elektronentheorie." *Annalen der Physik* 58 (1919): 523–548.
Cited: **8** *Dällenbach 1919a*: 802n, 847n.

Darboux, Gaston. *Leçons sur la théorie générale des surfaces et les applications géométriques du calcul infinitésimal*. 4 vols. Paris: Gauthier-Villars, 1887–1896.
Cited: **4** Darboux 1887–1896.

Darmstaedter, Ludwig. *Handbuch zur Geschichte der Naturwissenschaften und der Technik*. 2d rev. ed. Berlin: Springer, 1908.
Cited: **5** *Darmstaedter 1908*: 270n. **9** *Darmstaedter 1908*: 283n.

Darrigol, Olivier. "The Electrodynamics of Moving Bodies from Faraday to Hertz." *Centaurus* 36 (1993): 245–260.
Cited: **7** *Darrigol 1993*: 321n, 468n.

———. "Henri Poincaré's Criticism of Fin de Siècle Electrodynamics." *Studies in History and Philosophy of Modern Physics* 26 (1995): 1–44.
Cited: **7** *Darrigol 1995*: 279n.

Davidis, Michael, ed. *Wissenschaft und Buchhandel: Der Verlag von Julius Springer und seine Autoren. Briefe und Dokumente aus den Jahren 1880–1946*. Munich: Deutsches Museum, 1985.
Cited: **4** *Davidis 1985*: 564n.

Davies, Paul. *About Time: Einstein's Unfinished Revolution*. New York: Touchstone, 1996.
Cited: **7** *Davies 1996*: 121n.

Dawidowicz, Lucy. *On Equal Terms: Jews in America, 1881–1981*. New York: Holt, Rinehart, and Winston, 1982.
Cited: **7** *Dawidowicz 1982*: 430n.

De Broglie, Louis. *Recherche sur la théorie des quanta*. Paris: Masson et Cie, 1924.
Cited: **6** *De Broglie 1924*: xxv.

De Donder, Théophile. "Les équations différen-

tielles du champ gravifique d'Einstein créé par un champ électromagnétique de Maxwell-Lorentz." *Koninklijke Akademie van Wetenschappen te Amsterdam. Wis- en Natuurkundige Afdeeling. Verslagen van de Gewone Vergaderingen* 25 (1916–17): 153–156.
Cited: **8** *De Donder 1916*: 304n, 306n, 329n, 576n.

———. "Théorie du champ électromagnétique de Maxwell-Lorentz et du champ gravifique d'Einstein." *Archives du Musée Teyler* 3 (1917): 80–179.
Cited: **8** *De Donder 1917a*: 304n, 306n, 309n, 313n, 315n, 328n, 329n, 576n. **10** *De Donder 1917*: 371n, 378n.

———. "Sur les équations différentielles du champ gravifique." *Koninklijke Akademie van Wetenschappen te Amsterdam. Wis- en Natuurkundige Afdeeling. Verslagen van de Gewone Vergaderingen* 26(1917–18): 101–104. Reprinted in *Koninklijke Akademie van Wetenschappen te Amsterdam. Section of Sciences. Proceedings* 20 (1917–18): 97–100.
Cited: **8** *De Donder 1917b*: 576n, 609n.

———. "Les théories d'Einstein." *Le Flambeau* 3 (1920): 714–731.
Cited: **10** *De Donder 1920*: 364n.

De Donder, Théophile, and De Ketelaere, O. "Sur le champ électromagnétique de Maxwell-Lorentz et le champ de gravitation d'Einstein." *Académie des sciences* (Paris). *Comptes rendus* 159 (1914): 23–26.
Cited: **8** *De Donder and De Ketelaere 1914*: 304n.

De Donder, Théophile, and Vanderlinden, Henri L. "Théorie nouvelle de la gravifique." *Académie Royale de Belgique. Classe des Sciences. Bulletin* 6 (1920): 232–245.
Cited: **10** *De Donder and Vanderlinden 1920a*: 364n, 371n, 378n.

———. "Les nouvelles équations fondamentales de la gravifique." *Académie des Sciences* (Paris). *Comptes rendus* (1920): 1107–1109.
Cited: **10** *De Donder and Vanderlinden 1920b*: 371n, 378n.

De Groot, Sybren R., and Suttorp, Leendert G. *Foundations of Electrodynamics*. Amsterdam: North-Holland, 1972.
Cited: **2** *De Groot and Suttorp 1972*: 507. **5** *De Groot and Suttorp 1972*: 162n.

De Haas, Wander J. "Verdere proeven over het in een magneet aanwezige moment van hoeveelheid van beweging." *Koninklijke Akademie van Wetenschappen te Amsterdam. Wis- en Natuurkundige Afdeeling. Verslagen van de Gewone Vergaderingen* 24 (1915–16): 638–657. Reprinted in translation as "Further Experiments on the Moment of Momentum Existing in a Magnet." *Koninklijke Akademie van Wetenschappen te Amsterdam. Section of Sciences. Proceedings* 18 (1915–16): 1281–1299.
Cited: **6** *De Haas 1915*: 148. **8** *De Haas 1915*: 128n, 176n, 198n. **10** *De Haas 1915*: 504n.

———. "Weitere Versuche über die Realität der Ampèreschen Molekularströme." *Deutsche Physikalische Gesellschaft. Verhandlungen* 18 (1916): 423–441.
Cited: **8** *De Haas 1916*: 128n, 340n.

———. "Le moment de la quantité de mouvement dans un corps magnétique." In *Atomes et électrons. Rapports et discussions du Conseil de Physique tenu à Bruxelles du 1er au 6 avril 1921 sous les auspices de l'Institut International de Physique Solvay*, pp. 206–227. Verschaffelt, Jules E., de Broglie, Maurice, Bragg, William L., and Brillouin, Léon, eds. Paris: Gauthier-Villars, 1923.
Cited: **6** *De Haas 1923*: 149. **10** *De Haas 1923*: 503n.

De Haas, Wander J., and De Haas-Lorentz, Geertruida L. "Een proef van Maxwell en de moleculaire stroomen van Ampère." *Koninklijke Akademie van Wetenschappen te Amsterdam. Wis- en Natuurkundige Afdeeling. Verslagen van de Gewone Vergaderingen* 24 (1915–16): 398–404. Reprinted in translation as "An Experiment of Maxwell and Ampère's Molecular Currents." *Koninklijke Akademie van Wetenschappen te Amsterdam. Section of Sciences. Proceedings* 19 (1915–16): 248–255.
Cited: **6** *De Haas and De Haas 1915*: 149. **8** *De Haas and De Haas 1915*: 128n, 198n. **10** *De Haas and De Haas 1915*: 504n.

De Haas-Lorentz, Geertruida L. *Die Brownsche Bewegung und einige verwandte Erscheinungen*. Braunschweig: Vieweg, 1913.
Cited: **2** *De Haas-Lorentz 1913*: 208, 212, 345n.

De Sitter, Willem. "On the Bearing of the Principle of Relativity on Gravitational Astronomy." *Royal Astronomical Society. Monthly Notices* 71 (1911): 388–415.
Cited: **4** *De Sitter 1911*: 439n.

———. "Ein astronomischer Beweis für die Konstanz der Lichtgeschwindigkeit." *Physikalische Zeitschrift* 14 (1913): 429.
Cited: **4** *De Sitter 1913*: 6, 104n. **5** *De Sitter 1913a*: 523n, 524n, 555n. **6** *De Sitter 1913a*: 67n, 536n. **7** *De Sitter 1913a*: 469n, 571n.

———. "Über die Genauigkeit, innerhalb welcher die Unabhängigkeit der Lichtgeschwindigkeit von der Bewegung der Quelle behauptet werden kann." *Physikalische Zeitschrift* 14 (1913): 1267.
Cited: **5** *De Sitter 1913b*: 555n. **6** *De Sitter 1913b*: 67n, 536n. **7** *De Sitter 1913b*: 469n, 571n.

———. "On Einstein's Theory of Gravitation, and Its Astronomical Consequences. First Paper." *Royal Astronomical Society. Monthly Notices* 76 (1915–16): 699–728.
Cited: **7** *De Sitter 1916b*: 49n. **8** *De Sitter 1916c*: 299n, 323n, 350n, 413n. **9** *De Sitter 1916a*: lii, 258n, 262n, 265n.

———. "Space, Time, and Gravitation." *The Observatory* 39 (1916): 412–419.
Cited: **8** *De Sitter 1916b*: 359n, 360n.

———. "De planetenbeweging en de beweging van de maan volgens de theorie van Einstein." *Koninklijke Akademie van Wetenschappen te Amsterdam. Wis- en Natuurkundige Afdeeling. Verslagen van de Gewone Vergaderingen* 25 (1916–17): 232–245. Reprinted in translation as "Planetary Motion and the Motion of the Moon According to Einstein's Theory." *Koninklijke Akademie van Wetenschappen te Amsterdam. Section of Sciences. Proceedings* 19 (1916–17): 367–381.
Cited: **7** *De Sitter 1916a*: 16, 26n. **8** *De Sitter 1916a*: 302n, 303n, 314n, 474n.

———. "De relativiteit der rotatie in de theorie van Einstein." *Koninklijke Akademie van Wetenschappen te Amsterdam. Wis- en Natuurkundige Afdeeling. Verslagen van de Gewone Vergaderingen* 25 (1916–17): 499–504. Reprinted in translation as "On the Relativity of Rotation in Einstein's Theory." *Koninklijke Akademie van Wetenschappen. Section of Sciences. Proceedings* 19 (1916–17): 527–532.
Cited: **6** *De Sitter 1916*: 546, 552n. **7** *De Sitter 1916c*: 42n, 49n. **8** *De Sitter 1916d*: 352, 357n, 359n, 484n, 502n. **10** *De Sitter 1916*: 52n.

———. "On Einstein's Theory of Gravitation, and Its Astronomical Consequences. Second Paper." *Royal Astronomical Society. Monthly Notices* 77 (1916–17): 155–184.
Cited: **7** *De Sitter 1916d*: 49n. **8** *De Sitter 1916e*: 323n, 350n, 357n, 359n, 413n, 414n, 417n, 423n, 467n, 502n. **9** *De Sitter 1916b*: lii, 258n, 262n, 265n.

———. "Over de relativiteit der traagheid: Beschouwingen naar aanleiding van Einstein's laatste hypothese." *Koninklijke Akademie van Wetenschappen te Amsterdam. Wis- en Natuurkundige Afdeeling. Verslagen van de Gewone Vergaderingen* 25 (1916–17): 1268–1276. Reprinted in translation as "On the Relativity of Inertia. Remarks Concerning Einstein's Latest Hypothesis." *Koninklijke Akademie van Wetenschappen te Amsterdam. Section of Sciences. Proceedings* 19 (1916–17): 1217–1225.
Cited: **7** *De Sitter 1917a*: 42n, 49n, 77n. **8** *De Sitter 1917a*: 353, 357n, 416n, 417n, 423n, 428n, 429n, 433n, 467n, 477n, 607n, 807n.

———. "Nadere opmerkingen omtrent de oplossingen der veldvergelijkingen van Einstein's gravitatie-theorie." *Koninklijke Akademie van Wetenschappen te Amsterdam. Wis- en Natuurkundige Afdeeling. Verslagen van de Gewone Vergaderingen* 26 (1917–18): 1472–1475. Reprinted in translation as "Further Remarks on the Solutions of the Field Equations of Einstein's Theory of Gravitation." *Koninklijke Akademie van Wetenschappen te Amsterdam. Section of Sciences. Proceedings* 20 (1917–18): 1309–1312.
Cited: **7** *De Sitter 1918*: 49n. **8** *De Sitter 1918*: 355, 357n, 713n, 734n.

———. "On Einstein's Theory of Gravitation, and Its Astronomical Consequences. Third Paper." *Royal Astronomical Society. Monthly Notices* 78 (1917–18): 3–28.
Cited: **7** *De Sitter 1917c*: 42n, 49n. **8** *De Sitter 1917c*: 323n, 350n, 353, 354, 357n, 429n, 474n, 475n, 476n, 477n, 479n, 713n, 720n, 807n, 1015c. **9** *De Sitter 1917*: lii, 258n, 262n, 265n.

———. "Over de kromming der ruimte." *Koninklijke Akademie van Wetenschappen te Amsterdam. Wis- en Natuurkundige Afdeeling. Verslagen van de Gewone Vergaderingen* 26 (1917–18): 222–236. Reprinted in translation as "On the Curvature of Space." *Koninklijke Akademie van Wetenschappen te Amsterdam. Section of Sciences. Proceedings* 20 (1917–18): 229–243.
Cited: **7** *De Sitter 1917b*: 42n, 46, 49n. **8** *De*

Sitter 1917b: 354, 357n, 429n, 474n, 475n, 476n, 477n, 479n, 690n. **10** *De Sitter 1917*: 501n.

———. "Over de mogelijkheid van statistisch evenwicht van het heelal." *Koninklijke Akademie van Wetenschappen te Amsterdam. Wis- en Natuurkundige Afdeeling. Verslagen van de Gewone Vergaderingen* 29 (1920–21): 651–653. Reprinted in translation as "On the Possibility of Statistical Equilibrium of the Universe." *Koninklijke Akademie van Wetenschappen te Amsterdam. Section of Sciences. Proceedings* 23 (1920–22): 866–868.
Cited: **7** *De Sitter 1920*: 323n. **8** *De Sitter 1920*: 475n. **10** *De Sitter 1920*: 479n, 502n.

———. "On the Secular Accelerations and the Fluctuations of the Longitudes of the Moon, the Sun, Mercury and Venus." *Bulletin of the Astronomical Institutes of the Netherlands* 4 (1927): 21–38.
Cited: **7** *De Sitter 1927*: 198n.

Debus, Allen G., ed. *World Who's Who in Science: A Biographical Dictionary of Notable Scientists from Antiquity to the Present.* Chicago: Marquis-Who's Who, 1968.
Cited: **2** *Debus 1968*: xxxiii. **3** *Debus 1968*: xxxii.

Debye, Peter. "Der Lichtdruck auf Kugeln von beliebigem Material." *Annalen der Physik* 30 (1909): 57–136.
Cited: **5** *Debye 1909*: 375n. **8** *Debye 1909*: 863n.

———. "Das Verhalten von Lichtwellen in der Nähe eines Brennpunktes oder einer Brennlinie." *Annalen der Physik* 30 (1909): 755–776.
Cited: **9** *Debye 1909*: 400n, 411n.

———. "Der Wahrscheinlichkeitsbegriff in der Theorie der Strahlung." *Annalen der Physik* 33 (1910): 1427–1434.
Cited: **6** *Debye 1910*: 39n.

———. "Stationäre und quasistationäre Felder." In *Encyklopädie der mathematischen Wissenschaften, mit Einschluss ihrer Anwendungen.* Vol. 5, *Physik*, part 2, pp. 393–482. Sommerfeld, Arnold, ed. Leipzig: Teubner, 1904–1922. Issued 18 March 1910.
Cited: **5** *Debye 1910*: 362n.

———. "Einige Resultate einer kinetischen Theorie der Isolatoren." *Physikalische Zeitschrift* 13 (1912): 97–100.
Cited: **10** *Debye 1912*: 444n.

———. "Les particularités des chaleurs spécifiques à basse température." *Archives des sciences physiques et naturelles* 33 (1912): 256–258.
Cited: **5** *Debye 1912a*: 481n, 506n.

———. "Zur Theorie der spezifischen Wärmen." *Annalen der Physik* 39 (1912): 789–839.
Cited: **3** *Debye 1912*: xxv, 475n, 477n. **5** *Debye 1912b*; **4** *Debye 1912*. **6** *Debye 1912*: 39n. **9** *Debye 1912*.

———. "Über den Einfluss der Wärmebewegung auf die Interferenzerscheinungen bei Röntgenstrahlen." *Deutsche Physikalische Gesellschaft. Verhandlungen* 15 (1913): 678–689.
Cited: **4** *Debye 1913a*: 552n. **5** *Debye 1913a*: 563n.

———. "Über die Intensitätsverteilung in den mit Röntgenstrahlen erzeugten Interferenzbildern." *Deutsche Physikalische Gesellschaft. Verhandlungen* 15 (1913): 738–752.
Cited: **4** *Debye 1913b*: 552n. **5** *Debye 1913b*: 563n.

———. "Zur Theorie der anomalen Dispersion im Gebiete der langwelligen elektrischen Strahlung." *Deutsche Physikalische Gesellschaft. Verhandlungen* 15 (1913): 777–793.
Cited: **9** *Debye 1913*: 411n.

———. "Zustandsgleichung und Quantenhypothese mit einem Anhang über Wärmeleitung." In *Vorträge über die kinetische Theorie der Materie und der Elektrizität. Gehalten in Göttingen auf Einladung der Kommission der Wolfskehlstiftung*, pp. 17–60. Planck, Max, et al., eds. Leipzig: Teubner, 1914.
Cited: **3** *Debye 1914*: 477n. **5** *Debye 1914*: 506n. **6** *Debye 1914*: 567n. **8** *Debye 1914*: 27n.

———. "Die Konstitution des Wasserstoffmoleküls." *Königlich Bayerische Akademie der Wissenschaften zu München. Mathematisch-physikalische Klasse. Sitzungsberichte* (1915): 1–26.
Cited: **9** *Debye 1915a*: 198n.

———. "Zerstreuung von Röntgenstrahlen." *Annalen der Physik* 46 (1915): 809–823.
Cited: **8** *Debye 1915*: 146n. **9** *Debye 1915b*: 24n.

———. "Zerstreuung von Röntgenstrahlen." *Königliche Gesellschaft der Wissenschaften zu Göttingen. Mathematisch-physikalische Klasse. Nachrichten* (1915): 70–76.
Cited: **9** *Debye 1915c*: 24n.

———. "Der erste Elektronenring der Atome." *Physikalische Zeitschrift* 18 (1917):

276–284.
Cited: **8** *Debye 1917*: 562n. **9** *Debye 1917*: 411n.

———. "Die van der Waalschen Kohäsionskräfte." *Königliche Gesellschaft der Wissenschaften zu Göttingen. Mathematisch-physikalische Klasse. Nachrichten* (1920): 55–73.
Cited: **9** *Debye 1920*: 513n, 516n.

Debye, Peter, and Scherrer, Paul. "Interferenzen an regellos orientierten Teilchen im Röntgenlicht. I." *Physikalische Zeitschrift* 17 (1916): 277–283.
Cited: **9** *Debye and Scherrer 1916*: 24n.

———. "Interferenzen an regellos orientierten Teilchen im Röntgenlicht. III." *Physikalische Zeitschrift* 18 (1917): 291–301.
Cited: **9** *Debye and Scherrer 1917*: 24n.

———. "Atombau." *Königliche Gesellschaft der Wissenschaften zu Göttingen. Mathematisch-physikalische Klasse. Nachrichten* (1918): 101–120.
Cited: **8** *Debye and Scherrer 1918*: 823n, 824n.

Dedekind, Richard. *Was sind und was sollen die Zahlen?* 2d ed. Braunschweig: Vieweg, 1893.
Cited: **2** *Dedekind 1893*: xxv.

Defay, Raymond, and Prigogine, Ilya. *Tension superficielle et adsorption*. Liège: Desoer, 1951.
Cited: **2** *Defay and Prigogine 1951*: 6, 20n.

Dehlinger, Walter. "Ultrarote Dispersion zweiatomiger Kristalle." *Physikalische Zeitschrift* 15 (1914): 276–283.
Cited: **9** *Dehlinger 1914*: 388n.

———. *Über spezifische Wärme zweiatomiger Kristalle*. Borna, Leipzig: Noske, 1915.
Cited: **9** *Dehlinger 1915*: 388n.

Deix, Manfred. *Mein Tagebuch*. Munich: Heyne, 1990.
Cited: **5** *Deix 1990*.

Delbrück, Hans. "Die Differenzen über die Kriegsziele hüben und drüben." *Preußische Jahrbücher* 162 (1915): 167–172.
Cited: **8** *Delbrück 1915*: 146n.

Delft, Dirk van. *Heike Kamerlingh Onnes. Een biografie*. Amsterdam: Bakker, 2005.
Cited: **10** *Delft 2005*: 389n.

Deltete, Robert John. "The Energetics Controversy in Late Nineteenth-Century Germany: Helm, Ostwald and Their Critics." Ph.D. dissertation, Yale University, 1983.
Cited: **2** *Deltete 1983*. **4** *Deltete 1983*: 564n.

Dennison, David M. "A Note on the Specific Heat of the Hydrogen Molecule." *Royal Society of London. Proceedings A* 115 (1927): 483–486.
Cited: **4** *Dennison 1927*: 273.

Desalvo, Agostino. "From the Chemical Constant to Quantum Statistics: A Thermodynamic Route to Quantum Mechanics." *Physis* 29 (1992): 465–537.
Cited: **6** *Desalvo 1992*: 261n. **9** *Desalvo 1992*: 472n.

Deslandres, Henri. "Recherches sur les mouvements des couches atmosphériques solaires par le déplacement des raies spectrales. Dissymétrie et particularités du phénomène." *Académie des sciences* (Paris). *Comptes rendus* 152 (1911): 233–239.
Cited: **5** *Deslandres 1911*: 356n.

Dexter, Byron Vinson. *The Years of Opportunity: The League of Nations, 1920–1926*. New York: Viking, 1967.
Cited: **9** *Dexter 1967*: 144n.

Dhar, Nilratan. "Verbindung des gelösten Körpers und des Lösungsmittels in der Lösung." *Zeitschrift für Elektrochemie* 20 (1914): 57–81.
Cited: **2** *Dhar 1914*: 172, 179.

Dick, Auguste. *Emmy Noether 1882–1935*. Basel: Birkhäuser, 1970. *Kurze Mathematiker-Biographien. Beihefte zur Zeitschrift "Elemente der Mathematik."* Issued as Supplement 13.
Cited: **8** *Dick 1970*: 292n.

Dingfelder, Simon. "Aus der Geschichte des jüdischen Schulwesens in München 1800–1872." *Bayrische Israelitische Gemeindezeitung* 3 (1927): 354–357.
Cited: **1** *Dingfelder 1927*: lix.

Dingler, Hugo. *Die Grundlagen der Physik. Synthetische Prinzipien der mathematischen Naturphilosophie*. Berlin: De Gruyter, 1919.
Cited: **9** *Dingler 1919*: 529n.

Dirac, Paul A. M. "The Quantum Theory of the Emission and Absorption of Radiation." *Royal Society of London. Proceedings A* 114 (1927): 243–265.
Cited: **6** *Dirac 1927*: 370n.

Dolder, Jacob. *Die Fortpflanzung des Lichtes in bewegten Systemen*. Bern: Drechsel, 1916.
Cited: **8** *Dolder 1916*: 350n.

Dolezalek, Fritz. "Ueber ein einfaches und empfindliches Quadrantenelektrometer." *Zeitschrift für Instrumentenkunde* 21 (1901): 345–350.
Cited: **2** *Dolezalek 1901*: 397n.

Dongen, Jeroen van. "Einstein and the Kaluza-

Klein Particle." *Studies in History and Philosophy of Modern Physics* 33 (2002): 185–210.
Cited: **9** *Dongen 2002*: 40n.

Döring, Herbert. *Der Weimarer Kreis Studien zum politischen Bewußtsein verfassungstreuer Hochschullehrer in der Weimarer Republik*. Meisenheim a. d. Glan: Hain, 1975.
Cited: **8** *Döring 1975*: 533n, 636n, 759n, 946n.

Dorn, Ernst. "Experimentelle Atomistik." In *Die Kultur der Gegenwart. Ihre Entwicklung und ihre Ziele*. Hinneberg, Paul, ed. Part 3, sec. 3, vol. 1, *Physik*, pp. 223–250. Warburg, Emil, ed. Leipzig: Teubner, 1915.
Cited: **4** *Dorn 1915*: 527, 530, 534n.

Dorst, Tankred. *Die Münchner Räterepublik: Zeugnisse und Kommentar*. Frankfurt a.M.: Suhrkamp, 1967.
Cited: **9** *Dorst 1967*: 71n.

Dostoyevsky, Fyodor. *Aus einem Totenhause*. 2d ed. Munich: Piper, 1916.
Cited: **10** *Dostoyevsky 1916*: 154n.

Doty, Madeleine Zabriskie. "The Central Organization for a Durable Peace (1915–1919): Its History, Work and Ideas." Doctoral dissertation, University of Geneva, 1945.
Cited: **8** *Doty 1945*: 211n.

Douglas, A. Vibert. *The Life of Arthur Stanley Eddington*. London: Nelson, 1957.
Cited: **7** *Douglas 1957*: 201n, 210n.

Doumergue, Emile. *Iconographie calvinienne*. Lausanne: Bridel, 1909.
Cited: **5** *Doumergue 1909*: 202n.

Drill, Robert. "Die Kultur der Haeckel-Zeit." *Frankfurter Zeitung*, 18 August 1919, 1st Morning Edition.
Cited: **9** *Drill 1919a*: 282n, 314n.

———. "Nachwort." *Frankfurter Zeitung*, 2 September 1919, 1st Morning Edition.
Cited: **9** *Drill 1919b*: 282n.

———. "Ordnung und Chaos. Ein Beitrag zum Gesetz von der Erhaltung der Kraft. I, II." *Frankfurter Zeitung*, 30 November 1919, 1st Morning Edition. 2 December 1919, 1st Morning Edition.
Cited: **9** *Drill 1919c*: 281n, 282n.

Droste, Johannes. "Over het veld van een enkel centrum in Einstein's theorie der zwaartekracht. *Koninklijke Akademie van Wetenschappen te Amsterdam. Wis- en Natuurkundige Afdeeling. Verslagen van de Gewone Vergaderingen* 23 (1914–15): 968–981. Reprinted in translation as "On the Field of a Single Centre in Einstein's Theory of Gravitation." *Proceedings* 17 (1914–15): 998–1011.
Cited: **8** *Droste 1915*: 208n.

———. "On the Field of a Single Centre in Einstein's Theory of Gravitation." *Koninklijke Akademie van Wetenschappen te Amsterdam. Section of Sciences. Proceedings* 17 (1914–1915): 998–1011.
Cited: **4** *Droste 1914*: 344, 346, 373n.

———. *Het zwaartekrachtsveld van een of meer lichamen volgens de theorie van Einstein*. Leyden: Brill, 1916. Doctoral dissertation, University of Leyden.
Cited: **7** *Droste 1916c*: 26n, 575n. **8** *Droste 1916b*: 426n, 458n, 522n, 523n.

———. "Het veld van een enkel centrum in Einstein's theorie der zwaartekracht, en de beweging van een stoffelijk punt in dat veld." *Koninklijke Akademie van Wetenschappen te Amsterdam. Wis- en Natuurkundige Afdeeling. Verslagen van de Gewone Vergaderingen* 25 (1916–17): 163–180. Reprinted in translation as "The Field of a Single Centre in Einstein's Theory of Gravitation and the Motion of a Particle in That Field." *Koninklijke Akademie van Wetenschappen te Amsterdam. Section of Sciences. Proceedings* 19 (1916–17): 197–215.
Cited: **6** *Droste 1916*: 552n. **7** *Droste 1916a*: 575n. **8** *Droste 1916a*: 362n, 370n, 426n, 474n. **9** *Droste 1916*: 112n.

———. "Het veld van n bewegende centra in Einstein's theorie der zwaartekracht." *Koninklijke Akademie van Wetenschappen te Amsterdam. Wis- en Natuurkundige Afdeeling. Verslagen van de Gewone Vergaderingen* 25 (1916–17): 460–467. Reprinted in translation as "The Field of n Moving Centres in Einstein's Theory of Gravitation." *Koninklijke Akademie van Wetenschappen te Amsterdam. Section of Sciences. Proceedings* 19 (1916–17): 447–455.
Cited: **7** *Droste 1916b*: xxiv.

Drude, Paul. "Zur Schwingungsrichtung des polarisirten Lichtes." *Annalen der Physik und Chemie* 43 (1891): 177–180.
Cited: **2** *Drude 1891*: 582n.

———. *Physik des Aethers auf elektromagnetischer Grundlage*. Stuttgart: Enke, 1894.
Cited: **1** *Drude 1894*: 213n, 233. **2** *Drude 1894*: 259, 260. **3** *Drude 1894*: 9, 398n, 399n, 400n. **5** *Drude 1894*: 431n.

———. *Lehrbuch der Optik*. Leipzig: Hirzel,

1900.
Cited: **1** *Drude 1900a*: 330n. **2** *Drude 1900c*: 135, 260. **5** *Drude 1900a*: 60n, 63n, 66n, 376n.

———. "Zur Elektronentheorie der Metalle. I. Teil." *Annalen der Physik* 1 (1900): 566–613.
Cited: **1** *Drude 1900c*: 236, 284n, 285n, 305n. **2** *Drude 1900a*: 45, 167n. **3** *Drude 1900a*: 246n. **4** *Drude 1900a*: 534n. **5** *Drude 1900b*: 320n, 339n.

———. "Zur Elektronentheorie der Metalle. II. Teil. Galvanomagnetische und thermomagnetische Effecte." *Annalen der Physik* 3 (1900): 369–402.
Cited: **1** *Drude 1900d*: 236, 284n, 285n. **2** *Drude 1900b*: 45, 167n. **3** *Drude 1900b*: 246n. **4** *Drude 1900b*: 534n.

———. "Zur Ionentheorie der Metalle." *Physikalische Zeitschrift* 1 (1900): 161–165.
Cited: **1** *Drude 1900b*: 283n.

———. "Zur Elektronentheorie der Metalle." *Annalen der Physik* 7 (1902): 687–692.
Cited: **1** *Drude 1902*: 237.

———. "Optische Eigenschaften und Elektronentheorie. I. Teil." *Annalen der Physik* 14 (1904): 677–725.
Cited: **2** *Drude 1904a*: 143, 384, 390n, 406n. **3** *Drude 1904a*: 529, 544n, 545n.

———. "Optische Eigenschaften und Elektronentheorie. II. Teil." *Annalen der Physik* 14 (1904): 936–961.
Cited: **1** *Drude 1904*: 283n. **2** *Drude 1904b*: 143, 390n. **3** *Drude 1904b*: 544n.

———. "Die Natur des Lichtes." In **2** *Winkelmann 1906d*, pp. 1120–1387.
Cited: **2** *Drude 1906b*: 267.

———. *Lehrbuch der Optik*. 2d enl. ed. Leipzig: Hirzel, 1906.
Cited: **2** *Drude 1906a*: 267.

———. *Lehrbuch der Optik*. 3d ed. Gehrcke, Ernst, ed. Leipzig: Hirzel, 1912.
Cited: **7** *Drude 1912*: 102, 104, 127–128n.

———. *Physik des Aethers auf elektromagnetischer Grundlage*. 2d rev. ed. König, Walter, ed. Stuttgart: Enke, 1912.
Cited: **3** *Drude 1912*: 9. **5** *Drude 1912*: 431n.

Duane, William, and Hu, Kang-Fuh. "On the Critical Absorption and Characteristic Emission X-Ray Frequencies." *Physical Review* 14 (1919): 369–375.
Cited: **9** *Duane and Hu 1919*: 239n.

Duclaux, Jacques. "La chaleur spécifique des corps à basse température." *Académie des sciences* (Paris). *Comptes rendus* 155 (1912): 1015–1016.
Cited: **3** *Duclaux 1912a*.

———. "La polymérisation des corps basse température." *Académie des sciences* (Paris). *Comptes rendus* 155 (1912): 1509–1511.
Cited: **3** *Duclaux 1912b*: 511n.

Dufour, Alexandre. "Modifications normales et anormales, sous l'influence d'un champ magnétique, de certaines bandes des spectres d'émission de molécules de divers corps à l'état gazeux." *Journal de physique* 8 (1909): 237–264. Reprinted in translation as "Normale und anormale Veränderungen gewisser Banden in den Emissionsspektren der Moleküle verschiedener Körper in gasförmigem Zustande unter dem Einfluß eines Magnetfeldes." *Physikalische Zeitschrift* 10 (1909): 124–138.
Cited: **5** *Dufour 1909*: 287n.

———. "Dissymétries dans le phénomène de Zeeman présenté par certaines raies et certaines bandes des spectres d'émission des vapeurs." *Journal de physique* 9 (1910): 277–297.
Cited: **5** *Dufour 1910a*: 287n.

———. "Nouvelles mesures du phénomène de Zeeman présenté par quelques bandes d'émission de molécules de corps à l'état gazeux." *Annales de chimie et de physique* 21 (1910): 568–573.
Cited: **5** *Dufour 1910b*: 287n.

Duhem, Pierre. *La théorie physique, son objet et sa structure*. Paris: Chevalier & Rivière, 1906.
Cited: **3** *Duhem 1906*: 397n. **7** *Duhem 1906*: 404n. **8** *Duhem 1906*: 892n.

———. *Ziel und Struktur physikalischer Theorien*. Leipzig: Meiner, 1908.
Cited: **8** *Duhem 1908*: 892n.

Dühring, Eugen K. *Kritische Geschichte der allgemeinen Principien der Mechanik*. 3d rev. ed. Leipzig: Fues, 1887.
Cited: **3** *Dühring 1887*: 5.

Dukas, Helen, and Hoffmann, Banesh. *Albert Einstein: The Human Side*. Princeton, N.J.: Princeton University Press, 1979.
Cited: **1** *Dukas and Hoffmann 1979*: xlii.

Dutoit, Paul, and Mojoïu, Pierre. "Constante de capillarité et poids moléculaire." *Journal de chimie physique* 7 (1909): 169–188.
Cited: **5** *Dutoit and Mojoïu 1909*: 402n.

Dyson, Frank W. "On the Opportunity Afforded by the Eclipse of 1919 May 29 of Verifying Einstein's Theory of Gravitation." *Royal As-

tronomical Society. Monthly Notices 77 (1917): 445–447.
Cited: **9** *Dyson 1917*: lii, 33n.

Dyson, Frank W., Eddington, Arthur S., and Davidson, C. "A Determination of the Deflection of Light by the Sun's Gravitational Field, from Observations Made at the Total Eclipse of May 29, 1919." *Royal Society of London. Philosophical Transactions A* 220 (1920): 291–333.
Cited: **3** *Dyson, Eddington, and Davidson 1920*: 497n. **6** *Dyson et al. 1920*: 538n. **9** *Dyson et al. 1920*: lii, 402n. **10** *Dyson et al. 1920*: 310n.

Earman, John. *Bangs, Crunches, Whimpers, and Shrieks: Singularities and Acausalities in Relativistic Spacetimes*. Oxford: Oxford University Press, 1995.
Cited: **7** *Earman 1995*: 49n.

Earman, John, and Eisenstaedt, Jean. "Einstein and Singularities." *Studies in History and Philosophy of Modern Physics* 30B (1999): 185–235.
Cited: **7** *Earman and Eisenstaedt 1999*: 49n, 457n. **9** *Earman and Eisenstaedt 1999*: 375n.

Earman, John, and Glymour, Clark. "Einstein and Hilbert: Two Months in the History of General Relativity." *Archive for History of Exact Sciences* 19 (1978): 291–308.
Cited: **6** *Earman and Glymour 1978b*: 224n, 346n, 416n. **8** *Earman and Glymour 1978*: 192n, 196n, 223n.

———. "Lost in the Tensors: Einstein's Struggles with Covariance Principles 1912–1916." *Studies in History and Philosophy of Science* 9 (1978): 251–278.
Cited: **6** *Earman and Glymour 1978a*: xvii, 224n.

———. "Relativity and Eclipses: The British Eclipse Expeditions of 1919 and Their Predecessors." *Historical Studies in the Physical Sciences* 11 (1980): 49–85.
Cited: **3** *Earman and Glymour 1980a*: 497n. **4** *Earman and Glymour 1980a*: 295, 485n, 510n, 551n, 587n. **6** *Earman and Glymour 1980a*: 538n. **7** *Earman and Glymour 1980a*: 201n, 210n, 575n. **9** *Earman and Glymour 1980*: lii, 158n, 263n.

———. "The Gravitational Red Shift as a Test of General Relativity: History and Analysis." *Studies in History and Philosophy of Science* 11 (1980): 175–214.
Cited: **3** *Earman and Glymour 1980b*: 397n. **4** *Earman and Glymour 1980b*: 485n, 511n.

5 *Earman and Glymour 1980*: 313n. **6** *Earman and Glymour 1980b*: 243n, 539n. **7** *Earman and Glymour 1980b*: 575n. **8** *Earman and Glymour 1980*: 14n.

Earman, John, and Janssen, Michel. "Einstein's Explanation of the Motion of Mercury's Perihelion." In *The Attraction of Gravitation: New Studies in the History of General Relativity*, pp. 129–172. Earman, John, Janssen, Michel, and Norton, John D., eds. Boston: Birkhäuser, 1993.
Cited: **4** *Earman and Janssen 1993*: 345, 346, 373n, 393n. **6** *Earman and Janssen 1993*: 243n. **7** *Earman and Janssen 1993*: 348n, 575n. **8** *Earman and Janssen 1993*: 206n, 218n, 225n. **10** *Earman and Janssen 1993*: 64n.

Earman, John, Glymour, Clark, and Rynasiewicz, Robert. "On Writing the History of Special Relativity." In *PSA 1982: Proceedings of the 1982 Biennial Meeting of the Philosophy of Science Association*. Vol. 2, pp. 403–416. Asquith, Peter D., and Nickles, Thomas, eds. East Lansing, Mich.: Philosophy of Science Association, 1983.
Cited: **2** *Earman et al. 1982*: 259, 265.

Earman, John, Janssen, Michel, and Norton, John D., eds. *The Attraction of Gravitation: New Studies in the History of General Relativity*. Boston: Birkhäuser, 1993.
Cited: **6** *Earman et al. 1993*. **7** *Earman et al. 1993*. **8** *Earman et al. 1993*. **9** *Earman et al. 1993*.

Eckert, Michael. *Die Atomphysiker, eine Geschichte der theoretischen Physik am Beispiel der Sommerfeldschule*. Braunschweig: Vieweg, 1993.
Cited: **9** *Eckert 1993*: 7n.

Eckert, Michael, and Märker, Karl, eds. *Arnold Sommerfeld: Wissenschaftlicher Briefwechsel*. Vol. 2, *1919–1951*. Berlin: Diepholz; Munich: GNT-Verlag und Deutsches Museum, 2004.
Cited: **9** *Eckert and Märker 2004*: 218n.

Eckert, Michael, and Pricha, Willibald. "Die ersten Briefe Albert Einsteins an Arnold Sommerfeld." *Physikalische Blätter* 40 (1984): 29–34.
Cited: **2** *Eckert and Pricha 1984*: xxxiii, 267. **5** *Eckert and Pricha 1984*: 86n, 88n, 230n, 246n.

Eckstein, Ernst. *Der Besuch im Carcer. Humoreske*. Leipzig: Hartknoch, 1875.
Cited: **1** *Eckstein 1875*: 317n.

Eddington, Arthur S. "The Kinetic Energy of a Star Cluster." *Royal Astronomical Society. Monthly Notices* 76 (1916): 525–528.
Cited: **7** *Eddington 1916*: 425n.

———. "On the Radiative Equilibrium of Stars." *Royal Astronomical Society. Monthly Notices* 77 (1917): 16–35.
Cited: **9** *Eddington 1917a*: 14n.

———. "Einstein's Theory of Gravitation." *Royal Astronomical Society. Monthly Notices* 77 (1917): 377–382.
Cited: **9** *Eddington 1917b*: lii, 245n, 401n.

———. "Further Notes on the Radiative Equilibrium of Stars." *Royal Astronomical Society. Monthly Notices* 77 (1917): 596–612.
Cited: **9** *Eddington 1917c*: 14n.

———. "Gravitation and the Principle of Relativity." *Royal Institution of Great Britain, London. Proceedings* 22 (1918): 215–231.
Cited: **7** *Eddington 1918b*: 201n. **9** *Eddington 1918b*: lii, 245n, 401n.

———. "The Dynamical Problems of the Stellar System." *The Observatory* 41 (1918): 132–137.
Cited: **10** *Eddington 1918*: 501n.

———. "The Interior of a Star." *Scientia* 23 (1918): 9–22.
Cited: **9** *Eddington 1918c*: 14n.

———. *Report on the Relativity Theory of Gravitation*. London: Physical Society of London, 1918.
Cited: **7** *Eddington 1918a*: 457n. **9** *Eddington 1918a*: lii, 32n, 33n, 245n, 263n, 401n.

———. "The Total Eclipse of 1919 May 29 and the Influence of Gravitation on Light." *The Observatory* 42 (1919): 119–122.
Cited: **9** *Eddington 1919*.

———. "Address to the Mathematical and Physical Science Section." *British Association for the Advancement of Science. Report of the Eighty-Eighth Meeting* (1920). London: Murray, 1920.
Cited: **7** *Eddington 1920b*: 340n.

———. "Displacement of Solar Lines and the Einstein Effect." *The Observatory* 43 (1920): 228–229.
Cited: **9** *Eddington 1920c*: liii. **10** *Eddington 1920b*: lii, 332n.

———. [Note to James Rice's "The Predicted Shift of the Fraunhofer Lines."]. *Nature* 104 (1920): 508–509.
Cited: **9** *Eddington 1920b*: 479n.

———. *Space, Time and Gravitation: An Outline of the General Relativity Theory*. Cambridge: Cambridge University Press, 1920.
Cited: **7** *Eddington 1920a*: 210n, 378n. **9** *Eddington 1920a*: liii, 479n. **10** *Eddington 1920a*: 321n, 365n, 438n.

———. "The Propagation of Gravitational Waves." *Proceedings A* 102 (1922): 268–282.
Cited: **7** *Eddington 1922*: xxv–xxvi, 27n–28n, 44n.

———. *The Mathematical Theory of Relativity*. Cambridge: Cambridge University Press, 1923.
Cited: **8** *Eddington 1923*: 807n.

———. "On the Instability of Einstein's Spherical World." *Royal Astronomical Society. Monthly Notices* 90 (1930): 668–678.
Cited: **8** *Eddington 1930*: 475n.

Egidy, Moritz von. *Ernste Gedanken*. Leipzig: Wiegand, 1890.
Cited: **10** *Egidy 1890*: 329n.

Ehrenfest, Paul. "Über die physikalischen Voraussetzungen der Planck'schen Theorie der irreversiblen Strahlungsvorgänge." *Kaiserliche Akademie der Wissenschaften* (Vienna). *Mathematisch-naturwissenschaftliche Klasse. Abteilung IIa. Sitzungsberichte* 114 (1905): 1301–1314.
Cited: **5** *Ehrenfest 1905*: 474n.

———. "Zur Planckschen Strahlungstheorie." *Physikalische Zeitschrift* 7 (1906): 528–532.
Cited: **2** *Ehrenfest 1906*: 138, 144.

———. "Die Translation deformierbarer Elektronen und der Flächensatz." *Annalen der Physik* 23 (1907): 204–205.
Cited: **2** *Ehrenfest 1907*: 254, 267, 268, 409–412, 412n. **8** *Ehrenfest 1907*.

———. "Gleichförmige Rotation starrer Körper und Relativitätstheorie." *Physikalische Zeitschrift* 10 (1909): 918.
Cited: **3** *Ehrenfest 1909*: 478, 479, 484n. **5** *Ehrenfest 1909*: 211n, 474n. **9** *Ehrenfest 1909*: 137n. **10** *Ehrenfest 1909*: 7n, 10n, 15n.

———. "Zu Herrn v. Ignatowskys Behandlung der Bornschen Starrheitsdefinition." *Physikalische Zeitschrift* 11 (1910): 1127–1129.
Cited: **3** *Ehrenfest 1910*: 479, 484n. **5** *Ehrenfest 1910*: 292n. **10** *Ehrenfest 1910*: 13n.

———. "Welche Züge der Lichtquantenhypothese spielen in der Theorie der Wärmestrahlung eine wesentliche Rolle?" *Annalen der Physik* 36 (1911): 91–118.
Cited: **2** *Ehrenfest 1911*: 138. **3** *Ehrenfest 1911b*: 562n. **5** *Ehrenfest 1911*: 340n, 343n, 474n.

———. "Zu Herrn v. Ignatowskys Behandlung der Bornschen Starrheitsdefinition. II." *Physikalische Zeitschrift* 12 (1911): 412–413.
Cited: **3** *Ehrenfest 1911a*: 479.

———. "Zur Frage nach der Entbehrlichkeit des Lichtäthers." *Physikalische Zeitschrift* 13 (1912): 317–319.
Cited: **2** *Ehrenfest 1912*: 263. **4** *Ehrenfest 1912*: 5, 104n. **5** *Ehrenfest 1912*: 451n, 464n, 486n.

———. "Bemerkung betreffs der spezifischen Wärme zweiatomiger Gase." *Deutsche Physikalische Gesellschaft. Verhandlungen* 15 (1913): 451–457.
Cited: **4** *Ehrenfest 1913*: 272, 285n. **8** *Ehrenfest 1913a*: 27n, 42n.

———. *Zur Krise der Lichtäther-Hypothese*. Leyden: IJdo, 1913.
Cited: **9** *Ehrenfest 1913*: 372n, 504n.

———. "Een mechanisch theorema van Boltzmann en zijne betrekking tot de quantentheorie." *Koninklijke Akademie van Wetenschappen te Amsterdam. Wis- en Natuurkundige Afdeeling. Verslagen van de Gewone Vergaderingen* 22 (1913–14): 586–593. Reprinted in translation as "A Mechanical Theorem of Boltzmann and Its Relation to the Theory of Energy Quanta." *Koninklijke Akademie van Wetenschappen te Amsterdam. Section of Sciences. Proceedings* 16 (1913–14): 591–597.
Cited: **4** *Ehrenfest 1914*: 272. **5** *Ehrenfest 1913*: 564n. **6** *Ehrenfest 1913*: 39n, 40n. **8** *Ehrenfest 1913b*: 13n.

———. "Zum Boltzmannschen Entropie-Wahrscheinlichkeits-Theorem. I." *Physikalische Zeitschrift* 15 (1914): 657–663.
Cited: **6** *Ehrenfest 1914*: 40n. **8** *Ehrenfest 1914*: 20n, 22n, 27n.

———. "Over de kinetische interpretatie van den osmotischen druk." *Koninklijke Akademie van Wetenschappen te Amsterdam. Wis- en Natuurkundige Afdeeling. Verslagen van de Gewone Vergaderingen* 23 (1914–15): 1264–1268. Reprinted in translation as "On the Kinetic Interpretation of the Osmotic Pressure." *Koninklijke Akademie van Wetenschappen te Amsterdam. Section of Sciences. Proceedings* 17 (1914–15): 1241–1245.
Cited: **8** *Ehrenfest 1915*: 165n.

———. "Over adiabatische veranderingen van een stelsel in verband met de theorie der quanta." *Koninklijke Akademie van Wetenschappen te Amsterdam. Wis- en Natuurkundige Afdeeling. Verslagen van de Gewone Vergaderingen* 25 (1916–17): 412–433. Reprinted in translation as "On Adiabatic Changes of a System in Connection with the Quantum Theory." *Koninklijke Akademie van Wetenschappen te Amsterdam. Section of Sciences. Proceedings* 19 (1916–17): 576–597; and as "Adiabatische Invarianten und Quantentheorie." *Annalen der Physik* 51 (1916): 327–352.
Cited: **6** *Ehrenfest 1916*: 39n. **8** *Ehrenfest 1916*: 371n, 555n, 556n, 961n.

———. "Opmerkingen over het paramagnetisme van vaste lichamen." *Koninklijke Akademie van Wetenschappen te Amsterdam. Wis- en Natuurkundige Afdeeling. Verslagen van de Gewone Vergaderingen* 29 (1920–21): 793–796. Reprinted in translation as "Note on the Paramagnetism of Solids." *Koninklijke Akademie van Wetenschappen te Amsterdam. Section of Sciences. Proceedings* 23 (1921): 989–992.
Cited: **10** *Ehrenfest 1920*: 370n.

———. *Collected Scientific Papers*. Klein, Martin J., ed. Amsterdam: North-Holland, 1959.
Cited: **5** *Ehrenfest 1959*: 474n.

Ehrenfest, Paul, and Ehrenfest, Tatiana. "Über zwei bekannte Einwände gegen das Boltzmannsche *H*-Theorem." *Physikalische Zeitschrift* 8 (1907): 311–314.
Cited: **5** *Ehrenfest and Ehrenfest 1907*: 474n.

———. "Begriffliche Grundlagen der statistischen Auffassung in der Mechanik." In *Encyklopädie der mathematischen Wissenschaften, mit Einschluß ihrer Anwendungen*. Vol. 4, *Mechanik*, part 4, pp. 1–90 (separately paginated). Klein, Felix, and Müller, Conrad, eds. Leipzig: Teubner, 1907–1914. Issued 12 December 1911.
Cited: **2** *Ehrenfest and Ehrenfest 1911*: 41, 47, 55. **3** *Ehrenfest and Ehrenfest 1911*: 8, 244n, 268n. **5** *Ehrenfest and Ehrenfest 1911*: 474n. **8** *Ehrenfest and Ehrenfest 1911*: 958n.

Ehrenfest, Paul, and Ioffe, Abram F. *Erenfest–Ioffe Nauchnaya perepiska (1907–1933)*. Leningrad: Nauka, 1973.
Cited: **8** *Ehrenfest and Ioffe 1973*: 11n, 42n.

Ehrenfest, Paul, and Trkal, Viktor. "Afleiding van het dissociatie-evenwicht uit de theorie der quanta en een daarop gebaseerde berekening van de chemische constanten. *Koninklijke Akademie van Wetenschappen te Amsterdam. Wis- en Natuurkundige Afdeeling. Verslagen van de Gewone Vergaderingen* 28 (1919–20): 906–929. Reprinted in

translation as "Deduction of the Dissociation-Equilibrium from the Theory of Quanta and a Calculation of the Chemical Constant Based on This." *Koninklijke Akademie van Wetenschappen te Amsterdam. Section of Sciences. Proceedings* 23 (1920–21): 162–183; also in abbreviated form as "Ableitung des Dissoziationsgleichgewichtes aus der Quantentheorie und darauf beruhende Berechnung der chemischen Konstanten." *Annalen der Physik* 65 (1921): 609–628.
Cited: **6** *Ehrenfest and Trkal 1920*: 261n.
9 *Ehrenfest and Trkal 1921*: 472n.

———. "Ableitung des Dissoziationsgleichgewichtes aus der Quantentheorie und darauf beruhende Berechnung der chemischen Konstanten." *Annalen der Physik* 65 (1921): 609–628.
Cited: **9** *Ehrenfest and Trkal 1921*: 472n.

Ehrenfest, Tatiana, and Ehrenfest, Paul. "Bemerkung zur Theorie der Entropiezunahme in der 'Statistischen Mechanik' von W. Gibbs." *Kaiserliche Akademie der Wissenschaften* (Vienna). *Mathematisch-naturwissenschaftliche Klasse. Abteilung IIa. Sitzungsberichte* 115 (1906): 89–98.
Cited: **2** *Ehrenfest and Ehrenfest 1906*: 96n.

Ehrenhaft, Felix. "Über eine der Brown'schen Molekularbewegung in den Flüssigkeiten gleichartige Molekularbewegung in den Gasen und deren molekularkinetischer Erklärungsversuch." *Kaiserliche Akademie der Wissenschaften* (Vienna). *Mathematisch-naturwissenschaftliche Klasse. Abteilung IIa. Sitzungsberichte* 116 (1907): 1139–1149.
Cited: **2** *Ehrenhaft 1907*: 220.

———. "Über die Messung von Elektrizitätsmengen, die kleiner zu sein scheinen als die Ladung des einwertigen Wasserstoffions oder Elektrons und von dessen Vielfachen abweichen." *Kaiserliche Akademie der Wissenschaften* (Vienna). *Mathematisch-naturwissenschaftliche Klasse. Abteilung IIa. Sitzungsberichte* 119 (1910): 815–866.
Cited: **5** *Ehrenhaft 1910a*: 291n. **9** *Ehrenhaft 1910*: 7n.

———. "Über eine neue Methode zur Messung von Elektrizitätsmengen an Einzelteilchen, deren Ladungen die Ladung des Elektrons erheblich unterschreiten und auch von dessen Vielfachen abzuweichen scheinen." *Physikalische Zeitschrift* 11 (1910): 619–630.
Cited: **5** *Ehrenhaft 1910b*: 291n.

———. "Über eine neue Methode zur Messung von Elektrizitätsmengen, die kleiner zu sein scheinen als die Ladung des einwertigen Wasserstoffions oder Elektrons und von dessen Vielfachen abweichen." *Physikalische Zeitschrift* 11 (1910): 940–952.
Cited: **5** *Ehrenhaft 1910c*: 291n.

———. "Über die Frage des Elementarquantums der Elektrizität." *Physikalische Zeitschrift* 12 (1911): 261–268.
Cited: **5** *Ehrenhaft 1911b*: 291n.

———. "Über die Frage nach der atomistischen Konstitution der Elektrizität." *Physikalische Zeitschrift* 12 (1911): 94–104.
Cited: **5** *Ehrenhaft 1911a*: 291n.

———. "Eine neue Methode zum Nachweis und zur Messung des Strahlungsdruckes, beziehungsweise der von diesem auf kleine Partikel übertragenen Bewegungsgröße." *Kaiserliche Akademie der Wissenschaften* (Vienna). *Anzeiger* 51 (1914): 180–185.
Cited: **9** *Ehrenhaft 1914*: 400n.

———. "Über die Quanten der Elektrizität." *Kaiserliche Akademie der Wissenschaften* (Vienna) *Mathematisch-naturwissenschaftliche Klasse. Sitzungsberichte* 103 (1914): 53–155.
Cited: **8** *Ehrenhaft 1914*: 905n. **10** *Ehrenhaft 1914*: 296n, 297n.

———. "Physik des millionstel Zentimeters." *Physikalische Zeitschrift* 18 (1917): 352–368.
Cited: **8** *Ehrenhaft 1917*: 459n, 549n. **9** *Ehrenhaft 1917*: 253n.

———. "Über die Teilbarkeit der Elektrizität." *Annalen der Physik* 56 (1918): 1–80.
Cited: **8** *Ehrenhaft 1918a*: 548n, 862n, 863n, 905n.

———. "Die Photophorese." *Annalen der Physik* 56 (1918): 81–132.
Cited: **8** *Ehrenhaft 1918b*: 862n, 863n, 905n. **9** *Ehrenhaft 1918*: 253n.

———. "Über die Atomistik der Elektrizität und die Erscheinungen an einzelnen radioaktiven Probekörpern der Größenordnung 10^{-5} cm." *Physikalische Zeitschrift* 21 (1920): 675–683.
Cited: **10** *Ehrenhaft 1920*: 423n.

Ehrenhaft, Felix, and Konstantinowsky, Kurt. "Transversaleffekt des Lichtes auf die Materie bei der Photophorese." *Kaiserliche Akademie der Wissenschaften* (Vienna). *Anzeiger* 57 (1920): 91–92.
Cited: **9** *Ehrenhaft and Konstantinowsky 1920*: 74n.

Eichenwald, Alexander. "Über die magnetischen Wirkungen bewegter Körper im elektrostatischen Felde." *Annalen der Physik* 11 (1903): 1–30, 421–441.
Cited: **4** *Eichenwald 1903*: 102n. **6** *Eichenwald 1903*: 67n. **7** *Eichenwald 1903*: 98n.

———. "Über die magnetischen Wirkungen bewegter Körper im elektrostatischen Felde (Nachtrag)." *Annalen der Physik* 13 (1904): 919–943.
Cited: **4** *Eichenwald 1904*: 102n. **6** *Eichenwald 1904*: 67n. **7** *Eichenwald 1904*: 98n.

For publications by Albert Einstein published before 1922, see "Einstein Bibliography, 1901–1921," pp. 45–91.

Einstein, Albert. *Untersuchungen über die Theorie der 'Brownschen Bewegung'*. Ostwald's Klassiker der exakten Wissenschaften, no. 199. Fürth, Reinhold, ed. Leipzig: Akademische Verlagsgesellschaft, 1922.
Cited: **2** *Einstein 1922*: 170, 183, 203n, 204n, 205n, 206, 344n, 345n, 346, 348n, 400n.

———. "Zur Theorie der Lichtfortpflanzung in dispergierenden Medien." *Preußische Akademie der Wissenschaften* (Berlin). *Physikalisch-Mathematische Klasse. Sitzungsberichte* (1922): 18–22.
Cited: **7** *Einstein 1922f*: 487n.

———. *The Meaning of Relativity: Four Lectures Delivered at Princeton University, May, 1921*. London: Methuen, 1922.
Cited: **2** *Einstein 1921b*: 273. **7** *Einstein 1922d*: 456n, 570n–571n, 576n.

———. "Bietet die Feldtheorie Möglichkeiten für die Lösung des Quantenproblems?" *Preußische Akademie der Wissenschaften* (Berlin). *Physikalisch-mathematische Klasse. Sitzungsberichte* (1923): 359–364.
Cited: **9** *Einstein 1923*: 389n.

———. *Theorie relativity speciální i obecná. Lehce srozumitelný výklad*. Prague: Borový, 1923.
Cited: **6** *Einstein 1923*: 417, 535n.

———. "Vorwort des Autors zur tschechischen Ausgabe." In Einstein, Albert, *Theorie relativity speciální i obecná*. Prague: Borový, 1923.
Cited: **4** *Einstein 1923*: 193.

———. "Quantentheorie des einatomigen idealen Gases." *Preußische Akademie der Wissenschaften* (Berlin). *Physikalisch-mathematische Klasse. Sitzungsberichte* (1924): 261–267.
Cited: **2** *Einstein 1924*: 41, 54.

———. "Zur Theorie der Radiometerkräfte." *Zeitschrift für Physik* 27 (1924): 1–6.
Cited: **9** *Einstein 1924*: 48n.

———. "Die Relativitätstheorie." In *Die Kultur der Gegenwart. Ihre Entwicklung und ihre Ziele*. Paul Hinneberg, Paul, ed. Part 3, sec. 3, vol. 1, *Physik*. 2d rev. ed., pp. 783–797. Lecher, Ernst, ed. Leipzig: Teubner, 1925.
Cited: **4** *Einstein 1925b*: 535n, 550n, 551n.

———. "Quantentheorie des einatomigen idealen Gases. Zweite Abhandlung." *Preußische Akademie der Wissenschaften* (Berlin). *Physikalisch-mathematische Klasse. Sitzungsberichte* (1925): 3–14.
Cited: **2** *Einstein 1925a*: 41, 54.

———. "Theoretische Atomistik." In *Die Kultur der Gegenwart. Ihre Entwicklung und ihre Ziele*. Hinneberg, Paul, ed. Part 3, sec. 3, vol. 1, *Physik*. 2d rev. ed., pp. 281–294. Lecher, Ernst, ed. Leipzig: Teubner, 1925.
Cited: **4** *Einstein 1925a*: 520n.

———. "Zur Quantentheorie des idealen Gases." *Preußische Akademie der Wissenschaften* (Berlin). *Physikalisch-mathematische Klasse. Sitzungsberichte* (1925): 18–25.
Cited: **2** *Einstein 1925b*: 41, 54.

———. *Investigations on the Theory of the Brownian Movement*. Cowper, A. D., trans. Fürth, Reinhold, ed. London: Methuen, 1926.
Cited: **2** *Einstein 1926*: 170, 206.

———. "W. H. Julius, 1860–1925." *Astrophysical Journal* 63 (1926): 196–198.
Cited: **5** *Einstein 1926*: 348n.

———. *On the Method of Theoretical Physics*. Oxford: Clarendon Press, 1933.
Cited: **7** *Einstein 1933*: xxxiv.

———. *The Origins of the General Theory of Relativity: Being the First Lecture on the George A. Gibson Foundation in the University of Glasgow. Delivered on June 20th, 1933*. Glasgow University Publications, vol. 30. Glasgow: Jackson, Wylie and Co., 1933.
Cited: **2** *Einstein 1933*: 274. **4** *Einstein 1933*: 122.

———. "Einiges über die Entstehung der allgemeinen Relativitätstheorie." In *1 Einstein 1934/ 4 Einstein 1934a/ 7 Einstein 1934a*, pp. 248–256. (Original German text of **2** *Einstein 1933/ 4 Einstein 1933*.)
Cited: **2** *Einstein 1934*: 274. **4** *Einstein 1934b*: 187n.

———. *Mein Weltbild*. Amsterdam: Querido,

1934.
Cited: **1** *Einstein 1934*: 44. **4** *Einstein 1934a*.
7 *Einstein 1934a*: 62n, 210n, 403n, 433n, 435n, 440n, 443n.

———. *The World as I See It*. Harris, Alan, trans. New York: Covici Friede, 1934.
Cited: **7** *Einstein 1934b*: 210n, 215n.

———. "Elementary Derivation of the Equivalence of Mass and Energy." *American Mathematical Society. Bulletin* 41 (1935): 223–230.
Cited: **2** *Einstein 1935*: 273.

———. "Bemerkungen zu Bertrand Russells Erkenntnis-Theorie." In *The Philosophy of Bertrand Russell*. Schilpp, Paul Arthur, ed. Evanston: Northwestern University Press, 1944.
Cited: **7** *Einstein 1944*: xxxiv.

———. *Relativity: The Special & the General Theory*. 14th ed. London: Methuen, 1946.
Cited: **6** *Einstein 1946*: 539n.

———. "Geleitwort." In Hannak, Jacques. *Emanuel Lasker. Biographie eines Schachweltmeisters*. Berlin: Engelhardt, 1952.
Cited: **8** *Einstein 1952*: 906n.

———. "H. A. Lorentz als Schöpfer und als Persönlichkeit." *Mededeling uit het Rijksmuseum voor de Geschiedenis der Natuurwetenschappen*, no. 91. Leyden, 1953. Reprinted in *Albert Einstein & Museum Boerhaave*. Leyden: Museum Boerhaave, 1993, pp. 16–21.
Cited: **7** *Einstein 1953*: 217n, 322n. **8** *Einstein 1953*: 872n.

———. "H. A. Lorentz als Schöpter und Personlichkeit." In *Mein Weltbild*. 2d ed. Seelig, Carl, ed. Zurich: Europa Verlag, 1953, pp. 33–39.
Cited: **1** *Einstein 1953a*: 224.

———. *Mein Weltbild*. 2d ed. Seelig, Carl, ed. Zurich: Europa Verlag, 1953.
Cited: **1** *Einstein 1953b*.

———. *Relativity: The Special & the General Theory*. 15th ed. London: Methuen, 1954.
Cited: **6** *Einstein 1954*: 418, 536n.

———. "Erinnerungen—Souvenirs." *Schweizerische Hochschulzeitung* 28 *(Sonderheft)* (1955): 145–153. (Special issue: "100 Jahre Eidgenössische Technische Hochschule.") Reprinted as "Autobiographische Skizze." In *Helle Zeit—Dunkle Zeit: In Memoriam Albert Einstein*, pp. 9–17. Seelig, Carl, ed. Zurich: Europa, 1956.
Cited: **1** *Einstein 1955*: lxv, 10, 11, 12, 44, 60, 61, 212n, 291n, 372. **2** *Einstein 1955*: 258, 317n. **5** *Einstein 1955*: 81n. **8** *Einstein 1955*: 850n. **10** *Einstein 1955*: 154n.

———. *Lettres à Maurice Solovine*. Paris: Gauthier-Villars, 1956.
Cited: **9** *Einstein 1956*: 530n.

———. *The Meaning of Relativity*. 5th ed. Princeton: Princeton University Press, 1956, 1974.
Cited: **4** *Einstein 1974*: 198. **7** *Einstein 1956*: 574n–576n.

———. *Autobiographical Notes: A Centennial Edition*. La Salle, Ill.: Open Court, 1979. Schilpp, Paul Arthur, trans. and ed.; Parallel German and English texts. Corrected version of "Autobiographisches—Autobiographical Notes." In *Albert Einstein: Philosopher-Scientist*, pp. 1–94. Schilpp, Paul Arthur, ed. Evanston, Ill.: The Library of Living Philosophers, 1949.
Cited: **1** *Einstein 1979*: xxxviii, xl, xli, lix, lx, lxi, 3n, 4n, 5, 6, 61, 224, 265, 370, 371, 373. **2** *Einstein 1979*: xxi, xxii, xxiv, xxviii, 8, 44, 46, 172, 208, 211, 218, 257, 258, 265. **3** *Einstein 1979*: 243n. **4** *Einstein 1979*: 122, 187n, 299. **5** *Einstein 1979*: 218n, 326n. **6** *Einstein 1979*: xv. **7** *Einstein 1979*: 62n, 222, 381n. **8** *Einstein 1979*: 114n, 347n. **9** *Einstein 1979*: 52n. **10** *Einstein 1979*: 489n.

———. *Oeuvres choisies*. Balibar, Françoise, ed. Vol. 4, *Correspondances françaises*. Paris: Editions du Seuil, 1989.
Cited: **9** *Einstein 1989*: 141n, 224n, 225n.

Einstein, Albert, and Besso, Michele. *Correspondance, 1903–1955*. Speziali, Pierre, trans. and ed. Paris: Hermann, 1972.
Cited: **1** *Einstein/Besso 1972*: 259n, 379, 389. **2** *Einstein/Besso 1972*: xxxiii. **5** *Einstein/Besso 1972*: 18n, 47n, 226n, 296n, 310n, 320n, 322n, 339n, 343n, 382n, 406n, 589n, 604n, 606n. **8** *Einstein/Besso 1972*: 92n, 218n, 223n, 235n, 279n, 283n, 285n, 287n, 305n, 317n, 318n, 325n, 329n, 330n, 333n, 339n, 350n, 406n, 442n, 445n, 446n, 452n, 453n, 477n, 503n, 512n, 515n, 581n, 598n, 816n, 832n, 837n, 860n, 865n, 871n, 942n, 959n, 960n, 1007n. **9** *Einstein/Besso 1972*: 191n, 294n, 342n. **10** *Einstein/Besso 1972*: 135n, 349n, 354n, 541n.

Einstein, Albert, and Born, Max. *Albert Einstein/Hedwig und Max Born. Briefwechsel 1916–1955*. Born, Max, ed. Munich: Nymphenburger Verlagshandlung, 1969.
Cited: **7** *Born 1969*: 109. **8** *Einstein/Born 1969*: 266n, 336n, 638n, 813n, 819n. **9** *Ein-*

stein/Born 1969: 5n, 85n, 144n, 200n, 230n, 281n, 388n, 389n, 390n, 460n, 516n. **10** *Einstein/Born 1969*: 316n, 336n, 361n, 417n, 419n, 442n, 449n, 459n, 460n, 461n, 468n, 472n, 516n, 517n.

Einstein, Albert, and Grommer, Jakob. "Beweis der Nichtexistenz eines überall regulären zentrisch symmetrischen Feldes nach der Feldtheorie von Th. Kaluza." *Scripta Universitatis atque Bibliothecae Hierosolymitanarum: Mathematica et Physica* 1 (1923): 1–5.
Cited: **9** *Einstein and Grommer 1923*: liii, 67n.

———. "Allgemeine Relativitätstheorie und Bewegungsgesetz." *Preußische Akademie der Wissenschaften* (Berlin). *Physikalisch-Mathematische Klasse. Sitzungsberichte* (1927): 2–13.
Cited: **7** *Einstein and Grommer 1927*: 456n.

Einstein, Albert, Infeld, Leopold, and Hoffmann, Banesh. "The Gravitational Equations and the Problem of Motion." *Annals of Mathematics* 39 (1938): 65–100.
Cited: **7** *Einstein et al. 1937*: 457n.

Einstein, Albert, and Rosen, Nathan. "On Gravitational Waves." *Journal of the Franklin Institute* 223 (1937): 44–45.
Cited: **7** *Einstein and Rosen 1937*: 27n.

Einstein, Albert, and Sommerfeld, Arnold. *Albert Einstein–Arnold Sommerfeld, Briefwechsel.* Hermann, Armin, ed. Basel: Schwabe, 1968.
Cited: **9** *Einstein/Sommerfeld 1968*: 7n, 20n, 217n, 297n, 310n. **10** *Einstein/Sommerfeld 1968*: 409n, 413n, 427n, 452n, 532n, 550n.

Einstein, Edith. "Zur Theorie des Radiometers." *Annalen der Physik* 69 (1922): 241–254.
Cited: **9** *Einstein, E. 1922*: 50n. **10** *Einstein, E. 1922*: 284n, 292n.

Eisenstaedt, Jean. "Histoire et singularités de la solution de Schwarzschild (1915–1923)." *Archive for History of Exact Sciences* 27 (1982): 157–198.
Cited: **8** *Eisenstaedt 1982*: 225n.

———. "Trajectoires et impasses de la solution de Schwarzschild." *Archive for History of Exact Sciences* 37 (1987): 275–357.
Cited: **8** *Eisenstaedt 1987*: 225n.

———. "The Early Interpretation of the Schwarzschild Solution." In *Einstein and the History of General Relativity*, pp. 213–233. Howard, Don, and Stachel, John, eds. Boston: Birkhäuser, 1989.
Cited: **6** *Eisenstaedt 1989*: 362n. **8** *Eisenstaedt 1989*: 225n, 458n.

———. "The Low Water Mark of General Relativity, 1925–1955." In *Einstein and the History of General Relativity*, pp. 277–292. Howard, Don, and Stachel, John, eds. Boston: Birkhäuser, 1989.
Cited: **7** *Eisenstaedt 1989*: xxxiv.

———. "De l'influence de la gravitation sur la propagation de la lumière en théorie newtonienne. L'archéologie des trous noirs." *Archive for History of Exact Sciences* 42 (1991): 315–386.
Cited: **3** *Eisenstaedt 1991*: 497n. **6** *Eisenstaedt 1991*: 536n.

———. "Lemaître and the Schwarzschild Solution." In *The Attraction of Gravitation: New Studies in the History of General Relativity*, pp. 353–389. Earman, John, Janssen, Michel, and Norton, John D., eds. Boston: Birkhäuser, 1993.
Cited: **6** *Eisenstaedt 1993*: xx, 552n. **7** *Eisenstaedt 1993*: 49n. **8** *Eisenstaedt 1993*: 357n, 475n, 713n, 720n.

Eisenstaedt, Jean, and Kox, A. J., eds. *Studies in the History of General Relativity.* Boston: Birkhäuser, 1992.
Cited: **4** *Eisenstaedt and Kox 1992*. **6** *Eisenstaedt and Kox 1992*. **7** *Eisenstaedt and Kox 1992*. **8** *Eisenstaedt and Kox 1992*.

Ellis, George F. "The Expanding Universe: A History of Cosmology from 1917 to 1960." In *Einstein and the History of General Relativity*, pp. 367–431. Howard, Don, and Stachel, John, eds. Boston: Birkhäuser, 1989.
Cited: **8** *Ellis 1989*: 357n.

Elster, Julius, and Geitel, Hans. "Notiz über eine Influenzmaschine einfachster Form." *Annalen der Physik und Chemie* 25 (1885): 493–495.
Cited: **5** *Elster and Geitel 1885*: 55n.

———. "Ueber die Abhängigkeit der durch das Licht bewirkten Electricitätszerstreuung von der Natur der belichteten Oberfläche." *Annalen der Physik und Chemie* 43 (1891): 225–240.
Cited: **2** *Elster and Geitel 1891*: 358n.

———. "Ueber einige zweckmässige Abänderungen am Quadrantelectrometer." *Annalen der Physik und Chemie* 64 (1898): 680–684.
Cited: **5** *Elster and Geitel 1898*: 384n.

Elton, Lewis. "Einstein, General Relativity, and the German Press." *Isis* 77 (1986): 95–103.
Cited: **7** *Elton 1986*: 102, 210n. **9** *Elton 1986*: lii, liii.

Emden, Robert. "Sonnenatmosphäre und Einsteineffekt." *Königlich Bayerische Akademie der Wissenschaften zu München. Mathematisch-physikalische Klasse. Sitzungsberichte* (1920): 387–396.
Cited: **9** *Emden 1920*: 297n.
———. "Über Lichtquanten." *Physikalische Zeitschrift* 22 (1921): 513–517.
Cited: **7** *Emden 1921*: 487n.
Eötvös, Loránd [Roland]. "Ueber den Zusammenhang der Oberflächenspannung der Flüssigkeiten mit ihrem Molecularvolumen." *Annalen der Physik* 27 (1886): 448–459.
Cited: **3** *Eötvös 1886*: 402–406, 407n.
———. "A föld vonzása különböző anyagokra." *Akadémiai Értesítő* 1 (1890): 108–110. Reprinted in German translation as: Eötvös, Roland. "Über die Anziehung der Erde auf verschiedene Substanzen." *Mathematische und naturwissenschaftliche Berichte aus Ungarn* 8 (1891): 65–68. [**4** *Eötvös 1891/5 Eötvös 1891/6 Eötvös 1891*].
Cited: **2** *Eötvös 1890*: 274, 487n. **4** *Eötvös 1890*: 340n, 484n. **7** *Eötvös 1890*: 281n.
———. "Über die Anziehung der Erde auf verschiedene Substanzen." *Mathematische und naturwissenschaftliche Berichte aus Ungarn* 8 (1891): 65–68. German translation of **2** *Eötvös 1890* /**4** *Eötvös 1890* /**7** *Eötvös 1890*.
Cited: **4** *Eötvös 1891*: 304, 340n, 484n, 489, 501n, 510n, 587n, 621n. **5** *Eötvös 1891*: 498n. **6** *Eötvös 1891*: 338n.
———. "Bericht über geodätische Arbeiten in Ungarn, besonders über Beobachtungen mit der Drehwage." In *Verhandlungen der vom 21. bis 29. September 1909 in London und Cambridge abgehaltenen sechzehnten allgemeinen Conferenz der internationalen Erdmessung*, pp. 319–350. Sande Bakhuyzen, H. G. van de, ed. Berlin: Reimer, 1910.
Cited: **4** *Eötvös 1910*: 510n.
Epstein, Paul S. "Zur Quantentheorie." *Annalen der Physik* 51 (1916): 168–188.
Cited: **6** *Epstein 1916*: 567n. **8** *Epstein 1916d*.
———. "Zur Theorie des Starkeffektes." *Annalen der Physik* 50 (1916): 489–520.
Cited: **6** *Epstein 1916a*: 398n, 567n. **8** *Epstein 1916b*: 387n, 466n. **9** *Epstein 1916a*: 223n, 340n, 406n, 411n.
———. "Versuch einer Anwendung der Quantenlehre auf die Theorie des lichtelektrischen Effekts und der β-Strahlung radioaktiver Substanzen." *Annalen der Physik* 50 (1916): 815–840.
Cited: **9** *Epstein 1916b*: 223n, 406n.
———. "Hamilton-Jacobische Funktion und Quantentheorie." *Deutsche Physikalische Gesellschaft. Verhandlungen* 19 (1917): 116–129.
Cited: **9** *Epstein 1917*: 223n.
———. "Theoretisches über den Starkeffekt in der Fowlerschen Heliumserie." *Annalen der Physik* 58 (1919): 553–576.
Cited: **9** *Epstein 1919*: 223n.
Eucken, Arnold. "Die Wärmeleitfähigkeit einiger Kristalle bei tiefen Temperaturen." *Physikalische Zeitschrift* 12 (1911): 1005–1008.
Cited: **3** *Eucken 1911b*: 532, 546n.
———. "Über die Temperaturabhängigkeit der Wärmeleitfähigkeit fester Nichtmetalle." *Annalen der Physik* 34 (1911): 185–221.
Cited: **3** *Eucken 1911a*.
———. "Die Molekularwärme des Wasserstoffs bei tiefen Temperaturen." *Königlich Preußische Akademie der Wissenschaften* (Berlin). *Sitzungsberichte* (1912): 141–151.
Cited: **3** *Eucken 1912*: 6. **4** *Eucken 1912*: 271, 278, 285n, 553n, 625. **5** *Eucken 1912*: 392n, 395n, 468n, 580n. **6** *Eucken 1912*: 261n. **10** *Eucken 1912*: 18n.
———. "Die Entwicklung der Quantentheorie vom Herbst 1911 bis Sommer 1913." In *Die Theorie der Strahlung und der Quanten. Verhandlungen auf einer von E. Solvay einberufenen Zusammenkunft (30. Oktober bis 3. November 1911). Mit einem Anhange über die Entwicklung der Quantentheorie vom Herbst 1911 bis Sommer 1913*, pp. 371–405. Eucken, Arnold, ed. Halle a.S.: Knapp, 1914. (Abhandlungen der Deutschen Bunsen Gesellschaft für angewandte physikalische Chemie 3, no. 7.)
Cited: **4** *Eucken 1914*: 270, 272, 285n.
———, ed. *Die Theorie der Strahlung und der Quanten. Verhandlungen auf einer von E. Solvay einberufenen Zusammenkunft (30. Oktober bis 3. November 1911). Mit einem Anhange über die Entwicklung der Quantentheorie vom Herbst 1911 bis Sommer 1913*. Halle a.S.: Knapp, 1914. (Abhandlungen der Deutschen Bunsen Gesellschaft für angewandte physikalische Chemie 3, no. 7.)
Cited: **3** *Verhandlungen 1914*: 511n, 519n, 562n. **4** *Verhandlungen 1914*. **5** *Verhandlungen 1914*: 418n. **6** *Verhandlungen 1914*. **8** *Verhandlungen 1914*.
———. "Über den Quanteneffekt bei einatomi-

gen Gasen und Flüssigkeiten." *Königlich Preußische Akademie der Wissenschaften* (Berlin). *Sitzungsberichte* (1914): 682–693.
Cited: **8** *Eucken 1914*: 20n.

———. "Bericht über die Anwendung der Quantenhypothese auf die Rotationsbewegung der Gasmoleküle." *Jahrbuch der Radioaktivität und Elektronik* 16 (1920): 361–411.
Cited: **9** *Eucken 1920b*: 458n. **10** *Eucken 1920*: 356n.

———. "Rotationsbewegung und absolute Dimensionen der Moleküle." *Zeitschrift für Elektrochemie* 26 (1920): 377–383.
Cited: **9** *Eucken 1920a*: 458n.

Evershed, John. "Pressure in the Reversing Layer." *Kodaikanal Observatory. Bulletin* 18 (1909): 131–134.
Cited: **10** *Evershed 1909*: 251n.

———. "A New Interpretation of the General Displacement of the Lines of the Solar Spectrum towards the Red." *Kodaikanal Observatory. Bulletin* 36 (1913): 45–53.
Cited: **8** *Evershed 1913*: 14n. **9** *Evershed 1913*: 288n. **10** *Evershed 1913*: 251n, 252n, 311n.

———. "Anomalous Dispersion in the Sun." *The Observatory* 39 (1916): 59–62.
Cited: **10** *Evershed 1916*: 252n.

———. "The Displacement of the Cyanogen Bands in the Solar Spectrum." *Observatory* 41 (1918): 371–375.
Cited: **8** *Evershed 1918*: 880n. **9** *Evershed 1918*: liii, 38n, 288n, 325n, 330n, 356n, 381n, 402n, 479n.

———. "The Displacement of the Solar Lines Reflected by Venus." *The Observatory* 42 (1919): 51–52.
Cited: **9** *Evershed 1919*: 288n.

Evershed, John, and Royds, Thomas. "On the Displacement of the Spectrum Lines at the Sun's Limb." *Kodaikanal Observatory. Bulletin* 39 (1914): 71–81.
Cited: **10** *Evershed and Royds 1914*: 251n, 252n.

Ewald, Peter Paul, ed. *Fifty Years of X-Ray Diffraction*. Utrecht: Oosthoek, 1962.
Cited: **5** *Ewald 1962*: 481n.

Exner, Felix M. "Notiz zu Brown's Molecularbewegung." *Annalen der Physik* 2 (1900): 843–847.
Cited: **2** *Exner 1900*: 209, 236n, 400n.

Exner, Karl. "Ueber die Newton'schen Staubringe." *Annalen der Physik und Chemie* 9 (1880): 239–260.
Cited: **8** *Exner 1880*: 424n.

Eyck, Erich. *A History of the Weimar Republic*. Cambridge, Mass.: Harvard University Press, 1962.
Cited: **8** *Eyck 1962*: 961n. **10** *Eyck 1962*.

Fabre, Lucien. *Les théories d'Einstein. Une nouvelle figure du monde. Avec une préface de M. Einstein*. Paris: Payot, 1921.
Cited: **7** *Fabre 1921*: 419n. **10** *Fabre 1921*: 264n, 583c, 587c.

———. *Les théories d'Einstein. Une nouvelle figure du monde. Nouvelle édition épurée, accrue de notes liminaires, d'un exposé des théories de Weyl, et de trois notes de Mm. Guillaume, Brillouin et Sagnac sur leurs propres idées*. Paris: Payot, 1922.
Cited: **7** *Fabre 1922*: 419n.

Fabry, Charles, and Buisson, Henri. "Comparaison des raies du spectre de l'arc électrique et du Soleil. Pression de la couche renversante de l'atmosphère solaire." *Académie des sciences* (Paris). *Comptes rendus* 148 (1909): 688–690.
Cited: **3** *Fabry and Buisson 1909*: 493, 497n. **5** *Fabry and Buisson 1909*: 317n, 323n.

———. "Application de la méthode interférentielle à la mesure de très petits déplacements de raies. Comparaison du spectre solaire avec le spectre d'arc du fer. Comparaison du centre et du bord du soleil." *Astrophysical Journal* 31 (1910): 97–119.
Cited: **5** *Fabry and Buisson 1910*: 317n, 323n, 388n.

Fajans, Kasimir. *Radioaktivität und die neueste Entwickelung der Lehre von den chemischen Elementen*. Braunschweig: Vieweg, 1919.
Cited: **9** *Fajans 1919*: 389n, 505n.

Falk, Norbert. *Meisterbuch des Humors. Eine Auswahl bester Humoresken und größerer Bruchstücke aus der humoristischen Literatur der europäischen Völker*. Berlin: Ullstein, 1908.
Cited: **5** *Falk 1908*: 115n.

Faraday, Michael. "On Fluid Chlorine." *Royal Society of London. Philosophical Transactions* 113 (1823): 160–164. "On the Condensation of Several Gases into Liquids." Ibid., 189–198.
Cited: **1** *Faraday 1823*: 141n.

———. *Experimental Researches in Electricity*. Vol. 1. First Series. London: Taylor and Francis, 1839.
Cited: **2** *Faraday 1839*: 309n.

———. "On the Liquefaction and Solidification

of Bodies Generally Existing as Gases." *Royal Society of London. Philosophical Transactions* 135 (1845): 155–177.
Cited: **1** *Faraday 1845*: 141n.
———. "On the Conservation of Force." *Philosophical Magazine* 13 (1857): 225–239.
Cited: **4** *Faraday 1857*: 510n.
Feldman, Gerald D. *The Great Disorder. Politics, Economics, and Society in the German Inflation, 1914–1924.* New York: Oxford University Press, 1993.
Cited: **7** *Feldman 1993*: 300n–301n, 363n, 437n, 470n, 494n.
———. *The Great Disorder. Politics, Economics, and Society in the German Inflation, 1914–1924.* New York: Oxford University Press, 1997.
Cited: **9** *Feldman 1997*: 139n. **10** *Feldman 1997*: 396n, 397n.
Fernau, Hermann. *Die französische Demokratie. Sozialpolitische Studien aus Frankreichs Kulturwerkstatt.* Munich: Duncker & Humblot, 1914.
Cited: **3** *Fernau 1914*: 589.
Feuer, Lewis S. *Einstein and the Generations of Science.* 2d ed. New Brunswick, N.J.: Transaction Publisher, 1989.
Cited: **7** *Feuer 1989*: 222.
Fick, Adolf. "Ueber Diffusion." *Annalen der Physik und Chemie* 4 (1855): 59–86.
Cited: **2** *Fick 1855*: 235n.
Fine, Arthur. *The Shaky Game: Einstein, Realism, and the Quantum Theory.* Chicago: University of Chicago Press, 1986.
Cited: **7** *Fine 1986*: 404n.
Fisher, David J. *Romain Rolland and the Politics of Intellectual Engagement.* Berkeley: University of California Press, 1988.
Cited: **7** *Fisher 1988*: 217n. **10** *Fisher 1988*: 58n.
Fisher, Michael E. "Correlation Functions and the Critical Region of Simple Fluids." *Journal of Mathematical Physics* 5 (1964): 944–962.
Cited: **3** *Fisher 1964*: 285.
FitzGerald, George Francis. "The Ether and the Earth's Atmosphere." *Science* 13 (1889): 390.
Cited: **2** *FitzGerald 1889*: 485n, 582n. **3** *FitzGerald 1889*: 175n. **4** *FitzGerald 1889*: 551n. **7** *FitzGerald 1889*: 279n, 468n.
Fizeau, Armand Hyppolyte. "Sur les hypothèses relatives à l'éther lumineux, et sur une expérience qui paraît démontrer que le mouvement des corps change la vitesse avec laquelle la lumière se propage dans leur intérieur (Extrait par l'auteur)." *Académie des sciences* (Paris). *Comptes rendus* 33 (1851): 349–355.
Cited: **1** *Fizeau 1851*: 230n. **2** *Fizeau 1851*: 485n, 582n. **3** *Fizeau 1851*:133, 175n, 439n. **4** *Fizeau 1851*: 103n, 550n. **7** *Fizeau 1851*: 98n, 279n, 468n, 571n.
Flake, Otto. "Die Aufgaben der deutschen Intellektuellen." *Die Friedens-Warte. Blätter für zwischenstaatliche Organisation* 20 (June 1918): 153–156.
Cited: **8** *Flake 1918*: 869n.
Flamm, Ludwig. "Beiträge zur Einsteinschen Gravitationstheorie." *Physikalische Zeitschrift* 17 (1916): 448–454.
Cited: **8** *Flamm 1916*: 375n, 483n. **10** *Flamm 1916*: 64n.
———. "Die charakteristischen Maßzahlen für das Elektron in ihrer Verknüpfung mit den Strahlungskonstanten." *Physikalische Zeitschrift* 18 (1917): 515–521.
Cited: **8** *Flamm 1917*: 483n.
Fleck, Albert. "Über Teilbarkeit gewisser Faktoriellen durch andere und ihren Zusammenhang mit gewissen Gleichungen und Reihen." *Berliner Mathematische Gesellschaft. Sitzungsberichte* 19 (1920): 34–41.
Cited: **9** *Fleck 1920*: 456n.
Fliegner, Albert. "Über den Clausius'schen Entropiesatz." *Naturforschende Gesellschaft in Zürich. Vierteljahrsschrift* 48 (1903): 1–48.
Cited: **2** *Fliegner 1903*: 115–117, 117n.
———. "Das Ausströmen heissen Wassers aus Gefässmündungen." *Schweizerische Bauzeitung* 45 (1905): 282–285, 306–308.
Cited: **2** *Fliegner 1905a*: 325–326.
———. "Über den Wärmewert chemischer Vorgänge." *Naturforschende Gesellschaft in Zürich. Vierteljahrsschrift* 50 (1905): 201–212.
Cited: **2** *Fliegner 1905b*: 331–332.
Florence, Ronald. *Fritz: The Story of a Political Assassin.* New York: Dial Press, 1971.
Cited: **8** *Florence 1971*: 498n, 829n.
Flückiger, Max. *Albert Einstein in Bern. Das Ringen um ein neues Weltbild. Eine dokumentarische Darstellung über den Aufstieg eines Genies.* Bern: Haupt, 1974.
Cited: **1** *Flückiger 1974*: xlii. **2** *Flückiger 1974*: 47, 75n. **3** *Flückiger 1974*: xvi. **5** *Flückiger 1974*: 39n, 151n, 206n,

241n, 637.
Fokker, Adriaan D. *Over Brown'sche bewegingen in het stralingsveld, en waarschijnlijkheids-beschouwingen in de stralingstheorie.* Haarlem: Enschedé, 1913.
Cited: **5** *Fokker 1913*: 564n, 580n.
———. "Die mittlere Energie rotierender elektrischer Dipole im Strahlungsfeld." *Annalen der Physik* 43 (1914): 810–820.
Cited: **4** *Fokker 1914*: 273. **5** *Fokker 1914*: 580n.
———. "De virtueele verplaatsingen van het elektromagnetische en van het zwaartekrachtsveld bij de toepassing van het variatieprincipe van Hamilton." *Koninklijke Akademie van Wetenschappen te Amsterdam. Wis- en Natuurkundige Afdeeling. Verslagen van de Gewone Vergaderingen* 25 (1916–17): 1067–1084. Reprinted in translation as "The Virtual Displacements of the Electro-magnetic and of the Gravitational Field in Applications of Hamilton's Variation Principle." *Koninklijke Akademie van Wetenschappen te Amsterdam. Section of Sciences. Proceedings* 19 (1916–17): 968–984.
Cited: **9** *Fokker 1917*: 41n, 42n.
———. "Sur les mouvements browniens dans le champ du rayonnement noir." *Archives néerlandaises des sciences exactes et naturelles* 4 (1917): 379–401.
Cited: **5** *Fokker 1917*: 580n.
———. "Over hetgeen in niet-Euclidische ruimten beantwoordt aan eene verplaatsing evenwijdig aan zichzelf, en over de Riemanniaanse kromtemaat." *Koninklijke Akademie van Wetenschappen te Amsterdam. Wis- en Natuurkundige Afdeeling. Verslagen van de Gewone Vergaderingen* 27 (1918–19): 363–376. Reprinted in translation as "On the Equivalent of Parallel Translation in Non-Euclidian Space and on Riemann's Measure of Curvature." *Koninklijke Akademie van Wetenschappen te Amsterdam. Section of Sciences. Proceedings* 21 (1918–19): 505–517.
Cited: **9** *Fokker 1918*: 113n.
———. "On Relativity and Electrodynamics." *Philosophical Magazine* 36 (1918): 205–206.
Cited: **10** *Fokker 1918*: 288n.
———. "De bijdragen van polariseerings- en magnetiseerings-elektronen tot den elektrischen stroom." *Koninklijke Akademie van Wetenschappen te Amsterdam. Wis- en Natuurkundige Afdeeling. Verslagen van de Gewone Vergaderingen* 28 (1919–20): 1040–1063.
Cited: **10** *Fokker 1920a*: 299n, 472n.
———. "On the Contribution to the Electric Current from the Polarization and Magnetization Electrons." *Philosophical Magazine* 39 (1920): 404–415.
Cited: **10** *Fokker 1920b*: 472n.
———. "De geodetische precessie; een uitvloeisel van Einstein's gravitatietheorie." *Koninklijke Akademie van Wetenschappen te Amsterdam. Wis- en Natuurkundige Afdeeling. Verslagen van de Gewone Vergaderingen* 29 (1920–21): 611–621. Reprinted in translation as "The Geodesic Precession: A Consequence of Einstein's Theory of Gravitation." *Koninklijke Akademie van Wetenschappen te Amsterdam. Section of Sciences. Proceedings* 23 (1920–21): 729–738.
Cited: **9** *Fokker 1920a*: 422n. **10** *Fokker 1921*: 477n.
———. "La théorie des électrons à l'intérieur des atomes." *Archives néerlandaises des sciences exactes et naturelles* 5 (1921): 193–242.
Cited: **9** *Fokker 1920b*: 239n, 265n.
———. "Albert Einstein. 14 Maart 1878–18 April 1955." *Nederlands Tijdschrift voor Natuurkunde* 21 (1955): 125–129.
Cited: **6** *Fokker 1955*: xix.
Fölsing, Albrecht. *Albert Einstein. Eine Biographie.* Frankfurt a. M.: Suhrkamp, 1993. Published in English translation as *Albert Einstein: A Biography.* Abridged ed. New York: Viking Penguin, 1997.
Cited: **7** *Fölsing 1993*: 109, 201n, 288n, 348n, 357n, 440n. **8** *Fölsing 1993*: liii, 682n, 790n.
Fomm, Ludwig. "Die Wellenlänge der Röntgen-Strahlen." *Annalen der Physik* 59 (1896): 350–353.
Cited: **7** *Fomm 1896*: 53n.
Föppl, August. *Einführung in die Maxwell'sche Theorie der Elektrizität.* Leipzig: Teubner, 1894. (For 2d ed., see **2** *Abraham/Föppl 1904*).
Cited: **1** *Föppl 1894*: 223. **2** *Föppl 1894*: 206n, 260, 309n, 538n. **3** *Föppl 1894*: 5, 9. **4** *Föppl 1894*: 103n, 232n.
———. *Vorlesungen über technische Mechanik.* 4 vols. Leipzig: Teubner, 1897–1900.
Cited: **3** *Föppl 1897–1900*: 5.
———. *Vorlesungen über technische Mechanik.* Vol. 6, *Die wichtigsten Lehren der höheren Dynamik.* Leipzig: Teubner, 1910.

Cited: **8** *Föppl 1910*: 812n.

Forbes, Eric Gray. "A History of the Solar Red Shift Problem." *Annals of Science* 17 (1961): 129–164.
Cited: **3** *Forbes 1961*: 497n. **5** *Forbes 1961*: 313n. **8** *Forbes 1961*: 14n. **9** *Forbes 1961*: liii, 38n. **10** *Forbes 1963*: 252n.

Forel, August. *Der Hypnotismus. Seine psychophysiologische, medicinische, strafrechtliche Bedeutung und seine Handhabung.* 2d rev. ed. Stuttgart: Ferdinand Enke, 1891.
Cited: **1** *Forel 1891*: 317n, 318n, 335n.

Forman, Paul. "Weimar Culture, Causality, and Quantum Theory, 1918–1927: Adaptation by German Physicists and Mathematicians to a Hostile Intellectual Environment." *Historical Studies in the Physical Sciences* 3 (1971): 1–115.
Cited: **9** *Forman 1971*: 390n.

———. "Il Naturforscherversammlung a Nauheim del settembre 1920: una introduzione alla vita scientifica nella Repubblica di Weimar." In *La ristrutturazione delle scienze tra le due guerre mondiali*, pp. 59–78. Battimelli, Giovanni, de Maria, Michelangelo, and Rossi, Arcangelo, eds. Rome: La Goliardica Editrice Universitaria di Roma, 1986.
Cited: **10** *Forman 1986*: 428n, 435n, 468n.

Fort, Adrian. *Prof: The Life of Frederick Lindemann.* London: Cape, 2003.
Cited: **10** *Fort 2003*: 381n.

Fortuna, Ursula. "Der Völkerbundsgedanke in Deutschland während des Ersten Weltkrieges." (1974).
Cited: **7** *Fortuna 1974*: 10n.

Fowler, Ralph, and Guggenheim, Edward A. *Statistical Thermodynamics.* Cambridge: Cambridge University Press, 1949.
Cited: **4** *Fowler and Guggenheim 1949*: 273.

Fox, Robert. "The Rise and Fall of Laplacian Physics." *Historical Studies in the Physical Sciences* 4 (1974): 89–136.
Cited: **2** *Fox 1974*: 3.

Fraenkel, Abraham A. *Lebenskreise. Aus den Erinnerungen eines jüdischen Mathematikers.* Stuttgart: Deutsche Verlags-Anstalt, 1967.
Cited: **1** *Fraenkel 1967*: lvii.

France, Anatole. *L'étui de nacre.* Paris: Lévy, 1892.
Cited: **9** *France 1892*: 417n.

———. *L'ile des pingouins.* Paris: Calmann-Levy, 1908.
Cited: **10** *France 1908a*: 162n.

———. *Sur la pierre blanche.* Paris: Calmann-Levy, 1908.
Cited: **10** *France 1908b*: 162n.

———. *Aufruhr der Engel.* Leonhard, Rudolf, trans. Leipzig: K. Wolff, 1917.
Cited: **10** *France 1917*: 162n, 170n.

Franck, James, and Hertz, Gustav. "Über die Erregung der Quecksilberresonanzlinie 253,6 μμ durch Elektronenstösse." *Deutsche Physikalische Gesellschaft. Verhandlungen* 16 (1914): 512–517.
Cited: **8** *Franck and Hertz 1914b*: 29n, 33n, 863n. **9** *Franck and Hertz 1914b*: 369n. **10** *Franck and Hertz 1914b*: 405n.

———. "Über Zusammenstösse zwischen Elektronen und den Molekülen des Quecksilberdampfes und die Ionisierungsspannung desselben." *Deutsche Physikalische Gesellschaft. Verhandlungen* 16 (1914): 457–467.
Cited: **8** *Franck and Hertz 1914a*: 29n. **9** *Franck and Hertz 1914a*: 369n. **10** *Franck and Hertz 1914a*: 405n.

Franck, James, and Knipping, Paul. "Die Ionisierungsspannungen des Heliums." *Physikalische Zeitschrift* 20 (1919): 481–488.
Cited: **10** *Franck and Knipping 1919*: 518n.

———. "Ueber die Anregungsspannungen des Heliums." *Zeitschrift für Physik* 1 (1920): 320–332.
Cited: **10** *Franck and Knipping 1920*: 518n.

Frank, Michael L. "Bemerkung betreffs der Lichtausbreitung in Kraftfeldern." *Physikalische Zeitschrift* 13 (1912): 544–545.
Cited: **4** *Frank 1912*: 194. **5** *Frank, M. 1912*: 445n, 452n.

Frank, Philipp. "Kausalgesetz und Erfahrung." *Annalen der Naturphilosophie* 6 (1907): 443–450.
Cited: **5** *Frank, P. 1907b*: 474n.

———. "Über einen Satz von Routh und ein damit zusammenhängendes Problem der Variationsrechnung." *Mathematische Annalen* 64 (1907): 239–247.
Cited: **5** *Frank, P. 1907a*: 474n.

———. "Das Relativitätsprinzip der Mechanik und die Gleichungen für die elektromagnetischen Vorgänge in bewegten Körpern." *Annalen der Physik* 27 (1908): 897–902.
Cited: **5** *Frank, P. 1908b*: 474n.

———. "Die Integralgleichungen in der Theorie der kleinen Schwingungen von Fäden und das Rayleigh'sche Prinzip." *Kaiserliche Akademie der Wissenschaften* (Vienna). *Mathe-

matisch-naturwissenschaftliche Klasse. Abteilung IIa. Sitzungsberichte 117 (1908): 279–298.
Cited: **5** *Frank, P. 1908a*: 474n.

———. "Mechanismus oder Vitalismus? Versuch einer präzisen Formulierung der Fragestellung. (Besonders im Hinblick auf den Neovitalismus.)" *Annalen der Naturphilosophie* 7 (1908): 393–409.
Cited: **5** *Frank, P. 1908f*: 474n.

———. "Relativitätstheorie und Elektronentheorie in ihrer Anwendung zur Ableitung der Grundgleichungen für die elektromagnetischen Vorgänge in bewegten ponderablen Körpern." *Annalen der Physik* 27 (1908): 1059–1065.
Cited: **2** *Frank 1908*: 507, 540, 540n. **5** *Frank, P. 1908c*: 474n.

———. "Über die Bahnkurven der Mechanik." *Journal für die reine und angewandte Mathematik* 134 (1908): 156–165.
Cited: **5** *Frank, P. 1908e*: 474n.

———. "Über die Stabilität der Kreisbahnen bei Zentralbewegungen." *Astronomische Nachrichten* 177 (1908): cols. 97–100.
Cited: **5** *Frank, P. 1908d*: 474n.

———. "Die Stellung des Relativitätsprinzips im System der Mechanik und der Elektrodynamik." *Kaiserliche Akademie der Wissenschaften* (Vienna). *Mathematisch-naturwissenschaftliche Klasse. Abteilung IIa. Sitzungsberichte* 118 (1909): 373–446.
Cited: **5** *Frank, P. 1909a*: 474n.

———. "Ein Kriterium für die Stabilität der Bewegung eines materiellen Punktes in der Ebene und dessen Zusammenhang mit dem Prinzip der kleinsten Wirkung." *Monatshefte für Mathematik und Physik* 20 (1909): 171–185.
Cited: **5** *Frank, P. 1909b*: 474n.

———. "Unstetige Lösungen beim Prinzip der kleinsten Wirkung." *Monatshefte für Mathematik und Physik* 20 (1909): 189–192.
Cited: **5** *Frank, P. 1909c*: 474n.

———. "Eine Bemerkung über indefinite Variationsprobleme." *Monatshefte für Mathematik und Physik* 20 (1909): 273–278.
Cited: **5** *Frank, P. 1909d*: 474n.

———. "Über allgemeine statisch unbestimmte Systeme." *Monatshefte für Mathematik und Physik* 23 (1912): 225–239.
Cited: **5** *Frank, P. 1912b*: 474n.

———. "Zur Ableitung der Planckschen Strahlungsformel." *Physikalische Zeitschrift* 13 (1912): 506–507.
Cited: **5** *Frank, P. 1912a*: 474n.

———. "Die Bedeutung der physikalischen Erkenntnistheorie Machs für das Geistesleben der Gegenwart." *Die Naturwissenschaften* 5 (1917): 65–72.
Cited: **8** *Frank 1917*: 395n. **10** *Frank 1917*: 69n.

———. *Einstein: His Life and Times*. Rosen, George, trans. Kusaka, Shuichi, ed. New York: Knopf, 1947.
Cited: **7** *Frank 1947*: 223. **8** *Frank 1947*: 494n.

———. *Einstein. Sein Leben und seine Zeit*. Munich: List, 1949. Reprinted Braunschweig: Vieweg, 1979.
Cited: **5** *Frank, P. 1949a*: 256n, 266n, 291n, 307n. **9** *Frank 1949*: 213n, 397n.

———. *Modern Science and Its Philosophy*. Cambridge, Mass.: Harvard University Press, 1949.
Cited: **5** *Frank, P. 1949b*: 474n.

———. *Einstein. Sein Leben und seine Zeit*. Braunschweig: Vieweg, 1979.
Cited: **1** *Frank 1979*: xlii, lviii, 233. **2** *Frank 1979*: 260, 306n.

Frank, Philipp, and Rothe, Hermann. "Über die Transformation der Raumzeitkoordinaten von ruhenden auf bewegte Systeme." *Annalen der Physik* 34 (1911): 825–855.
Cited: **5** Frank, P., and Rothe 1911.

Frei, Günther, ed. *Der Briefwechsel David Hilbert–Felix Klein (1886–1918)*. Göttingen: Vandenhoeck & Ruprecht, 1985.
Cited: **8** *Frei 1985*: 689n.

Frei, Günther, and Stammbach, Urs, eds. *Hermann Weyl und die Mathematik an der ETH Zürich, 1913–1930*. Basel: Birkhäuser, 1992.
Cited: **9** *Frei and Stammbach 1992*: 80n, 452n.

Frenkel', Viktor Ya. *Paul Ehrenfest*. Moscow: Atomizdat, 1971.
Cited: **10** *Frenkel 1971*: 418n, 472n.

———. "Einstein and Friedmann." In *Einstein Studies in Russia*, pp. 1–15. Balashov, Yuri, and Vizgin, Vladimir P., eds. Boston: Birkhäuser, 2002.
Cited: **10** *Frenkel 2002*.

Fresnel, Augustin. "Premier mémoire sur la double réfraction (1821)." In *Oeuvres Complètes d'Augustin Fresnel*. Vol. 2, pp. 261–308. De Senarmont, Henri, Verdet, Émile, and Fresnel, Leonor, eds. Paris: Imprimerie Impériale, 1868.

Cited: **1** *Fresnel 1821*: 8n.
Freundlich, Erwin. "Über einen Versuch, die von A. Einstein vermutete Ablenkung des Lichtes in Gravitationsfeldern zu prüfen." *Astronomische Nachrichten* 193 (1913): cols. 369–372.
Cited: **5** *Freundlich 1913a*: 318n, 388n, 504n. **8** *Freundlich 1913*: 14n, 179n.
———. "Zur Frage der Konstanz der Lichtgeschwindigkeit." *Physikalische Zeitschrift* 14 (1913): 835–838.
Cited: **5** *Freundlich 1913b*: 555n.
———. "Über die Verschiebung der Sonnenlinien nach dem roten Ende auf Grund der Hypothesen von Einstein und Nordström." *Physikalische Zeitschrift* 15 (1914): 369–371.
Cited: **8** *Freundlich 1914a*: 14n, 179n, 471n.
———. "Über die Verschiebung der Sonnenlinien nach dem roten Ende des Spektrums auf Grund der Äquivalenzhypothese von Einstein." *Astronomische Nachrichten* 198 (1914): cols. 265–270.
Cited: **8** *Freundlich 1914b*: 14n, 179n.
———. "Über die Erklärung der Anomalien im Planeten-System durch die Gravitationswirkung interplanetarer Massen." *Astronomische Nachrichten* 201 (1915): cols. 49–56.
Cited: **6** *Freundlich 1915a*: 234, 243n. **8** *Freundlich 1915b*: 101n, 218n, 257n.
———. "Über die Gravitationsverschiebung der Spektrallinien bei Fixsternen." *Physikalische Zeitschrift* 16 (1915): 115–117.
Cited: **7** *Freundlich 1915*: 425n. **8** *Freundlich 1915a*: 95n, 137n, 147n, 179n, 206n, 209n, 216n, 221n, 257n, 262n. **10** *Freundlich 1915*: 61n, 225n.
———. "Über die Gravitationsverschiebung der Spektrallinien bei Fixsternen." *Astronomische Nachrichten* 202 (1915–16): cols. 17–24.
Cited: **6** *Freundlich 1915b*: 243n, 339n. **8** *Freundlich 1916a*: 257n, 471n.
———. *Die Grundlagen der Einsteinschen Gravitationstheorie*. Berlin: Springer, 1916.
Cited: **4** *Freundlich 1916*. **6** *Freundlich 1916b*: 373n, 380n, 417. **8** *Freundlich 1916b*: 404n. **9** *Freundlich 1916*: 159n. **10** *Freundlich 1916*: 314n, 514n.
———. "Die Grundlagen der Einsteinschen Gravitationstheorie." *Die Naturwissenschaften* 4 (1916): 363–372, 386–392.
Cited: **6** *Freundlich 1916a*: 373n.
———. *Die Grundlagen der Einsteinschen Gravitationstheorie*. 2d rev. enl. ed. Berlin: Springer, 1917.
Cited: **6** *Freundlich 1917*: 373n. **9** *Freundlich 1917*: 141n, 157n, 159n, 177n, 320n, 328n, 347n, 391n.
———. "Über die singulären Stellen der Lösungen des *n*-Körper-Problems." *Königlich Preußische Akademie der Wissenschaften* (Berlin). *Sitzungsberichte* 1918: 168–188.
Cited: **8** *Freundlich 1918*: 1017c.
———. *Die Grundlagen der Einsteinschen Gravitationstheorie*. 3d rev. enl. ed. Berlin: Springer, 1919.
Cited: **6** *Freundlich 1919b*: 373n. **9** *Freundlich 1920a*: 336n.
———. "Über die Gravitationsverschiebung der Spektrallinien bei Fixsternen. II. Mitteilung." *Physikalische Zeitschrift* 20 (1919): 561–570.
Cited: **7** *Freundlich 1919a*: 425n. **9** *Freundlich 1919b*: 27n, 296n, 336n. **10** *Freundlich 1919b*: 225n, 233n.
———. "Zur Prüfung der allgemeinen Relativitätstheorie." *Die Naturwissenschaften* 7 (1919): 629–636, 696 ("Bemerkung").
Cited: **6** *Freundlich 1919a*: 539n. **7** *Freundlich 1919b*: 425n. **9** *Freundlich 1919a*: 27n, 336n. **10** *Freundlich 1919a*: 225n.
———. *The Foundations of Einstein's Theory of Gravitation*. Cambridge: Cambridge University Press, 1920.
Cited: **9** *Freundlich 1920b*: 320n. **10** *Freundlich 1920*: 457n.
Freundlich, Erwin, and Heiskanen, Veiko. "Über die Verteilung der Sterne verschiedener Masse in den kugelförmigen Sternhaufen." *Zeitschrift für Physik* 14 (1923): 226–239.
Cited: **7** *Freundlich and Heiskanen 1923*: 424n.
Freundlich, Herbert. *Kapillarchemie. Eine Darstellung der Chemie der Kolloide und verwandter Gebiete*. Leipzig: Akademische Verlagsgesellschaft, 1909.
Cited: **2** *Freundlich 1909*: 6.
———. *Kapillarchemie. Eine Darstellung der Chemie der Kolloide und verwandter Gebiete*. 2d rev. ed. Leipzig: Akademische Verlagsgesellschaft, 1922.
Cited: **3** *Freundlich 1922*: 406n, 407n.
Freundlich, Yehoshua, and Yogev, Gedalia, eds. *ha-Protokolim shel ha-Va'ad ha-Poel ha-Tzioni 1919–1929. Alef. Feb. 1919–Jan. 1920*. Tel Aviv: ha-Kibbutz ha-Meuḥad, 1975.
Cited: **9** *Freundlich and Yogev 1975*: 241n.

Fricke, Dieter, et al., eds. "Deutscher Schutzbund (DtSB) 1919–1936." In *Lexikon zur Parteiengeschichte. Die bürgerlichen und kleinbürgerlichen Parteien und Verbände in Deutschland (1789–1945)*. Vol. 2. Leipzig: VEB Bibliographisches Institut, 1984.
Cited: **9** *Fricke 1984*: 350n.

Fried, Alfred H. *Kurzgefasste Darstellung der Pan-Amerikanischen Bewegung*. Berlin: Verlag der "Friedens-Warte," 1912.
Cited: **10** *Fried 1912*: 27n, 438n.

———. *Probleme der Friedenstechnik*. Leipzig: Naturwissenschaften, 1918.
Cited: **10** *Fried 1918*: 127n.

———. *Auf hartem Grund. Offene Antwort auf den an mich gerichteten Brief von Dr. Jur. Hermann M. Popert im "Vortrupp" vom 1. März 1919*. Hamburg: Pfadweiser, 1919.
Cited: **10** *Fried 1919*: 274n.

———. *Mein Kampf gegen Versailles und St. Germain vom Nov. 1918 bis Juni 1919*. Leipzig: Der Neue Geist, 1920.
Cited: **10** *Fried 1920*: 438n.

Friedberg, R. "Einstein and Stimulated Emission: A Completely Corpuscular Treatment of Momentum Balance." *American Journal of Physics* 62 (1994): 26–32.
Cited: **6** *Friedberg 1994*: 398n.

Friedlaender, Benedict, and Friedlaender, Immanuel. *Absolute oder relative Bewegung?* Berlin: Simion, 1896.
Cited: **9** *Friedlaender and Friedlaender 1896*: 251n.

Friedländer, Jacob. "Über merkwürdige Erscheinungen in der Umgebung des kritischen Punktes teilweise mischbarer Flüssigkeiten." *Zeitschrift für physikalische Chemie* 38 (1901): 385–440.
Cited: **3** *Friedländer 1901*: 312n.

Friedman, Avner. "Isometric Embedding of Riemannian Manifolds into Euclidean Spaces." *Reviews of Modern Physics* 37 (1965): 201–203.
Cited: **9** *Friedman, A. 1965*: 456n.

Friedman, Michael. "Geometry as Branch of Physics: Background and Context for Einstein's 'Geometry and Experience.'" In *Reading Natural Philosophy: Essays in the History and Philosophy of Science and Mathematics to Honor Howard Stein on His 70th Birthday*. Malament, David, ed. Chicago: Open Court, 2001.
Cited: **7** *Friedman 2001*: 403n–404n.

Friedman, Robert M. *The Politics of Excellence: Behind the Nobel Prize in Science*. New York: Holt, 2001.
Cited: **9** *Friedman, R. 2001*: 239n, 308n. **10** *Friedman 2001*: 255n.

Friedrich, Walter, Knipping, Paul, and Laue, Max. "Interferenz-Erscheinungen bei Röntgenstrahlen." *Königlich Bayerische Akademie der Wissenschaften zu München. Mathematisch-physikalische Classe. Sitzungsberichte* (1912): 303–322.
Cited: **5** *Friedrich, Knipping, and Laue 1912*: 481n.

Friedrichs, Kurt. "Eine invariante Formulierung des Newtonschen Gravitationsgesetzes und des Grenzüberganges vom Einsteinschen zum Newtonschen Gesetz." *Mathematische Annalen* 98 (1927): 566–575.
Cited: **7** *Friedrichs 1927*: 43n.

Frischeisen-Köhler, Max ed. *Jahrbücher der Philosophie. Eine kritische Übersicht der Philosophie der Gegenwart*. Vol 1. Berlin: Mittler, 1913.
Cited: **8** *Frischeisen-Köhler 1913*: 868n.

Fritsch, Theodor [Roderich-Stoltenheim, F.]. *Einsteins Truglehre*. Leipzig: Hammer-Verlag, 1921.
Cited: **7** *Fritsch 1921*: 112.

Füchtbauer, Christian. "Über Sekundärstrahlen." *Annalen der Physik* 23 (1907): 301–307.
Cited: **5** *Füchtbauer 1907*: 132n.

Fueter, Eduard. *Die Schweiz seit 1848. Geschichte, Politik, Wirtschaft*. Zurich: Orell Füssli, 1928.
Cited: **8** *Fueter 1928*: 409n, 581n, 942n. **10** *Fueter 1928*: 118n, 141n, 143n.

Fürst, Arthur, and Moszkowski, Alexander. *Das Buch der 1000 Wunder*. Munich: Langen, 1916.
Cited: **8** *Fürst and Moszkowski 1916*: 382n, 385n. **9** *Fürst and Moszkowski 1916*: 554c. **10** *Fürst and Moszkowski 1916*: 475n.

Fürth, Reinhold. "Vorwort" and "Anmerkungen." In *Untersuchungen über die Theorie der 'Brownschen Bewegung,'* pp. 3 and 54–72. Fürth, Reinhold, ed. Leipzig: Akademische Verlagsgesellschaft, 1922. (*Ostwald's Klassiker der exakten Wissenschaften*, no. 199.)
Cited: **2** *Fürth 1922*: 170, 205n, 206, 212, 214, 235n, 236n, 345n.

———. "Personal Reminiscences." In *Einstein: The First Hundred Years*, pp. 19–21. Goldsmith, Maurice, Mackay, Alan and Woudhuysen, James, eds. Oxford: Pergamon,

1980.
Cited: **2** *Fürth 1980*: 206.
Gagliardi, Ernst; Nabholz, Hans, and Strohl, Jean, eds. *Die Universität Zürich 1833–1933 und ihre Vorläufer. Festschrift zur Jahrhundertfeier.* Zurich: Erziehungsdirektion, 1938.
Cited: **8** *Zürich Festschrift 1938*: 455n, 496n, 940n.
Galison, Peter. "Minkowski's Space-Time: From Visual Thinking to the Absolute World." *Historical Studies in the Physical Sciences* 10 (1979): 85–121.
Cited: **2** *Galison 1979*: 504. **3** *Galison 1979*: 449n.
———. *How Experiments End*. Chicago: University of Chicago Press, 1987.
Cited: **6** *Galison 1987*: 145, 146, 149, 232n. **8** *Galison 1987*: 64n, 198n. **9** *Galison 1987*: 7n, 17n. **10** *Galison 1987*: 503n.
Gans, Richard. "Zur Elektrodynamik in bewegten Medien." *Annalen der Physik* 16 (1905): 516–534.
Cited: **2** *Gans 1905*: 260.
———. "Über das Biot-Savartsche Gesetz." *Physikalische Zeitschrift* 12 (1911): 806–811.
Cited: **2** *Gans 1911*: 507. **3** *Gans 1911*: 257n.
Ganz, P., et al. *Die bauliche Entwicklung Zürichs in Einzeldarstellungen*. Part 2, *Festschrift zur Feier des fünfzigjährigen Bestehens des Eidg. Polytechnikums*. Zurich: Polygraphisches Institut und Zürcher & Furrer, 1905.
Cited: **1** *Ganz et al. 1905*: 60.
Garber, Elizabeth. "Some Reactions to Planck's Law, 1900–1914." *Studies in History and Philosophy of Science* 7 (1976): 89–126.
Cited: **2** *Garber 1976*: 144.
Garber, Elizabeth, Brush, Steven G., and Everitt, C. W. Francis, eds. *Maxwell on Heat and Statistical Mechanics: On "Avoiding All Personal Enquiries" of Molecules*. Bethlehem, Pa.: Lehigh University Press, 1995.
Cited: **9** *Garber et al. 1995*: 48n.
Gasman, Daniel. *The Scientific Origins of National Socialism: Social Darwinism in Ernst Haeckel and the German Monist League*. London: MacDonald, 1971.
Cited: **9** *Gasman 1971*.
———. *Haeckel's Monism and the Birth of Fascist Ideology*. New York: Lang, 1998.
Cited: **9** *Gasman 1998*: 348n, 358n.
Gauss, Karl Friedrich. "Intensitas vis magneticae terrestris ad mensuram absolutam revocata." *Göttingische gelehrte Anzeigen* 3 (1832): 2041–2058.

Cited: **1** *Gauss 1832*: 207n.
Gautschi, Willi. *Der Landesstreik 1918*. Zurich: Benziger, 1968.
Cited: **8** *Gautschi 1968*: 942n. **9** *Gautschi 1968*: 162n, 190n. **10** *Gautschi 1968*: 184n, 185n.
———. *Dokumente zum Landesstreik 1918*. Zurich: Benziger, 1971.
Cited: **8** *Gautschi 1971*: 942n. **10** *Gautschi 1971*: 184n.
———. *Dokumente zum Landesstreik 1918*. 2d rev. ed. Zurich: Chronos, 1988.
Cited: **9** *Gautschi 1988*: 162n, 190n.
Gavroglu, Kostas, and Goudaroulis, Yorgos. *Methodological Aspects of the Development of Low Temperature Physics, 1881–1956: Concepts Out of Context*. Dordrecht: Kluwer, 1989.
Cited: **10** *Gavroglu and Goudaroulis 1989*: 521n.
Gebele, Joseph. *Das Schulwesen der königl. bayer. Haupt- und Residenzstadt München in seiner geschichtlichen Entwicklung*. Munich: M. Kellerer, 1896.
Cited: **1** *Gebele 1896*: lvii, 341.
———. *100 Jahre der Münchener Volksschule, anlässlich des 100-jährigen Jubiläums der Volksschule im Auftrage des Stadtmagistrates München verfasst*. Munich: C. Gerber, 1903.
Cited: **1** *Gebele 1903*: 221n.
Gehrcke, Ernst. "Bemerkungen über die Grenzen des Relativitätsprinzips." *Deutsche Physikalische Gesellschaft. Verhandlungen* 13 (1911): 665–669. Reprinted in *Kritik der Relativitätstheorie. Gesammelte Schriften über absolute und relative Bewegung*, pp. 1–4. Berlin: Meusser, 1924.
Cited: **7** *Gehrcke 1911a*: 102.
———. "Nochmals über die Grenzen des Relativitätsprinzips." *Deutsche Physikalische Gesellschaft. Verhandlungen* 13 (1911): 990–1000. Reprinted in *Kritik der Relativitätstheorie. Gesammelte Schriften über absolute und relative Bewegung*, pp. 4–11. Berlin: Meusser, 1924.
Cited: **7** *Gehrcke 1911b*: 102.
———. "Die gegen die Relativitätstheorie erhobenen Einwände." *Die Naturwissenschaften* 1 (1913): 62–66. Reprinted in *Kritik der Relativitätstheorie. Gesammelte Schriften über absolute und relative Bewegung*, pp. 20–28. Berlin: Meusser, 1924.
Cited: **7** *Gehrcke 1913*: 102. **8** *Gehrcke*

1913: 30n.

———. "Die erkenntnistheoretischen Grundlagen der verschiedenen physikalischen Relativitätstheorien." *Kant-Studien* 19 (1914): 481–487. Reprinted in *Kritik der Relativitätstheorie. Gesammelte Schriften über absolute und relative Bewegung*, pp. 36–40. Berlin: Meusser, 1924.
Cited: **7** *Gehrcke 1914*: 348n.

———. "Zur Kritik und Geschichte der neueren Gravitationstheorien." *Annalen der Physik* 51 (1916): 119–124. Reprinted in *Kritik der Relativitätstheorie. Gesammelte Schriften über absolute und relative Bewegung*, pp. 40–44. Berlin: Meusser, 1924.
Cited: **7** *Gehrcke 1916*: 103, 121n, 128n, 349n. **8** *Gehrcke 1916*: 345n, 439, 440n. **10** *Gehrcke 1916*: 64n.

———. "Über den Äther." *Deutsche Physikalische Gesellschaft. Verhandlungen* 20 (1918): 165–169. Reprinted in *Kritik der Relativitätstheorie. Gesammelte Schriften über absolute und relative Bewegung*, pp. 44–47. Berlin: Meusser, 1924.
Cited: **7** *Gehrcke 1918*: 104, 127–128n.

———. "Zur Diskussion über den Äther." *Deutsche Physikalische Gesellschaft. Verhandlungen* 21 (1919): 67–68. Reprinted in *Kritik der Relativitätstheorie. Gesammelte Schriften über absolute und relative Bewegung*, pp. 47–48. Berlin: Meusser, 1924.
Cited: **7** *Gehrcke 1919a*: 128n.

———. "Berichtigung zum Dialog über die Relativitätstheorien." *Die Naturwissenschaften* 7 (1919): 147–148. Reprinted in *Kritik der Relativitätstheorie. Gesammelte Schriften über absolute und relative Bewegung*, pp. 48–50. Berlin: Meusser, 1924.
Cited: **7** *Gehrcke 1919b*: 121n. **10** *Gehrcke 1919a*: 383n.

———. "Die Astrophysik in relativistischer Beleuchtung." *Zeitschrift für physikalischen und chemischen Unterricht* 32 (1919): 205–206.
Cited: **10** *Gehrcke 1919b*: 383n.

———. *Die Relativitätstheorie. Eine wissenschaftliche Massensuggestion, gemeinverständlich dargestellt*. Schriften aus dem Verlage der Arbeitsgemeinschaft deutscher Naturforscher zur Erhaltung reiner Wissenschaft e. V. Heft 1. Berlin: Arbeitsgemeinschaft deutscher Naturforscher zur Erhaltung reiner Wissenschaft e. V. /Köhler, 1920. Reprinted in *Kritik der Relativitätstheorie. Gesammelte Schriften über absolute und relative Bewegung*, pp. 54–68. Berlin: Meusser, 1924.
Cited: **7** *Gehrcke 1920*: 106, 348n. **10** *Gehrcke 1920b*: 386n.

———. "Was beweisen die Beobachtungen über die Richtigkeit der Relativitätstheorie?" *Zeitschrift für technische Physik* 7 (1920): 123.
Cited: **10** *Gehrcke 1920a*: 383n.

———. "Zu Einsteins Antwort." *Deutsche Zeitung*, 1 September 1920.
Cited: **10** *Gehrcke 1920c*: 395n, 407n.

———. *Die Massensuggestion der Relativitätstheorie. Kulturhistorisch-psychologische Dokumente*. Berlin: Meusser, 1924.
Cited: **7** *Gehrcke 1924b*: 111.

———. *Kritik der Relativitätstheorie. Gesammelte Schriften über absolute und relative Bewegung*. Berlin: Meusser, 1924.
Cited: **7** *Gehrcke 1924a*: 103, 111.

Geiger, Walburga, Hodann, Max, Rotten, Elisabeth, and Schlesinger, Erich. *Lille: Beiträge zur Naturgeschichte des Krieges*. 2d rev. ed. Berlin: Engelmann, 1920.
Cited: **9** *Geiger et al. 1920*: liii, 55n, 356n, 422n, 483n. **10** *Geiger et al. 1920*: 212n.

Genovesi, Angelo. *Il carteggio tra Albert Einstein ed Edouard Guillaume*. Milan: Angeli, 2000.
Cited: **10** *Genovesi 2000*: 327n, 331n, 339n, 340n, 359n, 360n, 384n, 411n, 530n, 538n, 548n.

Georgiadu, Maria. *Constantin Carathéodory*. Berlin: Springer, 2003.
Cited: **9** *Georgiadu 2003*: 269n.

Gerber, Paul. "Die räumliche und zeitliche Ausbreitung der Gravitation." *Zeitschrift für Mathematik und Physik* 43 (1898): 93–104. Reprinted as "Die Fortpflanzungsgeschwindigkeit der Gravitation." *Annalen der Physik* 52 (1917): 415–441.
Cited: **7** *Gerber 1898*: 103, 121n, 349n. **8** *Gerber 1898*: 345n, 375n, 440n. **10** *Gerber 1898*: 64n.

———. *Die Fortpflanzungsgeschwindigkeit der Gravitation. Programmabhandlung des städtischen Realgymnasiums zu Stargard in Pommern*, 1902. Reprinted in *Annalen der Physik* 52 (1917): 415–441.
Cited: **7** *Gerber 1902*: 104, 349n. **10** *Gerber 1917*: 64n.

Gerhards, Karl. "Der mathematische Kern der Aussenweltshypothese." *Naturwissenschaften* 10 (1922): 446–453.

Cited: **10** *Gerhards 1922*: 577c.

Gerlach, Hellmut von. "Hakenkreuz, hurra hoch!" *Die Welt am Montag*, 30 August 1920.
Cited: **10** *Gerlach 1920*: 394n.

Geroch, Robert, and Horowitz, Gary. "Global Structure of Spacetimes." In *General Relativity: An Einstein Centenary Survey*, pp. 212–293. Hawking, Stephen, and Israel, Werner, eds. Cambridge: Cambridge University Press, 1979.
Cited: **6** *Geroch and Horowitz 1979*: 130n.

Gerstl, Max. *Die Münchener Räte-Republik*. Munich: Politische Zeitfragen, 1919.
Cited: **9** *Gerstl 1919*: 31n.

Ghosh, Jnanendra C. "The Abnormality of Strong Electrolytes. Part I. Electrical Conductivity of Aqueous Salt Solutions." *Journal of the Chemical Society* 113 (1918): 449–458.
Cited: **10** *Ghosh 1918a*: 575c.

———. "The Abnormality of Strong Electrolytes. Part II. The Electrical Conductivity of Non-aqueous Solutions." *Journal of the Chemical Society* 113 (1918): 627–638.
Cited: **10** *Ghosh 1918b*: 575c.

———. "The Abnormality of Strong Electrolytes. Part III. The Osmotic Pressure of Salt Solutions and Equilibrium between Electrolytes." *Journal of the Chemical Society* 113 (1918): 707–715.
Cited: **10** *Ghosh 1918c*: 575c.

Giammarco, Arturo. "Un caso di corrispondenza in termodinamica." *Nuovo Cimento* 5 (1903): 377–391.
Cited: **2** *Giammarco 1903*: 131–133, 133n.

Gibbs, Josiah Willard. "On the Equilibrium of Heterogeneous Substances." *Connecticut Academy of Arts and Sciences. Transactions* 3 (1876): 108–248.
Cited: **4** *Gibbs 1876*: 564n.

———. *Elementary Principles in Statistical Mechanics Developed with Especial Reference to the Rational Foundation of Thermodynamics*. New York: Scribner's Sons; London: Arnold, 1902.
Cited: **2** *Gibbs 1902*: 44, 47, 48, 49, 73n, 74n, 96n, 551n. **3** *Gibbs 1902*: 8, 244n, 245n, 315n, 554, 562n. **6** *Gibbs 1902*: 377n. **8** *Gibbs 1902*: 816n, 958n.

———. *Elementare Grundlagen der statistischen Mechanik*. Zermelo, Ernst, trans. Leipzig: Barth, 1905.
Cited: **2** *Gibbs 1905*: 44, 49, 551n. **3** *Gibbs 1905*: 8, 244n, 245n, 315n. **6** *Gibbs 1905*: 377n.

Gillispie, Charles C., ed. *Dictionary of Scientific Biography*. 16 vols. New York: Scribner's Sons, 1970–1980.
Cited: **2** *Gillispie 1970–1980*. **3** *Gillispie 1970–1980*.

Ginossar (Ginzberg), Shlomo. "Early Days." In *The Hebrew University of Jerusalem, 1925–1950*, pp. 71–74. Jerusalem: Goldberg's Press, 1949.
Cited: **7** *Ginossar 1949*: 234.

Gittermann, Valentin. *Geschichte der Schweiz*. Thayngen: Augustin, 1941.
Cited: **8** *Gittermann 1941*: 852n. **10** *Gittermann 1941*: 186n.

Glaser, Ludwig. "Zur Erörterung über die Relativitätstheorie. Entgegnung an Herrn Professor Dr. M. v. Laue." *Tägliche Rundschau*, 14 August 1920, Evening Edition. Republished in W*eyland 1920c*, pp. 29–30.
Cited: **10** *Glaser 1920*: 383n.

Glasstone, Samuel. *Textbook of Physical Chemistry*. 2d ed. New York: Van Nostrand, 1946.
Cited: **4** *Glasstone 1946*: 113.

Glick, Thomas F., ed. *The Comparative Reception of Relativity*. Boston: Reidel, 1987.
Cited: **2** *Glick 1987*: 268.

———. *Einstein in Spain: Relativity and the Recovery of Science*. Princeton: Princeton University Press, 1988.
Cited: **10** *Glick 1988*: 444n.

Glitscher, Karl. "Spektroskopischer Vergleich zwischen den Theorien des starren und des deformierbaren Elektrons." *Annalen der Physik* 52 (1917): 608–630.
Cited: **2** *Glitscher 1917*: 272. **7** *Glitscher 1917*: 572n. **8** *Glitscher 1917*: 914n.

Gödel, Kurt. "An Example of a New Type of Cosmological Solutions of Einstein's Field Equations of Gravitation." *Reviews of Modern Physics* 21 (1949): 447–450.
Cited: **6** *Gödel 1949*: 130n.

Goenner, Hubert. "Local Isometric Embedding of Riemannian Manifolds and Einstein's Theory of Gravitation." In *General Relativity and Gravitation: One Hundred Years after the Birth of Albert Einstein*. Vol. 1, pp. 441–468. Held, Alan, ed. New York: Plenum Press, 1980.
Cited: **9** *Goenner 1980*: 456n.

———. "The Reaction to Relativity Theory. I: The Anti-Einstein Campaign in Germany in 1920." *Science in Context* 6 (1993): 107–133.
Cited: **7** *Goenner 1993*: 101–102, 109, 348n,

357n. **10** *Goenner 1993*: l, 64n, 383n, 386n, 388n, 389n, 418n.

———. "Weyl's Contribution to Cosmology." In *Hermann Weyl's Raum–Zeit–Materie and a General Introduction to His Scientific Work*, pp. 105–137. Scholz, Erhard, ed. Basel: Birkhäuser, 2001
Cited: **7** *Goenner 2001*: 49n.

———. "On the History of Unified Field Theories." *Living Reviews in Relativity* 7 (2004), no. 2. [Online article]: published 13 February 2004, http://www.livingreviews.org/lrr-2004-2.
Cited: **9** *Goenner 2004*: 40n.

———. *Einstein in Berlin*. Munich: Beck, 2005.
Cited: **10** *Goenner 2005*: 388n.

Goenner, Hubert, and Castagnetti, Giuseppe. "Albert Einstein as Pacifist and Democrat during World War I." *Science in Context* 9 (1996): 325–386.
Cited: **9** *Goenner and Castagnetti 1996*: liii, 384n, 476n.

Goenner, Hubert, Renn, Jürgen, Ritter, Jim, and Sauer, Tilman. *The Expanding Worlds of General Relativity*. Boston: Birkhäuser, 1999.
Cited: **7** *Goenner et al. 1999*. **9** *Goenner et al. 1999*. **10** *Goenner et al. 1999*.

Goldberg, Stanley. "The Early Response to Einstein's Theory of Relativity, 1905–1911: A Case Study in National Differences." Ph.D. dissertation, Harvard University, 1968.
Cited: **5** *Goldberg 1968*: 50n, 79n, 135n.

———. "Max Planck's Philosophy of Nature and His Elaboration of the Special Theory of Relativity." *Historical Studies in the Physical Sciences* 7 (1976): 125–160.
Cited: **4** *Goldberg 1976*: 564n. **5** *Goldberg 1976*: 40n, 50n, 79n.

———. "Albert Einstein and the Creative Act: The Case of Special Relativity." In *Springs of Scientific Creativity: Essays on Founders of Modern Science*, pp. 232–253. Rutherford, Aris H., Davis, Ted, and Stuewer, Roger H., eds. Minneapolis: University of Minnesota Press, 1983.
Cited: **2** *Goldberg 1983*: 265.

———. *Understanding Relativity: Origin and Impact of a Scientific Revolution*. Boston: Birkhäuser, 1984.
Cited: **2** *Goldberg 1984*: xxxiii, 268.

Goldscheid, Rudolf. *Reine Vernunft und Staatsvernunft*. Leipzig, Vienna: Anzengruber-Verlag Brüder Suschitzky, 1918.
Cited: **8** *Goldscheid 1918*: 837n, 847n, 872n.

———. *Grundfragen des Menschenschicksals: Gesammelte Aufsätze*. Leipzig, Vienna: Tal, 1919.
Cited: **10** *Goldscheid 1919*: 523n.

Goldschmidt, Robert, de Broglie, Maurice, and Lindemann, Frederick A., eds. *La structure de la matière. Rapports et discussions du Conseil de Physique tenu à Bruxelles du 27 au 31 octobre 1913, sous les auspices de l'Institut International de Physique Solvay*. Paris: Gauthier-Villars, 1921.
Cited: **3** *Rapports 1921*. **4** *Rapports 1921*: 559n. **5** *Rapports 1921*. **6** *Rapports 1921*. **8** *Rapports 1921*: 157n.

Goldstein, E. "Über zweifache Linienspektra chemischer Elemente." *Deutsche Physikalische Gesellschaft. Verhandlungen* (1907): 321–332.
Cited: **9** *Goldstein 1907*: 20n.

Goldstein, Herbert. *Classical Mechanics*. Cambridge, Mass.: Addison-Wesley, 1950.
Cited: **4** *Goldstein 1950*.

———. *Classical Mechanics*. 2d ed. Reading, Mass.: Addison-Wesley, 1980.
Cited: **6** *Goldstein 1980*: 567n.

Gomperz, Heinrich. *Weltanschauungslehre. Ein Versuch, die Hauptprobleme der allgemeinen theoretischen Philosophie geschichtlich zu entwickeln und sachlich zu bearbeiten*. 2 vols. Jena: Diederichs, 1905.
Cited: **8** *Gomperz 1905–1908*.

Gomperz, Theodor. *Griechische Denker. Eine Geschichte der antiken Philosophie*. 2d ed. 2 vols. Leipzig: Veit, 1903.
Cited: **5** *Gomperz 1903*: 19n.

Goodstein, Judith R. "The Italian Mathematicians of Relativity." *Centaurus* 26 (1983): 241–261.
Cited: **7** *Goodstein 1983*: 28n.

Goos, Fritz. "Über eine Neukonstruktion des registrierenden Mikrophotometers." *Zeitschrift für Instrumentenkunde* 31 (1921): 313–324.
Cited: **10** *Goos 1921*: 316n.

Gottschalk, Adolf. *Englischer Lehrgang für Volkshochschulen u. zum Selbstunterricht*. Leipzig: Neumann, 1920.
Cited: **10** *Gottschalk 1920*: 260n.

Gouy, Louis-Georges. "Note sur le mouvement brownien." *Journal de physique théorique et appliquée* 7 (1888): 561–564.
Cited: **2** *Gouy 1888*: 209n, 211, 334, 344n. **5** *Gouy 1888*: 44n.

Grabowsky, Adolf, and Koch, Walter, eds. *Die*

freideutsche Jugendbewegung. Ursprung und Zukunft. Gotha: Perthes, 1920.
Cited: **9** *Grabowsky and Koch 1920*: 34n.

Graetz, Leo. "Verflüssigung von Gasen." In *Handbuch der Physik.* Vol. 2, part 2, *Wärme,* pp. 681–697. Winkelmann, Adolph, ed. Breslau: Trewendt, 1896.
Cited: **1** *Graetz 1896*: 141n.

———. "Elektrisiermaschinen und ähnliche Apparate." In *Handbuch der Physik.* 2d ed. Vol. 4, *Elektrizität und Magnetismus I,* pp. 48–58. Winkelmann, Adolph, ed. Leipzig: Barth, 1905.
Cited: **3** *Graetz 1905a*: 398n. **5** *Graetz 1905*: 55n.

———. "Elektroskope und Elektrometer. Elektrostatische Messungen." In *Handbuch der Physik.* 2d ed. Vol. 4, *Elektrizität und Magnetismus I,* pp. 58–76. Winkelmann, Adolph, ed. Leipzig: Barth, 1905.
Cited: **3** *Graetz 1905b*: 397n.

———. "Wärmestrahlung." In *Handbuch der Physik.* 2d ed. Vol. 3, *Wärme,* pp. 241–435. Leipzig: Barth, 1906.
Cited: **2** *Graetz 1906*: 167n.

———, ed. *Handbuch der Elektrizität und des Magnetismus.* 5 vols. Leipzig: Barth, 1912–1928.
Cited: **5** *Graetz 1912–1928*: 264n.

———, ed. *Handbuch der Elektrizität und des Magnetismus.* Vol. 1, *Elektrizitätserregung und Elektrostatik.* Leipzig: Barth, 1918.
Cited: **2** *Graetz 1918*.

Graham, Frank D. *Exchange, Prices, and Production in Hyperinflation: Germany, 1920–1923.* New York: Russell and Russell, 1967.
Cited: **2** *Graham 1967*: 91n.

Grammel, Richard. "Zur relativitätstheoretischen Elektrodynamik bewegter Körper." *Annalen der Physik* 41 (1913): 570–580.
Cited: **2** *Grammel 1913*: 507.

Grand Orient de Belgique, ed. *La Franc-Maçonnerie Belge et les Loges Allemandes. Appel du Sénateur Charles Magnette à la Franc-Maçonnerie Allemande; Réponses des Loges Allemandes; Riposte du F. Ch. Magnette.* [Brussels]: [Secrétariat du Grand Orient], 1914.
Cited: **9** *Grand Orient 1914*: 55n.

———. *Charles Magnette, Grand Maitre National de la Maçonnerie Belge. Pendant l'occupation allemande 1914–1918.* Brussels: Secrétariat du Grand Orient, 1920.
Cited: **9** *Grand Orient 1920*: 55n.

Grappin, Pierre. *Le Bund Neues Vaterland (1914–1916). Ses rapports avec Romain Rolland.* Lyon: IAC, 1952.
Cited: **8** *Grappin 1952*: 93n, 343n.

Grassmann, Hermann. *Die Ausdehnungslehre.* Berlin: Enslin, 1862.
Cited: **5** *Grassmann 1862*: 296n, 533n.

Grau, Kurt Joachim. *Grundriss der Logik.* Leipzig and Berlin: Teubner, 1918.
Cited: **10** *Grau 1918*: 390n.

Grebe, Leonhard. "Über die Gravitationsverschiebung der Fraunhoferschen Linien." *Physikalische Zeitschrift* 21 (1920): 662–666.
Cited: **10** *Grebe 1920*: 410n.

Grebe, Leonhard, and Bachem, Albert. "Über den Einsteineffekt im Gravitationsfeld der Sonne." *Deutsche Physikalische Gesellschaft. Verhandlungen* 21 (1919): 454–464.
Cited: **7** *Grebe and Bachem 1919*: 281n, 349n. **9** *Grebe and Bachem 1919*: 87n, 296n, 325n, 336n. **10** *Grebe and Bachem 1919*: 251n, 252n.

———. "Die Einsteinsche Gravitationsverschiebung im Sonnenspektrum der Stickstoffbande λ= 3883 A E." *Zeitschrift für Physik* 2 (1920): 415–422.
Cited: **7** *Grebe and Bachem 1920b*: 281n, 349n. **10** *Grebe and Bachem 1920b*: 316n, 337n, 349n, 365n, 372n, 413n.

———. "Über die Einsteinverschiebung im Gravitationsfeld der Sonne." *Zeitschrift für Physik* 1 (1920): 51–54.
Cited: **7** *Grebe and Bachem 1920a*: 281n, 349n. **9** *Grebe und Bachem 1920*. 325n, 328n, 330n, 336n, 402n, 458n, 472n, 479n, 482n, 499n. **10** *Grebe and Bachem 1920a*: 251n, 337n, 372n.

Greenberg, Louis. *The Jews in Russia: The Struggle for Emancipation.* 2 vols. in one. Vol. 2, *1881–1917.* New Haven: Yale University Press, 1965.
Cited: **7** *Greenberg 1965*: 429n.

[Grelling, Richard.] *J'accuse!* Anton Suter, ed. Lausanne: Payot, 1915.
Cited: **8** *Grelling 1915*: 135n.

Groh, Dieter. "Der Umsturz von 1918 im Erlebnis der Zeitgenossen." In *Zeitgeist der Weimarer Republik,* pp. 7–32. Schoeps, Hans Joachim, ed. Stuttgart: Klett, 1968.
Cited: **8** *Groh 1968*: 944n.

Grommer, Jakob. *Ganze transzendente Funktionen mit lauter reellen Nullstellen.* Berlin: Reimer, 1914.
Cited: **8** *Grommer 1914*: 485n.

———. "Beitrag zum Energiesatz in der allgemeinen Relativitätstheorie." *Preußische Akademie der Wissenschaften* (Berlin). *Sitzungsberichte* (1919): 860–862.
Cited: **7** *Grommer 1919*: 77n. **9** *Grommer 1919*: 102n.

Groos, Karl. *Die Spiele der Thiere*. Jena: Fischer, 1896.
Cited: **8** *Groos 1896*: 889n.

Grossmann, Marcel. "Die fundamentalen Konstruktionen der nichteuklidischen Geometrie." [Supplement to]: *Programm der Thurgauischen Kantonsschule für das Schuljahr 1903/04*. Frauenfeld: Huber & Co., 1904.
Cited: **5** *Grossmann 1904*: 26n.

———. "Mathematische Begriffsbildung zur Gravitationstheorie." *Naturforschende Gesellschaft in Zürich. Vierteljahrsschrift* 58 (1913): 291–297.
Cited: **4** *Grossmann 1913*: 296, 485n, 502n.

———. "Mise au point mathématique." *Archives des ciences physiques et naturelles* 2 (1920): 497–499.
Cited: **10** *Grossmann 1920*: lii, 430n, 493n, 538n.

Grünbaum, Fritz. "Bemerkungen über die Grenzen des Relativitätsprinzips." *Deutsche Physikalische Gesellschaft. Verhandlungen* 13 (1911): 851–865.
Cited: **7** *Grünbaum 1911*: 102.

Grundmann, Herbert. Gebhardt. *Handbuch der Deutschen Geschichte*. 9th rev. ed. Vol. 4, part 1. Stuttgart: Union, 1973.
Cited: **8** *Grundmann 1973*: 944n, 965n. **10** *Grundmann 1973*: 123n.

Grundmann, Siegfried. *Einsteins Akte*. Heidelberg: Springer, 1998.
Cited: **7** *Grundmann 1998*: 106, 334n. **9** *Grundmann 1998*: 275n. **10** *Grundmann, S. 1998*: 416n.

Grüneisen, Eduard. "1. Die elastischen Konstanten der Metalle bei kleinen Deformationen. II. Torsionsmodul, Verhältnis von Querkontraktion zu Längsdilatation und kubische Kompressibilität." *Annalen der Physik* 25 (1908): 825–851.
Cited: **3** *Grüneisen 1908*: 412, 414n, 471, 476n.

———. "Zur Theorie einatomiger fester Körper." Reprinted in *Physikalische Zeitschrift* 12 (1911): 1023–1028.
Cited: **5** *Grüneisen 1911*: 415n.

———. "Théorie moléculaire des corps solides." In *La structure de la matière. Rapports et discussions du Conseil de Physique tenu à Bruxelles du 27 au 31 octobre 1913, sous les auspices de l'Institut International de Physique Solvay*, pp. 243–280. Goldschmidt, Robert, de Broglie, Maurice, and Lindemann, Frederick A., eds. Paris: Gauthier-Villars, 1921.
Cited: **3** *Grüneisen 1921*: 513n. **4** *Grüneisen 1921*: 554n. **5** *Grüneisen 1921*. **6** *Grüneisen 1921*.

Grüneisen, Eduard, and Goens, Erich. "Schallgeschwindigkeit in Stickstofftetroxyd. Eine untere Grenze seiner Dissoziationsgeschwindigkeit." *Annalen der Physik* 72 (1923): 193–220.
Cited: **7** *Grüneisen and Goens 1923*: 331n.

Grüneisen, Eduard, et al. "Discussion" following **3** *Grüneisen 1921/* **4** *Grüneisen 1921/* **5** *Grüneisen 1921/* **6** *Grüneisen 1921*. In *La structure de la matière. Rapports et discussions du Conseil de Physique tenu à Bruxelles du 27 au 31 octobre 1913, sous les auspices de l'Institut International de Physique Solvay*, pp. 281–301. Goldschmidt, Robert, de Broglie, Maurice, and Lindemann, Frederick A., eds. Paris: Gauthier-Villars, 1921.
Cited: **3** *Grüneisen et al. 1921*: 513n. **4** *Grüneisen et al. 1921*: 554n, 555n. **5** *Grüneisen et al. 1921*: 419n. **6** *Grüneisen et al. 1921*: 39n.

Gruner, Paul. "Über eine Erweiterung der Lorentzschen Elektronentheorie der Metalle." *Deutsche Physikalische Gesellschaft. Verhandlungen* 10 (1908): 509–536.
Cited: **5** *Gruner 1908*: 147n.

———. "Über die Bewegung der freien Elektronen in den Metallen." *Physikalische Zeitschrift* 10 (1909): 48–51.
Cited: **5** *Gruner 1909*: 147n.

Guggenbühl, Gottfried. "Geschichte der Eidgenössischen Technischen Hochschule in Zürich." In *Eidgenössische Technische Hochschule, 1855–1955—École polytechnique fédérale, 1855–1955*, pp. 1–257. Zurich: Buchverlag der Neuen Zürcher Zeitung, 1955.
Cited: **1** *Guggenbühl 1955*. **2** *Guggenbühl 1955*: 174. **5** *Guggenbühl 1955*: 333n. **9** *Guggenbühl 1955*.

Guillaume, Edouard. "Sur la vitesse de la lumière." *Archives des sciences physiques et naturelles* 37 (1914): 256–257.
Cited: **6** *Guillaume 1914*: 67n.

———. "Les bases de la physique moderne." *Archives des sciences physiques et naturelles*

43 (1917): 5–21, 89–112, 185–198.
Cited: **8** *Guillaume 1917a*: 524n, 526n.

———. "Sur la possibilité d'exprimer la théorie de la relativité en fonction du temps et des longueurs universels." *Archives des sciences physiques et naturelles* 44 (1917): 48–52.
Cited: **8** *Guillaume 1917b*: 524n, 526n.

———. "Displacement of Solar Lines and the Einstein Effect." *The Observatory* 43 (1920): 227–228.
Cited: **10** *Guillaume 1920c*: lii, 332n.

———. "Displacement of Solar Lines and the Einstein Effect." *The Observatory* 43 (1920): 288–290.
Cited: **10** *Guillaume 1920d*: lii, 332n.

———. "Représentation et mesure du temps." *Archives des sciences physiques et naturelles* 2 (1920): 125–146.
Cited: **9** *Guillaume 1920*: liii, 381n, 412n, 433n, 450n, 537n. **10** *Guillaume 1920a*: 264n, 327n, 331n, 586c.

———. "Sur l'impossibilité de considérer comme des périodes les paramètres représentant le temps dans la théorie de la relativité. Application au déplacement des raies solaires." *Archives des sciences physiques et naturelles* 2 (1920): 248–250.
Cited: **10** *Guillaume 1920b*: 327n, 331n, 360n, 421n, 538n.

———. "Expression mono et polyparamétrique du temps dans la théorie de la relativité." In *Comptes rendus du Congrès International des Mathématiciens (Strasbourg, 22–30 septembre 1920)*, pp. 594–602. Villat, Henri, ed. Toulouse, 1921.
Cited: **10** *Guillaume 1921*: 538n.

Guillaume, Edouard, and Willigens, Charles. "Sur l'introduction du temps universel dans la théorie de la gravitation." *Archives des sciences physiques et naturelles* 2 (1920): 253–254.
Cited: **10** *Guillaume and Willigens 1920*: 421n, 538n.

Gulick, Charles A. *Austria from Habsburg to Hitler*. Berkeley: University of California Press, 1948.
Cited: **9** *Gulick 1948*: 496n.

Gülzow, Erwin. "Der Bund 'Neues Vaterland'. Probleme der bürgerlich-pazifistischen Demokratie im ersten Weltkrieg (1914–1918)." Doctoral dissertation, Humboldt University, 1969.
Cited: **8** *Gülzow 1969*: liii, 210n, 342n, 343n.

Gumbel, Emil J. *Zwei Jahre Mord*. Berlin: Neues Vaterland, 1921.
Cited: **9** *Gumbel 1921*: 488n, 499n. **10** *Gumbel 1921*: 451n.

———. *Vier Jahre politischer Mord*. Berlin-Fichtenau: Verlag der Neuen Gesellschaft, 1922.
Cited: **9** *Gumbel 1922*: 488n, 499n. **10** *Gumbel 1922*: 451n.

Günther, Ludwig. "Die wissenschaftlichen Grundlagen der Photographie." *Die Umschau* 13 (1909): 894–897.
Cited: **5** *Günther 1909*: 214n, 219n.

Günther, Paul. "Über die innere Reibung des Wasserstoffs bei tiefen Temperaturen." *Preußische Akademie der Wissenschaften* (Berlin). *Sitzungsberichte* (1920): 720–726.
Cited: **10** *Günther 1920*: 500n.

Gutzwiller, Martin C. *Chaos in Classical and Quantum Mechanics*. New York: Springer, 1990.
Cited: **6** *Gutzwiller 1990*: xxv, 567n.

Guye, Charles-Eugène, and Lavanchy, Charles. "Vérification expérimentale de la formule de Lorentz–Einstein par les rayons cathodiques de grand vitesse." *Académie des sciences* (Paris). *Comptes rendus* 164 (1915): 52–55.
Cited: **8** *Guye and Lavanchy 1915*: 909n.

———. "Vérification expérimentale de la formule de Lorentz-Einstein par les rayons cathodiques de grand vitesse." *Archives des sciences physiques et naturelles* 42 (1916): 286–299, 353–373, 441–448.
Cited: **2** *Guye and Lavanchy 1916*: 272. **7** *Guye and Lavanchy 1916*: 572n. **8** *Guye and Lavanchy 1916*: 815n, 914n. **9** *Guye and Lavanchy 1916*: 355n, 373n, 406n.

Guye, Charles-Eugène, and Ratnowsky, Simon. "Sur la variation de l'inertie de l'électron en fonction de la vitesse dans les rayons cathodiques et sur le principe de relativité." *Académie des sciences* (Paris). *Comptes rendus* 150 (1910): 326–329.
Cited: **8** *Guye and Ratnowsky 1910*: 815n, 909n. **9** *Guye and Lavanchy 1910*.

Guyou, Emile. "Note relative à la communication de M. Marey." *Académie des sciences* (Paris). *Comptes rendus* 119 (1894): 717–718.
Cited: **3** *Guyou 1894*: 127n.

Haas, Ludwig. "Der 'Wilson-Frieden'." *Berliner Tageblatt*, 9 May 1919, Morning Edition
Cited: **9** *Haas 1919*: 64n.

Habberton, John. *Andrer Leute Kinder, oder, Bob und Teddi in der Fremde*. Leipzig:

Reclam, 1886.
Cited: **10** *Habberton 1886*: 464n.

Haber, Charlotte. *Mein Leben mit Fritz Haber. Spiegelungen der Vergangenheit*. Düsseldorf: Econ, 1970.
Cited: **9** *Haber, Ch. 1970*: 124n.

Haber, Fritz. "Über feste Elektrolyte, ihre Zersetzung durch den Strom und ihr elektromotorisches Verhalten in galvanischen Ketten." *Annalen der Physik* 26 (1908): 927–973.
Cited: **3** *Haber 1908*: 576.

———. "Elektronenemission bei den chemischen Reaktionen." In *Verhandlungen der Gesellschaft Deutscher Naturforscher und Ärzte. 83. Versammlung zu Karlsruhe, 24.–29. September 1911*. Part 1, pp. 215–229. Witting, Alexander, ed. Leipzig: Vogel, 1911.
Cited: **5** *Haber 1911a*: 378n.

———. "Über den festen Körper sowie über den Zusammenhang ultravioleter und ultraroter Eigenwellenlängen im Absorptionsspektrum fester Stoffe und seine Benutzung zur Verknüpfung der Bildungswärme mit der Quantentheorie." In *Deutsche Physikalische Gesellschaft. Verhandlungen* 13 (1911): 1117–1136.
Cited: **5** *Haber 1911b*: 353n, 378n, 379n, 418n.

———. "Beitrag zur Kenntnis der Metalle." *Preußische Akademie der Wissenschaften* (Berlin). *Sitzungsberichte* (1919): 506–518.
Cited: **9** *Haber, F. 1919*: 86n.

Haberer, Erich. "Cosmopolitanism, Antisemitism and Populism: A Reappraisal of the Russian and Jewish Response to the Pogroms of 1881–1882." In *Pogroms: Anti-Jewish Violence in Modern Russian History*, pp. 98–134. Klier, John D., and Lambroza, Schlomo, eds. Cambridge: Cambridge University Press, 1992.
Cited: **7** *Haberer 1992*: 429n.

Habicht, Conrad, and Habicht, Paul. "Elektrostatischer Potentialmultiplikator nach A. Einstein." *Physikalische Zeitschrift* 11 (1910): 532–535.
Cited: **2** *Habicht and Habicht 1910*: 222, 492n. **5** *Habicht and Habicht 1910*: 55n, 231n.

Habicht, Paul. "Essai de démonstration avec le multiplicateur de potentiel d'après Einstein." *Archives des sciences physiques et naturelles* 33 (1912): 258–259.
Cited: **5** *Habicht, P. 1912*: 438n.

Hackmann, W. D. *Electricity from Glass: The History of the Frictional Electrical Machine 1600–1850*. Alphen aan den Rijn: Sijthoff & Noordhoff, 1978.
Cited: **5** *Hackmann 1978*: 55n.

Haeckel, Ernst. *Die Welträtsel. Gemeinverständliche Studien über Monistische Philosophie*. Leipzig: Kröner, 1908.
Cited: **9** *Haeckel 1908*: 348n.

Haga, Herman, and Wind, Cornelis Harm. "Die Beugung von Röntgenstrahlen." *Annalen der Physik* 68 (1899): 884–895.
Cited: **7** *Haga and Wind 1899*: 53n. **8** *Haga and Wind 1899*: 874n.

Hagenbach, August, and Konen, Heinrich. *Atlas der Emissionsspektren der meisten Elemente, nach photographischen Aufnahmen*. Jena: Fischer, 1905.
Cited: **5** *Hagenbach and Konen 1905*: 129n.

Hager, Hermann, et al. *Hagers Handbuch der pharmazeutischen Praxis. Für Apotheker, Ärzte, Drogisten, und Medizinalbeamte*. 2 vols. Berlin: Springer, 1910.
Cited: **10** *Hager 1910*: 139n.

Hahlweg, Werner, ed. *Lenins Rückkehr nach Russland, 1917. Die deutschen Akten*. Leiden: Brill, 1957.
Cited: **10** *Hahlweg 1957*: 184n.

Hale, George E. "Preliminary Results of an Attempt to Detect the General Magnetic Field of the Sun." *Astrophysical Journal* 38 (1913): 27–98.
Cited: **5** *Hale 1913*: 567n.

Hale, George E., and Adams, Walter S. "Photography of the 'Flash' Spectrum without an Eclipse." *Astrophysical Journal* 30 (1909): 222–230.
Cited: **5** *Hale and Adams 1909*: 329n, 330n.

Haller, Rudolf, and Stadler, Friedrich, eds. *Ernst Mach: Werk und Wirkung*. Vienna: Hölder-Pichler-Tempsky, 1988.
Cited: **6** *Haller and Stadler 1988*.

Halm, Jacob. "Über eine bisher unbekannte Verschiebung der Fraunhoferschen Linien des Sonnenspektrums." *Astronomische Nachrichten* 173 (1907): cols. 273–288.
Cited: **5** *Halm 1907*: 323n.

Halperin, William S. *Germany Tried Democracy*. Norton: New York, 1946.
Cited: **9** *Halperin 1946*: 389n.

Halpern, Ben. *A Clash of Heroes: Brandeis, Weizmann, and American Zionism*. New York: Oxford University Press, 1987.
Cited: **7** *Halpern 1987*: 234.

Hamburger, Margarete. *Das Form-Problem in*

der neueren deutschen Ästhetik und Kunsttheorie. Heidelberg: Winter, 1915.
Cited: **8** *Hamburger 1915*: 723n, 1024c.

Hamel, Georg. "Zur Einsteinschen Gravitationstheorie." *Berliner Mathematische Gesellschaft. Sitzungsberichte* (1920): 65–73.
Cited: **9** *Hamel 1920*: 456n.

Hamp, Pierre. *Les chercheurs d'or*. Paris: Éditions de la Nouvelle revue française, 1920.
Cited: **9** *Hamp 1920*: 496n.

Hansen, Adolf. *Goethes Metamorphose der Pflanzen. Geschichte zu einer botanischen Hypothese*. Giessen: Töpelmann, 1907.
Cited: **8** *Hansen 1907*: 889n.

Harman, Peter M. *Energy, Force, and Matter: The Conceptual Development of Nineteenth-Century Physics*. Cambridge: Cambridge University Press, 1982.
Cited: **4** *Harman 1982*: 534n. **6** *Harman 1982*: 170n, 189n.

———. *The Natural Philosophy of James Clerk Maxwell*. Cambridge: Cambridge University Press, 1998.
Cited: **7** *Harman 1998*: 279n.

Harress, Franz. *Die Geschwindigkeit des Lichtes in bewegten Körpern*. Erfurt: Ohlenrothsche Buchdruckerei Georg Richters, [1912].
Cited: **6** *Harress 1912*: 28n. **9** *Harress 1912*: 209n.

Harris, Brayton. *The Navy Times Book of Submarines: A Political, Social, and Military History*. New York: Berkley Books, 1997.
Cited: **9** *Harris 1997*: 238n.

Harrison, Frederic. "The Theory of Space: Practical Certainty and Relative Truth." *The Times* (London), 21 November 1919.
Cited: **9** *Harrison 1919*: 245n.

Hartmann, Eduard. "Einsteins allgemeine Relativitätstheorie." *Philosophisches Jahrbuch der Görresgesellschaft* [Fulda] 30 (1917): 363–387.
Cited: **8** *Hartmann 1917b*: 440n.

———. "Raum und Zeit im Lichte der neuesten physikalischen Theorien." *Philosophisches Jahrbuch der Görresgesellschaft* [Fulda] 30 (1917): 1–24.
Cited: **8** *Hartmann 1917a*: 440n.

Hartmann, Johannes F. "Investigations of the Spectrum and Orbit of Delta Orionis." *Astrophysical Journal* 19 (1904): 268–286.
Cited: **9** *Hartmann 1904*: 27n.

Harzer, Paul. *Die Sterne und der Raum*. Kiel: Lipsius & Tischer, 1908.
Cited: **8** *Harzer 1908*: 394n, 898n.

———. "Bemerkungen zu meinem Artikel in Nr. 4748 im Zusammenhange mit den vorstehenden Bemerkungen des Herrn Einstein." *Astronomische Nachrichten* 199 (1914): cols. 9–12.
Cited: **6** *Harzer 1914b*: 43n. **9** *Harzer 1914b*: 209n.

———. "Über die Mitführung des Lichtes in Glas und die Aberration." *Astronomische Nachrichten* 198 (1914): cols. 377–392.
Cited: **6** *Harzer 1914a*: 26, 28n, 43n. **9** *Harzer 1914a*: 209n.

Hasenclever, Walter. *Jenseits. Drama in 5 Akten*. Berlin: Rowohlt, 1920.
Cited: **9** *Hasenclever 1920*: 610c.

Hasenöhrl, Fritz. "Zur Theorie der Strahlung in bewegten Körpern." *Annalen der Physik* 15 (1904): 344–370.
Cited: **2** *Hasenöhrl 1904*: 260, 269, 590n.

———. "Zur Theorie der Strahlung in bewegten Körpern. Berichtigung." *Annalen der Physik* 16 (1905): 589–592.
Cited: **2** *Hasenöhrl 1905*: 269.

———. "Zur Thermodynamik bewegter Systeme." *Kaiserliche Akademie der Wissenschaften* (Vienna). *Mathematisch-naturwissenschaftliche Klasse. Abteilung IIa. Sitzungsberichte* (1907): 1391–1405.
Cited: **5** *Hasenöhrl 1907*: 107n.

———. "Bericht über die Trägheit der Energie." *Jahrbuch der Radioaktivität und Elektronik* 6 (1909): 485–502.
Cited: **2** *Hasenöhrl 1909b*: 269.

———. "Über die Umwandlung kinetischer Energie in Strahlung." *Physikalische Zeitschrift* 10 (1909): 829–830.
Cited: **2** *Hasenöhrl 1909a*: 588–589, 590n.

———. "Über den Widerstand, welchen die Bewegung kleiner Körperchen in einem mit Hohlraumstrahlung erfüllten Raume erleidet." *Kaiserliche Akademie der Wissenschaften* (Vienna). *Mathematisch-naturwissenschaftliche Klasse. Sitzungsberichte* 119 (1910): 1327–1349.
Cited: **2** *Hasenöhrl 1910*: 590n.

———. "Die Erhaltung der Energie und die Vermehrung der Entropie." In *Die Kultur der Gegenwart. Ihre Entwicklung und ihre Ziele*. Hinneberg, Paul, ed. Part 3, sec. 3, vol. 1, *Physik*, pp. 661–691. Warburg, Emil, ed. Leipzig: Teubner, 1915.
Cited: **4** *Hasenöhrl 1915*: 534n.

Hasse, Max. A. *Einsteins Relativitätslehre*. 2d ed. Magdeburg: Private author printing,

ca. 1920.
Cited: **9** *Hasse 1920*: 593c. **10** *Hasse 1920*: 461n.

Hauptmann, Gerhart. *Hannele. Traumdichtung in zwei Teilen*. Berlin: Fischer, 1894. 5th ed. of 1897 entitled: *Hanneles Himmelfahrt. Traumdichtung in zwei Teilen*.
Cited: **1** *Hauptmann 1894*: 56n.

Havas, Peter. "The Early History of the 'Problem of Motion' in General Relativity." In *Einstein and the History of General Relativity*, pp. 234–276. Howard, Don, and Stachel, John, eds. Boston: Birkhäuser, 1989.
Cited: **7** *Havas 1989*: 457n. **8** *Havas 1989*: 420n.

———. "The General-Relativistic Two-Body Problem and the Einstein–Silberstein Controversy." In *The Attraction of Gravitation: New Studies in the History of General Relativity*, pp. 88–125. Earman, John, Janssen, Michel, and Norton, John D., eds. Boston: Birkhäuser, 1993.
Cited: **7** *Havas 1993*: 457n. **9** *Havas 1993*: 245n.

———. "Einstein, Relativity and Gravitation Research in Vienna before 1938." In *The Expanding Worlds of General Relativity*, pp. 161–206. Goenner, Hubert, Renn, Jürgen, Ritter, Jim, and Sauer, Tilman, eds. Boston: Birkhäuser, 1999.
Cited: **7** *Havas 1999*: 101. **9** *Havas 1999*: 437n.

Hawking, Stephen W., and Ellis, George F. *The Large-Scale Structure of the Universe*. Cambridge: Cambridge University Press, 1973.
Cited: **8** *Hawking and Ellis 1973*: 734n.

Hawkins, Thomas. "The Erlanger Program of Felix Klein: Reflections on Its Place in the History of Mathematics." *Historia Mathematica* 11 (1984): 442–470.
Cited: **9** *Hawkins 1984*: 41n.

Heaviside, Oliver. "On the Electromagnetic Effects Due to the Motion of Electrification through a Dielectric." *Philosophical Magazine* 27 (1889): 324–339.
Cited: **5** *Heaviside 1889*: 59n.

———. *Electrical Papers*. Vol. 1. London: Macmillan, 1892.
Cited: **2** *Heaviside 1892*: 309n. **4** *Heaviside 1892*: 102n, 103n. **7** *Heaviside 1892*: 98n.

Hebel, Johann Peter. *Der Rheinländische Hausfreund oder Neuer Calender, auf das Jahr 1809, mit lehrreichen Nachrichten und lustigen Erzählungen*. Karlsruhe: Im Verlag des Großherzogl. Lyceums, [1809].
Cited: **5** *Hebel 1809*: 20n.

Heilbron, John L. "The Kossel-Sommerfeld Theory and the Ring Atom." *Isis* 58 (1967): 450–485.
Cited: **8** *Heilbron 1967*: 562n, 784n, 815n.

———. *Electricity in the 17th and 18th Centuries: A Study of Early Modern Physics*. Berkeley: University of California Press, 1979.
Cited: **5** *Heilbron 1979*: 55n.

———. *The Dilemmas of an Upright Man: Max Planck as Spokesman for German Science*. Berkeley: University of California Press, 1986.
Cited: **4** *Heilbron 1986*: 564n. **5** *Heilbron 1986*: 204n. **7** *Heilbron 1986*: 62n. **8** *Heilbron 1986*: 32n, 151n, 286n, 459n. **9** *Heilbron 1986*: 59n, 115n, 239n. **10** *Heilbron 1986*: 272n.

Heim, Karl. *Das Weltbild der Zukunft. Eine Auseinandersetzung zwischen Philosophie, Naturwissenschaft und Theologie*. Berlin: Schwetschke, 1904.
Cited: **8** *Heim 1904*: 889n.

Heine, Eduard. *Handbuch der Kugelfunctionen, Theorie und Anwendungen*. 2d rev. ed. Vol. 1, *Theorie der Kugelfunctionen und der verwandten Functionen*. Berlin: Reimer, 1878.
Cited: **1** *Heine 1878*: 262n.

———. *Handbuch der Kugelfunctionen, Theorie und Anwendungen*. 2d rev. ed. Vol. 2, *Anwendungen der Kugelfunctionen und der verwandten Functionen*. Berlin: Reimer, 1881.
Cited: **1** *Heine 1881*: 262n, 305n.

Heis, Eduard, and Eschweiler, Thomas Joseph. *Lehrbuch der Geometrie zum Gebrauche an höheren Lehranstalten*. 4th rev. ed. Part 2, *Stereometrie*. Cologne: DuMont-Schauberg, 1881.
Cited: **1** *Heis and Eschweiler 1881*: 3n.

Heisenberg, Werner. *Encounters with Einstein and Other Essays on People, Places, and Particles*. Princeton, Princeton University Press, 1989.
Cited: **7** *Heisenberg 1989*: 113.

Heitz, Gerhard, et al. *Geschichte der Universität Rostock 1419–1969. Festschrift zur Fünfhundertfünfzig-Jahr-Feier der Universität*. Vol. 1, *Die Universität von 1419–1945*. Berlin: Deutscher Verlag der Wissenschaften, 1969.
Cited: **10** *Heitz 1969*: 257n.

Heller, Robert. *Die Caissonkrankheit. Eine Monographie*. Zurich: Leemann, 1912.

Cited: **5** *Heller 1912*: 415n.
Heller, Steven. *The Swastika: Symbol beyond Redemption?* New York: Allworth Press, 2000.
Cited: **10** *Heller 2000*: 395n.
Helmholtz, Hermann von. *Über die Erhaltung der Kraft. Eine physikalische Abhandlung.* Berlin: Reimer, 1847.
Cited: **4** *Helmholtz 1847*: 523, 534n.
———. "Über die Thatsachen, die der Geometrie zum Grunde liegen." *Nachrichten von der Königlichen Gesellschaft der Wissenschaften und der Georg-Augusts-Universität zu Göttingen* (1868): 193–221.
Cited: **7** *Helmholtz 1868*: 403n. **9** *Helmholtz 1868*: 235n, 236n, 588c.
———. "On the Modern Development of Faraday's Conception of Electricity." *Journal of the Chemical Society* 39 (1881): 277–304. Reprinted in translation as "Die neuere Entwickelung von Faraday's Ideen über Electricität." In *Vorträge und Reden*. Vol. 2, pp. 273–318. Braunschweig: Vieweg, 1884.
Cited: **1** *Helmholtz 1881*: 226n. **5** *Helmholtz 1881*: 281n.
———. *Wissenschaftliche Abhandlungen.* Vol. 1. Leipzig: Barth, 1882.
Cited: **2** *Helmholtz 1882*: xxv.
———. *Wissenschaftliche Abhandlungen.* Vol. 2. Leipzig: Barth, 1883.
Cited: **2** *Helmholtz 1883*: xxv.
———. "Über den Ursprung und die Bedeutung der geometrischen Axiome." In *Vorträge und Reden*. Vol. 2, pp. 1–34. Braunschweig: Vieweg, 1884.
Cited: **6** *Helmholtz 1884*: 538n. **7** *Helmholtz 1884*: 403n, 405n, 571n.
———. *Vorträge und Reden.* 2 vols. Braunschweig: Vieweg, 1884.
Cited: **2** *Helmholtz 1884*: xxv.
———. "Ueber atmosphärische Bewegungen." *Königlich Preußische Akademie der Wissenschaften zu Berlin. Sitzungsberichte* (1888): 647–663.
Cited: **1** *Helmholtz 1888*: 221n.
———. "Ueber atmosphärische Bewegungen. (Zweite Mitteilung). Zur Theorie von Wind und Wellen." *Königlich Preußische Akademie der Wissenschaften zu Berlin. Sitzungsberichte* (1889): 761–780.
Cited: **1** *Helmholtz 1889*: 221n.
———. "Das Princip der kleinsten Wirkung in der Electrodynamik." *Annalen der Physik und Chemie* 47 (1892): 1–26.

Cited: **1** *Helmholtz 1892*: 223, 226n. **2** *Helmholtz 1892*: 260.
———. "Elektromagnetische Theorie der Farbenzerstreuung." *Annalen der Physik und Chemie* 48 (1893): 389–405, 723–725.
Cited: **1** *Helmholtz 1893*: 226n.
———. *Wissenschaftliche Abhandlungen.* Vol. 3. Leipzig: Barth, 1895.
Cited: **1** *Helmholtz 1895*: 221n, 226n. **2** *Helmholtz 1895*: xxv.
———. *Vorlesungen über die elektromagnetische Theorie des Lichts.* König, Arthur, and Runge, Carl, eds. Hamburg and Leipzig: Voss, 1897.
Cited: **1** *Helmholtz 1897*: 224, 230n, 235n, 238n. **2** *Helmholtz 1897*: 260.
———. *Vorlesungen über theoretische Physik.* Vol. 1, part 2, *Vorlesungen über die Dynamik discreter Massenpunkte.* Krigar-Menzel, Otto, ed. Leipzig: Barth, 1898.
Cited: **3** *Helmholtz 1898*: 5, 126n, 128n.
———. *Vorlesungen über Theorie der Wärme.* Richarz, Franz, ed. Leipzig: Barth, 1903.
Cited: **2** *Helmholtz 1903*: 42, 235n.
———. *Vorlesungen über theoretische Physik.* Vol. 4, *Elektrodynamik und Theorie des Magnetismus.* Krigar-Menzel, Otto, and Laue, Max, eds. Leipzig: Barth, 1907.
Cited: **3** *Helmholtz 1907*: 9, 396n. **5** *Helmholtz 1907*: 42n.
———. *Zwei Vorträge über Goethe. Goethe's naturwissenschaftliche Arbeiten. Goethe's Vorahnungen kommender naturwissenschaftlicher Ideen.* Braunschweig: Vieweg, 1917.
Cited: **6** *Helmholtz 1917*: 569, 570n.
Hemleben, Johannes. *Ernst Haeckel in Selbstzeugnissen und Bilddokumenten.* Reinbek bei Hamburg: Rowohlt, 1964.
Cited: **9** *Hemleben 1964*: 348n, 358n.
Henle, Jakob. *Von den Miasmen und Kontagien und von den miasmatisch-kontagiösen Krankheiten.* 2d ed. Leipzig: Barth, 1910.
Cited: **8** *Henle 1910*: 496n. **10** *Henle 1910*: 105n.
Henning, Eckart, and Kazemi, Marion. *Chronik der Kaiser-Wilhelm-Gesellschaft zur Förderung der Wissenschaften.* Berlin: Archiv zur Geschichte der Max-Planck-Gesellschaft, 1988.
Cited: **7** *Henning and Kazemi 1988*: 424n.
Henri, Victor. "Etude cinématographique des mouvements browniens." *Académie des sciences (Paris). Comptes rendus* 146 (1908):

1024–1026.
Cited: **2** *Henri 1908*: 220, 559n.
Henry, Joseph. "On the Production of Currents and Sparks of Electricity from Magnetism." *American Journal of Science and Arts* 22 (1832): 403–408.
Cited: **1** *Henry 1832*: 9n.
Hentschel, Klaus. "Die Korrespondenz Einstein–Schlick: Zum Verhältnis der Physik zur Philosophie." *Annals of Science* 43 (1986): 475–488.
Cited: **8** *Hentschel 1986*: 221n.

———. *Interpretationen und Fehlinterpretationen der speziellen und der allgemeinen Relativitätstheorie durch Zeitgenossen Albert Einsteins*. Basel: Birkhäuser, 1990.
Cited: **3** *Hentschel 1990*: 479. **7** *Hentschel 1990*: xxxv, 102, 105, 112, 122n, 280n, 359n. **8** *Hentschel 1990*: 868n. **9** *Hentschel 1990*: 204n. **10** *Hentschel 1990*: lii, 64n, 261n, 289n, 333n, 506n.

———. "Die vergessene Rezension der 'Allgemeinen Erkenntnislehre' Moritz Schlicks durch Hans Reichenbach—Ein Stück Philosophiegeschichte." *Erkenntnis* 35 (1991): 11–28.
Cited: **9** *Hentschel 1991b*: 510n.

———. "Julius und die anomale Dispersion: Facetten der Geschichte eines gescheiterten Forschungsprogrammes." *Universität Hamburg. Studien aus dem Philosophischen Seminar* 3, Heft 6. Universität Hamburg, April 1991.
Cited: **4** *Hentschel 1991*: 511n. **5** *Hentschel 1991*: 313n, 317n, 328n. **9** *Hentschel 1991a*: liii, 249n. **10** *Hentschel 1991*: 252n.

———. "Grebe/Bachems photometrische Analyse der Linienprofile und die Gravitations-Rotverschiebung: 1919 bis 1922." *Annals of Science* 49 (1992): 21–46.
Cited: **7** *Hentschel 1992*: 281n, 349n, 575n. **8** *Hentschel 1992*: 14n. **9** *Hentschel 1992*: 325n, 328n.

———. "The Conversion of St. John: A Case Study on the Interplay of Theory and Experiment." *Science in Context* 6 (1993): 137–194.
Cited: **6** *Hentschel 1993*: 539n.

———. "The Discovery of the Redshift of Solar Fraunhofer Lines by Rowland and Jewell in Baltimore around 1890." *Historical Studies in the Physical and Biological Sciences* 23 (1993): 219–277.
Cited: **9** *Hentschel 1993*: liii, 325n.

———. "Erwin Finlay Freundlich and Testing Einstein's Theory of Relativity." *Archive for History of Exact Sciences* 47 (1994): 143–201.
Cited: **6** *Hentschel 1994*: 243n, 339n, 373n, 539n. **8** *Hentschel 1994*: 14n, 89n, 95n, 257n. **9** *Hentschel 1994*: 26n, 305n.

———. *The Einstein Tower: An Intertexture of Dynamic Construction, Relativity Theory, and Astronomy*. Hentschel, Ann, trans. Stanford: Stanford University Press, 1997.
Cited: **8** *Hentschel 1997*: 257n, 471n, 684n. **9** *Hentschel 1997*: liii, 113n, 178n, 360n, 606c, 614c.

———. *Zum Zusammenspiel von Instrument, Experiment und Theorie. Rotverschiebung im Sonnenspektrum und verwandte spektrale Verschiebungseffekte von 1880 bis 1960*. Hamburg: Kovač, 1998.
Cited: **7** *Hentschel 1998*: 348n–349n, 357n. **9** *Hentschel 1998*: liii, 38n. **10** *Hentschel 1998*: 225n, 317n, 383n.

Hentschel, Klaus, and Tobies, Renate, eds. *Brieftagebuch zwischen Max Planck, Carl Runge, Bernhard Karsten und Adolf Leopold*. Berlin: ERS, 1999.
Cited: **9** *Hentschel and Tobies 1999*: 76n.

Herbart, Johann Friedrich. *Sämmtliche Werke*. Vol. 1, *Schriften zur Einleitung in die Philosophie*. Hartenstein, G., ed. Leipzig: Voss, 1850.
Cited: **1** *Herbart 1850*: 4n.

Herbert, Ulrich. *Geschichte der Ausländerbeschäftigung in Deutschland 1880 bis 1980. Saisonarbeiter, Zwangsarbeiter, Gastarbeiter*. Berlin: Dietz, 1986.
Cited: **7** *Herbert 1986*: 241n.

Herbig, Gustav, and Reincke-Bloch, Hermann. *Die Fünfhundertjahrfeier der Universität Rostock 1419–1919*. Rostock: Universität Rostock, 1920.
Cited: **9** *Herbig and Reincke-Bloch 1920*: 199n, 240n, 261n.

Herglotz, Gustav. "Über den vom Standpunkt des Relativitätsprinzips aus als 'starr' zu bezeichnenden Körper." *Annalen der Physik* 31 (1910): 393–415.
Cited: **2** *Herglotz 1910*: 427n. **3** *Herglotz 1910*: 478. **5** *Herglotz 1910*: 233n. **10** *Herglotz 1910*: 6n, 9n.

———. "Über die Mechanik des deformierbaren Körpers vom Standpunkt der Relativitätstheorie." *Annalen der Physik* 36 (1911): 493–533.
Cited: **8** *Herglotz 1911*: 370n.

———. "Zur Einsteinschen Gravitationstheorie." *Königlich Sächsische Gesellschaft der Wissenschaften zu Leipzig. Mathematisch-physikalische Klasse. Berichte über die Verhandlungen* 68 (1916): 199–203.
Cited: **8** *Herglotz 1916*: 708n, 712n.

Hermann, Armin. "Albert Einstein und Johannes Stark. Briefwechsel und Verhältnis der beiden Nobelpreisträger." *Sudhoffs Archiv. Vierteljahrsschrift für Geschichte der Medizin und der Naturwissenschaften, der Pharmazie und der Mathematik* 50 (1966): 267–285.
Cited: **2** *Hermann 1966*: xxxiii, 267.
5 *Hermann 1966*: 144n.

———. "Die frühe Diskussion zwischen Stark und Sommerfeld über die Quantenhypothese." *Centaurus* 12 (1967): 38–59.
Cited: **5** *Hermann 1967*: 144n, 233n.

———. *Frühgeschichte der Quantentheorie (1899–1913)*. Mosbach/Baden: Physik Verlag, 1969.
Cited: **2** *Hermann 1969*: xxxiii, 135, 136.

———. *The Genesis of Quantum Theory (1899–1913)*. Nash, Claude W., trans. Cambridge, Mass.: MIT Press, 1971.
Cited: **3** *Hermann 1971*: 514n. **4** *Hermann 1971*: 110, 173n.

———. *Einstein. Der Weltweise und sein Jahrhundert. Eine Biographie*. Munich: Piper, 1994.
Cited: **10** *Hermann 1994*: 370n, 386n.

———, ed. *Albert Einstein–Arnold Sommerfeld, Briefwechsel*. Basel: Schwabe, 1968.
Cited: **8** *Hermann 1968*: 147n, 208n, 261n, 628n, 671n, 838n.

Herneck, Friedrich. "Zum Briefwechsel Albert Einsteins mit Ernst Mach." *Forschungen und Fortschritte* 37 (1963): 239–243.
Cited: **5** *Herneck 1963*: 204n, 584n.

———. "Die Beziehungen zwischen Einstein und Mach, dokumentarisch dargestellt." *Wissenschaftliche Zeitschrift der Friedrich-Schiller-Universität Jena. Mathematisch-naturwissenschaftliche Reihe* 15 (1966): 1–14.
Cited: **2** *Herneck 1966b*: xxxiii. **5** *Herneck 1966a*: 205n.

———. "Über ein Manuskript Albert Einsteins zur Quantentheorie." *Forschungen und Fortschritte* 40 (1966): 41–43.
Cited: **5** *Herneck 1966b*.

———. "Zwei Tondokumente Einsteins zur Relativitätstheorie." *Forschungen und Fortschritte* 40 (1966): 133–135. Reprinted as "Zwei Lautdokumente Einsteins zur Relativitätstheorie." In **2** *Herneck 1976*, pp. 103–108.
Cited: **2** *Herneck 1966a*: xxi, xxiii, 264.

———. *Einstein und sein Weltbild. Aufsätze und Vorträge*. Berlin: Buchverlag Der Morgen, 1976.
Cited: **2** *Herneck 1976*: 264.

———. *Einstein privat. Herta Waldow erinnert sich an die Jahre 1927 bis 1933*. Berlin: Der Morgen, 1978.
Cited: **8** *Herneck 1978*: 562n. **9** *Herneck 1978*: 30n.

Herrigel, Hermann. *Volksbildung und Volksbibliothek: Eine Abrechnung*. Jena: Diederichs, 1916.
Cited: **9** *Herrigel 1916*: 96n.

———. "Erlebnis und Naivität und das Problem der Volksbildung." *Die neue Rundschau* 30 (1919): 1303–1316.
Cited: **9** *Herrigel 1919*: 96n.

Herrmann, Elsa. "Die Trennung von Kirche und Staat im Frankfurter Parlament." Doctoral dissertation, Leipzig, 1920.
Cited: **10** *Herrmann 1920*: 335n.

Hertz, Heinrich. "Ueber die Beziehungen zwischen den Maxwell'schen electrodynamischen Grundgleichungen und den Grundgleichungen der gegnerischen Electrodynamik." *Annalen der Physik und Chemie* 23 (1884): 84–103.
Cited: **2** *Hertz, H. 1884*: 308n.

———. "Ueber sehr schnelle electrische Schwingungen." *Annalen der Physik und Chemie* 31 (1887): 421–448. Reprinted in *Untersuchungen über die Ausbreitung der elektrischen Kraft*, pp. 32–58. Leipzig: Barth, 1892.
Cited: **3** *Hertz, H. 1887*: 400n.

———. "Die Kräfte elektrischer Schwingungen, behandelt nach der Maxwell'schen Theorie." *Annalen der Physik und Chemie* 36 (1889): 1–22. Reprinted in *Untersuchungen über die Ausbreitung der elektrischen Kraft*, pp. 147–170. Leipzig: Barth, 1892.
Cited: **1** *Hertz 1889a*: 259n. **3** *Hertz, H. 1889*: 400n.

———. *Ueber die Beziehungen zwischen Licht und Elektrizität. Ein Vortrag gehalten bei der 62. Versammlung deutscher Naturforscher und Aerzte in Heidelberg*. Bonn: Strauss, 1889.
Cited: **1** *Hertz 1889b*: 6.

———. "Ueber die Grundgleichungen der Elektrodynamik für ruhende Körper." *Annalen*

der Physik und Chemie 40 (1890): 577–624. Reprinted in *Untersuchungen über die Ausbreitung der elektrischen Kraft,* pp. 208–255. Leipzig: Barth, 1892.
Cited: **1** *Hertz 1890a*: 226n. **2** *Hertz, H. 1890a*: 259n. **7** *Hertz 1890*: 321n, 468n.

———. "Ueber die Grundgleichungen der Elektrodynamik für bewegte Körper." *Annalen der Physik und Chemie* 41 (1890): 369–399. Reprinted in *Untersuchungen über die Ausbreitung der elektrischen Kraft,* pp. 256–285. Leipzig: Barth, 1892.
Cited: **1** *Hertz 1890b*: 223, 226n. **2** *Hertz, H. 1890b*: 255, 259, 260, 309n, 535n. **3** *Hertz, H. 1890*: 175n.

———. *Untersuchungen über die Ausbreitung der elektrischen Kraft.* Leipzig: Barth, 1892.
Cited: **1** *Hertz 1892*: 17n, 223, 224, 226n, 227n. **2** *Hertz, H. 1892*: 308n, 309n, 535n. **3** *Hertz, H. 1892*. **4** *Hertz 1892*: 487, 501n. **7** *Hertz 1892*: 321n.

———. *Gesammelte Werke.* Vol. 3, *Die Prinzipien der Mechanik. In neuem Zusammenhange dargestellt.* Lenard, Philipp, ed. Leipzig: Barth (Arthur Meiner), 1894.
Cited: **2** *Hertz, H. 1894*: 51, 75n, 308n.

Hertz, Paul. "Über die mechanischen Grundlagen der Thermodynamik." *Annalen der Physik* 33 (1910): 225–274, 537–552.
Cited: **2** *Hertz, P. 1910a*: 41, 44, 53, 74n, 95n, 96n. **3** *Hertz, P. 1910a*: 314, 315n. **5** *Hertz 1910*: 250n.

———. "Ueber die kanonische Gesamtheit." *Koninklijke Akademie van Wetenschappen te Amsterdam. Wis- en Natuurkunde Afdeeling. Verslagen van de Gewone Vergaderingen* 19 (1910): 824–848.
Cited: **2** *Hertz, P. 1910b*: 41, 74n, 95n. **3** *Hertz, P. 1910b*: 315n.

———. "Ueber einen Boltzmannschen Beweis des zweiten Hauptsatzes." *Königliche Gesellschaft der Wissenschaften zu Göttingen. Mathematisch-physikalische Klasse. Nachrichten* (1912): 566–576.
Cited: **2** *Hertz, P. 1912*: 41.

———. "Über die statistische Mechanik der Raumgesamtheit und den Begriff der Komplexion." *Mathematische Annalen* 74 (1913): 153–203.
Cited: **2** *Hertz, P. 1913b*: 41. **3** *Hertz, P. 1913*: 315n.

———. "Über die statistische Mechanik der Raumgesamtheit und die Wahrscheinlichkeit der Komplexion." *Königliche Gesellschaft der Wissenschaften zu Göttingen. Mathematisch-physikalische Klasse. Nachrichten* (1913): 177–196.
Cited: **2** *Hertz, P. 1913a*: 41.

———. "Statistische Mechanik." In *Kapillarität, Wärme, Wärmeleitung, kinetische Gastheorie und statistische Mechanik.* In *Repertorium der Physik.* Weber, Rudolf H., and Hertz, Paul, eds. Vol. 1, Part 2, *Mechanik und Wärme,* pp. 436–600. Weber, Rudolf H., and Gans, Richard, eds. Leipzig/Berlin: Teubner, 1916.
Cited: **2** *Hertz, P. 1916*: 41, 47, 53. **3** *Hertz, P. 1916*: 8, 244n.

Herzfeld, Karl Ferdinand. "Beiträge zur statistischen Theorie der Strahlung." *Kaiserliche Akademie der Wissenschaften* (Vienna). *Mathematisch-naturwissenschaftliche Klasse. Abteilung IIa. Sitzungsberichte* 121 (1912): 1449–1468.
Cited: **8** *Herzfeld 1912*: 22n, 27n.

———. "Bemerkungen zum Boltzmann'schen Prinzip." *Kaiserliche Akademie der Wissenschaften* (Vienna). *Mathematisch-naturwissenschaftliche Klasse. Abteilung IIa. Sitzungsberichte* 122 (1913): 1553–1561.
Cited: **2** *Herzfeld 1913*: 41.

———. "Zur Statistik des Bohrschen Wasserstoffatommodells." *Annalen der Physik* 51 (1916): 261–284.
Cited: **9** *Herzfeld 1916*: 439n.

———. "Physikalische und Elektrochemie." In *Encyklopädie der mathematischen Wissenschaften, mit Einschluss ihrer Anwendungen.* Vol. 5, *Physik,* part 1, pp. 947–1112. Sommerfeld, Arnold, ed. Leipzig: Teubner, 1903–1921. Issued 1 November 1921.
Cited: **2** *Herzfeld 1921*: 172, 178, 179, 235n.

———. "Fifty Years of Physical Ultrasonics." *Journal of the Acoustical Society of America* 39 (1966): 814–825.
Cited: **7** *Herzfeld 1966*: 331n.

Herzl, Theodor. *Altneuland. Roman.* Leipzig: Seemann, 1902.
Cited: **10** *Herzl 1902*: 415n.

Hess, W. "Review of: **4** *Eötvös 1891/* **5** *Eötvös 1891/* **6** *Eötvös 1891*." *Beiblätter zu den Annalen der Physik* 15 (1891): 688–689.
Cited: **4** *Hess 1891*: 304, 340n, 489, 501n, 510n.

Heß, Walter R. "Beitrag zur Theorie der Viskosität heterogener Systeme." *Kolloid-Zeitschrift* 27 (1920): 1–11.
Cited: **7** *Heß 1920*: 343n.

Hessenberg, Gerhard. "Vektorielle Begründung der Differentialgeometrie." *Mathematische Annalen* 78 (1917–1918): 187–217.
Cited: **7** *Hessenberg 1917*: 80n. **8** *Hessenberg 1917*: 664n, 712n.

Hettner, Gerhard. "Über Gesetzmäßigkeiten in den ultraroten Gasspektren und ihre Deutung." *Zeitschrift für Physik* 1 (1920): 345–354.
Cited: **10** *Hettner 1920*: 298n.

Hiebert, Erwin N. "Nernst, Hermann Walther." In *Dictionary of Scientific Biography*. Vol. 15 (1978) supplement 1, pp. 432–453. Gillispie, Charles C., ed. New York: Scribner's Sons, 1970–1980.
Cited: **3** *Hiebert 1978*: xxi.

———. "Walther Nernst and the Application of Physics to Chemistry." In *Springs of Scientific Creativity: Essays on Founders of Modern Science*, pp. 203–231. Aris, Rutherford, Davis, H. Ted, and Stuewer, Roger H., eds. Minneapolis: University of Minnesota Press, 1983.
Cited: **3** *Hiebert 1983*: xxi.

Hilbert, David. *Grundlagen der Geometrie*. Leipzig: Teubner, 1899.
Cited: **7** *Hilbert 1899*: 403n. **9** *Hilbert 1899*: 72n.

———. "Begründung der kinetischen Gastheorie." *Mathematische Annalen* 72 (1912): 562–577.
Cited: **8** *Hilbert 1912*: 682n. **9** *Hilbert 1912*: 50n.

———. *Grundzüge einer allgemeinen Theorie der linearen Integralgleichungen*. Leipzig: Teubner, 1912.
Cited: **5** *Hilbert 1912*: 502n.

———. "Die Grundlagen der Physik. (Erste Mitteilung)." *Königliche Gesellschaft der Wissenschaften zu Göttingen. Mathematisch-physikalische Klasse. Nachrichten* (1915): 395–407.
Cited: **6** *Hilbert 1915*: 325, 339n, 346n, 410, 416n. **7** *Hilbert 1915*: 76n, 133, 139n. **8** *Hilbert 1915*: liv, 196n, 199n, 202n, 217n, 223n, 289n, 290n, 292n, 294n, 364n, 366n, 460n, 579n, 689n, 707n, 877n, 937n, 943n. **9** *Hilbert 1915*: 88n. **10** *Hilbert 1915*: 37, 64n, 378n.

———. "Die Grundlagen der Physik. (Zweite Mitteilung)." *Königliche Gesellschaft der Wissenschaften zu Göttingen. Mathematisch-physikalische Klasse. Nachrichten* (1917): 53–76.
Cited: **7** *Hilbert 1917*: 139n, 359n. **8** *Hilbert 1917*: 196n, 426n, 437n.

———. "Axiomatisches Denken." *Mathematische Annalen* 78 (1918): 405–415.
Cited: **10** *Hilbert 1918*: 128n.

Hildebrandt, Stefan, and Lax, Peter D. *Otto Toeplitz*. Bonn: Mathematisches Institut der Universität Bonn, 1999.
Cited: **9** *Hildebrandt and Lax 1999*: 230n.

Hiller, Kurt. "Ein Deutsches Herrenhaus." In *Tätiger Geist! Zweites der Ziel-Jahrbücher*, pp. 379–425. Hiller, Kurt, ed. Munich: Müller, 1918.
Cited: **8** *Hiller 1918*: 869n, 872n.

———, ed. "Anhang: Dokumente." In *Das Ziel. Jahrbücher für geistige Politik*. Vol. 3, part 1, pp. 218–223. Leipzig: Wolff, 1919.
Cited: **8** *Hiller 1919*: 869n.

———. *Geist werde Herr. Kundgebungen eines Aktivisten vor, in und nach dem Kriege*. 3d ed. Berlin: Reiß, 1920.
Cited: **9** *Hiller 1920*: 106n.

———. *Leben gegen die Zeit*. 2 vols. Reinbek bei Hamburg: Rowohlt, 1969.
Cited: **8** *Hiller 1969*: 869n.

Hirn, Gustave-Adolphe. *Recherches sur l'équivalent mécanique de la chaleur*. Colmar: Bureau de la Revue d'Alsace, 1858.
Cited: **1** *Hirn 1858*: 87n, 88n.

Hirosige, Tetu. "Electrodynamics before the Theory of Relativity, 1890–1905." *Japanese Studies in the History of Science* 5 (1966): 1–49.
Cited: **2** *Hirosige 1966*: 255, 256, 258, 503, 504. **3** *Hirosige 1966*: 174n, 439n, 449n. **4** *Hirosige 1966*: 550n.

———. "The Ether Problem, the Mechanistic Worldview, and the Origins of the Theory of Relativity." *Historical Studies in the Physical Sciences* 7 (1976): 3–82.
Cited: **1** *Hirosige 1976*. **2** *Hirosige 1976*: xxxiii, 255, 265, 583n.

Hirth, Georg. *Entropie der Keimsysteme und erbliche Entlastung*. Munich: Hirth, 1900.
Cited: **10** *Hirth 1900*: 178n.

Hoefer, Carl. "Einstein's Struggle for a Machian Gravitation Theory." *Studies in History and Philosophy of Science* 25 (1994): 287–335.
Cited: **6** *Hoefer 1994*: xviii, 282n, 418. **7** *Hoefer 1994*: 43n, 576n. **8** *Hoefer 1994*: 357n.

———. "Einstein's Formulations of Mach's Principle." In *Mach's Principle: From Newton's Bucket to Quantum Gravity*, pp. 67–90.

Barbour, Julian B., and Pfister, Herbert, eds. Boston: Birkhäuser, 1995.
Cited: **7** *Hoefer 1995*: 43n. **8** *Hoefer 1995*: 357n.

Hoffmann, Banesh, with the collaboration of Helen Dukas. *Albert Einstein: Creator and Rebel.* New York: Viking, 1972.
Cited: **1** *Hoffmann 1972*: xlii. **5** *Hoffmann 1972*: 560n. **9** *Hoffmann 1972*: 595c.

———, with the collaboration of Helen Dukas. *Albert Einstein. Schöpfer und Rebell.* Zehnder, Jeanette, trans. Dietikon-Zurich: Stocker-Schmid, 1976.
Cited: **1** *Hoffmann 1976*: lvi, 370.

Hoffmann-Holter, Beatrix. *"Abreisendmachung." Jüdische Kriegsflüchtlinge in Wien 1914 bis 1923.* Vienna: Böhlau, 1995.
Cited: **8** *Hoffmann-Holter 1995*: 330n.

Hofmann, W. *Kritische Beleuchtung der beiden Grundbegriffe der Mechanik. Bewegung und Trägheit und daraus gezogene Folgerungen betreffs der Achsendrehung der Erde und des Foucault'schen Pendelversuches.* Vienna: Kuppitsch, 1904.
Cited: **4** *Hofmann 1904*: 498, 503n.

Hoh, Theodor. *Die Stellung der Atomenlehre zur Physik des Aethers. Geschichtlich-physikalische Studie.* Bamberg: Gärtner (Siebenkees), 1885.
Cited: **1** *Hoh 1885*: 330n.

Holl, Karl. "Die 'Vereinigung Gleichgesinnter'. Ein Berliner Kreis pazifistischer Intellektueller im Ersten Weltkrieg." *Archiv für Kulturgeschichte* 54 (1972): 364–384.
Cited: **8** *Holl 1972*: 342n, 532n.

———. *Pazifismus in Deutschland.* Frankfurt a.M.: Suhrkamp, 1988.
Cited: **8** *Holl 1988*.

Holm, E. "Anwendung der neueren Planckschen Quantenhypothese zur Berechnung der rotatorischen Energie des zweiatomigen Gases." *Annalen der Physik* 42 (1913): 1311–1320.
Cited: **4** *Holm 1913*: 285n.

Holmes, Colin. *Anti-Semitism in British Society, 1876–1939.* New York: Holmes and Meier, 1979.
Cited: **7** *Holmes 1979*: 429n.

Holmes, Virginia Iris. "'The Inviolability of Human Life': Pacifism and the Jews in Weimar Germany." Ph.D. dissertation, Binghamton University, New York, 2001.
Cited: **9** *Holmes 2001*: 106n.

Holst, Helge. "Die kausale Relativitätsforderung und Einsteins Relativitätstheorie." *Kongelige Danske Videnskabernes Selskab. Mathematisk-fysiske Meddelelser* 2 (1919): no. 11.
Cited: **9** *Holst 1919*: 351n, 529n. **10** *Holst 1919*: 333n, 342n.

———. "Einige Bemerkungen über die Grundprinzipien der physikalischen Forschung." *Zeitschrift für Physik* 2 (1920): 108–110.
Cited: **10** *Holst 1920b*: 333n, 342n.

———. "Wirft die Relativitätstheorie den Ursachsbegriff über Bord?" *Zeitschrift für Physik* 1 (1920): 32–39.
Cited: **10** *Holst 1920a*: 333n, 342n.

Holt, Sigrid. *Foreign Relief and Rehabilitation: A Bibliography.* New York: Russell Sage Foundation, 1943.
Cited: **9** *Holt 1943*: 253n.

Holtfrerich, Carl-Ludwig. *Die Deutsche Inflation, 1914–1923. Ursachen und Folgen in internationaler Perspektive.* Berlin: De Gruyter, 1980.
Cited: **8** *Holtfrerich 1980*: 453n.

Holton, Gerald. "Influences on Einstein's Early Work in Relativity Theory." *American Scholar* 37 (1967): 59–79.
Cited: **2** *Holton 1967*: 306n.

———. *Thematic Origins of Scientific Thought: Kepler to Einstein.* Cambridge, Mass.: Harvard University Press, 1973. (Rev. ed., 1988.)
Cited: **1** *Holton 1973*: xlii. **2** *Holton 1973*: xxxiii, 222, 265.

———. "Subelectrons, Presuppositions, and the Millikan–Ehrenhaft Dispute." *Historical Studies in the Physical Sciences* 9 (1978): 161–224.
Cited: **3** *Holton 1978*: 508n, 509n. **5** *Holton 1978*: 291n. **8** *Holton 1978*: 459n, 548n. **9** *Holton 1978*: 7n. **10** *Holton 1978*: 296n.

———. "Constructing a Theory: Einstein's Model." *American Scholar* 48 (1979): 309–340.
Cited: **7** *Holton 1979*: 220n.

———. "Einstein's Scientific Program: The Formative Years." In *Some Strangeness in the Proportion: A Centennial Symposium to Celebrate the Achievements of Albert Einstein,* pp. 49–65. Woolf, Harry, ed. Reading, Mass.: Addison-Wesley, 1980.
Cited: **2** *Holton 1980*: 175.

———. *The Advancement of Science and Its Burdens.* Cambridge: Cambridge University Press, 1986.
Cited: **2** *Holton 1986*: xxxiii.

———. "Mach, Einstein, and the Search for Reality." In *Thematic Origins of Scientific*

Thought: Kepler to Einstein. rev. ed. pp. 237–277. Cambridge, Mass.: Harvard University Press, 1988.
Cited: **8** *Holton 1988*: 17n.

———. *Thematic Origins of Scientific Thought: Kepler to Einstein*. rev. ed. Cambridge, Mass.: Harvard University Press, 1988.
Cited: **3** *Holton 1988*: 9, 175n. **6** *Holton 1988*: 282n. **7** *Holton 1988*: 404n.

———. "More on Mach and Einstein." In *Ernst Mach: A Deeper Look. Documents and New Perspectives*, pp. 263–276. Blackmore, John, ed. Dordrecht: Kluwer, 1992.
Cited: **6** *Holton 1992*: 282n. **8** *Holton 1992*: 17n.

Holzhey, Helmut. *Ursprung und Einheit: Die Geschichte der "Marburger Schule" als Auseinandersetzung um die Logik des Denkens*. Basel: Schwabe, 1986.
Cited: **9** *Holzhey 1986*: 479n.

Homer. *The Iliad*. Chicago: University of Chicago Press, 1951.
Cited: **10** *Homer 1951*: 171n.

Hönl, H. "Ein Brief Albert Einsteins an Ernst Mach." *Physikalische Blätter* 16 (1960): 571–580.
Cited: **5** *Hönl 1960*: 532n.

Hornbostel, Erich von, and Wertheimer, Max. "Über die Wahrnehmung der Schallrichtung." *Preußische Akademie der Wissenschaften* (Berlin). *Sitzungsberichte* (1920): 388–396.
Cited: **7** *Hornbostel and Wertheimer 1920*: 478n.

Horne, John, and Kramer, Alan. "War between Soldiers and Enemy Civilians, 1914–1915." In *Great War, Total War: Combat and Mobilization on the Western Front, 1914–1918*, pp. 153–168. Chickering, Roger, and Förster, Stig, eds. Cambridge: Cambridge University Press, 2000.
Cited: **9** *Horne and Kramer 2000*: 55n.

Howard, Don. "Realism and Conventionalism in Einstein's Philosophy of Science: The Einstein–Schlick Correspondence." *Philosophia Naturalis* 21 (1984): 616–629.
Cited: **7** *Howard 1984*: 404n. **8** *Howard 1984*: 221n.

———. "Einstein and Duhem." *Synthese* 83 (1990): 363–384.
Cited: **3** *Howard 1990*: 396n. **7** *Howard 1990*: 220n, 404n.

———. "Einstein, Kant, and the Origins of Logical Empiricism." In *Language, Logic, and the Structure of Scientific Theories*, pp. 45–105. Salmon, Wesley, and Wolters, Gereon, eds. Pittsburgh: University of Pittsburg Press, 1994.
Cited: **10** *Howard 1994*: 456n.

———. "A Peek behind the Veil of Maya: Einstein, Schopenhauer, and the Historical Background of the Conception of Space as a Ground for the Individuation of Physical Systems." In *The Cosmos of Science: Essays of Exploration*, pp. 87–150. Earman, John, and Norton, John D., eds. Pittsburgh: University of Pittsburgh Press; Konstanz: Universitätsverlag, 1997.
Cited: **7** *Howard 1997*: 62n.

Howard, Don, and Norton, John D. "Out of the Labyrinth? Einstein, Hertz, and the Göttingen Answer to the Hole Argument." In *The Attraction of Gravitation: New Studies in the History of General Relativity*, pp. 30–62. Earman, John, Janssen, Michel, and Norton, John D., eds. Boston: Birkhäuser, 1993.
Cited: **4** *Howard and Norton 1993*: 297. **7** *Howard and Norton 1993*: 43n. **8** *Howard and Norton 1993*: 161n, 164n, 229n.

Howard, Don, and Stachel, John, ed. *Einstein and the History of General Relativity*. Boston: Birkhäuser, 1989.
Cited: **4** *Howard and Stachel 1989*. **6** *Howard and Stachel 1989*. **7** *Howard and Stachel 1989*. **8** *Howard and Stachel 1989*. **9** *Howard and Stachel 1989*. **10** *Howard and Stachel 1989*.

Hughes, Arthur Llewelyn. "On the Emission Velocities of Photo-Electrons." *Royal Society of London. Philosophical Transactions A* 212 (1912): 205–226.
Cited: **2** *Hughes 1912*: 169n.

Humboldt, Alexander von. *Kosmos. Entwurf einer physischen Weltbeschreibung*. 5 vols. Stuttgart and Tübingen: Cotta, 1845–1862.
Cited: **1** *Humboldt 1845–1862*: lxii, 6, 291n. **2** *Humboldt 1845–1862*: xxvii.

Hume, David. *A Treatise of Human Nature: Being an Attempt to Introduce the Experimental Method of Reasoning into Moral Subjects*. Book 1, *Of the Understanding*. London: John Noon, 1739.
Cited: **2** *Hume 1739*: xxv.

———. *Ein Traktat über die menschliche Natur*. Part 1, *Über den Verstand*. Köttgen, E., trans. Lipps, Theodor, ed. Hamburg: Voss, 1895.
Cited: **2** *Hume 1895*: xxiv, xxv. **8** *Hume 1895*: 221n, 347n.

Humphreys, William J. "Bericht über die Ver-

schiebung von Spektrallinien durch Druck."
Jahrbuch der Radioaktivität und Elektronik 5
(1908): 324–374.
Cited: **5** *Humphreys 1908*: 388n.

Hupka, Erich. "Die träge Masse bewegter Elektronen." *Deutsche Physikalische Gesellschaft. Verhandlungen* 11 (1909): 249–258.
Cited: **5** *Hupka 1909*: 186n.

———. "Beitrag zur Kenntnis der trägen Masse bewegter Elektronen." *Annalen der Physik* 31 (1910): 169–204.
Cited: **3** *Hupka 1910*: 173, 176n. **5** *Hupka 1910*: 186n. **8** *Hupka 1910a*: 909n.

———. "Zur Frage der trägen Masse bewegter Elektronen." *Annalen der Physik* 33 (1910): 400–402.
Cited: **8** *Hupka 1910b*: 909n.

Hutchinson, John F. "'Custodians of the Sacred Fire': The ICRC and the Postwar Reorganisation of the International Red Cross." In *International Health Organisations and Movements, 1918–1939*, pp. 17–35. Weindling, Paul, ed. Cambridge: Cambridge University Press, 1995.
Cited: **9** *Hutchinson 1995*: 205n.

Huyghens, Christiaan. *Traité de la lumière*. Paris: Gauthier-Villars, 1920.
Cited: **10** *Huyghens 1920*: 573c, 578c.

Ibald. "En Revolution i Videnskaben. Professor Einsteins epokeg ørende Teorier bekræftet. Newtons Tyngdelov omstødt." *Politiken*, 18 November 1919.
Cited: **9** *Ibald 1919*: 351n.

———. "Prof. Einstein i Kjøbenhavn. Foredrag i Astronomisk Selskab." *Politiken*, 22 June 1920.
Cited: **10** *Ibald 1920a*: 365n, 580c.

———. "Prof. Einstein i Kjøbenhavn. Samtale med den lærde Fysiker." *Politiken*, 26 June 1920.
Cited: **10** *Ibald 1920b*: 580c, 581c, 582c.

Ignatowsky, Waldemar von. "Der starre Körper und das Relativitätsprinzip." *Annalen der Physik* 33 (1910): 607–630.
Cited: **3** *Ignatowsky 1910*: 479. **5** *Ignatowsky 1910*: 251n.

———. "Zur Elastizitätstheorie vom Standpunkte des Relativitätsprinzips." *Physikalische Zeitschrift* 12 (1911): 164–169.
Cited: **3** *Ignatowsky 1911*: 479.

Illy, József. "Albert Einstein in Prague." *Isis* 70 (1979): 76–84.
Cited: **5** *Illy 1979*: 311n.

———. "Einstein Teaches Lorentz, Lorentz Teaches Einstein: Their Collaboration in Relativity, 1913–1920." *Archive for History of Exact Sciences* 39 (1989): 247–289.
Cited: **8** *Illy 1989*: 299n. **9** *Illy 1989*: 483n.

———. "Einstein und der Eötvös-Versuch: Ein Brief Albert Einsteins an Willy Wien." *Annals of Science* 46 (1989): 417–422.
Cited: **4** *Illy 1989*: 187n, 340n, 621n. **5** *Illy 1989*.

———. "The Correspondence of Albert Einstein and Gustav Mie, 1917–1918." In *Studies in the History of General Relativity*, pp. 244–259. Eisenstaedt, Jean, and Kox, A. J., eds. Boston: Birkhäuser, 1992.
Cited: **8** *Illy 1992*: 460n. **9** *Illy 1992*: 98n.

Imes, Elmer S. "Measurements on the Near Infra-Red Absorption of Some Diatomic Gases." *Astrophysical Journal* 50 (1919): 251–276.
Cited: **9** *Imes 1919*: 458n.

Infeld, Leopold. *On the Theory of Brownian Motion*. University of Toronto Studies. Applied Mathematics Series, no. 4. Toronto: University of Toronto Press, 1940.
Cited: **2** *Infeld 1940*: 217.

Isaksson, Eva. "Der finnische Physiker Gunnar Nordström und sein Beitrag zur Entstehung der allgemeinen Relativitätstheorie Albert Einsteins." *NTM–Schriftenreihe für die Geschichte der Naturwissenschaften, Technik und Medizin* 22 (1985): 29–52.
Cited: **4** *Isaksson 1985*: 299, 342n, 501n, 510n, 597n. **5** *Isaksson 1985*: 551n. **8** *Isaksson 1985*: 165n, 370n, 620n, 626n. **10** *Isaksson 1985*: 51n.

Ishiwara, Jun. "Zur Optik der bewegten ponderablen Medien." *Tokyo Mathematico-Physical Society. Proceedings* 5 (1909): 150–180.
Cited: **5** *Ishiwara 1909*: 262n.

———. "Zur Theorie der elektromagnetischen Vorgänge in bewegten Körpern." *Tokyo Mathematico-Physical Society. Proceedings* 5 (1910): 310–327.
Cited: **5** *Ishiwara 1910a*: 262n.

———. "Bemerkung über die Fortpflanzung des Lichtes in bewegten Medien." *Tokyo Mathematico-Physical Society. Proceedings* 5 (1910): 327–333.
Cited: **5** *Ishiwara 1910b*: 262n.

———. "Zur Dynamik bewegter Systeme." *Tokyo Mathematico-Physical Society. Proceedings* 5 (1910): 333–347.
Cited: **5** *Ishiwara 1910c*: 262n.

———. *Einstein Kyôzyu-Kôen-roku*. Tokyo:

Kabushika Kaisha, 1971.
Cited: **1** *Ishiwara 1971*: 224. **2** *Ishiwara 1971*: 264, 310n. **4** *Ishiwara 1971*: 193. **5** *Ishiwara 1971*: 32n.

Ives, Herbert E., and Stilwell, G. R. "An Experimental Study of the Rate of a Moving Atomic Clock." *Journal of the Optical Society of America* 28 (1938): 215–226.
Cited: **2** *Ives and Stilwell 1938*: 403n. **3** *Ives and Stilwell 1938*: 175n, 439n. **4** *Ives and Stilwell 1938*: 105n.

Jacobsohn, Max. "Arbeitsmöglichkeiten der Bundesbrüder in den jüdischen Arbeitsämtern und Altersfürsorgeämtern." *Der jüdische Student* 18 (1921): 23–27.
Cited: **7** *Jacobsohn 1921*: 241n.

Jaeger, Wilhelm, and Diesselhorst, H. "Wärmeleitung, Elektricitätsleitung, Wärmecapacität und Thermokraft einiger Metalle." In *Wissenschaftliche Abhandlungen der Physikalisch-Technischen Reichsanstalt*. Vol. 3, pp. 269–424. Berlin: Springer, 1900.
Cited: **3** *Jaeger and Diesselhorst 1900*: 567.

Jaki, Stanley L. "Johann Georg von Soldner and the Gravitational Bending of Light, with an English Translation of His Essay on It Published in 1801." *Foundations of Physics* 8 (1978): 927–950.
Cited: **3** *Jaki 1978*: 497n. **5** *Jaki 1978*: 551n.

Jakob, Max. "[Review of *Einstein 1917a*]." *Zeitschrift des Vereins deutscher Ingenieure* 62 (1918): 274–276.
Cited: **10** *Jakob 1918*: 163n.

———. "Bemerkung zu dem Aufsatz von J. Petzoldt: 'Verbietet die Relativitätstheorie Raum und Zeit als etwas Wirkliches zu denken?'." *Deutsche Physikalische Gesellschaft. Verhandlungen* 21 (1919): 159–161.
Cited: **9** *Jakob 1919*: 15n.

James, William. *The Principles of Psychology*. 2 vols. New York: Holt, 1893.
Cited: **8** *James 1893*: 548n.

Jammer, Max. *The Conceptual Development of Quantum Mechanics*. New York: McGraw-Hill, 1966.
Cited: **2** *Jammer 1966*: xxxiii, 135. **9** *Jammer 1966*: 390n.

Janssen, Michel. "H. A. Lorentz's Attempt to Give a Coordinate-Free Formulation of the General Theory of Relativity." In *Studies in the History of General Relativity*, pp. 344–363. Eisenstaedt, Jean, and Kox, A. J., eds. Boston: Birkhäuser, 1992.
Cited: **8** *Janssen 1992*: 247n, 299n, 301n, 712n.

Janssen, Michel, and Schulmann, Robert. "On the Dating of a Recently Published Einstein Manuscript: Could These Be the Calculations that Gave Einstein 'Heart Palpitations'?" *Foundations of Physics Letters* 11 (1998): 379–389.
Cited: **7** *Janssen and Schulmann 1998*: 188n.

Jarausch, Konrad H. *Students, Society, and Politics in Imperial Germany: The Rise of Academic Illiberalism*. Princeton: Princeton University Press, 1982.
Cited: **9** *Jarausch 1982*: 179n, 184n.

Jeans, James Hopwood. "A Comparison between Two Theories of Radiation." *Nature* 72 (1905): 293–294.
Cited: **2** *Jeans 1905c*: 144, 551n. **5** *Jeans 1905c*: 42n. **6** *Jeans 1905c*: 39n.

———. "On the Application of Statistical Mechanics to the General Dynamics of Matter and Ether." *Royal Society of London. Proceedings A* 76 (1905): 296–311.
Cited: **5** *Jeans 1905d*: 42n.

———. "On the Laws of Radiation." *Royal Society of London. Proceedings A* 76 (1905): 545–552.
Cited: **2** *Jeans 1905d*: 552n. **5** *Jeans 1905*: 84n, 167n. **8** *Jeans 1905*: 445n.

———. "On the Partition of Energy between Matter and Aether." *Philosophical Magazine* 10 (1905): 91–98.
Cited: **2** *Jeans 1905a*: 137, 167n, 390n. **3** *Jeans 1905*: 253n, 281n. **5** *Jeans 1905a*: 42n. **6** *Jeans 1905a*: 39n.

———. "The Dynamical Theory of Gases and of Radiation." *Nature* 72 (1905): 101–102.
Cited: **2** *Jeans 1905b*: 390n. **5** *Jeans 1905b*: 42n. **6** *Jeans 1905b*: 39n.

———. "Zur Strahlungstheorie." *Physikalische Zeitschrift* 9 (1908): 853–855.
Cited: **2** *Jeans 1908*: 144, 542, 551n.

———. *Report on Radiation and the Quantum-Theory*. London: The Physical Society of London ("The Electrician" Printing and Publishing Co.), 1914.
Cited: **2** *Jeans 1914*: 142.

———. "On the Law of Distribution in Star-Clusters." *Royal Astronomical Society. Monthly Notices* 76 (1916): 567–572.
Cited: **7** *Jeans 1916*: 425n.

———. *Problems of Cosmogony and Stellar Dynamics*. Cambridge: Cambridge University Press, 1919.
Cited: **7** *Jeans 1919*: 425n.

Jegelka, Norbert. *Paul Natorp: Philosophie, Pädagogik, Politik*. Würzburg: Königshausen und Neumann, 1992.
Cited: **9** *Jegelka 1992*: 60n, 96n, 103n, 479n.

Jewell, Lewis E. "The Coincidence of Solar and Metallic Lines: A Study of the Appearance of Lines in the Spectra of the Electric Arc and the Sun." *Astrophysical Journal* 3 (1896): 89–113.
Cited: **3** *Jewell 1896*: 493, 497n. **5** *Jewell 1896*: 313n.

Joël, Kurt. "Die Sonne bringt es an den Tag?" *Vossische Zeitung*, 29 May 1919, Morning Edition.
Cited: **9** *Joël 1919*: 189n.

Johannsen, Wilhelm L. "Die Vererbung bei Aristoteles und Hippokrates im Lichte heutiger Forschung." *Die Naturwissenschaften* 5 (1917): 389–397.
Cited: **10** *Johannsen 1917*: 93n.

———. *Elemente der exakten Erblichkeitslehre, mit Grundzügen der biologischen Variationsstatistik*. 2d rev. ed. Jena: Fischer, 1913.
Cited: **9** *Johannsen 1913*: 507n.

Johansen, Nils V. *Einstein i Norge*. Oslo: Capellen, 2005.
Cited: **10** *Johansen 2005*: 246n, 316n.

Jones, Mary H. *Swords into Ploughshares: An Account of the American Friends Service Committee 1917–1937*. New York, MacMillan, 1937.
Cited: **7** *Jones 1937*: 332n, 470n.

Jones, Nigel H. *Hitler's Heralds: The Story of the Freikorps, 1918–1923*. New York: Dorset, 1992.
Cited: **9** *Jones, N. 1992*: 488n.

Jones, Rufus M. *A Service of Love in Wartime: American Friends Relief Work in Europe, 1917–1919*. New York: Macmillan, 1920.
Cited: **9** *Jones, R. 1920*: 253n.

Josephson, Paul R. *Physics and Politics in Revolutionary Russia*. Berkeley: University of California Press, 1991.
Cited: **10** *Josephson 1991*: 319n, 426n.

Joule, James Prescott. "On the Calorific Effects of Magneto-Electricity, and on the Mechanical Value of Heat." *Philosophical Magazine* 23 (1843): 236–276, 347–355, 435–443.
Cited: **1** *Joule 1843*: 91n.

———. "On the Changes of Temperature Produced by the Rarefaction and Condensation of Air." *Philosophical Magazine* 26 (1845): 369–383.
Cited: **1** *Joule 1845*: 84n, 86n.

———. "On the Mechanical Equivalent of Heat, as Determined by the Heat Evolved by the Friction of Fluids." *Philosophical Magazine* 31 (1847): 173–176.
Cited: **1** *Joule 1847*: 88n.

———. "On the Mechanical Equivalent of Heat." *Royal Society of London. Philosophical Transactions* 140 (1850): 61–82.
Cited: **1** *Joule 1850*: 88n.

Julius, Willem H. "Sonnenphänomene als Folgen anomaler Dispersion des Lichtes betrachtet." *Physikalische Zeitschrift* 2 (1901): 348–353, 357–360.
Cited: **5** *Julius 1901*: 328n, 348n.

———. "Erwiderung auf Bedenken, welche gegen die Anwendung der anomalen Dispersion zur Erklärung der Chromosphäre geäussert worden sind." *Astronomische Nachrichten* 160 (1903): cols. 139–146.
Cited: **5** *Julius 1903*: 317n.

———. "Dispersion Bands in Absorption Spectra." *Astrophysical Journal* 21 (1905): 271–277.
Cited: **5** *Julius 1905*: 328n.

———. "Arbitrary Distribution of Light in Dispersion Bands, and Its Bearing on Spectroscopy and Astrophysics." *Astrophysical Journal* 25 (1907): 95–115.
Cited: **5** *Julius 1907*: 328n.

———. "Note on the Interpretation of Spectroheliograph Results and of Line-Shifts, and on Anomalous Scattering of Light." *Astrophysical Journal* 31 (1910): 419–429.
Cited: **5** *Julius 1910c*: 356n.

———. "Regelmäßige Folgen unregelmäßiger Brechung in der Sonne." *Physikalische Zeitschrift* 11 (1910): 56–70.
Cited: **5** *Julius 1910a*: 317n, 328n, 329n, 356n, 388n.

———. "Über den Ursprung des Lichtes der Chromosphäre." *Physikalische Zeitschrift* 11 (1910): 70–71.
Cited: **5** *Julius 1910b*: 348n.

———. "Die Linien H und K im Spektrum der verschiedenen Teile der Sonnenscheibe." *Physikalische Zeitschrift* 12 (1911): 674–681.
Cited: **5** *Julius 1911b*: 356n.

———. "Selektive Absorption und anomale Zerstreuung (Diffusion) des Lichtes in ausgedehnten Gasmassen." *Physikalische Zeitschrift* 12 (1911): 329–338.
Cited: **5** *Julius 1911a*: 313n, 329n, 337n, 388n.

———. "Physik der Sonne." In *Handwörterbuch der Naturwissenschaften*, pp. 824–852. Korschelt, E. et al., eds. Jena: Fischer, 1912.
Cited: **5** *Julius 1912*: 313n, 316n. **9** *Julius 1912*: 273n.

———. "Radial Motion in Sunspots." *Astrophysical Journal* 40 (1914): 1–33.
Cited: **10** *Julius 1914*: 252n.

———. "Anomalous Dispersion and Fraunhofer Lines. Reply to Objections." *Astrophysical Journal* 43 (1916): 43–66.
Cited: **5** *Julius 1916*: 317n. **10** *Julius 1916*: 252n.

———. "Mutual Influence of Fraunhofer Lines." *Astrophysical Journal* 54 (1921): 92–115.
Cited: **10** *Julius 1921*: 252n.

Julius, Willem H., and van Cittert, Pieter H. "De algemeene relativiteitstheorie en het zonnespectrum." *Koninklijke Akademie van Wetenschappen te Amsterdam. Wis- en Natuurkundige Afdeeling. Verslagen van de Gewone Vergaderingen* 29 (1920–21): 106–116. Reprinted in translation as "The General Relativity Theory and the Solar Spectrum." *Koninklijke Akademie van Wetenschappen te Amsterdam. Section of Sciences. Proceedings* 23 (1920–21): 522–532.
Cited: **10** *Julius and Cittert 1920*: 251n, 252n, 288n, 310n, 327n, 349n, 407n.

Jungnickel, Christa, and McCormmach, Russell. *Intellectual Mastery of Nature: Theoretical Physics from Ohm to Einstein*. Vol. 1, *The Torch of Mathematics 1800–1870*. Chicago. University of Chicago Press, 1986.
Cited: **1** *Jungnickel and McCormmach 1986*: 282n. **2** *Jungnickel and McCormmach 1986a*: xxxiii, 173.

———. *Intellectual Mastery of Nature: Theoretical Physics from Ohm to Einstein*. Vol. 2, *The Now Mighty Theoretical Physics 1870–1925*. Chicago: University of Chicago Press, 1986.
Cited: **1** *Jungnickel and McCormmach 1986*: 282n. **2** *Jungnickel and McCormmach 1986b*: xvii, xviii, xxxiii, 135, 144, 145, 267. **3** *Jungnickel and McCormmach 1986*: 5, 126n. **5** *Jungnickel and McCormmach 1986*: 210n. **8** *Jungnickel and McCormmach 1986*: 146n, 149n.

Kadomtzeff, Boris. *The Russian Collapse: A Politico-Economic Essay*. New York: Russian Mercantile and Industrial Corporation, 1919.
Cited: **9** *Kadomtzeff 1919*: 205n.

Kaes, Anton, Jay, Martin, and Dimenberg, Edward. *The Weimar Republic Sourcebook*. Berkeley: University of California Press, 1995.
Cited: **9** *Kaes et al. 1995*: 238n.

Kagan, Bernhard, ed. *Großmeister-Turnier 1918. Das Großmeister-Turnier im Kerkau-Palast zu Berlin im Oktober 1918 (Weltmeister E. Lasker, A. Rubinstein, C. Schlechter und S. Tarrasch)*. With commentary by Emanuel Lasker. Berlin: Kagan, 1918.
Cited: **8** *Kagan 1918*: 906n.

Kaiser, Walter. "Early Theories of the Electron Gas." *Historical Studies in the Physical and Biological Sciences* 17 (1987): 271–297.
Cited: **2** *Kaiser 1987*: 207. **3** *Kaiser 1987*: 246n.

Kaluza, Theodor. "Zum Unitätsproblem der Physik." *Preußische Akademie der Wissenschaften* (Berlin). *Sitzungsberichte* (1921): 966–972.
Cited: **7** *Kaluza 1921*: 575n. **9** *Kaluza 1921*: 39n, 57n, 67n, 68n, 77n.

Kamerlingh Onnes, Heike. "Sur les résistances électriques." In *La théorie du rayonnement et les quanta. Rapports et discussions de la réunion tenue à Bruxelles, du 30 octobre au 3 novembre 1911, sous les auspices de M. E. Solvay*, pp. 304–310. Langevin, Paul, and de Broglie, Maurice, eds. Paris: Gauthier-Villars, 1912.
Cited: **3** *Kamerlingh Onnes 1912*: 501, 504n. **5** *Kamerlingh Onnes 1912*: 283n.

———. "Ueber den elektrischen Widerstand." In *Die Theorie der Strahlung und der Quanten. Verhandlungen auf einer von E. Solvay einberufenen Zusammenkunft (30. Oktober bis 3. November 1911). Mit einem Anhange über die Entwicklung der Quantentheorie vom Herbst 1911 bis Sommer 1913*, pp. 245–250. Eucken, Arnold, ed. Halle a.S.: Knapp, 1914. (*Abhandlungen der Deutschen Bunsen Gesellschaft für angewandte physikalische Chemie* 3, no. 7.)
Cited: **3** *Kamerlingh Onnes 1914*: 504n.

———. "Le paramagnétisme aux basses températures considéré au point de vue de la constitution des aimants élémentaires et de l'action que ceux-ci subissent de la part de leurs porteurs." In *Atomes et électrons. Rapports et discussions du Conseil de Physique tenu à Bruxelles du 1er au 6 avril 1921 sous les auspices de l'Institut International de Physique Solvay*, pp. 131–157. Verschaffelt, Jules E.;

de Broglie, Maurice; Bragg, William L.; and Brillouin, Léon, eds. Paris: Gauthier-Villars, 1923.
Cited: **10** *Kamerlingh Onnes 1923*: 369n, 405n.

Kamerlingh Onnes, Heike, and Keesom, Willem H. "Contributions to the Knowledge of the ψ-Surface of Van der Waals. XII. On the Gas Phase Sinking in the Liquid Phase for Binary Mixtures." *Koninklijke Akademie van Wetenschappen te Amsterdam. Section of Sciences. Proceedings* 9 (1906–07): 501–507.
Cited: **5** *Kamerlingh Onnes and Keesom 1907a*: 362n.

———. "Contributions to the Knowledge of the ψ-Surface of Van der Waals. XV. The Case That One Component Is a Gas without Cohesion with Molecules That Have Extension. Limited Miscibility of Two Gases." *Koninklijke Akademie van Wetenschappen te Amsterdam. Section of Sciences. Proceedings* 9 (1906–07): 786–798.
Cited: **5** *Kamerlingh Onnes and Keesom 1907b*: 362n.

———. "Contributions to the Knowledge of the ψ-Surface of Van der Waals." *Koninklijke Akademie van Wetenschappen te Amsterdam. Section of Sciences. Proceedings* 10 (1907–08): 231–237.
Cited: **5** *Kamerlingh Onnes and Keesom 1907c*: 362n.

———. "Contributions to the Knowledge of the ψ-Surface of Van der Waals. XVI. On the Gas Phase Sinking in the Liquid Phase for Binary Mixtures in the Case That the Molecules of One Component Exert Only a Feeble Attraction." *Koninklijke Akademie van Wetenschappen te Amsterdam. Section of Sciences. Proceedings* 10 (1907–08): 274–283.
Cited: **5** *Kamerlingh Onnes and Keesom 1907d*: 362n.

———. "Over de toestandsvergelijking van eene stof in de nabijheid van het kritisch punt vloeistof-gas. I. De storingsfunctie in de nabijheid van den kritischen toestand." *Koninklijke Akademie van Wetenschappen te Amsterdam. Wis- en Natuurkundige Afdeeling. Verslagen van de Gewone Vergaderingen* 16 (1907–08): 659–666. Reprinted in translation as "On the Equation of State of a Substance in the Neighbourhood of the Critical Point Liquid-Gas. I. The Disturbance Function in the Neighbourhood of the Critical State." *Koninklijke Akademie van Wetenschappen te Amsterdam. Section of Sciences. Proceedings* 10 (1907–08): 603–610.
Cited: **3** *Kamerlingh Onnes and Keesom 1908a*: 311n. **5** *Kamerlingh Onnes and Keesom 1908a*: 362n.

———. "Over de toestandsvergelijking van eene stof in de nabijheid van het kritisch punt vloeistof-gas. II. Spectrophotometrisch onderzoek van de opalescentie van eene stof in de nabijheid van den kritischen toestand." *Koninklijke Akademie van Wetenschappen te Amsterdam. Wis- en Natuurkundige Afdeeling. Verslagen van de Gewone Vergaderingen* 16 (1907–08): 667–678. Reprinted in translation as "On the Equation of State of a Substance in the Neighbourhood of the Critical Point Liquid-Gas. II. Spectrophotometrical Investigation of the Opalescence of a Substance in the Neighbourhood of the Critical State." *Koninklijke Akademie van Wetenschappen te Amsterdam. Section of Sciences. Proceedings* 10 (1907–08): 611–623.
Cited: **3** *Kamerlingh Onnes and Keesom 1908b*: 283, 311n, 509n. **5** *Kamerlingh Onnes and Keesom 1908b*: 270n, 362n, 375n.

———. "Die Zustandsgleichung." In *Encyklopädie der mathematischen Wissenschaften, mit Einschluss ihrer Anwendungen*. Vol. 5, *Physik*, part 1, pp. 615–945. Sommerfeld, Arnold, ed. Leipzig: Teubner, 1903–1921. Issued 12 September 1912.
Cited: **2** *Kamerlingh Onnes and Keesom 1912*: 244n. **3** *Kamerlingh Onnes and Keesom 1912*: 407n. **5** *Kamerlingh Onnes and Keesom 1912*: 362n, 375n, 386n.

Kammerer, Paul. *Bestimmung und Vererbung des Geschlechtes bei Pflanze, Tier und Mensch*. Leipzig: Thomas, 1913.
Cited: **9** *Kammerer 1913*: 450n.

———. *Das Gesetz der Serie: Eine Lehre von den Wiederholungen im Leben- und im Weltgeschehen*. Stuttgart: Deutsche Verlags-Anstalt, 1919.
Cited: **10** *Kammerer 1919*: 487n.

———. "Vererbung erzwungener Formveränderungen. I. Mitteilung: Die Brunftschwiele des Alytes-Männchen aus 'Wassereiern.' (Zugleich: Vererbung erzwungener Fortpflanzungsanpassungen, V. Mitteilung)." *Archiv für Entwicklungsmechanik der Organismen* 45 (1919): 323–370.
Cited: **9** *Kammerer 1919*: 507n.

Kaneko, Tsutomu. *Ainsyutain Syokku (Einstein Shock to Taisho Era)*. 2 vols. Tokyo: Chuo-

koron-sha, 1981.
Cited: **5** *Kaneko 1981*: 161n.

Kangro, Hans. *Early History of Planck's Radiation Law*. London: Taylor and Francis, 1976.
Cited: **2** *Kangro 1976*: xxxiii, 108n, 135, 136.

Kant, Horst. "Albert Einstein, Max von Laue, Peter Debye und das Kaiser-Wilhelm-Institut für Physik in Berlin (1917–1939)." In *Die Kaiser-Wilhelm-/Max-Planck-Gesellschaft und ihre Institute. Studien zu ihrer Geschichte: Das Harnack-Prinzip*, pp. 227–243. Brocke, Bernhard vom, and Laitko, Hubert, eds. Berlin: De Gruyter, 1996.
Cited: **9** *Kant 1996*: liii.

Kapteyn, Jacobus C. "Die mittlere Geschwindigkeit der Sterne, die Quantität der Sonnenbewegung und die mittlere Parallaxe der Sterne von verschiedener Grösse." *Astronomische Nachrichten* 146 (1898): cols. 97–114.
Cited: **8** *Kapteyn 1898*: 471n.

———. "On the Parallaxes and Motion of the Brighter Galactic Helium Stars between Galactic Longitudes 150° and 216°." *Contributions from the Mount Wilson Solar Observatory*, no. 147 (1918): 3–92.
Cited: **10** *Kapteyn 1918*: 233n.

Kármán, Theodor von, and Rubach, H. "Über den Mechanismus des Flüssigkeits- und Luftwiderstandes." *Physikalische Zeitschrift* 13 (1912): 49–59.
Cited: **5** *Kármán and Rubach 1912*: 417n.

Karo, Georg. *Der Krieg der Wissenschaft gegen Deutschland*. Munich: Süddeutsche Monatshefte, 1919.
Cited: **7** *Karo 1919*: 300n.

Käslin, Hans. "Jost Winteler Bedeutung für uns." In *Jost Winteler 1846–1929*, pp. 15–28. Aarau: Sauerländer, 1930.
Cited: **1** *Käslin 1930*: 308n.

Kaufmann, Walter. "Die magnetische Ablenkbarkeit der Kathodenstrahlen und ihre Abhängigkeit vom Entladungspotential." *Annalen der Physik und Chemie* 61 (1897): 544–552.
Cited: **5** *Kaufmann 1897*: 138n.

———. "Die magnetische und elektrische Ablenkbarkeit der Bequerelstrahlen und die scheinbare Masse der Elektronen." *Königliche Gesellschaft der Wissenschaften zu Göttingen. Mathematisch-physikalische Klasse. Nachrichten* (1901): 143–155.
Cited: **2** *Kaufmann 1901*: 486n.

———. "Ueber die 'Elektromagnetische Masse' der Elektronen." *Königliche Gesellschaft der Wissenschaften zu Göttingen. Mathematisch-physikalische Klasse. Nachrichten* (1903): 90–103, 148.
Cited: **5** *Kaufmann 1903*: 138n.

———. "Über die Konstitution des Elektrons." *Königlich Preußische Akademie der Wissenschaften* (Berlin). *Sitzungsberichte* (1905): 949–956.
Cited: **2** *Kaufmann 1905*: 267, 270.

———. "Über die Konstitution des Elektrons." *Annalen der Physik* 19 (1906): 487–553.
Cited: **2** *Kaufmann 1906a*: 267, 270, 372n, 427n, 486n. **5** *Kaufmann 1906a*: 78n, 138n.

———. "Nachtrag zu der Abhandlung: 'Über die Konstitution des Elektrons'." *Annalen der Physik* 20 (1906): 639–640.
Cited: **2** *Kaufmann 1906b*: 267. **5** *Kaufmann 1906b*: 78n, 138n.

———. "Bemerkungen zu Herrn Plancks: 'Nachtrag zu der Besprechung der Kaufmannschen Ablenkungsmessungen'." *Deutsche Physikalische Gesellschaft. Verhandlungen* 9 (1907): 667–673.
Cited: **5** *Kaufmann 1907*: 79n.

Kaul, Theodor. "Ein vollendetes Leben. Nachruf auf Dr. Phil. Walther Koch." *Pfälzer Heimat* 20 (1969): 72–75.
Cited: **9** *Kaul 1969*: 34n.

Kayser, Heinrich. *Erinnerungen aus meinem Leben*. Dörries, Matthias, and Hentschel, Klaus, eds. Munich: Institut für Geschichte der Naturwissenschaften, 1996.
Cited: **9** *Kayser, H. 1996*: 149n.

Kayser, Heinrich, and Runge, Carl. "Über die Spektren der Elemente. Fünfter Abschnitt. Über die Spektren von Kupfer, Silber und Gold." *Königlich Preußische Akademie der Wissenschaften zu Berlin. Abhandlungen* (1892).
Cited: **1** *Kayser and Runge 1892a*: 279n.

———. "Über die Spektren der Elemente. Sechster Abschnitt. Über die Spektren von Aluminium, Indium und Thallium." *Königlich Preußische Akademie der Wissenschaften zu Berlin. Abhandlungen* (1892).
Cited: **1** *Kayser and Runge 1892b*: 279n.

———. "Über die Spektren der Elemente. Siebenter Abschnitt. Die Spektren von Zinn, Blei, Arsen, Antimon, Wismuth." *Königlich Preußische Akademie der Wissenschaften zu Berlin. Abhandlungen* (1893).
Cited: **1** *Kayser and Runge 1893*: 279n.

Kayser, Rudolf [Anton Reiser, pseud.]. *Albert Einstein: A Biographical Portrait*. New

York: Boni, 1930.
Cited: **1** *Kayser 1930*: lvii, lix, lxi, lxiv, 3n, 10, 11, 216n, 223, 233n, 239, 262n, 272n, 303n, 331n, 335n. **2** *Kayser 1930*: 54, 175, 260, 306n. **5** *Kayser 1930*: 404n. **7** *Kayser 1930*: 222, 429n. **8** *Kayser 1930*: 615n. **9** *Kayser, R. 1930*: 4n.

Keesom, Willem H. "Contributions to the Knowledge of Van der Waals' ψ-Surface. V. The Dependence of the Plait-Point Constants on the Composition in Binary Mixtures with Small Proportions of One of the Components." *Koninklijke Akademie van Wetenschappen te Amsterdam. Section of Sciences. Proceedings* 4 (1901–02): 293–307.
Cited: **5** *Keesom 1902a*: 362n.

———. "Contributions to the Knowledge of Van der Waals' ψ-Surface. VI. The Increase of Pressure at Condensation of a Substance with Small Admixtures." *Koninklijke Akademie van Wetenschappen te Amsterdam. Section of Sciences. Proceedings* 4 (1901–02): 659–668.
Cited: **5** *Keesom 1902b*: 362n.

———. "Reduction of Observation Equations Containing More than One Measured Quantity." *Koninklijke Akademie van Wetenschappen te Amsterdam. Section of Sciences. Proceedings* 5 (1902–03): 236–240.
Cited: **5** *Keesom 1902c*: 362n.

———. "Isothermals of Mixtures of Oxygen and Carbon Dioxide. I. The Calibration of Manometer and Piezometer Tubes." *Koninklijke Akademie van Wetenschappen te Amsterdam. Section of Sciences. Proceedings* 6 (1903–04): 532–541.
Cited: **5** *Keesom 1904a*: 362n.

———. "Isothermals of Mixtures of Oxygen and Carbon Dioxide. II. The Preparation of the Mixtures and the Compressibility at Small Densities." *Koninklijke Akademie van Wetenschappen te Amsterdam. Section of Sciences. Proceedings* 6 (1903–04): 541–554.
Cited: **5** *Keesom 1904b*: 362n.

———. "Isothermals of Mixtures of Oxygen and Carbon Dioxide. III. The Determination of Isothermals between 60 and 140 Atmospheres, and between $-15°$ C and $+60°$ C." *Koninklijke Akademie van Wetenschappen te Amsterdam. Section of Sciences. Proceedings* 6 (1903–04): 554–565.
Cited: **5** *Keesom 1904c*: 362n.

———. "Isothermals of Mixtures of Oxygen and Carbon Dioxide. IV. Isothermals of Pure Carbon Dioxide between $25°$ C. and $60°$ C. and between 60 and 140 Atmospheres." *Koninklijke Akademie van Wetenschappen te Amsterdam. Section of Sciences. Proceedings* 6 (1903–04): 565–577.
Cited: **5** *Keesom 1904d*: 362n.

———. "Isothermals of Mixtures of Oxygen and Carbon Dioxide. V. Isothermals of Mixtures of the Molecular Compositions 0.1047 and 0.1994 of Oxygen, and the Comparison of Them with Those of Pure Carbon Dioxide." *Koninklijke Akademie van Wetenschappen te Amsterdam. Section of Sciences. Proceedings* 6 (1903–04): 577–593.
Cited: **5** *Keesom 1904e*: 362n.

———. "Isothermals of Mixtures of Oxygen and Carbon Dioxide. VI. Influence of Gravitation on the Phenomena in the Neighbourhood of the Plaitpoint for Binary Mixtures." *Koninklijke Akademie van Wetenschappen te Amsterdam. Section of Sciences. Proceedings* 6 (1903–04): 593–597.
Cited: **5** *Keesom 1904f*: 362n.

———. "Contributions to the Knowledge of the ψ-Surface of Van der Waals. XIII. On the Conditions for the Sinking and Again Rising of the Gas Phase in the Liquid Phase for Binary Mixtures." *Koninklijke Akademie van Wetenschappen te Amsterdam. Section of Sciences. Proceedings* 9 (1906–07): 508–511.
Cited: **5** *Keesom 1907a*: 362n.

———. "Contributions to the Knowledge of the ψ-Surface of Van der Waals. XIII. On the Conditions for the Sinking and Again Rising of a Gas Phase in the Liquid Phase for Binary Mixtures. (Continued)." *Koninklijke Akademie van Wetenschappen te Amsterdam. Section of Sciences. Proceedings* 9 (1906–07): 660–664.
Cited: **5** *Keesom 1907b*: 362n.

———. "Spektrophotometrische Untersuchung der Opaleszenz eines einkomponentigen Stoffes in der Nähe des kritischen Zustandes." *Annalen der Physik* 35 (1911): 591–598.
Cited: **3** *Keesom 1911*: 283. **5** *Keesom 1911*: 362n, 375n.

———. "Over de magnetisatie van ferromagnetische lichamen in verband met de aanname eener nulpuntsenergie. *Koninklijke Akademie van Wetenschappen te Amsterdam. Wis- en Natuurkundige Afdeeling. Verslagen van de Gewone Vergaderingen* 22 (1913–14): 476–489. Reprinted in translation as "On the Mag-

netization of Ferromagnetic Substances Considered in Connection with the Assumption of a Zero-Point Energy." *Koninklijke Akademie van Wetenschappen te Amsterdam. Section of Sciences. Proceedings* 16 (1913–14): 454–467.
Cited: **5** *Keesom 1913a*: 564n.

———. "Over de magnetisatie van ferromagnetische lichamen in verband met de aanname eener nulpuntsenergie. II. Over de susceptibiliteit in den opgewekt-ferromagnetische toestand. *Koninklijke Akademie van Wetenschappen te Amsterdam. Wis- en Natuurkundige Afdeeling. Verslagen van de Gewone Vergaderingen* 22 (1913–14): 490–499. Reprinted in translation as "On the Magnetization of Ferromagnetic Substances Considered in Connection with the Assumption of a Zero-Point Energy. II. On the Susceptibility in the Excited Ferromagnetic State." *Koninklijke Akademie van Wetenschappen te Amsterdam. Section of Sciences. Proceedings* 16 (1913–14): 468–476.
Cited: **5** *Keesom 1913b*: 564n.

———. "Über die Magnetisierung von ferromagnetischen Körpern in Beziehung zur Annahme einer Nullpunktsenergie." *Physikalische Zeitschrift* 15 (1914): 8–17.
Cited: **1c***Keesom 1914*: 356n, 369n.

Kelen, József. "Umkehr und Verlust des remanenten Magnetismus bei Erregermaschinen." *Elektrotechnik und Maschinenbau* 38 (1920): 225–226.
Cited: **10** *Kelen 1920*: 474n.

Kellermann, Hermann, ed. *Der Krieg der Geister. Eine Auslese deutscher und ausländischer Stimmen zum Weltkriege 1914.* Dresden: Rammingsche Buchdruckerei, 1915.
Cited: **8** *Kellermann 1915*: 77n.

Kempf, Marcelle. *Romain Rolland et l'Allemagne.* Paris: Nouvelle Editions Debresse, 1962.
Cited: **8** *Kempf 1962*: 505n.

Kenez, Peter. "Pogroms and White Ideology in the Russian Civil War." In *Pogroms: Anti-Jewish Violence in Modern Russian History*, pp. 293–313. Klier, John D., and Lambroza, Schlomo, eds. Cambridge: Cambridge University Press, 1992.
Cited: **7** *Kenez 1992*: 241n.

Kennefick, Daniel. "Controversies in the History of the Radiation Reaction Problem in General Relativity." In *The Expanding Worlds of General Relativity*, pp. 207–234. Goenner, Hubert, Renn, Jürgen, Ritter, Jim, and Sauer, Tilman, eds. Boston: Birkhäuser, 1999.
Cited: **7** *Kennefick 1999*: 27n.

Kerker, Milton. "The Svedberg and Molecular Reality." *Isis* 67 (1976): 190–216.
Cited: **2** *Kerker 1976*: xxxiii, 219, 220.

Kerkhof, Karl. *Ueber Temperaturen in geisslerschen Röhren.* Doctoral dissertation, Rheinische Friedrich-Wilhelms-Universität. Bonn: Bach, 1900.
Cited: **10** *Kerkhof 1900*: 272n.

Kerszberg, Pierre. "The Relativity of Rotation in the Early Foundations of General Relativity." *Studies in History and Philosophy of Science* 18 (1987): 53–79.
Cited: **6** *Kerszberg 1987*: 552n.

———. "The Einstein–de Sitter Controversy of 1916–1917 and the Rise of Relativistic Cosmology." In *Einstein and the History of General Relativity*, pp. 325–366. Howard, Don, and Stachel, John, eds. Boston: Birkhäuser, 1989.
Cited: **6** *Kerszberg 1989a*: 552n. **8** *Kerszberg 1989a*: 357n.

———. *The Invented Universe: The Einstein–De Sitter Controversy (1916–17) and the Rise of Relativistic Cosmology.* Oxford: Oxford University Press, 1989.
Cited: **6** *Kerszberg 1989b*: xx, 552n. **8** *Kerszberg 1989b*: 357n, 417n, 429n, 477n, 769n. **9** *Kerszberg 1989*: 263n.

Kessler, Harry Count. *Tagebücher 1918–1937.* [Frankfurt a. M.]: Insel, 1961.
Cited: **9** *Kessler 1961*: 553c, 576c, 579c.

Keutel, Friedrich. *Ueber die spezifische Wärme von Gasen.* Berlin: Ebering, 1910.
Cited: **7** *Keutel 1910*: 326, 331n.

Keynes, John M. *The Economic Consequences of the Peace.* New York: Harcourt, 1920.
Cited: **9** *Keynes 1920*: 86n.

Khinchin, Aleksandr Yakovlevich. "Korrelationstheorie der stationären stochastischen Prozesse." *Mathematische Annalen* 109 (1934): 604–615.
Cited: **4** *Khinchin 1934*: 602n.

Khvolson [Chwolson], Orest Daniylovich. *Lehrbuch der Physik.* Vol. 1, *Einleitung–Mechanik: Einige Messinstrumente und Messmethoden–Die Lehre von den Gasen, Flüssigkeiten und festen Körpern.* Pflaum, H., trans. Braunschweig: Vieweg, 1902.
Cited: **2** *Khvolson 1902*: 260, 582n.

Kichenassamy, S. "Variational Derivations of Einstein's Equations." In *The Attraction of*

Gravitation: New Studies in the History of General Relativity, pp. 185–205. Earman, John, Janssen, Michel, and Norton, John D., eds. Boston: Birkhäuser, 1993.
Cited: **6** *Kichenassamy 1993*: 346n, 416n.

Kirchhoff, Gustav Robert. "Ueber den Durchgang eines elektrischen Stromes durch eine Ebene, insbesondere durch eine kreisförmige." *Annalen der Physik und Chemie* 64 (1845): 497–514.
Cited: **1** *Kirchhoff 1845*: 182n, 187n.

———. "Ueber das Verhältniss zwischen dem Emissionsvermögen und dem Absorptionsvermögen der Körper für Wärme und Licht." *Annalen der Physik und Chemie* 109 (1860): 275–301.
Cited: **2** *Kirchhoff 1860*: 135, 167n, 377n. **4** *Kirchhoff 1860*: 564n.

———. *Gesammelte Abhandlungen*. Leipzig: Barth, 1882.
Cited: **2** *Kirchhoff 1882*: 377n.

———. *Vorlesungen über mathematische Physik*. Vol. 4, *Theorie der Wärme*. Planck, Max, ed. Leipzig: Teubner, 1894.
Cited: **1** *Kirchhoff 1894*: 292n, 293n. **2** *Kirchhoff 1894*: 42, 43, 74n, 252n. **3** *Kirchhoff 1894*: 7.

———. *Vorlesungen über mathematische Physik*. Vol. 1, *Mechanik*. 4th ed. Wien, Wilhelm, ed. Leipzig: Teubner, 1897.
Cited: **1** *Kirchhoff 1897*: 249n, 250n. **2** *Kirchhoff 1897*: 177, 189, 200, 203n, 205n, 230, 235n, 342, 345n. **3** *Kirchhoff 1897*: 5, 127n, 246n.

Kirchhoff, Gustav Robert, and Hansemann, G. "Ueber die Leitungsfähigkeit des Eisens für die Wärme." *Annalen der Physik und Chemie* 9 (1880): 1–47.
Cited: **1** *Kirchhoff and Hansemann 1880*: 66n.

Kirchner, Joachim. *Das deutsche Zeitschriftenwesen. Seine Geschichte und seine Probleme*. Vol. 2, *Vom Wiener Kongress bis zum Ausgange des 19. Jahrhunderts*. Wiesbaden: Harrasowitz, 1962.
Cited: **2** *Kirchner 1962*: 110.

Kirsten, Christa, and Körber, Hans-Günther, eds. *Physiker über Physiker. Wahlvorschläge zur Aufnahme von Physikern in die Berliner Akademie 1870–1929*. Berlin: Akademie-Verlag, 1975.
Cited: **9** *Kirsten and Körber 1975*: 410n.

Kirsten, Christa, and Treder, Hans-Jürgen, eds. *Albert Einstein in Berlin 1913–1933*. Part 1, *Darstellung und Dokumente*. Berlin: Akademie-Verlag, 1979.
Cited: **5** *Kirsten and Treder 1979*: 529n, 570n, 582n. **6** *Kirsten and Treder 1979a*: 197n. **8** *Kirsten and Treder 1979a*: 40n, 60n, 62n, 167n, 216n, 257n, 262n, 324n, 953n, 1016c, 1017c. **9** *Kirsten and Treder 1979a*: 275n, 360n, 410n, 581c, 585c, 604c.

———, eds. *Albert Einstein in Berlin 1913–1933*. Part 2, *Spezialinventar*. Berlin: Akademie-Verlag, 1979.
Cited: **6** *Kirsten and Treder 1979b*: 197n. **7** *Kirsten and Treder 1979*: 112. **8** *Kirsten and Treder 1979b*: 53n, 151n, 186n, 989c, 1003c. **9** *Kirsten and Treder 1979b*: 275n, 549c, 564c, 580c, 581c, 599c, 603c. **10** *Kirsten and Treder 1979*: 416n, 565c, 582c, 586c, 593c, 601c.

Kirsten, Christa, and Treder, Hans-Jürgen. "Albert Einstein 1879–1955." In *Wegbereiter der deutsch–slawischen Wechselseitigkeit*, pp. 349–363. Winter, Edward, and Jarosch, Günther, eds. Berlin: Akademie-Verlag, 1983.
Cited: **8** *Kirsten and Treder 1983*: 18n.

Kjellén, Rudolf. *Studien zur Weltkrise*. Munich: Bruckmann, 1917.
Cited: **8** *Kjellén 1917*: 932n.

Kleeman, Richard D. "Some Relations in Capillarity." *Philosophical Magazine* 18 (1909): 491–510.
Cited: **2** *Kleeman 1909*: 6.

Klein, Felix. "Ueber die sogenannte Nicht-Euklidische Geometrie." *Mathematische Annalen* 4 (1871): 579–625.
Cited: **8** *Klein, F. 1871*: 426n, 781n.

———. *Vergleichende Betrachtungen über neuere geometrische Forschungen. Programm zum Eintritt in die philosophische Fakultät und den Senat der K. Friedrich-Alexanders-Universität zu Erlangen*. Erlangen: Deichert, 1872.
Cited: **9** *Klein, F. 1872*: 41n.

———. "Bemerkungen über den Zusammenhang von Flächen." *Mathematische Annalen* 7 (1874): 549–557.
Cited: **9** *Klein, F. 1874*: 41n.

———. "Zur Nicht-Euklidischen Geometrie." *Mathematische Annalen* 37 (1890): 544–572.
Cited: **8** *Klein, F. 1890*: 426n.

———. "Vergleichende Betrachtungen über neuere geometrische Forschungen." *Mathematische Annalen* 43 (1893): 63–100.
Cited: **9** *Klein, F. 1893*: 41n.

———. "Über die geometrischen Grundlagen der Lorentzgruppe." *Deutsche Mathematiker-Vereinigung. Jahresbericht* 19 (1910): 281–300.
Cited: **2** *Klein, F. 1910*: 254. **3** *Klein, F. 1910*. **8** *Klein, F. 1910*: 437n, 570n.

———. "Zu Hilberts erster Note über die Grundlagen der Physik." *Königliche Gesellschaft der Wissenschaften zu Göttingen. Mathematisch-physikalische Klasse. Nachrichten* (1917): 469–482.
Cited: **7** *Klein, F. 1917*: 76n, 80n, 179n. **8** *Klein, F. 1917*: liv, 635n, 675n, 689n, 699n, 716n, 775n, 834n, 880n, 917n, 970n.

———. "Über die Differentialgesetze für die Erhaltung von Impuls und Energie in der Einsteinschen Gravitationstheorie." *Königliche Gesellschaft der Wissenschaften zu Göttingen. Mathematisch-physikalische Klasse. Nachrichten* (1918): 171–189.
Cited: **7** *Klein, F. 1918a*: 76n, 179n. **8** *Klein, F. 1918a*: 426n, 675n, 834n, 880n, 917n, 933n, 937n, 970n. **9** *Klein, F. 1918a*: 41n, 42n.

———. "Über die Integralform der Erhaltungssätze und die Theorie der räumlich-geschlossenen Welt." *Königliche Gesellschaft der Wissenschaften zu Göttingen. Mathematisch-physikalische Klasse. Nachrichten* (1918): 394–423.
Cited: **7** *Klein, F. 1918b*: 49n, 76n. **8** *Klein, F. 1918b*: 356, 357n, 426n, 675n, 780n, 781n, 783n, 808n, 827n, 917n, 933n. **9** *Klein, F. 1918b*: 35n, 37n, 112n.

———. "Bermerkungen über die Beziehungen des de Sitter'schen Koordinatensystems *B* zu der allgemeinen Welt konstanter positiver Krümmung." *Koninklijke Akademie van Wetenschappen te Amsterdam. Wis- en Natuurkundige Afdeeling. Verslagen van de Gewone Vergaderingen* 27 (1918–1919): 488–489.
Cited: **7** *Klein, F. 1919*: 49n. **8** *Klein, F. 1919*: 356, 357n, 808n.

———. *Gesammelte mathematische Abhandlungen*. Vol. 1. Berlin: Springer, 1921.
Cited: **9** *Klein, F. 1921*: 41n, 536n.

———. *Gesammelte Mathematische Abhandlungen*. 3 vols. Ostrowski, A, and Fricke, R., eds. Berlin: Springer, 1921–1923.
Cited: **8** *Klein, F. 1921–1923*: 437n, 570n, 675n, 690n.

———. *Vorlesungen über die Entwicklung der Mathematik im 19. Jahrhundert*. Vol. 2. Die *Grundbegriffe der Invariantentheorie und ihr Eindringen in die mathematische Physik*. Courant, Richard, and Cohn-Vossen, Stephan, eds. Berlin: Springer, 1927.
Cited: **4** *Klein, F. 1927*: 296. **8** *Klein, F. 1927*: 436n, 437n, 690n. **9** *Klein, F. 1927*: 41n.

———. *Vorlesungen über nicht-euklidische Geometrie*. Rev. ed. Berlin: Springer, 1928.
Cited: **8** *Klein, F. 1928*: 781n.

Klein, Felix, and Sommerfeld, Arnold. *Über die Theorie des Kreisels*. 4 parts. Leipzig: Teubner, 1897–1910.
Cited: **3** *Klein, F., and Sommerfeld 1897–1910*: 5, 127n.

Klein, Franz. *Amerika und der europäische Krieg*. Vienna: Manz, 1915.
Cited: **8** *Klein, Fr. 1915*: 206n.

Klein, Martin J. "Ehrenfest's Contributions to the Development of Quantum Statistics." *Koninklijke Nederlandse Akademie van Wetenschappen te Amsterdam. Section of Sciences. Proceedings B* 62 (1959): 41–50, 51–62.
Cited: **6** *Klein 1959*: 261n. **9** *Klein, M. 1959*: 472n.

———. "Max Planck and the Beginnings of the Quantum Theory." *Archive for History of Exact Sciences* 1 (1960–1962): 459–479.
Cited: **2** *Klein 1962*: 136. **3** *Klein, M. 1962*: 281n. **5** *Klein, M. 1962*: 180n.

———. "Einstein's First Paper on Quanta." *Natural Philosopher* 2 (1963): 59–86.
Cited: **2** *Klein 1963b*: xxxiii, 140.

———. "Planck, Entropy, and Quanta, 1901 1906." *Natural Philosopher* 1 (1963): 83–108.
Cited: **2** *Klein 1963a*: 136.

———. "Einstein and the Wave-Particle Duality." *Natural Philosopher* 3 (1964): 3–49.
Cited: **3** *Klein, M. 1964*: 268n, 281n, 282n, 285. **6** *Klein 1964*: xxiii, xxiv, 398n.

———. "Einstein, Specific Heats, and the Early Quantum Theory." *Science* 148 (1965): 173–180.
Cited: **2** *Klein 1965*: xx, xxxiii, 144. **3** *Klein, M. 1965*: xxv.

———. "Thermodynamics and Quanta in Planck's Work." *Physics Today* 19, no. 11 (1966): 23–32.
Cited: **2** *Klein 1966*: 136. **4** *Klein, M. 1966*: 272.

———. "Thermodynamics in Einstein's Thought." *Science* 157 (1967): 509–516.
Cited: **2** *Klein 1967*: xxxiii, 55, 138, 148, 214.

———. "The First Phase of the Bohr-Einstein Dialogue." *Historical Studies in the Physical Sciences* 2 (1970): 1–39.
Cited: **7** *Klein, M. 1970b*: 487n.

———. *Paul Ehrenfest*. Vol. 1, *The Making of a Theoretical Physicist*. Amsterdam: North-Holland; New York: American Elsevier, 1970.
Cited: **2** *Klein 1970*: xxxiii, 41. **3** *Klein, M. 1970*: 268n, 479, 562n. **4** *Klein, M. 1970*: 5, 163n, 270, 272. **5** *Klein, M. 1970*: 292n, 393n, 463n, 497n, 509n, 564n. **7** *Klein, M. 1970a*: 223. **8** *Klein, M. 1970*: 13n, 22n, 386n, 485n, 701n, 961n. **9** *Klein, M. 1970*: 166n, 228n, 417n, 504n. **10** *Klein 1970*: li, 7n, 21n, 376n.

———. "Mechanical Explanation at the End of the Nineteenth Century." *Centaurus* 17 (1972): 58–82.
Cited: **2** *Klein 1972*: xxxiii. **3** *Klein, M. 1972*: 129n.

———. "The Development of Boltzmann's Statistical Ideas." In *The Boltzmann Equation: Theory and Applications*, pp. 53–106. Cohen, E.G.D., and Thirring, Walter, eds. Vienna: Springer-Verlag, 1973.
Cited: **2** *Klein 1973*: 44.

———. "Einstein, Boltzmann's Principle, and the Mechanical World View." In *14th International Congress of the History of Science, Tokyo & Kyoto, Japan, 19–27 August 1974. Texts of Symposia (Proceedings, no. 1)*, pp. 183–194. N.p.: Science Council of Japan, n.d.
Cited: **2** *Klein 1974b*: xxxiii, 55, 138, 168n, 214, 551n. **3** *Klein, M. 1974*: 285. **4** *Klein, M. 1974*: 534n.

———. "The Historical Origins of the Van der Waals Equation." *Physica* 73 (1974): 28–47.
Cited: **2** *Klein 1974a*: 4.

———. "The Beginnings of the Quantum Theory." In *History of Twentieth Century Physics*. Proceedings of the International School of Physics, "Enrico Fermi," Course 57, pp. 1–39. Weiner, C., ed. New York: Academic Press, 1977.
Cited: **2** *Klein 1977*: xxxiii, 135. **3** *Klein, M. 1977*: 281n.

———. "Einstein and the Development of Quantum Physics." In *Einstein: A Centenary Volume*, pp. 133–151. French, Anthony P., ed. Cambridge, Mass.: Harvard University Press, 1979.
Cited: **2** *Klein 1979*: xxxiii, 135.

———. "No Firm Foundation: Einstein and the Early Quantum Theory." In *Some Strangeness in the Proportion: A Centennial Symposium to Celebrate the Achievements of Albert Einstein*, pp. 161–185. Woolf, Harry, ed. Reading, Mass.: Addison-Wesley, 1980.
Cited: **2** *Klein 1980*: xxxiii, 135. **5** *Klein, M. 1980*: 42n.

———. "Fluctuations and Statistical Physics in Einstein's Early Work." In *Albert Einstein: Historical and Cultural Perspectives. The Centennial Symposium in Jerusalem*, pp. 39–58. Holton, Gerald, and Elkana, Yehuda, eds. Princeton: Princeton University Press, 1982.
Cited: **2** *Klein 1982a*: xxxiii, 55, 214.

———. "Some Turns of Phrase in Einstein's Early Papers." In *Physics and Natural Philosophy: Essays in Honor of Laszlo Tisza on His Seventy-Fifth Birthday*, pp. 364–375. Shimony, Abner, and Feshbach, Herman, eds. Cambridge, Mass.: MIT Press, 1982.
Cited: **2** *Klein 1982b*: 167n.

———. "Ernst Mach's Principles of the Theory of Heat." Introduction to Mach, Ernst. *Principles of the Theory of Heat, Historically and Critically Elucidated,* pp. ix–xx. Brian McGuinness, ed. Dordrecht and Boston: Reidel, 1986. (Trans. of Mach, Ernst. *Die Principien der Wärmelehre. Historisch-kritisch entwickelt.* 2d ed. Leipzig: Barth, 1900.)
Cited: **2** *Klein 1986*: 218. **5** *Klein, M. 1986*: 204n. **6** *Klein 1986*: 282n.

Klein, Martin J., and Needell, Allan A. "Some Unnoticed Publications by Einstein." *Isis* 68 (1977): 601–604.
Cited: **2** *Klein and Needell 1977*: 109.

Klein, Martin J., and Tisza, László. "Theory of Critical Fluctuations." *Physical Review* 76 (1949): 1861–1868.
Cited: **3** *Klein, M., and Tisza 1949*: 285.

Kleiner, Alfred. "Ueber die Wandlungen in den physikalischen Grundanschauungen." In *Verhandlungen der Schweizerischen Naturforschenden Gesellschaft bei ihrer Versammlung zu Zofingen den 4., 5. und 6. August 1901 (84. Jahresversammlung)*, pp. 3–31. Zofingen: Ringier, 1902.
Cited: **2** *Kleiner 1901*: xxv, 174.

———. "Über Elektrometer von hoher Empfindlichkeit." *Naturforschende Gesellschaft in Zürich. Vierteljahrsschrift* 51 (1906): 226–228.
Cited: **2** *Kleiner 1906*: 397n, 492n.

Kleinert, Andreas. "Anton Lampa und Albert Einstein. Die Neubesetzung der physikalischen Lehrstühle an der deutschen Universität Prag 1909 und 1910." *Gesnerus* 32 (1975): 285–292.
Cited: **5** *Kleinert 1975*: 247n. **9** *Kleinert 1975*: 78n. **10** *Kleinert 1975*: 286n.

———. "Paul Weyland, der Berliner Einstein-Töter." In *Naturwissenschaft und Technik in der Geschichte. 25 Jahre Lehrstuhl für Geschichte der Naturwissenschaften und Technik am Historischen Institut der Universität Stuttgart*, pp. 198–232. Albrecht, Helmuth, ed. Stuttgart: Verlag für Geschichte der Naturwissenschaften und der Technik, 1993.
Cited: **7** *Kleinert 1993*: 105, 348n. **10** *Kleinert 1993*: l, 383n, 389n.

Kleinert, Andreas, and Schönbeck, Charlotte. "Lenard und Einstein. Ihr Briefwechsel und ihr Verhältnis vor der Nauheimer Diskussion von 1920." *Gesnerus* 35 (1978): 318–333.
Cited: **7** *Kleinert and Schönbeck 1978*: 104, 107. **10** *Kleinert and Schönbeck 1978*: 428n.

Klieman, Aaron S., eds. *Giving Substance to the Jewish National Home: 1920 and Beyond*. New York: Garland, 1987.
Cited: **7** *Klieman 1987*: 435n.

Klier, John D., and Lambroza, Schlomo, ed. *Pogroms: Anti-Jewish Violence in Modern Russian History*. Cambridge: Cambridge University Press, 1992.
Cited: **7** *Klier and Lambroza 1992*. **8** *Klier and Lambrosa 1992*: 19n.

Klöckler, Jürgen. "Reichsreformdiskussion, Großschwabenpläne und Alemannentum im Spiegel der südwestdeutschen Publizistik der frühen Weimarer Republik: 'Der Schwäbische Bund' 1919–1922." *Zeitschrift für Württembergische Landesgeschichte* 60 (2001): 271–315.
Cited: **9** *Klöckler 2001*: 70n.

Kneser, Adolf. *Mathematik und Natur. Von der Schwere. Zwei akademische Reden*. Breslau: Trewendt & Granier, 1918.
Cited: **8** *Kneser 1918*: 791n.

Knitel, Hans. "Les Delegations du Comite International de la Croix-Rouge." In *Études et Travaux de l'Institut universitaire de hautes études internationales*, no. 5, pp. 9–134. Geneva: 1967.
Cited: **8** *Knitel 1967*: 110n.

Knoblauch, Oscar. "Ueber die Fluorescenz von Lösungen." *Annalen der Physik und Chemie* 54 (1895): 193–220.
Cited: **2** *Knoblauch 1895*: 168n, 552n.

Knopf, Otto. "Die Versuche von F. Harreß über die Geschwindigkeit des Lichtes in bewegten Körpern." *Annalen der Physik* 62 (1920): 389–447.
Cited: **6** *Knopf 1920*: 28n. **9** *Knopf 1920*: 209n.

Knopp, Konrad. *Funktionentheorie*. Part 1, *Grundlagen der allgemeinen Theorie der analytischen Funktionen*. Berlin: Göschen, 1913.
Cited: **5** *Knopp 1913a*: 632c.

———. *Funktionentheorie*. Part 2, *Anwendungen der Theorie zur Untersuchung spezieller analytischer Funktionen*. Berlin: Göschen, 1913.
Cited: **5** *Knopp 1913b*: 632c.

Knudsen, Martin H. C. "Die Gesetze der Molekularströmung und der inneren Reibungsströmung der Gase durch Röhren." *Annalen der Physik* 28 (1909): 75–130.
Cited: **3** *Knudsen 1909a*: 243n, 244n.

———. "Die Molekularströmung der Gase durch Öffnungen und die Effusion." *Annalen der Physik* 28 (1909): 999–1016.
Cited: **3** *Knudsen 1909b*: 243n.

———. "Eine Revision der Gleichgewichtsbedingung der Gase. Thermische Molekularströmung." *Annalen der Physik* 31 (1910): 205–229.
Cited: **3** *Knudsen 1910a*: 243n, 244n. **4** *Knudsen 1910a*: 534n.

———. "Thermischer Molekulardruck der Gase in Röhren." *Annalen der Physik* 33 (1910): 1435–1448.
Cited: **3** *Knudsen 1910c*: 243n.

———. "Thermischer Molekulardruck der Gase in Röhren und porösen Körpern." *Annalen der Physik* 31 (1910): 633–640.
Cited: **3** *Knudsen 1910b*: 243n, 244n.

———. "Ein absolutes Manometer." *Annalen der Physik* 32 (1910): 809–842.
Cited: **9** *Knudsen 1910*: 176n.

———. "Die molekulare Wärmeleitung der Gase und der Akkommodationskoeffizient." *Annalen der Physik* 34 (1911): 593–656.
Cited: **3** *Knudsen 1911*: 243n.

———. "La théorie cinétique et les propriétés expérimentales des gaz parfaits." In *La théorie du rayonnement et les quanta. Rapports et discussions de la réunion tenue à Bruxelles, du 30 octobre au 3 novembre 1911, sous les auspices de M. E. Solvay*, pp. 133–146. Langevin, Paul, and de Broglie, Maurice, eds.

Paris: Gauthier-Villars, 1912.
Cited: **3** *Knudsen 1912*: 243n.

———. "Die kinetische Theorie und die beobachtbaren Eigenschaften der idealen Gase." In *Die Theorie der Strahlung und der Quanten. Verhandlungen auf einer von E. Solvay einberufenen Zusammenkunft (30. Oktober bis 3. November 1911). Mit einem Anhange über die Entwicklung der Quantentheorie vom Herbst 1911 bis Sommer 1913*, pp. 109–120. Eucken, Arnold, ed. Halle a.S.: Knapp, 1914. (*Abhandlungen der Deutschen Bunsen Gesellschaft für angewandte physikalische Chemie* 3, no. 7.)
Cited: **3** *Knudsen 1914*.

———. *Kinetic Theory of Cases: Some Modern Aspects*. London: Methuen, 1934.
Cited: **3** *Knudsen 1934*: 243n.

Knudsen, Martin H. C., et al. "Discussion" following **3** *Knudsen 1912*. In *La théorie du rayonnement et les quanta. Rapports et discussions de la réunion tenue à Bruxelles, du 30 octobre au 3 novembre 1911, sous les auspices de M. E. Solvay*, pp. 147–152. Langevin, Paul, and de Broglie, Maurice, eds. Paris: Gauthier-Villars, 1912.
Cited: **3** *Knudsen et al. 1912*: 508n.

———. "Diskussion" following **3** *Knudsen 1914*. In *Die Theorie der Strahlung und der Quanten. Verhandlungen auf einer von E. Solvay einberufenen Zusammenkunft (30. Oktober bis 3. November 1911). Mit einem Anhange über die Entwicklung der Quantentheorie vom Herbst 1911 bis Sommer 1913*, pp. 121–124. Eucken, Arnold, ed. Halle a.S.: Knapp, 1914. (*Abhandlungen der Deutschen Bunsen Gesellschaft für angewandte physikalische Chemie* 3, no. 7.)
Cited: **3** *Knudsen et al. 1914*: 508n.

Koch, Walter. "Das neue Lebensgefühl und der Krie." *Das neue Deutschland. Wochenschrift für konservativen Fortschritt* 3, no. 14/17 (27 February 1915): 126–127.
Cited: **9** *Koch 1915*: 34n.

Koenigsberger, J. "Ueber die Abhängigkeit der Absorption des Lichtes in festen Körpern von der Temperatur." *Annalen der Physik* 4 (1901): 796–810.
Cited: **1** *Koenigsberger 1901*: 283n.

Koestler, Arthur. *The Case of the Midwife Toad*. London: Hutchinson; New York: Random House, 1971.
Cited: **9** *Koestler 1971*: 450n.

Kohl, Emil. "Ueber die Transversalschwingungen einer elastischen Kugel." *Annalen der Physik* 7 (1902): 516–553.
Cited: **5** *Kohl 1902*: 474n.

———. "Über ein Integral der Gleichungen für die Wellenbewegung, welches dem Dopplerschen Prinzipe entspricht." *Annalen der Physik* 11 (1903): 96–113.
Cited: **5** *Kohl 1903a*: 474n.

———. "Über das dem Dopplerschen Prinzipe entsprechende Integral der Gleichungen für die Wellenbewegung." *Annalen der Physik* 11 (1903): 515–528.
Cited: **5** *Kohl 1903b*: 474n.

———. "Über die Bewegungsgleichungen und die elektromagnetische Energie der Elektronen." *Annalen der Physik* 19 (1906): 587–612.
Cited: **5** *Kohl 1906*: 474n.

———. "Über die Gleichung zwischen Wärmetönung und reversibler Arbeit." *Monatshefte für Mathematik und Physik* 23 (1912): 81–91.
Cited: **5** *Kohl 1912*: 474n.

Köhler, Alban. "Beugungsähnliche Lichtstreifen an den Schattenrändern einfacher Röntgenaufnahmen." *Fortschritte auf dem Gebiete der Röntgenstrahlen* 24 (1916): 236–240.
Cited: **7** *Köhler 1916*: 51, 53n.

———. "Beugungsähnliche Lichtstreifen an den Schattenrändern einfacher Röntgenaufnahmen. — Zum Nachweis optischer Täuschungen. II." *Fortschritte auf dem Gebiete der Röntgenstrahlen* 25 (1918): 495–501.
Cited: **7** *Köhler 1918*: 53n.

Kohlrausch, Friedrich. "Das electrische Leitungsvermögen der wässerigen Lösungen von den Hydraten und Salzen der leichten Metalle, sowie von Kupfervitriol, Zinkvitriol und Silbersalpeter." *Annalen der Physik und Chemie* 6 (1879): 1–51.
Cited: **5** *Kohlrausch 1879*: 16n.

———. *Lehrbuch der praktischen Physik*. 11th rev. ed. Leipzig: Teubner, 1910.
Cited: **3** *Kohlrausch 1910*: 398n, 567.

Kohlschütter, Arnold. "Der innere Aufbau der Sterne. Bericht über die Arbeiten von A. S. Eddington betreffend das Strahlungsgleichgewicht." *Naturwissenschaften* 7 (1919): 65–70, 89–92.
Cited: **9** *Kohlschütter 1919*: 14n.

Kolatt, Israel. "Raiyon ha-Universita ha-Ivrit be-Tnua ha-Leumit ha-Yehudit." In *Toldot ha-Universita ha-Ivrit bi-Yerushalayim. Shorashim ve-HathŠalot*, pp. 3–74. Katz, Shaul, and Heyd, Michael, eds. Jerusalem: Hebrew

University Magnes Press, 2000.
Cited: **9** *Kolatt 2000*: 153n, 213n.

Kolb, Eberhard. *Die Weimarer Republik.* Munich: Oldenbourg, 2000.
Cited: **9** *Kolb 2000*: 94n, 450n.

Kollros, Louis. "Erinnerungen—Souvenirs." *Schweizerische Hochschulzeitung* 28 *(Sonderheft)* (1955): 169–173. Translated as "Erinnerungen eines Kommilitonen" in *Helle Zeit—Dunkle Zeit: In Memoriam Albert Einstein*, pp. 17–31. Seelig, Carl, ed. Zurich: Europa, 1956.
Cited: **1** *Kollros 1955*: 60. **5** *Kollros 1955*: 582n.

———. "Erinnerungen eines Kommilitonen." In *Helle Zeit—Dunkle Zeit: In Memoriam Albert Einstein*, pp. 17–31. Seelig, Carl, ed. Zurich: Europa, 1956.
Cited: **2** *Kollros 1956*: 4.

Könies, Axel, and Albrecht, Heiko. "Albert Einstein—Ehrendoktor der Rostocker Universität." *Beiträge zur Geschichte der Universität Rostock: Zur Entwicklung der Physik an der Rostocker Universität*, no. 17 (1991): 50–59.
Cited: **9** *Könies and Albrecht 1991*: 572c.

König, Arthur. *Über den Helligkeitswert der Spektralfarben bei verschiedener absoluter Intensität.* Hamburg: Voss, 1891.
Cited: **10** *König 1891*: 296n.

Konstantinowsky, Kurt. "Elektrische Ladungen und Brownsche Bewegung sehr kleiner Metallteilchen im Gase. (Ein Beitrag zur Frage des Elementarquantums der Elektrizität)." *Annalen der Physik* 48 (1915): 261–297.
Cited: **8** *Konstantinowsky 1915*: 863n, 905n. **10** *Konstantinowsky 1915*: 297n.

———. "Submikroskopische Experimentalphysik." *Die Naturwissenschaften* 6 (1918): 429–435, 448–451, 473–477, 488–494.
Cited: **8** *Konstantinowsky 1918*: 863n, 905n.

Kopp, Hermann. "Untersuchungen über die specifische Wärme der starren und tropfbar-flüssigen Körper." *Annalen der Chemie und Pharmacie* suppl. vol. 3 (1864): 1–126.
Cited: **2** *Kopp 1864*: 390n.

Körber, Hans-Günther. "Zur Biographie des jungen Albert Einstein." *Forschungen und Fortschritte* 38 (1964): 74–78.
Cited: **1** *Körber 1964*: 278n.

Kormos Barkan, Diana. *Walther Nernst and the Transition to Modern Physical Science.* Cambridge: Cambridge University Press, 1999.
Cited: **10** *Kormos Barkan 1999*: 381n.

Körner, K. "Die 86. Versammlung der Gesellschaft Deutscher Naturforscher und Ärzte in Bad Nauheim vom 19.–25. September 1920." *Zeitschrift für mathematischen und naturwissenschaftlichen Unterricht* 52 (1921): 79–84.
Cited: **10** *Körner 1921*: 435n, 436n.

Kossel, Walther. "Über Molekülbildung als Frage des Atombaus." *Annalen der Physik* 49 (1916): 229–362.
Cited: **8** *Kossel 1916*: 815n. **9** *Kossel 1916*: 211n.

———. "Zum Bau der Röntgenspektren." *Zeitschrift für Physik* 1 (1920): 119–134.
Cited: **9** *Kossel 1920*: 218n.

Kossel, Walther, and Sommerfeld, Arnold. "Auswahlprinzip und Verschiebungssatz bei Serienspektren." *Deutsche Physikalische Gesellschaft. Verhandlungen* 21 (1919): 240–259.
Cited: **9** *Kossel and Sommerfeld 1919*: liii, 20n, 65n, 565c.

Kostro, Ludwik. *Einstein and the Ether.* Montreal: Apeiron, 2000.
Cited: **7** *Kostro 2000*: 321n.

Kottler, Friedrich. "Über die Raumzeitlinien der Minkowski'schen Welt." *Kaiserliche Akademie der Wissenschaften* (Vienna). *Mathematisch-naturwissenschaftliche Klasse. Abteilung IIa. Sitzungsberichte* 121 (1912): 1659–1758.
Cited: **4** *Kottler 1912*: 320, 324, 331, 342n, 343n, 495, 502n. **6** *Kottler 1912*: 408n. **8** *Kottler 1912*: 754n.

———. "Fallende Bezugssysteme vom Standpunkte des Relativitätsprinzips." *Annalen der Physik* 45 (1914): 481–516.
Cited: **6** *Kottler 1914b*: 408n. **8** *Kottler 1914b*: 754n.

———. "Relativität und beschleunigte Bewegung." *Annalen der Physik* 44 (1914): 701–748.
Cited: **9** *Kottler 1914*: 437n.

———. "Relativitätsprinzip und beschleunigte Bewegung." *Annalen der Physik* 44 (1914): 701–748.
Cited: **6** *Kottler 1914a*: 408n. **8** *Kottler 1914a*: 754n.

———. "Beschleunigungsrelative Bewegungen und die konforme Gruppe der Minkowski'schen Welt." *Kaiserliche Akademie der Wissenschaften* (Vienna). *Mathematisch-naturwissenschaftliche Klasse. Abteilung IIa. Sitzungsberichte* 125 (1916): 899–919.
Cited: **6** *Kottler 1916a*: 408n. **8** *Kottler 1916a*: 754n.

———. "Über Einsteins Äquivalenzhypothese und die Gravitation." *Annalen der Physik* 50 (1916): 955–972.
Cited: **6** *Kottler 1916b*: 404, 408n. **7** *Kottler 1916*: 371n. **8** *Kottler 1916b*: 345n, 708n.

———. "Über die physikalischen Grundlagen der Einsteinschen Gravitationstheorie." *Annalen der Physik* 56 (1918): 401–462.
Cited: **6** *Kottler 1918*: 408n. **7** *Kottler 1918*: 76n. **8** *Kottler 1918*: 707n, 708n, 716n.

———. "Zur Theorie der Beugung, Emissionstheorie des Lichtes und Quantenhypothese." *Kaiserliche Akademie der Wissenschaften (Vienna). Mathematisch-naturwissenschaftliche Klasse. Abteilung IIa. Sitzungsberichte* 129 (1920): 3–26.
Cited: **9** *Kottler 1920*: 374n, 437n. **10** *Kottler 1920*: 352n.

———. "Gravitation und Relativitätstheorie." In *Encyklopädie der mathematischen Wissenschaften, mit Einschluss ihrer Anwendungen*. Vol. 6, *Astronomie*, part 2, pp. 159–237. Schwarzschild, Karl, Oppenheim, S., and Dyck, W. v., eds. Leipzig: Teubner, 1922–1934. Issued 18 September 1922.
Cited: **4** *Kottler 1922*: 342n. **9** *Kottler 1922*: 374n, 437n, 536n.

Kowalewski, Gerhard. *Einführung in die Determinantentheorie einschließlich der unendlichen und der Fredholmschen Determinanten.* Leipzig: Veit & Comp., 1909.
Cited: **4** *Kowalewski 1909*: 107n.

Kowalski, Joseph de. "Influence de la température sur la fluorescence et la loi de Stokes." *Le Radium* 7 (1910): 56–58.
Cited: **2** *Kowalski 1910*: 552n.

Kox, A. J. "Hendrik Antoon Lorentz, the Ether, and the General Theory of Relativity." *Archive for History of Exact Sciences* 38 (1988): 67–78. Reprinted in *Einstein and the History of General Relativity*, pp. 201–212. Howard, Don, and Stachel, John, eds. Boston: Birkhäuser, 1989.
Cited: **4** *Kox 1988*: 297. **6** *Kox 1988*: 136n. **8** *Kox 1988*: 229n, 234n, 237n, 247n. **9** *Kox 1988*: 483n.

———. "General Relativity in the Netherlands, 1915–1920." In *Studies in the History of General Relativity*, pp. 39–56. Eisenstaedt, Jean, and Kox, A. J., eds. Boston: Birkhäuser, 1992.
Cited: **4** *Kox 1992*: 299. **7** *Kox 1992*: 101. **8** *Kox 1992*: 350n, 426n. **10** *Kox 1992*: 53n.

———. "Einstein and Lorentz: More than Just Good Colleagues." *Science in Context* 6 (1993): 181–194.
Cited: **5** *Kox 1993*: 188n, 190n.

———. "Pieter Zeeman's Experiments on the Equality of Inertial and Gravitational Mass." In *The Attraction of Gravitation: New Studies in the History of General Relativity*, pp. 173–181. Earman, John, Janssen, Michel, and Norton, John D., eds. Boston: Birkhäuser, 1993.
Cited: **8** *Kox 1993*: 162n, 602n.

Kraus, Oskar. "Nachwort des Herausgebers." *Kantstudien* 25 (1920): 22–23.
Cited: **10** *Kraus 1920b*: 261n.

———. "Ueber die Deutung der Relativitätstheorie Einsteins." *Lotos* 67–68 (1920): 146–152.
Cited: **10** *Kraus 1920a*: 261n.

Krebs, Hans. *Otto Warburg: Zellphysiologe-Biochemiker-Mediziner 1883–1970.* Stuttgart: Wissenschaftliche Verlagsgesellschaft, 1979.
Cited: **8** *Krebs 1979*: 695n.

Kreller, Emil. *Die Entwicklung der deutschen elektrotechnischen Industrie und ihre Aussichten auf dem Weltmarkt.* Leipzig: Duncker & Humblot, 1903. (*Staats- und sozialwissenschaftliche Forschungen* 22, no. 3.)
Cited: **1** *Kreller 1903*: lii.

Kretschmann, Erich. "Über die prinzipielle Bestimmbarkeit der berechtigten Bezugssysteme beliebiger Relativitätstheorien (I)." *Annalen der Physik* 48 (1915): 907–942.
Cited: **7** *Kretschmann 1915*: 43n. **8** *Kretschmann 1915*: 229n.

———. "Über den physikalischen Sinn der Relativitätspostulate. A. Einsteins neue und seine ursprüngliche Relativitätstheorie." *Annalen der Physik* 53 (1917): 575–614.
Cited: **7** *Kretschmann 1917*: 38, 42n–43n, 178n, 574n. **8** *Kretschmann 1917*: 652n, 681n, 700n, 743n, 754n.

———. "A. Einstein. Spielen die Gravitationsfelder im Aufbau der materiellen Elementarteilchen eine wesentliche Rolle?" *Beiblätter zu den Annalen der Physik* 43 (1919): 515–516.
Cited: **10** *Kretschmann 1919*: 364n.

Kreyenpoth, Johannes. *Die Auslandshilfe für das Deutsche Reich.* Stuttgart: Ausland und Heimat, 1932.
Cited: **7** *Kreyenpoth 1932*: 332n, 334n, 470n–471n. **9** *Kreyenpoth 1932*: 205n.

Krieg, Martin. *Die Erzeugung und Verteilung der Elektrizität in Zentral-Stationen.* Magdeburg:

Faber, 1888.
Cited: **1** *Krieg 1888*: li.
Krist, Josef. *Anfangsgründe der Naturlehre für die Unterclassen der Realschulen*. 6th ed. Vienna: Braumüller, 1891.
Cited: **2** *Krist 1891*: 3, 42.
Krockow, Christian Graf von. *Die Deutschen in ihrem Jahrhundert, 1890–1990*. Reinbek bei Hamburg: Rowohlt, 1992.
Cited: **8** *Krockow 1992*: 533n.
Kronthal, Paul. *Nerven und Seele*. Jena: Fischer, 1908.
Cited: **10** *Kronthal 1908*: 605c, 606c.
Kroo, Jan. "Der erste und zweite Elektronenring der Atome." *Physikalische Zeitschrift* 19 (1918): 307–311.
Cited: **9** *Kroo 1918*: 239n.
Krüger, Friedrich. "Über die Anwendung der Thermodynamik auf die Elektronentheorie der Thermoelektrizität. II." *Physikalische Zeitschrift* 12 (1911): 360–368.
Cited: **5** *Krüger 1911*: 353n.
Krüger, Louis. *Konforme Abbildung des Erdellipsoids in der Ebene*. Leipzig: Teubner, 1912.
Cited: **8** *Krüger 1912*: 618n.
Krupp, Alfred. *Die Legierungen. Handbuch für Praktiker*. Vienna: Hartleben, 1879.
Cited: **1** *Krupp 1879*: 73n.
Krutkow, G. "Bemerkung zu Herrn Wolfkes Note: 'Welche Strahlungsformel folgt aus der Annahme der Lichtatome?'" *Physikalische Zeitschrift* 15 (1914): 363.
Cited: **8** *Krutkow 1914*: 15n.
Krutkow, Yuri (Georg). "Bijdrage tot de theorie der adiabatische invarianten." *Koninklijke Akademie van Wetenschappen te Amsterdam. Wis- en Natuurkundige Afdeeling. Verslagen van de Gewone Vergaderingen* 27 (1918–19): 908–919. Reprinted in translation as "Contribution to the Theory of Adiabatic Invariants. (Preliminary Communication)." *Koninklijke Akademie van Wetenschappen te Amsterdam. Section of Sciences. Proceedings* 21 (1918–19): 1112–1123.
Cited: **10** *Krutkow 1918/1919*: 472n.
Kuhn, Thomas S. *Black-body Theory and the Quantum Discontinuity, 1894–1912*. Oxford: Clarendon Press; New York: Oxford University Press, 1978.
Cited: **2** *Kuhn 1978*: xx, xxxiii, 55, 135, 136, 144, 145, 357n, 551n. **3** *Kuhn 1978*: xxii, xxv, 268n, 281n, 506n, 518n. **4** *Kuhn 1978*: 271, 285n, 534n, 564n. **5** *Kuhn 1978*: 50n, 144n, 168n, 180n, 301n, 466n, 540n. **8** *Kuhn 1978*: 445n.

Kundt, August, and Warburg, Emil. "Ueber Reibung und Wärmeleitung verdünnter Gase." *Annalen der Physik und Chemie* 5 (1875): 337–365, 525–550.
Cited: **3** *Kundt and Warburg 1875a*: 243n. **6** *Kundt and Warburg 1875a*: 577, 579n.
———. "Ueber Reibung und Wärmeleitung verdünnter Gase. II. Wärmeleitung." *Annalen der Physik und Chemie* 6 (1875): 177–211.
Cited: **3** *Kundt and Warburg 1875b*: 243n. **6** *Kundt and Warburg 1875b*: 577, 579n.
———. "Ueber die specifische Wärme des Quecksilbergases." *Annalen der Physik und Chemie* 7 (1876): 353–369.
Cited: **3** *Kundt and Warburg 1876*: 242n.
Kunitz, Moses. "An Empirical Formula for the Relation between Viscosity of Solution and Volume of Solute." *Journal of General Physiology* 9 (1926): 715–725.
Cited: **2** *Kunitz 1926*: 181.
Kurlbaum, Ferdinand. "Ueber eine Methode zur Bestimmung der Strahlung in absolutem Maass und die Strahlung des schwarzen Körpers zwischen 0 und 100 Grad." *Annalen der Physik und Chemie* 65 (1898): 746–760.
Cited: **2** *Kurlbaum 1898*: 108n.
Küstner, Friedrich. "Spektrographische Beobachtungen am Bonner Refraktor." *Astronomische Nachrichten* 166 (1904): cols. 177–206.
Cited: **8** *Küstner 1904*: 323n.
———. "Radial Velocities of 99 Stars of the Second and Third Spectral Classes Observed at Bonn." *Astrophysical Journal* 27 (1908): 301–324.
Cited: **8** *Küstner 1908a*: 323n.
———, ed. *Katalog von 10663 Sternen zwischen 0 Gr. und 51 Gr Nördlichen Deklination für das Äquinoctium 1900*. Bonn: Cohen, 1908.
Cited: **8** *Küstner 1908b*: 323n.
Kuwaki, Ayao. *Ainsyutain Den (Biography of Einstein)*. Tokyo: Kaizo-sha, 1934.
Cited: **5** *Kuwaki 1934*: 161n.
Ladenburg, Erich R. "Über Anfangsgeschwindigkeit und Menge der photoelektrischen Elektronen in ihrem Zusammenhange mit der Wellenlänge des auslösenden Lichtes." *Deutsche Physikalische Gesellschaft. Verhandlungen* 9 (1907): 504–514. Also *Physikalische Zeitschrift* 8 (1907): 590–594.
Cited: **2** *Ladenburg 1907*: 142, 551n, 582n. **5**

Ladenburg, E. 1907: 80n.

Ladenburg, Rudolf. "Die neueren Forschungen über die durch Licht- und Röntgenstrahlen hervorgerufene Emission negativer Elektronen." *Jahrbuch der Radioaktivität und Elektronik* 6 (1909): 425–484.
Cited: **5** *Ladenburg, R. 1909*: 246n.

Lampa, Anton. "Das Elektron." *Das Wissen für Alle* 11, supplement to no 2: *Mitteilungen aus den Gebieten der Photographie* (1911): 45–47.
Cited: **5** *Lampa 1911*: 320n, 322n.

———. *Ernst Mach*. Prague: Deutsche Arbeit, 1918.
Cited: **9** *Lampa 1918*: 462n. **10** *Lampa 1918*: 286n.

———. *Das naturwissenschaftliche Märchen. Eine Betrachtung*. Reichenberg: Deutsche Arbeit, 1919.
Cited: **9** *Lampa 1919*: 462n. **10** *Lampa 1919*: 286n.

Lánczos, Kornél. *Die funktionentheoretischen Beziehungen der Maxwellschen Aethergleichungen. Ein Beitrag zur Relativitäts- und Elektronentheorie*. Budapest: Németh, 1919. Reprinted in facsimile in Cornelius Lánczos, *Collected Published Papers with Commentaries*. Vol. 6, *Appendix*. William R. Davis et al., eds. Raleigh, NC: North Carolina State University, 1998.
Cited: **9** *Lánczos 1919*: 266n, 375n.

———. "Bemerkung zur de Sitterschen Welt." *Physikalische Zeitschrift* 23 (1922): 539–543.
Cited: **7** *Lanczos 1922*: 49n. **8** *Lanczos 1922*: 769n.

Landauer, Gustav. *Sein Lebensgang in Briefen*. Buber, Martin, and Britschgi-Schimmer, Ina, eds. Frankfurt a.M.: Rütten und Loening, 1929.
Cited: **9** *Landauer 1929*: 558c.

Landolt, Hans, and Börnstein, Richard, eds. *Physikalisch-chemische Tabellen*. 2d ed. Berlin: Springer, 1894.
Cited: **1** *Landolt and Börnstein 1894*: 59n, 280n, 325n. **2** *Landolt and Börnstein 1894*: 19, 21n, 179, 205n.

Lang, Robert. "Ueber die magnetische Kraft der Atome." *Annalen der Physik* 2 (1900): 483–494.
Cited: **1** *Lang 1900*: 287n.

Lange, Christian Louis. *Exposé des Travaux de l'Organisation*. The Hauge: Organisation Centrale pour une Paix Durable, 1917.
Cited: **8** *Lange, Ch. 1917*: 210n.

Lange, Konrad. *Das Wesen der Kunst. Grundzüge einer realistischen Kunstlehre*. Berlin: Grote, 1901.
Cited: **8** *Lange, K. 1901*: 889n.

Lange, Ludwig. "Über das Beharrungsgesetz." *Königlich Sächsische Gesellschaft der Wissenschaften zu Leipzig. Mathematisch-physikalische Classe. Berichte über die Verhandlungen* 3 (1885): 333–351.
Cited: **8** *Lange, L. 1885*: 448n.

———. *Die geschichtliche Entwickelung des Bewegungsbegriffes und ihr voraussichtliches Endergebniss. Ein Beitrag zur historischen Kritik der mechanischen Principien*. Leipzig: Engelmann, 1886.
Cited: **8** *Lange, L. 1886*: 448n.

———. "Das Inertialsystem vor dem Forum der Naturforschung." In *Festschrift Wilhelm Wundt zum siebzigsten Geburtstage überreicht von seinen Schülern*, part 2, pp. 1–71. Leipzig: Engelmann, 1902.
Cited: **8** *Lange, L. 1902*: 448n.

Langevin, Luce. "Paul Langevin et Albert Einstein d'après une correspondance et des documents inédits." *La Pensée* 161 (1972): 3–40.
Cited: **5** *Langevin, L. 1972*: 571n.

Langevin, Paul. "La physique des électrons." *Revue générale des sciences pures et appliquées* 16 (1905): 257–276.
Cited: **2** *Langevin 1905c*: 270, 310n, 486n.

———. "Magnétisme et théorie des électrons." *Annales de chimie et de physique* 5 (1905): 70–127.
Cited: **3** *Langevin 1905*: 245n, 246n. **6** *Langevin 1905*: 170n, 189n. **10** *Langevin 1905*: 357n, 369n.

———. "Sur une formule fondamentale de la théorie cinétique." *Académie des sciences* (Paris). *Comptes rendus* 140 (1905): 35–38.
Cited: **2** *Langevin 1905a*: 250–252.

———. "Une formule fondamentale de théorie cinétique." *Annales de chimie et de physique* 5 (1905): 245–288.
Cited: **2** *Langevin 1905b*: 252n.

———. "Sur la théorie du mouvement brownien." *Académie des sciences* (Paris). *Comptes rendus* 146 (1908): 530–533.
Cited: **2** *Langevin 1908*: 215, 217. **3** *Langevin 1908*: 246n.

———. "L'évolution de l'espace et du temps." *Scientia* 10 (1911): 31–54.
Cited: **2** *Langevin 1911*: 308n. **3** *Langevin 1911*: 439n. **5** *Langevin, P. 1911*: 589n.

———. "La théorie cinétique du magnétisme et

les magnétons." In *La théorie du rayonnement et les quanta. Rapports et discussions de la réunion tenue à Bruxelles, du 30 octobre au 3 novembre 1911, sous les auspices de M. E. Solvay*, pp. 393–404. Langevin, Paul, and de Broglie, Maurice, eds. Paris: Gauthier-Villars, 1912.
Cited: **3** *Langevin 1912*: 245n. **4** *Langevin 1912*: 534n. **5** *Langevin, P. 1912*: 360n.
———. "L'inertie de l'énergie et ses conséquences." *Journal de physique* 3 (1913): 553–591.
Cited: **4** *Langevin 1913*: 187n, 621n.
———. "Die kinetische Theorie des Magnetismus und der Magnetonen." In *Die Theorie der Strahlung und der Quanten. Verhandlungen auf einer von E. Solvay einberufenen Zusammenkunft (30. Oktober bis 3. November 1911). Mit einem Anhange über die Entwicklung der Quantentheorie vom Herbst 1911 bis Sommer 1913*, pp. 318–327. Eucken, Arnold, ed. Halle a.S.: Knapp, 1914. (*Abhandlungen der Deutschen Bunsen Gesellschaft für angewandte physikalische Chemie* 3, no. 7.)
Cited: **3** *Langevin 1914*. **5** *Langevin, P. 1914*.
Langevin, Paul, and de Broglie, Maurice, eds. *La théorie du rayonnement et les quanta. Rapports et discussions de la réunion tenue à Bruxelles, du 30 octobre au 3 novembre 1911, sous les auspices de M. E. Solvay*. Paris: Gauthier-Villars, 1912.
Cited: **2** *Solvay 1911*: xxvi. **3** *Rapports 1912*: xxvii, 519n. **4** *Rapports 1912*. **5** *Rapports 1912*: 418n. **6** *Rapports 1912*. **8** *Rapports 1912*.
Langevin, Paul, et al. "Discussion" following **3** *Langevin 1912*/ **4** *Langevin 1912*/ **5** *Langevin, P. 1912*. In *La théorie du rayonnement et les quanta. Rapports et discussions de la réunion tenue à Bruxelles, du 30 octobre au 3 novembre 1911, sous les auspices de M. E. Solvay*, pp. 405–406. Langevin, Paul, and de Broglie, Maurice, eds. Paris: Gauthier-Villars, 1912.
Cited: **3** *Langevin et al. 1912*: 518n. **5** *Langevin, P. et al. 1912*: 360n.
———. "Diskussion" following **3** *Langevin 1914*/ **5** *Langevin, P. 1914*. In *Die Theorie der Strahlung und der Quanten. Verhandlungen auf einer von E. Solvay einberufenen Zusammenkunft (30. Oktober bis 3. November 1911). Mit einem Anhange über die Entwicklung der Quantentheorie vom Herbst 1911 bis Sommer 1913*, pp. 328–329. Eucken, Arnold, ed. Halle a.S.: Knapp, 1914. (*Abhandlungen der Deutschen Bunsen Gesellschaft für angewandte physikalische Chemie* 3, no. 7.)
Cited: **3** *Langevin et al. 1914*: 518n. **5** *Langevin, P. et al. 1914*: 360n.
Laplace, Pierre-Simon. *Théorie de l'action capillaire*. Paris: Courcier, 1806. Incorporated in some editions of *Traité de mécanique céleste*, vol. 4, as *Supplément au dixième livre. Sur l'action capillaire* (separately paginated). Reprinted in *Oeuvres complètes de Laplace*. Vol. 4, pp. 349–417. Paris: Gauthier-Villars, 1880.
Cited: **1** *Laplace 1806*: 264, 265. **2** *Laplace 1806*: 4.
Laqueur, Walter. *A History of Zionism*. New York: MJF Books, 1972.
Cited: **9** *Laqueur 1972*: 197n.
Large, David C. "The Politics of Law and Order: A History of the Bavarian Einwohnerwehr, 1918–1921." *American Philosophical Society. Transactions* 70 (1980): part 2.
Cited: **9** *Large 1980*: 63n.
Larmor, Joseph. "A Dynamical Theory of the Electric and Luminiferous Medium." *Royal Society of London. Philosophical Transactions A* 185 (1894): 719–822.
Cited: **2** *Larmor 1894*: 256.
———. "A Dynamical Theory of the Electric and Luminiferous Medium. Part II: Theory of Electrons." *Royal Society of London. Philosophical Transactions A* 186 (1895): 695–743.
Cited: **2** *Larmor 1895*: 256.
———. "A Dynamical Theory of the Electric and Luminiferous Medium. Part III: Relations with Material Media." *Royal Society of London. Philosophical Transactions A* 190 (1897): 205–300.
Cited: **2** *Larmor 1897*: 256.
———. *Aether and Matter*. Cambridge: Cambridge University Press, 1900.
Cited: **2** *Larmor 1900*: 308n.
———. "Mutual Repulsion of Spectral Lines and Other Solar Effects Concerned with Anomalous Dispersion." *Astrophysical Journal* 44 (1916): 265–272.
Cited: **10** *Larmor 1916*: 252n.
———. "On Generalized Relativity in Connection with Mr. W. J. Johnston's Symbolic Calculus." *Royal Society of London. Proceedings A* 96 (1920): 334–362.
Cited: **9** *Larmor 1920*: 245n.

Lasker, Emanuel. "Zur Theorie der Moduln und Ideale." *Mathematische Annalen* 60 (1905): 20–116.
Cited: **8** *Lasker 1905*: 906n.

———. *Die Philosophie des Unvollendbar*. Leipzig: Veit, 1919.
Cited: **8** *Lasker 1919*: 906n.

Laski, Gerda. "Anwendung der Grundempfindungstheorie zur Größenbestimmung submikroskopischer Partikel." *Physikalische Zeitschrift* 19 (1918): 369–373.
Cited: **10** *Laski 1918*: 296n.

Laub, Jakob J. "Zur Optik der bewegten Körper." *Annalen der Physik* 23 (1907): 738–744.
Cited: **2** *Laub 1907*: 436, 485n, 505. **5** *Laub 1907*: 73n, 95n.

———. "Zur Optik der bewegten Körper. II." *Annalen der Physik* 25 (1908): 175–184.
Cited: **2** *Laub 1908*: 505. **5** *Laub 1908a*: 73n, 95n.

———. "Über die durch Röntgenstrahlen erzeugten sekundären Kathodenstrahlen." *Annalen der Physik* 26 (1908): 712–726.
Cited: **5** *Laub 1908b*: 95n, 120n, 122n, 132n, 186n.

———. "Über den Einfluß der molekularen Bewegung auf die Dispersionserscheinungen in Gasen." *Annalen der Physik* 28 (1909): 131–141.
Cited: **5** *Laub 1909a*: 161n.

———. "Zur Theorie der Dispersion und Extinktion des Lichtes in leuchtenden Gasen und Dämpfen." *Annalen der Physik* 29 (1909): 94–110.
Cited: **5** *Laub 1909b*: 232n, 233n.

———. "Über die experimentellen Grundlagen des Relativitätsprinzips." *Jahrbuch der Radioaktivität und Elektronik* 7 (1910): 405–463.
Cited: **2** *Laub 1910*: 272, 486n. **5** *Laub 1910*: 135n, 203n.

———. "Albert Einstein und Albert Gockel." *Academia Friburgensis* 60 (1962): 30–33.
Cited: **5** *Laub 1962*: 162n.

Laue, Max. "Die Fortpflanzung der Strahlung in dispergierenden und absorbierenden Medien." *Annalen der Physik* 18 (1905): 523–566.
Cited: **5** *Laue 1905*: 59n, 73n.

———. Review of *Einstein 1905i*. *Fortschritte der Physik* 61 (1906): 349–350.
Cited: **2** *Laue 1906*.

———. "Zur Thermodynamik der Interferenzerscheinungen." *Annalen der Physik* 20 (1906): 365–378.
Cited: **5** *Laue 1906*: 42n.

———. "Die Entropie von partiell kohärenten Strahlenbündeln." *Annalen der Physik* 23 (1907): 1–43.
Cited: **5** *Laue 1907a*: 83n.

———. "Die Entropie von partiell kohärenten Strahlenbündeln. Nachtrag." *Annalen der Physik* 23 (1907): 795–797.
Cited: **5** *Laue 1907b*: 74n, 83n.

———. "Die Mitführung des Lichtes durch bewegte Körper nach dem Relativitätsprinzip." *Annalen der Physik* 23 (1907): 989–990.
Cited: **2** *Laue 1907*: 266, 272, 436, 448, 485n, 486n. **4** *Laue 1907*: 104n, 105n. **5** *Laue 1907c*: 76n. **7** *Laue 1907*: 280n. **8** *Laue 1907*: 162n. **9** *Laue 1907*: 296n.

———. "Das Additionstheorem der Entropie." *Physikalische Zeitschrift* 9 (1908): 778–780.
Cited: **5** *Laue 1908*: 42n.

———. *Das Relativitätsprinzip*. Braunschweig: Vieweg, 1911.
Cited: **2** *Laue 1911b*: 272, 506, 535n. **4** *Laue 1911a*: 4, 102n, 103n, 104n, 105n, 106n, 107n, 202n, 204n, 232n, 342n, 502n. **5** *Laue 1911*: 200n, 447n, 553n. **6** *Laue 1911*: 129n. **8** *Laue 1911b*: 101n, 142n.

———. "Zur Diskussion über den starren Körper in der Relativitätstheorie." *Physikalische Zeitschrift* 12 (1911): 85–87.
Cited: **2** *Laue 1911a*: 427n. **3** *Laue 1911*: 478. **4** *Laue 1911b*: 144n.

———. "Zur Dynamik der Relativitätstheorie." *Annalen der Physik* 35 (1911): 524–542.
Cited: **7** *Laue 1911*: 27n, 572n. **8** *Laue 1911a*: 101n, 523n, 788n, 802n.

———. "Eine quantitative Prüfung der Theorie für die Interferenz-Erscheinungen bei Röntgenstrahlen." *Königlich Bayerische Akademie der Wissenschaften zu München. Mathematisch-physikalische Klasse. Sitzungsberichte* (1912): 363–373.
Cited: **5** *Laue 1912*: 481n, 484n. **7** *Laue 1912*: 53n.

———. "Das Relativitätsprinzip." *Jahrbücher der Philosophie* 1 (1913): 99–128.
Cited: **8** *Laue 1913*: 868n, 883n, 909n.

———. *Das Relativitätsprinzip*. 2d enl. ed. Braunschweig: Vieweg, 1913.
Cited: **4** *Laue 1913*: 4, 104n, 108n, 328, 342n, 502n, 597n. **5** *Laue 1913*: 482n. **6** *Laue 1913*: 67n, 269n, 535n, 536n. **7** *Laue 1913*: 98n.

Laue, Max von. "Die Beugungserscheinungen

an vielen unregelmässig verteilten Teilchen." *Königlich Preußische Akademie der Wissenschaften* (Berlin). *Sitzungsberichte* (1914): 1144–1163.
Cited: **8** *Laue 1914*: 424n, 425n.

———. "Ein Satz der Wahrscheinlichkeitsrechnung und seine Anwendung auf die Strahlungstheorie." *Annalen der Physik* 47 (1915): 853–878.
Cited: **3** *Laue 1915a*: 268n. **6** *Laue 1915a*: 199, 206n. **8** *Laue 1915a*: 133n.

———. "Zur Statistik der Fourierkoeffizienten der natürlichen Strahlung." *Annalen der Physik* 48 (1915): 668–680.
Cited: **3** *Laue 1915b*: 268n. **6** *Laue 1915b*: 206n. **8** *Laue 1915b*: 133n.

———. "Die Fortpflanzungsgeschwindigkeit der Gravitation. Bemerkungen zur gleichnamigen Abhandlung von P. Gerber." *Annalen der Physik* 52 (1917): 214–216.
Cited: **7** *Laue 1917*: 104, 349n. **8** *Laue 1917a*: 345n, 375n. **10** *Laue 1917*: 64n.

———. "Ein Versagen der klassischen Optik." *Deutsche Physikalische Gesellschaft. Verhandlungen* 19 (1917): 19–21.
Cited: **8** *Laue 1917b*: 424n.

———. "Glühelektronen." *Jahrbuch der Radioaktivität und Elektronik* 15 (1918): 205–256.
Cited: **8** *Laue 1918a*: 776n.

———. "Plancks thermodynamische Arbeiten." In Warburg, Emil, et al. *Zu Max Plancks sechzigstem Geburtstag. Ansprachen, gehalten am 26. April 1918 in der Deutschen Physikalischen Gesellschaft von E. Warburg, M. v. Laue, A. Sommerfeld und A. Einstein*, pp. 6–15. Karlsruhe: Müllersche Hofbuchhandlung, 1918.
Cited: **8** *Laue 1918b*: 629n.

———. *Das Relativitätsprinzip*. 3d ed. Braunschweig: Vieweg, 1919.
Cited: **10** *Laue 1919*: 273n.

———. "Historisch-Kritisches über die Perihelbewegung des Merkur." *Die Naturwissenschaften* 8 (1920): 735–736.
Cited: **7** *Laue 1920b*: 349n.

———. "Theoretisches über neuere optische Beobachtungen zur Relativitätstheorie." *Physikalische Zeitschrift* 21 (1920): 659–662.
Cited: **10** *Laue 1920c*: 306n.

———. "Zur Erörterung über die Relativitätstheorie. Entgegnung an Herrn Paul Weyland." *Tägliche Rundschau*, 11 August 1920, Evening Edition. Republished in Weyland, Paul. *Betrachtungen über Einsteins Relativitätstheorie und die Art ihrer Einführung. Vortrag gehalten am 24 August 1920 im großen Saal der Philharmonie zu Berlin*, pp. 25–27. Schriften aus dem Verlage der Arbeitsgemeinschaft deutscher Naturforscher zur Erhaltung reiner Wissenschaft e. V. Heft 2. Berlin: Arbeitsgemeinschaft deutscher Naturforscher zur Erhaltung reiner Wissenschaft e. V., 1920.
Cited: **7** *Laue 1920a*: 106. **10** *Laue 1920a*: 383n, 427n.

———. "Zur Erörterung über die Relativitätstheorie." *Tägliche Rundschau*, 17 August 1920, Evening Edition. Republished in Weyland, Paul. *Betrachtungen über Einsteins Relativitätstheorie und die Art ihrer Einführung. Vortrag gehalten am 24 August 1920 im großen Saal der Philharmonie zu Berlin*, pp. 30–31. Schriften aus dem Verlage der Arbeitsgemeinschaft deutscher Naturforscher zur Erhaltung reiner Wissenschaft e. V. Heft 2. Berlin: Arbeitsgemeinschaft deutscher Naturforscher zur Erhaltung reiner Wissenschaft e. V., 1920.
Cited: **10** *Laue 1920b*: 383n.

———. "Zum Versuch von F. Harreß." *Annalen der Physik* 62 (1920): 448–463.
Cited: **6** *Laue 1920*: 28n. **9** *Laue 1920*: 209n, 220n.

———. "Les phénomènes d'interférences des rayons de Röntgen produits par le réseau tridimensional des cristaux." In *La structure de la matière. Rapports et discussions du Conseil de Physique tenu à Bruxelles du 27 au 31 octobre 1913, sous les auspices de l'Institut International de Physique Solvay*, pp. 75–102. Goldschmidt, Robert, de Broglie, Maurice, and Lindemann, Frederick A., eds. Paris: Gauthier-Villars, 1921.
Cited: **4** *Laue 1921*: 552n. **5** *Laue 1921*.

———. *Die Relativitätstheorie*. Vol. 1, *Das Relativitätsprinzip der Lorentztransformation*. 4th enl. ed. Braunschweig: Vieweg, 1921.
Cited: **10** *Laue 1921*: 273n.

———. *Die Relativitätstheorie*. Vol. 2, *Die allgemeine Relativitätstheorie und Einsteins Lehre von der Schwerkraft*. Braunschweig: Vieweg, 1921.
Cited: **7** *Laue 1921a*: 112–113.

———. "Erwiderung auf Hrn. Lenards Vorbemerkungen zur Soldnerschen Arbeit von 1801." *Annalen der Physik* 66 (1921): 283–284.

Cited: **7** *Laue 1921b*: 112.

———. "Mein physikalischer Werdegang. Eine Selbstdarstellung." In *Schöpfer des neuen Weltbildes*, pp. 178–210. Hartmann, Hans, ed. Bonn: Athenäum-Verlag, 1952. Reprinted in *Gesammelte Schriften und Vorträge*. Vol. 3, pp. v–xxxiv. Braunschweig: Vieweg, 1961.
Cited: **2** *Laue 1952*: 266.

Laue, Max von, et al. "Discussion" following **4** *Laue 1921*/ **5** *Laue 1921*. In *La structure de la matière. Rapports et discussions du Conseil de Physique tenu à Bruxelles du 27 au 31 octobre 1913, sous les auspices de l'Institut International de Physique Solvay*, pp. 103–112. Goldschmidt, Robert, de Broglie, Maurice, and Lindemann, Frederick A., eds. Paris: Gauthier-Villars, 1921.
Cited: **4** *Laue et al. 1921*: 273, 553n, 554n. **5** *Laue et al. 1921*: 541n.

Laue, Max von, and Sen, Nikhilranjan. "Die De Sittersche Welt." *Annalen der Physik* 74 (1924): 252–254.
Cited: **7** *Laue and Sen 1924*: 49n. **8** *Laue and Sen 1924*: 769n.

Laue, Max von, and Van der Lingen, J. "Der Temperatureinfluß auf die Röntgenstrahlinterferenzen beim Diamant." *Die Naturwissenschaften* 2 (1914): 371.
Cited: **8** *Laue and Van der Lingen 1914*: 133n.

Lavsky, Hagit. "Beyn HanahŠat Even ha-Pina li-F'tihŠa: Yesud ha-Universita ha-Ivrit, 1918–1925." In *Toldot ha-Universita ha-Ivrit bi-Yerushalayim. Shorashim ve-HathŠalot*, pp. 120-159. Katz, Shaul, and Heyd, Michael, eds. Jerusalem: Hebrew University Magnes Press, 2000.
Cited: **9** *Lavsky 2000*: liii, 153n, 181n, 198n, 241n, 269n, 327n, 334n, 459n.

Lawson, Robert W. "Photophoresis." *Nature* 103 (1919): 514–515.
Cited: **9** *Lawson 1919*: 253n.

———. "Displacement of Spectral Lines." *Nature* 104 (1920): 565.
Cited: **9** *Lawson 1920*: 328n.

Le Roux, F.-P. "Quelques expériences electrodynamiques au moyen de conducteurs flexibles." *Annales de chimie et de physique* 59 (1860): 409–412.
Cited: **3** *Le Roux 1860*: 565.

Lebedev, Pëtr Nikolayevich. "Untersuchungen über die Druckkräfte des Lichtes." *Annalen der Physik* 6 (1901): 433–458.
Cited: **2** *Lebedev 1901*: 309n, 582n.

Lecher, Ernst. "Eine Studie über electrische Resonanzerscheinungen." *Annalen der Physik* 41 (1890): 850–870.
Cited: **8** *Lecher 1890*: 299n.

———, ed. *Die Kultur der Gegenwart. Ihre Entwicklung und ihre Ziele*. Hinneberg, Paul, ed. Part 3, sec. 3, vol. 1, *Physik*. 2d rev. ed. Leipzig: Teubner, 1925.
Cited: **4** *Lecher 1925*.

Lecky, William E. H. *A History of England in the Eighteenth Century*. Vol. 6. London: Longmans, Green, 1919.
Cited: **9** *Lecky 1919*: 79n.

Leeuwen, Hendrika Johanna van. *Vraagstukken uit de elektronentheorie van het magnetisme*. Leyden: IJdo, 1919.
Cited: **10** *Leeuwen 1919*: 370n.

Lehmann-Russbüldt, Otto. *Der Kampf der Deutschen Liga für Menschenrechte vormals Bund Neues Vaterland für den Weltfrieden 1914–1927*. Berlin: Hensel, 1927.
Cited: **8** *Lehmann-Russbüldt 1927*: 146n, 174n.

Lehmann, Gertrud, ed. *Bismarck. Eine Charakteristik von Max Lehmann, weiland o. Professor der Geschichte in Göttingen*. Berlin: Arnold, 1948.
Cited: **8** *Lehmann 1948*: 759n.

Lehmann, Otto, ed. *Dr. J. Fricks Physikalische Technik oder Anleitung zu Experimentalvorträgen sowie zur Selbstherstellung einfacher Demonstrationsapparate*. 7th rev. ed. Vol 2, part 2. Braunschweig: Vieweg, 1909.
Cited: **5** *Lehmann 1909*: 384n.

———. "Das Relativitätsprinzip, der neue Fundamentalsatz der Physik." *Verhandlungen des Naturwissenschaftlichen Vereins* (Karlsruhe) 23 (1909–10): 49–73.
Cited: **10** *Lehmann 1909/1910*.

———. "Die Umwandlung unserer Naturauffassung infolge der Entdeckung des Relativitätsprinzips." *Aus der Natur* 7 (1911): 705–711, 751–761.
Cited: **10** *Lehmann 1911*: 11n.

Lehto, Olli. *Mathematics without Borders: A History of the International Mathematical Union*. New York: Springer, 1998.
Cited: **10** *Lehto 1998*: 305n.

Lemberg, Hans, ed. *Universitäten in nationaler Konkurrenz. Zur Geschichte der Prager Universitäten im 19. und 20. Jahrhundert*. Munich: Oldenbourg, 2003.
Cited: **9** *Lemberg 2003*: 78n.

Lemke, Karl. *Heinrich Mann: Eine Würdigung.* Königsberg: Kemsies, 1919.
Cited: **9** *Lemke 1919*: 96n.

Lenard, Philipp. "Erzeugung von Kathodenstrahlen durch ultraviolettes Licht." *Annalen der Physik* 2 (1900): 359–375.
Cited: **1** *Lenard 1900*: 305n. **2** *Lenard 1900b*: 168n. **5** *Lenard 1900*: 37n.

———. "Ueber Wirkungen des ultravioletten Lichtes auf gasförmige Körper." *Annalen der Physik* 1 (1900): 486–507.
Cited: **2** *Lenard 1900a*: 169n.

———. "Ueber die Elektricitätszerstreuung in ultraviolett durchstrahlter Luft." *Annalen der Physik* 3 (1900): 298–319.
Cited: **2** *Lenard 1900c*: 169n.

———. "Ueber die lichtelektrische Wirkung." *Annalen der Physik* 8 (1902): 149–198.
Cited: **2** *Lenard 1902*: 142, 163, 164, 165, 168n, 582n. **3** *Lenard 1902*: 547n. **5** *Lenard 1902*: 80n, 180n, 198n.

———. "Über den elektrischen Bogen und die Spektren der Metalle." *Annalen der Physik* 11 (1903): 636–650.
Cited: **5** *Lenard 1903*: 37n.

———. "Über die Beobachtung langsamer Kathodenstrahlen mit Hilfe der Phosphoreszenz und über Sekundärentstehung von Kathodenstrahlen." *Annalen der Physik* 12 (1903): 449–490.
Cited: **2** *Lenard 1903*: 165, 169n.

———. "Über die Lichtemissionen der Alkalimetalldämpfe und Salze, und über die Zentren dieser Emissionen." *Annalen der Physik* 17 (1905): 197–247.
Cited: **5** *Lenard 1905*: 37n.

———. "Über Äther und Materie." *Heidelberger Akademie der Wissenschaften. Mathematisch-naturwissenschaftliche Klasse. Sitzungsberichte* (1910): 3–37.
Cited: **5** *Lenard 1910b*: 255n. **7** *Lenard 1910*: 104, 111.

———. "Über Lichtemission und deren Erregung." *Annalen der Physik* 31 (1910): 641–685.
Cited: **5** *Lenard 1910a*: 198n.

———. *England und Deutschland zur Zeit des grossen Krieges.* Heidelberg: Winter, 1914.
Cited: **9** *Lenard 1914*: 32n.

———. *Über Relativitätsprinzip, Äther, Gravitation.* Leipzig: Hirzel, 1918. Republished in *Jahrbuch der Radioaktivität und Elektronik* 15 (1918): 117–136.
Cited: **7** *Lenard 1918*: 104, 121n–122n, 348n–349n, 357n–359n. **10** *Lenard 1918*: 383n, 428n.

———. *Über Relativitätsprinzip, Äther, Gravitation.* 2d ed. Leipzig: Hirzel, 1920.
Cited: **7** *Lenard 1920*: 348n, 358n. **10** *Lenard 1920*: 383n, 428n.

———. *Über Äther und Uräther.* Leipzig: Hirzel, 1921.
Cited: **7** *Lenard 1921b*: 111, 128n.

———. "Über die Ablenkung eines Lichtstrahls von seiner geradlinigen Bewegung durch die Attraktion eines Weltkörpers, an welchem er nahe vorbeigeht; von J. Soldner, 1801. Mit einer Vorbemerkung von P. Lenard." *Annalen der Physik* 65 (1921): 593–604.
Cited: **3** *Lenard 1921*: 497n. **7** *Lenard 1921c*: 111–112.

———. *Über Relativitätsprinzip, Äther, Gravitation.* 3d ed. Mit einem Zusatz, betreffend die Nauheimer Diskussion. Leipzig, 1921.
Cited: **7** *Lenard 1921a*: 109–111. **10** *Lenard 1921*: 436n.

Lenard, Philipp, and Klatt, V. "Über die Erdalkaliphosphore." *Annalen der Physik* 15 (1904): 225–282, 425–484, 633–672.
Cited: **5** *Lenard and Klatt 1904*: 197n.

Lenard, Philipp, and Saeland, Sem. "Über die lichtelektrische und aktinodielektrische Wirkung bei den Erdalkaliphosphoren." *Annalen der Physik* 28 (1909): 476–502.
Cited: **2** *Lenard and Saeland 1909*: 552n.

Lense, Josef, and Thirring, Hans. "Über den Einfluß der Eigenrotation der Zentralkörper auf die Bewegung der Planeten und Monde nach der Einsteinschen Gravitationstheorie." *Physikalische Zeitschrift* 19 (1918): 156–163.
Cited: **4** *Lense and Thirring 1918*: 347, 354, 355. **7** *Lense and Thirring 1918*: xxiv, 576n. **8** *Lense and Thirring 1918*: 483n, 484n, 501n, 559n.

Lenz, Wilhelm. "Zum Maxwell'schen Verteilungsgesetz." *Physikalische Zeitschrift* 11 (1910): 1175–1177.
Cited: **9** *Lenz 1910*: 19n.

———. "Ergänzung zum Bericht von J. W. Nicholson über den effektiven Widerstand einer Spule." *Jahrbuch der drahtlosen Telegraphie* 4 (1911): 481–489.
Cited: **9** *Lenz 1911b*: 19n.

———. *Über das elektromagnetische Wechselfeld der Spulen und deren Wechselstrom-Widerstand, Selbstinduktion und Kapazität.* Leipzig: Barth, 1911. Doctoral dissertation.
Cited: **9** *Lenz 1911a*: 19n.

———. "Über die Kapazität der Spulen und deren Widerstand und Selbstinduktion bei Wechselstrom." *Annalen der Physik* 37 (1912): 923–942.
Cited: **9** *Lenz 1912*: 19n.

———. "Über Potential und Spannung." *Archiv für Elektrotechnik* 1 (1913): 383–393; 2 (1913): 67–70.
Cited: **9** *Lenz 1913*: 19n.

———. "Berechnung der Eigenschwingungen einlagiger Spulen." *Annalen der Physik* 43 (1914): 749–797.
Cited: **9** *Lenz 1914*: 19n.

———. "Über ein invertiertes Bohrsches Modell." *Bayerische Akademie der Wissenschaften zu München. Mathematisch-physikalische Klasse. Sitzungsberichte* (1918): 355–365.
Cited: **9** *Lenz 1918*: 19n, 76n.

———. "Beitrag zum Verständnis der magnetischen Erscheinungen in festen Körpern." *Physikalische Zeitschrift* 21 (1920): 613–615.
Cited: **10** *Lenz 1920*: 370n.

Leontovich, M. A. et al., *Akademik L. I. Mandel'shtam k 100-letiyu so dnya rozhdeniya*. Moscow: Nauka, 1979.
Cited: **5** *Leontovich et al. 1979*: 540n.

Lerner, Warren. *Karl Radek: The Last Internationalist*. Stanford: Stanford University Press, 1970.
Cited: **9** *Lerner 1970*: 390n.

Levi-Civita, Tullio. "Sur le mouvement de l'électricité sans liaisons ni forces extérieures." *Académie des sciences* (Paris). *Comptes rendus* 145 (1907): 417–420.
Cited: **2** *Levi-Civita 1907*: 549, 553.

———. "Nozione di parallelismo in una varietà qualunque e conseguente specificazione geometrica della curvatura Riemanniana." *Circolo Matematico di Palermo. Rendiconti* 42 (1917): 173–205.
Cited: **7** *Levi-Civita 1917a*: 28n, 80n, 574n. **8** *Levi-Civita 1917a*: 498n, 500n, 664n, 670n, 712n. **10** *Levi-Civita 1917*: 380n.

———. "Sulla espressione analitica spettante al tensore gravitazionale nella teoria di Einstein." *Reale Accademia dei Lincei. Classe di scienze fisiche, matematiche e naturali. Rendiconti delle sedute* 26 (1917) 1st semester: 381–391.
Cited: **6** *Levi-Civita 1917*: 357n. **7** *Levi-Civita 1917b*: 24, 28n, 32n, 76n. **8** *Levi-Civita 1917b*: 442n, 498n, 500n, 510n, 689n, 708n, 716n.

———. "Statica einsteiniana." *Reale Accademia dei Lincei. Classe di scienze fisiche, matematiche e naturali. Rendiconti delle sedute* 26 (1917) 1st semester: 458–470.
Cited: **7** *Levi-Civita 1917c*: 28n. **8** *Levi-Civita 1917c*: 498n, 500n.

———. "Realtà fisica di alcuni spazi normali del Bianchi." *Reale Accademia dei Lincei. Classe di scienze fisiche, matematiche e naturali. Rendiconti delle sedute* 26 (1917) 1st semester: 519–531.
Cited: **7** *Levi-Civita 1917d*: 28n. **8** *Levi-Civita 1917d*: 498n, 500n.

———. "ds^2 einsteiniani in campi newtoniani. I: Generalità e prima approssimazione." *Reale Accademia dei Lincei. Classe di scienze fisiche, matematiche e naturali. Rendiconti delle sedute* 26 (1917) 2d semester: 307–317.
Cited: **7** *Levi-Civita 1917e*: 28n.

Lévy, Maurice. "Observations sur le principe des aires." *Académie des sciences* (Paris). *Comptes rendus* 119 (1894): 718–721.
Cited: **3** *Lévy 1894*: 127n.

Lewis, Gilbert N., and Tolman, Richard C. "The Principle of Relativity and Non-Newtonian Mechanics." *Philosophical Magazine* 18 (1909): 510–523.
Cited: **10** *Lewis and Tolman 1909*: 15n.

Lichtenberg, Georg C. *Georg Christ. Lichtenbergs ausgewählte Schriften*. Reichel, Eugen, ed. Leipzig: Reclam, [1879].
Cited: **5** *Lichtenberg 1879*: 630c.

Liebert, Arnold. *Der Geltungswert der Metaphysik*. Berlin: Reuther & Reichard, 1915.
Cited: **8** *Liebert 1915*: 994c.

Liebert, Arthur. "Zukunftsaufgaben des Neukantianismus." *Kant-Studien* 25 (1920): 471–473.
Cited: **10** *Liebert 1920*: 289n.

Lienhard, Friedrich. *Eulenspiegels Ausfahrt. Schelmenspiel in drei Aufzügen*. 4th rev. ed. Stuttgart: Greiner & Pfeiffer, 1910.
Cited: **8** *Lienhard 1910*: 832n.

Lilienthal, Gustav. "Segelflug der Vögel." *Deutsche Physikalische Gesellschaft. Verhandlungen* 1 (1920): 11–14.
Cited: **10** *Lilienthal 1920*: 581c.

Lindemann, Adolphus F., and Lindemann, Frederick A. "Daylight Photography of Stars As a Means of Testing the Equivalence Postulate in the Theory of Relativity." *Royal Astronomical Society. Monthly Notices* 77 (1917): 140–151.

Cited: **8** *Lindemann and Lindemann 1917*: 471n. **9** *Lindemann and Lindemann 1917*: 245n. **10** *Lindemann and Lindemann 1917*: 381n.

Lindemann, Frederick A. "Über die Berechnung molekularer Eigenfrequenzen." *Physikalische Zeitschrift* 11 (1910): 609–612.
Cited: **2** *Lindemann 1910*: 390n. **3** *Lindemann 1910*: xxiv, 470, 475n, 476n, 527, 544n.

———. "Über die Berechnung der Eigenfrequenzen der Elektronen im selektiven Photoeffekt." *Verhandlungen* 13 (1911): 482–488.
Cited: **5** *Lindemann 1911a*: 378n.

———. "Über Beziehungen zwischen chemischer Affinität und Elektronenfrequenzen." *Verhandlungen* 13 (1911): 1107–1116.
Cited: **5** *Lindemann 1911b*: 378n.

———. "The Philosophical Aspect of the Theory of Relativity: A Symposium by A. S. Eddington, W. D. Ross, C. D. Broad, and F. A. Lindemann." *Mind* 29 (1920): 437–445.
Cited: **10** *Lindemann 1920*: 535n.

Lissauer, Ernst. *Der brennende Tag. Ausgewählte Gedichte.* Jena: Diederichs, [1916].
Cited: **8** *Lissauer 1916*: 77n.

Lodge, Oliver. "Experiments on the Absence of Mechanical Connexion between Ether and Matter." *Royal Society of London. Philosophical Transactions* 189 (1897): 149–166.
Cited: **1** *Lodge 1897*: 7n.

———. *Continuity: The Presidential Address to the British Association, Birmingham, MCMXIII.* London: Dent, 1913.
Cited: **5** *Lodge 1913*: 635c.

Loeb, Leonard B. *Kinetic Theory of Gases.* New York: McGraw-Hill, 1927.
Cited: **3** *Loeb 1927*: 247n. **9** *Loeb 1927*: 48n.

Lohmeier, Dieter, and Schell, Bernhardt, eds. *Einstein, Anschütz und der Kieler Kreiselkompaß. Der Briefwechsel zwischen Albert Einstein und Hermann Anschütz-Kaempfe und andere Dokumente.* Heide in Holstein: Westholsteinische Verlagsanstalt Boyens & Co., 1992.
Cited: **6** *Lohmeier and Schell 1992*: xxi, 143n, 144n, 146, 210n. **7** *Lohmeier and Schell 1992*: 84n, 195n. **8** *Lohmeier and Schell 1992*: 790n, 791n, 833n, 838n, 839n, 858n, 864n. **10** *Lohmeier and Schell 1992*: 458n, 533n, 545n.

Lorentz, Hendrik A. "Over den invloed, dien de beweging der aarde op de lichtverschijnselen uitoefent." *Koninklijke Akademie van Wetenschappen (Amsterdam). Afdeeling Natuurkunde. Verslagen en Mededeelingen* 2 (1885–86): 297–372. Reprinted in translation as "De l'influence du mouvement de la terre sur les phénomènes lumineux." *Archives néerlandaises des sciences exactes et naturelles* 21 (1887): 103–176.
Cited: **2** *Lorentz 1886*: 256. **7** *Lorentz 1886*: 128n, 468n.

———. "La théorie electromagnétique de Maxwell et son application aux corps mouvants." *Archives néerlandaises des sciences exactes et naturelles* 25 (1892): 363–552.
Cited: **1** *Lorentz 1892*: 224. **2** *Lorentz 1892c*: 256. **4** *Lorentz 1892a*: 551n. **7** *Lorentz 1892a*: 99n, 279n, 468n. **8** *Lorentz 1892a*: 350n.

———. "Over de terugkaatsing van licht door lichamen die zich bewegen." *Koninklijke Akademie van Wetenschappen (Amsterdam). Wis- en Natuurkundige Afdeeling. Verslagen der Zittingen* 1 (1892): 28–31.
Cited: **2** *Lorentz 1892a*: 309n.

———. "De relatieve beweging van de aarde en den aether." *Koninklijke Akademie van Wetenschappen te Amsterdam. Wis- en Natuurkundige Afdeeling. Verslagen der Zittingen* 1 (1892–93): 74–79.
Cited: **2** *Lorentz 1892b*: 485n. **3** *Lorentz 1892*: 175n, 449n. **4** *Lorentz 1892b*: 105n, 551n. **7** *Lorentz 1892b*: 279n. **8** *Lorentz 1892b*: 74n, 883n.

———. *Versuch einer Theorie der electrischen und optischen Erscheinungen in bewegten Körpern.* Leyden: Brill, 1895.
Cited: **1** *Lorentz 1895*: 224, 234n, 330n. **2** *Lorentz 1895*: 256, 259, 260, 307n, 308n, 434, 438, 485n, 567, 582n. **3** *Lorentz 1895*: 135, 175n, 428, 439n. **4** *Lorentz 1895*: 153, 163n, 550n. **5** *Lorentz 1895*: 121n, 149n. **6** *Lorentz 1895*: 67n. **7** *Lorentz 1895*: 247, 279n, 359n, 468n, 573n. **8** *Lorentz 1895*: 162n, 350n, 883n.

———. "De aberratietheorie van Stokes in de onderstelling van een aether die niet overal dezelfde dichtheid heeft." *Koninklijke Akademie van Wetenschappen te Amsterdam. Wis- en Natuurkundige Afdeeling. Verslagen van de Gewone Vergaderingen* 7 (1898–99): 523–529. Reprinted in translation as "Stokes's Theory of Aberration in the Supposition of a Variable Density of the Aether." *Koninklijke Akademie van Wetenschappen te Amsterdam. Section of Sciences. Proceedings* 1 (1898–99): 443–448.

Cited: **7** *Lorentz 1899*: 128n. **9** *Lorentz 1899*: 474n.

———. "Über die scheinbare Masse der Ionen." *Physikalische Zeitschrift* 2 (1900): 78–79.
Cited: **2** *Lorentz 1900*: 270.

———. "De theorie der straling en de tweede wet der thermodynamica. *Koninklijke Akademie van Wetenschappen te Amsterdam. Wis- en Natuurkundige Afdeeling. Verslagen van de Gewone Vergaderingen* 9 (1900–01): 418–434. Reprinted in translation as "The Theory of Radiation and the Second Law of Thermodynamics." *Koninklijke Akademie van Wetenschappen te Amsterdam. Section of Sciences. Proceedings* 3 (1900–01): 436–450.
Cited: **5** *Lorentz 1901*: 180n.

———. "Het emissie- en het absorptievermogen der metalen in het geval van groote golflengten." *Koninklijke Akademie van Wetenschappen te Amsterdam. Wis- en Natuurkundige Afdeeling. Verslagen van de Gewone Vergaderingen* 11 (1902–1903): 787–807. Reprinted in translation as "On the Emission and Absorption by Metals of Rays of Heat of Great Wave-Lengths." *Koninklijke Akademie van Wetenschappen te Amsterdam. Section of Sciences. Proceedings* 5 (1902–03): 666–685.
Cited: **3** *Lorentz 1903*: 253n, 281n.

———. "Electromagnetische verschijnselen in een stelsel dat zich met willekeurige snelheid, kleiner dan die van het licht, beweegt." *Koninklijke Akademie van Wetenschappen te Amsterdam. Wis- en Natuurkundige Afdeeling. Verslagen van de Gewone Vergaderingen* 12 (1903–1904): 986–1009. Reprinted in translation as "Electromagnetic Phenomena in a System Moving with Any Velocity Smaller than That of Light." *Koninklijke Akademie van Wetenschappen te Amsterdam. Section of Sciences. Proceedings* 6 (1903–04): 809–831.
Cited: **2** *Lorentz 1904a*: 256, 268, 503, 504, 517n, 527, 528n, 540n. **3** *Lorentz 1904*: 175n. **5** *Lorentz 1904a*: 75n, 121n. **7** *Lorentz 1904a*: 7n, 98n, 139n. **8** *Lorentz 1904a*: 74n, 380n, 883n. **9** *Lorentz 1904*: 471n.

———. "Maxwells elektromagnetische Theorie." In *Encyklopädie der mathematischen Wissenschaften, mit Einschluss ihrer Anwendungen*. Vol. 5, *Physik*, part 2, pp. 63–144. Sommerfeld, Arnold, ed. Leipzig: Teubner, 1904–1922. Issued 16 June 1904.
Cited: **2** *Lorentz 1904b*: 528n. **4** *Lorentz 1904a*: 102n, 103n.

———. "Weiterbildung der Maxwellschen Theorie. Elektronentheorie." In *Encyklopädie der mathematischen Wissenschaften, mit Einschluss ihrer Anwendungen*. Vol. 5, *Physik*, part 2, pp. 145–280. Sommerfeld, Arnold, ed. Leipzig: Teubner, 1904–1922. Issued 16 June 1904.
Cited: **2** *Lorentz 1904c*: 256, 268, 503, 504, 517n, 527, 528n, 540n. **4** *Lorentz 1904b*: 102n, 107n. **5** *Lorentz 1904b*: 120n, 122n, 157n, 226n. **7** *Lorentz 1904b*: 98n. **8** *Lorentz 1904b*: 802n.

———. "De beweging der electronen in de metalen. *Koninklijke Akademie van Wetenschappen te Amsterdam. Wis- en Natuurkundige Afdeeling. Verslagen van de Gewone Vergaderingen* 13 (1904–05): 493–508, 565–573, 710–719. Reprinted in translation as "The Motion of Electrons in Metallic Bodies." *Koninklijke Akademie van Wetenschappen te Amsterdam. Section of Sciences. Proceedings* 7 (1904–05): 438–453, 585–593, 684–691.
Cited: **5** *Lorentz 1905*: 147n.

———. *Versuch einer Theorie der electrischen und optischen Erscheinungen in bewegten Körpern*. 2d ed. Leipzig: Teubner, 1906.
Cited: **3** *Lorentz 1906*: 135, 175n. **4** *Lorentz 1906*: 550n. **5** *Lorentz 1906*: 149n.

———. *Le partage de l'énergie entre la matière pondérable et l'éther*. Rome: R. Accademia dei Lincei, 1908.
Cited: **2** *Lorentz 1908a*: 144, 145, 551n. **3** *Lorentz 1908*: 253n, 281n.

———. "Zur Strahlungstheorie." *Physikalische Zeitschrift* 9 (1908): 562–563.
Cited: **2** *Lorentz 1908b*: 144, 145, 542, 551n.

———. "Die hypothese der lichtquanta." *Nederlandsch Natuur- en Geneeskundig Congres. Handelingen* 12 (1909): 129–139.
Cited: **5** *Lorentz 1909b*: 180n.

———. "Le partage de l'énergie entre la matière pondérable et l'éther." *Revue générale des sciences pures et appliquées* 20 (1909): 14–26.
Cited: **2** *Lorentz 1909a*: 145, 551n. **5** *Lorentz 1909a*: 168n, 180n, 360n, 569n.

———. *The Theory of Electrons and Its Applications to the Phenomena of Light and Radiant Heat. A Course of Lectures Delivered in Columbia University, New York, in March and April 1906*. Leipzig: Teubner, 1909.

Cited: **2** *Lorentz 1909b*: 256, 270, 503.
3 *Lorentz 1909*: 449n. **4** *Lorentz 1909*: 102n, 550n. **5** *Lorentz 1909c*: 200n, 390n. **6** *Lorentz 1909*: 67n, 170n, 189n. **7** *Lorentz 1909*: 7n, 53n, 128n. **8** *Lorentz 1909*: 74n, 883n.

———. "Die Hypothese der Lichtquanten." *Physikalische Zeitschrift* 11 (1910): 349–354.
Cited: **5** *Lorentz 1910a*: 180n, 246n.

———. "Alte und neue Fragen der Physik." *Physikalische Zeitschrift* 11 (1910): 1234–1257.
Cited: **2** *Lorentz 1910*: 148. **5** *Lorentz 1910b*: 277n.

———. "Sur l'application au rayonnement du théorème de l'équipartition de l'énergie." In *La théorie du rayonnement et les quanta. Rapports et discussions de la réunion tenue à Bruxelles, du 30 octobre au 3 novembre 1911, sous les auspices de M. E. Solvay*, pp. 12–39. Langevin, Paul, and de Broglie, Maurice, eds. Paris: Gauthier-Villars, 1912.
Cited: **3** *Lorentz 1912*: 505n, 506n, 550, 562n. **5** *Lorentz 1912*: 180n, 382n. **6** *Lorentz 1912*: 398n.

———. "Die Anwendung des Satzes von der gleichmäßigen Energieverteilung auf die Strahlung." In *Die Theorie der Strahlung und der Quanten. Verhandlungen auf einer von E. Solvay einberufenen Zusammenkunft (30. Oktober bis 3. November 1911). Mit einem Anhange über die Entwicklung der Quantentheorie vom Herbst 1911 bis Sommer 1913*, pp. 10–33. Eucken, Arnold, ed. Halle a.S.: Knapp, 1914. (*Abhandlungen der Deutschen Bunsen Gesellschaft für angewandte physikalische Chemie* 3, no. 7.)
Cited: **3** *Lorentz 1914*: 550, 562n.

———. *Das Relativitätsprinzip. Drei Vorlesungen gehalten in Teylers Stiftung zu Haarlem, bearbeitet von W. H. Keesom*. Leipzig: Teubner, 1914. Beihefte zur Zeitschrift für mathematischen und naturwissenschaftlichen Unterricht aller Schulgattungen, no. 1.
Cited: **6** *Lorentz 1914b*: 135, 136n, 417. **8** *Lorentz 1914b*: 176n, 247n.

———. "Het relativiteitsbeginsel. Voordrachten gehouden in Maart 1913." *Archives du Musée Teyler* (3) 2 (1914): 1–60.
Cited: **6** *Lorentz 1914a*: 136n.

———. "Ernest Solvay." *Die Naturwissenschaften* 2 (1914): 997–999.
Cited: **9** *Lorentz 1914*: 55n.

———. "De breedte van spectraallijnen." *Koninklijke Akademie van Wetenschappen te Amsterdam. Wis- en Natuurkundige Afdeeling. Verslagen van de Gewone Vergaderingen* 23 (1914–15): 470–487. Reprinted in translation as "The Width of Spectral Lines." *Koninklijke Akademie van Wetenschappen te Amsterdam. Section of Sciences. Proceedings* 18 (1915–16): 134–150.
Cited: **8** *Lorentz 1914c*.

———. "Het beginsel van Hamilton in Einstein's theorie der zwaartekracht." *Koninklijke Akademie van Wetenschappen te Amsterdam. Wis- en Natuurkundige Afdeeling. Verslagen van de Gewone Vergaderingen* 23 (1914–15): 1073–1089. Reprinted in translation as "On Hamilton's Principle in Einstein's Theory of Gravitation." *Koninklijke Akademie van Wetenschappen te Amsterdam. Section of Sciences. Proceedings* 19 (1916–17): 751–765.
Cited: **6** *Lorentz 1915*: 267, 269n, 346n, 410, 416n. **8** *Lorentz 1915c*: 177n, 184n, 247n, 289n, 426n.

———. *The Theory of Electrons and Its Applications to the Phenomena of Light and Radiant Heat. A Course of Lectures Delivered in Columbia University, New York, in March and April 1906*. 2d ed. Leipzig, 1915.
Cited: **7** *Lorentz 1915*: 322n, 572n. **8** *Lorentz 1915b*: 898n, 909n.

———. "Die Maxwellsche Theorie und die Elektronentheorie." In *Die Kultur der Gegenwart. Ihre Entwicklung und ihre Ziele*. Hinneberg, Paul, ed. Part 3, sec. 3, vol. 1, *Physik*, pp. 311–333. Warburg, Emil, ed. Leipzig: Teubner, 1915.
Cited: **2** *Lorentz 1915*: 503. **4** *Lorentz 1915*: 538, 550n. **8** *Lorentz 1915a*: 909n.

———. *Les théories statistiques en thermodynamique: Conférences faites au Collège de France en novembre 1912*. Dunoyer, L., ed. Leipzig: Teubner, 1916.
Cited: **2** *Lorentz 1916*: 41, 52, 95n, 552n. **6** *Lorentz 1916a*: 375, 377n. **8** *Lorentz 1916a*: 247n, 286n, 301n.

———. "Over Einstein's theorie der zwaartekracht. I." *Koninklijke Akademie van Wetenschappen te Amsterdam. Wis- en Natuurkundige Afdeeling. Verslagen van de Gewone Vergaderingen* 24 (1915–16): 1389–1402. Reprinted in translation as "On Einstein's Theory of Gravitation. I." *Koninklijke Akademie van Wetenschappen te Amsterdam. Section of Sciences. Proceedings* 19 (1916–

1917) 1341–1354.
Cited: **6** *Lorentz 1916b*: 346n, 410, 416n.
8 *Lorentz 1916b*: 247n, 299n, 301n, 426n, 689n, 712n.

———. "Over Einstein's theorie der zwaartekracht. II." *Koninklijke Akademie van Wetenschappen te Amsterdam. Wis- en Natuurkundige Afdeeling. Verslagen van de Gewone Vergaderingen* 24 (1915–16): 1759–1774. Reprinted in translation as "On Einstein's Theory of Gravitation. II." *Koninklijke Akademie van Wetenschappen te Amsterdam. Section of Sciences. Proceedings* 19 (1916–17) 1354–1369.
Cited: **6** *Lorentz 1916c*: 346n, 410, 416n. **8** *Lorentz 1916c*: 247n, 299n, 426n.

———. "Over Einstein's theorie der zwaartekracht. III." *Koninklijke Akademie van Wetenschappen te Amsterdam. Wis- en Natuurkundige Afdeeling. Verslagen van de Gewone Vergaderingen* 25 (1916–17): 468–486. Reprinted in translation as "On Einstein's Theory of Gravitation. III." *Koninklijke Akademie van Wetenschappen te Amsterdam. Section of Sciences. Proceedings* 20 (1917–18): 2–19.
Cited: **6** *Lorentz 1916d*: 346n, 410, 416n. **7** *Lorentz 1916*: 28n, 32n, 76n–77n. **8** *Lorentz 1916d*: 247n, 299n, 332n, 426n, 500n, 689n, 708n, 716n. **9** *Lorentz 1916*: 42n.

———. "Over Einstein's theorie der zwaartekracht. IV." *Koninklijke Akademie van Wetenschappen te Amsterdam. Wis- en Natuurkundige Afdeeling. Verslagen van de Gewone Vergaderingen* 25 (1916–17): 1380–1396. Reprinted in translation as "On Einstein's Theory of Gravitation. IV." *Koninklijke Akademie van Wetenschappen te Amsterdam. Section of Sciences. Proceedings* 20 (1917–18): 20–34.
Cited: **8** *Lorentz 1917a*: 247n, 426n.

———. "De zwaartekracht en het licht. Een bevestiging van Einstein's gravitatietheorie." *Nieuwe Rotterdamsche Courant*, 13 November 1919.
Cited: **9** *Lorentz 1919a*: 219n, 249n.

———. *Lessen over theoretische natuurkunde aan de Rijks-Universiteit te Leiden gegeven.* Vol. 1, *Stralingstheorie (1910–1911)*. Leiden: Brill, 1919.
Cited: **9** *Lorentz 1919b*: 228n, 234n, 249n, 269n, 288n.

———. *Lessen over theoretische natuurkunde aan de Rijks-Universiteit te Leiden gegeven.* Vol. 2, *Theorie der quanta (1916–1917)*. Leiden: Brill, 1919.
Cited: **9** *Lorentz 1919c*: 228n, 249n, 269n, 288n.

———. *Lessen over theoretische natuurkunde aan de Rijks-Universiteit te Leiden gegeven.* Vol. 6, *Het relativiteitsbeginsel voor eenparige translaties (1910–1912)*. Fokker, Adriaan D., ed. Leiden: Brill, 1922. Reprinted in translation as "The Principle of Relativity for Uniform Translations (1910–1912)." In *Lectures on Theoretical Physics, Delivered at the University of Leiden*. Vol. 3, pp. 179–326. London: Macmillan, 1931.
Cited: **2** *Lorentz 1922*: 272. **5** *Lorentz 1922*: 135n. **7** *Lorentz 1922*: 322n.

———. *Problems of Modern Physics: A Course of Lectures Delivered in the California Institute of Technology*. Boston: Ginn, 1927.
Cited: **7** *Lorentz 1927*: 486n.

———. *Collected Papers*. Zeeman, Pieter, and Fokker, Adriaan, eds. 9 vols. The Hague: Nijhoff, 1935–1939.
Cited: **9** *Lorentz 1935–39*.

Lorentz, Hendrik A. et al. "Discussion" following **3** *Lorentz 1912*/ **5** *Lorentz 1912*/ **6** *Lorentz 1912*. In *La théorie du rayonnement et les quanta. Rapports et discussions de la réunion tenue à Bruxelles, du 30 octobre au 3 novembre 1911, sous les auspices de M. E. Solvay*, pp. 40–48. Langevin, Paul, and de Broglie, Maurice, eds. Paris: Gauthier-Villars, 1912.
Cited: **3** *Lorentz et al. 1912*: 505n.

——— et al. "Diskussion" following **3** *Lorentz 1914*." In *Die Theorie der Strahlung und der Quanten. Verhandlungen auf einer von E. Solvay einberufenen Zusammenkunft (30. Oktober bis 3. November 1911). Mit einem Anhange über die Entwicklung der Quantentheorie vom Herbst 1911 bis Sommer 1913*, pp. 34–40. Eucken, Arnold, ed. Halle a.S.: Knapp, 1914. (*Abhandlungen der Deutschen Bunsen Gesellschaft für angewandte physikalische Chemie* 3, no. 7.)
Cited: **3** *Lorentz et al. 1914*: 505n.

Lorentz, Hendrik A., Einstein, Albert, and Minkowski, Hermann. *Das Relativitätsprinzip. Eine Sammlung von Abhandlungen mit Anmerkungen von A. Sommerfeld und Vorwort von O. Blumenthal*. Leipzig: Teubner, 1913.
Cited: **6** *Lorentz et al. 1913*: 535n. **8** *Lorentz et al. 1913*: 147n. **9** *Lorentz et al. 1913*: 403n,

450n, 516n, 578c. **10** *Lorentz et al. 1913*: 566c.

———. *Das Relativitätsprinzip. Eine Sammlung von Abhandlungen mit Anmerkungen von A. Sommerfeld und Vorwort von O. Blumenthal*. 3d enl. ed. Leipzig: Teubner, 1920.
Cited: **9** *Lorentz et al. 1920*: 310n, 403n, 516n, 530n, 589c, 591c. **10** *Lorentz et al. 1920*: 484n, 525n, 575c, 578c.

———. *Das Relativitätsprinzip. Eine Sammlung von Abhandlungen*. 4th ed. Leipzig: Teubner, 1922.
Cited: **8** *Lorentz et al. 1922*: 880n.

Lorentz, Hendrik A., and Droste, Johannes. "De beweging van een stelsel lichamen onder den invloed van hunne onderlinge aantrekking, behandeld volgens de theorie van Einstein. I." *Koninklijke Akademie van Wetenschappen te Amsterdam. Wis- en Natuurkundige Afdeeling. Verslagen van de Gewone Vergaderingen* 26 (1917): 392–403. Reprinted in translation with *Lorentz and Droste 1917b* as "The Motion of a System of Bodies under the Influence of Their Mutual Attraction, According to Einstein's Theory." In *H. A. Lorentz: Collected Papers*. Vol. 5, pp. 330–355. Zeeman, Pieter, and Fokker, Adriaan, eds. The Hague: Nijhoff, 1937.
Cited: **8** *Lorentz and Droste 1917a*: 420n, 426n, 430n.

———. "De beweging van een stelsel lichamen onder den invloed van hunne onderlinge aantrekking, behandeld volgens de theorie van Einstein. II." *Koninklijke Akademie van Wetenschappen te Amsterdam. Wis- en Natuurkundige Afdeeling. Verslagen van de Gewone Vergaderingen* 26 (1917–18): 649–660. Reprinted in translation with *Lorentz and Droste 1917a* as "The Motion of a System of Bodies under the Influence of Their Mutual Attraction, According to Einstein's Theory." In *H. A. Lorentz: Collected Papers*, vol. 5, pp. 330–355. Zeeman, Pieter, and Fokker, Adriaan, eds. The Hague: Nijhoff, 1937.
Cited: **8** *Lorentz and Droste 1917b*: 420n, 426n, 430n.

Lorenz, Hans. "Die Wirkung eines Kreisels auf die Rollbewegung von Schiffen." *Physikalische Zeitschrift* 5 (1904): 27–32.
Cited: **8** *Lorenz 1904*: 812n.

———. *Lehrbuch der technischen Physik*. Vol. 2, *Technische Wärmelehre*. Munich: Oldenbourg, 1904.
Cited: **2** *Lorenz 1904*: 326n.

Loria, Gino. *Spezielle algebraische und transcendente ebene Kurven. Theorie und Geschichte*. Schütte, Fritz, trans. and ed. Leipzig: Teubner, 1902.
Cited: **3** *Loria 1902*: 244n.

Loschmidt, Josef. "Zur Grösse der Luftmoleküle." *Kaiserliche Akademie der Wissenschaften* (Vienna). *Mathematisch-naturwissenschaftliche Classe. Zweite Abtheilung. Sitzungsberichte* 52 (1865): 395–413.
Cited: **2** *Loschmidt 1865*: 171, 176. **3** *Loschmidt 1865*: 243n. **4** *Loschmidt 1865*: 534n.

Löwenstein, Siegfried. *Der Prozess Erzberger-Helfferich. Ein Rechtsgutachten*. Ulm: Süddeutsche Verlagsanstalt, 1921.
Cited: **9** *Löwenstein 1921*: 389n.

Lübsen, Heinrich Borchert. *Ausführliches Lehrbuch der Analysis. Zum Selbstunterricht mit Rücksicht auf die Zwecke des praktischen Lebens*. 4th impr. ed. Leipzig: Brandstetter, 1868.
Cited: **1** *Lübsen 1868*: lxi.

———. *Einleitung in die Infitesimal-Rechnung (Differential- und Integral-Rechnung). Zum Selbstunterricht. Mit Rücksicht auf das Nothwendigste und Wichtigste*. 4th ed. Leipzig: Brandstetter, 1869.
Cited: **1** *Lübsen 1869*: lxi, 4n.

———. *Ausführliches Lehrbuch der ebenen und sphärischen Trigonometrie. Zum Selbstunterricht. Mit Rücksicht auf die Zwecke des praktischen Lebens*. 8th ed. Leipzig: Brandstetter, 1870.
Cited: **1** *Lübsen 1870*: lxi.

Ludendorff, Hans. "Zur Statistik der spektroskopischen Doppelsterne." *Astronomische Nachrichten* 184 (1910): cols. 373–390.
Cited: **8** *Ludendorff 1910*: 323n.

———. "Über die Massen der spektroskopischen Doppelsterne." *Astronomische Nachrichten* 189 (1911): cols. 145–156.
Cited: **8** *Ludendorff 1911*: 323n.

———. "Bemerkungen über die Radialgeschwindigkeiten der Helium-Sterne." *Astronomische Nachrichten* 202 (1916): cols. 75–84.
Cited: **8** *Ludendorff 1916*: 262n.

Lüders, Else. *Minna Cauer, Leben und Werk, dargestellt an Hand ihrer Tagebücher und nachgelassenen Schriften*. Gotha: Klotz, 1925.
Cited: **10** *Lüders 1925*: 433n.

Ludwig, Emil. *Goethe. Geschichte eines*

Menschen. 3 vols. Stuttgart: Cotta, 1920.
  Cited: **10** *Ludwig 1920*: 597c.
Lummer, Otto, and Pringsheim, Ernst. "Die Vertheilung der Energie im Spectrum des schwarzen Körpers und des blanken Platins." *Deutsche Physikalische Gesellschaft. Verhandlungen* 1 (1899): 215–230.
  Cited: **2** *Lummer and Pringsheim 1899*: 108n, 136.
———. "Über die Jeans-Lorentzsche Strahlungsformel." *Physikalische Zeitschrift* 9 (1908): 449–450.
  Cited: **2** *Lummer and Pringsheim 1908*: 144, 167n, 551n.
Lundmark, Knut. "Stellung der kugelförmigen Sternhaufen und Spiralnebel zu unserem Sternsystem." *Astronomische Nachrichten* 209 (1919): 369–380.
  Cited: **7** *Lundmark 1919*: 425n.
Lüscher, Edgar. "Albert Einstein in Aarau." *Schweizerische Lehrerzeitung* 89 (1944): 622–623.
  Cited: **1** *Lüscher 1944*: 12, 17n, 236.
Lütgemeier-Davin, Reinhold. *Pazifismus zwischen Kooperation und Konfrontation. Das Deutsche Friedenskartell in der Weimarer Republik*. Cologne: Pahl-Rugenstein, 1982.
  Cited: **9** *Lütgemeier-Davin 1982*: 34n.
Luther, Martin. *Die Bibel oder die ganze Heilige Schrift des Alten und Neuen Testaments. Nach der deutschen Übersetzung D. Martin Luthers. Durchgesehene Ausgabe mit dem von der deutschen evangelischen Kirchenkonferenz genehmigten Text*. Berlin: Britische und Ausländische Bibelgesellschaft, 1913.
  Cited: **9** *Luther 1913*: 145n.
Macaulay, Thomas Babington. *Frederic the Great*. Oxford: Clarendon Press, [1914].
  Cited: **8** *Macaulay 1914*: 135n.
———. *Friedrich der Große*. Moellenhoff, J., trans. Leipzig: Reclam, 1915.
  Cited: **8** *Macaulay 1915*: 135n.
Mach, Ernst. "Über die Wirkung der räumlichen Vertheilung des Lichtreizes auf die Netzhaut." *Kaiserliche Akademie der Wissenschaften* (Vienna). *Mathematisch-naturwissenschaftliche Classe. Zweite Abtheilung. Sitzungsberichte* 52 (1865): 303–322.
  Cited: **7** *Mach 1865*: 53n.
———. "Über den physiologischen Effect räumlich vertheilter Lichtreize. (Dritte Abhandlung)." *Kaiserliche Akademie der Wissenschaften* (Vienna). *Mathematisch-naturwissenschaftliche Classe. Zweite Abtheilung. Sitzungsberichte* 54 (1866): 393–408.
  Cited: **7** *Mach 1866b*: 53n.
———. "Über den physiologischen Effect räumlich vertheilter Lichtreize. (Zweite Abhandlung)." *Kaiserliche Akademie der Wissenschaften* (Vienna). *Mathematisch-naturwissenschaftliche Classe. Zweite Abtheilung. Sitzungsberichte* 54 (1866): 131–144.
  Cited: **7** *Mach 1866a*: 53n.
———. "Über die physiologische Wirkung räumlich vertheilter Lichtreize." *Kaiserliche Akademie der Wissenschaften* (Vienna). *Mathematisch-naturwissenschaftliche Classe. Zweite Abtheilung. Sitzungsberichte* 57 (1868): 11–19.
  Cited: **7** *Mach 1868*: 53n.
———. *Die Geschichte und die Wurzel des Satzes von der Erhaltung der Arbeit. Vortrag*. Prague: Calve, 1872. Reprint, Leipzig: Barth, 1909.
  Cited: **2** *Mach 1872*: 218.
———. *Beiträge zur Analyse der Empfindungen*. Jena: Fischer, 1886.
  Cited: **2** *Mach 1886*. **5** *Mach 1886*: 7n.
———. *Die Principien der Wärmelehre. Historisch-kritisch entwickelt*. Leipzig: Barth, 1896.
  Cited: **1** *Mach 1896*: 230n, 335n. **2** *Mach 1896*: 43, 135, 207.
———. *Populärwissenschaftliche Vorlesungen*. Leipzig: Barth, 1896.
  Cited: **5** *Mach 1896*: 7n.
———. *Die Mechanik in ihrer Entwickelung. Historisch-kritisch dargestellt*. 3d rev. and enl. ed. Leipzig: Brockhaus, 1897.
  Cited: **1** *Mach 1897*: 230n, 335n. **2** *Mach 1897*: xxiv, 3, 43. **3** *Mach 1897*: 5. **5** *Mach 1897*: 7n, 204n, 532n, 550n, 584n. **6** *Mach 1897*: 129n, 280, 282n, 338n. **7** *Mach 1897*: 62n, 103, 279n.
———. "On Some Phenomena Attending the Flight of Projectiles." In *Popular Scientific Lectures*. 3d rev. ed., pp. 309–337. La Salle, Ill.: Open Court, 1898.
  Cited: **6** *Mach 1898*: 282n.
———. *Die Analyse der Empfindungen und das Verhältnis des Physischen zum Psychischen*. 2d enl. ed. of **2** *Mach 1886*/ **5** *Mach 1886*. Jena: Fischer, 1900.
  Cited: **2** *Mach 1900a*: xxv.
———. *Die Principien der Wärmelehre. Histo-*

risch-kritisch entwickelt. 2d ed. Leipzig: Barth, 1900.
Cited: **2** *Mach 1900b*: 43.

———. *Die Mechanik in ihrer Entwickelung. Historisch-kritisch dargestellt.* 4th ed. Leipzig: Brockhaus, 1901.
Cited: **2** *Mach 1901*: xxv.

———. *Die Analyse der Empfindungen und das Verhältnis des Physischen zum Psychischen.* 3d enl. ed. Jena: Fischer, 1902.
Cited: **2** *Mach 1902*: xxv.

———. *Die Analyse der Empfindungen und das Verhältnis des Physischen zum Psychischen.* 4th enl. ed. Jena: Fischer, 1903.
Cited: **2** *Mach 1903*: xxv.

———. "Über Erscheinungen an fliegenden Projektilen." In *Populärwissenschaftliche Vorlesungen.* 3d rev. ed., pp. 356–383. Leipzig: Barth, 1903.
Cited: **6** *Mach 1903*: 282n.

———. *Die Mechanik in ihrer Entwickelung. Historisch-kritisch dargestellt.* 5th rev. ed. Leipzig: Brockhaus, 1904.
Cited: **2** *Mach 1904*: xxiv, xxv. **7** *Mach 1904*: 103, 121n. **8** *Mach 1904*: 448n.

———. *Die Mechanik in ihrer Entwickelung. Historisch-kritisch dargestellt.* 6th rev. ed. Leipzig: Brockhaus, 1908.
Cited: **3** *Mach 1908*: 9, 126n, 396n, 592. **4** *Mach 1908*: 102n, 177, 179n, 485n, 498, 503n, 587n, 622n, 623.

———. *Die Geschichte und die Wurzel des Satzes von der Erhaltung der Arbeit.* 2d ed. Leipzig: Darth, 1909.
Cited: **5** *Mach 1909*: 204n.

———. "Die Leitgedanken meiner naturwissenschaftlichen Erkenntnislehre und ihre Aufnahme durch die Zeitgenossen." *Scientia: Rivista di Scienza* 7 (1910): 225–240. Reprinted in *Physikalische Zeitschrift* 11 (1910): 599–606.
Cited: **2** *Mach 1910*: 218. **7** *Mach 1910*: 62n.

———. *Sinnliche Elemente und naturwissenschaftliche Begriffe.* Bonn: Hager, 1910.
Cited: **5** *Mach 1910*: 624c.

———. *Die Analyse der Empfindungen und das Verhältnis des Physischen zum Psychischen.* 6th rev. ed. Jena: Fischer, 1911.
Cited: **8** *Mach 1911*: 495n, 548n, 850n.

———. *Die Prinzipien der physikalischen Optik, historisch und erkenntnispsychologisch entwickelt.* Leipzig: Barth, 1921.
Cited: **6** *Mach 1921*: 282n. **8** *Mach 1921*: 480n.

———. *Principles of the Theory of Heat: Historically and Critically Elucidated.* McGuinness, Brian, ed. Dordrecht and Boston: Reidel, 1986. (Trans. of **2** *Mach 1900b*).
Cited: **2** *Mach 1986*: 46.

MacMillan, Margaret. *Paris 1919: Six Months That Changed the World.* New York: Random House, 2002.
Cited: **9** *MacMillan 2002*: 93n.

Madelung, Erwin. "Molekulare Eigenschwingungen." *Königliche Gesellschaft der Wissenschaften zu Göttingen. Mathematisch-physikalische Klasse. Nachrichten* (1909): 100–106.
Cited: **3** *Madelung 1909*: 414n, 420, 421n, 526, 544n.

———. "Molekulare Eigenschwingungen." *Physikalische Zeitschrift* 11 (1910): 898–905.
Cited: **3** *Madelung 1910b*: 420, 421n, 526, 544n.

———. "Molekulare Eigenschwingungen. Nachtrag zu meiner früheren Mitteilung." *Königliche Gesellschaft der Wissenschaften zu Göttingen. Mathematisch-physikalische Klasse. Nachrichten* (1910): 43–58.
Cited: **3** *Madelung 1910a*: 414n, 420, 421n, 544n.

Magnus, Alfred, and Lindemann, Frederick A. "Über die Abhängigkeit der spezifischen Wärme fester Körper von der Temperatur." *Zeitschrift für Elektrochemie* 16 (1910): 269–279.
Cited: **3** *Magnus and Lindemann 1910*: 476n.

Maiocchi, Roberto. *Einstein in Italia. La scienza e la filosofia italiane di fronte alla teoria della relatività.* Milan: Angeli, 1985.
Cited: **4** *Maiocchi 1985*: 122.

Maĭstrov, Leonid E. *Probability Theory: A Historical Sketch.* Kotz, Samuel, trans. and ed. New York: Academic Press, 1974.
Cited: **3** *Maistrov 1974*: 268n.

Majorana, Quirino. "On Gravitation. Theoretical and Experimental Researches." *Philosophical Magazine* 39 (1920): 488–504.
Cited: **10** *Majorana 1920a*: 288n, 297n.

———. "Sulla gravitazione. VII–IX." *Reale Accademia dei Lincei. Classe di scienze fisiche, matematiche e naturali. Rendiconti delle sedute* 29 (1920): 90–99, 163–169, 235–240.
Cited: **10** *Majorana 1920b*: 297n.

Maltese, Giulio, and Orlando, Lucia. "The Definition of Rigidity in the Special Theory of Relativity and the Genesis of the General

Theory of Relativity." *Studies in History and Philosophy of Modern Physics* 26 (1995): 263–306.
Cited: **10** *Maltese and Orlando 1995*: 7n.

Mandelstam, Leonid I. "Über die Rauhigkeit freier Flüssigkeitsoberflächen." *Annalen der Physik* 41 (1913): 609–624.
Cited: **5** *Mandelstam 1913*: 540n.

Mann, Thomas. *Gesammelte Werke*. Vol. 12. Frankfurt a.M.: Fischer, 1960.
Cited: **9** *Mann 1960*: 396n.

———. *Diaries 1918–1939*. New York: Abrams, 1982.
Cited: **9** *Mann 1982*: 392n.

Marangoni, Ernesta Pelizza. "Momenti pavesi nella vita di Alberto Einstein." *La Provincia Pavese*, 14 May 1955, pp. 1, 3.
Cited: **1** *Marangoni 1955*: liv, lvi, lxv, 5.

March, Harold. *Romain Rolland*. New York: Twayne, 1971.
Cited: **10** *March 1971*: 58n.

Marey, Etienne J. "Des mouvements que certains animaux exécutent pour retomber sur leurs pieds, lorsqu'ils sont précipités d'un lieu élevé." *Académie des sciences* (Paris). *Comptes rendus* 119 (1894): 714–717.
Cited: **3** *Marey 1894*: 127n.

Markoff, Andrei A. *Wahrscheinlichkeitsrechnung*. 2d ed. Liebmann, Heinrich, trans. Leipzig: Teubner, 1912.
Cited: **3** *Markoff 1912*: 268n.

Marsch, Ulrich. *Notgemeinschaft der Deutschen Wissenschaft. Gründung und frühe Geschichte 1920–1925*. Frankfurt a.M.: Lang, 1994.
Cited: **7** *Marsch 1994*: 300n, 334n, 363n, 494n. **10** *Marsch 1994*: 546n.

Martienssen, Oscar. "Die Verwendbarkeit des Rotationskompasses als Ersatz des magnetischen Kompasses." *Physikalische Zeitschrift* 7 (1906): 535–543.
Cited: **8** *Martienssen 1906*: 839n.

Martins, Roberto de Andrade. "The Search for Gravitational Absorption in the Early Twentieth Century." In *The Expanding Worlds of General Relativity*, pp. 3–44. Goenner, Hubert, Renn, Jürgen, Ritter, Jim, and Sauer, Tilman, eds. Boston: Birkhäuser, 1999.
Cited: **7** *Martins 1999*: 146n, 198n. **10** *Andrade Martins 1999*: 297n; **10** *Martins 1999*: 288n, 479n.

Marwick, William H. *Ernest Bowman Ludlam*. London: Friends House Service Committee, 1960.
Cited: **9** *Marwick 1960*: 370n.

Marx, Erich. "Die Geschwindigkeit der Röntgenstrahlen." *Annalen der Physik* 20 (1906): 677–722.
Cited: **9** *Marx 1906*: 361n.

———. "Zweite Durchführung der Geschwindigkeitsmessung der Röntgenstrahlen." *Annalen der Physik* 33 (1910): 1305–1391.
Cited: **9** *Marx 1910*: 361n.

———. *Handbuch der Radiologie*. Vol. 1. Leipzig: Akademische Verlagsgesellschaft, 1920.
Cited: **4** *Marx 1920*: 3.

———. *Handbuch der Radiologie*. Vol. 6, *Die Theorien der Radiologie*. Leipzig: Akademische Verlagsgesellschaft, 1925.
Cited: **2** *Marx 1924*: 273. **4** *Marx 1924*: 6.

Marx, Erich, and Lichtenecker, Karl. "Experimentelle Untersuchung des Einflusses der Unterteilung der Belichtungszeit auf die Elektronenabgabe in Elster und Geitelschen Kaliumhydrürzellen bei sehr schwacher Lichtenergie." *Annalen der Physik* 41 (1913): 124–160.
Cited: **3** *Marx and Lichtenecker 1913*: 504n.

Massart, Jean. "Les intellectuels allemands et la recherche de la verité." *Revue de Paris* 25 (1918): 643–672.
Cited: **8** *Massart 1918*: 347n, 364n.

Mathias, Emile. "Sur la densité critique et le théorème des états correspondants." *Journal de physique théorique et appliquée* 2 (1893): 5–22.
Cited: **2** *Mathias 1893*: 244n.

———. "La constante a des diamètres rectilignes et les lois des états correspondants." *Journal de physique théorique et appliquée* 8 (1899): 407–413.
Cited: **2** *Mathias 1899*: 244n.

———. "La constante a des diamètres rectilignes et les lois des états correspondants [2e mémoire]." *Journal de physique théorique et appliquée* 4 (1905): 77–91.
Cited: **2** *Mathias 1905*: 242–244.

Matricon, Jean, and Waysand, Georges. *The Cold Wars: A History of Superconductivity*. New Brunswick, N.J.: Rutgers University Press, 2003.
Cited: **10** *Matricon and Waysand 2003*: lii, 521n.

Maurer, Trude. *Ostjuden in Deutschland 1918–1933*. Hamburg: Christians, 1986.
Cited: **7** *Maurer 1986*: 224, 227, 240n–241n, 441n.

Maxwell, James Clerk. "Illustrations of the Dy-

namical Theory of Gases. Part I. On the Motions and Collisions of Perfectly Elastic Spheres." *Philosophical Magazine and Journal of Science* 19 (1860): 19–32.
Cited: **2** *Maxwell 1860*: 235n.

———. "A Dynamical Theory of the Electromagnetic Field." *Royal Society of London. Philosophical Transactions* 155 (1865): 459–512. Reprinted in **2** *Maxwell 1890*/ **4** *Maxwell 1890*, vol. 1, pp. 526–597.
Cited: **4** *Maxwell 1865*: 164n.

———. "On the Dynamical Theory of Gases." *Royal Society of London. Philosophical Transactions* 157 (1867): 49–88. Reprinted in **2** *Maxwell 1890*/ **4** *Maxwell 1890*, vol. 2, pp. 26–78.
Cited: **2** *Maxwell 1867*: 252n.

———. *Theory of Heat*. London: Longmans, Green, 1871.
Cited: **2** *Maxwell 1871*: 42.

———. *A Treatise on Electricity and Magnetism*. 2 vols. Oxford: Clarendon Press, 1873.
Cited: **2** *Maxwell 1873*: 582n. **7** *Maxwell 1873*: 279n. **10** *Maxwell 1873*: 503n.

———. *Theorie der Wärme*. Auerbach, F., trans. Breslau: Maruschke & Berendt, 1877. (Trans. from the 4th English ed., 1875.)
Cited: **2** *Maxwell 1877*: 42.

———. *Theorie der Wärme*. Neeson, F., trans. Braunschweig: Vieweg, 1878. (Authorized trans. from the 4th English ed., 1875.)
Cited: **2** *Maxwell 1878*: 42.

———. "On Boltzmann's Theorem on the Average Distribution of Energy in a System of Material Points." *Cambridge Philosophical Society. Transactions* 12 (1879): 547–570.
Cited: **2** *Maxwell 1879*: 73n, 74n.

———. "On Stresses in Rarefied Gases Arising from Inequalities in Temperature." *Royal Society of London. Philosophical Transactions* 170 (1879): 231–256.
Cited: **9** *Maxwell 1879*: 48n, 50n, 176n. **10** *Maxwell 1879*: 284n, 292n.

———. *A Treatise on Electricity and Magnetism*. 2d ed. 2 vols. Oxford: Clarendon Press, 1881.
Cited: **6** *Maxwell 1881*: 232n.

———. *The Scientific Papers of James Clerk Maxwell*. 2 vols. Niven, W. D., ed. Cambridge: Cambridge University Press, 1890. Reprint, New York: Dover, 1965.
Cited: **2** *Maxwell 1890*. **4** *Maxwell 1890*.

———. *A Treatise on Electricity and Magnetism*. 3d ed. 2 vols. Oxford: Clarendon Press, 1891. Reprint, New York: Dover: 1954.
Cited: **2** *Maxwell 1891*: 309n, 492n. **4** *Maxwell 1891*: 102n.

Mayer, August L. (August Liebmann). *Goya: Acht farbige Nachbildungen seiner Hauptwerke*. Leipzig: Seemann, 1919.
Cited: **9** *Mayer 1919*: 609c.

Mayer, Julius Robert. *Die organische Bewegung in ihrem Zusammenhange mit dem Stoffwechsel. Ein Beitrag zur Naturkunde*. Heilbronn: Drechsler, 1845.
Cited: **1** *Mayer 1845*: 105n.

———. *Beiträge zur Dynamik des Himmels in populärer Darstellung*. Heilbronn: Landherr, 1848.
Cited: **1** *Mayer 1848*: 105n.

———. *Die Mechanik der Wärme in gesammelten Schriften*. 3d ed. Weyrauch, Jakob Johann, ed. Stuttgart: Cotta, 1893.
Cited: **2** *Mayer 1893a*: 330n.

———. *Kleinere Schriften und Briefe von Robert Mayer*. Weyrauch, Jakob Johann, ed. Stuttgart: Cotta, 1893.
Cited: **2** *Mayer 1893b*: 330n.

McCausland, Ian. "Einstein and Special Relativity: Who Wrote the Added Footnotes?" *British Journal for the Philosophy of Science* 35 (1984): 60–61.
Cited: **2** *McCausland 1984*.

McCormmach, Russell. "Henri Poincaré and the Quantum Theory." *Isis* 58 (1967): 37–55.
Cited: **3** *McCormmach 1967*: xxvii.

———. "J. J. Thomson and the Structure of Light." *British Journal for the History of Science* 3 (1967): 362–387.
Cited: **2** *McCormmach 1967*: xxxiii, 142.

———. "Einstein, Lorentz, and the Electron Theory." *Historical Studies in the Physical Sciences* 2 (1970): 41–87.
Cited: **1** *McCormmach 1970*: 130n. **2** *McCormmach 1970a*: xxxiii, 148, 256, 553n. **3** *McCormmach 1970*: xix. **5** *McCormmach 1970*: 121n.

———. "H. A. Lorentz and the Electromagnetic View of Nature." *Isis* 61 (1970): 459–497.
Cited: **2** *McCormmach 1970b*: xxxiii, 140, 256, 269. **7** *McCormmach 1970*: 321n. **8** *McCormmach 1970*: 350n.

———. "Lorentz, Hendrik Antoon." In *Dictionary of Scientific Biography*. Vol. 8, pp. 487–500. Gillispie, Charles C., ed. New York: Scribner's Sons, 1973.
Cited: **4** *McCormmach 1973*: 102n.

———. "Editor's Foreword." *Historical Studies*

in the Physical Sciences 7 (1976): xi–xxxv.
Cited: **1** *McCormmach 1976*: 60. **2** *McCormmach 1976*: xxxiii.

Meadows, Arthur J. *Science and Controversy: A Biography of Sir Norman Lockyer.* Cambridge, Mass.: MIT Press, 1972.
Cited: **10** *Meadows 1972*: 381n.

Medicus, Heinrich A. "A Comment on the Relations between Einstein and Hilbert." *American Journal of Physics* 52 (1984): 206–208.
Cited: **8** *Medicus 1984*: 223n.

———. "The Friendship among Three Singular Men: Einstein and His Swiss Friends Besso and Zangger." *Isis* 85 (1994): 456–478.
Cited: **8** *Medicus 1994*: 210n. **10** *Medicus 1994*: l.

———. "Heinrich Zangger und die Berufung Einsteins an die ETH. Sein Einfluss auf die Besetzung weiterer Physik-Lehrstühle in Zürich." *Gesnerus* 53 (1996): 217–235.
Cited: **8** *Medicus 1996*: 916n. **10** *Medicus 1996*: l.

Mehra, Jagdish. "Einstein, Hilbert, and the Theory of Gravitation." In *The Physicist's Conception of Nature*, pp. 92–178. Mehra, Jagdish, ed. Dordrecht: Reidel, 1973.
Cited: **6** *Mehra 1973*: 346n, 416n. **8** *Mehra 1973*: 196n, 223n.

———. *The Solvay Conferences on Physics: Aspects of the Development of Physics since 1911.* Dordrecht and Boston: Reidel, 1975.
Cited: **5** *Mehra 1975*: 301n, 346n, 358n. **10** *Mehra 1975*: 304n.

———. "One Month in the History of the Discovery of General Relativity Theory." *Foundations of Physics Letters* 11 (1998): 41–60.
Cited: **7** *Mehra 1998a*: 188n.

———. "The Calculations That Gave Einstein 'Heart Palpitations'." *Foundations of Physics Letters* 11 (1998): 391–393.
Cited: **7** *Mehra 1998b*: 188n.

Mehra, Jagdish, and Rechenberg, Helmut. *The Historical Development of Quantum Theory.* Vol. 1, *The Quantum Theory of Planck, Einstein, Bohr and Sommerfeld: Its Foundation and the Rise of Its Difficulties 1900–1925.* New York: Springer, 1982.
Cited: **2** *Mehra and Rechenberg 1982*: xxxiii, 55, 135, 144, 582n. **4** *Mehra and Rechenberg 1982*: 273. **5** *Mehra and Rechenberg 1982*: 301n. **6** *Mehra and Rechenberg 1982*: 567n. **8** *Mehra and Rechenberg 1982*: 29n, 387n, 815n. **9** *Mehra and Rechenberg 1982*: 198n. **10** *Mehra and Rechenberg 1982*: 374n.

Meinecke, Friedrich. *Preussen und Deutschland im 19. und 20. Jahrhundert. Historische und politische Aufsätze.* Munich: Oldenbourg, 1918.
Cited: **10** *Meinecke 1918*: 243n.

———. *Nach der Revolution. Geschichtliche Betrachtungen über unsere Lage.* Munich: Oldenbourg, 1919.
Cited: **10** *Meinecke 1919*: 244n.

———. *Strassburg/Freiburg/Berlin, 1901–1919. Erinnerungen von Friedrich Meinecke.* Stuttgart: Koehler, 1949.
Cited: **10** *Meinecke 1949*: 244n.

Meinhardt, Wilhelm. *Entwicklung und Aufbau der Glühlampenindustrie.* Berlin: Heymann, 1932.
Cited: **9** *Meinhardt 1932*: 148n.

Meißner, Walther. "Thermische und elektrische Leitfähigkeit der Metalle." *Jahrbuch der Radioaktivität und Elektronik* 17 (1920): 229–273.
Cited: **10** *Meißner 1920*: 521n.

Meitner, Lise. "A. Einstein: Die Relativitätstheorie." *Naturwissenschaftliche Rundschau* 27 (1912): 285–288.
Cited: **3** *Meitner 1912*: 439n.

———. "Looking Back." *Bulletin of the Atomic Scientists* 20 November 1964: 2–7.
Cited: **10** *Meitner 1964*: 322n.

Mendel, Gregor. *Versuche über Pflanzenhybriden. Zwei Abhandlungen (1866 und 1870).* 3d ed. Tschermak, Erich von, ed. Leipzig: Engelmann, 1913.
Cited: **5** *Mendel 1913*: 561n.

Mendelssohn, Kurt. *The World of Walther Nernst: The Rise and Fall of German Science 1864–1941.* Pittsburgh: University of Pittsburgh Press, 1973.
Cited: **3** *Mendelssohn 1973*: xxi. **5** *Mendelssohn 1973*: 534n.

Mendes-Flohr, Paul. "The Kriegserlebnis and Jewish Consciousness." In *Jüdisches Leben in der Weimarer Republik/Jews in the Weimar Republic*, pp. 225–237. Benz, Wolfgang, Paucker, Arnold, and Pulzer, Peter, eds. Tübingen: Mohr Siebeck, 1998.
Cited: **7** *Mendes-Flohr 1998*: 227, 440n.

Mendes-Flohr, Paul, and Reinharz, Jehuda, eds. *The Jew in the Modern World: A Documentary History.* 2d ed. Oxford: Oxford University Press, 1995.
Cited: **8** *Mendes-Flohr and Reinharz 1995*: 19n.

Menger, Anton. *Neue Staatslehre.* 3d ed. Jena:

Fischer, 1906.
Cited: **10** *Menger 1906*: 134n.

Meslin, Georges. "Sur la constante de la loi de Mariotte et Gay-Lussac." *Journal de physique théorique et appliquée* 4 (1905): 252–256.
Cited: **2** *Meslin 1905*: 323–324, 324n.

Mewes, Rudolf. *Gesammelte Arbeiten von Rudolf Mewes*. Section 1: *Raumzeitlehre oder Relativitätstheorie in Geistes- und Naturwissenschaft und Werkkunst. Anwendung auf Mechanik und Thermodynamik (Wärmeleitung und relative Bewegung) 1884/1885*. Part 1. Berlin: Mewes, 1920.
Cited: **10** *Mewes 1920*: 584c.

Meyenn, Karl von, ed. *Quantenmechanik und Weimarer Republik*. Wiesbaden: Vieweg, 1994.
Cited: **9** *Meyenn 1994*: 390n.

Meyer, Conrad Ferdinand. *Novellen*. Leipzig: Hessel, 1911.
Cited: **5** *Meyer, C. F. 1911*: 629c.

Meyer, Edgar. "Bericht über die Untersuchungen der zeitlichen Schwankungen der radioaktiven Strahlung." *Jahrbuch der Radioaktivität und Elektronik* 5 (1908): 423–450.
Cited: **5** *Meyer, E. 1908*: 203n, 209n. **9** *Meyer 1908*: 367n.

———. "Nachtrag zu dem Bericht über die zeitlichen Schwankungen der radioaktiven Strahlung." *Jahrbuch der Radioaktivität und Elektronik* 6 (1909): 242–245.
Cited: **5** *Meyer, E. 1909*: 209n.

———. "Über die Struktur der γ-Strahlen." *Königlich Preußische Akademie der Wissenschaften* (Berlin). *Sitzungsberichte* (1910): 647–662. Reprinted in *Jahrbuch der Radioaktivität und Elektronik* 7 (1910): 279–295.
Cited: **3** *Meyer, E. 1910*: 547n. **5** *Meyer, E. 1910b*: 221n, 240n, 255n, 269n.

———. "Über Stromschwankungen bei Stoßionisation." *Physikalische Zeitschrift* 11 (1910): 215–224. Reprinted in *Deutsche Physikalische Gesellschaft. Verhandlungen* 12 (1910): 253–274.
Cited: **5** *Meyer, E. 1910a*: 209n, 214n.

———. "Über die Struktur der γ-Strahlen. II." *Annalen der Physik* 37 (1912): 700–720.
Cited: **5** *Meyer, E. 1912c*: 255n, 269n, 285n, 418n. **8** *Meyer, E. 1912*: 875n.

———. "Über Schweidlersche Schwankungen. Bemerkungen zu der gleichnamigen Arbeit von Herrn N. Campbell. Mit einer Nachschrift von Norman Campbell." *Physikalische Zeitschrift* 13 (1912): 73–83.
Cited: **5** *Meyer, E. 1912a*: 221n, 255n, 269n, 418n.

———. "Zur Diskussion über die Struktur der γ-Strahlen. Notiz zu einer Bemerkung des Herrn J. Stark." *Physikalische Zeitschrift* 13 (1912): 253–254.
Cited: **5** *Meyer, E. 1912b*: 418n.

Meyer, Edgar, and Schüler, Hermann. "Über die Entstehung der Kathodenstrahlen." *Annalen der Physik* 56 (1918): 507–528.
Cited: **8** *Meyer, E., and Schüler 1918*: 936n.

Meyer, Julius L. "Die Natur der chemischen Elemente als Function ihrer Atomgewichte." *Annalen der Chemie und Pharmacie*, Supplement 7 (1870): 354–364.
Cited: **8** *Meyer, J. 1870*: 671n.

Meyer, Michael A. "Great Debate on Antisemitism—Jewish Reaction to New Hostility in Germany, 1879–1881." *Leo Baeck Institute Yearbook* 11 (1966): 130–170.
Cited: **10** *Meyer 1966*: 56n.

———, ed. *Deutsch–Jüdische Geschichte in der Neuzeit*. Part 4, *Aufbruch und Zerstörung 1918–1945*. Barkai, Avraham and Mendes-Flohr, Paul, ed. Munich: Beck, 2000.
Cited: **7** *Meyer 2000*: 229, 447n.

Meyer, Oskar Emil. *Die kinetische Theorie der Gase. In elementarer Darstellung mit mathematischen Zusätzen*. Breslau: Maruschke & Berendt, 1877.
Cited: **1** *Meyer 1877*: 294n. **2** *Meyer, O.E. 1877*: 42, 43, 108n.

———. *Die kinetische Theorie der Gase. In elementarer Darstellung mit mathematischen Zusätzen*. 2d ed. Part 1. Breslau: Maruschke & Berendt, 1895.
Cited: **1** *Meyer 1895*: 294n. **2** *Meyer, O.E. 1895*: 42, 43, 108n. **5** *Meyer, O.E. 1895*: 115n.

———. *Die kinetische Theorie der Gase. In elementarer Darstellung mit mathematischen Zusätzen*. 2d ed. Part 2. Breslau: Maruschke & Berendt, 1899.
Cited: **1** *Meyer 1899*: 294n. **2** *Meyer, O.E. 1899*: 42, 43, 108n, 168n, 170, 171, 502n. **3** *Meyer, O.E. 1899*: 7, 242n, 243n, 245n. **5** *Meyer, O.E. 1899*: 115n.

Meyer, Stefan, ed. *Festschrift Ludwig Boltzmann gewidmet zum sechzigsten Geburtstage 20. Februar 1904*. Leipzig: Barth, 1904.
Cited: **2** *Meyer, S. 1904*: 44, 110.

Michaëlis, Sophus August Berthel. *Giovanna. En historie fra staden med de skonne taarne.*

Copenhagen: Bojesen, 1901.
Cited: **8** *Michaëlis 1901*: 761n.

———. *Giovanna. Eine Geschichte aus der Stadt mit den schönen Türmen*. Frankfurt a.M.: Rutten, 1905.
Cited: **8** *Michaëlis 1905*: 761n.

Michelson, Albert A. "The Relative Motion of the Earth and the Luminiferous Ether." *American Journal of Science* 22 (1881): 120–129.
Cited: **2** *Michelson 1881*: 256, 485n. **4** *Michelson 1881*: 187n, 550n. **7** *Michelson 1881*: 7n, 279n, 468n.

———. "Relative Motion of Earth and Aether." *Philosophical Magazine* 8 (1904): 716–719.
Cited: **5** *Michelson 1904*: 385n.

Michelson, Albert A., and Morley, Edward W. "Influence of Motion of the Medium on the Velocity of Light." *American Journal of Science* 31 (1886): 377–386.
Cited: **7** *Michelson and Morley 1887*: 7n, 279n, 468n, 571n.

———. "On the Relative Motion of the Earth and the Luminiferous Ether." *American Journal of Science* 34 (1887): 333–345.
Cited: **2** *Michelson and Morley 1887*: 256, 434, 485n, 582n. **3** *Michelson and Morley 1887*: 138, 175n. **4** *Michelson and Morley 1887*: 182, 187n, 550n.

Mie, Gustav. "Grundlagen einer Theorie der Materie. Erste Mitteilung." *Annalen der Physik* 37 (1912): 511–534.
Cited: **4** *Mie 1912a*: 510n. **5** *Mie 1912a*: 551n. **7** *Mie 1912a*: 139n. **8** *Mie 1912a*: 196n, 217n, 460n, 651n, 880n.

———. "Grundlagen einer Theorie der Materie (Zweite Mitteilung)." *Annalen der Physik* 39 (1912): 1–40.
Cited: **4** *Mie 1912b*: 510n. **5** *Mie 1912b*: 551n. **7** *Mie 1912b*: 139n. **8** *Mie 1912b*: 196n, 217n, 460n, 880n, 972n.

———. "Grundlagen einer Theorie der Materie (Dritte Mitteilung, Schluß)." *Annalen der Physik* 40 (1913): 1–66.
Cited: **4** *Mie 1913*: 510n, 621n, 622n. **5** *Mie 1913*: 551n. **7** *Mie 1913*: 139n. **8** *Mie 1913*: 196n, 217n, 460n, 880n, 949n.

———. "Bemerkungen zu der Einsteinschen Gravitationstheorie." *Physikalische Zeitschrift* 15 (1914): 115–122.
Cited: **4** *Mie 1914a*: 298, 510n, 572, 577n, 578n. **5** *Mie 1914a*: 551n, 594n. **8** *Mie 1914a*: 460n.

———. "Bemerkungen zu der Einsteinschen Gravitationstheorie. II." *Physikalische Zeitschrift* 15 (1914): 169–176.
Cited: **4** *Mie 1914b*: 298, 510n, 572, 577n. **5** *Mie 1914b*: 551n, 594n. **8** *Mie 1914b*: 460n, 461n.

———. "Das Prinzip von der Relativität des Gravitationspotentials." In *Arbeiten aus den Gebieten der Physik, Mathematik, Chemie. Festschrift, Julius Elster und Hans Geitel zum sechzigsten Geburtstag gewidmet von Freunden und Schülern*, pp. 251–268. Braunschweig: Vieweg, 1915.
Cited: **8** *Mie 1915*: 460n, 461n.

———. "Die Einsteinsche Gravitationstheorie und das Problem der Materie. I." *Physikalische Zeitschrift* 18 (1917): 551–556.
Cited: **7** *Mie 1917a*: 371n. **8** *Mie 1917a*: 460n, 569n, 572n, 578n, 588n, 652n, 694n, 754n.

———. "Die Einsteinsche Gravitationstheorie und das Problem der Materie. II." *Physikalische Zeitschrift* 18 (1917): 574–580.
Cited: **7** *Mie 1917b*: 371n. **8** *Mie 1917b*: 460n, 461n, 569n, 572n, 578n, 588n, 652n, 694n, 754n.

———. "Die Einsteinsche Gravitationstheorie und das Problem der Materie. III." *Physikalische Zeitschrift* 18 (1917): 596–602.
Cited: **7** *Mie 1917c*: 121n, 371n. **8** *Mie 1917c*: 460n, 461n, 569n, 572n, 578n, 588n, 634n, 641n, 652n, 694n, 754n.

———. "Das elektrische Feld eines um ein Gravitationszentrum rotierenden geladenen Partikelchens." *Physikalische Zeitschrift* 21 (1920): 651–659.
Cited: **8** *Mie 1920b*: 461n, 652n. **9** *Mie 1920*: 98n.

———. "Die Einführung eines vernunftgemässen Koordinatensystems in die Einsteinsche Gravitationstheorie und das Gravitationsfeld einer schweren Kugel." *Annalen der Physik* 62 (1920): 46–74.
Cited: **7** *Mie 1920*: 359n. **8** *Mie 1920a*: 578n, 754n.

———. *Die Einsteinsche Gravitationstheorie. Versuch einer allgemein verständlichen Darstellung der Theorie*. Leipzig: Hirzel, 1921.
Cited: **8** *Mie 1921*: 461n, 634n, 694n.

———. "Das elektrische Feld eines schweren, elektrisch geladenen Kügelchens, das um ein Gravitationszentrum kreist." *Annalen der Physik* 70 (1923): 489–557.
Cited: **9** *Mie 1923*: 98n.

Mill, John Stuart. *A System of Logic Ratiocinative and Inductive: Being a Connected View*

of the Principles of Evidence and the Methods of Scientific Investigation. 8th ed. 2 vols. London: Longmans, Green, Reader, and Dyer, 1872 (1st ed., 1843).
Cited: **2** *Mill 1872*: xxv, 261.

———. *System der deductiven und inductiven Logik. Eine Darlegung der Principien wissenschaftlicher Forschung, insbesondere der Naturforschung.* 4th ed. Schiel, J., trans. Braunschweig: Vieweg, 1877. (Trans. from 8th English ed., **2** *Mill 1872*.)
Cited: **2** *Mill 1877*: xxv.

———. *System der deductiven und inductiven Logik. Eine Darlegung der Grundsätze der Beweislehre und der Methoden wissenschaftlicher Forschungen.* 2d ed. 3 vols. Gomperz, Theodor, trans. Leipzig: Fues, 1884–1887.
Cited: **2** *Mill 1884–1887*: xxve. **5** *Mill 1884–1887*: 19n.

Miller, Arthur I. "A Study of Henri Poincaré's 'Sur la dynamique d'électron'." *Archive for History of Exact Sciences* 10 (1973): 207–328.
Cited: **7** *Miller 1973*: 139n. **9** *Miller 1973*: 89n.

———. "On Some Other Approaches to Electrodynamics in 1905." In *Some Strangeness in the Proportion: A Centennial Symposium to Celebrate the Achievements of Albert Einstein,* pp. 66–91. Woolf, Harry, ed. Reading, Ma.: Addison-Wesley, 1980.
Cited: **2** *Miller 1980*: 270.

———. *Albert Einstein's Special Theory of Relativity: Emergence (1905) and Early Interpretation (1905–1911).* Reading, Mass.: Addison-Wesley, 1981.
Cited: **2** *Miller 1981b*: xxxiii, 255, 260, 265, 270. **3** *Miller 1981*: 174n, 175n, 176n, 439n, 449n, 478. **4** *Miller 1981*: 102n, 550n, 551n, 621n. **5** *Miller 1981*: 59n, 135n, 138n, 149n, 233n, 251n. **6** *Miller 1981*: 536n. **7** *Miller 1981*: 321n, 572n. **8** *Miller 1981*: 845n, 901n, 914n. **9** *Miller 1981*: 89n.

———. "Unipolar Induction: A Case Study of the Interaction between Science and Technology." *Annals of Science* 38 (1981): 155–189.
Cited: **2** *Miller 1981a*: 309n.

———. *Frontiers of Physics: 1900–1911.* Boston: Birkhäuser, 1986.
Cited: **2** *Miller 1986*: xxxiii.

———. "Albert Einstein's 1907 Jahrbuch Paper: The First Step from SRT to GRT." In *Studies in the History of General Relativity,* pp. 319–335. Eisenstaedt, Jean, and Kox, A. J., eds.

Boston: Birkhäuser, 1992.
Cited: **3** *Miller 1991*: 497n. **4** *Miller 1992*: 122.

Miller, Oskar von, and Voit, Ernst. "Elektrotechnik in München. Historisches." In *Die Entwicklung Münchens unter dem Einflusse der Naturwissenschaften während der letzten Dezennien. Festschrift der 71. Versammlung deutscher Naturforscher und Aerzte, gewidmet von der Stadt München,* [Munich, 1899], pp. 125–145.
Cited: **1** *Miller and Voit 1899*: liii.

Millikan, Robert A. "A Direct Photoelectric Determination of Planck's *h*." *Physical Review* 7 (1916): 355–388.
Cited: **2** *Millikan 1916b*: 142, 168n, 358n.

———. "Einstein's Photoelectric Equation and Contact Electromotive Force." *Physical Review* 7 (1916): 18–32.
Cited: **2** *Millikan 1916a*: 142, 168n, 358n.

———. *The Electron.* Chicago: University of Chicago Press, 1917.
Cited: **3** *Millikan 1917*: 509n.

Mills, J. E. "The Internal Heat of Vaporization." *Journal of the American Chemical Society* 31 (1909): 1099–1130.
Cited: **3** *Mills 1909*: 573.

Minkowski, Hermann. "Kapillarität." In *Encyklopädie der mathematischen Wissenschaften, mit Einschluss ihrer Anwendungen.* Vol. 5, *Physik,* part 1, pp. 558–613. Sommerfeld, Arnold, ed. Leipzig: Teubner, 1903–1921. Issued 25 April 1907.
Cited: **2** *Minkowski 1907a*: 3, 4.

———. "Das Relativitätsprinzip." *Annalen der Physik* 47 (1915): 927–938. Lecture, 5 November 1907, Mathematische Gesellschaft, Göttingen.
Cited: **2** *Minkowski 1907b*: 504.

———. "Die Grundgleichungen für die elektromagnetischen Vorgänge in bewegten Körpern." *Königliche Gesellschaft der Wissenschaften zu Göttingen. Mathematisch-physikalische Klasse. Nachrichten* (1908): 53–111.
Cited: **2** *Minkowski 1908*: xxii, 504, 506, 509, 517n, 519, 528n, 540n. **3** *Minkowski 1908*: 449n. **4** *Minkowski 1908*: 4, 103n, 105n, 106n, 107n, 187n, 232n, 328, 342n. **5** *Minkowski 1908*: 93n, 114n, 120n, 120n, 157n, 553n. **6** *Minkowski 1908*: 269n, 338n. **7** *Minkowski 1908*: 280n, 571n. **8** *Minkowski 1908*: 6n, 802n, 804n. **10** *Minkowski 1908*: 6n.

———. *Raum und Zeit. Vortrag gehalten auf der 80. Naturforscher-Versammlung zu Köln am 21. September 1908*. Leipzig: Teubner, 1909. Also printed in *Physikalische Zeitschrift* 10 (1909): 104–111.
Cited: **2** *Minkowski 1909*: 307n. **3** *Minkowski 1909*: 169, 175n, 438, 439n, 444, 449n. **4** *Minkowski 1909*: 106n, 107n, 501n, 551n, 577n, 621n. **7** *Minkowski 1909*: 280n. **8** *Minkowski 1909*: 527n. **10** *Minkowski 1909*: 6n.

———. "Eine Ableitung der Grundgleichungen für die elektromagnetischen Vorgänge in bewegten Körpern vom Standpunkte der Elektronentheorie" [prepared for publication by Max Born]. *Mathematische Annalen* 68 (1910): 526–551.
Cited: **2** *Minkowski 1910*: 504. **3** *Minkowski/Born 1910*: 449n. **4** *Minkowski/Born 1910*: 107n. **10** *Minkowski and Born 1910*: 472n.

———. *Gesammelte Abhandlungen*. 2 vols. Hilbert, David, ed. Leipzig: Teubner, 1911. Reprint, New York: Chelsea, 1967.
Cited: **2** *Minkowski 1911*. **3** *Minkowski 1911*. **4** *Minkowski 1911*. **5** *Minkowski 1911*. **6** *Minkowski 1911*.

Mirimanoff, Dmitry. "Bemerkung zur Notiz von A. Einstein: 'Bemerkung zu der Arbeit von D. Mirimanoff . . .'" *Annalen der Physik* 28 (1909): 1088.
Cited: **5** *Mirimanoff 1909b*: 157n. **8** *Mirimanoff 1909b*: 6n.

———. "Über die Grundgleichungen der Elektrodynamik bewegter Körper von Lorentz und das Prinzip der Relativität." *Annalen der Physik* 28 (1909): 192–198.
Cited: **2** *Mirimanoff 1909*: 507, 536–540, 540n. **5** *Mirimanoff 1909a*: 157n. **8** *Mirimanoff 1909a*: 5n, 7n.

Mises, Richard von. "Fundamentalsätze der Wahrscheinlichkeitsrechnung." *Mathematische Zeitschrift* 4 (1919): 1–97.
Cited: **9** *Mises 1919a*: 276n.

———. "Grundlagen der Wahrscheinlichkeitsrechnung." *Mathematische Zeitschrift* 5 (1919): 52–99.
Cited: **9** *Mises 1919b*: 276n.

———. "Ausschaltung der Ergodenhypothese in der physikalischen Statistik. I, II." *Physikalische Zeitschrift* 21 (1920): 225–232, 256–262.
Cited: **9** *Mises 1920*: 260n, 276n, 291n, 313n.

Misner, Charles W., Thorne, Kip S., and Wheeler, John Archibald. *Gravitation*. New York: Freeman, 1973.
Cited: **8** *Misner et al. 1973*: liv.

Missner, Marshall. "Why Einstein Became Famous in America." *Social Studies of Science* 15 (1985): 267–291.
Cited: **7** *Missner 1985*: 235.

Mittler, Otto, and Boner, Georg, ed. *Biographisches Lexikon des Aargaus 1803–1957*. Aarau: Sauerländer, 1958.
Cited: **1** *Aargau Lexikon 1958*: 383.

Mommsen, Wilhelm E. *Die Technische Nothilfe. Ihre Entstehungsgeschichte, Entwicklung und heutige Stellung als Machtmittel des Staates*. Schramberg: Gatzer & Hahn, 1934.
Cited: **10** *Mommsen 1934*: 451n.

Mommsen, Wolfgang J. "Die deutsche öffentliche Meinung und der Zusammenbruch des Regierungssystems Bethmann Hollweg im Juli 1917." *Geschichte in Wissenschaft und Unterricht* 19 (1968): 656–671.
Cited: **8** *Mommsen 1968*: 507n.

Monnier, Victor. *William E. Rappard. Defenseur des libertés, serviteur de son pays et de la communauté internationale*. Geneva: Slatkine, 1995.
Cited: **7** *Monnier 1995*: 334n. **9** *Monnier 1995*: 205n.

Moore, Ruth. *Niels Bohr: The Man, His Science, and the World They Changed*. Cambridge, Mass.: MIT Press, 1985.
Cited: **10** *Moore 1985*: 322n.

Moreno, Lina. *La Nouvelle revue française dans l'histoire des lettres*. Paris: Gallimard, 1939.
Cited: **9** *Moreno 1939*: 392n.

Morf, Hans. *75 Jahre Eidgenössisches Amt für geistiges Eigentum 1888–1963. Jubiläumsschrift*. Bern: [Eidgenössisches Amt für geistiges Eigentum], 1963.
Cited: **1** *Morf 1963*: 313n.

Morley, Edward W., and Miller, Dayton C. "Report of an Experiment to Detect the Fitz-Gerald-Lorentz Effect." *Philosophical Magazine* 9 (1905): 680–685.
Cited: **7** *Morley and Miller 1904*: 469n.

Mosengeil, Kurd von. "Theorie der stationären Strahlung in einem gleichförmig bewegten Hohlraum." *Annalen der Physik* 22 (1907): 867–904.
Cited: **2** *Mosengeil 1907*: 266, 269, 272, 436, 485n, 487n. **5** *Mosengeil 1907*: 75n. **6** *Mosengeil 1907*: 398n.

Moskovchenko, N. Ya., and Frenkel', Viktor Ya., ed. *Ehrenfest–Ioffe Nauchnaya perepiska 1907–1933 gg*. Leningrad: Nauka, 1990.

Cited: **5** *Moskovchenko and Frenkel 1990*: 428n.

Mosse, George L. *Germans and Jews: The Right, the Left, and the Search for a "Third Force" in Pre-Nazi Germany*. New York: Fertig, 1970.
Cited: **7** *Mosse 1970*: 232.

Moszkowski, Alexander. *Die unsterbliche Kiste. Die 333 besten Witze der Weltliteratur.* Berlin: Verlag der Lustigen Blätter (Eysler), 1907.
Cited: **10** *Moszkowski 1907*: 449n.

———. *Das Freibad der Musen. Sprudelnde Verse.* [Berlin]: Verlag der Lustigen Blätter (Eysler), 1908.
Cited: **10** *Moszkowski 1908*: 449n.

———. *Der Sprung über den Schatten. Betrachtungen auf Grenzgebieten.* Munich: Langen, 1917.
Cited: **8** *Moszkowski 1917*: 385n. **9** *Moszkowski 1917*: 107n, 477n. **10** *Moszkowski 1917a*: 109n.

———. *Sokrates der Idiot, eine respektlose Studie.* Berlin: Eysler, 1917.
Cited: **10** *Moszkowski 1917b*: 449n.

———. "Die Sonne bracht' es an den Tag!" *Berliner Tageblatt*, 8 October 1919, Evening Edition.
Cited: **9** *Moszkowski 1919*: 189n, 477n, 579c.

———. *Einstein. Einblicke in seine Gedankenwelt. Gemeinverständliche Betrachtungen über die Relativitätstheorie und ein neues Weltsystem. Entwickelt aus Gesprächen mit Einstein.* Hamburg: Hoffman & Campe, 1921.
Cited: **1** *Moszkowski 1921*: lviii, lix, lxi, lxiii, 4n. **7** *Moszkowski 1922*: 337n, 340n. **8** *Moszkowski 1921*: 385n. **9** *Moszkowski 1921*: 148n. **10** *Moszkowski 1921*: 337, 340n.

Moyer, Donald Franklin. "Revolution in Science: The 1919 Eclipse Test of General Relativity." In *On the Path of Albert Einstein*, pp. 55–101. Perlmutter, Arnold, and Scott, Linda F., eds. New York: Plenum Press, 1979.
Cited: **9** *Moyer 1979*: liii.

Møller, Christian. *The Theory of Relativity*. 2d ed. Oxford: Clarendon Press, 1972.
Cited: **4** *Møller 1972*: 351.

Muehlon, Wilhelm. *Die Verheerung Europas. Aufzeichnungen aus den ersten Kriegsmonaten.* Zurich: Füssli, 1918. Republished in *Muehlon and Benz 1989*, pp. 95–237.
Cited: **9** *Muehlon 1918*: 13n.

Muehlon, Wilhelm, and Benz, Wolfgang. *Ein Fremder im eigenen Land. Erinnerungen und Tagebuchaufzeichnungen eines Krupp-Direktors 1908–1914.* Bremen: Donat, 1989.
Cited: **9** *Muehlon and Benz 1989*: 13n.

Mühlberg, Friedrich. "Ueber die erratischen Bildungen im Aargau." In *Festschrift herausgeben von der aargauischen naturforschenden Gesellschaft zur Feier ihrer fünfhundertsten Sitzung am 13. Juni 1849*, pp. 69–280. Aarau: Sauerländer, [1869].
Cited: **1** *Mühlberg 1869*: 37n.

———. "Zweiter Bericht über die Untersuchung der erratischen Bildungen im Aargau." *Aargauische naturforschende Gesellschaft. Mittheilungen* (1878): 1–99.
Cited: **1** *Mühlberg 1878*: 37n.

Mühsam, Erich. *Von Eisner bis Leviné. Die Entstehung der bayerischen Räterepublik.* Berlin-Britz: Fanal, 1929.
Cited: **9** *Mühsam 1929*: 31n.

Mühsam, Paul. *Aus dem Schicksalsbuch der Menschheit.* Dresden: Rödel, 1919.
Cited: **10** *Mühsam 1919*: 512n.

Müller-Wolfer, Th. *Die Aargauische Kantonsschule in den vergangenen 150 Jahren.* Aarau: H. R. Sauerländer, 1952.
Cited: **1** *Aargau Kantonsschule 1952*: 11.

Müller, Adolf. *Über Stromschwankungen bei Stossionisation.* Zurich: Aktien-Buchdruckerei Zürich, 1910.
Cited: **5** *Müller 1910*: 214n.

Müller, Friedrich von. "Eröffnungsrede." In *Verhandlungen der Gesellschaft Deutscher Naturforscher und Ärzte. 86. Versammlung zu Bad Nauheim vom 19. bis 25. September 1920*, pp. 15–24. Witting, Alexander, ed. Leipzig: Vogel, 1921.
Cited: **10** *Müller 1921*: 409n, 435n.

Müller, Guido. *Weltpolitische Bildung und akademische Reform. Carl Heinrich Beckers Wissenschaft- und Hochschulpolitik 1908–1930.* Cologne: Böhlau, 1991.
Cited: **9** *Müller, G. 1991*: 194n.

Müller, Gustav, and Kempf, P. *Photometrische Durchmusterung des Nördlichen Himmels, enthaltend die Grössen und Farben aller Sterne der B.D. bis zur Grösse 7.5. Generalkatalog.* Potsdam and Leipzig: Engelmann, 1906.
Cited: **8** *Müller and Kempf 1906*: 324n.

Müller, Johann, and Pouillet, C. S. *Lehrbuch der Physik und Meteorologie.* 9th rev. ed. Pfaundler, Leopold, ed. Vol. 3. Braunschweig:

Vieweg, 1888–1890.
Cited: **1** *Müller-Pouillet 1888–1890*: 238n.

Müller, Max. "Zum Andenken an Dr. Carlo Fleischmann." In *Dr. Carlo Fleischmann 1892–1965*. [Zurich]: Privately printed, [1965].
Cited: **1** *Müller 1965*: 246n.

Müller, Roland. *Fritz Zwicky. Leben und Werk des grossen Schweizer Astrophysikers, Raketenforschers und Morphologen (1898–1974)*. Glarus: Baeschlin, 1986.
Cited: **9** *Müller, R. 1986*: 162n, 190n.

Münster, Arnold. "Critical Fluctuations." In *Fluctuation Phenomena in Solids*, pp. 180–266. Burgess, R. E., ed. New York: Academic Press, 1965.
Cited: **3** *Münster 1965*: 285.

Musäus, Johann Karl August. *Volksmärchen der Deutschen*. Jena: Diederichs, 1912.
Cited: **8** *Musäus 1912*: 757n.

Myers, David N. "The Fall and Rise of Jewish Historicism: The Evolution of the Akademie für die Wissenschaft des Judentums (1919–1934)." *Hebrew Union College Annual* 63 (1992): 107–144.
Cited: **7** *Myers 1992*: 447n. **9** *Myers 1992*: 168n, 169n.

Nägeli, Karl von. "Ueber die Bewegungen kleinster Körperchen." *Königlich Bayerische Akademie der Wissenschaften zu München. Mathematisch-physikalische Classe. Sitzungsberichte* 9 (1879): 389–453.
Cited: **2** *Nägeli 1879*: 208n.

Nathan, Otto, and Norden, Heinz, ed. *Einstein on Peace*. New York: Simon and Schuster, 1960.
Cited: **6** *Nathan and Norden 1960*: 71n.
7 *Nathan, O., and Norden 1960*: 124n.
8 *Nathan and Norden 1960*: 110n, 763n.
9 *Nathan and Norden 1960*: 171n.

———. *Über den Frieden: Weltordnung oder Weltuntergang?/Albert Einstein*. Bern: Lang, 1975.
Cited: **7** *Nathan, O., and Norden 1975*: 124n.

Nathan, Paul. *Palästina und palästinensischer Zionismus*. Berlin: Hermann, 1914.
Cited: **7** *Nathan, P. 1914*: 297n.

———. "Kampf gegen gestrige Gefahren. Zum Verfassungsentwurf." *Berliner Tageblatt*, 10 February 1919.
Cited: **9** *Nathan 1919*: 29n.

Natorp, Paul. *Die logischen Grundlagen der exakten Wissenschaften*. Leipzig: Teubner, 1910.
Cited: **8** *Natorp 1910*: 868n.

———. *Der Tag des Deutschen. Vier Kriegsaufsätze*. Hagen i. W.: Rippel, 1915.
Cited: **9** *Natorp 1915a*: 96n.

———. *Krieg und Friede. Drei Reden gehalten auf Veranstaltung der 'Ethischen Gesellschaft' in München im September 1915*. Munich: Callwey, 1915.
Cited: **9** *Natorp 1915c*: 96n.

———. *Die Weltalter des Geistes*. Jena: Diederichs, 1918.
Cited: **9** *Natorp 1918*: 96n.

———. "Ein Weg der Rettung." *Frankfurter Zeitung*, 30 March 1919, Morning Edition.
Cited: **9** *Natorp 1919a*: 96n.

———. "Ein Weg der Rettung." *Kunstwart und Kulturwart. Halbmonatschau für Ausdruckskultur auf allen Lebensgebieten* 32, no. 3 (April–June 1919): 100–107.
Cited: **9** *Natorp 1919b*: 96n.

———. "Von der Gerechtigkeit der deutschen Sache." *Dürer Bund. Flugschrift zur Ausdruckskultur* 141 (June 1915): 1–16.
Cited: **9** *Natorp 1915b*: 96n.

Natterer, Johann August. "Gasverdichtungs-Versuche." *Annalen der Physik und Chemie* 94 (1855): 436–446.
Cited: **1** *Natterer 1855*: 141n.

Naumann, Gerlinde. *Minna Cauer. Eine Kämpferin für Frieden, Demokratie und Emanzipation*. Berlin: Sekretariat des Zentralvorstandes der Liberal-Demokratischen Partei Deutschlands im Buchverlag Der Morgen, 1988.
Cited: **10** *Naumann 1988*: 433n.

Neck, Rudolf. *Arbeiterschaft und Staat im Ersten Weltkrieg 1914–1918 (A. Quellen). I. Der Staat*. Vienna: Europa, 1964.
Cited: **8** *Neck 1964*: 404n.

Needell, Allan A. "Irreversibility and the Failure of Classical Dynamics: Max Planck's Work on the Quantum Theory, 1900–1915." Ph.D. dissertation, Yale University, 1980.
Cited: **2** *Needell 1980*: 136, 145. **4** *Needell 1980*: 270, 272, 273, 285n, 564n.

Nelson, Leonard. *Ethische Methodenlehre*. Leipzig: Veit & Comp., 1915.
Cited: **8** *Nelson 1915*: 935n.

Nernst, Walther. "Zur Kinetik der in Lösung befindlichen Körper. I. Theorie der Diffusion." *Zeitschrift für physikalische Chemie* 2 (1888): 613–637.
Cited: **2** *Nernst 1888*: 171, 179, 205n, 501n.

———. "Die elektromotorische Wirksamkeit der Ionen." *Zeitschrift für physikalische*

Chemie 4 (1889): 129–181.
Cited: **2** *Nernst 1889*.

———. "Physikalische Chemie." *Jahrbuch der Chemie* 3 (1893): 1–42.
Cited: **3** *Nernst 1893*: 407n, 573.

———. *Theoretische Chemie vom Standpunkte der Avogadro'schen Regel und der Thermodynamik*. 2d ed. Stuttgart: Enke, 1898.
Cited: **1** *Nernst 1898*: 324n. **2** *Nernst 1898*: 7, 8, 21n, 40n, 130n, 205n, 235n, 501n, 502n. **5** *Nernst 1898*: 16n.

———. "Ueber die Berechnung chemischer Gleichgewichte aus thermischen Messungen." *Königliche Gesellschaft der Wissenschaften zu Göttingen. Mathematisch-physikalische Klasse. Nachrichten* (1906): 1–40.
Cited: **6** *Nernst 1906*: 39n.

———. *Theoretische Chemie*. 6th ed. Stuttgart: Enke, 1909.
Cited: **3** *Nernst 1909*: 407n.

———. "Sur les chaleurs spécifiques aux basses températures et le développement de la thermodynamique." *Société française de Physique. Bulletin des séances* (1910): 19–48.
Cited: **3** *Nernst 1910b*: xxii, 423n, 576.

———. "Untersuchungen über die spezifische Wärme bei tiefen Temperaturen. II." *Königlich Preußische Akademie der Wissenschaften* (Berlin). *Sitzungsberichte* (1910): 262–282.
Cited: **3** *Nernst 1910a*. **5** *Nernst 1910*: 233n, 246n, 260n.

———. "Der Energieinhalt fester Stoffe." *Annalen der Physik* 36 (1911): 395–439.
Cited: **3** *Nernst 1911d*: 475n.

———. "Über ein allgemeines Gesetz, das Verhalten fester Stoffe bei sehr tiefen Temperaturen betreffend." *Physikalische Zeitschrift* 12 (1911): 976–978.
Cited: **3** *Nernst 1911e*: 504n, 531, 545n.

———. "Über neuere Probleme der Wärmetheorie." *Königlich Preußische Akademie der Wissenschaften* (Berlin). *Sitzungsberichte* (1911): 65–90.
Cited: **2** *Nernst 1911a*: 143, 390n. **3** *Nernst 1911a*: xxii, 423n, 576. **5** *Nernst 1911a*: 260n. **6** *Nernst 1911*: 261n.

———. "Untersuchungen über die spezifische Wärme bei tiefen Temperaturen. III." *Königlich Preußische Akademie der Wissenschaften* (Berlin). *Sitzungsberichte* (1911): 306–315.
Cited: **2** *Nernst 1911c*: 143, 390n, 391n. **3** *Nernst 1911b*: 470, 473, 476n, 477n, 529, 545n. **5** *Nernst 1911b*: 233n, 260n.

———. "Zur Theorie der spezifischen Wärme und über die Anwendung der Lehre von den Energiequanten auf physikalisch-chemische Fragen überhaupt." *Zeitschrift für Elektrochemie* 17 (1911): 265–275.
Cited: **2** *Nernst 1911b*: 143, 390n. **3** *Nernst 1911c*: xxiv, 525, 530, 544n, 545n, 547n. **4** *Nernst 1911*: 271, 276, 285n. **5** *Nernst 1911c*: 260n.

———. "Application de la théorie des quanta à divers problèmes physico-chimiques." In *La théorie du rayonnement et les quanta. Rapports et discussions de la réunion tenue à Bruxelles, du 30 octobre au 3 novembre 1911, sous les auspices de M. E. Solvay*, pp. 254–290. Langevin, Paul, and de Broglie, Maurice, eds. Paris: Gauthier-Villars, 1912.
Cited: **3** *Nernst 1912*. **5** *Nernst 1912a*: 392n. **6** *Nernst 1912*: 370n.

———. "Thermodynamik und spezifische Wärme." *Königlich Preußische Akademie der Wissenschaften* (Berlin). *Sitzungsberichte* (1912): 134–140.
Cited: **4** *Nernst 1912*: 554n. **5** *Nernst 1912b*: 419n. **8** *Nernst 1912*: 8n, 66n, 139n, 144n.

———. "Anwendung der Quantentheorie auf eine Reihe physikalisch-chemischer Probleme." In *Die Theorie der Strahlung und der Quanten. Verhandlungen auf einer von E. Solvay einberufenen Zusammenkunft (30. Oktober bis 3. November 1911). Mit einem Anhange über die Entwicklung der Quantentheorie vom Herbst 1911 bis Sommer 1913*, pp. 208–233. Eucken, Arnold, ed. Halle a.S.: Knapp, 1914. (*Abhandlungen der Deutschen Bunsen Gesellschaft für angewandte physikalische Chemie* 3, no. 7.)
Cited: **3** *Nernst 1914*: 510n, 545n. **5** *Nernst 1914*. **6** *Nernst 1914*: 370n.

———. "Über die Anwendung des neuen Wärmesatzes auf Gase." *Zeitschrift für Elektrochemie* 20 (1914): 357–360.
Cited: **8** *Nernst 1914*: 39n.

———. *Die theoretischen und experimentellen Grundlagen des neuen Wärmesatzes*. Halle a.S.: Knapp, 1918.
Cited: **3** *Nernst 1918*: xxii. **6** *Nernst 1918*: 261n. **8** *Nernst 1918*: 39n. **10** *Nernst 1918*: 500n, 541n.

———. "Einige Folgerungen aus der sogenannten Entartungstheorie der Gase." *Preußische Akademie der Wissenschaften* (Berlin). *Sitzungsberichte* (1919): 118–127.

Cited: **10** *Nernst 1919*: 500n.

———. "Zur Kenntnis der photochemischen Reaktionen." *Physikalische Zeitschrift* 21 (1920): 602–604.

Cited: **9** *Nernst 1920*: 294n.

Nernst, Walther, and Lindemann, Frederick A. "Spezifische Wärme und Quantentheorie." *Zeitschrift für Elektrochemie* 17 (1911): 817–827.

Cited: **3** *Nernst and Lindemann 1911b*: xxv, 476n, 528, 544n, 545n. **4** *Nernst and Lindemann 1911*: 271, 276, 285n. **5** *Nernst and Lindemann 1911b*: 382n.

———. "Untersuchungen über die spezifische Wärme bei tiefen Temperaturen. V." *Königlich Preußische Akademie der Wissenschaften* (Berlin). *Sitzungsberichte* (1911): 494–501.

Cited: **3** *Nernst and Lindemann 1911a*: 466, 476n, 528, 544n, 545n. **5** *Nernst and Lindemann 1911a*: 303n.

Nernst, Walther, et al. "Discussion" following **3** *Nernst 1912/* **5** *Nernst 1912a/* **6** *Nernst 1912*. In *La théorie du rayonnement et les quanta. Rapports et discussions de la réunion tenue à Bruxelles, du 30 octobre au 3 novembre 1911, sous les auspices de M. E. Solvay*, pp. 291–303. Langevin, Paul, and de Broglie, Maurice, eds. Paris: Gauthier-Villars, 1912.

Cited: **3** *Nernst et al. 1912*: 510n, 511n, 512n, 513n, 514n, 562n. **5** *Nernst et al. 1912*: 419n. **6** *Nernst et al. 1912*: 39n.

———. "Diskussion" following **3** *Nernst 1914/* **5** *Nernst 1914/* **6** *Nernst 1914*. In *Die Theorie der Strahlung und der Quanten. Verhandlungen auf einer von E. Solvay einberufenen Zusammenkunft (30. Oktober bis 3. November 1911). Mit einem Anhange über die Entwicklung der Quantentheorie vom Herbst 1911 bis Sommer 1913*, pp. 234–244. Eucken, Arnold, ed. Halle a.S.: Knapp, 1914. (*Abhandlungen der Deutschen Bunsen Gesellschaft für angewandte physikalische Chemie 3*, no. 7.)

Cited: **3** *Nernst et al. 1914*: 510n, 511n, 512n, 513n, 514n, 562n. **5** *Nernst et al. 1914*: 419n. **6** *Nernst et al. 1914*: 39n.

———. "Diskussion" following **3** *Nernst 1911e*." *Physikalische Zeitschrift* 12 (1911): 978–979.

Cited: **3** *Nernst et al. 1911*: 498–503, 504n.

Neuburger, Albert. *Ergötzliches Experimentierbuch. Ein Buch für Jung und Alt zur Ausführung lehrreicher und unterhaltender Versuche sowie zur Selbstanfertigung sämtlicher dazu gehöriger Apparate und Einrichtungen*. Berlin: Ullstein, 1911.

Cited: **5** *Neuburger 1911*: 438n.

———. *Erfinder und Erfindungen*. Berlin: Ullstein, 1913.

Cited: **3** *Neuburger 1913*: 592.

Neumann, Carl. *Allgemeine Untersuchungen über das Newton'sche Princip der Fernwirkungen mit besonderer Rücksicht auf die elektrischen Wirkungen*. Leipzig: Teubner, 1896.

Cited: **6** *Neumann, C. 1896*: 552n.

Neumann, Franz Ernst. "Untersuchung über die spezifische Wärme der Mineralien." *Annalen der Physik und Chemie* 23 (1831): 1–39.

Cited: **2** *Neumann, F. E. 1831*: 390n

Neumann, Günther. "Die träge Masse schnell bewegter Elektronen." *Annalen der Physik* 45 (1914): 529–579.

Cited: **6** *Neumann, G. 1914*: 170n, 189n. **7** *Neumann 1914*: 572n. **8** *Neumann 1914*: 914n.

Neurath, Otto. "Prinzipielles zur Geschichte der Optik." *Archiv für die Geschichte der Naturwissenschaft und der Technik* 5 (1915): 371–389.

Cited: **8** *Neurath 1915*: 434n.

Newcomb, Simon. *The Elements of the Four Inner Planets and the Fundamental Constants of Astronomy. Supplement to the American Ephemeris and Nautical Almanac for 1897*. Washington, D.C.: Government Printing Office, 1895.

Cited: **4** *Newcomb 1895*: 345, 355, 356, 423n, 445n, 459n. **6** *Newcomb 1895*: 243n. **8** *Newcomb 1895*: 212n, 218n.

———. "Fluctuations in the Moon's Mean Motion." *Monthly Notices of the Royal Astronomical Society* 69 (1909): 164–169.

Cited: **7** *Newcomb 1909*: 146n.

Nichols, Edward L. "Die neuere Forschung über die Physik der Fluoreszenz." *Jahrbuch der Radioaktivität und Elektronik* 2 (1905): 149–186.

Cited: **5** *Nichols 1905*: 98n.

Nichols, Edward L., and Merritt, Ernest. "The Phosphorescence of Organic Substances at Low Temperatures. Preliminary Note." *Physical Review* 18 (1904): 120–122.

Cited: **5** *Nichols and Merritt 1904a*: 104n.

———. "The Spectro-photometric Study of Fluorescence." *Physical Review* 18 (1904): 122–123.

Cited: **5** *Nichols and Merritt 1904b*: 104n.
———. "Studies in Luminescence. I. The Phosphorescence and Fluorescence of Organic Substances at Low Temperatures." *Physical Review* 18 (1904): 355–365.
Cited: **5** *Nichols and Merritt 1904c*: 104n.
———. "Studies in Luminescence. II. A Spectro-photometric Study of Fluorescent Solutions Belonging to Lommels's First Class." *Physical Review* 18 (1904): 403–418.
Cited: **5** *Nichols and Merritt 1904d*: 104n.
———. "The Effect of Light upon the Absorption and the Electrical Conductivity of Fluorescent Solutions." *Physical Review* 18 (1904): 447–449.
Cited: **5** *Nichols and Merritt 1904e*: 104n.
———. "Studies in Luminescence. III. On Fluorescence Spectra." *Physical Review* 19 (1904): 18–36.
Cited: **5** *Nichols and Merritt 1904f*: 104n.
———. "Studies of Luminescence. IV. The Influence of Light upon the Absorption and Electrical Conductivity of Fluorescent Solutions." *Physical Review* 19 (1904): 396–421.
Cited: **5** *Nichols and Merritt 1904g*: 104n.
———. "The Luminescence of Sidot Blende." *Physical Review* 20 (1905): 120–122.
Cited: **5** *Nichols and Merritt 1905*: 104n.
———. "Note on the Fluorescence of Frozen Solutions of the Uranyl Salts." *Physical Review* 3 (1914): 457–463.
Cited: **9** *Nichols and Merritt 1914*: 228n.
———. "A New Fluorescence Spectrum of Uranyl Ammonio-Chloride." *Physical Review* 6 (1915): 358–376.
Cited: **9** *Nichols and Merritt 1915*: 228n.
———. "The Influence of Water of Crystallization upon the Fluorescence and Absorption Spectra of Uranyl Nitrate." *Physical Review* 9 (1917): 113–126.
Cited: **9** *Nichols and Merritt 1917*: 228n.
Nichols, Ernest F., and Hull, Gordon F. "Über Strahlungsdruck." *Annalen der Physik* 12 (1903): 225–263.
Cited: **2** *Nichols and Hull 1903*: 309n, 582n.
Nicolai, Georg F. *Die Biologie des Krieges. Betrachtungen eines deutschen Naturforschers*. Zurich: Orell Füssli, 1917.
Cited: **6** *Nicolai 1917*: 70n, 71n. **7** *Nicolai 1917*: 282n. **8** *Nicolai 1917*: 78n, 504n, 505n, 764n. **9** *Nicolai 1917*: 384n. **10** *Nicolai 1917*: 29n.
———. *Professor Nicolai und die Berliner Professoren. Eine Selbstverteidigung.* Separatum, *Neue Schweizer Zeitung*. Zurich: Schweizerische Sonntagsblätter, 1920.
Cited: **7** *Nicolai 1920*: 283n.
———. *Romain Rollands Manifest und die deutschen Antworten*. Nicolai, Georg F., ed. Charlottenburg: Mundus, [1920].
Cited: **9** *Nicolai 1920*: 103n, 564c.
Nielsen, J. Rud, ed. *Niels Bohr Collected Works*. Vol. 3, *The Correspondence Principle (1918–1923)*. Amsterdam: North-Holland, 1976.
Cited: **10** *Bohr 1976*: 244n, 322n.
Niewyk, Donald. *Socialist, Anti-Semite, and Jew: German Social Democracy Confronts the Problem of Anti-Semitism, 1918–1933*. Baton Rouge: Louisiana State University Press, 1971.
Cited: **7** *Niewyk 1971*: 429n.
———. *The Jews in Weimar Germany*. Baton Rouge: Louisiana State University Press, 1980.
Cited: **9** *Niewyk 1980*: 223n, 550c.
———. *The Jews in Weimar Germany*. 2d ed. New Brunswick, N.J.: Transaction Publishers, 2001.
Cited: **7** *Niewyk 2001*: 225, 292n, 429n. **9** *Niewyk 2001*: 269n.
Niggli, Julia. "Nochmals Albert Einstein. Begegnungen und Briefe." *Aargauer Tagblatt*, 20 June 1952, Beilage: "150 Jahre Kantonsschule."
Cited: **1** *Niggli 1952*: 22n, 219n, 222n, 231n.
Nipperdey, Thomas, and Schmugge, Ludwig. *50 Jahre Forschungsförderung in Deutschland. Ein Abriss der Geschichte der deutschen Forschungsgemeinschaft (1920–1970)*. Bonn: Deutsche Forschungsgemeinschaft, 1970.
Cited: **7** *Nipperdey and Schmugge 1970*: 494n. **9** *Nipperdey and Schmudde 1970*: 123n.
Noether, Emmy. "Invarianten beliebiger Differentialausdrücke." *Königliche Gesellschaft der Wissenschaften zu Göttingen. Mathematisch-physikalische Klasse. Nachrichten* (1918): 37–44.
Cited: **8** *Noether 1918a*: 775n.
———. "Invariante Variationsprobleme." *Königliche Gesellschaft der Wissenschaften zu Göttingen. Mathematisch-physikalische Klasse. Nachrichten* (1918): 235–257.
Cited: **7** *Noether 1918*: xxvi. **8** *Noether 1918b*: 699n, 976n.
Noether, Fritz. "Zur Kinematik des starren Körpers in der Relativtheorie." *Annalen der*

Physik 31 (1910): 919–944.
Cited: **2** *Noether 1910*: 254, 427n. **3** *Noether 1910*: 478. **5** *Noether 1910*: 233n. **10** *Noether 1910*: 10n.

Nordmeyer, Paul. "Über den Einfluß der Erdbewegung auf die Verteilung der Intensität der Licht- und Wärmestrahlung." *Annalen der Physik* 11 (1903): 284–302.
Cited: **2** *Nordmeyer 1903*: 260.

Nordström, Gunnar. "Relativitätsprinzip und Gravitation." *Physikalische Zeitschrift* 13 (1912): 1126–1129.
Cited: **4** *Nordström 1912*: 126, 187n, 299, 342n, 501n, 510n. **5** *Nordström 1912*: 551n. **8** *Nordström 1912*: 165n.

———. "Träge und schwere Masse in der Relativitätsmechanik." *Annalen der Physik* 40 (1913): 856–878.
Cited: **4** *Nordström 1913a*: 342n, 502n. **5** *Nordström 1913a*: 551n. **8** *Nordström 1913a*: 165n.

———. "Zur Theorie der Gravitation vom Standpunkt des Relativitätsprinzips." *Annalen der Physik* 42 (1913): 533–554.
Cited: **4** *Nordström 1913b*: xvii, 299, 342n, 501n, 502n, 503n, 587n, 589, 597n, 622n. **5** *Nordström 1913b*: 551n. **8** *Nordström 1913b*: 165n.

———. "Über die Möglichkeit, das elektromagnetische Feld und das Gravitationsfeld zu vereinigen." *Physikalische Zeitschrift* 15 (1914): 504–506.
Cited: **9** *Nordström 1914*: 39n.

———. "R. C. Tolmans 'Prinzip der Ähnlichkeit' und die Gravitation." *Öfversigt af Finska Vetenskaps-Societetens Förhandlingar. A. Matematik och Naturvetenskaper* 57 (1914–15), no. 22.
Cited: **8** *Nordström 1915a*.

———. "De gravitatietheorie van Einstein en de mechanica der continua van Herglotz." *Koninklijke Akademie van Wetenschappen te Amsterdam. Wis- en Natuurkundige Afdeeling. Verslagen van de Gewone Vergaderingen* 25 (1916–17): 836–843. Reprinted in translation as "Einstein's Theory of Gravitation and Herglotz's Mechanics of Continua." *Koninklijke Akademie van Wetenschappen te Amsterdam. Section of Sciences. Proceedings* 19 (1916–17): 884–891.
Cited: **7** *Nordström 1917*: 64. **8** *Nordström 1917*: 370n. **9** *Nordström 1917*: 474n.

———. "Een en ander over de energie van het zwaartekrachtsveld volgens de theorie van Einstein." *Koninklijke Akademie van Wetenschappen te Amsterdam. Wis- en Natuurkundige Afdeeling. Verslagen van de Gewone Vergaderingen* 26 (1917–18): 1201–1208. Reprinted in translation as "On the Energy of the Gravitation Field in Einstein's Theory." *Koninklijke Akademie van Wetenschappen te Amsterdam. Section of Sciences. Proceedings* 20 (1917–18): 1238–1245.
Cited: **7** *Nordström 1918b*: 76n. **8** *Nordström 1918b*: 332n, 380n, 523n, 536n, 716n, 744n, 950n.

———. "Iets over de massa van een stoffelijk stelsel volgens de gravitatietheorie van Einstein." *Koninklijke Akademie van Wetenschappen te Amsterdam. Wis- en Natuurkundige Afdeeling. Verslagen van de Gewone Vergaderingen* 26 (1917–18): 1093–1108. Reprinted in translation as "On the Mass of a Material System According to the Gravitation Theory of Einstein." *Koninklijke Akademie van Wetenschappen te Amsterdam. Section of Sciences. Proceedings* 20 (1917–18): 1076–1091.
Cited: **7** *Nordström 1918a*: 76n. **8** *Nordström 1918a*: 522n, 523n, 744n, 950n.

———. "Berekening voor eenige bijzondere gevallen volgens de gravitatietheorie van Einstein." *Koninklijke Akademie van Wetenschappen te Amsterdam. Wis- en Natuurkundige Afdeeling. Verslagen van de Gewone Vergaderingen* 26 (1917–18): 1577–1589. Reprinted in translation as "Calculation of Some Special Cases in Einstein's Theory of Gravitation." *Koninklijke Akademie van Wetenschappen te Amsterdam. Section of Sciences. Proceedings* 21 (1918–19): 68–79.
Cited: **8** *Nordström 1918c*: 950n.

Norst, Else. "Kritik der optischen Größenbestimmung submikroskopischer Partikel." *Deutsche Physikalische Gesellschaft. Verhandlungen* 3 (1920): 68–72.
Cited: **10** *Norst 1920a*: 296n.

———. "Zur optischen Größenbestimmung Ehrenhaftscher Probekörperchen." *Akademie der Wissenschaften* (Vienna). *Mathematisch-naturwissenschaftliche Klasse. Abteilung IIa. Sitzungsberichte* 129 (1920): 673–682.
Cited: **10** *Norst 1920b*: 296n.

North, John D. *The Measure of the Universe: A History of Modern Cosmology*. Oxford: Clarendon Press, 1965. Reprinted New York: Dover, 1990.
Cited: **6** *North 1965*: xx, 539n, 552n. **8** *North*

1965: 357n, 407n, 475n.

Northedge, F. S. *The League of Nations: Its Life and Times, 1920–1946*. New York: Holmes and Meier, 1986.
Cited: **9** *Northedge 1986*: 145n.

Norton, John D. "How Einstein Found His Field Equations, 1912–1915." *Historical Studies in the Physical Sciences* 14 (1984): 253–316. Reprinted in *Einstein and the History of General Relativity*, pp. 101–159. Howard, Don, and Stachel, John, eds. Boston: Birkhäuser, 1989.
Cited: **4** *Norton 1984*: 122, 193, 197, 198, 199, 296, 297, 300, 301, 341n, 343n, 344, 485n, 503n, 577n, 582n. **6** *Norton 1984*: xvi, xvii, 18n, 129n, 130n, 224n, 243n. **7** *Norton 1984*: 42n, 281n, 574n. **8** *Norton 1984*: 17n, 74n, 101n, 184n, 192n, 202n, 208n, 209n, 229n, 278n. **9** *Norton 1984*: 268n. **10** *Norton 1984*: 38n.

———. "What Was Einstein's Principle of Equivalence?" *Studies in History and Philosophy of Science* 16 (1985): 203–246. Reprinted in *Einstein and the History of General Relativity*, pp. 5–47. Howard, Don, and Stachel, John, eds. Boston: Birkhäuser, 1989.
Cited: **3** *Norton 1989*: xxix. **4** *Norton 1985*: 122, 163n, 187n, 340n, 502n. **6** *Norton 1985*: 408n. **7** *Norton 1985*: 42n.

———. "Einstein, the Hole Argument and the Reality of Space." In *Measurement, Realism and Objectivity*, pp. 153–188. Forge, John, ed. Dordrecht: Reidel, 1987.
Cited: **4** *Norton 1987*: 297. **7** *Norton 1987*: 42n. **8** *Norton 1987*: 229n, 239n.

———. "The Physical Content of General Covariance." In *Studies in the History of General Relativity*, pp. 281–315. Eisenstaedt, Jean, and Kox, A. J., eds. Boston: Birkhäuser, 1992.
Cited: **4** *Norton 1992a*: 296, 340n, 597n. **7** *Norton 1992*: 43n. **8** *Norton 1992a*: 652n.

———. "Einstein, Nordström and the Early Demise of Scalar, Lorentz-Covariant Theories of Gravitation." *Archive for History of Exact Sciences* 45 (1992–1993): 17–94.
Cited: **4** *Norton 1992b*: 187n, 299, 342n, 471n, 501n, 597n. **8** *Norton 1992b*: 165n.

———. "General Covariance and the Foundations of General Relativity: Eight Decades of Dispute." *Reports on Progress in Physics* 56 (1993): 791–858.
Cited: **7** *Norton 1993*: 42n–43n. **8** *Norton 1993*: 652n.

———. "Mach's Principle before Einstein." In *Mach's Principle: From Newton's Bucket to Quantum Gravity*, pp. 9–57. Barbour, Julian B., and Pfister, Herbert, eds. Boston: Birkhäuser, 1995.
Cited: **9** *Norton 1995*: liii, 251n.

———. "The Cosmological Woes of Newtonian Gravitation Theory." In *The Expanding Worlds of General Relativity*, pp. 271–323. Goenner, Hubert, Renn, Jürgen, Ritter, Jim, and Sauer, Tilman, eds. Boston: Birkhäuser, 1999.
Cited: **7** *Norton 1999*: 146n, 182n.

Nottmeier, Christian. *Adolf von Harnack und die deutsche Politik 1890–1930. Eine biographische Studie zum Verhältnis von Protestantismus, Wissenschaft und Politik*. Tübingen: Siebeck, 2004.
Cited: **10** *Nottmeier 2004*: 574c.

Noyes, Arthur A., and MacInnes, Duncan A. "The Ionization and Activity of Largely Ionized Substances." *Journal of the American Chemical Society* 42 (1920): 239–245.
Cited: **10** *Noyes and MacInnes 1920*: 575c.

Nutting, Perley G. "National Prestige in Scientific Achievement." *Science* 48 (1918): 605–608.
Cited: **9** *Nutting 1918*: 33n.

Nye, Mary Jo. *Molecular Reality: A Perspective on the Scientific Work of Jean Perrin*. London: Macdonald; New York: American Elsevier, 1972.
Cited: **2** *Nye 1972*: xxxiii, 207, 208, 209, 220–221. **3** *Nye 1972*: 246n.

———. "N-Rays: An Episode in the History and Psychology of Science." *Historical Studies in the Physical Sciences* 11 (1980): 125–156.
Cited: **7** *Nye 1980*: 102.

———. "Michael Polanyi (1891–1976)." *Hyle* 8, no. 2 (2002): 123–127.
Cited: **9** *Nye 2002*: 439n.

O'Raifeartaigh, Lochlainn. *The Dawning of Gauge Theory*. Princeton: Princeton University Press, 1997.
Cited: **7** *O'Raifeartaigh 1997*: 56n.

O'Raifeartaigh, Lochlainn, and Straumann, Norbert. "Gauge Theory: Historical Origins and Some Modern Developments." *Reviews of Modern Physics* 72 (2000): 1–23.
Cited: **9** *O'Raifeartaigh and Straumann 2000*: 40n.

Oechsli, Wilhelm. *Quellenbuch zur Schweizergeschichte. Für Haus und Schule*. Zurich: Schulthess, 1886.

Cited: **10** *Oechsli 1886*.

———. *Festschrift zur Feier des fünfzigjährigen Bestehens des Eidg. Polytechnikums*. Part 1, *Geschichte der Gründung des eidg. Polytechnikums mit einer Übersicht seiner Entwickelung 1855–1905*. Frauenfeld: Huber, 1905.
Cited: **1** *Oechsli 1905*: 43, 60. **5** *Oechsli 1905*.

Ohm, Georg. "Versuch einer Theorie der durch galvanische Kräfte hervorgebrachten elektroskopischen Erscheinungen." *Annalen der Physik und Chemie* 6 (1826): 459–469.
Cited: **1** *Ohm 1826a*: 175n.

———. "Versuch einer Theorie der durch galvanische Kräfte hervorgebrachten elektroskopischen Erscheinungen (Beschluss)." *Annalen der Physik und Chemie* 7 (1826): 45–54.
Cited: **1** *Ohm 1826b*: 175n.

Ohmann, O. "Joseph Petzoldt zum Gedächtnis." *Archiv für Geschichte der Mathematik, der Naturwissenschaften und der Technik* 13 (1930-31): 199–214.
Cited: **8** *Ohmann 1930*: 17n.

Oosterhuis, Ekko. "Die Abweichungen vom Curieschen Gesetz im Zusammenhang mit der Nullpunktsenergie." *Physikalische Zeitschrift* 14 (1913): 862–867.
Cited: **10** *Oosterhuis 1913*: 356n, 369n.

Oppeln-Bronikowski, Friedrich. *Das junge Frankreich. Eine Anthologie deutscher Übertragungen*. Berlin: Oesterheld, 1908.
Cited: **9** *Oppeln-Bronikowski 1908*: 392n.

Oppenheim, Paul. *Die natürliche Ordnung der Wissenschaften; Grundgesetze der vergleichenden Wissenschaftslehre*. Jena: Fischer, 1926.
Cited: **9** *Oppenheim, P. 1926*: 174n, 256n.

Oppenheim, Samuel. "Zur Frage nach der Fortpflanzungsgeschwindigkeit der Gravitation." *Annalen der Physik* 53 (1917): 163–168.
Cited: **10** *Oppenheim 1917*: 64n.

———. "Kritik des Newtonschen Gravitationsgesetzes." In *Encyklopädie der mathematischen Wissenschaften, mit Einschluss ihrer Anwendungen*. Vol. 6, *Astronomie*, part 2, pp. 83–159. Schwarzschild, Karl, Oppenheim, Samuel, and Dyck, Walther A. v., eds. Leipzig: Teubner, 1922–1934. Issued 18 September 1922.
Cited: **9** *Oppenheim, S. 1922*: 374n.

Oppolzer, Egon R. von. "Erdbewegung und Aether." *Annalen der Physik* 8 (1982): 898–907.
Cited: **2** *Oppolzer 1902*: 260.

Ornstein, Leonard S. "Eenige opmerkingen over de mechanische grondslagen der warmteleer. I." *Koninklijke Akademie van Wetenschappen te Amsterdam. Wis- en Natuurkundige Afdeeling. Verslagen van de Gewone Vergaderingen* 19 (1910–11): 809–823. Reprinted in translation as "Some Remarks on the Mechanical Foundation of Thermodynamics. I." *Koninklijke Akademie van Wetenschappen te Amsterdam. Section of Sciences. Proceedings* 13 (1910–11): 804–817. Page numbers are cited from the English translation.
Cited: **2** *Ornstein 1910*: 41, 52, 74n, 95n.

———. "Eenige opmerkingen over de mechanische grondslagen der warmteleer. II." *Koninklijke Akademie van Wetenschappen te Amsterdam. Wis- en Natuurkundige Afdeeling. Verslagen van de Gewone Vergaderingen* 19 (1910–11): 947–954. Reprinted in translation as "Some Remarks on the Mechanical Foundation of Thermodynamics. II." *Koninklijke Akademie van Wetenschappen te Amsterdam. Section of Sciences. Proceedings* 13 (1910–11): 858–865.
Cited: **2** *Ornstein 1911*: 74n.

Ornstein, Leonard S., and Zernike, Frits. "De toevallige dichtheidsafwijkingen en de opalescentie bij het kritisch punt van een enkelvoudige stof." *Koninklijke Akademie van Wetenschappen te Amsterdam. Wis- en Natuurkundige Afdeeling. Verslagen van de Gewone Vergaderingen* 23 (1914–15): 582–595. Reprinted in translation as "Accidental Deviations of Density and Opalescence at the Critical Point of a Single Substance." *Koninklijke Akademie van Wetenschappen te Amsterdam. Section of Sciences. Proceedings* 17 (1914–15): 793–806.
Cited: **3** *Ornstein and Zernike 1915*: 285, 311n.

Orr, William McFadden. "On Clausius' Theorem for Irreversible Cycles, and on the Increase of Entropy." *Philosophical Magazine* 8 (1904): 509–527.
Cited: **2** *Orr 1904*: 118–119, 119n, 246n, 249n.

Oseen, Carl W. "Zur Kritik der Elektronentheorie der Metalle." *Annalen der Physik* 49 (1916): 71–84.
Cited: **8** *Oseen 1916*: 445n.

Ostwald, Grete. *Wilhelm Ostwald mein Vater*. Stuttgart: Berliner Union, 1953.
Cited: **9** *Ostwald 1953*: 348n.

Ostwald, Wilhelm. "Elektrochemische Studien.

Fünfte Abhandlung. Über das Gesetz von F. Kohlrausch." *Zeitschrift für physikalische Chemie* 1 (1887): 74–86.
Cited: **5** *Ostwald 1887*: 16n.

———. "Über die Dissociationstheorie der Elektrolyte." *Zeitschrift für physikalische Chemie* 2 (1888): 270–283.
Cited: **4** *Ostwald 1888*: 564n.

———. *Lehrbuch der allgemeinen Chemie*. Vol. 1, *Stöchiometrie*. 2d rev. ed. Leipzig: Engelmann, 1891.
Cited: **1** *Ostwald 1891*: 265, 267n, 278n, 279n, 280n, 286n, 292n, 324n, 325n. **2** *Ostwald 1891*: 5, 6, 14, 20n, 21n, 205n, 207. **5** *Ostwald 1891*: 281n.

———. *Lehrbuch der allgemeinen Chemie*. Vol. 2, part 1, *Chemische Energie*. 2d rev. ed. Leipzig: Engelmann, 1893.
Cited: **1** *Ostwald 1893*: 265, 267n, 278n, 286n, 295n. **2** *Ostwald 1893*: 6, 14, 46, 207, 260, 358n, 502n. **5** *Ostwald 1893*: 281n.

———. "Naturphilosophie." In *Die Kultur der Gegenwart. Ihre Entwicklung und ihre Ziele*. Part 1, sec. 6, *Systematische Philosophie*, pp. 138–171. Hinneberg, Paul, ed. Berlin/Leipzig: Teubner, 1907.
Cited: **3** *Ostwald 1907*: 577.

———. Review of: **2** *Zsigmondy 1905*. *Zeitschrift für physikalische Chemie* 57 (1907): 383.
Cited: **2** *Ostwald 1907*: 210, 218.

———. "Vorbericht." In *Grundriss der allgemeinen Chemie*. 4th rev. ed., pp. iii–iv. Dresden: Steinkopff, 1909.
Cited: **2** *Ostwald 1909*: 218.

———. *Grosse Männer*. 2d ed. Leipzig: Akademische Verlagsgesellschaft, 1910.
Cited: **8** *Ostwald 1910*: 551n.

———. "Zur Theorie der kritischen Trübungen." *Annalen der Physik* 36 (1911): 848–854.
Cited: **3** *Ostwald 1911*: 312n.

———. "Neue Forschungen zur Farbenlehre." *Physikalische Zeitschrift* 17 (1916): 322–332, 352–364.
Cited: **8** *Ostwald 1916*: 361n, 362n, 365n.

———. *Die Farbenlehre*. 4 vols. Leipzig: Unsema, 1918–1922.
Cited: **7** *Ostwald 1918–1922*.

———. *Die Farbenlehre*. Vol. 2, *Physikalische Farbenlehre*. Leipzig: Unsema, 1919.
Cited: **7** *Ostwald 1919*: 205n.

Ott, Emil. "Albert Einstein und seine Klassenkameraden." *Aargauer Tagblatt*, 14 June 1952, Beilage, pp. 1–2.
Cited: **1** *Ott 1952*: 276n.

Pais, Abraham. *'Subtle is the Lord ...': The Science and the Life of Albert Einstein*. Oxford: Clarendon Press; New York: Oxford University Press, 1982.
Cited: **1** *Pais 1982*: xlii, lv. **2** *Pais 1982*: xxxii, 55, 135, 138, 142, 144, 170, 173, 176, 177, 265. **3** *Pais 1982*: xxviii, 283, 284, 497n. **4** *Pais 1982*: 122, 187n, 193, 296, 299, 501n, 551n. **5** *Pais 1982*: 324n. **6** *Pais 1982*: xvii, xxiii, 552n. **7** *Pais 1982*: 139n. **8** *Pais 1982*: 244n, 392n, 623n, 647n, 699n, 1017. **9** *Pais 1982*: 40n, 461n. **10** *Pais 1982*: 255n.

———. *Niels Bohr's Times in Physics, Philosophy, and Polity*. Oxford: Clarendon Press, 1991.
Cited: **9** *Pais 1991*: 166n, 598c.

Palatini, Attilio. "Deduzione invariantiva delle equazioni gravitazionali dal principio di Hamilton." *Circolo Matematico di Palermo. Rendiconti* 43 (1919): 203–212.
Cited: **9** *Palatini 1919*: 361n.

Panzer, Arno. "Hermann Sudermann—eine politische Biographie." In *Hermann Sudermann: Werk und Wirkung*, pp. 9–29. Rix, Walter T., ed. Würzburg: Königshausen und Neumann, 1980.
Cited: **9** *Panzer 1980*: 122n.

Papapetrou, Achilleus. *Lectures on General Relativity*. Dordrecht: Reidel, 1974.
Cited: **7** *Papapetrou 1974*: 76n.

Parankiewicz, Irene. "Der kritische Weg zur Feststellung der Existenz einer Atomistik der Elektrizität." *Annalen der Physik* 53 (1917): 551–568.
Cited: **8** *Parankiewicz 1917*: 905n.

———. "Die lichtpositive und die lichtnegative Photophorese (untersucht am Schwefel und Selen)." *Akademie der Wissenschaften (Vienna). Mathematisch-naturwissenschaftliche Klasse. Abteilung IIa. Sitzungsberichte* (1918): 1445–1516.
Cited: **10** *Parankiewicz 1918*: 296n.

Pascal, Ernesto. *Repertorio di matematiche superiori (definizioni–formole–teoremi–cenni bibliografici)*. 2 vols. Milan: Hoepli, 1898–1900.
Cited: **8** *Pascal 1898–1900*: 554n.

Pasch, Moritz. *Vorlesungen über neuere Geometrie*. Leipzig: Teubner, 1882.
Cited: **9** *Pasch 1882*: 72n.

———. "Die Begründung der Mathematik und die implizite Definition. Ein Zusammenhang

mit der Lehre von Als-Ob." *Annalen der Philosophie* 2 (1921): 145–162.
Cited: **8** *Pasch 1921*: 889n.

Paschen, Friedrich. "Ueber das Strahlungsgesetz des schwarzen Körpers." *Annalen der Physik* 4 (1901): 277–298.
Cited: **2** *Paschen 1901a*: 136, 168n.

———. "Ueber das Strahlungsgesetz des schwarzen Körpers. Entgegnung auf Ausführungen der Herren O. Lummer und E. Pringsheim." *Annalen der Physik* 6 (1901): 646–658.
Cited: **2** *Paschen 1901b*: 108n.

———. "Bohrs Heliumlinien." *Annalen der Physik* 50 (1916): 901–940.
Cited: **8** *Paschen 1916*: 76n.

Pauer, Franz. "Magnetische Drehung der Polarisationsebene eines aus Bohr'schen Molekülen bestehenden Gases." Doctoral dissertation, University of Munich, [1918?].
Cited: **9** *Pauer 1918*: 383n.

Pauli, Wolfgang. "Mercurperihelbewegung und Strahlenablenkung in Weyls Gravitationstheorie." *Deutsche Physikalische Gesellschaft. Verhandlungen* 21 (1919): 742–750.
Cited: **9** *Pauli 1919a*: 218n, 269n, 294n, 298n, 389n.

———. "Über die Energiekomponenten des Gravitationsfeldes." *Physikalische Zeitschrift* 20 (1919): 25–27.
Cited: **9** *Pauli 1919b*: 298n.

———. "Zur Theorie der Gravitation und der Elektrizität von Hermann Weyl." *Physikalische Zeitschrift* 20 (1919): 457–467.
Cited: **9** *Pauli 1919c*: 299n.

———. "Relativitätstheorie." In *Encyklopädie der mathematischen Wissenschaften, mit Einschluß ihrer Anwendungen*. Vol. 5, *Physik*, part 2, pp. 539–775. Sommerfeld, Arnold, ed. Leipzig: Teubner, 1904–1922. Issued 15 September 1921. Reprinted in translation, with supplementary notes, as *Theory of Relativity*. Field, G., trans. London: Pergamon, 1958.
Cited: **2** *Pauli 1921*: xxxiii, 272, 427n, 507. **3** *Pauli 1921*: 479. **4** *Pauli 1921*: 187n, 340n, 510n. **5** *Pauli 1921*: 162n, 233n. **6** *Pauli 1921*: 67n. **7** *Pauli 1921*: xxvi, 98n–99n, 139n–140n, 183n, 357n. **8** *Pauli 1921*: 217n, 426n, 437n, 664n, 712n, 828n, 880n. **9** *Pauli 1921*: 374n, 536n.

———. "Einstein's Contributions to Quantum Theory." In *Albert Einstein: Philosopher-Scientist*, pp. 147–160. Schilpp, Paul Arthur, ed. La Salle, Ill.: Open Court, 1949.
Cited: **3** *Pauli 1949*: 282n. **6** *Pauli 1949*: 398n.

———. *Theory of Relativity*. Field, G., trans. London: Pergamon, 1958. (Trans. of *Pauli 1921*.)
Cited: **2** *Pauli 1958*: xxxiii, 507.

———. *Collected Scientific Papers*. Kronig, R., and Weisskopf, Victor F., eds. 2 vols. New York: Interscience, 1964.
Cited: **9** *Pauli 1964*.

Pavlov, V. I. "On Discussions Concerning the Problem of Ponderomotive Forces." *Soviet Physics–Uspekhi* 21 (1978): 171–173.
Cited: **2** *Pavlov 1978*: 507.

Pearson, Karl. *The Grammar of Science*. 2d ed. London: Adam & Charles Black, 1900.
Cited: **2** *Pearson 1900*: xxiv.

Pease, Francis G., and Shapley, Harlow. "Distribution of Stars in Twelve Globular Clusters." *Astrophysical Journal* 45 (1917): 225–243.
Cited: **9** *Pease and Shapley 1917*: 279n.

Peixoto, F., and Rosa, M. A. F. "On Thirring's Approach to Mach's Principle: Criticisms and Speculations on Extensions of His Original Work." In *Gravitation: The spacetime structure*, pp. 172–178. Letelier, P. S., and Rodrigues, W. A. Jr., eds. Singapore: World Scientific, 1994.
Cited: **8** *Peixoto and Rosa 1994*: 483n.

Penzler, Johannes, and Krieger, Bogdan. *Die Reden Kaiser Wilhelms II*. 4 vols. Leipzig: Reclam, 1897–1913.
Cited: **10** *Penzler 1897/1913*: 395n.

Pérès, Joseph J. C. "Le parallélisme de M. Levi-Civita et la courbure riemannienne." *Reale Accademia dei Lincei. Classe di scienze fisiche, matematiche e naturali. Rendiconti delle sedute* 28 (1919): 425–428.
Cited: **10** *Pérès 1919*: 380n.

———. "A propos de la notion de parallélisme dans une variété quelconque." *Reale Accademia dei Lincei. Classe di scienze fisiche, matematiche e naturali. Rendiconti delle sedute* 29 (1920): 134–138.
Cited: **10** *Pérès 1920*: 380n.

Pérot, Alfred. "Vérification de la loi de déviation des surfaces équipotentielles et mesure de la constante diélectrique." *Académie des sciences* (Paris). *Comptes rendus* 113 (1891): 415–417.
Cited: **3** *Pérot 1891*: 398n.

———. "Comparaison des longeurs d'onde d'une raie de bande du cyanogène dans la lumière du soleil et dans celle d'une source ter-

restre." *Académie des sciences* (Paris). *Comptes rendus* 171 (1920): 229–232.
Cited: **7** *Perot 1920b*: 349n. **10** *Perot 1920*: 383n.

———. "Sur la variation avec la pression de la longueur d'onde des raies des bandes du cyanogène." *Académie des sciences* (Paris). *Comptes rendus* 170 (1920): 988–990.
Cited: **7** *Perot 1920a*: 349n.

Perrin, Jean. "Grandeur des molécules et charge de l'électron." *Académie des sciences* (Paris). *Comptes rendus* 147 (1908): 594–596.
Cited: **2** *Perrin 1908d*: 221.

———. "L'agitation moléculaire et le mouvement brownien." *Académie des sciences* (Paris). *Comptes rendus* 146 (1908): 967–970.
Cited: **2** *Perrin 1908a*: 221, 345n. **3** *Perrin 1908*: 552, 562n.

———. "La loi de Stokes et le mouvement brownien." *Académie des sciences* (Paris). *Comptes rendus* 147 (1908): 475–476.
Cited: **2** *Perrin 1908b*: 212, 221.

———. "L'origine du mouvement brownien." *Académie des sciences* (Paris). *Comptes rendus* 147 (1908): 530–532.
Cited: **2** *Perrin 1908c*: 221.

———. "Le mouvement brownien de rotation." *Académie des sciences* (Paris). *Comptes rendus* 149 (1909): 549–551.
Cited: **2** *Perrin 1909a*: 221, 344n, 345n. **3** *Perrin 1909*: 246n.

———. "Mouvement brownien et réalité moléculaire." *Annales de chimie et de physique* 18 (1909): 5–114.
Cited: **2** *Perrin 1909b*: 559n. **5** *Perrin 1909*: 217n, 218n, 267n. **9** *Perrin 1909*: 518n.

———. "Les preuves de la réalité moléculaire. (Étude spéciale des émulsions.)" In *La théorie du rayonnement et les quanta. Rapports et discussions de la réunion tenue à Bruxelles, du 30 octobre au 3 novembre 1911, sous les auspices de M. E. Solvay*, pp. 153–250. Langevin, Paul, and de Broglie, Maurice, eds. Paris: Gauthier-Villars, 1912.
Cited: **2** *Perrin 1911*: 210, 220, 221. **3** *Perrin 1912*: 246n, 508n, 509n, 562n. **4** *Perrin 1912*: 564n. **5** *Perrin 1912*: 346n.

———. *Les atomes*. Paris: Alcan, 1913.
Cited: **5** *Perrin 1913*: 521n.

———. "Die Beweise für die wahre Existenz der Moleküle." In *Die Theorie der Strahlung und der Quanten. Verhandlungen auf einer von E. Solvay einberufenen Zusammenkunft (30. Oktober bis 3. November 1911). Mit einem Anhange über die Entwicklung der Quantentheorie vom Herbst 1911 bis Sommer 1913*, pp. 125–205. Eucken, Arnold, ed. Halle a.S.: Knapp, 1914. (*Abhandlungen der Deutschen Bunsen Gesellschaft für angewandte physikalische Chemie* 3, no. 7.)
Cited: **3** *Perrin 1914a*: 243n, 562n. **5** *Perrin 1914*.

———. *Les atomes*. 4th rev. ed. Paris: Alcan, 1914.
Cited: **2** *Perrin 1914*: 221. **3** *Perrin 1914b*: 246n.

———. "La fluorescence." *Annales de physique* 10 (1918): 133–159.
Cited: **9** *Perrin 1918*: 142n.

———. "Matière et lumière." *Annales de physique* 11 (1919): 1–108.
Cited: **9** *Perrin 1919*: 142n, 172n, 224n, 225n.

———. "Matière et lumière. Essai de synthèse de la mécanique chimique." *Annales de physique* 4 (1919): 5–108.
Cited: **7** *Perrin 1919*: 331n.

Perrin, Jean, and Dabrowski. "Mouvement brownien et constantes moléculaires." *Académie des sciences* (Paris). *Comptes rendus* 149 (1909): 477–479.
Cited: **2** *Perrin and Dabrowski 1909*: 221, 559n.

Perrin, Jean, et al. "Discussion" following **3** *Perrin 1912*/ **4** *Perrin 1912*/ **5** *Perrin 1912*. In *La théorie du rayonnement et les quanta. Rapports et discussions de la réunion tenue à Bruxelles, du 30 octobre au 3 novembre 1911, sous les auspices de M. E. Solvay*, pp. 251–253. Langevin, Paul, and de Broglie, Maurice, eds. Paris: Gauthier-Villars, 1912.
Cited: **3** *Perrin et al. 1912*: 509n. **5** *Perrin et al. 1912*: 291n, 322n.

———. "Diskussion" following **3** *Perrin 1914a*/ **5** *Perrin 1914*. In *Die Theorie der Strahlung und der Quanten. Verhandlungen auf einer von E. Solvay einberufenen Zusammenkunft (30. Oktober bis 3. November 1911). Mit einem Anhange über die Entwicklung der Quantentheorie vom Herbst 1911 bis Sommer 1913*, pp. 206–207. Eucken, Arnold, ed. Halle a.S.: Knapp, 1914. (*Abhandlungen der Deutschen Bunsen Gesellschaft für angewandte physikalische Chemie* 3, no. 7.)
Cited: **3** *Perrin et al. 1914*: 509n. **5** *Perrin et al. 1914*: 291n, 322n.

Pešek, Jiří. "Die Prager Universitäten im ersten Drittel des 20. Jahrhunderts. Versuch eines

Vergleichs." In *Lemberg 2003*, pp. 145–166.
Cited: **9** *Pešek 2003*: 462n.

Peterson, H., and Fite, Gilbert C. *Opponents of War, 1917–1918*. Madison: University of Wisconsin Press, 1957.
Cited: **8** *Peterson and Fite 1957*: 511n.

Petzoldt, Joseph. *Das Weltproblem vom Standpunkte des relativistischen Positivismus aus, historisch-kritisch dargestellt*. 2d ed. Leipzig: Teubner, 1912.
Cited: **8** *Petzoldt 1912a*: 31n, 868n.

———. "Die Relativitätstheorie im erkenntnistheoretischen Zusammenhange des relativistischen Positivismus." *Deutsche Physikalische Gesellschaft. Verhandlungen* 14 (1912): 1055–1064.
Cited: **8** *Petzoldt 1912b*: 868n.

———. "Die Relativitätstheorie der Physik." *Zeitschrift für positivistische Philosophie* 2 (1914): 1–56.
Cited: **6** *Petzoldt 1914*: 5n. **7** *Petzoldt 1914*: 121n. **8** *Petzoldt 1914*: 17n, 31n, 696n, 868n, 883n, 901n. **9** *Petzoldt 1914*: 15n.

———. "Verbietet die Relativitätstheorie Raum und Zeit als etwas Wirkliches zu denken?" *Deutsche Physikalische Gesellschaft. Verhandlungen* 20 (1918): 189–201.
Cited: **8** *Petzoldt 1918*: 868n. **9** *Petzoldt 1918*: 15n. **10** *Petzoldt 1918*: 333n.

———. "Kausalität und Relativitätstheorie." *Zeitschrift für Physik* 1 (1920): 467–474.
Cited: **10** *Petzoldt 1920*: 333n, 342n.

———. "Anhang. Das Verhältnis der Machschen Gedankenwelt zur Relativitätstheorie." In Mach, Ernst, *Die Mechanik in ihrer Entwicklung historisch-kritisch dargestellt*. 8th ed., pp. 490–517. Leipzig: Brockhaus, 1921.
Cited: **10** *Petzoldt 1921b*: 333n.

———. "Mechanistische Naturauffassung und Relativitätstheorie." *Annalen der Philosophie* 2 (1921): 447–462.
Cited: **10** *Petzoldt 1921a*: 333n, 342n.

Pflüger, Alexander W. *Das Einsteinsche Relativitätsprinzip gemeinverständlich dargestellt*. 10th ed. Bonn: Cohen, 1920.
Cited: **7** *Pflüger 1921*: 340n. **9** *Pflüger 1920*: 535n. **10** *Pflüger 1920*: 341n.

Phillips, Vivian J. *Waveforms. A History of Early Oscillography*. Bristol: Hilger, 1987.
Cited: **5** *Phillips 1987*: 384n.

Piccard, Auguste, and Cherbuliez, Émile. "Une nouvelle méthode de mesure pour l'étude des corps paramagnétiques en solution très étendue." *Schweizerische Naturforschende Gesellschaft. Verhandlungen* 97 (1915) part 2: 131–133.
Cited: **8** *Piccard and Cherbuliez 1915*: 135n.

———. "Le nombre de magnétons des sels cupriques en solution aqueuse." *Archives des sciences physiques et naturelles* 121 (1916): 324–326.
Cited: **8** *Piccard and Cherbuliez 1916*: 135n.

Pictet, Raoul-Pierre. "Expériences de M. Raoul Pictet sur la liquéfaction de l'oxygène." *Académie des sciences* (Paris). *Comptes rendus* 85 (1877): 1214–1216.
Cited: **1** *Pictet 1877*: 147n.

———. "Liquéfaction de l'hydrogène." *Académie des sciences* (Paris). *Comptes rendus* 86 (1878): 106–107.
Cited: **1** *Pictet 1878*: 147n.

Planck, Max. *Über den zweiten Hauptsatz der mechanischen Wärmetheorie. Inauguraldissertation*. Munich: Ackermann, 1879.
Cited: **4** *Planck 1879*: 561, 564n.

———. *Das Princip der Erhaltung der Energie*. Leipzig: Teubner, 1887.
Cited: **2** *Planck 1887*: 44.

———. "Ueber das Princip der Vermehrung der Entropie. Dritte Abhandlung." *Annalen der Physik und Chemie* 32 (1887): 462–503.
Cited: **4** *Planck 1887*: 561, 564n.

———. "Das chemische Gleichgewicht in verdünnten Lösungen." *Annalen der Physik und Chemie* 34 (1888): 139–154.
Cited: **4** *Planck 1888*: 564n.

———. "Zur Theorie der Thermoelectrizität in metallischen Leitern." *Annalen der Physik und Chemie* 36 (1889): 624–643.
Cited: **1** *Planck 1889*: 238n.

———. "Allgemeines zur neueren Entwicklung der Wärmetheorie." *Zeitschrift für physikalische Chemie* 8 (1891): 647–656.
Cited: **2** *Planck 1891*: 8, 40n, 46.

———. "Absorption und Emission electrischer Wellen durch Resonanz." *Annalen der Physik und Chemie* 57 (1896): 1–14.
Cited: **4** *Planck 1896a*: 564n.

———. "Gegen die neuere Energetik." *Annalen der Physik und Chemie* 57 (1896): 72–78.
Cited: **2** *Planck 1896*: xxviii, 207. **4** *Planck 1896b*: 561, 564n.

———. *Vorlesungen über Thermodynamik*. Leipzig: Veit & Comp., 1897.
Cited: **1** *Planck 1897*: 317n. **2** *Planck 1897*: 44, 119n. **4** *Planck 1897*: 563, 565n.

———. "Über irreversible Strahlungsvorgänge. Vierte Mittheilung." *Königlich Preußische*

Akademie der Wissenschaften (Berlin). *Sitzungsberichte* (1898): 449–476.
Cited: **2** *Planck 1898*: 167n.

———. "Über irreversible Strahlungsvorgänge. Fünfte Mittheilung (Schluss)." *Königlich Preußische Akademie der Wissenschaften* (Berlin). *Sitzungsberichte* (1899): 440–480.
Cited: **2** *Planck 1899*: 167n. **4** *Planck 1899*: 564n.

———. "Ueber irreversible Strahlungsvorgänge." *Annalen der Physik* 1 (1900): 69–122.
Cited: **1** *Planck 1900a*: 279n, 284n, 286n. **2** *Planck 1900a*: 45, 136, 153, 167n, 338, 345n, 351, 357n, 377n, 381, 390n, 407, 551n, 583n. **3** *Planck 1900a*: 476n, 506n, 531, 545n. **4** *Planck 1900a*: 564n. **6** *Planck 1900a*: 370n.

———. "Entropie und Temperatur strahlender Wärme." *Annalen der Physik* 1 (1900): 719–737.
Cited: **1** *Planck 1900b*: 279n, 284n, 286n, 295n. **2** *Planck 1900b*: 45, 136. **3** *Planck 1900b*: 423n.

———. "Kritik zweier Sätze des Hrn. W. Wien." *Annalen der Physik* 3 (1900): 764–766.
Cited: **2** *Planck 1900d*: 134, 357n, 551n.

———. "Ueber eine Verbesserung der Wien'schen Spectralgleichung." *Deutsche Physikalische Gesellschaft. Verhandlungen* 2 (1900): 202–204.
Cited: **2** *Planck 1900c*: 134.

———. "Zur Theorie des Gesetzes der Energieverteilung im Normalspectrum." *Deutsche Physikalische Gesellschaft. Verhandlungen* 2 (1900): 237–245.
Cited: **1** *Planck 1900c*: 287n. **2** *Planck 1900e*: 134, 136, 137, 167n, 357n, 390n, 551n, 583n. **3** *Planck 1900c*: 545n. **4** *Planck 1900b*: 564n. **6** *Planck 1900b*: 370n, 398n.

———. "Ueber das Gesetz der Energieverteilung im Normalspectrum." *Annalen der Physik* 4 (1901): 553–563.
Cited: **1** *Planck 1901*: 286n, 287n. **2** *Planck 1901a*: 107n, 108n, 134, 135, 137, 154, 157n, 345n, 350, 357n, 377n. **3** *Planck 1901*: 545n. **4** *Planck 1901a*: 562, 564n. **6** *Planck 1901a*: 370n. **8** *Planck 1901a*: 913n.

———. "Ueber die Elementarquanta der Materie und der Elektricität." *Annalen der Physik* 4 (1901): 564–566.
Cited: **2** *Planck 1901b*: 107n, 108n, 167n, 168n, 171, 205n, 235n, 345n, 396n, 502n, 552n, 583n. **4** *Planck 1901b*: 564n. **6** *Planck 1901b*: 370n. **8** *Planck 1901b*: 913n.

———. "Zur elektromagnetischen Theorie der Dispersion in isotropen Nichtleitern." *Königlich Preußische Akademie der Wissenschaften* (Berlin). *Sitzungsberichte* (1902): 470–494.
Cited: **1** *Planck 1902*: 279n. **8** *Planck 1902*: 159n.

———. [Review of *Gibbs 1902*.] *Beiblätter zu den Annalen der Physik* 27 (1903): 748–753.
Cited: **2** *Planck 1903a*: 44.

———. *Treatise on Thermodynamics*. Ogg, Alexander, trans. London: Longmans, Green and Co., 1903.
Cited: **2** *Planck 1903b*: 119n.

———. "Über die mechanische Bedeutung der Temperatur und der Entropie." In *Festschrift Ludwig Boltzmann gewidmet zum sechzigsten Geburtstage 20. Februar 1904*, pp. 113–122. Meyer, Stefan, ed. Leipzig: Barth, 1904.
Cited: **2** *Planck 1904*: 44, 110.

———. "On Clausius' Theorem for Irreversible Cycles, and on the Increase of Entropy." *Philosophical Magazine* 9 (1905): 167–168.
Cited: **2** *Planck 1905*: 245–246, 246n, 249n.

———. "Das Prinzip der Relativität und die Grundgleichungen der Mechanik." *Deutsche Physikalische Gesellschaft. Verhandlungen* 8 (1906): 136–141.
Cited: **2** *Planck 1906a*: 254, 266, 272, 310n, 427n, 485n, 486n. **4** *Planck 1906a*: 164n, 305, 340n, 565n. **5** *Planck 1906a*: 40n, 75n.

———. "Die Kaufmannschen Messungen der Ablenkbarkeit der β-Strahlen in ihrer Bedeutung für die Dynamik der Elektronen." *Deutsche Physikalische Gesellschaft. Verhandlungen* 8 (1906): 418–432. Reprinted in *Physikalische Zeitschrift* 7 (1906): 753–759.
Cited: **2** *Planck 1906b*: 254, 271, 272, 372n, 427n, 461, 486n. **5** *Planck 1906b*: 75n, 78n.

———. *Vorlesungen über die Theorie der Wärmestrahlung*. Leipzig: Barth, 1906.
Cited: **2** *Planck 1906c*: 49, 110, 134, 140, 144, 373–376, 377n, 381, 390n, 543, 551n, 552n, 553n, 583n. **3** *Planck 1906*: 268n, 272, 273, 274, 280, 281n, 400n, 522, 544n, 547n. **4** *Planck 1906b*: 202n, 563, 565n, 602n. **5** *Planck 1906c*: 50n, 73n, 166n, 180n, 180n, 218n, 475n. **8** *Planck 1906*: 684n.

———. "Nachtrag zu der Besprechung der Kaufmannschen Ablenkungsmessungen." *Deutsche Physikalische Gesellschaft. Verhandlungen* 9 (1907): 301–305.
Cited: **2** *Planck 1907b*: 271, 272, 461, 486n.

5 *Planck 1907b*: 75n, 78n.

———. "Zur Dynamik bewegter Systeme." *Königlich Preußische Akademie der Wissenschaften* (Berlin). *Sitzungsberichte* (1907): 542–570. Reprinted in *Annalen der Physik* 26 (1908): 1–34.
Cited: **2** *Planck 1907a*: 254, 266, 269, 272, 436, 474, 475, 485n, 486n, 487n. **4** *Planck 1907*: 107n, 163n, 164n. **5** *Planck 1907a*: 33n, 40n, 50n, 75n, 76n, 84n, 104n.

———. "Zur Dynamik bewegter Systeme." *Annalen der Physik* 26 (1908): 1–34.
Cited: **4** *Planck 1908*: 565n.

———. "Bemerkungen zum Prinzip der Aktion und Reaktion in der allgemeinen Dynamik." *Deutsche Physikalische Gesellschaft. Verhandlungen* 10 (1908): 728–732. Reprinted in *Physikalische Zeitschrift* 9 (1908): 828–830.
Cited: **5** *Planck 1908a*: 149n. **7** *Planck 1908*: 572n. **8** *Planck 1908*: 802n.

———. "Die Einheit des physikalischen Weltbildes." *Physikalische Zeitschrift* 10 (1909): 62–75.
Cited: **5** *Planck 1908b*: 204n. **7** *Planck 1909*: 62n.

———. *Acht Vorlesungen über theoretische Physik gehalten an der Columbia University in the City of New York im Frühjahr 1909*. Leipzig: Hirzel, 1910.
Cited: **5** *Planck 1910a*: 390n.

———. "Gleichförmige Rotation und Lorentz-Kontraktion." *Physikalische Zeitschrift* 11 (1910): 294.
Cited: **3** *Planck 1910b*: 478.

———. "Zur Machschen Theorie der physikalischen Erkenntnis. Eine Erwiderung." *Physikalische Zeitschrift* 11 (1910): 1186–1190.
Cited: **5** *Planck 1910c*: 532n. **7** *Planck 1910*: 62n.

———. "Zur Theorie der Wärmestrahlung." *Annalen der Physik* 31 (1910): 758–768.
Cited: **2** *Planck 1910*: 552n, 583n, 587n. *Planck 1910a*: xix, 177–178, 178n, 268n, 281n, 423n. **5** *Planck 1910b*: 246n.

———. "Eine neue Strahlungshypothese." *Deutsche Physikalische Gesellschaft. Verhandlungen* 13 (1911): 138–148.
Cited: **4** *Planck 1911a*: 270, 285n, 564n. **5** *Planck 1911a*: 466n. **6** *Planck 1911a*: 39n.

———. "La loi du rayonnement noir et l'hypothèse des quantités élémentaires d'action." In *La théorie du rayonnement et les quanta. Rapports et discussions de la réunion tenue à Bruxelles, du 30 octobre au 3 novembre 1911, sous les auspices de M. E. Solvay*, pp. 93–114. Langevin, Paul, and de Broglie, Maurice, eds. Paris: Gauthier-Villars, 1912. Reprinted as "Die Gesetze der Wärmestrahlung und die Hypothese der elementaren Wirkungsquanten." In *Die Theorie der Strahlung und der Quanten. Verhandlungen auf einer von E. Solvay einberufenen Zusammenkunft (30. Oktober bis 3. November 1911). Mit einem Anhange über die Entwicklung der Quantentheorie vom Herbst 1911 bis Sommer 1913*, pp. 77–94. Eucken, Arnold, ed. Halle a.S.: Knapp, 1914. (*Abhandlungen der Deutschen Bunsen Gesellschaft für angewandte physikalische Chemie* 3, no. 7.) [**3** *Planck 1914*/ **4** *Planck 1914a*/ **6** *Planck 1914a*].
Cited: **3** *Planck 1912*: 562n. **6** *Planck 1912b*: 370n. **8** *Planck 1912*: 22n.

———. *Vorlesungen über Thermodynamik*. 3d ed. Leipzig: Veit, 1911.
Cited: **10** *Planck 1911*: 485n.

———. "Zur Hypothese der Quantenemission." *Königlich Preußische Akademie der Wissenschaften* (Berlin). *Sitzungsberichte* (1911): 723–731.
Cited: **4** *Planck 1911b*: 270, 285n, 564n. **5** *Planck 1911b*: 466n. **6** *Planck 1911b*: 39n.

———. "Über die Begründung des Gesetzes der schwarzen Strahlung." *Annalen der Physik* 37 (1912): 642–656.
Cited: **4** *Planck 1912*: 270, 285n, 564n. **5** *Planck 1912*: 466n.

———. "Über neuere thermodynamische Theorien (Nernstsches Wärmetheorem und Quantenhypothese)." *Physikalische Zeitschrift* 13 (1912): 165–175.
Cited: **6** *Planck 1912a*: 39n.

———. *Vorlesungen über die Theorie der Wärmestrahlung*. 2d ed. Leipzig: Barth, 1913.
Cited: **4** *Planck 1913*: 282, 285n, 564n. **6** *Planck 1913*: 39n.

———. "Die Gesetze der Wärmestrahlung und die Hypothese der elementaren Wirkungsquanten." In *Die Theorie der Strahlung und der Quanten. Verhandlungen auf einer von E. Solvay einberufenen Zusammenkunft (30. Oktober bis 3. November 1911). Mit einem Anhange über die Entwicklung der Quantentheorie vom Herbst 1911 bis Sommer 1913*, pp. 77–94. Eucken, Arnold, ed. Halle a.S.: Knapp, 1914. (*Abhandlungen der Deutschen Bunsen Gesellschaft für angewandte physi-*

kalische Chemie 3, no. 7.)
Cited: **3** *Planck 1914*: 506n, 562n. **4** *Planck 1914a*: 270, 285n, 564n. **6** *Planck 1914a*: 370n.

———. "Eine veränderte Formulierung der Quantenhypothese." *Königlich Preußische Akademie der Wissenschaften* (Berlin). *Sitzungsberichte* (1914): 918–923.
Cited: **6** *Planck 1914c*: 370n.

———. "Erwiderung des Sekretars Hrn. Planck." *Königlich Preußische Akademie der Wissenschaften* (Berlin). *Sitzungsberichte* (1914): 742–744.
Cited: **6** *Planck 1914b*: 24n . **8** *Planck 1914*: 41n, 76n, 223n.

———. *Neue Bahnen der physikalischen Erkenntnis*. Leipzig: Barth, 1914.
Cited: **4** *Planck 1914b*: 564n.

———. "Die Quantenhypothese für Molekeln mit mehreren Freiheitsgraden." *Deutsche Physikalische Gesellschaft. Verhandlungen* 17 (1915): 407–418.
Cited: **8** *Planck 1915a*: 193n, 217n.

———. "Bemerkung über die Entropiekonstante zweiatomiger Gase." *Deutsche Physikalische Gesellschaft. Verhandlungen* 17 (1915): 418–419.
Cited: **6** *Planck 1915*: 262n. **8** *Planck 1915b*: 193n.

———. "Bemerkungen über die Emission von Spektrallinien." *Königlich Preußische Akademie der Wissenschaften* (Berlin). *Sitzungsberichte* (1915): 909–913.
Cited: **8** *Planck 1915d*: 217n.

———. "Die Quantenhypothese für Molekeln mit mehreren Freiheitsgraden. 2. Mitteilung." *Deutsche Physikalische Gesellschaft. Verhandlungen* 17 (1915): 438–451.
Cited: **8** *Planck 1915c*: 193n, 217n.

———. "Die physikalische Struktur des Phasenraumes." *Annalen der Physik* 50 (1916): 385–418.
Cited: **8** *Planck 1916*: 217n.

———. "Über die absolute Entropie einatomiger Körper." *Königlich Preußische Akademie der Wissenschaften* (Berlin). *Sitzungsberichte* (1916): 653–667.
Cited: **9** *Planck 1916*: 383n.

———. "Erwiderung." In Warburg, Emil, et al. *Zu Max Plancks sechzigstem Geburtstag. Ansprachen, gehalten am 26. April 1918 in der Deutschen Physikalischen Gesellschaft von E. Warburg, M. v. Laue, A. Sommerfeld und A. Einstein*, pp. 33–36. Karlsruhe: Müllersche Hofbuchhandlung, 1918.
Cited: **8** *Planck 1918a*: 629n, 776n, 784n.

———. "Zur Quantelung des asymmetrischen Kreisels." *Königlich Preußische Akademie der Wissenschaften* (Berlin). *Sitzungsberichte* (1918): 1166–1174.
Cited: **8** *Planck 1918b*: 643n.

———. "Neue Bahnen der physikalischen Erkenntnis. (Rede, gehalten beim Antritt des Rektorats der Friedrich-Wilhelm-Universität Berlin, am 15 Oktober 1913)." In *Physikalische Rundblicke. Gesammelte Reden und Aufsätze*, pp. 64–81. Leipzig: Hirzel, 1922.
Cited: **7** *Planck 1913*: 404n.

———. "Über die Natur der Wärmestrahlung." *Annalen der Physik* 73 (1924): 272–288.
Cited: **3** *Planck 1924*: 268n.

———. *Physikalische Abhandlungen und Vorträge*. 3 vols. Braunschweig: Vieweg, 1958.
Cited: **2** *Planck 1958*. **3** *Planck 1958*. **4** *Planck 1958*. **5** *Planck 1958*. **6** *Planck 1958*.

Planck, Max, et al. "Discussion" following *Planck 1912*. In *La théorie du rayonnement et les quanta. Rapports et discussions de la réunion tenue à Bruxelles, du 30 octobre au 3 novembre 1911, sous les auspices de M. E. Solvay*, pp. 115–132. Langevin, Paul, and de Broglie, Maurice, eds. Paris: Gauthier-Villars, 1912.
Cited: **3** *Planck et al. 1912*: 506n, 507n.

———. "Diskussion" following **3** *Planck 1914/* **4** *Planck 1914a/* **6** *Planck 1914a*. In *Die Theorie der Strahlung und der Quanten. Verhandlungen auf einer von E. Solvay einberufenen Zusammenkunft (30. Oktober bis 3. November 1911). Mit einem Anhange über die Entwicklung der Quantentheorie vom Herbst 1911 bis Sommer 1913*, pp. 95–108. Eucken, Arnold, ed. Halle a.S.: Knapp, 1914. (*Abhandlungen der Deutschen Bunsen Gesellschaft für angewandte physikalische Chemie* 3, no. 7.)
Cited: **3** *Planck et al. 1914a*: 506n, 507n. **4** *Planck et al. 1914*: 564n.

Planck, Max, Debye, Peter, Nernst, Walther, Smoluchowski, Marian von, Sommerfeld, Arnold, and Lorentz, Hendrik A. *Vorträge über die kinetische Theorie der Materie und der Elektrizität. Gehalten in Göttingen auf Einladung der Kommission der Wolfskehlstiftung*. Leipzig: Teubner, 1914.
Cited: **3** *Planck et al. 1914b*. **5** *Planck et al. 1914*: 502n. **6** *Planck et al. 1914*.

Plato, Jan von. "Boltzmann's Ergodic Hypothesis." *Archive for History of Exact Sciences* 42 (1991): 71–89.
Cited: **3** *Plato 1991*: 244n.

Plummer, Henry C. "On the Problem of Distribution in Globular Star Clusters." *Royal Astronomical Society. Monthly Notices* 71 (1911): 460–470.
Cited: **7** *Plummer 1911*: 425n. **10** *Plummer 1911*: 527n.

———. "The Distribution of Stars in Globular Clusters." *Royal Astronomical Society. Monthly Notices* 76 (1915): 107–121.
Cited: **10** *Plummer 1915*: 527n.

Pockels, Friedrich. "Kapillarität." In *Handbuch der Physik*. 2d ed. Vol. 1, *Allgemeine Physik*, pp. 1119–1234. Winkelmann, Adolph, ed. Leipzig: Barth, 1908.
Cited: **2** *Pockels 1908*: 6.

Poggendorff, Johann Christian. "Ein Vorschlag zum Messen der magnetischen Abweichung." *Annalen der Physik und Chemie* 7 (1826): 121–130.
Cited: **1** *Poggendorff 1826*: 207n.

Poincaré, Henri. *Électricité et optique*. Vol. 1, *Les théories de Maxwell et la théorie électromagnétique de la lumière*. Paris: Gauthier-Villars, 1890.
Cited: **7** *Poincaré 1890*: 279n.

———. "La mesure du temps." *Revue de métaphysique et de morale* 6 (1898): 1–13.
Cited: **2** *Poincaré 1898*: 308n.

———. "La théorie de Lorentz et le principe de la réaction." In *Recueil de travaux offerts par les auteurs à H. A. Lorentz, professeur de physique à l'Université de Leiden, à l'occasion du 25me anniversaire de son doctorat le 11 décembre 1900*, pp. 252–278. Bosscha, Johannes, ed. The Hague: Nijhoff, 1900. *Archives néerlandaises des sciences exactes et naturelles* 5 (1900).
Cited: **2** *Poincaré 1900*: 260, 308n, 360, 366n. **5** *Poincaré 1900*: 149n.

———. *Électricité et optique*. Paris: Carré et Naud, 1901.
Cited: **4** *Poincaré 1901*: 551n.

———. *La science et l'hypothèse*. Paris: Flammarion, 1902.
Cited: **2** *Poincaré 1902*: xxv, 211, 255, 260, 306n, 307n, 308n. **4** *Poincaré 1902*: 551n. **6** *Poincaré 1902*: 538n. **7** *Poincaré 1902*: xxxvi, 403n, 405n, 456n, 570n. **8** *Poincaré 1902*: 74n, 634n, 708n, 892n. **9** *Poincaré 1902*: 52n.

———. "L'état actuel et l'avenir de la physique mathématique." *Bulletin des sciences mathématiques* 28 (1904): 302–324.
Cited: **2** *Poincaré 1904b*: xxv, 307n.

———. *Wissenschaft und Hypothese*. Lindemann, Ferdinand and Lisbeth, trans. Leipzig: Teubner, 1904. (Trans. of **2** *Poincaré 1902* **4** *Poincaré 1902*/ **6** *Poincaré 1902*/ **7** *Poincaré 1902*/ **8** *Poincaré 1902*.) Annotations by Ferdinand Lindemann.
Cited: **2** *Poincaré 1904a*: xxv, 307n, 308n.

———. *La valeur de la science*. Paris: Flammarion, 1905.
Cited: **2** *Poincaré 1905a*: xxiv.

———. "Sur la dynamique de l'électron." *Académie des sciences* (Paris). *Comptes rendus* 140 (1905): 1504–1508.
Cited: **2** *Poincaré 1905b*: 256, 257, 308n.

———. "Sur la dynamique de l'électron." *Circolo Matematico di Palermo. Rendiconti* 21 (1906): 129–175.
Cited: **2** *Poincaré 1906*: 257, 553n. **7** *Poincaré 1906*: xxviii, 139n, 457n, 576n.

———. *Wissenschaft und Hypothese*. 2d ed. Leipzig: Teubner, 1906.
Cited: **9** *Poincaré 1906*: 89n.

———. "La dynamique de l'électron." *Revue générale des sciences pures et appliquées* 19 (1908): 386–402.
Cited: **4** *Poincaré 1908*: 439n.

———, ed. *Leçons sur les hypothèses cosmogoniques professées a la Sorbonne*. Vergne, Henri, ed. Paris: Hermann, 1911.
Cited: **9** *Poincaré 1911*: 467n.

———. "Sur la théorie des quanta." *Journal de physique* 2 (1912): 5–34.
Cited: **3** *Poincaré 1912*: xxvii.

———. *Leçons sur les hypothèses cosmogoniques professées à la Sorbonne*. Vergne, Henri, ed. Paris: Hermann, 1913.
Cited: **7** *Poincaré 1913*: 425n.

Polak, Martin W. *Bezwaren tegen de opvattingen der relativisten*. Deventer: Kluwer, 1918.
Cited: **10** *Polak 1918*: 265n.

Polányi, Michael. "Neue thermodynamische Folgerungen aus der Quantenhypothese." *Zeitschrift für physikalische Chemie* 83 (1913): 339–369.
Cited: **5** *Polanyi 1913*: 514n.

———. "Zur Ableitung des Nernstschen Theorems." *Deutsche Physikalische Gesellschaft. Verhandlungen* 16 (1914): 333–335.
Cited: **8** *Polányi 1914*: 66n.

———. "Zur Ableitung des Nernstschen Theo-

rems." *Deutsche Physikalische Gesellschaft. Verhandlungen* 17 (1915): 350–353.
Cited: **6** *Polanyi 1915*: 39n. **8** *Polányi 1915*: 66n, 139n, 144n.

Ponsot, Auguste. "Chaleur dans le déplacement de l'équilibre d'un système capillaire." *Académie des sciences* (Paris). *Comptes rendus* 140 (1905): 1176–1179.
Cited: **2** *Ponsot 1905*: 318–319, 319n.

Popović, Milan, ed. *In Albert's Shadow: The Life and Letters of Mileva Marić, Einstein's First Wife*. Baltimore: Johns Hopkins University Press, 2003.
Cited: **9** *Popović 2003*: 91n, 215n, 271n, 496n.

Poppel, Stephen M. *Zionism in Germany, 1897–1933: The Shaping of a Jewish Identity*. Philadelphia: Jewish Publication Society, 1977.
Cited: **7** *Poppel 1977*: 225, 232–233, 235, 292n, 304n.

Popper-Lynkeus, Josef. *Nach dem Kriege. Ein Auszug aus dem Werke Die allgemeine Nährpflicht als Lösung der sozialen Frage*. 2d ed. Dresden: Reißner, [1915].
Cited: **7** *Popper-Lynkeus 1915*: 129n. **9** *Popper-Lynkeus 1915*: 421n.

Popper, Karl. *Logik der Forschung*. Vienna: Springer, 1935.
Cited: **7** *Popper 1935*: 220n.

Pound, Robert V., and Rebka, Glen A. "Apparent Weight of Photons." *Physical Review Letters* 4 (1960): 337–341.
Cited: **2** *Pound and Rebka 1960*: 488n.

Prandtl, Ludwig. "Tragflügeltheorie I." *Königliche Gesellschaft der Wissenschaften zu Göttingen. Mathematisch-physikalische Klasse. Nachrichten* (1918): 451–477.
Cited: **8** *Prandtl 1918*: 709n.

———. "Tragflügeltheorie II." *Königliche Gesellschaft der Wissenschaften zu Göttingen. Mathematisch-physikalische Klasse. Nachrichten* (1919): 107–137.
Cited: **8** *Prandtl 1919*: 709n.

Precht, Julius. "Strahlungsenergie von Radium." *Annalen der Physik* 21 (1906): 595–601.
Cited: **2** *Precht 1906*: 464, 486n.

Preuß, Walter. "Jüdische Arbeit in Deutschland." *Der jüdische Student* 18 (1921): 151–153.
Cited: **7** *Preuß 1921*: 232, 241n.

Pringsheim, Ernst. *Vorlesungen über die Physik der Sonne*. Leipzig: Teubner, 1910.
Cited: **9** *Pringsheim 1910*: 249n.

Przibram, Karl. "Ladungsbestimmungen an Nebelteilchen. Beiträge zur Frage des elektrischen Elementarquantums." *Kaiserliche Akademie der Wissenschaften* (Vienna). *Mathematisch-naturwissenschaftliche Klasse. Abteilung IIa. Sitzungsberichte* 119 (1910): 869–935.
Cited: **5** *Przibram 1910*: 322n.

Pyenson, Lewis. "Einstein's Early Scientific Collaboration." *Historical Studies in the Physical Sciences* 7 (1976): 84–123.
Cited: **2** *Pyenson 1976*: 505, 555n. **8** *Pyenson 1976*: 200n.

———. "Hermann Minkowski and Einstein's Special Theory of Relativity." *Archive for History of Exact Sciences* 17 (1977): 71–95.
Cited: **2** *Pyenson 1977*: 504.

———. "The Incomplete Transmission of a European Image: Physics at Greater Buenos Aires and Montreal, 1890–1920." *American Philosophical Society. Proceedings* 122 (1978): 92–114.
Cited: **5** *Pyenson 1978*: 309n.

———. "Audacious Enterprise: The Einsteins and Electrotechnology in Late Nineteenth-Century Munich." *Historical Studies in the Physical Sciences* 12 (1982): 373–392.
Cited: **1** *Pyenson 1982*: xlii, lii, liii, 5.

———. *Neohumanism and the Persistence of Pure Mathematics in Wilhelmian Germany*. Philadelphia: American Philosophical Society, 1983.
Cited: **7** *Pyenson 1983*: 337n.

———. *The Young Einstein: The Advent of Relativity*. Bristol: Hilger, 1985.
Cited: **2** *Pyenson 1985*: xxxiii, 267, 504. **3** *Pyenson 1985*: 449n. **4** *Pyenson 1985*: 4. **5** *Pyenson 1985*: 640. **7** *Pyenson 1985*: 62n, 337n.

Quédec, Pierre. "Weiss' Magneton: The Sin of Pride or a Venial Mistake?" *Historical Studies in the Physical and Biological Sciences* 18 (1988): 349–375.
Cited: **8** *Quédec 1988*: 135n.

Quincke, Georg. "Electrische Untersuchungen." *Annalen der Physik und Chemie* 24 (1885): 347–416.
Cited: **3** *Quincke 1885*: 398n, 399n.

Quinn, Malcolm. *The Swastika: Constructing the Symbol*. London: Routledge, 1994.
Cited: **10** *Quinn 1994*: 395n.

Radbruch, Gustav. *Briefe II (1919–1949)*. Spendel, Günter, ed. Heidelberg: Müller, 1995.
Cited: **9** *Radbruch 1995*: 34n.

Ramsay, William. "On Brownian or Pedetic Motion." *Bristol Naturalists' Society. Pro-

ceedings 3 (1882): 299–302.
Cited: **2** *Ramsay 1882*: 209.
Ransome, Arthur. *Russia in 1919*. New York: Huebsch, 1919.
Cited: **9** *Ransome 1919*: 79n.
Raoult, François Marie. "Über die Dampfdrucke ätherischer Lösungen." *Zeitschrift für physikalische Chemie* 2 (1888): 353–373.
Cited: **5** *Raoult 1888a*: 16n.
———. "Über die Gefrierpunkte verdünnter wässeriger Lösungen." *Zeitschrift für physikalische Chemie* 2 (1888): 488–490.
Cited: **5** *Raoult 1888b*: 16n.
Rappard, William. *Switzerland and the American Food Supply*. Philadelphia: American Academy of Political and Social Science, 1917.
Cited: **9** *Rappard 1917*: 205n.
———. *La mission suisse aux Etats-Unis août–novembre 1917*. Geneva: Sonor, 1918.
Cited: **9** *Rappard 1918*: 205n.
Rathenau, Walther. *Gedächtnisrede für Emil Rathenau, gehalten am Tage der Beisetzung 23. Juni 1915 in Oberschöneweide*. [n. p., 1915]. Reprinted in *Die Zukunft* 23 (1915): 23–30.
Cited: **8** *Rathenau 1915*: 451n.
———. *Eine Streitschrift vom Glauben*. Berlin: Fischer, 1917.
Cited: **8** *Rathenau 1917b*: 451n, 1009c. **10** *Rathenau 1917*: 96n.
———. *Von kommenden Dingen*. Berlin: Fischer, 1917.
Cited: **8** *Rathenau 1917a*: 400n, 1009.
———. *An Deutschlands Jugend*. Berlin: Fischer, 1918.
Cited: **8** *Rathenau 1918c*: 906n.
———. *Die neue Wirtschaft*. Berlin: Fischer, 1918.
Cited: **7** *Rathenau 1918*: 9n. **8** *Rathenau 1918a*: 1015c.
———. *Gesammelte Schriften in fünf Bänden*. Vol. 1. Berlin: Fischer, 1918.
Cited: **8** *Rathenau 1918b*: 1027c.
———. *Der Kaiser. Eine Betrachtung*. Berlin: Fischer, 1919.
Cited: **9** *Rathenau 1919*: 556c.
———. *Die Organisation der Rohstoffversorgung. Vortrag, gehalten in der Deutschen Gesellschaft 1914 am 20 Dezember 1915*. [n. p., 1916].
Cited: **8** *Rathenau 1916*: 171n.
Rathje, Johannes. *Die Welt des Freien Protestantismus. Ein Beitrag zur deutsch-evangelischen Geistesgeschichte. Dargestellt an Leben und Werk von Martin Rade*. Stuttgart: Klotz, 1952.
Cited: **9** *Rathje 1952*: 55n.
Ratnowsky, Simon. *Détermination expérimentale de la variation d'inertie des corpuscule cathodiques en fonction de la vitesse*. Doctoral dissertation, University of Geneva, 1911.
Cited: **8** *Ratnowsky 1911*: 909n.
———. "Die Zustandsgleichung einatomiger fester Körper und die Quantentheorie." *Annalen der Physik* 38 (1912): 637–648.
Cited: **5** *Ratnowsky 1912b*: 415n.
Rausch von Traubenberg, Heinrich. "Über die quantitative Bestimmung elektromagnetischer Strahlungsfelder in der drahtlosen Telegraphie." *Jahrbuch der drahtlosen Telegraphie und Telephonie* 14 (1919): 569–578.
Cited: **9** *Rausch von Traubenberg 1919a*: 292n.
———. "Über das Eindringen von Kanalstrahlen in feste Körper." *Jahrbuch der Radioaktivität und Elektronik* 15 (1919): 283–292.
Cited: **9** *Rausch von Traubenberg 1919b*: 292n.
———. "Über den Durchgang von Kanalstrahlen durch Materie." *Königliche Gesellschaft der Wissenschaften zu Göttingen. Mathematisch-physikalische Klasse. Nachrichten* (1914): 272–274.
Cited: **9** *Rausch von Traubenberg 1914*: 292n.
Rayleigh, Lord (John W. Strutt). "On the Transmission of Light through an Atmosphere Containing Small Particles in Suspension, and on the Origin of the Blue of the Sky." *Philosophical Magazine* 47 (1899): 375–384.
Cited: **3** *Rayleigh 1899*: 283, 307, 311n. **5** *Rayleigh 1899*: 363n.
———. *Scientific Papers*. 6 vols. Cambridge: Cambridge University Press, 1899–1920. Reprinted, New York: Dover, 1964 (cited separately as **2** *Rayleigh 1964*).
Cited: **3** *Rayleigh 1899–1920*: 307, 311n. **5** *Rayleigh 1899–1920*.
———. "Remarks upon the Law of Complete Radiation." *Philosophical Magazine* 49 (1900): 539–540.
Cited: **2** *Rayleigh 1900*: 134, 137, 144, 167n, 390n. **3** *Rayleigh 1900*: 281n. **6** *Rayleigh 1900*: 39n, 398n.
———. "The Constant of Radiation as Calculated from Molecular Data." *Nature* 72 (1905): 243–244.

Cited: **2** *Rayleigh 1905b*: 137, 138, 144, 167n, 390n. **3** *Rayleigh 1905b*: 281n. **5** *Rayleigh 1905b*: 42n.

———. "The Dynamical Theory of Gases and of Radiation." *Nature* 72 (1905): 54–55.
Cited: **2** *Rayleigh 1905a*: 137, 144, 167n, 390n. **3** *Rayleigh 1905a*: 281n. **5** *Rayleigh 1905a*: 42n.

Reed, Terence J. *Thomas Mann: The Uses of Tradition.* 2d ed. Oxford: Clarendon Press, 1996.
Cited: **9** *Reed 1996*: 396n.

Regener, Erich. "Über Zählung der α–Teilchen durch die Szintillation und über die Größe des elektrischen Elementarquantums." *Königlich Preußische Akademie der Wissenschaften* (Berlin). *Sitzungsberichte* (1909): 948–965.
Cited: **2** *Regener 1909*: 583n.

———. "Über die Ursache, welche bei den Ehrenhaftschen Messungen wahrscheinlich die Existenz von Subelektronen vortäuscht." *Preußische Akademie der Wissenschaften* (Berlin). *Sitzungsberichte* (1920): 632–641.
Cited: **10** *Regener 1920*: 298n.

Regnault, Henri Victor. "Sur les forces élastiques des vapeurs dans le vide et dans des gaz, aux différentes températures; et sur les tensions des vapeurs fournies par les liquides mélangés ou superposés." *Académie des Sciences* (Paris). *Comptes rendus* 39 (1854): 397–409.
Cited: **1** *Regnault 1854*: 121n.

———. "Mémoire sur la chaleur spécifique des fluides élastiques." *Académie des Sciences* (Paris). *Mémoires* 26 (1862): 1–915.
Cited: **1** *Regnault 1862*: 96n, 126n.

Reich, F. "Fallversuche über die Umdrehung der Erde." *Annalen der Physik und Chemie* 29 (1833): 494–501.
Cited: **3** *Reich 1833*: 62, 127n.

Reich, Karin. *Die Entwicklung des Tensorkalküls. Vom absoluten Differentialkalkül zur Relativitätstheorie.* Basel: Birkhäuser, 1994.
Cited: **4** *Reich 1994*: 296, 340n, 342n, 343n, 597n. **6** *Reich 1994*: 338n. **7** *Reich 1994*: 574n. **10** *Reich 1994*: 380n.

———. "Einsteins Vortrag über Relativitätstheorie an der Universität Hamburg am 17. 7. 1920. Vorgeschichte, Folgen." *Mitteilungen der Mathematischen Gesellschaft in Hamburg* 19 (2000): 51–68.
Cited: **9** *Reich 2000*: 218n, 334n. **10** *Reich 2000*: 338n, 547n, 587c.

Reiche, Fritz. "Über die anomale Fortpflanzung von Kugelwellen beim Durchgang durch Brennpunkte. Erste Mitteilung." *Annalen der Physik* 29 (1909): 65–93.
Cited: **5** *Reiche 1909a*: 182n.

———. "Über die anomale Fortpflanzung von Kugelwellen beim Durchgang durch Brennpunkte. Zweite Mitteilung." *Annalen der Physik* 29 (1909): 401–440.
Cited: **5** *Reiche 1909b*: 182n.

———. "Über die anomale Fortpflanzung von Kugelwellen beim Durchgang durch Brennpunkte. Berichtigung." *Annalen der Physik* 30 (1909): 182–184.
Cited: **5** *Reiche 1909c*: 182n.

———. "Zur Quantentheorie des Paramagnetismus." *Annalen der Physik* 54 (1917): 401–436.
Cited: **10** *Reiche 1917*: 369n.

Reichenbach, Hans. *Relativitätstheorie und Erkenntnis a priori.* Berlin: Springer, 1920.
Cited: **9** *Reichenbach 1920a*: 510n. **10** *Reichenbach 1920*: 270n, 314n, 324n, 383n, 456n.

———. Review of *Schlick 1918*. *Zeitschrift für angewandte Psychologie* 16 (1920): 341–343.
Cited: **9** *Reichenbach 1920b*: 510n.

Reichenbächer, Ernst. "Grundzüge zu einer Theorie der Elektrizität und der Gravitation." *Annalen der Physik* 53 (1917): 134–178.
Cited: **7** *Reichenbächer 1917*: 371n.

———. "Inwiefern läßt sich die moderne Gravitationstheorie ohne die Relativität begründen?" *Die Naturwissenschaften* 8 (1920): 1008–1010.
Cited: **7** *Reichenbächer 1920*: 121n, 357n, 371n.

Reichinstein, David. *Die Eigenschaften des Adsorptionsvolumes.* Zurich: Lehmann, 1916.
Cited: **8** *Reichinstein 1916*: 283n.

———. "Ein elektrolytischer Stromverstärkungseffekt — ein neuer elektrolytischer Verdrängungseffekt, und der Zusammenhang zwischen Elektrolyse und Elektronenemission im Vakuum." *Zeitschrift für physikalische Chemie* 95 (1920): 457–507.
Cited: **10** *Reichinstein 1920*: 312n.

———. *Albert Einstein. Sein Lebensbild und seine Weltanschauung.* 3d rev. ed. Prague: [published by author], 1935.
Cited: **5** *Reichinstein 1935*: 291n, 607n. **8** *Reichinstein 1935*: 283n.

Reichmann, Eva G. *Hostages of Civilization: The Social Sources of National Socialist Anti-Semitism*. Westport, Conn.: Greenwood, 1970.
Cited: **7** *Reichmann 1970*: 429n.

Reid, Donald M. *Cairo University and the Making of Modern Egypt*. Cambridge: Cambridge University Press, 1990.
Cited: **9** *Reid 1990*: 213n.

Reinganum, Maximilian. "Theoretische Bestimmung des Verhältnisses von Wärme- und Elektricitätsleitung der Metalle aus der Drude'schen Elektronentheorie." *Annalen der Physik* 2 (1900): 398–403.
Cited: **1** *Reinganum 1900*: 237, 305n. **2** *Reinganum 1900*: 45. **5** *Reinganum 1900*: 447n.

———. "Über die Theorie der Zustandsgleichung und der inneren Reibung der Gase." *Physikalische Zeitschrift* 2 (1901): 241–245.
Cited: **5** *Reinganum 1901*: 293n.

Reinhart, G. N. "Die geschichtliche Entwicklung der elektrischen Industrie in Bayern." In *Geschichte der bayrischen Industrie*, pp. 29–32. Kuhlo, Alfred, ed. Munich: Bayrische Druckerei & Verlagsanstalt, 1926.
Cited: **1** *Reinhart 1926*: lii, liii.

Reinharz, Jehuda, ed. *The Letters and Papers of Chaim Weizmann*. Series A, Vol. 9, *October 1918–July 1920*. New Brunswick, N.J.: Rutgers University Press, 1977.
Cited: **9** *Reinharz 1977*: 197n, 327n, 353n, 365n.

———. "The Zionist Response to Antisemitism in the Weimar Republic." In *The Jewish Response to German Culture: From the Enlightenment to the Second World War*, pp. 266–293. Reinharz, Jehuda, and Schatzberg, Walter, eds. Hanover, N.H.: University Press of New England, 1985.
Cited: **7** *Reinharz 1985*: 225, 293n.

———. *Chaim Weizmann: The Making of a Statesman*. New York: Oxford University Press, 1993.
Cited: **9** *Reinharz 1993*: 255n, 365n.

Reinharz, Jehuda, and Schatzberg, Walter, eds. *The Jewish Response to German Culture: From the Enlightenment to the Second World War*. Hanover, N.H.: University Press of New England, 1985.
Cited: **7** *Reinharz and Schatzberg 1985*.

Reinkober, Otto. "Über Absorption und Reflexion ultraroter Strahlen durch Quarz, Turmalin und Diamant." *Annalen der Physik* 34 (1911): 343–372.
Cited: **5** *Reinkober 1911*: 246n.

Reissner, Hans. "Die allgemeine Relativitätstheorie und die Weyl'sche Erweiterung." *Berliner Mathematische Gesellschaft. Sitzungsberichte* 19 (1920): 47–64.
Cited: **9** *Reissner 1920*: 456n.

———. "Über die Eigengravitation des elektrischen Feldes nach der Einsteinschen Theorie." *Annalen der Physik* 50 (1916): 106–120.
Cited: **8** *Reissner 1916*: 142n, 380n.

Rellstab, Ludwig. "Telephonie." In *Handbuch der Physik*. 2d ed. Vol. 1, *Allgemeine Physik*, pp. 789–811. Winkelmann, Adolph, ed. Leipzig: Barth, 1908.
Cited: **3** *Rellstab 1908*: 400n.

Rempel, Richard A., et al. *Bertrand Russell: His Works*. Vol. 15, *Uncertain Paths to Freedom: Russia and China, 1910–22*. London: Routledge, 2000.
Cited: **9** *Rempel et al. 2000*: 79n.

Renn, Jürgen, and Sauer, Tilman. "Einsteins Züricher Notizbuch. Die Entdeckung der Feldgleichungen der Gravitation im Jahre 1912." *Physikalische Blätter* 52 (1996): 865–872.
Cited: **8** *Renn and Sauer 1996*: liv, 209n.

———. "Heuristics and Mathematical Representation in Einstein's Search for a Gravitational Field Equation." In *The Expanding Worlds of General Relativity*, pp. 87–125. Goenner, Hubert, Renn, Jürgen, Ritter, Jim, and Sauer, Tilman, eds. Boston: Birkhäuser, 1999.
Cited: **7** *Renn and Sauer 1999*: 26n, 281n, 574n. **9** *Renn and Sauer 1999*: lii, 268n. **10** *Renn and Sauer 1999*: 38n.

Renn, Jürgen, Sauer, Tilman, and Stachel, John. "The Origin of Gravitational Lensing: A Postscript to Einstein's 1936 *Science* Paper." *Science* 275 (1997): 184–186.
Cited: **8** *Renn et al. 1997*: 186n.

Reswick, George. "Professor Einstein on His Discoveries. Eminent Philosopher Interviewed at His Home in Berlin. Atomic Theory Next." *Daily Chronicle*, 15 January 1920, Extra Late Edition.
Cited: **9** *Reswick 1920*: 187n.

Rév, Erika. *A népbiztosok pere*. Budapest: Kossuth, 1969.
Cited: **10** *Rév 1969*: 473n.

Reynolds, Osborne. "On Certain Dimensional Properties of Matter in the Gaseous State." *Royal Society of London. Philosophical Transactions* 170 (1879): 727–845.

Cited: **9** *Reynolds 1879*: 48n, 50n.
Ricci, Gregorio, and Levi-Civita, Tullio. "Méthodes de calcul différentiel absolu et leurs applications." *Mathematische Annalen* 54 (1901): 125–201.
　Cited: **4** *Ricci and Levi-Civita 1901*: 192, 195, 197, 296, 324, 326, 329, 333, 342n, 343n, 495, 502n, 622n. **6** *Ricci and Levi-Civita 1901*: 129n, 338n. **7** *Ricci and Levi-Civita 1901*: 281n.
Richards, Theodore William. "The Significance of Changing Atomic Volume. III. The Relation of Changing Heat Capacity to Change of Free Energy, Heat of Reaction, Change of Volume, and Chemical Affinity." *American Academy of Arts and Sciences. Proceedings* 38 (1902): 293–317.
　Cited: **2** *Richards 1902*: 130n.
Richardson, Owen W. "On the Negative Radiation from Hot Platinum." *Cambridge Philosophical Society. Proceedings* 11 (1900–02): 286–295.
　Cited: **5** *Richardson 1901*: 378n.
———. "A Mechanical Effect Accompanying Magnetization." *Physical Review* 26 (1908): 248–253.
　Cited: **6** *Richardson 1908*: 174, 189n.
———. *The Electron Theory of Matter.* Cambridge: Cambridge University Press, 1914.
　Cited: **10** *Richardson 1914*: 503n.
———. *The Emission of Electricity from Hot Bodies.* London: Green and Co., 1916.
　Cited: **5** *Richardson 1916*: 378n.
Richardson, Owen W., and Compton, Karl T. "The Photoelectric Effect." *Philosophical Magazine* 24 (1912): 575–594.
　Cited: **2** *Richardson and Compton 1912*: 169n.
Richie, Alexandra. *Faust's Metropolis.* New York: Caroll and Graf, 1998.
　Cited: **7** *Richie 1998*: 99n.
Richter, Steffen. *Forschungsförderung in Deutschland 1920–1936. Dargestellt am Beispiel der Notgemeinschaft der Deutschen Wissenschaft und ihrem Wirken für das Fach Physik.* Düsseldorf: CDI-Verlag, 1972.
　Cited: **7** *Richter 1972*: 300n.
Richter, Viktor von. *Kurzes Lehrbuch der organischen Chemie oder der Chemie der Kohlenstoffverbindungen.* Bonn: Cohen, 1876.
　Cited: **5** *Richter 1876*: 12n.
———. *Chemie der Kohlenstoffverbindungen oder Organische Chemie.* 9th rev. ed. Vol. 1, *Die Chemie der Fettkörper.* Vol. 2, *Carbocyclische und heterocyclische Verbindungen.* Anschütz, Richard, and Schroeter, G., eds. Bonn: Cohen, 1900–1901.
　Cited: **5** *Richter 1900–1901*: 12n.
Riecke, Eduard. "Ueber die electrodynamische Kettenlinie." *Annalen der Physik und Chemie* 23 (1884): 252–258.
　Cited: **3** *Riecke 1884*: 565.
———. "Molekulartheorie der Diffusion und Elektrolyse." *Zeitschrift für physikalische Chemie* 6 (1890): 564–572.
　Cited: **2** *Riecke 1890*: 212.
———. "Zur Theorie des Galvanismus und der Wärme." *Annalen der Physik und Chemie* 66 (1898): 353–389, 545–581.
　Cited: **1** *Riecke 1898*: 236, 238n. **4** *Riecke 1898*: 534n.
———. "Bohrs Theorie der Serienspektren von Wasserstoff und Helium." *Physikalische Zeitschrift* 16 (1915): 222–227.
　Cited: **8** *Riecke 1915*: 158n.
Riem, Johannes. "Die Wissenschaft gegen Einstein." *Deutsche Zeitung*, 26 August 1920.
　Cited: **10** *Riem 1920a*: 388n, 497n.
———. "Nochmals der Kampf gegen Einstein." *Neue Preußische Kreuz-Zeitung*, 27 August 1920.
　Cited: **10** *Riem 1920b*: 497n.
Riemann, Bernhard. "Ueber die Hypothesen, welche der Geometrie zu Grunde liegen." *Königliche Gesellschaft der Wissenschaften und der Georg-August-Universität* (Göttingen). *Mathematische Classe. Abhandlungen* 13 (1867): 133–152.
　Cited: **2** *Riemann 1854*: xxv. **9** *Riemann 1868*: 235n, 236n, 588c.
———. *Gesammelte mathematische Werke und wissenschaftlicher Nachlass.* 2d ed. Weber, Heinrich, ed. Leipzig: Teubner, 1892.
　Cited: **4** *Riemann 1892*: 336, 343n.
———. *Über die Hypothesen, welche der Geometrie zu Grunde liegen.* Weyl, Hermann, ed. Berlin: Springer, 1919.
　Cited: **9** *Riemann 1919*: 236n. **10** *Riemann 1919*: 541n.
Riemer, Karl-Heinz. *Die Postüberwachung im Deutschen Reich durch Postüberwachungsstellen 1914–1918.* Düsseldorf: Poststempelgilde "Rhein-Donau" e.V., 1987.
　Cited: **10** *Riemer 1987*: 109n.
Ringer, Fritz. *The Decline of the German Mandarins: The German Academic Community, 1890–1933.* Cambridge, Mass.: Harvard University Press, 1969.

Cited: **8** *Ringer 1969*: 146n.
Ritz, Walter. "Recherches critiques sur l'électrodynamique générale." *Annales de chimie et de physique* 13 (1908): 145–275.
Cited: **2** *Ritz 1908a*: 263. **4** *Ritz 1908a*: 104n. **5** *Ritz 1908a*: 451n. **6** *Ritz 1908a*: 67n. **7** *Ritz 1908a*: 469n.
———. "Über die Grundlagen der Elektrodynamik und die Theorie der schwarzen Strahlung." *Physikalische Zeitschrift* 9 (1908): 903–907.
Cited: **2** *Ritz 1908b*: 133, 263, 542, 551n, 555, 555n. **4** *Ritz 1908b*: 104n. **5** *Ritz 1908b*: 451n. **6** *Ritz 1908b*: 67n. **7** *Ritz 1908b*: 469n.
———. "Die Gravitation." *Scientia* 5 (1909): 241–255.
Cited: **4** *Ritz 1909*: 501n.
———. "Zum gegenwärtigen Stand des Strahlungsproblems. (Erwiderung auf den Aufsatz des Herrn A. Einstein.)" *Physikalische Zeitschrift* 10 (1909): 224–225.
Cited: **2** *Ritz 1909*: 146, 551n, 555n.
Rocard, Yves. "Théorie des fluctuations et opalescence critique." *Journal de physique et le radium* 4 (1933): 165–185.
Cited: **3** *Rocard 1933*: 285.
Roerkohl, Anne. *Hungerblockade und Heimatfront. Die kommunale Lebensmittelversorgung in Westfalen während des Ersten Weltkrieges*. Stuttgart: Steiner, 1991.
Cited: **9** *Roerkohl 1991*: 253n. **10** *Roerkohl 1991*: 51n.
Rogger, Franziska. *Einsteins Schwester. Maja Einstein—ihr Leben und ihr Bruder Albert*. Zurich: Neue Zürcher Zeitung, 2005.
Cited: **10** *Rogger 2005*: 63n, 82n, 149n, 403n, 509n, 511n.
Rohatschek, Hans. "History of Photophoresis." In *History of Aerosol Science*, pp. 117–127. Preining, Othmar, and Davis, E. James, eds. Vienna: Österreichische Akademie der Wissenschaften, 2000.
Cited: **9** *Rohatschek 2000*: 253n.
Rohrer, Fritz. *Strömungswiderstand in der menschlichen Atemwegen und der Einfluß der unregelmäßigen Verzweigung des Bronchialsystems auf den Atmungsverlauf in verschiedenen Lungenbezirken. Aus dem gerichtlich-medizinischen Institut Prof. Zangger*. Bonn: Hager, 1915.
Cited: **10** *Rohrer 1915*: 37n.
Rohrlich, Fritz. "The Electron: Development of the First Elementary Particle Theory." In *The Physicist's Conception of Nature*, pp. 331–369. Mehra, Jagdish, ed. Dordrecht: Reidel, 1973.
Cited: **7** *Rohrlich 1973*: 139n.
Rolland, Romain. *Liluli*. Paris: Ollendorff, 1919.
Cited: **8** *Rolland 1919*: 505n.
———. *Pierre et Luce*. Geneva: Sablier, 1920.
Cited: **8** *Rolland 1920*: 505n.
———. *The Forerunners*. London: Allen and Unwin, 1920.
Cited: **9** *Rolland 1920*: 102n.
———. *Journal des années de guerre, 1914–1919. Notes et documents pour servir à l'histoire morale de l'Europe de ce temps*. Paris: Michel, 1952.
Cited: **7** *Rolland 1952*: 217n. **8** *Rolland 1952*: 171n, 371n, 505n, 511n.
———. *Das Gewissen Europas. Tagebuch der Kriegsjahre 1914–1919*. Vol. 3, *März 1917 bis Juni 1919*. Berlin: Rütten und Loening, 1974.
Cited: **9** *Rolland 1974*: 564c.
Roloff, Max. *Die Theorie der elektrolytischen Dissociation*. Berlin: Springer, 1902. Originally published in *Zeitschrift für angewandte Chemie* 15 (1902): 525–537, 561–567, 585–600.
Cited: **3** *Roloff 1902*: 421n. **5** *Roloff 1902*: 16n.
Röntgen, Wilhelm Conrad. "Ueber die durch Bewegung eines im homogenen electrischen Felde befindlichen Dielectricums hervorgerufene electrodynamische Kraft." *Annalen der Physik und Chemie* 35 (1888): 264–270.
Cited: **4** *Röntgen 1888*: 102n. **6** *Röntgen 1888*: 67n. **7** *Röntgen 1888*: 98n.
Roscoe, Henry E., Schorlemmer, Carl, and Classen, Alexander. *Roscoe-Schorlemmer's kurzes Lehrbuch der Chemie*. 11th ed. Braunschweig: Vieweg, 1898.
Cited: **2** *Roscoe et al. 1898*: 387, 391n.
Rosell, Antoni R., and Sánchez-Ron, José M. *Esteban Terradas (1883–1950). Ciencia y técnica en la España contemporánea*. Madrid, Barcelona: Instituto Nacional de Técnica Aeroespacial; Serbal, 1990.
Cited: **9** *Rosell and Sánchez Ron 1990*: 528n.
Rosenkranz, Ze'ev. "Albert Einstein Be'Eineh Tsioneh Germania, 1919–1921." In *Yehudeh Vaimar. Ḥevrah Be'Mashber ha-Moderniyut, 1919–1933*, pp. 108–121. Heilbronner, Oded, ed. Jerusalem: Magnes Press, 1994.
Cited: **9** *Rosenkranz 1994*: 223n.
———. "Albert Einstein and the German Zionist Movement." In *Albert Einstein: Chief En-*

gineer of the Universe. One Hundred Authors for Einstein, pp. 302–307. Renn, Jürgen, ed. Berlin: Wiley-VCH, 2005.
Cited: **10** *Rosenkranz 2005*: lii.

Rosenthal-Schneider, Ilse. *Reality and Scientific Truth: Discussions with Einstein, von Laue, and Planck*. Detroit: Wayne State University Press, 1980.
Cited: **9** *Rosenthal-Schneider 1980*: liii, 156n, 342n.

Roseveare, N. T. *Mercury's Perihelion from Le Verrier to Einstein*. Oxford: Clarendon Press, 1982.
Cited: **4** *Roseveare 1982*: 344, 423n, 439n, 445n, 459n, 473n. **6** *Roseveare 1982*: 243n, 538n. **7** *Roseveare 1982*: 575n.

Rotten, Elisabeth. *Goethes Urphänomen und die platonische Idee*. Giessen: Töpelmann, 1913.
Cited: **9** *Rotten 1913*: 185n.

———. "Auskunfts- und Hilfsstelle für Deutsche im Auslande und Ausländer in Deutschland (Mitteilungen vom)." *Die Eiche* 4 (1916): 115–118.
Cited: **9** *Rotten 1916*: 185n.

———. "Aufgaben künftiger Völkerbund-Erziehung." *Die Neue Erziehung* (1919): 796–802.
Cited: **9** *Rotten 1919a*: 185n.

———. "Völkerbund und Erziehung." *Wissen und Leben* 13, no. 2 (November 1919).
Cited: **9** *Rotten 1919b*: 185n.

Rousseau, Jean-Jacques. *Bekenntnisse*. Schücking, Pevin, ed. Hildburghausen: Verlag des Bibliographischen Instituts, 1870.
Cited: **10** *Rousseau 1870*: 162n.

———. *Rousseaus ausgewählte Werke in sechs Bänden*. Stuttgart: Cotta, 1897.
Cited: **10** *Rousseau 1897*: 162n.

Rowe, David E. "'Jewish Mathematics' at Göttingen in the Era of Felix Klein." *Isis* 77 (1986): 422–449.
Cited: **9** *Rowe 1986*: 460n.

———. "Klein, Lie, and the Geometric Background of the Erlangen Program." In *The History of Modern Mathematics. Proceedings of the Symposium on the History of Modern Mathematics, Vassar College, Poughkeepsie, New York, June 20–24, 1989* [i.e., 1988]. Vol. 1, *Ideas and Their Reception*, pp. 209–273. Boston: Academic Press, [1989–94].
Cited: **9** *Rowe 1989*: 41n.

———. "The Göttingen Response to General Relativity and Emmy Noether's Theorems." In *The Symbolic Universe*, pp. 189–234. Gray, Jeremy J., ed. Oxford: Oxford University Press, 1999.
Cited: **7** *Rowe 1999*: 101.

———. "Einstein Meets Hilbert: At the Crossroads of Physics and Mathematics." *Physics in Perspective* 3 (2001): 379–424.
Cited: **7** *Rowe 2001*: 101.

Rowland, Henry A. "On the Magnetic Effect of Electric Convection." *American Journal of Science* 15 (1878): 30–38.
Cited: **4** *Rowland 1878*: 102n. **7** *Rowland 1878*: 98n.

———. "Preliminary Table of Solar Spectrum Wave-Lengths, I–XVIII." *Astrophysical Journal* 1 (1895): 29–46, 131–145, 222–231, 295–304, 377–392; 2 (1895): 45–54, 109–118, 188–197, 306–315, 360–369; 3 (1896): 141–146, 201–206, 356–373; 4 (1896): 106–115, 278–287; 5 (1897): 11–25, 109–118, 181–193.
Cited: **9** *Rowland 1895–1897*: 325n.

Rowland, Henry A., and Hutchinson, Cary T. "On the Electromagnetic Effect of Convection-Currents." *Philosophical Magazine* 27 (1889): 445–460.
Cited: **4** *Rowland and Hutchinson 1889*: 102n. **7** *Rowland and Hutchinson 1889*: 98n.

Rowlinson, John Shipley. "Legacy of van der Waals." *Nature* 244 (1973): 414–417.
Cited: **2** *Rowlinson 1973*: 4.

Rowlinson, John Shipley, and Widom, B. *Molecular Theory of Capillarity*. Oxford: Clarendon Press, 1982.
Cited: **2** *Rowlinson and Widom 1982*: 3, 21n.

Royds, Thomas. "A Preliminary Note on the Displacement to the Violet of Some Lines in the Solar Spectrum." *Kodaikanal Observatory. Bulletin* 38 (1914): 59–69.
Cited: **10** *Royds 1914*: 252n.

———. "Anomalous Dispersion in the Sun." *Kodaikanal Observatory. Bulletin* 48 (1915): 141–143.
Cited: **9** *Royds 1915*: 249n. **10** *Royds 1915*: 252n.

Rubens, Heinrich. "Über die Absorption des Wasserdampfes und über neue Reststrahlengruppen im Gebiete der großen Wellenlängen." *Königlich Preußische Akademie der Wissenschaften* (Berlin). *Sitzungsberichte* (1913): 513–549.
Cited: **5** *Rubens 1913*: 395n. **10** *Rubens 1913*: 18n.

Rubens, Heinrich, and Hollnagel, H. "Messungen im langwelligen Spektrum." *Königlich*

Preußische Akademie der Wissenschaften (Berlin). *Sitzungsberichte* (1910): 26–52.
Cited: **5** *Rubens and Hollnagel 1910*: 233n, 382n.

———. "Measurements in the Extreme Infra-Red Spectrum." *Philosophical Magazine* 19 (1910): 761–782.
Cited: **3** *Rubens and Hollnagel 1910*: 545n.

Rubens, Heinrich, and Kurlbaum, Ferdinand. "Anwendung der Methode der Reststrahlen zur Prüfung des Strahlungsgesetzes." *Annalen der Physik* 4 (1901): 649–666.
Cited: **2** *Rubens and Kurlbaum 1901*: 136, 167n, 168n.

Rubens, Heinrich, and Wartenberg, Hans von. "Absorption langwelliger Wärmestrahlen in einigen Gasen." *Physikalische Zeitschrift* 12 (1911): 1080–1084.
Cited: **3** *Rubens and Wartenberg 1911*: 504n.

Rubens, Heinrich, Wartenberg, Hans von, et al. "Diskussion" following **3** *Rubens and Wartenberg 1911*. *Physikalische Zeitschrift* 12 (1911): 1084.
Cited: **3** *Rubens and Wartenberg et al. 1911*: 498–503, 504n.

Rubinowicz, Adalbert. "Bohrsche Frequenzbedingung und Erhaltung des Impulsmomentes." *Physikalische Zeitschrift* 19 (1918): 441–445, 465–474.
Cited: **8** *Rubinowicz 1918*: 784n.

———. "Bohrsche Frequenzbedingungen und Erhaltung des Impulsmomentes. I, II." *Physikalische Zeitschrift* 19 (1918): 441–445, 455–474.
Cited: **9** *Rubinowicz 1918*: 458n.

———. "Radiometerkräfte und Ehrenhaftsche Photophorese. I, II." *Annalen der Physik* 62 (1920): 691–715, 716–737.
Cited: **9** *Rubinowicz 1920*: 253n.

Rubner, Max. [Opening address.] *Preußische Akademie der Wissenschaften* (Berlin). *Sitzungsberichte* (1920): 67–70.
Cited: **7** *Rubner 1920*: 301n.

Rüedi, Ernst. *Die Familie Habicht von Schaffhausen*. Thayngen: Augustin, 1961.
Cited: **5** *Rüedi 1961*: 35n, 476n, 522n, **639**.

Rüger, Alexander. "Die Molekularhypothese in der Theorie der Kapillarerscheinungen (1805–1873)." *Centaurus* 28 (1985): 244–276.
Cited: **2** *Rüger 1985*: 3.

Ruppin, Arthur, ed. *Memoirs, Diaries, Letters*. Bein, Alex, ed. New York: Herzl Press, 1971.
Cited: **9** *Ruppin 1971*: 198n.

———. *Briefe, Tagebücher, Erinnerungen*. Schlomo Krolik, ed. Königstein/Ts: Jüdischer Verlag Athenäum, 1985.
Cited: **7** *Ruppin 1985*: 435n.

Rusch. "Professor Rusch: Meine Freundschaft mit Albert Einstein." *Abensberger Tagblatt/Neustädter Zeitung*, 17–18 September 1955, 19–20 September 1955.
Cited: **5** *Rusch 1955*: 242n, 270n.

Russell, Bertrand. *The Principles of Mathematics*. Cambridge: Cambridge University Press, 1903.
Cited: **8** *Russell 1903*: 495n.

Russell, Henry N. "On the Determination of the Orbital Elements of Eclipsing Variable Stars." *Astrophysical Journal* 36 (1912): 54–74.
Cited: **10** *Russell 1912*: 61n, 233n.

Rutgers, Arend J. "Zur Dispersionstheorie des Schalles." *Annalen der Physik* 16 (1933): 350–359.
Cited: **7** *Rutgers 1933*: 331n.

Rutherford, Ernest. "A Radio-active Substance Emitted from Thorium Compounds." *Philosophical Magazine* 49 (1900): 1–14.
Cited: **6** *Rutherford 1900*: 370n.

———. *Radioactive Transformations*. New York: Scribner's Sons, 1906.
Cited: **2** *Rutherford 1906*: 492n.

———. *Radioaktive Umwandlungen*. Levin, Max, trans. Braunschweig: Vieweg, 1907. (Trans. of **2** *Rutherford 1906*.).
Cited: **2** *Rutherford 1907*: 492n.

———. "Collision of α-Particles with Light Atoms. I–IV." *Philosophical Magazine* 37 (1919): 538–580.
Cited: **7** *Rutherford 1919a*: 340n.

———. "Collision of α-Particles with Light Atoms." *Nature* 103 (1919): 415–418.
Cited: **7** *Rutherford 1919b*: 340n.

———. "Bakerian Lecture: Nuclear Constitution of Atoms." *Royal Society of Edinburgh. Proceedings A* 97 (1920): 374–400.
Cited: **7** *Rutherford 1920*: 340n.

———. "Artificial Disintegration of the Elements. A Lecture Delivered before the Chemical Society of February 9th, 1922." *Journal of the Chemical Society* 121 (1922): 400–415.
Cited: **7** *Rutherford 1922*: 340n.

Rutherford, Ernest, and Geiger, Hans. "The Charge and Nature of the α-Particle." *Royal Society of London. Proceedings A* 81 (1908): 162–173.

Cited: **2** *Rutherford and Geiger 1908*: 583n.

———. "Die Ladung und Natur des α-Teilchens." *Physikalische Zeitschrift* 10 (1909): 42–46. (Trans. of **2** *Rutherford and Geiger 1908*.)
Cited: **2** *Rutherford and Geiger 1909*: 583n.

Ryckman, Thomas. *The Reign of Relativity: Philosophy in Physics 1915–1925*. Oxford: Oxford University Press, 2005.
Cited: **10** *Ryckman 2005*: 294n.

Rynasiewicz, Robert. "Lorentz's Local Time and the Theorem of Corresponding States." In *PSA 1988: Proceedings of the Biennial Meeting of the Philosophy of Science Association*. Vol. 1, pp. 67–74. Fine, Arthur, and Leplin, Jarrett, eds. East Lansing, Mich.: Philosophy of Science Association, 1988.
Cited: **8** *Rynasiewicz 1988*: 350n.

———. "Kretschmann's Analysis of Covariance and Relativity Principles." In *The Expanding Worlds of General Relativity*, pp. 431–462. Goenner, Hubert, Renn, Jürgen, Ritter, Jim, and Sauer, Tilman, eds. Boston: Birkhäuser, 1999.
Cited: **7** *Rynasiewicz 1999*: 43n.

Sabbata, Venzo de, and Schmutzer, Ernst, eds. *Unified Field Theories of More than 4 Dimensions Including Exact Solutions*. Singapore: World Scientific, 1983.
Cited: **9** *Sabbata and Schmutzer 1983*: 39n, 46n, 76n.

Sackur, Otto. "Physikalische Chemie." *Jahrbuch der Chemie* 20 (1910): 1–61.
Cited: **3** *Sackur 1910*: 407n.

———. "Die Anwendung der kinetischen Theorie der Gase auf chemische Probleme." *Annalen der Physik* 36 (1911): 958–980.
Cited: **6** *Sackur 1911*: 261n.

———. "Die Bedeutung des elementaren Wirkungsquantums für die Gastheorie und die Berechnung der chemischen Konstanten." In *Festschrift W. Nernst zu seinem fünfundzwanzigjährigen Doktorjubiläum gewidmet von seinen Schülern*, pp. 405–423. Halle a.S.: Knapp, 1912.
Cited: **4** *Sackur 1912*: 280, 285n. **5** *Sackur 1912*: 481n, 536n. **6** *Sackur 1912*: 261n. **8** *Sackur 1912*: 39n. **9** *Sakur 1912*: 472n.

———. "Die chemischen Konstanten der zwei- und dreiatomigen Gase." *Annalen der Physik* 40 (1913): 87–106.
Cited: **6** *Sackur 1913b*: 261n.

———. "Die universelle Bedeutung des sog. elementaren Wirkungsquantums." *Annalen der Physik* 40 (1913): 67–86.
Cited: **6** *Sackur 1913a*: 261n.

———. "Die spezifische Wärme der Gase und die Nullpunktsenergie." *Deutsche Physikalische Gesellschaft. Verhandlungen* 16 (1914): 728–734.
Cited: **8** *Sackur 1914*: 20n.

Saint-Venant, Adhémar de, and Wantzel, Pierre. "Mémoire et expériences sur l'écoulement de l'air." *Journal de l'École Polytechnique* 16 (1839): 85–122.
Cited: **2** *Saint-Venant and Wantzel 1839*: 114, 114n.

Saltzman, Judy D. *Paul Natorp's Philosophy of Religion within the Marburg Neo-Kantian Tradition*. Hildesheim: Olms, 1981.
Cited: **9** *Saltzman 1981*: 479n.

Sánchez-Ron, José M. "The Reception of General Relativity among British Physicists and Mathematicians (1915–1930)." In *Studies in the History of General Relativity*, pp. 57–88. Eisenstaedt, Jean, and Kox, A. J., eds. Boston: Birkhäuser, 1992.
Cited: **8** *Sánchez-Ron 1992*: 350n.

———. "Larmor versus General Relativity." In *The Expanding Worlds of General Relativity*, pp. 405–430. Goenner, Hubert, Renn, Jürgen, Ritter, Jim, and Sauer, Tilman, eds. Boston: Birkhäuser, 1999.
Cited: **7** *Sánchez-Ron 1999*: xxxiv.

Sanesi, Elena. "L'impresa industriale di Hermann e Jacob Einstein a Pavia (1894–1896)." *Societá Pavese di Storia Patria. Bolletino* 34 (1982): 198–210.
Cited: **1** *Sanesi 1982*: xlii.

———. "Lettere di Maja Einstein a un'amica italiana." *Prospettive Settanta* 3 (April–September 1977): 130–141.
Cited: **1** *Sanesi 1977*: 273n. **8** *Sanesi 1977*: 78n.

Sarasin, Paul, and Sarasin, Fritz. *Reisen in Celebes ausgeführt in den Jahren 1893–1896 und 1902–1903*. 2 vols. Wiesbaden: Kreidel, 1905.
Cited: **8** *Sarasin and Sarasin 1905*: 374n.

Sass, Hans-Martin. "Einstein über 'wahre Kultur' und die Stellung der Geometrie im Wissenschaftssystem." *Zeitschrift für allgemeine Wissenschaftstheorie* 10 (1979): 316–319.
Cited: **9** *Sass 1979*: 52n.

Sauer, Tilman. "The Relativity of Discovery: Hilbert's First Note on the Foundations of Physics." *Archive for History of Exact Sciences* 53 (1999): 529–575.

Cited: **7** *Sauer 1999*: 139n.
———. "Hilberts Ruf nach Bern." *Gesnerus* 57 (2000): 182–205.
Cited: **9** *Sauer 2000*: 88n, 317n, 464n. **10** *Sauer 2000*: 205n.
Sauter, Joseph. "Zur Interpretation der Maxwell'schen Gleichungen des elektromagnetischen Feldes in ruhenden isotropen Medien." *Annalen der Physik* 6 (1901): 331–338.
Cited: **2** *Sauter 1901*: 260.
Sauvage, Eduard. "Écoulement de l'eau des chaudières." *Annales des Mines. Mémoires* 2 (1892): 192–202.
Cited: **2** *Sauvage 1892*: 326n.
Savallo, G. *Guida di Milano e Provincia*. Milan: Savallo, 1895–1902 (annual).
Cited: **1** *Savallo 1895–1902*: liii, liv, 282n.
Sayen, Jamie. *Einstein in America: The Scientist's Conscience in the Age of Hitler and Hiroshima*. New York: Crown, 1985.
Cited: **10** *Sayen 1985*: 119n.
Schaefer, Clemens. "Die träge Masse schnell bewegter Elektronen (Nach Versuchen von Herrn G. Neumann)." *Physikalische Zeitschrift* 14 (1913): 1117–1118.
Cited: **8** *Schaefer 1913*: 909n.
———. "Die träge Masse schnell bewegter Elektronen. (Ergänzungen zu der gleichnamigen Arbeit des Herrn G. Neumann)." *Annalen der Physik* 49 (1916): 934–936.
Cited: **7** *Schaefer 1916*: 572n. **8** *Schaefer 1916*: 914n.
Schaffner, Kenneth F. *Nineteenth-Century Aether Theories*. Oxford: Pergamon Press, 1972.
Cited: **7** *Schaffner 1972*: 128n, 321n.
———. "The Historiography of Special Relativity: Comments on the Papers by John Earman, Clark Glymour, and Robert Rynasiewicz and by Arthur Miller." In *PSA 1982: Proceedings of the 1982 Biennial Meeting of the Philosophy of Science Association*. Vol. 2, pp. 417–428. Asquith, Peter D., and Nickles, Thomas, eds. East Lansing, Mich.: Philosophy of Science Association, 1983.
Cited: **2** *Schaffner 1982*: 265n.
Scherrer, Paul. "Die Rotationsdispersion des Wasserstoffs. (Ein Beitrag zur Kenntnis der Konstitution des Wasserstoffmoleküls.)" *Königliche Gesellschaft der Wissenschaften zu Göttingen. Mathematisch-physikalische Klasse. Nachrichten* (1915): 179–185.
Cited: **9** *Scherrer 1915*: 383n.

———. "Die Rotationsdispersion des Wasserstoffs. (Ein Beitrag zur Kenntnis der Konstitution des Wasserstoffmoleküls.)" *Physikalische Zeitschrift* 17 (1916): 18–21.
Cited: **9** *Scherrer 1916a*: 383n.
———. "Das ideale Gas als bedingt periodisches System in Sinne der Quantentheorie." *Königliche Gesellschaft der Wissenschaften zu Göttingen. Mathematisch-physikalische Klasse. Nachrichten* (1916): 154–159.
Cited: **9** *Scherrer 1916b*: 383n.
Scheye, A. "Über die Fortpflanzung des Lichtes in einem bewegten Dielektrikum." *Annalen der Physik* 30 (1909): 805–814.
Cited: **5** *Scheye 1909*: 227n.
Schidlof, Arthur. "Considérations thermodynamiques sur les équilibres photochimiques." *Archives des sciences physiques et naturelles* 37 (1914): 493–511.
Cited: **5** *Schidlof 1914a*: 530n.
———. "Considérations thermodynamiques sur les équilibres photochimiques." *Archives des sciences physiques et naturelles* 38 (1914): 31–35.
Cited: **5** *Schidlof 1914b*: 530n.
———. "La cinétique des réactions photochimiques et la loi du rayonnement." *Archives des sciences physiques et naturelles* 38 (1914): 97–112.
Cited: **5** *Schidlof 1914c*: 530n.
Schiller, Nikolay Nikolayevich. "Einige Bedenken betreffend die Theorie der Entropievermehrung durch Diffusion der Gase bei einander gleichen Anfangsspannungen der letzteren." In *Festschrift Ludwig Boltzmann gewidmet zum sechzigsten Geburtstage 20. Februar 1904*, pp. 350–366. Meyer, Stefan, ed. Leipzig: Barth, 1904.
Cited: **2** *Schiller 1904*: 122–124, 124n.
Schirmann, Marie A. "Dispersion und Polychroïsmus des polarisierten Lichtes, das von Einzelteilchen von der Größenordnung der Wellenlänge des Lichtes abgebeugt wird." *Annalen der Physik* 59 (1919): 493–537.
Cited: **10** *Schirmann 1919*.
Schläfli, L. "Nota alla memoria del sig. Beltrami, 'Sugli spazii di curvatura costante'." *Annali di matematica pura ed applicata* 5 (1871–73): 178–193.
Cited: **8** *Schläfli 1871*: 554n.
Schlick, Moritz. "Die philosophische Bedeutung des Relativitätsprinzips." *Zeitschrift für Philosophie und philosophische Kritik* 159 (1915): 129–175.

Cited: **7** *Schlick 1915*: 220n, 404n. **8** *Schlick 1915*: 221n, 390n, 457n, 966n.
———. "Raum und Zeit in der gegenwärtigen Physik. Zur Einführung in das Verständnis der allgemeinen Relativitätstheorie." *Die Naturwissenschaften* 5 (1917): 161–167, 177–186.
Cited: **8** *Schlick 1917a*: 389n, 390n, 418n, 426n, 427n, 432n, 438n, 450n, 457n, 628n, 641n, 651n, 662n, 966n. **10** *Schlick 1917*: 79n.
———. *Raum und Zeit in der gegenwärtigen Physik. Zur Einführung in das Verständnis der allgemeinen Relativitätstheorie*. Berlin: Springer, 1917.
Cited: **7** *Schlick 1917*: 371n. **8** *Schlick 1917b*: 418n, 427n, 457n, 628n, 641n, 651n, 662n, 898n, 966n. **9** *Schlick 1917*: 450n, 452n, 529n.
———. *Allgemeine Erkenntnislehre*. Berlin: Springer, 1918.
Cited: **7** *Schlick 1918*: 387, 403n. **8** *Schlick 1918*: 1007n. **9** *Schlick 1918*: 52n, 204n, 450n, 452n, 510n.
———. *Raum und Zeit in der gegenwärtigen Physik. Zur Einführung in das Verständnis der allgemeinen Relativitätstheorie*. 2d enl. ed. Berlin: Springer, 1919.
Cited: **8** *Schlick 1919*: 457n, 898n, 966n. **9** *Schlick 1919a*: 116n, 141n, 314n, 320n, 328n, 347n, 484n, 530n.
———. "Zeitgeist und Naturwissenschaft." *Frankfurter Zeitung*, 2 September 1919, First Morning Edition.
Cited: **9** *Schlick 1919b*: 282n.
———. "Einstein's Relativitätstheorie." *Mosse Almanach* (1920): 105–123.
Cited: **10** *Schlick 1920d*: 392n.
———. "Naturphilosophische Betrachtungen über das Kausalprinzip." *Die Naturwissenschaften* 8 (1920): 461–474.
Cited: **9** *Schlick 1920a*: 529n. **10** *Schlick 1920a*: 301n, 308n, 310n, 325n, 576c.
———. *Raum und Zeit in der gegenwärtigen Physik. Zur Einführung in das Verständnis der Relativitäts- und Gravitationstheorie*. 3d rev. enl. ed. Berlin: Springer, 1920.
Cited: **10** *Schlick 1920c*: 257n, 308n, 392n, 457n.
———. *Space and Time in Contemporary Physics: An Introduction to the Theory of Relativity and Gravitation*. Oxford: Clarendon Press, 1920.
Cited: **9** *Schlick 1920b*: 391n. **10** *Schlick 1920b*: 257n, 457n.
Schlüter, Steffen. "Albert Einstein als Direktor des Kaiser-Wilhelm-Instituts für Physik in Berlin-Schöneberg." *Jahrbuch für Brandenburgische Landesgeschichte* 46 (1995): 169–185.
Cited: **9** *Schlüter 1995*: liii.
Schmidt, Adolf. "Formeln zur Transformation der Kugelfunktionen bei linearer Änderung des Koordinatensystems." *Zeitschrift für Mathematik und Physik* 44 (1899): 327–338.
Cited: **8** *Schmidt 1899*: 62n.
———. "Ein Planimeter zur Bestimmung der mittleren Ordinaten beliebiger Abschnitte von registrierten Kurven." *Zeitschrift für Instrumentenkunde* 25 (1905): 261–273.
Cited: **4** *Schmidt 1905*: 607n. **8** *Schmidt 1905*: 60n.
Schmidt, Harry. *Grundgedanken der Relativitätstheorie*. Hamburg: Hartung, 1920.
Cited: **10** *Schmidt 1920*: 506n, 608c, 609c.
Schmidt, Heinrich Willy. "Elektrisiermaschinen und Apparate." In *Handbuch der Elektrizität und des Magnetismus*. Vol. 1, *Elektrizitätserregung und Elektrostatik*, pp. 21–93. Graetz, Leo, ed. Leipzig: Barth, 1918.
Cited: **2** *Schmidt 1918*: 397n, 492n. **5** *Schmidt 1918*: 55n.
Schmidt, Raymund. "Die 'Als Ob'-Konferenz in Halle 29. Mai 1920." *Annalen der Philosophie* 2 (1921): 503–514.
Cited: **10** *Schmidt, R. 1921*: 289n, 333n.
Schnauder, Alfred. *Gedichte. Eine Sammlung poetischer Stücke für Pianoforte und Violine. Componirt von Alfred Schnauder*. Zurich and Leipzig: Hug & Co., [1905].
Cited: **5** *Schnauder 1905*: 46n.
Schneider, Franz. "Albert Einstein in Schaffhausen." *Schaffhauser Mappe* 33 (1965): 25.
Cited: **1** *Schneider 1965*: 327n, 331n.
Schneider, Ilse. *Das Raum-Zeit-Problem bei Kant und Einstein*. Berlin: Springer, 1921.
Cited: **9** *Schneider 1921*: 256n, 342n. **10** *Schneider 1921*: 383n.
Schneider, Karl Camillo, ed. *Mitteleuropa als Kulturbegriff. Halbmonatsschrift für Zukunftkultur* 1 (1917–18) no. 9/10.
Cited: **8** *Schneider 1917–1918*: 663n, 676n.
Schoenflies, Arthur. *Krystallsysteme und Krystallstructur*. Leipzig: Teubner, 1891.
Cited: **9** *Schoenflies 1891*: 211n.
———. "Über Krystallstruktur." *Zeitschrift für Krystallographie und Mineralogie* 54 (1915): 545–569.

Cited: **8** *Schoenflies 1915*: 498n.

———. "Über Krystallstruktur (II)." *Zeitschrift für Krystallographie und Mineralogie* 55 (1915–20): 321–352.
Cited: **8** *Schoenflies 1915–1920*: 498n.

Schoenflies, Arthur, and Grübler, M. "Kinematik." In *Encyklopädie der mathematischen Wissenschaften, mit Einschluss ihrer Anwendungen*. Vol. 4, *Mechanik*, part 1, pp. 190–278. Klein, Felix, and Müller, Conrad, eds. Leipzig: Teubner, 1901–1908. Issued 8 July 1902.
Cited: **5** *Schoenflies and Grübler 1902*: 153n.

Scholz, Erhard. "Hermann Weyl's Contribution to Geometry, 1917–1923." In *The Intersection of History and Mathematics*, pp. 203–230. Sasaki, Chikara, Mitsuo, Sugiura, and Dauben, Joseph W., eds. Boston: Birkhäuser, 1994.
Cited: **7** *Scholz 1994*: 56n.

———. "Hermann Weyl's 'Purely Infinitesimal Geometry.'" In *Proceedings. International Congress of Mathematicians*. Boston: Birkhäuser, 1995.
Cited: **7** *Scholz 1995*: 80n.

———, ed. *Hermann Weyl's Raum–Zeit–Materie and a General Introduction to His Scientific Work*. Basel: Birkhäuser, 2001.
Cited: **7** *Scholz 2001*: 101. **9** *Scholz 2001*: 404n.

Schön, M. "Über Totalreflexion langwelliger Röntgenstrahlung." *Zeitschrift für Physik* 58 (1929): 165–182.
Cited: **7** *Schön 1929*: 53n.

Schönbeck, Charlotte. "Albert Einstein und Philipp Lenard." *Heidelberger Akademie der Wissenschaften. Mathematisch-naturwissenschaftliche Klasse. Schriften* 8 (2000): 1–42.
Cited: **7** *Schönbeck 2000*: 110–111, 113. **10** *Schönbeck 2000*: 370n, 428n, 436n.

Schopenhauer, Arthur. *Parerga und Paralipomena. Kleine philosophische Schriften*. 2 vols. Berlin: Hayn, 1851.
Cited: **1** *Schopenhauer 1851*: 316n, 326n.

———. "Die Welt als Wille und Vorstellung." In *Sämtliche Werke*. Vols. 2–3. Hübscher, Arthur, ed. Wiesbaden: Brockhaus, 1972.
Cited: **7** *Schopenhauer 1972a*: 62n.

———. "Aphorismen zur Lebensweisheit." In *Parerga und Paralipomena. Kleine philosophische Schriften*. Vol. 1. In *Sämtliche Werke*. Vol. 5, pp. 331–530. Hübscher, Arthur, ed. Wiesbaden: Brockhaus, 1972.
Cited: **7** *Schopenhauer 1972b*: 62n.

Schorr, R. "Die Hamburgische Sonnenfinsternis-Expedition nach Souk-Ahras (Algerien) im August 1905. Erster Teil. Die Ausrüstung und der Verlauf der Expedition." *Jahrbuch der Hamburgischen Wissenschaftlichen Anstalten* 22 (1904). *(Mitteilungen der Hamburger Sternwarte 4, no. 10.)*
Cited: **5** *Schorr 1905*: 318n.

———. "Die Hamburgische Sonnenfinsternis-Expedition nach Souk-Ahras (Algerien) im August 1905. Zweiter Teil. Die Ergebnisse der Beobachtungen." *Astronomische Abhandlungen der Hamburger Sternwarte in Bergedorf* 3 (1913) no. 1.
Cited: **5** *Schorr 1913*: 318n.

Schottky, Walter. "Über den Austritt von Elektronen aus Glühdrähten bei verzögernden Potentialen." *Annalen der Physik* 44 (1914): 1011–1032.
Cited: **8** *Schottky 1914*: 37n.

———. "Ionengleichgewichte und Kontaktpotentiale." *Deutsche Physikalische Gesellschaft. Verhandlungen* 21 (1919): 529–532.
Cited: **9** *Schottky 1919*: 467n.

———. "Gleichgewichtssätze für die elektromagnetisch aufgebaute Materie." *Physikalische Zeitschrift* 21 (1920): 23–241.
Cited: **9** *Schottky 1920b*: 467n.

———. "Thermodynamik der seltenen Zustände im Dampfraum (Thermische Ionisierung und thermisches Leuchten). I. Teil." *Annalen der Physik* 62 (1920): 113–155.
Cited: **9** *Schottky 1920a*: 467n.

———. *Thermodynamik*. Berlin: Springer, 1929.
Cited: **2** *Schottky 1929*: 6.

Schouten, Jan A. "Over het ontstaan eener praecessiebeweging tengevolge van het niet euklidisch zijn der ruimte in de nabijheid van de Zon." *Koninklijke Akademie van Wetenschappen te Amsterdam. Wis- en Natuurkundige Afdeeling. Verslagen van de Gewone Vergaderingen* 27 (1918–19): 215–220. Reprinted in translation as "On the Arising of a Precession-Motion Owing to the Non-Euclidian Linear Element of the Space in the Vicinity of the Sun." *Koninklijke Akademie van Wetenschappen te Amsterdam. Section of Sciences. Proceedings* 21 (1918–19): 533–539.
Cited: **9** *Schouten 1918*: 17n, 258n, 422n. **10** *Schouten 1918*: 477n.

Schouten, Jan A., and Van Kampen, E. R. "Zur Einbettungs- und Krümmungstheorie nicht holonomer Gebilde." *Mathematische Anna-*

len 103 (1930): 752–783.
Cited: **8** Schouten and Van Kampen 1930: 350n.

Schreiber, Georg. *Die Not der deutschen Wissenschaft und der geistigen Arbeiter.* Leipzig: Quelle & Meyer, 1923.
Cited: **7** *Schreiber 1923*: 301n, 495n.

Schreier, Wolfgang, and Franke, Martin. "Geschichte der Physikalischen Gesellschaft zu Berlin 1845–1900." In *Festschrift 150 Jahre Deutsche Physikalische Gesellschaft*, pp. 9–59. Mayer-Kuckuk, Theo, ed. Issued as Supplement 51 of *Physikalische Blätter* (1995).
Cited: **8** *Schreier and Franke 1995*: 33n.

Schröder-Gudehus, Brigitte. *Deutsche Wissenschaft und Internationale Zusammenarbeit 1914–1928. Ein Beitrag zum Studium kultureller Beziehungen in politischen Krisenzeiten.* Geneva: Dumaret & Golay, 1966. Doctoral dissertation, University of Geneva.
Cited: **7** *Schröder-Gudehus 1966*: 300n, 334n, 363n.

Schröder, Wilfried. "Emil Wiechert and the Foundation of Geophysics." *Archives internationales d'histoire des sciences* 38 (1988): 277–288.
Cited: **8** *Schröder 1988*: 597n.

Schrödinger, Erwin. "Die Energiekomponenten des Gravitationsfeldes." *Physikalische Zeitschrift* 19 (1918): 4–7.
Cited: **7** *Schrödinger 1918a*: xxv, 17, 26n, 30, 32n, 64, 76n. **8** *Schrödinger 1918a*: 304n, 536n, 708n, 716n. **10** *Schrödinger 1918*.

———. "Über ein Lösungssystem der allgemein kovarianten Gravitationsgleichungen." *Physikalische Zeitschrift* 19 (1918): 20–22.
Cited: **7** *Schrödinger 1918b*: xxviii, 34, 36n, 140n, 182n. **8** *Schrödinger 1918b*: 690n, 808n.

———. "Quantisierung als Eigenwertproblem. (Zweite Mitteilung)." *Annalen der Physik* 79 (1926): 489–527.
Cited: **6** *Schrödinger 1926*: xxv.

———. *Expanding Universes*. Cambridge: Cambridge University Press, 1956.
Cited: **8** *Schrödinger 1956*: 417n, 475n, 486n, 734n, 807n.

Schubert-Soldern, Richard von. *Grundlagen einer Erkenntnistheorie*. Leipzig: Fues, 1884.
Cited: **9** *Schubert-Soldern 1884*: 519n.

———. "Die Relativität der Zeit und die Relativitätstheorie." *Archiv für systematische Philosophie* 24 (1918): 212–226.

Cited: **9** *Schubert-Soldern 1918*: 519n.

Schücking, Walter, Stöcker, Helene, and Rotten, Elisabeth. "Durch zum Rechtsfrieden: Ein Appell an das Weltgewissen." *Flugschriften des Bundes Neues Vaterland* (Berlin) 1919: 16–20.
Cited: **9** *Schücking et al. 1919*: 185n.

Schüepp, Hermann. *Die Bewegungsänderungen starrer Körper bei plötzlichen Fixierungen*. Zurich: Zürcher & Furrer, 1910.
Cited: **5** *Schüepp 1910*: 222n.

Schuler, Heinrich. *Albert Einstein in Benzingen—ein außergewöhnlicher Besucher—Camillo Brandhuber Pfarrer in Benzingen*. Sigmaringen: St. Franziskus Werkstatt, 2005.
Cited: **10** *Schuler 2005*: 446n.

Schüller, Hermann. *Revolution—Aufbau*. (*Der Aufbau. Flugblätter an Jugend*, no. 1.) Berlin: Schüller, 1919.
Cited: **9** *Schüller 1919a*: 299n.

———. *Der Bund: Aufbau*. (*Der Aufbau. Flugblätter an Jugend*, no. 2.) Berlin: Schüller, 1919.
Cited: **9** *Schüller 1919b*: 299n.

———. *Die freie Hochschulgemeinde*. (*Der Aufbau. Flugblätter an Jugend*, no. 3.) Berlin: Schüller, 1919.
Cited: **9** *Schüller 1919c*: 299n.

———. "Zur Bewegung der Schüler und Studenten." *Räte-Zeitung*, 18 June 1919.
Cited: **9** *Schüller 1919d*: 299n.

Schulmann, Robert. "Einstein at the Patent Office: Exile, Salvation, or Tactical Retreat?" *Science in Context* 6 (1993): 18–25.
Cited: **5** *Schulmann 1993*: 96n.

———. "Albert Einstein." In *Les juifs et le XXe siècle. Dictionnaire critique*, pp. 570–578. Barnavi, R., and Friedländer, S., eds. Paris: Calmann-Lévy, 2000.
Cited: **7** *Schulmann 2000*: 225.

Schulz, Friedrich, and Schwarz, Erhard. "*Entzückt von der herben Schönheit des Fischlandes...*" *Albert Einsteins Aufenthalte in der Ostseeregion*. Kückenshagen: Scheunen, 1995.
Cited: **8** *Schulz and Schwarz 1995*: 813n, 840n.

Schulze, Hagen. *Freikorps und Republik, 1918–1920*. Boppard a. R.: Boldt, 1969.
Cited: **9** *Schulze 1969*: 488n.

Schumann, Richard. "Die Verschiedenheit der Ansichten über das *Kimura*-Glied." *Astronomische Nachrichten* 205 (1917): cols. 25–28.
Cited: **8** *Schumann 1917*: 597n.

Schur, Friedrich. "Ueber den Zusammenhang der Räume constanten Riemann'schen Krümmungsmaasses mit den projectiven Räumen." *Mathematische Annalen* 27 (1886): 537–567.
Cited: **7** *Schur 1886*: 183n.

Schuster, Arthur. "The Discharge of Electricity through Gases." *Royal Society of London. Proceedings* 47 (1889–90): 526–559.
Cited: **5** *Schuster 1890*: 138n.

———. "The Periodogram and Its Optical Analogy." *Royal Society of London. Proceedings A* 77 (1906): 136–140.
Cited: **8** *Schuster 1906*: 62n.

Schwabe, Klaus. *Wissenschaft und Kriegsmoral. Die deutschen Hochschullehrer und die politischen Grundfragen des Ersten Weltkrieges.* Göttingen: Musterschmidt, 1969.
Cited: **8** *Schwabe 1969*: 77n.

Schwarz, Gotthart. *Theodor Wolff und das "Berliner Tageblatt." Eine liberale Stimme in der deutschen Politik 1906–1933.* Tübingen: Mohr, 1968.
Cited: **9** *Schwarz 1968*: 28n, 29n.

Schwarzschild, Karl. "Die Poincarésche Theorie des Gleichgewichts einer homogenen rotierenden Flüssigkeitsmasse." *Neue Annalen der Königlichen Sternwarte zu Bogenhausen bei München* 3 (1897): 231–299.
Cited: **6** *Schwarzschild 1897*: 362n.

———. "Ueber eine Classe periodischer Lösungen des Dreikörperproblems." *Astronomische Nachrichten* 147 (1898): cols. 17–24.
Cited: **6** *Schwarzschild 1898a*: 362n.

———. "Ueber weitere Classen periodischer Lösungen des Dreikörperproblems." *Astronomische Nachrichten* 147 (1898): cols. 289–298.
Cited: **6** *Schwarzschild 1898b*: 362n.

———. "Ueber Abweichungen vom Reciprocitätsgesetz für Bromsilbergelatine." *Photographische Correspondenz* 36 (1899): 109–112. Reprinted in translation as "On the Deviations from the Law of Reciprocity for Bromide of Silver Gelatine." *Astrophysical Journal* 11 (1900): 89–91.
Cited: **5** *Schwarzschild 1899*: 214n.
6 *Schwarzschild 1899*: 362n.

———. "Die Bestimmung von Sternhelligkeiten aus extrafocalen photographischen Aufnahmen." *Publicationen der v. Kuffner'schen Sternwarte in Wien* 5 (1900): B3–B23.
Cited: **6** *Schwarzschild 1900*: 362n.

———. "Über die zulässige Krümmungsmaass des Raumes." *Vierteljahrsschrift der Astronomischen Gesellschaft* 35 (1900): 337–347.
Cited: **8** *Schwarzschild 1900*: 475n.

———. "Der Druck des Lichts auf kleine Kugeln und die Arrhenius'sche Theorie der Cometenschweife." *Königlich Bayerische Akademie der Wissenschaften zu München. Mathematisch-physikalische Classe. Sitzungsberichte* 31 (1901): 293–338.
Cited: **6** *Schwarzschild 1901*: 362n.
8 *Schwarzschild 1901*: 863n. **9** *Schwarzschild 1901*: 400n.

———. "Zur Elektrodynamik. I. Zwei Formen des Princips der kleinsten Action in der Elektronentheorie." *Königliche Gesellschaft der Wissenschaften zu Göttingen. Mathematisch-physikalische Klasse. Nachrichten* (1903): 126–131.
Cited: **6** *Schwarzschild 1903a*: 362n.

———. "Zur Elektrodynamik. II. Die elementare elektrodynamische Kraft." *Königliche Gesellschaft der Wissenschaften zu Göttingen. Mathematisch-physikalische Klasse. Nachrichten* (1903): 132–141.
Cited: **6** *Schwarzschild 1903b*: 362n.

———. "Zur Elektrodynamik. III. Ueber die Bewegung des Elektrons." *Königliche Gesellschaft der Wissenschaften zu Göttingen. Mathematisch-physikalische Klasse. Nachrichten* (1903): 245–278.
Cited: **6** *Schwarzschild 1903c*: 362n.

———. "Untersuchungen zur geometrischen Optik. I. Einleitung in die Fehlertheorie optischer Instrumente auf Grund des Eikonalbegriffs." *Königliche Gesellschaft der Wissenschaften zu Göttingen. Mathematisch-physikalische Klasse. Abhandlungen* 4 (1905) no. 1: 3–31.
Cited: **6** *Schwarzschild 1905a*: 362n.

———. "Untersuchungen zur geometrischen Optik. II. Theorie der Spiegeltelescope." *Königliche Gesellschaft der Wissenschaften zu Göttingen. Mathematisch-physikalische Klasse. Abhandlungen* 4 (1905) no. 2: 3–28.
Cited: **6** *Schwarzschild 1905b*: 362n.

———. "Untersuchungen zur geometrischen Optik. III. Ueber die astrophotographischen Objective." *Königliche Gesellschaft der Wissenschaften zu Göttingen. Mathematisch-physikalische Klasse. Abhandlungen* 4 (1905) no. 3: 3–54.
Cited: **6** *Schwarzschild 1905c*: 362n.

———. "Ueber das Gleichgewicht der Sonnenatmosphäre." *Königliche Gesellschaft der Wissenschaften zu Göttingen. Mathematisch-*

physikalische Klasse. Nachrichten (1906): 41–53.
Cited: **6** *Schwarzschild 1906*: 362n.

———. "Ueber die Eigenbewegungen der Fixsterne." *Königliche Gesellschaft der Wissenschaften zu Göttingen. Mathematisch-physikalische Klasse. Nachrichten* (1907): 614–632.
Cited: **6** *Schwarzschild 1907*: 362n.

———. "Ueber die Bestimmung von Vertex und Apex nach der Ellipsoidhypothese aus einer geringeren Anzahl beobachteter Eigenbewegungen." *Königliche Gesellschaft der Wissenschaften zu Göttingen. Mathematisch-physikalische Klasse. Nachrichten* (1908): 191–200.
Cited: **6** *Schwarzschild 1908*: 362n.

———. "Über Diffusion und Absorption in der Sonnenatmosphäre." *Königlich Preußische Akademie der Wissenschaften* (Berlin). *Sitzungsberichte* (1914): 1183–1200.
Cited: **6** *Schwarzschild 1914*: 362n.
8 *Schwarzschild 1914a*: 993c.

———. "Über die Verschiebungen der Bande bei 3883 Å im Sonnenspektrum." *Königlich Preußische Akademie der Wissenschaften* (Berlin). *Sitzungsberichte* (1914): 1201–1213.
Cited: **8** *Schwarzschild 1914b*: 993c.
9 *Schwarzschild 1914*: liii, 38n, 87n, 325n, 330n, 356n, 402n.

———. "Über das Gravitationsfeld eines Massenpunktes nach der Einsteinschen Theorie." *Königlich Preußische Akademie der Wissenschaften* (Berlin). *Sitzungsberichte* (1916): 189–196.
Cited: **6** *Schwarzschild 1916a*: 337, 339n, 362n, 552n. **7** *Schwarzschild 1916*: xxiv, 103, 575n. **8** *Schwarzschild 1916a*: 225n, 232n, 242n, 313n, 326n, 474n, 587n, 753n, 754n, 1000c. **9** *Schwarzschild 1916*: 112n.

———. "Über das Gravitationsfeld einer Kugel aus inkompressibler Flüssigkeit nach der Einsteinschen Theorie." *Königlich Preußische Akademie der Wissenschaften* (Berlin). *Sitzungsberichte* (1916): 424–434.
Cited: **6** *Schwarzschild 1916b*: 362n.
8 *Schwarzschild 1916b*: 241n, 260n, 689n, 753n, 754n, 781n, 808n, 835n, 1001c.

———. "Zur Quantenhypothese." *Königlich Preußische Akademie der Wissenschaften* (Berlin). *Sitzungsberichte* (1916): 548–568.
Cited: **6** *Schwarzschild 1916c*: 362n, 567n.
8 *Schwarzschild 1916c*: 387n.

———. *Gesammelte Werke/Collected Works*. 3 vols. Voigt, Hans-Heinrich, ed. Berlin: Springer, 1992.
Cited: **6** *Schwarzschild 1992*: 362n.
8 *Schwarzschild 1992*: 225n, 232n.

Schweidler, Egon von. "Die lichtelektrischen Erscheinungen. (Die Emission negativer Elektronen von belichteten Oberflächen.)" *Jahrbuch der Radioaktivität und Elektronik* 1 (1904): 358–400.
Cited: **2** *Schweidler 1904*: 168n.

Schweydar, Wilhelm. *Theorie der Deformation der Erde durch Flutkräfte*. Leipzig: Teubner, 1916.
Cited: **8** *Schweydar 1916*: 595n.

———. "Die Bewegung der Drehachse der elastischen Erde im Erdkörper und im Raume." *Astronomische Nachrichten* 203 (1917): cols. 101–116.
Cited: **8** *Schweydar 1917a*: 595n.

———. "Über die Elastizität der Erde." *Die Naturwissenschaften* 38 (1917): 593–600.
Cited: **8** *Schweydar 1917b*: 595n.

Sciama, Dennis W. "Black Holes and Fluctuations of Quantum Particles: An Einstein Synthesis." In *Relativity, Quanta and Cosmology in the Development of the Scientific Thought of Albert Einstein*. Vol. 2, pp. 681–724. Finis, F. de, ed. New York: Johnson Reprint, 1979.
Cited: **2** *Sciama 1979*: 214.

Searle, George. "A Method of Determining the Thermal Conductivity of Indiarubber." *Cambridge Philosophical Society. Proceedings* 14 (1906–08): 190–193.
Cited: **5** *Searle 1907a*: 191n.

———. "The Impulsive Motion of Electrified Systems." *Philosophical Magazine* 13 (1907): 118–148.
Cited: **5** *Searle 1907b*: 191n.

———. "Über die Kraft, welche erforderlich ist, um eine in Bewegung befindliche elektrisierte Kugel aufzuhalten." *Physikalische Zeitschrift* 8 (1907): 811–820.
Cited: **5** *Searle 1907c*: 191n.

———. "Über die durch eine sprungweise Änderung der Winkelgeschwindigkeit einer elektrisierten Kugel hervorgerufene Energiestrahlung." *Physikalische Zeitschrift* 9 (1908): 878–884.
Cited: **5** *Searle 1908*: 191n.

Seddig, Max. "Abhängigkeit der Brownschen Molekularbewegung von der Temperatur." *Gesellschaft zur Beförderung der gesammten Naturwissenschaften zu Marburg. Sitzungs-*

berichte (1907): 182–188.
Cited: **2** *Seddig 1907*: 220, 559n.

———. "Über die Messung der Temperaturabhängigkeit der Brownschen Molekularbewegung." *Physikalische Zeitschrift* 9 (1908): 465–468.
Cited: **2** *Seddig 1908*: 220, 559n. **5** *Seddig 1908a*: 132n.

———. "Über die sogenannte Brownsche Molekularbewegung und deren Abhängigkeit von der Temperatur." *Naturwissenschaftliche Rundschau* 23 (1908): 377–379.
Cited: **5** *Seddig 1908b*: 132n.

Seelig, Carl. *Albert Einstein. Eine dokumentarische Biographie*. Zurich: Europa Verlag, 1954. 2d rev. ed. of *Albert Einstein und die Schweiz*. Zurich: Europa, 1952.
Cited: **5** *Seelig 1954*: 353n, 629c. **8** *Seelig 1954*: 18n, 288n. **9** *Seelig 1954*: 216n, 404n.

———. *Albert Einstein: A Documentary Biography*. London: Staples, 1956.
Cited: **10** *Seelig 1956*: 541n.

———, ed. *Helle Zeit—Dunkle Zeit: In Memoriam Albert Einstein*. Zurich: Europa, 1956.
Cited: **1** *Seelig 1956*: 265. **2** *Seelig 1956*. **5** *Seelig 1956*. **7** *Seelig 1956*: 229. **9** *Seelig 1956*: 148n, 181n, 597c.

———. *Albert Einstein. Leben und Werk eines Genies unserer Zeit*. Zurich: Europa, 1960.
Cited: **1** *Seelig 1960*: xlii, 60. **2** *Seelig 1960*: 176. **3** *Seelig 1960*: 3, 10. **5** *Seelig 1960*: 125n, 158n, 169n, 291n, 408n, 534n, 538n, 637, 638. **8** *Seelig 1960*: liv, 577n, 968n. **10** *Seelig 1960*: 541n.

———. "Weitere Bemerkungen zur 'Fortpflanzungsgeschwindigkeit der Gravitation'." *Annalen der Physik* 54 (1917): 38–40.
Cited: **10** *Seeliger 1917b*: 64n.

Seeliger, Hugo von. "Ueber das Newton'sche Gravitationsgesetz." *Astronomische Nachrichten* 137 (1895): cols. 129–136.
Cited: **6** *Seeliger 1895*: 538n, 552n. **7** *Seeliger 1895*: 146n, 189n. **8** *Seeliger 1895*: 557n, 578n.

———. "Über das Newton'sche Gravitationsgesetz." *Königlich Bayerische Akademie der Wissenschaften zu München. Mathematisch-physikalische Classe. Sitzungsberichte* 126 (1896): 373–400.
Cited: **7** *Seeliger 1896*: 146n. **8** *Seeliger 1896*: 557n.

———. "Das Zodiakallicht und die empirischen Glieder in der Bewegung der innern Planeten." *Königlich Bayerische Akademie der Wissenschaften zu München. Mathematisch-physikalische Klasse. Sitzungsberichte* (1906): 595–622.
Cited: **7** *Seeliger 1906*: 348n–349n. **8** *Seeliger 1906b*: 218n.

———. "Über die sogenannte absolute Bewegung." *Königlich Bayerische Akademie der Wissenschaften zu München Mathematisch-physikalische Klasse. Sitzungsberichte* (1906): 85–137.
Cited: **8** *Seeliger 1906a*: 448n.

———. "Über die Anwendung der Naturgesetze auf das Universum." *Königlich Bayerische Akademie der Wissenschaften zu München. Mathematisch-physikalische Klasse. Sitzungsberichte* (1909): 3–25.
Cited: **7** *Seeliger 1909*: 142, 146n. **8** *Seeliger 1909*: 557n.

———. "Über die Anomalien in der Bewegung der innern Planeten." *Astronomische Nachrichten* 201 (1915): cols. 273–280.
Cited: **8** *Seeliger 1915*: 218n.

———. "Über die Gravitationswirkung auf die Spektrallinien." *Astronomische Nachrichten* 202 (1916): cols 83–86.
Cited: **8** *Seeliger 1916*: 257n, 262n.

———. "Bemerkungen zu P. Gerbers Aufsatz 'Die Fortpflanzungsgeschwindigkeit der Gravitation'." *Annalen der Physik* 53 (1917): 31–32.
Cited: **10** *Seeliger 1917a*: 64n.

———. "Bemerkung zu dem Aufsatz des Herrn Gehrcke 'Über den Äther.'" *Deutsche Physikalische Gesellschaft. Verhandlungen* 20 (1918): 262.
Cited: **7** *Seeliger 1918*: 104, 349n.

Seeliger, Rudolf. "Elektronentheorie der Metalle." In *Encyklopädie der mathematischen Wissenschaften, mit Einschluss ihrer Anwendungen*. Vol. 5, *Physik*, part 2, pp. 777–878. Sommerfeld, Arnold, ed. Leipzig: Teubner, 1904–1922. Issued 15 February 1922.
Cited: **1** *Seeliger 1921*: 237. **5** *Seeliger 1922*: 147n, 320n, 339n.

Seemann, Hugo E. "Das Röntgenspektrum des Platins." *Physikalische Zeitschrift* 15 (1914): 794–797.
Cited: **9** *Seemann 1914*: 24n.

———. "Zur Röntgenspektrographie." *Physikalische Zeitschrift* 16 (1915): 32–33.
Cited: **9** *Seemann 1915*: 24n.

———. "Röntgenspektroskopische Methoden ohne Spalt." *Annalen der Physik* 49 (1916):

470–480.
Cited: **9** *Seemann 1916a*: 24n.
———. "Zur Optik der Reflexion von Röntgenstrahlen an Kristallstrukturflächen. I." *Annalen der Physik* 51 (1916): 391–413.
Cited: **9** *Seemann 1916b*: 24n.
———. "Die Vermeidung der Verbreiterung von Röntgenspektrallinien infolge der Tiefe der wirksamen Schicht." *Physikalische Zeitschrift* 18 (1917): 242–249.
Cited: **9** *Seemann 1917b*: 24n.
———. "Zur Optik der Reflexion von Röntgenstrahlen an Kristallstrukturflächen. II." *Annalen der Physik* 53 (1917): 461–491.
Cited: **9** *Seemann 1917a*: 24n.
———. "Über die Ökonomie der röntgenspektroskopischen Methoden." *Physikalische Zeitschrift* 20 (1919): 51–55.
Cited: **9** *Seemann 1919a*: 24n.
———. "Vollständige Spektraldiagramme von Kristallen." *Physikalische Zeitschrift* 20 (1919): 169–175.
Cited: **9** *Seemann 1919b*: 24n.
Segrè, Emilio. "Otto Stern. February 17, 1888–August 17, 1969." *National Academy of Sciences. Biographical Memoirs* 43 (1973): 215–236.
Cited: **4** *Segrè 1973*: 272.
Seippel, Paul. *Romain Rolland, l'homme et l'oeuvre*. Paris: Olendorff, 1913.
Cited: **10** *Seippel 1913*: 126n.
Selety, Franz. "Die wirklichen Tatsachen der reinen Erfahrung, eine Kritik der Zeit." *Zeitschrift für Philosophie und philosophische Kritik* 152 (1913): 78–93.
Cited: **8** *Selety 1913*: 494n, 495n, 548n.
———. "Über die Wiederholung des Gleichen im kosmischen Geschehen, infolge des psychologischen Gesetzes der Schwelle." *Zeitschrift für Philosophie und philosophische Kritik* 155 (1914): 185–205.
Cited: **8** *Selety 1914*: 494n, 495n.
———. "Beiträge zum kosmologischen Problem." *Annalen der Physik* 68 (1922): 281–334.
Cited: **7** *Selety 1922*: 182n.
Seligsohn, Arnold. *Patentgesetz und Gesetz, betreffend den Schutz von Gebrauchsmustern*. 6th ed. Berlin: De Gruyter, 1920.
Cited: **7** *Seligsohn 1920*: 195n, 366n, 478n–479n.
Selle, Hermann. "Über Schallgeschwindigkeiten in Stickstoffdioxyd." *Zeitschrift für physikalische Chemie* 104 (1923): 1–9.

Cited: **7** *Selle 1923*: 331n.
Sellien, Ewald. *Die erkenntnistheoretische Bedeutung der Relativitätstheorie*. Berlin: Reuther und Reichard, 1919. (*Kant-Studien. Ergänzungshefte*, no. 48.)
Cited: **9** *Sellien 1919*: 156n, 204n, 576c.
10 *Sellien 1919*: 262n.
Semon, Richard. *Das Problem der Vererbung "erworbener Eigenschaften."* Leipzig: Engelmann, 1912.
Cited: **9** *Semon 1912*: 507n.
Serini, Rocco. "Euclideità dello spazio completamente vuoto nella relatività generale di Einstein." *Reale Accademia dei Lincei. Classe di scienze fisiche, matematiche e naturali. Rendiconti delle sedute* 27 (1918): 235–238.
Cited: **9** *Serini 1918*: 393n, 404n.
Sesmat, Augustine. *Systèmes de référence et mouvements (Physique classique)*. Vol. 6, *L'optique des corps en mouvement*. Paris: Hermann, 1937. (*Actualités scientifiques et industrielles*, no. 484.)
Cited: **2** *Sesmat 1937*: 255.
Seth, Suman. "Quantum Theory and the Electromagnetic World-View." *Historical Studies in the Physical and Biological Sciences* 35 (2004): 67–93.
Cited: **10** *Seth 2004*: 532n.
Shankland, R. S. "Conversations with Albert Einstein." *American Journal of Physics* 31 (1963): 47–57.
Cited: **1** *Shankland 1963*: xl. **4** *Shankland 1963*: 103n.
Shapley, Harlow. "The Orbits of Eighty-Seven Eclipsing Binaries: A Summary." *Astrophysical Journal* 38 (1913): 158–174.
Cited: **8** *Shapley 1913*: 95n.
Sickenberger, Adolf. *Leitfaden der elementaren Mathematik*. Part 2, *Planimetrie*. Munich: Ackermann, 1888.
Cited: **1** *Sickenberger 1888*: lxi.
Siedentopf, Henry. "On the Rendering Visible of Ultra-Microscopic Particles and of Ultra-Microscopic Bacteria." *Journal of the Royal Microscopical Society. Transactions* (1903): 573–578.
Cited: **2** *Siedentopf 1903*: 219.
———. "Über ultra-mikroskopische Abbildungen (Vorläufige Mitteilung)." *Physikalische Zeitschrift* 10 (1909): 778–779.
Cited: **2** *Siedentopf 1909*: 220, 556–558, 559n.
Siedentopf, Henry, and Zsigmondy, Richard A. "Über Sichtbarmachung und Größenbestim-

mung ultramikroskopischer Teilchen, mit besonderer Anwendung auf Goldrubingläser." *Annalen der Physik* 10 (1903): 1–39.
Cited: **2** *Siedentopf and Zsigmondy 1903*: 210, 219, 345n, 559n.

Siegel, Daniel M. "Classical-Electromagnetic and Relativistic Approaches to the Problem of Nonintegral Atomic Masses." *Historical Studies in the Physical Sciences* 9 (1978): 323–360.
Cited: **3** *Siegel 1978*: 176n. **7** *Siegel 1978*: 572n.

———. *Innovation in Maxwell's Electromagnetic Theory: Molecular Vortices, Displacement Current, and Light*. Cambridge: Cambridge University Press, 1991.
Cited: **4** *Siegel 1991*: 102n.

Siegmund-Schultze, Friedrich. "Die Wirkungen der englischen Hungerblockade auf die deutschen Kinder." *Die Eiche. Vierteljahrsschrift für Freundschaft der Kirchen. Ein Organ für soziale und internationale Ethik*. Sonderheft, May 1919, pp. 1–32.
Cited: **9** *Siegmund-Schultze 1919*: 253n.

Siemens, Werner von. "Ueber die elektrostatische Induction und die Verzögerung des Stroms in Flaschendrähten." *Annalen der Physik und Chemie* 12 (1857): 66–122.
Cited: **1** *Siemens 1857*: 193n.

———. "Vorschlag eines reproducirbaren Widerstandsmaasses." *Annalen der Physik und Chemie* 20 (1860): 1–20.
Cited: **1** *Siemens 1860*: 191n.

Silberstein, Ludwik. *The Theory of Relativity*. London: Macmillan, 1914.
Cited: **8** *Silberstein 1914*: 446n.

———. "The Motion of the Perihelion of Mercury Deduced from the Classical Theory of Relativity." *Royal Astronomical Society. Monthly Notices* 77 (1917): 503–510.
Cited: **9** *Silberstein 1917*: 474n.

———. "General Relativity without the Equivalence Hypothesis." *Philosophical Magazine* 36 (1918): 94–128.
Cited: **9** *Silberstein 1918b*: 474n.

———. "The Planetary Motion in Space-Time of Any Constant Curvature According to the Generalised Principle of Relativity." *Royal Astronomical Society. Monthly Notices* 78 (1918): 363–366.
Cited: **9** *Silberstein 1918a*: 474n.

———. "The Recent Eclipse and Stokes-Planck's Aether." *Philosophical Magazine* 39 (1920): 161–170.

Cited: **9** *Silberstein 1920*: 474n. **10** *Silberstein 1920*: 241n.

Simha, Robert. "Untersuchungen über die Viskosität von Suspensionen und Lösungen. 7. Über die Viskosität von Kugelsuspensionen. (Suspensionen in Poiseuille'scher Grundströmung.)" *Kolloid-Zeitschrift* 76 (1936): 16–19.
Cited: **2** *Simha 1936*: 177.

Simon, S. "Ueber das Verhältniss der elektrischen Ladung zur Masse der Kathodenstrahlen." *Annalen der Physik und Chemie* 69 (1899): 589–611.
Cited: **5** *Simon 1899*: 138n.

Skalweit, August. *Die Deutsche Kriegsernährungswirtschaft*. Stuttgart: Deutsche Verlags-Anstalt, 1927.
Cited: **8** *Skalweit 1927*: 292n, 409n, 411n, 515n, 730n, 733n. **10** *Skalweit 1927*: 51n, 53n, 124n, 139n.

Slack, G. A. "Heat Conduction in Solids, Theory." In *Encyclopaedic Dictionary of Physics*. Vol. 3, pp. 606–610. Thewlis, J., ed. New York: Pergamon, 1961.
Cited: **3** *Slack 1961*: 477n.

Slotte, Karl Fredrik. "Über die Molecularbewegung fester Körper." *Finska Vetenskaps-Societeten. Öfversigt af Förhandlingar* 43 (1900): 49–73.
Cited: **2** *Slotte 1900*: 239n.

———. "Über die thermische Ausdehnung und die specifische Wärme einfacher fester Körper." *Finska Vetenskaps-Societeten. Öfversigt af Förhandlingar* 44 (1902): 121–138.
Cited: **2** *Slotte 1902*: 239n.

———. "Über die Schmelzwärme." *Finska Vetenskaps-Societeten. Öfversigt af Förhandlingar* 47 (1904), no. 7: 1–8.
Cited: **2** *Slotte 1904a*: 237–239.

———. "Folgerungen aus einer thermodynamischen Gleichung." *Finska Vetenskaps-Societeten. Öfversigt af Förhandlingar* 47 (1904), no. 8: 1–3.
Cited: **2** *Slotte 1904b*: 240–241, 241n.

Smart, William M. *Celestial Mechanics*. London: Longmans, Green, 1953.
Cited: **4** *Smart 1953*: 348, 355.

Smekal, Adolf. "Zur sogenannten I. Planckschen Quantentheorie (Zur Quantentheorie des Paramagnetismus)." *Annalen der Physik* 57 (1918): 376–400.
Cited: **10** *Smekal 1918*: 370n.

Smoluchowski, Marian von. "Ueber Wärmeleitung in verdünnten Gasen." *Annalen der Phy-

sik und Chemie 64 (1898): 101–130.
Cited: **3** *Smoluchowski 1898*: 285. **6** *Smoluchowski 1898*: 579n.

———. "Über Unregelmäßigkeiten in der Verteilung von Gasmolekülen und deren Einfluß auf Entropie und Zustandsgleichung." In *Festschrift Ludwig Boltzmann gewidmet zum sechzigsten Geburtstage 20. Februar 1904*, pp. 626–641. Meyer, Stefan, ed. Leipzig: Barth, 1904.
Cited: **2** *Smoluchowski 1904*: 215, 216.

———. "Zur kinetischen Theorie der Brownschen Molekularbewegung und der Suspensionen." *Annalen der Physik* 21 (1906): 756–780.
Cited: **2** *Smoluchowski 1906*: 208, 210, 212, 215, 216, 396n, 408n. **6** *Smoluchowski 1906*: 579n. **8** *Smoluchowski 1906*: 802n.

———. "Kinetyczna teorya opalescencyi gazów w stanie krytycznym oraz innych zjawisk pokrewnych. (Théorie cinétique de l'opalescence des gaz à l'état critique et de certains phénomènes corrélatifs.)" *Académie des sciences de Cracovie. Classe des sciences mathématiques et naturelles. Série A, Sciences mathématiques. Bulletin international* (1907): 1057–1075.
Cited: **3** *Smoluchowski 1907*: 283, 310n. **5** *Smoluchowski 1907*: 124n, 255n, 270n, 363n.

———. "Molekular-kinetische Theorie der Opaleszenz von Gasen im kritischen Zustande, sowie einiger verwandter Erscheinungen." *Annalen der Physik* 25 (1908): 205–226.
Cited: **3** *Smoluchowski 1908*: 283, 287, 297, 310n, 311n. **5** *Smoluchowski 1908*: 124n, 255n, 270n, 362n, 363n, 375n. **6** *Smoluchowski 1908*: 579n.

———. "Zur kinetischen Theorie der Transpiration und Diffusion verdünnter Gase." *Annalen der Physik* 33 (1910): 1559–1570.
Cited: **9** *Smoluchowski 1910*: 176n.

———. "Zur Theorie der Wärmeleitung in verdünnten Gasen und der dabei auftretenden Druckkräfte." *Annalen der Physik* 35 (1911): 983–1004.
Cited: **9** *Smoluchowski 1911*: 176n.

———. "Przyczynek do teoryi opalescencyi w gazach w stanie krytycznym. – Beitrag zur Theorie der Opaleszenz von Gasen im kritischen Zustande." *Akademie der Wissenschaften in Krakau. Mathematisch-naturwissenschaftliche Klasse. Reihe A, Mathematische Wissenschaften. Anzeiger* (1911): 493–502.
Cited: **3** *Smoluchowski 1911*: 285. **5** *Smoluchowski 1911*: 363n.

———. "Einige Beispiele Brown'scher Molekularbewegung unter Einfluß äußerer Kräfte." *Akademie der Wissenschaften in Krakau. Mathematisch-naturwissenschaftliche Klasse. Reihe A, Mathematische Wissenschaften. Anzeiger* (1913): 418–434.
Cited: **2** *Smoluchowski 1913*: 345n.

———. "Gültigkeitsgrenzen des zweiten Hauptsatzes der Wärmetheorie." In **3** *Planck et al. 1914b/* **5** *Planck et al. 1914/* **6** *Planck et al. 1914*, pp. 87–121.
Cited: **6** *Smoluchowski 1914*: 579n.

———. "Drei Vorträge über Diffusion, Brownsche Molekularbewegung und Koagulation von Kolloidteilchen." *Physikalische Zeitschrift* 17 (1916): 557–571, 585–599.
Cited: **6** *Smoluchowski 1916*: 579n. **8** *Smoluchowski 1916*: 292n, 802n.

———. *Oeuvres de Marie Smoluchowski, publiées sous les auspices de l'Académie polonaise des sciences et des lettres*. 3 vols. Natanson, Ladislas, and Stock, Jean, eds. Cracow: Jagiellonian University, 1924–28.
Cited: **8** *Smoluchowski 1924–1928*: 551n.

Snelders, H.A.M. "Jacobus Henricus van 't Hoff." In *Dictionary of Scientific Biography*. Vol. 13 (1976), pp. 358–360. Gillispie, Charles C., ed. New York: Scribner's Sons, 1970–1980.
Cited: **2** *Snelders 1976*: 207.

———. "De bemoeienissen van Lorentz en Einstein met de Utrechtse leerstoel voor theoretische fysica (1911–1914)." *Tijdschrift voor de Geschiedenis der Geneeskunde, Natuurwetenschappen, Wiskunde en Techniek* 10 (1987): 57–71.
Cited: **5** *Snelders 1987*: 356n, 361n.

Snow, Benjamin W. "Ueber das ultrarothe Emissionsspectrum der Alkalien." *Annalen der Physik und Chemie* 47 (1892): 208–251.
Cited: **10** *Snow 1892*: 296n.

Sohncke, Leonhard. *Entwickelung einer Theorie der Krystallstruktur*. Leipzig: Teubner, 1879.
Cited: **9** *Sohncke 1879*: 211n.

———. "Die Umwälzung unserer Anschauungen vom Wesen der elektrischen Wirkungen." *Himmel und Erde. Illustrirte naturwissenschaftliche Monatsschrift* 3 (1891): 157–172.
Cited: **1** *Sohncke 1891*: 6.

Soldner, Johann G. von. "Ueber die Ablenkung

eines Lichtstrahls von seiner geradlinigen Bewegung, durch die Attraktion eines Weltkörpers, an welchem er nahe vorbei geht." *Astronomisches Jahrbuch für das Jahr 1804* (1801): 161–172.
Cited: **3** *Soldner 1801*: 497n. **5** *Soldner 1801*: 551n. **6** *Soldner 1801*: 536n. **7** *Soldner 1801*: 111–112.

Solovine, Maurice, trans. and ed. *Albert Einstein. Lettres à Maurice Solovine*. Paris: Gauthier-Villars, 1956.
Cited: **2** *Solovine 1956*: xxiv, 255, 261. **5** *Solovine 1956*: 5n, 6n, 7n, 19n, 28n, 133n, 161n, *642*. **7** *Solovine 1956*: 403n, 576n. **8** *Solovine 1956*: 347n.

Sommerfeld, Arnold. "Zur mathematischen Theorie der Beugungserscheinungen." *Königliche Gesellschaft der Wissenschaften zu Göttingen. Mathematisch-physikalische Klasse. Nachrichten* (1894): 338–342.
Cited: **9** *Sommerfeld 1894*: 411n.

———. "Theoretisches über die Beugung der Röntgenstrahlen." *Zeitschrift für Mathematik und Physik* 46 (1901): 11–97.
Cited: **9** *Sommerfeld 1901*: 411n.

———. "Zur Elektronentheorie. I. Allgemeine Untersuchung des Feldes eines beliebig bewegten Elektrons." *Königliche Gesellschaft der Wissenschaften zu Göttingen. Mathematisch-physikalische Klasse. Nachrichten* (1904): 99–130.
Cited: **5** *Sommerfeld 1904a*: 59n.

———. "Zur Elektronentheorie. II. Grundlagen für eine allgemeine Dynamik des Elektrons." *Königliche Gesellschaft der Wissenschaften zu Göttingen. Mathematisch-physikalische Klasse. Nachrichten* (1904): 363–439.
Cited: **5** *Sommerfeld 1904b*: 59n.

———. "Simplified Deduction of the Field and the Forces of an Electron, Moving in any Given Way." *Koninklijke Akademie van Wetenschappen te Amsterdam. Section of Sciences. Proceedings* 7 (1904–05): 346–367.
Cited: **5** *Sommerfeld 1904c*: 59n.

———. "Zur Elektronentheorie. III. Ueber Lichtgeschwindigkeits- und Ueberlichtgeschwindigkeits-Elektronen." *Königliche Gesellschaft der Wissenschaften zu Göttingen. Mathematisch-physikalische Klasse. Nachrichten* (1905): 201–235.
Cited: **5** *Sommerfeld 1905*: 59n.

———. "Ein Einwand gegen die Relativtheorie der Elektrodynamik und seine Beseitigung." *Physikalische Zeitschrift* 8 (1907): 841–842.
Cited: **5** *Sommerfeld 1907*: 60n, 75n, 86n.

———. "Über die Ausbreitung der Wellen in der drahtlosen Telegraphie." *Annalen der Physik* 28 (1909): 665–736.
Cited: **9** *Sommerfeld 1909*: 411n.

———. "Über die Zusammensetzung der Geschwindigkeiten in der Relativtheorie." *Physikalische Zeitschrift* 10 (1909): 826–829.
Cited: **6** *Sommerfeld 1909*: 68n.

———. "Über die Verteilung der Intensität bei der Emission von Röntgenstrahlen." *Physikalische Zeitschrift* 10 (1909): 969–976.
Cited: **5** *Sommerfeld 1909*: 230n, 233n.

———. "Über die Verteilung der Intensität bei der Emission von Röntgenstrahlen." *Physikalische Zeitschrift* 11 (1910): 99–101.
Cited: **5** *Sommerfeld 1910a*: 233n.

———. "Zur Relativitätstheorie. I. Vierdimensionale Vektoralgebra." *Annalen der Physik* 32 (1910): 749–776.
Cited: **4** *Sommerfeld 1910a*: 106n, 107n, 232n, 267n, 296, 328, 342n. **5** *Sommerfeld 1910b*: 246n.

———. "Zur Relativitätstheorie. II. Vierdimensionale Vektoranalysis." *Annalen der Physik* 33 (1910): 649–689.
Cited: **4** *Sommerfeld 1910b*: 107n, 232n, 328, 342n. **5** *Sommerfeld 1910c*: 246n.

———. "Das Plancksche Wirkungsquantum und seine allgemeine Bedeutung für die Molekularphysik." *Physikalische Zeitschrift* 12 (1911): 1057–1068.
Cited: **3** *Sommerfeld 1911b*: 504n, 517n, 546n. **4** *Sommerfeld 1911*. **5** *Sommerfeld 1911b*: 392n, 466n.

———. "Über die Struktur der γ-Strahlen." *Königlich Bayerische Akademie der Wissenschaften zu München. Mathematisch-physikalische Klasse. Sitzungsberichte* (1911): 1–60.
Cited: **3** *Sommerfeld 1911a*: 541, 547n. **5** *Sommerfeld 1911a*: 322n.

———. "Application de la théorie de l'élément d'action aux phénomènes moléculaires non périodiques." In *La théorie du rayonnement et les quanta. Rapports et discussions de la réunion tenue à Bruxelles, du 30 octobre au 3 novembre 1911, sous les auspices de M. E. Solvay*, pp. 313–372. Langevin, Paul, and de Broglie, Maurice, eds. Paris: Gauthier-Villars, 1912.
Cited: **3** *Sommerfeld 1912*: 517n. **6** *Sommerfeld 1912*.

———. "Über die Fortpflanzung des Lichtes in dispergierenden Medien." In *Festschrift Heinrich Weber zu seinem 70. Geburtstag am 5. März gewidmet von Freunden und Schülern*, pp. 338–374. Leipzig: Teubner, 1912.
Cited: **5** *Sommerfeld 1912*: 60n, 89n.

———. "Die Bedeutung des Wirkungsquantums für unperiodische Molekularprozesse in der Physik." In *Die Theorie der Strahlung und der Quanten. Verhandlungen auf einer von E. Solvay einberufenen Zusammenkunft (30. Oktober bis 3. November 1911). Mit einem Anhange über die Entwicklung der Quantentheorie vom Herbst 1911 bis Sommer 1913*, pp. 252–297. Eucken, Arnold, ed. Halle a.S.: Knapp, 1914. (*Abhandlungen der Deutschen Bunsen Gesellschaft für angewandte physikalische Chemie* 3, no. 7.)
Cited: **3** *Sommerfeld 1914*: 514n, 517n, 547n. **6** *Sommerfeld 1914*: 567n.

———. "Probleme der freien Weglänge." In *Vorträge über die kinetische Theorie der Materie und der Elektrizität*. Leipzig: Teubner, 1914.
Cited: **9** *Sommerfeld 1914*: 19n.

———. "Über die Fortpflanzung des Lichtes in dispergierenden Medien." *Annalen der Physik* 44 (1914): 177–202.
Cited: **5** *Sommerfeld 1914*: 60n, 71n, 89n.

———. "Die allgemeine Dispersionsformel nach dem Bohrschen Modell." In *Arbeiten aus dem Gebiete der Physik, Mathematik und Chemie (Elster-Geitel-Festschrift)*, pp. 549–584. Braunschweig. Vieweg, 1915.
Cited: **9** *Sommerfeld 1915a*: 383n.

———. "Die Feinstruktur der Wasserstoff- und der Wasserstoff-ähnlichen Linien." *Königlich Bayerische Akademie der Wissenschaften zu München. Mathematisch-physikalische Klasse. Sitzungsberichte* (1915): 459–500.
Cited: **8** *Sommerfeld 1915b*: 209n, 217n, 261n, 839n, 914n.

———. "Über das Spektrum der Röntgenstrahlung." *Annalen der Physik* 46 (1915): 721–748.
Cited: **9** *Sommerfeld 1915b*: 24n.

———. "Zur Theorie der Balmerschen Serie." *Königlich Bayerische Akademie der Wissenschaften zu München. Mathematisch-physikalische Klasse. Sitzungsberichte* (1915): 425–458.
Cited: **6** *Sommerfeld 1915*: 398n, 567n. **8** *Sommerfeld 1915a*: 209n, 217n.

———. "Zur Quantentheorie der Spektrallinien." *Annalen der Physik* 51 (1916): 1–94.
Cited: **6** *Sommerfeld 1916*: 567n. **8** *Sommerfeld 1916a*: 326n, 784n, 839n, 958n, 1004c. **9** *Sommerfeld 1916*: 411n. **10** *Sommerfeld 1916a*: 68n.

———. "Zur Quantentheorie der Spektrallinien (Fortsetzung)." *Annalen der Physik* 51 (1916): 125–167.
Cited: **6** *Sommerfeld 1916*: 567n. **8** *Sommerfeld 1916b*: 326n, 784n, 839n. **10** *Sommerfeld 1916b*: 68n.

———. "Die Drudesche Dispersionstheorie vom Standpunkte des Bohrschen Modelles und die Konstitution von H_2, O_2 und N_2." *Annalen der Physik* 53 (1917): 497–550.
Cited: **8** *Sommerfeld 1917*: 627n. **9** *Sommerfeld 1917*: 198n, 383n.

———. "Atombau und Röntgenspektren. I. Teil." *Physikalische Zeitschrift* 19 (1918): 297–307.
Cited: **8** *Sommerfeld 1918c*: 784n.

———. "Ein Besuch an der Genter Universität." *Monatshefte für den naturwissenschaftlichen Unterricht aller Schulgattungen* 11 (1918): 57–61.
Cited: **8** *Sommerfeld 1918e*: 701n.

———. "Der Aufbau der Atome auf Grund ihrer Spektren." *Monatshefte für den naturwissenschaftlichen Unterricht aller Schulgattungen* 11 (1918): 61–67.
Cited: **8** *Sommerfeld 1918f*: 701n.

———. [Review of *Usener 1917*.] *Physikalische Zeitschrift* 19 (1918): 343–344.
Cited: **8** *Sommerfeld 1918d*: 838n, 839n.

———. "Max Planck zum sechzigsten Geburtstage." *Die Naturwissenschaften* 6 (1918): 195–199.
Cited: **8** *Sommerfeld 1918b*: 648n.

———. "Über die Entdeckung der Quanten." In Warburg, Emil, et al. *Zu Max Plancks sechzigstem Geburtstag. Ansprachen, gehalten am 26. April 1918 in der Deutschen Physikalischen Gesellschaft von E. Warburg, M. v. Laue, A. Sommerfeld und A. Einstein*, pp. 16–28. Karlsruhe: Müllersche Hofbuchhandlung, 1918.
Cited: **8** *Sommerfeld 1918a*: 628n, 629n, 671n, 784n.

———. "Über die Feinstruktur der K_β-Linie." *Königlich Bayerische Akademie der Wissenschaften zu München. Mathematisch-physikalische Klasse. Sitzungsberichte* (1918): 367–372.

Cited: **8** *Sommerfeld 1918g*: 784n.
———. *Atombau und Spektrallinien*. Braunschweig: Vieweg, 1919.
Cited: **8** *Sommerfeld 1919*: 784n, 958n. **9** *Sommerfeld 1919*: liii, 390n, 505n. **10** *Sommerfeld 1919*: 514n, 541n.
———. "Bemerkungen zur Feinstruktur der Röntgenspektren." *Zeitschrift für Physik* 1 (1920): 135–146.
Cited: **9** *Sommerfeld 1920*: 218n.
———. "Die Relativitätstheorie." *Süddeutsche Monatsheften* 17 (1920): 80–87.
Cited: **10** *Sommerfeld 1920*: 532n, 533n, 550n.
———. *Atombau und Spektrallinien*. 2d ed. Braunschweig: Vieweg, 1921.
Cited: **10** *Sommerfeld 1921*: 518n, 533n.
———. *Atombau und Spektrallinien*. 3d rev. ed. Braunschweig: Vieweg, 1922.
Cited: **8** *Sommerfeld 1922*: 13n.
———. "Zwanzig Jahre spectroscopischer Theorie in München." *Scientia* 72 (1942): 123–130.
Cited: **8** *Sommerfeld 1942*: 549n.
———. *Gesammelte Schriften*. 3 vols. Sauter, F., ed. Braunschweig: Vieweg, 1968.
Cited: **9** *Sommerfeld 1968*.
———. *Wissenschaftlicher Briefwechsel*. Vol. 2, *1919–1951*. Eckert, Michael, and Märker, Karl, eds. Berlin: Diepholz; Munich: Deutsches Museum/Verlag für Geschichte der Naturwissenschaften und der Technik, 2004.
Cited: **10** *Sommerfeld 2004*: 409n, 413n, 533n.
Cited: **3** *Sommerfeld et al. 1914*: 515n, 516n, 517n, 518n.
Sommerfeld, Arnold, and Seewald, Fritz. "Ludwig Hopf zum Gedächtnis." *Jahrbuch der Rheinisch-Westfälischen Technischen Hochschule Aachen* 5 (1952–53): 24–26.
Cited: **5** *Sommerfeld and Seewald 1953*: 639.
Sommerfeld, Arnold, and Usener, Hans. "Zu der Besprechung: H. Usener, der Kreisel als Richtungsweiser usw. in Nr. 15 dieser Zeitschr. S. 343." *Physikalische Zeitschrift* 19 (1918): 487.
Cited: **8** *Sommerfeld and Usener 1918*: 838n, 839n.
Sommerfeld, Arnold, et al. "Discussion" following **3** *Sommerfeld 1912*. In *La théorie du rayonnement et les quanta. Rapports et discussions de la réunion tenue à Bruxelles, du 30 octobre au 3 novembre 1911, sous les auspices de M. E. Solvay*, pp. 373–392. Langevin, Paul, and de Broglie, Maurice, eds. Paris: Gauthier-Villars, 1912.
Cited: **3** *Sommerfeld et al. 1912*: 515n, 516n, 517n, 518n.
———. "Diskussion" following **3** *Sommerfeld 1911b*/**4** *Sommerfeld 1911*/**5** *Sommerfeld 1911b*. *Physikalische Zeitschrift* 12 (1911): 1068–1069.
Cited: **3** *Sommerfeld et al. 1911*: 498–503, 504n, 517n. **4** *Sommerfeld et al. 1911*: 112.
———. "Diskussion" following **3** *Sommerfeld 1914*/**6** *Sommerfeld 1914*. In *Die Theorie der Strahlung und der Quanten. Verhandlungen auf einer von E. Solvay einberufenen Zusammenkunft (30. Oktober bis 3. November 1911). Mit einem Anhange über die Entwicklung der Quantentheorie vom Herbst 1911 bis Sommer 1913*, pp. 301–317. Eucken, Arnold, ed. Halle a.S.: Knapp, 1914. (*Abhandlungen der Deutschen Bunsen Gesellschaft für angewandte physikalische Chemie* 3, no. 7.)
Sorel, Georges. *Réflexions sur la violence*. Paris: Librarie de "Pages libres," 1908.
Cited: **9** *Sorel 1908*: 96n.
———. *Reflections on Violence*. New York: Huebsch, 1912.
Cited: **9** *Sorel 1912*: 96n.
Sösemann, Bernd, ed. *Theodor Wolff. Tagebücher 1914–1919*. Boppard a. R.: Boldt, 1984.
Cited: **9** *Sösemann 1984*: 29n.
———. *Theodor Wolff. Ein Leben mit der Zeitung*. Munich: Econ Ullstein List, 2000.
Cited: **9** *Sösemann 2000*: 29n.
Southerns, Leonard. "A Determination of the Ratio of Mass to Weight for a Radioactive Substance." *Royal Society of London. Proceedings A* 84 (1910): 325–344.
Cited: **4** *Southerns 1910*: 187n. **5** *Southerns 1910*: 498n. **8** *Southerns 1910*: 198n.
Specker, Hans Eugen. *Ulm. Stadtgeschichte. Ulm*. Ulm: Süddeutsche Verlagsgesellschaft, 1977.
Cited: **9** *Specker 1977*: 491n.
———, ed. *Einstein und Ulm. Festakt und Ausstellung zum 100. Geburtstag von Albert Einstein*. Ulm: Stadtarchiv Ulm; Stuttgart: Kohlhammer, 1979.
Cited: **1** *Specker 1979*: 1n. **5** *Specker 1979*: 559n. **9** *Specker 1979*: 490n, 491n.
Spengler, Oswald. *Der Untergang des Abendlandes. Umrisse einer Morphologie der Weltgeschichte*. Vienna: Braumüller, 1918.
Cited: **9** *Spengler 1918*: 390n, 522n, 590c.

Spieker, Theodor. *Lehrbuch der ebenen Geometrie. Mit Übungs-Aufgaben für höhere Lehranstalten.* 19th impr. ed. Potsdam: Aug. Stein, 1890.
Cited: **1** *Spieker 1890*: lxi. **10** *Spieker 1890*: 88n.

Spinoza, Baruch. "Ethica ordine geometrico demonstrata." In *Opera postuma*, pp. 1–264. Amsterdam: Rieuwertsz, 1677.
Cited: **2** *Spinoza 1677*: xxv.

———. *Die Ethik*. Stern, J., trans. Leipzig: Reclam, [1887].
Cited: **2** *Spinoza 1887*: xxv.

———. *Benedict von Spinoza's Ethik*. 5th ed. Kirchmann, J. H. von, trans. Berlin: Philosophisch-Historischer Verlag, [1893].
Cited: **2** *Spinoza 1893*: xxv.

Sponsel, Alistair. "Constructing a 'Revolution in Science': The Campaign to Promote a Favourable Reception for the 1919 Solar Eclipse Experiments." *British Journal for the History of Science* 35 (2002): 439–467.
Cited: **9** *Sponsel 2002*: lii, liii, 263n.

Spuler, Bertold. *Regenten und Regierungen der Welt*. Part 2, *1492–1953*. Bielefeld: Ploetz, 1953.
Cited: **10** *Spuler 1953*: 57n.

St. John, Charles E. "The General Circulation of the Mean and High-Level Calcium Vapor in the Solar Atmosphere." *Astrophysical Journal* 32 (1910): 36–82.
Cited: **5** *St. John 1910*: 356n.

———. "Anomalous Dispersion in the Sun in the Light of Observations." *Astrophysical Journal* 41 (1915): 28–71.
Cited: **9** *St. John 1915*: 249n. **10** *St. John 1915*: 252n.

———. "Observational Evidence That the Relative Positions of Fraunhofer Lines Are Not Systematically Affected by Anomalous Dispersion." *Astrophysical Journal* 44 (1916): 311–341.
Cited: **10** *St. John 1916*: 252n.

———. "The Principle of Generalized Relativity and the Displacement of Fraunhofer Lines Toward the Red." *Astrophysical Journal* 46 (1917): 249–265.
Cited: **8** *St. John 1917*: 880n. **9** *St. John 1917*: liii, 87n, 113n, 325n, 330n, 356n, 381n, 402n.

———. "Displacement of Solar Lines and the Einstein Effect." *The Observatory* 43 (1920): 158–162.
Cited: **9** *St. John 1920a*: liii, 479n.

———. "The Displacement of Solar Spectral Lines." *The Observatory* 43 (1920): 260–262.
Cited: **9** *St. John 1920b*: liii.

Stachel, John. "Einstein and the Rigidly Rotating Disk." In *General Relativity and Gravitation: One Hundred Years after the Birth of Albert Einstein*. Vol. 1, pp. 1–15. Held, Alan, ed. New York: Plenum, 1980. Reprinted in *Einstein and the History of General Relativity*, pp. 48–62. Howard, Don, and Stachel, John, eds. Boston: Birkhäuser, 1989. Reprinted in Stachel, John. *Einstein from 'B' to 'Z,'* pp. 245–260. Boston: Birkhäuser, 2002.
Cited: **3** *Stachel 1980*: 480. **4** *Stachel 1980*: 144n, 163n, 187n. **5** *Stachel 1980*: 211n. **6** *Stachel 1980*: 338n. **7** *Stachel 1980*: 178n, 281n, 403n, 574n. **10** *Stachel 1980*: 7n.

———. "'A Man of My Type': Editing the Einstein Papers." *British Journal for the History of Science* 20 (1987): 57–66.
Cited: **7** *Stachel 1987*: 210n.

———. "Einstein's Search for General Covariance, 1912–1915." In *Einstein and the History of General Relativity*, pp. 63–100. Howard, Don, and Stachel, John, eds. Boston: Birkhäuser, 1989.
Cited: **4** *Stachel 1989*: 193, 297, 299, 300, 301, 485n, 577n, 582n. **5** *Stachel 1989*: 564n. **6** *Stachel 1989*: xvii, 130n, 224n. **7** *Stachel 1989*: 42n, 281n, 378n, 574n. **8** *Stachel 1989*: 17n, 74n, 101n, 192n, 202n, 229n. **9** *Stachel 1989*: 268n.

———. "The Cauchy Problem in General Relativity The Early Years." In *Studies in the History of General Relativity*, pp. 407–418. Eisenstaedt, Jean, and Kox, A. J., eds. Boston: Birkhäuser, 1992.
Cited: **8** *Stachel 1992*: 196n, 657n.

———. "The Meaning of General Covariance: The Hole Story." In *Philosophical Problems of the Internal and External World: Essays on the Philosophy of Adolf Grünbaum*, pp. 129–160. Earman, John, Janis, Allen I., Massey, Gerald J., and Rescher, Nicholas, eds. Konstanz/Pittsburgh: Universitätsverlag/University of Pittsburgh Press, 1993.
Cited: **7** *Stachel 1993a*: 42n.

———. "The Other Einstein: Einstein contra Field Theory." *Science in Context* 6 (1993): 275–290.
Cited: **7** *Stachel 1993b*: 404n.

———. "Lanczos's Early Contributions to Relativity and His Relationship with Einstein." In *Proceedings of the Cornelius Lanczos In-*

ternational Centenary Conference, pp. 201–221. Brown, J. David, Chu, Moody T., Elison, Donald C., and Plemmons, Robert J., eds. Philadelphia: Society for Industrial and Applied Mathematics, 1994.
Cited: **8** *Stachel 1994*: 769n.
———. "Einstein and Infeld, Seen through Their Correspondence." *Acta Physica Polonica B* 30 (1999): 2879–2908.
Cited: **7** *Stachel 1999*: 288n.
———. *Einstein from 'B' to 'Z.'* Boston: Birkhäuser, 2002.
Cited: **9** *Stachel 2002*: 116n, 137n, 266n, 305n, 389n.
Stachel, John, and Torretti, Roberto. "Einstein's First Derivation of Mass-Energy Equivalence." *American Journal of Physics* 50 (1982): 760–763.
Cited: **2** *Stachel and Torretti 1982*: 269.
Stanley, H. Eugene. *Introduction to Phase Transitions and Critical Phenomena*. Oxford: Clarendon Press; New York: Oxford University Press, 1971.
Cited: **3** *Stanley 1971*: 285.
Stanley, Matthew. "An Expedition to Heal the Wounds of War: The 1919 Eclipse and Eddington as Quaker Adventurer." *Isis* 94 (2003): 57–89.
Cited: **9** *Stanley 2003*: lii, 263n, 370n, 371n.
Stappenbacher, Susi. "Die deutschen literarischen Zeitschriften in den Jahren 1918–1925 als Ausdruck geistiger Strömungen der Zeit." Doctoral dissertation, Friedrich-Alexander-Universität zu Erlangen-Nürnberg, 1961.
Cited: **9** *Stappenbacher 1961*: 70n.
Stark, Johannes. *Die Elektrizität in Gasen*. Leipzig: Barth, 1902.
Cited: **2** *Stark 1902*: 166, 168n, 169n.
———. "Der Doppler-Effekt bei den Kanalstrahlen und die Spektra der positiven Atomionen." *Physikalische Zeitschrift* 6 (1905): 892–897.
Cited: **7** *Stark 1905*: 486n.
———. "Über die Lichtemission der Kanalstrahlen in Wasserstoff." *Annalen der Physik* 21 (1906): 401–456.
Cited: **2** *Stark 1906*: 402, 403n, 444, 485n. **3** *Stark 1906*: 162, 175n. **5** *Stark 1906*: 47n, 452n.
———. "Beziehung des Doppler-Effektes bei Kanalstrahlen zur Planckschen Strahlungstheorie." *Physikalische Zeitschrift* 8 (1907): 913–919.
Cited: **5** *Stark 1907b*: 47n, 76n, 84n, 144n.

———. "Elementarquantum der Energie, Modell der negativen und der positiven Elektrizität." *Physikalische Zeitschrift* 8 (1907): 881–884.
Cited: **2** *Stark 1907*: 269. **5** *Stark 1907a*: 84n, 104n.
———. "Bemerkung zu Herrn Kaufmanns Antwort auf einen Einwand von Herrn Planck." *Deutsche Physikalische Gesellschaft. Verhandlungen* 10 (1908): 14–16.
Cited: **5** *Stark 1908a*: 79n, 98n.
———. "Zur Energetik und Chemie der Bandenspektra." *Physikalische Zeitschrift* 9 (1908): 85–94.
Cited: **5** *Stark 1908b*.
———. "Neue Beobachtungen an Kanalstrahlen in Beziehung zur Lichtquantenhypothese." *Physikalische Zeitschrift* 9 (1908): 767–773.
Cited: **2** *Stark 1908*: 548, 552n. **5** *Stark 1908c*: 47n, 144n, 150n.
———. "Weitere Bemerkungen über die thermische und chemische Absorption im Bandenspektrum." *Physikalische Zeitschrift* 9 (1908): 889–894.
Cited: **4** *Stark 1908a*: 110, 173n, 293n.
———. "Über die zerstäubende Wirkung des Lichtes und die optische Sensibilisation." *Physikalische Zeitschrift* 9 (1908): 894–900.
Cited: **4** *Stark 1908b*: 110.
———. "Über Röntgenstrahlen und die atomistische Konstitution der Strahlung." *Physikalische Zeitschrift* 10 (1909): 579–586.
Cited: **2** *Stark 1909a*: 145, 583n, 587n. **5** *Stark 1909a*: 203n.
———. "Über die Ionisierung von Gasen durch Licht." *Physikalische Zeitschrift* 10 (1909): 614–623.
Cited: **2** *Stark 1909b*: 169n, 552n.
———. "Zur experimentellen Entscheidung zwischen Ätherwellen- und Lichtquantenhypothese. I. Röntgenstrahlung." *Physikalische Zeitschrift* 10 (1909): 902–913.
Cited: **2** *Stark 1909c*: 583n. **5** *Stark 1909b*: 233n.
———. "Zur experimentellen Entscheidung zwischen der Lichtquantenhypothese und der Ätherimpulstheorie der Röntgenstrahlen." *Physikalische Zeitschrift* 11 (1910): 24–31.
Cited: **5** *Stark 1910*: 233n.
———. "Bemerkung über Zerstreuung und Absorption von β-Strahlen und Röntgenstrahlen in Kristallen." *Physikalische Zeitschrift* 13 (1912): 973–977.
Cited: **5** *Stark 1912c*: 519n.

———. "Über die Anwendung des Planckschen Elementargesetzes auf photochemische Prozesse. Bemerkung zu einer Mitteilung des Hrn. Einstein." *Annalen der Physik* 38 (1912): 467–469.
Cited: **4** *Stark 1912*: 109, 172, 173n, 293n. **5** *Stark 1912b*: 474n.
———. "Zur Diskussion über die Struktur der γ-Strahlen." *Physikalische Zeitschrift* 13 (1912): 161–162.
Cited: **5** *Stark 1912a*: 418n.
———. "Beobachtungen über den Effekt des elektrischen Feldes auf Spektrallinien." *Königlich Preußische Akademie der Wissenschaften* (Berlin). *Sitzungsberichte* (1913): 932–946.
Cited: **5** *Stark 1913*: 589n.
———. "Die gegenwärtige Krisis in der deutschen Physik." (1922).
Cited: **7** *Stark 1922*: 101, 113n.
Stark, Johannes, and Steubing, Walter. "Fluoreszenz und lichtelektrische Empfindlichkeit organischer Substanzen." *Physikalische Zeitschrift* 9 (1908): 481–495.
Cited: **2** *Stark and Steubing 1908*: 168n.
———. "Spektralanalytische Beobachtungen an Kanalstrahlen mit Hilfe großer Dispersion." *Annalen der Physik* 28 (1909): 974–998.
Cited: **5** *Stark and Steubing 1909*: 47n.
Starke, Hermann. "Über die elektrische und magnetische Ablenkung schneller Kathodenstrahlen." *Deutsche Physikalische Gesellschaft. Verhandlungen* 5 (1903): 241–250.
Cited: **2** *Starke 1903*: 486n.
———. "Das elektrische Leitungsvermögen." In *Die Kultur der Gegenwart. Ihre Entwicklung und ihre Ziele.* Hinneberg, Paul, ed. Part 3, sec. 3, vol. 1, *Physik*, pp. 408–449. Warburg, Emil, ed. Leipzig: Teubner, 1915.
Cited: **4** *Starke 1915*: 529, 534n.
Starr, William T. *Romain Rolland, One Against All: A Biography.* The Hague: Mouton, 1971.
Cited: **10** *Starr 1971*: 58n.
Starr, William Thomas. *Romain Rolland and a World at War.* Evanston, Ill.: Northwestern University, 1956.
Cited: **8** *Starr 1956*: 103n, 104n, 505n.
Stefan, Josef. "Über die dynamische Theorie der Diffusion der Gase." *Kaiserliche Akademie der Wissenschaften* (Vienna). *Mathematisch-naturwissenschaftliche Classe. Zweite Abtheilung. Sitzungsberichte* 65 (1872): 323–363.
Cited: **2** *Stefan 1872*: 252n. **3** *Stefan 1872b*: 243n.
———. "Untersuchungen über die Wärmeleitung in Gasen. Erste Abhandlung." *Kaiserliche Akademie der Wissenschaften* (Vienna). *Mathematisch-naturwissenschaftliche Classe. Zweite Abtheilung. Sitzungsberichte* 65 (1872): 45–69.
Cited: **3** *Stefan 1872a*: 243n.
———. "Untersuchungen über die Wärmeleitung in Gasen. Zweite Abhandlung." *Kaiserliche Akademie der Wissenschaften* (Vienna). *Mathematisch-naturwissenschaftliche Classe. Zweite Abtheilung. Sitzungsberichte* 72 (1876): 69–101.
Cited: **3** *Stefan 1876*: 243n.
———. "Über die Beziehung zwischen der Wärmestrahlung und der Temperatur." *Kaiserliche Akademie der Wissenschaften* (Vienna). *Mathematisch-naturwissenschaftliche Classe. Zweite Abtheilung. Sitzungsberichte* 79 (1879): 391–428.
Cited: **2** *Stefan 1879*: 108n.
Steffens, Henry John. *James Prescott Joule and the Concept of Energy.* New York: Science History, 1979.
Cited: **1** *Steffens 1979*: 84n.
Steglich, Wolfgang. *Die Friedenspolitik der Mittelmächte 1917/18.* Vol. 1. Wiesbaden: Steiner, 1964.
Cited: **8** *Steglich 1964*: 506n, 524n, 629n. **10** *Steglich 1964*: 108n.
Stenström, Karl W. *Experimentelle Untersuchungen der Röntgenspektra.* Doctoral dissertation. Lund: Bloms, 1919.
Cited: **9** *Stenström 1919*: 218n.
Stern, Alfred. *Zur Familiengeschichte. Klärchen zum 22. März 1906 gewidmet.* Zurich: Buchdruckerei Berichthaus, 1906.
Cited: **5** *Stern, A. 1906*: 636c.
———. *Wissenschaftliche Selbstbiographie.* Zurich: Gebr. Leemann, 1932.
Cited: **1** *Stern 1932*: 387.
Stern, Fritz. *The Politics of Cultural Despair. A Study in the Rise of the Germanic Ideology.* Berkeley: University of California Press, 1961.
Cited: **8** *Stern, F. 1961*: 737n.
———. *The Politics of Cultural Despair.* Berkeley: University of California Press, 1974.
Cited: **9** *Stern, F. 1974*: 396n.
———. *Dreams and Delusions. The Drama of German History.* New York: Knopf, 1987.
Cited: **8** *Stern, F. 1987*: 620n. **9** *Stern, F. 1987*: 109n.

———. "Freunde im Widerspruch. Haber und Einstein." In *Forschung im Spannungsfeld von Politik und Gesellschaft. Geschichte und Struktur der Kaiser-Wilhelm-/Max-Planck-Gesellschaft*, pp. 516–551. Vierhaus, Rudolf, and Brocke, Bernhard vom, ed. Stuttgart: Deutsche Verlags-Anstalt, 1990.
Cited: **7** *Stern 1990*: 232.

Stern, Otto. "Zur kinetischen Theorie des Dampfdrucks einatomiger fester Stoffe und über die Entropiekonstante einatomiger Gase." *Physikalische Zeitschrift* 14 (1913): 629–632.
Cited: **5** *Stern, O. 1913*: 536n, 539n. **6** *Stern 1913*: 261n. **8** *Stern, O. 1913*: 39n. **10** *Stern 1913*: 353n, 500n.

———. "Zur Theorie der Gasdissoziation." *Annalen der Physik* 44 (1914): 497–524.
Cited: **8** *Stern, O. 1914*: 20n, 30n.

———. "Die Entropie fester Lösungen." *Annalen der Physik* 49 (1916): 823–841.
Cited: **8** *Stern, O. 1916*: 263n, 264n, 273n.

———. "Zusammenfassender Bericht über die Molekulartheorie des Dampfdruckes fester Stoffe und ihre Bedeutung für die Berechnung chemischer Konstanten." *Zeitschrift für Elektrochemie* 25 (1919): 66–80.
Cited: **9** *Stern, O. 1919*: 472n. **10** *Stern 1919*: 353n.

———. "Zur Molekulartheorie des Paramagnetismus fester Salze." *Zeitschrift für Physik* 1 (1920): 147–153.
Cited: **10** *Stern 1920a*: 356n, 369n.

———. "Eine direkte Messung der thermischen Molekulargeschwindigkeit. Vorläufige Mitteilung." *Zeitschrift für Physik* 2 (1920): 49–56.
Cited: **10** *Stern 1920b*: 355n.

———. "Nachtrag zu meiner Arbeit: „Eine direkte Messung der thermischen Molekulargeschwindigkeit"." *Zeitschrift für Physik* 3 (1920): 417–421.
Cited: **10** *Stern 1920c*: 355n.

Sterne, Laurence. *Tristram Schandis Leben und Meynungen*. Munich, Leipzig: Müller, 1910.
Cited: **8** *Sterne 1910*: 325n.

Steubing, Walter. "Fluoreszenz und Ionisierung des Quecksilberdampfes." *Deutsche Physikalische Gesellschaft. Verhandlungen* 11 (1909): 561–574; also published with discussion remarks in *Physikalische Zeitschrift* 10 (1909): 787–793.
Cited: **9** *Steubing 1909*: 338n.

Stewart, John Q. "The Moment of Momentum Accompanying Magnetic Moment in Iron and Nickel." *Physical Review* 11 (1918): 100–120.
Cited: **6** *Stewart 1918*: 149. **10** *Stewart 1918*: 304n, 504n.

Stigler, Stephen M. *The History of Statistics: The Measurement of Uncertainty before 1900*. Cambridge, Mass.: Belknap Press of Harvard University Press, 1986.
Cited: **3** *Stigler 1986*: 268n.

Stodola, Aurel. "Künstliche Gliedmassen: Eine dankbare chirurgisch-mechanische Aufgabe." *Zeitschrift des Vereins Deutscher Ingenieure* (1915): 842–843.
Cited: **10** *Stodola 1915*: 34n.

Stokes, George G. "On the Aberration of Light." *Philosophical Magazine* 27 (1845): 9.
Cited: **7** *Stokes 1845*: 104, 128n, 279n, 469n.

———. "On the Theories of the Internal Friction of Fluids in Motion, and of the Equilibrium and Motion of Elastic Solids." *Cambridge Philosophical Society. Transactions* 8 (1849): 287–319.
Cited: **2** *Stokes 1845*: 171, 205n, 235n.

Stokesbury, James L. *A Short History of World War I*. New York: HarperCollins, 1981.
Cited: **10** *Stokesbury 1981*: 63n.

Stoltzenberg, Dietrich. *Fritz Haber. Chemiker, Nobelpreisträger, Deutscher, Jude*. Weinheim: VCH Verlagsgesellschaft, 1994.
Cited: **8** *Stoltzenberg 1994*: 129n. **9** *Stoltzenberg 1994*: 123n, 281n, 488n. **10** *Stoltzenberg 1994*: 451n.

Stone, Ralph A. *The Irreconcilables: The Fight against the League of Nations*. Lexington: University Press of Kentucky, 1970.
Cited: **9** *Stone 1970*: 145n.

Störmer, Carl. "Sur un problème important dans la physique cosmique." *Académie des sciences* (Paris). *Comptes rendus* 156 (1913): 450–453.
Cited: **8** *Störmer 1913a*: 158n.

———. "Sur un problème mécanique et ses appliquations à la physique cosmique." *Académie des sciences* (Paris). *Comptes rendus* 156 (1913): 536–539.
Cited: **8** *Störmer 1913b*: 158n.

Straumann, Norbert. "Zum Ursprung der Eichtheorien bei Hermann Weyl." *Physikalische Blätter* 43 (1987): 414–421.
Cited: **7** *Straumann 1987*: 56n.

Straus, Ernst. "Reminiscences." In *Albert Einstein: Historical and Cultural Perspectives. The Centennial Symposium in Jerusalem*, pp.

417–423. Holton, Gerald, and Elkana, Yehuda, eds. Princeton, N.J.: Princeton University Press, 1982.
Cited: **1** *Straus 1982*: lvii.

Strindberg, August. *Werke. Wissenschaft.* Vol. 6, *Ein Blaubuch.* Munich: Müller, 1908.
Cited: **9** *Strindberg 1908*: 207n.

———. *Werke. Dramen.* Vol. 8, *Märchenspiele, Ein Traumspiel.* Munich: Müller, 1917.
Cited: **9** *Strindberg 1917*: 144n.

———. *Werke. Dramen.* Vol. 6, *Rausch; Totentanz.* Munich: Müller, 1919.
Cited: **9** *Strindberg 1919*: 144n.

Strobel, Fr. "Vorwort." In *Beiblätter zu den Annalen der Physik und Chemie. Namenregister zum 1–15. Bande (1877–1891)* (1893): vi.
Cited: **2** *Strobel 1893*: 109.

———. "Vorwort." In *Beiblätter zu den Annalen der Physik. Register zu Band 16 bis 30 (1892–1906)* (1909): iv.
Cited: **2** *Strobel 1909*: 109.

Study, Eduard. *Die realistische Weltansicht und die Lehre vom Raume. Geometrie, Anschauung und Erfahrung.* Braunschweig: Vieweg, 1913.
Cited: **8** *Study 1914b*: 877n, 886n, 892n, 898n.

———. "Grundlagen und Ziele der analytischen Kinematik." *Berliner Mathematische Gesellschaft. Sitzungsberichte* 12 (1913): 36–60.
Cited: **8** *Study 1913*: 886n, 892n, 898n.

———. "Das Raumproblem." *Deutsche Mathematiker-Vereinigung. Jahresbericht* 23 (1914): 322–334.
Cited: **8** *Study 1914a*: 898n.

———. *Die realistische Weltansicht und die Lehre vom Raume. Geometrie, Anschauung und Erfahrung.* Braunschweig: Vieweg, 1914.
Cited: **9** *Study 1914*: 45n, 52n, 72n.

———. "Die Mimikry als Prüfstein phylogenetischer Theorien." *Die Naturwissenschaften* 7 (1919): 371–378, 392, 406–412.
Cited: **8** *Study 1919*: 886n.

Stuewer, Roger H. "Non-Einsteinian Interpretations of the Photoelectric Effect." In *Historical and Philosophical Perspectives of Science*, pp. 246–263. Stuewer, Roger H., ed. Minneapolis: University of Minnesota Press, 1970. (*Minnesota Studies in the Philosophy of Science*, vol. 5. Feigl, Herbert, and Maxwell, Grover, eds.)
Cited: **2** *Stuewer 1970*: 142. **3** *Stuewer 1970*: xxi, 518n, 547n.

———. *The Compton Effect: Turning Point in Physics.* New York: Science History, 1975.
Cited: **4** *Stuewer 1975*: 112.

———. "Artificial Disintegration and the Cambridge-Vienna Controversy." In *Observation, Experiment, and Hypothesis in Modern Physical Science*, pp. 239–307. Achinstein, Peter, and Hannaway, Owen, eds. Cambridge, Mass.: MIT Press, 1985.
Cited: **7** *Stuewer 1985*: 340n.

———. "Mass-Energy and the Neutron in the Early Thirties." *Science in Context* 6 (1993): 89–133.
Cited: **3** *Stuewer 1993*: 176n.

Stumpf, Carl F. *Spinozastudien. Abhandlungen der Preußischen Akademie der Wissenschaften. Philosophisch-historische Klasse*, no. 4, 1919.
Cited: **9** *Stumpf 1919*: 261n.

Suchtelen, Nico van. *Europa eendrachtig. Een lezing over den Europeeschen statenbond.* Amsterdam: Maatschappij voor Goede en Goedkoope Lectuur, 1915.
Cited: **8** *Suchtelen 1915*: 177n.

Suter, J., ed. *Jahresbericht über das Töchterinstitut und Lehrerinnenseminar Aarau.* Aarau: Sauerländer, 1899–1901.
Cited: **1** *Jahresbericht Aarau 1899–1901*: 234n, 280n, 286n.

Sutherland, William. "The Causes of Osmotic Pressure and of the Simplicity of the Laws of Dilute Solutions." *Philosophical Magazine* 44 (1897): 493–498.
Cited: **2** *Sutherland 1897*: 108n. **5** *Sutherland 1897*: 16n.

———. "Ionization, Ionic Velocities, and Atomic Sizes." *Philosophical Magazine* 3 (1902): 161–177.
Cited: **2** *Sutherland 1902*: 178.

———. "A Dynamical Theory of Diffusion for Non-Electrolytes and the Molecular Mass of Albumin." *Philosophical Magazine* 9 (1905): 781–785.
Cited: **2** *Sutherland 1905*: 171, 177, 179, 205n, 502n.

———. "The Electric Origin of Molecular Attraction." *Philosophical Magazine* 17 (1909): 657–670.
Cited: **3** *Sutherland 1909*: 579.

———. "The Mechanical Vibration of Atoms." *Philosophical Magazine* 20 (1910): 657–660.
Cited: **3** *Sutherland 1910*: 409, 413n, 414n, 526, 544n.

Svatoš, Michal. "Die Prager Universitäten im öffentlichen Leben der ersten Tschechoslowakischen Republik." In *Lemberg 2003*, pp. 135–143.
Cited: **9** *Svatoš 2003*: 462n.

Svedberg, The. "Ueber die elektrische Darstellung einiger neuen colloidalen Metalle." *Deutsche Chemische Gesellschaft. Berichte* 38 (1905): 3616–3620.
Cited: **2** *Svedberg 1905*: 400n.

———. "Über die Eigenbewegung der Teilchen in kolloidalen Lösungen." *Zeitschrift für Elektrochemie* 12 (1906): 853–860.
Cited: **2** *Svedberg 1906a*: 219, 220, 400n, 497, 501n, 559n. **5** *Svedberg 1906a*: 218n. **9** *Svedberg 1906a*: 286n, 300n.

———. "Über die Eigenbewegung der Teilchen in kolloidalen Lösungen. Zweite Mitteilung." *Zeitschrift für Elektrochemie* 12 (1906): 909–910.
Cited: **2** *Svedberg 1906b*: 219, 220, 400n, 497, 501n. **5** *Svedberg 1906b*: 218n. **9** *Svedberg 1906b*: 286n, 300n.

———. "Einige Bemerkungen über die Brownsche Bewegung." *Zeitschrift für physikalische Chemie* 71 (1910): 571–576.
Cited: **2** *Svedberg 1910*: 219, 220.

Swenson, Loyd S. *The Ethereal Aether: A History of the Michelson-Morley-Miller Aether-Drift Experiments, 1880–1930*. Austin: University of Texas Press, 1972.
Cited: **2** *Swenson 1972*: 255, 582n. **4** *Swenson 1972*: 187n.

Swinne, Edgar. *Friedrich Paschen als Hochschullehrer*. Berlin: D.A.V.I.D., 1989.
Cited: **9** *Swinne 1989*: 72n, 149n, 150n, 358n.

Swinne, Richard. "Bericht über die Planck-Festsitzung der Physikalischen Gesellschaft." *Zeitschrift für Elektrochemie* 24 (1918): 177–179.
Cited: **8** *Swinne 1918*: 743n.

Szarvassi, Arthur. "Die Theorie der elektromagnetischen Erscheinungen in bewegten Körpern und das Energieprinzip." *Physikalische Zeitschrift* 10 (1909): 811–813.
Cited: **2** *Szarvassi 1909*: 560–562, 562n.

Szöllösi-Janze, Margit. *Fritz Haber 1868–1934. Eine Biographie*. Munich: Beck, 1998.
Cited: **9** *Szöllösi-Janze 1998*: 123n.

Tagore, Rabindranath. *Nationalismus*. Leipzig: Wolff, 1918.
Cited: **9** *Tagore 1918*: 238n.

———. *Das Heim und die Welt*. Munich: Wolff, 1920.
Cited: **10** *Tagore 1920*: 417n.

Talmey, Max. *The Relativity Theory Simplified and the Formative Period of Its Inventor*. New York: Falcon Press, 1932.
Cited: **1** *Talmey 1932*: lxi, lxii, 3n, 4n, 5, 6, 293n.

Tammann, Gustav. "Die Dampftensionen der Lösungen." *Académie impériale des sciences de Saint-Pétersbourg. Mémoires* 35 (1887) no. 9.
Cited: **5** *Tammann 1887*: 16n.

———. "Zur Thermodynamik der Gleichgewichte in Einstoffsysteme." *Königliche Gesellschaft der Wissenschaften zu Göttingen. Mathematisch-physikalische Klasse. Nachrichten* (1911): 325–360.
Cited: **5** *Tammann 1911*: 402n.

———. "Über den atomistischen Aufbau nichtmetallischer Mischkristalle." *Königliche Gesellschaft der Wissenschaften zu Göttingen. Mathematisch-physikalische Klasse. Nachrichten* (1918): 296–318.
Cited: **10** *Tamman 1918a*: 500n.

———. "Über isomere Legierungen." *Königliche Gesellschaft der Wissenschaften zu Göttingen. Mathematisch-physikalische Klasse. Nachrichten* (1918): 332–350.
Cited: **10** *Tamman 1918b*: 500n.

Tank, Franz. "Bandenspektren und Quantentheorie." *Mitteilungen der Physikalischen Gesellschaft Zürich* 19 (1919): 87–93.
Cited: **10** *Tank 1919*: 298n.

Tanner, Hans. *Über die Zustandsgleichung schwachkomprimierter Gase*. Basel: Basler Druck- und Verlagsanstalt, 1912.
Cited: **5** *Tanner 1912*: 291n, 334n.

Tänzer, Aron. *Die Geschichte der Juden in Jebenhausen und Göppingen*. Berlin: Kohlhammer, 1927.
Cited: **1** *Tänzer 1927*: xlviii.

———. "Der Stammbaum Prof. Albert Einsteins." *Jüdische Familien-Forschung* 28 (1931): 419–421.
Cited: **1** *Tänzer 1931*: xlviii, 1.

Tartakower, Arjeh. "Das jüdische Mittelschulwesen in Polen." *Der Jude* 9 (1926) no. 2: 79–89.
Cited: **8** *Tartakower 1926*: 774n.

Tayler, Roger J., ed. *History of the Royal Astronomical Society*. Vol. 2, *1920–1980*. Oxford: Blackwell, 1987.
Cited: **9** *Tayler 1987*: 370n. **10** *Tayler 1987*: 381n.

Taylor, Geoffrey Ingram. "Interference Fringes

with Feeble Light." *Cambridge Philosophical Society. Proceedings* 15 (1909): 114–115.
Cited: **2** *Taylor 1909*: 145, 587n.

Terrell, Thomas. *The Law and Practice Relating to Letters Patent for Inventions*. 4th ed. Terrell, Courtney, ed. London: Sweet and Maxwell, 1906.
Cited: **5** *Terrell 1906*: 118n.

Teske, Armin. "Einstein und Smoluchowski. Zur Geschichte der Brownschen Bewegung und der Opaleszenz." *Sudhoffs Archiv. Zeitschrift für Wissenschaftsgeschichte* 53 (1969): 292–305.
Cited: **2** *Teske 1969*: 217. **3** *Teske 1969*: 283, 284.

———. *Marian Smoluchowski. Leben und Werk*. Wroclaw: Zaklad Narodowy imienia Ossolinskich Wydawnictwo Polskiej Akademii Nauk, 1977.
Cited: **3** *Teske 1977*: 283.

Tetrode, Hugo M. "Die chemische Konstante der Gase und das elementare Wirkungsquantum." *Annalen der Physik* 38 (1912): 434–442; 39 (1912): 255–256 ("Berichtigung").
Cited: **6** *Tetrode 1912*: 261n. **8** *Tetrode 1912*: 244n, 247n.

———. "Theoretische bepaling der entropieconstante van gassen en vloeistoffen." *Koninklijke Akademie van Wetenschappen te Amsterdam. Wis- en Natuurkundige Afdeeling. Verslagen van de Gewone Vergaderingen* 23 (1914–15): 1110–1127. Reprinted in translation as "Theoretical Determination of the Entropy Constant of Gases and Liquids." *Koninklijke Akademie van Wetenschappen te Amsterdam. Section of Sciences. Proceedings* 17 (1914–1915): 1167–1184.
Cited: **6** *Tetrode 1915*: 261n, 262n. **8** *Tetrode 1915*: 193n, 244n, 247n.

———. "Theoretical Determination of the Entropy Constant of Gases and Liquids." *Koninklijke Akademie van Wetenschappen te Amsterdam. Proceedings* 17 (1914–15): 1167–1184.
Cited: **9** *Tetrode 1915*: 439n.

Teweles, Heinrich. "Einstein." *Prager Tagblatt*, 18 December 1919.
Cited: **9** *Teweles 1919*: 324n.

Thiele, Joachim. "Briefe Albert Einsteins an Joseph Petzoldt." *NTM–Schriftenreihe für Geschichte der Naturwissenschaften, Technik und Medizin* 8 (1971): 70–74.
Cited: **9** *Thiele 1971*: 137n, 140n. **10** *Thiele 1971*: 342n.

Thimme, Annelise. *Hans Delbrück als Kritiker der wilhelminischen Epoche*. Düsseldorf: Droste, 1955.
Cited: **8** *Thimme 1955*: 146n, 171n.

Thirring, Hans. "Über die Wirkung rotierender ferner Massen in der Einsteinschen Gravitationstheorie." *Physikalische Zeitschrift* 19 (1918): 33–39.
Cited: **4** *Thirring 1918*: 347. **7** *Thirring 1918*: xxiv, 121n, 576n. **8** *Thirring 1918*: 325n, 483n, 484n, 559n, 567n. **9** *Thirring 1918*: 211n, 251n.

———. "Atombau und Kristallsymmetrie." *Physikalische Zeitschrift* 21 (1920): 281–288.
Cited: **9** *Thirring 1920*: 211n.

Thomson, Joseph John. "Indications relatives à la constitution de la matière fournies par les recherches récentes sur le passage de l'électricité à travers les gaz." In *Rapports présentés au congrès international de physique. Paris, 1900*. Vol. 3, *Electrooptique et ionisation. Applications. Physique cosmique. Physique biologique*, pp. 138–151. Guillaume, Charles-Édouard, and Poincaré, Lucien, eds. Paris: Gauthier-Villars, 1900.
Cited: **1** *Thomson, J. 1900*: 237.

———. "On the Emission of Negative Corpuscles by the Alkali Metals." *Philosophical Magazine* 10 (1905): 584–590.
Cited: **2** *Thomson, J. J. 1905*.

———. "On the Electrical Origin of the Radiation from Hot Bodies." *Philosophical Magazine* 14 (1907): 217–231.
Cited: **5** *Thomson, J. J. 1907*: 74n.

———. "On the Theory of Radiation." *Philosophical Magazine* 20 (1910): 238–247.
Cited: **5** *Thomson, J. J. 1910*: 258n.

———. "La structure de l'atome." In *La structure de la matière. Rapports et discussions du Conseil de Physique tenu à Bruxelles du 27 au 31 octobre 1913, sous les auspices de l'Institut International de Physique Solvay*, pp. 1–44. Goldschmidt, Robert, de Broglie, Maurice, and Lindemann, Frederick A., eds. Paris: Gauthier-Villars, 1921.
Cited: **4** *Thomson 1921*: 552n.

Thomson, Joseph John, and et al. "Discussion" following **4** *Thomson 1921*. In *La structure de la matière. Rapports et discussions du Conseil de Physique tenu à Bruxelles du 27 au 31 octobre 1913, sous les auspices de l'Institut International de Physique Solvay*, pp. 45–74. Goldschmidt, Robert; de Broglie,

Maurice, and Lindemann, Frederick A., eds. Paris: Gauthier-Villars, 1921.
Cited: **4** *Thomson et al. 1921*: 552n.

Thomson, William. "On a Mechanical Theory of Thermo-Electric Currents." (15 December 1851) *Proceedings of the Royal Society of Edinburgh* 3 (1850–57): 91–98.
Cited: **1** *Thomson 1851*: 258n.

———. "On the Thermal Effect of Drawing Out a Film of Liquid." *Royal Society of London. Proceedings* 9 (1858): 255–256.
Cited: **2** *Thomson, W. 1858*: 20n.

———. "Report on Electrometers and Electrostatic Measurements." *British Association for the Advancement of Science. Report* 37 (1867): 489–512.
Cited: **1** *Thomson 1867*: 156n. **2** *Thomson, W. 1867*: 492n. **3** *Thomson 1867b*: 397n.

———. "On a Self-Acting Apparatus for Multiplying and Maintaining Electric Charges, with Applications to Illustrate the Voltaic Theory." *Royal Society of London. Proceedings* 16 (1867–68): 67–72.
Cited: **3** *Thomson 1867a*: 398n.

———. "The Size of Atoms." *Nature* 1 (1870): 551–553.
Cited: **2** *Thomson, W. 1870*: 171.

———. *Reprint of Papers on Electrostatics and Magnetism.* 2 vols. London: Macmillan, 1872.
Cited: **5** *Thomson, W. 1872*: 55n.

Tisza, László, and Quay, Paul M. "The Statistical Thermodynamics of Equilibrium." *Annals of Physics* 25 (1963): 48–90.
Cited: **2** *Tisza and Quay 1963*: 54. **3** *Tisza and Quay 1963*: 285.

Toeplitz, Uri. "Erinnerungen an meinen Vater." *Bonner Mathematische Schriften* (Sonderband Otto Toeplitz 1881–1940. Gedächtnisfeier zur Wiederkehr seines 100. Geburtstages am 3. Juli 1981) 143 (1982): 24–30.
Cited: **9** *Toeplitz 1982*: 230n.

Tollmien, Cordula. "Die Habilitation von Emmy Noether an der Universität Göttingen." *NTM–Schriftenreihe für die Geschichte der Naturwissenschaften, Technik und Medizin* 28 (1991): 13–32.
Cited: **8** *Tollmien 1991*: 976n.

Tolman, Richard C. "The Principle of Similitude." *Physical Review* 3 (1914): 244–255.
Cited: **8** *Tolman 1914*: 165n.

Tolman, Richard C., and Dale, Stewart T. "The Electromotive Force Produced by the Acceleration of Metals." *Physical Review* 8 (1916): 97–116.
Cited: **10** *Tolman and Stewart 1916*: 504n.

———. "The Mass of the Electric Carrier in Copper, Silver and Aluminium." *Physical Review* 9 (1917): 164–167.
Cited: **10** *Tolman and Stewart 1917*.

Tolstoy, Leo. *Meine Berichte*. Berlin: Globus, [1886].
Cited: **10** *Tolstoy 1886*: 56n.

———. *Christentum und Vaterlandsliebe*. Hauff, L. A., trans. Berlin: Janke [1894].
Cited: **8** *Tolstoy 1894*: 154n, 194n.

Torretti, Roberto. *Philosophy of Geometry from Riemann to Poincaré*. Dordrecht: Reidel, 1978.
Cited: **8** *Torretti 1978*: 440n, 781n.

———. *Relativity and Geometry*. Oxford: Pergamon, 1983.
Cited: **2** *Torretti 1983*: xxxiii, 255.

———. *Philosophy of Geometry from Riemann to Poincaré*. Dordrecht: Reidel, 1978.
Cited: **7** *Torretti 1978*: 403n.

Toulmin, Stephen, ed. *Physical Reality: Philosophical Essays on Twentieth-Century Physics*. New York: Harper and Row, [1970].
Cited: **7** *Toulmin 1970*: 62n.

Townsend, John Sealy. "Die Ionisation der Gase." In *Handbuch der Radiologie*. Vol. 1, pp. 1–398. Marx, Erich, ed. Leipzig: Akademische Verlagsgesellschaft, 1920.
Cited: **2** *Townsend 1920*: 178.

Trachtenberg, Marc. *Reparation in World Politics. France and European Economic Diplomacy, 1916–1923*. New York: Columbia University Press, 1980.
Cited: **7** *Trachtenberg 1980*: 340n. **9** *Trachtenberg 1980*: 130n.

Trageser, Wolfgang. "Warum Einstein doch nicht nach Frankfurt kam. Ein Brieffund im Universitätsarchiv und die Geschichte der Relativitätstheorie an der Frankfurter Universität." *Forschung Frankfurt* 20 (2002): 38–46.
Cited: **9** *Trageser 2002*: 319n. **10** *Trageser 2002*: 599c.

Trbuhović-Gjurić, Desanka. *Im Schatten Albert Einsteins. Das tragische Leben der Mileva Einstein-Marić*. Bern: Haupt, 1983. Translation of *U senci Alberta Ajnštajna*. Kruševac: Bagdala, 1969.
Cited: **1** *Trbuhović-Gjurić 1983*: xlii, 245n, 381, 386. **5** *Trbuhović-Gjurić 1983*: 45n, 115n, 225n, 308n, 516n, 607n. **7** *Trbuhović-Gjurić 1983*: 222. **8** *Trbuhović-Gjurić 1983*: 270n, 312n, 316n, 320n, 338n, 341n, 367n,

505n, 515n, 659n, 817n.
———. *Im Schatten Albert Einsteins: Das tragische Leben der Mileva Einstein-Marić.* 5th ed. Bern: Haupt, 1993.
Cited: **9** *Trbuhović-Gjurić 1993*: 271n. **10** *Trbuhović-Gjurić 1993*: 59n, 229n.
Treitschke, Heinrich von. "Unsere Aussichten." *Preussische Jahrbücher* 44 (1879): 559–576.
Cited: **10** *Treitschke 1879*: 56n.
———. *Deutsche Geschichte im XIX. Jahrhundert.* 5 vols. Leipzig: Hirzel, 1879–1895.
Cited: **10** *Treitschke 1879/1895*: 56n.
Tribolet, Hans, ed. *Historisch-Biographisches Lexikon der Schweiz.* 7 vols. Neuchâtel: Administration des historisch-biographischen Lexikons der Schweiz, 1934.
Cited: **8** *Tribolet 1934*: 411n. **10** *Tribolet 1934*: 69n, 149n, 168n, 171n.
Tricker, R.A.R. *Early Electrodynamics: The First Law of Circulation.* Oxford: Pergamon, 1965.
Cited: **1** *Tricker 1965*: 201n.
Troeltsch, Ernst. "Privatmoral und Staatsmoral." *Neue Rundschau* 28 (1916): 141–169.
Cited: **8** *Troeltsch 1916*: 837n.
———. "Freiheit und Vaterland." *Deutsche Politik* 3 (1918): 72–78.
Cited: **7** *Troeltsch 1918*: 10n. **8** *Troeltsch 1918*: 629n.
Trommsdorff, Paul. *Der Lehrkörper der Technischen Hochschule Hannover 1831–1931.* Hanover: Osterwald, 1931.
Cited: **5** *Trommsdorff 1931*: 76n.
Tuchschmid, August, ed. *Programm der Aargauischen Kantonsschule für das Schuljahr 1895/96.* Aarau: Sauerländer, 1896.
Cited: **1** *Aargau Programm 1895/96*: 11, 12, 21n, 335n, 359.
———, ed. *Programm der Aargauischen Kantonsschule für das Schuljahr 1896/97.* Aarau: Sauerländer, 1897.
Cited: **1** *Aargau Programm 1896/97*: 11, 23, 25, 219n, 359.
———. "Die Entwicklung der Aargauischen Kantonsschule von 1802–1902." In *Jubiläum der Aargauischen Kantonsschule am 6. Januar 1902. Vorträge und Reden,* pp. 13–78. Aarau: Sauerländer, 1902.
Cited: **1** *Tuchschmid 1902*: 11.
———, ed. *Jahresbericht der Aargauischen Kantonsschule. Schuljahr 1915/16.* Aarau: Sauerländer, 1916.
Cited: **1** *Tuchschmid 1916*: 12.
———. "Professor Dr. Jost Winteler. 1846–1929." In *Jost Winteler 1846–1929,* pp. 1–14. Aarau: Sauerländer, 1930.
Cited: **1** *Tuchschmid 1930*: 388.
Tumlirz, Ottokar. "Die Zustandsgleichung des Wasserdampfes." *Kaiserliche Akademie der Wissenschaften* (Vienna). *Mathematisch-naturwissenschaftliche Classe. Abteilung IIa. Sitzungsberichte* 108 (1899): 1058–1069.
Cited: **2** *Tumlirz 1899*: 114, 114n, 126n.
Twain, Mark. *Literary Essays.* New York: Harper, 1899.
Cited: **8** *Twain 1899*: 892n.
———. *Christian Science. With Notes Containing Corrections to Date.* New York: Harper, 1907.
Cited: **8** *Twain 1907*: 892n.
Tyndall, John. "On the Blue Colour of the Sky, the Polarization of Skylight, and on the Polarization of Light by Cloudy Matter Generally." *Philosophical Magazine* 37 (1869): 384–394.
Cited: **3** *Tyndall 1869*: 310n.
Ulinski, Franz. "Das Problem der Weltraumfahrt." *Der Flug,* December 1920, pp. 113–124. Sonderausgabe.
Cited: **9** *Ulinski 1920*: 516n.
Ulitzur, A. *Two Decades of Keren Hayesod: A Survey in Facts and Figures, 1921–1940.* Jerusalem: Keren Hayesod, 1940.
Cited: **7** *Ulitzur 1940*: 233, 436n–437n.
Ungern-Sternberg, Jürgen von, and Ungern-Sternberg, Wolfgang von. *Der Aufruf 'An die Kulturwelt!' Das Manifest der 93 und die Anfänge der Kriegspropaganda im Ersten Weltkrieg.* Stuttgart: Steiner, 1996.
Cited: **9** *Ungern-Sternberg 1996*: 122n.
Unna, Issachar. "The Genesis of Physics at the Hebrew University of Jerusalem." *Physics in Perspective* 2 (2000): 336–380.
Cited: **9** *Unna 2000*: 249n.
Unthan, Carl H. *Ohne Arme durchs Leben.* Karlsruhe i.B.: Braun, 1916.
Cited: **9** *Unthan 1916*: 497n.
———. *The Armless Fiddler: A Pediscript, Being the Life Story of a Vaudeville Man.* London: Allen and Unwin, 1935.
Cited: **9** *Unthan 1935*: 497n.
Uppenborn, Friedrich. *Die Versorgung von Städten mit elektrischem Strom.* Berlin: Julius Springer; Munich: R. Oldenburg, 1891.
Cited: **1** *Uppenborn 1891*: lii.
Urofsky, Melvin I. *American Zionism from Herzl to Holocaust.* Garden City N.Y.: Doubleday, 1975.

Cited: **7** *Urofsky 1975*: 234.
Urofsky, Melvin I., and Levy, David W. *Half Brother, Half Son: The Letters of Louis D. Brandeis to Felix Frankfurter*. Norman: University of Oklahoma Press, 1991.
Cited: **7** *Urofsky and Levy 1991*: 234.
Usener, Hans. *Der Kreisel als Richtungsweiser. Seine Entwickelung, Theorie und Eigenschaften*. Munich: Militärische Verlagsanstalt, 1917.
Cited: **8** *Usener 1917*: 838n, 858n, 864n.
Vaihinger, Hans. *Kommentar zu Kants Kritik der reinen Vernunft*. Stuttgart: Spemann, 1912.
Cited: **9** *Vaihinger 1912*: 52n.
———. *Die Philosophie des Als Ob. System der theoretischen, praktischen und religiösen Fiktionen der Menschheit auf Grund eines idealistischen Positivismus*. 3d ed. Leipzig: Meiner, 1918.
Cited: **8** *Vaihinger 1918*: 889n. **9** *Vaihinger 1918*: 45n, 52n, 494n. **10** *Vaihinger 1918*: lii.
Valentiner, Siegfried. Review of: **2** *Planck 1904*. *Beiblätter zu den Annalen der Physik* 29 (1905): 636–637.
Cited: **2** *Valentiner 1905*: 44.
Van 't Hoff, Jacobus Henricus. "Einfluss der Änderung der spezifischen Wärme auf die Umwandlungsarbeit." In *Festschrift Ludwig Boltzmann gewidmet zum sechzigsten Geburtstage 20. Februar 1904*, pp. 233–241. Meyer, Stefan, ed. Leipzig: Barth, 1904.
Cited: **2** *Van 't Hoff 1904*: 127–130.
———. "Lois de l'équilibre chimique dans l'état dilué, gazeux ou dissous." *Kongliga Svenska Vetenskaps-Akademiens Handlingar* 21 (1884-85) no. 17.
Cited: **2** *Van 't Hoff 1886*: 564n. **5** *Van 't Hoff 1885*: 16n.
———. "Die Rolle des osmotischen Druckes in der Analogie zwischen Lösungen und Gasen." *Zeitschrift für physikalische Chemie* 1 (1887): 481–508.
Cited: **2** *Van 't Hoff 1887*: 168n, 171, 205n, 235n.
———. "Über feste Lösungen und Molekulargewichtsbestimmung an festen Körpern." *Zeitschrift für physikalische Chemie* 5 (1890): 322–339.
Cited: **5** *Van 't Hoff 1890*: 16n.
Van der Mandere, H. Ch. G. J. "Nederlandsche Anti-Oorlog-Raad (Conseil néerlandais contre la guerre)." *Grotius* (1919): 71–101.
Cited: **8** *Van der Mandere 1919*: 340n.
Van der Waals, Johannes D. *Over de continuiteit van den gas- en vloeistoftoestand*. Leiden: Sijthoff, 1873. Doctoral dissertation, University of Leyden.
Cited: **2** *Van der Waals 1873*: 4. **4** *Van der Waals 1873*: 534n.
———. "Thermodynamische Theorie der Kapillarität unter Voraussetzung stetiger Dichteänderung." *Zeitschrift für physikalische Chemie* 13 (1894): 657–725.
Cited: **3** *Van der Waals 1894*: 403, 407n, 573.
Van Herwaarden, G. "Albert Einstein en de Utrechtse Universiteit." *Jaarboek Oud Utrecht* (1971): 33–45.
Cited: **5** *Van Herwaarden 1971*: 348n.
Van Laar, Johannes Jacobus. "Über die genauen Formeln für den osmotischen Druck, für die Änderungen der Löslichkeit, für Gefrierpunkts- und Siedepunktsänderungen, und für die Lösungs- und Verdünnungswärmen bei in Lösung dissociierten Körpern." *Zeitschrift für physikalische Chemie* 15 (1894): 457–497.
Cited: **5** *Van Laar 1894*: 375n.
Van Leeuwen, Hendrika Johanna. *Vraagstukken uit de electronentheorie van het magnetisme*. Leyden: IJdo, 1919. Doctoral dissertation, University of Leyden.
Cited: **8** *Van Leeuwen 1919*: 468n.
Vanderlinden, Henri L. "Les équations du champ de gravitation d'Einstein." *Académie Royale de Belgique. Classe des Sciences. Bulletin* 6 (1920): 45–52.
Cited: **10** *Vanderlinden 1920*: 371n.
Varcollier, Henri. "Les déplacements dans les champs de vecteurs et la Théorie de la Relativité." *Revue générale de sciences pures et appliquées* 29 (1918): 101–114, 135–146.
Cited: **9** *Varcollier 1918*: 537n. **10** *Varcollier 1918*: 264n.
Varićak, Vladimir. "Bemerkung zu einem Punkte in der Festrede L. Schlesingers über Johann Bolyai." *Deutsche Mathematiker-Vereinigung. Jahresbericht* 16 (1907): 320–321.
Cited: **10** *Varićak 1907*: 6n.
———. "Beiträge zur nichteuklidischen Geometrie." *Deutsche Mathematiker-Vereinigung. Jahresbericht* 17 (1908): 70–83.
Cited: **10** *Varićak 1908*: 5n.
———. "Zur nichteuklidischen analytischen Geometrie." *Atti del Congresso internazionale dei Matematici* 2 (1909): 213–226.
Cited: **10** *Varićak 1909*: 5n.
———. "Anwendung der Lobatschefskijschen Geometrie in der Relativtheorie." *Physikalische Zeitschrift* 11 (1910): 93–96.

Cited: **10** *Varićak 1910a*: 6n.

———. "Die Relativtheorie und die Lobatschefskijsche Geometrie." *Physikalische Zeitschrift* 11 (1910): 287–293.
Cited: **10** *Varićak 1910b*: 9n.

———. "Die Reflexion des Lichtes an bewegten Spiegeln." *Physikalische Zeitschrift* 11 (1910): 586–587.
Cited: **10** *Varićak 1910c*: 7n, 10n.

———. "Interpretacija teorije relativnosti u geometriji Lobačevskoga." *Glas srpske kraljevske Akademije Nauka u Beogradu* 83 (1911): 211–255.
Cited: **10** *Varićak 1911a*: 10n, 15n.

———. "Zum Ehrenfestschen Paradoxon." *Physikalische Zeitschrift* 12 (1911): 169–170.
Cited: **3** *Varičak 1911*: 478, 482n, 484n. **5** *Varičak 1911*: 251n, 292n. **10** *Varičak 1911b*: 13n, 15n.

Vellacott, Jo. *Bertrand Russell and the Pacifists in the First World War*. Bath: Harvester Press, 1980.
Cited: **8** *Vellacott 1980*: 511n.

Verschaffelt, Jules E., de Broglie, Maurice, Bragg, William L., and Brillouin, Léon, eds. *Atomes et électrons. Rapports et discussions du Conseil de Physique tenu à Bruxelles du 1er au 6 avril 1921 sous les auspices de l'Institut International de Physique Solvay*. Paris: Gauthier-Villars, 1923.
Cited: **6** *Rapports 1923*. **7** *Rapports 1923*: 585n.

Vierhaus, Rudolf, and vom Brocke, Bernhard. *Forschung im Spannungsfeld von Politik und Gesellschaft. Geschichte und Struktur der Kaiser-Wilhelm-/Max-Planck Gesellschaft*. Stuttgart: Deutsche Verlags-Anstalt, 1990.
Cited: **5** *Vierhaus and vom Brocke 1990*: 260n, 427n, 513n, 514n, 534n, 549n, 598n, 603n.

Villarceau, Yvon. "Sur un nouveau théorème de mécanique générale." *Académie des sciences* (Paris). *Comptes rendus* 75 (1872): 232–240.
Cited: **1** *Villarceau 1872*: 122n.

Villat, Henri, ed. *Comptes rendus du Congrès International des Mathématiciens (Strasbourg, 22–30 Septembre 1920)*. Toulouse, 1921.
Cited: **10** *Villat 1921*: 538n.

Vincent, C. Paul. *The Politics of Hunger: The Allied Blockade of Germany, 1915–1919*. Athens: Ohio University Press, 1985.
Cited: **9** *Vincent 1985*: 253n. **10** *Vincent 1985*: 51n.

———. *A Historical Dictionary of Germany's Weimar Republic, 1918–1933*. Westport, Conn.: Greenwood, 1997.
Cited: **9** *Vincent 1997*: 389n, 479n, 513n.

Violle, Jules. *Lehrbuch der Physik*. German edition, Gumlich, E., et al., eds. Part 1, *Mechanik*. Vol. 1, *Allgemeine Mechanik und Mechanik der festen Körper*. Berlin: Springer, 1892.
Cited: **2** *Violle 1892*: xxv, 3, 42, 255, 258, 259, 307n. **3** *Violle 1892*: 4, 5, 126n, 127n.

———. *Lehrbuch der Physik*. German edition, Gumlich, E., et al, eds. Part 1, *Mechanik*. Vol. 1, *Allgemeine Mechanik und Mechanik der festen Körper*, 1892. Vol. 2, *Mechanik der flüssigen und gasförmigen Körper*. Part 2, *Akustik und Optik*. Vol. 1, *Akustik*, 1893. Berlin: Springer, 1892–1893.
Cited: **1** *Violle 1892–1893*: lxiv, 6, 7n. **8** *Violle 1892–1893*: 171n.

———. *Lehrbuch der Physik*. German edition, Gumlich, E., et al, eds. Part 1, *Mechanik*. Vol. 2, *Mechanik der flüssigen und gasförmigen Körper*. Berlin: Springer, 1893.
Cited: **2** *Violle 1893*: 3, 42, 178, 258.

Vischer, Friedrich Th. *Auch Einer. Eine Reisebekanntschaft*. Berlin: Deutsche Bibliothek, [1900].
Cited: **10** *Vischer 1900*: 123n.

Vital, David. *Zionism: The Crucial Phase*. Oxford: Clarendon Press, 1987.
Cited: **7** *Vital 1987*: 435n.

Vizgin, Vladimir P. "Einstein, Hilbert, and Weyl: The Genesis of the Geometrical Unified Field Theory Program." In *Einstein and the History of General Relativity*, pp. 300–314. Howard, Don, and Stachel, John, eds. Boston: Birkhäuser, 1989.
Cited: **7** *Vizgin 1989*: 56n. **8** *Vizgin 1989*: 664n.

———. *Unified Field Theories in the First Third of the 20th Century*. Boston: Birkhäuser, 1994.
Cited: **7** *Vizgin 1994*: 56n. **8** *Vizgin 1994*: 664n.

Vizgin, Vladimir P., and Gorelik, Gennady E. "The Reception of the Theory of Relativity in Russia and the USSR." In *The Comparative Reception of Relativity*, pp. 265–326. Glick, Thomas F., ed. Dordrecht: Reidel, 1987.
Cited: **10** *Vizgin and Gorelik 1987*: 376n.

Vogel, Hans. "Der kreißende Berg. Der große Generalstreikprozeß." *Rote Revue* 28, no. 5 (May 1949): 193–201.
Cited: **9** *Vogel 1949*: 162n.

Voigt, Woldemar. "Ueber das Doppler'sche

Princip." *Nachrichten von der Königlichen Gesellschaft der Wissenschaften und der Georg-Augusts-Universität zu Göttingen* (1887): 41–51.
Cited: **2** *Voigt 1887*: 308n.

———. *Kompendium der theoretischen Physik*. Vol. 1, *Mechanik starrer und nichtstarrer Körper. Wärmelehre*. Leipzig: Veit, 1895.
Cited: **1** *Voigt 1895*: 321n.

———. *Kompendium der theoretischen Physik*. Vol. 2, *Elektricität und Magnetismus. Optik*. Leipzig: Veit, 1896.
Cited: **1** *Voigt 1896*: 321n. **2** *Voigt 1896*: 260.

———. *Die fundamentalen physikalischen Eigenschaften der Krystalle in elementarer Darstellung*. Leipzig: Veit, 1898.
Cited: **5** *Voigt 1898*: 149n.

———. *Elementare Mechanik als Einleitung in das Studium der theoretischen Physik*. Leipzig: Veit, 1901.
Cited: **3** *Voigt 1901*: 5, 126n.

———. "Elektronenhypothese und Theorie des Magnetismus." *Annalen der Physik* 9 (1902): 115–146.
Cited: **1** *Voigt 1902*: 287n.

Volkmann, Paul. *Erkenntnistheoretische Grundzüge der Wissenschaften und ihre Beziehungen zum Geistesleben der Gegenwart*. Leipzig: Teubner, 1896.
Cited: **8** *Volkmann 1896*: 889n.

Volkmann, Wilhelm. *Praxis der Linsenoptik in einfachen Versuchen*. Berlin: Borntraeger, 1910.
Cited: **3** *Volkmann 1910*: 592.

Volkov, Shulamit. "The Dynamics of Dissimilation: Ostjuden and German Jews." In *The Jewish Response to German Culture: From the Enlightenment to the Second World War*, pp. 195–211. Reinharz, Jehuda, and Schatzberg, Walter, eds. Hanover, N.H.: University Press of New England, 1985.
Cited: **7** *Volkov 1985*: 224, 292n.

Volta, Alexander. "On the Electricity Excited by the Mere Contact of Conducting Substances of Different Kinds." *Royal Society of London. Philosophical Transactions* 90 (1800): 403–431.
Cited: **1** *Volta 1800*: 158n.

Von Kries, J. "Über die zur Erregung des Sehorgans erforderlichen Energiemengen." *Zeitschrift für Sinnesphysiologie* 41 (1907): 373–394.
Cited: **5** *Von Kries 1907*: 180n.

Voss, Aurel E. "Die Prinzipien der rationellen Mechanik." In *Encyklopädie der mathematischen Wissenschaften, mit Einschluss ihrer Anwendungen*. Vol. 4, *Mechanik*, part 1, pp. 3–121. Klein, Felix, and Müller, Conrad, eds. Leipzig: Teubner, 1901–1908. Issued 13 November 1901.
Cited: **3** *Voss 1901*: 128n.

Waetzmann, Erich. *Die Resonanztheorie des Hörens als Beitrag zur Lehre von den Tonempfindungen*. Braunschweig: Vieweg, 1912.
Cited: **9** *Waetzmann 1912*: 128n.

Wagner, Mario Basto. "Thermodynamik der Mischungen. I–III." *Zeitschrift für Physikalische Chemie* 94 (1920): 592–627; 95 (1920): 15–36, 37–61.
Cited: **10** *Wagner 1920*: 485n, 549n.

Waitz, Karl. "Induktion." In *Handbuch der Physik*. 2d ed. Vol. 1, *Allgemeine Physik*, pp. 536–705. Winkelmann, Adolph, ed. Leipzig: Barth, 1908.
Cited: **3** *Waitz 1908*: 399n.

Walden, Paul. "Ausdehnungsmodulus, spezifische Kohäsion, Oberflächenspannung und Molekulargrösse der Lösungsmittel." *Zeitschrift für physikalische Chemie* 65 (1909): 129–225.
Cited: **3** *Walden 1909*: 407n. **5** *Walden 1909a*: 402n.

———. "On the Relation between the Surface-Tension and the Heat of Evaporation, Internal Pressure, Boiling-Point and the Diameter of the Molecules of Solvents." *Ion* 1 (1909): 402–412.
Cited: **5** *Walden 1909c*: 402n.

———. "Über den Zusammenhang der Kapillaritätskonstanten mit der latenten Verdampfungswärme der Lösungsmittel." *Zeitschrift für physikalische Chemie* 65 (1909): 257–288.
Cited: **5** *Walden 1909b*: 402n.

———. "Über einige abnorme Temperaturkoeffizienten der molekularen Oberflächenenergie $d(\gamma V^{2/3})/dt$ von organischen Stoffen." *Zeitschrift für physikalische Chemie* 75 (1911): 555–577.
Cited: **3** *Walden 1911*: 407n. **5** *Walden 1911*: 402n.

Walden, Paul, and Swinne, Richard. "Beiträge zur Kenntnis der Kapillaritätskonstanten von flüssigen Estern." *Zeitschrift für physikalische Chemie* 79 (1912): 700–758.
Cited: **5** *Walden and Swinne 1912*: 402n.

Walter, Bernhard. "Über die Haga- und Windschen Beugungsversuche mit Röntgenstrah-

len." *Physikalische Zeitschrift* 3 (1902): 137–143.
Cited: **7** *Walter, B. 1902*: 53n.

———. "Über scheinbare Helligkeitsmaxima und -minima in einfachen Röntgenbildern." *Fortschritte auf dem Gebiete der Röntgenstrahlen* 25 (1917): 88–106.
Cited: **7** *Walter, B. 1917*: 53n.

Walter, Scott. "Minkowski, Mathematicians, and the Mathematical Theory of Relativity." In *The Expanding Worlds of General Relativity*, p. 45–86. Goenner, Hubert, Renn, Jürgen, Ritter, Jim, and Sauer, Tilman, eds. Boston: Birkhäuser, 1999.
Cited: **7** *Walter, S. 1999*: 280n.

Walters, Francis P. *A History of the League of Nations*. London: Oxford University Press, 1960.
Cited: **9** *Walters 1960*: 145n.

Warburg, Emil. "Einige Bemerkungen über photochemische Wirkung." *Deutsche Physikalische Gesellschaft. Verhandlungen* 9 (1907): 753–757.
Cited: **4** *Warburg 1907*: 111, 117, 121n.
5 *Warburg 1907*: 353n.

———. "Bemerkungen über photochemische Wirkung. II." *Deutsche Physikalische Gesellschaft. Verhandlungen* 11 (1909): 654–660.
Cited: **4** *Warburg 1909*: 111, 117, 121n.
5 *Warburg 1909*: 353n.

———. "Über den Energieumsatz bei photochemischen Vorgängen in Gasen." *Königlich Preußische Akademie der Wissenschaften* (Berlin). *Sitzungsberichte* (1911): 746–754.
Cited: **4** *Warburg 1911*: 111.

———. "Über den Energieumsatz bei photochemischen Vorgängen in Gasen. II." *Königlich Preußische Akademie der Wissenschaften* (Berlin). *Sitzungsberichte* (1912): 216–225.
Cited: **4** *Warburg 1912*: 111. **5** *Warburg 1912*: 407n, 416n, 422n.

———. "Über den Energieumsatz bei photochemischen Vorgängen in Gasen. III. Photochemische Desozonisierung." *Königlich Preußische Akademie der Wissenschaften* (Berlin). *Sitzungsberichte* (1913): 644–659.
Cited: **4** *Warburg 1913*: 170n. **5** *Warburg 1913*: 416n, 453n, 454n.

———. "Über den Energieumsatz bei photochemischen Vorgängen in Gasen. IV. Einfluß der Wellenlänge und des Drucks auf die photochemische Ozonisierung." *Königlich Preußische Akademie der Wissenschaften* (Berlin). *Sitzungsberichte* (1914): 872–885.
Cited: **4** *Warburg 1914*: 113.

———, ed. *Die Kultur der Gegenwart. Ihre Entwicklung und ihre Ziele*. Hinneberg, Paul, ed. Part 3, sec. 3, vol. 1, *Physik*. Warburg, Emil, ed. Leipzig: Teubner, 1915.
Cited: **4** *Warburg 1915*.

———. "Über die Anwendung der Quantenhypothese auf die Photochemie." *Die Naturwissenschaften* 5 (1917): 489–494.
Cited: **4** *Warburg 1917*: 109.

———. "Planck und die Deutsche Physikalische Gesellschaft." In Warburg, Emil, et al. *Zu Max Plancks sechzigstem Geburtstag. Ansprachen, gehalten am 26. April 1918 in der Deutschen Physikalischen Gesellschaft von E. Warburg, M. v. Laue, A. Sommerfeld und A. Einstein*, pp. 3–5. Karlsruhe: Müllersche Hofbuchhandlung, 1918.
Cited: **8** *Warburg 1918*: 629n.

Warburg, Emil, and Babo, Clemens H. L. von. "Ueber den Zusammenhang zwischen Viscosität und Dichtigkeit bei flüssigen, insbesondere gasförmig flüssigen Körpern." *Annalen der Physik und Chemie* 17 (1882): 390–427.
Cited: **3** *Warburg and Babo 1882*: 243n.

Warburg, Emil, et al. *Zu Max Plancks sechzigstem Geburtstag. Ansprachen, gehalten am 26. April 1918 in der Deutschen Physikalischen Gesellschaft von E. Warburg, M. v. Laue, A. Sommerfeld und A. Einstein*. Karlsruhe: Müllersche Hofbuchhandlung, 1918.
Cited: **8** *Warburg et al. 1918*: 776n, 784n.

Warwick, Andrew. "Cambridge Mathematics and Cavendish Physics: Cunningham, Campbell and Einstein's Relativity 1905–1911. Part 1: The Uses of Theory." *Studies in History and Philosophy of Science* 23 (1992): 625–656.
Cited: **9** *Warwick 1992*: 262n.

———. *Masters of Theory: Cambridge and the Rise of Mathematical Physics*. Chicago: University of Chicago Press, 2003.
Cited: **9** *Warwick 2003*: 245n.

Washburn, Edward W. "Die neueren Forschungen über die Hydrate in Lösung. I. Teil." *Jahrbuch der Radioaktivität und Elektronik* 5 (1908): 493–552.
Cited: **2** *Washburn 1908*: 172.

———. "Die neueren Forschungen über die Hydrate in Lösung. II. und III. Teil." *Jahrbuch der Radioaktivität und Elektronik* 6 (1909): 69–126.
Cited: **2** *Washburn 1909*: 172.

Wassmuth, Anton. *Grundlagen und Anwen-*

dungen der statistischen Mechanik. Braunschweig: Vieweg, 1915.
Cited: **2** *Wassmuth 1915*: 47. **3** *Wassmuth 1915*: 8, 244n.

Weber, Eduard von. "Partielle Differentialgleichungen." In *Encyklopädie der mathematischen Wissenschaften, mit Einschluss ihrer Anwendungen.* Vol. 2, *Analysis,* part 1, pp. 294–399. Burkhardt, H., et al., eds. Leipzig: Teubner, 1899–1916. Issued 10 April 1900.
Cited: **8** *Weber 1900*: 647n.

Weber, Heiko. *Monistische und antimonistische Weltanschauung. Eine Auswahlbibliographie.* Berlin: Wissenschaft und Bildung, 2000.
Cited: **9** *Weber, H. 2000*: 348n.

Weber, Heinrich. "Ueber die Bessel'schen Functionen und ihre Anwendung auf die Theorie der elektrischen Ströme." *Journal für die reine und angewandte Mathematik* 75 (1873): 75–105.
Cited: **1** *Weber, H. 1873*: 163n.

Weber, Heinrich Friedrich. "Die spezifische Wärme des Kohlenstoffs." *Annalen der Physik und Chemie* 27 (1872): 311–319.
Cited: **1** *Weber 1872*: 96n.

———. "Die spezifischen Wärmen der Elemente Kohlenstoff, Bor und Silicium." *Annalen der Physik und Chemie* 4 (1875): 367–423, 553–582.
Cited: **1** *Weber 1875*: 96n. **2** *Weber, H. F. 1875*: 142, 390n, 391n. **3** *Weber 1875*: 522, 544n.

———. "Absolute electromagnetische und calorimetrische Messungen." *Naturforschende Gesellschaft in Zürich. Vierteljahrsschrift* 22 (1877): 273–322.
Cited: **1** *Weber 1877a*: 91n, 191n.

———. "Kritische Bemerkungen zu der Entdeckung des Hrn. Börnstein über den Einfluss des Lichtes auf den electrischen Leitungswiderstand von Metallen." *Naturforschende Gesellschaft in Zürich. Vierteljahrsschrift* 22 (1877): 335–345.
Cited: **1** *Weber 1877b*: 197n.

———. "Untersuchungen über die Wärmeleitungsvermögen in Flüssigkeiten." *Naturforschende Gesellschaft in Zürich. Vierteljahrsschrift* 24 (1879): 252–298.
Cited: **1** *Weber 1879*: 74n.

———. "Die Beziehung zwischen dem Wärmeleitungsvermögen und dem elektrischen Leitungsvermögen der Metalle." *Königlich Preußische Akademie der Wissenschaften zu Berlin. Monatsberichte* (for 1880) (1881): 457–478.
Cited: **1** *Weber 1881*: 80n, 194n, 305m.

———. *Der absolute Wert der Siemenschen Quecksilbereinheit.* Zurich: Zürcher und Furrer, 1884.
Cited: **1** *Weber 1884*: 191n.

———. "Das Wärmeleitungsvermögen der tropfbaren Flüssigkeiten." *Königlich Preußische Akademie der Wissenschaften zu Berlin. Sitzungsberichte* (1885): 809–815.
Cited: **1** *Weber 1885*: 74n.

———. "Die Entwicklung der Lichtemission glühender fester Körper." *Königlich Preußische Akademie der Wissenschaften zu Berlin. Sitzungsberichte* (1887): 491–504.
Cited: **1** *Weber 1887*: 197n. **2** *Weber, H. F. 1887*: 135, 142.

———. "Untersuchungen über die Strahlung fester Körper." *Königlich Preußische Akademie der Wissenschaften* (Berlin). *Sitzungsberichte* (1888): 933–957.
Cited: **1** *Weber 1888*. **2** *Weber, H. F. 1888*: 108n, 135.

Weber, Karl. *Neue Gesetz- und Verordnungen-Sammlung für das Königreich Bayern mit Einschluß der Reichsgesetzgebung.* Vol. 8. Nördlingen: C. H. Beck, 1888.
Cited: **1** *Weber, K. 1888*: lxiii, 20n.

Weber, Rudolf H. "Kapillarität." In *Kapillarität, Wärme, Wärmeleitung, kinetische Gastheorie und statistische Mechanik.* In *Repertorium der Physik.* Weber, Rudolf H., and Hertz, Paul, eds. Vol. 1, Part 2, *Mechanik und Wärme,* pp. 1–122. Weber, Rudolf H., and Gans, Richard, eds. Leipzig/Berlin: Teubner, 1916.
Cited: **2** *Weber, R.H. 1916*: 3, 6.

Weber, Rudolf H., and Gans, Richard. *Repertorium der Physik.* Leipzig: Teubner, 1916.
Cited: **9** *Weber, R. and Gans 1916*: 75n.

Weber, Rudolf H., and Hertz, Paul, ed. *Kapillarität, Wärme, Wärmeleitung, kinetische Gastheorie und statistische Mechanik.* In *Repertorium der Physik.* Vol. 1, Part 2, *Mechanik und Wärme.* Weber, Rudolf H., and Gans, Richard, eds. Leipzig/Berlin: Teubner, 1916.
Cited: **2** *Weber and Hertz 1916.* **3** *Weber and Hertz 1916.*

Weber, Wilhelm. "Elektrodynamische Maassbestimmungen insbesondere über elektrische Schwingungen." *Königlich Sächsische Gesellschaft der Wissenschaften. Mathema-*

tisch-physische Classe. Abhandlungen 9 (1864): 571–716.
Cited: **1** *Weber, W. 1864*: 207n.

Webster, David L. "Experiments on the Emission Quanta of Characteristic X-Rays." *Physical Review* 7 (1916): 599–613.
Cited: **9** *Webster 1916*: 24n.

Wehberg, Hans. *Wider den Aufruf der 93! Das Ergebnis einer Rundfrage an die 93 Intellektuellen über die Kriegsschuld*. Charlottenburg: Deutsche Verlagsgesellschaft für Politik u. Geschichte, 1920.
Cited: **8** *Wehberg 1920*: 78n, 171n, 286n.

Wehefritz, Valentin. *Verwehte Spuren: Prof. Dr. phil. Fritz Reiche (1883– 1969). Ein deutsches Gelehrtenschicksal im 20. Jahrhundert*. Dortmund: Universitätsbibliothek, 2002.
Cited: **9** *Wehefritz 2002*: 75n.

Weinberg, Steven. *Gravitation and Cosmology: Principles and Applications of the General Theory of Relativity*. New York: Wiley, 1972.
Cited: **4** *Weinberg 1972*: 354.

Weindling, Paul. "Purity and Epidemic Danger in German Occupied Poland during the First World War." *Paedagogica Historica* 33 (1997): 825–832.
Cited: **9** *Weindling 1997*: 203n.

Weinstein, Max. "Eine deutsche wissenschaftliche Großtat während des Krieges." *Berliner Tageblatt*, 28 February 1916, Morning Edition.
Cited: **8** *Weinstein 1916*: 276n.

Weinzierl, Ulrich. *Carl Seelig, Schriftsteller*. Vienna: Löcker, 1982.
Cited: **9** *Weinzierl 1982*: 323n.

Weisbach, Werner. *Geist und Gewalt*. Vienna: Schroll, 1956.
Cited: **8** *Weisbach 1956*: 342n.

Weishut, Fritz. "Über die Kondensation von Anisaldehyd mit 2,3-Oxynaphtoesäuremethylester." *Monatshefte für Chemie und verwandte Teile anderer Wissenschaften* 34 (1913): 1547–1566.
Cited: **8** *Weishut 1913*: 121n.

Weiß, Edmund. "Ladungsbestimmungen an Silberteilchen. (Vorläufige Mitteilung.)" *Physikalische Zeitschrift* 12 (1911): 630–633.
Cited: **3** *Weiß 1911*: 509n. **5** *Weiß, E. 1911*: 291n.

Weiß, Josef. "Über das Plancksche Strahlungsgesetz. (Vorläufige Mitteilung.)" *Physikalische Zeitschrift* 10 (1909): 193–195.
Cited: **5** *Weiß, J. 1909a*: 165n.

———. "Über das Plancksche Strahlungsgesetz." *Physikalische Zeitschrift* 10 (1909): 387–390.
Cited: **5** *Weiß, J. 1909b*: 165n.

Weiss, Pierre. "L'hypothèse du champ moléculaire et la propriété ferromagnétique." *Journal de physique* 6 (1907): 661–690.
Cited: **3** *Weiss 1907*: 246n. **6** *Weiss 1907*: 170n, 189n.

———. "Molekulares Feld und Ferromagnetismus." *Physikalische Zeitschrift* 9 (1908): 358–367.
Cited: **3** *Weiss 1908*: 246n. **6** *Weiss 1908*: 170n, 189n.

———. "Über die rationalen Verhältnisse der magnetischen Momente der Moleküle und das Magneton." *Physikalische Zeitschrift* 12 (1911): 935–952.
Cited: **3** *Weiss 1911*: 509n. **10** *Weiss 1911*: 369n, 405n.

———. "Prof. Dr. Heinrich Friedr. Weber. 1843–1912." *Schweizerische Naturforschende Gesellschaft. Verhandlungen* 95 (1912): 44–53.
Cited: **1** *Weiss 1912*: 60, 62, 235, 388. **2** *Weiss 1912*: 173.

———. "Sur la théorie cinétique du paramagnétisme des cristaux." *Académie des sciences* (Paris). *Comptes rendus* 156 (1913): 1674–1676.
Cited: **10** *Weiss 1913*: 369n.

———. "Sur la nature du champ moléculaire." *Annales du physique* 1 (1914): 134–162.
Cited: **10** *Weiss 1914a*: 370n.

———. "Sur la nature du champ moléculaire." *Archives des sciences physiques et naturelles* 37 (1914): 105–116, 201–213.
Cited: **10** *Weiss 1914b*: 370n.

Weitzenböck, Roland. *Invariantentheorie*. Groningen: Noordhoff, 1923.
Cited: **8** *Weitzenböck 1923*: 292n.

Weizmann, Chaim. *Trial and Error: The Autobiography of Chaim Weizmann*. New York: Harper, 1949.
Cited: **7** *Weizmann, Ch. 1949*: 235.

———. *The Letters and Papers of Chaim Weizmann*. Series A, Vol. 10, *July 1920–December 1921*. Wasserstein, Bernard, and Fishman, Joel, eds. Jerusalem: Transaction Books, 1977.
Cited: **7** *Weizmann, Ch. 1977*: 233–234, 435n–436n.

Weizmann, Vera. *The Impossible Takes Longer: The Memoirs of Vera Weizmann, Wife of Israel's First President, as Told to David*

Tutaev. London: Hamilton, 1967.
Cited: **7** *Weizmann, V. 1967*: 234.
Wendel, Günter. "Zur gesellschaftlichen Stellung und Funktion der Kaiser-Wilhelm-Gesellschaft zur Förderung der Wissenschaften e. V., dargestellt anhand ihrer Gründungsgeschichte und Entwicklung bis zum 1. Weltkrieg (1911–1914)." Doctoral dissertation, Karl Marx University, Leipzig, 1964.
Cited: **5** *Wendel 1964*: 529n.

———. *Die Kaiser-Wilhelm-Gesellschaft 1911–1914. Zur Anatomie einer imperialistischen Forschungsgesellschaft.* Berlin: Akademie-Verlag, 1975. (*Studien zur Geschichte der Akademie der Wissenschaften der DDR*, Vol 4.)
Cited: **5** *Wendel 1975*: 598n, 602n.

Werner, Alfred. "Beitrag zur Konstitution anorganischer Verbindungen." *Zeitschrift für Anorganische Chemie* 3 (1893): 267–330.
Cited: **8** *Werner 1893*: 930n.

Westphal, Wilhelm. "Über das Radiometer." *Deutsche Physikalische Gesellschaft. Verhandlungen* 21 (1919): 129–143.
Cited: **9** *Westphal 1919a*: 48n, 176n.

———. "Zur Theorie des Radiometers." *Deutsche Physikalische Gesellschaft. Verhandlungen* 21 (1919): 669.
Cited: **9** *Westphal 1919b*: 176n.

Weyl, Hermann. "Zur Gravitationstheorie." *Annalen der Physik* 54 (1917): 117–145.
Cited: **7** *Weyl 1917*: 80n, 139n, 180n. **8** *Weyl 1917*: 366n, 375n, 380n, 699n, 725n, 880n, 968n. **10** *Weyl 1917*: 63n.

———. *Das Kontinuum: Kritische Untersuchungen über die Grundlagen der Analysis.* Leipzig: Veit, 1918.
Cited: **8** *Weyl 1918a*: 940n, 968n.

———. "Gravitation und Elektrizität." *Königlich Preußische Akademie der Wissenschaften* (Berlin). *Sitzungsberichte* (1918): 465–478, 478–480 ("Erwiderung des Verfassers" to *Einstein 1918g*).
Cited: **7** *Weyl 1918a*: xxvii, 56n, 80n, 139n, 357n, 404n, 416n, 574n–575n. **8** *Weyl 1918b*: 664n, 670n, 710n, 711n, 712n, 716n, 721n, 723n, 727n, 742n, 743n, 745n, 757n, 769n, 778n, 802n, 804n, 824n, 825n, 839n, 860n, 879n, 880n, 895n, 949n, 950n, 952n, 956n, 968n, 969n, 1020c, 1021c. **9** *Weyl 1918a*: 40n, 46n, 113n, 119n, 263n, 404n, 452n. **10** *Weyl 1918a*: 163n, 306n, 349n.

———. *Raum–Zeit–Materie. Vorlesungen über allgemeine Relativitätstheorie.* Berlin: Springer, 1918.
Cited: **6** *Weyl 1918a*: 535n. **7** *Weyl 1918b*: xxxii, 49n, 72, 77n, 79n–80n, 137, 139n–140n, 177n, 179n–184n, 188n, 280n, 574n–575n. **8** *Weyl 1918c*: 355, 357n, 664n, 670n, 699n, 712n, 720n, 725n, 728n, 740n, 741n, 743n, 757n, 758n, 768n, 778n, 781n, 788n, 808n, 810n, 824n, 828n, 835n, 839n, 849n, 871n, 950n, 968n. **9** *Weyl 1918b*: 98n, 113n, 116n, 119n, 404n, 433n, 456n, 521n, 537n. **10** *Weyl 1918b*: 178n.

———. "Reine Infinitesimalgeometrie." *Mathematische Zeitschrift* 2 (1918): 384–411.
Cited: **6** *Weyl 1918b*: 129n. **7** *Weyl 1918c*: 416n, 574n. **8** *Weyl 1918d*: 664n, 802n, 879n, 895n, 949n, 956n, 968n. **9** *Weyl 1918c*: 119n, 452n.

———. "Eine neue Erweiterung der Relativitätstheorie." *Annalen der Physik* 59 (1919): 101–133.
Cited: **7** *Weyl 1919c*: xxv, 80n, 139n. **8** *Weyl 1919c*: 664n, 879n, 880n, 949n, 956n, 968n, 969n, 972n. **9** *Weyl 1919b*: 119n, 404n, 452n.

———. *Raum–Zeit–Materie. Vorlesungen über allgemeine Relativitätstheorie.* 2d ed. Berlin: Springer, 1919.
Cited: **7** *Weyl 1919b*: 80n. **8** *Weyl 1919a*: 950n.

———. *Raum–Zeit–Materie. Vorlesungen über allgemeine Relativitätstheorie.* 3d rev. ed. Berlin: Springer, 1919.
Cited: **7** *Weyl 1919d*: 27n, 80n. **8** *Weyl 1919d*: 788n, 828n, 879n, 880n, 949n, 950n, 968n, 972n. **9** *Weyl 1919a*: 389n, 404n, 452n, 530n, 532n. **10** *Weyl 1919*: 354n.

———. "Über die statischen kugelsymmetrischen Lösungen von Einsteins 'kosmologischen' Gravitationsgleichungen." *Physikalische Zeitschrift* 20 (1919): 31–34.
Cited: **7** *Weyl 1919a*: 49n. **8** *Weyl 1919b*: 355, 357n, 768n, 769n, 788n, 950n.

———. "Elektrizität und Gravitation." *Physikalische Zeitschrift* 21 (1920): 649–650.
Cited: **10** *Weyl 1920*: 306n.

———. *Raum–Zeit–Materie. Vorlesungen über allgemeine Relativitätstheorie.* 4th enl. ed. Berlin: Springer, 1921. Translated as **7** *Weyl 1922a*/**8** *Weyl 1922*.
Cited: **7** *Weyl 1921*: 80n, 188n. **8** *Weyl 1921a*: 357n, 807n, 810n, 879n, 880n, 968n.

———. "Über die physikalischen Grundlagen der erweiterten Relativitätstheorie." *Physikalische Zeitschrift* 22 (1921): 473–480.
Cited: **8** *Weyl 1921b*: 810n, 879n.

———. "Die Relativitätstheorie auf der Naturforscherversammlung in Bad Nauheim." *Deutsche Mathematiker-Vereinigung. Jahresbericht* 31 (1922): 51–63.
Cited: **7** *Weyl 1922b*: 107, 109, 357n. **9** *Weyl 1922*: 98n. **10** *Weyl 1922*: 306n.

———. *Space–Time–Matter*. Brose, Henry L., trans. London: Methuen, [1922]. Translation of **7** *Weyl 1921*/**8** *Weyl 1921a*.
Cited: **7** *Weyl 1922a*: 575n. **8** *Weyl 1922*: 807n, 810n, 968n.

———. "Entgegnung auf die Bemerkungen von Herrn Lanczos über die de Sittersche Welt." *Physikalische Zeitschrift* 24 (1923): 130–131.
Cited: **8** *Weyl 1923b*: 769n.

———. *Raum–Zeit–Materie. Vorlesungen über allgemeine Relativitätstheorie*. 5th rev. ed. Berlin: Springer, 1923.
Cited: **7** *Weyl 1923*: 80n. **8** *Weyl 1923a*: 351, 357n, 807n, 810n, 879n, 880n.

Weyland, Paul. *Betrachtungen über Einsteins Relativitätstheorie und die Art ihrer Einführung. Vortrag gehalten am 24. August 1920 im großen Saal der Philharmonie zu Berlin*. Berlin: Arbeitsgemeinschaft deutscher Naturforscher zur Erhaltung reiner Wissenschaft e. V./Köhler, 1920. (*Schriften aus dem Verlage der Arbeitsgemeinschaft deutscher Naturforscher zur Erhaltung reiner Wissenschaft* e. V. Heft 2.)
Cited: **7** *Weyland 1920b*: 106, 348n. **10** *Weyland 1920c*: 394n, 395n, 407n, 461n.

———. "Die Naturforschertagung in Nauheim. Erdrosselung der Einsteingegner!" *Deutsche Zeitung*, 26 September 1920, Morning Edition.
Cited: **7** *Weyland 1920d*: 110. **10** *Weyland 1920d*: 436n, 497n.

———. "Einsteins Relativitätstheorie—eine wissenschaftliche Massensuggestion." *Tägliche Rundschau*, 6 August 1920, Evening Edition. Reprinted in **7** *Weyland 1920b*/**10** *Weyland 1920c*, pp. 21–24.
Cited: **7** *Weyland 1920a*: 105–106, 348n. **10** *Weyland 1920a*: 383n.

———. "Neue Beweise für die Unrichtigkeit der Einsteinschen Relativitätstheorie." *Deutsche Zeitung*, 23 August 1920.
Cited: **7** *Weyland 1920c*: 105. **10** *Weyland 1920b*: 383n, 386n.

Weyrauch, Jakob Johann. *Das Prinzip von der Erhaltung der Energie seit Robert Mayer*. Leipzig: Teubner, 1885.
Cited: **2** *Weyrauch 1885*: 330n.

———. *Robert Mayer. Der Entdecker des Princips von der Erhaltung der Energie*. Stuttgart: Wittwer, 1890.
Cited: **2** *Weyrauch 1890*: 330n.

———. "Ueber die spezifischen Wärmen des überhitzten Wasserdampfes." *Zeitschrift des Vereines deutscher Ingenieure* 48 (1904): 24–28, 50–54.
Cited: **2** *Weyrauch 1904*: 114n, 125–126, 126n.

———. *Grundriss der Wärmetheorie. Mit zahlreichen Beispielen und Anwendungen*. Part 1. Stuttgart: Konrad Wittwer, 1905.
Cited: **2** *Weyrauch 1905*: 327–330, 330n.

———. *Grundriss der Wärmetheorie. Mit zahlreichen Beispielen und Anwendungen*. Part 2. Stuttgart: Konrad Wittwer, 1907.
Cited: **2** *Weyrauch 1907*: 114n, 126n, 330n, 429–431.

Wheaton, Bruce R. *Catalogue of the Paul Ehrenfest Archive at the Museum Boerhaave Leiden*. Leyden: Museum Boerhaave, 1977.
Cited: **10** *Wheaton 1977*: 518n.

———. "On the Nature of X and Gamma Rays: Attitudes toward Localization of Energy in the "New Radiations," 1896–1922." Ph.D. dissertation, Princeton University, 1978.
Cited: **2** *Wheaton 1978a*: 142, 145, 583n.

———. "Philipp Lenard and the Photoelectric Effect, 1889–1911." *Historical Studies in the Physical Sciences* 9 (1978): 299–322.
Cited: **2** *Wheaton 1978b*: xxxiii, 142, 169n. **3** *Wheaton 1978*: xxi, 518n, 547n. **5** *Wheaton 1978*: 198n.

———. *The Tiger and the Shark: Empirical Roots of Wave-Particle Dualism*. Cambridge: Cambridge University Press, 1983.
Cited: **2** *Wheaton 1983*: xxxiii. **3** *Wheaton 1983*: 504n, 547n. **5** *Wheaton 1983*: 180n, 203n, 221n, 230n, 233n, 255n, 269n, 285n, 466n, 481n, 519n. **8** *Wheaton 1983*: 875n. **9** *Wheaton 1983*: 377n.

Whittaker, Edmund T. *A Treatise on the Analytical Dynamics of Particles and Rigid Bodies, with an Introduction to the Problem of Three Bodies*. Cambridge: Cambridge University Press, 1904.
Cited: **8** *Whittaker 1904*: 379n.

———. *A History of the Theories of Aether and Electricity*. Vol. 1, *The Classical Theories*. London: Nelson, 1951. Reprinted: New York, Dover, 1989.
Cited: **1** *Whittaker 1951*: 7n. **3** *Whittaker*

1951: 174n, 439n. **4** *Whittaker 1951*: 550n.
5 *Whittaker 1951*: 149n. **9** *Whittaker 1951*:
474n.

———. *A History of the Theories of Aether and
Electricity.* Vol. 2, *The Modern Theories
1900–1926.* London: Nelson, 1951–1953.
Reprinted: New York, Dover, 1989.
Cited: **7** *Whittaker 1951–53.*

Wickert, Christl. *Helene Stöcker, 1869–1943.
Frauenrechtlerin, Sexualreformerin und
Pazifistin. Eine Biographie.* Bonn: Dietz,
1991.
Cited: **9** *Wickert 1991*: 34n.

Widmann, Joseph V. *Maikäfer-Komödie.* 2d ed.
Frauenfeld: Huber, 1899.
Cited: **10** *Widmann 1899*: 361n.

Wiechert, Emil. "Die Mechanik im Rahmen der
allgemeinen Physik." In *Die Kultur der
Gegenwart. Ihre Entwicklung und ihre Ziele.*
Hinneberg, Paul, ed. Part 3, sec. 3, vol. 1,
Physik, pp. 3–78. Warburg, Emil, ed. Leipzig: Teubner, 1915.
Cited: **4** *Wiechert 1915*: 536, 550n.

———. "Ueber die Grundlagen der Electrodynamik." *Annalen der Physik und Chemie* 59
(1896): 283–323.
Cited: **2** *Wiechert 1896*: 256.

———. "Einführung in die Geodäsie." In *Über
angewandte Mathematik und Physik in ihrer
Bedeutung für den Unterricht an den höheren
Schulen. Nebst Erläuterung der bezüglichen
Göttinger Universitätseinrichtungen. Vorträge, gehalten in Göttingen, Ostern 1900,
bei Gelegenheit des Feriencurses für Oberlehrer der Mathematik und Physik,* pp. 57–
113. Leipzig: Teubner, 1900.
Cited: **8** *Wiechert 1900a*: 597n.

———. "Elektrodynamische Elementargesetze." In *Recueil de travaux offerts par les
auteurs à H. A. Lorentz, professeur de physique à l'Université de Leiden, à l'occasion du
25me anniversaire de son doctorat le 11
décembre 1900,* pp. 549–573. Bosscha,
Johannes, ed. The Hague: Nijhoff, 1900.
*Archives néerlandaises des siences exactes et
naturelles* 5 (1900).
Cited: **5** *Wiechert 1900*: 60n, 62n, 86n. **8** *Wiechert 1900b*: 956n.

———. "Elektrodynamische Elementargesetze." *Annalen der Physik* 4 (1901): 667–
689.
Cited: **5** *Wiechert 1901*: 60n, 62n.

———. "Bemerkungen zur Bewegung der Elektronen bei Ueberlichtgeschwindigkeit."
Königliche Gesellschaft der Wissenschaften
zu Göttingen. Mathematisch-physikalische
Klasse. Nachrichten (1905): 75–82.
Cited: **5** *Wiechert 1905*: 59n.

———. "Perihelbewegung des Merkur und die
allgemeine Mechanik." *Physikalische Zeitschrift* 17 (1916): 442–448.
Cited: **8** *Wiechert 1916*: 375n.

———. "Perihelbewegung des Merkur und die
allgemeine Mechanik." *Königliche Gesellschaft der Wissenschaften zu Göttingen.
Mathematisch-physikalische Klasse. Nachrichten* (1916): 124–141.
Cited: **10** *Wiechert 1916*: 64n.

Wiedeburg, Otto. [Review of *Einstein 1901.*]
Zeitschrift für physikalische Chemie 39
(1901): 378.
Cited: **2** *Wiedeburg 1901*: 6, 21n.

Wiedemann, Gustav. *Die Lehre von der Elektricität.* 3d ed. Vol. 3. Braunschweig: Vieweg,
1883.
Cited: **3** *Wiedemann 1883*: 565.

Wiedemann, Hans-Rudolf, ed. *Briefe großer
Naturforscher und Ärzte in Handschriften.*
Lübeck: Graphische Werkstätten, 1989.
Cited: **5** *Wiedemann 1989*: 144n.

Wieleitner, Heinrich. "Albert Einstein am
Münchner Luitpold-Gymnasium." *Münchner
Neueste Nachrichten,* 14 March 1929.
Cited: **1** *Wieleitner 1929*: lx, lxi.

Wien, Max. "Ueber die Erzeugung und Messung
von Sinusströmen." *Annalen der Physik* 4
(1901): 425–449.
Cited: **1** *Wien, M. 1901*: 259n.

Wien, Wilhelm. "Eine neue Beziehung der
Strahlung schwarzer Körper zum zweiten
Hauptsatz der Wärmetheorie." *Königlich
Preußische Akademie der Wissenschaften zu
Berlin. Sitzungsberichte* (1893): 55–62.
Cited: **2** *Wien 1893*: 108n, 135, 552n. **4** *Wien
1893*: 562, 564n.

———. "Temperatur und Entropie der Strahlung." *Annalen der Physik und Chemie* 52
(1894): 132–165.
Cited: **2** *Wien 1894*: 168n, 377n. **6** *Wien 1894*:
398n.

———. "Ueber die Energievertheilung im
Emissionsspectrum eines schwarzen Körpers." *Annalen der Physik und Chemie* 58
(1896): 662–669.
Cited: **2** *Wien 1896*: 136, 140, 168n, 377n. **6**
Wien 1896: 398n.

———. "Ueber die Fragen, welche die translatorische Bewegung des Lichtäthers betreffen."

Annalen der Physik und Chemie 65 (1898) no. 3 (Beilage): i–xviii.
Cited: **1** *Wien 1898*: 224, 234n. **2** *Wien 1898*: 259, 260, 306n. **3** *Wien 1898*: 175n.

———. "Über die Möglichkeit einer elektromagnetischen Begründung der Mechanik." In *Recueil de travaux offerts par les auteurs à H. A. Lorentz, professeur de physique à l'Université de Leiden, à l'occasion du 25me anniversaire de son doctorat le 11 décembre 1900*, pp. 96–107. Bosscha, Johannes, ed. The Hague: Nijhoff, 1900. *Archives néerlandaises des siences exactes et naturelles* 5 (1900). Reprinted in *Annalen der Physik* 5 (1901): 501–513.
Cited: **2** *Wien 1900*: 269.

———. "Erwiderung auf die Kritik des Hrn. M. Abraham." *Annalen der Physik* 14 (1904): 635–637.
Cited: **5** *Wien 1904a*: 59n, 448n.

———. "Poyntingscher Satz und Strahlung." *Annalen der Physik* 15 (1904): 412–414.
Cited: **5** *Wien 1904b*: 448n.

———. "Über die Differentialgleichungen der Elektrodynamik für bewegte Körper." *Annalen der Physik* 13 (1904): 641–662.
Cited: **2** *Wien 1904*: 260, 307n, 308n.

———. "Über die Energie der Kathodenstrahlen im Verhältnis zur Energie der Röntgen- und Sekundärstrahlen." *Annalen der Physik* 18 (1905): 991–1007.
Cited: **2** *Wien 1905*: 582n.

———. "Über Elektronen." In *Verhandlungen der Gesellschaft Deutscher Naturforscher und Ärzte. 77. Versammlung zu Meran 24.–25. September 1905*. Part 1, pp. 23–38. Wangerin, Albert, ed. Leipzig: Vogel, 1906.
Cited: **5** *Wien 1906*: 59n.

———. *Über Elektronen*. Leipzig: Teubner, 1909.
Cited: **9** *Wien 1909*: 105n.

———. "Elektromagnetische Lichttheorie." In *Encyklopädie der mathematischen Wissenschaften, mit Einschluss ihrer Anwendungen*. Vol. 5, *Physik*, part 3, pp. 95–198. Sommerfeld, Arnold, ed. Leipzig: Teubner, 1909–1926. Issued 26 January 1909.
Cited: **1** *Wien 1908*: 283n. **2** *Wien 1909*: 167n. **5** *Wien 1909*: 60n, 254n.

———. *Vorlesungen über neue Probleme der theoretischen Physik, gehalten an der Columbia University in New York im April 1913*. Leipzig: Teubner, 1913.
Cited: **5** *Wien 1913*: 397n.

———. "Theorie der Wärmestrahlung." In *Die Kultur der Gegenwart. Ihre Entwicklung und ihre Ziele*. Hinneberg, Paul, ed. Part 3, sec. 3, vol. 1, *Physik*, pp. 209–222. Warburg, Emil, ed. Leipzig: Teubner, 1915.
Cited: **4** *Wien 1915*: 533, 534n.

———. *Die neuere Entwickelung unserer Universitäten und ihre Stellung im deutschen Geistesleben. Rede für den Festakt in der neuen Universität am 29. Juni 1914 zur Feier der hundertjährigen Zugehörigkeit Würzburgs zu Bayern*. Würzburg: Stürtz, 1915. Reprinted in Wien, Wilhem. *Aus der Welt der Wissenschaft*, pp. 1–15. Leipzig: Barth, 1921.
Cited: **8** *Wien 1915*: 35n.

Wiener, Norbert. "Generalized Harmonic Analysis." *Acta Mathematica* 55 (1930): 117–258.
Cited: **4** *Wiener, N. 1930*: 602n.

Wiener, Otto. "Stehende Lichtwellen und die Schwingungsrichtung polarisirten Lichtes." *Annalen der Physik und Chemie* 40 (1890): 203–243.
Cited: **2** *Wiener 1890*: 582n.

———. "Entwicklung der Wellenlehre des Lichtes." In *Die Kultur der Gegenwart. Ihre Entwicklung und ihre Ziele*. Hinneberg, Paul, ed. Part 3, sec. 3, vol. 1, *Physik*, pp. 517–574. Warburg, Emil, ed. Leipzig: Teubner, 1915.
Cited: **4** *Wiener, O. 1915*: 550n.

Wilamowitz-Moellendorff, Hermann von. "Zum Fall Nicolai." *Deutsche Tageszeitung*, 24 January 1920, Morning Edition.
Cited: **9** *Wilamowitz-Moellendorff, H. 1920*: 385n.

Wilamowitz-Moellendorff, Ulrich von. "Der Boykott der deutschen Wissenschaft." *Der Tag*, 30 March 1919.
Cited: **9** *Wilamowitz-Moellendorff, U. 1919*: 512n.

Will, Clifford M. *Theory and Experiment in Gravitational Physics*. Rev. ed. Cambridge: Cambridge University Press, 1993.
Cited: **4** *Will 1993*: 347, 350.

Williams, Robert C. "Russians in Germany: 1900–1914." *Journal of Contemporary History* 1 (1966): 121–149.
Cited: **7** *Williams 1966*: 240n.

Willigens, Charles. "Interprétation géométrique du temps universel dans la théorie de la relativité restrainte." *Archives des sciences physiques et naturelles* 2 (1920): 250–253.
Cited: **10** *Willigens 1920a*: 421n.

———. "Interprétation géométrique du temps universel dans la théorie de la relativité

restrainte." *Archives des sciences physiques et naturelles* 2 (1920): 289–300.
Cited: **10** *Willigens 1920b*: 421n.

Wilsar, Heinrich. "Beobachtungen am Dopplereffekt der Kanalstrahlen." *Annalen der Physik* 39 (1912): 1251–1312.
Cited: **9** *Wilsar 1912*: 292n.

Wilson, Harold A. "On the Electric Effect of Rotating a Dielectric in a Magnetic Field." *Royal Society of London. Philosophical Transactions A* 204 (1904): 121–137.
Cited: **2** *Wilson 1904*: 505, 513, 517n. **4** *Wilson 1904*: 102n. **6** *Wilson 1904*: 67n. **7** *Wilson 1904*: 98n.

Wilson, Majorie, and Wilson, Harold A. "On the Electric Effect of Rotating a Magnetic Insulator in a Magnetic Field." *Royal Society of London. Proceedings A* 89 (1913): 99–106.
Cited: **2** *Wilson and Wilson 1913*: 505, 517n.

Winchester, George. "On the Continued Appearance of Gases in Vacuum Tubes." *Physical Review* 3 (1914): 287–294.
Cited: **10** *Winchester 1914*: 595c.

Wind, Cornelis Harm. "Zur Demonstration einer von E. Mach entdeckten optischen Täuschung." *Physikalische Zeitschrift* 1 (1899–1900): 112–113.
Cited: **7** *Wind 1899–1900*: 53n.

Winkelmann, Adolph. "Ueber die specifischen Wärmen verschieden zusammengesetzter Gläser." *Annalen der Physik und Chemie* 49 (1893): 401–420.
Cited: **1** *Winkelmann 1893a*: 280n.

———, ed. *Handbuch der Physik*. Vol. 3, part 1, *Elektricität und Magnetismus I*. Breslau: Trewendt, 1893.
Cited: **1** *Winkelmann 1893b*: 62. **2** *Winkelmann 1893*.

———, ed. *Handbuch der Physik*. Vol. 2, part 2, *Wärme*. Breslau: Trewendt, 1896.
Cited: **1** *Winkelmann 1896*: 62, 280n.

———, ed. *Handbuch der Physik*. 2d ed. Vol. 4, *Elektricität und Magnetismus I*. Leipzig: Barth, 1905.
Cited: **3** *Winkelmann 1905*: 9. **5** *Winkelmann 1905*.

———, ed. *Handbuch der Physik*. 2d ed. Vol. 3, *Wärme*. Leipzig: Barth, 1906.
Cited: **2** *Winkelmann 1906c*.

———, ed. *Handbuch der Physik*. 2d ed. Vol. 6, *Optik*. Leipzig: Barth, 1906.
Cited: **2** *Winkelmann 1906d*.

———. "Lumineszenz." In **2** *Winkelmann 1906d*, pp. 784–813.
Cited: **2** *Winkelmann 1906b*: 168n.

———. "Spezifische Wärme." In *Handbuch der Physik*. 2d ed. Vol. 3, *Wärme*, pp. 154–240. Leipzig: Barth, 1906.
Cited: **2** *Winkelmann 1906a*: 390n.

———, ed. *Handbuch der Physik*. 2d ed. Vol. 5, *Elektrizität und Magnetismus II*. Leipzig: Barth, 1908.
Cited: **3** *Winkelmann 1908*: 9.

———, ed. *Handbuch der Physik*. 2d ed. Vol. 1, *Allgemeine Physik*. Leipzig: Barth, 1908.
Cited: **1** *Winkelmann 1908*. **2** *Winkelmann 1908*.

Winteler-Einstein, Maja. "Albert Einstein. Beitrag für sein Lebensbild." Typescript. 15 February 1924.
Cited: **1** *Winteler-Einstein 1924*. **2** *Winteler-Einstein 1924*: 43, 175, 266. **5** *Winteler-Einstein 1924*: 10n. **8** *Winteler-Einstein 1924*: 53n, 615n. **9** *Winteler-Einstein 1924*: 4n.

Winteler, Jost. "Erinnerungen aus meinem Leben." *Wissen und Leben* 10 (1917): 525–647.
Cited: **1** *Winteler 1917*: 388.

Wirtinger, Wilhelm. "On a General Infinitesimal Geometry, in Reference to the Theory of Relativity." *Cambridge Philosophical Society. Transactions* 22 (1922): 439–448.
Cited: **7** *Wirtinger 1923*: 416n.

Witte, Hans. *Über den gegenwärtigen Stand der Frage nach einer mechanischen Erklärung der elektrischen Erscheinungen*. Berlin: Ebering, 1906.
Cited: **5** *Witte 1906*: 226n.

Witting, Alexander, ed. *Verhandlungen der Gesellschaft Deutscher Naturforscher und Ärzte. 86. Versammlung zu Bad Nauheim vom 19. bis 25. September 1920*. Leipzig: Vogel, 1921.
Cited: **10** *Verhandlungen 1921*: 435n, 438n, 440n.

Wöhlisch, Edgar. "Das wahre Molekularvolumen flüssiger organischer Verbindungen in seiner Abhängigkeit von der Struktur des Moleküls. (Vorläufige Mitteilung.)" *Zeitschrift für Elektrochemie* 27 (1921): 295–301.
Cited: **10** *Wöhlisch 1921*: 467n.

Wolf, Max. "Zur Erklärung des Einstein-Effektes auf den Finsternisbildern." *Astronomische Nachrichten* 212 (1921): cols. 181–182.
Cited: **10** *Wolf 1921*: 401n.

Wolff, Raymond. "Zwischen formaler Gleichberechtigung, Zionismus und Antisemitismus."

In *Juden in Berlin — Ein Lesebuch*, pp. 127–130. Hilker-Siebenhaar, C., ed. Berlin: Nicolai, 1988.
Cited: **10** *Wolff 1988*: 394n, 410n.

Wolff, Stefan L. "Leo Arons: Physiker und Sozialist." *Centaurus* 41 (1999): 183–212.
Cited: **7** *Wolff, S. 1999*: 205n.

———. "Physicists in the 'Krieg der Geister': Wilhelm Wien's 'Proclamation'." *Historical Studies in the Physical and Biological Sciences* 33 (2003): 337–368.
Cited: **10** *Wolff, S. 2003*: 427n, 428n, 472n.

Wolff, Theodor. "Matthias Erzberger." *Berliner Tageblatt*, 17 February 1919.
Cited: **9** *Wolff, Th. 1919a*: 29n.

———. "Hunger, Angst und Verrohung." *Berliner Tageblatt*, 10 March 1919.
Cited: **9** *Wolff, Th. 1919b*: 29n, 253n.

———. "Auf der Suche nach dem Frieden." *Berliner Tageblatt*, 24 March 1919.
Cited: **9** *Wolff, Th. 1919c*: 29n.

———. *Theodor Wolff Tagebücher 1914–1919. Der Erste Weltkrieg und die Entstehung der Weimarer Republik in Tagebüchern, Leitartikeln und Briefen des Chefredakteurs am "Berliner Tageblatt" und Mitbegründer der "Deutschen Demokratischen Partei."* 2 vols. Bernd Soesemann, ed. Boppard a. R.: Boldt, 1984.
Cited: **7** *Wolff, T. 1984*: 297n.

Wolters, Gereon. *Mach I, Mach II, Einstein und die Relativitätstheorie. Eine Fälschung und ihre Folgen*. Berlin: De Gruyter, 1987.
Cited: **5** *Wolters 1987*: 258n. **6** *Wolters 1987*: 282n. **8** *Wolters 1987*: 480n.

———. "Atome und Relativität—Was meinte Mach?" In *Ernst Mach. Leben–Werk–Wirkung*. Haller, Rudolf, and Stadler, Friedrich, eds. Vienna: Hölder-Pichler-Tempsky, 1988.
Cited: **2** *Wolters 1988*: 218.

Wood, Robert Williams. "Eine Bemerkung über die photographische Aufnahme sehr schwacher Spektren und Nebel." *Physikalische Zeitschrift* 9 (1908): 355–356.
Cited: **5** *Wood 1908*: 214n.

Woodruff, Arthur E. "William Crookes and the Radiometer." *Isis* 57 (1966).
Cited: **9** *Woodruff 1966*: 48n.

———. "The Radiometer and How It Does Not Work." *Physics Teacher* 6 (1968): 358–363.
Cited: **9** *Woodruff 1968*: 48n. **10** *Woodruff 1968*: 284n.

Woolf, Harry, ed. *Some Strangeness in the Proportion: A Centennial Symposium to Celebrate the Achievements of Albert Einstein*. Reading, Mass.: Addison-Wesley, 1980.
Cited: **2** *Woolf 1980*. **5** *Woolf 1980*.

Wright, Helen, Warnow, Joan, and Charles, Weiner, eds. *The Legacy of George Ellery Hale*. Cambridge, Mass.: MIT Press, 1972.
Cited: **5** *Wright, Warnow, and Weiner 1972*: 560n, 567n.

Wright, Joseph Edmund. *Invariants of Quadratic Differential Forms*. Cambridge: Cambridge University Press, 1908.
Cited: **4** *Wright 1908*: 196, 205n. **8** *Wright 1908*: 436n.

Wüllner, Adolph. *Lehrbuch der Experimentalphysik*. 5th rev. ed. Vol. 2, *Die Lehre von der Wärme*. Leipzig: Teubner, 1896.
Cited: **1** *Wüllner 1896*: 62, 279n, 280n.

———. *Lehrbuch der Experimentalphysik*. 5th rev. ed. Vol. 3, *Die Lehre vom Magnetismus und von der Elektrizität. Mit einer Einleitung: Grundzüge der Lehre vom Potential*. Leipzig: Teubner, 1897.
Cited: **1** *Wüllner 1897*: 62, 157n.

Wünsch, Daniela. "Theodor Kaluza. Leben und Werk (1885–1954)." Doctoral dissertation, Universität Stuttgart, 2000.
Cited: **9** *Wünsch 2000*: 40n.

———. "The Fifth Dimension: Theodor Kaluza's Ground-Breaking Idea." *Annalen der Physik* 12 (2003): 519–542.
Cited: **9** *Wünsch 2003*: 40n.

Wurgaft, Lewis D. "The Activists. Kurt Hiller and the Politics of Action on the German Left 1914–1933. In American Philosophical Society." *Cambridge Philosophical Society. Transactions* 67 (1977).
Cited: **8** *Wurgaft 1977*: 869n.

Wyss, Wilhelm von. "Bericht über den ersten Ferienkurs für schweizerische Mittelschullehrer 9–14. Oktober 1911 in Zürich." In *Einundvierzigstes Jahrbuch des Vereins schweizerischen Gymnasiallehrer*, pp. 17–43. Aarau: Sauerländer, 1912.
Cited: **5** *Wyss 1912*: 333n, 339n.

Yaglom, A. M. "O rabote Einshteina 1914 g. po teorii besporyadochno fluktuiruyushchikh ryadov nablyudenii." *Problemy peredachi informatsii* 21 (1985): 101–107.
Cited: **4** *Yaglom 1985*: 602n.

Yogev, Gedalia, Kolatt, Shifra, Friesel, Evyatar, and Litvinoff, Barnet. *The Letters and Papers of Chaim Weizmann*. Series A, Vol. 6, *March 1913–July 1914*. Jerusalem: Israel Universities Press, 1974.

Cited: **9** *Yogev et al. 1974*: 249n.

Young, Thomas. "Cohesion." In *Supplement to the Fourth, Fifth and Sixth Editions of the Encyclopaedia Britannica*. Vol. 3, pp. 211–222. Edinburgh: Constable, 1824. Reprinted in Young, Thomas. *Miscellaneous Works*. Vol. 1, pp. 454–484. Peacock, George, ed. London: Murray, 1855.
Cited: **2** *Young 1816*: 171.

Zahn, C., and Spees, A. A. "A Critical Analysis of the Classical Experiments on the Variation of Electron Mass." *Physical Review* 53 (1938): 511–521.
Cited: **8** *Zahn and Spees 1938*: 914n.

Zangger, Heinrich. "Ueber Membranen." *Naturforschende Gesellschaft in Zürich. Vierteljahrsschrift* 51 (1906): 432–440.
Cited: **2** *Zangger 1906*: 217.

———. "Bedeutung der Membranen und Membranfunktionen in Physiologie und Pathologie." *Naturforschende Gesellschaft in Zürich. Vierteljahrsschrift* 52 (1907): 500–536.
Cited: **10** *Zangger 1907*: 514n.

———. "Über Membranen. II." *Naturforschende Gesellschaft in Zürich. Vierteljahrsschrift* 52 (1907): 500–536.
Cited: **2** *Zangger 1907*: 217.

———. "Die Bestimmungen der Avogadroschen Zahl *N*; die untere Teilungsgrenze der Materie (deren Bedeutung für die Biologie und Medizin)." *Naturforschende Gesellschaft in Zürich. Vierteljahrsschrift* 56 (1911): 168–182.
Cited: **2** *Zangger 1911*: 217. **5** *Zangger 1911*: 314n.

———. "Die Bedeutung der physikalischen Chemie für die gerichtliche Medizin." In *Verhandlungen der Gesellschaft Deutscher Naturforscher und Ärzte. 83. Versammlung zu Karlsruhe. 24.–29. September 1911*. Part 2, sec. 2. Von Criegern, L., ed. Leipzig: Vogel, 1912, p. 512.
Cited: **5** *Zangger 1912*: 326n.

———. "Das gerichtsärztliche Institut." In *Universität Zürich Festschrift des Regierungsrates zur Einweihung der Neubauten 18 April 1914*, pp. 189–192. Zurich: Orell Füssli, 1914.
Cited: **5** *Zangger 1914*: 333n.

———. "Die moralische Stellung der Neutralen. Die moralischen Pflichten und Rechte der Neutralen." *Schweizerische Juristenzeitung* 11 (1914) no. 8/9.
Cited: **10** *Zangger 1914c*: 29n.

———. "Über allgemein notwendige Kenntnisse und zu wenig bekannte Ursachen der Kohlenoxydvergiftung." In *Festschrift der Dozenten der Universität Zürich*, pp. 157–160. Zurich: Medizinische Fakultät, 1914.
Cited: **10** *Zangger 1914b*: 29n, 319n.

———. "Über gewerbliche Vergiftungen durch verschiedene gleichzeitig oder nacheinander wirkende Gifte." *Zentralblatt für Gewerbehygiene und Unfallverhütung* 2 (1914): 313.
Cited: **10** *Zangger 1914a*: 29n, 319n.

———. "Aufgaben der Neutralen." In *Wir Schweizer, unsere Neutralität und der Krieg. Eine nationale Kundgebung*, pp. 225–238. Zurich: Rascher, 1915.
Cited: **8** *Zangger 1915d*: 104n, 738n.

———. "Über die ärztliche Schweigepflicht." *Schweizerische Juristen-Zeitung* 11 (1915): 305–316.
Cited: **8** *Zangger 1915a*: 135n.

———. "Über die gesetzliche Bekämpfung der Gefährdung, zugleich eine Orientierung über die Leistungsfähigkeit der medizinischen Begutachtung in Gefährdungsfragen." *Schweizerische Zeitschrift für Strafrecht* 28 (1915): 260–282.
Cited: **8** *Zangger 1915b*: 130n, 135n, 146n, 186n.

———. "Zur Frage der Bekämpfungswege der Gefährdung von Gesundheit und Leben durch psychologische Mittel." *Schweizerische Zeitschrift für Strafrecht* 28 (1915): 381–413.
Cited: **8** *Zangger 1915c*: 130n, 135n, 146n, 186n.

———. "Über eine Zelluloidexplosion und deren Ursachen und Folgen und die Aufgaben der Ärzte bei Katastrophen im allgemeinen." *Zentralblatt für Gewerbehygiene und Unfallverhütung* (1916): 98–103, 109–113.
Cited: **10** *Zangger 1916*: 319n.

———. "Die Bedeutung der Wahrscheinlichkeit für die Medizin und die Biologie." *Schweizerische Medizinische Wochenschrift* 1 (1920): 737.
Cited: **10** *Zangger 1920b*: 162n.

———. *Medizin und Recht. Die Beziehungen der Medizin zum Recht, die Kausalität in Medizin und Recht und die Aufgaben des gerichtlich-medizinischen Unterrichtes. Eine Orientierung für Studierende, Juristen, Aerzte, Techniker, Experten und speziell Behörden*. Zurich: Orell Füssli, 1920.

Cited: **8** *Zangger 1920*: 445n, 496n. **10** *Zangger 1920a*: 34n, 86n.

———. "Professor Dr. Gustav Huguenin." *Schweizerische Medizinische Wochenschrift* 1 (1920): 375–376.
Cited: **10** *Zangger 1920d*: 513n.

———. "Ueber die Wahrscheinlichkeitsbetrachtung und die Beziehungen der Medizin zum Recht." *Schweizerische Medizinische Wochenschrift* 1 (1920): 751–753.
Cited: **10** *Zangger 1920c*: 162n.

———. "L'évolution des méthodes de spectroscopie, de spectrophotographie et leurs applications en médecine légale." *Annales de médecine légale, de criminologie et de police scientifique* 2 (1922): 145–152.
Cited: **10** *Zangger 1922*: 319n.

———. "Wahrscheinlichkeit, Wahrheit, Bewahrheitung im Versicherungsgutachten." *Schweizerische Zeitung für Unfallmedizin und Berufskrankheiten* 7 (1930): 151–162.
Cited: **10** *Zangger 1930*: 162n.

Zangwill, Israel. *Dreamers of the Ghetto.* Leipzig: Tauchnitz, 1898.
Cited: **9** *Zangwill 1898*: 417n.

———. *Ghetto Tragedies.* Leipzig: Tauchnitz, 1908.
Cited: **9** *Zangwill 1908*: 417n.

Zeeman, Pieter. "De meesleepingscoëfficient van Fresnel voor verschillende kleuren (1ste gedeelte)." *Koninklijke Akademie van Wetenschappen te Amsterdam. Wis- en Natuurkundige Afdeeling. Verslagen van de Gewone Vergaderingen* 23 (1914–15): 245–252. Reprinted in translation as "Fresnel's Coefficient for Light of Different Colours (First Part)." *Koninklijke Akademie van Wetenschappen te Amsterdam Section of Sciences. Proceedings* 17 (1914–15): 445–451.
Cited: **6** *Zeeman 1914*: 536n. **8** *Zeeman 1914*: 161n, 608n.

———. "De meesleepingscoëfficient van Fresnel voor verschillende kleuren (Tweede gedeelte)." *Koninklijke Akademie van Wetenschappen te Amsterdam. Wis- en Natuurkundige Afdeeling. Verslagen van de Gewone Vergaderingen* 24 (1915–16): 18–28. Reprinted in translation as "Fresnel's Coefficient for Light of Different Colours (Second Part)." *Koninklijke Akademie van Wetenschappen te Amsterdam. Section of Sciences. Proceedings* 18 (1915–16): 398–408.
Cited: **6** *Zeeman 1915*: 536n. **8** *Zeeman 1915*: 161n, 608n.

———. "Enkele proeven over de zwaartekracht. De trage en zware massa van kristallen en radioactieve stoffen. *Koninklijke Akademie van Wetenschappen te Amsterdam. Wis- en Natuurkundige Afdeeling. Verslagen van de Gewone Vergaderingen* 26 (1917–18): 245–252. Reprinted in translation as "Some Experiments on Gravitation. The Ratio of Mass to Weight for Crystals and Radioactive Substances." *Koninklijke Akademie van Wetenschappen te Amsterdam. Section of Sciences. Proceedings* 20 (1917–18): 542–553.
Cited: **8** *Zeeman 1917*: 602n, 608n.

———. "De voorplanting van het licht in bewegende, doorschijnende, vaste stoffen, I. Toestel voor de waarneming van het Fizeau-effect in vaste stoffen." *Koninklijke Akademie van Wetenschappen te Amsterdam. Wis- en Natuurkundige Afdeeling. Verslagen van de Gewone Vergaderingen* 27 (1918–19): 1453–1461. Reprinted in translation as "The Propagation of Light in Moving, Transparent, Solid Substances, I. Apparatus for the Observation of the Fizeau-Effect in Solid Substances." *Koninklijke Akademie van Wetenschappen te Amsterdam. Section of Sciences. Proceedings* 22 (1920): 462–470.
Cited: **9** *Zeeman 1919*: 209n, 296n.

Zeeman, Pieter, and Snethlage, A. "De voorplanting van het licht in bewegende, doorschijnende, vastestoffen, II. Metingen over het Fizeau-effect in kwarts." *Koninklijke Akademie van Wetenschappen te Amsterdam. Wis- en Natuurkundige Afdeeling. Verslagen van de Gewone Vergaderingen* 27 (1918–19): 1462–1469; 28 (1919–20): 64–66. Reprinted in translation as "The Propagation of Light in Moving, Transparent, Solid Substances, II. Measurements of the Fizeau-Effect in Quartz." *Koninklijke Akademie van Wetenschappen te Amsterdam. Section of Sciences. Proceedings* 22 (1920): 512–522.
Cited: **9** *Zeeman and Snethlage 1919*: 209n, 296n.

Zeipel, Hugo von. "Catalogue de 1571 étoiles contenues dans l'amas globulaire Messier 3 (N. G. C. 5272)." *Annales d'Observatoire Paris mém 1908* vol. 25 F (1908).
Cited: **7** *Zeipel 1908*: 424n.

Zenneck, Jonathan. Gravitation. In *Encyklopädie der mathematischen Wissenschaften, mit Einschluss ihrer Anwendungen.* Vol 5, *Physik*, part 1, pp. 25–67. Sommerfeld, Arnold, ed. Leipzig: Teubner, 1903–1921. Issued 23

April 1903.
Cited: **2** *Zenneck 1903*: 322n. **4** *Zenneck 1903*: 164n, 501n. **8** *Zenneck 1903*: 375n. **9** *Zenneck 1903*: 374n.

Zenneck, Jonathan, and Rukop, Hans. *Lehrbuch der drahtlosen Telegraphie*. 5th ed. Stuttgart: Enke, 1925.
Cited: **7** *Zenneck and Rukop 1925*: 366n.

Zermelo, Ernst. Review of: **2** *Gibbs 1902/3 Gibbs 1902/6 Gibbs 1902/8 Gibbs 1902* and **2** *Gibbs 1905/3 Gibbs 1905/6 Gibbs 1905*. *Deutsche Mathematiker-Vereinigung. Jahresbericht* 15 (1906): 232–242.
Cited: **2** *Zermelo 1906*: 96n.

Zeuner, Gustav Anton. "Theorie der überhitzten Wasserdämpfe." *Zeitschrift des Vereins deutscher Ingenieure* 11 (1867): 41–66.
Cited: **2** *Zeuner 1867a*: 126n.

———. "Ueber das Verhalten der überhitzten und der gemischten Wasserdämpfe." *Civilingenieur* 13 (1867): 343–372.
Cited: **2** *Zeuner 1867b*: 126n.

———. *Technische Thermodynamik*. 3d ed. Vol. 1, *Fundamentalsätze der Thermodynamik. Lehre von den Gasen*. Leipzig: Arthur Felix, 1905.
Cited: **2** *Zeuner 1905*: 114n.

———. *Technische Thermodynamik*. 3d ed. Vol. 2, *Die Lehre von den Dämpfen*. Leipzig: Arthur Felix, 1906.
Cited: **2** *Zeuner 1906*: 114n, 326n.

Ziche, Paul, ed. *Monismus um 1900: Wissenschaftskultur und Weltanschauung*. Berlin: Verlag für Wissenschaft und Bildung, 2000.
Cited: **9** *Ziche 2000*: 348n.

Zierold, Kurt. *Forschungsförderung in drei Epochen. Deutsche Forschungsgemeinschaft—Geschichte, Arbeitsweise, Kommentar*. Wiesbaden: Steiner, 1968.
Cited: **7** *Zierold 1968*: 300n–301n, 363n–364n, 494n.

Zimmel, Brigitte, and Kerber, Gabriele. *Hans Thirring. Ein Leben für Physik und Frieden*. Vienna: Böhlau, 1992.
Cited: **8** *Zimmel and Kerber 1992*: 483n, 501n.

Zipperstein, Steven J. *Elusive Prophet: Ahad Ha'am and the Origins of Zionism*. Berkeley: University of California Press, 1993.
Cited: **7** *Zipperstein 1993*: 234.

Zschokke, Ernst, ed. *Jahresbericht der Aargauischen Kantonsschule. Schuljahr 1922/23*. Aarau: Sauerländer, 1923.
Cited: **1** *Zscholcke 1923*: 11.

Zsigmondy, Richard A. *Zur Erkenntnis der Kolloide. Über irreversible Hydrosole und Ultramikroskopie*. Jena: Fischer, 1905.
Cited: **2** *Zsigmondy 1905*: 209, 218, 219.

Zuelzer, Wolf. *Der Fall Nicolai*. Frankfurt a. M.: Societäts-Verlag, 1981. Translated as *Zuelzer 1982*.
Cited: **7** *Zuelzer 1981*: 226, 283n. **8** *Zuelzer 1981*: 275n, 282n, 383n, 398n, 399n, 573n, 758n, 1002c.

———. *The Nicolai Case: A Biography*. Detroit: Wayne State University, 1982. Translation of *Zuelzer 1981*.
Cited: **8** *Zuelzer 1982*: 996c. **9** *Zuelzer 1982*: 28n, 385n, 475n. **10** *Zuelzer 1982*: li, 126n, 451n.

Zweig, Arnold, Zweig, Beatrice, and Weyl, Helene. *"Komm her, wir lieben dich." Briefe einer ungewöhnlichen Freundschaft zu dritt*. Lange, Ilse, ed. Berlin: Aufbau, 1996.
Cited: **9** *Zweig et al. 1996*: 581c.

Zweig, Stefan. *Romain Rolland. Der Mann und das Werk*. Frankfurt a.M.: Rütten & Loening, 1921.
Cited: **10** *Zweig 1921*: 434n.

———. "Die Schweiz als Hilfsland Europas." (1918) In *Stefan Zweig. Auf Reisen, Feuilletons und Berichte*, pp. 221–225. Beck, Knut, ed. Frankfurt a.M.: Fischer, 1987.
Cited: **10** *Zweig 1918*: 57n.

ERRATA TO VOLUMES 1–10

The following lists all significant errata to Volumes 1–10 that have come to our attention. Trivial printing or spelling errors, corrections to years of birth and death of individuals, and errors in the indexes and literature cited are not included; the latter have been silently incorporated in the Cumulative Index and the Cumulative Bibliography, respectively. We also note two global corrections: in Volume 7, the word "Königlich" in "Königlich Preußische Akademie der Wissenschaften" should be omitted in all references to the Academy for 1919 and later, and in Volumes 8, 9, and 10 Hans Albert Einstein's nickname should be Adn, instead of Adu.

	WRONG	CORRECT
Volume 1		
P. 242, line 14	and	und
P. 371, line 32	p. 12	p. 14
Volume 2		
P. x, line 33	1906	1905
P. 167, footnote 10	"Wirkliche Moleküle" ("real molecules") are presumably those that are not dissociated.	"Wirkliche Moleküle" ("real molecules") are actual molecules. Einstein uses this terminology because the word "Molekül" was also used for a mole (see, e.g., *Einstein 1904* [Doc. 5], pp. 358–359, for this usage).
P. 172, line 13	the size of molecules	Avogadro's number
P. 183, line 5	1906	1905
Volume 3		
Pp. 402–407 (running header)	COMMENTS	COMMENT
Volume 4		
P. 145, note 23	Doc. 16	Doc. 17
P. 196, line 15	$\Delta(\phi, \psi) = \gamma_{\mu\nu}\phi_{,\mu}\psi_{,\omega}$	$\Delta(\phi, \psi) = \gamma_{\mu\nu}\phi_{,\mu}\psi_{,\nu}$

	WRONG	CORRECT
Volume 5		
P. xxxiii, line 31	March 1906	before 27 January 1906
P. 34, line 38	[20 July 1905–summer 1915]	[Munich, between 2 and 5 April 1911]
P. 80		[At the bottom of the page, add:] Allgemeine Elektrizitäts-Gesellschaft, Berlin Angeli & Co, Bern. Wechselstromkollektormaschine … Beschreibung und Ansprüche bedürfen einiger Korrekturen. 1. Beschr. 1 Orig. Bl. II. Beanst. 1 Monat.
P. 81, line 1	[35 329]	[35 329], [72 269], and [72 270]
P. 81, note 4	patent application	supplementary patent application
P. 81, note 4	it is dated 1 December 1906 (see printed Patentschrift Nr. 38853, SzBeBgE)	it is dated 14 November 1907 (see printed Patentschrift Nr. 39988) [From the passage "Ist … zu zeigen, dass es dem Hauptanspruch des Hauptpatentes und dem Patentanspruch des vorliegenden Patentes entspricht" follows that the present opinion is not on the Hauptpatent, 38853, but on the supplementary application, 39988.]
P. 81, note 6		[Delete note. It is incorrect because the second complaint refers to the same supplementary patent application 39988 as the first one. It is evident from the notes on the left margin: "1 Beanst. 2 Monate" with the date 11 December 1907, and the date of the second is 11 February 1908, i.e. exactly two months later. After the first *Beanstandung*, the patent lawyer had sent back the corrected application in time, but Einstein was still not completely satisfied with it.]

ERRATA, VOLUMES 5–7

	WRONG	CORRECT
P. 419, line 30	sec. 5	sec. 7
P. 437, line 16	Null	NaCl
P. 509, line 39		[The line "Mit den besten ..." should be in regular font.]
P. 529, last line	note 5	note 4
P. 581, lines 23–24	Feodisiya	Feodosiya
P. 614, col. 1, line 4 from below	3 August 1912	3 August 1912 414
P. 615, col. 1, line 30	19 January 1910	19 January 1910 197E
P. 621, line 16		[Delete text starting with "a discovery" and ending with "life.""]

Volume 6

	WRONG	CORRECT
P. 146, Heading	DOC. 12 EXPERT OPINION	DOC 12. AMPÈRE'S MOLECULAR CURRENTS
P. 147, line 17	M	$\mathfrak{M}$
P. 233, line 5	PRESENTED	SUBMITTED

Volume 7

	WRONG	CORRECT
P. xlviii, line 8	Historical	Heritage
P. xlviii, line 9	Cheyenne	Laramie
P. 199, line 4	published 10 October	published 17 October
P. 201, line 1	published 10 October	published 17 October
P. 211, lines 1–3	Frederick A. Lindemann (1866–1957), Professor of Experimental Philosophy at the University of Oxford and Head of its Clarendon Laboratory	Adolf F. Lindemann (1846–1931), Fellow of the Royal Astronomical Society, private astronomer at Sidholme
P. 243, line 20	handwritten	typed
P. 301, line 8	1920, GyBP, I. Abt. Rep. 1A, Nr. 937, p. 51	1920
P. 321, line 6	Extraordinary	Special
P. 321, lines 28–29	shortly thereafter (see Einstein to Paul Ehrenfest, 10 July 1920)	on 12 July 1920 (see Cornelis van Vollenhoven to Einstein, 12 July 1920)
P. 381, lines 1–2	[43 862]	[28 007]
P. 448, line 34	Director of the Kaiser Wilhelm Institute for Biochemistry	Head of the Biochemistry Department of the Kaiser Wilhelm Institute for Experimental Therapy

ERRATA, VOLUMES 7-9

	WRONG	CORRECT
P. 478, line 19	301660	301669
P. 478, line 24	to come from the center if it comes from a direction perpendicular to the line connecting the two microphones	to come from a direction perpendicular to the center of the line connecting the two microphones
P. 570, line 10	1955	1956

Volume 8

P. 85, last line	Wittelsbacherstraße 33	Wittelsbacherstraße 13
P. 166, line 14	[30 August 1915]	[2 July 1917]
P. 167, line 12	[3 September 1915]	[6 July 1917]
P. 175, line 7		[The location "[Berlin]" should be deleted, because Vol. 8, Doc. 122a, was sent from Eisenach the next day, and in it Einstein noted that he and Elsa Einstein were on their way to Berlin.]
P. 220, line 4	TrDft. [83 453]. Original in SzZZa. According to notes attached to the transcription, the original is struck through and enclosed in a letter to Heinrich Zangger of the same date.	ADft (SzZ, Nachl. H. Zangger, box 216]). [89 117].
P. 485, line 17	[22 July 1917]	[21 July 1917]
P. 774, line 1	fpTLS	TLS
P. 933, line 28	Doc. 635	Doc. 633
P. 980, col. 2, line 19	Ehrat, Jacob	Ehrat, Jakob
P. 993, lines 20–21	Ehrenbergstraße, Berlin-Dahlem	Wilmersdorferstraße 93
P. 1006, lines 5–6	perhaps in response to aforementioned advertisement	for English translation of *Einstein 1917a*
P. 1030, line 36	Doc. 14	Doc. 13

Volume 9

P. 7, line 27	1918	1915
P. 34, last 2 lines	Berlin and member of the central committee of the Society of Friends of the New Russia.	Berlin.
P. 35, line 27	*Klein, F. 1918b*	*Klein, F. 1918b*. Klein (1849–1925) was Professor Emeritus of Mathematics at the University of Göttingen

ERRATA, VOLUME 9

	WRONG	CORRECT
P. 40, line 4	In Weyl's approach	Hermann Weyl (1885–1955) was Professor of Mathematics at the Swiss Federal Institute of Technology. In his approach
P. 84, line 17	Einstein's	Elsa's
P. 88, line 10	scalar-free	traceless
P. 148, line 41	Einstein's	Elsa Einstein's
P. 192, line 28	Huhn	Kohn
P. 264, last line	[9 260]	[76 531]
P. 426, line 9	[45 148]	[45 147]
P. 465, line 32	[43 383]	[43 388]
P. 496, line 25	1919	1920
P. 496, line 29	Christiania	Kristiania
P. 499, line 9	Christiania	Kristiania
P. 505, line 17	Johannes A. van den Broek	Antonius Johannes van den Broek
P. 508, line 14	Christiania	Kristiania
P. 572, line 30	ETH	SzZE
P. 578, lines 1–13		[The first 13 lines of p. 578 duplicate text from the previous page and should be deleted.]
p. 578, bottom– P. 579, top	[Add the following text between the p. 578, last line, and p. 579, first line:] October 8 Alexander Moszkowski's article "Die Sonne bracht' es an den Tag" is published in *Berliner Tageblatt*, in which a full confirmation of Einstein's prediction on bending of light is claimed. October 9 Signs "A Test of the General Theory of Relativity" (Vol. 7, Doc. 23). October 10 Has breakfast in Harry Count Kessler's club with Georg Nicolai and others to discuss a plan for distributing several million volumes in Russia ("Volksbüchereiprojekt"). Provenance: *Kessler 1961*, p. 202. 1-page TDS from Adolf von Harnack in Berlin. Invites Einstein to a meeting and a "beer party" of KWG on 28 October. Asks for names of KWIP staff in order to invite them	
P. 580, line 6	Bd. 1	Bd. 121, Bl. 206
P. 591, line 17	December 20	December 18
P. 592, line 24	to the artist Hans Mühsam	to Hans Mühsam

Volume 10

	WRONG	CORRECT
Illustration 12, caption	Victor Moritz Goldschmidt, Einstein, and Ilse Einstein	Heinrich Goldschmidt, Einstein, Ole Volbjørnsen, Jørgen Vogt, and Ilse Einstein
P. xv, line 2	Franz Josef	Karl I
P. 1, line 9	a botanist at Trinity College	an agricultural specialist
P. 28, line 15	kreisener	kreisende
P. 28, line 25	ihm	ihn
P. 28, line 36	ist 50	ca. 50
P. 31, line 33	rachsichtiger	rachsüchtiger
P. 39, line 32	derer	deren
P. 45, lines 33–34	Einstein attended Kleiner's courses at the Swiss Federal Institute of Technology and submitted his dissertation to him. Kleiner encouraged him to publish his first paper on special relativity	Einstein had submitted his doctoral dissertation to Kleiner (see Vol. 5, Doc. 31). In 1901, Kleiner had encouraged Einstein to publish his ideas on the electrodynamics of moving bodies
P. 73, line 22	Franz Josef	Karl I
P. 74, line 9	Franz Josef I (1830–1918) was emperor of the Austro-Hungarian Monarchy.	Karl I (1887–1922) was crowned ruler of the Austro-Hungarian Monarchy in 1916.
P. 82, line 47	Franz Josef	Karl I
P. 94, line 28	[144 038]	[143 038]
P. 136, line 21	herzig	harzig
P. 214, line 16	Fidelia Brandhuber, sister of Camillus	Fidelia (Brandhuber ?)
P. 219, line 18	east	west
P. 224, line 23	Zurich	Lucerne
P. 286, last 2 lines	was Professor of Physics at the University of Berlin and Head of	was Head of
P. 403, line 22	Germany	Switzerland
P. 472, line 33	Otto Runge	Carl Runge
P. 542, line 22	a botanist at Trinity College, Cambridge University	an agricultural specialist
P. 546	[Text of note 2]	Ernst Lecher (1856–1926) was Professor of Physics at the University of Vienna.
P. 593, line 12	Erhaltung der reinen	Erhaltung reiner

ERRATA, VOLUME 10

	WRONG	CORRECT
P. 604, line 19	November 3	November 6
P. 604, line 38	Horst	Holst

P. 604, bottom to P. 605, top

[Add the following text between p. 604, last line, and p. 605, first line:]
  proof of *Moszkowski 1921*. It was sent to a Danish publisher to solicit a Danish translation. [44 490].
  1-page TLS from Martin Knudsen. Endorses Helge Holst's finding, and proposes to advise the author or the publisher against publishing the incorrect passages. [44 491].
  1-page TLS from Slowo publishing house. Requests a short introduction to the Russian edition of the 8th (?) edition of *Einstein 1917a* translated by G. B. Itelson and published by Slowo. [41 1025].
November 7 Returns to Berlin.
  The chancellor of the Order Pour le mérite for Science and the Arts (Peace Class), Adolf von Harnack, informs the Ministry of Education of the election of new members, among them Einstein. GyBSA, I. HA, Rep. 76 Vc, Sekt. 1, Tit. 2, Teil 2, Nr. 7, Bd. 7, Bl. 310. [85 448].
  4-page ALS from Hugh Chisholm. Solicits article of about 8,000 words on relativity for the new volumes of the Encyclopaedia Britannica. Offers £4 for 1,000 words and wants the manuscript no later than next May. [43 636].
  2-page ALS from Gerrit Mannoury. Acknowledges receipt of *Einstein 1920j* and conjectures on the possibility of defin-

P. 606, lines 1–19   [The first 19 lines of p. 606 duplicate text from the previous page and should be deleted.]

P. 610, lines 19–20   to Lederer, the new president of the Chemisch-Physikalische Gesellschaft.   to Lederer. Forwards Carl Beck's invitation to the United States on behalf of Anglo-American University Library for Central Europe.